ÍNDICE-CATÁLOGO DE ZOOPARÁSITOS IBÉRICOS

Segunda edición

Profs. Drs.

MIGUEL CORDERO DEL CAMPILLO
LUCIANO CASTAÑÓN ORDÓÑEZ
ANTONIO REGUERA FEO

Departamento de Patología Animal-Sanidad Animal
Unidad de Parasitología y Enfermedades parasitarias
Facultad de Veterinaria de la Universidad de León (España)

UNIVERSIDAD DE LEON
SECRETARIADO DE PUBLICACIONES

1994

CORDERO DEL CAMPILLO, Miguel

Indice-catálogo de zooparásitos ibéricos / Miguel Cordero del Campillo, Luciano Castañón Ordóñez, Antonio Reguera Feo, –2ª ed.– León: Universidad, Secretariado de Publicaciones, 1994.
650 p.: map.: 24 cm.
ISBN: 84-7719-403-3
1. Parásitos–Península Ibérica–Catálogos. I. Castañón Ordóñez, Luciano. II. Reguera Feo, Antonio. III. Universidad de León. Secretariado de Publicaciones. IV. Título.
576.89(460+469) (083.86)

Cubierta: E. Casas
Realización editorial:
Santiago García. Editor
Batalla de Clavijo, 31
LEÓN

Secretariado de Publicaciones
ISBN: 84-7719-403-3
Depósito Legal: M-2757-1994
Impreso en España por Uniensa

PRÓLOGO A LA SEGUNDA EDICIÓN

En 1980, el Servicio de Publicaciones del Ministerio de Sanidad y Seguridad Social, editó completos (un volumen de 579 pp.) los trabajos que, por encargo (1972) de los responsables de los centros del Consejo Superior de Investigaciones Científicas interesados en el estudio de los problemas patológicos de la ganadería española, y de la Asociación de Parasitólogos Españoles, habíamos emprendido (Prof. Dr. M. Cordero del Campillo) con los inmediatos colaboradores de la Cátedra de Parasitología y Enfermedades parasitarias de la Facultad de Veterinaria de León y de la Unidad de Parasitología de la Estación Agrícola Experimental de León (C.S.I.C.). Participaron en la empresa numerosos parasitólogos españoles, portugueses y franceses y la obra, que recibió elogiosas críticas, constituyó una obligada referencia para los interesados en cuestiones de zoogeografía parasitaria.

Han pasado ya muchos años desde que apareció el primer fascículo (1974) y hace trece que se publicó el volumen completo, por lo que es preciso incorporar numerosos datos, que han venido obteniéndose gracias al trabajo continuado de investigadores españoles y extranjeros, ocupados en el estudio de los parásitos presentes en la Península Ibérica y territorios insulares dependientes de las soberanías española y portuguesa.

No pretendemos ofrecer una relación bibliográfica total, pues hemos excluido aquellas citas que, siendo generalmente de los mismos autores, no suponen aportación alguna a los aspectos que este Indice-Catálogo considera. Por otra parte, es posible que no figure alguna cita importante, sea por error o inadvertencia, pero estamos seguros de que su número es escaso y que seremos comprendidos y disculpados por ello.

El plan general de la obra es similar al de la primera edición, aunque ha habido modificaciones de diversa índole. Desde sustanciales, como es la desaparición de Trematoda, hasta otras más formales, como son una más adecuada denominación científica de los hospedadores o el uso de un sólo nombre vernáculo, que simplifica los listados.

Reiteramos nuestra gratitud a cuantos participaron en los difíciles momentos iniciales de esta tarea y a las siguientes personas y sus colaboradores que para la presente edición nos enviaron sus trabajos más recientes, los de más difícil acceso para nosotros, observaciones personales, publicaciones que no aparecieron en la primera edición e, incluso, detalladas listas ajustadas a nuestro objetivo:

- Isabel Acosta García, Facultad de Veterinaria de la Universidad de Córdoba.
- Mª Pilar Alvarez Pellitero, Instituto de Acuicultura de Torre de la Sal, C.S.I.C., Castellón de la Plana.

– Mª Rocío Benítez Rodríguez, Facultad de Farmacia de la Universidad de Granada.
– Enrique Carbonell, Facultad de Ciencias Biológicas de la Universidad de Valencia.
– Victoriano Díaz Sáez, Facultad de Farmacia de la Universidad de Granada.
– Mercedes Durfort, Facultad de Biología de la Universidad de Barcelona.
– A. Estrada Peña, Facultad de Veterinaria de la Universidad de Zaragoza
– Dimas Fernández Galiano, Facultad de Ciencias Biológicas de la Universidad Complutense de Madrid.
– Pedro García Fernández, Departamento de Producción Animal, Junta de Andalucía, Granada.
– Ignacio García Mas, Facultad de Biología de la Universidad Complutense de Madrid.
– Ana L. García Pérez, Departamento de Patología Animal del Gobierno Vasco, Derio, Vizcaya.
– Herminia Gijón Botella, Facultad de Farmacia de la Universidad de La Laguna, Tenerife, Canarias.
– Santiago Hernández Rodríguez, Facultad de Veterinaria de la Universidad de Córdoba.
– Luis E. Hueli, Facultad de Farmacia de la Universidad de Granada.
– Mª Pilar Illescas Gómez, Laboratorio de sanidad y Producción animal, Junta de Andalucía, Santa Fe, Granada.
– R.A. Juste Jordan, Departamento de Patología Animal del Gobierno Vasco, Derio, Vizcaya.
– Ramón López Román, Facultad de Farmacia de la Universidad de La Laguna, Tenerife, Canarias.
– Javier Lluch Tarazona, Facultad de Ciencias Biológicas de la Universidad de Valencia.
– Yolanda Manga González, Estación Agrícola Experimental, C.S.I.C., León.
– Mª Paz Martín Mateo Museo Nacional de ciencias Naturales, C.S.I.C., Madrid.
– Francisco Morillas Márquez, Facultad de Farmacia de la Universidad de Granada.
– Elena Muñoz, Facultad de Veterinaria de la Universidad Autónoma de Barcelona, Bellaterra.
– Ignacio Navarrete, Facultad de Veterinaria de la Universidad de Extremadura, Cáceres.
– Aurea Pereira Lorenzo, Facultad de Farmacia de la Universidad de Santiago de Compostela.
– Jesús M. Pérez, Estación Biológica de Doñana, C.S.I.C., Sevilla.
– Juan Antonio Raga, Facultad de Ciencias Biológicas de la Universidad de Valencia.
– Vicente Ramajo Martín, Instituto de Recursos Naturales y Agrobiología, C.S.I.C., Salamanca.
– David Reina, Facultad de Veterinaria de la Universidad de Extremadura, Cáceres.
– Vicente Roca, Facultad de Ciencias Biológicas de la Universidad de Valencia.
– César Sahuquillo Herraiz, Farmacéutico Entomólogo, Valencia.
– Caridad Sánchez Acedo, Facultad de Veterinaria de la Universidad de Zaragoza.
– Manuel Sanmartín Durán, Facultad de Farmacia de la Universidad de Santiago de Compostela.
– Fernando Simón Vicente, Instituto de Recursos Naturales y Agrobiología (jubilado), C.S.I.C., Salamanca.
– Mª Amparo Soler Cruz, Facultad de Farmacia de la Universidad de Granada.
– José María Tarazona Vilas, Cuerpo Nacional Veterinario (jubilado), El Casar, Guadalajara.
– Francisco Vasallo Matilla, Servicio de Parasitología de la Escuela Nacional de Sanidad, Madrid.

León, junio de 1993

Miguel Cordero del Campillo,
Luciano Castañón Ordóñez y Antonio Reguera Feo

Facultad de Veterinaria de la Universidad de León (España)

INTRODUCCIÓN AL PRIMER FASCÍCULO APARECIDO EN 1974

La necesidad de compilar toda la información disponible sobre la fauna parasitaria española, ha sido destacada en numerosas ocasiones, por entidades científicas y por diversos organismos de la administración pública. Al lado de los intentos llevados a cabo por la extinguida Dirección General de Ganadería, debe mencionarse la tarea del Instituto «López-Neyra», departamentos universitarios y centros del C.S.I.C.

Sin embargo, hasta la reunión del Patronato «Alonso de Herrera», para fijar la política científica del mismo (mayo de 1971), no se tomaron decisiones firmes, reiteradas en las Reuniones Nacionales de Centros de Investigación Ganadera del C.S.I.C. (I, en Madrid, octubre de 1971; II, en Murcia, octubre de 1972), según dejaron constancia CORDERO DEL CAMPILLO y MARTINEZ FERNANDEZ (1972) y ROMERO RODRIGUEZ (1972). Al celebrarse la III Reunión Nacional (Córdoba, octubre de 1974), ya pudo presentarse la parte *I. Protozoos*, que fue aprobada con las adiciones correspondientes. Más tarde, hemos concluido la parte *II. Trematodos*. En ambos casos, la información cubre hasta el 31 de diciembre de 1974.

Inicialmente se pretendió limitar la compilación a las especies parásitas de animales domésticos y útiles. No obstante, pronto se advirtió la posibilidad de reunir información sobre parásitos del hombre y de animales extradomésticos. Además, dado que ya existía una lista de parásitos de interés veterinario en Portugal (LEITAO, 1963), estimamos procedente incluir esta aportación. Además de los datos publicados, se incluye información directa procedente de los colaboradores, hasta ahora inédita. Por último, disponiendo de multitud de fichas, no sólo de trabajos de índole zoogeográfica, sino de revisión, que pueden ser útiles para el conocimiento de la Parasitología ibérica, nos ha parecido procedente ofrecerselas a los estudiosos de estos problemas.

Los parásitos entran por estricto orden alfabético de género y especie para facilitar la localización, sin plantear controvertidos problemas de sistemática. En la medida en que ha sido preciso optar por una u otra designación, hemos elegido la más aceptada internacionalmente, incluyendo, no obstante, la entrada tal y como la describió el autor ibérico, pero remitiendo a la elegida por nosotros. Asimismo, hemos llevado a cabo deducciones diagnósticas, basadas en la lectura de los trabajos, siempre que hayamos dispuesto de suficientes datos para ello. En caso contrario, no hemos arriesgado ningún juicio. No figuran en la relación aquellos protistas cuya naturaleza rickettsiana parece hoy fuera de duda (v.g. *Anaplasma, Aegyptianella*, etc.).

Los hospedadores se mencionan con sus nombres vulgares, cuando se trata de especies familiares, pero se acompaña el nombre científico si no son tan conocidas. Los intermediarios, en su caso, solamente se citan de modo expreso, cuando los autores del respectivo trabajo (o trabajos) lo hayan hecho. A veces, hemos tenido serias dudas sobre el diagnóstico correcto.

La mención de las provincias y la distribución por regiones naturales, se acomoda al mapa adjunto, ya discutido por CORDERO DEL CAMPILLO y MARTINEZ FERNANDEZ (*ibid*). Las referencias a Portugal no precisan la región lusitana afectada. Es obvio que las áreas de dispersión son más amplias, pero nos hemos atenido a la bibliografía recogida y a la información auténtica asequible.

La segunda parte recoge sistemáticamente los diversos hospedadores, incluyendo los intermediarios. Dentro de cada grupo taxonómico se sigue el orden alfabético.

La parte final se dedica a la bibliografía, aportando incluso algunas citas incompletas, pero útiles para la localización del trabajo. Resulta sorprendente la cantidad de material bibliográfico que ha logrado reunir el esfuerzo coordinado de todos los colaboradores, que contrasta con la parvedad de información que aparece sobre la Parasitología hispánica, tanto en publicaciones nacionales, como en extranjeras, incluyendo algunas internacionales que resumen datos aportados por representantes de nuestro país. Por citar un ejemplo, en la referencia que hace el Prof. J. EUZEBY (1955) de la Reunión Conjunta O.I.E.-F.A.O., sobre problemas parasitarios de la región mediterránea, la Península Ibérica aparece como un rincón arcádico, donde ningún parásito puede hallar acomodo.

En las páginas que siguen hay una ingente tarea, llevada a cabo en condiciones que distan mucho de ser satisfactorias, por la dificultad de localización de muchos trabajos, el problema de transcripción de fichas, la anarquía de muchas publicaciones, en las que la referencia al año, tomo, número y página es una insegura aventura, etc., etc. Por lo tanto, aun sintiéndonos plenamente justificados, tenemos la certeza de que hay omisiones, posiblemente también errores y, por supuesto, imperfecciones diversas. En cambio, tenemos la impresión de que, en general, el trabajo resulta adecuado como *Índice-Catálogo*. Solicitamos la crítica y la colaboración de los especialistas, en apoyo del perfeccionamiento de la obra, que puede completarse con futuras adiciones y/o correcciones.

León, diciembre de 1974.

INTRODUCCIÓN AL SEGUNDO FASCÍCULO APARECIDO EN 1977

El primer volumen del *Índice-Catálogo de Zooparásitos Ibéricos, I, Protozoos, II, Trematodos* (1975), ha sido favorablemente acogido por la crítica y los especialistas, muchos de los cuales nos han enviado sugerencias e informaciones de considerable valor. No nos han faltado tampoco los estímulos. El actual trabajo comprende las partes *III, Cestodos, y IV, Nematodos*, y sigue el mismo plan general del precedente.

Fieles a nuestro propósito de eludir controversias, al tiempo que intentamos dar la mayor audiencia internacional a la obra; hemos acomodado la nomenclatura a la propuesta por S. YAMAGUTI (1959-1961) en *Systema Helminthum*, en la mayoría de los casos, sin que ello signifique que la COMISION subscriba siempre las opiniones del autor japonés: simplemente, se prefiere sacrificar todo lo que pueda ser opinable, con tal de lograr un texto de referencia mundialmente conocido.

Los componentes españoles de la COMISION estamos muy complacidos por haber incorporado a la misma a distinguidos colegas portugueses, que han aportado valiosa información sobre los problemas de su país, y a diversos especialistas francófonos, que han recogido información y/o material procedente de España.

De nuevo rogamos que se nos envíen sugerencias, informaciones y críticas, que muy gustosamente atenderemos.

León, enero de 1977.

INTRODUCCIÓN AL TERCER FASCÍCULO APARECIDO EN 1978

Parasitólogos y zoólogos de muy distintos países, así como autoridades sanitarias diversas, han acogido complacidos los dos volúmenes primeros del *Índice-Catálogo de Zooparásitos Ibéricos* (Protozoos y Trematodos, 1975; Cestodos, Nematodos y Anejos, 1977), animándonos a completar el trabajo.

Si grandes han sido las dificultades para reunir investigaciones de campo y búsquedas bibliográficas en los grupos zoológicos ya tratados, no menores han sido los obstáculos hallados al estudiar los ahora publicados. Con el agradecimiento explícito que aparece en algunos capítulos, a los miembros de la Comisión que más han laborado en ellos, deseamos dejar constancia también de la colaboración recibida de otros científicos:

Dr. Jaime Rodríguez, del Departamento de Ecología de la Facultad de Ciencias, Universidad de Málaga.

Dra. Monserrat Poquet, del Departamento de Morfología y Microscopía de la Universidad Central de Barcelona.

Dr. Francisco Vives y Dr. Miguel Alcaraz, del Instituto de Investigaciones Pesqueras de Barcelona.

Dr. Gonzalo Lozano, del Departamento de Zoología y Ciencias Marinas, de la Facultad de Ciencias, Universidad de La Laguna, Tenerife (Canarias).

Todos ellos nos han ayudado a completar el trabajo sobre Crustáceos.

INTRODUCCIÓN A LA PRIMERA EDICIÓN

Con los capítulos dedicados a Anopluros, Sifonápteros, Dípteros y Acarinos, concluímos lo mas substantivo del **Indice-Catálogo de Zooparásitos Ibéricos**. Algunos taxones de menor interés médico-veterinario se recogerán en una futura miscelánea.

La peculiar manera de ejercer el parasitismo, que tienen los miembros de los grupos recogidos en esta parte de la obra, que va desde la dependencia metabólica estricta y rigurosamente específica, hasta la pura y simple accidentalidad, nos ha planteado serias dudas, en cuanto a la procedencia de incluir algunas de las especies que figuran catalogadas. Si resulta perfectamente clara la situación de Anopluros y Sifonápteros, no sucede lo mismo con los otros dos grupos.

En el caso de los Dípteros hemos entendido el parasitismo en su sentido más amplio, para mencionar incluso especies que simplemente pueden resultar molestas. Por ello, y porque no siempre se ha citado la especie parasitada, hemos desistido de preparar una lista sistemática de hospedadores.

Respecto a los Acarinos los problemas no han sido más simples, comenzando por la dificultad de sentar criterios en cuando a la validez y sinonimia de muchas especies. Siguiendo el criterio establecido para los Dípteros, figuran en el **Indice-Catálogo** diversas especies que pueden hallarse en estrecha vecindad del hombre y de los animales domésticos y útiles, algunas de las cuales está demostrado que pueden ser causa de fenómenos de hipersensibilidad.

Aunque la responsabilidad de la preparación del texto es colegiada, deseamos agradecer a los diversos expertos de la Comisión que han aportado más directamente sus puntos de vista, su extraordinaria colaboración.

León, 1 de mayo de 1980.

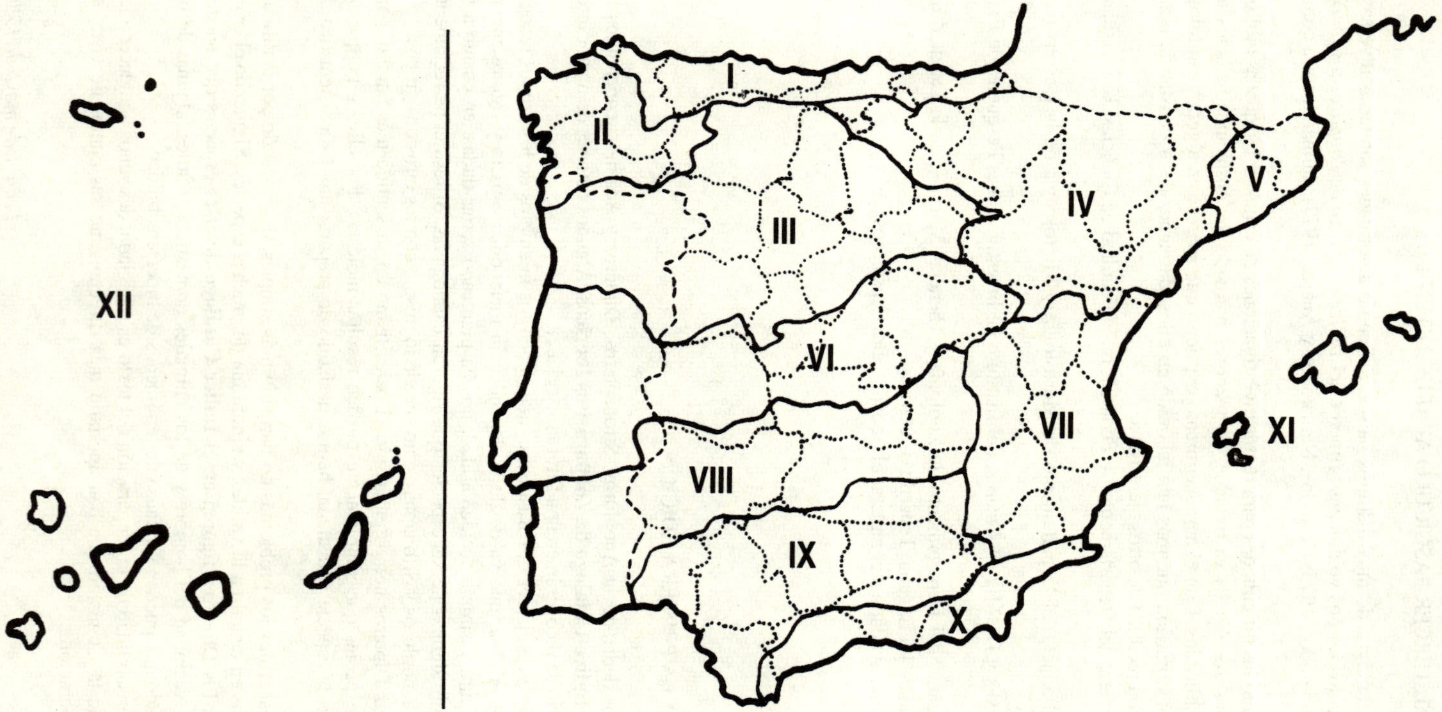

MAPA PARASITOLÓGICO IBÉRICO
REGIONES NATURALES

ÍNDICE

TURBELLARIA

Syndemis echinorum FRANÇOIS, 1886

Hosp.: Erizos de mar (*Paracentrotus lividus, Psammechinus miliari*)

Dist.: Galicia.

Reg.: II.

Bibl.: 1.

BIBLIOGRAFÍA (TURBELLARIA)

1. LAMAS SECO, A. y RODRIGUEZ BABIO, C. (1978).- Estudio monográfico de *Syndemis echinorum* François, 1886 (Turbellaria, Rhabdocoela) endoparásito de equinoideos del litoral gallego (1). *Rev. Ibér. Parasitol.*, *38*: 165.

MONOGENEA

Ancyrocephalus vandebedeni (PARONA et PERUGIA, 1890)

Hosp.: Galupe (*Mugil auratus*)
Dist.: Costa sur de España.
Reg.: X.
Bibl.: 31.

Aspinatrium gallieni EUZET et KTARI, 1971

Hosp.: Aguja (*Belone belone*)
Dist.: Canarias.
Reg.: XII.
Bibl.: 29.

Aspinatrium trachini PARONA et PERUGIA, 1889

Hosp.: Escorpión (*Trachinus draco*)
Dist.: Costa sur de España.
Reg.: X.
Bibl.: 30 y 31.

Atriaster maillardi LOPEZ ROMAN et ARMAS HERNANDEZ, 1989

Hosp.: Sargo breado (*Diplodus cervinus*)
Dist.: Canarias.
Reg.: XII.
Bibl.: 29.

Atriaster (Atriaster) heterodus (LEVEDEV et PARUKHIN, 1969) EUZET et MAILLARD, 1973

Hosp.: Sargo (*Diplodus sargus*) y otros *Diplodus* spp.
Dist.: Canarias y costa sur de España.
Reg.: X y XII.
Bibl.: 28, 29 y 31.

Atriaster (Atrispinum) salpae (PARONA et PERUGIA, 1890)

Hosp.: Salpa (*Boops salpa*), sargo (*Diplodus sargus*) y sargo breado (*Diplodus cervinus*)
Dist.: Alicante, Canarias, Castellón y Costa sur de España.
Reg.: VII, X y XII.
Bibl.: 29, 30, 31 y 36.

Atriaster (Atrispinum) seminalis EUZET et MAILLARD, 1973

Hosp.: Mojarra (*Diplodus vulgaris*), sargo (*Diplodus sargus*) y sargo breado (*Diplodus cervinus*)
Dist.: Canarias y costa sur de España.
Reg.: X y XII.
Bibl.: 28, 29 y 31.

Axine belones ADILDGAARD, 1794

Hosp.: Aguja (*Belone belone*)
Dist.: Canarias y Mar de Alborán.
Reg.: X y XII.
Bibl.: 8, 29 y 31.

Choricotyle chrysophryi BENEDEN et HESSE, 1863

Hosp.: Aligote (*Pagellus acarne*)
Dist.: Canarias.
Reg.: XII.
Bibl.: 29.

Cleidodiscus sp.

Hosp.: Pez ángel (*Pterophyllum scalare*)
Dist.: Madrid (importado)
Reg.: VI.
Bibl.: 39.

Cyclocotyle bellones OTTO, 1821
Hosp.: Isópodo (*Meinertia oestroides*) de la cavidad bucal de la boga (*Boops boops*)
Dist.: Canarias y Costa sur de España.
Reg.: X y XII.
Bibl.: 29 y 31.

Dactylogyrus anchoratus (DUJARDIN, 1843) WAGENER, 1857
Hosp.: Carpín (*Carassius carassius*) y carpa (*Cyprinus carpio*)
Dist.: León y Salamanca.
Reg.: III.
Bibl.: 12 y 42.

Dactylogyrus balistae SIMON VICENTE, 1981
Hosp.: Barbo (*Barbus barbus bocagei*)
Dist.: León, Salamanca y Zamora.
Reg.: III.
Bibl.: 41 y 42.

Dactylogyrus bocageii ALVAREZ, SIMON et GONZALEZ, 1981
Hosp.: Barbo (*Barbus barbus*)
Dist.: León, Salamanca y Zamora.
Reg.: III.
Bibl.: 2.

Dactylogyrus cordus NYBELIN, 1936
Hosp.: Cacho (*Leuciscus cephalus*)
Dist.: León y Salamanca
Reg.: III.
Bibl.: 2.

Dactylogyrus elegantis GUSEV, 1966
Hosp.: Boga (*Chondrostoma polylepis*) y bermejuela (*Rutilus arcasii*)
Dist.: Salamanca.
Reg.: III.
Bibl.: 37 y 42.

Dactylogyrus ergensi MOLNAR, 1964
Hosp.: Boga (*Chondrostoma polylepis*), cacho (*Leuciscus cephalus*) y bermejuela (*Rutilus arcasii*)
Dist.: León y Salamanca.
Reg.: III.
Bibl.: 2.

Dactylogyrus extensus MULLER et VAN CLEAVE, 1932
Hosp.: Carpín (*Carassius carassius*)
Dist.: Salamanca.
Reg.: III.
Bibl.: 42.

Dactylogyrus formosus KIELWIEC, 1927
Hosp.: Carpín (*Carassius carassius*) y carpa (*Cyprinus carpio*)
Dist.: Salamanca.
Reg.: III.
Bibl.: 42.

Dactylogyrus inespectatus IZUMOVA, 1955
Hosp.: Carpín (*Carassius carassius*)
Dist.: León y Salamanca.
Reg.: III.
Bibl.: 2 y 42.

Dactylogyrus legionensis GONZALEZ et ALVAREZ, 1982
Hosp.: Barbo (*Barbus barbus*)
Dist.: León.
Reg.: III.
Bibl.: 11.

Dactylogyrus polylepidis ALVAREZ, SIMON et GONZALEZ, 1981
Hosp.: Boga (*Chondrostoma polylepis*) y cacho (*Leuciscus cephalus*)
Dist.: León, Salamanca y Zamora.
Reg.: III.
Bibl.: 2.

Dactylogyrus vastator NYBELIN, 1924
Hosp.: Carpín (*Carassius carassius*)
Dist.: León y Salamanca.
Reg.: III.
Bibl.: 12 y 42.

Dactylogyrus vistulae PROST, 1957
Hosp.: Boga (*Chondrostoma polylepis*) y cacho (*Leuciscus cephalus*)
Dist.: Salamanca.
Reg.: III.
Bibl.: 42.

Diclidophora merlangi (KUHN in NORDMANN, 1832) KROYER, 1834-1840
Hosp.: Faneca (*Gadus luscus*)
Dist.: Galicia.
Reg.: II.
Bibl.: Martínez Fernández, 1974 (com. per.)

Diplectanum aequans (WAGENER, 1857) DIESING, 1858
Hosp.: Lubina (*Dicentrarchus labrax*)
Dist.: Cádiz, Castellón y Tarragona.
Reg.: IV, VII y IX.
Bibl.: 13 y Fernández y Carbonell, 1993 (com. per.)

Diplectanum banyulensis OLIVIER, 1968
Hosp.: Verrugato de fango (*Umbrina canariensis*)
Dist.: Golfo de Vizcaya.
Reg.: I.
Bibl.: 35.

Diplectanum labourgi OLIVIER, 1973
Hosp.: Verrugato de fango (*Umbrina canariensis*)
Dist.: Golfo de Vizcaya.
Reg.: I.
Bibl.: 35.

Diplectanum laubieri LAMBERT et MAILLARD, 1974
Hosp.: Lubina (*Dicentrarchus labrax*)
Dist.: Cádiz, Castellón y Tarragona.
Reg.: IV, VII y IX.
Bibl.: 13 y Fernández y Carbonell, 1993 (com. per.)

Diplozoon gracile REICHENBACH-KLINKE, 1961
Hosp.: Barbo (*Barbus meridionalis*)
Dist.: Gerona.
Reg.: V.
Bibl.: 14.

Diplozoon paradoxum VON NORDMANN, 1832
Hosp.: Carpín (*Carassius carassius*)
Dist.: Granada.
Reg.: IX y X.
Bibl.: 7, 21, 22 y 23.

Empruthotrema raiae (MACCALLUM, 1916) JONHSTON et TIEGS, 1922
Hosp.: Raya (*Raia microcellata*)
Dist.: Portugal.
Bibl.: 17.

Empruthotrema torpedinis KEARN, 1976
Hosp.: Tremielga (*Torpedo marmorata*)
Dist.: Portugal.
Bibl.: 17.

Encotyllabe spari YAMAGUTI, 1934
Hosp.: Salpa (*Boops salpa*)
Dist.: Alicante y Castellón.
Reg.: VII.
Bibl.: 36.

Enoplocotyle minima TAGLIANI, 1912
Hosp.: Morena (*Muraena helena*)
Dist.: Portugal.
Bibl.: 18.

Gastrocotyle trachuri BENEDEN et HESSE, 1863
Hosp.: Chicharro (*Trachurus trachurus*)
Dist.: Canarias.
Reg.: XII.
Bibl.: 29.

Gempylitrema longipedunculatum YAMAGUTI, 1968
Hosp.: Conejo marino (*Promethichthys prometeus*)
Dist.: Canarias.
Reg.: XII.
Bibl.: 29.

Gotocotyle acanthura (PARONA et PERUGIA, 1891) MESERVE, 1938
Hosp.: Palometa (*Brama raii*), palometa blanca (*Tachinotus glaucus*) y anjova (*Pomatomus saltatrix*)
Dist.: Canarias y Costa sur de España.
Reg.: X y XII.
Bibl.: 29 y 31.

Gussevia sp.
Hosp.: Pez ángel (*Pterophyllum scalare*)
Dist.: Madrid (importado)
Reg.: VI.
Bibl.: 39.

Gyrodactiliodes sp.
Hosp.: Carpín (*Carassius carassius*)
Dist.: Cáceres.
Reg.: VI.
Bibl.: 38.

Gyrodactylus elegans NORDMANN, 1832
Hosp.: Carpín dorado (*Carassius auratus*)
Dist.: Granada.
Reg.: IX y X.
Bibl.: 7, 21, 22 y 23.

Gyrodactylus medius KATHARINER, 1893
Hosp.: Cacho (*Leuciscus cephalus*)
Dist.: Salamanca.
Reg.: III.
Bibl.: 42.

Gyrodactylus sp.
Hosp.: Bermejuela (*Rutilus arcasii*)
Dist.: León (río Sil)
Reg.: II.
Bibl.: 1.

Gyrodactylus sp.
Hosp.: Bermejuela (*Rutilus arcasii*)
Dist.: Salamanca.
Reg.: III.
Bibl.: 37 y 41.

Gyrodactylus sp.
Hosp.: Carpín (*Carassius carassius*)
Dist.: Cáceres.
Reg.: VI.
Bibl.: 38.

Heteraxine louiseuzeti LOPEZ-ROMAN et ARMAS-HERNANDEZ, 1989
Hosp.: *Pseudocaranx dentex*
Dist.: Canarias.
Reg.: XII.
Bibl.: 29.

Heteraxinoides hannibali EUZET et KTARI, 1970
Hosp.: Roncador (*Pomadasis incisus*)
Dist.: Canarias.
Reg.: XII.
Bibl.: 29.

Hexobothrium apendiculatum (KUHN, 1829) NORDMAN, 1840
Hosp.: Pintarroja (*Scyliorhinus canicula*)
Dist.: Castellón.
Reg.: VII.
Bibl.: 3.

Hexobothrium musteli (MACCALLUM, 1931) PRICE, 1942
Hosp.: Musola (*Mustelus mustelus*)
Dist.: Canarias.
Reg.: XII.
Bibl.: 27.

Hexostoma thynni (DELAROCHE, 1811)
Hosp.: Atún (*Thunnus thynnus*), bonito (*Pelamys sarda*) y *Parathunnus obesus*
Dist.: Baleares y Canarias.
Reg.: XI y XII.
Bibl.: 7, 22, 23 y 29.

Lamellodiscus ignoratus PALOMBI, 1943
Hosp.: Sargo (*Diplodus sargus*) y salpa (*Boops salpa*)
Dist.: Alicante, Castellón y Costa sur de España.
Reg.: VII y X.
Bibl.: 31 y 36.

Lamellodiscus parisi OLIVER, 1969
Hosp.: Salpa (*Boops salpa*)
Dist.: Alicante y Castellón.
Reg.: VII.
Bibl.: 36.

Leptocotyle minor (MONTICELLI, 1888) GALLIEN, 1937
Hosp.: Pintarroja (*Scyliorhinus canicula*)
Dist.: Castellón.
Reg.: VII.
Bibl.: 3.

Mazocraeoides georgei PRICE, 1936
Hosp.: Alacha (*Sardinella aurita*)
Dist.: Canarias.
Reg.: XII.
Bibl.: 29.

Microcotyle alcedinis PARONA et PERUGIA, 1890
Hosp.: Chopa (*Spondyliosoma cantharus*)
Dist.: Canarias y Costa granadina.
Reg.: X y XII.
Bibl.: 29, 30 y 31.

Microcotyle erythrini BENEDEN et HESSE, 1863
Hosp.: Boga (*Boops boops*)
Dist.: Canarias y Costa sur de España.
Reg.: X y XII.
Bibl.: 29, 30 y 31.

Microcotyle mormyri LORENZ, 1878
Hosp.: Herrera (*Lithognatus mormyrus*)
Dist.: Canarias y Costa sur de España.
Reg.: X y XII.
Bibl.: 29, 30 y 31.

Microcotyle mugilis VOGT, 1878
Hosp.: Galupe (*Mugil auratus*)
Dist.: Costa sur de España.
Reg.: X.
Bibl.: 30 y 31.

Microcotyle pomatomi GOTO, 1899
Hosp.: Anjova (*Pomatomus saltatrix*)
Dist.: Canarias.
Reg.: XII.
Bibl.: 29.

Microcotyle salpae PARONA et PERUGIA, 1890
Hosp.: Salpa (*Boops salpa*)
Dist.: Costa sur de España.
Reg.: X.
Bibl.: 30.

Neopolystoma euzeti
Hosp.: Galápago leproso (*Mauremys caspica*)
Dist.: Granada.
Reg.: IX y X.
Bibl.: 25 y 33.

Octobothrium sp.
Hosp.: Faneca (*Gadus luscus*)
Dist.: ?
Bibl.: 4.

Polylabris diplodi EUZET et CAUWET, 1967
Hosp.: Sargo (*Diplodus sargus*), sargo picudo (*Puntazzo puntazzo*), oblada (*Oblada melanura*) y mojarra (*Diplodus vulgaris*)
Dist.: Canarias y costa sur de España.
Reg.: X y XII.
Bibl.: 28, 29, 30 y 31.

Polystoma gallieni (PRICE, 1939)
Hosp.: Rana de San Antón (*Hyla arborea*)
Dist.: Avila y La Coruña (Santiago de Compostela)
Reg.: II y III.
Bibl.: 10, 20 y Martínez Fernández, 1975 (com. per.)

Polystoma integerrimum (FROHLICH, 1798) RUDOLPHI, 1808
Hosp.: Ranas (*Rana perezi*, *Rana temporaria*)
Dist.: Gerona, Huesca y Lérida.
Reg.: IV y V.
Bibl.: 6, 15, 19, 20 y 34.

Polystoma ocellatum
Cf. *Polystomoides ocellatum*

Polystoma palancai LOPEZ-NEYRA, 1952
Hosp.: Rana de San Antón (*Hyla arborea*)
Dist.: Granada.
Reg.: IX y X.
Bibl.: 20, 24 y 25.

Polystoma pelobatis EUZET et COMBES, 1965
Hosp.: Sapo de espuelas (*Pelobates cultripes*)
Dist.: Gerona.
Reg.: V.
Bibl.: 20 y Combes, 1975 (com. per.)

Polystoma temporariae LLUCH, NAVARRO et HORNERO, 1987
Hosp.: Rana (*Rana temporaria*)
Dist.: Gerona, Huesca y Lérida.
Reg.: IV y V.
Bibl.: 15.

Polystoma viridis
Hosp.: Rana (*Rana temporaria*)
Dist.: Cataluña.
Reg.: V.
Bibl.: 34.

Polystomoides ocellatum (RUDOLPHI, 1819) OZAKI, 1935
(Syn. *Polystoma ocellatum*)
Hosp.: Galápago leproso (*Mauremys caspica*)
Dist.: Gerona y Granada.
Reg.: V, IX y X.
Bibl.: 20, 25 y 33.

Pseudaxine trachuri PARONA et PERUGIA, 1890

Hosp.: Boga (*Boops boops*), chicharro (*Trachurus trachurus*) y chicharro pintado (*Trachurus picturatus*)
Dist.: Canarias y Costa sur de España.
Reg.: X y XII.
Bibl.: 29 y 31.

Pseudodactylogyrus anguilla

Hosp.: Anguila (*Anguilla anguilla*)
Dist.: Portugal.
Bibl.: 40.

Pseudodactylogyrus bini KIKUCHI, 1929

Hosp.: Anguila (*Anguilla anguilla*)
Dist.: Sevilla, Tarragona y Valencia.
Reg.: IV, VII y IX.
Bibl.: Orts y Carbonell, 1993 (com. per.)

Pseudodiplectanum kearnei VALA, LOPEZ-ROMAN et BOUDAOUD, 1980

Hosp.: Lenguado (*Solea vulgaris*)
Dist.: Granada.
Reg.: X.
Bibl.: 43.

Pyragraphorus hollisae EUZET et KTARI, 1970

Hosp.: Palometa blanca (*Trachinotus glaucus*)
Dist.: Canarias y Costa sur de España.
Reg.: X y XII.
Bibl.: 29 y 31.

Rhinecotyle crepitacula EUZET et TRILLES, 1960

Hosp.: Espetón (*Sphyraena sphyraena*)
Dist.: Canarias.
Reg.: XII.
Bibl.: 26 y 29.

Tetraonchus gussevi KAKACHEVA, NEDEVA, GONZALEZ et ALVAREZ, 1986

Hosp.: Trucha común (*Salmo trutta fario*)
Dist.: ?
Bibl.: 16.

Tetraoncoides paradoxus BYCHOWSKY, 1951

Hosp.: Rata (*Uranoscopus scaber*)
Dist.: Cádiz.
Reg.: IX.
Bibl.: 9.

Trochopella candida EUZET et TRILLES, 1962

Hosp.: Armado (*Peristedion cathaphractum*)
Dist.: Costa sur de España.
Reg.: X.
Bibl.: 31 y 32.

Trochopus pini (VAN BENEDEN et HESSE, 1863) MASSA, 1903

Hosp.: Cabete (*Lepidotrigla cavillone*)
Dist.: Costa portuguesa.
Bibl.: 5.

Urocleidus principalis (MIZELLE, 1936) MIZELLE et HUGHES, 1938

Hosp.: Perca americana (*Micropterus salmoides*)
Dist.: León y Salamanca.
Reg.: III.
Bibl.: 2.

Winkenthughesia bramae (PARONA et PERUGIA, 1896) BYCHOWSKY, 1957

Hosp.: Palometa (*Brama raii*)
Dist.: Canarias y Costa sur de España.
Reg.: X y XII.
Bibl.: 29, 31 y 32.

LISTA DE HOSPEDADORES CON SUS MONOGENEA PARÁSITOS

Phyllum Arthropoda
Clase Crustacea
Orden Isopoda
Meinertia oestroides
Cyclocotyle bellones OTTO, 1821

Phyllum Chordata
Clase Chondricthyes
Orden Squaliformes
Musola (*Mustelus mustelus*)
Hexobothrium musteli (MACCALLUM, 1931) PRICE, 1942

Pintarroja (*Scyliorhinus canicula*)
Hexobothrium apendiculatum (KUHN, 1829) NORDMAN, 1840
Leptocotyle minor (MONTICELLI, 1888) GALLIEN, 1937

Orden Rajiformes
Raya (*Raia microcellata*)
Empruthotrema raiae (MACCALLUM, 1916) JOHNSTON et TIEGS, 1922

Tremielga (*Torpedo marmorata*)
Empruthotrema torpedinis KEARN, 1976

Clase Osteichthyes
Orden Salmoniformes
Trucha común (*Salmo trutta fario*)
Tetraonchus gussevi KAKACHEVA, NEDEVA, GONZALEZ et ALVAREZ, 1986

Orden Clupeiformes
Alacha (*Sardinella aurita*)
Mazocraeoides georgei PRICE, 1936

Orden Cypriniformes

Barbo (*Barbus barbus bocagei*)

Dactylogyrus balistae SIMON VICENTE, 1981
Dactylogyrus bocageii ALVAREZ, SIMON et GONZALEZ, 1981
Dactylogyrus legionensis GONZALEZ et ALVAREZ, 1982

Barbo (*Barbus meridionalis*)

Diplozoon gracile REICHENBACH-KLINKE, 1961

Bermejuela (*Rutilus arcasii*)

Dactylogyrus elegantis GUSAEV, 1966
Dactylogyrus ergensi MOLNAR, 1964
Gyrodactylus sp.

Boga (*Chondrostoma polylepis*)

Dactylogyrus elegantis GUSAEV, 1966
Dactylogyrus ergensi MOLNAR, 1964
Dactylogyrus polylepidis ALVAREZ, SIMON et GONZALEZ, 1981
Dactylogyrus vistulae PROST, 1957

Cacho (*Leuciscus cephalus*)

Dactylogyrus cordus NYBELIN, 1936
Dactylogyrus ergensi MOLNAR, 1964
Dactylogyrus polylepidis ALVAREZ, SIMON et GONZALEZ, 1981
Dactylogyrus vistulae PROST, 1957
Gyrodactylus medius KATHARINER, 1893

Carpa (*Cyprinus carpio*)

Dactylogyrus anchoratus (DUJARDIN, 1843) WAGENER, 1857
Dactylogyrus formosus KIELWIEC, 1927

Carpín (Carassius carassius)

Dactylogyrus anchoratus (DUJARDIN, 1843) WAGENER, 1857
Dactylogyrus extensus MULLER et VAN CLEAVE, 1932
Dactylogyrus formosus KIELWIEC, 1927
Dactylogyrus inespectatus IZUMOWA, 1955
Dactylogyrus vastator NYBELIN, 1924
Diplozoon paradoxum VON NORDMANN, 1832
Gyrodactiliodes sp.
Gyrodactylus sp.

Carpín dorado (*Carassius auratus*)

Gyrodactylus elegans NORDMANN, 1832

Orden Anguiliformes

Anguila (*Anguilla anguilla*)

Pseudodactylogyrus anguilla
Pseudodactylogyrus bini KIKUCHI, 1929

Morena (*Muraena helena*)

Enoplocotyle minima TAGLIANI, 1912

Orden Beloniformes

Aguja (*Belone belone*)

Aspinatrium gallieni EUZET et KTARI, 1971

Axine belones ADILDGAARD, 1794

Orden Gadiformes

Faneca (*Gadus luscus*)

Diclidophora merlangi (KUHN in NORDMANN, 1932) KROYER 1834-1840

Octobothrium sp.

Orden Perciformes

Aligote (*Pagellus acarne*)

Choricotyle chrysophryi BENEDEN et HESSE, 1863

Anjova (*Pomatomus saltatrix*)

Gotocotyle acanthura (PARONA et PERUGIA, 1891) MESERVE, 1938

Microcotyle pomatomi GOTO, 1899

Atún (*Thunnus thynnus*)

Hexostoma thynni (DELAROCHE, 1811)

Breca (*Pagellus erythrynus*)

Microcotyle erythryni BENEDEN et HESSE, 1863

Boga (*Boops boops*)

Atriaster salpae (PARONA et PERUGIA, 1890)

Microcotyle erythrini BENEDEN et HESSE, 1863

Pseudaxine trachuri PARONA et PERUGIA, 1890

Bonito (*Pelamys sarda*)

Hexostoma thynni (DELAROCHE, 1811)

Caballa (*Scomber scomber*)

Kuhnia scombri (KUHN, 1819) SPROSTON, 1945

Chicharro (*Trachurus trachurus*)

Gastrocotyle trachuri BENEDEN et HESSE, 1863

Pseudaxine trachuri PARONA et PERUGIA, 1890

Chicharro pintado (*Trachurus picturatus*)

Pseudaxine trachuri PARONA et PERUGIA, 1890

Chopa (*Spondyliosoma cantharus*)

Arnola microcirrus (VLASENKO, 1931) YAMAGUTI, 1971

Microcotyle alcedinis PARONA et PERUGIA, 1850

Conejo marino (*Promethichthys prometeus*)

Gempylitrema longipedunculatum YAMAGUTI, 1968

Diplodus spp.

Atriaster (Atriaster) heterodus (LEVEDEV et PARUKHIN, 1969) EUZET et MAILLARD, 1973

Espetón (*Sphyraena sphyraena*)

Rhinecotyle crepitacula EUZET et TRILLES, 1960

Estornino (*Scomber colias*)
Kuhnia scombri (KUHN, 1819) SPROSTON, 1945

Herrera (*Lithognatus mormyrus*)
Microcotyle mormyri LORENZ, 1878

Lubina (*Dicentrarchus labrax*)
Diplectanum aequans (WAGENER, 1857) DIESING, 1858
Diplectanum laubieri LAMBERT et MAILLARD, 1974

Mojarra (*Diplodus vulgaris*)
Atriaster seminalis EUZET et MAILLARD, 1973
Polylabris diplodi EUZET et CAUWET, 1967

Oblada (*Oblada melanura*)
Polylabris diplodi EUZET et CAUWET, 1967

Palometa (*Brama raii*)
Gotocotyle acanthura (PARONA et PERUGIA, 1891) MESERVE, 1938
Winkenthughesia bramae (PARONA et PERUGIA, 1896) BYCHOWSKY, 1957

Palometa blanca (*Tachinotus glaucus*)
Gotocotyle acanthura (PARONA et PERUGIA, 1896) MESERVE, 1938
Pyragraphorus hollisae EUZET et KTARI, 1970

Parathunnus obesus
Hexostoma thynni (DELAROCHE, 1811)

Perca americana (*Micropterus salmoides*)
Urocleidus principalis (MIZELLE, 1936) MIZELLE et HUGHES, 1938

Pez ángel (*Pterophyllum scalare*)
Cleidodiscus sp.
Gussevia sp.

Pseudocaranx dentex
Heteraxine louiseuzeti LOPEZ-ROMAN et ARMAS HERNANDEZ, 1989

Roncador (*Pomadasis incisus*)
Heteraxinoides hannibali EUZET et KTARI, 1970

Salpa (*Boops salpa*)
Atriaster salpae (PARONA et PERUGIA) EUZET et MAILLARD, 1973
Encotyllabe spari YAMAGUTI, 1934
Lamellodiscus ignoratus PALOMBI, 1943
Lamellodiscus parisi OLIVER, 1969
Microcotyle salpae PARONA et PERUGIA, 1890

Sargo (*Diplodus sargus*)
Atriaster heterodus (LEVEDEV et PARUKHIN, 1969) EUZET et MAILLARD, 1973
Atriaster salpae (PARONA et PERUGIA, 1890) MAILLARD et NOISY, 1979
Atriaster seminalis EUZET et MAILLARD, 1973
Lamellodiscus ignoratus PALLOMBI, 1943
Polylabris diplodi EUZET et CAUWET, 1967

Sargo breado (*Diplodus cervinus*)
Atriaster maillardi LOPEZ-ROMAN et ARMAS HERNANDEZ, 1989
Atriaster salpae (PARONA et PERUGIA, 1890) MAILLARD et NOISY, 1979
Atriaster seminalis EUZET et MAILLARD, 1973

Sargo picudo (*Puntazzo puntazzo*)
Polylabris diplodi EUZET et CAUWET, 1967

Verrugato de fango (*Umbrina canariensis*)
Diplectanum banyulensis OLIVIER, 1958
Diplectanum labourgi OLIVIER, 1973

Orden Mugiliformes

Galupe (*Mugil auratus*)
Ancyrocephalus vanbenedeni (PARONA et PERUGIA, 1890)
Microcotyle mugilis VOGT, 1878

Orden Scorpaeniformes

Armado (*Peristedion cathaphractum*)
Trochopella candida EUZET et TRILLES, 1962

Cabete (*Lepidotrigla cavillone*)
Trochopus pini (VAN BENEDEN et HESSE, 1863) MASSA, 1903

Escorpión (*Trachinus draco*)
Aspinatrium trachini PARONA et PERUGIA, 1889

Rata (*Uranoscopus scaber*)
Tetraoncoides paradoxus BYCHOWSKY, 1951

Orden Pleuronectiformes

Lenguado (*Solea vulgaris*)
Pseudodiplectanum kearnei VALA, LOPEZ-ROMAN et BOUDAOUD, 1980

Clase Amphibia

Orden Anura

Rana (*Rana perezi*)
Polystoma integerrimum (FRÖHLICH, 1798) RUDOLPHI, 1808

Rana (*Rana temporaria*)
Polystoma integerrimum (FRÖHLICH, 1798) RUDOLPHI, 1808
Polystoma viridis

Rana de San Antón (*Hyla arborea*)
Polystoma gallieni (PRICE, 1939)?
Polystoma palancai LOPEZ-NEYRA, 1952

Sapo de espuelas (*Pelobates cultripes*)
Polystoma pelobatis EUZET et COMBES, 1965

Clase Reptilia

Orden Chelonia

Galápago leproso (*Mauremys caspica*)

Neopolystoma euzeti

Polystoma caballeroi LOPEZ-ROMAN, 1977

Polystomoides ocellatum (RUDOLPHI, 1819) OZAKI, 1935

BIBLIOGRAFÍA (MONOGENEA)

1. ALVAREZ PELLITERO, M.P. (1974).- Helminths of the digestive tract of brown trout (*Salmo trutta* m. *fario*) in NW Spain. UProc. Inst. Congr. Parasit., München, 3, sect. 92(41): 1645.
2. ALVAREZ PELLITERO, M.P.; SIMON VICENTE, F. y GONZALEZ LANZA, M.C. (1981).- Nuevas aportaciones sobre Dactylogyridae (Monogenea) de la Cuenca del Duero (NO. de España), con descripción de *Dactylogyrus polylepidis* n.sp. y *D.bocageii* n.sp. *Rev. Ibér. Parasitol., 41*: 225.
3. BARRACHINA DE GRACIA, E. (1992).- Estudio sistemático y ecológico de la parasitofauna de la pintarroja *Scyliorhinus canicula* (Linnaeus, 1758) (Chondrichthyes: Scyoliorhinidae) del litoral castellonense, Mediterráneo occidental. *Tesis Doctoral*, Universidad de Valencia.
4. BENVENGNU, G. DE QUADROS (1971).- Datos biométricos y biológicos sobre la faneca (*Trisoptemus luscus* L., 1758) (Gadidae) del Cantábrico. *Bol. Inst. Españ. Ocean., 148*: 3.
5. BUHRHEIM, U.; CORREA GOMES, D. y CARVALHO VARELA, M. (1973).- Algunos trematodeos monogenéticos da familia Capsalidae BAIRD, 1853 en peixes do Oceáno Atlántico. *Mem. Inst. Oswaldo Cruz, 71*: 227.
6. COMBES, C. y GERBEUX, M.T. (1970).- Recherches écoparasitologiques sur l'helminthofaune de *Rana ridibunda perezi* (Amphibien, Anoure) dans l'est des Pyrénées. *Vie et Milieu, 21*: 121.
7. CORDERO DEL CAMPILLO, M. (1961).- Las enfermedades parasitarias producidas por metazoarios en peces, moluscos y crustáceos comestibles. *Col. Vet. España, 8*: 265.
8. EUZET, L. y LOPEZ-ROMAN, R. (1973).- Nuevos datos sobre la morfología y la anatomía de *Axine belones* ABILDGAARD, 1794 (Monogenea). *Rev. Ibér. Parasitol., 33*: 557.
9. FERNANDEZ, J.P. et al. (1989).- Parasitofauna comparada de *U. scaber* (L.) procedente del Golfo de Cádiz y del Golfo de Valencia. *VI Cong. Nac. y I Cong. Ibér. de Parasitol.*: 93
10. GALEANO, M.; NAVARRO, P. y LLUCH, J. (1990).- Helmintofauna de *Hyla* spp. (Amphibia, Hylidae) en algunas localidades españolas. *Misc. Zool., 14*: 1.
11. GONZALEZ-LANZA, M.C. y ALVAREZ-PELLITERO, M.P. (1982).- Description and population dynamics of *Dactylogyrus legionensis* n.sp. from *Barbus barbus bocagei* Steind. *J. of Helminth., 56*: 263.
12. GONZALEZ LANZA, M.C.; ALVAREZ PELLITERO, M.P. y PEREIRA BUENO, J.M. (1978).- *Dactylogyrus* spp. en *Carassius carassius* y *Cyprinus carpio* en el río Esla (León). *II Reun. An. A.P.E.*, Madrid: 66.
13. GONZALEZ LANZA, C.; ALVAREZ-PELLITERO, P. y SITJA-BOBADILLA, A. (1991).- Diplectanidae (Monogenea) infestations of sea bass, *Dicentrarchus labrax* (L.), from the Spanish Mediterranean area. *Parasitology Research, 77*: 307.

14. GUTIERREZ, J.F. et al. (1991).- Estudio parasitológico de *Barbus meridionalis meridionalis*. I. Monogenea y Digenea. *I Congr. Int. Asoc. Sudoccid. Europ. Parasitol.*: 66.

15. HORNERO GARCIA, M.J. (1987).- Contribución al conocimiento de la helmintofauna de los anfibios anuros de los Pirineos Ibéricos. *Tesis Doctoral*, Univ. de Valencia.

16. KAKACHEVA, D.; NEDEVA, I.; GONZALEZ-LANZA, M.C. y ALVAREZ-PELLITERO, M.P. (1986).- A description of *Tetraonchus gussevi* n.sp. (Monogenea) from trout (*Salmo trutta* m. *fario*). *Helminthologia, 23*: 243.

17. KEARN, G.C. (1976).- Observaciones en monogeneas parásitos de la fosa nasal de rayas europeas: *Empruthotrema raiae* (MacCallum, 1916) Johnston et Tiegs, 1922 y *E.torpedinis* n.sp. en *Torpedo marmorata*. *Trudy Biol. Poch. Inst., 34*: 45.

18. KEARN, G.C. y VASCONCELOS, M.E. (1979).- Preliminary list ofmonogenean parasites of Portuguese marine fishes, with a note on *Enoplocotyle minima Tagliani*, 1912. *Boletim Inst. Nac. Invest. das Pescas, 1*: 25.

19. LLUCH, J.; NAVARRO, P. y IZQUIERDO, S. (1990).- Sobre la helmintofauna de *Rana temporaria* Linnaeus, 1758 en el Pirineo español. *Rev. Esp. Herp., 4*: 67.

20. LLUCH, J.; ROCA, V.; NAVARRO, P. y MAS-COMA, S. (1987).- Helmintofauna de los Herpetos ibéricos: estado actual de conocimientos, consideraciones ecológicas y estimaciones corológicas. En: *Mamíferos* y *Helmintos*. Vol. homenaje al Prof. Dr. Herman Kahmann en su 81 aniversario. Ed. Ketres, Barcelona: 143.

21. LOPEZ-NEYRA, C.R. (1923).- Apuntes para un compendio de helmintología ibérica. *Asoc. Esp. Progr. Cienc. Congr. de Salamanca, 9*: 93.

22. LOPEZ-NEYRA, C.R. (1941).- Compendio de Helmintología ibérica. *Rev. Ibér. Parasitol., 1*: 7, 171, 325 y 381.

23. LOPEZ-NEYRA, C.R. (1947).- *Helmintos de los vertebrados ibéricos*. Imp. Urania. Granada.

24. LOPEZ-NEYRA, C.R. (1952).- *Polystoma palancai* n. sp. (Monogenea-Polistomidae) parásito de la vejiga urinaria de la rana de S. Antón. *Rev. Ibér. Parasitol., 12*: 289.

25. LOPEZ-ROMAN, R. (1976).- Polystomatidae en la provincia de Granada. *I Congr. Nac. Parasitol.*: 16.

26. LOPEZ ROMAN, R. (1979).- *Sphyraena barracuda* Walbaum, hospedador de *Rhinecotyle crepitacula* Euzet y Trilles, 1960 (Monogenea), en aguas del Archipiélago de Canarias. *II Congr. Nac. Parasitol.*, León: 87.

27. LOPEZ-ROMAN, R. y ARMAS, F. DE (1987).- *Hexobothrium musteli* (MacCallum, 1931) Price, 1942 (Hexobothriidae: Monogenea) en los arcos branquiales de *Mustelus mustelus* (L. 1758) capturados en aguas del archipiélago Canario. *Rev. Ibér. Parasitol., Vol. Extr.*: 125.

28. LOPEZ ROMAN, R. y ARMAS HERNANDEZ, F. DE (1979).- Contribución al conocimiento de Polyopisthocotylea (Monogenea), parásitos del género *Diplodus*, en aguas del Archipiélago de Canarias. *II Cong. Nac. Parasitol.*, León: 86.

29. LOPEZ-ROMAN, R. y ARMAS HERNANDEZ, F. DE (1989).- Monogenea de peces de las Islas Canarias. En: *Parazitologicheskie Issledovaniya*. Ed. B.I. Lebedev. Academia de Ciencias de la URSS, Vladivostok: 24 {Ru}.

30. LOPEZ ROMAN, R. y GUEVARA POZO, D. (1973).- Especies de la familia Microcotylidae (monogenea) halladas en teleósteos marinos de la costa de Granada. *Rev. Ibér. Parsitol., 33*:197.

31. LOPEZ ROMAN, R. y GUEVARA POZO, D. (1974).- Monogenea parásitos de teleósteos capturados en el mar de Alborán. *Proc. III Int. Cong. Parasitol.*, München, sect. G 2 (8): 1613.

32. LOPEZ ROMAN, R. y GUEVARA POZO, D. (1976).- *Trochopella candida* Euzet y Trilles, 1962 y *Winkenthughesia bramae* (Parona y Perugia, 1896) Bychowsky, 1957 (Monogenea) parásitos de peces marinos del Mar de Alborán. *Rev. Ibér. Parasitol., 36*: 139.

33. LOPEZ-ROMAN, R. y GUEVARA-POZO, D. (1977).- Distribution in the host of some parasites of *Clemmys leprosa* Schweigger of the Province of Granada, Spain. *I Medit. conf. on parasitol.*, Izmir: 133.

34. NAVARRO GOMEZ, P. (1987).- Sobre la helmintofauna de algunas poblaciones españolas, peninsulares e insulares, del género *Rana* Linnaeus, 1758 (Amphibia: Ranidae). *Tesis Doctoral*, Univ. de Valencia.

35. OLIVER, G. (1973).- Les Diplectanidae (BYCHOWSKI, 1957) (Monogenea, Monopisthocotylea) parasites d'*Umbrina canariensis* (VALENCIENNES, 1843) dans le golfe de Gascogne. Com. *Cong. Soc. Franc. Parasitol.*, Perpignan, 10-13 de mayo.

36. PELLICER CARRASCO, M. (1992).- Estudio del parasitismo de *Sarpa salpa* (L., 1758) (Pisces: Sparidae) en las zonas marítimas de Castellón y Teulada-Moraira (Alicante) en el Mediterráneo Occidental. *Tesis Doctoral*, Universidad de Valencia.

37. RAMAJO MARTIN, V. (1992).- *Zooparasitología*. En: Las Dehesas Salmantinas. Junta de Castilla y León. Gráficas Ortega: 463.

38. REINA, D.; NAVARRETE, I.; HERNANDEZ-RODRIGUEZ, S. y HABELA, M. (1987).- Contribución al conocimiento de la parasitofauna de Cáceres. Primera relación. II. Helmintos. *Rev. Ibér. Parasitol.*, Vol. Extr.: 85.

39. SALCEDO, T.; ZAPATERO, L.M.; SANCHEZ, I. y CASTAÑO, C. (1992).- Contribución al conocimiento de los monogeneas parásitos de *Pterophyllum scalare* Lichtenstein, 1823 (Cichlidae). *IX Reunión Cient. Asoc. Parasitol. Esp.*, León: 35.

40. SARAIVA, A. y CHUBB, J.C. (1989).- Preliminary observations on the parasites of *Anguilla anguilla* (L.) from Portugal. *Bull. of the Europ. Ass. of Fish Pathol.*, U9: 88.

41. SIMON VICENTE, F. (1975).- Sobre un *Gyrodactylus* spp. (Trematoda-Monogenea) del subgénero *Gyrodactylus (Lymnonephrotus)* MALMBERG, 1964. *Rev. Ibér. Parasitol., 35*: 283.

42. SIMON VICENTE, F.; RAMAJO MARTIN, V. y ENCINAS GRANDES, A. (1975).- *Dactylogyrus* spp. (Trematoda, Monogenea) de peces de la Cuenca del Duero. *Rev. Ibér. Parasitol., 35*: 25.

43. VALA, J.C.; LOPEZ-ROMAN, R. y BOUDAOUD, K. (1980).- *Pseudodiplectanum kearnei* n.sp. (Monogenea, Diplectanidae) parasite branchial de *Solea vulgaris* Quensel, 1806 en Mediterranée. *Rev. Ibér. Parasitol., 40*: 21.

DIGENEA

Acanthocolpoides guevarai LOPEZ-ROMAN, 1979

Hosp.: Caballa (*Scomber scombrus*)
Dist.: Canarias.
Reg.: XII.
Bibl.: 150 y 226.

Acanthoparyphium spinulosum JOHNSTON, 1917

Hosp.: Chorlitejo grande (*Charadrius hiaticula*) y chorlito gris (*Pluvialis squatarda*)
Dist.: Huelva.
Reg.: IX.
Bibl.: 3.

Acanthostomum imbutiforme (MOL, 1859)

Hosp.: Lubina (*Dicentrarchus labrax*)
Dist.: Alicante, Huelva y Tarragona.
Reg.: IV, VII y IX.
Bibl.: 62 y Fernández y Carbonell, 1993 (com. per.)

Alaria alata (GOEZE, 1782) HALL et WIGDOR, 1918

Hosp.: Perro, lobo (*Canis lupus*) y zorro (*Vulpes vulpes*)
Dist.: Cáceres y Salamanca.
Reg.: III y VI.
Bibl.: 316, 319, 373 y Sánchez, J.M., 1974 (com. per.)

Allocreadium isoporum (LOOSS, 1894) LOOS, 1900

Hosp.: Cacho (*Leuciscus cephalus*), barbo (*Barbus meridionalis*) y calandino (*Rutilus alburnoides*)
Dist.: Gerona y Salamanca.
Reg.: III y V.
Bibl.: 169, 316 y 378.

Allocreadium sp.?
(Posiblemente *Plagioporus* sp.)

Hosp.: Barbo (*Barbus barbus bocagei*)
Dist.: León.
Reg.: III.
Bibl.: 26.

Anisocladium fallax (RUDOLPHI, 1819)

Hosp.: Rata (*Uranoscopus scaber*)
Dist.: Cádiz, Costa sur de España y Valencia.
Reg.: VII, IX y X.
Bibl.: 107 y 231.

Anisocoelium capitellatum (RUDOLPHI, 1819)

Hosp.: Rata (*Uranoscopus scaber*)
Dist.: Cádiz y Valencia.
Reg.: VII y IX.
Bibl.: 62 y 109.

Aphanurus stossichii (MONTICELLI, 1891) LOOSS, 1907

Hosp.: Boga (*Boops boops*), sardina (*Clupea pilchardus*), boquerón (*Engraulis encrasicholus*), espadín (*Clupea sprattus*), y alacha (*Sardinella aurita*)
Dist.: Mar de Alborán, Canarias, Palma de Mallorca y Pontevedra.
Reg.: II, X, XI y XII.
Bibl.: 80, 150, 216, 217, 231, 298 y 325.

Apharingostrigea cornu (ZEDER, 1890) CIUREA, 1927

Hosp.: Garcilla bueyera (*Bubulcus ibis*)
Dist.: Canarias.
Reg.: XII.
Bibl.: 151.

Apharingostrigea ramai (VERMA, 1936) VIDYARTHI, 1937

Hosp.: Garza real (*Ardea cinerea*)
Dist.: Canarias.
Reg.: XII.
Bibl.: 151.

Aporchis massiliensis TIMON-DAVID, 1955

Hosp.: Gaviota argéntea (*Larus argentatus*)
Dist.: Canarias.
Reg.: XII.
Bibl.: 151.

Arnola microcirrus (VLASENKO, 1931)

Hosp.: Chopa (*Spondyliosoma cantharus*)
Dist.: Canarias.
Reg.: XII.
Bibl.: 150.

Bacciger bacciger (RUDOLPHI, 1819) NICOLL, 1914

Hosp.: Boga (*Boops boops*)
Dist.: Canarias.
Reg.: XII.
Bibl.: 152.

Bathycreadium biscayense BRAY, 1973

Hosp.: Diversos peces gadiformes (*Trachyrhynchus trachyrinchus* y obispo de mitra corta *Coelorhynchus caelorhinchus*)
Dist.: Golfo de Vizcaya.
Reg.: I.
Bibl.: 53.

Bilharziella polonica KOWALEWSKI, 1895

Hosp.: Cerceta común (*Anas crecca*)
Dist.: Salamanca.
Reg.: III.
Bibl.: 364.

Brachycoelium salamandrae (FROELICH, 1789)

Hosp.: Salamandra (*Salamandra salamandra*) y rana roja (*Rana temporaria*)
Dist.: Barcelona y Madrid.
Reg.: V y VI.
Bibl.: 178, 196, 204, 211, 216, 217 y 278.

Brachylaemus arcuatus (DUJARDIN, 1845)

Hosp.: Zorzal común (*Turdus philomelos*)
Dist.: Granada.
Reg.: X.
Bibl.: 216 y 217.

Brachylaemus columbae (MAZZANTI, 1899)

Hosp.: Paloma (*Columba livia*)
Dist.: Córdoba.
Reg.: IX.
Bibl.: 249 y 250.

Brachylaemus erinacei BLANCHARD, 1847 (Syn. *Brachylaemus suis*)

Hosp.: Erizo (*Erinaceus europaeus*), musaraña colicuadrada (*Sorex araneus*), cerdo, jabalí (*Sus scrofa)* y gorrión (*Passer domesticus*). Ratón (*Mus musculus*) (exp.)
H.I.: *Agriolimax reticulatum, Cernuella arigonis* y *Arianta, Arion, Cepaea, Euomphalaria, Helix, Limax* y *Succinea* spp
Dist.: Cádiz, Córdoba, Galicia, Granada y Salamanca. Portugal.
Reg.: I, II, III, IX y X. Portugal.
Bibl.: 192, 216, 217, 249, 304, 316, 326, 358, 367 y 368.

Brachylaemus fulvus DUJARDIN, 1843
Hosp.: Musaraña colicuadrada (*Sorex araneus*), musaraña campesina (*Crocidura suaveolens*), musgaño patiblanco (*Neomys fodiens*) y musaraña enana (*Sorex minutus*)
Dist.: Galicia y Pirineos orientales.
Reg.: I, II, IV y V.
Bibl.: 186, 258, 259 y 358.

Brachylaemus recurvus DUJARDIN, 1845 (Syn. *Brachylaima recurva*)
Hosp.: Rata gris (*Rattus norvegicus*), rata negra (*Rattus rattus*), lirón careto (*Eliomys quercinus*) y ratón de campo (*Apodemus sylvaticus*)
Dist.: Baleares, Barcelona, Galicia, Gerona, Huesca, Lérida y Tarragona. Andorra.
Reg.: I, II, IV, V y XI.
Bibl.: 98, 99, 125, 217, 253, 259, 260 y 358.

Brachylaemus sp.
Hosp.: Perdiz roja (*Alectoris rufa*)
Dist.: ?
Bibl.: 392.

Brachylaemus suis BALOZET, 1936
Cf. *Brachylaemus erinacei*

Brachylaima fuscata (RUDOLPHI, 1819) JOYEUX et al., 1932
Hosp.: Gorrión (*Passer domesticus*) y paloma (*Columba livia*)
Dist.: Barcelona y Canarias.
Reg.: V y XII.
Bibl.: 151 y 400.

Brachylaima recurva (DUJARDIN, 1845)
Cf. *Brachylaemus recurvus*

Brachylaima ruminae MAS-COMA et MONTOLIU, 1986
Hosp.: Lirón careto (*Eliomys quercinus*), rata negra (*Rattus rattus*) y ratón (*Mus musculus*)
H.I.: *Rumina decollata*
Dist.: Baleares.
Reg.: XI.
Bibl.: 91 y 261.

Brachylaima simoni FELIU, MAS-COMA, MONTOLIU et GALLEGO, 1986
Hosp.: Musaraña común (*Crocidura russula*)
Dist.: Baleares.
Reg.: XI.
Bibl.: 100.

Brachylaima sp.
Hosp.: Erizo moruno (*Aethechinus algirus*)
Dist.: Baleares y Galicia.
Reg.: I, II y XI.
Bibl.: 25 y 94.

Brachylaima sp.
Hosp.: Ratón de campo (*Apodemus sylvaticus*)
Dist.: Andorra y Baleares.
Reg.: IV y XI.
Bibl.: 96 y 265.

Brachylaima sp.
Hosp.: Lirón careto (*Eliomys quercinus*)
Dist.: Andorra y Baleares.
Reg.: IV y XI.
Bibl.: 91 y 96.

Brachylaima sp.
Hosp.: Topino rojo (*Clethrionomys glareolus*)
Dist.: Alava, Barcelona, Burgos, Cantabria, Gerona, Huesca, Lérida, Lugo, Navarra, Palencia y La Rioja. Andorra.
Reg.: I, II, III, IV y V.
Bibl.: 95.

Brachylaima sp.
Hosp.: Lince ibérico (*Lynx pardina*)
Dist.: Toledo.
Reg.: VIII.
Bibl.: 398.

Brachylaima sp.
Hosp.: Musaraña campesina (*Crocidura suaveolens*)
Dist.: Galicia.
Reg.: I y II.
Bibl.: 398.

Brachylaima sp.
Hosp.: Topillo común (*Pitymys duodecimcostatus*)
Dist.: General.
Bibl.: 69.

Brachylaima sp.
Hosp.: Rata gris (*Rattus norvegicus*) y rata negra (*Rattus rattus*)
Dist.: Baleares y Valencia.
Reg.: VII y XI.
Bibl.: 52 y 119.

Brachylaima sp.
Hosp.: Musaraña común (*Crocidura russula*)
Dist.: Málaga, Tarragona y Valencia.
Reg.: IV, VII y X.
Bibl.: 168, 236 y 396.

Brachylaima sp. (metacercariae)
H.I.: Lagartija (*Podarcis bocagei*)
Dist.: La Coruña.
Reg.: II.
Bibl.: 209 y 337.

Brachylaima sp. (metacercariae)
H.I.: Lagartijas (*Podarcis pityusensis, P.lilfordi*)
Dist.: Baleares
Reg.: XI.
Bibl.: 179 y 332.

Brachylaima sp. (metacercariae)
H.I.: Rana (*Rana perezi*)
Dist.: Levante.
Reg.: VII.
Bibl.: 199, 205 y 278.

Brachylecithium eliomydis JOURDANE et MAS-COMA, 1977
Hosp.: Lirón careto (*Eliomys quercinus*)
Dist.: Andorra.
Reg.: IV.
Bibl.: 96.

Brodenia jonchi GALLEGO BERENGUER, SELVA VALDESPINOSA et ESTEBAN FERNANDEZ, 1965
Hosp.: Gorila (*Gorilla gorilla*)
Dist.: Zoológico de Barcelona.
Reg.: V.
Bibl.: 126.

Bucephaloides gracilescens
Cf. *Bucephalopsis gracilescens*

Bucephalopsis callicotyle KOHN, 1962
Hosp.: Anjova (*Pomatomus saltatrix*)
Dist.: Canarias.
Reg.: XII.
Bibl.: 142 y 150.

Bucephalopsis gracilescens (RUDOLPHI, 1819) NICOLL, 1914 (Syn. *Bucephaloides gracilescens*)
Hosp.: Rape (*Lophius piscatorius*)
Dist.: Cádiz, Huelva y Valencia.
Reg.: VII y IX.
Bibl.: 53, 271 y 294.

Bucephalopsis haimeanus (LACAZE-DUTHIERS, 1845)
Hosp.: Rayas y tiburones.
H.I.: Almeja (*Tapes aureus*), Ostra (*Ostrea edulis*), ostra japonesa (*Crassostrea gigas*), mejillón (*Mytilus edulis*) y berberecho (*Cerastoderma edule*) (Esporocistos).
Dist.: Cantabria, Baleares, Tarragona y Vigo.
Reg.: I, II, IV y XI.
Bibl.: 31, 80, 89, 110 y 217.

Bucephalus baeri MAILLARD, 1976
Hosp.: Lubina (*Dicentrarchus labrax*)
Dist.: Cádiz, Tarragona y Valencia.
Reg.: IV, VII y IX.
Bibl.: 271 y Fernández y Carbonell, 1993 (com. per.)

Bucephalus labracis
Hosp.: Lubina (*Dicentrarchus labrax*)
Dist.: Alicante.
Reg.: VII.
Bibl.: 62.

Bucephalus mytili COLE, 1935
Hosp.: Mejillón (*Mytilus edulis*)
Dist.: Portugal.
Bibl.: Antunes Días y Damasía Serrano, 1972 (com. per.).

Cainocreadium labracis (DUJARDIN, 1845) NICOLL, 1909
Hosp.: Lubina (*Dicentrarchus labrax*)
Dist.: Mar de Alborán, Asturias, Huelva y Tarragona.
Reg.: I, IV, IX y X.
Bibl.: 106, 231, 233 y Martínez Fernández, 1974 (com. per.)

Campula palliata (LOOSS, 1885) LOOSS, 1901
Hosp.: Delfín listado (*Stenella coeruleoalba*) y delfín común (*Delphinus delphis*)
Dist.: Valencia.
Reg.: VII.
Bibl.: 63, 203, 311 y 312.

Cardiocephallus hillii (JOHNSTON, 1904) SZIDAT, 1928
Hosp.: Gaviota argéntea (*Larus argentatus*)
Dist.: Canarias.
Reg.: XII.
Bibl.: 151.

Cardiocephallus longicollis (RUDOLPHI, 1819) SZIDAT, 1928
Hosp.: Gaviota argéntea (*Larus argentatus*)
Dist.: Canarias.
Reg.: XII.
Bibl.: 151.

Centroderma spinossimum (STOSSICH, 1883) LÜHE, 1926
Hosp.: Salpa (*Boops salpa*)
Dist.: Alicante, Canarias y Castellón.
Reg.: VII y XII.
Bibl.: 150, 299 y 300.

Centroderma stossichianum (MONTICELLI, 1892) SKRJABIN, 1963
(Syn. *Elstia stossichianum*)
Hosp.: Salpa (*Boops salpa*)
Dist.: Alicante, Canarias, Castellón y Mar de Alborán.
Reg.: VII, X y XII.
Bibl.: 150, 229, 231, 299 y 300.

Cephalogonimus europaeus BLAIZOT, 1910 (Syn.? *Cephalogonimus retusus*)
Hosp.: Rana (*Rana perezi*)
Dist.: Alicante, Avila, Castellón, Gerona, Granada, Huesca, Madrid, Salamanca y Valencia.
Reg.: III, IV, V, VI, VII, IX y X.
Bibl.: 75, 77, 120, 178, 182, 200, 202, 204, 205, 278 y 302.

Cephalogonimus retusus (DUJARDIN, 1845) TRAVASSOS, 1932
(Syn.? *Cephalogonimus europaeus*)
Hosp.: Rana (*Rana perezi*)
Dist.: Granada.
Reg.: X.
Bibl.: 75 y 217.

Cephalogonimus sp.
Hosp.: Culebra de agua (*Natrix maura*)
Dist.: Valencia.
Reg.: VII.
Bibl.: 274 y 277.

Cercaria diesingi
Cf. *Diplodiscus subclavatus*

Cercaria diplocotylea
Cf. *Diplodiscus subclavatus*

Cercaria imbricata
Cf. *Notocotylus imbricatus*

Cercaria ophiocerca (PALOMBI)
Hosp.: ?
H.I.: Almejas (*Tapes aureus* y *Tapes decussatus*)
Dist.: Cantabria.
Reg.: I.
Bibl.: 31.

Cercaria tenuans
Hosp.: ?
H.I.: Mejillón (*Mytilus edulis*)
Dist.: Galicia. Portugal.
Reg.: I y II. Portugal.
Bibl.: 170 y Atunes y Damasía, 1974 (com. pers.)

Cercaria vitrina
Cf. *Dicrocoelium dendriticum*

Chorycotyle chrysophryi VAN BENEDEN et HESSE, 1974
Hosp.: Aligote (*Pagellus acarne*)
Dist.: Costa sur de España.
Reg.: X.
Bibl.: 232.

Cloacitrema deltoidea MAMAEV, 1959
Hosp.: Andarríos chico (*Tringa hipoleucos*)
Dist.: Granada.
Reg.: IX y X.
Bibl.: 145 y 147.

Collyricloides massanae VAUCHER, 1969
Hosp.: Ratón de campo (*Apodemus sylvaticus*)
Dist.: Barcelona, Gerona y Lérida. Andorra.
Reg.: IV y V.
Bibl.: 96, 99, 100, 187, 259 y 381.

Complexobursa sp.
Hosp.: Rape (*Lophius piscatorius*)
Dist.: Valencia.
Reg.: VII.
Bibl.: 294.

Conspicuum alectoris (NOELLER et ENIGK, 1932)
Hosp.: Perdiz (*Alectoris rufa*)
Dist.: Portugal.
Bibl.: 64.

Corrigia vitta (DUJARDIN, 1845)
Hosp.: Lirón careto (*Eliomys quercinus*), ratón (*Mus musculus*), ratón moruno (*Mus spretus*), ratón de campo (*Apodemus sylvaticus*) y topino rojo (*Clethrionomys glareolus*)
Dist.: Alava, Baleares, Barcelona, Burgos, Cantabria, Gerona, Huesca, Lérida, Lugo, Navarra, Palencia, La Rioja y Valencia. Andorra.
Reg.: I, II, III, IV, V, VII y XI.
Bibl.: 66, 91, 95, 96, 98, 99, 253, 259, 260, 265 y 381.

Crepidostomum farionis (MULLER, 1784) LUEHE, 1909
Hosp.: Trucha (*Salmo trutta fario*) y sapo (*Bufo bufo*)
Dist.: León y Sierra de Gredos.
Reg.: III y VI.
Bibl.: 27, 83, 84 y 276.

Crepidostomum metoecus (BRAUN, 1900) BRAUN, 1900
Hosp.: Trucha (*Salmo trutta fario*)
Dist.: León.
Reg.: III.
Bibl.: 27, 83 y 84.

Cyathocotyle sp.
Hosp.: Cisne (*Cygnus olor*)
Dist.: Gijón (Asturias)
Reg.: I.
Bibl.: Martínez Fernández, 1974 (com. per.)

Cyclocoelum leidyi HARRAH, 1922
Hosp.: Agachadiza común (*Gallinago gallinago*)
Dist.: Canarias.
Reg.: XII.
Bibl.: 151.

Cyclocoelum mutabile (ZEDER, 1800) STOSSICH, 1902
Hosp.: Polla de agua (*Gallinula chloropus*) y focha (*Fulica atra*)
Dist.: Córdoba y León.
Reg.: III y IX.
Bibl.: 2 y Martínez Fernández, 1974 (com. per.)

Cyclocoelum sp.
Hosp.: Polla de agua (*Gallinula chloropus*)
Dist.: Salamanca.
Reg.: III.
Bibl.: 316.

Derogenes ruber LÜHE, 1900
Hosp.: Alfondega (*Trigla lucerna*)
Dist.: Canarias.
Reg.: XII.
Bibl.: 189.

Derogenes varicus (MULLER, 1784) LOOSS, 1901
Hosp.: Julia (*Coris julis*), rodaballo (*Scophtalmus maximus*), alfondega (*Trigla lucerna*), merluza (*Merluccius merluccius*), bacaladilla (*Micromesistius poutassou*), arbitán (*Molva macrophtalma*), brótola de fango (*Phycis blennoides*), salmón (*Salmo salar*), cabrilla (*Serranus cabrilla*) y *Trachyrhynchus trachyrinchus*
Dist.: Asturias (río Sella), Galicia, Golfo de Vizcaya y Mar de Alborán. Costa portuguesa.
Reg.: I, II y X. Portugal.
Bibl.: 26, 53, 222, 231 y 307.

Deropristis inflata MOLIN, 1858
Hosp.: Anguila (*Anguilla anguilla*)
Dist.: Valencia.
Reg.: VII.
Bibl.: Orts y Carbonell, 1993 (com. per.)

Diacetabulum curvicolom BELOPOLSKAIA, 1952
Hosp.: Andarríos chico (*Tringa hipoleucos*)
Dist.: Canarias.
Reg.: XII.
Bibl.: 151.

Dicrocoelium dendriticum (RUDOLPHI, 1819) LOOSS, 1899
(Syn. *Dicrocoelium lanceolatum*)
Hosp.: Asno, caballo, cabra, cabra montés (*Capra pyrenaica*), cerdo, conejo (*Oryctolagus cuniculus*), liebre (*Lepus capensis*), oveja, vaca, perro y hombre?
H.I.: 1° *Cionella lubrica, Candidula intersecta, Helicella itala, Helicella jamuzensis, Cernuella vestita, Cernuella arigonis, Cernuella virgata, Helicella madritensis, Helicella ordunensis, Cepaea nemoralis, Helicella (Xerocincta) neglecta, Helicella corderoi* y *Theba carthusiana (Cercaria vitrina)*
2° *Formica pratensis, F.rufibarbis* y *F.sanguinea*
Dist.: General.
Bibl.: 4, 18, 30, 33, 108, 127, 129, 132, 137, 138, 183, 184, 192, 216, 217, 218, 238, 245, 246, 247, 249, 273, 304, 316, 319, 320, 321, 322, 340, 341, 354, 355, 382, 404 y 405.

Dicrocoelium lanceolatum
Cf. *Dicrocoelium dendriticum*

Dicrocoelium sp.
Hosp.: Rata de agua (*Arvicola sapidus*) y rata de agua norteña (*Arvicola terrestris*)
Dist.: General.
Bibl.: 363.

Didymocystis philobranchia YAMAGUTI, 1970
Hosp.: *Parathunnus obesus*
Dist.: Canarias.
Reg.: XII.
Bibl.: 143.

Dinosoma hawaiense YAMAGUTI, 1970
Hosp.: Palometa roja (*Beryx decadactylus*)
Dist.: Canarias.
Reg.: XII.
Bibl.: 189.

Dinurus scombri YAMAGUTI, 1934
Hosp.: Listado (*Euthymnus pelamis*)
Dist.: Canarias.
Reg.: XII.
Bibl.: 189.

Diphterostomum betencourti (MONTICELLI, 1893) ODHNER, 1911
Hosp.: Pintarroja (*Scyliorhinus canicula*)
Dist.: Galicia.
Reg.: I y II.
Bibl.: 307.

Diphterostomum brusinae (STOSSICH, 1888) STOSSICH, 1903
Hosp.: Merlo (*Labrus merula*) y peto (*Symphodus tinca*)
Dist.: Alicante, Castellón y Valencia.
Reg.: VII.
Bibl.: 55 y 56.

Diphterostomum sp.
Hosp.: Mojarra (*Diplodus vulgaris*)
Dist.: Asturias.
Reg.: I.
Bibl.: Martínez Fernández, 1974 (com. per.)

Diplodiscus subclavatus PALLAS, 1760
Hosp.: Rana (*Rana perezi*)
H.I.: *Planorbis* y *Segmentina* spp. (*Redia gracilis, Cercaria diesingi, Cercaria diplocotylea*)
Dist.: Castellón, Granada y Valencia.
Reg.: VII, IX y X.
Bibl.: 200, 202, 204, 205, 217 y 278.

Diplostomum spathaceum (RUDOLPHI, 1819)
Hosp.: Gaviota (*Larus ridibundus*)
H.I.: Carpa (*Cyprinus carpio*), boga (*Chondrostoma polylepis*), carpín (*Carassius carassius*) y barbo (*Barbus barbus*)
Dist.: Canarias y León.
Reg.: III y XII.
Bibl.: 28 y 146.

Distoma isostoma (RUDOLPHI, 1819)
Cf. *Orchipedum isostomum*

Distoma rubens DUJARDIN, 1845
Cf. *Rubenstrema exasperatum*

Dolichoenterum congeri YAMAGUTI, 1970
Hosp.: Congrio (*Conger conger*)
Dist.: Canarias.
Reg.: XII.
Bibl.: 142 y 150.

Dolichoenteron longissimum OZAKI, 1924
Hosp.: Congrio (*Conger conger*)
Dist.: Valencia y Golfo de Vizcaya.
Reg.: I y VII.
Bibl.: 53, 271 y 272.

Dolichosaccus rastellus (PERKINS, 1928)
Cf. *Opisthioglyphe rastellus*

Dollfusinus frontalis BIOCCA et FERRETTI, 1958
Hosp.: Lirón careto (*Eliomys quercinus*), rata negra (*Rattus rattus*) y erizo moro (*Aethechinus algirus*)
Dist.: Baleares.
Reg.: XI.
Bibl.: 91, 94, 119, 253, 259 y 260.

Echinoparyphium recurvatum (LINSTOW, 1873) LUHE, 1909
Hosp.: Aves diversas, rata negra (*Rattus rattus*) y rata gris (*Rattus norvegicus*). Paloma (*Columba livia*) experim.
H.I.: *Lymnaea auricularia* y *Physa acuta*
Dist.: Salamanca y Valencia.
Reg.: III y VII.
Bibl.: 52, 56, 316, 369 y 381.

Echinoparyphium sp.
Hosp.: Rata gris (*Rattus norvegicus*)
Dist.: Valencia.
Reg.: VII.
Bibl.: 395.

Echinostoma cloropodis (ZEDER, 1800) DIETZ, 1909
Hosp.: Polluela pintoja (*Porzana porzana*)
Dist.: Canarias.
Reg.: XII.
Bibl.: 151.

Echinostoma lindoense SANDGROUND et BONNE, 1940
Hosp.: Ratón (*Mus musculus*) y rata gris (*Rattus norvegicus*)
Dist.: Tarragona y Valencia.
Reg.: IV y VII.
Bibl.: 52, 97 y 381.

Ectenurus lepidocybii YAMAGUTI, 1970
Hosp.: Gallineta (*Helicolenus dactylopterus*)
Dist.: Canarias.
Reg.: XII.
Bibl.: 189.

Ectenurus lepidus LOOSS, 1907
Hosp.: Chicharro pintado (*Trachurus picturatus*)
Dist.: Canarias.
Reg.: XII.
Bibl.: 189.

Elstia stossichianum (MONTICELLI, 1842)
Cf. *Centroderma stossichianum*

Euryhelmis squamula (RUDOLPHI, 1819) POCHE, 1926

Hosp.: Musgaño patiblanco (*Neomys fodiens*) y turón (*Putorius putorius*)

H.I.: 1º - *Bythinella reyniesii*

2º - *Rana temporaria*

Dist.: Cantabria y Pirineos orientales.

Reg.: I, IV y V.

Bibl.: 76, 102, 178, 196, 204 y 269.

Fasciola gigantica COBBOLD, 1855

Hosp.: Oveja.

Dist.: Ciudad Real. Portugal.

Reg.: VIII. Portugal.

Bibl.: 4 y 85.

Fasciola hepatica LINNEO, 1758

Hosp.: Asno, caballo, cerdo, jabalí (*Sus scrofa*), cabra, conejo (*Oryctolagus cuniculus*), hombre, liebre (*Lepus capensis*), oveja, gamo (*Dama dama)* y vaca.

H.I.: *Lymnaea truncatula* y *Lymnaea limosa. L.palustris* experim.

Dist.: General.

Bibl.: 4, 19, 22, 23, 30, 32, 34, 36, 39, 57, 58, 59, 71, 79, 81, 82, 85, 88, 90, 118, 122, 123, 124, 128, 133, 134, 135, 137, 138, 154, 155, 156, 157, 160, 161, 162, 163, 164, 166, 192, 193, 194, 207, 212, 213, 216, 217, 218, 240, 241, 245, 249, 251, 263, 268, 273, 282, 295, 296, 301, 304, 316, 318, 319, 321, 324, 327, 339, 340, 341, 343, 346, 350, 351, 352, 361, 362, 370, 372, 382, 383, 384, 385, 386, 387, 388, 389, 390, 393, 399 y 401.

Fascioloides magna (BASSI, 1875) WARD, 1917

Hosp.: Oveja.

Dist.: Ciudad Real.

Reg.: VIII.

Bibl.: 4.

Fellodistomum furcigerum (OLSSON, 1868)

Hosp.: Rape (*Lophius piscatorius*)

Dist.: Valencia.

Reg.: VII.

Bibl.: 62 y 294.

Gonadopodasmius branchialis YAMAGUTI, 1970

Hosp.: Mero (*Epinephelus guaza*)

Dist.: Canarias.

Reg.: XII.

Bibl.: 143.

Gonadopodasmius spilonopteri YAMAGUTI, 1970

Hosp.: Juriola (*Cypselurus heterurus*)

Dist.: Canarias.

Reg.: XII.

Bibl.: 143.

Gorgodera circava (GOUBERLET, 1920)

Hosp.: Rana (*Rana perezi*)

Dist.: Granada.

Reg.: IX y X.

Bibl.: 78, 158 y 217.

Gorgodera cygnoides (ZEDER, 1800)

Hosp.: Rana (*Rana perezi*)

Dist.: Portugal.

Bibl.: 204.

Gorgodera euzeti LEES et COMBES, 1968

Hosp.: Ranas (*Rana perezi, R.temporaria*)

Dist.: Alicante, Cáceres, Gerona, Huesca y Salamanca.

Reg.: III, IV, V, VI y VII.

Bibl.: 75, 178, 182, 196, 202, 204, 205, 278 y 302.

Gorgodera granatensis GONZALEZ-CASTRO, 1942

Hosp.: Rana (*Rana perezi*)

Dist.: Granada.

Reg.: IX y X.

Bibl.: 204.

Gorgodera microovata FUHRMANN, 1925

Hosp.: Sapo (*Bufo bufo gredosicola*) y rana (*Rana perezi*)

Dist.: Avila y Soria.

Reg.: III y VI.

Bibl.: 77, 78 y 204.

Gorgoderina vitelliloba (OLSSON, 1876) LOOSS, 1902

Hosp.: Sapo (*Bufo bufo gredosicola*) y ranas (*Rana iberica, Rana perezi, Rana temporaria*)
Dist.: Avila, Barcelona, Castellón, Gerona, Huesca, Salamanca y Valencia. Portugal.
Reg.: III, IV, V, VI y VII. Portugal.
Bibl.: 77, 178, 196, 202, 204, 205, 275, 276, 278 y 302.

Gymnophallus fossarum

Hosp.: ?
H.I.: Berberecho (*Cerastoderma edule*) (metacercaria)
Dist.: Portugal.
Bibl.: 345.

Hadwenius delamurei RAGA et BALBUENA, 1988

Hosp.: Calderón (*Globicephala melaena*)
Dist.: Valencia.
Reg.: VII.
Bibl.: 63.

Hadwenius subtilus (SKRJABIN, 1959)

Hosp.: Calderón (*Globicephala melaena*)
Dist.: Valencia.
Reg.: VII.
Bibl.: 63.

Haematoloechus carbonelli LLUCH, NAVARRO et PEREZ-SOLER, 1991
(Syn. *Iberitrema carbonelli*)

Hosp.: Rana (*Rana iberica*), salamandra (*Salamandra salamandra*) y sapo (*Bufo bufo*)
Dist.: Avila y Cáceres.
Reg.: III y VI.
Bibl.: 197, 276, 278 y 302.

Haematoloechus pyrenaicus COMBES, 1965

Hosp.: Rana (*Rana temporaria*)
Dist.: Picos de Europa (Cantabria) y Pirineos orientales (Lérida).
Reg.: I y IV.
Bibl.: 73, 74, 204 y Combes, 1974 (com. per.)

Haematoloechus similis LOOSS, 1899
(Syn. *Pneumonoeces similis*)

Hosp.: Rana (*Rana perezi*)
Dist.: Gerona (Cerdaña e Isóbol), Granada y Soria.
Reg.: III, V, IX y X.
Bibl.: 75, 78, 211 y 217.

Haematoloechus variegatus (RUDOLPHI, 1819) LOOSS, 1899
(Syn. *Pneumonoeces variegatus*)

Hosp.: Ranas (*Rana perezi, Rana iberica, Rana temporaria*)
Dist.: Avila, Granada, Sierra de Gredos, Soria y Valencia. Portugal.
Reg.: III, VI, VII, IX y X. Portugal.
Bibl.: 77, 78, 202, 204, 205, 210, 217, 276 y 278.

Halipegus kessleri (GREBNITZKY, 1872) VLASENKO, 1929

Hosp.: Rana (*Rana perezi*)
Dist.: Alicante, Castellón y Valencia.
Reg.: VII.
Bibl.: 182, 202, 204, 205 y 278.

Halipegus ovocaudatus (VULPIAN, 1858)

Hosp.: Rana (*Rana perezi*)
Dist.: Soria.
Reg.: III.
Bibl.: 78 y 204.

Haplometra cylindracea (ZEDER, 1800) LOOSS, 1899

Hosp.: Ranas (*Rana perezi, R. temporaria*) y sapo (*Bufo bufo*)
Dist.: Granada y Huesca.
Reg.: IV, IX y X.
Bibl.: 78, 178, 196, 204, 216, 217 y 278.

Harrahium halli (HARRAH, 1922) WITENBERG, 1926

Hosp.: Focha (*Fulica atra*)
Dist.: Granada.
Reg.: IX y X.
Bibl.: 145.

Helicometra fasciata (RUDOLPHI, 1819) ODHNER, 1902

Hosp.: Julia (*Coris julis*), merlo (*Labrus merula*), peto (*Symphodus tinca*), congrio (*Conger conger*), serrano (*Serranus scriba*), cabrilla (*Serranus cabrilla*) y lota de mar (*Gaidropsarus vulgaris*)
Dist.: Alicante, Castellón, La Coruña, Golfo de Vizcaya, Mar de Alborán y Valencia.
Reg.: I, II, VII, IX y X.
Bibl.: 53, 55, 56, 222, 231, 233 y 359.

Hemiurus appendiculatus (RUDOLPHI, 1802) LOOSS, 1898

Hosp.: Saboga (*Alosa fallax*), sardina (*Clupea pilchardus*), boquerón (*Engraulis encrasicholus*), sábalo (*Alosa alosa*) y chucla (*Maena maena*)
H.I.: Ctenóforos (metacercaria en su larva Cydippoide)
Dist.: Baleares, La Coruña y Pontevedra. Portugal.
Reg.: I, II y XI. Portugal.
Bibl.: 53, 80, 216, 279, 298, 324 y 325.

Hemiurus communis ODHNER, 1905

Hosp.: Faneca (*Gadus luscus*)
Dist.: Ría de Muros-Noya.
Reg.: II.
Bibl.: Martínez Fernández, 1974 (com. per.)

Hemiurus ocreatus (RUDOLPHI, 1802) LOOSS, 1899

Hosp.: Sardina (*Clupea pilchardus*)
Dist.: Ría de Muros-Noya.
Reg.: II.
Bibl.: Martínez Fernández, 1974 (com. per.)

Himasthla leptosoma (CREPLIN, 1829) DIETZ, 1909

Hosp.: Correlimos común (*Calidris alpina*), cigüeñuela (*Himantopus himantopus*) y vuelvepiedras (*Arenaria interpres*)
Dist.: Huelva.
Reg.: IX.
Bibl.: 3.

Hirundinella fusca (BOSE, 1902) MANTER, 1926

Hosp.: *Parathunnus obesus*
Dist.: Canarias.
Reg.: XII.
Bibl.: 140.

Hypoderaeum conoideum (BLOCK, 1782)

Hosp.: Rata gris (*Rattus norvegicus*)
Dist.: Tarragona.
Reg.: IV.
Bibl.: 381.

Iberitrema carbonelli

Cf. *Haematoloechus carbonelli*

Ityogonimus lorum (DUJARDIN, 1845)

Hosp.: Topo ciego (*Talpa caeca*)
Dist.: Galicia.
Reg.: I y II.
Bibl.: 25, 344 y 358.

Ityogonimus ocreatus (ZEDER, 1800)

Hosp.: Topo ciego (*Talpa caeca*)
Dist.: León.
Reg.: III.
Bibl.: 344 y 403.

Labratrema minimus (STOSSICH, 1887) MAILLARD, 1975

Hosp.: Lubina (*Dicentrarchus labrax*)
Dist.: Alicante, Cádiz, Tarragona y Valencia.
Reg.: IV, VII y IX.
Bibl.: 62, 271 y Fernández y Carbonell, 1993 (com. per.)

Lecithaster sp. ¿gibbosus? (RUDOLPHI, 1802) LUEHE, 1901

Hosp.: Salmón (*Salmo salar*)
Dist.: Asturias (río Sella)
Reg.: I.
Bibl.: 26.

Lecithochirium fusiforme LÜHE, 1901

Hosp.: Pez de San Pedro (*Zeus faber*), alfondega (*Trigla lucerna*), rodaballo (*Scophthalmus maximus*), gallo (*Lepidorhombus boseii*), lliseria (*Lepidorhombus whyffjagonis*) y congrio (*Conger conger*)
Dist.: Galicia.
Reg.: II.
Bibl.: 305 y 307.

Lecithochirium gravidum LOOSS, 1907

Hosp.: Congrio (*Conger conger*), lubina (*Dicentrarchus labrax*) y solleta (*Citharus linguatula*)

Dist.: Cádiz, Golfo de Vizcaya, Huelva, Tarragona y Valencia.

Reg.: I, IV, VII y IX.

Bibl.: 53, 188, 272 y Fernández y Carbonell, 1993 (com. per.)

Lecithochirium microstomum CHANDLER, 1935

Hosp.: Congrio (*Conger conger*)

Dist.: La Coruña.

Reg.: II.

Bibl.: 359.

Lecithochirium musculus

Hosp.: Congrio (*Conger conger*)

Dist.: Pontevedra.

Reg.: II.

Bibl.: 305.

Lecithochirium physcon LÜHE, 1901

Hosp.: Rape (*Lophius piscatorius*)

Dist.: Valencia.

Reg.: VII.

Bibl.: 62 y 294.

Lecithochirium rufoviride (RUDOLPHI, 1819) LÜHE, 1901

Hosp.: Rape (*Lophius piscatorius*), anguila (*Anguilla anguilla*) y congrio (*Conger conger*)

Dist.: La Coruña, Pontevedra y Valencia.

Reg.: II y VII.

Bibl.: 62, 294, 305, 359 y Fernández y Carbonell, 1993 (com. per.)

Lecithocladium excisum (RUDOLPHI, 1819) LUEHE, 1901

Hosp.: Palometa blanca (*Tachinotus glaucus*) y caballa (*Scomber scombrus*)

Dist.: Mar de Alborán y Valencia.

Reg.: VII y X.

Bibl.: 62 y 231.

Lecithodendrium linstowi DOLLFUS, 1931

Hosp.: Murciélago rabudo (*Nyctinomus taeniotis*) y murciélago troglodita (*Miniopterus schreibersii*)

Dist.: Córdoba y otros lugares.

Reg.: IX. IV?-VII?

Bibl.: 93 y 249.

Lecithodendrium sp.

Hosp.: Murciélago troglodita (*Miniopterus schreibersii*)

Dist.: España, sin precisar.

Reg.: IV?-VII?

Bibl.: 93.

Lecithostaphylus retroflexus (MOLIN, 1859)

Hosp.: Aguja (*Belone belone*)

Dist.: Mar de Alborán y Canarias.

Reg.: X y XII.

Bibl.: 150 y 231.

Lepidadedon elongatum (LEBOUR, 1908) NICOLL, 1910

Hosp.: *Trachyrhynchus trachyrinchus*

Dist.: Golfo de Vizcaya.

Reg.: I.

Bibl.: 53.

Lepidadedon guevarai LOPEZ-ROMAN et MAILLARD, 1973

Hosp.: Brótola de fango (*Phycis blennoides*)

Dist.: Granada (Motril)

Reg.: X.

Bibl.: 235.

Lepidadedon rachion (COBBOLD, 1858) STAFFORD, 1904

Hosp.: Brótola de fango (*Phycis blennoides*)

Dist.: Golfo de Vizcaya.

Reg.: I.

Bibl.: 53.

Lepidauchen stenostoma NICOLL, 1913

Hosp.: Merlo (*Labrus merula*) y peto (*Symphodus tinca*)

Dist.: Alicante, Castellón y Valencia.

Reg.: VII.

Bibl.: 55 y 56.

Lepocreadium pegorchis (STOSSICH, 1901) STOSSICH, 1904

Hosp.: Salpa (*Boops salpa*)

Dist.: Alicante y Castellón.

Reg.: VII.

Bibl.: 299 y 300.

Leptophallus nigrovenosus (BELLINGHAM, 1944) LÜHE, 1909
Hosp.: Culebras de agua (*Natrix maura*, *Natrix natrix*)
H.I.: Rana (*Rana perezi*), sapo partero (*Alytes cisternasii*) y rana de San Antón (*Hyla arborea*)
Dist.: Alicante, Avila, Castellón, Granada, Pirineos y Valencia. Portugal.
Reg.: III, IV, VII, IX y X. Portugal.
Bibl.: 121, 130, 182, 199, 204, 205, 228, 277, 278 y 302.

Leucasiella delamurei RAGA et BALBUENA, 1988
Hosp.: Calderón (*Globicephala melaena*)
Dist.: Valencia.
Reg.: VII.
Bibl.: 310.

Leucochloridium insigne (LOOSS, 1899) MÖNNING, 1922
Hosp.: Lavandera boyera (*Motacilla flava*)
Dist.: Canarias.
Reg.: XII.
Bibl.: 151.

Leucochloridium macrostoma (RUDOLPHI, 1805) POCHE, 1907
Hosp.: Bisbita común (*Anthus pratensis*)
Dist.: Canarias.
Reg.: XII.
Bibl.: 151.

Leucochloridium turdi YAMAGUTI, 1939
Hosp.: Zorzal común (*Turdus philomelos*)
Dist.: Canarias.
Reg.: XII.
Bibl.: 151.

Levinseniella sp.
Hosp.: Musaraña común (*Crocidura russula*)
Dist.: Tarragona.
Reg.: IV.
Bibl.: 396.

Lomasoma wardi MANTER, 1934
Hosp.: Golleta (*Microchirus variegatus*) y congrio (*Conger conger*)
Dist.: Galicia.
Reg.: II.
Bibl.: 307 y 359.

Lyperosomum clathratum DELONGCHAMPS, 1824
Hosp.: Vencejo común (*Apus apus*)
Dist.: Granada.
Reg.: IX y X.
Bibl.: 215 y 217.

Lyperosomum sp.
Hosp.: Musaraña enana (*Sorex minutus*)
Dist.: Gerona.
Reg.: V.
Bibl.: 259.

Lyperosomum tranversogenitalis hispanicum LOPEZ-NEYRA, 1941
Hosp.: Chotacabras pardo (*Caprimulgus ruficollis*)
Dist.: Granada.
Reg.: IX y X.
Bibl.: 215 y 217.

Macyella apodemi JOURDANE et TRIQUEL, 1973
Hosp.: Ratón de campo (*Apodemus sylvaticus*) y lirón careto (*Eliomys quercinus*)
Dist.: Gerona (Bor y Cerdaña)
Reg.: V.
Bibl.: 187, 259 y 266.

Macyella turkensis COIL et KUNTZ, 1958
Hosp.: Zorzal alirrojo (*Turdus iliacus*)
Dist.: Granada.
Reg.: IX y X.
Bibl.: 145.

Maritrema elongatum DEBLOCK, CAPRON et BIGUET, 1960
Hosp.: Chorlitejo chico (*Charadrius dubius*)
Dist.: Canarias.
Reg.: XII.
Bibl.: 151.

Maritrema sp.
Hosp.: Musaraña común (*Crocidura russula*), rata gris (*Rattus norvegicus*) y ratón (*Mus musculus*)
Dist.: Tarragona.
Reg.: IV.
Bibl.: 381 y 396.

Massaliatrema gyrinicola DOLLFUS et TIMON-DAVID, 1960

Hosp.: Rana (*Rana perezi*)
Dist.: Alicante, Castellón y Valencia.
Reg.: VII.
Bibl.: 199, 204, 205 y 278.

Mediogonimus jourdanei MAS-COMA et ROCAMORA, 1978

Hosp.: Topino rojo (*Clethrionomys glareolus*) y ratilla agreste (*Microtus agrestis*)
Dist.: Alava, Barcelona, Burgos, Cantabria, Gerona, Huesca, Lérida, Lugo, Navarra, Palencia y La Rioja. Andorra.
Reg.: I, II, III, IV y V.
Bibl.: 95, 96 y 165.

Megalophallus pentadactylus CABLE, CONNOR et BALLING, 1960

Hosp.: Chorlitejo chico (*Charadrius dubius*)
Dist.: Canarias.
Reg.: XII.
Bibl.: 151.

Meiogymnophallus minutus

H.I.: Almeja de perro (*Scrobicularia plana*) y berberecho (*Cerastoderma edule*)
Dist.: Portugal.
Bibl.: 345.

Mesometra brachycoelia LÜHE, 1901

Hosp.: Salpa (*Boops salpa*)
Dist.: Alicante, Mar de Alborán, Canarias y Castellón.
Reg.: VII, X y XII.
Bibl.: 150, 231, 299 y 300.

Mesometra orbicularis (RUDOLPHI, 1819) LÜHE, 1901

Hosp.: Salpa (*Boops salpa*)
Dist.: Alicante, Mar de Alborán, Canarias y Castellón.
Reg.: VII, X y XII.
Bibl.: 150, 229, 231, 299 y 300.

Mesoophorodiplostomum pricei (KRULL, 1934) DUBOIS, 1936

Hosp.: Gaviota (*Larus ridibundus*)
Dist.: Canarias.
Reg.: XII.
Bibl.: 146.

Mesotetres peregrinus (BRAUN, 1900)

Hosp.: Murciélagos (*Miniopterus schreibersii, Rhinolophus ferrumequinum, Rhinolophus hipposideros, Myotis nattereri, Plecotus auritus*)
Dist.: Galicia y otros lugares sin precisar.
Reg.: I y II. IV?-VII?
Bibl.: 21, 24 y 93.

Metadena caballeroi NAHHAS et KRUPPIN, 1977

Hosp.: Corvallo (*Sciaena umbra*)
Dist.: Canarias.
Reg.: XII.
Bibl.: 144 y 150.

Metagonimus romanicus

Cf. *Metagonimus yokogawai*

Metagonimus yokogawai KATSURADA, 1913

(Syn. *Metagonimus romanicus*)

Hosp.: Hombre.
H.I.: 2º Carpín dorado (*Carassius auratus*)
Dist.: Granada (muy raro)
Reg.: IX y X.
Bibl.: 80, 217, 218 y 220.

Metorchis albidus (BRAUN, 1893) LOOSS, 1899

Hosp.: Jineta (*Genetta genetta*)
Dist.: Salamanca.
Reg.: III.
Bibl.: 104 y 375.

Microphallus (Spelophallus) primas (JAEGERSKIOELD, 1909)

Hosp.: ?
H.I.: Cangrejo (*Carcinus maenas*)
Dist.: Galicia.
Reg.: I y II.
Bibl.: 190 y 326.

Monascus filiformis (RUDOLPHI, 1819)
Hosp.: Cinta (*Cepola rubescens*) y chicharro (*Trachurus trachurus*)
Dist.: Costa sur de España y Galicia.
Reg.: II y X.
Bibl.: 231 y 307.

Monorchis monorchis (STOSSICH, 1890) LOOSS, 1902
Hosp.: Dorada (*Sparus aurata*)
Dist.: Cádiz.
Reg.: IX.
Bibl.: 60.

Morishitium dollfusi (TIMON-DAVID, 1950) YAMAGUTI, 1958
Hosp.: Zorzal alirrojo (*Turdus iliacus*) y zorzal común (*Turdus philomelos*)
Dist.: Córdoba y Granada.
Reg.: IX y X.
Bibl.: 145 y 242.

Morishitium sp.
Hosp.: Zorzal común (*Turdus philomelos*)
Dist.: Córdoba.
Reg.: X.
Bibl.: 248.

Nematobothrium filiforme YAMAGUTI, 1934
Hosp.: Estornino (*Scomber colias*)
Dist.: Canarias.
Reg.: XII.
Bibl.: 143.

Nematobothrium robustum YAMAGUTI, 1970
Hosp.: Caballa (*Scomber scombrus*)
Dist.: Canarias.
Reg.: XII.
Bibl.: 143.

Neodiplostomum sp.
Hosp.: Aguila (*Aquila rapax*)
Dist.: Córdoba.
Reg.: IX.
Bibl.: 248.

Neosteganoderma glandulosum BYRD, 1964, emmend.
Hosp.: Palometa roja (*Beryx decadactylus*)
Dist.: Golfo de Vizcaya.
Reg.: I.
Bibl.: 53.

Nephrotrema truncatum (LEUCKART, 1842) BAER, 1931
Hosp.: Musgaño patiblanco (*Neomys fodiens*), musaraña enana (*Sorex minutus*), lirón careto (*Eliomys quercinus*), musaraña común (*Crocidura russula*), musaraña colicuadrada (*Sorex araneus*) y topo (*Talpa* spp.)
Dist.: Galicia, Málaga, Pirineos orientales y Tarragona.
Reg.: I, II, IV, V y X.
Bibl.: 25, 184, 236, 254, 258, 259, 344 y 358.

Nicolla elongata MAILLARD, 1976
Hosp.: Brótola de piedra (*Phycis phycis*) y brótola de fango (*P. blenniodes*)
Dist.: Canarias y Granada.
Reg.: X y XII.
Bibl.: 144, 150 y 233.

Nicolla sp.
Hosp.: Trucha (*Salmo trutta fario*)
Dist.: León.
Reg.: III.
Bibl.: 26 y 27.

Notocotylus attenuatus (RUDOLPHI, 1809) KOSSACK, 1911
Hosp.: Polla de agua (*Gallinula chloropos*)
Dist.: Canarias.
Reg.: XII.
Bibl.: 151.

Notocotylus imbricatus (LOOSS, 1894) SZIDAT, 1935
Hosp.: Cisne (*Cygnus olor*)
H.I.: *Bythinia tentaculata* (*Cercaria imbricata*)
Dist.: Asturias (Gijón)
Reg.: I.
Bibl.: 243.

Notocotylus gibbus (MEHLIS et CREPLIN, 1846) KOSSACK, 1911
Hosp.: Polluela pintoja (*Porzana porzana*)
Dist.: Canarias.
Reg.: XII.
Bibl.: 151.

Notocotylus gonzalezi SIMON VICENTE et al., 1985

Hosp.: Rata de agua (*Arvicola sapidus*) y ratilla de Cabrera (*Microtus cabrerae*)
Dist.: General.
Bibl.: 20, 70, 363, 379 y 397.

Notocotylus neyrai GONZALEZ CASTRO, 1945

Hosp.: Rata de agua (*Arvicola sapidus*), rata de agua norteña (*A. terrestris*), ratón de campo (*Apodemus sylvaticus*), topillo (*Pitymys lusitanicus*), ratilla de Cabrera (*Microtus cabrerae*), ratilla (*M. lusitanicus*), ratilla agreste (*M. agrestis*) y ratilla campesina (*M. arvalis*)
H.I.: *Lymnaea truncatula*
Dist.: General.
Bibl.: 22, 69, 101, 103, 159, 259, 316, 363, 379, 380, 397 y 412.

Notocotylus spp.

H.I.: *Lymnaea truncatula*
Dist.: Salamanca.
Reg.: III.
Bibl.: 374.

Ogmogaster antarticus JOHNSTON, 1931

Hosp.: Rorcual común (*Balaenoptera physalus*)
Dist.: Costa de Galicia y Valencia.
Reg.: I y II.
Bibl.: 63 y 309.

Omphalometra flexuosa (RUDOLPHI, 1809)

Hosp.: Topos (*Talpa* spp.)
Dist.: ¿Centro y Norte de la península)
Bibl.: 344.

Omphalometra flexuosa var. **peyrei** TIMON DAVID, 1960

Hosp.: Desmán (*Galemys pyrenaicus*)
Dist.: Salamanca (Candelario)
Reg.: III.
Bibl.: 259 y 406.

Opechona bacillaris (MOLIN, 1859) LOOSS, 1907

Hosp.: Caballa (*Scomber scombrus*)
Dist.: Costa norte de Portugal.
Bibl.: 279.

Opecoeloides furcatus (BREMSER, 1819) ODHNER, 1928

Hosp.: Salmonete de fango (*Mullus barbatus*) y salmonete de roca (*Mullus surmuletus*)
Dist.: Canarias y Granada.
Reg.: X y XII.
Bibl.: 142, 150 y 233.

Opecoeloides vitellosus LINTON, 1900

Hosp.: Congrio (*Conger conger*)
Dist.: Valencia.
Reg.: VII.
Bibl.: 61, 62 y 273.

Opisthadena karachi (SRIVASTAVA, 1941) SKRJABIN et GUSCHANSKAJA, 1955

Hosp.: Alacha (*Sardinella aurita*)
Dist.: Canarias.
Reg.: XII.
Bibl.: 189.

Opisthadena kyphosi YAMAGUTI, 1970

Hosp.: *Kyphosus sectarius*
Dist.: Canarias.
Reg.: XII.
Bibl.: 189.

Opisthioglyphe endoloba (LÜHE, 1901) WARD, 1917

Hosp.: Sapo (*Bufo bufo*), ranas (*Rana perezi, R. iberica*) y culebra de agua (*Natrix maura*)
Dist.: Alicante, Avila, Castellón y Valencia.
Reg.: III y VII.
Bibl.: 75, 77, 182, 200, 202, 204 y 205.

Opisthioglyphe ranae (FROHLICH, 1791) LOOSS, 1907

Hosp.: Ranas (*Rana perezi, Rana iberica*)
Dist.: Avila, Gerona, Huesca, Levante y Salamanca.
Reg.: III, IV, V y VII.
Bibl.: 75, 178, 204, 275, 278 y 302.

Opisthioglyphe rastellus (LOOSS, 1907) (Syn. *Dolichosaccus rastellus*. De acuerdo con Dolffus y Combes (com. per.) debe reservarse *Dolichosaccus* para las especies australianas)
Hosp.: Ranas (*Rana perezi, Rana temporaria*)
Dist.: Lérida.
Reg.: IV.
Bibl.: 178, 196, 204, 278 y Combes, 1975 (com. per.)

Opisthodiscus diplodiscoides COHN, 1904
Hosp.: Rana (*Rana iberica*)
Dist.: Sierra de Gredos.
Reg.: III y VI.
Bibl.: 77 y 204.

Opisthodiscus nigrivasis (VAN MEHLIJ, 1929) ODENING, 1959
Hosp.: Ranas (*Rana perezi, Rana iberica*) y sapo (*Bufo bufo*)
H.I.: *Ancylastrum fluviatilis*
Dist.: Alicante, Avila, Cáceres, Gerona, León, Salamanca, Soria y Valencia.
Reg.: III, V, VI y VII.
Bibl.: 75, 78, 182, 202, 204, 205, 244, 275, 276, 278, 302, 316 y 376.

Opistorchis felineus
Cf. *Opistorchis tenuicollis*

Opistorchis tenuicollis (RUDOLPHI, 1819) STILES et HASSAL, 1896
(Syn. *Opistorchis felineus*)
Hosp.: Hombre.
H.I.: 2º-*Leuciscus* sp.
Dist.: Bilbao (hombre). Albufera de Valencia, Delta del Ebro y Guadalquivir (peces).
Reg.: I, IV, VII y IX.
Bibl.: 80, 192, 208, 216, 217, 220 y 347.

Orchipedum isostomum (RUDOLPHI, 1819)
Hosp.: ?
H.I.: Cangrejo de río (*Astacus torrentium,=Austropotamobius pallipes*) (*Distoma isostoma*)
Dist.: Granada y Madrid.
Reg.: VI, IX y X.
Bibl.: 80, 216 y 217.

Ornithobilharzia intermedia ODHNER, 1912
Hosp.: Gaviota argéntea (*Larus argentatus*)
Dist.: Canarias.
Reg.: XII.
Bibl.: 151.

Orthosplanchnus albamarinus TRESHCHEV, 1968
Hosp.: Calderón (*Globicephala melaena*)
Dist.: Valencia.
Reg.: VII.
Bibl.: 63.

Oschmarinella mascomai RAGA, 1986
Hosp.: Delfín listado (*Stenella coeruleoalba*)
Dist.: Valencia.
Reg.: VII.
Bibl.: 35 y 308.

Otodistomum veliporum (CREPLIN, 1837) STAFFORD, 1904
Hosp.: Negra (*Scymnorhinus licha*)
Dist.: Golfo de Vizcaya y Canarias.
Reg.: I y XII.
Bibl.: 53, 149, 150 y 189.

Parabascus combesi JOURDANE, 1973
Hosp.: Musgaño patiblanco (*Neomys fodiens*)
Dist.: Gerona (Cerdaña)
Reg.: V.
Bibl.: 186 y 259.

Paradistomum mutabile (MOLIN, 1859)
Hosp.: Lagartijas (*Podarcis pityuensis, P. lilfordi*)
Dist.: Baleares.
Reg.: XI.
Bibl.: 177, 179, 331 y 332.

Paralepoderma brumpti BÜTTNER, 1950
Hosp.: Rana (*Rana perezi*)
Dist.: Valencia.
Reg.: VII.
Bibl.: 204 y 278.

Paralepoderma cloacicola (LÜHE, 1909) DOLLFUS, 1950
Hosp.: Culebra de agua (*Natrix maura*)
Dist.: Castellón y Valencia.
Reg.: VII.
Bibl.: 204, 274 y 277.

Paramonostomum alveatum LUHE, 1909
Hosp.: Patos (*Anas boschas* y *Anas platyrhynchos*)
Dist.: Centro de España.
Reg.: III y VI.
Bibl.: 394.

Paramphistomum (Paramphistomum) cervi (SCHRANK, 1790)
Hosp.: Vaca y ciervo (*Cervus elaphus*)
Dist.: Cáceres, Córdoba, León, Salamanca y Madrid. Portugal.
Reg.: III, VI y IX. Portugal.
Bibl.: 172, 192, 262, 316, 413 y Martínez Fernández y Cordero del Campillo (inéd.)

Paramphistomum (Paramphistomum) microbothrium FISCHOEDER, 1901
Hosp.: Vaca.
Dist.: Portugal.
Bibl.: 192.

Paramphistomum sp.
Hosp.: Oveja y vaca.
Dist.: Córdoba y Vizcaya.
Reg.: I y IX.
Bibl.: 138 y 245.

Paraurotocus fusiformis (MCINTOSH, 1935) TRAVASSOS et KOHN, 1966
Hosp.: Gorrión (*Passer domesticus*)
Dist.: Portugal.
Bibl.: 65.

Patagifer bilobus (RUDOLPHI, 1819) DIETZ, 1909
Hosp.: Zampullín (*Podiceps ruficollis*)
Dist.: Granada.
Reg.: IX y X.
Bibl.: 145.

Patagium caballeroi LOPEZ-ROMAN, 1977
Hosp.: Galápago leproso (*Mauremys caspica*)
Dist.: Granada.
Reg.: IX y X.
Bibl.: 225 y 234.

Peracreadium genu NICOLL, 1909
Hosp.: Merlo (*Labrus merula*)
Dist.: Alicante, Castellón y Valencia.
Reg.: VII.
Bibl.: 55 y 56.

Pholeter gastrophilus (KOSSACK, 1910)
Hosp.: Delfín mular (*Tursiops truncatus*), delfín listado (*Stenella coeruleoalba*) y calderón (*Globicephala melaenas*)
Dist.: Valencia.
Reg.: VII.
Bibl.: 35, 63, 311 y 314.

Phyllodistomum acceptum LOOSS, 1901
Hosp.: Peto (*Symphodus tinca*)
Dist.: Alicante, Castellón y Valencia.
Reg.: VII.
Bibl.: 54 y 55.

Plagioporus congeri YAMAGUTI, 1970
Hosp.: Congrio (*Conger conger*)
Dist.: Canarias.
Reg.: XII.
Bibl.: 142 y 150.

Plagioporus sp?
Cf. *Allocreadium* sp?

Plagiorchis (Metaplagiorchis) molini LENT et FREITAS, 1940
Hosp.: Lagartijas (*Podarcis muralis, P. hispanica, Algyroides marchi*), lagarto verdinegro (*Lacerta schreiberi*) y lagarto (*L. lepida*)
Dist.: Avila, Granada, Jaén, Huesca y Salamanca.
Reg.: III, IV, IX y X.
Bibl.: 109, 130, 131, 191, 204, 329, 330 y 338.

Plagiorchis (Multiglandularis) mentulatus (RUDOLPHI, 1819) LÜHE, 1899
Hosp.: Lagarto (*Lacerta lepida*) y salamanquesa (*Tarentola mauritanica*)
Dist.: Alicante, Granada y Valencia.
Reg.: VII, IX y X.
Bibl.: 204, 214, 216, 217, 333 y 334.

Plagiorchis (Plagiorchis) arrectum (DUJARDIN, 1845) LOPEZ-NEYRA, 1940
Hosp.: Lagartija (*Podarcis hispanica*)
Dist.: Granada.
Reg.: IX y X.
Bibl.: 214, 216 y 217.

Plagiorchis (Plagiorchis) hirundinis FROELICH, 1891
Hosp.: Golondrina (*Hirundo rustica*)
Dist.: Granada.
Reg.: IX y X.
Bibl.: 145.

Plagiorchis (Plagiorchis) koreanus OGATA, 1938
Hosp.: Murciélagos (*Rhinolophus ferrumequinum, Rhinolophus mehelyi* y *Plecotus auritus*)
Dist.: Galicia y Valencia.
Reg.: I, II y VII.
Bibl.: 21 y 92.

Plagiorchis (Plagiorchis) maculosus (RUDOLPHI, 1802)
Hosp.: Vencejo común (*Apus apus*)
Dist.: Granada.
Reg.: IX y X.
Bibl.: 217.

Plagiorchis (Plagiorchis) triangularis (DIESING, 1850) BRAUN, 1901
Hosp.: Abejaruco (*Merops apiaster*)
Dist.: Granada.
Reg.: IX y X.
Bibl.: 217.

Plagiorchis (Plagiorchis) vespertilionis (MULLER, 1784)
Hosp.: Murciélagos (*Myotis myotis, Plecotus auritus, Miniopterus schreibersii, Eptesicus serotinus, Nyctinomus taeniotis, Pipistrellus pipistrellus* y *Rhinolophus ferrumequinum*)
Dist.: Barcelona, Córdoba, Galicia, Granada, Huesca y Zaragoza.
Reg.: I, II, IV, V, IX y X.
Bibl.: 21, 264, 303, 304, 353, 391 y 406.

Plagiorchis sp. (aff. **muris**) (TANABE, 1922)
Hosp.: Ratón de campo (*Apodemus sylvaticus*)
Dist.: Barcelona, Lérida, Tarragona y Pirineo oriental.
Reg.: IV y V.
Bibl.: 98 y 99.

Plagiorchis sp.
Hosp.: Vencejo pálido (*Apus pallidus*)
Dist.: Córdoba.
Reg.: IX.
Bibl.: Martínez Gómez et al, 1975 (com. per.)

Plagiorchis sp.
Hosp.: Murciélago troglodita (*Miniopterus schreibersii*)
Dist.: ?
Reg.: IV?-VII?
Bibl.: 93.

Plagiorchis sp.
Hosp.: Rata negra (*Rattus rattus*) y rata gris (*Rattus norvegicus*)
Dist.: Valencia.
Reg.: VII.
Bibl.: 52.

Plagiorchis talassensis TOKOBAEV et ERKULOV, 1966
Hosp.: Ratón de campo (*Apodemus sylvaticus*)
Dist.: Lérida, Pirineo oriental y Tarragona.
Reg.: IV y V.
Bibl.: 98, 99 y 381.

Platynosomum soricis (DIESING, 1858)
Hosp.: Musaraña común (*Crocidura russula*)
Dist.: Barcelona.
Reg.: V.
Bibl.: 259.

Platynosomum spp.
Hosp.: Oveja.
Dist.: Ciudad Real.
Reg.: IX.
Bibl.: 4.

Plerurus digittatus (LOOSS, 1899) LOOSS, 1907
Hosp.: Espetón (*Sphryaena sphryaena*)
Dist.: Canarias.
Reg.: XII.
Bibl.: 189.

Pleurogenes claviger (OLFERS, 1816) LOOSS, 1899
Hosp.: Rana (*Rana perezi*) y lagarto canarión (*Gallotia simonyi stehlini*)
Dist.: Alicante, Canarias, Castellón y Valencia.
Reg.: VII y XII.
Bibl.: 182, 200, 201, 204, 205, 206, 278 y 328.

Pleurogenes hepaticola GRABDA-KAZUBSKA, 1972
Hosp.: Rana (*Rana perezi*)
Dist.: Valencia.
Reg.: VII.
Bibl.: 204, 205 y 278.

Pleurogenoides medians (OLSSON, 1876) TRAVASSOS, 1930
Hosp.: Rana (*Rana perezi*) y sapo (*Bufo bufo*)
Dist.: Alicante, Castellón, Granada, Gredos y Valencia. Portugal.
Reg.: III, VI, VII, IX y X. Portugal.
Bibl.: 105, 182, 195, 200, 201, 204, 205, 217 y 278.

Pleurogenoides punicus (BALOZET et CALLOT, 1938)
Hosp.: Rana (*Rana perezi*)
Dist.: Valencia.
Reg.: VII.
Bibl.: 195, 201, 204, 205 y 278.

Pleurogenoides stromi TRAVASSOS, 1930
Hosp.: Rana (*Rana perezi*)
Dist.: Alicante, Castellón, Gerona, Granada y Valencia.
Reg.: V, VII, IX y X.
Bibl.: 75, 182, 195, 201, 204, 205, 217 y 278.

Pneumonoeces similis
Cf. *Haematoloechus similis*

Pneumonoeces variegatus
Cf. *Haematoloechus variegatus*

Podocotyle olsoni ODHNER, 1905
Hosp.: Congrio (*Conger conger*)
Dist.: Canarias.
Reg.: XII.
Bibl.: 142 y 150.

Podocoyle fractum
Cf. *Robphildollfusium fractum*

Poracanthium furcatum (STOSSICH, 1883) DOLLFUS, 1948
Hosp.: Salmonete de fango (*Mullus barbatus*) y salmonete de roca (*Mullus surmuletus*)
Dist.: Granada.
Reg.: X.
Bibl.: 233.

Postharmostomum gallinum WITENBERG, 1923
Hosp.: Bisbita común (*Anthus pratensis*)
Dist.: Canarias.
Reg.: XII.
Bibl.: 151.

Postorchigenes gymnesicus MAS-COMA, BARGUES et ESTEBAN, 1981
Hosp.: Lirón careto (*Eliomys quercinus*), musaraña común (*Crocidura russula*), rata gris (*Rattus norvegicus*), ratón (*Mus musculus*) y rata de agua (*Arvicola sapidus*)
Dist.: Baleares y Tarragona (¿General?).
Reg.: IV y XI.
Bibl.: 91, 363, 381 y 396.

Proctoeces maculatus (LOOSS, 1901) ODHNER, 1911
Hosp.: Merlo (*Labrus merula*) y peto (*Symphodus tinca*)
H.I.: Mejillón (*Mitylus edulis*) y mejillón rubio (*M. galloprovincialis*)
Dist.: Alicante, Castellón, Valencia y Galicia.
Reg.: I, II y VII.
Bibl.: 55, 56, 111, 114 y 297.

Proctophantastes polymixia YAMAGUTI, 1970
Hosp.: Palometa roja (*Beryx decadactylus*) y pez de San Francisco (*Synodus saurus*)
Dist.: Canarias.
Reg.: XII.
Bibl.: 141.

Prosorhynchus aculeatus ODHNER, 1905
Hosp.: Congrio (*Conger conger*)
Dist.: Pontevedra y Valencia.
Reg.: II y VII.
Bibl.: 62, 271, 272 y 305.

Prosorhynchus crucibulum (RUDOLPHI, 1819) ODHNER, 1905
Hosp.: Congrio (*Conger conger*)
Dist.: La Coruña, Pontevedra, Valencia y Golfo de Vizcaya.
Reg.: I, II y VII.
Bibl.: 53, 271, 272, 305 y 359.

Prosorhynchus sp. (metacercariae)
H.I.: Salpa (*Boops salpa*)
Dist.: Alicante y Castellón.
Reg.: VII.
Bibl.: 300.

Prosotocus fuelleborni TRAVASSOS, 1930
Hosp.: Rana (*Rana perezi*)
Dist.: Alicante, Castellón y Valencia.
Reg.: VII.
Bibl.: 182, 201, 204, 205 y 278.

Prosotocus sigalasi BAILENGER et CHANSEAU, 1954
Hosp.: Rana (*Rana perezi*)
Dist.: Valencia.
Reg.: VII.
Bibl.: 201, 204, 205 y 278.

Prosthodendrium ascidia (VAN BENEDEN, 1873)
Hosp.: Murciélagos (*Nyctinomus taeniotis, Miotys daubentoni*)
Dist.: Córdoba y Teruel.
Reg.: IV, VII y IX.
Bibl.: 249, 303, 304 y 406.

Prosthodendrium chilostomum MEHLIS, 1931
Hosp.: Murciélago troglodita (*Miniopterus schreibersii*)
Dist.: ?
Reg.: IV?-VII?
Bibl.: 93.

Prosthodendrium parvouterus (BHALERAO, 1926)
Hosp.: Murciélago troglodita (*Miniopterus schreibersii*)
Dist.: Valencia.
Reg.: VII.
Bibl.: 92, 93 y 281.

Prosthogonimus sp.
Hosp.: Gallina.
Dist.: Córdoba.
Reg.: IX.
Bibl.: 67.

Pseudocephalotrema pyrenaica COMBES et JOURDANE, 1970
Hosp.: Musgaño patiblanco (*Neomys fodiens*)
Dist.: Gerona, Cerdaña y Rosellón
Reg.: IV y V.
Bibl.: 184, 185 y 259.

Pseudoleucochloridium soricis SOLTYS, 1952
Hosp.: Musaraña colicuadrada (*Sorex araneus*), musaraña enana (*S. minutus*), musgaño patiblanco (*Neomys fodiens*) y musaraña común (*Crocidura russula)*
Dist.: Barcelona, Gerona y Pirineos orientales.
Reg.: IV y V.
Bibl.: 183, 258 y 259.

Psilochasmus oxyurus (CREPLIN, 1825) LÜHE, 1909

Hosp.: Pato (*Anas platyrhynchos*) y malvasía (*Oxyura leucocephala*)
Dist.: Córdoba.
Reg.: IX.
Bibl.: 2.

Psilotornus confertus MACHALSKA, 1974

Hosp.: Zorzal alirrojo (*Turdus iliacus*), grajilla (*Corvus monedula*) y musgaño patiblanco (*Neomys fodiens*)
Dist.: Gerona y Granada.
Reg.: V, IX y X.
Bibl.: 145, 255 y 259.

Psilotrema spiculigerum (MÜHLING, 1898)

Hosp.: Rata de agua (*Arvicola sapidus*)
Dist.: Tarragona.
Reg.: IV.
Bibl.: 267.

Pycnoporus heteroporus (DUJARDIN, 1845)

Hosp.: Murciélago troglodita (*Miniopterus schreibersii*)
Dist.: Valencia.
Reg.: VII.
Bibl.: 92 y 93.

Pycnoporus macrolaimus (LINSTOW, 1894) LOOSS, 1899

Hosp.: Murciélago común (*Pipistrellus pipistrellus*)
Dist.: León.
Reg.: III.
Bibl.: Martínez Fernández, 1974 (com. per.)

Ratzia parva (STOSSICH, 1904)

Hosp.: Culebra de agua (*Natrix maura*)
H.I.: Rana (*Rana perezi*)
Dist.: Alicante, Castellón, Salamanca y Valencia.
Reg.: III y VII.
Bibl.: 182, 198, 199, 200, 204, 205, 272, 277, 278 y 302.

Redia gracilis

Cf. *Diplodiscus subclavatus*

Robphildollfusium fractum (RUDOLPHI, 1819) PAGGI et ORECCHIA, 1963
(Syn. *Podocoyle fractum*)

Hosp.: Salpa (*Boops salpa*)
Dist.: Alicante, Mar de Alborán, Canarias y Castellón.
Reg.: VII, X y XII.
Bibl.: 140, 229, 231 y 299.

Robphildollfusium martinezgomei LOPEZ-ROMAN, GIJON-BOTELLA, KIM et VILCA, 1992

Hosp.: Boga (*Boops boops*)
Dist.: Canarias.
Reg.: XII.
Bibl.: 227.

Rubenstrema exasperatum (RUDOLPHI, 1819) DOLLFUS, 1949
(Syn. *Distoma rubens*)

Hosp.: Musaraña colicuadrada (*Sorex araneus*)
Dist.: ?
Bibl.: 42.

Rudolphinus crucibulum (STUNKARD, 1974)

H.I.: Mejillón (*Mytilus edulis*) y ostra (*Ostrea edulis*)
Dist.: Galicia y Tarragona.
Reg.: I, II y IV.
Bibl.: 89, 110 y 297.

Sanguinicola rutili SIMON, ROJO et SIMON, 1987

Hosp.: Bermejuela (*Rutilus arcasii*)
H.I.: *Ancylastrum fluviatilis*
Dist.: Salamanca.
Reg.: III.
Bibl.: 316, 365 y 366.

Sanguinicolidae, sin especificar.

H.I.: *Ancylastrum fluviatilis*
Dist.: Salamanca.
Reg.: III.
Bibl.: 374.

Scaphiostomum palearcticum MAS-COMA, ESTEBAN et VALERO, 1986

Hosp.: Ratón de campo (*Apodemus sylvaticus*) y ratón moruno (*Mus spretus*)
Dist.: Baleares.
Reg.: XI.
Bibl.: 257 y 265.

Schistosoma bovis (SONSINO, 1876) BLANCHARD, 1895

Hosp.: Cabra, oveja y vaca.
H.I.: *Planorbarius metidjensis*
Dist.: Avila, Badajoz, Cáceres, Córdoba, Salamanca y Zamora.
Reg.: III, VI, VIII y IX.
Bibl.: 262, 315, 316, 356, 371 y 377.

Schistosoma haematobium (BILHARZ, 1852) WEINLAND, 1858

Hosp.: Hombre (actualmente sólo exótico)
H.I.: *Bulinus truncatus*. Experim. *Bulinus africanus* y *Planorbarius metidjensis*
Dist.: Granada, León, Madrid, Murcia (inmigrante de la República Argentina) y marroquíes en la guerra civil (1936-1939). Portugal. Extinto.
Reg.: III, VII y X. Portugal.
Bibl.: 41, 72, 115, 116, 117, 192, 216, 217, 218, 219, 221, 357 y 402.

Schistosoma intercalatum FISHER, 1934

Hosp.: Hombre (importado)
Dist.: Barcelona.
Reg.: V.
Bibl.: 252 y 357.

Schistosoma japonicum KATSURADA, 1904

Hosp.: Hombre.
Dist.: Valencia (procedente de Indonesia)
Reg.: VII.
Bibl.: 270.

Schistosoma mansoni SAMBON, 1907

Hosp.: Hombre.
Dist.: Murcia (procedente de Sudamérica)
Reg.: VII.
Bibl.: 217, 218, 219, 221 y 322.

Skrjabinoeces similis (LOOSS, 1899) ODENING, 1958

Hosp.: Rana (*Rana perezi*)
Dist.: Alicante, Castellón, Gerona, Granada, Soria y Valencia.
Reg.: III, V, VII, IX y X.
Bibl.: 202, 204, 205 y 278.

Skrjabinophyetus neomydis DIMITROVA et GENOV, 1967

Hosp.: Musgaño patiblanco (*Neomys fodiens*)
Dist.: Pirineos orientales.
Reg.: V.
Bibl.: 185 y 259.

Skrjabinophyetus soricis JOURDANE, 1973

Hosp.: Musaraña enana (*Sorex minutus*)
Dist.: Gerona.
Reg.: V.
Bibl.: 259.

Sonsinotrema calloti (CALLOT, 1936)

Hosp.: Rana (*Rana perezi*)
Dist.: Alicante, Castellón y Valencia.
Reg.: VII.
Bibl.: 182, 201, 204, 205 y 278.

Sonsinotrema tacapense (SONSINO, 1894) BALOZET et CALLOT, 1938

Hosp.: Rana (*Rana perezi*), lagartija (*Podarcis hispanica*) y salamanquesa (*Tarentola mauritanica*)
Dist.: Alicante, Castellón y Valencia.
Reg.: VII.
Bibl.: 182, 200, 201, 204, 205, 278, 333, 334, 335 y 336.

Spelotrema simile (JAGERSKJOLD, 1900) LOOSS, 1902

Hosp.: Gaviota reidora (*Larus ridibundus*)
Dist.: Galicia.
Reg.: II.
Bibl.: Martínez Fernández, 1974 (com. per.)

Sphairiotrema prudhoei DEBLOCK et al. (1966)

Hosp.: Chorlitejo chico (*Charadrius dubius*)
Dist.: Canarias.
Reg.: XII.
Bibl.: 151.

Steganoderma abyssorum (ODHNER, 1911) MANTER, 1947

Hosp.: Diversos peces gádidos (*Trachyrhynchus trachyrinchus* y obispo de mitra corta *Coelorinchus caelorhinchus*)
Dist.: Golfo de Vizcaya.
Reg.: I.
Bibl.: 53.

Stephanostomum longysimum MANTER, 1940

Hosp.: Brótola de piedra (*Phycis phycis*)
Dist.: Canarias.
Reg.: XII.
Bibl.: 144 y 150.

Stephanostomum lophii QUINTEIRO et al., 1992

Hosp.: Rape (*Lophius piscatorius*)
H.I.: Faneca (*Gadus luscus*), bacaladilla (*Micromesistius poutassou*), llisena (*Lepidorhombus whiffjagonis*) y golleta (*Microchirus variegatus*)
Dist.: Galicia.
Reg.: II.
Bibl.: 306.

Stephanostomum minutum (LOOSS, 1901)

Hosp.: Rata (*Uranoscopus scaber*)
Dist.: Cádiz.
Reg.: IX.
Bibl.: 107.

Stephanostomum pristis (DESLONGCHAMPS in LAMOUROUX, 1824)

H.I.: Faneca (*Gadus luscus*) y bacaladilla (*Micromesistius poutassou*)
Dist.: Galicia y Costas portuguesas.
Reg.: II. Portugal.
Bibl.: 280 y 307.

Stephanostomum seriolae YAMAGUTI, 1970

Hosp.: Pez de limón (*Seriola dumerilii*)
Dist.: Canarias.
Reg.: XII.
Bibl.: 153.

Stephanostomum sp.

H.I.: Pez de San Francisco (*Synodus saurus*), salpa (*Boops salpa*) y mantellina (*Gymmura altavela*)
Dist.: Alicante, Canarias y Castellón.
Reg.: VII y XII.
Bibl.: 144 y 300.

Steringophorus blackeri BRAY, 1973

Hosp.: *Xenodermichthys copei*
Dist.: Golfo de Vizcaya.
Reg.: I.
Bibl.: 53.

Steringotrema divergens (RUDOLPHI, 1809) ODHNER, 1911

Hosp.: Torillo (*Blennius ocellaris*) y ochavo (*Capros aper*)
Dist.: Golfos de Cádiz y Vizcaya y Mar de Alborán.
Reg.: I, IX y X.
Bibl.: 53, 230 y 231.

Steringotrema pagelli (VAN BENEDEN, 1870) ODHNER, 1911

Hosp.: Chopa (*Spondyliosoma cantharus*), herrera (*Lithognatus mormyrus*) y oblada (*Oblada melanura*)
Dist.: Mar de Alborán y Canarias.
Reg.: X y XII.
Bibl.: 150, 230 y 231.

Sterrhurus fusiformis

Hosp.: Congrio (*Conger conger*)
Dist.: Valencia.
Reg.: VII.
Bibl.: 62 y 272.

Sterrhurus musculus LOOSS, 1907

Hosp.: Congrio (*Conger conger*) y rape (*Lophius piscatorius*)
Dist.: Canarias y Valencia.
Reg.: VII y XII.
Bibl.: 62, 142, 150 y 294.

Strigea falconis SZIDAT, 1928

Hosp.: Aguila rapaz (*Aquila rapax*) y águila imperial (*Aquila heliaca*)
Dist.: Córdoba y Granada.
Reg.: IX y X.
Bibl.: 180, 181, 245 y 248.

Synaptobothrium caudiporum (RUDOLPHI, 1819) LINSTOW, 1904
Hosp.: Congrio (*Conger conger*)
Dist.: Valencia.
Reg.: VII.
Bibl.: 62 y 272.

Synthesium tursionis (MARCHI, 1873)
Hosp.: Delfín mular (*Tursiops truncatus*)
Dist.: Valencia.
Reg.: VII.
Bibl.: 63 y 313.

Szidatia joyeuxi (HUGHES, 1929) DUBOIS, 1938
Hosp.: Culebra de agua (*Natrix maura*)
H.I.: Rana (*Rana perezi*)
Dist.: Alicante, Castellón, Granada y Valencia.
Reg.: VII y X.
Bibl.: 182, 199, 204, 205, 223, 274, 277 y 278.

Tanaisia (Tamerlania) zarudnyi SKRJABIN, 1924
Hosp.: Mirlo (*Turdus merula*)
Dist.: Canarias.
Reg.: XII.
Bibl.: 151.

Telorchis solivagus ODHNER, 1902
Hosp.: Galápago leproso (*Mauremys caspica*)
Dist.: Granada.
Reg.: X.
Bibl.: 204, 224 y 234.

Tetracotyle sp.
H.I.: Rana (*Rana perezi*)
Dist.: Valencia.
Reg.: VII.
Bibl.: 199, 205 y 278.

Timoniella praeterita (LOOSS, 1901) MAILLARD, 1974
Hosp.: Lubina (*Dicentrarchus labrax*)
Dist.: Cádiz y Tarragona.
Reg.: IV y IX.
Bibl.: Fernández y Carbonell, 1993 (com. per.)

Torticaecum sp.
H.I.: Pez de San Francisco (*Synodus saurus*) y cabrilla (*Serranus cabrilla*) (paraténicos)
Dist.: Canarias.
Reg.: XII.
Bibl.: 144.

Transcoleum oculeum (KOSSACK, 1911) WITENBERG, 1923
Hosp.: Focha (*Fulica atra*)
Dist.: Granada.
Reg.: IX y X.
Bibl.: 145 y 148.

Trichobilharzia sp.
H.I.: *Radix peregra*
Dist.: Salamanca.
Reg.: III.
Bibl.: 342.

Tyrrhenia sp.
Hosp.: Salpa (*Boops salpa*)
Dist.: Alicante y Castellón.
Reg.: VII.
Bibl.: 300.

Urotocus rossitensis (MÜHLING, 1898) LOOSS, 1899
Hosp.: Grajilla (*Corvus monedula*)
Dist.: Granada.
Reg.: IX y X.
Bibl.: 145.

Uvitellina pseudocotylea WITENBERG, 1923
Hosp.: Chorlitejo chico (*Charadrius dubius*)
Dist.: Granada.
Reg.: IX y X.
Bibl.: 145.

Uvitellina tageri (KOSSACK, 1911)
Hosp.: Avefría (*Vanellus vanellus*)
Dist.: Granada.
Reg.: IX y X.
Bibl.: 87.

Wardula capitellata (RUDOLPHI, 1819) POCHE, 1926
Hosp.: Salpa (*Boops salpa*)
Dist.: Canarias y Costa sur de España.
Reg.: X y XII.
Bibl.: 150, 229 y 231.

Zalophotrema atlanticum ABRIL, BALBUENA et RAGA, 1991

Hosp.: Delfín listado (*Stenella coeruleoalba*)
Dist.: Canarias.
Reg.: XII.
Bibl.: 1.

Zonorchis guevarai MAS-COMA, 1979

Hosp.: Erizo moro (*Aethechinus algirus*)
Dist.: Cataluña.
Reg.: V.
Bibl.: 256.

Zonorchis sp.

Hosp.: Erizo moro (*Aethechinus algirus*) y lirón careto (*Eliomys quercinus*)
Dist.: Baleares y Barcelona.
Reg.: V y XI.
Bibl.: 91, 94 y 259.

Zoogonoides viviparus (OLSSON, 1868) ODHNER, 1902

Hosp.: Golleta (*Microchirus variegatus*) y congrio (*Conger conger*)
Dist.: Galicia.
Reg.: II.
Bibl.: 307 y 359.

Zoogonus rubellus (OLSSON, 1868) ODHNER, 1902

Hosp.: Merlo (*Labrus merula*) y peto (*Symphodus tinca*)
Dist.: Alicante, Castellón y Valencia.
Reg.: VII.
Bibl.: 55 y 56.

LISTA DE HOSPEDADORES CON SUS DIGENEA PARÁSITOS

Phyllum Ctenophora

Larvas cydippoides

Hemiurus appendiculatus (RUDOLPHI, 1802) LOOSS, 1898 (metacercarias)

Phyllum Mollusca

Moluscos, de posible interés parasitológico en España y Portugal.

Bibl.: 5, 6, 7, 8, 9, 10, 11, 12, 13, 14, 15, 16, 17, 29, 37, 38, 42, 43, 44, 45, 46, 47, 48, 49, 50, 51, 68, 86, 112, 113, 136, 139, 140, 167, 171, 173, 174, 175, 176, 237, 239, 283, 284, 285, 286, 287, 288, 289, 290, 291, 292, 293, 317, 323, 348, 350, 356, 360, 407, 408, 409, 410 y 411.

Clase Bivalvia

Orden Filibranquia

Mejillón (*Mytilus edulis*)

Bucephalopsis haimeanus (LACAZE-DUTHIERS, 1854)
Bucephalus mytili COLE, 1935
Cercaria tenuans
Proctoeces maculatus (LOOSS, 1901) ODHNER, 1911
Rudolphinus crucibulum (STUNKARD, 1974)

Mejillón rubio (*Mytilus galloprovincialis*)

Proctoeces maculatus (LOOSS, 1901) ODHNER, 1911

Orden Eulamelibranquia

Almeja (*Tapes aureus*)

Bucephalopsis haimeanus (LACAZE-DUTHIERS, 1845)
Cercaria ophiocerca (PALOMBI)

Almeja fina (*Tapes decussatus*)

Cercaria ophiocerca (PALOMBI)

Almeja de perro (*Scrobicularia plana*)

Meiogymnophallus minutus (metacercarias)

Berberecho (*Cerastoderma edule*)

Bucephalopsis haimeanus (LACAZE-DUTHIERS, 1845)
Gymnophallus fossarum (metacercarias)
Meiogymnophallus minutus (metacercarias)

Ostra (Ostrea edulis)

Bucephalopsis haimeanus (LACAZE-DUTHIERS, 1845)
Rudolphinus crucibulum (STUNKARD, 1974)

Ostra japonesa (*Crassostrea gigas*)

Bucephalopsis haimeanus (LACAZE-DUTHIERS, 1845)

Clase Gastropoda

Orden Mesogastropoda

Bythinella reyniesii

Euryhelmis squamula (RUDOLPHI, 1819) POCHE, 1926

Bythinia tentaculata

Notocotylus imbricatus (LOOSS, 1894) SZIDAT, 1935 (cercarias)

Valvata spp.

Plagiorchis (Plagiorchis) maculosus (RUDOLPHI, 1802)

Orden Basommatophora

Ancylastrum fluviatilis

Opisthodiscus nigrivasis (VAN MEHLIJ, 1929) ODENING, 1959
Sanguinicola rutili SIMON, ROJO et SIMON, 1987
Sanguinicolidae, sin especificar (larvas)

Caracol enano del cieno (*Lymnaea truncatula*)

Fasciola hepatica LINNEO, 1785 (esporocistos a cercarias)
Notocotylus neyrai GONZALEZ CASTRO, 1945
Notocotylus spp. (formas larvarias)

Caracol palustre (*Lymnaea palustris*)

Fasciola hepatica LINNEO, 1785, experim.

Lymnaea auricularia

Echinoparyphium recurvatum (LINSTOW, 1873) LUHE, 1909

Lymnaea limosa

Fasciola hepatica LINNEO, 1785

Lymnaea spp.

Plagiorchis (Plagiorchis) maculosus (RUDOLPHI, 1802

Physa acuta

Echinoparyphium recurvatum (LINSTOW, 1873) LUHE, 1909

Planórbidos (*Planorbarius metidjensis, Bulinus truncatus, Bulinus africanus*)

Schistosoma bovis (SONSINO, 1876) BLANCHARD, 1895 (esporocistos y cercarias)
Schistosoma haematobium (BILHARZ, 1852) WEINLAND, 1858 (esporocistos y cercarias)

Planórbidos (*Planorbis* spp., *Segmentina* spp.)
Diplodiscus subclavatus PALLAS, 1760

Radix peregra
Tricobilharzia sp. (formas larvarias)

Orden Stylommatophora

Caracoles terrestres diversos (*Cionella lubrica, Helicella itala, Candidula intersecta, Helicella corderoi, Cernuella virgata, Cernuella vestita, Cernuella arigonis, Helicella madritensis, Helicella ordunensis, Cepaea nemoralis, Helicella jamuzensis, Helicella neglecta, Theba carthusiana*)
Dicrocoelium dendriticum (RUDOLPHI, 1819) LOOSS, 1899 (esporocistos y *Cercaria vitrina*)

Caracoles y babosas terrestres diversos (*Agriolimax reticulatum, Cernuella arigonis, Arianta, Arion, Cepaea, Euomphalaria, Helix, Limax* y *Succinea* sp.)
Brachylaemus erinacei BLANCHARD, 1847

Rumina decollata
Brachylaima ruminae MAS-COMA et MONTOLIU, 1986

Phyllum Arthropoda
Clase Crustacea
Orden Malacostraca

Cangrejo (*Carcinus maenas*)
Microphallus (Spelophallus) primas (JAEGERSKIOELD, 1909)

Cangrejo de río (*Austropotamobius pallipes*)
Orchipedum isostomum RUDOLPHI, 1819 (metacercaria, *Distoma isostoma*)

Clase Hexapoda
Orden Hymenoptera

Hormigas (*Formica pratensis, Formica rufibarbis, Formica sanguinea*)
Dicrocoelium dendriticum (metacercarias)

Phyllum Chordata
Clase Chondricthyes
Orden Squaliformes

Negra (*Scymnorhinus licha*)
Otodistomum veliporum (CREPLIN, 1857) STAFFORD, 1904

Pintarroja (*Scyliorhinus canicula*)
Diphterostomum betencourti (MONTICELLI, 1893) ODHNER, 1911

Tiburones, sin precisar.
Bucephalopsis haimeanus LACAZE-DUTHIERS, 1845

Orden Rajiformes

Mantellina (*Gymmura altavela*)
Stephanostomum sp.

Rayas, sin precisar.
Bucephalopsis haimeanus LACAZE-DUTHIERS, 1845

Clase Osteichthyes

Orden Clupeiformes

Alacha (*Sardinella aurita*)

Aphanurus stossichii (MONTICELLI, 1891) LOOSS, 1907
Opisthadena karachii (SRIVASTAVA, 1941) SKRJABIN et GUSCHANSKAJA, 1955

Boquerón (*Engraulis encrasicholus*)

Aphanurus stossichii (MONTICELLI, 1891) LOOSS,1907
Hemiurus appendiculatus (RUDOLPHI, 1802) LOOSS, 1898

Espadín (*Clupea sprattus*)

Aphanurus stossichii (MONTICELLI, 1891) LOOSS, 1907
Hemiurus appendiculatus (RUDOLPHI, 1802) LOOSS, 1898

Kyphosus sectarius

Opisthadena kyphosi YAMAGUTI, 1970

Sábalo (*Alosa alosa*)

Hemiurus appendiculatus (RUDOLPHI, 1802) LOOSS, 1898

Saboga (*Alosa fallax*)

Hemiurus appendiculatus (RUDOLPHI, 1802) LOOSS, 1898

Sardina (*Clupea pilchardus*)

Aphanurus stossichii (MONTICELLI, 1891) LOOSS, 1907
Hemiurus appendiculatus (RUDOLPHI, 1802) LOOSS, 1898
Hemiurus ocreatus (RUDOLPHI, 1802) LOOSS, 1899

Xenodermichtys copei

Steringophorus blackei BRAY, 1973

Orden Salmoniformes

Salmón (*Salmo salar*)

Derogenes varicus (MULLER, 1784) LOOSS, 1901
Lecithaster gibbosus (RUDOLPHI, 1802) LUEHE, 1901?

Trucha común (*Salmo trutta fario*)

Crepidostomum farionis (MULLER, 1784) LUEHE, 1909
Crepidostomum metoecus (BRAUN, 1900) BRAUN, 1900
Nicolla sp.

Orden Mictofiformes

Pez de San Francisco (*Synodus saurus*)

Proctophantastes polymixia YAMAGUTI, 1970
Stephanostomum sp.
Torticaecum sp.

Orden Cypriniformes

Barbo (*Barbus barbus bocagei*)

Allocreadium sp. o *Plagioporus* sp.
Diplostomum spathaceum (RUDOLPHI, 1819) (metac.)

Barbo (*Barbus meridionalis*)
Allocreadium isoporum (LOOSS, 1894) LOOSS, 1900

Bermejuela (*Rutilus arcasii*)
Sanguinicola rutili SIMON, ROJO et SIMON, 1987

Boga (*Chondrostoma polylepis*)
Diplostomum spathaceum (RUDOLPHI, 1819) (metac.)

Calandino (*Rutilus alburnoides*)
Allocreadium isoporum (LOOSS, 1894) LOOSS, 1900

Carpa (*Cyprinus carpio*)
Diplostomum spathaceum (RUDOLPHI, 1819) (metac.)

Carpín (*Carassisus carassius*)
Diplostomum spathaceum (RUDOLPHI, 1819) (metac.)

Carpín dorado (*Carassius auratus*)
Metagonimus yokogawai KATSURADA, 1913 (metacercarias)

Leuciscus sp.
Opistorchis tenuicollis (RUDOLPHI, 1819) STILES et HASSAL, 1896 (metacercarias)

Orden Anguiliformes

Anguila (*Anguilla anguilla*)
Deropristis inflata MOLIN, 1858
Lecithochirium rufoviride (RUDOLPHI, 1819) LÜHE, 1901

Congrio (*Conger conger*)
Dolichoenterum congeri YAMAGUTI, 1970
Dolichoenterum longissimum OZAKI, 1924
Helicometra fasciata (RUDOLPHI, 1819) ODHNER, 1902
Lecithochirium fusiforme LÜHE, 1901
Lecithochirium gravidum LOOSS, 1907
Lecithochirium microstomum CHANDLER, 1935
Lecithochirium musculus
Lecithochirium rufoviride (RUDOLPHI, 1819) LÜHE, 1901
Lomasoma wardi MANTER, 1934
Opecoeloides vitellosus LINTON, 1900
Prosorhynchus aculeatus ODHNER, 1905
Prosorhynchus crucibulum (RUDOLPHI, 1819) ODHNER, 1905
Sterrhurus fusiformis
Sterrhurus musculus LOOSS, 1907
Synaptobothrium caudiporum (RUDOLPHI, 1819) LINSTOW, 1904
Zoogonoides viviparus (OLSSON, 1868) ODHNER, 1902

Orden Beloniformes

Aguja (*Belone belone*)
Lecithostaphylus retroflexus (MOLIN, 1859)

Juriola (*Cypselurus heterurus*)
Gonadopodasmius spilonotopteri YAMAGUTI, 1970

Orden Gadiformes

Arbitán (*Molva macrophtalma*)

Derogenes varicus (MULLER, 1784) LOOSS, 1901

Bacaladilla (*Micromesistius poutassou*)

Derogenes varicus (MULLER, 1784) LOOSS, 1901U
Stephanostomum lophii QUINTEIRO et al., 1992
Stephanostomum pristis (DESLONGCHAMPS, 1824) LOOSS, 1899

Brótola de fango (*Phycis blenniodes*)

Derogenes varicus (MULLER, 1784) LOOSS, 1901
Lepidadedon guevarai LOPEZ-ROMAN et MAILLARD, 1973
Lepidadedon rachion (COBBOLD, 1858) STAFFORD, 1904
Nicolla elongata MAILLARD, 1976

Brótola de piedra (*Phycis phycis*)

Nicolla elongata MAILLARD, 1976
Stephanostomum longysimum MANTER, 1940

Lota de mar (*Gaidropsarus vulgaris*)

Helicometra fasciata (RUDOLPHI, 1819) ODHNER, 1902

Faneca (*Gadus luscus*)

Hemiurus communis ODHNER, 1905
Stephanostomum lophii QUINTEIRO et al., 1992
Stephanostomum pristis (DESLONGCHAMPS in LAMOUROUX, 1824)

Merluza (*Merluccius merluccius*)

Derogenes varicus (MULLER, 1784) LOOSS, 1901

Obispo de mitra corta (*Coelorhynchus caelorhynchus*)

Bathycreadium biscayense BRAY, 1973
Steganoderma abyssorum (ODHNER, 1911) MANTER, 1947

Trachyrhynchus trachyrinchus

Bathycreadium biscayense BRAY, 1973
Derogenes varicus (MULLER, 1784) LOOSS, 1901
Lepidadedon elongatum (LEBOUR, 1908) NICOLL, 1910
Steganoderma abyssorum (ODHNER, 1911) MANTER, 1947

Orden Beryciformes

Palometa roja (*Beryx decadactylus*)

Dinosoma hawaiense YAMAGUTI. 1970
Neosteganoderma glandulosum BYRD, 1964, enmend.
Proctophantastes polymixia YAMAGUTI, 1970

Orden Zeiformes

Ochavo (*Capros aper*)

Steringotrema divergens (RUDOLPHI, 1809) ODHNER, 1911

Pez de San Pedro (*Zeus faber*)

Lecithochirium fusiforme LÜHE, 1901

Orden Perciformes

Aligote (*Pagellus acarne*)
Chorycotyle chrysophryi VAN BENEDEN et HESSE, 1974

Anjova (*Pomatomus saltatrix*)
Bucephalopsis callicotyle KOHN, 1962

Boga (*Boops boops*)
Aphanurus stossichii (MONTICELLI, 1891) LOOSS, 1907
Bacciger bacciger (RUDOLPHI, 1819) NICOLL, 1914
Lepocreadium pegorchis (STOSSICH, 1901) STOSSICH, 1904
Robphildollfusium martinezgomei LOPEZ-ROMAN, GIJON-BOTELLA, KIM et VILCA, 1992

Caballa (*Scomber scombrus*)
Acanthocolpoides guevarai LOPEZ-ROMAN, 1979
Lecithocladium excisum (RUDOLPHI, 1819) LUEHE, 1901
Nematobothrium robustum YAMAGUTI, 1970
Opechona bacillaris (MOLIN, 1859) LOOSS, 1907

Cabrilla (*Serranus cabrilla*)
Derogenes varicus (MULLER, 1784) LOOSS, 1901
Helicometra fasciata (RUDOLPHI, 1819) ODHNER, 1902
Torticaecum sp.

Chicharro (*Trachurus trachurus*)
Monascus filiformis (RUDOLPHI, 1819) LOOSS, 1907

Chicharro pintado (*Trachurus picturatus*)
Ectenurus lepidus LOOSS, 1907

Chopa (*Spondyliosoma cantharus*)
Arnola microcirrus (VLASENKO, 1931) YAMAGUTI, 1971
Steringotrema pagelli (VAN BENEDEN, 1870) ODHNER, 1911

Chucla (*Maena maena*)
Hemiurus appendiculatus (RUDOLPHI, 1802) LOOSS, 1898

Cinta (*Cepola rubescens*)
Monascus filiformis (RUDOLPHI, 1819)

Corvallo (*Sciaena umbra*)
Metadena caballeroi NAHHAS et KRUPPIN, 1977

Dorada (*Sparus aurata*)
Monorchis monorchis (STOSSICH, 1890) LOOSS, 1902

Espetón (*Sphryaena sphryaena*)
Plerurus digittatus (LOOSS, 1899) LOOSS, 1907

Estornino (*Scomber colias*)
Nematobothrium filiforme YAMAGUTI, 1934

Herrera (*Lithognatus mormyrus*)
Steringotrema pagelli (VAN BENEDEN, 1871) ODHNER, 1911

Julia (*Coris julis*)

Derogenes varicus (MULLER, 1784) LOOSS, 1901
Helicometra fasciata (RUDOLPHI, 1819) ODHNER, 1902

Listado (*Euthymnus pelami*)

Dinurus scombri YAMAGUTI, 1934

Lubina (*Dicentrarchus labrax*)

Acanthostomum imbutiforme (MOL, 1859)
Bucephalus baeri MAILLARD, 1976
Bucephalus labracis
Cainocreadium labracis (DUJARDIN, 1845) NICOLL, 1909
Labratrema minimus (STOSSICH, 1887) MAILLARD, 1975
Lecithochirium gravidum LOOSS, 1907
Timoniella praeterita (LOOSS, 1901) MAILLARD, 1974

Merlo (*Labrus merula*)

Diphterostomum brusinae (STOSSICH, 1888) STOSSICH, 1903
Helicometra fasciata (RUDOLPHI, 1819) ODHNER, 1902
Lepidauchen stenostoma NICOLL, 1913
Peracreadium genu NICOLL, 1909
Proctoeces maculatus (LOOSS, 1901) ODHNER, 1911
Zoogonus rubellus (OLSSON, 1868) ODHNER, 1902

Mero (*Epinephelus guaza*)

Gonadopodasmius branchialis YAMAGUTI, 1970

Mojarra (*Diplodus vulgaris*)

Diphterostomum sp

Oblada (*Oblada melanura*)

Steringotrema pagelli (VAN BENEDEN, 1871) ODHNER, 1911

Palometa blanca (*Tachinotus glaucus*)

Lecithocladium excisum (RUDOLPHI, 1819) LUEHE, 1901

Parathunnus obesus

Didymocystis philobranchia YAMAGUTI, 1970
Hirundinella fusca (BOSE, 1902) MANTER, 1926

Peto (*Symphodus tinca*)

Diphterostomum brusinae (STOSSICH, 1888) STOSSICH, 1903
Helicometra fasciata (RUDOLPHI, 1819) ODHNER, 1902
Lepidauchen stenostoma NICOLL, 1913
Phyllodistomum acceptum LOOSS, 1901
Proctoeces maculatus (LOOSS, 1901) ODHNER, 1911
Zoogonus rubellus (OLSSON, 1868) ODHNER, 1902

Pez de limón (*Seriola dumerilii*)

Stephanostomum seriolae YAMAGUTI, 1970

Salmonete de fango (*Mullus barbatus*)

Opecoeloides furcatus (BREMSER, 1819) ODHNER, 1928
Poracanthium furcatum (STOSSICH, 1883) DOLLFUS, 1948

Salmonete de roca (*Mullus surmuletus*)
Opecoeloides furcatus (BREMSER, 1819) ODHNER, 1928
Poracanthium furcatum (STOSSICH, 1883) DOLLFUS, 1948

Salpa (*Boops salpa*)
Centroderma stossichianum (MONTICELLI, 1892) SKRJABIN, 1963
Mesometra branchycoelia LÜHE, 1901
Mesometra orbicularis (RUDOLPHI, 1819) LÜHE, 1901
Prosorhynchus sp. (metacercariae)
Robphildollfusia fractum (RUDOLPHI, 1819) PAGGI et ORECCHIA, 1963
Stephanostomum sp. (metacercariae)
Tyrrhenia sp.
Wardula capitellata (RUDOLPHI, 1819) POCHE, 1926

Serrano (*Serranus scriba*)
Helicometra fasciata (RUDOLPHI, 1819) ODHNER, 1902

Torillo (*Blennius ocellaris*)
Steringotrema divergens (RUDOLPHI, 1809) ODHNER, 1911

Orden Scorpaeniformes

Alfondega (*Trigla lucerna*)
Derogenes ruber LÜHE, 1900
Derogenes varicus (MÜLLER, 1784) LOOSS, 1901
Lecithochirium fusiforme LÜHE, 1901

Gallineta (*Helicolenus dactylopterus*)
Ectenurus lepidocybii YAMAGUTI, 1970

Rata (*Uranoscopus scaber*)
Anisocladium fallax (RUDOLPHI, 1819)
Anisocoelium capitellatum (RUDOLPHI, 1819)
Stephanostomum minutum (LOOSS, 1901)

Orden Pleuronectiformes

Gallo (*Lepidorhombus boseii*)
Lecithochirium fusiforme LÜHE, 1901

Golleta (*Microchirus variegatus*)
Lomasoma wardi MANTER, 1934
Stephanostomum lophii QUINTEIRO et al., 1992
Zoogonoides viviparus (OLSSON, 1868) ODHNER, 1902

Lliseria (*Lepidorhombus whyffjagonis*)
Lecithochirium fusiforme LÜHE, 1901
Stephanostomum lophii QUINTEIRO et al., 1992

Rodaballo (*Scophthalmus maximus*)
Derogenes varicus (MÜLLER, 1784) LOOSS, 1901
Lecithochirium fusiforme LÜHE, 1901

Solleta (*Citharus linguatula*)
Lecithochirium gravidum LOOSS, 1907

Orden Lophiiformes

Rape (*Lophius piscatorius*)

Bucephalopsis gracilescens (RUDOLPHI, 1819) NICOLL, 1914
Complexobursa sp.
Fellodistomum furcigerum (OLSSON, 1868)
Lecithochirium physcon LÜHE, 1901
Lecithochirium rufoviride (RUDOLPHI, 1819) LÜHE, 1901
Stephanostomum lophii QUINTEIRO et al., 1992
Sterrhurus musculus LOOSS, 1907

Clase Amphibia

Orden Urodela

Salamandra (*Salamandra salamandra*)

Brachycoelium salamandrae (FROELICH, 1789)
Haematoloechus carbonelli LLUCH, NAVARRO et PEREZ-SOLER, 1991

Orden Anura

Rana (*Rana iberica*)

Gorgoderina vitelliloba (OLSSON, 1876) LOOSS, 1902
Haematoloechus carbonelli LLUCH, NAVARRO et PEREZ-SOLER, 1991
Haematoloechus variegatus (RUDOLPHI, 1819) LOOSS, 1899
Opisthioglyphe endoloba (LÜHE, 1901) WARD, 1917
Opisthioglyphe ranae (FRÖHLICH, 1791) LOOSS, 1907
Opisthodiscus diplodiscoides COHN, 1904
Opisthodiscus nigrivasis (VAN MEHLIJ, 1929) ODENING, 1959

Rana (*Rana perezi*)

Brachylaima sp. (metacercariae)
Cephalogonimus europaeus BLAIZOT, 1910
Cephalogonimus retusus (DUJARDIN, 1845) TRAVASSOS, 1932
Diplodiscus subclavatus PALLAS, 1760
Gorgodera circava (GOUBERLET, 1920)
Gorgodera euzeti LEES et COMBES, 1968
Gorgodera granatensis GONZALEZ-CASTRO, 1942
Gorgodera microovata FUHRMANN, 1925
Gorgoderina vitelliloba (OLSSON, 1876) LOOSS, 1902
Haematoloechus similis LOOSS, 1899
Haematoloechus variegatus (RUDOLPHI, 1819) LOOSS, 1899
Halipegus kessleri (GREBNITZKY, 1872) VLASENKO, 1929
Halipegus ovocaudatus (VULPIAN, 1858)
Haplometra cylindracea (ZEDER, 1800) LOOSS, 1899
Leptophallus nigrovenosus (BELLINGHAM, 1844) LÜHE, 1909
Massaliatrema gyrinicola DOLLFUS et TIMON-DAVID, 1960
Opisthioglyphe endoloba (LÜHE, 1901) WARD, 1917
Opisthioglyphe ranae (FROHLICH, 1791) LOOSS, 1907
Opisthioglyphe rastellus (LOOSS, 1907)
Opisthodiscus nigrivasis (VAN MEHLIJ, 1929) ODENING, 1959
Paralepoderma brumpti BÜTTNER, 1950
Pleurogenes claviger (OLFERS, 1816) LOOSS, 1899
Pleurogenes hepaticola GRABDA-KAZUBSKA, 1972

Pleurogenoides medians (OLSSON, 1876) TRAVASSOS, 1930
Pleurogenoides punicus (BALOZET et CALLOT, 1938)
Pleurogenoides stromi TRAVASSOS, 1930
Prosotocus fuelleborni TRAVASSOS, 1930
Prosotocus sigalasi BAILENGER et CHANSEAU, 1954
Ratzia parva (STOSSICH, 1904) POCHE, 1926
Skrjabinoeces similis (LOOSS, 1899) ODENING, 1958
Sonsinotrema calloti (CALLOT, 1936)
Sonsinotrema tacapense (SONSINO, 1894) BALOZET et CALLOT, 1938
Szidatia joyeuxi (HUGHES, 1929) DUBOIS, 1938
Tetracotyle sp.

Rana (*Rana temporaria*)
Brachycoelium salamandrae (FRÖHLICH, 1789)
Euryhelmis squamula (RUDOLPHI, 1819) POCHE, 1926
Gorgodera euzeti LEES et COMBES, 1968
Gorgoderina vitelliloba (OLSSON, 1876) LOOSS, 1902
Haematoloechus pyrenaicus COMBES, 1965
Haematoloechus variegatus (RUDOLPHI, 1819) LOOSS, 1899
Haplometra cylindracea (ZEDER, 1800) LOOSS, 1899
Opisthioglyphe rastellus (OLSSON, 1876)

Rana de San Antón (*Hyla arborea*)
Leptophallus nigrovenosus (BELLINGHAM, 1844) LÜHE, 1909

Sapo (*Bufo bufo*)
Crepidostomum farionis (MÜLLER, 1780) LÜHE, 1909
Gorgodera microovata FUHRMANN, 1925
Gorgoderina vitelliloba (OLSSON, 1876) LOOSS, 1902
Haplometra cylindracea (ZEDER, 1800) LOOSS, 1899
Haematoloechus carbonelli LLUCH, NAVARRO et PEREZ-SOLER, 1991
Opisthioglyphe endoloba (LÜHE, 1901) WARD, 1917
Opisthodiscus nigrivasis (VAN MEHLIJ, 1929) ODENING, 1959
Pleurogenoides medians (OLSSON, 1876) TRAVASSOS, 1930

Sapo partero (*Alytes cisternasii*)
Leptophallus nigrovenosus (BELLINGHAM, 1844) LÜHE, 1909

Clase Reptilia
Orden Chelonia
Galápago leproso (*Mauremys caspica*)
Telorchis solivagus ODHNER, 1902

Orden Squamata
Culebra de agua (*Natrix maura*)
Cephalogonimus sp.
Leptophallus nigrovenosus (BELLINGHAM, 1944) LÜHE, 1909
Opisthioglyphe endoloba (LÜHE, 1901) WARD, 1917
Paralepoderma cloacicola (LÜHE, 1909) DOLLFUS, 1950
Ratzia parva (STOSSICH, 1904) POCHE, 1926
Szidatia joyeuxi (HUGHES, 1929) DUBOIS, 1938

Culebra de collar (*Natrix natrix*)
Leptophallus nigrovenosus (BELLINGHAM, 1944) LÜHE, 1909

Lagartija (*Algyroides marchi*)
Plagiorchis molini LENT et FREITAS, 1840

Lagartija (*Podarcis bocagei*)
Brachylaima sp. (metacercaria)

Lagartija (*Podarcis hispanica*)
Plagiorchis arrectum (DUJARDIN, 1845) LOPEZ- NEYRA, 1940
Plagiorchis molini LENT et FREITAS, 1840
Sonsinotrema tacapense (SONSINO, 1894) BALOZET et CALLOT, 1938

Lagartija (*Podarcis lilfordi*)
Brachylaima sp. (metacercaria)
Paradistomum mutabile (MOLIN, 1859)

Lagartija (*Podarcis muralis*)
Plagiorchis molini LENT et FREITAS, 1840

Lagartija (*Podarcis pityuensis*)
Brachylaima sp. (metacercaria)
Paradistomum mutabile (MOLIN, 1859)

Lagarto (*Lacerta lepida*)
Plagiorchis mentulatus (RUDOLPHI, 1819) LUHE, 1899
Plagiorchis molini LENT et FREITAS, 1840

Lagarto canarión (*Gallotia simonyi stehlini*)
Pleurogenes claviger (OLFERS, 1816) LOOSS, 1899

Lagarto verdinegro (*Lacerta schreiberi*)
Plagiorchis molini LENT et FREITAS, 1940

Salamanquesa (*Tarentola mauritanica*)
Plagiorchis mentulatus (RUDOLPHI, 1819) LÜHE, 1899
Sonsinotrema tacapense (SONSINO, 1894) BALOZET et CALLOT, 1938

Clase Aves
Orden Podicipitiformes
Zampullín (*Podiceps ruficollis*)
Patagifer bilobus (RUDOLPHI, 1819) DIETZ, 1909

Orden Anseriformes
Cerceta común (*Anas crecca*)
Bilharziella polonica KOWALEWSKI, 1895

Cisne (*Cygnus olor*)
Cyathocotyle sp.
Notocotylus imbricatus (LOOSS, 1894) SZIDAT, 1935

Malvasía (*Oxyura leucocephala*)
Psilochasmus oxyurus (CREPLIN, 1825) LÜHE, 1908

Pato (*Anas boschas*)
Paramonostomum alveatum LÜHE, 1909

Pato silvestre (*Anas platyrhynchos*)
Psilochasmus oxyurus (CREPLIN, 1825) LÜHE, 1908
Paramonostomum alveatum LÜHE, 1909

Orden Accipitriformes

Aguila imperial (*Aquila heliaca*)
Strigea falconis SZIDAT, 1928

Aguila rapaz (*Aquila rapax*)
Neodiplostomum sp.
Strigea falconis SZIDAT, 1928

Orden Galliformes

Gallina
Prosthogonimus sp.

Perdiz roja (*Alectoris rufa*)
Brachylaemus sp.
Conspicuum alectoris (NOELLER et ENIGK, 1932)

Orden Gruiformes

Focha (*Fulica atra*)
Cyclocoelum mutabile (ZEDER, 1800) STOSSICH, 1902
Harrahium halli (HARRAH, 1922) WITENBERG, 1926
Transcoleum oculeum (KOSSACK, 1911) WITENBERG, 1923

Garcilla bueyera (*Bubulcus ibis*)
Apharingostrigea cornu (ZEDER, 1890) CIUREA, 1927

Garza real (*Ardea cinerea*)
Apharingostrigea ramai (VERMA, 1936) VIDYARTHI, 1937

Polla de agua (*Gallinula chloropus*)
Cyclocoelum mutabile (ZEDER, 1800) STOSSICH, 1902
Cyclocoelum sp.
Notocotylus attenuatus (RUDOLPHI, 1809) KOSSACK, 1911

Polluela pintoja (*Porzana porzana*)
Echinostoma cloropedis (ZEDER, 1800) DIETZ, 1909
Notocotylus gibbus (MEHLIS et CREPLIN, 1846) KOSSACK, 1911

Orden Charadriiformes

Agachadiza común (*Gallinago gallinago*)
Cyclocoelum leidyi HARRAH, 1922

Andarríos chico (*Tringa hipoleucos*)
Cloacitrema deltoidea MAMAEV, 1959
Diacetabulum curvicolom BELOPOLSKAIA, 1952

Avefría (*Vanellus vanellus*)
Uvitellina tageri (KOSSACK, 1911)

Chorlitejo chico (*Charadrius dubius*)
Maritrema elongatum DEBLOCK, CAPRON et BIGUET, 1960
Megalophallus pentadactylus CABLE, CONNOR et BALLING, 1960
Sphairiotrema prudhoie DEBLOCK et al., 1966
Uvitellina pseudocotylea WITENBERG, 1923

Chorlitejo grande (*Charadrius hiaticula*)
Acanthoparyphium spinulosum JOHNSTON, 1917

Chorlito gris (*Pluvialis squatarda*)
Acanthoparyphium spinulosum JOHNSTON, 1917

Cigüeñuela (*Himantopus himantopus*)
Himasthla leptosoma (CREPLIN, 1829) DIETZ, 1909

Correlimos común (*Calidris alpina*)
Himasthla leptosoma (CREPLIN, 1829) DIETZ, 1909

Gaviota argéntea (*Larus argentatus*)
Aporchis massiliensis TIMON-DAVID, 1955
Cardiocephallus hillii (JOHNSTON, 1904) SZIDAT, 1928
Cardiocephallus longicollis (RUDOLPHI, 1819) SZIDAT, 1928
Ornithobilharzia intermedia ODHNER, 1912

Gaviota reidora (*Larus ridibundus*)
Diplostomum spathaceum (RUDOLPHI, 1819)
Mesoophorodiplostomum pricei (KRULL, 1934) DUBOIS, 1936
Spelotrema simile (JAGERSKJOLD, 1900) LOOSS, 1902

Vuelvepiedras (*Arenaria interpres*)
Himasthla leptosoma (CREPLIN, 1829) DIETZ, 1909

Orden Columbiformes

Paloma (*Columba livia*)
Brachylaemus columbae (MAZZANTI, 1899) sp. inq.
Brachylaima fuscata (RUDOLPHI, 1819) JOYEUX et al., 1932
Echinoparyphium recurvatum (LINSTOW, 1873) LUHE, 1909

Orden Caprimulgiformes

Chotacabras pardo (*Caprimulgus ruficollis*)
Lyperosomum transversogenitalis hispanicum LOPEZ-NEYRA, 1941

Orden Apodiformes

Vencejo común (*Apus apus*)
Lyperosomum clathratum DELONGCHAMPS, 1824
Plagiorchis maculosus (RUDOLPHI, 1802)

Vencejo pálido (*Apus pallidus*)
Plagiorchis sp.

Orden Coraciiformes

Abejaruco (*Merops apiaster*)
Plagiorchis triangularis (DIESING, 1850) BRAUN, 1901

Orden Passeriformes

Bisbita común (*Anthus pratensis*)

Leucochloridium macrostoma (RUDOLPHI, 1805) POCHE, 1907

Postharmostomum gallinum WITENBERG, 1923

Golondrina (*Hirundo rustica*)

Plagiorchis (Plagiorchis) hirundinis FROELICH, 1891

Gorrión comun (*Passer domesticus*)

Brachylaemus erinacei BLANCHARD, 1847, experm.

Brachylaima fuscata (RUDOLPHI, 1819) JOYEUX et al., 1932

Paraurotocus fusiformis (MCINTOSH, 1935) TRAVASSOS et KOHN, 1966

Grajilla (*Corvus monedula*)

Psilotornus confertus MACHALSKA, 1974

Urotocus rossitensis (MÜHLING, 1898) LOOSS, 1899

Lavandera boyera (*Motacilla flava*)

Leucochloridium insigne (LOOSS, 1899) MÖNNING, 1922

Mirlo (*Turdus merula*)

Tamaisia (Tamerlania) zarudnyi SKRJABIN, 1924

Zorzal alirrojo (*Turdus iliacus*)

Macyella turkensis COIL et KUNTZ, 1958

Morishitium dollfusi (TIMON-DAVID, 1950) YAMAGUTI, 1958

Psilotornus confertus MACHALSKA, 1974

Zorzal común (*Turdus philomelos*)

Brachylaemus arcuatus (DUJARDIN, 1845)

Leucochloridium turdi YAMAGUTI, 1939

Morishitium dollfusi TIMON-DAVID, 1950

Morishitium sp.

Clase Mammalia

Orden Insectivora

Erizo (*Erinaceus europaeus*)

Brachylaemus erinacei BLANCHARD, 1847

Erizo moro (*Aethechinus algirus*)

Brachylaima sp.

Dollfusinus frontalis BIOCCA et FERRETTI, 1958

Zonorchis guevarai MAS-COMA, 1979

Zonorchis sp.

Desmán (*Galemys pyrenaicus*)

Omphalometra flexuosa var. *peyrei* TIMON DAVID, 1960

Musaraña campesina (*Crocidura suaveolens*)

Brachylaemus fulvus DUJARDIN, 1833

Brachylaima spp.

Musaraña colicuadrada (*Sorex araneus*)
Brachylaemus fulvus DUJARDIN, 1843
Nephrotrema truncatum (LEUCKART, 1842) BAER, 1931
Pseudoleucochloridium soricis SOLTYS, 1952
Rubenstrema exasperatum (RUDOLPHI, 1819) DOLLFUS, 1949

Musaraña común (*Crocidura russula*)
Brachylaima simoni FELIU, MAS-COMA, MONTOLIU et GALLEGO, 1986
Brachylaima sp.
Levinseniella spp.
Maritrema sp.
Nephrotrema truncatum (LEUCKART, 1842) BAER, 1931
Patynosomum soricis (DIESING, 1858)
Postorchigenes gymnesicus MAS-COMA, BARGUES et ESTEBAN, 1981
Pseudoleucochloridium soricis SOLTYS, 1952

Musaraña enana (*Sorex minutus*)
Brachylaemus fulvus DUJARDIN, 1843
Lyperosomum sp.
Nephrotrema truncatum (LEUCKART, 1842) BAER, 1931
Pseudoleucochloridium soricis SOLTYS, 1952
Skrjabinophyetus soricis JOURDANE, 1973

Musgaño patiblanco (*Neomys fodiens*)
Brachylaemus fulvus DUJARDIN, 1843
Euryhelmis squamula (RUDOLPHI, 1819) POCHE, 1926
Nephrotrema truncatum (LEUCKART, 1842) BAER, 1931
Parabascus combesi JOURDANE, 1973
Pseudocephalotrema pyrenaica COMBES et JOURDANE, 1970
Pseudoleucochloridium soricis SOLTYS, 1952
Psilotomus confertus MACHALSKA, 1974
Skrjabinophyetus neomydis DIMITROVA et GENOV, 1967

Topo ciego (*Talpa caeca*)
Ityogonimus lorum (DUJARDIN, 1845)
Ityogonimus ocreatus (ZEDER, 1800)

Topos (*Talpa* spp.)
Ityogonimus lorum (DUJARDIN, 1845)
Nephrotrema truncatum (LEUCKART, 1842)
Omphalometra flexuosa (RUDOLPHI, 1809)

Orden Chiroptera

Murciélago común (*Pipistrellus pipistrellus*)
Plagiorchis vespertilionis (MULLER, 1784)
Pycnoporus macrolaimus (LINSTOW, 1894) LOOSS, 1899

Murciélago de herradura grande (*Rhinolophus ferrum-equinum*)
Mesotetres peregrinus (BRAUN, 1900)
Plagiorchis koreanus OGATA, 1938
Plagiorchis vespertilionis (MULLER, 1784)

Murciélago de herradura mediano (*Rhinolophus mehelyi*)
Plagiorchis koreanus OGATA, 1938

Murciélago de herradura pequeño (*Rhinolophus hipposideros*)
Mesotetres peregrinus (BRAUN, 1900)

Murciélago hortelano (*Eptesicus serotinus*)
Plagiorchis vespertilionis (MULLER, 1784)

Murciélago de Natterer (*Myotis nattereri*)
Mesotetres peregrinus (BRAUN, 1900)

Murciélago rabudo (*Nyctinomus taeniotis*)
Lecithodendrium linstowi DOLLFUS, 1931
Plagiorchis vespertilionis (MULLER, 1784)
Prothodendrium ascidia (VAN BENEDEN, 1873)

Murciélago ratero (*Myotis myotis*)
Plagiorchis vespertilionis (MULLER, 1784)

Murciélago troglodita (*Miniopterus schreibersii*)
Lecithodendrium linstowi DOLLFUS, 1931
Lecithodendrium sp.
Mesotetres peregrinus (BRAUN, 1900)
Plagiorchis vespertilionis (MULLER, 1784)
Plagiorchis sp.
Prosthodendrium chilostomum MEHLIS, 1931
Prosthodendrium parvouterus (BHALERAO, 1926)
Pycnoporus heteroporus (DUJARDIN, 1845)

Myotis daubentoni
Prothodendrium ascidia (VAN BENEDEN, 1873)

Orejudo (*Plecotus auritus*)
Mesotetres peregrinus (BRAUN, 1900)
Plagiorchis koreanus OGATA, 1938
Plagiorchis vespertilionis (MULLER, 1784)

Orden Lagomorpha

Conejo (*Oryctolagus cuniculus*)
Dicrocoelium dendriticum (RUDOLPHI, 1819) LOOSS, 1899
Fasciola hepatica LINNEO, 1758

Liebre (*Lepus capensis*)
Dicrocoelium dendriticum (RUDOLPHI, 1819) LOOSS, 1899
Fasciola hepatica LINNEO, 1758

Orden Rodentia

Lirón careto (*Eliomys quercinus*)
Brachylaima ruminae MAS-COMA et MONTOLIU, 1986
Brachylaima sp.
Brachylaemus recurvus DUJARDIN, 1845
Brachylecithium eliomydis JOURDANE et MAS-COMA, 1977
Corrigia vitta (DUJARDIN, 1845)

Dollfusinus frontalis BIOCCA et FERRETTI, 1958
Macyella apodemi JOURDANE et TRIQUELL, 1973
Nephrotrema truncatum (LEUCKART, 1842) BAER, 1931
Postorchigenes gymnesicus MAS-COMA, BARGUES et ESTEBAN, 1981
Zonorchis sp.

Rata de agua (*Arvicola sapidus*)
Dicrocoelium sp.
Notocotylus gonzalezi SIMON VICENTE et al., 1985
Notocotylus neyrai GONZALEZ CASTRO, 1945
Postorchigenes gymnesicus MAS-COMA, BARGUES et ESTEBAN, 1981
Psilotrema spiculigerum (MÜHLING, 1898)

Rata de agua norteña (*Arvicola terrestris*)
Dicrocoelium sp.
Notocotylus gonzalezi SIMON VICENTE et al., 1985
Notocotylus neyrai GONZALEZ CASTRO, 1945
Postorchigenes gymnesicus MAS-COMA, BARGUES et ESTEBAN, 1981

Rata gris (*Rattus norvegicus*)
Brachylaemus recurvus DUJARDIN, 1845
Brachylaima sp.
Echinoparyphium recurvatum (LINSTOW, 1873) LUHE, 1909
Echinoparyphium sp.
Echinostoma lindoense SANDGROUND et BONNE, 1940
Hypoderaeum conoideum (BLOCK, 1782)
Maritrema sp.
Plagiorchis sp.
Postorchigenes gymnesicus MAS-COMA, BARGUES et ESTEBAN, 1981

Rata negra (*Rattus rattus*)
Brachylaemus recurvus DUJARDIN, 1845
Brachylaima ruminae MAS-COMA et MONTOLIU, 1986
Brachylaima sp.
Dollfusinus frontalis BIOCCA et FERRETTI, 1958
Echinoparyphium recurvatum (LINSTOW, 1873) LUHE, 1909
Plagiorchis sp.

Ratilla (*Microtus lusitanicus*)
Notocotylus neyrai GONZALEZ CASTRO, 1945

Ratilla agreste (*Microtus agrestis*)
Mediogonimus jourdanei MAS-COMA et ROCAMORA, 1978
Notocotylus neyrai GONZALEZ CASTRO, 1945

Ratilla de Cabrera (*Microtus cabrerae*)
Notocotylus gonzalezi SIMON-VICENTE et al., 1985
Notocotylus neyrai GONZALEZ CASTRO, 1945

Ratilla campesina (*Microtus arvalis*)
Notocotylus neyrai GONZALEZ CASTRO, 1945

Ratón común (*Mus musculus*)
Brachylaemus erinacei BLANCHARD, 1847
Brachylaemus recurvus DUJARDIN, 1845
Brachylaima ruminae MAS-COMA et MONTOLIU, 1986
Corrigia vitta (DUJARDIN, 1845)
Echinostoma lindoense SANDGROUND et BONNE, 1940
Maritrema sp.
Postorchigenes gymnesicus MAS-COMA, BARGUES et ESTEBAN, 1981

Ratón de campo (*Apodemus sylvaticus*)
Brachylaemus recurvus DUJARDIN, 184U5
Brachylaima sp.
Collyricloides massanae VAUCHER, 1969
Corrigia vitta (DUJARDIN, 1845)
Macyella apodemi JOURDANE et TRIQUEL, 1973
Notocotylus neyrai GONZALEZ CASTRO, 1945
Plagiorchis sp (aff. *muris*) (TANABE, 1922)
Plagiorchis talassensis TOKOBAEV et ERKULOV, 1966
Scaphiostomum palaearcticum MAS-COMA, ESTEBAN et VALERO, 1986

Ratón moruno (*Mus spretus*)
Corrigia vitta (DUJARDIN, 1845)
Scaphiostomum palaearcticum MAS-COMA, ESTEBAN et VALERO, 1986

Topillo (*Pitymys lusitanicus*)
Notocotylus neyrai GONZALEZ CASTRO, 1945

Topillo común (*Pitymys duodecimcostatus*)
Brachylaima sp.

Topino rojo (*Clethrionomys glareolus*)
Brachylaima sp.
Corrigia vitta (DUJARDIN, 1845)
Mediogonimus jourdanei MAS-COMA et ROCAMORA, 1978

Orden Cetacea

Calderón (*Globicephala melaena*)
Hadwenius delamurei RAGA et BALBUENA, 1988
Hadwenius subtilus (SKRJABIN, 1959)
Leucasiella delamurei RAGA et CARBONELL, 1988
Orthosplanchnus albamarinus TRESHCHEV, 1968

Delfín listado (*Stenella coeruleoalba*)
Campula palliata (LOOSS, 1885) LOOSS, 1901
Oschmarinella mascomai REGA, 1986
Pholeter gastrophilus (KOSSACK, 1910)
Zalophotrema atlanticum ABRIL, BALBUENA et RAGA, 1991

Delfín mular (*Tursiops truncatus*)
Pholeter gastrophilus (KOSSACK, 1910)
Synthesium tursionis (MARCHI, 1873)

Rorcual común (*Balaenoptera physalus*)
Ogmogaster antarticus JOHNSTON, 1931

Orden Carnivora

Jineta (*Genetta genetta*)

Metorchis albidus (BRAUN, 1893) LOOSS, 1899

Lince ibérico (*Lynx pardina*)

Brachylaima sp.

Lobo (*Canis lupus*)

Alaria alata (GOEZE, 1782) HALL et WIGDOR, 1918

Perro

Alaria alata (GOEZE, 1782) HALL et WIGDOR, 1918
Dicrocoelium dendriticum (RUDOLPHI, 1819) LOOSS, 1899

Turón (*Mustela putorius*)

Euryhelmis squamula (RUDOLPHI, 1819)

Zorro (*Vulpes vulpes*)

Alaria alata (GOEZE, 1782) HALL et WIGDOR, 1918

Orden Perissodactyla

Asno, Burdégano, Mulo y Caballo.

Dicrocoelium dendriticum (RUDOLPHI, 1819) LOOSS, 1899
Fasciola hepatica LINNEO, 1758

Orden Artiodactyla

Cabra

Dicrocoelium dendriticum (RUDOLPHI, 1819) LOOSS, 1899
Schistosoma bovis (SONSINO, 1876) BLANCHARD, 1895

Cabra montés (*Capra pyrenaica*)

Dicrocoelium dendriticum (RUDOLPHI, 1819) LOOSS, 1899

Cerdo

Brachylaemus erinacei BLANCHARD, 1847
Dicrocoelium dendriticum (RUDOLPHI, 1819) LOOSS, 1899
Fasciola hepatica LINNEO, 1758

Ciervo (*Cervus elaphus*)

Paramphistomum (Paramphistomum) cervi (SCHRANK, 1790)

Gamo (*Dama dama*)

Fasciola hepatica LINNEO, 1758

Jabalí (*Sus scrofa*)

Brachylaemus erinacei BLANCHARD, 1847
Fasciola hepatica LINNEO, 1758

Oveja

Dicrocoelium dendriticum (RUDOLPHI, 1819) LOOSS, 1899
Fasciola gigantica COBBOLD, 1855
Fasciola hepatica LINNEO, 1758
Fascioloides magna (BASSI, 1875) WARD, 1917
Paramphistomum sp.
Platynosomum sp.
Schistosoma bovis (SONSINO, 1876) BLANCHARD, 1895

Vaca

Dicrocoelium dendriticum (RUDOLPHI, 1819) LOOSS, 1899
Fasciola hepatica LINNEO, 1758
Paramphistomum cervi (SCHRANK, 1790)
Paramphistomum microbothrium FISCHOEDER, 1901
Paramphistomum sp.
Schistosoma bovis (SONSINO, 1876) BLANCHARD, 1895

Orden Primates

Gorila (*Gorilla gorilla*)

Brodentia jonchi GALLEGO BERENGUER, SELVA VALDESPINOSA et ESTEBAN FERNANDEZ, 1965

Hombre

Dicrocoelium dendriticum (RUDOLPHI, 1819) LOOSS, 1899
Fasciola hepatica LINNEO, 1758
Metagonimus yokogawai KATSURADA, 1913
Opistorchis tenuicollis (RUDOLPHI, 1819) STILES et HASSAL, 1896
Schistosoma haematobium FISHER, 1934
Schistosoma intercalatum (BILHARZ, 1852) WEINLAND, 1858
Schistosoma japonicum KATSURADA, 1904
Schistosoma mansoni SAMBON, 1907

BIBLIOGRAFÍA (DIGENEA)

1. ABRIL, E.; BALBUENA, J.A. y RAGA, J.A. (1991).- A new species of the genus *Zalophotrema* (Digenea: Campulidae), *Zalophotrema atlanticum*, from the liver of the striped dolphin *Stenella coeruleoalba* (Meyer, 1833) (Cetacea: Delphinidae) in Atlantic waters. *Systematic Parasitology, 18*: 133.
2. ACOSTA, I.; HERNANDEZ-RODRIGUEZ, S.; MARTINEZ-CRUZ, M.S. y MARTINEZ-GOMEZ, F. (1988).- Parasitoses of aquatic birds in Córdoba. *Sonderdruck aus Verhandl. des 30 Int. Symp. über die Erkrank. der Zoo- und Wildtiere*, Sofia: 327.
3. ACOSTA GARCIA, I.; GUTIERREZ PALOMINO, P. y HERNANDEZ RODRIGUEZ, S. (1990).- New records of platyhelminthes of charadriiform birds in Spain. *Rev. Ibér. Parasitol., 50*: 211.
4. ALMARZA, N. (1935).- Die Lebergel des Schafes, Beschreibung neuerer Arten. *Zeitsch. f. Infektions. Parasit. Krank. Hyg. Haust., 47*: 195. y (1934) Los distomas de la oveja. *Ganadería* (Córdoba), *2*: 7.
5. ALTIMIRA, C. (1959).- Contribución al conocimiento de la fauna malacológica de la provincia de Tarragona. *Misc. Zool., 1*: 3.
6. ALTIMIRA, C. (1961).- Notas malacológicas. *Misc. Zool., 1*: 19.
7. ALTIMIRA, C. (1962).- Notas malacológicas. *Misc. Zool., 1*: 1.
8. ALTIMIRA, C. (1965).- Notas malacológicas. *Misc. Zool., 2*: 19.
9. ALTIMIRA, C. (1967).- Notas malacológicas. *Misc. Zool., 2*: 23.
10. ALTIMIRA, C. (1968).- Contribución al conocimiento de la fauna malacológica terrestre y de agua dulce de Gerona. *Misc. Zool., 2*: 1.
11. ALTIMIRA, C. (1968).- Moluscos terrestres en las Islas Medas. *Pub. Centr. Pir. Biol. Exp., 2*: 149.
12. ALTIMIRA, C. (1969).- Notas malacológicas. *Pub. Inst. Biol. Apl. Barcelona, 46*: 91.
13. ALTIMIRA, C. (1970).- Notas malacológicas. *Misc. Zool., 2*: 7.
14. ALTIMIRA, C. (1970).- Avance sobre algunas formas malacológicas recogidas en el Pirineo oscense. *Pirineos, 96*: 47.
15. ALTIMIRA, C. (1972).- Notas malacológicas. *Misc. Zool., 3*: 1.
16. ALTIMIRA, C. (1972).- Notas malacológicas. *Misc. Zool., 3*: 1.
17. ALTIMIRA, C. y BALCELLS, R. (1972).- Formas malacológicas del Alto Aragón occidental obtenidas en agosto de 1970 y junio de 1971. *Pirineos, 104*: 15.
18. ALUNDA, J.M. y ROJO-VAZQUEZ, F.A. (1984).- Some new molluscan hosts of *Dicrocoelium dendriticum* in Spain. *Ann. Parasitol. hum. et comp., 59*: 57.
19. ALVARADO, R. (1958).- Las mallas de reticulina en la duela del hígado. *Bol. R. Soc. Esp. Hist. Nat., 56*: 103.

20. ALVAREZ, F. et al. (1987).- Helmintos parásitos de *Arvicola sapidus* en Galicia. *V Congr. Nac. Parasitol.*, Salamanca: 205.

21. ALVAREZ, F. et al. (1991).- Helminth parasites in some Spanish bats. *Wiadomosci Parazytologiczne, 37*: 321.

22. ALVAREZ, F. et al. (1993).- Helmintofauna de *Arvicola sapidus* (Miller, 1908) en Galicia (N.O. de España). *Libro homenaje al Prof. Martínez Gómez*: 387.

22. ALVAREZ GONZALEZ, E. (1970-71).- Contribución al estudio del distoma hepático y su frecuencia. *Curso de Parasitología*, Fac. Vet. León.

23. ALVAREZ GONZALEZ, O. (1970-71).- Fasciolosis. Eficacia del tratamiento en bovinos y ovinos. *Curso de Parasitología*, Fac. Vet. León.

24. ALVAREZ MASCATO, F.; FACAL MARTINEZ, J.; QUINTEIRO, P. y SERNANDEZ ANDRADA, L. (1985).- Trematodos parásitos de los murciélagos gallegos. *IV Congr. Nac. Parasitol.*, Tenerife: 56.

25. ALVAREZ MASCATO, F. et al. (1991).- Datos sobre la helmintofauna de varias especies de Insectívoros (Soricidae, Erinaceidae, Talpidae) en Galicia. *I Congr. Int. Asoc. Sudoccid. Europ. Parasitol.*: 50.

26. ALVAREZ PELLITERO, M.P. (1974).- Helminths of the digestive tract of brown trout (*Salmo trutta* m. *fario*) in NW Spain. *Proc. Inst. Congr. Parasit.*, München, 3, sect. 92(41): 1645.

27. ALVAREZ-PELLITERO, M.P.; PEREIRA-BUENO, J.M. y CORDERO DEL CAMPILLO, M. (1978).- Helminth communities of salmonid and cyprinid fishes in freshwater ecosystems of León (NW. Spain). *ICOPA IV*, Varsovia, SH: 36.

28. ALVAREZ PELLITERO, M.P.; PEREIRA BUENO, J.M. y GONZALEZ LANZA, M.C. (1978).- Diplostomosis en ciprínidos del río Esla (León). *II Reun. An. A.P.E.*, Madrid: 64.

29. ALVAREZ SANCHEZ, J. (1965).- Estudios sobre morfología, sistemática y faunística de invertebrados. I. Sobre la existencia de *Lymnaea (Leptolymnaea) glabra* (Müll.) en España. *Bol. R. Soc. Esp. Hist. Nat.*(Biol.) *63*: 9.

30. AMO ORIA, M. DEL (1970-71).- Distomatosis hepática. *Curso de Parasitología*. Fac. Vet. León.

31. ANDREU, B. (1949).- Sobre la presencia de dos cercarias en el ovario de la almeja (*Tapes aureus* Gmelin) en la bahía de Santander. *Bol. Inst. Españ. Oceanogr., 22*: 1.

32. ARENAS Y MARTORELL, R. y ALVAREZ GONZALEZ, J.R. (1937).- Profilaxis de la distomatosis hepática. *Medna. Hoy, 2*: 90.

33. ARES-MAZAS, M.E.; SELA-PEREZ, M.C. y ARIAS-FERNANDEZ, M.C. (1987).- Epidemiología de los enteroparasitismos en perros de Galicia. *Rev. Ibér. Parasitol., 47*: 335.

34. ATIENZA FERNANDEZ, M. (1968).- Empleo de partículas inertes para el diagnóstico de la distomatosis hepática. I. Prueba de la bentonita. II. Prueba de inmunoprecipitación con discos de papel impregnados de antígeno. *Rev. Ibér. Parasitol., 28*: 479.

35. AZNAR, J.; FERNANDEZ, M.; BALBUENA, J.A. y RAGA, J.A. (1991).- Datos preliminares sobre la parasitofauna de la población meditérranea de UStenella coeruleoalba (Meyen, 1833) afectada por una epizzotia en 1990. *I Congr. Int. Asoc. Sudoccid. Europ. Parasitol.*: 58.

36. BARATA, M.C.S. (1989).- Sobre a existência de *Fasciola hepatica* L., 1758, em animais silvestres da Tapada Nacional de Mafra- estudo preliminar. *Garcia de Orta. Série de Zoología, 14*: 29.

37. BECH, M. (1971).- Notas malacológicas. *Misc. Zool., 3*: 11.

38. BECH, M. (1990).- *Fauna malacològica da Catalunya. Mol.luscs terrestres i d'aigua dolça.* Treb. de la Institució Catalana d'Història Natural, nº 12, 227 pp.

39. BELTRAN DE HEREDIA, J.; GONZALEZ Y GONZALEZ, M. y GUTIERREZ SANZ, E. (1964).- Sídrome coledociano por *Fasciola hepatica. Rev. Clín. España, 42*: 118.

40. BERNARD, J. (1961).- Quelques espèces d'helminthes de micromammiferes récoltés en France et en Espagne. *Vie et Milieu, 12*: 125.

41. BILBAO, .. (1897).- Hematuria parasitaria. *Acad. Med. Quirg. España*, Ext. de *Rev. Med. Cirug. Práct., 41*: 664.

42. BOFILL, A. y D'AGUILAR-AMAT, J.B. (1924).- Contribució a la malacología del Regne de Valencia. *Treb. Mus. Cienc. Nat. Barcelona, 10*: 1.

43. BOFILL, A. y CHIA, M. DE (1914).- Fauna malacológica de Catalunya. *Pub. Inst. Ciences* (IEC), *1*: 1.

44. BOFILL, A. y HAAS, F. (1920).- Estudi sobre la malacología de les Valls Pirenaiques. Vall del Noguera Pallaresa. *Treb. Mus. Cienc. Nat. Barcelona* 3 (serie zool.), *10*: 105.

45. BOFILL, A. y HAAS, F. (1920).- Estudi sobre la malacología de les Valls Pirenaiques. Vall del Noguera Ribargorçana. *Treb. Mus. Cienc. Nat. Barcelona* 3 (serie zool.), *11*: 1.

46. BOFILL, A. y HAAS, F. (1920).- Estudi sobre la malacologia de les Valls Pirenaiques. Vall del Segre i Andorra. *Treb. Mus. Cienc. Nat. Barcelona* 3 (serie zool.), *11*: 225.

47. BOFILL, A. y HAAS, F. (1920).- Estudi sobre la malacologia de les Valls Pirenaiques. Conca del Llobregat. *Treb. Mus. Cienc. Nat. Barcelona 3* (serie zool.), *13*: 381.

48. BOFILL, A. y HAAS, F. (1921).- Estudi sobre la malacologia de les Valls Pirenaiques. Vall d'Aran. *Treb. Mus. Cienc. Nat. Barcelona* 3 (serie zool.), *15*: 1248.

49. BOFILL, A.; HAAS, F. y D'AGUILAR-AMAT, J.B. (1918).- Estudi sobre la fauna malacologica de la Vall de l'Essera. *Treb. Inst. Cat. Hist. Nat., 1*: 9.

50. BOFILL, A.; HAAS, F. y D'AGUILAR-AMAT, J.B. (1921).- Estudi sobre la malacologia de les Valls Pirenaiques. Conques del Besos, Ter, Fluviá, Muga i litorals intermitjes. *Treb. Mus. Cienc. Nat. Barcelona* 3 (serie zool.), *14*: 837.

51. BOFILL, A.; POCH, A. y D'AGUILAR-AMAT, J.B. (1924).- Malacología de les Illes Pitiuses. *Treb. Mus. Cienc. Nat. Barcelona, 10*: 1.

52. BOTET, M.D.; CLIMENT, M.T.; ESTEBAN, J.G. y MAS-COMA, S. (1987).- Estudio bioecológico comparado de las helmintofaunas de las especies del género *Rattus* Fischer, 1803 (Rodentia: Muridae) en la dehesa del Saler, Albufera de Valencia y zonas circundantes (Levante español). *V Congr. Nac. Parasitol.*, Salamanca: 219.

53. BRAY, R.A. (1973).- Some Digenetic Trematodes in fishes from the Bay of Biscay and neary waters. *Bull. British Mus. (Nat. Hist.) Zoology, 26*: 152.

54. CAMPOS, A. y CARBONELL, E. (1992).- *Phyllodistomum acceptum* Looss, 1901 (Digenea, Gorgoderidae) urinary bladder parasite of *Symphodus tinca* (L.) (Pisces, Labridae): A case of abnormality "situs inversus" in the location of the gonads. *VI Europ. Multicol. Parasitol.*, 7-11 sept., La Haya: P177.

55. CAMPOS, A. y CARBONELL, E. (1993).- Parasite community diversity in two mediterranean labrid fishes, *Symphodus tinca* (L.) and *Labrus merula* L. *J. of Fish Biology*, ..

56. CAMPOS, A.; CARBONELL, E. y PELLICER, M. (1990).- Helmintofauna de *Symphodus tinca* (L.) y *Labrus merula* (L.) (Pisces: Labridae) del litoral valenciano. I. Trematoda. *Rev. Ibér. Parasitol., 50*: 37.

57. CAÑIZO SUAREZ, M. (1964).- Memoria y estudio parasitológico de la zona S y litoral de la provincia de Pontevedra. *Avigán: 141*: 27.

58. CARBALLEIRA, D. et al. (1959).- Aportación al conocimiento de las especies de caracoles del género *Lymnaea* existentes en España. *Supl. Cient. Bol. Cons. Gral. Col. Vet. España, 4*: 71.

59. CARBALLEIRA, D. et al. (1959).- Una aportación al diagnóstico coprológico de la distomatosis hepática. *Com. XVI Cong. Mund. Vet. Madrid, 2*: 591.

60. CARBONELL, E.; BLASCO, M.; ESTELLES, E. y PELLICER, M. (1991).- *Monorchis monorchis* (Stossich, 1890) Looss, 1902 (Digenea: Monorchidae) y *Cotylogaster michaelis* Monticelli, 1892 (Aspidogastrea: Aspidogasteridae) en doradas de la Bahía de Cádiz. *I Congr. Int. Asoc. Sudoccid. Europ. Parasitol.*: 28.

61. CARBONELL, E.; MUÑOZ, V.; ORTS, E. y FERNANDEZ, J.P. (1987).- Sobre la presencia en España de *Opecoeloides vitellosus* (Trematoda: Opecoelidae) parásito de *Conger conger. V Congr. Nac. Parasitol.*, Salamanca: 253.

62. CARBONELL, E.; ORTS, E.; MUÑOZ, V. y FERNANDEZ, J.P. (1987).- Aportaciones al Catálogo de la trematodofauna española de peces. *V Congr. Nac. Parasitol.*, Salamanca: 251.

63. CARBONELL, E. y RAGA, J.A. (1991).- Parásitos y alteraciones parasitarias de los cetáceos. *Medicina Veterinaria*, ..

64. CARVALHO VARELA, M. (1975).- Contribuçao para o estudo da helmintofauna da perdiz-vermelha (*Alectoris rufa*) em Portugal. *Actas XII Cong. da niao Int. Biol. da Caça*, Lisboa, octubre, tema VII.

65. CARVALHO-VARELA, M.; CRUZ, E. SILVA y MARCOS, M.V.M. (1980).- Un caso tipico de transfaunaçao intercontinental: o pardal-común, *Passer domesticus* (Linnaeus, 1758) e o seu trematódeo, *Paraurotocus fusiformis* (McIntosh, 1935) Travassos & Kohn, 1966. *Il Congr. Int. de Vet. em Lingua Port.*, 21-25 julio: 204.

66. CASTAÑO, M.J. et al. (1985).- Helmintos de múridos "peridomésticos" (Rodentia) en Valencia. *IV Congr. Nac. Parasitol.*, Tenerife: 212.

67. CASTEJON, R. (1952).- Prosthogonimiasis de la gallina. *Bol. Zoot., 81*: 145.

68. CASTILLEJO. J.; RODRIGUEZ, T.; OUTEIRO, A. y MANGA-GONZALEZ, Y. (1987).- Inventario, citas y mapas de distribución de los agriolimácidos (Gastropoda, Pulmonata, Agriolimacidae) de la Península Ibérica y Baleares. *Bol. Acad. Galega de Ciencias, 6*: 89.

69. CLIMENT, M.T.; ESTEBAN, J.G.; FELIU, C. y MAS-COMA, S. (1987).- Primeros datos sobre las helmintofaunas de *Microtus (Pitymys)* spp. en la Península Ibérica. *V Congr. Nac. Parasitol.*, Salamanca: 217.

70. CLIMENT, M.T. et al. (1985).- Helmintos de múridos y arvicólidos silvestres (Rodentia) en Valencia. *IV Congr. nac. Parasitol.*, Tenerife: 213.

71. COLOMO DE LA VILLA, G. (1955).- La distomatosis en España. *Bull Off. Int. Epizoot., 43*: 53.

72. COMAS, .. (1933).- Un caso de *Schistosoma haematobium* o bilharziosis intestinal. *Med. Ibera, 27*: 2.

73. COMBES, C. (1965).- *Haematoloechus pyrenaicus* n.sp. (Trematoda, Haematoloechidae), parasite d'amphibiens anoures dans les Pyrénées. *Ann. Parasitol., 40*: 459.

74. COMBES, C. (1968).- Biologic, écologie des cycles et biogéographie de Digenes et Monogenes d'Amphibiens. *Mem. Mus. Nac. Hist. Nat., 51 A*: 1.

75. COMBES, C. y GERBEUX, M.T. (1970).- Recherches écoparasitologiques sur l'helminthofaune de *Rana ridibunda perezi* (Amphibien, Anoure) dans l'est des Pyrénées. *Vie et Milieu, 21*: 121.

76. COMBES, C.; JOURDANE, J. y RICHARD, L. (1974).- Recherches sur le cycle biologique d'*Euryhelmis squamula* (Rudolphi, 1819) parasite de *Neomys fodiens* dans les Pyrénées. *Z. Parasitenk., 44*: 81.

77. COMBES, C. y KNOEPFFLER, L.P. (1965).- Sur quelques plathelminthes d'amphibiens et de reptiles de la Sierra de Gredos (Espagne). *Vie et Milieu, 16*: 487.

78. COMBES, C. y SARROUY, H. (1971).- Helminthes de *Rana ridibunda perezi* (Amphibia) dans la région de Soria. *Rev. Ibér. Parasitol., 31*: 115.

79. COMPAIRE, C. (1964).- Estudio previo sobre la incidencia de la distomatosis en la provincia de Segovia y estimación de las pérdidas. *III Sem. Nac. Vet.*, Córdoba.

80. CORDERO DEL CAMPILLO, M. (1961).- Las enfermedades parasitarias producidas por metazoarios en peces, moluscos y crustáceos comestibles. *Col. Vet. España, 8*: 265.

81. CORDERO DEL CAMPILLO, M. (1966).- Las bases biológicas de la lucha contra *Fasciola hepatica. Avigán, 165*: 8.

82. CORDERO DEL CAMPILLO, M. y ALLER GANCEDO, B. (1974).- Las zoonosis en el medio rural. 9ª ponencia. *II Congr. Nac. Med. Rural*, Imprenta Casado, : 191.

83. CORDERO DEL CAMPILLO, M.; ALLER GANCEDO, B.; MARTINEZ FERNANDEZ, A. y ESCUDERO DIEZ, A. (1970).- A proposito de la presencia de furunculosis en las truchas de los ríos de León (España). *An. Fac. Vet. León, 16*: 243 y (1971) *Zooprofilassi*, enero-febrero: 43.

84. CORDERO DEL CAMPILLO, M. y MARTINEZ FERNANDEZ, A. (1971).- *Crepidostomum farionis* (Müller, 1900) LUEHE, 1909 y *C.metoecus* (BRAUN, 1900) BRAUN 1900 en *Salmo trutta* de León. Con notas sobre sinonimia, lista de hospedadores y distribución geográfica. *Rev. Ibér. Parasitol., 31*: 335 y (1971) *An. Fac. Vet. León, 17*: 55.

85. CRUZ E SILVA, J.A.; MENDONCA, M.M. y ALFONSO ROQUÉ, M.M. (1971).- Etude comparative de la Fasciolose des bovins an Portugal Metropolitain et à l'île de Santiago (Cap Vert). Conditions favorables à sa dissémination et possibilité de l'érradication. *Comptes-Rendues, I Multicol. Europ. Parasitol.*, Rennes 1-3 septiembre: 41.

86. D'AGUILAR-AMAT, J.B. (1932).- Cataleg dels Pupillidae s.l. *Treb. Mus. Cienc. Nat. Barcelona, 10* (serie malacol.)(4): 5.

87. DIAZ-SAEZ, V. et al. (1986).- Primera cita en España de *Univitellina tageri* (KOSSAck, 1911) trematodo digénido parásito de los sacos aéreos de *Vanellus vanellus*. *Rev. Ibér. Parasitol., 46*: 243.

88. DOMINGUEZ RODIÑO, E.; CUBERO ORELLANA, J.M y CAMACHO BAÑOS, I. (1944).- Distomatosis hepática. *Rev. Clín. Español., 13*: 353.

89. DURFORT, M. et al. (1991).- Alteraciones tisulares en la ostra japonesa (*Crassostrea gigas*) debidas a la presencia de esporocistos de *Bucephalus haimeanus* (Trematodo digénido). *Histología médica, 7*: 61.

90. ESCUDERO DIEZ, A. (1970).- Histopatología y relaciones *Fasciola hepatica/Lymnaea truncatula* y *L.palustris* en infestación experimental. *An. Fac. Vet. León, 16*: 261.

91. ESTEBAN, J.G.; BARGUES, M.D.; VALERO, M.A. y MAS-COMA, S. (1987).- Análisis bioecológico comparado de las helmintofaunas del lirón careto, *Eliomys quercinus* Linnaeus, 1766 (Rodentia: Gliridae), en el Archipiélago Balear (España). En: *Mamíferos y Helmintos*. Vol. homenaje al Prof. Dr. Herman Kahmann en su 81 aniversario. Ed. Ketres, Barcelona: 167.

92. ESTEBAN, J.G.; BELDA, M.P.; FAUS, F.V. y MAS-COMA, S. (1985).- Contribución al conocimiento de la fauna de digénidos parásitos de quirópteros españoles. *IV Congr. Nac. Parasitol.*, Tenerife: 104.

93. ESTEBAN, J.G.; OLTRA FERRERO, J.L. y MAS-COMA, S. (1990).- Helmintofauna de los murciélagos de España. II. Parásitos de *Miniopterus schreibersi* (Kuhl, 1819) (Chiroptera: Vespertilionidae). *Rev. Ibér. Parasitol., 50*: 199.

94. ESTEBAN, J.G. et al. (1987).- Sobre la helmintofauna del erizo moruno, *Erinaceus (Aethechinus) algirus* (LEREBOULLET, 1842) (Insectivora: Erinaceidae), en el Archipiélago Balear (Islas Gimnésidas y Pitiusas). En: *Mamíferos y Helmintos*. Vol. homenaje al Prof. Dr. Hermann Kahmann en su 81 aniversario. Ed. Ketres, Barcelona: 163.

95. FELIU, C. (1987).- Efecto de la dispersión geográfica de una especie hospedadora sobre su parasitofauna: El caso de los helmintos de las poblaciones ibéricas de *Glis glis* (Linnaeus, 1766) (Rodentia: Gliridae) y *Clethrionomys glareolus* (Schreber, 1780) (Rodentia: Arvicolidae). *Rev. Ibér. Parasitol.*, Vol. Extr.: 79.

96. FELIU, C. (1987).- Contribución al conocimiento de la helmintofauna de los roedores de Andorra. *V Cong. Nac. Parasitol.*, Salamanca: 99.

97. FELIU, C.; GRACENEA, M.; MONTOLIU, I. y TORRES, J. (1987).- Sobre el hallazgo de *Echinostoma lindoense* Sandground et Bonne, 1940 (Trematoda: Echinostomatidae) en *Mus musculus* Linnaeus, 1758 (Rodentia: Muridae) del Delta del Ebro (NE de la Península Ibérica). *Rev. Ibér. Parasitol., 47*: 125.

98. FELIU, C.; GRACENEA, M. y TORREGROSA, M. (1987).- Consideraciones ecológicas sobre la helmintofauna de *Apodemus sylvaticus* (Linnaeus, 1758) (Rodentia: Muridae) en el Pirineo oriental español. En: *Mamíferos y Helmintos*. Vol. homenaje al Prof. Dr. Herman Kahmann en su 81 aniversario. Ed. Ketres, Barcelona: 175.

99. FELIU, C.; MAS-COMA, S. y GALLEGO, J. (1984).- Contribución al conocimiento de la helmintofauna de micromamíferos ibéricos. VIII. Nuevos datos sobre parásitos de *Apodemus sylvaticus* LINNAEUS, 1758 (Rodentia: Muridae). *Rev. Ibér. Parasitol., 44*: 109.

100. FELIU, C.; MAS-COMA, S.; MONTOLIU, I. y GALLEGO, J. (1986).- *Brachylaima simoni* sp.n. (Trematoda: Brachylaimidae), a parasite of the shrew *Crocidura russula* (Hermann, 1780) (Insectivora: Soricidae) from the Pityusic island of Ibiza (Baleares). *Helminthologia, 23*: 65.

101. FELIU, C.; MOLINA, M.T. y GISBERT, J. (1986).- Consideraciones acerca del hallazgo de *Notocotylus neyrai* GONZALEZ CASTRO, 1945 (Trematoda: Notocotylidae) en nuevos hospedadores Arvicólidos de la Península Ibérica. *Rev. Ibér. Parasitol., 46*: 393.

102. FELIU, C.; TORRES, J. y MOTJE, M. (1989).- Primera cita en España del adulto de *Euryhelmis squamula* (RUDOLPHI, 1819) (Trematoda: Heterophyidae). *Rev. Ibér. Parasitol., 49*: 215.

103. FELIU, C. et al. (1991).- Helminth fauna of *Microtus (Microtus) cabrerae* (Thomas, 1906) (Rodentia: Arvicolidae) in the Iberian Peninsula: faunistic and ecological considerations. *Ann. Parasitol. hum. et comp., 66*: 121.

104. FELIU, C. et al. (1992).- Helmintos parásitos de mamíferos silvestres (Carnivora, Rodentia, Lagomorfa) en la Península Ibérica. Especies no incluidas en el Indice-Catálogo. *IX Reunión Cient. Asoc. Parasit. Esp.*, León: 79.

105. FERNANDEZ, J.P.; RAGA, J.A.; CARBONELL, E. y RODRIGUEZ-BABIO, C. (1986).- Sobre algunos platelmintos hallados en anfibios del género *Bufo* (L.). *Miscel. Zool., 10*: 61.

106. FERNANDEZ, J.P. et al. (1988).- Sobre la presencia de *Cainocreadium labracis* (Dujardin, 1845) Nicoll, 1909 (Trematoda: Opecoelidae) parásito intestinal de *Dicentrarchus labrax* (L.) (Pisces: Serranidae) en las costas de la Península Ibérica. *Rev. Ibér. Parasitol., 48*: 393.

107. FERNANDEZ, J.P. et al. (1989).- Parasitofauna comparada de *U.scaber* (L.) procedente del golfo de Cádiz y del golfo de Valencia. *VI Cong. Nac. y I Cong. Ibér. de Parasitología*, 25-29 sept., Cáceres: 93.

108. FERNANDEZ RAMOS, F. (1970-1971).- Infestación por *Dicrocoelium dendriticum* en los ovinos de algunas zonas de la provincia de León. *Curso de Parasitología*, Fac. Vet. León.

109. FERRAGUT SANTIAGO, M.V. (1989).- Helmintofauna del lagarto verdinegro, *Lacerta schreiberi* Bedriaga, 1878, del Sistema Central (España). *Tesis de Licenciatura*, Univ. de Valencia.

110. FERRER, J. et al. (1990).- Presencia de digénidos bucefálidos en bivalvos. Estrategias morfológicas de la superficie de absorción en el esporocisto. *Iberus, 9*: 147.

111. FERRER AMOROS, J. (1983).- Estudio ultraestructural del desarrollo del tegumento de la cercaria de un trematodo parásito del mejillón: *Proctoeces maculatus* (Trematoda Digenea Fellodistomatidae). *Rev. Ibér. Parasitol., 43*: 229.

112. FEZ, S. DE (1947).- Contribución a la fauna malacológica en Cuenca. *Bol. R. Soc. Esp. Hist. Nat., 45*: 329.

113. FEZ, S. DE (1961).- Contribución a la malacología de la provincia de Alicante. *Bol. R. Soc. Esp. Hist. Nat.*(Biol.), *59*: 191.

114. FIGUERAS, A.J.; JARDON, C.F. y CALDAS, J.R. (1991).- Diseases and parasites of rafted mussels (*Mytilus galloprovincialis* Luk.): preliminary results. *Aquaculture, 99*: 17.

115. FRAGA DE AZEVEDO, J.; PRATES, M.D. y SAMPAIO, T.D. (1954).- Sobre a morfologia do *Schistosoma* parasita dos bovideos do sul do Save. *Anais Inst. Med. Trop., 11*: 241.

116. FRAGA DE AZEVEDO, J. y XAVIER, M.L. (1966).- A new potential vector of *Schistosoma haematobium* in Portugal. *Rev. Ibér. Parasitol., 26*: 3.

117. FRANÇA, C. (1923).- Observations sur la bilharziose a *Schistosoma haematobium*. IV. Sur l'hote invertebré du schistosoma au Portugal et considerations sur les Planorbides. *J. Sc. Mat. Fis. e Nat. Lisboa, 4*: 163.

118. FRIAS ROMERO, J. (1972).- Fasciolosis hepática. V. Medios de lucha. contra la enfermedad. *Trib. Vet.*, 11 de enero: 3.

119. FUENTES, M.V.; GALAN PUCHADES, M.T. y MAS-COMA, S. (1992).- Caracterización de las comunidades helmintianas de *Rattus rattus* (Linnaeus, 1758) (Rodentia: Muridae) en las islas Pitiusas de Ibiza y Formentera (Archipiélago Balear, España). *IX Reunión Cient. Asoc. parasitol. Esp.*, León: 76.

120. GALEANO, M.; NAVARRO, P.; HUGUET, E. y LLUCH, J. (1991).- Nuevas aportaciones al conocimiento de la helmintofauna de los herpetos ibéricos. Endoparásitos de herpetos del Sistema Ibérico Español. *I Cong. Int. Asoc. Sudoccid. Europ. Parasitol.*: 53.

121. GALEANO, M.; NAVARRO, P. y LLUCH, J. (1990).- Helmintofauna de *Hyla* spp. (Amphibia, Hylidae) en algunas localidades españolas. *Misc. Zool., 14*: 1.

122. GALLEGO, R. (1822).- *Diccionario de Medicina Veterinaria.* Ed. Rojas. Madrid.

123. GALLEGO, R. (1872).- *Manual de Veterinaria.* Ed. Rojas. Madrid.

124. GALLEGO BERENGUER, J. (1952).- Un caso de teratología en trematodes. Atrofia unilateral total de la glándula vitelógena en *Fasciola hepatica. Rev. Ibér. Parsitol., 12*: 65.

125. GALLEGO BERENGUER, J. (1957).- Parasitismo vermidiano de los múridos españoles. *Rev. San. e Hig. Públ., 33*: 169.

126. GALLEGO BERENGUER, J.; SELVA VALLESPINOSA, J.M. y ESTEBAN FERNANDEZ, J.D. (1965).- *Brodenia jonchi* n.sp. (Trematoda: Dricocoelidae) parásito pancreático de *Gorilla gorilla* de la Guinea española. *Rev. Ibér. Parasitol., 25*: 275.

127. GALLEGO CANEL, A. (1914).- Contribución al estudio de las pseudotuberculosis verminosas. Lesiones producidas por el *Strongylus rufescens* y el *Distoma lanceolatum. Rev. Hig. San. Vet., 5*: 465.

128. GALLEGO CANEL, A. (1916).- Las cirrosis hepáticas en la distomatosis. *Rev. Hig. San. Vet., 6*: 279.

129. GARCIA, A.L. et al. (1989).- Adelgazamiento progresivo en ovejas adultas: Estudio de las cargas parasitarias y de la infección paratuberculosa. *III Jorn. Prod. Animal, ITEA, 9*: 143.

130. GARCIA-ADELL, G. (1987).- Helmintofauna de algunas especies de reptiles de los Pirineos Ibéricos. *Tesis de Licenciatura*, Universidad de Valencia.

131. GARCIA-ADELL, G. y ROCA, V. (1988).- Helmintofauna de lacértidos de los Pirineos Centrales Ibéricos. *Rev. Ibér. Parasitol., 48*: 257.

132. GARCIA CORRALES, P. (1971).- Estructura del tegumento de *Dicrocoelium dendriticum. Bol. R. Soc. Esp. Hist. Nat.* (Biol.), *69*: 27.

133. GARCIA DIEZ, A. (1964).- Distomatosis hepática. *Progm. Exp. Agr.* La Coruña.

134. GARCIA IZCARA, D. (1915).- La epizootia que padece el ganado lanar de Castilla ¿es la caquexia acuosa, o es otra entidad morbosa diferente? *Rev. Hig. San. Vet., 5*: 962 y (1916) *Pec. Esp., 1*: 16.

135. GARCIA IZCARA, D. (1916).- La distomatosis hepática y el extracto etéreo del helecho macho. *Rev. Hig. San. Vet., 6*: 99.

136. GARCIA MAS, I.; MARTINEZ LOPEZ, F. y PUJANTE MORA, A. (1990).- Sanguijuelas y moluscos de las aguas de "La Mancha". *Cuadernos de Estudios Manchegos, 21*: 127.

137. GARCIA-PEREZ, A.L. y JUSTE-JORDAN, R.A. (1987).- Helmintos parásitos de la oveja en el País Vasco. *Rev. Ibér. Parasitol.*, Vol. Extr.: 105.

138. GARCIA PEREZ, A.L.; JUSTE JORDAN, R.A. y POVEDANO FERNANDEZ, I. (1993).- Diez años de Parasitología en el SIMA (1982-1992): Relación de especies y hospedadores. *Informe para el Indice-Catálogo de Zooparásitos Ibéricos.*

139. GARCIA SAN NICOLAS, E. (1957).- Estudios sobre la biología, la anatomía y la sistemática del género *Iberus* (MONTFORT, 1810). *Bol. R. Soc. Esp. Hist. Nat., 55*: 199.

140. GASULL, L. (1971).- Fauna malacológica de las aguas continentales dulces y salobres del sudeste ibérico. *Bol. Soc. Hist. Nat. Baleares, 16*: 25.

141. GIJON BOTELLA, H.; KIM, M. y LOPEZ ROMAN, R. (1992).- *Proctophantastes polymyxia* Yamaguti, 1970 parásito intestinal de peces marinos en aguas del archipiélgo canario. *IX Reunión Cient. Asoc. Parasit. Esp.*, León: 44.

142. GIJON BOTELLA, H y LOPEZ-ROMAN, R. (1983).- Descripción de algunos digenea parásitos de peces marinos. *III Cong. Nac. Parasitol.*, 11-14 jul., Barcelona: 39.

143. GIJON BOTELLA, H y LOPEZ-ROMAN, R. (1983).- Primera contribución al conocimiento de las especies de la familia Didymozoidae Poche, 1907, parásitos de peces marinos capturados en aguas del archipiélago canario. *III Cong. Nac. Parasitol.*, 11-14 jul., Barcelona: 40.

144. GIJON-BOTELLA, H. y LOPEZ-ROMAN, R. (1984).- Some trematoda from marine fish of the Canary island. *EMOP IV*, 14-19 oct., Izmir: 192 y 216.

145. GIJON BOTELLA, H. y LOPEZ-ROMAN, R. (1985).- Contribución al conocimiento de digenea de aves de la provincia de Granada. *Rev. Ibér. Parasitol., 45*: 261.

146. GIJON-BOTELLA, H. y LOPEZ-ROMAN, R. (1986).- Scanning Electronic Microscopy (SEM) study of *Mesoophorodiplostomum pricei* and *Diplostomum spathaceum. VI Int. Cong. Parasitol.*, 25-29 ago., Brisbane: 138.

147. GIJON-BOTELLA, H. y LOPEZ-ROMAN, R. (1986).- Presencia en España y redescripción de *Cloacitrema deltoidea* MAMAEV, 1959 (Philoptalmidae TRAVASSOS, 1918: Cloacitrema YAMAGUTI, 1958) Digenea de la cloaca de *Tringa hipoleucos* L. *Rev. Ibér. Parasitol., 46*: 47.

148. GIJON BOTELLA, H. y LOPEZ-ROMAN, R. (1986).- *Transcoelum oculeum* (KOSSACK, 1911) WITENBERG, 1923 (Cyclocoelidae: Cyclocoelinae STOSSICH, 1902) parásito de las fosas nasales de *Fulica atra* L. capturados en Granada, España. *Rev. Ibér. Parasitol., 46*: 149.

149. GIJON BOTELLA, H. y LOPEZ ROMAN, R. (1987).- Nuevos datos morfométricos y de distribución geográfica de *Otodistomum veliporum* DOLLFUS, 1937 parásito de *Scymnorhinus licha* BONNA TERRE, 1788, capturados en aguas del archipiélago canario. *V Cong. Nac. Parasitol.*, Salamanca: 81.

150. GIJON-BOTELLA, H. y LOPEZ-ROMAN, R. (1989).- Aportación al catálogo de Digenea de peces marinos del Archipiélago de Canarias. *Rev. Ibér. Parasitol., 49*: 137.

151. GIJON-BOTELLA, H.; LOPEZ-ROMAN, R. y VALLADARES-HERNANDEZ, B. (1985).- Aportación al catálogo de digenea de aves de las islas Canarias. *Rev. Ibér. Parasitol., 45*: 263.

152. GIJON-BOTELLA, H.; LOPEZ-ROMAN, R.; VILCA-CHOQUE, J. y KIM, M. (1991).- Estudio epidemiológico, morfométrico y al M.E.B de *Bacciger bacciger* (Rudolphi, 1819) Nicoll, 1914. *I Cong. Int. Asoc. Sudoccid. Europ. Parasitol.*: 89.

153. GIJON-BOTELLA, H.; VILCA, J.; KIM, M. y LOPEZ-ROMAN, R. (1992).- New morphological data of *Stephanostomum seriolae* Yamaguti, 1970 with S.E.M. *VI Europ. MUlticol. Parasitol.*, 7-11 sept., La Haya: 125, P3.

154. GOMEZ GARCIA, V. (1968).- Serología de la distomatosis hepática. *Rev. Ibér. Parasitol., 28*: 423.

155. GOMEZ GARCIA, V.; LOZANO MALDONADO, J. y GONZALEZ CASTRO, J. (1973).- ¿Existen auto-anticuerpos en la fasciolosis animal? *Rev. Ibér. Parasitol., 33*: 447.

156. GONZALEZ, M. (1927).- El extracto etéreo de helecho macho. Su acción sobre el distoma hepático y otros parásitos enquistados. Algunos efectos producidos por este agente. *Rev. Hig. San. Pec., 17*: 191.

157. GONZALEZ ALVAREZ, R. (1961).- Los conductos de perforación en algunas helmintiasis. *An. Col. Vet. Barcelona, 202*: 395.

158. GONZALEZ CASTRO, J. (1942).- Descripción de una variedad de *Gorgodera circava* (GUBERLET, 1920) en la vejiga urinaria de la *Rana esculenta* en Granada. *Rev. Ibér. Parasitol., 2*: 310.

159. GONZALEZ CASTRO, J. (1945).- *Notocotylus neyrai* n.sp., parásito cecal del *Arvicola sapidus*. *Rev. Ibér. Parasitol.*, Vol. Extr.: 127.

160. GONZALEZ CASTRO, J. (1947).- Aportación al conocimiento de la fasciolosis humana, con motivo de algunos casos observados en Granada. Tesis doctoral, Imp. Urania, Granada. y *Rev. San. Vet., 3*: 635.

161. GONZALEZ CASTRO, J. (1947).- Fasciolosis hepática en general y en especial en España. *La Med. Trop., 10*: 1.

162. GONZALEZ CASTRO, J. (1948).- Fasciolosis humana y animal. *Gac. Med. Esp., 22*: 1, 51, 103, 138, 183, 225, 267, 309, 346, 389, 429 y 464.

163. GONZALEZ POLA-ARJONA, R. (1970).- Estudio realizado sobre distomatosis hepática en la provincia de Santander. *Curso de Parasitología*. Fac. Vet. León.

164. GONZALEZ RUIZ, M. (1918).- Tratamiento de la caquexia acuosa por distomatosis hepática con extracto etéreo de helecho macho. *Rev. Hig. San. Pec., 8*: 88.

165. GRACENEA, M.; MONTOLIU, I. y FELIU, C. (1987).- Nuevos datos sobre *Mediogonimus jourdanei* MAS-COMA et ROCAMORA, 1978 (Trematoda: Prosthogonimidae) parásito de Arvicólidos en la Península Ibérica. *Rev. Ibér. Parasitol., 47*: 127.

166. GRACIA DORADO, F.; GALLEGO BERENGUER, J. y GIL COLLADO, J. (1954).- *Lecciones de Parasitolgía animal*, 2 vol. Madrid, Imp. Nuevas Gráficas S.A.

167. GRACIO, M.A. (1985).- Contribución al conocimiento de los moluscos gastrópodos de las aguas dulces de Portugal. Distribución y bio-ecología de *Lymnaea truncatula* en algunos distritos. *Rev. Ibér. Parasitol., 45*: 9.

168. GRANEL, P.; PORTOLES, E. y ESTEBAN, J.G. (1992).- Influencia del ecosistema sobre la comunidad helmintiana de la musaraña común, *Crocidura russula* (Hermann, 1780), en el parque natural de la Albufera de Valencia. *IX Reunión Cient. Asoc. Parasit. Esp.*, León: 80.

169. GUTIERREZ, J.F. et al. (1991).- Estudio parasitológico de *Barbus meridionalis meridionalis*. I. Monogenea y Digenea. *I Congr. Int. Asoc. Sudoccid. Europ. Parasitol.*: 66.
170. GUTIERREZ, M. (1978).- *Cercaria tenuans* y *Marteilia refringens* en un ejemplar de mejillón *Mytilus edulis* (L.) de la costa noroeste de España. *Investigación pesquera, 42*: 467.
171. HAAS, F. (1929).- Fauna malacológica terrestre y de agua dulce de Cataluña. *Treb. Mus. Cienc. Nat. Barcelona, 13*: 1.
172. HERNANDEZ-RODRIGUEZ, S.; MARTINEZ-GOMEZ, F.; GUTIERREZ- PALOMINO, P. y MARTINEZ-CRUZ, M.S. (1984).- Parasitocenoses of red deer (*Cervus elaphus*) in Sierra Morena, Córdoba, Spain. *Int. Symp. über die Erkrankungen der Zoot.*, 2 mayo, Brno: 429.
173. HIDALGO, J.G. (1875-1884).- *Catálogo iconográfico y descriptivo de los moluscos terrestres de España, Portugal y las Baleares*. Madrid. Imp. Segundo Martínez.
174. HIDALGO, J.G. (1890).- *Obras malacológicas*. Parte II. *Estudios preliminares sobre los moluscos terrestres y marinos de España, Portugal y las Baleares*. Imp. Luis Aguado. Madrid.
175. HIDALGO, J.G. (1909-1910).- Estudios preliminares sobre los moluscos terrestres y marinos de España, Portugal y Baleares. *Mem. R. Acad. Cienc. Exactas, Físicas y Naturales de Madrid*, Tomo XV (suplementos), 1913 y tomo XV (suplemento 2, índice general), 1913.
176. HIDALGO, J.G. (1917).- *Fauna malacológica de España, Portugal y Baleares*.
177. HORNERO, M.J. et al. (1990).- Análisis citogenético de *Paradistomum mutabile* (MOLIN, 1859) (Digenea: Dicrocoelidae): número cromosómico y comportamiento de los cromosomas en meiosis. *Rev. Ibér. Parasitol., 50*: 227.
178. HORNERO GARCIA, M.J. (1987).- Contribución al conocimiento de la helmintofauna de los anfibios anuros de los Pirineos Ibéricos. *Tesis de Licenciatura*, Univ. de Valencia.
179. HORNERO GARCIA, M.J. (1991).- Helmintofauna de los lacértidos endémicos de las Islas Baleares. *Tesis Doctoral*, Univ. de Valencia.
180. ILLESCAS GOMEZ, M.P.; RODRIGUEZ OSORIO, M. y GOMEZ GARCIA, V. (1989).- Estado sanitario de las aves depredadoras y passeriformes omnívoros. Su importancia en la desertificación de zonas ecológicas. *VI Cong. Nac. y I Cong. Ibér. Parasitol.*, Cáceres: 270.
181. ILLESCAS GOMEZ, M.P.; RODRIGUEZ OSORIO, M. y ARANDA MAZA, F. (1992).- Raptors and omnivorous passeriformes in Spain by helminths. *Research and Reviews in Parasitology*, ..
182. IZQUIERDO GOMEZ, S. (1987).- Contribución al conocimiento de los helmintos parásitos de herpetos de la provincia de Alicante. *Tesis de Licenciatura*, Univ. de Valencia.
183. JORQUERA NAVAL, S. (1967).- Estudio epizootiológico de la dicroceliosis. *Col. Vet. Esp., 11*: 39.
184. JOURDANE, J. (1971).- Helminthes parasites de micromammifères des Pyrénées Orientales. II. Les Plathelminthes des Soricinae. *Ann. Parasit. Hum. et Comp., 46*: 553.
185. JOURDANE, J. (1973).- Le cycle biologique de *Pseudocephalotrema pyrenaica* COMBES et JOURDANE, 1970, digène parasite de *Neomys fodiens* dans le Pyrénée. *Z. fur Parasitenk., 42*: 299.
186. JOURDANE, J. (1973).- Deux nouvelles especes de Trématodes parasites des Soricinae dans les Pyrénées. *Ann. Parasitol.* (Paris), *48*: 667.
187. JOURDANE, J. y TRIQUELL, A. (1973).- Digènes parasites d'*Apodemus sylvaticus* (L.) dans la partie orientale des Pyrénées. Description de *Macyella apodemi* sp.n. *Bull. Mus. Nat. Hist. Nat.*, 3ª serie, nº 117. *Zoologie, 91*: 351.
188. JULIAN, L. et al. (1991).- Sobre la presencia de *Lecithochirium gravidum* Looss, 1907 (Digenea: Hemiuridae) en *Citharus linguatula* Linneo, 1758 (Ostheichthyes: Citharidae) en aguas del litoral valenciano. *I Cong. Int. Asoc. Sudoccid. Europ. Parasitol.*: 62.
189. KIM, M.; GIJON BOTELLA, H. y LOPEZ-ROMAN, R. (1990).- The Bunocotylidae, Derogenidae, Hemiuridae ans Azygiidae of marine fishes. *Bull. Soc. Franc. de Parasitol., 8*: 733.
190. LAMAS SECO, J.L. y RODRIGUEZ BABIO, C. (1979).- Primera cita para la península Ibérica de metacercarias de *Microphallus (Spelophallus) primas* (Jaegers-Kioeld, 1909) (Trematoda: Microphallidae) en ejemplares juveniles de *Carcinus maenas* Pennant (Crustacea: Decapoda). *II Congr. Nac. Parasitol.*, León: 88.

191. LAFUENTE QUILEZ, M. (1992).- Helmintofauna de *Algyroides marchi* Valverde, 1958 y *Podarcis hispanica* (Steindacher, 1870) (Sauria: Lacertidae) en las Sierras de Alcaraz y Cazorla. *Tesis de Licenciatura*, Univ. de Valencia.

192. LEITAO, J.L. DA SILVA (1963).- *Parasitas dos animais domesticos em Portugal Metropolitano*. Inst. de Alta Cultura. Lisboa.

193. LIZCANO HERRERA, J. (1957).- Aportación al diagnóstico coprológico de las distomatosis. *Veterinaria* (Madrid), *21*: 887.

194. LIZCANO HERRERA, J. (1961).- Distomatosis hepática en la zona de Trevélez. *Rev. San. Hig. Públ.*, 00: 128.

195. LLUCH, J. (1985).- *Pleurogenoides* Travassos, 1921 (Digenea: Lecithodendriidae) de anfibios del Levante ibérico, proposición de *Pleurogenoides punicus* n.comb. para *Pleurogenoides stromi* var. *punicus* Balozet et Callot, 1938. *Riv. di Parassitologia, 2*: 445.

196. LLUCH, J.; NAVARRO, P. y IZQUIERDO, S. (1990).- Sobre la helmintofauna de *Rana temporaria* Linnaeus, 1758 en el Pirineo español. *Rev. Esp. Herp., 4*: 67.

197. LLUCH, J.; NAVARRO, P. y PEREZ-SOLER, P. (1991).- *Haematoloechus carbonellis* sp.n. (Haematoloechidae: Plagiorchiata) un nouveau trématode parasite d'amphibiens de la Péninsule ibérique. *Rev. Suisse de Zool., 98*: 255.

198. LLUCH, J.; NAVARRO, P. y ROCA, V. (1985).- Presencia en España de *Ratzia parva* (Stossich, 1904) Poche, 1926 (Digenea, Opisthorchiidae) parásito de anfibios y reptiles. *Misc. Zool.*, *9*: 25.

199. LLUCH, J.; ROCA, V. y NAVARRO, P. (1986).- Helmintofauna de los herpetos ibéricos. VII. Metacercarias de *Rana perezi* Seoane, 1885 (Amphibia, Ranidae). *Misc. Zool., 10*: 55.

200. LLUCH, J.; ROCA, V. y NAVARRO, P. (1986).- Helmintofauna de Anfibios del Levante Ibérico. Trematodos de *Rana perezi* Seoane, 1885. *Bol. R. Soc. Esp. Hist. Nat.*, (Biol.), *81*: 43.

201. LLUCH, J.; ROCA, V. y NAVARRO, P. (1986).- Contribución al conocimiento de la helmintofauna de los herpetos ibéricos. II. Digenea Lecithodendriidae de *Rana perezi* SEOANE, 1885 (Amphibia: Ranidae). *Rev. Ibér. Parasitol., 46*: 229.

202. LLUCH, J.; ROCA, V. y NAVARRO, P. (1986).- Contribución al conocimiento de la helmintofauna de los herpetos ibéricos. III. Digenea Paramphistomidae, Hemiuridae, Gorgoderidae, Plagiorchiidae, Haematoloechidae y Cephalogonimidae de *Rana perezi* SEOANE, 1895 (Amphibia: Ranidae). *Rev. Ibér. Parasitol., 46*: 387.

203. LLUCH, J.; ROCA, V. y NAVARRO, P. (1987).- *Campula palliata* (Looss, 1885) Looss, 1901 (Digenea: Campulidae) parásito del delfín listado (*Stenella coeruleoalba* Mayen, 1833) (Mammalia: Delphinidae). *Bol. R.Soc. Esp. Hist. Nat.* (Biol.), *83*: 135.

204. LLUCH, J.; ROCA, V.; NAVARRO, P. y MAS-COMA, S. (1987).- Helmintofauna de los Herpetos ibéricos: estado actual de conocimientos, consideraciones ecológicas y estimaciones corológicas. En: *Mamíferos y Helmintos*. Vol. homenaje al Prof. Dr. Herman Kahmann en su 81 aniversario. Ed. Ketres, Barcelona: 143.

205. LLUCH TARAZONA, J. (1985).- Contribución al conocimiento de los platelmintos parásitos de *Rana perezi* Seoane, 1885 en las marjales litorales de la plana valenciana. *Tesis Doctoral*, Univ. de Valencia.

206. LLUCH TARAZONA, J. y CARBONELL BALDOVI, E. (1982).- Sobre algunos trematodos digenéticos de la rana verde común (*Rana ridibunda perezi* SEOANE, 1885) en Valencia. *Rev. Ibér. Parasitol.*, Vol. Extr.: 165.

207. LOPEZ, C. y GONZALEZ, R. (1912-1913).- Diagnóstico de la distomatosis del carnero por la fijación del complemento. *Rev. Hig. San. Pec., 3*: 63.

208. LOPEZ ALBO, W. (1932).- Parasitosis del neuroeje y de las meninges producidas por trematodes. *Estud. Méd. y Rev. Méd.*, 00: .. (septiembre).

209. LOPEZ BALAGUER, E. (1988).- Helmintofauna de dos especies afines del género *Podarcis* Wagler, 1830 (Reptilia: Lacertidae) en el Noroeste peninsular. *Tesis de Licenciatura*, Univ. de Valencia.

210. LOPEZ-NEYRA, C.R. (1916).- Notas helmintológicas. *Bol. R. Soc. Esp. Hist. Nat.*, sesión del 8 de septiembre: 457.

211. LOPEZ-NEYRA, C.R. (1923).- Apuntes para un compendio de helmintología ibérica. *Asoc. Esp. Progr. Cienc. Congr. de Salamanca, 9*: 93.

212. LOPEZ-NEYRA, C.R. (1924).- *Gusanos parásitos del hombre y de los animales domésticos*. Calpe. Madrid.

213. LOPEZ-NEYRA, C.R. (1932).- *Gusanos parásitos del hombre y de los animales domésticos*. Espasa-Calpe. Madrid.

214. LOPEZ-NEYRA, C.R. (1940).- Sobre dos plagiórquidos críticos parásitos intestinales de lacértidos granadinos. *Rev. R. Acad. Cienc. Exactas, Físicas y Nat.* (Madrid), *34*: 196.

215. LOPEZ-NEYRA, C.R. (1941).- Sobre dos *Lyperosomum* nuevos para la fauna helmintológica ibérica. *Rev. Ibér. Parasitol., 1*: 35.

216. LOPEZ-NEYRA, C.R. (1941).- Compendio de Helmintología ibérica. *Rev. Ibér. Parasitol., 1*: 7, 171, 325 y 381.

217. LOPEZ-NEYRA, C.R. (1947).- *Helmintos de los vertebrados ibéricos*. Imp. Urania. Granada.

218. LOPEZ-NEYRA, C.R. (1947).- *Parasitología animal*. Edit. Prieto. Granada.

219. LOPEZ-NEYRA, C.R. y GUEVARA POZO, D. (1932).- Asociación del *Schistosoma haematobium* y *mansoni* en un caso de hematuria observado en España. *Med. Pais. Cál., 5*: 4.

220. LOPEZ-NEYRA, C.R. y GUEVARA POZO, D. (1932).- Nuevo trematodo intestinal humano en Europa. *Bol. R. Soc. Esp. Hist. Nat., 23*: 297.

221. LOPEZ-NEYRA, C.R. y GUEVARA POZO, D. (1932).- Localización vesical del *Schistosoma mansoni* asociado al *Sch. haematobium* registrado en España. *Bol. Univ. Granada, 9*, 8 pp.

222. LOPEZ ROMAN, R. (1972).- Dos trematodos digenidos parásitos de teleósteos en aguas de Alborán. *Secr. Publ. Univ.*, Granada: 115.

223. LOPEZ ROMAN, R. (1974).- *Szidatia joyeuxi* (HUGHES, 1929), DUBOIS, 1938 (Trematoda, Cyathocotylidae) localizado en el intestino de *Natrix viperinus* (LATREILLE, 1802) en Granada (España). *Rev. Ibér. Parasitol., 34*: 49.

224. LOPEZ ROMAN, R. (1974).- Trematodes de las tortugas de España. I. *Telorchis solivagus* (ODHNER, 1902) (Digenea: Telorchidae) parásito de *Clemmys leprosa* (SCHWIGER). *Rev. Ibér. Parasitol., 34*: 185.

225. LOPEZ-ROMAN, R. (1977).- Trematodos de las tortugas de España. II. *Patagium caballeroi* sp.nov. (Auridistomidae, Digenea) parásito de *Clemmys leprosa* Schweiger. *Excerta parasitol. en memoria del Dr. Eduardo Caballero y Caballero*. Univ. Aut. México: 215.

226. LOPEZ-ROMAN, R. (1979).- *Acanthocolpoides guevarai* n.sp. parásito intestinal de *Scomber scombrus* L. capturados en aguas de las Islas Canarias. *Rev. Ibér. Parasitol., 39*: 485.

227. LOPEZ-ROMAN, R.; GIJON-BOTELLA, H.; KIM, M. y VILCA, J. (1992).- Descripción de una nueva especie del género *Robphildollfusium* Paggi y Oreggia, 1963. *"In Memoriam" al Prof. Dr. F. de P. Martínez Gómez*, Universidad de Córdoba: 181.

228. LOPEZ ROMAN, R. y GUEVARA BENITEZ, D. (1974).- Presencia en España de *Leptophallus nigrovenosus* (BELLIGHAN, 1844), LÜHE, 1909 (Plagiorchiidae, Leptophallinae). *Rev. Ibér. Parasitol., 34*: 221.

229. LOPEZ ROMAN, R. y GUEVARA POZO, D. (1970).- Parasite fauna of fish from Mediterranean coast of Granada (Spain). I. Intestinal digenea of *Boops boops* (L.). Com. nº 392, *II Int. Congr. Parasitol.* (*J. Parasitol., 56*: 216.)

230. LOPEZ ROMAN, R. y GUEVARA POZO, D. (1974).- Dos especies de trematoda del género *Steringotrema* (ODHNER, 1911), parásitos de teleósteos marinos del mar de Alborán. *Rev. Ibér. Parasitol., 34*: 1.

231. LOPEZ ROMAN, R. y GUEVARA POZO, D. (1974).- Incidencia de parasitación por Digenea de algunos teleósteos marinos del mar de Alborán. *Rev. Ibér. Parasitol., 34*: 147.

232. LOPEZ ROMAN, R. y GUEVARA POZO, D. (1974).- Monogenea parásitos de teleósteos capturados en el mar de Alborán. *Proc. III Int. Cong. Parasitol.*, München, sect. G 2 (8): 1613.

233. LOPEZ ROMAN, R. y GUEVARA POZO, D. (1977).- Algunos Opecoelidae Ozaki, 1925 de teleósteos del Mar de Alborán. *Excerta Parasitológica en memoria del Dr. Eduardo Caballero y Caballero*, Univ. Aut. México: 223.

234. LOPEZ-ROMAN, R. y GUEVARA-POZO, D. (1977).- Distribution in the host of some parasites of *Clemmys leprosa* Schweigger of the Province of Granada, Spain. *I Medit. conf. on parasitol.*, Izmir: 133.

235. LOPEZ ROMAN, R. y MAILLARD, C. (1973).- *Lepidapedon (Lepidapedon) guevarai* n.sp. (Digenea, Lepocreadiidae) parásito de *Phycis blenniodes* (BRUNNICH) (Gadidae). *Rev. Ibér. Parasitol., 33*: 618.

236. MALLACH, M.P. et al. (1985).- Primeros datos helmintológicos sobre la musaraña *Crocidura russula* (Hermann, 1780) (Insectivora: Soricidae) en el Sur de España. *IV Congr. Nac. Parasitol.*, Tenerife: 211.

237. MANGA GONZALEZ, M.Y. (1983).- *Los Helicidae (Gastropoda, Pulmonata) de la provincia de León*. C.S.I.C., 394 pp.

238. MANGA GONZALEZ, M.Y. (1992).- Some land mollusc species involved in the life cycle of *Dicrocoelium dendriticum* (Trematoda) in the wild in the province of León (NW Spain). *XI Int. Malacol. Cong.*, Siena: 248.

239. MARGALEF, R. (1955).- *Los organismos indicadores en la limnología (Biología de las aguas continentales)*. Minist. Agric., Dir. Gen. Montes, Caza y Pesca Fluvial, Inst. Forestal de Inv. y Exp., Madrid, 258 pp.

240. MARTIN DE LA CALLE, P. (1890).- Un caso de distoma hepático en el hombre. *Rev. Med. y Cir. Práct., 27*: 505.

241. MARTIN LOMEÑA, S. (1941).- Contribución a un plan provincial de lucha contra algunas enfermedades parasitarias de la ganadería de Salamanca. *Ciencia Vet., 34*: 207.

242. MARTINEZ, F. et al. (1977).- Parásitos de aves passeriformes en la provincia de Córdoba. *Rev. Ibér. Parasitol., 37*: 134.

243. MARTINEZ FERNANDEZ, A.; CORDERO DEL CAMPILLO, M. y ALLER GANCEDO, B. (1970).- *Notocotylus imbricatus* (LOOSS, 1894), SZIDAT, 1935 (Trematoda, Notocotylidae) en *Cygnus olor* L. en España. *An. Fac. Vet. León, 16*: 209.

244. MARTINEZ-FERNANDEZ, A.R.; SIMON-VICENTE, F. y CORDERO DEL CAMPILLO, M. (1988).- On the morphology of *Opisthodiscus nigrivasis* (V. Mehely, 1929) Odening, 1959 (Trematoda: Paramphistomidae) of *Rana ridibunda*. *Rev. Ibér. Parasitol., 48*: 9.

245. MARTINEZ GOMEZ, F. y HERNANDEZ RODRIGUEZ, S. (1971).- Helminth parasites from sheep (*Ovis aries*) in Córdoba (Spain). *I Multicol. Europ. Parasit.*, Rennes : 344 y *Arch. Zootec., 20*: 249.

246. MARTINEZ-GOMEZ, F.; HERNANDEZ-RODRIGUEZ, S.; ACOSTA, I. y MARTINEZ-CRUZ, M.S. (1986).- Parasites from the wild goat in Spain. *Erkrank. der Zoot., Verhandlungsbericht Int. Symp*, 28 abril-3 mayo, Rostock: 385.

247. MARTINEZ GOMEZ, F.; HERNANDEZ RODRIGUEZ, S. y CALERO CARRETERO, R. (1973).- Helmintos parásitos de la cabra (*Capra hircus*) en Córdoba. *Rev. Ibér. Parasitol., 33*: 625.

248. MARTINEZ GOMEZ, F.; HERNANDEZ RODRIGUEZ, S. y CALERO CARRETERO, R. (1974).- Parasites of birds from Córdoba (Spain). *Proc. III Int. Cong. Parasitol.*, München, Sect. G 4 (12): 1682.

249. MARTINEZ GOMEZ, F.; HERNANDEZ RODRIGUEZ, S.; CALERO CARRETERO, R. y BECERRA MARTELL, C. (1974).- Contribución al conocimiento de los zooparásitos en la provincia de Córdoba. II. Platelmintos. *III Reun. Nac. Centros de Invest. Ganadera*, CSIC, Córdoba, octubre.

250. MARTINEZ-MORENO, F.J.; MARTINEZ-MORENO, A.; BECERRA-MARTELL, C. y MARTINEZ-CRUZ, M.S. (1989).- Parasitofauna de la paloma (*Columba livia*) en la provincia de Córdoba (España). *Rev. Ibér. Parasitol., 49*: 279.

251. MARTINEZ VILLALOBOS, U. (1969).- Apuntes sobre verminosis de los animales domésticos. *Monograf. Avigán*, Valencia.

252. MAS-CAPO, J.; CORACHAN-CUYAS, M. y CALDERON-GUALDA, M.D. (1985).- Un caso importado de esquistosomiasis por *Schistosoma intercalatum*. *Rev. Ibér. Parasitol., 45*: 259.

253. MAS-COMA, S. (1978).- Helmintos de micromamíferos de Formentera (Islas Pitiusas). Nota Preliminar. *Rev. Ibér. Parasitol., 38*: 139.

254. MAS-COMA, S. (1978).- *Eliomys quercinus* Linnaeus, 1766 (Rodentia: Gliridae). Nuevo huésped de *Nephrotrema truncatum* (Leuckart, 1842) (Trematoda: Troglotrematidae). *Circular Farmacéutica, 36*: 149.

255. MAS-COMA, S. (1978).- Record of *Psilotornus confortus* Machalska, 1974 (Trematoda: Psilotormidae), a parasite of birds, in water-shrew *Neomys fodiens* Pennant, 1771 (Insectivora: Soricidae) in the oriental Pyrenean Mountains. *Folia Parasitologica, 25*: 83.

256. MAS-COMA, S. (1979).- *Zonorchis guevarai* n.sp. (Trematoda; Dicrocoelidae), parásito de *Erinaceus (Aethechinus) algirus* DUVERNOY et LEREBOULLET, 1842 (Insectivora: Erinaceidae) en España. *Rev. Ibér. Parasitol., 39*: 505.

257. MAS-COMA, S.; ESTEBAN, J.G. y VALERO, M.A. (1986).- The genus *Scaphiostomum* Braun, 1901 (Trematoda: Brachylaimidae): a systematic review and description of *Scaphiostomum palaearcticum* n.sp. *Systematic Parasitology, 8*: 141.

258. MAS-COMA, S. y GALLEGO, J. (1975).- Contribución al conocimiento de la helmintofauna de micromamíferos ibéricos. I. Parásitos de *Sorex* spp. (Insectivora: Soricidae). *Rev. Ibér. Parasitol., 35*: 261.

259. MAS-COMA, S. y GALLEGO, J. (1980).- Conocimientos actuales sobre la helmintofauna de micromamíferos (Insectivora, Rodentia) en España. En: *Indice-Catálogo de Zooparásitos Ibéricos*: 533. Cordero del Campillo et al. Ministerio de Sanidad y Seguridad Social. Madrid.

260. MAS-COMA, S. y MONTOLIU, I. (1978).- Sobre la biología de los trematodos del lirón careto, *Eliomys quercinus ophiusae* THOMAS, 1925 (Rodentia: Gliridae), en Formentera (Islas Pitiusas). *Rev. Ibér. Parasitol., 38*: 95.

261. MAS-COMA, S. y MONTOLIU, I. (1986).- The life cycle of *Brachylaima ruminae* n.sp. (Trematoda: Brachylaimidae), a parasite of rodents. *Zeit. für Parasitenkd., 72*: 739.

262. MAYORAL, A.I. et al. (1989).- Nuevas aportaciones al conocimiento de la parasitofauna de Cáceres. *VI Cong. Nac. y I Cong. Ibér. Parasitol.*, Cáceres: 180.

263. MEMORIA de la Dirección General de Sanidad (1949).- *Rev. San. Vet., 4*: 796.

264. MESZAROS, F. y MAS-COMA, S. (1980).- On some parasitic helminths from Spanish bats. *Parasitologia Hungarica, 13*: 59.

265. MOLINA, M.T.; ESTEBAN, J.G. y MAS-COMA, S. (1985).- Estudio bioecológico de la helmintofauna de *Apodemus sylvaticus* Linnaeus, 1758 (Rodentia: Muridae) en Mallorca. *IV Congr. Nac. Parasitol.*, Tenerife: 179.

266. MONTOLIU, I. y FELIU, C. (1986).- *Macyella apodemi* Jourdane et Triquell, 1973 (Trematoda: Lecithodendriidae), parásito intestinal de *Eliomys quercinus* Linnaeus, 1766 (Rodentia: Gliridae) en el Pirineo catalán. *Circular Farmacéutica, 290*: 11.

267. MONTOLIU, I.; GRACENEA, M.; FELIU, C. y TORRES, J. (1987).- *Psilotrema spiculigerum* (Mühling, 1898) (Trematoda: Philostomidae), parásito intestinal de *Arvicola sapidus* (Miller, 1908) (Rodentia: Arvicolidae) en el Delta del Ebro (NE de la Península ibérica). *Rev. Ibér. Parasitol., 47*: 341.

268. MORELL CUELLAR, L. y GONZALEZ CASTRO, J. (1951).- Nuevo caso de distomatosis humana por *Fasciola hepatica*. *Rev. Ibér. Parasitol., 11*: 271.

269. MOTJE, M. et al. (1991).- Consideraciones faunísticas y ecológicas en relación a los helmintos parásitos de *Mustela putorius* Linnaeus, 1758 (Carnivora: Mustelidae) en España. *I Congr. Int. Asoc. Sudoccid. Europ. Parasitol.*: 41.

270. MULINAS SARRION, L. (1973).- Sobre un caso de pseudopólipo rectal parasitario. *Rev. Diagnóstico Biol., 22*: 367.

271. MUÑOZ, M.V.; FERNANDEZ, J.P.; CARBONELL, E. y ORTS, M.E. (1989).- Contribución al estudio de algunos bucefálidos (Trematoda: Bucephalidae) parásitos de peces marinos de aguas ibéricas. *Rev. Ibér. Parasitol., 49*: 27.

272. MUÑOZ ORTIZ, M.V. (1986).- Contribución al estudio de la parasitofauna de *Conger conger* L., 1758 en aguas del litoral valenciano. *Tesis de Licenciatura*, Univ. de Valencia.

273. NAVARRETE, I. et al. (1988).- Contribución al estudio de las parasitosis ovinay caprina en la provincia de Cáceres. *Acta Veterinaria, 2*: 37.

274. NAVARRO, P.; LLUCH, J. y ROCA, V. (1987).- Contribución al conocimiento de la helmintofauna de los herpetos ibéricos. VI. Parásitos de *Natrix maura* (LINNAEUS, 1758) (Reptilia: Colubridae). *Rev. Ibér. Parasitol., 47*: 65.

275. NAVARRO, P. et al. (1987).- Sobre la helmintofauna de *Rana iberica* Boulenger, 1879 del Oeste del Sistema Central. *V Congr. Nac. Parasitol.*, Salamanca: 211.

276. NAVARRO, P. et al. (1991).- Helmintofauna de *Bufo bufo gredosicola* Muller et Hellmich, 1935 (Amphibia: Bufonidae) en la Sierra de Gredos del Sistema Central Ibérico (España). *I Congr. Int. Asoc. Sudoccid. Europ. Parasitol.*: 51.

277. NAVARRO GOMEZ, P. (1985).- Contribución al conocimiento de la helmintofauna de *Natrix maura* (L., 1758) en Valencia. *Tesis de Licenciatura*, Univ. de Valencia.

278. NAVARRO GOMEZ, P. (1987).- Sobre la helmintofauna de algunas poblaciones españolas, peninsulares e insulares, del género *Rana* Linnaeus, 1758 (Amphibia: Ranidae). *Tesis Doctoral*, Univ. de Valencia.

279. OLIVEIRA SALAZAR, H. DE; CALVALHO VARELA, M.; SOBRE RODRIGUEZ, S. y CRISTOFANO, R. (1972).- Alguns trematódeos digenéticos de peixes do Oceano Atlántico-Costa Continental Portuguesa e Costa Continental de Africa. *Atas Soc. Biol. Rio de Janeiro, 15*: 87.

280. OLIVEIRA SALAZAR, H. DE; CALVALHO VARELA, M.; SOBRE RODRIGUEZ, S. y CRISTOFANO, R. (1975).- Notas sobre dois trematódeos digenéticos de peixes do Oceano Atlántico. *Atas Soc. Rio de Janeiro, 17*: 121.

281. OLTRA-FERRERO, J.L. et al. (1987).- Dinámica anual de *Prosthodendrium (Prosthodendrium) parvouterus* (Bhalerao, 1928) en el hospedador definitivo *Miniopterus schreibersi* (Kuhl, 1819) (Chiroptera: Vespertilionidae). *V Congr. Nac. Parasitol.*, Salamanca: 139.

282. OROPESA MARTIN, A. (1943).- Contribución al estudio de las lesiones histopatológicas en la distomatosis. *Veterinaria, 7*: 26.

283. ORTIZ, E. (1973).- Polimorfismo genético y selección natural en poblaciones españolas del gasterópodo *Cepaea nemoralis*. *Bol. R. Soc. Esp. Hist. Nat.* (Biol.), *71*: 377.

284. ORTIZ DE ZARATE LOPEZ, A. (1943).- Observaciones anatómicas y posición sistemática de varios helícidos españoles. *Bol. R. Soc. Esp. Hist. Nat., 41*: 61.

285. ORTIZ DE ZARATE LOPEZ, A. (1946).- Observaciones anatómicas y posición sistemática de varios helícidos españoles. Especies recogidas en Cataluña. *Bol. R. Soc. Esp. Hist. Nat., 44*: 337.

286. ORTIZ DE ZARATE LOPEZ, A. (1949).- Observaciones sobre la especie conocida con el nombre de *Helix brigantina* Mengo, en el Museo de Madrid. *Las Ciencias* (Madrid), *16*: 285.

287. ORTIZ DE ZARATE LOPEZ, A. (1950).- Observaciones anatómicas y posición sistemática de varios helícidos españoles. *Bol. R. Soc. Esp. Hist. Nat., 48*: 21.

288. ORTIZ DE ZARATE LOPEZ, A. (1956).- Observaciones anatómicas y posición sistemática de varios helícidos españoles. *Bol. R. Soc. Esp. Hist. Nat., 54*: 35.

289. ORTIZ DE ZARATE LOPEZ, A. (1962).- Una especie nueva de *Helicella: Helicella (Xeroplexa) cobosi*. *Arch. Inst. Aclim. Almería, 11*: 41.

290. ORTIZ DE ZARATE LOPEZ, A. (1962).- Observaciones anatómicas y posición sistemática de varios helícidos españoles. *Bol. R. Soc. Esp. Hist. Nat.* (Biol.), *60*: 81.

291. ORTIZ DE ZARATE LOPEZ, A. (1963).- Observaciones anatómicas y posición sistemática de varios helícidos españoles. *Bol. R. Soc. Hist. Nat. Baleares, 9*: 93.

292. ORTIZ DE ZARATE LOPEZ, A. y ORTIZ DE ZARATE ROCANDIO, A. (1949).- Contribución al conocimiento de los moluscos terrestres en las provincias vascongadas y norte de Navarra. *An. Asoc. Esp. Progr. Cienc., 14*: 476.

293. ORTIZ DE ZARATE ROCANDIO, A. y ORTIZ DE ZARATE LOPEZ, A. (1961).- Moluscos terrestres recogidos en la provincia de Huelva. *Bol. R. Soc. Esp. Hist. Nat.* (Biol.), *59*: 169.

294. ORTS MUÑOZ, M.E. (1986).- Contribución al estudio de la parasitofauna de *Lophius piscatorius* L., 1758, en aguas del litoral valenciano. *Tesis de Licenciatura*, Univ. de Valencia.

295. OSUNA CARRILLO DE ALBORNOZ, A. y GUEVARA POZO, D. (1973).- Cultivo "in vitro" de *Fasciola hepatica* (nota previa). *Rev. Ibér. Parasitol., 33*: 261.

296. OSUNA CARRILLO DE ALBORNOZ, A. y GUEVARA POZO, D. (1974).- Cultivos de helmintos parásitos. I: Primeros resultados con un medio básico para el cultivo "in vitro" de *Fasciola hepatica L. Rev. Ibér. Parasitol., 34*: 137.

297. PASCUAL, C.; QUINTANA,R.; MOLARES, J. y GONZALEZ, P. (1987).- Parásitos del mejillón gallego cultivado: 2. Metazoos, con especial referencia a tremátodos y copépodos. *Alimentaria, 24*: 31.

298. PATZELT, H. (1930).- Dos trematodos parásitos de *Sardinella aurita* Cuv. & Val.: *Aphanurus stossichi* Mont. y *Hemiurus appendiculatus* Rud. *Notas y resúmenes, Ser. II, 45*: 1.

299. PELLICER, M.; CARBONELL, E. y CAMPOS, A. (1990).- Digénidos intestinales de *Sarpa sarpa* (L.) (Teleostei: Sparidae) en aguas litorales de Valencia (España). *Rev. Ibér. Parasitol., 50*: 221.

300. PELLICER CARRASCO, M. (1992).- Estudio del parasitismo de *Sarpa salpa* (L., 1758) (Pisces: Sparidae) en las zonas marítimas de Castellón y Teulada-Moraira (Alicante) en el Mediterráneo Occidental. *Tesis Doctoral*, Univ. de Valencia.

301. PERAITA URAIN, A. (1976).- Contribución al conocimiento del complejo ecológico de *Fasciola hepatica* en el Pirineo occidental. I. Primeros datos de *Lymnaea limosa* var. *glacialis* (Boubee) como huesped intermediario. *I Congr. Nac. Parasitol.*: 71.

302. PEREZ SOLER, P. (1988).- Contribución al conocimiento de la helmintofauna de los anfibios del oeste del Sistema Central Ibérico. *Tesis de Licenciatura*, Univ. de Valencia.

303. POZO LORA, R. (1960).- Trematodos de quirópteros de Córdoba. *An. Univ. Hispal., 20*: 19.

304. POZO LORA, R. (1960).- Aportaciones al inventario y ecología de los helmintos españoles. Especies encontradas en Córdoba. *Rev. Ibér. Parasitol., 20*: 403.

305. QUINTEIRO, P.; ESTEVEZ, J.; IGLESIAS, R. y SANMARTIN, M.L. (1991).- Helmintos parásitos de *Conger conger* procedentes de la Ría de Arosa. *V Xornadas de Estudo a Sanidade Animal en Galicia*. Publicaciones del Seminario de estudios gallegos, *11*: 141.

306. QUINTEIRO, P. et al. (1992).- *Stephanostomum lophii* sp.nov. (Digenea: Acanthocolpidae), intestinal parasite of *Lophius piscatorius*, with special reference to seasonal fluctuations of metacercariae in intermediate second hosts (Gadidae). *J. of Fish Biology, 41*: ..

307. QUINTERO-ALONSO, P.; MARTINEZ-UBEIRA, F.; FERNANDEZ, J.A. y SANMARTIN DURAN, M.L. (1988).- Helmintofauna de peces de interés comercial capturados en el Noroeste de España. I. Trematoda (Digenea). *Rev. Ibér. Parasitol., 48*: 139.

308. RAGA, J.A. (1986).- *Oschmarinella mascomai* n.sp. (Trematoda: Campulidae) parasite des canaux biliaires de *Stenella coeruleoalba* (Meyen, 1833) (Cetacea: Delphinidae) en Méditerranée. *Ann. Parasitol. hum. et comp., 61*: 633.

309. RAGA, J.A.; AGUILAR, A.; FERNANDEZ, J.P. y CARBONELL, E. (1986).- Parasitofauna de *Balaenoptera physalus* (L., 1758) (Cetacea: Balaenopteridae) en las Costas atlánticas españolas: I. Sobre la presencia de *Ogmogaster antarticus* JOHSTON, 1931 (Trematoda: Notocotylidae). *Rev. Ibér. Parasitol., 46*: 237.

310. RAGA, J.A. y BALBUENA, J.A. (1988).- *Leucasiella delamurei* sp.n. (Trematoda: Campulidae), a parasite of *Globicephala melaena* (Traill, 1809) (Cetacea: Delphinidae) in the Western Mediterranean Sea. *Helminthologia, 25*: 95.

311. RAGA, J.A. y CARBONELL, E. (1985).- New data about parasites on *Stenella coeruleoalba* (MEYEN, 1833) (Cetacea: Delphinidae) in the western Mediterranean sea. *Invest. on Cetacea, 17*: 207.

312. RAGA, J.A.; CARBONELL, E. y RADUAN, H.A. (1982).- Incidencia de parásitos en los cetáceos varados en las Costas Españolas del Mediterraneo. *Memórias do Museu do Mar, 2*: 1.

313. RAGA, J.A.; CARBONELL, E.; RADUAN, A. y BLANCO, C. (1985).- *Synthesium tursionis* (MARCHI, 1873) (Trematoda: Campulidae) parásito de *Tursiops truncatus* (Montagu, 1821) (Cetacea: Delphinidae) en el Mediterráneo español. *Rev. Ibér. Parasitol., 45*: 119.

314. RAGA, J.A.; CARBONELL, E.; RADUAN, A. y BLANCO, C. (1985).- Sobre la presencia de *Pholeter gastrophilus* (KOSSACK, 1910) (Trematoda: Troglotrematidae) en quistes estomacales de *Tursiops truncatus* y *Stenella coeruleoalba* (Cetacea: Delphinidae), en las costas españolas del Mediterráneo. *Rev. Ibér. Parasitol., 45*: 123.

315. RAMAJO MARTIN, V. (1972).- Contribución al estudio epizootiológico de la esquistosomiasis bovina (*Schistosoma bovis*) en la provincia de Salamanca. *An. Fac. Vet. León, 18*: 151 y *Rev. Ibér. Parasitol., 32*: 207.

316. RAMAJO MARTIN, V. (1992).- *Zooparasitología*. En: Las Dehesas Salmantinas. Junta de Castilla y León. Gráficas Ortega: 463.

317. RAMAJO-MARTIN, V. y SIMON-VICENTE, F. (1988).- Variaciones estacionales de *Planorbarius metidjensis* en un arroyo de corriente temporal e infección de los moluscos por *Schistosoma bovis*. *Rev. Ibér. Parasitol., 48*: 379.

318. RATCLIFFE, L.H.; GUEVARA POZO, D. y LOPEZ ROMAN, R. (1969).- In vitro maintenance of *Fasciola hepatica*: a factorial appoach based on egg production. *Exper. Parasitol., 26*: 41.

319. REINA, D.; NAVARRETE, I.; HERNANDEZ-RODRIGUEZ, S. y HABELA, M. (1987).- Contribución al conocimiento de la parasitofauna de Cáceres. Primera relación. II. Helmintos. *Rev. Ibér. Parasitol.*, Vol. Extr.: 85.

320. REJAS GARCIA, F. (1952).- Empleo del antimonio en el tratamiento de la fasciolosis hepática (*D. dendriticum*). *Ciencia Vet., 12*: 39.

321. RESPALDIZA CARDEÑOSA, E. (1967).- Valoración económica de las parasitosis. *Veterinaria, 32*: 227.

322. REY CALERO, S. DEL; KAGAN, I.G. y SULZER, A.J. (1967).- Estudio de las reaginas y anticuerpos detectables por las pruebas de anafilaxia cutánea pasiva en la Bilharziosis (*Sch. mansoni*). *Rev. Ibér. Parasitol., 27*: 225.

323. RIEDEL, A. y VILELLA, M. (1968).- Zur Kenntnis der Zonitidae (Gastropoda) Spaniens. *Misc. Zool., 2*: 1.

324. RIO LOZANO, J. DEL (1967).- Epizootiología de la dicroceliosis en la provincia de León. *An. Fac. Vet. León, 13*: 211.

325. RIOJA, E. (1923).- Sobre algunos trematodos parásitos del aparato digestivo de los clupeideos. *Bol. R. Soc. Esp. Hist. Nat., 23*: 87.

326. RIVAS ROS, J. (1951).- Una nueva parasitosis en España. Supl. Cient. *Bol. Cons. Gral. Col. Vet. España, 27*: 477.

327. ROCA, H. (1948).- Distomatosis hepática de los rumiantes. *Soc. Vet. Zoot.* (Córdoba), *4*: 211.

328. ROCA, V.; GARCIA-ADELL, G.; LOPEZ, F. y ZAPATERO RAMOS, L.M. (1987).- Algunas formas adultas y larvarias de platelmintos de reptiles de las Islas Canarias. *Rev. Ibér. Parasitol., 47*: 263.

329. ROCA, V. y FERRAGUT, M.V. (1989).- Helmintofauna del lagarto verdinegro (*Lacerta schreiberi*) Bedriaga, 1878 (Reptilia: Lacertidae) del Sistema Central (España). *Rev. Ibér. Parasitol., 49*: 291.

330. ROCA, V.; FERRAGUT, M.V. y HORNERO, M.J. (1990).- Estimaciones ecológicas acerca de la helmintofauna de *Lacerta schreiberi* Bedriaga, 1878 (Sauria: Lacertidae) en el Sistema Central (España). *Rev. Esp. Herp., 4*: 93.

331. ROCA, V.; FERRAGUT, M.V. y LOPEZ-BALAGUER, E. (1989).- Datos preliminares sobre la helmintofauna de *Podarcis pityusensis*. *VI Congr. Nac.*, Cáceres: 149.

332. ROCA, V. y HORNERO, M.J. (1991).- Helmintofauna de *Podarcis pityusensis* (Bosca, 1883) (Sauria: Lacertidae). *Rev. Esp. Herp., 5*: 77.

333. ROCA, V. y LLUCH, J. (1986).- Ecología parasitaria de los reptiles gekkónidos en el piso termomediterráneo del Levante ibérico. *Misc. Zool., 10*: 65.

334. ROCA, V.; LLUCH, J. y MAS-COMA, S. (1985).- Contribuciónal conocimiento de la helmintofauna de los Herpetos Ibéricos. IV. Parásitos de *Tarentola mauritanica* (Linnaeus, 1758) y *Hemidactylus turcicus* (Linnaeus, 1758) (Reptilia: Geckonidae). *Cir. Far., 289*: 277.

335. ROCA, V.; LLUCH, J. y NAVARRO, P. (1983).- Sur la présence en Espagne de *Sonsinotrema tacapense* (Sonsino, 1894) Balozet et Callot, 1938 (Trematoda: Lecithodendriidae) parasite d'amphibiens et de reptiles. *Vie et Milieu, 33*: 177.

336. ROCA, V.; LLUCH, J. y NAVARRO, P. (1986).- Contribución al estudio de la helmintofauna de los herpetos ibéricos. I. Parásitos de Lacertidae: *Lacerta lepida* DAVDIN, 1802 y *Podarcis hispanica* STEINDACHNER, 1870. *Rev. Ibér. Parasitol., 46*: 129.

337. ROCA, V.; LOPEZ-BALAGUER, E. y HORNERO, M.J. (1989).- Helmintofauna de *Podarcis hispanica* (Steindachner, 1870) y *Podarcis bocagei* (Seoane, 1884) (Reptilia: Lacertidae) en el Cuadrante Noroccidental de la Península Ibérica. *Rev. Ibér. Parasitol., 49*: 127.

338. ROCA VELASCO, V. y NAVARRO GOMEZ, P. (1983).- *Plagiorchis (Metaplagiorchis) molini* LENT et FREITAS, 1940 (Digenea: Plagiorchidae) parásito de la lagartija roquera, *Podarcis muralis* LAURENTI, 1768 (Reptilia: Lacertidae). *Rev. Ibér. Parasitol., 43*: 325.

339. RODRIGUEZ REBOLLO, M. (1966).- Presencia de Salmonellas en vacuno con o sin distomatosis hepática. *Rev. Ibér. Parasitol., 26*: 223.

340. RODRIGUEZ PASEIRO, M. (1970).- Extensión de las distomatosis y dicroceliosis en el ganado ovino en Asturias. *Curso de Parasitología*, Fac. Vet. León.

341. RODRIGUEZ RUBIO, M. (1970).- Incidencias de las parasitosis y pérdidas directas sufridas por decomisos de animales en mataderos de la provincia de Pontevedra. *Curso de Parasitología*, Fac. Vet. León.

342. ROJO-VAZQUEZ, F. y SIMON-MARTIN, F. (1985).- Algunos aspectos de la biología de las cercarias de *Trichobilharzia* sp. del río Cañedo (provincia de Salamanca, España). *Rev. Ibér. Parasitol., 45*: 141.

343. ROMERO RODRIGUEZ, J. (1972).- Panorama nacional de los parasitismos de la ganadería (Especies parásitas denunciadas en España). *Supl. Cient. Bol. Inf. Cons. Gral. Col. Vet. España, 193*: 61.

344. ROSET, F.; MAS-COMA, S. y FELIU, C. (1987).- Distribución geográfica de los helmintos de *Talpa* spp. (Insectivora: Talpidae) en la Península Ibérica. *V Congr. Nac. Parasitol.*, Salamanca: 125.

345. RUSSELL-PINTO, F. (1990).- Differences in infestation intensity and prevalence of hinge and mantle margin *Meiogymnophallus minutus* metacercariae (Gymnophallidae) in *Cerastoderma edule* (Bivalvia): posible species coexistence in Ria de Aveiro. *J. of Parasitol., 76*: 653.

346. SAIZ MORENO, L. (1963).- Epizootiología de las helmintiasis del ganado lanar en la realidad de nuestras explotaciones. *Bol. Junta Proc. Form. Pec.*, Ciudad Real.

347. SAIZ MORENO, L. (1970).- Posibles repercusiones de algunas helmintiasis de los peces, moluscos y crustáceos en la salud pública. *V Sem. Nac. Vet.* (Prod. Pesca y sus Ind.). Santiago de Compostela, 3-8 agosto. Cográfica, Madrid, 1971: 307.

348. SAIZ MORENO, L. (1970).- Los moluscos como importantes vectores de algunas helmintiasis. *V Sem. Nac. Vet.* (Prod. Pesca y sus Ind.). Santiago de Compostela, Com. 17: 323.

349. SAMPAIO XAVIER, M. DE L. y FRAGA DE AZEVEDO, J. (1965).- Susceptibility of *Planorbarius metidjensis* (Forbes) from the south of Portugal (Algarve) and *Bullinus (Ph.) africanus* from portuguese Guinea to *Schistosoma haematobium* from the same overseas province. *Anais Inst. Med. Trop., 22*: 57.

350. SAMPAIO XAVIER, M. DE L.; FRAGA DE AZEVEDO, J. y ALVES DA CRUZ, A. (1965).- A *Lymnaea truncatula* vectora em Portugal de *Fasciola hepatica. Rev. Ibér. Parasitol., 25*: 357.

351. SAMPAIO XAVIER, M. DE L. y MARTINEZ FERNANDEZ, A. (1966).- Susceptibility de algunas especies de moluscos de água doce á *Fasciola hepatica. Comunicaçao a la 2º Assembleia de AMELPO*, Lisboa, 6-12 octubre.

352. SAMPAIO XAVIER, M. DE L.; MARTINEZ FERNANDEZ, A. y MATTOS DOS SANTOS, M.A. (1968).- Susceptibility of some fresh snails species of Portugal and Spain to *Fasciola hepatica. An. Fac. Vet. León, 14*: 235.

353. SANCHEZ ACEDO, C.; OTERO, J. y ALBALA PEREZ, F. (1974).- Estudio parasitológico en quirópteros. *Rev. Ibér. Parasitol., 34*: 245.

354. SANCHEZ BOTIJA, R. (1949).- Sobre la presencia del *Trichuris globulosa* en las cabras de España. *Veterinaria, 13*: 547.

355. SANCHEZ BOTIJA, R. (1952).- Sobre la presencia del *Trichuris globulosa* en las cabras de España. *Ciencia Vet., 13*: 297.

356. SANCHEZ BOTIJA, R. (1954).- Sobre la presencia de la Schistosomiasis ovina de España. *Rev. Pat. Biol. An. Madrid, 1*: 31.

357. SANCHEZ COVISA, I. (1922).- Un caso de bilharziosis vesical observado en Madrid. *Arch. Med. Cir. y Esp., 7*: 112.

358. SANMARTIN DURAN, M.L.; ALVAREZ, F.; OUTEDA, M. y GARCIA, J. (1987).- Trematodos parásitos de múridos e insectívoros en Galicia. *V Congr. Nac. Parasitol.*, Salamanca: 225.

359. SANMARTIN DURAN, M.L.; QUINTEIRO, P.; OUTEDA, M. y GARCIA, J. (1987).- Helmintofauna de *Conger conger* capturados en la costa Noroeste de España. I. Trematoda. *V Congr. Nac. Parasitol.*, Salamanca: 241.

360. SANTOS Y PEREZ-MINGUEZ, A.G. DE LOS (1971).- Contribución al estudio sistemático y ecológico de los moluscos dulceacuícolas de las aguas corrientes del centro de España. *Bol. R. Soc. Esp. Hist. Nat.* (Biol.), *69*: 125.

361. SANZ SANCHEZ, F. (1972).- Fasciolosis hapática. Medios de lucha contra la enfermedad. *Trib. Vet.*,: 3 (enero).

362. SECO TURIENZO, B. (1970).- Fasciolas en el hígado. *Curso de Parasitología*. Fac. Vet. León.

363. SEGU, J.L.; FELIU, C. y TORRES, J. (1987).- Análisis cuantitativo de las helmintofaunas de *Arvicola sapidus* (Miller, 1908) y *Arvicola terrestris* (Linnaeus, 1758) en la Península Ibérica. *V Congr. Nac. Parasitol.*, Salamanca: 201.

364. SIMON MARTIN, F. (1982).- *Bilharziella polonica* KOWALEWSKI, 1895 (Trematoda, Ornithobilharzidae), en *Anas crecca* en España. *Rev. Ibér. Parasitol., 42*: 343.

365. SIMON MARTIN, F. y ROJO VAZQUEZ, F.A. (1985).- Prevalencia de *Sanguinicola* sp. (Digenea: Sanguinicolidae) en *Ancylus fluviatilis* (Basommatophora: Ancylidae) de un río de la provincia de Salamanca. *Rev. Ibér. Parasitol., 45*: 265.

366. SIMON MARTIN, F.; ROJO VAZQUEZ, F.A. y SIMON VICENTE, F. (1987).- *Sanguinicola rutili* n.sp. (Digenea: Sanguinicolidae) parásito del sistema circulatorio de *Rutilus arcasi* (Cyprinidae) en la provincia de Salamanca. *Rev. Ibér. Parasitol., 47*: 253.

367. SIMON VICENTE, F. (1955).- *Brachylaemus* en infestación experimental y natural. *Rev. Ibér. Parasitol., 15*: 301.

368. SIMON VICENTE, F. (1955).- Nota previa sobre el ciclo experimental de un *Brachylaemus*. *Rev. Ibér. Parasitol.*, Vol. Extr.: 607.

369. SIMON VICENTE, F. (1963).- *Lymnaea auricularia* (L.) y *Physa acuto* (Drajo), hospedadores de metacercarias de *Echinoparyphium recurvatum* (LINSTOW, 1873) y de otras formas jóvenes de Digenea. *Rev. Ibér. Parasitol., 23*: 315.

370. SIMON VICENTE, F. (1968).- Datos sobre la ecología de *Lymnaea truncatula* y la evolución larvaria de *Fasciola hepatica* en una zona de regadío. *Rev. Ibér. Parasitol., 28*: 333.

371. SIMON VICENTE, F. (1969).- Esquistosomiasis en el ganado de algunas provincias del Oeste de España. *Supl. Cient. Bol. Inf. Cons. Gral. Col. Vet. Esp., 187*: 41.

372. SIMON VICENTE, F. (1971).- Fasciolosis hepática. Etiopatogenia. *Trib. Vet.*,: 3 (diciembre).

373. SIMON VICENTE, F. (1975).- Helmintofauna parasitaria de *Vulpes vulpes* y *Genetta genetta* en áreas del Oeste de la Meseta Norte de España. *XII Congr. da Uniao Int. dos Biolog. da Caça*: 279.

374. SIMON VICENTE, F. (1979).- Trematodos larvarios y sus moluscos hospedadores en Salamanca. *Rev. Ibér. Parasitol., 39*: 241.

375. SIMON VICENTE, F. (1981).- *Metorchis albidus* (BRAUN, 1893) LOOSS, 1899 en *Genetta genetta*. *Rev. Ibér. Parasitol., 41*: 121.

376. SIMON VICENTE, F.; MARTINEZ FERNANDEZ, A. y CORDERO DEL CAMPILLO, M. (1974).- Some observations on the redia, cercaria and metacercaria of *Opisthodiscus nigrivasis* (V. Mehlij, 1929) Odening, 1959 (Trematoda: Paramphistomatidae). *J. Helminthol., 48*: 187.

377. SIMON VICENTE, F. y RAMAJO MARTIN, V. (1982).- Present epizootiological state of bovine schistosomiasis in Spain. *Rev. Ibér. Parasitol.*, Vol. Extr.: 423.

378. SIMON VICENTE, F.; RAMAJO MARTIN, V. y ENCINAS GRANDES, A. (1973).- Fauna parasitaria de peces españoles de agua dulce; *Allocreadium isosporum* (Trematoda: Allocreadiidae); *Lernaea exocina, L. cyprinacea* y *Ergasilus* sp. (Crustacea, Copepoda). *Rev. Ibér. Parasitol., 33*: 633.

379. SIMON-VICENTE, F. et al. (1985).- Review of *Notocotylus* species (Trematoda: Notocotylidae) parasitizing rodents in Europe. *Folia Parasitologica, 32*: 21.

380. SIMON-VICENTE, F. et al. (1985).- Biology of *Notocotylus neyrai* Gonzalez Castro, 1945 (Trematoda). *Folia Parasitologica, 32*: 101.

381. SOL, M.A.; MONTOLIU, I.; FELIU, C. y TORRES, J. (1987).- Sobre la presencia de especies de Digenea en múridos silvestres y peridomésticos de la Península Ibérica. *V Congr. Nac. Parasitol.*, Salamanca: 223.

382. TALEGON HERAS, F. (1952).- Platelmintos del ganado lanar. *Bol. Inf. Cien. Lab. Syva, 6*: 1.

383. TALEGON HERAS, F. (1960).- Circunstancias que influyen la difusión de la distomatosis. *Granja, 8*: 53.

384. TALEGON HERAS, F. (1961).- Hetol, nuevo medicamento contra la Distomatosis. *Supl. Cient. Bol. Inf. Cons. Gral. Col. Vet. Esp., 8*: 1075.

385. TALEGON HERAS, F. (1963).- Acción fasciolicida del Freón 112. Su empleo en España. *Supl. Cient. Bol. Inf. Cons. Gral. Col. Vet. Esp., 9*: 31.

386. TALEGON HERAS, F. (1965).- La distomatosis en España. Avances en su estudio. *Cyanavet. Cyanamid, 8*: 3.

387. TALEGON HERAS, F. (1965).- Estudios sobre la anemia en la distomatosis ovina. *Supl. Cient. Bol. Inf. Cons. Gral. Col. Vet. Esp., 9*: 53.

388. TALEGON HERAS, F. (1966).- Algunas observaciones sobre las distomatosis hepáticas. *Cyanavet. Cyanamid, 1*(2ª época): 5.

389. TALEGON HERAS, F. (1972).- Lucha contra la fasciolosis: consideraciones sobre caracoles y uso del N-tritylmorfoline como molusquicida. *Terap. Vet., 11*: 29.

390. TALEGON HERAS, F. (1974).- *Fasciolosis hepática de los rumiantes*. Pub. de Laboratorios Ovejero. León.

391. TARAZONA, J.M. (1974).- Helmintos parásitos de vertebrados de vida silvestre de la provincia de Huesca. *Anales del INIA*, Serie de Higiene y Sanidad Animal, 1: 161.

392. TARAZONA, J.M.; SANZ-PASTOR, A. y CAMARA, R. DE LA (1978).- Helmintos y helmintosis de la perdiz roja (*Alectoris rufa*). *Anales del INIA*, Serie de Higiene y Sanidad Animal, *4*: 55.

393. TARAZONA VILAS, J.M. (1971).- Fasciolosis hepática. *Trib. Vet.*: 3 (diciembre).

394. TARAZONA VILAS, J.M. (1973).- Un brote de trematodiasis intestinal debida a *Paramonostomum alveatum* LÜHE, 1909 (Digenea: Notocotylidae) en *Anas boschas domesticus* y *Anas platyrhynchos*. Com. *Congr. Soc. Franc. Parasitol.*, Perpignan, 10-13 mayo.

395. TOLEDO, R. y ESTEBAN, J.G. (1992).- Sobre el posible papel de *Rattus norvegicus* Berkenhout, 1769 (Rodentia: Muridae) como reservorio de la Echinoparyphiosis en el parque natural de la Albufera de Valencia. *IX Reunión Cient. Asoc Parasitol. Esp.*, León: 36.

396. TORRES, J.; FELIU, C. y GRACENEA, M. (1987).- Consideraciones acerca del efecto de diversos factores ecológicos sobre la vermifauna de *Crocidura russula* (Hermann, 1780) (Insectivora: Soricidae) según los estudios efectuados en una población del insectívoro del delta del Ebro (NE de la Península Ibérica). *V Congr. Nac. Parasitol.*, Salamanca: 93.

397. TORRES, J. et al. (1985).- Sobre el hallazgo de *Notocotylus* spp. (Trematoda: Notocotylidae) en *Arvicola sapidus* Miller, 1908 (Rodentia: Arvicolidae) en España y Francia. *IV Congr. Nac. Parasitol.*, Tenerife: 218.

398. TORRES, J. et al. (1991).- Biogeografía de los helmintos parásitos de félidos silvestres en la Península Ibérica. *I Congr. Int. Asoc. Sudoccid. Europ. Parasitol.*: 24.

399. TORRES LOPEZ, A.J.; GONZALEZ CASTRO, J. y SANCHEZ JIMENEZ, R. (1945).- Sobre un caso de parasitismo por *Fasciola hepatica. Rev. Ibér. Parasitol.*, Vol. Extr.: 271.

400. TRULLOLS, M.; GRACENEA, M. y SELVA, J.M. (1987).- Parasitofauna de las palomas (*Columba livia* var.) de Barcelona. IV. Plathelminthes. *V Congr. Nac. Parasitol.*, Salamanca: 101.

401. UBIRIA ELORZA, M. (1973).- Ensayo de erradicación de la distomatosis hepática en una zona de Guipúzcoa. *Supl. Cient. Bol. Cons. Gral. Col. Vet. Esp., 197*: 67.

402. VALDIVIA URIA, J.G.; LOPEZ DEL VAL, J.L. y ROMERO AGUIRRE, F. (1985).- Bilharziosis urinaria. Aportación de un caso. *Archivos Españoles de Urología, 38*: 68.

403. VALERO, M.A. y MAS-COMA, S. (1985).- Variabilidad morfoanatómica del adulto de *Ityogonimus ocreatus* (Zeder, 1800) (Trematoda: Brachylaimidae) parásito de Tálpidos. *IV Congr. Nac. Parasitol.*, Tenerife: 153.

404. VASALLO MATILLA, F. (1971).- Hallazgo de huevos de *Dicrocoelium dendriticum* en heces de procedencia humana. *La Med. Trop., 47*: 134.

405. VASALLO MATILLA, F. (1971).- Parasitismos intestinales en el enfermo hospitalario. Nuestra experiencia de un año. *Med. Trop., 47*: 260.

406. VAUCHER, C. (1975).- Sur quelques trématodes parasites de Chiroptéres et d'Insectivores. *Bull. Soc. Neuchat. Sci. Natur., 98*: 17.

407. VILELLA, M. (1961).- Notas malacológicas. I. *Misc. Zool., 1*: 1.

408. VILELLA, M. (1962).- Notas malacológicas. II. *Misc. Zool., 1*: 27.

409. VILELLA, M. (1965).- Notas malacológicas. III. *Misc. Zool., 2*: 23.

410. VILELLA, M. (1967).- Notas malacológicas. IV. *Misc. Zool., 2*: 17.

411. VILELLA, M. (1968).- Notas malacológicas. V. *Misc. Zool., 2*: 1.

412. VILLAGRASA, C.; FELIU, C. y GALLEGO, J. (1987).- Sobre las helmintofaunas de *Microtus (Microtus) arvalis* (Pallas, 1779) (Rodentia: Arvicolidae) en la Península Ibérica y Sur de Francia. *V Congr. Nac. Parasitol.*, Salamanca: 199.

413. YUSTAS BUSTAMANTE, A. (s/a).- Parásitos gástricos de los bovidos. *Neosán, 66*: 53.

ASPIDOCOTYLEA

Cotylegaster michaelis MONTICELLI, 1892

Hosp.: Dorada (*Sparus aurata*)

Dist.: Cádiz.

Reg.: IX.

Bibl.: 1.

BIBLIOGRAFÍA (ASPIDOCOTYLEA)

1. CARBONELL, E.; BLASCO, M.; ESTELLES, E. y PELLICER, M. (1991).- *Monorchis monorchis* (Stossich, 1890) Looss, 1902 (Digenea: Monorchidae) y *Cotylegaster michaelis* Monticelli, 1892 (Aspidogastrea: Aspidogasteridae) en doradas de la Bahía de Cádiz. *I Congr. Int. Asoc. Sudoccid. Europ. Parasitol.*: 28.

CESTODA

Abothrium sp.
Hosp.: Anguila (*Anguilla anguilla*)
Dist.: Valencia (Albufera)
Reg.: VII.
Bibl.: 13, 66, 73, 118 y 219.

Amoebotaenia sphenoides (RAILLIET, 1892) MEGGIT, 1914
Hosp.: Gallina.
Dist.: Granada.
Reg.: IX y X.
Bibl.: 214 y 219.

Andrya cuniculi (BLANCHARD, 1891)
Hosp.: Conejo (*Oryctolagus cuniculus*)
Dist.: Granada y Salamanca. Portugal.
Reg.: III, IX y X.
Bibl.: 47, 262, 320 y 384.

Anomotaenia brachycolpos DOLLFUS, 1958
Hosp.: Vencejo (*Apus apus*)
Dist.: Canarias y Granada.
Reg.: IX, X y XII.
Bibl.: 57, 169 y 170.

Anomotaenia contricta (MOLIN, 1858) COHN, 1900
Hosp.: Verdecillo (*Serinus serinus*), grajilla (*Corvus monedula*) y cuervo (*Corvus corax*)
Dist.: Canarias, Córdoba y Granada.
Reg.: IX y XII.
Bibl.: 57, 174 y 243.

Anomotaenia cyathiformis (FROELICH, 1791)
(Syn. *Dichoanotaenia cyathiformis*)
Hosp.: Vencejo (*Apus apus*).
Dist.: Granada.
Reg.: IX y X.
Bibl.: 214 y 219.

Anomotaenia depressa (VAN SIEBOLD, 1836)
(Syn. *Dichoanotaenia depressa*)
Hosp.: Vencejo (*Apus apus*) y verdecillo (*Serinus serinus*)
Dist.: Córdoba y Granada.
Reg.: IX y X.
Bibl.: 214, 219, 243 y 249.

Anomotaenia depressoides (DOLLFUS, 1958)
Hosp.: Vencejo (*Apus apus*)
Dist.: Granada.
Reg.: IX y X.
Bibl.: 168 y 170.

Anomotaenia microrhyncha (KRABBE, 1869)
Hosp.: Chorlito (*Charadrius apricarius*)
Dist.: Granada.
Reg.: IX y X.
Bibl.: 214 y 219.

Anomotaenia nymphaea (SCHRANK, 1790)
(Syn. *Dichoanotaenia nymphaea*)
Hosp.: Zarapito real (*Numenius arquata*)
Dist.: Granada.
Reg.: IX y X.
Bibl.: 214 y 219.

Anomotaenia praecox (KRABBE, 1869)
Hosp.: Avión común (*Delichon urbica*)
Dist.: Granada.
Reg.: IX y X.
Bibl.: 168 y 172.

Anomotaenia stentorea (FROELICH, 1802)
(Syn. *Dichoanotaenia stentorea*)
Hosp.: Agachadiza (*Capella gallinago*) y avefría (*Vanellus vanellus*)
Dist.: Granada.
Reg.: IX y X.
Bibl.: 152, 214 y 219.

Anonchotaenia globata (VON LINSTOW, 1879)
Hosp.: Pinzón común (*Fringilla coelebs*), pardillo (*Acanthis cannabina*), curruca capirotada (*Sylvia atricapilla*), alondra común (*Alauda arvensis*), golondrina (*Hirundo rustica*) y gorrión (*Passer domesticus*)
Dist.: Córdoba y Granada.
Reg.: IX y X.
Bibl.: 168, 176, 214 y 243.

Anoncocephalus LUHE, 1902
Cf. *Plerocercoides lonchophorus*

Anoplocephala perfoliata (GOEZE, 1782)
Hosp.: Caballo y asno.
Dist.: Córdoba, Granada y León. Portugal.
Reg.: III, IX y X. Portugal.
Bibl.: 188, 214 y 249.

Anoplocephala pseudowimerosa TENORA, MURAI, VALERO et CUTILLAS, 1981.
Hosp.: Conejo (*Oryctolagus cuniculus*)
Dist.: Granada.
Reg.: IX y X.
Bibl.: 384.

Anoplocephalidae (sin precisar)
Hosp.: Topillo oscuro (*Pitymis savii*)
Dist.: Vitoria.
Reg.: IV.
Bibl.: 256 y 383.

Anoplocephalidae (hospedadores intermediarios)
Bibl.: 297 y 298.

Anoplocephaloides arfaai (MOBEDI et GHADARIAN, 1977) SCHMIDT, 1986
(Syn. *Gallegoides arfaai*)
Hosp.: Ratón de campo (*Apodemus sylvaticus*)
Dist.: Baleares, Barcelona, Galicia, Gerona, Granada, Jaén, Lérida, Tarragona, Teruel y Valencia.
Reg.: I, II, IV, V, VII, IX, X y XI.
Bibl.: 4, 11, 63, 99, 100, 151 y 266.

Anoplocephaloides dentata (GALLI-VALERIO, 1905)
Hosp.: Ratilla agreste (*Microtus agrestis*), ratilla de Cabrera (*M. cabrerae*), ratilla campesina (*M. arvalis*), topillo (*Pitymys lusitanicus*), topillo común (*P. duodecimcostatus*), rata de agua (*Arvicola sapidus*), rata de agua norteña (*A. terrestris*), topino rojo (*Clethrionomys glareolus*) y ratilla nival (*M. nivalis*)
Dist.: General.
Bibl.: 5, 7, 54, 62, 93, 94, 95, 101, 102, 258 y 405.

Antocephalus reptans
Cf. *Gymnorhynchus gigas*

Aploparaksis crassirostris (KRABBE, 1869)
(Syn. *Haploparaxis crassirostris*)
Hosp.: Becada (*Scolopax rusticola*) y agachadiza (*Gallinago gallinago*)
Dist.: Granada y Madrid.
Reg.: VI, IX y X.
Bibl.: 214 y 219.

Aploparaksis dujardini (KRABBE, 1858)
(Syn. *Haploparaksis dujardini*)
Hosp.: Zorzal común (*Turdus philomelos*)
Dist.: Córdoba.
Reg.: IX.
Bibl.: 243.

Aploparaksis filum (GOEZE, 1782)
(Syn. *Haploparaxis filum*)
Hosp.: Becada (*Scolopax rusticola*) y agachadiza (*Gallinago gallinago*)
Dist.: Granada.
Reg.: IX y X.
Bibl.: 152, 214 y 219.

Aploparaksis pseudofilum (CLERC, 1902)
(Syn. *Haploparaksis pseudofilum*)
Hosp.: Becada (*Scolopax rusticola*) y agachadiza (*Gallinago gallinago*)
Dist.: Granada.
Reg.: IX y X.
Bibl.: 214 y 219.

Aploparaksis sp.
Hosp.: Becada (*Scolopax rusticola*)
Dist.: León, Lugo y Zamora.
Reg.: I y III.
Bibl.: 323.

Aporina delafondi
Cf. *Killigrewia delafondi*

Aprostatandrya macrocephala (DOUTHITT, 1915)
Hosp.: Ratilla campesina (*Microtus arvalis*), topillo (*Pitymys mariae*), ratilla agreste (*Microtus agrestis*) y ratón de campo (*Apodemus sylvaticus*)
Dist.: Barcelona, Cantabria, León, Pontevedra, Segovia, Soria y Valladolid.
Reg.: I, II, III, IV y V.
Bibl.: 256.

Archigetes sieboldi LEUCKART, 1878
Hosp.: Barbo (*Barbus barbus*), carpa (*Cyprinus carpio*), carpín dorado (*Carassius auratus*), boga (*Chondrostoma polylepis*) y cacho (*Leuciscus cephalus*)
Dist.: León.
Reg.: III.
Bibl.: 14 y 15.

Atriotaenia incisa (RAILLIET, 1899)
Hosp.: Carnívoros, sin precisar.
Dist.: ?
Bibl.: 103.

Avitellina centripunctata (RIVOLTA, 1874)
Hosp.: Cabra, oveja y vaca.
Dist.: Barcelona, Córdoba, Granada, Huesca, Madrid y Salamanca. Portugal.
Reg.: III, IV, V, VI, IX y X. Portugal.
Bibl.: 48, 74, 188, 196, 214, 244, 246, 248, 240, 267, 313, 320 y 380.

Bathybothrium rectangulum BLOCH, 1782
Hosp.: Barbo (*Barbus meridionalis*)
Dist.: Gerona.
Reg.: V.
Bibl.: 185.

Bothrimonus nylandicus (SCHNEIDER, 1902)
Hosp.: Llisena (*Lepidorhombus whiffjagonis*) y sortija (*Solea lascaris*)
Dist.: Galicia.
Reg.: II.
Bibl.: 366.

Bothriocephalus claviceps (GOEZE, 1782)
Hosp.: Morena (*Muraena helena*) y anguila (*Anguilla anguilla*)
Dist.: Valencia y Palma de Mallorca. Portugal.
Reg.: VII y IX. Portugal.
Bibl.: 13, 51, 66, 73, 118, 219 y 368.

Bothriocephalus scorpii (MUELLER, 1776) RUDOLPHI, 1808
Hosp.: Llisena (*Lepidorhombus whiffjagonis*), rodaballo (*Scophthalmus maximus*), rape (*Lophius piscatorius*) y gallo (*Lepidorhombus boscii*)
Dist.: Galicia y Valencia.
Reg.: II y VII.
Bibl.: 291 y 366.

Bothriocephalus sp.
Hosp.: Pión (*Hyperoplus lanceolatus*)
Dist.: Galicia.
Reg.: II.
Bibl.: 366.

Bothriocephalus sp.
Hosp.: Congrio (*Conger conger*)
Dist.: Valencia.
Reg.: VII.
Bibl.: 271.

Bothriocephalus sp.
Hosp.: Solleta (*Citharus linguatula*)
Dist.: Castellón.
Reg.: VII.
Bibl.: 184.

Calliobothrium verticillatum (RUDOLPHI, 1819) VAN BENEDEN, 1850
Hosp.: Musola (*Mustelus mustelus*)
Dist.: Canarias.
Reg.: XII.
Bibl.: 56.

Cariophyllaeides fennicus (SCHNEIDER, 1902) NYBELIN, 1922
Hosp.: Ciprínidos, sin especificar.
Dist.: León.
Reg.: III.
Bibl.: 14.

Caryophyllaeus fimbriceps CHLOPINA, 1924
Hosp.: Cacho (*Leuciscus cephalus*) y boga (*Chondrostoma polylepis*)
Dist.: Salamanca.
Reg.: III.
Bibl.: Simón Vicente et al., 1975 (inéd.)

Caryophyllaeus laticeps (PALLAS, 1781) MUELLER, 1787
Hosp.: Cacho (*Leuciscus cephalus*), barbo (*Barbus barbus*), boga (*Chondrostoma polylepis*), tenca (*Tinca tinca*), carpa (*Cyprinus carpio*) y carpín (*Carassius carassius*)
Dist.: León.
Reg.: III.
Bibl.: 14 y 15.

Catenotaenia asiatica TENORA et MURAI, 1975
Hosp.: Ratilla agreste (*Microtus agrestis*)
Dist.: Gerona.
Reg.: V.
Bibl.: 258.

Catenotaenia cricetorum KIRSCHENBLAT, 1949
Hosp.: Topino rojo (*Clethrionomys glareolus*)
Dist.: Alava, Barcelona, Burgos, Cantabria, Gerona, Huesca, Lérida, Lugo, Navarra, Palencia y La Rioja. Andorra.
Reg.: I, II, III, IV y V.
Bibl.: 95 y 97.

Catenotaenia dendritica (GOEZE, 1782)
Hosp.: Ardilla (*Sciurus vulgaris*)
Dist.: Barcelona.
Reg.: V.
Bibl.: 256, 338 y 387.

Catenotaenia pusilla (GOEZE, 1782)
Hosp.: Rata gris (*Rattus norvegicus*), ratón de campo (*Apodemus sylvaticus*) y ratón (*Mus musculus*)
Dist.: Barcelona, Gerona, Granada, Huesca y Lérida.
Reg.: IV, V, IX y X.
Bibl.: 99, 100, 115, 132, 214, 219 y 256.

Catenotaenia sp.
Hosp.: Topino rojo (*Clethrionomys glareolus*)
Dist.: ?
Bibl.: 52.

Choanotaenia citrus (KRABBE, 1869) (Syn. *Dichoanotaenia citrus*)
Hosp.: Agachadiza (*Gallinago gallinago*)
Dist.: Granada.
Reg.: IX y X.
Bibl.: 216 y 219.

Choanotaenia clavigera (KRABBE, 1869) (Syn. *Dichoanotaenia clavigera*)
Hosp.: Becada (*Scolopax rusticola*) y avefría (*Vanellus vanellus*)
Dist.: Granada y Huesca.
Reg.: IV, IX y X.
Bibl.: 214, 219, 221 y 378.

Choanotaenia crassiscolex (VON LINSTOW, 1890)

Hosp.: Musaraña colicuadrada (*Sorex araneus*) y musaraña enana (*Sorex minutus*)
Dist.: Pirineos de Gerona.
Reg.: V.
Bibl.: 255 y 256.

Choanotaenia crateriformis GOEZE, 1782

H.I.: Hormigas (*Leptothorax nylanderi*) (cistic.)
Dist.: Huesca.
Reg.: IV.
Bibl.: 94.

Choanotaenia decacantha FUHRMANN, 1913

Hosp.: Agachadiza común (*Gallinago gallinago*)
Dist.: Canarias.
Reg.: XII.
Bibl.: 57.

Choanotaenia delachauxi

Cf. *Polycercus delachauxi*

Choanotaenia discoidea (VON BENEDEN, 1868)
(Syn. *Dichoanotaenia discoidea*)

Hosp.: Cigüeña (*Ciconia ciconia*)
Dist.: Granada.
Reg.: IX y X.
Bibl.: 214 y 219.

Choanotaenia embryo

Cf. *Polycercus embryo*

Choanotaenia estavarensis EUZET et JOURDANE, 1968

Hosp.: Musgaño patiblanco (*Neomys fodiens*)
Dist.: Gerona.
Reg.: V.
Bibl.: 256.

Choanotaenia filamentosa (GOEZE, 1782)

Hosp.: Topo ciego (*Talpa caeca*) y topos (*Talpa* spp.)
Dist.: Galicia, Centro y Norte de España.
Reg.: I, II, III, IV y VI.
Bibl.: 12 y 347.

Choanotaenia globulus (WEDL, 1855)
(Syn. *Dichoanotaenia globulus*)

Hosp.: Andarríos grande (*Tringa ochropus*)
Dist.: Granada.
Reg.: IX y X.
Bibl.: 214 y 219.

Choanotaenia ibanezi REGO et VICENTE, 1968

Hosp.: Zarapito trinador (*Numenius phaeopus*)
Dist.: Canarias.
Reg.: XII.
Bibl.: 57.

Choanotaenia infundibulum (BLOCH, 1779)

Hosp.: Gallina, faisán (*Phasianus colchicus*), paloma (*Columba livia*), perdiz (*Alectoris rufa*), pavo (*Meleagris gallopavo*) y codorniz (*Coturnix coturnix*)
H.I.: *Musca domestica* (Cisticercoides)
Dist.: Almería, Córdoba, Granada, Huesca, Madrid y Salamanca. Portugal.
Reg.: III, IV, VI, IX y X.
Bibl.: 188, 201, 214, 219, 220, 249, 320, 379 y 380.

Choanotaenia microphallos (KRABBE, 1869)
(Syn. *Dichoanotaenia microphallos*)

Hosp.: Avefría (*Vanellus vanellus*)
Dist.: Granada.
Reg.: IX y X.
Bibl.: 152, 214 y 219.

Choanotaenia musculosa FUHRMAN, 1896
(Syn. *Monopylidium musculosum*)

Hosp.: Estornino pinto (*Sturnus vulgaris*), urraca (*Pica pica*) y gorrión (*Passer domesticus*)
Dist.: Córdoba y Granada.
Reg.: IX y X.
Bibl.: 143, 214, 219 y 243.

Choanotaenia passerina (FUHRMANN, 1907) FUHRMANN, 1932
Hosp.: Gorrión común (*Passer domesticus*) y gorrión moruno (*Passer hispaniolensis*)
Dist.: Canarias y Granada.
Reg.: IX, X y XII.
Bibl.: 57, 168 y 175.

Choanotaenia sp.
Hosp.: Becada (*Scolopax rusticola*)
Dist.: León y Lugo.
Reg.: I y III.
Bibl.: 323.

Christianella sp.
Hosp.: Pintarroja (*Scyliorhinus canicula*)
Dist.: Castellón.
Reg.: VII.
Bibl.: 27.

Cittotaenia cteniodes
Cf. *Cittotaenia leuckarti*

Cittotaenia denticulata (RUDOLPHI, 1804)
Hosp.: Conejo silvestre (*Oryctolagus cuniculus*)
Dist.: Granada y Madrid.
Reg.: VI, IX y X.
Bibl.: 47 y 214.

Cittotaenia leuckarti (RIEHM, 1881)
(Syn. *Cittotaenia cteniodes*)
Hosp.: Conejo (*Oryctolagus cuniculus*)
Dist.: Córdoba, Granada, Huesca, Salamanca y Sevilla.
Reg.: III, IV, IX y X.
Bibl.: 47, 187, 214, 249, 320, 327, 378 y 380.

Cittotaenia pectinata
Cf. *Mosgovoyia pectinata*

Cladotaenia globifera BATSCH, 1786
H.I.: Musaraña común (*Crocidura russula*) y topino rojo (*Clethrionomys glareolus*) (larvae)
Dist.: Asturias y otros lugares, sin precisar.
Reg.: I.
Bibl.: 52 y 256.

Clestobothrium crassiceps (RUDOLPHI, 1819)
Hosp.: Merluzas (*Merluccius merluccius, M.bilinearis* y *M. virens*)
Dist.: Costas granadinas.
Reg.: X.
Bibl.: 13, 66, 73 y 219.

Cloacotaenia megalops (NITZCH in CREPLIN, 1829) WOLFFHUGGEL, 1938
Hosp.: Porrón común (*Aythya ferina*), porrón moñudo (*Aythya fuligula*) y pato silvestre (*Anas platyrhynchos*)
Dsit.: Granada.
Reg.: IX y X.
Bibl.: 153.

Coenurus cerebralis
Cf. *Multiceps multiceps*

Coenurus serialis
Cf. *Multiceps serialis*

Cotugnia dollfusi LOPEZ-NEYRA, 1950
Hosp.: Tórtola (*Streptotelia turtur*)
Dist.: Granada.
Reg.: IX y X.
Bibl.: 157 y 222.

Cyatocephalus sp.
Hosp.: Trucha (*Salmo trutta fario*)
Dist.: Navarra.
Reg.: IV.
Bibl.: 122.

Cysticercus bovis
Cf. *Taeniarhynchus saginattum*

Cysticercus cellulosae
Cf. *Taenia solium*

Cysticercus fasciolaris
Cf. *Hydatigera taeniaformis*

Cysticercus longicollis
Cf. *Taenia crassiceps*

Cysticercus ovis
Cf. *Taenia ovis*

Cysticercus pisiformis
Cf. *Taenia pisiformis*

Cysticercus tenuicollis
Cf. *Taenia hydatigena*

Davainea proglottina (DAVAINE, 1860)
Hosp.: Gallina.
H.I.: *Limax* y *Agriolimax* spp. (cistic.)
Dist.: Córdoba, Granada, León, Lugo y Salamanca. Portugal.
Reg.: I, II, III y IX. Portugal.
Bibl.: 188, 202, 204, 214, 219, 220, 249, 320, 402 y Cordero del Campillo, 1952 (inéd.)

Deltokeras granatensis LOPEZ-NEYRA, 1943
Hosp.: Alcaudón dorsirrojo (*Lanius collurio*)
Dist.: Granada.
Reg.: IX y X.
Bibl.: 213 y 214.

Dibothriocephalus attenuatus
Cf. *Hepatoxilon attenuatus*

Dibothriocephalus stenocephala
Cf. *Hepatoxilon stenocephala*

Dichoanotaenia citrus
Cf. *Choanotaenia citrus*

Dichoanotaenia clavigera
Cf. *Choanotaenia clavigera*

Dichoanotaenia cyathiformis
Cf. *Choanotaenica cyathiformis*

Dichoanotaenia depressa
Cf. *Anomotaenia depressa*

Dichoanotaenia discoidea
Cf. *Choanotaenia discoidea*

Dichoanotaenia globulus
Cf. *Choanotaenia globulus*

Dichoanotaenia microphallus
Cf. *Choanotaenia microphallos*

Dichoanotaenia nymphaea
Cf. *Anomotaenia nymphea*

Dichoanotaenia stentorea
Cf. *Anomotaenia stentorea*

Dicranotaenia (Dicranotaenia) coronula (DUJARDIN, 1845) RAILLIET, 1892
Hosp.: Pato doméstico.
Dist.: Granada.
Reg.: IX y X.
Bibl.: 214 y 219.

Dicranotaenia farciminosa
Cf. *Vampirolepis farciminosa*

Dicranotaenia fringillarum
Cf. *Passerilepis fringillarum*

Dicranotaenia nana
Cf. *Vampirolepis nana*

Dicranotaenia pipistrelli
Cf. *Vampirolepis pipistrelli*

Dicranotaenia serpentulus
Cf. *Mayhewia serpentulus*

Dicranotaenia stylosa
Cf. *Passerilepis stylosa*

Dilepis brachyarthra
Cf. *Dilepis undula*

Dilepis globacantha
Cf. *Metadilepis globacantha*

Dilepis turdi YAMAGUTI, 1935
Cf. *Dilepis undula*
Hosp.: Zorzal (*Turdus philomelos*), zorzal real (*T. pilaris*), mirlo (*T. merula*) y urraca (*Pica pica*)
Dist.: Granada.
Reg.. IX y X.
Bibl.: 214 y 219.

Dilepis undula (SCHRANK, 1788) WEINLAND, 1858
(Syn. *Dilepis brachyarthra*; para LOPEZ-NEYRA también *Dilepis turdi*)
Hosp.: Zorzal (*Turdus philomelos*), zorzal charlo (*T. viscivorus*), mirlo (*T. merula*), estorrnino pinto (*Sturnus vulgaris*) y urraca (*Pica pica*)
H.I.: Lombrices de tierra (*Lumbricus, Helodrillus* spp.)
Dist.: Canarias, Córdoba, Granada y Huesca.
Reg.: IV, IX, X y XII.
Bibl.: 57, 143, 155, 214, 219, 243, 378 y 380.

Dinobothrium planum
Cf. *Gastrolecithus planus*

Dinobothrium plicitum (LINTON, 1922)
Hosp.: Marrajo gigante (*Cetorhinus maximus*)
Dist.: Cantabria y Mallorca.
Reg.: I y XI.
Bibl.: 13, 66, 73, 139, 216 y 219.

Dinobothrium septaria VAN BENEDEN, 1889
Hosp.: Marrajo gigante (*Cetorhinus maximus*)
Dist.: Cantabria y Mallorca.
Reg.: I y XI.
Bibl.: 66, 139 y 219.

Diorchis acuminatus (CLERC, 1902) CLERC, 1903
Hosp.: Pato (*Anas platyrhynchos*) y porrón moñudo (*Aythya fuligula*)
Dist.: Granada.
Reg.: IX y X.
Bibl.: 147, 152, 162, 208, 214 y 219.

Diorchis inflatus (RUDOLPHI, 1819)
Hosp.: Focha común (*Fulica atra*)
Dist.: Córdoba y Granada.
Reg.: IX.
Bibl.: 152, 162, 219 y 226.

Diorchis nyrocae YAMAGUTI, 1935
Hosp.: Pato silvestre (*Anas platyrhynchos*)
Dist.: Huelva.
Reg.: IX.
Bibl.: 164.

Diorchis parvogenitalis SKRJABIN et MATHEVOSIAN, 1945
Hosp.: Porrón común (*Aythya ferina*)
Dist.: Huelva.
Reg.: IX.
Bibl.: 162.

Diphyllobothrium latum (LINNAEUS, 1758)
Hosp.: Hombre.
H.I.: 1º- *Cyclops* y *Diaptomus* spp. (Procercoides)
2º- Lucio (*Esox lucius*) y otros (Plerocercoides)
Dist.: Aragón, Asturias, Cataluña, Ciudad Real, Galicia, Granada y Jaén (proveniente de Suiza). Portugal.
Reg.: I, II, IV, V, VIII, IX y X. Portugal.
Bibl.: 13, 66, 71, 72, 73, 125, 133, 219, 220, 225, 249, 287, 296, 352 y 360.

Diphyllobothrium polyrugosum DELYAMUREET et SKRJABIN, 1988
Hosp.: Calderón (*Globicephala melaena*)
Dist.: Valencia.
Reg.: VII.
Bibl.: 43.

Diphyllobothrium stemmacephalum COBBOLD, 1958
Hosp.: Calderón (*Globicephala melaena*)
Dist.: Valencia.
Reg.: VII.
Bibl.: 43.

Diphyllobothrium sp.
Hosp.: Calderón (*Globicephala melaena*) y delfín mular (*Tursiops truncatus*)
Dist.: Valencia.
Reg.: VII.
Bibl.: 43.

Diphyllobothrium sp.
Hosp.: ?
H.I.: 2º-Barbo (*Barbus barbus bocagei*) (Plerocercoides)
Dist.: León.
Reg.: III.
Bibl.: 13 y 73.

Diplogonoporus sp.
Hosp.: Hombre.
Dist.: Zaragoza.
Reg.: IV.
Bibl.: 61.

Diploposthe laevis (BLOCH, 1782)
Hosp.: Pato (*Anas platyrhynchos*), porrón común (*Aythya ferina*) y pato colorado (*Netta rufina*)
Dist.: Huelva y Granada.
Reg.: IX y X.
Bibl.: 160 y 219.

Diplopylidium acanthotetrum (PARONA, 1886)

Hosp.: Gato y jineta (*Genetta genetta*)

H.I.: Salamanquesa (*Tarentola mauritanica*), lagarto ágil (*Lacerta agilis*), perinquén de Delalande (*Tarentola delalandii*), perinquén de Boettgger (*T. boettgeri*), lagartija (*Podarcis pityuensis*), lagartija (*P. hispanica*), lagartija colilarga (*Psammodromus algirus*), culebra de cogulla (*Malpolon monspessulanus*), culebra de agua (*Natrix maura*), rana (*Rana perezi*) y sapo (*Bufo bufo*)

Dist.: Alicante, Almeria, Baleares, Cáceres, Canarias, Córdoba, Gerona, Granada y Huesca.

Reg.: IV, V, VI, VII, IX, X, XI y XII.

Bibl.: 150, 180, 181, 183, 191, 214, 219, 220, 249, 276, 282, 313, 325, 330, 331, 332, 335, 378 y 380.

Diplopylidium monoophorum LÜHE, 1898

Hosp.: Carnívoros, sin precisar.

Dist.: ?

Bibl.: 103.

Diplopylidium monophorides

Cf. *Diplopylidium nölleri*

Diplopylidium nölleri SKRJABIN, 1924

(Syn. *Diplopylidium monophoroides*)

Hosp.: Gato, jineta (*Genetta genetta*), perro y gato montés (*Felis silvestris*).

H.I.: Salamanquesa (*Tarentola mauritanica*), perinquén de Delalande (*T. delalandii*) y perinquén de Boettger (*T. boettgeri*)

Dist.: Alicante, Almería, Cáceres, Canarias, Ciudad Real, Córdoba, Granada, Madrid y Salamanca.

Reg.: III, VI, VII, VIII, IX, X y XII.

Bibl.: 163, 178, 180, 191, 201, 214, 219, 320, 331, 333, 334, 372 y 390.

Diplopylidium quinquecoronatum LOPEZ-NEYRA et MUÑOZ-MEDINA, 1921

(Syn. *Dipylidium quinquecoronatum*)

Hosp.: Perro y gato.

H.I.: Salamanquesa (*Tarentola mauritanica*) y lagartija (*Podarcis hispanica*) (cystic.)

Dist.: Almería y Granada.

Reg.: IX y X.

Bibl.: 201, 219 y 227.

Diplopylidium triseriale (LUHE, 1898)

Hosp.: Jineta (*Genetta genetta*)

Dist.: Cáceres y Sevilla.

Reg.: VI y IX.

Bibl.: 181, 183, 276 y 325.

Dipylidium caninum (LINNAEUS, 1758)

(Syn. *Dipylidium halli; Dipylidium porimamillanum*)

Hosp.: Perro, gato, lobo (*Canis lupus*) y hombre.

H.I.: Pulgas (*Ctenocephalides canis* y *C.felis*)

Dist.: Almería, Aragón, Barcelona, Cáceres, Canarias, Córdoba, Galiica, Granada, León, Madrid, La Rioja, Salamanca y Vizcaya. Portugal.

Reg.: I, II, III, IV, V, VI, IX, X y XII. Portugal.

Bibl.: 58, 71, 72, 85, 88, 115, 116, 122, 134, 188, 195, 200, 201, 214, 219, 220, 249, 304, 315, 320, 324, 346, 368, 380, 395 y 398.

Dipylidium carracidoi LOPEZ-NEYRA, 1929

Hosp.: Gato.

Dist.: Granada y Madrid.

Reg.: VI, IX y X.

Bibl.: 201, 214, 219 y 220.

Dipylidium chyzeri

Cf. *Joyeuxiella pasqualei*

Dipylidium halli

Cf. *Dipylidium caninum*

Dipylidium oerleyi RATZ, 1900

Hosp.: Gato.
Dist.: Almería, Barcelona y Granada.
Reg.: V, IX y X.
Bibl.: 85, 116, 195, 201, 214, 219 y 220.

Dipylidium porimamillanum

Cf. *Dipylidium caninum*

Dipylidium quinquecoronatum

Cf. *Diplopylidium quinquecoronatum*

Dipylidium sexcoronatum RATZ, 1900

Hosp.: Perro y gato.
H.I.: Trichodectes canis (*Cysticercoides*)
Dist.: Almería, Córdoba, Granada y Madrid. Portugal.
Reg.: VI, IX y X. Portugal.
Bibl.: 188, 201, 214, 219 y 220.

Dipylidium sp.

Hosp.: Zorro (*Vulpes vulpes*)
Dist.: Córdoba y Salamanca.
Reg.: III y IX.
Bibl.: 242 y 372.

Dipylidium sp.

H.I.: Perinquén de Delalande (*Tarentola delalandii*), salamanquesa rosada (*Hemidactylus turcicus*) y perinquén de Boetgger (*Tarentola boettgeri*).
Dist.: Alicante y Canarias.
Reg.: VII y XII.
Bibl.: 180 y 331.

Discobothrium sp.

Hosp.: Rape (*Lophius piscatorius*) (larvas)
Dist.: Valencia.
Reg.: VII.
Bibl.: 104, 290 y 291.

Drepanidotaenia lanceolata (BLOCH, 1782) RAILLIET, 1892

Hosp.: Ganso (*Anser anser*)
Dist.: Huelva.
Reg.: IX.
Bibl.: 161.

Drepanidotaenia nana

Cf. *Vampirolepis nana*

Drepanidotaenia tritesticulata

Cf. *Microsomacanthus tritesticulatus*

Drepanidotaenia (Drepanidolepis) sp.

Hosp.: Pardillo (*Acanthis cannabina*)
Dist.: Canarias.
Reg.: XII.
Bibl.: 57.

Dubinolepis multistriata (RUDOLPHI, 1810) SPASSKI et SPASSKAYA, 1954

Hosp.: Zampullín (*Podiceps ruficollis*)
Dist.: Granada.
Reg.: IX y X.
Bibl.: 168 y 171.

Echeneibothrium sp.

H.I.: Congrio (*Conger conger*), solleta (*Citharus linguatula*) y pintarroja (*Scyliorhinus canicula*) (larvas)
Dist.: Castellón y Valencia.
Reg.: VII.
Bibl.: 27, 104, 184, 271 y 290.

Echinobothrium sp.

Hosp.: Merlo (*Labrus merula*)
Dist.: Valencia.
Reg.: VII.
Bibl.: 40.

Echinococcus granulosus (BATSCH, 1786) (Syn. *Echinococcus intermedius*)

Hosp.: Perro y zorro (*Vulpes vulpes*)
H.I.: Hombre, oveja, cerdo, cabra, caballo, vaca, etc.. (*Echinococcus hydatidosus*)
Dist.: General.
Bibl.: 9, 10, 18, 19, 20, 22, 24, 26, 28, 30, 36, 37, 38, 39, 43, 59, 60, 68, 69, 70, 71, 72, 73, 76, 77, 78, 79, 81, 85, 86, 87, 88, 92, 106, 110, 113, 117, 122, 123, 126, 134, 136, 148, 178, 188, 192, 209, 216, 217, 219, 220, 228, 229, 230, 233, 230, 234, 239, 241, 244, 246, 248, 249, 252, 273, 274, 283, 285, 286, 292, 293, 299, 301, 302, 303, 305, 306, 307, 313, 314, 320, 321, 324, 341, 342, 343, 345, 349, 350, 351, 353, 354, 355, 356, 357, 358, 359, 362, 364, 365, 369, 374, 376, 380, 382, 386, 392, 394, 400, 401 y 403.

Echinococcus hydatidosus
Cf. *Echinococcus granulosus*

Echinococcus intermedius LOPEZ-NEYRA et SOLER, 1943
Cf. *Echinococcus granulosus*

Echinococcus multilocularis LEUCKART, 1863
Hosp.: Perro y zorro (*Vulpes vulpes*)
H.I.: Hombre y vaca.
Dist.: Portugal (¿General?)
Bibl.: 50, 188 y 363.

Echinocotyle glareolae SINGH, 1952
Hosp.: Agachadiza común (*Gallinago gallinago*)
Dist.: Canarias.
Reg.: XII.
Bibl.: 57.

Echinocotyle multiglandularis (BACZYNSKA, 1914) CZAPLINSKI et VAUCHER, 1979
Hosp.: Aguja colinegra (*Limosa limosa*)
Dist.: Canarias.
Reg.: XII.
Bibl.: 57.

Echinolepis carioca (MAGALHAES, 1898) (Syn. *Hymenolepis carioca*)
Hosp.: Gallina.
Dist.: Córdoba.
Reg.: IX.
Bibl.: 249.

Ethiopotaenia sp.
Hosp.: Triguero (*Emberiza calandra*)
Dist.: Canarias.
Reg.: XII.
Bibl.: 57.

Eubothrium sp.
Hosp.: Salmón (*Salmo salar*)
Dist.: Asturias (río Sella)
Reg.: I.
Bibl.: 13 y 73.

Fernandezia goizuetai LOPEZ-NEYRA, 1936
Hosp.: Zorzal común (*Turdus philomelos*)
Dist.: Granada.
Reg.: IX y X.
Bibl.: 214, 219 y 224.

Fimbriaria fasciolaris (PALLAS, 1781)
Hosp.: Pato (*Anas platyrhynchos*)
Dist.: Granada.
Reg.: IX y X.
Bibl.: 205, 211 y 219.

Fistulicola LUHE, 1899
Cf. *Plerocercoides lonchophorus*

Fistulicola plicatus (RUDOLPHI, 1819)
Hosp.: Pez espada (*Xiphias gladius*)
Dist.: General
Bibl.: 129.

Flamingolepis flamingo (SKRJABIN, 1914) SPASSKI et SPASSKAYA, 1954
Hosp.: Flamenco (*Phoenicopterus ruber*)?
H.I.: Artemia (*Artemia salina*) (cisticercoides)
Dist.: Alicante.
Reg.: X.
Bibl.: Illescas Gómez, 1993 (com. per.)

Flamingolepis liguloides (GERVAIS, 1847) SPASSKI et SPASSKAYA, 1954
Hosp.: Flamenco (*Phoenicopterus ruber*)?
H.I.: Artemia (*Artemia salina*) (cisticercoides)
Dist.: Alicante.
Reg.: X.
Bibl.: 16.

Gallegoides arfaai
Cf. *Anoplocephaloides arfaai*

Gastrolecithus planus (LINTON, 1922) (Syn. *Dinobothrium planum*)
Hosp.: Marrajo gigante (*Cetorhinus maximus*)
Dist.: Palma de Mallorca.
Reg.: XI.
Bibl.: 66, 73, 139, 216 y 219.

Gonoscolex paradoxus SAAKOVA, 1958
Hosp.: Aguja colinegra (*Limosa limosa*)
Dist.: Canarias.
Reg.: XII.
Bibl.: 57.

Grillotia sp.
Hosp.: Delfín (*Delphinus* sp.)
Dist.: Mediterráneo.
Reg.: XI.
Bibl.: 66, 73, 142 y 219.

Gymnorhynchus gigas CUVIER, 1817
(Syn. *Antocephalus reptans*)

Hosp.: Jaquetón (*Carcharodon lamia*) y diversos marrajos (*Oxyrhina spallanzani* y *Cetrina vulpecula*)
H.I.: Palometa (*Brama raii*) y comiza (*Barbus comiza*)?
Dist.: Costas de toda la Península.
Reg.: I, II, V, VII, IX, X y XI.
Bibl.: 13, 66, 73, 83, 219, 313, 352 y 360.

Gyrocoelia albaredai LOPEZ-NEYRA, 1952

Hosp.: Cigüeñuela (*Himantopus himantopus*)
Dist.: Huelva y Valladolid.
Reg.: III y IX.
Bibl.: 2 y 223.

Haploparaxis crassirostris

Cf. *Aploparaksis crassirostris*

Haploparaxis dujardini

Cf. *Aploparaksis dujardini*

Haploparaxis filum

Cf. *Aploparaksis filum*

Haploparaxis pseudofilum

Cf. *Aploparaksis pseudofilum*

Helictometra giardi

Cf. *Thysaniezia giardi*

Hepatoxylon attenuatus (RUDOLPHI, 1819)

Hosp.: Selacios, sin determinar.
H.I.: Llampuga (*Coryphaena hippurus*) y pez espada (*Xiphias gladius*) (Post-larva, *Dibothriocephalus* (=*Tetrarhynchus*) *attenuatus*)
Dist.: Costas próximas a Gibraltar.
Reg.: IX y X.
Bibl.: 13, 66, 73, 142 y 219.

Hepatoxylon squali BOSC, 1811

Hosp.: Pez espada (*Xiphias gladius*)
Dist.: Sur y Suroeste de la Península Ibérica.
Reg.: IX y X.
Bibl.: 129.

Hepatoxylon stenocephala (GUIART, 1935)

Hosp.: Selacios, sin determinar.
H.I.: Llampuga (*Coryphaena hippurus*) (Post-larva, *Dibothriocephalus stenocephala*)
Dist.: Costa de Gibraltar.
Reg.: IX y X.
Bibl.: 142 y 219.

Hispaniolepis villosa (BLOCH, 1782)
(Syn. *Hymenolepis villosa*)

Hosp.: Avutarda (*Otis tarda*)
Dist.: Badajoz, Cáceres y Granada.
Reg.: VI, VIII, IX y X.
Bibl.: 207, 219, 324, 326 y Illescas Gómez, 1993 (com. per.)

Hydatigera laticollis (RUDOLPHI, 1819)
(Syn. *Taenia laticollis*)

Hosp.: Jineta (*Genetta genetta*)
Dist.: Granada y Salamanca.
Reg.: III, IX y X.
Bibl.: 216, 219, 320 y 372.

Hydatigera parva (BAER, 1926)
(Syn. *Taenia parva*)

Hosp.: Jineta (*Genetta genetta*)
H.I.: Ratón de campo (*Apodemus sylvaticus*)
Dist.: Baleares, Barcelona, Cáceres, Córdoba, Galicia, Gerona, Huesca, Jaén, Lérida, Málaga, Tarragona y Teruel. Andorra.
Reg.: I, II, IV, V, VI, VII, IX, X y XI.
Bibl.: 6, 8, 11, 97, 99, 100, 151, 256, 263, 264, 266, 276 y 326.

Hydatigera taeniaformis (BATSCH, 1786)
(Syn. *Taenia taeniaformis*)

Hosp.: Gato, gato montés (*Felis sylvestris*), zorro (*Vulpes vulpes*), lince (*Lynx pardina*) y jineta (*Genetta genetta*)
H.I.: Ratón (*Mus musculus*), ratilla agreste (*Microtus agrestis*), ratilla nival (*M. nivalis*), rata de agua (*Arvicola sapidus*), rata de agua norteña (*A. terrestris*), ratón de campo (*Apodemus sylvaticus*), topino rojo (*Clethrionomys glareolus*), topillo oscuro (*Pitymys savii*), topillo (*P. mariae*), topillo común (*P. duode-*

cimcostatus), rata negra (*Rattus rattus*) y rata gris (*R. norvegicus*) (*Cysticercus fasciolaris*)
Dist.: General.
Bibl.: 8, 31, 52, 63, 96, 99, 100, 101, 132, 179, 188, 194, 216, 256, 258, 266, 308, 317, 320, 322, 370, 371, 372, 383, 390 y 391.

Hymenolepis alpestris BAER, 1931
Hosp.: Musgaño patiblanco (*Neomys fodiens*)
Dist.: Gerona.
Reg.: V.
Bibl.: 256.

Hymenolepis asymmetrica JANICKI, 1904
Hosp.: Rata de agua (*Arvicola sapidus*), topino rojo (*Clethrionomys glareolus*) y ratilla agreste (*Microtus agrestis*)
Dist.: Gerona y Pontevedra.
Reg.: II y V.
Bibl.: 98, 103, 258 y 370.

Hymenolepis balsaci JOYEUX et BAER, 1934
Hosp.: Murciélago troglodita (*Miniopterus schreibersii*)
Dist.: General?
Bibl.: 94.

Hymenolepis biliaris (VILLOT, 1877)
(Syn. *Hymenolepis dodecantha*)
Hosp.: Musaraña común (*Crocidura russula*)
H.I.: Milpies (*Glomeris marginata*) (*Staphylocystis biliarius*, larva)
Dist.: Barcelona.
Reg.: V.
Bibl.: 257.

Hymenolepis brustae VAUCHER, 1971
Hosp.: Musaraña campesina (*Crocidura suaveolens*)
Dist.: Baleares.
Reg.: XI.
Bibl.: 385.

Hymenolepis cantaniana
Cf. *Staphylepis cantaniana*

Hymenolepis carioca
Cf. *Echinolepis carioca*

Hymenolepis columbae ZEDER, 1800
Cf. *Sobolevicanthus columbae*

Hymenolepis cordobensis
Cf. *Staphylepis cordobensis*

Hymenolepis diaphana CHOLODKOWSKY, 1906
Hosp.: Musaraña colicuadrada (*Sorex araneus*) y musaraña enana (*Sorex minutus*)
Dist.: Gerona (Pirineo)
Reg.: V.
Bibl.: 255 y 256.

Hymenolepis diminuta (RUDOLPHI, 1819)
Hosp.: Hombre, rata negra (*Rattus rattus*), ratón (*Mus musculus*), ratón de campo (*Apodemus sylvaticus*) y rata gris (*Rattus norvegicus*)
H.I.: Escarabajos (*Tenebrio*, *Akis* y *Scaurus* spp) (cystic.)
Dist.: Almería, Baleares, Barcelona, Córdoba, Galicia, Gerona, Granada, Huesca, Lérida, Madrid, Sevilla y Valencia.
Reg.: I, II, IV, V, VI, VII, IX, X y XI.
Bibl.: 4, 31, 32, 33, 71, 72, 99, 100, 112, 132, 140, 179, 188, 219, 220, 253, 266, 312, 313, 316 y 378.

Hymenolepis dodecantha (VAUCHER, 1971)
Cf. *Hymenolepis biliaris*

Hymenolepis exilis (DUJARDIN, 1845)
Hosp.: Gallina y pavo.
Dist.: Almería, Córdoba, Granada y Madrid. Portugal.
Reg.: VI, IX y X. Portugal.
Bibl.: 188, 189 y 219.

Hymenolepis fodientis VAUCHER, 1971
Hosp.: Musgaño patiblanco (*Neomys fodiens*)
Dist.: Gerona (Banyuls)
Reg.: V.
Bibl.: 256 y 397.

Hymenolepis fraterna
Cf. *Vampirolepis fraterna*

Hymenolepis furcata (STIEDA, 1862)
Hosp.: Musaraña colicuadrada (*Sorex araneus*)
Dist.: Gerona (Pirineos)
Reg.: V.
Bibl.: 255 y 256.

Hymenolepis globosoides (SOLTYS, 1954)
Hosp.: Musaraña colicuadrada (*Sorex araneus*)
Dist.: Gerona (Cerdaña)
Reg.: V.
Bibl.: 397.

Hymenolepis horrida (LINSTOW, 1901)
Hosp.: Ratilla campesina (*Microtus arvalis*), ratilla nival (*M. nivalis*), ratilla agreste (*M. agrestis*), ratilla (*M. pyrenaicus*), rata de agua norteña (*Arvicola terrestris*), topino rojo (*Clethrionomys glareolus*), topillos (*Pitymys mariae, P. lusitanicus, P. pyrenaicus*), topillo común (*P. duodecimcostatus*) y topillo oscuro (*P. savii*)
Dist.: General.
Bibl.: 52, 62, 93, 94, 95, 101, 256, 370 y 405.

Hymenolepis infirma (ZARNOWSKI, 1955)
Hosp.: Musaraña colicuadrada (*Sorex araneus*)
Dist.: Gerona (Pirineo)
Reg.: V.
Bibl.: 254 y 256.

Hymenolepis macracanthos
Cf. *Hymenosphenacanthus macracanthos*

Hymenolepis myoxi (RUDOLPHI, 1819)
Hosp.: Lirón careto (*Eliomys quercinus*)
Dist.: Baleares. Andorra.
Reg.: IV y XI.
Bibl.: 95 y 97.

Hymenolepis naja (DUJARDIN, 1845)
Hosp.: Verderón (*Chloris chloris*)
Dist.: Córdoba.
Reg.: IX.
Bibl.: 226.

Hymenolepis nana
Cf. *Vampirolepis nana*

Hymenolepis pipistrelli LOPEZ-NEYRA, 1941
Cf. *Vampirolepis pipistrelli*

Hymenolepis pistillum (DUJARDIN, 1845)
Hosp.: Musaraña común (*Crocidura russula*)
Dist.: Barcelona, Gerona, Málaga, Tarragona y Valencia.
Reg.: IV, V, VII y X.
Bibl.: 179, 238, 256, 389 y 397.

Hymenolepis pittalugai
Cf. *Hymenosphenacanthus pittalugai*

Hymenolepis prolifer
Hosp.: Musaraña colicuadrada (*Sorex araneus*) y musaraña común (*Crocidura russula*)
Dist.: Galicia.
Reg.: I y II.
Bibl.: 12.

Hymenolepis scalaris (DUJARDIN, 1845)
Hosp.: Musaraña común (*Crocidura russula*)
Dist.: Barcelona, Málaga, Tarragona y Valencia.
Reg.: IV, V, VII y X.
Bibl.: 179, 237, 256 y 389.

Hymenolepis schaldybini (SPASSKY, 1947)
Hosp.: Musaraña colicuadrada (*Sorex araneus*) y musaraña enana (*Sorex minutus*)
Dist.: Barcelona y Gerona (Pirineos)
Reg.: V.
Bibl.: 255 y 256.

Hymenolepis scutigera (DUJARDIN, 1845)
Hosp.: Musaraña colicuadrada (*Sorex araneus*
Dist.: Gerona (Pirineos)
Reg.: V.
Bibl.: 255 y 256.

Hymenolepis sp.
Hosp.: Ratón moruno (*Mus spretus*)
Dist.: Valencia.
Reg.: VII.
Bibl.: 63.

Hymenolepis stefanskii ZARNOWSKI, 1954
Hosp.: Musaraña enana (*Sorex minutus*)
Dist.: Barcelona y Gerona (Pirineo)
Reg.: V.
Bibl.: 255 y 256.

Hymenolepis stellorae DEBLOCK, BIGUET et CAPRON, 1940
Hosp.: Gaviota común (*Larus ridibundus*)?
H.I.: *Artemia salina*
Dist.: Alicante.
Reg.: X.
Bibl.: Illescas Gómez, 1993 (com. per.)

Hymenolepis straminea (GOEZE, 1782)
Hosp.: Ratón de campo (*Apodemus sylvaticus*), ratón (*Mus musculus*), rata negra (*Rattus ratts*) y rata gris (*Rattus norvegicus*)
Dist.: Baleares, Barcelona, Galicia, Gerona, Huesca, Lérida, Tarragona, Valencia y Zamora.
Reg.: I, II, III, IV, V, VII y XI.
Bibl.: 4, 11, 31, 99, 100, 112, 151, 253, 256, 266 y 388.

Hymenolepis sulcata (VON LINSTOW, 1879)
Hosp.: Lirón gris (*Glis glis*)
Dist.: Asturias, Guipuzcoa, Lérida, Lugo, Navarra y Orense.
Reg.: I, II y IV.
Bibl.: 95 y 254.

Hymenolepis tiara (DUJARDIN, 1845)
Hosp.: Musaraña común (*Crocidura russula*), musaraña campesina (*C. suaveolens*) y musaraña colicuadrada (*Sorex araneus*)
Dist.: Baleares, Barcelona, Galicia, Málaga, Tarragona y Valencia.
Reg.: I, II, IV, V, VII, X y XI.
Bibl.: 12, 137, 237, 256, 385 y 389.

Hymenolepis villosa
Cf. *Hispaniolepis villosa*

Hymenosphenacanthus fasciculatus (RANSOM, 1909)
(Syn. *Sphenacanthus fasciculatus*)
Hosp.: Pato doméstico y malvasía (*Oxyura leucocephala*)
Dist.: Córdoba y Granada.
Reg.: IX y X.
Bibl.: 1, 214 y 219

Hymenosphenacanthus macracanthos (VON LINSTOW, 1877)
(Syn. *Hymenolepis macracanthos*)
Hosp.: Porrón osculado (*Bucephala clangula*)
Dist.: Granada.
Reg.: IX y X.
Bibl.: 206 y 207.

Hymenosphenacanthus pittalugai (LOPEZ-NEYRA, 1932)
(Syn. *Hymenolepis pittalugai; Sphenacanthus pittalugai*)
Hosp.: Porrón osculado (*Bucephala clangula*) y pato doméstico.
Dist.: Granada.
Reg.: IX y X.
Bibl.: 206, 214 y 219.

Ichthyotaenia chyzeri
Cf. *Joyeuxiella pasqualei*

Ichthyotaenia macrocephala
Cf. *Proteocephalus macrocephalus*

Idiogenes otidis KRABBE, 1868
Hosp.: Avutarda (*Otis tarda*)
Dist.: Badajoz y Cáceres.
Reg.: VI y VIII.
Bibl.: 158, 324 y 326.

Joyeuxiella chyzeri
Cf. *Joyeuxiella pasqualei*

Joyeuxiella echinorhynchoides (SONSINO, 1889)
Hosp.: Zorro (*Vulpes vulpes*)
Dist.: Cáceres, Córdoba y Salamanca.
Reg.: III, VI y IX.
Bibl.: 242, 276, 326 y 372.

Joyeuxiella pasqualei (DIAMARE, 1893)
(Syn. *Dipylidium chyzeri; Joyeuxiella pasqualeiformis; Joyeuxiella chyzeri*)
Hosp.: Gato, gato montés (*Felis sylvestris*), lince (*Lynx pardina*), jineta (*Genetta genetta*), perro y zorro (*Vulpes vulpes*).
H.I.: Salamanquesa (*Tarentola mauritanica*)
Dist.: General.
Bibl.: 188, 191, 195, 198, 201, 214, 219, 220, 249, 276, 313, 324, 326, 372, 378, 390 y 391.

Joyeuxiella pasqualeiformis
Cf. *Joyeuxiella pasqualei*

Khawia spp.
Hosp.: Barbo (*Barbus barbus bocagei*)
Dist.: León (río Orbigo)
Reg.: III.
Bibl.: 13, 14 y 73.

Killigrewia delafondi (RAILLIET, 1892) SPASSKI, 1951
(Syn. *Aporina delafondi*)
Hosp.: Tórtola (*Streptotelia turtur*) y paloma (*Columba livia*)
Dist.: Barcelona, Cáceres, Canarias, Córdoba, Granada y Jaén.
Reg.: V, VI, IX, X y XII.
Bibl.: 57, 214, 249, 251, 326 y 393.

Kotlania joyeuxi
Cf. *Raillietina (Raillietina) joyeuxi*

Lacistorhynchus tenuis (BENEDEN, 1858) PINTNER, 1913
H.I.: Peto (*Symphodus tinca*) y merlo (*Labrus merula*)
Dist.: Valencia.
Reg.: VII.
Bibl.: 40.

Ligula avium
Cf. *Ligula intestinalis*

Ligula intestinalis (LINNAEUS, 1758)
(Syn. *Ligula avium*)
Hosp.: Patos (*Anas* spp), zampullín (*Podylimbus* spp), colimbos (*Colymbus* spp), serretas (*Mergus* spp), charranes (*Sterna* spp), cormoranes (*Phalacrocorax* spp) y hombre.
H.I.: 1º- *Cyclops y Diaptomus* spp (Procercoides)
2º- Carpa (*Cyprinus carpio*), tenca (*Tinca tinca*), anguila (*Anguilla anguilla*), cacho (*Leuciscus cephalus*), carpín dorado (*Carassius auratus*) y rutilo (*Leuciscus rutilus*) (Plerocercoides)
Dist.: Córdoba y Granada.
Reg.: IV, IX y X.
Bibl.: 13, 66, 73, 89, 90, 196, 210 y 245.

Mathevotaenia cruzsilvai MENDONÇA, 1981
Hosp.: Macaco (*Macaca irus*)
Dist.: Portugal (Zoo de Lisboa)
Bibl.: 260.

Mayhewia ababili (SINGH, 1952) YAMAGUTI, 1956
Hosp.: Golondrina (*Hirundo rustica*)
Dist.: Granada.
Reg.: IX y X.
Bibl.: 168 y 177.

Mayhewia serpentulus (SCHRANK, 1788)
(Syn. *Dicranotaenia (Dicranotaenia) serpentulus*)
Hosp.: Zorzal común (*Turdus philomelos*), zorzal charlo (*T. viscivorus*), mirlo (*T. merula*), urraca (*Pica pica*) y ortega (*Pterocles orientalis*)
Dist.: Cordoba y Granada.
Reg.: IX y X.
Bibl.: 143, 150, 214, 219, 378 y 380.

Meggitia bolivari
Cf. *Raillietina (Raillietina) bolivari*

Mesocestoides ambiguus VAILLAND, 1863
Hosp.: Jineta (*Genetta genetta*)
Dist.: Gerona.
Reg.: V.
Bibl.: 214, 219 y 220.

Mesocestoides lineatus (GOEZE, 1782)
Hosp.: Perro, zorro (*Vulpes vulpes*) y gato montés (*Felis sylvestris*)
H.I.: Ratas (*Rattus norvegicus*) y ratón (*Mus musculus*) (*Tetrathyridium bailleti*)
Dist.: Cáceres, Canarias, Granada, Huesca, Navarra y Salamanca. Portugal.
Reg.: III, IV, VI, IX, X y XII. Portugal.
Bibl.: 134, 178, 188, 219, 220, 259, 276, 320, 322, 326, 380 y 395.

Mesocestoides litteratus (BATSCH, 1786)
Hosp.: Zorro (*Vulpes vulpes*), lince (*Lynx pardina*) y gato montés (*Felis sylvestris*)
H.I.: ? (citado en Portugal *Tetrathyridium variabile*)
Dist.: General.
Bibl.: 188, 214, 219, 242, 390 y 391.

Mesocestoides sp.
Hosp.: Zorro (*Vulpes vulpes*) y jineta (*Genetta genetta*)
Dist.: Salamanca.
Reg.: III.
Bibl.: 320 y 372.

Mesocestoides sp.
H.I.: Lirón careto (*Eliomys quercinus*)
Dist.: Baleares.
Reg.: XI.
Bibl.: 93.

Mesocestoides sp.
H.I.: Perinquén de Delalande (*Tarentola delalandii*)
Dist.: Canarias.
Reg.: XII.
Bibl.: 331.

Mesocestoides sp.
H.I.: Lagartijas (*Podarcis bocagei, P. hispanica, P. muralis, P. pityusensis*), lagartija cenicienta (*Psammodromus hispanicus*) y lagarto verdinegro (*Lacerta schreiberi*)
Dist.: Avila, Baleares, Galicia, Huesca, Salamanca y Valencia.
Reg.: I, II, III, IV, VII y XI.
Bibl.: 110, 119, 121, 149, 193, 328, 329, 332, 335 y 336

Mesocestoides sp.
H.I.: Rata negra (*Rattus rattus*)
Dist.: Baleares.
Reg.: XI.
Bibl.: 112.

Mesocestoides sp.
H.I.: Topillo (*Pitymys lusitanicus*), topino rojo (*Clethrionomys glareolus*) y topillo común (*Pitymys duodecimcostatus*)
Dist.: General.
Bibl.: 52 y 62.

Metadilepis globacantha (FUHRMANN, 1913)
(Syn. *Dilepis globacantha*)
Hosp.: Chotacabras pardo (*Caprimulgus ruficollis*)
Dist.: Granada.
Reg.: IX y X.
Bibl.: 214 y 219.

Microsomacanthus compressus (LINTON, 1892) LOPEZ-NEYRA, 1942
Hosp.: Porrón común (*Aythya ferina*), porrón moñudo (*Aythya fuligula*) y pato (*Anas platyrhynchos*)
Dist.: Granada.
Reg.: IX y X.
Bibl.: 154 y 219.

Microsomacanthus tritesticulatus (FUHRMANN, 1907)
(Syn. *Drepanidotaenia tritesticulata*)
Hosp.: Pato (*Anas platyrhynchos*)
Dist.: Granada.
Reg.: IX y X.
Bibl.: 214 y 219.

Moniezia alba
Cf. *Moniezia denticulata*

Moniezia benedeni (MONIEZ, 1879)
(Syn. *Moniezia planissima*)
Hosp.: Cabra, oveja, vaca y ciervo (*Cervus elaphus*)
Dist.: Cáceres, Córdoba, Granada, Huesca, León, Lugo, Salamanca. Portugal.
Reg.: II, III, IV, VI, IX y X. Portugal.
Bibl.: 42, 48, 67, 74, 188, 214, 219, 220, 244, 246, 248, 249, 274, 277, 313, 320, 324, 325, 326, 377 y 380.

Moniezia denticulata (RUDOLPHI, 1810)
(Syn. *Moniezia alba*)
Hosp.: Oveja y vaca.
Dist.: Córdoba, Granada y Madrid.
Reg.: VI, IX y X.
Bibl.: 214, 219, 220, 244, 246, 313 y 377.

Moniezia expansa (RUDOLPHI, 1810)
Hosp.: Cabra, oveja, vaca y cabra montés (*Capra pyrenaica*)
Dist.: Barcelona, Cáceres, Córdoba, Granada, León, Lugo, Madrid, Salamanca y Sevilla. Portugal.
Reg.: II, III, IV, V, VI, IX y X. Portugal.
Bibl.: 42, 48, 74, 111, 188, 214, 219, 244, 246, 249, 270, 274, 313, 320, 324, 376, 377, 380 y 381.

Moniezia planissima
Cf. *Moniezia benedeni*

Moniezia sp.
Hosp.: Oveja y vaca.
Dist.: Cantabria y Palencia.
Reg.: I y III.
Bibl.: 41, 106, 345, 402 y Martín Romero, 1971 (inéd.)

Moniezia trigonophora STILES et HASSAL, 1893
Hosp.: Oveja y vaca.
Dist.: Córdoba y Granada.
Reg.: IX y X.
Bibl.: 197, 214, 219, 220 y 313.

Monopylidium musculosum
Cf. *Choanotaenia musculosa*

Monopylidium sp.
H.I.: Perinquén de Delalande (*Tarentola delalandii*) y perinquén de Boetgger (*Tarentola boettgeri*)
Dist.: Canarias.
Reg.: XII.
Bibl.: 331.

Monorygma grimaldii
Cf. *Phyllobothrium grimaldii*

Mosgovoyia pectinata pectinata (GOEZE, 1782)
(Syn. *Cittotaenia pectinata*)
Hosp.: Conejo (*Oryctolagus cuniculus*) y liebre (*Lepus capensis*)
Dist.: Cáceres, Ciudad Real, Córdoba, Jaén, Madrid y Salamanca.
Reg.: III, VI, VIII y IX.
Bibl.: 46, 214, 249, 250, 268, 311, 313, 320 y 327.

Mosgovoyia viscaciae SPASSKII, 1951
Hosp.: Liebre (*Lepus capensis*)
Dist.: Córdoba.
Reg.: IX.
Bibl.: 313.

Multiceps multiceps (LINNAEUS, 1780)
(Syn. *Taenia multiceps*)
Hosp.: Perro y lobo (*Canis lupus*)
H.I.: Oveja, cabra, vaca, hombre, caballo, asno y sarrio (*Rupicapra rupicapra pyrenaica*) (*Coenurus cerebralis*)
Dist.: General.
Bibl.: 71, 72, 85, 114, 116, 131, 134, 135, 178, 188, 216, 217, 219, 220, 228, 235, 244, 247, 249, 265, 274, 315, 320, 324, 340, 345, 367, 375, 376 y 382.

Multiceps serialis (GERVAIS, 1847)
Hosp.: Perro y zorro (*Vulpes vulpes*)
H.I.: Conejo (*Oryctolagus cuniculus*) (*Coenurus serialis*)
Dist.: Barcelona, Córdoba, Granada, Huesca, León, Navarra y Salamanca. Portugal.
Reg.: III, IV, V, IX y X. Portugal.
Bibl.: 45, 47, 85, 116, 134, 188, 216, 219, 220, 313, 372 y 380.

Nematotaenia dispar (GOEZE, 1782) LÜHE, 1899
Hosp.: Rana (*Rana iberica*), sapos (*Bufo calamita, B.bufo*) y sapo partero (*Alytes obstetricans*)
Dist.: Almería, Avila, Cáceres, Huesca, Salamanca y Valencia.
Reg.: III, IV, VI, VII y IX.
Bibl.: 65, 105, 149, 191, 219, 279, 280, 282, 300 y 373.

Nematotaenia lopezneyrai SOLER, 1945
Hosp.: Sapo (*Bufo bufo*?)
Dist.: ?
Bibl.: 219 y 373.

Nematotaenia sp.
Hosp.: Lagarto verdinegro (*Lacerta schreiberi*)
Dist.: Avila y Madrid.
Reg.: III y VI.
Bibl.: 110, 328 y 329.

Nematotaenia tarentolae LOPEZ-NEYRA, 1944
Hosp.: Salamanquesas (*Tarentola mauritanica* y *Hemidactylus turcicus*), perinquén de Delalande (*T. delalandii*), perinquén de Boetgger (*T. boetggeri*) y lagartijas (*Podarcis hispanica, P. pityusensis* y *P. bocagei*)
Dist.: Alicante, Baleares, Canarias, Castellón, Galicia, Huesca, Salamanca, Valencia, centro y sur de España. Portugal
Reg.: I, II, III, IV, VI, VII, VIII, IX, X, XI y XII. Portugal
Bibl.: 119, 120, 150, 180, 191, 193, 215, 219, 331, 332, 334, 333, 336 y 373.

Neoctenotaenia ctenoides (RAILLIET, 1890)
Hosp.: Conejo (*Oryctolagus cuniculus*)
Dist.: Granada.
Reg.: IX y X.
Bibl.: 103 y 384.

Neogryporhynchus cheilancristrotum (WELD, 1855) BAER et BONA, 1960
Hosp.: Garza real (*Ardea cinerea*)
Dist.: Canarias.
Reg.: XII.
Bibl.: 57.

Neyraia intricata (KRABBE, 1882)
Hosp.: Abubilla (*Upupa epops*)
Dist.: Gerona y Granada.
Reg.: V, IX y X.
Bibl.: 219 y Illescas Gómez, 1993 (com. per.)

Nybelinia lingualis (CUVIER, 1817)
Hosp.: Marrajo (*Isurus oxyrhynchus*)
H.I.: Rape (*Lophius piscatorius*), golleta (*Microchirus variegatus*), solleta (*Citharus linguatula*), pión (*Hyperoplus lanceolatus*) y congrio (*Conger conger*)
Dist.: Galicia, Valencia y Sureste de la península.
Reg.: I, II, VII y X.
Bibl.: 104, 130, 271, 290, 291, 318 y 366.

Nybelinia sp.
Hosp.: Salmón (*Salmo salar*)
Dist.: Asturias (río Sella)
Reg.: I.
Bibl.: 13 y 73.

Nybelinia (Nybelinia) sp.
Hosp.: Pintarroja (*Scyliorhinus canicula*)
Dist.: Castellón.
Reg.: VII.
Bibl.: 27.

Oligorchis paucitesticulatus FUHRMANN, 1913
Hosp.: Chorlitejo grande (*Charadrius hiaticula*)
Dist.: Huelva.
Reg.: IX.
Bibl.: 2.

Oochoristica agamae BAYLIS, 1919
Hosp.: Lagartija colirroja (*Acanthodactylus erythrurus*) y lagartija cenicienta (*Psammodromus hispanicus*)
Dist.: Valencia.
Reg.: VII.
Bibl.: 191, 335 y 337.

Oochoristica gallica DOLLFUS, 1954
Hosp.: Lagarto verdinegro (*Lacerta schreiberi*) y lagartija (*Podarcis pityusensis*)
Dist.: Baleares y Salamanca.
Reg.: III y XI.
Bibl.: 110, 150, 328, 329 y 332.

Oochoristica incisa (RAILLIET, 1899)
Hosp.: Tejón (*Meles meles*)
Dist.: Lérida.
Reg.: IV.
Bibl.: 339.

Oochoristica sp.
Hosp.: Lagartijas (*Lacerta monticola cyreni, Podarcis muralis, Podarcis hispanica, Podarcis pityusensis*)
Dist.: Avila, Baleares, Huesca, Jaén y Salamanca
Reg.: III, IV, VI, IX y XI.
Bibl.: 65, 119, 120, 186, 193, 330 y 336.

Oochoristica tuberculata (RUDOLPHI, 1819)
Hosp.: Lagartija (*Podarcis hispanica*), lagartija colirroja (*Acanthodactylus erythrurus*), lagarto (*Lacerta lepida*), eslizón canario (*Chalcides sexlineatus*), eslizón dorado (*Chalcides viridanus*) y perinquén de Delalande (*Tarentola delalandii*)
H.I.: Crustáceos isópodos (*Oniscus* spp)
Dist.: Cádiz y Canarias.
Reg.: IX, X y XII.
Bibl.: 35, 187, 191, 214, 219 y 331.

Ophiotaenia europaea ODENING, 1963
Hosp.: Culebra de agua (*Natrix maura*)
Dist.: Alicante.
Reg.: VII.
Bibl.: 180 y 191.

Ophiotaenia sp.
Hosp.: Culebra de agua (*Natrix maura*)
Dist.: Alicante y Valencia.
Reg.: VII.
Bibl.: 278 y 281.

Ophryocotyle proteus FRIIS, 1870
Hosp.: Correlimos común (*Calidris alpina*) y chorlitejo grande (*Charadrius hiaticula*)
Dist.: Canarias.
Reg.: XII.
Bibl.: 2.

Parachristianella sp.
Hosp.: ?
H.I.: Cangrejo (*Carcinus maenas*) (plerocercoide)
Dist.: Galicia.
Reg.: I y II.
Bibl.: 339.

Paradicranotaenia anormalis LOPEZ-NEYRA, 1943
Hosp.: Perdiz roja (*Alectoris rufa*) y paloma (*Columba livia*)
Dist.: Granada y Huesca.
Reg.: IV, IX y X.
Bibl.: 212, 215, 219, 378 y 379.

Paranoplocephala brevis KIRSCHENBLAT, 1938
Hosp.: Topillo (*Pitymys mariae*)
Dist.: Cantabria, León y Soria.
Reg.: I, III y IV.
Bibl.: 256.

Paranoplocephala gracilis TENORA et MURAI, 1980
Hosp.: Topino rojo (*Clethrionomys glareolus*), ratilla campesina (*Microtus arvalis*), ratilla nival (*M. nivalis*) y rata de agua (*Arvicola sapidus*)
Dist.: General.
Bibl.: 5, 7, 52, 95, 96, 97 y 370.

Paranoplocephala mamillana (MEHLIS in GUILT, 1831)
Hosp.: Caballo.
Dist.: Vizcaya.
Reg.: I.
Bibl.: 122.

Paranoplocephala mascomai MURAI, TENORA et ROCAMORA, 1980
Hosp.: Ratilla de Cabrera (*Microtus cabrerae*)
Dist.: Madrid y otros, sin determinar.
Bibl.: 102 y 285.

Paranoplocephala omphalodes (HERMANN, 1783)
Hosp.: Ratón de campo (*Apodemus sylvaticus*), rata de agua (*Arvicola sapidus*), ratilla campesina (*Microtus arvalis*), ratilla nival (*M. nivalis*), ratilla agreste (*M. agrestis*), ratilla (*M. pyrenaicus*), topillo común (*Pitymys duodecimcostatus*), topillos (*P. lusitanicus, P. pyrenaicus*), topino rojo (*Clethrionomys glareolus*), ratilla de Cabrera (*Microtus cabrerae*) y rata de agua norteña (*Arvicola terrestris*)
Dist.: General.
Bibl.: 52, 62, 96, 97, 102, 256, 370 y 404.

Paranoplocephala sp.
Hosp.: Ratilla agreste (*Microtus agrestis*)
Dist.: Gerona.
Reg.: V.
Bibl.: 258.

Paranoplocephala sp.
Hosp.: Rata de agua norteña (*Arvicola terrestris*)
Dist.: ?
Bibl.: 101.

Paranoplocephala wimerosa (MONIEZ, 1880)
Hosp.: Conejo (*Oryctolagus cuniculus*)
Dist.: Salamanca.
Reg.: III.
Bibl.: 320.

Paricterotaenia spp
Cf. *Polycercus* spp

Paruterina candelabria (GOEZE, 1782)
Hosp.: Cárabo (*Strix aluco*)
Dist.: Granada.
Reg.: IX y X.
Bibl.: 214 y 219.

Paruterina isonciphora DOLLFUS, 1958
Hosp.: Vencejo común (*Apus apus*)
Dist.: Canarias y Granada.
Reg.: IX, X y XII.
Bibl.: 57, 168 y 170.

Paruterina vesiculigera (KRABBE, 1869)
Hosp.: Vencejo común (*Apus apus*)
Dist.: Córdoba, Granada y Madrid.
Reg.: VI, IX y X.
Bibl.: 214 y 219.

Passerilepis fringilarum (RUDOLPHI, 1809)
(Syn. *Dicranotaenia (Dicranotaenia) fringilarum*)
Hosp.: Gorrión (*Passer domesticus*)
Dist.: Granada.
Reg.: IX y X.
Bibl.: 214 y 219.

Passerilepis stylosa (RUDOLPHI, 1808)
(Syn. *Dicranotaenia (Dicranotaenia) stylosa*)
Hosp.: Urraca (*Pica pica*), graja (*Corvus frugilegus*), rabilargo (*Cyanopica cyanus*) y cuervo (*Corvus corax*)
Dist.: Córdoba, Granada, Huesca, Madrid y Sevilla.
Reg.: IV, VI, IX y X.
Bibl.: 143, 152, 214, 219 y 378.

Phyllobothrium delphini (BOSC, 1802)
Hosp.: Selacios, sin determinar.
H.I.: Delfín (*Delphinus delphis*), delfín listado (*Stenella coeruleoalba*), calderón (*Globicephala melaena*) y león marino (*Arctocephalus pusillus*) (Postlarva)
Dist.: Costas atlánticas y mediterráneas. Zoo de Lisboa.
Reg.: V, VII, IX y X. Portugal.
Bibl.: 13, 23, 43, 66, 73, 142, 219, 261 y 319.

Phyllobothrium grimaldii (MONIEZ, 1889)
(Syn. *Monorygma grimaldii*)
Hosp.: Selacios, sin determinar.
H.I.: Delfín (*Delphinus delphis*), calderón (*Globicephala melaena*), delfín gris (*Grampus griseus*), delfín mular (*Tursiops truncatus*) y delfín listado (*Stenella coeruleoalba*) (Postlarva)
Dist.: Almería, Cádiz, Málaga y Valencia.
Reg.: VII, IX y X.
Bibl.: 13, 43, 66, 73, 219 y 319.

Plerocercoides lonchophorus GUIART, 1935
(probable larva de *Fistulicola* o *Anonchocephalus*)
Hosp.: ?
H.I.: Llampuga (*Coryphaena hippurus*)
Dist.: Estrecho de Gibraltar. Portugal.
Reg.: IX y X. Portugal.
Bibl.: 142 y 219.

Polycercus coronata (CREPLIN, 1829)
(Syn. *Paricterotaenia coronata*)
Hosp.: Alcaraván (*Burhinus oedicnemus*)
Dist.: Granada.
Reg.: IX y X.
Bibl.: 168 y 173.

Polycercus delachauxi (BAER, 1925)
(Syn. *Paricterotaenia delachauxi*)
Hosp.: Alcaraván (*Burhinus oedicnemus*)
Dist.: Córdoba y Granada.
Reg.: IX y X.
Bibl.: 214 y 249.

Polycercus embryo (KRABBE, 1869)
(Syn. *Paricterotaenia embryo*)
Hosp.: Agachadiza (*Galllinago gallinago*) y becada (*Scolopax rusticola*)
Dist.: Granada.
Reg.: IX y X.
Bibl.: 214.

Polycercus mesacantha (LOPEZ-NEYRA, 1935)
Hosp.: Alcaraván (*Burhinus oedicnemus*)
Dist.: Granada.
Reg.: IX y X.
Bibl.: 152.

Polycercus paradoxa (RUDOLPHI, 1802)
(Syn. *Paricterotaenia paradoxa*)
Hosp.: Becada (*Scolopax rusticola*)
Dist.: Granada.
Reg.: IX y X.
Bibl.: 214 y 219.

Polycercus porosa (RUDOLPHI, 1810)
(Syn. *Paricterotaenia porosa*)
Hosp.: Gaviota argéntea (*Larus argentatus*)
Dist.: Canarias.
Reg.: XII.
Bibl.: 55 y 57.

Polycercus stellifera (KRABBE, 1869)
(Syn. *Paricterotaenia stellifera*)
Hosp.: Becada (*Scolopax rusticola*)
Dist.: Granada.
Reg.: IX y X.
Bibl.: 214 y 219.

Polycercus sp.
Hosp.: Becada (*Scolopax rusticola*)
Dist.: León y Zamora.
Reg.: III.
Bibl.: 323.

Proteocephalus macrocephalus NUFER, 1905
(Syn. *Ichthyotaenia macrocephala*)
Hosp.: Anguila (*Anguilla anguilla*)
Dist.: Baleares, Burgos, Teruel, Valencia y Zaragoza. Portugal.
Reg.: III, IV, VII y XI. Portugal.
Bibl.: 13, 66, 73, 117, 216, 219 y 294.

Proteocephalus percae (MULLER, 1780)
(Syn. *Ichthyotaenia percae*, para López-Neyra es sinonimia de *P.macrocephalus*)
Hosp.: Anguila (*Anguilla anguilla*)
Dist.: Valencia.
Reg.: VII.
Bibl.: 13, 66, 73, 117, 118, 216, 219 y 220.

Proteocephalus sp.
Hosp.: Congrio (*Conger conger*) y rape (*Lophius piscatorius*)
Dist.: Valencia.
Reg.: VII.
Bibl.: 271 y 291.

Pseudhymenolepis redonica JOYEUX et BAER, 1935
Hosp.: Musaraña común (*Crocidura russula*) y musaraña campesina (*Crocidura suaveoles*)
Dist.: Baleares, Barcelona, Galicia, Gerona, Málaga, Tarragona y Valencia.
Reg.: I, II, IV, V, VII, X y XI.
Bibl.: 12, 137, 237, 256, 384, 389 y 397.

Pseudocatenotaenia matovi (GENOV, 1971)
Hosp.: Ratón de campo (*Apodemus sylvaticus*)
Dist.: Baleares, Lérida y Gerona.
Reg.: IV, V y XI.
Bibl.: 99, 100 y 266.

Raillietina (Fuhrmannetta) crassula (RUDOLPHI, 1819)
Hosp.: Paloma doméstica.
Dist.: Granada
Reg.: IX y X.
Bibl.: 214 y 219.

Raillietina (Fuhrmannetta) pluriuncinata (CRETY, 1890)

Hosp.: Codorniz (*Coturnix coturnix*)
Dist.: Granada
Reg.: IX y X.
Bibl.: 214 y 219.

Raillietina (Raillietina) echinobothrida (MEGNIN, 1880)

Hosp.: Gallina, pavo, paloma (*Columba livia*) y paloma zurita (*C. oenas*)
Dist.: Almería, Córdoba, Granada, Huesca, León, Lugo y Madrid. Portugal.
Reg.: II, III, VI, IX y X. Portugal.
Bibl.: 45, 188, 189, 203, 204, 214, 219, 220, 249, 309, 310, 313, 383 y Illescas Gómez, 1993 (com. per.)

Raillietina (Raillietina) friedbergi (VON LINSTOW, 1878)

Hosp.: Faisán (*Phasianus colchicus*) y pavo (*Meleagris pavo*)
Dist.: Granada y Madrid.
Reg.: VI, IX y X.
Bibl.: 214 y 219.

Raillietina (Raillietina) joyeuxi (LOPEZ-NEYRA, 1929)
(Syn. *Kotlania joyeuxi*)

Hosp.: Paloma (*Columba livia*)
Dist.: Barcelona y Granada.
Reg.: V, IX y X.
Bibl.: 202, 204, 214, 219 y 393.

Raillietina (Raillietina) micracantha (FUHRMANN, 1909) LOPEZ-NEYRA, 1942

Hosp.: Tórtola (*Streptotelia turtur*), perdiz roja (*Alectoris rufa*) y paloma (*Columba livia*)
Dist.: Barcelona, Canarias, Córdoba, Granada, Huesca y Salamanca.
Reg.: III, IV, V, IX, X y XII.
Bibl.: 57, 127, 214, 219, 251, 320, 379, 380 y 393.

Raillietina (Raillietina) sartica (SKRJABIN, 1914) STILES et ORLEMAN, 1926

Hosp.: Gorrión (*Passer domesticus*) y cuervo (*Corvus corax*)
Dist.: Córdoba y Granada.
Reg.: IX y X.
Bibl.: 243, 249 y Illescas Gómez. 1993 (com. per.)

Raillietina (Raillietina) tetragona (MOLIN, 1858)

Hosp.: Gallina, perdiz (*Alectoris rufa*) y pavo (*Meleagris gallopavo*)
Dist.: Almería, Cáceres, Córdoba, Granada, Huesca, León, Lugo, Madrid y Sevilla.
Reg.: II, III, VI, IX y X.
Bibl.: 42, 204, 214, 219, 220, 249, 309, 310, 324, 326 y 380.

Raillietina (Raillietina) werneri (KLAPTOCZ, 1908)

Hosp.: Cogujada (*Galerida cristata*)
Dist.: Granada.
Reg.: IX y X.
Bibl.: 214 y 219.

Raillietina (Skrjabinia) bolivari (LOPEZ-NEYRA, 1929)
(Syn. *Meggitia bolivari*)

Hosp.: Perdiz roja (*Alectoris rufa*)
H.I.: Coleóptero (*Crypticus gibbulus*)
Dist.: Córdoba y Granada. Portugal.
Reg.: IX y X. Portugal.
Bibl.: 49, 167, 202, 214, 219, 249 y 377.

Raillietina (Skrjabinia) bonini (MEGNIN, 1899)

Hosp.: Paloma (*Columba livia*)
Dist.: Barcelona.
Reg.: V.
Bibl.: 393.

Raillietina (Skrjabinia) cesticillus (MOLIN, 1858)

Hosp.: Gallina y, raramente, en pavos.
Dist.: Almería, Córdoba, Granada y León. Portugal.
Reg.: III, IX y X. Portugal.
Bibl.: 188, 189, 203, 204, 214, 219, 220, 249, 309 y 310.

Retinometra serrata (FUHRMANN, 1906) SPASSKI, 1963

Hosp.: Tórtola (*Streptotelia turtur*)
Dist.: Granada.
Reg.: IX y X.
Bibl.: 154.

Rhabdometra nigropunctata CRETY, 1890
Hosp.: Perdiz roja (*Alectoris rufa*) y codorniz (*Coturnix coturnix*)
Dist.: Córdoba, Granada, Jaén, León, Madrid, Salamanca, Toledo y Valladolid. Portugal.
Reg.: III, VI, IX y X. Portugal.
Bibl.: 49, 152, 214, 219, 320, 377 y Cordero del Campillo, 1968 (inéd.)

Rhinebothrium palombi BAER, 1948
H.I.: Congrio (*Conger conger*)
Dist.: Valencia.
Reg.: VII.
Bibl.: 104, 271 y 290.

Rhinebothrium sp.
H.I.: Rape (*Lophius piscatorius*)
Dist.: Valencia.
Reg.: VII.
Bibl.: 104, 290 y 291.

Schistocephalus solidus (MUELLER, 1776)
Hosp.: Aves ictiófagas, sin precisar.
H.I.: 1º- *Cyclops* spp.
2º- Espinoso (*Gasterosteus aculeatus*) (plerocercoides)
Dist.: Orense (laguna de Antela)
Reg.: II.
Bibl.: 13, 73 y 403.

Schistometra conoides (BLOCH, 1782) SKRJABIN, 1914
Hosp.: Avutarda (*Otis tarda*)
Dist.: Badajoz y Cáceres.
Reg.: VI y VIII.
Bibl.: 156, 324 y 326.

Scolex pleuronectis MÜLLER, 1788
Hosp.: Delfín común (*Delphinus delphis*)
H.I.: Salmón (*Salmo salar*), alfondega (*Trigla lucerna*), sortija (*Solea lascaris*), peto (*Symphodus tinca*), merlo (*Labrus merula*), pión (*Hyperoplus lanceolatus*), salpa (*Boops salpa*), rape (*Lophius piscatorius*) y congrio (*Conger conger*)
Dist.: Alicante, Asturias (salmón, río Sella), Castellón, Galicia y Valencia.
Reg.: I, II y VII.
Bibl.: 13, 40, 43, 73, 271, 290, 291, 295 y 366.

Scolex polimorphus RUDOLPHI, 1819
Hosp.: ?
H.I.: Lubina (*Dicentrarchus labrax*)
Dist.: Huelva.
Reg.: IX.
Bibl.: Fernández y Carbonell, 1993 (com. per.)

Skrjabinotaenia lobata (BAER, 1925)
Hosp.: Ratón de campo (*Apodemus sylvaticus*) y rata de agua (*Arvicola sapidus*)
Dist.: Badajoz, Barcelona, Galicia, Gerona, Granada, Huesca, Jaén, Lérida, Tarragona y Zamora. Andorra.
Reg.: I, II, III, IV, V, VIII, IX y X.
Bibl.: 4, 5, 7, 11, 97, 99, 100, 151 y 256.

Sobolevicanthus columbae (ZEDER, 1800) SPASSKY et SPASSKAYA, 1954
(Syn. *Hymenolepis columbae*)
Hosp.: Paloma (*Columba livia*)
Dist.: Barcelona y Córdoba.
Reg.: V y IX.
Bibl.: 3, 251 y 393.

Sobolevicanthus gracilis (ZEDER, 1803)
(Syn. *Sphenacanthus gracilis*)
Hosp.: Pato doméstico y cerceta carretona (*Anas querquedula*)
Dist.: Granada y Huesca.
Reg.: IV, IX y X.
Bibl.: 214, 219, 378 y 380.

Sobolevitaenia moldavica (SHUMILO et SPASKAYA, 1975) SPASSKI, 1978
Hosp.: Mirlo (*Turdus merula*)
Dist.: Canarias.
Reg.: XII.
Bibl.: 57.

Sobolevitaenia similis SPASSKI et KONAVALOV, 1969
Hosp.: Pinzón común (*Fringilla coelebs*)
Dist.: Canarias.
Reg.: XII.
Bibl.: 57.

Sparganum cuniculi LIZCANO, 1958
Hosp.: ?
H.I.: Conejo (*Oryctolagus cuniculus*)
Dist.: Granada.
Reg.: IX y X.
Bibl.: 190.

Sphenacanthus fasciculatus
Cf. *Hymenosphenacanthus fasciculatus*

Sphenacanthus gracilis
Cf. *Sobolevincanthus gracilis*

Sphenacanthus pittalugai
Cf. *Hymenosphenacanthus pittalugai*

Sphyriocephalus tergestinus PINTNER, 1913
Hosp.: Pez zorro (*Alopias vulpinus*)
Dist.: Cádiz.
Reg.: IX.
Bibl.: 128.

Staphylepis cantaniana (POLONIO, 1860)
(Syn. *Hymenolepis cantaniana*)
Hosp.: Gallina y pavo (*Meleagris gallopavo*)
Dist.: Granada y Madrid.
Reg.: VI, IX y X.
Bibl.: 214 y 219.

Staphylepis cordobensis JORDANO, 1952
(Syn. *Hymenolepis cordobensis*)
Hosp.: Paloma doméstica (*Columba livia*)
Dist.: Córdoba.
Reg.: IX.
Bibl.: 182 y 249.

Staphylocystis biliarius
Cf. *Hymenolepis biliarius*

Stilesia globipunctata (RIVOLTA, 1874)
Hosp.: Cabra, oveja y vaca.
Dist.: Córdoba y Granada. Portugal.
Reg.: IX y X. Portugal.
Bibl.: 74, 188, 214, 219, 220, 244, 246, 248, 249 y 313.

Stilesia vittata RAILLIET, 1896
Hosp.: Oveja.
Dist.: Córdoba y Salamanca.
Reg.: III y IX.
Bibl.: 246, 247, 249 y 320.

Strobilocephalus triangularis (DIESING, 1850)
Hosp.: Delfín listado (*Stenella coeruleoalba*)
Dist.: Valencia.
Reg.: VII.
Bibl.: 43 y 319.

Taenia crassiceps ZEDER, 1800
Hosp.: Zorro (*Vulpes vulpes*) y jineta (*Genetta genetta*)
H.I.: Topillo (*Pitymys mariae*), rata de agua (*Arvicola sapidus*) y ratilla campesina (*Microtus arvalis*) (*Cysticercus longicollis*)
Dist.: General.
Bibl.: 5, 7, 242, 255, 320, 370 y 383.

Taenia hydatigena PALLAS, 1766
Hosp.: Perro y zorro (*Vulpes vulpes*)
H.I.: Cabra, cerdo, oveja, vaca, corzo (*Capreolus capreolus*) y ciervo (*Cervus elaphus*) (*Cysticercus tenuicollis*)
Dist.: Alava, Barcelona, Burgos, Cáceres, Canarias, Córdoba, Granada, Huesca, León, Navarra, La Rioja, Salamanca, Vizcaya y Tarragona. Portugal.
Reg.: I, III, IV, V, VI, IX, X y XII. Portugal.
Bibl.: 42, 85, 88, 115, 116, 122, 134, 146, 147, 178, 188, 216, 244, 246, 249, 274, 275, 304, 313, 314, 320, 324, 326, 372 y 380.

Taenia laticollis
Cf. *Hydatigera laticollis*

Taenia martis (ZEDER, 1803) LUDWIG, 1886
H.I.: Topino rojo (*Clethrionomys glareolus*) y ratilla agreste (*Microtus agrestis*)
Dist.: Barcelona y Navarra.
Reg.: IV y V.
Bibl.: 256 y 258.

Taenia multiceps
Cf. *Multiceps multiceps*

Taenia ovis (COBBOLD, 1869)
Hosp.: Perro.
H.I.: Oveja (*Cysticercus ovis*)
Dist.: La Rioja y Salamanca. Portugal.
Reg.: III y IV. Portugal.
Bibl.: 122, 188 y 320.

Taenia parva
Cf. *Hydatigera parva*

Taenia pisiformis (BLOCH, 1780)
Hosp.: Perro, zorro (*Vulpes vulpes*) y gato montés (*Felis sylvestris*)
H.I.: Conejo (*Oryctolagus cuniculus*) y liebre (*Lepus capensis*) (*Cysticercus pisiformis*)
Dist.: Barcelona, Cáceres, Canarias, Ciudad Real, Córdoba, Granada, Huesca, Jaén, León, Navarra, La Rioja, Vizcaya y Teruel. Portugal.
Reg.: I, III, IV, IV, V, VI, VII, VIII, IX, X y XII. Portugal.
Bibl.: 25, 42, 47, 85, 115, 116, 122, 134, 178, 188, 216, 242, 249, 250, 268, 304, 313, 322, 324, 327, 348, 380, 390 y 395.

Taenia polyacantha LEUCKART, 1856
Hosp.: Zorro (*Vulpes vulpes*) y lince (*Lynx pardina*)
H.I.: Topillos (*Pitymys mariae, Pitymys lusitanicus*)
Dist.: Cantabria, Salamanca y Toledo.
Reg.: I, III, IV y VIII.
Bibl.: 62, 256, 320, 372, 391 y Simón Vicente, 1975 (inéd.)

Taenia solium LINNAEUS, 1758
Hosp.: Hombre.
H.I.: Cerdo y hombre (*Cysticercus cellulosae*)
Dist.: Aragón, Badajoz, Cáceres, Cádiz, Cataluña, Córdoba, Granada, León, Lugo, Madrid, Murcia, Pontevedra, Salamanca, Tenerife, Toledo y Vizcaya. Portugal.
Reg.: I, II, III, IV, V, VI, VIII, IX, X y XII. Portugal.
Bibl.: 17, 18, 29, 42, 68, 671 72, 82, 84, 107, 109, 124, 133, 141, 145, 188, 240, 249, 284, 313, 314, 320, 342, 345, 354, 361, 376 y 380.

Taenia taeniaformis
Cf. *Hydatigera taeniaformis*

Taenia tenuicollis RUDOLPHI, 1819
Hosp.: Turón (*Putorius putorius*)
H.I.: Topillos (*Pitymys mariae, P. lusitanicus, P. pyrenaicus*), topillo oscuro (*P. savii*), topino rojo (*Clethrionomys glareolus*), ratilla campesina (*Microtus arvalis*), ratilla agreste (*M. agrestis*), topillo común (*P. duodecimcostatus*), ratilla nival (*M. nivalis*), ratilla de Cabrera (*M. cabrerae*) y ratón de campo (*Apodemus sylvaticus*)
Dist.: Alava, Asturias, Barcelona, Burgos, Cantabria, Gerona, Huesca, Lérida, León, Lugo, Navarra, Palencia, La Rioja, Soria y Valladolid. Andorra.
Reg.: I, II, III, IV y V.
Bibl.: 52, 62, 96, 97, 102, 256, 269 y 404.

Taeniarhynchus saginattum (GOEZE, 1782)
Hosp.: Hombre.
H.I.: Vaca (*Cysticercus bovis*)
Dist.: Asturias, Barcelona, Córdoba, Galicia, Granada, León, Madrid, Salamanca y Vizcaya. Portugal.
Reg.: I, II, III, V, VI, IX y X. Portugal.
Bibl.: 71, 72, 107, 122, 133, 145, 188, 216, 238, 249, 313, 315, 320, 354, 361 y 376.

Tatria acanthorhyncha (WEDL, 1855) MRAZEK, 1905
Hosp.: Zampullín (*Podiceps ruficollis*)
Dist.: Granada.
Reg.: IX y X.
Bibl.: 168 y 169.

Tetrabothrius diplosoma (GUIART, 1935)
Hosp.: Delfín (*Delphinus delphis*)
Dist.: Mediterráneo.
Reg.: V, VII, X y XI.
Bibl.: 142 y 219.

Tetrabothrius erostris (LOENNBERG, 1889) BAER, 1954
Hosp.: Gaviota argéntea (*Larus argentatus*)
Dist.: Canarias.
Reg.: XII.
Bibl.: 55 y 57.

Tetrabothrius forsteri (KREFT, 1873)
Hosp.: Zifio de Sowerby (*Mesoplodon bidens*), delfín listado (*Stenella coeruleoalba*) y delfín (*Delphinus delphis*)
Dist.: Costas de Almería, Málaga y Valencia.
Reg.: V, VII, IX y X.
Bibl.: 23, 43, 142, 219 y 319.

Tetrathyridium bailleti
Cf. *Mesocestoides lineatus*

Tetrathyridium variabile
Cf. *Mesocestoides litteratus*

Thysaniezia giardi (MONIEZ, 1879)
(Syn. *Helictometra giardi*)
Hosp.: Oveja y vaca.
Dist.: Cáceres, Cádiz, Córdoba, Granada, Huesca, León y Salamanca. Portugal.
Reg.: III, IV, VI, IX y X. Portugal.
Bibl.: 48, 74, 80, 188, 214, 219, 244, 249, 274, 320, 324 y 380.

Thysaniezia ovilla (RIVOLTA, 1878)
Hosp.: Oveja y vaca.
Dist.: Córdoba.
Reg.: IX.
Bibl.: 312.

Trigonocotyle globicephalus BAER, 1954
Hosp.: Calderón (*Globicephala melaena*)
Dist.: Valencia.
Reg.: VII.
Bibl.: 43.

Trigonocotyle lintoni (GUIART, 1935)
Hosp.: Calderón (*Globicephala melaena*)
Dist.: Valencia.
Reg.: VII.
Bibl.: 43.

Trigonocotyle monticelli (LINTON, 1923)
Hosp.: Calderón (*Globicephala melaena*)
Dist.: Costas mediterráneas.
Reg.: V, VII, X y XI.
Bibl.: 142 y 219.

Tschertkovilepis setigera (FROLICH, 1789) SPASSKI et SPASSKAYA, 1954
Hosp.: Ganso (*Anser anser*)
Dist.: Huelva.
Reg.: IX.
Bibl.: 166.

Vampirolepis fraterna (STILES, 1906)
(Syn. *Hymenolepis fraterna*)

Vampirolepis nana (VON SIEBOLD, 1853)
(Syn. *Drepanidotaenia nana; Dicranotaenia (Dicranotaenia) nana; Hymenolepis nana*)
Hosp.: Hombre y múridos.
H.I.: Escarabajos (*Tenebrio molitor, Piralis farinalis*) (Cysticercoides)
Dist.: General.
Bibl.: 4, 11, 21, 31, 34, 53, 54, 64, 71, 72, 132, 133, 179, 199, 219, 231, 232, 256, 288, 289, 315, 320, 344, 378, 388, 396, 397 y 405.

Vampirolepis pipistrelli (LOPEZ-NEYRA, 1941)
(Syn. *Hymenolepis pipistrelli; Dicranotaenia pipistrelli*)
Hosp.: Murciélago común (*Pipistrellus pipistrellus*)
Dist.: Granada y Huesca.
Reg.: IV, IX y X.
Bibl.: 207, 214, 219 y 378.

Variolepis farciminosa (GOEZE, 1782) SPASSKY et SPASSKAYA, 1954
(Syn. *Dicranotaenia (Dicranotaenia) farciminosa*)
Hosp.: Estornino pinto (*Sturnus vulgaris*) y arrendajo (*Garrulus glandarius*)
Dist.: Granada.
Reg.: IX y X.
Bibl.: 166, 214 y 219.

Vitta rustica (NESLOBINSKI, 1911) BAER, 1957
Hosp.: Avión común (*Delichon urbica*)
Dist.: Granada.
Reg.: IX y X.
Bibl.: 168 y 172.

Wardium calumnacantha (SCHMIDT, 1963) BONDARENKO et KONTRIMAVICHUS, 1978

Hosp.: Agachadiza común (*Gallinago gallinago*)
Dist.: Canarias.
Reg.: XII.
Bibl.: 57.

Wardium paraclavicinus OSHMARIN, 1963

Hosp.: Agachadiza común (*Gallinago gallinago*)
Dist.: Canarias.
Reg.: XII.
Bibl.: 57.

Wardium recurvirostrae (KRABBE, 1869) SPASSKI et SPASSKAYA, 1954

Hosp.: Andarríos chico (*Tringa hypoleuca*)
Dist.: Granada.
Reg.: IX y X.
Bibl.: 165.

LISTA DE HOSPEDADORES CON SUS CESTODA PARÁSITOS

Phyllum Mollusca
Clase Gastropoda
Orden Stylommatophora
Limacos (*Agriolimax, Limax* spp.)
Davainea proglottina (DAVAINE, 1860) (cystic.)

Phyllum Annelida
Clase Clitellata
Orden Oligochaeta
Lombrices de tierra (*Lumbricus, Helodrillus* spp.)
Dilepis undula (SCHRANK, 1788) (cystic.)

Phyllum Arthropoda
Clase Arachnida
Orden Acari
Oribátidos o ácaros del musgo
Anoplocephalidae (formas larvarias)

Clase Crustacea
Orden Copepoda
Cíclopes (*Cyclops, Diaptomus* spp)
Diphyllobothrium latum (LINNAEUS, 1758)
Ligula intestinalis (LINNAEUS, 1758)
Schistocephalus solidus (MUELLER, 1776) (procercoides, en todos los casos)

Orden Isopoda
Cochinilla de la humedad (*Oniscus* sp.)
Oochoristica tuberculata (RUDOLPHI, 1819) (larvas)

Orden Amphipoda
Artemia (*Artemia salina*)
Flamingolepis flamingo (SKRJABIN, 1874) SPASSKY et SPASSKAYA, 1954
Flamingolepis liguloides (GERVAIS, 1847) SPASSKY et SPASSKAYA, 1954
Hymenolepis stellorae DEBLOCK, BIGUET et CAPRON, 1940

Orden Malacostraca

Cangrejo (*Carcinus maenas*)

Parachristianella sp. (plerocercoide)

Clase Miriapoda

Orden Diplopoda

Milpies (*Glomeris marginata*)

Hymenolepis biliarius (VILLOT, 1877) (*Staphylocystis biliarius*)

Clase Hexapoda

Orden Mallophaga

Piojo masticador del perro (*Tichodectes canis*)

Dipylidium sexcoronatum RATZ, 1900 (cistic.)

Orden Lepidoptera

Polilla de la harina (*Piralis farinalis*)

Vampirolepis fraterna (STILES, 1906)

Vampirolepis nana (VON SIEBOLD, 1853) (cistic. en los dos casos)

Orden Diptera

Mosca doméstica (*Musca domestica*)

Choanotaenia infundubulum (BLOCH, 1779) (cistic.)

Orden Aphaniptera

Pulgas (*Ctenocephalides canis* y *C.felis*)

Dipylidium caninum (LINNAEUS, 1758) (cistic.)

Orden Coleoptera

Escarabajo (*Crypticus gibbulus*)

Raillietina (Skrjabinia) bolivari) LOPEZ-NEYRA, 1929

Escarabajos (*Tenebrio, Akis* y *Scaurus* sp.)

Hymenolepis diminuta (RUDOLPHI, 1819)

Vampirolepis fraterna (STILES, 1906)

Vampirolepis nana (VON SIEBOLD, 1853) (cisticercoides, en todos los casos)

Orden Hymenoptera

Hormiga (*Leptothorax nylanderi*)

Choanotaenia crateriformis GOEZE, 1782 (cistic.)

Phyllum Chordata

Clase Chondrichthyes

Orden Squaliformes

Jaquetón (*Carcharodon lamia*) **y otros tiburones** (*Cetrina vulpecula, Oxyrhina spallanzani*)

Gymnorhynchus gigas CUVIER, 1817

Marrajo (*Isurus oxyrhynchus*)

Nybelinia lingualis (CUVIER, 1817)

Marrajo gigante (*Cetorhinus maximus*)
Dinobothrium plicitum (LINTON, 1922)
Dinobothrium septaria VAN BENEDEN, 1889
Gastrolecithus planus (LINTON, 1922)

Musola (*Mustelus mustelus*)
Calliobothrium verticillatum (RUDOLPHI, 1819) VAN BENEDEN, 1850

Pez zorro (*Alopias vulpinus*)
Sphyriocephalus tergestinus PINTNER, 1913

Pintarroja (*Scyliorhinus canicula*)
Christianella sp.
Echeneibothrium sp.
Nybelinia (Nybelinia) sp.

Tiburones, sin determinar.
Hepatoxylon attenuatus (RUDOLPHI, 1819)
Hepatoxylon stenocephala (GUIART, 1935)
Phyllobothrium delphini (BOSC,1802)
Phyllobothrium grimaldi (MONIEZ, 1889)

Clase Osteichthyes
Orden Salmoniformes
Lucio (*Esox lucius*)
Diphyllobothrium latum (LINNAEUS, 1758) (plerocerc.)

Salmón (*Salmo salar*)
Eubothrium sp.
Nybelinia sp.
Scolex pleuronectis MULLER, 1788

Trucha (Salmo trutta fario)
Cyathocephalus sp.

Orden Cypriniformes
Barbo (*Barbus barbus bocagei*)
Archigetes sieboldi LEUCKART, 1878
Caryophyllaeus laticeps (PALLAS, 1781) MUELLER, 1787
Diphillobothrium sp. (plerocercoides)
Khawia sp.

Barbo (*Barbus meridionalis*)
Bathybothrium rectangulum BLOCH, 1782

Boga (*Chondrostoma polylepis*)
Archigetes sieboldi LEUCKART, 1878
Caryophyllaeus fimbriceps CHLOPINA, 1924
Caryophyllaeus laticeps (PALLAS, 1781) MUELLER, 1787

Cacho (*Leuciscus cephalus*)
Archigetes sieboldi LEUCKART, 1878
Caryophyllaeus fimbriceps CHLOPINA, 1924
Caryophyllaeus laticeps (PALLAS, 1781) MUELLER, 1787
Ligula intestinalis (LINNAEUS, 1758) (plerocerc.)

Carpa (*Cyprinus carpio*)
Archigetes sieboldi LEUCKART, 1878
Caryophyllaeus laticeps (PALLAS, 1781) MUELLER, 1787
Ligula intestinalis (LINNAEUS, 1758) (plerocerc.)

Carpín (*Carassius carassius*)
Caryophyllaeus laticeps (PALLAS, 1781) MUELLER, 1787

Carpín dorado (*Carassius auratus*)
Archigetes sieboldi LEUCKART, 1878
Ligula intestinalis (LINNAEUS, 1758) (plerocerc.)

Ciprínidos, sin especificar.
Cariophyllaeides fennicus (SCHNEIDER, 1902) NYBELIN, 1922

Comiza (*Barbus comiza*)
Gymnorhynchus gigas CUVIER, 1817 (larva)?

Rutilo (*Leuciscus rutilus*)
Ligula intestinalis (LINNAEUS, 1758) (plerocerc.)

Tenca (*Tinca tinca*)
Caryophyllaeus laticeps (PALLAS, 1781) MUELLER, 1787
Ligula intestinalis (LINNAEUS, 1758) (plerocerc.)

Orden Anguiliformes

Anguila (*Anguilla anguilla*)
Abothrium sp.
Bothriocephalus claviceps (GOEZE, 1782)
Ligula intestinalis (LINNAEUS, 1758) (plerocerc.)
Proteocephalus macrocephalus NUFER, 1905
Proteocephalus percae (MULLER, 1780)

Congrio (*Conger conger*)
Bothriocephalus sp.
Echeneibothrium sp.
Nybelinia lingualis CUVIER, 1817
Proteocephalus sp.
Rhinebothrium palombi BAER, 1948
Scolex pleuronectis MUELLER, 1788

Morena (*Muraena helena*)
Bothriocephalus claviceps (GOEZE, 1782)

Orden Gadiformes

Merluzas (*Merluccius merluccius, M.bilinearis, M.virens*)
Clestobothrium crassiceps (RUDOLPHI, 1819)

Orden Perciformes

Llampuga (*Coryphaena hippurus*)
Hepatoxylon attenuatus (RUDOLPHI, 1819) (postlarva)
Hepatoxylon stenocephala (GUIART, 1935) (postlarva)
Plerocercoides lonchophorus GUIART, 1935

Lubina (*Dicentrarchus labrax*)
Scolex polimorphus RUDOLPHI, 1819

Merlo (*Labrus merula*)
Echeneibothrium sp.
Lacistorhynchus tenuis (BENEDEN, 1858) PINTNER, 1913
Scolex pleuronectis MULLER, 1788

Palometa (*Brama raii*)
Gymnorhynchus gigas CUVIER, 1817 (larva)

Peto (*Symphodus tinca*)
Lacistorhynchus tenuis (BENEDEN, 1858) PINTNER, 1913
Scolex pleuronectis MULLER, 1788

Pez espada (*Xiphias gladius*)
Fistulicola plicatus (RUDOLPHI, 1819)
Hepatoxylon attenuatus (RUDOLPHI, 1819) (postlarva)
Hepatoxylon squali BOSC, 1811

Pión (*Hyperoplus lanceolatus*)
Bothriocephalus sp.
Nybelinia lingualis (CUVIER, 1817)
Scolex pleuronectis MULLER, 1788

Salpa (*Boops salpa*)
Scolex pleuronectis MULLER, 1788

Orden Scorpaeniformes

Alfondega (*Trigla lucerna*)
Scolex pleuronectis MULLER, 1788

Orden Gasterosteiformes

Espinoso (*Gasterosteus aculeatus*)
Schistocephalus solidus (MUELLER, 1776) (plerocerc.)

Orden Pleuronectiformes

Gallo (*Lepidorhombus boscii*)
Bothriocephalus scorpii (MULLER, 1776) RUDOLPHI, 1808

Golleta (*Microchirus variegatus*)
Nybelinia lingualis (CUVIER, 1817)

Llisena (*Lepidorhombus whiffjagonis*)
Bothriocephalus scorpii (MULLER, 1776) RUDOLPHI, 1808
Bothrimonus nylandicus (SCHNEIDER, 1902)

Rodaballo (*Scophthalmus maximus*)
Bothriocephalus scorpii (MULLER, 1776) RUDOLPHI, 1808

Solleta (*Citharus linguatula*)
Bothriocephalus sp.
Echeneibothrium sp.
Nybelinia lingualis (CUVIER, 1817)

Sortija (*Solea lascaris*)
Bothrimonus nylandicus (SCHNEIDER, 1902)
Scolex pleuronectis MULLER, 1788

Orden Lophiiformes
Rape (*Lophius piscatorius*)
Bothriocephalus scorpii (MULLER, 1776) RUDOLPHI, 1808
Discobothrium sp.
Nybelinia lingualis CUVIER, 1817
Proteocephalus sp.
Rhinebothrium sp.
Scolex pleuronectis MUELLER, 1788

Clase Amphibia
Orden Anura
Rana (*Rana iberica*)
Nematotaenia dispar (GOEZE, 1782) LÜHE, 1899

Rana (*Rana perezi*)
Diplopylidium acanthotetrum (PARONA, 1886)

Sapo (*Bufo bufo*)
Diplopylidum acanthotetrum (PARONA, 1886)
Nematotaenia dispar (GOEZE, 1782) LÜHE, 1899
Nematotaenia lopezneyrai SOLER, 1945

Sapo (*Bufo calamita*)
Nematotaenia dispar (GOEZE, 1782) LÜHE, 1899

Sapo partero (*Alytes obstetricans*)
Nematotaenia dispar (GOEZE, 1782) LÜHE, 1899

Clase Reptilia
Orden Squamata
Culebra de agua (*Natrix maura*)
Diplopylidum acanthotetrum (PARONA, 1886) (cistic.)
Ophiotaenia europaea ODENING, 1963
Ophiotaenia sp.

Culebra de cogulla (*Malpolon monspessulanus*)
Diplopylidium acanthotetrum (PARONA, 1886) (cistic.)

Eslizón canario (*Chalcides sexlineatus*)
Oochoristica tuberculata (RUDOLPHI, 1819)

Eslizón dorado (*Chalcides viridanus*)
Dipylidium sp. (larvas)
Oochoristica tuberculata (RUDOLPHI, 1919)

Lagartija (*Podarcis bocagei*)
Mesocestoides sp. (larvas)
Nematotaenia tarentolae LOPEZ-NEYRA, 1944

Lagartija (*Podarcis hispanica*)
Diplopylidum acanthotetrum (PARONA, 1886) (cistic.)
Diplopylidium quinquecoronatum LOPEZ-NEYRA et MUÑOZ MEDINA, 1921 (cistic.)
Mesocestoides sp. (larvae)
Nematotaenia tarentolae LOPEZ-NEYRA, 1944
Oochoristica sp.
Oochoristica tuberculata (RUDOLPHI, 1819)

Lagartija (*Podarcis muralis*)
Mesocestoides sp. (larvas)
Oochoristica sp.

Lagartija (*Podarcis pityusensis*)
Diplopylidium acanthotetra (PARONA, 1886) (larvae)
Mesocestoides sp. (larvas)
Nematotaenia tarentolae LOPEZ-NEYRA, 1944
Oochoristica gallica DOLLFUS, 1954
Oochoristica sp.

Lagartija cenicienta (*Psammodromus hispanicus*)
Mesocestoides sp. (larvas)
Oochoristica agamae BAYLIS, 1919

Lagartija colilarga (*Psammodromus algirus*)
Diplopylidum acanthotetrum (PARONA, 1886) (cistic.)

Lagartija colirroja (*Acanthodactylus erythrurus*)
Oochoristica agamae BAYLIS, 1919
Oochoristica tuberculata (RUDOLPHI, 1819)

Lagartija serrana (*Lacerta monticola cyreni*)
Oochoristica sp.

Lagarto (*Lacerta lepida*)
Oochoristica tuberculata (RUDOLPHI, 1819)

Lagarto ágil (*Lacerta agilis*)
Diplopylidum acanthotetrum (PARONA, 1886) (cistic.)

Lagarto verdinegro (*Lacerta schreiberi*)
Mesocestoides sp. (larvas)
Nematotaenia sp.
Oochoristica gallica DOLLFUS, 1954

Perinquén de Boetgger (*Tarentola boettgeri*)
Diplopylidium acanthotetrum (PARONA, 1886) (larvas)
Diplopylidium nölleri (SKRJABIN, 1924) (larvas)
Dipylidium sp (larvas)
Monopylidium sp. (larvas)
Nematotaenia tarentolae LOPEZ-NEYRA, 1944
Oochoristica tuberculata (RUDOLPHI, 1919)

Perinquén de Delalande (*Tarentola delalandii*)
Diplopylidium acanthotetrum (PARONA, 1886) (larvas)
Diplopylidium nölleri (SKRJABIN, 1924) (larvas)
Dipylidium sp (larvas)
Mesocestoides sp. (larvas)
Monopylidium sp. (larvas)
Nematotaenia tarentolae LOPEZ-NEYRA, 1944
Oochoristica tuberculata (RUDOLPHI, 1919)

Salamanquesa (*Tarentola mauritanica*)
Diplopylidum acanthotetrum (PARONA, 1886)
Diplopylidium nölleri SKRJABIN, 1924
Diplopylidium quinquecoronatum LOPEZ-NEYRA et MUÑOZ MEDINA, 1921
Joyeuxiella pasqualei (DIAMARE, 1893) (cistic. en todos los casos)
Nematotaenia tarentolae LOPEZ-NEYRA, 1944

Salamanquesa rosada (*Hemidactylus turcicus*)
Nematotaenia tarentolae LOPEZ-NEYRA, 1944
Dipylidium sp.

Clase Aves

Aves ictiófagas, sin determinar.
Schistocephalus solidus (MUELLER, 1776)

Orden Gaviiformes

Colimbos (*Colymbus* sp.)
Ligula intestinalis (LINNAEUS, 1758)

Orden Podicipitiformes

Zampullín (*Podilymbus* sp.)
Dubinolepis multistriata (RUDOLPHI, 1810) SPASSKI et SPASSKAYA, 1954
Ligula intestinalis (LINNAEUS, 1758)
Tatria acanthorhyncha (WEDL, 1855) MRAZEZ, 1905

Orden Pelecaniformes

Cormorán (*Phalacrocorax* sp.)
Ligula intestinalis (LINNAEUS, 1758)

Orden Ciconiformes

Cigüeña (*Ciconia ciconia*)
Choanotaenia discoidea (VAN BENEDEN, 1868)

Orden Anseriformes

Cerceta carretona (*Anas querquedula*)
Sobolevicanthus gracilis (ZEDER, 1803)

Ganso (*Anser anser*)
Drepanidotaenia lanceolata (BLOCH, 1782) RAILLIET, 1892
Tschertkovilepis setigera (FROLICH, 1789) SPASSKI et SPASSKAYA, 1954

Malvasía (*Oxyura leucocephala*)
Hymenosphenacanthus fasciculatus RAMSON, 1909

Pato colorado (*Netta rufina*)

Diploposthe laevis (BLOCH, 1782) JACOBI, 1896

Pato doméstico (*Anas boschas*)

Dicranotaenia coronula (DUJARDIN, 1845) RAILLIET, 1892
Hymenosphenacanthus fasciculatus RAMSON, 1909
Hymenosphenacanthus macracanthos (VON LINSTOW, 1877)
Hymenosphenacanthus pittalugai (LOPEZ-NEYRA, 1932)
Ligula intestinalis (LINNAEUS, 1758)

Pato silvestre (*Anas platyrhynchos*)

Cloacotaenia megalops (NITZCH in CREPLIN, 1829) WOLFFHUGGEL, 1938
Diorchis acuminatus (CLERC, 1902) CLERC, 1903
Diorchis nyrocae YAMAGUTI, 1935
Diploposthe laevis (BLOCH, 1782) JACOBI, 1896
Fimbriaria fasciolaris (PALLAS, 1781)
Ligula intestinalis (LINNAEUS, 1758)
Microsomacanthus compressus (LINTON, 1892) LOPEZ-NEYRA, 1942
Microsomacanthus tritesticulatus (FUHRMANN, 1907)
Sobolevicanthus gracilis (ZEDER, 1803)

Porrón común (*Aythya ferina*)

Cloacotenia megalops (NITZCH in CREPLIN, 1829) WOLFFHUGGEL, 1938
Diorchis parvogenitalis SKRJABIN et MATHEVOSIAN, 1945
Diploposthe laevis (BLOCH, 1782) JACOBI, 1896
Microsomacanthus compressus LOPEZ-NEYRA, 1907

Porrón moñudo (*Aythya fuligula*)

Cloacotenia megalops (NITZCH in CREPLIN, 1829) WOLFFHUGGEL, 1938
Diorchis acuminatus (CLERC, 1902) CLERC, 1903
Microsomacanthus compressus (LINTON, 1892) LOPEZ-NEYRA, 1942

Porrón osculado (*Bucephala clangula*)

Hymenosphenacanthus macracanthos (VON LINSTOW, 1877)
Hymenosphenacanthus pittalugai (LOPEZ-NEYRA, 1932)

Serreta (*Mergus* sp.)

Ligula intestinalis (LINNAEUS, 1758)

Orden Galliformes

Codorniz (*Coturnix coturnix*)

Choanotaenia infundibulum (BLOCH, 1779)
Raillietina (Fuhrmannetta) pluriuncinata (CRETY, 1890)
Rhaddometra nigropunctata CRETY, 1890

Faisán (*Phasianus colchicus*)

Choanotaenia infundibulum (BLOCH, 1779)
Raillietina (Raillietina) friedbergi (VON LINSTOW, 1878)

Gallina

Anomotaenia sphenoides (RAILLIET, 1892) MEGGIT, 1914
Choanotaenia infundibulum (BLOCH, 1779)
Davainea proglottina (DAVAINE, 1860)
Echinolepis carioca (MAGALHAES, 1898)

Hymenolepis exilis (DUJARDIN, 1845)
Raillietina (Raillietina) echinobothrida (MEGNIN, 1880)
Raillietina (R.) tetragona (MOLIN, 1858)
Raillietina (Skrjabinia) cesticillus (MOLIN, 1858)
Staphylepis cantaniana (POLONIO, 1860)

Pavo (*Meleagris gallopavo*)
Choanotaenia infundibulum (BLOCH, 1779)
Hymenolepis exilis (DUJARDIN, 1845)
Raillietina (Raillietina) echinobothrida (MEGNIN, 1880)
Raillietina (R.) friedbergi (VON LINSTOW, 1878)
Raillietina (R.) tetragona (MOLIN, 1858)
Raillietina (Skrjabinia) cesticillus (MOLIN, 1858)
Staphylepis cantaniana (POLONIO, 1860)

Perdiz roja (*Alectoris rufa*)
Choanotaenia infundibulum (BLOCH, 1779)
Paradicranotaenia anormalis LOPEZ-NEYRA, 1943
Raillietina (Raillietina) micracantha (FUHRMANN, 1909) LOPEZ-NEYRA, 1942
Raillietina (R.) tetragona (MOLIN, 1858)
Raillietina (Skrjabinia) bolivari (LOPEZ-NEYRA, 1929)
Rhabdometra nigropunctata CRETY, 1890

Orden Gruiformes

Avutarda (*Otis tarda*)
Hispaniolepis villosa (BLOCH, 1782)
Idiogenes otidis KRABBE, 1868
Schistometra conoides (BLOCH, 1782) SKRJABIN, 1914

Focha (*Fulica atra*)
Diorchis inflata (RUDOLPHI, 1819)

Garza real (*Ardea cinerea*)
Neogryporhynchus cheilancristotum (WELD, 1855) BAER et BONA, 1960

Orden Charadriiformes

Agachadiza (*Gallinago gallinago*)
Anomotaenia stentorea (FROELICH, 1802)
Aploparaksis crassirostris (KRABBE, 1869)
Aploparaksis filum (GOEZE, 1782)
Aploparaksis pseudofilum (CLERC, 1902)
Choanotaenia citrus (KRABBE, 1869)
Choanotaenia decacantha FUHRMANN, 1913
Echinocotyle glareolae SINGH, 1952
Polycercus embryo (KRABBE, 1869)
Wardium calumnacantha (SCMIDT, 1963) BONDARENKO et KONTRIMAVICHUS, 1978
Wardium paraclavicinus OSHMARIN, 1963

Aguja colinegra (*Limosa limosa*)
Echinocotyle multiglandularis (BACZYNSKA, 1914) CZAPLINSKI et VAUCHER, 1979
Gonoscolex paradoxus SAAKOVA, 1958

Alcaraván (*Burhinus oedicnemus*)
Polycercus coronata (CREPLIN, 1829)
Polycercus delachauxi (BAER, 1925)
Polycercus mesacantha (LOPEZ-NEYRA, 1935)

Avefría (*Vanellus vanellus*)
Anomotaenia stentorea (FROELICH, 1802)
Choanotaenia clavigera (KRABBE, 1869)
Choanotaenia microphallos (KRABBE, 1869)

Andarríos chico (*Tringa hypoleucos*)
Wardium recurvirostrae (KRABBE, 1869) SPASSKY et SPASSKAYA, 1954

Andarríos grande (*Tringa ochropus*)
Choanotaenia globulus (WEDL, 1855)

Becada (*Scolopax rusticola*)
Choanotaenia clavigera (KRABBE, 1869)
Choanotaenia sp.
Aploparaksis crassirostris (KRABBE, 1869)
Aploparaksis filum (GOEZE, 1782)
Aploparaksis pseudofilum (CLERC, 1902)
Aploparaksis sp.
Polycercus embryo (KRABBE, 1869)
Polycercus paradoxa (RUDOLPHI, 1802)
Polycercus stellifera (KRABBE, 1869)
Polycercus sp.

Cigüeñuela (*Himanthus himantopus*)
Cyrocoelia albaredai LOPEZ-NEYRA, 1952

Charrán (*Sterna* sp.)
Ligula intestinalis (LINNAEUS, 1758)

Chorlitejo grande (*Charadrius hiaticula*)
Oligorchis paucitesticulatus FUHRMANN, 1913

Chorlitejo patinegro (*Charadrius alexandrinus*)
Ophryocotyle proteus FRIIS, 1870

Chorlito (*Charadrius apicarius*)
Anomotaenia microrhyncha (KRABBE, 1869)

Correlimos común (*Calidris alpina*)
Ophryocotyle proteus FRIIS, 1870

Gaviota argéntea (*Larus argentatus*)
Polycercus porosa (RUDOLPHI, 1810)
Tetrabothrius erostris (LOENNBERG, 1889) BAER, 1954

Zarapito real (*Numenius arquata*)
Anomotaenia nymphaea (SCHRANK, 1790)

Zarapito trinador (*Numenius phaeopus*)
Choanotaenia ibanezi REGO et VICENTE, 1968

Orden Columbiformes

Ortega (*Pterocles orientalis*)
Mayhewia serpentulus (SCHRANK, 1788)

Paloma (*Columba livia*)
Choanotaenia infundibulum (BLOCH, 1779)
Killigrewia delafondi (RAILLIET, 1892) SPASSKI, 1951
Paradicranotaenia anormalis LOPEZ-NEYRA, 1943
Raillietina (Fuhrmannetta) pluriuncinata (CRETY, 1890)
Raillietina (Raillietina) echinobothrida (MEGNIN, 1880)
Raillietina (R.) joyeuxi (LOPEZ-NEYRA, 1929)
Raillietina (R.) micracantha (FUHRMANN, 1909) LOPEZ-NEYRA, 1942
Raillietina (Skrjabinia) bonini (MEGNIN, 1899)
Sobolevicanthus columbae (ZEDER, 1800) SPASSKY et SPASSKAYA, 1954
Staphylepis cordobensis JORDANO, 1952

Paloma zurita (*Columba oenas*)
Raillietina (Raillietina) echinobothrida (MEGNIN, 1899)

Tórtola (*Streptotelia turtur*)
Cotugnia dollfusi LOPEZ-NEYRA, 1950
Killigrewia delafondi (RAILLIET, 1892) SPASSKI, 1951
Raillietina (Raillietina) micracantha (FUHRMANN, 1909) LOPEZ-NEYRA, 1942
Retinometra serrata (FUHRMANN, 1906) SPASSKI, 1963

Orden Strigiformes

Cárabo (*Strix aluco*)
Paruterina candelabria (GOEZE, 1782)

Orden Caprimulgiformes

Chotacabras pardo (*Caprimulgus ruficollis*)
Metadilepis globacantha (FURHMANN, 1913)

Orden Apodiformes

Vencejo común (*Apus apus*)
Anomotaenia brachycolpos DOLLFUS, 1958
Anomotaenia cyatiformis (FROELICH, 1791)
Anomotaenia depressa (VAN SIEBOLD, 1836)
Anomotaenia depressoides (DOLLFUS, 1958)
Paruterina isonciphora DOLLFUS, 1958
Paruterina vesiculigera (KRABBE, 1869)

Orden Coraciiformes

Abubilla (*Upupa epops*)
Neyraia intricata (KRABBE, 1882)

Orden Passeriformes

Alcaudón (*Lanius collurio*)
Deltokeras granatensis LOPEZ-NEYRA, 1943

Alondra común (*Alauda arvensis*)
Anonchotaenia globata (VON LINSTOW, 1879)

Arrendajo (*Garrulus glandarius*)
Variolepis farciminosa (GOEZE, 1782) SPASSKI et SPASSKAYA, 1954

Avión común (*Delichon urbica*)
Anomotaenia praecox (KRABBE, 1869)
Vitta rustica (NESLOBINSKI, 1911) BAER, 1957

Cogujada (*Galerida cristata*)
Raillietina (Raillietina) werneri (KLAPTOCZ, 1908)

Cuervo (*Corvus corax*)
Anomotaenia contricta (MOLIN, 1858) COHN, 1900
Passerilepis stylosa (RUDOLPHI, 1808)
Raillietina (Raillietina) sartica (SKRJABIN, 1914) STILES et ORLEMAN, 1926

Curruca capirotada (*Sylvia atricapilla*)
Anonchotaenia globata (VON LINSTOW, 1879)

Estornino pinto (*Sturnus vulgaris*)
Choanotaenia musculosa FUHRMANN, 1896
Dilepis undula (SCHRANK, 1788) WEINLAND, 1858
Variolepis farcimonosa (GOEZE, 1782) SPASSKI et SPASSKAYA, 1954

Golondrina (*Hirundo rustica*)
Anonchotaenia globata (VON LINSTOW, 1879)
Mayhewia ababili (SINGH, 1952) YAMAGUTI, 1956

Gorrión (*Passer domesticus*)
Anonchotaenia globata (VON LINSTOW, 1879)
Choanotaenia musculosa (FUHRMANN, 1896)
Choanotaenia passerina (FUHRMANN, 1907) FUHRMANN, 1932
Passerilepis fringillarum (RUDOLPHI, 1809)
Raillietina (Raillietina) sartica (SKRJABIN, 1914) STILES et ORLEMAN, 1926

Gorrión moruno (*Passer hispaniolensis*)
Choanotaenia passerina (FUHRMANN, 1907) FUHRMANN, 1932

Graja (*Corvus frugilegus*)
Passerilepis stylosa (RUDOLPHI, 1808)

Grajilla (*Corvus monedula*)
Anomotaenia contricta (MOLIN, 1858) COHN, 1900

Mirlo (*Turdus merula*)
Dilepis turdi YAMAGUTI, 1935
Dilepis undula (SCHRANK, 1788) WEINLAND, 1858
Mayhewia serpentulus (SCHRANK, 1788)
Sobolevitaenia moldavica (SHUMILO et SPASSKAYA, 1975) SPASSKI, 1978

Pardillo (*Acanthis cannabina*)
Anonchotaenia globata LINSTOW, 1879
Drepanidotaenia (*Drepanidolepis*) sp.

Pinzón común (*Fringilla coelebs*)
Anonchotaenia globata (VON LINSTOW, 1879)
Sobolevitaenia similis SPASSKI et KONAVALOV, 1969

Rabilargo (*Cyanopica cyanus*)
Passerilepis stylosa (RUDOLPHI, 1808)

Triguero (*Emberiza calandra*)
Ethiopotaenia sp.

Urraca (*Pica pica*)
Choanotaenia musculosa FUHRMANN, 1896
Dilepis turdi YAMAGUTI, 1935
Dilepis undula (SCHRANK, 1788) WEINLAND, 1858
Mayhewia serpentulus (SCHRANK, 1788)
Passerilepis stylosa (RUDOLPHI, 1808)

Verdecillo (*Serinus serinus*)
Anomotaenia contricta (MOLIN, 1858) COHN, 1900
Anomotaenia depressa (VAN SIEBOLD, 1836)

Verderón (*Chloris chloris*)
Hymenolepis naja (DUJARDIN, 1845)

Zorzal charlo (*Turdus viscivorus*)
Dilepis undula (SCHRANK, 1788) WEINLAND, 1858
Mayhewia serpentulus (SCHRANK, 1788)

Zorzal común (*Turdus philomelos*)
Aploparaksis dujardini (KRABBE, 1858)
Dilepis turdi YAMAGUTI, 1935
Dilepis undula (SCHRANK, 1788) WEINLAND, 1858
Fernandezia goizuetai LOPEZ-NEYRA, 1936
Mayhewia serpentulus (SCHRANK, 1788)

Zorzal real (*Turdus pilaris*)
Dilepis turdi YAMAGUTI, 1935

Clase Mammalia
Orden Insectivora

Musaraña campesina (*Crocidura suaveolens*)
Hymenolepis brustae VAUCHER, 1971
Hymenolepis tiara (DUJARDIN, 1845)
Pseudhymenolepis redonica JOYEUX et BAER, 1935

Musaraña colicuadrada (*Sorex araneus*)
Choanotaenia crassicolex (VON LINSTOW, 1890)
Hymenolepis diaphana CHOLODKOWSKY, 1906
Hymenolepis fuscata (STIEDA, 1862)
Hymenolepis globosoides (SOLTYS, 1954)
Hymenolepis infirma (ZARNOWSKI, 1955)

Hymenolepis prolifer
Hymenolepis schaldybini (SPASSKY, 1947)
Hymenolepis scutigera (DUJARDIN ,1845)
Hymenolepis tiara (DUJARDIN, 1845)

Musaraña común (*Crocidura russula*)
Cladotaenia globifera BATSCH, 1786 (larva)
Hymenolepis biliarius (VILLOT, 1877)
Hymenolepis pistillum (DUJARDIN, 1845)
Hymenolepis prolifer
Hymenolepis scalaris (DUJARDIN, 1845)
Hymenolepis tiara (DUJARDIN, 1845)
Pseudhymenolepis redonica JOYEUX et BAER, 1935

Musaraña enana (*Sorex minutus*)
Choanotaenia crassicolex (VON LINSTOW, 1890)
Hymenolepis diaphana CHOLODKOWSKY, 1906
Hymenolepis schaldybini (SPASSKY, 1947)
Hymenolepis stefanskii ZARNOWSKI, 1954

Musgaño patiblanco (*Neomys fodiens*)
Choanotaenia estavarensis EUZET et JOURDANE, 1948
Hymenolepis alpestris BAER, 1931
Hymenolepis fodientis VAUCHIER, 1971

Topo ciego (*Talpa caeca*)
Choanotaenia filamentosa (GOEZE, 1782)

Topos (*Talpa* spp.)
Choanotaenia filamentosa (GOEZE, 1782)

Orden Chiroptera
Murciélago común (*Pipistrellus piistrellus*)
Vampirolepis pipistrelli (LOPEZ-NEYRA, 1941)

Murciélago troglodita (*Miniopterus schreibersii*)
Hymenolepis balsaci JOYEUX et BAER, 1934

Orden Lagomorpha
Conejo (*Oryctolagus cuniculus*)
Andrya cuniculi (BLANCHARD, 1891)
Anoplocephaloides pseudowimerosa TENORA, MURAI, VALERO et CUTILLAS, 1981
Cittotaenia denticulata (RUDOLPHI, 1804)
Cittotaenia leuckarti (RIEHM, 1881)
Mosgovoyia pectinata pectinata (GOEZE, 1782)
Multiceps serialis (GERVAIS, 1847) (*Coenurus serialis*)
Neoctenotaenia ctenoides (RAILLIET, 1890)
Paranoplocephala wimerosa (MONIEZ, 1880)
Sparganum cuniculi LIZCANO, 1958
Taenia pisiformis (BLOCH, 1780) (*Cysticercus pisiformis*)

Liebre (*Lepus capensis*)
Mosgovoyia pectinata pectinata (GOEZE, 1782)
Mosgovoyia viscaciae SPASSKI, 1951
Taenia pisiformis (BLOCH, 1780) (*Cysticercus pisiformis*)

Orden Rodentia

Ardilla (*Sciurus vulgaris*)
Catenotaenia dendritica (GOEZE, 1782)

Lirón careto (*Eliomys quercinus*)
Hymenolepis myoxi (RUDOLPHI, 1819)
Mesocestoides sp (larva)

Lirón gris (*Glis glis*)
Hymenolepis sulcata (VON LINSTOW, 1879)

Múridos, en general
Vampirolepis fraterna (STILES, 1906)
Vampirolepis nana (VON SIEBOLD, 1853)

Rata de agua (*Arvicola sapidus*)
Anoplocephaloides dentata (GALLI-VALERIO, 1905)
Hymenolepis asymmetrica JANICKI, 1904
Paranoplocephala gracilis TENORA et MURAI, 1980
Paranoplocephala omphalodes (HERMANN, 1783)
Skrjabinotaenia lobata (BAER, 1925)
Taenia crasiceps (ZEDER, 1800) (larva)

Rata de agua norteña (*Arvicola terrestris*)
Anoplocephaloides dentata (GALLI-VALERIO, 1905)
Hydatigera taeniaformis (BATSCH, 1786) (larvae)
Hymenolepis horrida (LINSTOW, 1901)
Paranoplocephala omphalodes (HERMANN, 1783)
Paranoplocephala sp.

Rata gris (*Rattus norvegicus*)
Catenotaenia pusilla (GOEZE, 1782)
Hydatigera taeniaformis (BATSCH, 1786) (*Cysticercus fasciolaris*)
Hymenolepis diminuta (RUDOLPHI, 1819)
Hymenolepis straminea (GOEZE 1782)
Mesocestoides lineatus (GOEZE, 1782) (*Tetrathyridium bailleti*)

Rata negra (*Rattus rattus*)
Hydatigera taeniaformis (BATSCH, 1786) (*Cysticercus fasciolaris*)
Hymenolepis diminuta (RUDOLPHI, 1819)
Hymenolepis straminea (GOEZE, 1782)
Mesocestoides sp. (larvae)

Ratilla (*Microtus pyrenaicus*)
Hymenolepis horrida (LINSTOW, 1901)
Paranoplocephala omphalodes (HERMANN, 1783)

Ratilla agreste (*Microtus agrestis*)

Anoplocephaloides dentata (GALLI-VALERIO, 1905)
Aprostatandrya macrocephala (DOUTHITT, 1915)
Catenotaenia asiatica TENORA et MURAI, 1975
Hydatigera taeniaformis (BATSCH, 1786) (*Cysticercus fasciolaris*)
Hymenolepis asymmetrica JANICKI, 1904
Hymenolepis horrida (LINSTOW, 1901)
Paranoplocephala omphalodes (HERMANN, 1783)
Paranoplocephala sp.
Taenia martis (ZEDER, 1803) LUDWIG, 1886 (larva)
Taenia tenuicollis (RUDOLPHI, 1819) (larva)

Ratilla de Cabrera (*Microtus cabrerae*)

Anoplocephaloides dentata (GALLI-VALERIO, 1905)
Paranoplocephala mascomai MURAI, TENORA et ROCAMORA, 1980
Paranoplocephala omphalodes (HERMANN, 1783)
Taenia tenuicollis RUDOLPHI, 1819

Ratilla campesina (*Microtus arvalis*)

Anoplocephaloides dentata (GALLI-VALERIO, 1905)
Aprostatandrya macrocephala (DOUTHITT, 1915)
Hymenolepis horrida (LINSTOW, 1901)
Paranoplocephala gracilis TENORA et MURAI, 1980
Paranoplocephala omphalodes (HERMANN, 1783)
Taenia crassiceps (ZEDER, 1800) (*Cysticercus longicollis*)
Taenia tenuicollis (RUDOLPHI, 1819) (larva)

Ratilla nival (*Microtus nivalis*)

Anoplocephaloides dentata (GALLI-VALERIO, 1905)
Hydatigera taeniaeformis (BATSCH, 1786) (larva)
Hymenolepis horrida (LINSTOW, 1901)
Paranoplocephala gracilis TENORA et MURAI, 1980
Paranoplocephala omphalodes (HERMANN, 1783)
Taenia tenuicollis (RUDOLPHI, 1819) (larva)

Ratón (*Mus musculus*)

Catenotaenia pusilla (GOEZE, 1782)
Hydatigera taeniaformis (BATSCH, 1786) (*Cysticercus fasciolaris*)
Hymenolepis diminuta (RUDOLPHI, 1819)
Hymenolepis straminea (GOEZE, 1782)
Mesocestoides lineatus (GOEZE, 1782) (*Tetrathyridium bailleti*)

Ratón de campo (*Apodemus sylvaticus*)

Anoplocephaloides arfaai (MEBODI et GHADARIAN, 1977) SCHMIDT, 1986
Aprostatandrya macrocephala (DOUTHITT, 1915)
Catenotaenia pusilla (GOEZE, 1782)
Hydatigera parva (BAER, 1924) (larva)
Hydatigera taeniaformis (BATSCH, 1786) (larva)
Hymenolepis diminuta (RUDOLPHI, 1819)U
Hymenolepis straminea (GOEZE, 1782)
Paranoplocephala omphalodes (HERMANN, 1783)
Pseudocatenotaenia matovi (GENOV, 1971)
Skrjabinotaenia lobata (BAER, 1925)
Taenia tenuicollis (RUDOLPHI, 1819) (larva)

Ratón moruno (*Mus spretus*)
Hymenolepis sp.

Topillo (*Pitymys lusitanicus*)
Anoplocephaloides dentata (GALLI-VALERIO, 1905)
Hymenolepis horrida (LINSTOW, 1901)
Mesocestoides sp. (larva)
Paranoplocephala omphalodes (HERMANN, 1783)
Taenia polyacantha (LEUCKART, 1856) (larva)
Taenia tenuicollis RUDOLPHI, 1819 (larva)

Topillo (*Pitymys mariae*)
Aprostatandrya macrocephala (DOUTHITT, 1915)
Hymenolepis horrida (LINSTOW, 1901)
Hydatigera taeniaformis (BATSCH, 1786) (*Cysticercus fasciolaris*)
Paranoplocephala brevis KIRSCHENBLAT, 1938
Taenia crassiceps ZEDER, 1800 (*Cysticercus longicollis*)
Taenia polyacantha LEUCKART, 1856 (larva)
Taenia tenuicollis (RUDOLPHI, 1819) (larva)

Topillo (*Pitymys pyrenaicus*)
Hymenolepis horrida (LINSTOW, 1901)
Paranoplocephala omphalodes (HERMANN, 1783)
Taenia tenuicollis RUDOLPHI, 1819 (larva)

Topillo común (*Pitymys duodecimcostatus*)
Anoplocephaloides dentata (GALLI-VALERIO, 1905)
Hydatigera taeniaformis (BATSCH, 1786) (*Cysticercus fasciolaris*)
Hymenolepis horrida (LINSTOW, 1901)
Mesocestoides sp. (larva)
Paranoplocephala omphalodes (HERMANN, 1783)
Taenia tenuicollis RUDOLPHI, 1819 (larva)

Topillo oscuro (*Pitymys savii*)
Anoplocephalidae, sin precisar
Hydatigera taeniaformis (BATSCH, 1786) (*Cysticercus fasciolaris*)
Hymenolepis horrida (LINSTOW, 1901)
Taenia crassiceps ZEDER, 1800 (*Cysticercus longicollis*)
Taenia tenuicollis (RUDOLPHI, 1819) (larva)

Topino rojo (*Clethrionomys glareolus*)
Anoplocephaloides dentata (GALLI-VALERIO, 1905)
Catenotaenia cricetorum KIRSCHENBLAT, 1949
Catenotaenia sp.
Cladotaenia globigera (BATSCH, 1780)
Hydatigera taeniaeformis (BATSCH, 1786) (larva)
Hymenolepis asymmetrica JANICKI, 1904
Hymenolepis horrida (LINSTOW, 1901)
Mesocestoides sp. (larva)
Paranoplocephala gracilis TENORA et MURAI, 1980
Paranoplocephala omphalodes (HERMANN, 1783)
Taenia martis (ZEDER, 1803) LUDWIG, 1886 (larva)
Taenia tenuicollis RUDOLPHI, 1819 (larva)

Orden Cetacea

Calderón (*Globicephala melaena*)

Diphyllobothrium polyrugosum DELYAMUREET et SKRJABIN, 1988
Diphyllobothrium stemmacephalum COBBOLD, 1858
Diphyllobothrium sp.
Phyllobothrium delphini (BOSC, 1802) (larva)
Phyllobothrium grimaldii (MONIEZ, 1889) (larva)
Trigonocotyle globicephalae BAER, 1954
Trigonocotyle lintoni (GUIART, 1935)
Trigonocotyle monticelli (LINTON, 1923)

Delfín (*Delphinus delphis*)

Grillotia sp.
Phyllobothrium delphini (BOSC, 1802) (larva)
Phyllobothrium grimaldii (UMONIEZ, 1889) (larva)
Scolex pleuronectis MULLER, 1788
Strobilocephalus triangularis (DIESING, 1850)
Tetrabothrius diplosoma (GUIART, 1935)
Tetrabothrius forsteri (KREFT, 1873)

Delfín gris (*Grampus griseus*)

Phyllobothrium grimaldii (UMONIEZ, 1889) (larva)

Delfín listado (*Stenella coeruleoalba*)

Phyllobothrium delphini (BOSC, 1802) (larva)
Phyllobothrium grimaldii (MONIEZ, 1889) (larva)
Tetrabothrius forsteri (KREFT, 1873)

Delfín mular (*Tursiops truncatus*)

Phyllobothrium grimaldii (MONIEZ, 1889) (larva)

Zifio de Sowerby (*Mesoplodon bidens*)

Tetrabothrius forsteri (KREFT, 1873)

Orden Carnivora

Carnívoros, sin precisar.

Atriotaenia incisa RAILLIET, 1899
Diplopylidium monoophorum LÜHE, 1898

Gato

Diplopylidium acanthotetrum (PARONA, 1886)
Diplopylidium nölleri SKRJABIN, 1924
Diplopylidium quinquecoronatum LOPEZ-NEYRA et MUÑOZ MEDINA, 1921
Dipylidium caninum (LINNAEUS, 1758)
Dipylidium carracidoi LOPEZ-NEYRA, 1929
Dipylidium oerleyi RATZ, 1900
Dipylidium sexcoronatum RATZ, 1900
Hydatigera taeniformis (BATSCH, 1786)
Joyeuxiella pasqualei (DIAMARE, 1893)

Gato montés (*Felis sylvestris*)
- *Diplopylidium nölleri* SKRJABIN, 1924
- *Hydatigera taeniformis* (BATSCH, 1786)
- *Joyeuxiella pasqualei* (DIAMARE, 1893)
- *Mesocestoides lineatus* GOEZE, 1782
- *Mesocestoides litteratus* (BATSCH, 1786)
- *Taenia pisiformis* (BLOCH, 1780)

Jineta (*Genetta genetta*)
- *Diplopylidium acanthotetrum* (PARONA, 1886)
- *Diplopylidium nölleri* SKRJABIN, 1924
- *Diplopylidium triseriale* (LUHE, 1898)
- *Hydatigera laticollis* (RUDOLPHI, 1819)
- *Hydatigera parva* (BAER, 1926)
- *Hydatigera taeniformis* (BATSCH, 1786)
- *Joyeuxiella pasqualei* (DIAMARE, 1893)
- *Mesocestoides ambiguus* VAILLAND, 1863
- *Mesocestoides* sp.
- *Taenia crassiceps* ZEDER, 1800

León marino (*Arctocephalus pusillus*)
- *Phyllobothrium delphini* (BOSC, 1802)

Lince (*Lynx pardina*)
- *Hydatigera taeniformis* (BATSCH, 1786)
- *Joyeuxiella pasqualei* (DIAMARE, 1893)
- *Mesocestoides litteratus* (BATSCH, 1786)
- *Taenia polyacantha* LEUCKART, 1856

Lobo (*Canis lupus*)
- *Dipylidium caninum* (LINNAEUS, 1758)
- *Multiceps multiceps* (LINNAEUS, 1758)

Perro
- *Diplopylidium quinquecoronatum* LOPEZ-NEYRA et MUÑOZ MEDINA, 1921
- *Diplopylidium nölleri* SKRJABIN, 1924
- *Dipylidium caninum* (LINNAEUS, 1758)
- *Dipylidium sexcoronatum* RATZ, 1900
- *Echinococcus granulosus* (BATSCH, 1786)
- *Echinococcus multilocularis* LEUCKART, 1863
- *Joyeuxiella pasqualei* (DIAMARE, 1893)
- *Mesocestoides lineatus* (GOEZE, 1782)
- *Multiceps multiceps* (LINNAEUS, 1758)
- *Multiceps serialis* (GERVAIS, 1847)
- *Taenia hydatigena* PALLAS, 1766
- *Taenia ovis* (COBBOLD, 1869)
- *Taenia pisiformis* (BLOCH, 1780)

Tejón (*Meles meles*)
- *Oochoristica incisa* (RAILLIET, 1899)

Turón (*Putorius putorius*)
- *Taenia taenuicollis* RUDOLPHI, 1819

Zorro (*Vulpes vulpes*)

Dipylidium sp.
Echinococcus granulosus (BATSCH, 1786)
Echinococcus multilocularis LEUCKART, 1863
Hydatigera taeniformis (BATSCH, 1786)
Joyeuxiella echinorhynchoides (SONSINO, 1889)
Joyeuxiella pasqualei (DIAMARE, 1893)
Mesocestoides lineatus (GOEZE, 1782)
Mesocestoides litteratus (BATSCH, 1786)
Mesocestoides sp.
Multiceps serialis (GERVAIS, 1847)
Taenia crassiceps ZEDER, 1800
Taenia hydatigena PALLAS, 1766
Taenia pisiformis (BLOCH, 1780)
Taenia polyacantha LEUCKART, 1856

Orden Perissodactyla

Asno, Burdégano, Mulo y Caballo

Anoplocephala perfoliata (GOEZE, 1782)
Echinococcus granulosus (BATSCH, 1786) (*Echinococcus hydatidosus*)
Multiceps multiceps (LINNAEUS, 1758) (*Coenurus cerebralis*)
Paranoplocephala mamillana (MEHLIS in GUILT, 1831)

Orden Artiodactyla

Cabra

Avitellina centripunctata (RIVOLTA, 1874)
Echinococcus granulosus (BATSCH, 1786) (*Echinococcus hydatidosus*)
Moniezia benedeni (MONIEZ, 1879)
Moniezia expansa (RUDOLPHI, 1810)
Multiceps multiceps (LINNAEUS, 1758) (*Coenurus cerebralis*)
Stilesia globipunctata (RIVOLTA, 1874)
Taenia hydatigena PALLAS, 1766 (*Cysticercus tenuicollis*)

Cabra montés (*Capra pyrenaica hispanica*)

Moniezia expansa (RUDOLPHI, 1810)

Ciervo (*Cervus elaphus*)

Moniezia benedeni (MONIEZ, 1879)
Taenia hydatigena PALLAS, 1766 (*Cysticercus tenuicollis*)

Cerdo

Echinococcus granulosus (BATSCH, 1786) (*Echinococcus hydatidosus*)
Taenia hydatigena PALLAS, 1766 (*Cysticercus tenuicollis*)
Taenia solium (LINNAEUS, 1758) (*Cysticercus cellulosae*)

Corzo (*Capreolus capreolus*)

Taenia hydatigena PALLAS, 1766 (*Cysticercus tenuicollis*)

Oveja

Avitellina centripunctata (RIVOLTA, 1874)
Echinococcus granulosus (BATSCH, 1786) (*Echinococcus hydatidosus*)
Moniezia benedeni (MONIEZ, 1879)

Moniezia denticulata (RUDOLPHI, 1810)
Moniezia expansa (RUDOLPHI, 1810)
Moniezia sp.
Moniezia trigonophora STILES et HASSAL, 1893
Multiceps multiceps (LINNAEUS, 1758) (*Coenurus cerebralis*)
Stilesia globipunctata (RIVOLTA, 1874)
Stilesia vittata RAILLIET, 1896
Taenia hydatigena PALLAS, 1766 (*Cysticercus tenuicollis*)
Taenia ovis (COBBOLD, 1869) (*Cysticercus ovis*)
Thysaniezia giardi (MONIEZ, 1879)
Thysaniezia ovilla (RIVOLTA, 1878)

Sarrio (*Rupicapra rupicapra pyrenaica*)
Multiceps multiceps (LINNAEUS, 1758) (*Coenurus cerebralis*)

Vaca
Avitellina centripunctata (RIVOLTA, 1874)
Echinococcus granulosus (BATSCH, 1786) (*Echinococcus hydatidosus*)
Echinococcus multilocularis LEUCKART, 1863 (*Echinococcus alveolaris*)
Moniezia benedeni (MONIEZ, 1879)
Moniezia denticulata (RUDOLPHI, 1810)
Moniezia expansa (RUDOLPHI, 1810)
Moniezia sp.
Moniezia trigonophora STILES et HASSAL, 1893
Multiceps multiceps (LINNAEUS, 1758) (*Coenurus cerebralis*)
Stilesia globipunctata (RIVOLTA, 1874)
Taenia hydatigena PALLAS, 1766 (*Cysticercus tenuicollis*)
Taeniarhynchus saginattum (GOEZE, 1782) (*Cysticercus bovis*)
Thysaniezia giardi (MONIEZ, 1879)
Thysaniezia ovilla (RIVOLTA, 1878)

Orden Primates

Hombre
Diphyllobothrium latum (LINNAEUS, 1758)
Diplogonoporus sp.
Dipylidium caninum (LINNAEUS, 1758)
Echinococcus granulosus (BATSCH, 1786) (*Echinococcus hydatidosus*)
Echinococcus multilocularis LEUCKART, 1863 (*Echinococcus alveolaris*)
Ligula intestinalis (LINNAEUS, 1758)
Hymenolepis diminuta (RUDOLPHI, 1819)
Multiceps multiceps (LINNAEUS, 1758) (*Coenurus cerebralis*)
Taenia solium (LINNAEUS, 1758), incluyendo *Cysticercus cellulosae*
Taeniarhynchus saginattum (GOEZE, 1782)
Vampirolepis fraterna (STILES, 1906)
Vampirolepis nana (VON SIEBOLD, 1853)

Macaco (*Macaca irus*)
Mathevotaenia cruzsilvai MENDONÇA, 1981

BIBLIOGRAFÍA (CESTODA)

1. ACOSTA, I.; HERNANDEZ-RODRIGUEZ, S.; MARTINEZ-CRUZ, M.S. y MARTINEZ-GOMEZ, F. (1988).- Parasitoses of aquatic birds in Córdoba. *Sonderdruck aus Verhandl. des 30 Int. Symp. über die Erkrank. der Zoo- und Wildtiere*, Sofia: 327.
2. ACOSTA GARCIA, I.; GUTIERREZ PALOMINO, P. y HERNANDEZ RODRIGUEZ, S. (1990).- New records of platyhelminthes of charadriiform birds in Spain. *Rev. Ibér. Parasitol., 50*: 211.
3. ACOSTA GARCIA, I.; NAVARRETE LOPEZ-COZAR, I.; HERNANDEZ RODRIGUEZ, S. y MARTINEZ GOMEZ, F. (1980).- Primera cita en España de *Sobolevicanthus columbae* (Cestoda, Hymenolepididae), parásito de la paloma *Columba livia*. *Rev. Ibér. Parasitol., 40*: 257.
4. ALVAREZ, F. et al. (1987).- Cestodos parásitos de varias especies de múridos en Galicia. *V Congr. Nac. Parasitol.*, Salamanca: 195.
5. ALVAREZ, F. et al. (1987).- Helmintos parásitos de *Arvicola sapidus* en Galicia. *V Congr. Nac. Parasitol.*, Salamanca: 205.
6. ALVAREZ, F. et al. (1990).- New findings on the helminth fauna of the common European genet (*Genetta genetta* L.): first record of *Toxocara genettae* Warren, 1972 (Ascarididae) in Europe. *Ann. Parasitol. hum. et comp., 65*: 244.
7. ALVAREZ, F. et al. (1993).- Helmintofauna de *Arvicola sapidus* (Miller, 1908) en Galicia (N.O. de España). *Libro homenaje al Prof. Martínez Gómez.*
8. ALVAREZ, M.F.; QUINTEIRO-ALONSO, P.; OUTEDA-MACIAS, M. y SANMARTIN-DURAN, M.L. (1987).- Larvas de cestodo de los múridos gallegos. *Rev. Ibér. Parasitol.*, Vol. Extr.: 91.
9. ALVAREZ BETES, J. (1954).- Parasitología de la hidatidosis porcina. *Cienc. Vet., 15*: 480.
10. ALVAREZ BETES, J. (1954).- Hidatidosis porcina en Málaga. *Cienc. Vet., 15*: 489.
11. ALVAREZ MASCATO, F. et al. (1991).- Estudio de la helmintofauna de *Apodemus* spp. y *Glis glis* en la Comunidad Autónoma Gallega. *I Congr. Int. Asoc. Sudoccid. Europ. Parasitol.*: 49.
12. ALVAREZ MASCATO, F. et al. (1991).- Datos sobre la helmintofauna de varias especies de Insectívoros (Soricidae, Erinaceidae, Talpidae) en Galicia. *I Congr. Int. Asoc. Sudoccid. Europ. Parasitol.*: 50.
13. ALVAREZ PELLITERO, M.P. (1973).- Helmintos de peces continentales. *An. Fac. Vet. León, 19*: 81.
14. ALVAREZ-PELLITERO, M.P.; PEREIRA-BUENO, J.M. y CORDERO DEL CAMPILLO, M. (1979).- Helminth communities of salmonid and cyprinid fishes in freshwater ecosystems of León (NW. Spain). *ICOPA IV*, Varsovia, SH: 36.

15. ALVAREZ-PELLITERO, M.P.; SIMON VICENTE, F. y PEREIRA BUENO, J.M. (1978).- Caryophyllidean cestodes in cyprinid fishes of Duero Basin (Spain). *ICOPA IV*, Varsovia, SC: 190.

16. AMAT, F.; ILLESCAS, M.P. y FERNANDEZ, J. (1991).- Brine shrimp *Artemia* parasitized by *Flamingolepis liguloides* (Cestoda, Hymenolepididae) cysticercoids in Spain Mediterranean salterns. Quantitative aspects. *Vie et Mileu, 41*: 237.

17. ANONIMO (1889).- Notas teórico prácticas. Nuestro grabado. *El Veterinario* (16): 27.

18. ANONIMO (1949).- Memoria de la Dirección General de Sanidad. *Rev. San. Vet., 4*: 796.

19. ANONIMO (1950).- Memoria de la Dirección General de Sanidad. *Rev. San. Vet., 5*: 32.

20. ARANGO, S. (1909).- Un caso excepcional en una vaca. La equinococosis enfermedad producida por el *E.polymorfus. Bol. Veterinaria, 77*: 65.

21. ARES-MAZAS, M.E.; SELA-PEREZ, M.C.; FANDIÑO-ALONSO, M.L. y ARIAS-FERNANDEZ, M.C. (1987).- Enteroparasitismos en la población infantil gallega. *Rev. Ibér. Parasitol., 47*: 247.

22. ARZUA ZULAICA, E. (1959).- Radiología de los quistes hidatídicos calcificados de hígado. *Rev. Clín. Esp., 63*: 53.

23. AZNAR, J.; FERNANDEZ, M.; BALBUENA, J.A. y RAGA, J.A. (1991).- Datos preliminares sobre la parasitofauna de la población mediterránea de *Stenella coeruleoalba* (Meyen, 1833) afectada por una epizootia en 1990. *I Congr. Int. Asoc. Sudoccid. Europ. Parasitol.*: 58.

24. BACA PUERTA, A. (1959).- Un caso de quiste hidatídico abdominal y aportación bibliográfica sobre la hidatidosis en la Península Ibérica. *Rev. Ibér. Parasitol., 19*: 391.

25. BARNOLA, A. (1921).- Comunicación verbal a una sesión de la "Institució". *Bull. Inst. d'Hist. Nat.*, .. :37.

26. BARON, A.G. y MARZANO, J. (1935).- Un caso de quiste hidatídico del músculo psoasilíaco. *Ann. Casa Salud Valdecilla, 6*: 119.

27. BARRACHINA DE GRACIA, E. (1992).- Estudio sistemático y ecológico de la parasitofauna de la pintarroja *Scyliorhinus canicula* (Linnaeus, 1758) (Chondrichthyes: Scyliorhinidae) del litoral castellonense, Mediterráneo Occidental. *Tesis de Licenciatura*, Univ. de Valencia.

28. BEGUIRISTAIN, J. (1930).- Quistes de páncreas. *Guipúzcoa Méd., 8*(171): ..

29. BENITEZ, M. (1919).- Un caso de triquino-cercosis en una cebona. *El Veterinario extremeño, 28*: 428.

30. BORRAS, J.A. (1959).- Rotura subcutánea de un quiste hidatídico. *Med. Esp., 40*: 344.

31. BOTET, M.D.; CLIMENT, M.T.; ESTEBAN, J.G. y MAS-COMA, S. (1987).- Estudio bioecológico comparado de las helmintofaunas de las especies del género *Rattus* Fischer, 1803 (Rodentia: Muridae) en la dehesa del Saler, Albufera de Valencia y zonas circundantes (Levante español). *V Congr. Nac. Parasitol.*, Salamanca: 219.

32. BUEN, S. DE (1914).- Sobre una tenia nueva en España. *Bol. Soc. Esp. Biol., 3*: 83.

33. BUEN, S. DE (1922).- Un caso de *Hymenolepis*. Libro en honor de Don Santiago Ramon y Cajal, 2, Madrid.

34. BUEN, S. DE y LUENGO, E. (1921).- Un caso de *Hymenolepis nana. Siglo Médico*.

35. BUSACK, S.D. y JAKSIC, F.M. (1982).- Autoecological observations of *Acanthodactylus erythrurus* (Sauria: Lacertidae) in Southern Spain. *Amphibia-Reptilia, 3*: 237.

36. CALVO MELENDRO, J. (1931).- Dificultades para el dianóstico del quiste hidatídico del pulmón. *Arch. Med. Cirug. y Esp., 549*.

37. CALVO MELENDRO, J. (1951).- L'equinococcose en Espagne. *Afrique Française Chirurgicale, 4*: 417.

38. CALVO MELENDRO, J. (1973).- Hidatidosis pulmonar. *V Congr. Nac. Amer. Col. Chest Phys.*, 29 sept. a 3 oct. León : 249. Diana Artes Gráficas. Madrid.

39. CAMPAÑ, V. (1926).- Quiste hidatídico del riñon. *Rev. Med. Barcelona, 6*: 270.

40. CAMPOS, A. y CARBONELL, E. (1993).- Parasite community in two mediterranean labrid fishes, *Symphodus tinca* (L.) and *Labrus merula L. J. of Fish Biology*, ..

41. CAÑIZO SUAREZ, M. (1964).- Memoria y estudio parasitológico de la zona sur y litoral de la provincia de Pontevedra. *Avigán, 13*: 25.

42. CARBALLEIRA, D.; VAZQUEZ PAREDES, E. y RIO LOZANO, J. DEL (1957).- Acerca de la clasificación y conservación de parásitos. *Supl. Cient. Bol. Inf. Cons. Gral. Col. Vet. Esp., 2*: 27.

43. CARBONELL, E. y RAGA, J.A. (1991).- Parásitos y alteraciones parasitarias de los cetáceos. *Medicina Veterinaria*, ..

44. CARDA APARICI, P. (1973).- Profilaxis humana de la hidatidosis. *V Congr. Nac. Amer. Col. Chest Phys.*, 29 sept. a 3 oct., León :260. Diana Artes Gráficas. Madrid.

45. CARVALHO VARELA, M. (s/a).- Nouvelle contribution a l'etude des helminthoses des lièvres au Portugal. *Trab. Lab. Nac. Invest. Vet. y Centro Zool. Junta Invest. Ultramar*, Lisboa.

46. CARVALHO VARELA, M. (1967).- L'helminthofaune du lapin de garenne, *Oryctolagus cuniculus* L. au Portugal. *Finish Game Res., 30*: 271.

47. CARVALHO VARELA, M. (1967).- L'étude des helminthoses des lièvres au Portugal. *VII Congr. Biol. du Gibier*, Beogrado, 1965, actas: 467.

48. CARVALHO VARELA, M. (1974).- A monieziose dos ovinos e suo controlo. *Rev. Port. Cienc. Vet., 59*: 46.

49. CARVALHO VARELA, M. (1975).- Contribuiçao para o estudio da helmintofauna da perdiz vermelha (*Alectoris rufa* (L.)) em Portugal. *XII Congr. da Uniao Int. dos Biol. da Caça*, Lisboa.

50. CARVALHO-VARELA, M. (1986).- Considerations sur l'existence de cestode *Echinococcus multilocularis* dans la Peninsule Ibérique. *Anais da Escola Sup. Med. Vet., 23-24*: 102.

51. CARVALHO VARELA, M.; CUNHA FERREIRA, V.; CRUZ E SILVA, M.P. y GRAZINA-FREITAS, M.S. (1984).- Sobre a parasitofauna de enguia-europeia (*Anguilla anguilla* (L.)) em Portugal. *Repositório de Trab. Lab. Nac. Invest. Vet., 16*: 143.

52. CASANOVA, J.C.; FELIU, C. y MAS-COMA, S. (1991).- Cestodofauna de *Clethrionomys glareolus* (Schreber, 1780) (Rodentia: Arvicolidae) en la Península Ibérica. *I Congr. Int. Asoc. Sudoccid. Europ. Parasitol.*: 22.

53. CASTAÑO, M.J. et al. (1985).- Helmintos de múridos "peridomésticos" (Rodentia) en Valencia. *IV Congr. Nac. Parasitol.*, Tenerife: 212.

54. CASTAÑO-PASCUAL, A.; ASTASIO-ARBIZIA, P.; VOS-ARENILLAS, A. y DOMINGUEZ-CARMONA, M. (1988).- Parasitismos intestinales en niños de una población madrileña. *Rev. Ibér. Parasitol., 48*: 255.

55. CASTILLO, A. DEL; GIJON, H. y LOPEZ ROMAN, R. (1989).- Cestodes de *Larus argentatus* de Canarias. *VI Cong. Nac. y I Cong. Ibér. de Parasitol.*, 25-29 sept., Cáceres: 323.

56. CASTILLO REMIRO, A. DEL y LOPEZ-ROMAN, R. (1987).- Estudio de *Calliobothrium verticillatum* (Rudolphi, 1819) Van Beneden, 1850 (Oncobothridae, Cestoda) parásito de *Mustelus mustelus* capturados en aguas canarias. *Rev. Ibér. Parasitol.*, Vol. Extr.: 119.

57. CASTILLO-REMIRO, A. DEL y LOPEZ-ROMAN, R. (1989).- Aportación al catálogo de Cestoda de aves de Canarias. *Rev. Ibér. Parasitol., 49*: 43.

58. CAUSAPE VALENZUELA, A.C.; QUILEZ CINCA, J. y SANCHEZ ACEDO, C. (1992).- *Cryptosporidium* sp. y otros parásitos causantes de zoonosis en perros: Resultados similares. *IX Reun. Cient. Asoc. Parasit. Esp.*, León: 27.

59. CHARLO DUPONT, T. (1958).- Quiste hidatídico de mama. *La Med. Col., 40*: 146.

60. CID FERNANDEZ, A. (1970).- Frecuencia de la hidatidosis bovina en Vizcaya y valoración de los decomisos de matadero. *An. Fac. Vet. León, 16*: 187.

61. CLAVEL PARRILLA, A.; CASTILLO GARCIA, F.J. y ALVIRA CALABAZA, A. (1987).- Infección humana por *Diplogonoporus* sp. *V Congr. nac. Parasitol.*, Salamanca: 89.

62. CLIMENT, M.T.; ESTEBAN, J.G.; FELIU, C. y MAS-COMA, S. (1987).- Primeros datos sobre las helmintofaunas de *Microtus (Pitymys)* spp. en la Península Ibérica. *V Congr. Nac. Parasitol.*, Salamanca: 217.

63. CLIMENT, M.T. et al. (1985).- Helmintos de múridos y arvicólidos silvestres (Rodentia) en Valencia. *IV Congr. Nac. Parasitol.*, Tenerife: 213.

64. COCA MARTIN, M.C. (1971).- Encuesta parasitológica familiar. *Med. Trop., 47*: 25.

65. COMBES, C. y KNOEPFFLER, L.P. (1965).- Sur quelques platelminthes d'amphibies et de reptiles de la Sierra de Gredos (Espagne). *Vie et Milieu, 16*: 487.

66. CORDERO DEL CAMPILLO, M. (1961).- Las enfermedades parasitarias producidas por metazoarios en peces, moluscos y crustáceos comestibles. *Supl. Cient. Bol. Inf. Cons. Gral. Col. Vet. Esp., 8*: 265.

67. CORDERO DEL CAMPILLO, M. (1964).- Anormalidad morfológica en proglotis de *Moniezia benedeni* Moniez, 1879. *An. Fac. Vet. León, 10*: 11.

68. CORDERO DEL CAMPILLO, M. (1967).- *El problema de las parasitosis en las explotaciones porcinas*. II Ponencia 1ª Jorn. Nac. Prod. Porcina. 5-9 junio. Valencia, 1966: 105.

69. CORDERO DEL CAMPILLO, M. (1972).- *Profilaxis de la hidatidosis*. Conf. Ciclos Gan. y Agr. VII Feria Reg. Muestras Castilla-León. Valladolid: 13.

70. CORDERO DEL CAMPILLO, M. (1973).- Profilaxis animal de la hidatidosis. *V Congr. Nac. Amer. Col. Chest Phys*. 29 sept. a 3 oct., León, 1971: 253. Diana Artes Gráficas. Madrid.

71. CORDERO DEL CAMPILLO, M. (1974).- Parasitic zoonoses in Spain. *Int. J. Zoo., 1*: 43.

72. CORDERO DEL CAMPILLO, M. y ALLER GANCEDO, B. (1974).- Las zoonosis en el medio rural. 9ª pon. *II Congr. Med. Rural*. León: 191. Imprenta Casado. y *Supl. Cient. Bol. Inf. Cons. Gral. Col. Vet. Esp., 200*: 1.

73. CORDERO DEL CAMPILLO, M. y ALVAREZ PELLITERO, M.P. (1973).- Problemas ictiopatológicos en España, con referencia especial a la truchicultura y medidas para su control. *An. Fac. Vet. León, 19*: 65.

74. CORDERO DEL CAMPILLO, M.; MARTINEZ FERNANDEZ, A. y ALLER GANCEDO, B. (1968).- Sobre el diagnóstico coprológico de las cestodosis del ganado vacuno (A proposito de un caso de parasitismo por *Thysaniezia giardi* (Moniez, 1879) Skrjabin, 1926). *An. Fac. Vet. León, 14*: 193.

75. CORDERO DEL CAMPILLO, M.; RAMIREZ FERNANDEZ, A.P.; ALLER GANCEDO, B. y MARTINEZ FERNANDEZ, A. (1964).- Ensayo experimental de N-(2'cloro-1-nitrofenil)-5-clorsalicilamida frente a *Echinococcus granulosus* (BATSCH, 1786) adultos en el intestino del perro. *An. Fac. Vet. León, 10*: 17.

76. CORTINA GREUS, P. y LLATAS ESCRIC, D. (1972).- El problema de la hidatidosis en la provincia de Valencia. I. Estudios de la incidencia de la hidatidosis humana. *Rev. San. Hig. Públ., 46*: 99.

77. CORTINA GREUS, P. y LLATAS ESCRIC, D. (1972).- El problema de la hidatidosis en la provincia de Valencia. III. Estudio epidemiológico. *Rev. San. Hig. Públ., 46*: 691.

78. COZAR, S.J. (1940).- Quiste hidatídico del músculo psoas ilíaco. *Clín. y Laborat., 22*: 11.

79. CRUZ CARO, F. DE LA (1973).- Fístulas biliobronquiales. *V Congr. Nac. Amer. Chest Phys.*, 29 sept. a 3 oct. León, 1971: 296. Diana Artes Gráficas. Madrid.

80. CRUZ E SILVA, J.A. y SERPA SOARES, M.M. DE (1967).- Algunas anomalías morfológicas e funcionais observadas em *Thysaniezia giardi* (Moniez, 1879) (Cestoda, Anoplocephalidae). *Garcia de Orta* (Lisboa), *15*: 69.

81. DELGADO, R. y ARROBA, V. (1936).- Quiste hidatídico del músculo intercostal externo. Serv. Med. Intern. Pulm. Coraz. Cruz Roja. Toledo. *Gaceta Méd., 10*: 445.

82. DIAZ DIAZ, E. (1949).- Las helmintiasis en su relación con la suerovacunación de Dorset, las infecciones y la inmunidad bacterianas. *Rev. San. Vet., 4*: 181.

83. DIAZ DIAZ, E. (1960).- Antocefalosis o vermes de la castañola. *Rev. Ibér. Parasitol., 20*: 54.

84. DIAZ-ESPERANZA, C. (1929).- Un caso de cisticercosis cerebral. *Med. Pais. Cál., 2*: 573.

85. DIAZ-UNGRIA, C. y GIMENEZ MUÑOZ, M. (1950).- Teniasis del perro. Nota previa sobre un nuevo método de diagnóstico. *Cienc. Vet., 11*: 450.

86. DIEZ ARIAS, A. (1971).- Notas para un estudio de la frecuencia del *Echinococcus granulosus. Curso de Parasitología*. Fac. Vet. León.

87. DIEZ MELCHOR, F. y APARICIO GARRIDO, J. (1943).- Valoración de las relaciones biológicas en el diagnóstico de la hidatidosis. *Trab. Inst. Nac. Cienc. Méd., 1*: 3.

88. DOBLAS TORRES, A. et al. (1954).- Resumen de los trabajos de estadística e investigación de determinados parásitos en nuestros perros. Curso 1945-46. *Bol. Zool., 10*: 121.

89. DOLZ RALLO, M. (1956).- Ensayos de tratamiento de algunas enfermedades de los peces de agua dulce. *Rev de Federación Int. Vet. Zoot., 21*: 23.

90. DOLZ RALLO, M. (1960).- Algunas parasitosis de los peces de agua dulce, de interés en inspacción de alimentos. *Com. I Sem. Nac. Vet.*, Sec. Insp. Alim.: 11.

91. ESPADALER GELABERT, X. y RIASOL BOIXART, J.M. (1983).- Cisticercoides de Cyclophyllidea en hormigas *Leptothorax* MAYR. Modificaciones morfológicas y etológicas del huesped intermediario. *Rev. Ibér. Parasitol., 43*: 219.

92. ESQUERDO, J. (1889).- Quiste hidatídico pelviano y perinefrítico en una misma enferma. *Gac. Méd. Catal., 12*: 36 y 69, y *Cirug. Práct., 25*: 210.

93. ESTEBAN, J.G.; BARGUES, M.D.; VALERO, M.A. y MAS-COMA, S. (1987).- Análisis bioecológico comparado de las helmintofaunas del lirón careto, *Eliomys quercinus* Linnaeus, 1766 (Rodentia: Gliridae), en el Archipiélago Balear (España). En: *Mamíferos y Helmintos*. Vol. homenaje al Prof. Dr. Herman Kahmann en su 81 aniversario. Ed. Ketres, Barcelona: 167.

94. ESTEBAN, J.G.; OLTRA FERRERO, J.L. y MAS-COMA, S. (1990).- Helmintofauna de los murciélagos de España. II. Parásitos de *Miniopterus schreibersi* (Kuhl, 1819) (Chiroptera: Vespertilionidae). *Rev. Ibér. Parasitol., 50*: 199.

95. FELIU, C. (1987).- Efecto de la dispersión geográfica de una especie hospedadora sobre su parasitofauna: El caso de los helmintos de las poblaciones ibéricas de *Glis glis* (Linnaeus, 1766) (Rodentia: Gliridae) y *Clethryonomys glareolus* (Schreber, 1780) (Rodentia: Arvicolidae). *Rev. Ibér. Parasitol.*, Vol. Extr.: 79.

96. FELIU, C. (1987).- Helmintofauna de *Microtus (Chionomys) nivalis* (Martins, 1842) (Rodentia: Arvicolidae) en la Península Ibérica, análisis ecológico de las vermifaunas de tres poblaciones del roedor. *V Congr. Nac. Parasitol.*, Salamanca: 97.

97. FELIU, C. (1987).- Contribución al conocimiento de la helmintofauna de los roedores de Andorra. *V Congr. Nac. Parasitol.*, Salamanca: 99.

98. FELIU, C.; GISBERT, J. y REY, Y. (1985).- Presencia de Hymenolepis *asymmetrica* JANICKI, 1904 (Cestoda: Hymenolepididae) en roedores ibéricos. Primer hallazgo del helminto en *Arvicola sapidus* MILLER, 1908 (Arvicolidae). *Rev. Ibér. Parasitol., 45*: 381.

99. FELIU, C.; GRACENEA, M. y TORREGROSA, M. (1987).- Consideraciones ecológicas sobre la helmintofauna de *Apodemus sylvaticus* (Linnaeus, 1758) (Rodentia: Muridae) en el Pirineo oriental español. En: *Mamíferos y Helmintos*. Vol. homenaje al Prof. Dr. Herman Kahmann en su 81 aniversario. Ed. Ketres, Barcelona: 175.

100. FELIU, C.; MAS-COMA, S. y GALLEGO, J. (1984).- Contribución al conocimiento de la helmintofauna de micromamíferos ibéricos. VIII. Nuevos datos sobre parásitos de *Apodemus sylvaticus* LINNAEUS, 1758 (Rodentia: Muridae). *Rev. Ibér. Parasitol., 44*: 109.

101. FELIU, C.; MAS-COMA, S.; ROSET, F. y GALLEGO, J. (1984).- Contribución al conocimiento de la helmintofauna de micromamíferos ibéricos. X. Parásitos de *Arvicola terrestris* (Linnaeus, 1758) (Rodentia: Arvicolidae). *Circular Farmacéutica, 285*: 227.

102. FELIU, C. et al. (1991).- Helminth fauna of *Microtus (Microtus) cabrerae* (Thomas, 1906) (Rodentia: Arvicolidae) in the Iberian Peninsula: faunistic and ecological considerations. *Ann. Parasitol. hum. et comp., 66*: 121.

103. FELIU, C. et al. (1992).- Helmintos parásitos de mamíferos silvestres (Carnivora, Rodentia, Lagomorpha) en la Península Ibérica. Especies no incluidas en el Indice-Catálogo. *IX Reun. Cient. Asoc. Parasit. Esp.*, León: 79.

104. FERNANDEZ, J.P.; ORTS, E.; MUÑOZ. V. y CARBONELL, E. (1987).- Incidencia de larvas de cestodos sobre *Conger conger* y *Lophius piscatorius. V Cong. Nac. Parasitol.*, 29 sept-2 oct, Salamanca: 179.

105. FERNANDEZ, J.P.; RAGA, J.A.; CARBONELL, E. y RODRIGUEZ-BABIO, C. (1986).- Sobre algunos platelmintos hallados en anfibios del género *Bufo* (L.). *Misc. Zool., 10*: 61.

106. FERNANDEZ ALVAREZ, G. (1971).- Diagnóstico e incidencias, tratamiento y resultados de la infestación por Moniezias en ovinos de Tierra de Campos (Palencia). *Curso de Parasitología*. Fac. Vet. León.

107. FERNANDEZ FERNANDEZ, F. (1971).- Sobre las infestaciones por *Cysticercus cellulosae* y *C.bovis* en los animales y en el hombre. *Curso de Parasitología*. Fac. Vet. León.

108. FERNANDEZ GARCIA, D. y RODRIGUEZ DE LEDESMA, J. (1973).- Contribución al estudio de la hidatidosis cardíaca. ¿Quiste hidatídico de auricula derecha? ¿Idem del ventrículo izquierdo? *V Congr. Nac. Amer. Col. Chest Phys.*, 29 sept. a 3 oct. León, 1971: 330. Diana Artes Gráficas. Madrid.

109. FERNANDEZ NAFRIA, A. (1955).- Cisticercosis meningoencefálica. *La Med. Col., 25*: ..

110. FERRAGUT SANTIAGO, M.V. (1989).- Helmintofauna del lagarto verdinegro, *Lacerta schreiberi* Bedriaga, 1878, del Sistema Central (España). *Tesis de Licenciatura*, Univ. de Valencia.

111. FERREIRA, L.D.B.B. (1981).- A monieziose e a coccidiose dos borregos. *Rep. Trab. Inst. Nac. Vet., 13*: 123.

112. FUENTES, M.V.; GALAN-PUCHADES, M.T. y MAS-COMA, S. (1992).- Caracterización de las comunidades helmintianas de *Rattus rattus* (Linnaeus, 1758) (Rodentia: Muridae) en las islas Pitiusas de Ibiza y Formentera (Archipiélago Balear, España). *IX Reun. Cient. Asoc. Parasitol. Esp.*, León: 76.

113. GALLEGO, A. (1913).- Valor diagnóstico de la eosinofilia en las equinococosis humana y bovina. *Rev. Vet. Esp., 7*: 193.

114. GALLEGO, A. (1930).- Contribución a la histopatología de la coenurosis cerebral en la oveja. *Rev. Hig. San. Pec., 20*: 5.

115. GALLEGO BERENGUER, J. (1959).- Parasitismo vermidiano de los múridos españoles. *Rev. San. e Hig. Públ., 33*: 169.

116. GALLEGO BERENGUER, J. y PUMAROLA BUSQUETS, A. (1952).- El parasitismo por helmintos en los perros vagabundos de Barcelona. *Rev. Ibér. Parasitol., 12*: 205.

117. GANDOLPHI HARNYOLD, A. (1916).- *Ichthyotaenia macrocephala* en una anguila de Valencia. *Bol. R. Soc. Esp. Hist. Nat., 16*: 222.

118. GANDOLPHI HARNYOLD, A. (1927).- Los parásitos intestinales de la anguila en España. *Trab. Lab. Hidrob. Esp., 31*, An. Inst. Nac. 2ª enseñanza, Valencia.

119. GARCIA ADELL, G. (1987).- Helmintofaune de algunas especies de reptiles de los Pirineos Ibéricos. *Tesis de Licenciatura*, Univ. de Valencia.

120. GARCIA-ADELL, G. y ROCA, V. (1988).- Helmintofauna de Lacértidos de los Pirineos Centrales Ibéricos. *Rev. Ibér. Parasitol., 48*: 257.

121. GARCIA DIAZ, S. (1973).- La complicación pleural en el quiste hidatídico del pulmón. *V Congr. Nac. Amer. Col. Chest Phys.*, 29 sept. a 3 de oct., León, 1971: 295. Diana Artes Gráficas. Madrid.

122. GARCIA PEREZ, A.L.; JUSTE JORDAN, R.A. y POVEDANO FERNANDEZ, I. (1993).- Diez años de Parasitología en el SIMA (1982- 1992): Relación de especies y hospedadores. *Informe para el Indice-Catálogo de Zooparásitos Ibéricos.*

123. GARCIA PORTELA, M. (1942).- *Quistes hidatídicos del pulmón*. Ed. Aldecoa. Madrid.

124. GARCIA SANZ, J.A. (1954).- Ladrería o cisticercosis cutáneas. Algunas consideraciones sobre la misma y exposición de un caso. *Med. Col. Madrid, 23*: 223.

125. GARCIA SOLA, E. (1884).- Fasciolosis humana. *Gac. Méd. Catalana, 7*: 29.

126. GARCIA VALCARCE, A. (1948).- Quiste hidatídico en hígado infectado por *Ascaris lumbricoides. Galicia Clín., 20*: 235.

127. GIJON-BOTELLA, H.; CASTILLO-REMIRO, J.A. DEL y LOPEZ-ROMAN, R. (1989).- Estudio al M.E.B. de *Raillietina (Raillietina) micracantha* Fuhrmann, 1908 parásito de *Columba livia domestica* capturadas en las Islas Canarias. *Rev. Ibér. Parasitol., 49*: 37.

128. GOMEZ CABRERA, S. (1983).- Forma adulta de *Sphyriocephalus tergetinus* (Cestoda: Tetrarhynchidae) en *Alopias vulpinus* (Pisces: Selacea). *Rev. Ibér. Parasitol., 43*: 305.

129. GOMEZ-CABRERA, S. (1987).- Cestodos parásitos de *Xiphias gladius* L. (Peces: Xiphiidae) de las costas españolas. *Rev. Ibér. Parasitol., 47*: 347.

130. GOMEZ CABRERA, S. (1990).- Forma adulta de *Nybelinia lingualis* (Cuv., 1817) (Cestoda, Tentacularidae) en *Isurus oxyrhynchus* Raf. (Pisces, Isuridae) del litoral español. *Rev. Ibér. Parasitol., 50*: 51.

131. GONZALEZ ALVAREZ, R. (1961).- Los conductos de perforación en algunas helmintiasis. *An. Col. Vet. Barcelona, 202*: 395.

132. GONZALEZ CASTRO, J. (1944).- Contribución al estudio del parasitismo por helmintos o sus fases larvarias de diversos múridos capturados en Granada. *Rev. Ibér. Parasitol., 4*: 38.

133. GONZALEZ CASTRO, J. y GUEVARA BENITEZ, D.C. (1966).- Parasitismo intestinal humana por helmintos en la provincia de Granada (de 1957 a 1963). Indices globales de parasitación. *Rev. Ibér. Parasitol., 26*: 377.

134. GONZALEZ CASTRO, J.; TORMO, J. y CHORDI CORVO, A. (1962).- Aportación al estudio de las helmintiasis intestinales de los perros (con una revisión de la literatura luso-española sobre el tema). *Rev. Ibér. Parasitol., 22*: 271.

135. GONZALEZ RUIZ, M. (1919).- Tratamiento del torneo o cenurosis del carnero. *Rev. Vet. de Esp., 13*: 8.

136. GOYANES, B. (1941).- Un caso de quiste hidatídico de cerebro, intervenido según la técnica de Schroeder. *Med. Esp.*, año 4, *V*, nº 24: 1.

137. GRANEL, P.; PORTOLES, E. y ESTEBAN, J.G. (1992).- Influencia del ecosistema sobre la comunidad helmintiana de la musaraña común, *Crocidura russula* (Hermann, 1780), en el parque natural de la Albufera de Valencia. *IX Reun. Cient. Asoc. Parasitol. Esp.*, León: 80.

138. GREUS, P.C. y ESCRIG, D.I. (1972).- El problema de la hidatidosis en la provincia de Valencia. I. Estudio de la incidencia de la hidatidosis humana. *Rev. San. Hig. Públ., 46*: 99 y III. Estudio epidemiológico de la hidatidosis humana. *Rev. San. Hig. Públ., 46*: 691.

139. GUEVARA POZO, D. (1945).- Cestodes del género *Dinobothrium* parásitos de grandes selacios, pescados en las costas españolas. *Rev. Ibér. Parasitol.*, Vol. Extr.: 260.

140. GUEVARA POZO, D. y DOMINGUEZ MARTINEZ, J. (1955).- Un nuevo caso en España de parasitismo humano por *Hymenolepis diminuta* (Rud. 1819). *Rev. Ibér. Parasitol.*, Vol. Extr.: 459.

141. GUEVARA POZO, D. y GALDO VILLEGAS, A. (1945).- Consideraciones a propósito de un caso de teniasis múltiple por *Taenia solium* en un niño. *Rev. Ibér. Parasitol.*, Vol. Extr.: 285.

142. GUIART, J. (1935).- *Cestodes parasites provenant des campagnes scientifiques du Prince Albert 1er de Mónaco. Résultats des Campagnes Sci. accomplies sur son yacht par Albert 1er*, Monaco, Fasc. III: 1.

143. GUTIERREZ, P.N.; MARTINEZ GOMEZ, F.; NAVARRETE, I. y ACOSTA, I. (1982).- Parásitos de Corvidae (Aves: Passeriformes) en el valle de los Pedroches (Córdoba). Primera relación. *Rev. Ibér. Parasitol.*, Vol. Extr.: 95.

144. GUTIERREZ GIMENEZ, A. (1948).- Notas de matadero: un caso de cisticercosis muscular en una res bovina. *Ciencia Vet., 9*: 145.

145. HERGUETA DE GUADIANA, G. (1957).- Parasitosis intestinal y atebrina. *Rev. Inf. Méd. Terap., 32*: 353.

146. HERNANDEZ, S. et al. (1980).- Parásitos del ciervo (*Cervus elaphus*) en Córdoba. I. Primera relación. *Rev. Ibér. Parasitol., 40*: 93.

147. HERNANDEZ-RODRIGUEZ, S.; MARTINEZ-GOMEZ, F.; GUTIERREZ- PALOMINO, P. y MARTINEZ-CRUZ, M.S. (1984).- Parasitocenoses of red deer (*Cervus elaphus*) in Sierra Morena, Córdoba, Spain. *Int. Symp. über die Erkankungen der Zoot.*, 2 mayo, Brno: 429.

148. HERRERO AYLLON, R. (1955).- Contribución al estudio de la lucha contra la hidatidosis. *Rev. San. e Hig. Públ., 29*: 517.

149. HORNERO GARCIA, M.J. (1987).- Contribución al conocimiento de la helmintofauna de los anfibios anuros de los Pirineos Ibéricos. *Tesis de Licenciatura*, Univ. de Valencia.

150. HORNERO GARCIA, M.J. (1991).- Helmintofauna de los lacértidos endémicos de las Islas Baleares (Mediterráneo Occidental). *Tesis Doctoral*, Univ. de Valencia.

151. IGLESIAS, R. et al. (1991).- Influencia del biotopo de captura sobre la parasitofauna de *Apodemus sylvaticus* en Galicia. *I Congr. Int. Asoc. Sudoccid. Europ. Parasitol.*: 48.

152. ILLESCAS GOMEZ, M.P. (1979).- Helmintos parásitos de las aves de la provincia de Granada. Ed. Seminario de Estudios de la Caja General de Ahorros y Monte de Piedad de Granada. 210 pp.

153. ILLESCAS GOMEZ, P. (1979).- *Cloacotaenia megalops* (Nitzch in Creplin, 1829) Wolffhuggel, 1938 primera cita en España. Parásito común de aves anseriformes. *Rev. Ibér. Parasitol., 39*: 183.

154. ILLESCAS-GOMEZ, P. (1981).- *Microsomacanthus compressa* (LINTON, 1892) LOPEZ-NEYRA, 1942 y *Diorchis acuminata* (CLERC, 1902) CLERC, 1903, parásitos de nuevos hospedadores anseriformes en España. *Rev. Ibér. Parasitol., 41*: 5.

155. ILLESCAS GOMEZ, M.P. (1981).- *Dilepis undula* Weinland, 1858 parásito del *Turdus philomelos* Brehm. *Rev. Ibér. Parasitol., 41*: 155.

156. ILLESCAS GOMEZ, M.P. (1981).- *Schistometra conoides* (BLOCH, 1782) SKRJABIN, 1914, parásito intestinal de *Otis tarda L. Rev. Ibér. Parasitol., 41*: 163.

157. ILLESCAS GOMEZ, M.P. (1981).- Algunas consideraciones sobre *Cotugnia dollfusi* López-Neyra, 1950. *Rev. Ibér. Parasitol., 41*: 325.

158. ILLESCAS GOMEZ, M.P. (1981).- *Idiogenes otidis* KRABBE, 1868; parásito intestinal de *Otis tarda* L. *Rev. Ibér. Parasitol., 41*: 475.

159. ILLESCAS GOMEZ, M.P. (1981).- *Retinometra serrata* (FUHRMANN, 1906), SPASSKI, 1963; parásito intestinal de *Streptotelia turtur* L. Primera cita en España. *Rev. Ibér. Parasitol., 41*: 485.

160. ILLESCAS GOMEZ, P. (1982).- *Diploposthe laevis* (BLOCH, 1782) JACOBI, 1896 (Diploposthidae POCHE, 1926); parásito de aves anseriformes procedentes del coto de Doñana. *Rev. Ibér. Parasitol., 42*: 267.

161. ILLESCAS GOMEZ, P. (1982).- *Drepanidotaenia lanceolata* (BLOCH, 1782) RAILLIET, 1892 y *Tschertkovilepis setigera* (FROLICH, 1789) SPASSKI y SPASSKAYA, 1954; parásitos del *Anser anser* L. procedentes del Coto de Doñana. *Rev. Ibér. Parasitol.*, Vol. Extr.: 141.

162. ILLESCAS GOMEZ, M.P. (1983).- Sobre *Diorchis parvogenitalis* Skrjabin, Mathevosian, 1945 y su diferenciación con otras especies próximas del género *Diorchis. Ars Pharmaceutica, 23*: 347.

163. ILLESCAS-GOMEZ, P.; AGUADO-HERNANDEZ, F.; GRANADOS-TEJERO, D. y RODRIGUEZ-OSORIO, M. (1987).- Presencia en España de *Diplopylidium nölleri* Skrjabin, 1924 en el perro (*Canis familiaris* L. 1758). *Rev. Ibér. Parasitol.*, Vol. Extr.: 115.

164. ILLESCAS-GOMEZ, M.P. y GOMEZ-GARCIA, V. (1983).- Sobre *Diorchis nyrocae* YAMAGUTI, 1935 (Cestoda: Hymenolepididae), parásito del *Anas platyrhynchos* L. procedentes del coto de Doñana. *Rev. Ibér. Parasitol., 43*: 125.

165. ILLESCAS GOMEZ, M.P. y GOMEZ GARCIA, V. (1983).- *Wardium recurvirostrae* (Hymenolepididae) parásito intestinal de *Tringa hypoleucos* L. *III Cong. Nac. Parasitol.*, Barcelona: 44.

166. ILLESCAS GOMEZ, M.P. y GOMEZ GARCIA, V. (1984).- Aportacion al conocimiento de *Variolepis farciminosa* (GOEZE, 1782) SPASSKY y SPASSKAYA, 1954 (Cestoda: Hymenolepididae). Primera cita en España. *Rev. Ibér. Parasitol., 44*: 53.

167. ILLESCAS-GOMEZ, M.P. y GOMEZ-GARCIA, V. (1987).- A proposito de un nuevo hallazgo de *Raillietina (Paroniella) bolivari* LOPEZ-NEYRA, 1929 (Davaineidae) en la perdiz roja (*Alectoris rufa* L.) en España. *Rev. Ibér. Parasitol., 47*: 53.

168. ILLESCAS GOMEZ, P. y LOPEZ ROMAN, R. (1978).- Primeras citas en España de 10 especies de Cestodos parásitos de aves. *Rev. Ibér. Parasitol., 38*: 851.

169. ILLESCAS GOMEZ, M.P. y LOPEZ ROMAN, R. (1980).- *Tatria acanthorhyncha* (WEDL, 1855) MRAZEL, 1905, parásito intestinal del *Podiceps ruficollis* PAll. *Rev. Ibér. Parasitol., 40*: 11.

170. ILLESCAS GOMEZ, M.P. y LOPEZ ROMAN, R. (1980).- Nuevos parásitos cestodes de *Apus apus* L. en España. *Rev. Ibér. Parasitol., 40*: 57.

171. ILLESCAS-GOMEZ, P. y LOPEZ-ROMAN, R. (1980).- *Dubinolepis multistriata* (RUDOLPHI, 1810) SPASSKI et SPASSKAYA, 1954, parásito del *Podiceps ruficollis* PALLAS. *Rev. Ibér. Parasitol., 40*: 223.

172. ILLESCAS-GOMEZ, P. y LOPEZ-ROMAN, R. (1980).- Presencia en España de dos nuevos cestodes de *Delinchon urbica* L. *Rev. Ibér. Parasitol., 40*: 347.

173. ILLESCAS GOMEZ, P. y LOPEZ-ROMAN, R. (1980).- *Paricterotaenia coronata* CREPLIN, 1829; primera cita para España en el *Burhinus oedicnemus* L. *Rev. Ibér. Parasitol., 40*: 359.

174. ILLESCAS-GOMEZ, P. y LOPEZ-ROMAN, R. (1980).- *Anomotaenia contricta* (MOLIN, 1858) COHN, 1900 parásito intestinal del *Corvus monedula* L. *Rev. Ibér. Parasitol., 40*: 391.

175. ILLESCAS-GOMEZ, P. y LOPEZ-ROMAN, R. (1980).- *Choanotaenia passerina* (FUHRMANN, 1907) FUHRMANN, 1932; primera cita en España, parásito del *Passer domesticus* L. *Rev. Ibér. Parasitol., 40*: 399.

176. ILLESCAS-GOMEZ, P. y LOPEZ-ROMAN, R. (1980).- Variación en la medida de *Anonchotaenia globata* LINSTOW, 1879; según sus hospedadores. *Rev. Ibér. Parasitol., 40*: 407.

177. ILLESCAS-GOMEZ, P. y LOPEZ-ROMAN, R. (1980).- *Mayhewia ababili* (SINGH, 1952) YAMAGUTI, 1956 parásito intestinal de *Hirundo rustica* L. *Rev. Ibér. Parasitol., 40*: 417.

178. ILLESCAS-GOMEZ, M.P. et al. (1989).- Parasitismo por helmintos en el perro (*Canis familiaris* L.) en la provincia de Granada. *Rev. Ibér. Parasitol., 49*: 3.

179. ILLESCAS-GOMEZ, M.P. et al. (1989).- Estudio del parasitismo por helmintos o sus fases larvarias de *Rattus norvegicus* Berkenhout, 1769 en Granada. *Rev. Ibér. Parasitol., 49*: 203.

180. IZQUIERDO GOMEZ, S. (1987).- Contribución al conocimiento de los helmintos parásitos de herpetos de la provincia de Alicante. *Tesis de Licenciatura*, Univ. de Valencia.

181. JORDANO BAREA, D. (1950).- Hallazgo en España de *Diplopylidium triseriale* (Lühe) (Cestoda, Dilepididae) y demostración biométrica de la validez de esta especie. *Rev. Ibér. Parasitol., 10*: 97.

182. JORDANO BAREA, D. (1952).- *Hymenolepis cordobensis* n.sp. (Cestoda, Hymenolepididae) nueva tenia parásita de la paloma doméstica. *Rev. Ibér. Parasitol., 12*: 59.

183. JORDANO BAREA, D. (1955).- Diferenciación biométrica de *Diplopylidium triseriale* (Lühe) y *D. acanthotetra* (Parona) (Cestoda, Dilepididae) mediante la prueba t. *Rev. Ibér. Parasitol.*, Vol. homenaje al Prof. C.R. López-Neyra.: 59.

184. JULIAN NATIVIDAD, L. (1992).- Estudio taxonómico y ecológico de la parasitofauna de la solleta, *Citharus linguatula* (Linnaeus, 1758) (Osteichthyes: Citharidae), en la zona marítima de Castellón (Mediterráneo Occidental). *Tesis de Licenciatura*, Univ. de Valencia.

185. LACASA, M.I. et al. (1991).- Estudio parasitológico de *Barbus meridionalis meridionalis*. II. Cestoda y Nematoda. *I Congr. Int. Asoc. Sudoccid. Europ. Parasitol.*: 67.

186. LAFUENTE QUILEZ, M. (1992).- Helmintofauna de *Algyroides marchi* Valverde, 1958 y *Podarcis hispanica* (Steindachner, 1870) (Sauria: Lacertidae) en las Sierras de Alcaraz y Cazorla. *Tesis de Licenciatura*, Univ. de Valencia.

187. LAMAS, A.M. et al. (1985).- *Chalcides sexlineatus* BOETTGER y MÜHER, 1914 nuevo hospedador de *Oochoristica tuberculata* LUHE, 1898 *Rev. Ibér. Parasitol., 45*. 89.

188. LEITAO, J.L. DA SILVA (1963).- *Parásitas dos animais domesticos em Portugal metropolitano*. Inst. Alta Cultura. Fundaçao Galouste-Gulbekian. Lisboa.

189. LEITAO, J.L. DA SILVA; OLIVEIRA RODRIGUES, H. DE y CALVALHO VARELA, M. (1969).- Subsidio para o estudo da fauna helmintologica da galinha doméstica (*Gallus gallus* L.) em Portugal metropolitano. *Esc. Sup. Med. Vet. Lisboa*,: 75.

190. LIZCANO HERRERA, J. (1958).- Hallazgo de unas formas de *Sparganus* en un conejo de Granada. *Rev. Ibér. Parasitol., 18*: 227.

191. LLUCH, J.; ROCA, V.; NAVARRO, P. y MAS-COMA, S. (1987).- Helmintofauna de los Herpetos ibéricos: estado actual de conocimientos, consideraciones ecológicas y estimaciones corológicas. En: *Mamíferos y Helmintos*. Vol. homenaje al Prof. Dr. Herman Kahmann en su 81 aniversario. Ed. Ketres, Barcelona: 143.

192. LOPEZ, A. (1920).- Sobre diagnóstico del quiste hidatídico por los medios de laboratorio. *Congreso de Bilbao*, Asoc. Esp. Progr. de las Ciencias, 9, sec. 7ª,: 161.

193. LOPEZ BALAGUER, E. (1988).- Helmintofauna de dos especies afines del género *Podarcis* Wagler, 1830 (Reptilia: Lacertidae) en el Noroeste Peninsular. *Tesis de Licenciatura*, Univ. de Valencia.

194. LOPEZ LOPEZ, C. y TRULL, E.(1915).- *Cysticercus fasciolaris* en el hígado de una rata. *Rev. Vet. Esp., 9*: 529.

195. LOPEZ-NEYRA, C.R. (1919).- Algunos dipilídidos parásitos del perro y del gato. *Rev. Vet. Esp., 13*: 473.
196. LOPEZ-NEYRA, C.R. (1923).- Apuntes para un compendio de helmintología ibérica. *Asoc. Esp. Progr. Cienc. Congr. de Salamanca, 9*: 93.
197. LOPEZ-NEYRA, C.R. (1927).- Consideraciones sur le genre *Dipylidium* Leuckart. *Bull. Soc. Path. Exot., 20*: 434.
198. LOPEZ-NEYRA, C.R. (1927).- Sobre la evolución de *Joyeuxia chyzeri* v.Ratz. Infección experimental de las salamanquesas. *Bol. R. Soc. Esp. Hist. Nat., 27*: 398.
199. LOPEZ-NEYRA, C.R. (1928).- El *Hymenolepis nana* como parásito intestinal en España. *Med. Ibera, 2*(564): ..
200. LOPEZ-NEYRA, C.R. (1928).- Parasitismo humano del *Dipylidium caninum* y consideraciones sobre las especies del género *Dipylidium. Med. Pais. Cál., 1*: 224.
201. LOPEZ-NEYRA, C.R. (1929).- Revisión del género *Dipylidium* Leuckart. *Mem. R. Acad. Cienc. Exactas, Fís. y Nat., 32*, ser. 1ª, 112 pp.
202. LOPEZ-NEYRA, C.R. (1929).- Consideraciones sobre el género *Davainea* (s.l.) y descripción de dos especies nuevas. *Bol. R. Soc. Esp. Hist. Nat., 29*: 345.
203. LOPEZ-NEYRA, C.R. (1930).- Datos para el esclarecimiento del ciclo evolutivo de las tenias del género *Davainea. Med. Pais. Cál., 3*: 31.
204. LOPEZ-NEYRA, C.R. (1931).- *Revisión del genero Davainea*. R. Acad. Cienc. Exactas, Fís. y Nat., Madrid.
205. LOPEZ-NEYRA, C.R. (1931).- Los géneros *Fimbriaria* e *Hymenofimbriaria* como deformidades de *Hymenolepis* y *Diorchis*. *Med. Pais. Cál., 4*: 1.
206. LOPEZ-NEYRA, C.R. (1932).- *Hymenolepis pittalugai* n.sp. et ses raports avec les espèces similaires (*H. macracanthos*). *Ann. Parasit., 10*: 248.
207. LOPEZ-NEYRA, C.R. (1941).- Especies nuevas o insuficientemente conocidas correspondientes al género *Hymenolepis* Weinland (s.l.). *Rev. Ibér. Parasitol., 1*: 133.
208. LOPEZ-NEYRA, C.R. (1942).- División del género *Hymenolepis* Weinland (s.l.) en otros más naturales. *Rev. Ibér. Parasitol., 2*: 46 y 113.
209. LOPEZ-NEYRA, C.R. (1942).- Algunos datos estadísticos sobre equinococosis en la Península Ibérica. *Las Ciencias, 7*: 799.
210. LOPEZ-NEYRA, C.R. (1943).- Consideraciones sobre el género *Ligula* Weinland 1857. *Rev. Ibér. Parasitol., 3*: 61.
211. LOPEZ-NEYRA, C.R. (1943).- La fimbriarización. Posibles cestodes normales que la presentan. *Rev. Ibér. Parasitol., 3*: 107.
212. LOPEZ-NEYRA, C.R. (1943).- *Paradicranotaenia anormalis* n.g. y consideraciones sobre los Nematoparateniidae. *Rev. Ibér. Parasitol., 3*: 229.
213. LOPEZ-NEYRA, C.R. (1943).- Una nueva especie de *Deltokeras* y su situación entre los ciclofílidos. *Rev. Ibér. Parasitol., 3*: 351.
214. LOPEZ-NEYRA, C.R. (1944).- Compendio de Helmintología ibérica (Cont.). *Rev. Ibér. Parasitol., 4*: 75, 138, 209 y 403.
215. LOPEZ-NEYRA, C.R. (1944).- *Nematotaenia tarentolae* n.sp. parásita intestinal de geckónidos. *Rev. Ibér. Parasitol., 4*: 123.
216. LOPEZ-NEYRA, C.R. (1945).- Compendio de Helmintología ibérica. *Rev. Ibér. Parasitol., 5*: 121.
217. LOPEZ-NEYRA, C.R. (1945).- Los cestodes hispanos. *Rev. Acad. Cienc. Exactas, Fís. y Nat., 39*: 97.
218. LOPEZ-NEYRA, C.R. (1947).- Consideraciones sobre la sistemática actual de los Ciclofílidos. *Mem. Prem. Real Acad. Cienc. Exactas, Fís. y Nat.*, concurso 1934.
219. LOPEZ-NEYRA, C.R. (1947).- *Helmintos de los vertebrados ibéricos*. 3 vol. Imprenta Urania. Granada.
220. LOPEZ-NEYRA, C.R. (1947).- *Parasitología animal*. Imprenta Prieto. Granada.
221. LOPEZ-NEYRA, C.R. (1950).- Raillietinosis humanas. *Reb. Kuba de Med. Trop., 143bis*: 21.

222. LOPEZ-NEYRA, C.R. (1950).- Revisión del género *Cotugnia*, motivada por el estudio de una especie nueva hallada en la tórtola de Granada. *Rev. Ibér. Parasitol., 10*: 57.

223. LOPEZ-NEYRA, C.R. (1952).- *Gyrocoelia albaredai* n.sp. Relaciones con Tetrabothridae y Dilepididae. *Rev. Ibér. Parasitol., 12*: 319.

224. LOPEZ-NEYRA, C.R. (1956).- *Fernandezia goizuetai* nov. gen nov. sp. parásito intestinal del zorzal y revisión de los Ophryocotylinae. *Rev. Acad. Cienc., 33*: 5.

225. LOPEZ-NEYRA, C.R. y GRISOLIA JUROSTIO, M. (1933).- Primeros casos de botriocefalosis intestinal humana en la Península Ibérica. *Publ. Ofic. Com. Perm. Inv. Sanit. Direc. Gral. San.*, 7, Madrid.

226. LOPEZ-NEYRA, C.R. y MEDINA BLANCO, M. (1951).- Notas helmintológicas cordobesas. *Rev. Ibér. Parasitol., 11*: 23.

227. LOPEZ-NEYRA, C.R. y MUÑOZ MEDINA, J.M. (1921).- *Dipylidium quinquecoronatum* sp.n. parásita intestinal del gato doméstico. *Bol. R. Soc. Esp. Hist. Nat., 21*: 421.

228. LOPEZ-NEYRA, C.R. y SOLER PLANAS, M.A. (1943).- Revisión del *Echinococcus* Rud. y descripción de una especie nueva parásita intestinal del perro en Almería. *Rev. Ibér. Parasitol., 3*: 169.

229. LOPEZ-NEYRA, C.R. y SOLER PLANAS, M.A. (1944).- *La equinococosis en España*. CSIC. Madrid.

230. LOPEZ-NEYRA, C.R. y SOLER PLANAS, M.A. (1945).- Compendio de Helmintología ibérica. Bibliografía ibérica. Equinococosis. *Rev. Ibér. Parasitol., 5*: 225.

231. LOPEZ-NEYRA, C.R. y TORRES LOPEZ, A. (1928).- El *Hymenolepis nana* como parásito intestinal humano en España. *Act. Méd. Granada, 8*: 257.

232. LOPEZ ROMAN, R. y COLLADO GONZALEZ, F. (1969).- Parasitismo infantil humano en la provincia de Granada, diagnosticado en la población infaltil coprológicamente y por cinta adhesiva. Parte I. *Rev. Ibér. Parasitol.,29*: 413.

233. LOZANO, R. (1931).- *Echinococosis* (Quistes hidatídicos). Edit. Bailly Bailliere. Madrid.

234. LOZANO MANTECON, R.R.; LOZANO BLESA, F. y SOLSONA, F.M. (1969).- Hidatidosis primitiva del mediastino. *Dis. Chest., 55*: 260.

235. LUCIENTES-CURDI, J. y CASTILLO-HERNANDEZ, J.A. (1990).- Primera cita en España de cenurosis cerebral en el sarrio (*Rupicapra rupicapra pyrenaica*). *Rev. Ibér. Parasitol., 50*: 53.

236. LUENGO, N. (1973).- Quiste hidatídico pulmonar complicado. *V Congr. Nac. Amer. Col. Chest Phys.*, 29 sept. a 3 oct., León, 1971: 291. Diana Artes Gráficas. Madrid.

237. MALLACH, M.P. et al. (1985).- Primeros datos helmintológicos sobre la musaraña *Crocidura russula* (Hermann, 1780) (Insectivora: Soricidae) en el Sur de España. *IV Congr. Nac. Parasitol.*, Tenerife: 211.

238. MARCOS BECERRO, J.F. (1962).- Tratamiento de las teniasis humanas por el Cestocida "Bayer". *Rev. Inf. Med., 37*: 546.

239. MARIMON y CARBONELL, J. (1912).- Quiste hidatídico del tiroides. *Rev. Cienc. Med.*, Barcelona, *39*: 232.

240. MARTIN CALAMA, A. (1960).- La cisticercosis porcina en la provincia de Granada. *Supl. Cient. Bol. Inf. Cons. Gral. Col. Vet. Esp., 7*: 511.

241. MARTIN LOMEÑA, S. (1960).- Hidatidosis, un recuerdo necesario. *Supl. Cient. Bol. Inf. Cons. Gral. Col. Vet. Esp., 7*: 107.

242. MARTINEZ, F.; HERNANDEZ, S.; CALERO, R. y MORENO, T. (1978).- Contribución al conocimiento de los parásitos del zorro (*Vulpes vulpes*). *Rev. Ibér. Parasitol., 38*: 207.

243. MARTINEZ, F. et al. (1977).- Parásitos de aves passeriformes en la provincia de Córdoba. *Rev. Ibér. Parasitol., 37*: 134.

244. MARTINEZ GOMEZ, F. (s/a).- Profilaxis y planes de lucha contra las teniasis y estados larvarios de los ovinos. Ciclo Div. Parasit. An. Min. Agric. Direc. Gral. Gan., Agencia Desarrollo gan. Sevilla. Separata GRANJA, Cooper Zeltia, S.A., Madrid. Gráficas Sánchez.: 47.

245. MARTINEZ GOMEZ, F. (1971).- Plerocercoides de *Ligula intestinalis* Linneo 1758 (Cestoda, Diphyllobothriidae) en la cavidad intestinal de *Leuciscus cephalus pyraenaicus* Gunther, 1868 (Pisces, Cyprinidae). *Com. V. Sem. Nac. Vet. (Prod. Pesca y sus Indust.)*. Santiago de Compostela, 3-8 agosto 1970: 251. Cográfica. Madrid.

246. MARTINEZ GOMEZ, F. y HERNANDEZ RODRIGUEZ, S. (1971).- Helminth parasites from sheep (*Ovis aries*) in Córdoba (Spain). *1er. Multicol. Europ. Parasit.*, Rennes: 344. y *Arch. Zootec.*, *20*: 249.

247. MARTINEZ GOMEZ, F. y HERNANDEZ RODRIGUEZ, S. (1973).- Helmintos parásitos de la oveja (*Ovis aries*). II. Descripción de *Stilesia vittata* Railliet, 1896, primera cita en España y segunda relación de helmintos. *Rev. Ibér. Parasitol.*, *33*: 11.

248. MARTINEZ GOMEZ, F.; HERNANDEZ RODRIGUEZ, S. y CALERO CARRETERO, R. (1973).- Helmintos parásitos de la cabra (*Capra hircus*) en Córdoba. *Rev. Ibér. Parasitol.*, *33*: 625.

249. MARTINEZ GOMEZ, F.; HERNANDEZ RODRIGUEZ, S.; CALERO CARRETERO, R. y BECERRA MARTELL, C. (1974).- Contribución al conocimiento de los zooparásitos en la provincia de Córdoba. II. Platelmintos. *III Reun. Nac. Centros Invest. Gan. del CSIC*, Córdoba, 24-27 oct.

250. MARTINEZ-GOMEZ, F. et al. (1987).- Parasitocenosis of *Lepus capensis* in the South of Spain. *Sonderdruck aus Verhandl. des 29 Int. Symp. über die Erkrank. der Zootiere*, Cardiff: 347.

251. MARTINEZ-MORENO, F.J.; MARTINEZ-MORENO, A.; BECERRA-MARTELL, C. y MARTINEZ-CRUZ, M.S. (1989).- Parasitofauna de la paloma (*Columba livia*) en la provincia de Córdoba (España). *Rev. Ibér. Parasitol.*, *49*: 279.

252. MARTINEZ PASTOR, L. (1954).- Contribución al estudio de la equinococosis en el perro. La lucha antihidatídica española. *Supl. Cient. Bol. Inf. Cons. Gral. Col. Vet. Esp.*, *8*: 457 y *Cienc. Vet.*, *15*: 423.

253. MAS-COMA, S. (1978).- Helmintos de micromamíferos de Formentera (Islas Pitiusas). Nota Preliminar. *Rev. Ibér. Parasitol.*, *38*: 139.

254. MAS-COMA, S.; FELIU, C. y REY, J.M. (1978).- Contribución al conocimiento de la helmintofauna de micromamíferos ibéricos. VI. Parásitos del *Glis glis* LINNAEUS, 1766 (Rodentia: Gliridae). *Rev. Ibér. Parasitol.*, *38*: 579.

255. MAS-COMA, S. y GALLEGO, J. (1975).- Contribución al conocimiento de la helmintofauna de micromamíferos ibéricos. I. Parásitos de *Sorex* spp. (Insectivora: Soricidae). *Rev. Ibér. Parasitol.*, *35*: 261.

256. MAS-COMA, S. y GALLEGO, J. (1980).- Conocimientos actuales sobre la helmintofauna de micromamíferos (Insectivora, Rodentia) en España. En: *Indice-Catálogo de Zooparásitos Ibéricos*: 533. Cordero del Campillo, M. et al., Ministerio de Sanidad y Seguridad Social. Madrid.

257. MAS-COMA, S. y JOURDANE, J. (1977).- Description de l'adulte de *Staphylocystis biliarius* Villot, 1877 (Cestoda: Hymenolepididae), parasite de *Crocidura russula* Hermann, 1780 (Insectivora: Soricidae). *Ann. Parasitol. hum. et comp.*, *52*: 609.

258. MAS-COMA, S.; TENORA, F. y ROCAMORA, J.M. (1978).- Contribución al conocimiento de la helmintofauna de micromamíferos ibéricos. V. Parásitos de *Microtus agrestis* LINNAEUS, 1761 y *Microtus nivalis* MARTINS, 1842 (Rodentia: Microtidae). *Rev. Ibér. Parasitol.*, *38*: 63.

259. MAYORAL, A.I. et al. (1989).- Nuevas aportaciones al conocimiento de la parasitofauna de Cáceres. *VI Cong. Nac. y I Cong. Ibér. Parasitol*, Cáceres: 180.

260. MENDONÇA, M.M. (1981).- *Mathevotaenia cruzsilvae* n.sp. (Cestoda, Anoplocephalidae), parasite de *Macaca irus* F. Cuvier, 1818. *Bull. Mus. Nat. d'Histoire Nat.*, Paris, 4ª Sér. A, 3: 1081.

261. MENDONÇA, M.M. (1983).- *Phyllobothrium delphini* (BOSC, 1802) (Cestoda, Tetraphyllidae) from *Arctocephalus pusillus* (SCHREBER, 1778) (Carnivora, Otariidae) in captivity. *Rev. Ibér. Parasitol.*, *44*: 39.

262. MENDONÇA, M.M. DE y CARVALHO VARELA, M. (1971).- Sobre a existencia de *Andrya cuniculi* (Blanchard, 1891) Railliet, 1893 (Cestoda, Anoplocephalidae) na Península Ibérica, em coelhos (*Oryctolagus cuniculus* Linnaeus, 1758). *An. Esc. Sup. Med. Vet., 13*: 173.

263. MIQUEL, J. et al. (1991).- Helmintos parásitos de carnívoros silvestres en Cataluña. *I Congr. Int. Asoc. Sudoccid. Europ. Parasitol.*: 23.

264. MIQUEL, J. et al. (1991).- Contribución al conocimiento de la helmintofauna de carnívoros silvestres en el Pirineo oriental español y francés. *I Congr. Int. Asoc. Sudoccid. Europ. Parasitol.*: 42.

265. MIRANDA ENTRENAS, S. y MEDINA BLANCO, M. (1953).- La patología aviar en el S. de España. *Trab. Lab. Pec. Andalucía Oriental, 1*: 13.

266. MOLINA, M.T.; ESTEBAN, J.G. y MAS-COMA, S. (1985).- Estudio bioecológico de la helmintofauna de *Apodemus sylvaticus* Linnaeus, 1758 (Rodentia: Muridae) en Mallorca. *IV Congr. Nac. Parasitol.*, Tenerife: 179.

267. MORELL LOPEZ, J. (1930).- Estudio de la *Avitellina centripunctata* Rivolta 1874. *Bol. R. Soc. Esp. Hist. Nat., 30*: 453.

268. MORENO MONTAÑEZ, T.; BECERRA MARTELL, C. y NAVARRETE LOPEZ-COZAR, I. (1979).- Contribución al conocimiento de los parásitos de la liebre *Lepus capensis*. *Rev. Ibér. Parasitol., 39*: 383.

269. MOTJE, M. et al. (1991).- Consideraciones faunísticas y ecológicas en relación a los helmintos parásitos de *Mustela putorius* Linnaeus, 1758 (Carnivora: Mustelidae) en España. *I Congr. Int. Asoc. Sudoccid. Europ. Parasitol.*: 41.

270. MUÑOZ FERNANDEZ, E. y SAUCEDO ARANDA, R. (1945).- Acción intestinal de cestodes (Nota previa). *Rev. Ibér. Parasitol.*, Vol. Extr.: 312.

271. MUÑOZ ORTIZ, M.V. (1986).- Contribución al estudio de la parasitofauna de *Conger conger* L., 1758 en aguas del litoral valenciano. *Tesis de Licenciatura*, Univ. de Valencia.

272. MURAI, E.; TENORA, F. y ROCAMORA, J.M. (1980).- *Paranoplocephala mascomai* sp.n. (Cestoda: Anoplocephalidae) a parasite of *Microtus cabrerae* (Rodentia) in Spain. *Parasitologica Hungarica, 13*: 35.

273. MUZQUIZ, J.L. et al. (1976).- Encuesta serológica por fluorescencia de distintas parasitosis de la especie humana. *I Congr. Nac. Parasitol.*, Granada.

274. NAVARRETE, I. et al. (1988).- Contribución al estudio de las parasitosis ovina y caprina en la provincia de Cáceres. *Acta Veterinaria, 2*: 37.

275. NAVARRETE, I. et al. (1990).- Parasites of roe deer (*Capreolus capreolus*) in Cáceres province, Spain. *Erkrank. der Zoot. Verhandlugsbericht Int. Symp.* 23-27 mayo, Berlín: 225.

276. NAVARRETE, I. et al. (1990).- Parasites of feral carnivores in Cáceres Province, Spain. *Sonderdruck aus Verhandl. des 32 Int. Symp. über die Erkrank. der Zoo- und Wildt.*, Eskilstuna: 229.

277. NAVARRETE, I. et al. (1991).- A propósito de una parasitación múltiple en ciervos (*Cervus elaphus*) de la Sierra de las Villuercas (Cáceres). *I Cong. Int. Asoc. Sudocc. Europ. de Parasitol.*, 1-5 jul., Valencia.

278. NAVARRO, P.; LLUCH, J. y ROCA, V. (1987).- Contribución al conocimiento de la helmintofauna de los herpetos ibéricos. VI. Parásitos de *Natrix maura* (LINNAEUS, 1758) (Reptilia: Colubridae). *Rev. Ibér. Parasitol., 47*: 65.

279. NAVARRO, P. et al. (1987).- Sobre la helmintofauna de *Rana iberica* Boulenger, 1879 del Oeste del Sistema Central. *V Congr. Nac. Parasitol.*, Salamanca: 211.

280. NAVARRO, P. et al. (1991).- Helmintofauna de *Bufo bufo gredosicola* Muller et Hellmich, 1935 (Amphibia: Bufonidae) en la Sierra de Gredos del Sistema Central Ibérico (España). *I Congr. Int. Asoc. Sudoccid. Europ. Parasitol.*: 51.

281. NAVARRO GOMEZ, P. (1985).- Contribución al conocimiento de la helmintofauna de *Natrix maura* (L., 1758) en Valencia. *Tesis de Licenciatura*, Univ. de Valencia.

282. NAVARRO GOMEZ, P. (1987).- Sobre la helmintofauna de algunas poblaciones españolas, peninsulares e insulares, del género *Rana* Linnaeus, 1758 (Amphibia: Ranidae). *Tesis Doctoral*, Univ. de Valencia.

283. NAVARRO BLASCO, A. (1929).- Un caso de quiste hidatídico del pulmón espontáneamente curado. *Levante Médico*, U2(19), julio.
284. NAVARRO HOSPITAL, A.R. (1957).- Asma bronquial y parasitismo intestinal. *Rev. Inf. Méd. Trop., 32*: 73.
285. NAVLET RODRIGUEZ, J. (1946).- Contribución al estudio de la endemia de equinococosis en España. *Med. Clín., 7*: 210.
286. OBRADOR, S. et al. (1960).- Revisión de 40 casos de quistes hidatídicos del encéfalo. *Rev. Clín. Esp., 79*: 176.
287. OLIVER PASCUAL, E. y OLIVER PASCUAL, A. (1953).- Anemias megaloblásticas por botriocéfalos y por *Balantidium* en el hombre. *Rev. Esp. Enf. Apar. Dig. y Nutr., 12*: 54.
288. OQUIÑENA ECHALECU, F. (1929).- La *Hymenolepis nana* en España. *Med. Pais. Cál., 2*: 305.
289. ORTIZ DE LANDAZURI, A. (1930).- Parasitismo accidental en un grupo de niños. Algunos datos de interés relacionados con su diagnóstico y tratamiento. *Med. Pais. Cál., 3*: 138.
290. ORTS, E.; MUÑOZ, V.; FERNANDEZ, J.P. y CARBONELL, E. (1988).- Presencia de larvas de cestodos sobre *Conger conger* (L.) y *Lophius piscatorius* (L.) del litoral gallego. *Rev. Ibér. Parasitol., 48*: 165.
291. ORTS MUÑOZ, M.E. (1986).- Contribución al estudio de la parasitofauna de *Lophius piscatorius* L., 1758 en aguas del litoral valenciano. *Tesis de Licenciatura*, Univ. de Valencia.
292. OSSORIO CHANA, L. (1973).- Contribución al estudio de la hidatidosis en el medio rural. *Terap. y Vet., 4*: 13.
293. OVEJERO MARTINEZ, F.J. (1965).- Principales causas de decomiso en el Matadero Municipal de León. *Avigán, 153*: 44.
294. PARDO, I. (1920).- Contribución a la parasitología de la anguila en Valencia. *Bull. Inst. Catal. d'Hist. Nat.*, ..: 115.
295. PELLICER CARRASCO, M. (1992).- Estudio del parasitismo de *Sarpa sarpa* (L., 1758) (Pisces: Sparidae) en las zonas marítimas de Castellón y Teulada-Moraira (Alicante) en el Mediterráneo Occidental. *Tesis Doctoral*, Univ. de Valencia.
296. PEÑAS CALLEJO, J.M. (1974).- Un botriocéfalo en el secano andaluz. 9ª ponencia *II Congr. Nac. Med. Rural*, León: 19.
297. PEREZ IÑIGO, C. (1969).- Acaros Oribátidos de suelos de España Peninsular e Islas Baleares (1ª parte) (Acari Oribatei). *Graellsia, 24*: 143.
298. PEREZ IÑIGO, C. (1969).- Acaros Oribátidos de suelos de España Peninsular e Islas Baleares (2ª parte) (Acari Oribatei). *Eos, 45*: 241.
299. PEREZ LISTA, M. (1936).- Sobre una observación de hidatidosis cardíaca. *Rev. Esp. Biol., 5*: 133.
300. PEREZ SOLER, P. (1988).- Contribución al conocimiento de la helmintofauna de los anfibios del Oeste del Sistema Central Ibérico. *Tesis de Licenciatura*, Univ. de Valencia.
301. PETINTO, M.P. DE (1928).- Muerte rápida por shock hidatídico de una niña de siete años. *La Med. Ibera, 23*: 231.
302. PEYPOCH, A.J. (1957).- Clínica y Laboratorio. *Escuela de Patología Digestiva*, Gallart Monés, Barcelona, tomo 63: 373.
303. PINEDO SAIZ, L. (1958).- Revisión de las vías de entrada y patogenia en la hidatoequinococosis. *Veterinaria, 22*: 767.
304. PINEDO SAIZ, L. (1961).- Diferenciación de algunas tenias del perro. *Veterinaria, 25*: 997.
305. PINEDO SAIZ, L. (1962).- Hidatoequinococosis en Teruel. *Rev. San. Hig. Públ., 36*: 1.
306. PINEDO SAIZ, L. (1962).- *Estado actual de la hidatidosis en España*. Direc. Gral. San. Madrid.
307. PINEDO SAIZ, L. (1964).- Experiencias piloto de una campaña provincial antihidatídica. *Avigán, 13*: 57.
308. PITTALUGA, G. (1905).- Nota sobre *Cysticercus fasciolaris* y la *Taenia crassicollis*. *Bol. R. Soc. Esp. Hist. Nat., 5*: 191.

309. POLO JOVER, F. (1959).- Las helmintiasis de las aves. *Avigán, 7*(80): 37, (81): 43, (82): 47, (83): 34, (84): 37 y (85): 45.

210. POLO JOVER, F. (1960).- Las helmintiasis de las aves. *Avigán, 8*(86): 36, (87): 45, (88): 35 y (89): 45.

311. POZO LORA, R. (1953).- Hallazgo en España, en el intestino de *Lepus granatensis* Rosenhauerd, del cestodo *Cittotaenia pectinata* Goeze, 1782. *Arch. Zootec., 2*: 294 y (1955) *Cienc. Vet., 16*: 197.

312. POZO LORA, R. (1959).- Helmintos de la rata en Córdoba y primera citación española de un acantocéfalo. *An. Univ. Hispal., 19*: 55.

313. POZO LORA, R. (1960).- Aportaciones al inventario y ecología de los helmintos españoles: especies encontradas en Córdoba. *Rev. Ibér. Parasitol., 20*: 403.

314. POZO LORA, R. (1969).- Aportaciones al inventario anatomopatológico de la inspección postmortem de la carne en España. *Arch. Zootecnia, 18*: 177.

315. PRIETO LORENZO, A. (1952).- El parasitismo intestinal por vermes entre la población huertana del Jarama (Madrid). *Med. Col., 20*: 10.

316. PUERTA DIEZ-CANSECO, J. DE LA (1945).- Un caso de *Hymenolepis diminuta. Med. Col., 5*: 101.

317. PIJIULA, J. (1929).- Comunicación verbal a una sesión de la "Institució". *Bull. Inst. Catal. d'Hist. Nat.*, ..: 24.

318. QUINTEIRO, P.; ESTEVEZ, J.; IGLESIAS, R. y SANMARTIN, M.L. (1991).- Helmintos parásitos de *Conger conger* procedentes de la Ría de Arosa. *V Xornadas de Estudo a Sanidade Animal en Galicia*. Publicaciones do Seminario de estudios gallegos, *11*: 141.

319. RAGA, J.A. y CARBONELL, E. (1985).- New dates about parasites on *Stenella coeruleoalba* (MEYEN, 1833) (Cetacea: Delphinidae) in the western Mediterranean sea. *Invest. on Cetacea, 17*: 207.

320. RAMAJO MARTIN, V. (1992).- *Zooparasitología*. En: Las Dehesas Salmantinas. Junta de Castilla y León. Gráficas Ortega, Salamanca: 463.

321. RAMIRO GARCIA, A.A. (1961).- Quistes hidatídicos de localización atípica. *Clín. y Lab., 61*: 321.

322. RAMON VERICAD, J. y SANCHEZ ACEDO, C. (1973).- Endoparásitos de aves y mamíferos del Alto Aragón (Huesca). *Rev. Ibér. Parasitol., 33*: 267.

323. REGUERA FEO, A.; CASTAÑON ORDOÑEZ, L. y GARNICA CORTEZO, R. DE (1991).- Infrapoblaciones parasitarias intestinales de la becada (*Scolopax rusticola* L., 1758) y su influencia en algunos parámetros somáticos. *An. Fac. Vet. León, 27*: 111.

324. REINA, D.; NAVARRETE, I.; HERNANDEZ-RODRIGUEZ, S. y HABELA, M. (1987).- Contribución al conocimiento de la parasitofauna de Cáceres. Primera relación. II. Helmintos. *Rev. Ibér. Parasitol.*, Vol. Extr.: 85.

325. REINA, D.; NAVARRETE, I.; HABELA, M. y BREÑA, M. (1992).- Parasites in red deer (*Cervus elaphus*) in Cáceres Province. *Verh. ber. Erkg. Zootiere, 34*: 349.

326. REINA, D. et al. (1992).- Contribución al conocimiento de la parasitofauna de los animales silvestres y de vida libre en la provincia de Cáceres (España). *"In Memoriam" al Prof. Doctor D.F.de P. Martínez Gómez*, Univ. de Córdoba: 409.

327. REY, J.C.; ACOSTA, I. y MARTINEZ CRUZ, S. (1985).- Parasitocenosis de Leporidae en la provincia de Córdoba. *IV Congr. Nac. Parasitol.*, Tenerife: 38.

328. ROCA, V. y FERRAGUT, M.V. (1989).- Helmintofauna del lagarto verdinegro, *Lacerta schreiberi* Bedriaga, 1878 (Reptilia: Lacertidae) del Sistema Central (España). *Rev. Ibér. Parasitol., 49*: 291.

329. ROCA, V.; FERRAGUT, M.V. y HORNERO, M.J. (1990).- Estimaciones ecológicas acerca de la helmintofauna de *Lacerta schreibersi* Bedriaga, 1878 (Sauria: Lacertidae) en el Sistema Central (España). *Rev. Esp. Herp., 4*: 93.

330. ROCA, V.; FERRAGUT, M.V. y LOPEZ-BALAGUER, E. (1989).- Datos preliminares sobre la helmintofauna de *Podarcis pityuensis. VI Congr. Nac.*, Cáceres: 149.

331. ROCA, V.; GARCIA-ADELL, G.; LOPEZ, E. y ZAPATERO-RAMOS, L.M. (1987).- Algunas formas adultas y larvarias de platelmintos de reptiles de las Islas Canarias. *Rev. Ibér. Parasitol.*, *47*: 263.

332. ROCA, V. y HORNERO, M.J. (1991).- Helmintofauna de *Podarcis pityusensis* (Bosca, 1883) (Sauria: Lacertidae). *Rev. Esp. Herp.*, *5*: 77.

333. ROCA, V. y LLUCH, J. (1986).- Ecología parasitaria de los reptiles gekkónidos en el piso termomediterráneo del Levante ibérico. *Misc. Zool.*, *10*: 65.

334. ROCA, V.; LLUCH. J. y MAS-COMA, S. (1985).- Contribución al conocimiento de la helmintofauna de los Herpetos ibéricos. IV. Parásitos de *Tarentola mauritanica* (Linnaeus, 1758) y *Hemidactylus turcicus* (Linnaeus, 1758) (Reptilia: Geckonidae). *Cir. Far.*, *289*: 277.

335. ROCA, V.; LLUCH, J. y NAVARRO, P. (1986).- Contribución al conocimiento de la helmintofauna de los Herpetos ibéricos. V. Parásitos de *Psammodromus algirus* (L., 1758) Boulenger, 1887, *Psammodromus hispanicus* Fitzinger, 1826 y *Acanthodactylus erythrurus* (Schinz, 1833) Mertens, 1925 (Reptilia: Lacertidae). *Bol. R. Soc. Esp. Hist. Nat.* (Biol.), *81*: 69.

336. ROCA, V.; LOPEZ-BALAGUER, E. y HORNERO, M.J. (1989).- Helmintofauna de *Podarcis hispanica* (Steindachner, 1870) y *Podarcis bocagei* (Seoane, 1884) (Reptilia: Lacertidae) en el Cuadrante Noroccidental de la Península Ibérica. *Rev. Ibér. Parasitol.*, *49*: 127.

337. ROCA VELASCO, V. y CARBONELL BALDOVI, E. (1982).- *Oochoristica agamae* BAYLIS, 1919 (Cestoda: Linstowiidae) en lacértidos de la zona costera de Valencia. *Rev. Ibér. Parasitol.*, Vol. Extr.: 157.

338. ROCAMORA, J.M.; FELIU, C. y MAS-COMA, S. (1978).- Sobre algunos Helmintos de *Sciurus vulgaris* LINNAEUS, 1758 (Rodentia: Sciuridae) y *Meles meles* LINNAEUS, 1758 (Carnivora: Mustelidae) en Cataluña (España). *Rev. Ibér. Parasitol.*, *38*: 155.

339. RODRIGUEZ BABIO, C. y LAMAS SECO, A. (1979).- Sobre la presencia de larvas plerocercoides de cestodos del orden Tetrarhynchidae Claus en ejemplares juveniles de *Carcinus maenas* Pennant (Crustacea: Decapoda) del litoral Gallego. *II Congr. Nac. Parasitol.*, León: 91.

340. RODRIGUEZ GALLEGO, C. (1957).- Primeros casos de cenurosis humana en España. *Rev. Ibér. Parasitol.*, *17*: 341.

341. RODRIGUEZ REBOLLO, A. y BENITO GARCIA, C. (1973).- Consideraciones sobre dos casos de pericarditis hidatídica. *V Congr. Nac. Amer. Col. Chest Phys.*, 29 sept. a 3 oct., León: 325. Diana Artes Gráficas. Madrid.

342. RODRIGUEZ RUBIO, M. (1970).- Incidencias de las parasitosis y pérdidas sufridas por decomisos de animales en mataderos de la provincia de Pontevedra. *Curso de Parasitología*. Fac. Vet. León.

343. ROIZ NORIEGA, M. (1953).- Estudio radiológico y radioterapia de la equinococosis ósea. *Rev. Clín. Esp.*, *51*: 236.

344. ROMERO CALATAYUD, A. (1933).- Veintisiete casos de tenias por *Hymenolepis nana*. *Med. Pais. Cál.*, *6*: 208.

345. ROMERO RODRIGUEZ, J. (1972).- Panorama nacional de los parasitismos de la ganadería (Especies parásitas denunciadas en España). *Supl. Cient. Bol. Inf. Cons. Gral. Col. Vet. Esp.*, *193*: 61.

346. ROMERO RODRIGUEZ, J. (1973).- Infestación por *Dipylidium caninum* a la especie humana. *Rev. Ibér. Parasitol.*, *33*: 449.

347. ROSET, F.; MAS-COMA, S. y FELIU, C. (1987).- Distribución geográfica de los helmintos de *Talpa* spp. (Insectivora: Talpidae) en la Península Ibérica. *V Congr. Nac. Parasitol.*, Salamanca: 125.

348. RUIZ RODRIGUEZ, A. (1933).- Cisticercosis del conejo. *Ganadería* (Córdoba), *1*(1): 41 y (2): 30.

349. RUIZ RODRIGUEZ, A. (s/a).- Equinococosis en Patología comparada. *Bol. Syva*, *7*: 13.

350. SAIZ MORENO, L. (1953).- Gusanos intestinales parásitos de los perros. Su importancia sanitaria y epizootiológica. *Veterinaria*, *17*: 335.

351. SAIZ MORENO, L. (1954).- Aspecto sanitario de la hidatidosis y orientaciones para su profilaxis. V Congr. Int. Hidatidosis, Madrid. En: *Rev. San. Hig. Públ., 28*: 160 y *Supl. Cient. Bol. Inf. Cons. Gral. Col. Vet. Esp., 8*: 123.
352. SAIZ MORENO, L. (1956).- *Control parasitólogico en la inspección de algunos peces y moluscos*. Libro jubilar Prof. Sanz Egaña, Altamira. Madrid.
353. SAIZ MORENO, L. (1956).- Aspecto sanitario de la hidatidosis y orientaciones para su profilaxis. *Rev. Ibér. Parasitol., 16*: 215.
354. SAIZ MORENO, L. (1957).- *Aspectos económicos y sanitarios de algunas helmintiasis, relacionados con industrias cárnicas y la infestación humana*. Imp. Prov. Ciudad Real, 29 pp. y *Arch. Vet. Prat, 6*(75).
355. SAIZ MORENO, L. (1957).- *Problemas actuales en la lucha contra la hidatidosis*. Inst. Sup. Est. Manchegos, Ciudad Real.
356. SAIZ MORENO, L. (1959).- La trashumancia en España, como factor epidemiológico en relación con la hidatidosis. *Arch. Int. Hidatidosis, 17*: 187.
357. SAIZ MORENO, L. (1961).- Impresiones del VII Congreso de Hidatidosis celebrado en Italia. *Supl. Cient. Bol. Inf. Cons. Gral. Col. Vet. Esp., 8*: 13.
358. SAIZ MORENO, L. (1961).- Aspecto sanitario y económico de la Epizootiología hidatídica en España. *Supl. Cient. Bol. Inf. Cons. Gral. Col. Vet. Esp., 8*: 19.
359. SAIZ MORENO, L. (1965).- *Hidatidosis-Echinococosis*. Folleto Min. Gober., Direc. Gral. San., Madrid.
360. SAIZ MORENO, L. (1971).- Posibles repercusiones de algunas helmintiasis de los peces, moluscos y crustáceos en la salud pública. *V Sem. Nac. Vet. (Prod. Pesca y sus Ind.)*. Santiago de Compostela, 3-8 agosto, 1970: 307. Cográfica, Madrid.
361. SAIZ MORENO, L. (1972).- Las cisticercosis animales y sus repercusiones en la salud pública. *Supl. Cient. Bol. Inf. Cons. Gral. Col. Vet. Esp., 192*: 5.
362. SAIZ MORENO, L. (1973).- Inmunodiagnóstico, tratamientos biológicos e inmunoprofilaxis. *V Congr. Nac. Amer. Col. Chest Phys.*, 29 sept. a 3 oct., León, 1971: 267. Diana Artes Gráficas. Madrid.
363. SALA DE PABLO, .. y CALVO MELENDRO, J. (1945).- El primer caso de equinococosis alveolar observado en España. *Rev. Esp. Cir. Traumat. y Ortop., 3*: 302.
364. SANCHEZ GARCIA, J. (1971).- Echinococosis del ganado vacuno. *Curso de Parasitología*. Fac. Vet. León.
365. SANCHEZ-GARCIA MONTES, C. (1977).- Los problemas patológicos en la explotación zootécnica del cerdo y su profilaxis. *Sem. Nac. Gan. Porcino y sus Ind.* Barcelona: 189.
366. SANMARTIN DURAN, M.L.; QUINTEIRO ALONSO, P.; RODRIGUEZ, A. y FERNANDEZ, J.A. (1989).- Some Spanish cestode fish parasites. *J. Fish Biol., 34*: 977.
367. SANMARTIN DURAN, M.L. et al. (1991).- Nuevos datos sobre la helmintofauna de *Canis lupus* en Galicia. *I Congr. Int. Asoc. Sudoccid. Europ. Parasitol.*: 47.
368. SARAIVA, A. y CHUBB, J.C. (1989).- Preliminary observations on the parasites of *Anguilla anguilla* (L.) from Portugal. *Bull. of the European Ass. of Fish Pathol., 9*: 88.
369. SECULI BRILLAS, J.M. (1947).- Importancia del perro como vector de vermes patogenos para el hombre. *Rev. San. Vet.*, ..: 488.
370. SEGU, J.L.; FELIU, C. y TORRES, J. (1987).- Análisis cuantitativo de las helmintofaunas de *Arvicola sapidus* (Miller, 1908) y *Arvicola terrestris* (Linnaeus, 1758) en la Península Ibérica. *V Congr. Nac. Parasitol.*, Salamanca: 201.
371. SEGU, J.L.; FELIU, C.; VENTURA, J. y GOSALBEZ, J. (1985).- Variación estacional de la helmintofauna parasitaria de *Arvicola terrestris* (Linnaeus, 1758) (Rodentia: Arvicolidae) en el Valle de Arán. *IV Congr. Nac. Parasitol.*, Tenerife: 220.
372. SIMON VICENTE, F. (1975).- Helmintofauna parasitaria de *Vulpes vulpes* y *Genetta genetta* en áreas del Oeste de la Meseta Norte de España. *XII Congr. da Uniao Int. dos Biolog. da Caça*: 279.
373. SOLER, M.A. (1945).- El género *Nematotaenia* y descripción de una nueva especie. *Rev. Ibér. Parasitol.*, Vol. Extr.: 67.

374. SOTO BLANCO, C.; VILLAFAÑE, M.C. y SANTOS COSIO, M. (1973).- Nuestra experiencia en la hidatidosis pulmonar. *V Congr. Nac. Amer. Col. Chest Phys.*, 29 sept. a 3 oct. León, 1971: 317. Diana Artes Gráficas. Madrid.

375. SOTOCA, J. (1928).- Cenurosis en una burra (NC). *Rev. Hig. San. Pec., 18*: 283.

376. TALEGON HERAS, F. (1961).- Carnes y vísceras parasitadas por helmintos: su estudio y profilaxis. *Supl. Cient. Bol. Inf. Cons. Gral. Col. Vet. Esp., 8*: 106.

377. TALEGON HERAS, F. (1974).- *Teniosis ovinas* (Anoplocephalidae). Encuesta Mº Agric.

378. TARAZONA, J.M. (1974).- Helmintos parásitos de vertebrados de vida silvestre de la provincia de Huesca. *Anales del INIA*, Serie Higiene y Sanidad Animal, 1: 161.

379. TARAZONA, J.M.; SANZ-PASTOR, A. y CAMARA, R. DE LA (1978).- Helmintos y helmintosis de la perdiz roja (*Alectoris rufa*). *Anales del INIA*, Serie Higiene y Sanidad Animal, 4: 55.

380. TARAZONA VILAS, J.M. (1955).- Cestodes parásitos de vertebrados en la provincia de Huesca. *Rev. Ibér. Parasitol.*, Vol. Extr.: 109.

381. TARAZONA VILAS, J.M. (1958).- Contribución al estudio de las glicerofosfatasas en los platelmintos parásitos. *Rev. Ibér. Parasitol., 18*: 233.

382. TARAZONA VILAS, J.M. y GARCIA MARCO, V. (1971).- La incidencia de la hidatidosis en el ganado ovino de la provincia de Huesca. *Rev. Ibér. Parasitol., 31*: 299.

383. TENORA, F. y MESZAROS, F. (1972).- Data to the knowledge of the helminthofauna in Pitymys species occuring in Spain. *Parasit. Hung., 5*: 159.

384. TENORA, F.; MURAI, E.; VALERO, A. y CUTILLAS, C. (1981).- *Anoplocephaloides pseudowimerosa* sp.n. and other Anoplocephalidae (Cestoda) parasites of *Oryctolagus cuniculus* (Leporidae) in Spain. *Parasitologia Hungarica, 14*: 73.

385. TORREGROSA, M.; ESTEBAN, J.G. y MAS-COMA, S. (1985).- Helmintos de musarañas de las islas Gimnésicas y Pitiusas. *IV Congr. Nac. Parasitol.*, Tenerife: 105.

386. TORRENS PASTOR, A. (1954).- La hidatidosis en Mallorca. *Cienc. Vet., 15*: 185.

387. TORRES, J. y FELIU, C. (1989).- Sobre la helmintofauna de *Sciurus vulgaris* (Rodentia: Sciuridae) en Iberia. *VI Congr. Nac.*, Cáceres: 144.

388. TORRES, J.; FELIU, C. y GALLEGO, J. (1985).- Las helmintofaunas de *Arvicola sapidus* Miller, 1908 (Rodentia: Arvicolidae) y *Mus musculus* Linnaeus, 1758 (Rodentia: Muridae) del Delta del Ebro como indicadores de la especificidad de algunos helmintos parásitos de roedores ibéricos. *IV Congr. Nac. Parasitol.*, Tenerife: 219.

389. TORRES, J.; FELIU, C. y GRACENEA, M. (1987).- Consideraciones acerca del efecto de diversos factores ecológicos sobre la vermifauna de *Crocidura russula* (Hermann, 1780) (Insectivora: Soricidae) según los estudios efectuados en una poblacíon del insectívoro del delta del Ebro (NE de la Península Ibérica). *V Congr. nac. Parasitol.*, Salamanca: 93.

390. TORRES, J. et al. (1989).- Contribución al conocimiento de la cestodofauna de *Felis silvestris* Schreber, 1776 (Carnivora: Felidae) en la Península Ibérica. *Rev. Ibér. Parsitol., 49*: 307.

391. TORRES, J. et al. (1991).- Biogeografía de los helmintos parásitos de félidos silvestres en la Península Ibérica. *I Congr. Int. Asoc. Sudoccid. Europ. Parasitol.*: 24.

392. TRULL, E. y NEIRA, B.G. (1908).- Un caso notable de equinococosis. *Rev. Vet. Esp., 7*: 231.

393. TRULLOLS, M.; GRACENEA, M. y SELVA, J.M. (1987).- Parasitofauna de las palomas (*Columba livia* var.) de Barcelona. IV. Plathelminthes. *V Congr. Nac. Parasitol.*, Salamanca: 101.

394. URGOITIA, A. (1973).- Valor de la radiofotografía de masas en el diagnóstico de la equinococosis pulmonar inapercepta. *V Congr. Nac. Amer. Col. Chest Phys.*, 29 sept. a 3 oct., León, 1971: 264. Diana Artes Gráficas. Madrid.

395. VALLADARES, B.; GIJON, H. y LOPEZ-ROMAN, R. (1985).- Estudio epidemiológico del parasitismo intestinal del perro (*Canis familiaris*), en la isla de Tenerife. *Rev. Ibér. Parasitol., 45*: 41.

396. VALLADARES, B.; LOPEZ ROMAN, R.; ARMAS, F. DE y GIJON, H. (1982).- Parasitismo intestinal humano en el archipiélago canario. *Rev. Ibér. Parasitol.*, Vol. Extr.: 497.

397. VASALLO MATILLA, F. (1961).- Contribución al estudio helmintológico de los múridos españoles. *Med. Trop., 37*: 386.

398. VASALLO MATILLA, F. y MARTIN RABADAN, P. (1992).- Presencia de organismos blanquecinos en márgenes del ano y heces. *Enfermedades infecciosas y Microbiología Clínica, 10*: 238.
399. VAUCHER, C. (1971).- *Les Cestodes parasites des Soricidae d'Europe. Etude anatomique, révision taxonomique et biologie*. These Fac. Sciences Univ. Neuchatel. Suiza. 113 pp.
400. VAZQUEZ AÑON, J.J. (1955).- Quistes equinococósicos de localización cráneo-encefálica. *Rev. Ibér. Parasitol., 15*: 173.
401. VAZQUEZ-PAREDES, E. y PLATERO GARCIA, A. (1956).- Los parásitos, su frecuencia e importancia en Avicultura. *Neosán Avícola, 21*: 31.
402. VEGA VILLANUEVA, D. (1970).- Mapas parasitológicos del ganado bovino en la costa NE de la provincia de Santander. *Curso de Parasitología*, Fac. Vet. León.
403. VIDAL CELMA, A. (1965).- Sobre la presencia de larvas plerocercoides de *Schistocephalus solidus* (Rud.) (Cestodes) en el NW de España. Res. Comun. 1 Congr. Int. Parasit. Roma. Proc. vol. 1: 551 y *Rev. Ibér. Parasitol., 25*: 169.
404. VILLAGRASA, C.; FELIU, C. y GALLEGO, J. (1987).- Sobre las helmintofaunas de *Microtus (Microtus) arvalis* (Pallas, 1779) (Rodentia: Arvicolidae) en la Península Ibérica y Sur de Francia. *V Congr. Nac. Parasitol.*, Salamanca: 199.
405. ZULUETA, A. DE (1922).- Un caso de *Hymenolepis. Bol. R. Soc. Esp. Hist. Nat., 22*: 84.

ACANTHOCEPHALA

Acantocephala sp.
Hosp.: Jineta (*Genetta genetta*)
Dist.: Salamanca.
Reg.: III.
Bibl.: 56 y 66.

Acanthocephalus anthuris (DUJARDIN, 1845)
Hosp.: Rana (*Rana perezi*), salamandra (*Salamandra salamandra*) y tritón (*Triturus marmoratus*)
Dist.: Gerona y Granada.
Reg.: V, IX y X.
Bibl.: 4, 37 y Combes, 1978 (com. pers.)

Acanthocephalus falcatus (FRÖHLICH, 1788) LÜHE, 1911
Hosp.: Ranas (*Rana iberica, R.temporaria*)
Dist.: Galicia, Gerona, Huesca y Sistema Central.
Reg.: II, III, IV, V y VI.
Bibl.: 29, 36, 49, 50 y 52.

Acanthocephalus incrassatus (MOLIN, 1858)
Hosp.: Lenguado (*Solea solea*)
Dist.: Atlántico Norte y Mediterráneo.
Reg.: II, IX y X.
Bibl.: 51.

Acanthocephalus lucii (MÜLLER, 1777) LÜHE, 1911
Hosp.: Anguila (*Anguilla anguilla*)
Dist.: Portugal.
Bibl.: 64.

Acantocephalus sp.
Hosp.: Barbo (*Barbus barbus bocagei*)
Dist.: Salamanca.
Reg.: III.
Bibl.: 67.

Arthythmorhynchus sp.
Hosp.: Correlimos gordo (*Calidris canutus*)
Dist.: Córdoba.
Reg.: IX.
Bibl.: Martínez Gómez et al., 1977 (com. pers.)

Aspersentis johni (BAYLIS, 1929)
Hosp.: Merluza (*Merluccius merluccius*)
Dist.: Costa portuguesa.
Bibl.: 51.

Bolbosoma capitatum (VON LINSTOW, 1880)
Hosp.: Calderón (*Globicephala melaena*)
Dist.: Valencia.
Reg.: VII.
Bibl.: 6.

Bolbosoma vasculosum (DIESING, 1819)
Hosp.: Delfín listado (*Stenella coeruleoalba*) y calderón (*Globicephala melaena*)
Dist.: Valencia.
Reg.: VII.
Bibl.: 6 y 55.

Centrorhynchus aluconis MUELLER, 1780
Hosp.: Ratonero (*Buteo buteo*), pigargo europeo (*Haliaeetus albicilla*), cernícalo (*Falco tinnunculus*), aguilucho lagunero (*Circus aeruginosus*), cárabo (*Strix aluco*), autillo (*Otus scops*) y serreta chica (*Mergus albellus*). Gato (accidental)
H.I.: Ranas, lagartos y culebras, sin especificar.
Dist.: Baleares y Granada.
Reg.: IX, X y XI.
Bibl.: 31, 32, 35, 37, 38, 39 y 59.

Centrorhynchus appendiculatum (WESTRUMB, 1821)
Hosp.: Musaraña enana (*Sorex minutus*)
Dist.: Barcelona (Viladrau)
Reg.: V.
Bibl.: 44 y 46.

Centrorhynchus buteonis (SCHRANK, 1788)
Hosp.: Gavilán (*Accipiter cirrocephalus*), ratoneros (*Buteo buteo, Buteo swainsoni*), cernícalo (*Falco tinnunculus*), milano (*Milvus ictinus*) y cárabo (*Strix aluco*)
H.I.: Lagartos y culebras, sin determinar.
Dist.: Baleares.
Reg.: XI.
Bibl.: 38, 39, 48 y 59.

Centrorhynchus dimorphocephalum (WESTRUMB, 1821) (para Yamaguti es sinónima de *Prosthorhynchus cylindraceum*)
Hosp.: Papamoscas (*Muscicapa olivaris*)
Dist.: ?
Bibl.: 22, 38, 39 y 59.

Centrorhynchus globocaudatum (ZEDER, 1800)
Hosp.: Ratonero (*Buteo buteo*), ratonero calzado (*B. lagopus*), aguilucho lagunero (*Circus aeruginosus*), aguilucho pálido (*C. cyaneus*), aguilucho cenizo (*C. pygargus*), águila pomerana (*Aquila pomarina*), cernícalo (*Falco tinnunculus*), milano real (*Milvus milvus*), mochuelo (*Athene noctua*), lechuza (*Tyto alba*), mochuelo chico (*Glaucidium passerinum*), lechuza campestre (*Asio flammeus*) y cárabo (*Strix aluco*)
Dist.: Córdoba y Granada.
Reg.: IX y X.
Bibl.: 31, 32, 38, 39, 41 y 59.

Centrorhynchus ninnii (STOSSICH, 1891)
Hosp.: Carnívoros, sin precisar.
Dist.: España.
Bibl.: 24.

Centrorhynchus sp.
H.I.: Lagartijas (*Podarcis pityusensis, P.lilfordi*)
Dist.: Baleares.
Reg.: XI.
Bibl.: 29 y 58.

Centrorhynchus sp.
Hosp.: Lechuza (*Tyto alba*) y mochuelo (*Athene noctua*)
Dist.: Granada.
Reg.: IX y X.
Bibl.: 31 y 32.

Centrorhynchus teres (WESTRUMB, 1821)
Hosp.: Urraca (*Pica pica*)
Dist.: Córdoba.
Reg.: IX.
Bibl.: 28.

Echinorhynchoides sp.
Hosp.: Sapo (*Bufo bufo*)
Dist.: Huesca.
Reg.: IV.
Bibl.: 29.

Echinorhynchus clavula DUJARDIN, 1788
Hosp.: Anguila (*Anguilla anguilla*)
Dist.: Valencia. Portugal.
Reg.: VII. Portugal
Bibl.: 9 y 27.

Echinorhynchus sp.
Hosp.: Salmón (*Salmo salar*)
Dist.: Asturias (río Sella)
Reg.: I.
Bibl.: 2.

Echinorhynchus truttae SCHRANK, 1788
(Syn. *Metechinorhynchus truttae*)
Hosp.: Anguila (*Anguilla anguilla*) y trucha (*Salmo trutta fario*)
Dist.: Galicia, Teruel, Valencia y Zaragoza.
Reg.: II, IV y VII.
Bibl.: 14, 15, 27, Martínez Fernández, 1977 y Sánchez Acedo, 1977 (coms. pers.)

Macracanthorhynchus hirudinaceus (PALLAS, 1781)
Hosp.: Cerdo y jabalí (*Sus scrofa*)
Dist.: Andalucia (Granada, Córdoba, etc..), Extremadura (Cáceres y Badajoz) y Salamanca. Portugal.
Reg.: III, VI, VIII, IX y X. Portugal.
Bibl.: 3, 5, 7, 10, 11, 12, 13, 18, 19, 20, 21, 35, 38, 39, 47, 54, 56, 59, 60, 61, 62, 63 y 65.

Macracanthorhynchus sp (¿catulinum?)
Hosp.: Zorro (*Vulpes vulpes*)
Dist.: Salamanca.
Reg.: III.
Bibl.: 56 y 66.

Mediorhynchus rodensis DIAZ COSIN, 1971
Hosp.: Arrendajo (*Garrulus glandarius*)
H.I.: Escarabajos cachorros (*Melolontha* sp.) y escarabajos estercoleros (*Geotrupes* sp.)
Dist.: Albacete (La Roda)
Reg.: VII.
Bibl.: 16.

Mediorhynchus sp.
Hosp.: Arrendajo (*Garrulus glandarius*)
Dist.: Granada.
Reg.: IX y X.
Bibl.: 31 y 32.

Metechinorhynchus truttae
Cf. *Echinorhynchus truttae*

Moniliformis circumflexum (MOLIN, 1858)
(para Yamaguti *Oliganthorhynchus circumflexum*)
Hosp.: Topo (*Talpa europaea*)
Dist.: Granada (Chauchina)
Reg.: IX.
Bibl.: 38, 39, 59 y 60.

Moniliformis moniliformis (BRENSER in RUDOLPHI, 1811)
Hosp.: Rata (*Rattus norvegicus*) y erizo moruno (*Aethechinus algirus*)
Dist.: Baleares, Barcelona, Córdoba, Granada y Madrid.
Reg.: V, VI, IX, X y XI.
Bibl.: 3, 12, 13, 23, 26, 33, 34, 44, 45, 46, 53 y 54.

Moniliformis moniliformis aegypticus MEYER, 1933
Hosp.: Erizo moruno (*Aethechinus algirus*)
Dist.: Formentera.
Reg.: XI.
Bibl.: 44 y 46.

Moniliformis spiralis SUBRAHMANIAN, 1927
Hosp.: Topo ciego (*Talpa caeca*)
Dist.: Galicia.
Reg.: I y II.
Bibl.: 1.

Prosthorhynchus cylindraceum (GOEZE, 1782)
Hosp.: Zorzal común (*Turdus philomelos*), zorzal charlo (*T. viscivorus*) y grajilla (*Corvus monedula*)
Dist.: Córdoba. Portugal.
Reg.: IX. Portugal.
Bibl.: 8, 40 y 42.

Prosthorhynchus formosum (VAN CLEAVE, 1918)
Hosp.: Mirlo (*Turdus merula*)
Dist.: ?
Bibl.: 17.

Prosthorhynchus sp.
Hosp.: Jineta (*Genetta genetta*)
Dist.: Salamanca.
Reg.: III.
Bibl.: 56 y 66.

Prosthorhynchus transversum (RUDOLPHI, 1819)
(Syn. *Prosthorhynchus upupae*)

Hosp.: Mirlo (*Turdus merula*), zorzal común (*T. philomelos*), zorzal lecruro (*T. lecrurus*), zorzal charlo (*T. viscivorus*), paloma (*Columba livia*) y abubilla (*Upupa epops*)
Dist.: Cáceres, Granada y Huesca.
Reg.: IV, VI, IX y X.
Bibl.: 38, 39, 48, 57, 59 y 68.

Prosthorhynchus upupae
Cf. *Prosthorhynchus transversum*

Rhadinorhynchus tenuicornis (LINTON, 1891) VAN CLEAVE, 1918

Hosp.: Caballa (*Scomber scombrus*)
Dist.: Costa portuguesa.
Bibl.: 51.

LISTA DE HOSPEDADORES CON SUS ACANTOCEPHALA PARÁSITOS

Phyllum Arthropoda

Clase Hexapoda

Orden Coleoptera

Cetonia dorada (*Cetonia aurata*)

Macracanthorhynchus hirudinaceus (PALLAS, 1781) (larvas)

Escarabajos cachorros (*Melolontha* spp.)

Mediorhynchus rodensis DIAZ COSIN, 1971 (larvas)

Escarabajos diversos (*Lachnosterna arcuata, Xyloryctes satyrus, Phillophaga rugosa, Phillophaga vehemens*)

Macracantorhynchus hirudinaceus (PALLAS, 1781) (larvas)

Escarabajos estercoleros (*Geotrupes* spp.)

Mediorhynchus rodensis DIAZ COSIN, 1971 (larvas)

Phyllum Chordata

Clase Osteichthyes

Orden Salmoniformes

Salmón (*Salmo salar*)

Echinorhynchus sp.

Trucha (*Salmo trutta fario*)

Echinorhynchus truttae SCHRANK, 1788

Orden Cypriniformes

Barbo (*Barbus barbus bocagei*)

Acanthocephalus sp.

Orden Anguiliformes

Anguila (*Anguilla anguilla*)

Acanthocephalus lucii (MÜLLER, 1777) LÜHE, 1911

Echinorhynchus clavula DUJARDIN, 1788

Echinorhynchus truttae SCHRANK, 1788

Orden Gadiformes

Merluza (*Merluccius merluccius*)

Aspersentis johni (BAYLIS, 1929)

Orden Perciformes

Caballa (*Scomber scombrus*)

Rhadinorhynchus tenuicornis (LINTON, 1891) VAN CLEAVE, 1918

Orden Pleuronectiformes

Lenguado (*Solea solea*)

Acanthocephalus incrassatus (MOLIN, 1858)

Clase Amphibia

Orden Urodela

Salamandra (*Salamandra salamandra*)

Acanthocephalus anthuris (DUJARDIN, 1845)

Tritón (*Triturus marmoratus*)

Acanthocephalus anthuris (DUJARDIN, 1845)

Orden Anura

Rana (*Rana iberica*)

Acanthocephalus falcatus (FRÖHLICH, 1788) LÜHE, 1911

Rana (*Rana perezi*)

Acanthocephalus anthuris (DUJARDIN, 1845)

Rana (*Rana temporaria*)

Acanthocephalus falcatus (FRÖHLICH, 1788) LÜHE, 1911

Rana, sin especificar.

Centrorhynchus aluconis MUELLER, 1780 (larvas)

Sapo (*Bufo bufo*)

Echinorhynchoides sp.

Clase Reptilia

Orden Squamata

Lagartija (*Podarcis lilfordi*)

Centrorhynchus sp. (larvae)

Lagartija (*Podarcis pityusensis*)

Centrorhynchus sp. (larvae)

Lagartos y culebras, sin especificar.

Centrorhynchus aluconis MUELLER, 1780

Centrorhynchus buteonis (SCHRANK, 1788) (larvas, en todos los casos)

Clase Aves

Orden Anseriformes

Serreta chica (*Mergus albellus*)

Centrorhynchus aluconis MUELLER, 1780

Orden Falconiformes

Cernícalo (*Falco tinnunculus*)

Centrorhynchus aluconis MUELLER, 1780
Centrorhynchus buteonis (SCHRANK, 1788)
Centrorhynchus globocaudatum (ZEDER, 1800)

Orden Accipitriformes

Aguila pomerana (*Aquila pomarina*)

Centrorhynchus globocaudatum (ZEDER, 1800)

Aguilucho cenizo (*Circus pygargus*)

Centrorhynchus globocaudatum (ZEDER, 1800)

Aguilucho lagunero (*Circus aeruginosus*)

Centrorhynchus aluconis MUELLER, 1780
Centrorhynchus globocaudatum (ZEDER, 1800)

Aguilucho pálido (*Circus cyaneus*)

Centrorhynchus globocaudatum (ZEDER, 1800)

Buteo swainsoni

Centrorhynchus buteonis (SCHRANK, 1788)

Gavilán (*Accipiter cirrocephalus*)

Centrorhynchus buteonis (SCHRANK, 1788)

Milano (*Milvus ictinus*)

Centrorhynchus buteonis (SCHRANK, 1788)

Milano real (*Milvus milvus*)

Centrorhynchus globocaudatum (ZEDER, 1800)

Pigargo europeo (*Haliaeetus albicilla*)

Centrorhynchus aluconis MUELLER, 1780

Ratonero (*Buteo buteo*)

Centrorhynchus aluconis MUELLER, 1780
Centrorhynchus buteonis (SCHRANK, 1788)
Centrorhynchus globocaudatum (ZEDER, 1800)

Ratonero calzado (*Buteo lagopus*)

Centrorhynchus globocaudatum (ZEDER, 1800)

Orden Columbiformes

Paloma (*Columba livia*)

Prosthorhynchus transversum (RUDOLPHI, 1819)

Orden Charadriiformes

Correlimos gordo (*Calidris canutus*)

Arthythmorhynchus sp.

Orden Strigiformes

Autillo (*Otus scops*)

Centrorhynchus aluconis MUELLER, 1780

Cárabo (*Strix aluco*)
Centrorhynchus aluconis MUELLER, 1780
Centrorhynchus buteonis (SCHRANK, 1788)
Centrorhynchus globocaudatum (ZEDER, 1800)

Lechuza (*Tyto alba*)
Centrorhynchus globocaudatum (ZEDER, 1800)
Centrorhynchus sp.

Lechuza campestre (*Asio flammeus*)
Centrorhynchus globocaudatum (ZEDER, 1800)

Mochuelo (*Athene noctua*)
Centrorhynchus globocaudatum (ZEDER, 1800)
Centrorhynchus sp.

Mochuelo chico (*Glaucidium passerinum*)
Centrorhynchus globocaudatum (ZEDER, 1800)

Orden Coraciiformes

Abubilla (*Upupa epops*)
Prosthorhynchus transversum (RUDOLPHI, 1819)

Orden Passeriformes

Arrendajo (*Garrulus glandarius*)
Mediorhynchus rodensis DIAZ COSIN, 1971
Mediorhynchus sp.

Grajilla (*Corvus monedula*)
Prosthorhynchus cylindraceum (GOEZE, 1782)

Mirlo (*Turdus merula*)
Prosthorhynchus formosum (VAN CLEAVE, 1918)
Prosthorhynchus transversum (RUDOLPHI, 1819)

Papamoscas (*Muscicapa olivaris*)
Centrorhynchus dimorphocephalum (WESTRUMB, 1821)

Urraca (*Pica pica*)
Centrorhynchus teres (WESTRUMB, 1821)

Zorzal charlo (*Turdus viscivorus*)
Prosthorhynchus cylindraceum (GOEZE, 1782)
Prosthorhynchus transversum (RUDOLPHI, 1819)

Zorzal común (*Turdus philomelos*)
Prosthorhynchus cylindraceum (GOEZE, 1782)
Prosthorhynchus transversum (RUDOLPHI, 1819)

Zorzal lecruro (*Turdus lecrurus*)
Prosthorhynchus transversum (RUDOLPHI, 1819)

Clase Mammalia

Orden Insectivora

Erizo moruno (*Aethechinus algirus*)

Moniliformis moniliformis (BREMSER in RUDOLPHI, 1811)

Moniliformis moniliformis aegypticus MEYER, 1933

Musaraña enana (*Sorex minutus*)

Centrorhynchus appendiculatum (WESTRUMB, 1821)

Topo (*Talpa europaea*)

Moniliformis circumflexum (MOLIN, 1858)

Topo ciego (*Talpa caeca*)

Moniliformis spiralis SUBRAHMANIAN, 1927

Orden Rodentia

Rata (*Rattus norvegicus*)

Moniliformis moniliformis (BREMSER in RUDOLPHI, 1811)

Orden Cetacea

Calderón (*Globicephala melaena*)

Bolbosoma capitatum (VON LINSTOW, 1880)

Bolbosoma vasculosum (DIESING, 1819)

Delfín listado (*Stenella coeruleoalba*)

Bolbosoma vasculosum (DIESING, 1819)

Orden Carnivora

Carnívoros, sin precisar.

Centrorhynchus ninnii (STOSSICH, 1891)

Gato

Centrorhynchus aluconis MUELLER, 1780 (accid.)

Jineta (*Genetta genetta*)

Acanthocephala sp.

Prosthorhynchus sp.

Zorro (*Vulpes vulpes*)

Macracanthorhynchus sp (¿catulinum?)

Orden Artiodactyla

Cerdo y Jabalí (*Sus scrofa*)

Macracanthorhynchus hirudinaceus (PALLAS, 1781)

BIBLIOGRAFÍA (ACANTOCEPHALA)

1. ALVAREZ MASCATO, F. et al. (1991).- Datos sobre la helmintofauna de varias especies de Insectívoros (Soricidae, Erinaceidae, Talpidae) en Galicia. *I Congr. Int. Asoc. Sudoccid. Europ. Parasitol.*: 50.
2. ALVAREZ PELLITERO, M.P. (1973).- Helmintos de peces continentales españoles. *An. Fac. Vet. León, 19*: 81.
3. ANADON, E. (1954).- Estudio de la descripción de longitudes y volúmenes en las especies españolas del orden Ascaridata (Raill.) y la clase Acantocephala (Rudol.). *Bol. R. Soc. Esp. Hist. Nat.* (Biol.), *52*: 137.
4. BATCHVAROV, M.G. (1974).- Mode de transmision et spécificité expérimentale d'*Acanthocephalus anthuris* (Acanthocephala). *C. R. Acad. Sci. Paris*, serie D: 3339.
5. BUESO GOMEZ, J. (s/a).- Notas prácticas de Patología porcina española. *Not. Neosán, 71*: 31.
6. CARBONELL, E. y RAGA, J.A. (1991).- Parásitos y alteraciones parasitarias de los cetáceos. *Medicina Veterinaria*, ..
7. CARVALHO VARELA, M. (1972).- A macracantorrincose (Acantocefalose) dos suinos e sua incidencia em Patologia humana. *Patologia porcina* (Esc. Sup. Med. Vet. Lisboa): 473.
8. CARVALHO VARELA, M. (1974).- *Algunos aspectos ecológicos e epidemiológicos da helmintofauna da Perdiz-vermelha Alectoris rufa* (L) *no perímetro da Contenda.* Diss. Doutor Cienc. Vet., Esc. Sup. Vet. Lisboa.
9. CARVALHO VARELA, M.; CUNHA FERREIRA, V.; CRUZ E SILVA, M.P. y GRAZINA-FREITAS, M.S. (1984).- Sobre a parasitofauna de enguia-europeia (*Anguilla anguilla* (L.)) em Portugal. *Rep. Trab. Lab. Nac. Invest. Vet., 16*: 143.
10. CIDONCHA GONZALEZ, F. (1970).- Nematodos gastrointestinales del cerdo en la provincia de Badajoz. *Curso de Parasitología*, Fac. Vet. León.
11. CORDERO DEL CAMPILLO, M. (1967).- *El problema de las parasitosis en las explotaciones porcinas*. I Jorn. Nac. Prod. Porcina. II Ponencia, Valencia (Graf. Orbe, Madrid)
12. CORDERO DEL CAMPILLO, M. (1974).- Parasitic zoonoses in Spain. *Int. J. Zoonoses, 1*: 43.
13. CORDERO DEL CAMPILLO, M. y ALLER GANCEDO, B. (1974).- Las zoonosis en el medio rural. *II Congr. Nac. Med. Rural*, León: 191
14. CORDERO DEL CAMPILLO, M. y ALVAREZ PELLITERO, M.P. (1976).- Los parásitos de las truchas en España. *An. Fac. Vet. León, 22*: 77 y (1977) *Tratado de Piscicultura*, Gráf. Sánchez. Madrid: 195.
15. CUELLAR CARRASCO, L. y DIAZ YUBERO, M.A. (1976).- Importancia de la salmonicultura intensiva continental en España. *Rev. Vet. Esp., 2*: 5.
16. DIAZ COSIN, D.J. (1971).- Un acantocéfalo parásito del arrendajo, *Mediorhynchus rodensis* n.sp. *Bol. R. Soc. Esp. Hist. Nat.* (Biol.), *69*: 5.

17. DIAZ COSIN, D.J. (1971).- *Prosthorhynchus formosus* nuevo acntocéfalo de la fauna española. *Bol. R. Esp. Hist. Nat.* (Biol.), *69*: 185.

18. DIAZ COSIN, D.J. (1972).- La pared del cuerpo de *Macracanthorhynchus hirudinaceus*. *Bol. R. Soc. Esp. Hist. Nat.* (Biol.), *70*: 239.

19. DIAZ DIAZ, E. (s/a).- Enfermedades del cerdo. *Not. Neosán, 83*: 29.

20. DIAZ DIAZ, E. (1953).- Profilaxis de la bronconeumonía verminosa y equinorrincosis porcina. *Rev. Ibér. Parasitol., 13*: 193 y *Veterinaria, 17*: 1109.

21. DIAZ DIAZ, E. (1964).- Profilaxis de la bronconeumonía verminosa y equinorrincosis porcina. *III Sem. Nac. Vet.*: 164.

22. DUJARDIN, F. (1845).- *Histoire Naturelle des Helminthes ou Vers intestinaux*. Paris, 645 pp.

23. ESTEBAN, J.G. et al. (1987).- Sobre la helmintofauna del erizo moruno, *Erinaceus (Aethechinus) algirus* (LEREBOULLET, 1842) (Insectivora: Erinaceidae), en el Archipiélago Balear (Islas Gimnésicas y Pitiusas). En: *Mamíferos y Helmintos*. Vol. homenaje al Prof. Dr. Hermann Kahmann en su 81 aniversario. Ed. Ketres, Barcelona: 163.

24. FELIU, C. et al. (1992).- Helmintos parásitos de mamíferos silvestres (Carnivora, Rodentia, Lagomorpha) en la Península Ibérica. Especies no incluidas en el Indice-Catálogo. *IX Reun. Cient. Asoc. Parsitol. Esp.*, León: 79.

25. GALLEGO BERENGUER, J. (1959).- Parasitismo vermidiano de los múridos españoles (El papel de estos roedores como reservorios de helmintiasis humanas). *Rev. San. e Hig. Públ., 33*: 1.

26. GALLEGO BERENGUER, J. (1959).- Parasitismo vermidiano de los múridos españoles. *Rev. San. e Hig. Públ., 33*: 169.

27. GANDOLPHI HARNYOLD, A. (1927).- Los parásitos intestinales de la anguila en España. *Trab. Lab. Hidrob. Esp., 31*, An. Inst. 2ª Enseñ., Valencia.

28. GUTIERREZ, P.N.; MARTINEZ GOMEZ, F.; NAVARRETE, I. y ACOSTA, I. (1982).- Parásitos de Corvidae (Aves: Passeriformes) en el valle de los Pedroches (Córdoba). Primera relación. *Rev. Ibér. Parasitol.*, Vol. Extr.: 95.

29. HORNERO GARCIA, M.J. (1987).- Contribución al conocimiento de la helmintofauna de los anfibios anuros de los Pirineos Ibéricos. *Tesis de Licenciatura*, Univ. de Valencia.

30. HORNERO GARCIA, M.J. (1991).- Helmintofauna de los lacértidos endémicos de las Islas Baleares (Mediterráneo Occidental). *Tesis Doctoral*, Univ. de Valencia.

31. ILLESCAS GOMEZ, M.P.; RODRIGUEZ OSORIO, M. y ARANDA MAZA,F. (1992).- Raptors and omnivorous passeriformes in Spain by helminths. *Research and Reviews in Parasitology*, ..

32. ILLESCAS GOMEZ, M.P.; RODRIGUEZ OSORIO, M y GOMEZ GARCIA, V. (1989).- Estado sanitario de las aves depredadoras y passeriformes omnívoros. Su importancia en la desertificación de zonas ecológicas. *VI Cong. Nac. y I Cong. Ibér. Parasitol.*, Cáceres: 270.

33. ILLESCAS-GOMEZ, P. et al. (1989).- Estudio del parasitismo por helmintos o sus fases larvarias de *Rattus norvegicus* Berkenhout, 1769 en Granada. *Rev. Ibér. Parasitol., 49*: 203.

34. JIMENEZ MILLAN, F. (1960).- Revisión de las especies del género *Moniliformis*, parásitos de ratas con motivo del hallazgo en España de *M.moniliformis* en *Epimys norvegicus*, Ext. *Rev. Ibér. Parasitol., 20*: 199.

35. LEITAO, J.L. DA SILVA y ESPARTERO, A.B.C.M. (1969).- *Datos estadísticos acerca de algunas parasitoses do gado em Portugal metropolitano (1968). Referencias epizoo-económicas*. Esc. Sup. Med. Vet., Lisboa.

36. LLUCH, J.; NAVARRO, P. y IZQUIERDO, S. (1990).- Sobre la helmintofauna de *Rana temporaria* Linnaeus, 1758 en el Pirineo español. *Rev. Esp. Herp., 4*: 67.

37. LLUCH, J.; ROCA, V.; NAVARRO, P. y MAS-COMA, S. (1987).- Helmintofauna de los Herpetos ibéricos: estado actual de conocimientos, consideraciones ecológicas y estimaciones corológicas. En: *Mamíferos y Helmintos*. Vol. homenaje al Prof. Dr. Hermann Kahmann en su 81 aniversario. Ed. Ketres, Barcelona: 143.

38. LOPEZ-NEYRA, C.R. (1946).- Compendio de Helmintología Ibérica. *Rev. Ibér. Parasitol., 6*: 3.

39. LOPEZ-NEYRA, C.R. (1947).- *Helmintos de los vertebrados ibéricos.* 3 vol. Imp. Urania. Granada.
40. MARTINEZ, F. et al. (1977).- Parásitos de aves passeriformes en la provincia de Granada. *Rev. Ibér. Parasitol., 37*: 134.
41. MARTINEZ GOMEZ, F.; HERNANDEZ RODRIGUEZ, S. y CALERO CARRETERO, R. (1974).- Parasites of birds from Córdoba (Spain). *Third Int. Cong. Parasitol.* München, 21-31 agosto, Sec. G 4: 1682.
42. MARTINEZ GOMEZ, F. et al. (1976).- Parásitos de aves Passeriformes en la provincia de Granada. *I Congr. Nac. Parasitol.*, Granada, 29 sept. a 2 oct.: 2.
43. MARTINEZ GOMEZ, F. et al. (1977).- Parásitos de aves Passeriformes en la provincia de Córdoba. *Rev. Ibér. Parasitol., 37*: 133.
44. MAS-COMA, S. (1976).- *Contribución al conocimiento de la helmintofauna de micromamíferos de la helmintofauna de micromamíferos de España.* Tesis doctoral, Fac. Farmacia, Univ. Barcelona.
45. MAS-COMA, S. (1978).- Helmintos de micromamíferos de Formentera (Islas Pitiusas). Nota Preliminar. *Rev. Ibér. Parasitol., 38*: 139.
46. MAS-COMA, S. y GALLEGO, J. (1977).- Conocimientos actuales sobre la helmintofauna de micromamíferos (Insectivora: Rodentia) en España. Cit. en Cordero del Campillo, M. et al. (1977).- Indice-Catálogo de Zooparásitos Ibéricos. III Cestodos. IV Nematodos. Anejos. CSIC, Est. Agric. Exp. León.
47. MAYORAL, A.I. et al. (1989).- Nuevas aportaciones al conocimiento de la parasitofauna de Cáceres. *VI Cong. Nac. y I Cong. Ibér. Parasitol.*, Cáceres: 180.
48. MEYER, A. (1933).- *Acanthocephala.* Bronnn's Klass und Ordn. d. Tierreichs. V. 4, Abt. 2, Buch 2, Lief 333. Akademische Verlag, Leipzig.
49. NAVARRO, P. et al. (1987).- Sobre la helmintofauna de *Rana iberica* Boulenger, 1879 del Oeste del Sistema Central. *V Congr. Nac. Parasitol.*, Salamanca: 211.
50. NAVARRO GOMEZ, P. (1987).- Sobre la helmintofauna de algunas poblaciones españolas, penínsulares e insulares, del género *Rana* Linnaeus, 1758 (Amphibia: Ranidae). *Tesis Doctoral*, Univ. de Valencia.
51. OLIVEIRA RODRIGUEZ, H. DE; NORONHA, D. y CARVALHO VARELA, M. (1975).- Alguns acantocéfalos de peixes do Océano Atlántico, Costa continental e Costa do Norte da Africa. *Mem. Inst. Oswaldo Cruz, 73*: 209.
52. PEREZ SOLER, P. (1988).- Contribución al conocimiento de la helmintofauna de los anfibios del Oeste del Sistema Central Ibérico. *Tesis de Licenciatura*, Univ. de Valencia.
53. POZO LORA, R. (1959).- Helmintos de la rata en Córdoba y primera citación española de un acantocéfalo. *An. Univ. Hispal., 19*: 55.
54. POZO LORA, R. (1960).- Aportaciones al inventario y ecología de loshelmintos españoles: especies encontradas en Córdoba. *Rev. Ibér. Parasitol., 20*: 403.
55. RAGA, J.A. y CARBONELL, E. (1985).- New dates about on *Stenella coeruleoalba* (MEYEN, 1833) (Cetacea: Delphinidae) in the western Mediterranean sea. *Invest. on Cetacea, 17*: 207.
56. RAMAJO MARTIN, V. (1992).- *Zooparasitología.* Las Dehesas Salmantinas. Junta de Castilla y León. Gráficas Ortega, Salamanca: 463.
57. REINA, D. et al. (1992).- Contribución al conocimiento de la parasitofauna de los animales silvestres y de vida libre en la provincia de Cáceres (España). *"In memoriam" al Prof. Dr. D. F. de P. Martínez Gómez*, Universidad de Córdoba: 409.
58. ROCA, V. y HORNERO, M.J. (1991).- Helmintofauna de *Podarcis pityusensis* (Bosca, 1883) (Sauria: Lacertidae). *Rev. Esp. Herp., 5*: 77.
59. ROMERO RODRIGUEZ, J. (1972).- Panorama nacional de los parasitismos de la ganadería (Espaecies parásitas denunciadas en España). *Supl. Cient. Bol. Inf. Cons. Gral. Col. Vet. Esp., 193*: 61.
60. ROMERO RODRIGUEZ, J. y LIZCANO HERRERA, J. (1971).- Parásitos del *Sus scrofa domestica* (G.) en la provincia de Granada: Nematoda y Acanthocephala. *Rev. Ibér. Parasitol., 31*: 233.

61. RUIZ FOLGADO, J. (1921).- Bronconeumonía verminosa del cerdo. *La Ind. Pec., 22*: 235 y *Rev. Hig. San. Pec., 11*: 506.

62. SANCHEZ-GARNICA MONTES, C. (1967).- Los problemas patológicos en la explotación zootécnica del cerdo y su profilaxis. *Sem. Nac. Gan. Porcino y sus Ind.*, Barcelona: 189.

63. SANCHEZ RASERO, F.; MONTEOLIVA, M. y MAYOR, F. (1968).- Enzymes related to 4-aminobutyrate metabolism in intestinal parasites. *Comp. Biochem. and Physiol., 25*: 693.

64. SARAIVA, A. y CHUBB, J.C. (1989).- Preliminary observations on the parasites of *Anguilla anguilla* (L.) from Portugal. *Bull. of the Europ. Ass. of Fish Pathol., 9*: 88.

65. SIMON VICENTE, F. (1956).- *Estudio de las parasitosis de la ganadería en la provincia de Salamanca y su profilaxis*. Publ. Junta Prov. Fom. Pec. Imp. Lúmina, Salamanca.

66. SIMON VICENTE, F. (1975).- Helmintofauna de *Vulpes vulpes* y *Genetta genetta* en áreas del oeste de la meseta norte de España. *XII Congr. Uniao Int. dos Biol. de Caça*, Lisboa.

67. SIMON VICENTE, F. y RAMAJO MARTIN, V. (1992).- *Acanthocephalus* sp. en *Barbus barbus bocagei* del Río Tormes (Salamanca). *"In memoriam" al Prof. Dr. D. F. de P. Martínez Gómez*, Universidad de Córdoba: 309.

68. TARAZONA, J.M. (1974).- Helmintos parásitos de vertebrados de vida silvestre de la provincia de Huesca. *Anales INIA*, Serie Higiene y Sanidad Animal, *1*: 161.

ROTATORIA

Embata parasitica GIGLIOLI, 1863

Hosp.: Crustáceos gammáridos.

Dist.: Norte de la Península.

Reg.: I, III y IV.

Bibl.: 1.

BIBLIOGRAFÍA (ROTATORIA)

1. VELASCO, J.L. y LOP, A.F. (1989).- *Embata parasitica* (Rotatoria, Bdelloidea) ectoparásito de Gammáridos (Crustacea, Amphipoda) dulceacuícolas de la Península Ibérica. *Rev. Ibér. Parasitol., 49*: 257.

NEMATODA

Abbreviata abbreviata
Cf. *Physaloptera abbreviata*

Acuaria anthuris (RUDOLPHI, 1819)
Hosp.: Urraca (*Pica pica*) y arrendajo (*Garrulus glandarius*)
Dist.: Córdoba y Granada.
Reg.: IX y X.
Bibl.: 312, 343 y 344.

Acuaria gruweli (GENDRE, 1913)
(Syn. *Cheilospirura gruweli*)
Hosp.: Perdiz roja (*Alectoris rufa*), búho real (*Bubo bubo*) y arrendajo (*Garrulus glandarius*)
Dist.: Córdoba, Granada y Huesca. Portugal.
Reg.: IV, IX y X. Portugal.
Bibl.: 107, 343, 344, 401, 460, 588 y 725.

Acuaria hamulosa (DIESING, 1851)
Hosp.: Gallina.
Dist.: Portugal.
Bibl.: 236, 367 y 368.

Acuaria sp.
Hosp.: Pato (*Anas platyrhynchos*) y paloma (*Columba livia*)
H.I.: Lagartijas (*Podarcis hispanica, P.pityusensis, P.lilfordi*), lagarto (*Lacerta lepida*), salamanquesa (*Tarentola mauritanica*), rana (*Rana perezi*) y ranita meridional (*Hyla meridionalis*)
Dist.: Alicante, Baleares, Castellón, Jaén, Navarra, Valencia y Vizcaya.
Reg.: I, IV, VII, IX y XI.
Bibl.: 224, 254, 336, 348, 361, 513, 521, 613 y 618.

Aelurostrongylus abstrusus (RAILLIET, 1898)
Hosp.: Gato.
Dist.: Granada y Vizcaya. Portugal.
Reg.: I, IX y X. Portugal.
Bibl.: 254, 357, 358, 367, 543 y 648.

Agamospirura sp.
Hosp.: Ranita meridional (*Hyla meridionalis*)
Dist.: Baleares.
Reg.: XI.
Bibl.: 224.

Alaeuris numidica (SEURAT, 1918)
Hosp.: Tortuga mora (*Testudo graeca*)
Dist.: Almería y Huelva.
Reg.: IX y X.
Bibl.: 225, 381 y 610.

Alaeuris sp.
Hosp.: Lagarto de Haria (*Gallotia atlantica*) y lagarto tizón (*Gallotia galloti*)
Dist.: Canarias.
Reg.: XII.
Bibl.: 69 y 295.

Allodapa spp.
Cf. *Subulura* spp.

Amidostomum fulicae (RUDOLPHI, 1819)
Hosp.: Focha (*Fulica atra*) y polla de agua (*Gallinula chloropus*)
Dist.: Córdoba y Granada.
Reg.: IX y X.
Bibl.: 1 e Illescas Gómez, 1993 (com. per.).

Amplicaecum numidica
Cf. *Seuratascaris numidica*

Amplicaecum sp.
Hosp.: Rana (*Rana perezi*)
Dist.: La Coruña y León.
Reg.: II y III.
Bibl.: Martínez Fernández, 1975 (inéd.)

Anacanthocheilus rotundatus RUDOLPHI, 1819
Hosp.: Carbonero (*Pollachius virens*) y merluza (*Merluccius vulgaris*)
Dist.: Costa del sur de España.
Reg.: X.
Bibl.: 401.

Ancylostoma caninum (ERCOLANI, 1859)
Hosp.: Gato y perro. Hombre (*larva migrans*)
Dist.: Alava, Asturias, Barcelona, Cáceres, Canarias, Córdoba, Galicia, Granada, Madrid, Navarra, La Rioja, Salamanca y Vizcaya. Portugal.
Reg.: I, II, III, IV, V, VI, IX, X y XII. Portugal.
Bibl.: 50, 147, 148, 235, 254, 292, 346, 349, 367, 372, 401, 402, 461, 585, 591, 646, 651, 754 y Cordero del Campillo, 1970 (com. per.)

Ancylostoma duodenale (DUBINI, 1843)
Hosp.: Hombre y perro.
Dist.: Asturias, Cáceres, Castellón, Ciudad Real, Córdoba, Granada, Jaén, León, Madrid, Murcia, Salamanca, Toledo y Valencia. Portugal.
Reg.: I, III, VI, VII, VIII, IX y X. Portugal.
Bibl.: 41, 43, 44, 46, 48, 53, 80, 91, 111, 126, 127, 128, 129, 130, 131, 132, 133, 134, 135, 136, 137, 164, 170, 171, 172, 192, 193, 256, 266, 267, 309, 310, 322, 323, 324, 402, 426, 434, 464, 479, 480, 481, 482, 483, 484, 485, 486, 531, 555, 556, 564, 566, 567, 568, 569, 628, 629, 651, 765 y 767.

Ancylostoma sp.
Hosp.: Zorro (*Vulpes vulpes*) y jineta (*Genetta genetta*)
Dist.: Salamanca.
Reg.: III.
Bibl.: 584 y 710.

Ancylostoma tubaeforme (ZEDER, 1800)
Hosp.: Gato.
Dist.: Aragón.
Reg.: IV.
Bibl.: 86.

Ancylostomatidae diversos, sin especificar.
Hosp.: Lobo de crin (*Chrysocyon brachyurus*), leopardo (*Panthera pardus*) y mono de Gibraltar (*Macaca sylvana*)
Dist.: Zoo de Lisboa, Portugal.
Bibl.: 161.

Angiostrongylus dujardini DRODZ et DOBY, 1970
(Syn. *Parastrongylus dujardini*)
Hosp.: Topino rojo (*Clethrionomys glareolus*), ratón de campo (*Apodemus sylvaticus*) y rata de agua (*Arvicola sapidus*)
Dist.: Alava, Barcelona, Burgos, Cantabria, Galicia, Gerona, Huesca, Jaén, Lérida, Navarra, Palencia y La Rioja. Andorra. Portugal.
Reg.: I, II, III, IV, V y IX. Portugal.
Bibl.: 11, 14, 18, 200, 203, 205, 340 y 476.

Angiostrongylus vasorum (RAILLIET, 1866)
Hosp.: Perro y zorro (*Vulpes vulpes*)
Dist.: Alava, Cáceres, Galicia, Granada, Guipúzcoa, Huesca, Vizcaya y Zaragoza.
Reg.: I, II, IV, VI, IX y X.
Bibl.: 11, 165, 254, 408, 591, 670 y 721.

Anguillicola crassus KUWARA et al., 1974
Hosp.: Anguila (*Angilla anguilla*)
Dist.: Alicante, Cádiz, Tarragona y Valencia.
Reg.: IV, VII y IX.
Bibl.: 535 y 536.

Angusticaecum holopterum (RUDOLPHI, 1819) BAYLIS, 1920
Hosp.: Tortuga mora (*Testudo graeca*)
Dist.: Canarias (proc. Marruecos)
Reg.: XII.
Bibl.: 257.

Angusticaecum numidicum (SEURAT, 1917)
Hosp.: Rana (*Rana perezi*)
Dist.: Granada.
Reg.: IX y X.
Bibl.: 401.

Anisakis spp.
Cf. *Filocapsularia* spp.

Aonchotheca spp.
Cf. *Capillaria* spp.

Aplectana acuminata (SCHRANK, 1788)
Hosp.: Rana (*Rana perezi*)
Dist.: Granada.
Reg.: IX y X.
Bibl.: 376 y 401.

Aplectana brumpti TRAVASSOS, 1931
Hosp.: Sapos (*Bufo bufo, B.calamita*)
Dist.: Almería y Valencia.
Reg.: VII y X.
Bibl.: 210 y 376.

Aplectana corti LOPEZ-NEYRA, 1947
Hosp.: Sapo (*Bufo viridis* sic,=*Bufo calamita?*)
Dist.: Almería.
Reg.: X.
Bibl.: 401.

Aplectana macintoshii (STEWART, 1914)
Hosp.: Ranas (*Rana perezi, R.temporaria*) y sapo (*Bufo bufo*)
Dist.: Alicante, Avila, Cáceres, Castellón, Gerona, Huesca, Salamanca y Valencia. Portugal.
Reg.: III, IV, V y VII. Portugal.
Bibl.: 335, 348, 375, 376, 513, 518 y 521.

Aplectana sp.
Hosp.: Rana (*Rana perezi*)
Dist.: La Coruña.
Reg.: II.
Bibl.: Martínez Fernández, 1976 (inéd.)

Aprocta intraorbitalis HERNANDEZ, GUTIERREZ et MARTINEZ, 1986
Hosp.: Rabilargo (*Cyanopica cyanus*)
Dist.: Córdoba.
Reg.: IX.
Bibl.: 317 y 326.

Ascaridia columbae (GMELIN, 1790)
(Syn. *Heterakis columbae*)
Hosp.: Paloma (*Columba livia*)
Dist.: Córdoba, Galicia, Granada, Guipúzcoa, León, Navarra, Salamanca y Vizcaya. Portugal.
Reg.: I, II, III, IV, IX y X. Portugal.
Bibl.: 30, 101, 117, 254, 367, 368, 399, 401, 466, 563, 585 y 646.

Ascaridia galli (SCHRANK, 1788)
Hosp.: Gallina, pavo (*Meleagris gallopavo*), pintada (*Numida meleagris*), faisán (*Phasianus colchicus*), paloma (*Columba livia*), ratonero (*Buteo buteo*) y perdiz roja (*Alectoris rufa*)
Dist.: General.
Bibl.: 3, 101, 107, 155, 235, 254, 306, 307, 308, 367, 368, 399, 401, 438, 466, 489, 493, 497, 499, 530, 540, 560, 563, 585, 588, 591, 646, 663, 732 y 762.

Ascaridia lineata (SCHNEIDER, 1866)
Hosp.: Gallina, pato (*Anas platyrhynchos*), ganso (*Anser anser*) y faisán (*Phasianus colchicus*)
Dist.: Granada.
Reg.: IX y X.
Bibl.: 399, 401 y 646.

Ascaridia perspicillum (RUDOLPHI, 1803)
Hosp.: Gallina.
Dist.: Granada.
Reg.: IX y X.
Bibl.: 394.

Ascaris brachyoptera
Cf. *Toxocara mystax*

Ascaris clavata
Cf. *Hysterothylacium aduncum*

Ascaris cristata
Cf. *Raphidascaris cristata*

Ascaris lumbricoides (LINNAEUS, 1758)
Hosp.: Hombre y mono de Gibraltar (*Macaca sylvana*)
Dist.: General.
Bibl.: 3, 6, 30, 40, 52, 65, 68, 78, 122, 125, 161, 212, 219, 246, 255, 271, 272, 275, 276, 278, 279, 280, 284, 285, 286, 290, 296, 297, 302, 303, 320, 338, 367, 396, 399, 401, 416, 431, 495, 522, 531, 565, 624, 625, 646, 656, 661, 662, 688 y 756.

Ascaris ovis RUDOLPHI, 1819
Hosp.: Oveja.
Dist.: Galicia, Granada, Palencia y Salamanca.
Reg.: II, III, IX y X.
Bibl.: 30, 399, 401, 437, 585, 646 y 715.

Ascaris suum GOEZE, 1882
Hosp.: Cerdo y jabalí (*Sus scrofa*)
Dist.: General.
Bibl.: 32, 33, 84, 87, 101, 118, 120, 122, 140, 142, 145, 176, 183, 241, 252, 254, 278, 289, 304, 305, 314, 315, 316, 334, 337, 338, 366, 367, 370, 387, 388, 389, 399, 401, 432, 435, 524, 526, 563, 585, 591, 594, 622, 650, 657, 664, 674, 678, 679, 715 y 735.

Ascarophis sp.
Hosp.: Peto (*Symphodus tinca*)
Dist.: Valencia.
Reg.: VII.
Bibl.: 94.

Ascarops sp.
Hosp.: Zorro (*Vulpes vulpes*)
Dist.: Salamanca.
Reg.: III.
Bibl.: 585 y 710.

Ascarops strongylina (RUDOLPHI, 1819)
Hosp.: Cerdo.
H.I.: Escarabajos (*Geotrupes pyrenaicus, G.stercorarius*)
Dist.: Badajoz, Cáceres, Córdoba, Granada, Salamanca, Sevilla y Zamora. Portugal.
Reg.: III, VI, VIII, IX y X. Portugal.
Bibl.: 120, 145, 176, 363, 366, 367, 488, 504, 585, 646, 650, 699, 700 y 739.

Aspiculuris tetraptera (NITZSCH, 1821)
Hosp.: Rata gris (*Rattus norvegicus*), rata negra (*R. rattus*), ratilla nival (*Microtus nivalis*), topillo común (*Pitymys duodecimcostatus*), topillo (*P. lusitanicus*), ratón de campo (*Apodemus sylvaticus*) y ratón (*Mus musculus*)
Dist.: General.
Bibl.: 18, 74, 79, 123, 199, 201, 202, 203, 205, 206, 222, 269, 401, 470, 476, 494, 591 y 745.

Atractis emilii GALLEGO BERENGUER, 1945
Hosp.: Tortuga mora (*Testudo graeca*)
Dist.: Baleares.
Reg.: XI.
Bibl.: 230, 231 y 401.

Avioserpens mosgovoyi SUPRIAGA, 1966
Hosp.: Focha (*Fulica atra*) y polla de agua (*Gallinula chloropus*)
Dist.: Córdoba.
Reg.: IX.
Bibl.: 1 y 467.

Binema (Binema) hispanica SERRANO SANCHEZ, 1947
Hosp.: Grillo (*Gryllus campestris*)
Dist.: Granada.
Reg.: IX y X.
Bibl.: 697.

Binema (Binema) medinae SERRANO SANCHEZ, 1947
Hosp.: Grillo (*Gryllus campestris*)
Dist.: Granada y Valencia.
Reg.: VII, IX y X.
Bibl.: 697.

Binema (Ornata) carmeloi SERRANO SANCHEZ, 1947
Hosp.: Grillo (*Gryllus campestris*)
Dist.: Granada.
Reg.: IX y X.
Bibl.: 697.

Binema (Ornata) ornata TRAVASSOS, 1925
Hosp.: Grillo (*Gryllus campestris*)
Dist.: Granada y Valencia.
Reg.: VII, IX y X.
Bibl.: 697.

Binema (Ornata) techae SERRANO SANCHEZ, 1947
Hosp.: Grillo (*Gryllus campestris*)
Dist.: Gerona, Granada y Valencia.
Reg.: V, VII, IX y X.
Bibl.: 697.

Blanusia pseudorhabditis ZAPATERO, CASTAÑO, LOPEZ et MARTIN, 1990
Hosp.: Culebrilla ciega (*Blanus cinereus*)
Dist.: Madrid.
Reg.: VI.
Bibl.: 769.

Bunostomum phlebotomum (RAILLIET, 1900)
Hosp.: Oveja y vaca. Hombre (*larva migrans*)
Dist.: Cáceres, Córdoba, Granada y Salamanca.
Reg.: III, VI, IX y X.
Bibl.: 147, 148, 439, 488, 585 y 646.

Bunostomum trigonocephalum (RUDOLPHI, 1808)
Hosp.: Oveja, cabra y cabra montés (*Capra pyrenaica*)
Dist.: Badajoz, Córdoba, Galicia, Gerona, Granada, Jaén, Madrid, Palencia y Salamanca. Portugal.
Reg.: II, III, V, VI, VIII, IX y X. Portugal.
Bibl.: 101, 364, 367, 401, 436, 437, 451, 453, 456, 459, 460, 585, 646, 706, 715, 720 y 726.

Calodium spp.
Cf. *Capillaria* spp.

Camallanus microcephallus (DUJARDIN, 1845)
Hosp.: Galápago leproso (*Mauremys caspica*)
Dist.: Granada.
Reg.: IX y X.
Bibl.: 376, 401 y 418.

Camelostrongylus mentulatus (RAILLIET et HENRY, 1909)
Hosp.: Ciervo (*Cervus elaphus*)
Dist.: Córdoba.
Reg.: IX.
Bibl.: 318 y 328.

Capillaria aerophila CREPLIN, 1835
(Syn. *Eucoleus aerophilus*)
Hosp.: Perro y zorro (*Vulpes vulpes*)
Dist.: Cáceres, Galicia, Gerona y Salamanca.
Reg.: I, II, III, V y VI.
Bibl.: 11, 408, 492, 511, 585, 591, 592 y 709.

Capillaria anatis (SCHRANK, 1790)
Hosp.: ?.
Dist.: Cáceres.
Reg.: VI.
Bibl.: 488.

Capillaria annulosa DUJARDIN, 1845
(Syn. *Aonchotheca annulosa*)
Hosp.: Rata gris (*Rattus norvegicus*), erizo moruno (*Aethechinus algirus*), topino rojo (*Clethrionomys glareolus*) y ratón de campo (*Apodemus sylvaticus*)
Dist.: Alava, Baleares, Barcelona, Burgos, Cantabria, Gerona, Granada, Huesca, Jaén, Lérida, Lugo, Málaga, Navarra, Orense, Palencia, La Rioja. Andorra.
Reg.: I, II, III, IV, V, IX, X y XI.
Bibl.: 18, 121, 200, 203, 205, 401, 473, 476 y 494.

Capillaria bacillata EBERTH, 1863
(Syn. *Eucoleus bacillatus*)
Hosp.: Ratón de campo (*Apodemus sylvaticus*), rata de agua (*Arvicola sapidus*), rata de agua norteña (*Arvicola terrestris*) y ratilla campesina (*Microtus arvalis*)
Dist.: General.
Bibl.: 202, 203, 205, 207, 494, 693, 694 y 764.

Capillaria bovis (SCHNYDER, 1906)
Hosp.: Vaca.
Dist.: Granada, León, Navarra y Salamanca.
Reg.: III, IV, IX y X.
Bibl.: 404, 585, 646, 706, 723 y Cordero del Campillo, 1970 (inéd.)

Capillaria caudinflata (MOLIN, 1858)
(Syn. *Capillaria gallinae; Capillaria meleagridis; Capillaria meleagris-gallopavo; Eucoleus meleagridis*)
Hosp.: Gallina, paloma (*Columba livia*), perdiz roja (*Alectoris rufa*) y pavo (*Meleagris gallopavo*)
Dist.: Barcelona, Cáceres, Córdoba, Galicia, Granada y León. Portugal.
Reg.: I, II, III, V, VI, IX y X. Portugal.
Bibl.: 101, 236, 367, 368, 401, 404, 460, 560, 561, 563, 591, 592, 646 y 725.

Capillaria collaris (LINSTOW, 1873)
(Syn. *Capillaria retusa; Echinocoleus collare*)
Hosp.: Gallina.
Dist.: Barcelona y Granada. Portugal.
Reg.: V, IX y X. Portugal.
Bibl.: 236, 367, 368, 401, 404 y 646.

Capillaria columbae (RUDOLPHI, 1819)
Hosp.: Gallina y paloma (*Columba livia*)
Dist.: Córdoba, Granada. Portugal.
Reg.: IX y X. Portugal.
Bibl.: 367, 368, 401, 404, 466 y 646.

Capillaria contorta (CREPLIN, 1839)
Hosp.: Perdiz (*Alectoris rufa*)
Dist.: Cáceres.
Reg.: VI.
Bibl.: 488 y 592.

Capillaria coregoni SHU'MAN-AL'BOVA, 1953
Hosp.: Trucha común (*Salmo trutta fario*)
Dist.: León.
Reg.: III.
Bibl.: 21, 22 y 23.

Capillaria corvorum (RUDOLPHI, 1819)
Hosp.: Grajilla (*Corvus monedula*), corneja negra (*Corvus corone*) y urraca (*Pica pica*)
Dist.: Granada y Madrid.
Reg.: VI, IX y X.
Bibl.: 343, 344, 350 y 404.

Capillaria costacruzi TRAVASSOS, 1932
Hosp.: Rana (*Rana perezi*)
Dist.: Portugal.
Bibl.: 376.

Capillaria cyanopicae LOPEZ-NEYRA, 1946
Hosp.: Rabilargo (*Cyanopica cyanus*)
Dist.: Granada.
Reg.: IX y X.
Bibl.: 401 y 404.

Capillaria dispar DUJARDIN, 1845
Hosp.: Ratonero (*Buteo buteo*)
Dist.: Granada.
Reg.: IX y X.
Bibl.: 343 y 344.

Capillaria erinacei RUDOLPHI, 1819
(Syn. *Capillaria exigua, Aonchotheca erinacei*)
Hosp.: Erizo moro (*Aethechinus algirus*) y erizo (*Erinaceus europaeus*)
Dist.: Baleares, Barcelona y Galicia.
Reg.: I, II, V y XI.
Bibl.: 19, 121, 197, 470 y 476.

Capillaria europaea (MAS-COMA, 1985)
(Syn. *Aonchotheca europaea*)
Hosp.: Musaraña común (*Crocidura russula*) y musaraña campesina (*Crocidura suaveolens*)
Dist.: Baleares, Galicia, Málaga, Tarragona y Valencia.
Reg.: I, II, IV, VII, X y XI.
Bibl.: 19, 121, 299, 427, 743 y 748.

Capillaria exigua (DUJARDIN, 1854)
Cf. *Capillaria erinacei*

Capillaria exilis (DUJARDIN, 1845)
Hosp.: Mirlo (*Turdus merula*)
Dist.: Granada.
Reg.: IX y X.
Bibl.: 401 y 404.

Capillaria falconis (GOEZE, 1782) LOPEZ-NEYRA, 1946
Hosp.: Búho (*Bubo bubo*), búho chico (*Asio otus*) y lechuza campestre (*Asio flammeus*)
Dist.: Granada.
Reg.: IX y X.
Bibl.: 343 y 344.

Capillaria gallinae
Cf. *Capillaria caudinflata*

Capillaria garfiai GALLEGO BERENGUER et MAS-COMA, 1976
Hosp.: Jabalí (*Sus scrofa*)
Dist.: Cáceres, Cádiz, Córdoba, Barcelona, Gerona, Huesca, Lérida, Navarra, La Rioja y Tarragona.
Reg.: IV, V, VI, IX y X.
Bibl.: 227, 228 y 234.

Capillaria gastrica BAYLIS, 1926
(Syn. *Eucoleus gastricus*)
Hosp.: Rata gris (*Rattus norvegicus*) y rata negra (*Rattus rattus*)
Dist.: Galicia, Granada, Madrid, Salamanca, Tarragona y Valencia.
Reg.: I, II, III, IV, VI, VII, IX y X.
Bibl.: 79, 121, 347, 404, 585, 745, 757, 758 y 759.

Capillaria hepatica BANCROFT, 1893
(Syn. *Eucoleus hepaticus, Hepaticola hepatica, Calodium hepaticum*)
Hosp.: Cobaya (*Cavia porcellus*), rata negra (*Rattus rattus*), conejo (*Oryctolagus cuniculus*), erizo (*Erinaceus europaeus*), ratón (*Mus musculus*), ratón de campo (*Apodemus sylvaticus*), rata gris (*Rattus norvegicus*) y, excepcionalmente, perro y hombre.
Dist.: Barcelona, Córdoba, Gerona, Granada, Huesca, Jaén, Lérida, Madrid, Málaga, Navarra, Salamanca, Tarragona y Valencia. Andorra.
Reg.: III, IV, V, VI, VII, IX y X.
Bibl.: 38, 79, 147, 148, 202, 203, 205, 235, 269, 294, 347, 401, 402, 404, 408, 476, 585, 646, 745 y 759.

Capillaria incrassata (DIESING, 1854)
Hosp.: Musaraña colicuadrada (*Sorex araneus*), musaraña común (*Crocidura russula*) y musgaño patiblanco (*Neomys fodiens*)
Dist.: Barcelona, Gerona, Málaga y Tarragona.
Reg.: IV, V y X.
Bibl.: 427, 475 y 476.

Capillaria inflexa (RUDOLPHI, 1819)
Hosp.: Zorzal común (*Turdus philomelos*) y roquero solitario (*Monticola solitarius*)
Dist.: Granada.
Reg.: IX y X.
Bibl.: 401 y 404.

Capillaria kutori RUCHLJADEWA, 1946
Hosp.: Musaraña colicuadrada (*Sorex araneus*), musgaño patiblanco (*Neomys fodiens*) y musaraña enana (*Sorex minutus*)
Dist.: Gerona.
Reg.: V.
Bibl.: 475 y 476.

Capillaria meleagridis
Cf. *Capillaria caudinflata*

Capillaria meleagris-gallopavo
Cf. *Capillaria caudinflata*

Capillaria muris-musculi (DIESING, 1861)
Hosp.: Rata gris (*Rattus norvegicus*)
Dist.: Madrid.
Reg.: VI.
Bibl.: 760.

Capillaria muris-sylvatici (DIESING, 1851)
(Syn. *Aonchotheca muris-sylvatici*)
Hosp.: Ratón de campo (*Apodemus sylvaticus*)y topino rojo (*Clethrionomys glareolus*)
Dist.: Alava, Barcelona, Burgos, Cantabria, Gerona, Huesca, Lérida, Lugo, Málaga, Navarra, Palencia y La Rioja. Andorra.
Reg.: I, II, III, IV, V y X.
Bibl.: 200, 205 y 476.

Capillaria mustelorum (CAMERON et PARNELL, 1933)
Hosp.: Tejón (*Meles meles*)
Dist.: Barcelona.
Reg.: V.
Bibl.: 623.

Capillaria myoxi-nitelae (DIESING, 1881)
(Syn. *Aonchotheca myoxi-nitelae*)
Hosp.: Lirón careto (*Eliomys quercinus*)
Dist.: Baleares. Andorra.
Reg.: IV y XI.
Bibl.: 195, 201, 470 y 476.

Capillaria obsignata MADSEN, 1945
Hosp.: Perdiz roja (*Alectoris rufa*) y paloma (*Columba livia*)
Dist.: Cáceres y Córdoba. Portugal.
Reg.: VI y IX. Portugal.
Bibl.: 107, 466 y 592.

Capillaria oesophagicola SOLTYS, 1952
(Syn. *Eucoleus oesophagicola*)
Hosp.: Musaraña colicuadrada (*Sorex araneus*), topos (*Talpa* spp.) y musgaño patiblanco (*Neomys fodiens*)
Dist.: Gerona.
Reg.: V.
Bibl.: 475, 476 y 654.

Capillaria ovopunctata LINSTOW, 1873
Hosp.: Petirrojo (*Erithacus rubecula*)
Dist.: Córdoba.
Reg.: IX.
Bibl.: 2.

Capillaria plica RUDOLPHI, 1819
(Syn. *Pearsonema plica*)
Hosp.: Perro y zorro (*Vulpes vulpes*).
Dist.: Gerona y Granada.
Reg.: V, IX y X.
Bibl.: 404, 408 y 492.

Capillaria putorii RUDOLPHI, 1819
(Syn. *Aonchotheca putorii*)
Hosp.: Turón (*Putorius putorius*)
Dist.: Centro y Norte de España.
Reg.: I, III y IV.
Bibl.: 501.

Capillaria retusa
Cf. *Capillaria collaris*

Capillaria soricicola NISHIGORI, 1924
(Syn. *Calodium soricicola*)
Hosp.: Musaraña común (*Crocidura russula*)
Dist.: Barcelona, Tarragona y Valencia.
Reg.: IV, V y VII.
Bibl.: 299, 476, 745 y 748.

Capillaria splenaeca (DUJARDIN, 1845)
(Syn. *Aonchotheca splenaeca, Calodium splenaecum*)
Hosp.: Musaraña común (*Crocidura russula*)
Dist.: Barcelona, Granada, Tarragona y Valencia.
Reg.: IV, V, VII, IX y X.
Bibl.: 299, 401, 477, 745 y 748.

Capillaria sp. (aff. **exigua**)
Hosp.: Musaraña común (*Crocidura russula*)
Dist.: Cataluña.
Reg.: IV y V.
Bibl.: 477.

Capillaria sp.
Hosp.: Murciélago ratero (*Myotis myotis*)
Dist.: Galicia.
Reg.: I y II.
Bibl.: 16.

Capillaria sp.
Hosp.: Topo (*Talpa europaea*)
Dist.: Gerona.
Reg.: V.
Bibl.: 476.

Capillaria sp.
Hosp.: Culebra de agua (*Natrix maura*)
Dist.: Castellón y Valencia.
Reg.: VII.
Bibl.: 516 y 520.

Capillaria sp.
Hosp.: Cuervo (*Corvus corax*) y milano real (*Milvus milvus*)
Dist.: Granada.
Reg.: IX y X.
Bibl.: 343 y 344.

Capillaria sp.
Hosp.: Rata (*Rattus norvegicus*)
Dist.: Granada.
Reg.: IX y X.
Bibl.: 347.

Capillaria sp.
Hosp.: Oveja, cabra y vaca.
Dist.: Alava, Burgos, Cantabria, Guipúzcoa y Vizcaya
Reg.: I y III.
Bibl.: 254.

Capillaria sp.
Hosp.: Arete (*Trigla cuculus*), alfondega (*T. lucerna*) y bejel (*T. obscura*)
Dist.: Valencia.
Reg.: VII.
Bibl.: 503.

Capillaria tridens (DUJARDIN, 1845) TRAVASSOS, 1915
Hosp.: Gorrión (*Passer domesticus*)
Dist.: Córdoba.
Reg.: IX.
Bibl.: 378.

Capillaria wioletti RUCHLJADEVA, 1950
(Syn. *Aonchotheca wioletti*)
Hosp.: Rata de agua norteña (*Arvicola terrestris*)
Dist.: Huesca.
Reg.: IV.
Bibl.: 207, 693 y 694.

Cardiofilaria inornata (ANDERSON, 1956)
Hosp.: Zorzal común (*Turdus philomelos*) y zorzal alirrojo (*Turdus iliacus*)
Dist.: ?
Bibl.: 382.

Cardiofilaria pavlovskyi STROM, 1937
Hosp.: Zorzal alirrojo (*Turdus iliacus*) y zorzal común (*Turdus philomelos*)
Dist.: Madrid y Granada.
Reg.: VI, IX y X.
Bibl.: 98, 380, 383 y 385.

Carinema campanae CHABAUD et GOLVAN, 1956
Hosp.: Zorzal común (*Turdus philomelos*)
Dist.: Córdoba.
Reg.: IX.
Bibl.: 441.

Carolinensis minutus (DUJARDIN, 1845)
Hosp.: Rata de agua (*Arvicola sapidus*), ratilla nival (*Microtus nivalis*) y topillos (*Pitymys lusitanicus, Pitymys pyrenaicus*)
Dist.: Navarra, Tarragona, Valencia y Vizcaya.
Reg.: I, IV y VII.
Bibl.: 123, 124, 201, 693, 745 y 747.

Cathematella gendrei (LOPEZ-NEYRA, 1947)
(Syn. *Torquatella gendrei*)
Hosp.: Abejaruco (*Merops apiaster*)
Dist.: Granada.
Reg.: IX y X.
Bibl.: 401.

Chabertia ovina (FABRICIUS, 1794)
Hosp.: Oveja y cabra.
Dist.: Alava, Cáceres, Ciudad Real, Córdoba, Galicia, Gerona, Granada, Guipúzcoa, León, Madrid, Navarra, País Vasco y Salamanca. Portugal.
Reg.: I, II, III, IV, V, VI, VIII, IX y X. Portugal.
Bibl.: 101, 253, 254, 367, 374, 401, 451, 453, 454, 459, 509, 563, 585, 591, 646, 673, 715, 720, 726 y Cordero del Campillo, 1950 (inéd.)

Chandlerella hispanica LOPEZ CABALLERO, 1974
Hosp.: Zorzal común (*Turdus philomelos*) y zorzal alirrojo (*Turdus iliacus*)
Dist.: Granada.
Reg.: IX y X.
Bibl.: 351, 380 y 382.

Cheilospirura gruweli
Cf. *Acuaria gruweli*

Chevreuxia revoluta (RUDOLPHI, 1819)
Hosp.: Cigüeñuela (*Himantopus himantopus*)
Dist.: Huelva.
Reg.: IX.
Bibl.: 311.

Choerostrongylus pudendotectus (WOSTOKOW, 1905)
(Syn. *Metastrongylus brevivaginatus, Metastrongylus pudendotectus*)
Hosp.: Cerdo y jabalí (*Sus scrofa*)
H.I.: Lombrices de tierra (*Oligocheta*), sin determinar.
Dist.: Cáceres, Córdoba, Granada, Mallorca y Salamanca. Portugal.
Reg.: III, VI, IX, X y XI. Portugal.
Bibl.: 145, 366, 367, 373, 401, 526, 559, 562, 563, 585, 591, 645, 646, 650 y 674.

Chonangium magnostomum VAN DER WESTHUYSEN, 1938
Hosp.: Elefante asiático (*Elephas indicus*)
Dist.: Zoo de Lisboa, Portugal.
Bibl.: 161.

Collarinema triglae SEY, 1970
Hosp.: Arete (*Trigla cuculus*)
Dist.: Valencia.
Reg.: VII.
Bibl.: 503.

Contracaecum auctum (RUDOLPHI, 1802)
Hosp.: Rape (*Lophius piscatorius*)
Dist.: Cantabria.
Reg.: I.
Bibl.: 147, 148 y 422.

Contracaecum clavatum (RUDOLPHI, 1809)
Cf. *Hysterothylacium aduncum*

Contracaecum lophii SCHUURMANS-STEKHOVEN, 1935
Hosp.: Rape (*Lophius piscatorius*)
Dist.: Cantabria.
Reg.: I.
Bibl.: 147, 148 y 422.

Contracaecum sp.
Hosp.: Sardina (*Clupea pilchardus*) y chicharro (*Trachurus trachurus*)
Dist.: Portugal.
Bibl.: 108.

Cooperia curticei (GILES, 1892)
Hosp.: Cabra y oveja.
Dist.: Alava, Canarias, Granada, Guipúzcoa y Madrid.
Reg.: I, IV, VI, IX, X y XII.
Bibl.: 258, 374, 646 y 726.

Cooperia macmasteri GORDON, 1932
(Syn. *Cooperia zurnabada*)
Hosp.: Vaca y oveja.
Dist.: Cantabria, Galicia, Salamanca y Toledo.
Reg.: I, II, III y VIII.
Bibl.: 523, 585, 646, 706 y 752.

Cooperia oncophora (RAILLIET, 1898)
Hosp.: Oveja y vaca.
Dist.: Córdoba, Galicia, Granada, León, Salamanca y Toledo.
Reg.: I, II, III, VIII, IX y X.
Bibl.: 215, 216, 523, 585, 646, 704 y 752.

Cooperia punctata (VON LINSTOW, 1907)
Hosp.: Oveja y vaca.
Dist.: Córdoba, Granada, León, Salamanca y Toledo.
Reg.: III, VIII, IX y X.
Bibl.: 215, 216, 374, 585, 646 y 752.

Cooperia sp.
Hosp.: Cabra, vaca y oveja.
Dist.: Cantabria, Córdoba, León, Salamanca y Zamora. Portugal.
Reg.: I, III y IX. Portugal.
Bibl.: 367, 451, 453, 459, 585, 626 y 763.

Cooperia zurnabada
Cf. *Cooperia macmasteri*

Cosmocerca commutata (DIESING, 1851)
Hosp.: Ranas (*Rana perezi, R.temporaria*)
Dist.: Granada y Málaga.
Reg.: IX y X.
Bibl.: 376 y 401.

Cosmocerca ornata (DUJARDIN, 1845) RAILLIET et HENRY, 1916
Hosp.: Ranas (*Rana perezi, R.temporaria, R.iberica*), sapo (*Bufo bufo*) y ranita meridional (*Hyla meridionalis*)
Dist.: General.
Bibl.: 139, 224, 335, 348, 375, 376, 401, 513, 517, 518, 521 y 550.

Crassicauda anthonyi CHABAUD, 1962
Hosp.: Zifio común (*Ziphius cavirrostris*)
Dist.: Valencia.
Reg.: VII.
Bibl.: 102.

Crassicauda carbonelli RAGA et BALBUENA, 1990
Hosp.: Calderón (*Globicephala melaena*)
Dist.: Valencia.
Reg.: VII.
Bibl.: 102 y 581.

Crassicauda galiakiana SKRJABIN et ANDREEWA, 1934
Hosp.: Zifio común (*Ziphius cavirostris*)
Dist.: Almería.
Reg.: X.
Bibl.: 409.

Crassicauda grampicola JOHNSTON et MAWSON, 1941
Hosp.: Delfín gris (*Grampus griseus*)
Dist.: Atlántico, Barcelona y Valencia.
Reg.: I, II, V y VII.
Bibl.: 102, 578, 583 y 584.

Crassicauda sp.
Hosp.: Delfín listado (*Stenella coeruleoalba*) y calderón (*Globicephala melaena*)
Dist.: Costas mediterráneas.
Reg.: V y VII.
Bibl.: 62, 102 y 583.

Craterostomum mucronatum (IHLE, 1920)
Hosp.: Caballo.
Dist.: Granada.
Reg.: IX y X.
Bibl.: 369 y 646.

Crenosoma sp.
Hosp.: Tejón (*Meles meles*)
Dist.: Galicia.
Reg.: I y II.
Bibl.: 11.

Crenosoma striatum (ZEDER, 1800)
Hosp.: Erizo moro (*Aethechinus algirus*) y erizo (*Erinaceus europaeus*)
Dist.: Baleares, Barcelona y Galicia.
Reg.: I, II, V y XI.
Bibl.: 11, 19, 197 y 477.

Crenosoma taiga SKRJABIN et PETROW, 1928
Hosp.: Turón (*Putorius putorius*)
Dist.: Galicia.
Reg.: I y II.
Bibl.: 11.

Crenosoma vulpis (DUJARDIN, 1845)
Hosp.: Zorro (*Vulpes vulpes*)
Dist.: Alava, Córdoba, Galicia y Salamanca.
Reg.: I, II, III, IV y IX.
Bibl.: 11, 254, 440, 585 y 710.

Cristitectus congeri PETTER, 1970
Hosp.: Congrio (*Conger conger*)
Dist.: Galicia.
Reg.: II.
Bibl.: 576, 577 y 685.

Cucullanus carbonelli CAMPOS, CARBONELL et RODRIGUEZ-BABIO, 1993
Hosp.: Peto (*Symphodus tinca*)
Dist.: Valencia.
Reg.: VII.
Bibl.: 94, 95 y 96.

Cucullanus heterochrous RUDOLPHI, 1802
Hosp.: Rodaballo (*Scophthalmus maximus*)
Dist.: Galicia.
Reg.: II.
Bibl.: 685.

Cucullanus hians DUJARDIN, 1845
Hosp.: Congrio (*Conger conger*)
Dist.: Galicia y Valencia.
Reg.: II y VII.
Bibl.: 209, 502, 505, 576 y 685.

Cucullanus longispiculum OLIVEIRA RODRIGUES, CARVALHO VARELA, SODRE RODRIGUES et CRISTOFARO, 1973
Hosp.: Congrio (*Conger conger*)
Dist.: Pontevedra y Valencia. Costa portuguesa.
Reg.: II y VII. Portugal.
Bibl.: 502, 529 y 576.

Cucullanus micropapillatus TÖRNQUIST, 1931
Hosp.: Merlo (*Labrus merula*)
Dist.: Valencia.
Reg.: VII.
Bibl.: 94 y 95.

Cucullanus sp.
Hosp.: Rape (*Lophius piscatorius*)
Dist.: Valencia.
Reg.: VII.
Bibl.: 537.

Cucullanus truttae (FABRICIUS, 1794)
Hosp.: Anguila (*Anguilla anguilla*)
Dist.: Portugal.
Bibl.: 692.

Cyathospirura seurati GIBBS, 1957
Hosp.: Lirón careto (*Eliomys quercinus*) y rata negra (*Rattus rattus*)
Dist.: Baleares.
Reg.: XI.
Bibl.: 195, 222 y 470.

Cyathostoma bronchiale (MUHLING, 1884)
(Syn. *Syngamus bronchialis*)
Hosp.: Ganso común (*Anser anser*)
Dist.: Córdoba.
Reg.: IX.
Bibl.: 329.

Cyathostomum adersi BOULANGER, 1920
Hosp.: Equinos.
Dist.: León.
Reg.: III.
Bibl.: 293.

Cyathostomum aegyptiacum RAILLIET, 1923
Hosp.: Mulo.
Dist.: Huesca.
Reg.: IV.
Bibl.: 727.

Cyathostomum bicoronatum LOOSS, 1906
Hosp.: Equinos.
Dist.: Granada, Huesca, Jaén y León.
Reg.: III, IV, IX y X.
BIbl.: 67, 293, 369, 646 y 727.

Cyathostomum calicatum (LOOSS, 1900)
(Syn. *Cyathostomum minutum*)
Hosp.: Equinos.
Dist.: Granada y León.
Reg.: III, IX y X.
Bibl.: 67, 293, 369, 401 y 646.

Cyathostomum catinatum (LOOSS, 1900)
(incluye *C.catinatum* var. *lopez-neyrai*)
Hosp.: Equinos.
Dist.: Córdoba y Granada.
Reg.: IX y X.
Bibl.: 369, 460 y 646.

Cyathostomum coronatum (LOOSS, 1900)
Hosp.: Equinos.
Dist.: Granada, Huesca, Jaén y León.
Reg.: III, IV, IX y X
Bibl.: 67, 182, 401, 646 y 727.

Cyathostomum elongatum (IHLE, 1920)
(incluye *C.elongatum var. kotlani*)
Hosp.: Caballo.
Dist.: Cáceres, Córdoba y León.
Reg.: III, VI y IX.
Bibl.: 293 y 591.

Cyathostomum goldi BOULANGER, 1917
(Syn. *Schulzitrichonema goldi*)
Hosp.: Equinos.
Dist.: Granada, Huesca y León.
Reg.: III, IV, IX y X.
Bibl.: 293, 401, 646 y 727.

Cyathostomum hybridum (KOTLAN, 1920)
Hosp.: Caballo y mulo.
Dist.: Granada.
Reg.: IX y X.
Bibl.: 369 y 646.

Cyathostomum ihlei
Cf. *Cyathostomum mettami*

Cyathostomum insigne (BOULANGER, 1917)
(incluye *C.insigne* var. *rosembuschi*)
Hosp.: Equinos.
Dist.: Granada y León.
Reg.: III, IX y X.
Bibl.: 67, 369 y 646.

Cyathostomum labiatum (LOOSS, 1901)
Hosp.: Equinos.
Dist.: Granada y León.
Reg.: III, IX y X.
Bibl.: 67, 369, 401 y 646.

Cyathostomum labratum (LOOSS, 1900)
Hosp.: Equinos.
Dist.: Granada y León.
Reg.: IX y X.
Bibl.: 293 y 646.

Cyathostomum leptosomum (KOTLAN, 1920) var. **lopez-neyrai**
Hosp.: Equinos.
Dist.: Granada.
Reg.: IX y X.
Bibl.: 369 y 646.

Cyathostomum longibursatum (YORKE et MACFIE, 1918)
Hosp.: Equinos.
Dist.: Córdoba, Granada, Huesca y León. Portugal.
Reg.: III, IV, IX y X. Portugal.
Bibl.: 293, 367, 401, 646 y 727.

Cyathostomum mettami (LEIPER, 1913)
(Syn. *Cyathostomum ihlei*)
Hosp.: Equinos.
Dist.: Granada.
Reg.: IX y X.
Bibl.: 369.

Cyathostomum minutum
Cf. *Cyathostomum calicatum*

Cyathostomum nassatum (LOOSS, 1900)
Hosp.: Equinos.
Dist.: Granada y León.
Reg.: III, IX y X.
Bibl.: 293 y 369.

Cyathostomum parvibursatum (VAZ, 1934)
Hosp.: Equinos.
Dist.: Huesca.
Reg.: IV.
Bibl.: 646, 727 y 728.

Cyathostomum pateratum (YORKE et MACFIE, 1919)
Hosp.: Equinos.
Dist.: Córdoba, Granada, Huesca y León.
Reg.: III, IV, IX y X.
Bibl.: 67, 369, 460, 646 y 727.

Cyathostomum radiatum LOOSS, 1900
Hosp.: Caballo.
Dist.: León.
Reg.: III.
Bibl.: 67.

Cyathostomum sagittatum (KOTLAN, 1920)
Hosp.: Equinos.
Dist.: Huesca.
Reg.: IV.
Bibl.: 646 y 727.

Cyathostomum sp.
(Syn. *Cylicocercus sp.; Cylicocyclus sp.; Cylicodontophorus sp.; Cylicostephanus sp.; Cylicostomum sp.; Trichonema sp.*)

Cyathostomum triramosum (YORKE et MACFIE, 1920)
Hosp.: Equinos.
Dist.: León.
Reg.: III.
Bibl.: 293.

Cyathostomum ultrajectinum (IHLE, 1920)
Hosp.: Equinos.
Dist.: León.
Reg.: III.
Bibl.: 293.

Cylicocercus sp.
Cf. *Cyathostomum* sp.

Cylicocyclus sp.
Cf. *Cyathostomum* sp.

Cylicodontophorus sp.
Cf. *Cyathostomum* sp.

Cylicostephanus poculatum
Cf. *Petrovinema poculatum*

Cylicostephanus sp
Cf. *Cyathostomum* sp.

Cylicostomum sp.
Cf. *Cyathostomum* sp.

Cyrnea excisa (MOLIN, 1860)
(Syn. *Seurocyrnea excisa*)
Hosp.: Cigüeña (*Ciconia ciconia*)
Dist.: Granada.
Reg.: IX y X.
Bibl.: 401.

Cyrnea parroti (SEURAT, 1917)
Hosp.: Perdiz roja (*Alectoris rufa*)
Dist.: Portugal.
Bibl.: 107.

Cyrnea seurati (LOPEZ-NEYRA, 1918)
(Syn. *Seurocyrnea seurati*)
Hosp.: Perdiz roja (*Alectoris rufa*)
Dist.: Córdoba, Granada, Madrid y Málaga.
Reg.: VI, IX y X.
Bibl.: 401.

Cystidicoloides tenuissima (ZEDER, 1800)
(Syn. *Sterliadochona tenuissima*)
Hosp.: Trucha común (*Salmo trutta fario*)
Dist.: León.
Reg.: III.
Bibl.: 21, 22 y 23.

Cystocaulus ocreatus (RAILLIET et HENRY, 1907)
Hosp.: Oveja, cabra y cabra montés (*Capra pyrenaica*)
H.I.: Moluscos terrestres (*Cernuella virgata, Cernuella arigonis, Cepaea nemoralis, Cochlicella acuta, Cochlicella barbara, Cochlicella conoidea, Eobania vermiculata, Helicella rugosiuscula, Helicella itala, Helicella madritensis, Helicella apicina, Helix aspersa, Hygromia cinctella, Theba pisana, Helicella jamuzensis, Helicella corderoi, Helicella ordunensis, Helicella zaratei, Helicella valdeona*)
Dist.: General.
Bibl.: 5, 214, 250, 253, 257, 258, 367, 401, 428, 429, 436, 439, 451, 456, 459, 509, 559, 585, 587, 589, 591, 597, 646, 675, 676, 701, 703, 722, 733 y 734.

Dermatoxys hispaniensis SIMON VICENTE, 1969
Hosp.: Conejo (*Oryctolagus cuniculus*) y liebre (*Lepus capensis*)
Dist.: Cáceres, Ciudad Real, Córdoba, Jaén y Salamanca. Portugal
Reg.: III, VI, VIII y IX. Portugal
Bibl.: 4, 463, 488, 585, 591, 646 y 709.

Dermatoxys veligera (RUDOLPHI, 1819)
Hosp.: Conejo (*Oryctolagus cuniculus*)
Dist.: Portugal.
Bibl.: 105.

Dichelyne sp.
Hosp.: Congrio (*Conger conger*)
Dist.: Valencia.
Reg.: VII.
Bibl.: 502 y 505.

Dictyocaulus arnfieldi (COBBOLD, 1844)
Hosp.: Asno y caballo.
Dist.: Cáceres, Granada y León. Portugal.
Reg.: III, VI, IX y X. Portugal.
Bibl.: 367, 401, 488, 646 y Cordero del Campillo, 1950 (inéd.)

Dictyocaulus filaria (RUDOLPHI, 1809)
Hosp.: Oveja, cabra y cabra montés (*Capra pyrenaica*)
Dist.: General.
Bibl.: 190, 214, 250, 254, 367, 401, 437, 451, 453, 456, 459, 509, 541, 559, 563, 585, 587, 591, 597, 634, 642, 646, 675, 676, 703, 706, 715, 716, 722, 733 y 734.

Dictyocaulus viviparus (BLOCH, 1782)
Hosp.: Vaca y ciervo (*Cervus elaphus*)
Dist.: General.
Bibl.: 99, 254, 367, 523, 585, 590, 591, 592, 646, 695, 702, 718, 719 y 723.

Dioctophyme renale (GOEZE, 1782)
Hosp.: Perro.
Dist.: Granada y Madrid. Portugal.
Reg.: VI, IX y X. Portugal.
Bibl.: 367, 532, 646 y 750.

Dipetalonema dracunculoides (COBBOLD, 1870)
Hosp.: Perro.
H.I.: *Rhipicephalus sanguineus*
Dist.: General?. Portugal.
Bibl.: 346, 367, 401, 408, 488 y 527.

Dipetalonema grassii NOE, 1907
Hosp.: Perro.
H.I.: *Rhipicephalus* sp.
Dist.: Granada.
Reg.: IX y X.
Bibl.: 408.

Dipetalonema perstans (MANSON, 1891)
Hosp.: Hombre.
Dist.: Madrid (importado)
Reg.: VI.
Bibl.: 401.

Dipetalonema reconditum (GRASSI, 1890)
Hosp.: Perro.
H.I.: *Culex* spp., *Ctenocephalides canis*, *Haematopinus* sp., *Rhipicephalus* sp..
Dist.: Guipúzcoa, Salamanca, Sur de España y Vizcaya. Portugal.
Reg.: I, III, IX y X. Portugal.
Bibl.: 254, 367, 408 y 549.

Diplogasterinae, larvas
Hosp.: Escarabajos (*Geotrupes niger*, *G. spiniger*, *G. stercorosus*, *G. pyrenaicus*, *Typhaeus* spp.)
Dist.: Barcelona y Pirineos orientales, en general.
Reg.: V.
Bibl.: 739 y 740.

Diplotriaenia affinis (RUDOLPHI, 1819)
(*Microfilaria neyrai* COVALEDA et GALLEGO, 1945 se adscribe provisionalmente a esta especie)
Hosp.: Jilguero (*Carduelis carduelis*) y gorrión moruno (*Passer hispaniolensis*)
Dist.: Cádiz y Granada.
Reg.: IX y X.
Bibl.: 156, 384 y 401.

Diplotriaenia henryi SKRJABIN, 1915
Hosp.: Zorzal común (*Turdus philomelos*) y zorzal alirrojo (*Turdus iliacus*)
Dist.: Córdoba y Granada.
Reg.: IX y X.
Bibl.: 381 y 441.

Diplotriaenia isabellina KOROLIOVA, 1926
Hosp.: Chova piquirroja (*Pyrrhocorax pyrrhocorax*) y chova piquigualda (*Pyrrhocorax graculus*)
Dist.: Granada.
Reg.: IX y X.
Bibl.: 384.

Diplotriaenia monticelliana (STOSSICH, 1890)
Hosp.: Curruca capirotada (*Sylvia atricapilla*)
Dist.: Córdoba.
Reg.: IX.
Bibl.: 413 y 441.

Diplotriaenia sp.
Hosp.: Carraca (*Coracias garrulus*)
Dist.: Almería.
Reg.: X.
Bibl.: 351.

Diplotriaenia sp.
Hosp.: Arrendajo (*Garrulus glandarius*)
Dist.: Granada.
Reg.: IX y X.
Bibl.: 343 y 344.

Diplotriaenia sp.
Hosp.: Córvidos, sin especificar.
Dist.: Salamanca.
Reg.: III.
Bibl.: 585.

Diplotriaenia sp.
Hosp.: Zorzal común (*Turdus philomelos*) y zorzal alirrojo (*Turdus iliacus*)
Dist.: Granada.
Reg.: IX y X.
Bibl.: 351.

Diplotriaenia tridens (MOLIN, 1858)
Hosp.: Curruca capirotada (*Sylvia atricapilla*)
Dist.: Jaén.
Reg.: IX.
Bibl.: 351.

Dirofilaria acutiuscula
Cf. *Dirofilaria repens*

Dirofilaria conjunctivae
Cf. *Dirofilaria repens*

Dirofilaria immitis (LEIDY, 1856)
Hosp.: Perro y zorro (*Vulpes vulpes*). Hombre (larvas)
H.I.: *Aedes echinus*, *Aedes caspius*, *Aedes longitubus*. *Ctenocephalides canis* (probablemente larvas de *Dirofilaria repens*)
Dist.: Alicante, Cáceres, Canarias, Ciudad Real, Córdoba, Granada, Huesca, La Rioja y Salamanca. Portugal.
Reg.: III, IV, VI, VII, VIII, IX, X y XII. Portugal.
Bibl.: 31, 76, 92, 141, 147, 148, 187, 254, 349, 353, 367, 401, 406, 408, 414, 506, 525, 549, 563, 585, 591, 599, 646, 660, 710 y 755.

Dirofilaria repens RAILLIET et HENRY, 1911
(Syn. *Dirofilaria acutiuscula; Dirofilaria conjunctivae; Filaria conjunctivae*)
Hosp.: Perro y hombre.
H.I.: *Ctenocephalides canis, Aedes* spp., *Anopheles* spp.
Dist.: Alicante, Barcelona, Castellón, Huesca, Murcia y Salamanca.
Reg.: III, IV, VII y X.
Bibl.: 147, 148, 270, 406, 408, 410, 411, 412, 508, 547 y 549.

Dispharynx laplantei SEURAT, 1919
Hosp.: Arrendajo (*Garrulus glandarius*)
Dist.: León.
Reg.: III.
Bibl.: Martínez Fernández, 1973 (inéd.)

Dispharynx nasuta (RUDOLPHI, 1819)
Hosp.: Gallina, urraca (*Pica pica*), mochuelo (*Athene noctua*) y paloma (*Columba livia*)
Dist.: Córdoba.
Reg.: IX.
Bibl.: 312, 343, 344, 460 y 466.

Dispharynx spiralis (MOLIN, 1858)
Hosp.: Gallina y paloma doméstica.
H.I.: Cochinillas de humedad (*Porcellio scaber, Porcellio laevis, Armadillium vulgare*)
Dist.: Alicante, Cádiz, Córdoba, Granada, Sevilla y Vizcaya. Portugal.
Reg.: I, VII, IX y X. Portugal.
Bibl.: 248, 367, 368, 402, 554 y 646.

Draschia megastoma
Cf. *Habronema megastoma*

Echinocoleus collare
Cf. *Capillaria collaris*

Echinuria uncinata (RUDOLPHI, 1819)
Hosp.: Cisne (*Cygnus olor*) y *Cairina moschata*
Dist.: Zoo de Madrid.
Reg.: VI.
Bibl.: 593.

Elaeophora elaphi HERNANDEZ, MARTINEZ et GUTIERREZ, 1986
Hosp.: Ciervo (*Cervus elaphus*)
Dist.: Cáceres y Córdoba.
Reg.: VI y IX.
Bibl.: 317, 327 y 591.

Enterobius sciuri CAMERON, 1932
Cf. *Lemuricola (Rodentoxyuris) sciuri*

Enterobius vermicularis (LINNAEUS, 1785)
Hosp.: Hombre.
Dist.: General.
Bibl.: 3, 39, 40, 42, 51, 63, 81, 85, 115, 124, 173, 233, 260, 272, 278, 279, 280, 283, 321, 392, 395, 401, 415, 417, 424, 487, 522, 534, 565, 585 y 756.

Entomelas dujardini (MAUPAS, 1916)
Hosp.: Lución (*Anguis fragilis*)
Dist.: La Coruña.
Reg.: II.
Bibl.: 376.

Entomelas entomelas (DUJARDIN, 1845)
Hosp.: Lución (*Anguis fragilis*)
Dist.: León.
Reg.: III.
Bibl.: 376 y 448.

Epodimiostomum uncinatum (LUNDAHL, 1848)
Hosp.: Malvasía (*Oxyura leucocephala*)
Dist.: Córdoba.
Reg.: IX.
Bibl.: 1.

Equinurbia sipunculiformis (BAIRD, 1859)
Hosp.: Elefante asiático (*Elephas indicus*)
Dist.: Zoo de Lisboa, Portugal.
Bibl.: 159.

Eucoleus spp.
Cf. *Capillaria* spp.

Eufilaria delicata SUPPERER, 1958
Hosp.: Zorzal común (*Turdus philomelos*) y zorzal alirrojo (*Turdus iliacus*)
Dist.: ?
Bibl.: 382.

Eufilaria sergenti SEURAT, 1921
(Syn. *Filaria hispalensis; Microfilaria hispalensis*)
Hosp.: Gorrión (*Passer domesticus*) y verdecillo (*Serinus serinus*)
Dist.: Granada y Sevilla.
Reg.: IX y X.
Bibl.: 156, 401, 600 y 646.

Eufilaria sp.
Hosp.: Zorzal común (*Turdus philomelos*)
Dist.: Madrid.
Reg.: VI.
Bibl.: 98.

Eulimdana clava
Cf. *Pelecitus clava*

Eustrongylides mergorum (RUDOLPHI, 1809)
Hosp.: Focha (*Fulica atra*) y polla de agua (*Gallinula chloropus*)
Dist.: Córdoba.
Reg.: IX.
Bibl.: 1.

Filaria aviar sic.
Hosp.: Gallina.
Dist.: Toledo.
Reg.: VI y VIII.
Bibl.: 49.

Filaria conjunctivae
Cf. *Dirofilaria repens*

Filaria hispalensis
Cf. *Eufilaria sergenti*

Filaroides martis (WERNER, 1782)
Hosp.: Turón (*Putorius putorius*) y meloncillo (*Herpestes ichneumon*).
Dist.: Granada.
Reg.: IX y X.
Bibl.: 401 y Martínez Gómez et al., 1976 (inéd.)

Filaroides osleri COBBOLD, 1879
(Syn. *Oslerus osleri*)
Hosp.: Perro.
Dist.: Dudosa su presencia.
Bibl.: 408 y 646.

Filaroides (Anafilaroides) rostratus GERICHTER, 1949
(Syn. *Oslerus rostratus*)
Hosp.: Gato.
Dist.: Vizcaya.
Reg.: IV.
Bibl.: 254, 357 y 358.

Filocapsularia physeteris (BAYLIS, 1923)
(Syn. *Anisakis physeteris*)
Hosp.: Zifio común (*Ziphius cavirostris*) y cachalote (*Physeter macrocephallus*)
Dist.: Almería, Galicia y Valencia.
Reg.: II, VII y X.
Bibl.: 102, 147, 148, 409 y 583.

Filocapsularia simplex (RUDOLPHI, 1809)
(Syn. *Anisakis simplex*)
Hosp.: Rorcual común (*Balaenoptera physalus*), calderón (*Globicephala melaena*) y delfín común (*Delphinus delphis*). Hombre.
H.I.: Pintarroja (*Scyliorhinus canicula*), bacaladilla (*Micromesistius poutassou*), pez de San Pedro (*Zeus faber*), chicharro (*Trachurus trachurus*), llisena (*Lepidorhombus whiffjagonis*), congrio (*Conger conger*) y gallo (*L. boscii*)
Dist.: Cádiz, Galicia y Valencia.
Reg.: II, VII y IX.
Bibl.: 102, 576, 580, 685 y 753.

Filocapsularia sp.
H.I.: Chicharro (*Trachurus trachurus*), arete (*Trigla cuculus*), borracho (*Eutrigla gurnardus*) y rape (*Lophius piscatorius*)
Dist.: Valencia. Portugal.
Reg.: VII. Portugal.
Bibl.: 108, 503 y 537.

Filocapsularia typica (DIESING, 1861)
(Syn. *Anisakis typica*)
Hosp.: Zifio común (*Ziphius cavirostris*)
Dist.: Almería.
Reg.: X.
Bibl.: 147, 148 y 409.

Gallegostrongylus ibicensis MAS-COMA, 1977
Hosp.: Ratón (*Mus musculus*) y topillo común (*Pitymys duodecimcostatus*)
Dist.: Baleares y otras áreas, sin especificar.
Reg.: XI.
Bibl.: 123 y 469.

Ganguleterakis dispar
Cf. *Heterakis dispar*

Ganguleterakis spumosa
Cf. *Heterakis spumosa*

Ganguleterakis tenuicaudata
Cf. *Heterakis tenuicaudata*

Globocephalus urosubulatus (ALESSANDRINI, 1909)
Hosp.: Cerdo.
Dist.: Cádiz. Portugal.
Reg.: X. Portugal.
Bibl.: 367, 401 y 646.

Gnathostoma hispidum FEDTSCHENKO, 1872
Hosp.: Cerdo.
Dist.: Granada.
Reg.: IX y X.
Bibl.: 504.

Gongylonema mucronatum SEURAT, 1916
Hosp.: Erizo moro (*Aethechinus algirus*)
Dist.: Baleares (Formentera)
Reg.: XI.
Bibl.: 197, 470 y 478.

Gongylonema musculi (RUDOLPHI, 1819)
Hosp.: Ratón (*Mus musculus*)
Dist.: Granada.
Reg.: IX y X.
Bibl.: 477.

Gongylonema neoplasticum (FIEBIGER et DIKLEVSEN, 1914)
Hosp.: Rata (*Rattus norvegicus*), ratón de campo (*Apodemus sylvaticus*) y ratón (*Mus musculus*)
Dist.: Baleares, Barcelona y Granada.
Reg.: V, IX, X y XI.
Bibl.: 232, 269, 401, 476 y 494.

Gongylonema pacoi HERNANDEZ et GUTIERREZ, 1992
Hosp.: Urraca (*Pica pica*), arrendajo (*Garrulus glandarius*), rabilargo (*Cyanopica cyanus*) y grajilla (*Corvus monedula*)
Dist.: Córdoba.
Reg.: IX.
Bibl.: 311 y 325.

Gongylonema pithyusensis MAS-COMA, 1976
Hosp.: Lirón careto (*Eliomys quercinus*)
Dist.: Baleares.
Reg.: XI.
Bibl.: 195, 470 y 476.

Gongylonema pulchrum MOLIN, 1857
Hosp.: Cerdo, oveja, vaca, ciervo (*Cervus elaphus*) y hombre.
Dist.: Cáceres, Córdoba, Granada, León y Salamanca. Portugal.
Reg.: III, VI, IX y X. Portugal.
Bibl.: 263, 318, 328, 342, 345, 367, 401, 488, 585, 646 y Cordero del Campillo y Del Río Lozano, 1970 (inéd.)

Gongylonema sp aff. **soricis**
Hosp.: Musaraña común (*Crocidura russula*)
Dist.: Valencia.
Reg.: VII.
Bibl.: 299.

Graphidium strigosum (DUJARDIN, 1845)
Hosp.: Conejo (*Oryctolagus cuniculus*) y liebre (*Lepus capensis*)
Dist.: Cáceres, Ciudad Real, Córdoba, Granada, Jaén y Salamanca.
Reg.: III, VI, VIII, IX y X.
Bibl.: 104, 105, 106, 367, 401, 463, 498, 585, 646 y Reguera Feo, 1984 (inéd.)

Grosspiculagia lyrata
Cf. *Ostertagia lyrata*

Grosspiculagia occidentalis
Cf. *Ostertagia occidentalis*

Gyalocephalus capitatus LOOSS, 1900

Hosp.: Equinos.
Dist.: Cáceres, Cantabria, Córdoba, Granada y León.
Reg.: I, III, VI, IX y X.
Bibl.: 254, 401, 460, 591 y 646.

Habronema leptoptera (RUDOLPHI, 1819) SEURAT, 1914

Hosp.: Gavilán (*Accipiter nisus*) y alcotán (*Falco subbuteo*)
Dist.: Granada.
Reg.: IX y X.
Bibl.: 343, 344 y 401.

Habronema mansoni (SEURAT, 1914) CHABAUD, 1958

Hosp.: Ratonero (*Buteo buteo*)
Dist.: Granada.
Reg.: IX y X.
Bibl.: 343 y 344.

Habronema megastoma (RUDOLPHI, 1819) (Syn. *Draschia megastoma*)

Hosp.: Equinos.
H.I.: *Musca domestica*
Dist.: Córdoba, Granada, León y Madrid.
Reg.: III, VI, IX y X.
Bibl.: 54, 55, 570, 646 y Cordero del Campillo, 1959 (inéd.)

Habronema microstoma (SCHNEIDER, 1886)

Hosp.: Equinos.
H.I.: *Stomoxys calcitrans*
Dist.: Cáceres, Córdoba, Granada, León, Madrid y Toledo. Portugal.
Reg.: III, VI, VIII, IX y X. Portugal.
Bibl.: 367, 401, 539, 570, 591, 646 y Cordero del Campillo, 1959 (inéd.)

Habronema muscae (CARTER, 1861)

Hosp.. Equinos.
H.I.: *Musca domestica*
Dist.: Cáceres, León, Madrid y Toledo. Portugal.
Reg.: III, VI y VIII. Portugal.
Bibl.: 367, 488, 539, 570, 646 y Cordero del Campillo, 1959 (inéd.)

Habronema spinosum (GENDRE, 1923)

Hosp.: Búho (*Bubo bubo*)
Dist.: Granada.
Reg.: IX y X.
Bibl.: 343, 344 y 401.

Hadjelia truncata (CREPLIN, 1825)

Hosp.: Abubilla (*Upupa epops*)
Dist.: Córdoba.
Reg.: IX.
Bibl.: 311.

Haemonchus contortus (RUDOLPHI, 1803)

Hosp.: Cabra, vaca, cerdo, oveja y ciervo (*Cervus elaphus*).
Dist.: General.
Bibl.: 100, 101, 177, 215, 239, 254, 318, 328, 367, 401, 436, 437, 451, 452, 453, 459, 509, 585, 588, 591, 646, 673, 691, 715 y 720.

Haemonchus placei (PLACE, 1893)

Hosp.: Vaca.
Dist.: Salamanca.
Reg.: III.
Bibl.: 585.

Halocercus delphini BAYLIS et DAUBNEY, 1925

Hosp.: Delfín común (*Delphinus delphis*)
Dist.: Valencia.
Reg.: VII.
Bibl.: 102.

Hamastospiculum pauloi (RODRIGUEZ et FRANCO, 1964) ANDERSON et BAIN, 1976

Hosp.: Lechuza (*Tyto alba*)
Dist.: Granada.
Reg.: IX y X.
Bibl.: 343 y 344.

Hammerschmidtiella diesingi (HAMMERSCHMIDT, 1838) CHITWOOD, 1932

Hosp.: Cucaracha (*Periplaneta americana*)
Dist.: Andalucía.
Reg.: IX y X.
Bibl.: 168.

Hammerschmidtiella neyrai SERRANO SANCHEZ, 1945

Hosp.: Cucaracha (*Periplaneta orientalis*)
Dist.: Granada.
Reg.: IX y X.
Bibl.: 696 y 697.

Hartertia hispanica LOPEZ-NEYRA, 1947

Hosp.: Búho (*Bubo bubo*)
Dist.: Granada.
Reg.: IX y X.
Bibl.: 401.

Heligmosomoides glareoli BAYLIS, 1928

Hosp.: Ratilla nival (*Microtus nivalis*), ratilla campesina (*M. arvalis*), rata de agua norteña (*Arvicola terrestris*) y topino rojo (*Clethrionomys glareolus*)
Dist.: Alava, Barcelona, Burgos, Cantabria, Gerona, Huesca, Lérida, Lugo, Navarra, Palencia y La Rioja. Andorra.
Reg.: I, II, III, IV y V.
Bibl.: 200, 201, 202, 207, 477, 693 y 764.

Heligmosomoides laevis (DUJARDIN, 1845)

Hosp.: Ratilla nival (*Microtus nivalis*), topillo (*Pitymys lusitanicus*), raa de agua (*Arvicola sapidus*), rata de agua norteña (*A. terrestris*), topino rojo (*Clethrionomys glareolus*), topillo común (*P. duodecimcostatus*), ratilla campesina (*M. arvalis*) y ratilla agreste (*M. agrestis*)
Dist.: General.
Bibl.: 123, 201, 202, 207, 477, 693 y 764.

Heligmosomoides polygyrus polygyrus (DUJARDIN, 1845)

Hosp.: Ratones de campo (*Apodemus sylvaticus, A. flavicollis*)), rata gris (*Rattus norvegicus*) y ratón (*Mus musculus*)
Dist.: Badajoz, Baleares, Cataluña, Galicia, Granada, Huesca, Jaén, Málaga, Tarragona y Zamora. Andorra.
Reg.: I, II, III, IV, V, VIII, IX, X y XI.
Bibl.: 18, 201, 202, 203, 205, 340, 477, 494, 683, 684 y 745.

Heligmosomum costellatum DUJARDIN, 1845

Hosp.: Topillo común (*Pitymys duodecimcostatus*), topillo (*P. lusitanicus*), ratón de campo (*Apodemus sylvaticus*), ratilla nival (*Microtus nivalis*), ratilla campesina (*M. arvalis*) y topillo (*P. mariae*)
Dist.: Cantabria, Galicia, León, Lérida, Navarra y Soria.
Reg.: I, II, III y IV.
Bibl.: 123, 201, 205, 476, 738 y 764.

Heligmosomum polygyrum polygyrum DUJARDIN, 1845

Cf.*Heligmosomoides polygyrus polygyrus*

Hepaticola hepatica

Cf. *Capillaria hepatica*

Heterakis columbae

Cf. *Ascaridia columbae*

Heterakis dispar (SCHRANK, 1790)
(Syn. *Ganguleterakis dispar*)

Hosp.: Pato doméstico, ganso (*Anser anser*) y perdiz roja (*Alectoris rufa*)
Dist.: Granada. Portugal.
Reg.: IX y X. Portugal.
Bibl.: 107, 367, 368, 401 y 646.

Heterakis gallinarum (SCHRANK, 1788)
(Syn. *Heterakis papillosa*)

Hosp.: Codorniz (*Coturnix coturnix*), gallina y perdiz roja (*Alectoris rufa*)
Dist.: Alava, Alicante, Cáceres, Córdoba, Granada, Guipúzcoa, León, Lugo, La Rioja, Salamanca, Valencia, Vizcaya y Zaragoza. Portugal.
Reg.: I, II, III, IV, VI, VII, IX y X. Portugal.
Bibl.: 71, 101, 107, 155, 236, 254, 367, 368, 401, 403, 489, 493, 499, 530, 560, 563, 585, 591, 592, 596, 646, 725 y 762.

Heterakis isolenche VON LINSTOW, 1906

Hosp.: Faisán (*Phasianus colchicus*) y avutarda (*Otis tarda*)
Dist.: Cáceres. Portugal
Reg.: VI. Portugal.
Bibl.: 367, 368 y 592.

Heterakis papillosa
Cf. *Heterakis gallinarum*

Heterakis sp.
Hosp.: Avutarda (*Otis tarda*)
Dist.: Cáceres.
Reg.: VI.
Bibl.: 591 y 592.

Heterakis spumosa SCHNEIDER, 1866
(Syn. *Ganguleterakis spumosa*)
Hosp.: Rata gris (*Rattus norvegicus*), rata negra (*Rattus rattus*) y ratón (*Mus musculus*)
Dist.: Barcelona, Córdoba, Granada, Madrid, Tarragona y Valencia.
Reg.: IV, V, VI, VII, IX y X.
Bibl.: 79, 232, 269, 347, 476, 562, 563, 745 y 759.

Heterakis tenuicaudata (VON LINSTOW, 1863) var. Bhispanica LOPEZ-NEYRA, 1947
(Syn. *Ganguleterakis tenuicaudata*)
Hosp.: Perdiz roja (*Alectoris rufa*)
Dist.: Granada.
Reg.: IX y X.
Bibl.: 401 y 725.

Heterakis vesicularis (FROELICH, 1791)
Hosp.: Gallina.
Dist.: Granada.
Reg.: IX y X.
Bibl.: 394.

Heterodera marioni (CORNU, 1879)
Hosp.: Hombre (¡transeúnte intestinal!)
Dist.: Madrid.
Reg.: VI.
Bibl.: 45, 47 y 565.

Histiostrongylus viguerasi (LOPEZ-NEYRA, 1946)
(Syn. *Parahistiostrongylus viguerasi*)
Hosp.: Murciélago ratero (*Myotis myotis*) y murciélago de herradura grande (*Rhinolophus ferrumequinum*)
Dist.: Huesca, Segovia y Zaragoza.
Reg.: III y IV.
Bibl.: 398, 401 y 668.

Hyostrongylus rubidus (HASSAL et STILES, 1892)
Hosp.: Cerdo.
Dist.: Badajoz, Cáceres. Cádiz, Córdoba, Granada, Salamanca, Sevilla, Valladolid y Zamora. Portugal.
Reg.: III, VI, VIII, IX y X. Portugal.
Bibl.: 120, 145, 176, 363, 366, 367, 488, 504, 585, 646, 650, 674, 699 y 700.

Hysterothylacium aduncum (RUDOLPHI, 1802)
(Syn. *Ascaris clavata; Contracaecum clavatum*)
Hosp.: Rodaballo (*Scophthalmus maximus*) y congrio (*Conger conger*)
H.I.: Bacaladilla (*Micromesistius poutassou*), faneca (*Gadus luscus*), merluza (*Merluccius merluccius*), salmonete de fango (*Mullus barbatus*), alfondega (*Trigla lucerna*), chicharro (*Trachurus trachurus*), llisena (*Lepidorhombus whiffjagonis*), golleta (*Microchirus variegatus*), congrio (*Conger conger*) y gallo (*Lepidorhombus boscii*)
Dist.: Galicia, Granada, Málaga y Valencia.
Reg.: II, VII y X.
Bibl.: 30, 73, 147, 148, 399, 401, 538, 576 y 685.

Hysterothylacium fabri (RUDOLPHI, 1819)
H.I.: Solleta (*Citharus linguatula*) y rata (*Uranoscopus scaber*)
Dist.: Cádiz, Castellón y Valencia.
Reg.: VII y IX.
Bibl.: 211 y 356.

Hysterothylacium sp.
Hosp.: Peto (*Symphodus tinca*), borracho (*Eutrigla gurnardus*), bejel (*Trigla obscura*), arete (*T. cuculus*), alfondega (*T. lucerna*), garneo (*T. lyra*), rata (*Uranoscopus scaber*), merlo (*Labrus merula*) y salpa (*Boops salpa*)
Dist.: Cádiz y Valencia.
Reg.: VII y IX.
Bibl.: 94, 211, 503 y 544.

Icosiella neglecta (DIESING, 1851) SEURAT, 1917
Hosp.: Rana (*Rana perezi*) y ratonero (*Buteo buteo*)
Dist.: Avila, Cáceres, Granada, Huesca, Salamanca y Valencia.
Reg.: III, IV, VI, VII, IX y X.
Bibl.: 335, 376, 401, 513, 521, 550 y 669.

Julinea granatensis SERRANO SANCHEZ, 1955
Hosp.: Cardador (*Julus terrestris*)
Dist.: Granada.
Reg.: IX y X.
Bibl.: 698.

Kahmannia eliomydis MAS-COMA et ESTEBAN, 1982
Hosp.: Lirón careto (*Eliomys quercinus*)
Dist.: Baleares.
Reg.: XI.
Bibl.: 195, 206 y 471.

Kalicephalus colubri (ORTLEPP, 1923)
Hosp.: Culebra verdiamarilla (*Coluber viridiflavus*)
Dist.: Málaga.
Reg.: X.
Bibl.: 401.

Leidynema appendiculata (LEIDY, 1850) CHITWOOD, 1932
Hosp.: Cucarachas (*Periplaneta americana* y *P.orientalis*)
Dist.: Andalucía, Huelva, Valencia y Valladolid.
Reg.: III, VII y IX.
Bibl.: 168 y 697.

Lemuricola (Rodentoxyuris) sciuri (CAMERON, 1932)
(Syn. *Enterobius sciuri, Rodentoxyuris sciuri, Tripanoxyuris sciuri*)
Hosp.: Ardilla (*Sciurus vulgaris*)
Dist.: Lérida.
Reg.: IV.
Bibl.: 206, 477, 623 y 765.

Liniscus incrassatus (DIESING, 1851)
Hosp.: Musaraña común (*Crocidura russula*) y topos (*Talpa* spp.)
Dist.: General.
Bibl.: 19, 299, 654, 745 y 748.

Lissonema coraciae (GMELIN, 1790) BAIN et MAWSON, 1981
Hosp.: Carraca (*Coracias garrulus*)
Dist.: Almería.
Reg.: X.
Bibl.: 384.

Litomosa beaucournui
Hosp.: Murciélago troglodita (*Miniopterus schreibersii*)
Dist.: Barcelona.
Reg.: V.
Bibl.: 491.

Litomosa filaria (VAN BENEDEN, 1873)
Hosp.: Murciélago ratero (*Myotis myotis*)
Dist.: Segovia.
Reg.: III.
Bibl.: 401.

Litomosa ottavianii LAGRANGE et BETTINI, 1948
Hosp.: Murciélago troglodita (*Miniopterus schreibersii*)
Dist.: Barcelona, Lérida, Tarragona y Valencia.
Reg.: IV, V y VII.
Bibl.: 195.

Loa loa (GUYOT, 1778)
Hosp.: Hombre.
Dist.: Importados de áreas tropicales.
Bibl.: 264, 270, 301, 401 y 423.

Longistriata baeri (VAUCHER et DURETTE-DESSET, 1973)
Hosp.: Musaraña común (*Crocidura russula*) y musaraña colicuadrada (*Sorex araneus*)
Dist.: Galicia.
Reg.: I y II.
Bibl.: 684.

Longistriata confusa DESPORTES et CHABAUD, 1961
Hosp.: Musaraña común (*Crocidura russula*)
Dist.: Barcelona y Gerona.
Reg.: V.
Bibl.: 477.

Longistriata depressa (DUJARDIN, 1845)
- Hosp.: Musaraña careta (*Sorex caecutiens*), musaraña colicuadrada (*Sorex araneus*) y musaraña campesina (*Crocidura suaveolens*)
- Dist.: Galicia y Gerona.
- Reg.: I, II y V.
- Bibl.: 19, 684 y 761.

Longistriata pseudodidas VAUCHER et DURETTE-DESSET, 1973
- Hosp.: Musaraña colicuadrada (*Sorex araneus*), musaraña común (*Crocidura russula*) y musaraña enana (*Sorex minutus*)
- Dist.: Galicia y Gerona.
- Reg.: I, II y V.
- Bibl.: 475 y 683.

Longistriata sp.
- Hosp.: Musaraña común (*Crocidura russula*) y musaraña campesina (*Crocidura suaveolens*)
- Dist.: Galicia, Málaga, Tarragona y Valencia.
- Reg.: I, II, IV y X.
- Bibl.: 19, 299, 427, 745 y 748.

Longistriata trus THOMAS, 1953
- Hosp.: Musaraña enana (*Sorex minutus*)
- Dist.: Barcelona.
- Reg.: V.
- Bibl.: 477.

Marshallagia marshalli (RANSOM, 1907)
- Hosp.: Oveja, cabra y cabra montés (*Capra pyrenaica*)
- Dist.: Cáceres, Córdoba, Granada, Jaén, León, Madrid, Salamanca, Valladolid y Vizcaya.
- Reg.: I, III, VI, IX y X.
- Bibl.: 32, 185, 215, 216, 239, 453, 456, 509, 585, 644, 646, 652, 720 y 726.

Mastophorus muris
Cf. *Protospirura muris*

Megalobatrachonema campanae CHABAUD et GOLVAN, 1957
- Hosp.: Tritón verde (*Triturus marmoratus*)
- Dist.: La Coruña.
- Reg.: II.
- Bibl.: 376.

Megalobatrachonema terdentatum (LINSTOW, 1914) HARTWICH, 1960
- Hosp.: Tritón verde (*Triturus marmoratus*), gallipato (*Pleurodeles waltli*) y ranita meridional (*Hyla meridionalis*)
- Dist.: Avila y La Coruña.
- Reg.: I y III.
- Bibl.: 224 y 550.

Mehdiella microstoma (DRASCHE, 1884) SEURAT, 1918
- Hosp.: Tortuga mora (*Testudo graeca*)
- Dist.: Almería y Murcia.
- Reg.: VII y X.
- Bibl.: 225, 376 y 610.

Mehdiella uncinata (DRASCHE, 1884) SEURAT, 1918
- Hosp.: Tortuga mora (*Testudo graeca*)
- Dist.: Almería, Baleares y Murcia.
- Reg.: VII, X y XI.
- Bibl.: 225, 401 y 610.

Mehdiella stylosa (THAPAR, 1925) PETTER, 1966
- Hosp.: Tortuga mora (*Testudo graeca*)
- Dist.: Almería y Murcia.
- Reg.: VII y X.
- Bibl.: 225, 376 y 610.

Mermitidae, sin especificar.
- Hosp.: Hormiga (*Pheidole pallidula*)
- Dist.: ?
- Bibl.: 741.

Metastrongylus apri
Cf. *Metastrongylus elongatus*

Metastrongylus brevivaginatus
Cf. *Choerostrongylus pudendotectus*

Metastrongylus elongatus (DUJARDIN, 1845)
(Syn. *Metastrongylus apri*)
- Hosp.: Cerdo y hombre.
- H.I.: Diversas lombrices de tierra (*Oligocheta*), sin determinar.
- Dist.: Almería, Badajoz, Cáceres, Cádiz, Córdoba, Granada, Lugo, Madrid, Mallorca, Salamanca, Toledo y Valencia. Portugal.

Reg.: I, II, III, VI, VII, VIII, IX, X y XI. Portugal.
Bibl.: 101, 145, 176, 178, 180, 252, 273, 366, 367, 373, 401, 402, 419, 526, 541, 559, 563, 591, 622, 640, 645, 646, 650, 657, 674, 715, 729 y 744.

Metastrongylus pudendotectus
Cf. *Choerostrongylus pudendotectus*

Metastrongylus salmi GEDOELST, 1923
Hosp.: Cerdo.
H.I.: Diversos Oligocheta, sin determinar.
Dist.: Cáceres y Granada.
Reg.: VI, IX y X.
Bibl.: 145, 180, 591, 646, 650 y 674.

Micipsella indica RAO, 1938
Hosp.: Liebre (*Lepus capensis*)
Dist.: Ciudad Real y Córdoba.
Reg.: VIII y IX.
Bibl.: Martínez Gómez, 1975 (inéd.)

Micipsella numidica (SEURAT, 1917)
Hosp.: Liebre (*Lepus capensis*)
Dist.: Cáceres, Córdoba, Ciudad Real y Jaén. Portugal.
Reg.: VI, VIII y IX. Portugal
Bibl.: 162, 463, 498, 591 y 598.

Microfilaria hispalensis
Cf. *Eufilaria sergenti*

Microfilaria neyrai
Cf. *Diplotriaenia affinis*

Microfilaria, tipo C de ANDERSON, 1954
Hosp.: Ganso (*Anser anser*)
Dist.: Huelva (Doñana)
Reg.: IX.
Bibl.: 351.

Microfilaria sp.
Hosp.: Mochuelo (*Athene noctua*)
Dist.: Granada y Salamanca.
Reg.: III, IX y X.
Bibl.: 351 y 585.

Microfilaria sp.
Hosp.: Perdiz roja (*Alectoris rufa*)
Dist.: Córdoba y Salamanca.
Reg.: III y IX.
Bibl.: 413 y 584.

Microtetrameres corderoi MARTINEZ, NAVARRETE et GUTIERREZ, 1982
Hosp.: Urraca (*Pica pica*)
Dist.: Córdoba.
Reg.: IX.
Bibl.: 312 y 462.

Microtetrameres sp.
Hosp.: Mochuelo (*Athene noctua*)
Dist.: Granada.
Reg.: IX y X.
Bibl.: 343 y 344.

Molineus patens (DUJARDIN, 1845)
Hosp.: Comadreja (*Mustela nivalis*), turón (*Putorius putorius*), tejón (*Meles meles*) y lirón careto (*Eliomys quercinus*)
Dist.: Baleares, Barcelona, Córdoba, Lérida y otras áreas del Centro y Norte, sin precisar. Andorra.
Reg.: I, III, IV, V, IX y XI.
Bibl.: 195, 202, 501, 623 y Martínez Gómez, 1976 (inéd.)

Molinostrongylus alatus (ORTLEPP, 1932)
Hosp.: Murciélago ratero (*Myotis myotis*), murciélago ribereño (*Myotis daubentoni*) y murciélago ratero mediano (*Myotis blythi*)
Dist.: Galicia, Levante y Noreste.
Reg.: I, II, V y VII.
Bibl.: 13, 16 y 330.

Molinostrongylus panousei DOLLFUS, 1954
Hosp.: Murciélago troglodita (*Miniopterus schreibersii*)
Dist.: Barcelona, Lérida, Tarragona y Valencia.
Reg.: IV, V y VII.
Bibl.: 196, 330 y 491.

Muellerius capillaris (MUELLER, 1889)
Hosp.: Oveja, cabra, cabra montés (*Capra pyrenaica*), ciervo (*Cervus elaphus*) y corzo (*Capreolus capreolus*)

H.I.: Caracoles terrestres (*Cepaea nemoralis, Cernuella arigonis, Helicella itala, Helicella ordunensis, Helicella madritensis, Helix aspersa, Cochlicella barbara, Perforatella incarnata, Helicella corderoi, Helicella jamuzensis, Helicella valdeona, Helicella zaratei*) y acuáticos (*Planorbis* sp.)
Dist.: General.
Bibl.: 5, 97, 214, 253, 254, 367, 428, 429, 437, 439, 453, 456, 465, 500, 509, 510, 541, 542, 559, 585, 589, 590, 591, 592, 597, 646, 675, 676, 701, 703, 722 y 734.

Muellerius sp.
Hosp.: Rebeco (*Rupicapra rupicapra*)
Dist.: Asturias y León.
Reg.: I y III.
Bibl.: 186.

Muflonagia podjapolskyi SCHULZ, ANDREEVA et KADINAZII, 1954
(Syn. *Ostertagia podjapolskyi*)
Hosp.: Cabra y oveja.
Dist.: Córdoba, Granada y Salamanca.
Reg.: III, IX y X.
Bibl.: 460, 585, 646, 652 y 705.

Murshidia falcifera (COBBOLD, 1882)
Murshidia murshida LANE, 1914
Hosp.: Elefante asiático (*Elephas indicus*)
Dist.: Zoo de Lisboa, Portugal.
Bibl.: 161.

Necator americanus (STILES, 1902)
Hosp.: Hombre.
Dist.: Importado (raro)
Bibl.: 82, 174, 401, 402 y 425.

Nematodirella zembrae (BERNARD, 1965)
(Syn. *Nematodiroides zembrae*)
Hosp.: Conejo (*Oryctolagus cuniculus*) y liebre (*Lepus capensis*)
Dist.: Cáceres, Ciudad Real, Córdoba, Jaén, León y Salamanca.
Reg.: III, VI, VIII y IX.
Bibl.: 463, 498, 585, 591 y Martínez Fernández y Simón Vicente, 1972 (ined.)

Nematodiroides zembrae
Cf. *Nematodirella zembrae*

Nematodirus abnormalis MAY, 1920
Hosp.: Oveja, cabra y cabra montés (*Capra pyrenaica*)
Dist.: Granada, Gerona, Jaén, León y Madrid.
Reg.: III, V, VI, IX y X.
Bibl.: 215, 216, 374, 456, 646 y 722.

Nematodirus filicollis (RUDOLPHI, 1802)
Hosp.: Cabra, oveja, ciervo (*Cervus elaphus*) y corzo (*Capreolus capreolus*)
Dist.: Alava, Aragón, Badajoz, Cáceres, Córdoba, Galicia, Gerona, Guipúzcoa, León, Madrid, Palencia, Salamanca y Vizcaya. Portugal.
Reg.: I, II, III, IV, V, VI, VIII, IX y X. Portugal.
Bibl.: 101, 177, 215, 216, 239, 254, 328, 359, 367, 401, 436, 509, 510, 585, 591, 592, 646, 707, 715, 720 y 726.

Nematodirus helvetianus MAY, 1920
Hosp.: Oveja y vaca.
Dist.: Cáceres, Granada, León y Salamanca.
Reg.: III, VI,IX y X,.
Bibl.: 215, 216, 374, 585, 591 y 646.

Nematodirus sp.
Hosp.: Cerdo.
Dist.: Granada.
Reg.: IX y X.
Bibl.: 650.

Nematodirus sp.
Hosp.: Conejo (*Oryctolagus cuniculus*) y liebre (*Lepus capensis*)
Dist.: Portugal.
Bibl.: 104 y 105.

Nematodirus sp.
Hosp.: Oveja.
Dist.: Córdoba y Pontevedra.
Reg.: II y IX.
Bibl.: 99 y 453.

Nematodirus sp.
Hosp.: Vaca.
Dist.: Pontevedra.
Reg.: II.
Bibl.: 99.

Nematodirus sp.
Hosp.: Ciervo (*Cervus elaphus*)
Dist.: Cordoba.
Reg.: IX.
Bibl.: 318.

Nematodirus spathiger (RAILLIET, 1896)
Hosp.: Cabra, oveja y, accidentalmente, pavo (*Meleagris gallopavo*)
Dist.: Alava, Cáceres, Córdoba, Galicia, Gerona, Granada, Guipúzcoa, León, Madrid, Salamanca y País Vasco. Portugal.
Reg.: I, II, III, IV, V, VI, IX y X. Portugal.
Bibl.: 215, 216, 239, 253, 254, 367, 374, 401, 454, 509, 585, 591, 646, 707, 720 y 726.

Nematoxys tenerrimus
Cf. *Paraquimperia tenerrima*

Neoascaris vitulorum (GOEZE, 1782)
(Syn. *Toxocara vitulorum*)
Hosp.: Vaca.
Dist.: Cáceres, Galicia, Granada, Guipúzcoa, León, Madrid, Salamanca, Vizcaya y Zaragoza. Portugal.
Reg.: I, II, III, IV y VI. Portugal.
Bibl.: 3, 30, 99, 101, 254, 278, 334, 367, 399, 401, 509, 585, 591, 646 y 655.

Neoparasitylenchus megabothris LAUMOND et BEAUCOURNU, 1978
Hosp.: Pulga (*Megabothris turbidus*)
Dist.: Lérida.
Reg.: IV.
Bibl.: 365.

Neostrongylus linearis (MAROTEL, 1913)
Hosp.: Oveja, cabra y rebeco (*Rupicapra rupicapra*)
H.I.: Caracoles terrestres (*Cernuella arigonis, Cernuella neglecta, Cernuella virgata, Cepaea nemoralis, Helicella apicina, Helicella itala, Helicella ordunensis, Helicella madritensis, Cochlicella barbara, Helicella corderoi, Helicella jamuzensis, Helicella valdeona, Helicella zaratei, Helix aspersa* y *Zebrina* spp.)
Dist.: Alava, Asturias, Cáceres, Córdoba, Guipúzcoa, León, Navarra, Palencia, La Rioja, Salamanca, Valladolid y Vizcaya.
Reg.: I, III, IV, VI y IX.
Bibl.: 5, 152, 186, 214, 253, 254, 428, 429, 439, 500, 509, 585, 587, 589, 591, 597, 636, 646, 675 y 676.

Neoxysomatium brevicaudatum
Cf. *Oxysomatium brevicaudatum*

Neyraiella neyrai SERRANO SANCHEZ, 1947
Hosp.: Grillo (*Gryllus campestris*)
Dist.: Granada y Valencia.
Reg.: VII, IX y X.
Bibl.: 697.

Neyraplectana mauritanicus LOPEZ-NEYRA, 1947
Hosp.: Rana (*Rana perezi*)
Dist.: Granada.
Reg.: IX y X.
Bibl.: 376 y 401.

Nippostrongylus brasiliensis (TRAVASSOS, 1914)
(Syn. *Nippostrongylus muris*)
Hosp.: Rata gris (*Rattus norvegicus*), rata negra (*Rattus rattus*), ratón (*Mus musculus*) y ratón de campo (*Apodemus sylvaticus*)
Dist.: Barcelona, Galicia, Madrid, Tarragona y Valencia.
Reg.: I, II, IV, V, VI y VII.
Bibl.: 18, 79, 112, 232, 683, 684, 745 y 759.

Nippostrongylus muris
Cf. *Nippostrongylus brasiliensis*

Oesophagodontus robustus (GILES, 1892)
Hosp.: Equinos.
Dist.: Cantabria y Córdoba.
Reg.: I y IX.
Bibl.: 254 y 460.

Oesophagostomum cervi MERTTS, 1948
Hosp.: Ciervo (*Cervus elaphus*)
Dist.: Córdoba.
Reg.: IX.
Bibl.: 328.

Oesophagostomum columbianum CURTICE, 1890
Hosp.: Cabra, oveja y vaca.
Dist.: Granada y Salamanca.
Reg.: III, IX y X.
Bibl.: 374, 585, 646 y 706.

Oesophagostomum dentatum (RUDOLPHI, 1803)
(incluye *Oesophagostomum longicaudum*)
Hosp.: Cerdo.
Dist.: Alava, Badajoz, Cáceres, Granada, Lugo, Madrid, Mallorca, Salamanca y Valencia. Portugal.
Reg.: I, II, III, VI, VII, VIII, IX, X y XI. Portugal.
Bibl.: 101, 120, 176, 254, 366, 367, 371, 401, 526, 585, 588, 591, 622, 646 y 650.

Oesophagostomum granatensis LIZCANO HERRERA, 1958
(Yamaguti, 1961, lo considera sinónimo de *O.dentatum*)
Hosp.: Cerdo.
Dist.: Granada.
Reg.: IX y X.
Bibl.: 371 y 646.

Oesophagostomum longicaudum
Cf. *Oesophagostomum dentatum*

Oesophagostomum radiatum (RUDOLPHI, 1803)
Hosp.: Cabra y vaca.
Dist.: Cáceres, León y Lugo. Portugal.
Reg.: I, II, III y VI. Portugal.
Bibl.: 101, 367, 591, 646 y Cordero del Campillo, 1950 (inéd.)

Oesophagostomum venulosum (RUDOLPHI, 1809)
Hosp.: Cabra, ciervo (*Cervus elaphus*) y oveja.
Dist.: Alava, Cáceres, Córdoba, León, Madrid, Navarra, Pontevedra y Vizcaya. Portugal.
Reg.: I, II, III, IV, VI y IX. Portugal.
Bibl.: 101, 254, 328, 367, 374, 401, 453, 459, 509, 512, 590, 591, 592, 646, 673, 715, 720, 726 y Cordero del Campillo, 1950 (inéd.)

Ollulanus tricuspis LEUCKART, 1865
Hosp.: Gato.
Dist.: Portugal.
Bibl.: 367.

Onchocerca bovis
Cf. *Onchocerca linealis*

Onchocerca cervicalis RAILLIET et HENRY, 1910
Hosp.: Equinos.
H.I.: *Culicoides* spp.
Dist.: ?
Bibl.: 259 y 666.

Onchocerca gutturosa
Cf. *Onchocerca linealis*

Onchocerca linealis (STILES, 1892)
(para algunos autores *O.linealis, O.gutturosa* y *O.bovis* son especies independientes)
Hosp.: Vaca.
H.I.: *Simulium* spp.
Dist.: Córdoba. Portugal.
Reg.: IX. Portugal.
Bibl.: 401, 490, 646 y 653.

Onchocerca reticulata DIESING, 1841
Hosp.: Equinos.
Dist.: Centro y sur de España. Portugal.
Reg.: III, VI, VII, VIII y IX. Portugal.
Bibl.: 490, 646 y 653.

Onchocerca volvulus (LEUCKART in MANS., 1893)
Hosp.: Hombre.
Dist.: León (importado de Yucatán, México)
Reg.: III.
Bibl.: 169, 270 y 558.

Ornithofilaria mavis (LEIPER, 1909) ANDERSON, 1961
(Syn. *Splendidofilaria mavis*)
Hosp.: Mirlo (*Turdus merula*), zorzal alirrojo (*T. iliacus*) y zorzal común (*T. philomelos*)
Dist.: Granada y Madrid.
Reg.: VI, IX y X.
Bibl.: 98, 351, 382 y 385.

Ornithostrongylus quadriradiatus (STEVENSON, 1904)
Hosp.: Paloma (*Columba livia*)
Dist.: ?
Bibl.: 561 y 646.

Oslerus osleri
Cf. *Filaroides osleri*

Oslerus rostratus
Cf. *Filaroides (Anafilaroides) rostratus*

Ostertagia circumcincta (STADELMANN, 1894)
(Syn. *Teladorsagia circumcincta*)
Hosp.: Cabra, cabra montés (*Capra pyrenaica*), oveja, corzo (*Capreolus capreolus*), vaca y ciervo (*Cervus elaphus*).
Dist.: General.
Bibl.: 100, 101, 180, 185, 215, 216, 239, 254, 258, 318, 328, 359, 367, 374, 451, 453, 455, 456, 459, 509, 585, 591, 592, 644, 646, 707, 720, 726 y 737.

Ostertagia crimensis KADENAZII et ANDREEVA, 1958
Hosp.: Oveja y vaca.
Dist.: Salamanca y Valladolid.
Reg.: III.
Bibl.: 585, 646 y 705.

Ostertagia lyrata SJOBERG, 1926
(Syn. *Grosspiculagia lyrata*)
Hosp.: Vaca y ciervo (*Cervus elaphus*)
Dist.: Cáceres, Galicia y Salamanca.
Reg.: I, II, III y VI.
Bibl.: 523, 585, 590, 592, 646 y 704.

Ostertagia occidentalis RANSOM, 1907
(Syn. *Grosspiculagia occidentalis*)
Hosp.: Oveja y cabra montés (*Capra pyrenaica*)
Dist.: Gerona, Jaén, León, Madrid, Salamanca y Vizcaya.
Reg.: I, III, V, VI y IX.
Bibl.: 215, 216, 239, 456, 585, 646, 706 y 720.

Ostertagia ostertagi (STILES, 1892)
Hosp.: Cabra, corzo (*Capreolus capreolus*), oveja, vaca y ciervo (*Cervus elaphus*).
Dist.: Alava, Cáceres, Cantabria, Córdoba, Galicia, Granada, Navarra, Salamanca y Vizcaya. Portugal.
Reg.: I, II, III, IV, VI, IX y X. Portugal.
Bibl.: 239, 254, 318, 328, 367, 401, 509, 512, 523, 585, 590, 591, 592, 644, 673 y 715.

Ostertagia podjapolskyi
Cf. *Muflonagia podjapolskyi*

Ostertagia sp.
Hosp.: Cerdo.
Dist.: Granada.
Reg.: IX y X.
Bibl.: 650.

Ostertagia trifurcata RANSOM, 1907
(Syn. *Teladorsagia circumcincta*)
Hosp.: Oveja, cabra y cabra montés (*Capra pyrenaica*)
Dist.: General.
Bibl.: 100, 101, 185, 215, 216, 239, 254, 367, 451, 453, 456, 459, 509, 585, 591, 644, 646, 652, 704, 707 y 720.

Oswaldocruzia filiformis (GOEZE, 1782) TRAVASSOS, 1917
Hosp.: Ranas (*Rana iberica, R.perezi, R.temporaria*), ranita meridional (*Hyla meridionalis*), sapo (*Bufo bufo*), lagartija (*Podarcis muralis*) y lagartija de turbera (*Lacerta vivipara*)
Dist.: Avila, Barcelona, Canarias, Gerona, Huesca y Lugo.
Reg.: II, III, IV, V, VI y XII.
Bibl.: 64, 139, 224, 243, 244, 335, 375, 376, 517, 521 y 550.

Oxynema crassispiculum (SONSINO, 1889)
Hosp.: Zorro (*Vulpes vulpes*)
Dist.: Avila y Salamanca.
Reg.: III.
Bibl.: 585, 708 y 710.

Oxysomatium brevicaudatum (ZEDER, 1800) RAILLIET et HENRY, 1916
(Syn. *Neoxisomatium brevicaudatum*)
Hosp.: Ranas (*Rana iberica, R.temporaria*), rana de San Antón (*Hyla arborea*), sapo (*Bufo bufo*), sapo partero (*Alytes obstetricans*), tritón verde (*Triturus narmoratus*) y salamandra (*Salamandra salamandra*)
Dist.: Avila, Barcelona, Cáceres, Gerona, Huesca, Lérida, Lugo y Segovia.
Reg.: II, III, V y VI.
Bibl.: 224, 335, 375, 376, 401, 517, 518, 519, 521 y 550.

Oxyuridae, sin especificar.
Hosp.: Chimpancé (*Pan troglodytes*)
Dist.: Zoo de Lisboa, Portugal.
Bibl.: 161.

Oxyuris equi (SCHRANK, 1788)
Hosp.: Equinos.
Dist.: Alava, Córdoba, Granada, Madrid, Salamanca y Sevilla. Portugal.
Reg.: III, IV, VI, IX y X. Portugal.
Bibl.: 254, 367, 401, 478, 563, 585, 586 y 646.

Paracapillaria mingazzini (RIZZO, 1902)
Hosp.: Culebra de agua (*Natrix maura*)
Dist.: Alicante y Valencia.
Reg.: VII.
Bibl.: 376.

Paracapillaria sonsinoi (PARONA, 1897)
Hosp.: Culebra de agua (*Natrix maura*)
Dist.: Sistema Ibérico.
Reg.: IV.
Bibl.: 223.

Paracrenosoma combesi MAS-COMA, 1977
Hosp.: Musaraña común (*Crocidura russula*)
Dist.: Cataluña y Valencia.
Reg.: IV, V y VII.
Bibl.: 299, 468, 745 y 748.

Paracrenosoma sp.
Hosp.: Musaraña común (*Crocidura russula*)
Dist.: Barcelona y Tarragona.
Reg.: IV y V.
Bibl.: 477.

Paracuaria hispanica ALVAREZ et al., 1993
Hosp.: Desmán (*Galemys pyrenaica*)
Dist.: Lugo, Orense, Palencia y Pontevedra
Reg.: I, II y III.
Bibl.: 12.

Paraheligmonia gracilis (LEUCKART, 1842)
Hosp.: Lirón gris (*Glis glis*)
Dist.: Asturias, Guipúzcoa, Lérida, Lugo, Navarra y Orense.
Reg.: I, II y IV.
Bibl.: 18, 200 y 474.

Parahistiostrongylus viguerasi
Cf. *Histiostrongylus viguerasi*

Paramermis contorta CAULLERY et COMAS, 1928
Hosp.: Mosquitos (*Chironomus* sp.)
Dist.: ?
Bibl.: 138.

Parapharyngodon bulbosus (LINSTOW, 1899) TEIXEIRA DE FREITAS, 1957
Hosp.: Lagarto (*Lacerta lepida*), lagartijas (*Podarcis pityusensis, P.lilfordi*) y salamanquesa (*Tarentola mauritanica*)
Dist.: Alicante, Baleares, Castellón y Valencia.
Reg.: VII y XI.
Bibl.: 336, 348, 376, 613, 616, 617 y 618.

Parapharyngodon echinatus (RUDOLPHI, 1819) TEIXEIRA DE FREITAS, 1957
(Syn. *Thelandros echinatus*)
Hosp.: Lagartijas (*Podarcis hispanica, P.pityusensis*), lagartija colilarga (*Psammodromus algirus*), lagartija cenicienta (*P. hispanicus*), lagarto de Haria (*Gallotia atlantica*), lagarto tizón (*G. galloti*), eslizón dorado (*Chalcides viridanus*), lagarto verdinegro (*Lacerta schreiberi*), perinquén gomero (*Tarentola gomerensis*), perinquén de Delalande (*T. delalandii*) y salamanquesa (*T. mauritanica*)

Dist.: Alicante, Almería, Avila, Cádiz, Canarias, Castellón, Córdoba, Granada, Salamanca y Valencia.
Reg.: III, VII, IX, X y XII.
Bibl.: 57, 69, 218, 295, 336, 348, 376, 401, 607, 608, 613, 616, 617, 618, 619 y 659.

Parapharyngodon lilfordii CASTAÑO, ZAPATERO, SOLERA et GONZALEZ, 1987
Hosp.: Lagartija (*Podarcis lilfordi*), perinquén de Delalande (*Tarentola delalandii*), lagarto de Haria (*Gallotia atlantica*) y lagarto tizón (*Gallotia galloti*)
Dist.: Baleares y Canarias.
Reg.: XI y XII.
Bibl.: 69, 114, 295 y 659.

Parapharyngodon micipsae (SEURAT, 1917) FREITAS, 1957
Hosp.: Lagartijas (*Podarcis pityusensis, P. hispanica, P. lilfordi*), perinquén de Delalande (*Tarentola delalandii*) y perinquén gomero (*T. gomerensis*)
Dist.: Baleares, Canarias y Jaén.
Reg.: IX, XI y XII.
Bibl.: 336, 361, 609, 613 y 659.

Parapharyngodon psammodromi ROCA et LLUCH, 1986
Hosp.: Lagartija cenicienta (*Psammodromus hispanicus*)
Dist.: Valencia.
Reg.: VII.
Bibl.: 376, 615 y 619.

Parapharyngodon sp.
Hosp.: Culebra de agua (*Natrix maura*)
Dist.: Castellón.
Reg.: VII.
Bibl.: 517.

Parapharyngodon tarentolae
Cf. *Spauligodon tarentolae*

Paraquimperia tenerrima (VON LINSTOW, 1879)
(Syn. *Nematoxys tenerrimus*)
Hosp.: Anguila (*Anguilla anguilla*)
Dist.: Valencia. Portugal.
Reg.: VII. Portugal.
Bibl.: 20, 150, 238, 401 y 692.

Parascaris equorum (GOEZE, 1782)
Hosp.: Equinos, incluidas cebra (*Equus burchelli*) y cebra de montaña (*Equus zebra hartmanni*)
Dist.: Alava, Barcelona, Cáceres, Cantabria, Córdoba, Granada, León, Madrid, Salamanca, Sevilla y Vizcaya. Portugal.
Reg.: I, III, IV, V, VI, IX y X. Portugal.
Bibl.: 30, 161, 247, 254, 332, 333, 367, 399, 401, 478, 563, 585, 586, 591, 646, 655, 658 y 667.

Parastrongyloides winchesi (MORGAN, 1928)
Hosp.: Musaraña colicuadrada (*Sorex araneus*), topo (*Talpa europaea*), musaraña campesina (*Crocidura suaveolens*), musaraña común (*Crocidura russula*), musaraña enana (*Sorex minutus*), topo ciego (*Talpa caeca*) y topos (*Talpa* spp.)
Dist.: Baleares, Galicia, Gerona, Málaga, Tarragona y Valencia.
Reg.: I, II, IV, V, VII, X y XI.
Bibl.: 19, 299, 427, 475, 476, 654, 743, 745 y 748.

Parastrongylus dujardini
Cf. *Angiostrongylus dujardini*

Parathelandros canariensis SOLERA, ZAPATERO, CASTAÑO et CARRERA, 1987
Hosp.: Eslizón dorado (*Chalcides viridanus*)
Dist.: Canarias.
Reg.: XII.
Bibl.: 713.

Parathelandros medinae
Cf. *Skrjabinodon medinae*

Paroncocerca ciconiarium PETERS, 1936
Hosp.: Marabú (*Leptoptilos crumeniferus*)
Dist.: Zoológico de Córdoba.
Reg.: IX.
Bibl.: 317.

Passalurus ambiguus (RUDOLPHI, 1819)
Hosp.: Conejo (*Oryctolagus cuniculus*) y liebre (*Lepus capensis*)
Dist.: General.
Bibl.: 101, 104, 106, 254, 278, 367, 401, 463, 498, 585, 588, 591, 643, 646 y 649.

Passalurus nonannulatus SKINNER, 1931
Hosp.: Conejo (*Oryctolagus cuniculus*)
Dist.: Granada.
Reg.: IX y X.
Bibl.: 649.

Pearsonema plica
Cf. *Capillaria plica*

Pelecitus clava (WEDL, 1856)
(Syn. *Eulimdana clava*)
Hosp.: Tórtola (*Streptotelia turtur*)
Dist.: Granada.
Reg.: IX y X.
Bibl.: 156, 401 y 646.

Petrovinema poculatum (LOOSS, 1900)
(Syn. *Cylicostephanus poculatum*)
Hosp.: Equinos.
Dist.: Granada y León.
Reg.: III, IX y X.
Bibl.: 369 y 646.

Pharyngodon auziensis SEURAT, 1917
Hosp.: Salamanquesa (*Tarentola mauritanica*)
Dist.: Granada.
Reg.: IX y X.
Bibl.: 401.

Pharyngodon extenuatus
Cf. *Spauligodon extenuatus*

Pharyngodon hierrensis SOLERA, GONZALEZ, CARVAJAL et ZAPATERO, 1988
Hosp.: Eslizón dorado (*Chalcides viridanus*)
Dist.: Canarias.
Reg.: XII.
Bibl.: 712.

Pharyngodon hispanicus ASTASIO, ZAPATERO et SOLERA, 1987
Hosp.: Lagarto tizón (*Gallotia galloti*)
Dist.: Canarias.
Reg.: XII.
Bibl.: 59.

Pharyngodon medinae
Cf. *Skrjabinodon medinae*

Pharyngodon neyrai GARCIA CALVENTE, 1946
Hosp.: Salamanquesa (*Tarentola mauritanica*)
Dist.: Granada.
Reg.: IX y X.
Bibl.: 376 y 401.

Pharyngodon paratectipennis
Cf. *Spauligodon paratectipennis*

Pharyngodon tectipennis
Cf. *Spauligodon paratectipennis*

Philometra globiceps
Hosp.: Rata (*Uranoscopus scaber*)
Dist.: Valencia.
Reg.: VII.
Bibl.: 209 y 211.

Philometra jordanoi (LOPEZ-NEYRA, 1951)
(Syn. *Sanguinofilaria jordanoi*)
Hosp.: Mero (*Epinephelus gigas*)
Dist.: Costa sur de España.
Reg.: X.
Bibl.: 144 y 405.

Philometra sp.
Hosp.: Borracho (*Eutrigla gurnardus*) y arete (*Trigla cuculus*)
Dist.: Valencia.
Reg.: VII.
Bibl.: 503.

Physaloptera abbreviata (RUDOLPHI, 1819) TRAVASSOS, 1919
(Syn. *Abbreviata abbreviata*)
Hosp.: Lagarto (*Lacerta lepida*), lagarto verdinegro (*Lacerta schreiberi*) y lagartija (*Podarcis hispanica*)
Dist.: Avila, Granada, Salamanca y Segovia. Portugal.
Reg.: III, IX y X. Portugal.
Bibl.: 235, 411, 437, 666 y 667.

Physaloptera alata SEURAT, 1914
Hosp.: Gavilán (*Accipiter nisus*), halcón de Eleonor (*Falco eleonorae*) y ratonero (*Buteo buteo*)
Dist.: Granada y Huesca.
Reg.: IV, IX y X.
Bibl.: 343, 344, 401 y 669.

Physaloptera apivorus DESPORTES, 1947
Hosp.: Halcón abejero (*Pernis apivorus*)
Dist.: Granada.
Reg.: IX y X.
Bibl.: 343 y 344.

Physaloptera clausa RUDOLPHI, 1819
Hosp.: Erizo moro (*Aethechinus algirus*)
Dist.: Baleares.
Reg.: XI.
Bibl.: 476.

Physaloptera crossi (SEURAT, 1915)
Hosp.: Búho (*Bubo bubo*)
Dist.: Granada.
Reg.: IX y X.
Bibl.: 401.

Physaloptera dispar VON LINSTOW, 1904
Hosp.: Erizo moruno (*Aethechinus algirus*)
Dist.: Baleares.
Reg.: XI.
Bibl.: 197 y 470.

Physaloptera getula SEURAT, 1917
Hosp.: Rata negra (*Rattus rattus*)
Dist.: Baleares.
Reg.: XI.
Bibl.: 222, 470 y 476.

Physaloptera praeputialis VON LINSTOW, 1899
Hosp.: Gato montés (*Felis sylvestris*) y jineta (*Genetta genetta*)
Dist.: Huesca y Pontevedra.
Reg.: II y IV.
Bibl.: 588 y Martínez Gómez, 1976 (inéd.)

Physaloptera sp.
Hosp.: Aguila calzada (*Hieraetus fasciatus*)
Dist.: Granada.
Reg.: IX y X.
Bibl.: 343 y 344.

Physaloptera sp.
Hosp.: Lagartija (*Podarcis lilfordi*)
Dist.: Baleares.
Reg.: XI.
Bibl.: 336.

Physaloptera sp.
Hosp.: Rata negra (*Rattus rattus*)
Dist.: Baleares.
Reg.: XI.
Bibl.: 222.

Physocephalus sexalatus (MOLIN, 1860)
Hosp.: Cerdo y jabalí (*Sus scrofa*)
H.I.: Coleópteros (*Geotrupes stercorarius*)
Dist.: Badajoz, Cáceres, Córdoba, Granada, Salamanca, Sevilla y Zamora. Portugal.
Reg.: III, VI, VII, IX y X. Portugal.
Bibl.: 120, 145, 176, 278, 363, 366, 367, 504, 585, 646, 650, 699, 700 y 739.

Piscicapillaria baylisi MORAVEC, 1987
Hosp.: Pintarroja (*Scyliorhinus canicula*)
Dist.: Castellón.
Reg.: VII.
Bibl.: 66.

Porrocaecum angusticolle (MOLIN, 1860)
Hosp.: Ratonero (*Buteo buteo*) y milanos (*Milvus milvus, M. migrans*)
Dist.: Granada.
Reg.: IX y X.
Bibl.: 30, 343, 344, 399 y 401.

Porrocaecum decipiens
Cf. *Terranova decipiens*

Porrocaecum depresum (ZEDER, 1800)
Hosp.: Ratonero (*Buteo buteo*)
Dist.: Granada.
Reg.: IX y X.
Bibl.: 30, 399 y 401.

Porrocaecum ensicaudatum (ZEDER, 1800)
Hosp.: Zorzal común (*Turdus philomelos*)
Dist.: Granada y Madrid.
Reg.: VI, IX y X.
Bibl.: 30, 395 y 401.

Porrocaecum sp.
Hosp.: Topos (*Talpa* spp.) (larvas)
Dist.: Norte de España.
Reg.: I y II.
Bibl.: 654.

Porrocaecum sp.
Hosp.: Topo ciego (*Talpa caeca*), musaraña común (*Crocidura russula*) y musaraña colicuadrada (*Sorex araneus*)
Dist.: Galicia.
Reg.: I y II.
Bibl.: 19.

Porrocaecum sp.
Hosp.: Halcón común (*Falco peregrinus*)
Dist.: Granada.
Reg.: IX y X.
Bibl.: 343 y 344.

Porrocaecum talpae (SCHRANK, 1788)
Hosp.: Musaraña colicuadrada (*Sorex araneus*) (larvas)
Dist.: Gerona (Pirineos)
Reg.: V.
Bibl.: 475.

Poteriostomum imparidentatum QUIEL, 1919
Poteriostomum ratzii (KOTLAN, 1919)
Hosp.: Equinos.
Dist.: Huesca.
Reg.: IV.
Bibl.: 646 y 731.

Probstmayria vivipara (PROBSTMAYR, 1865) RANSOM, 1907
Hosp.: Equidos.
Dist.: Huesca y León (proc. Avila)
Reg.: III y IV.
Bibl.: 293 y 724.

Proleptus obtusus DUJARDIN, 1845
Hosp.: Pintarroja (*Scylliorhinus canicula*)
H.I.: *Gonoplax rhomboides* (crustáceo)
Dist.: Todas las costas ibéricas.
Bibl.: 66, 401, 529, 685 y 766.

Proleptus robustus (VAN BENEDEN, 1871)
Hosp.: Raya de clavos (*Raja clavata*)
Dist.: Costa de Portugal.
Bibl.: 529.

Protospirura muris (GMELIN, 1790)
(Syn. *Mastophorus muris*)
Hosp.: Rata (*Rattus norvegicus*), rata negra (*R. rattus*), ratón (*Mus musculus*), ratilla agreste (*Microtus agrestis*), ratilla nival (*M. nivalis*), topillo (*Pitymys lusitanicus*), topillo común (*P. duodecimcostatus*), ardilla (*Sciurus vulgaris*), topino rojo (*Clethrionomys glareolus*), ratones de campo (*Apodemus sylvaticus, A. flavicollis*), zorro (*Vulpes vulpes*) y gato montés (*Felis sylvestris*)
Dist.: General.
Bibl.: 18, 79, 110, 123, 200, 201, 202, 203, 205, 222, 232, 401, 476, 494, 585, 710, 745 y 746.

Protospirura numidica SEURAT, 1917
Hosp.: Jineta (*Genetta genetta*)
Dist.: Ciudad Real.
Reg.: VIII.
Bibl.: Martínez Gómez et al., 1976 (inéd.)

Protospirura sp.
Hosp.: Jineta (*Genetta genetta*)
Dist.: Avila, Cáceres, Cádiz y Ciudad Real.
Reg.: III, VI y VIII.
Bibl.: Martínez Gómez et al., 1976 (inéd.)

Protostrongylus commutatus (DIESING, 1851)
Hosp.: Conejo (*Oryctolagus cuniculus*) y liebre (*Lepus capensis*)
Dist.: Alava, Ciudad Real y Granada.
Reg.: IV, VIII, IX y X.
Bibl.: 254, 498 y 646.

Protostrongylus muraschinzewi (DAVTIAN, 1940)
Hosp.: Oveja.
H.I.: Caracoles terrestres (*Cochlicella barbara, Cochlicella conoidea, Cepaea nemoralis*)
Dist.: León.
Reg.: III.
Bibl.: 587 y 646.

Protostrongylus rufescens (LEUCKART, 1865)

Hosp.: Oveja, cabra y cabra montés (*Capra pyrenaica*)

H.I.: Caracoles terrestres (*Cernuella virgata, Cernuella arigonis, Cepaea nemoralis, Cochlicella acuta, Cochlicella barbara, Cochlicella conoidea, Helicella rugosiuscula, Helicella apicina, Helicella madritensis, Helicella itala, Helix aspersa, Perforatella incarnata, Helicella corderoi, Helicella jamuzensis, Helicella ordunensis, Helicella valdeona, Helicella zaratei*)

Dist.: General.

Bibl.: 5, 214, 226, 253, 254, 258, 367, 401, 428, 437, 439, 456, 509, 563, 585, 587, 589, 591, 597, 634, 642, 646, 675, 676, 701, 703, 716, 722, 733 y 734.

Protostrongylus terminalis (PASSERINI, 1884)

Hosp.: Liebre (*Lepus capensis*)

Dist.: Baleares.

Reg.: XI.

Bibl.: 736.

Pseudabbreviata sp.

Hosp.: Lagartija colirroja (*Acanthodactylus erythurus*)

Dist.: Alicante.

Reg.: VII.

Bibl.: 348.

Pseudanisakis rajae YAMAGUTI, 1941

Hosp.: Raya de clavos (*Raja clavata*)

Dist.: Costa de Portugal.

Bibl.: 528.

Pseudophysaloptera kahmanni MAS-COMA et GALLEGO, 1976

Hosp.: Lirón careto (*Eliomys quercinus*)

Dist.: Baleares (Formentera)

Reg.: XI.

Bibl.: 195, 470 y 476.

Pseudophysaloptera soricina (BAYLIS, 1934)

Hosp.: Lirón careto (*Eliomys quercinus*)

Dist.: Baleares.

Reg.: XI.

Bibl.: 736.

Pseudophysaloptera sp.

Hosp.: Musaraña común (*Crocidura russula*)

Dist.: Valencia.

Reg.: VII.

Bibl.: 299.

Psyllotylenchus spp.

Hosp.: Pulga (*Nosopsyllus fasciatus*)

Dist.: Valladolid.

Reg.: III.

Bibl.: 365.

Pterygodermatites hispanica QUENTIN, 1973

Hosp.: Ratón de campo (*Apodemus sylvaticus*)

H.I.: Langosta (*Locusta migratoria*)

Dist.: Huesca, Teruel, Sur y Este de España.

Reg.: IV, V, VII y X.

Bibl.: 205, 476, 572 y 573.

Raphidascaris acus (LOCH, 1779)

Hosp.: Trucha común (*Salmo trutta fario*), anguila (*Anguilla anguilla*), sapo (*Bufo bufo*) y rana (*Rana iberica*)

Dist.: Huesca, León y Lugo. Portugal.

Reg.: II, III y IV. Portugal.

Bibl.: 21, 22, 23, 109, 194, 335, 518 y 521.

Raphidascaris cristata VON LINSTOW, 1872

(Syn. *Ascaris cristata*)

Hosp.: Anguila (*Anguilla anguilla*)

Dist.: Valencia.

Reg.: VII.

Bibl.: 20 y 238.

Rhapidascaris mediterraneus LEBRE et PETTER, 1983

Hosp.: Bejel (*Trigla obscura*)

Dist.: Valencia.

Reg.: VII.

Bibl.: 503.

Raphidascaris sp.
Hosp.: Cabete (*Lepidotrigla cavillone*)
Dist.: Valencia.
Reg.: VII.
Bibl.: 503.

Raphidascaris sp.
Hosp.: Barbo (*Barbus barbus bocagei*)
Dist.: León.
Reg.: III.
Bibl.: 20.

Rhabdias bufonis (SCHRANK, 1788) STILES et HASSALL, 1905
Hosp.: Sapos (*Bufo bufo, B.calamita*) y ranas (*Rana iberica, R.perezi, R.temporaria*)
Dist.: Alicante, Avila, Barcelona, Cáceres, La Coruña, Gerona, Granada, Huesca, Lérida, Salamanca y Valencia. Portugal
Reg.: I, II, III, IV, V, VI, VII, IX y X. Portugal.
Bibl.: 210, 335, 348, 375, 376, 401, 513, 517, 521, 550 y Martínez Fernández, 1976 (inéd.)

Rhabdias fuscovenosa (RAILLIET, 1899) GOODEY, 1924
Hosp.: Culebra de agua (*Natrix maura*)
Dist.: Alicante, Castellón y Valencia.
Reg.: VII.
Bibl.: 348, 376, 377, 516 y 520.

Rhabditis anomala HERTWIG, 1922
Rhabditis maupasi SEURAT in MAUPAS, 1919
Rhabditis pellio (SCHNEIDER, 1866)
Hosp.: Annelida Lumbricidae.
Dist.: Valencia.
Reg.: VII.
Bibl.: 548.

Rhabditis (Pellioditis) sp.
Hosp.: Rana (*Rana perezi*)
Dist.: Gerona.
Reg.: V.
Bibl.: 521.

Rhabdocona anguillae SPAUL, 1927
Hosp.: Anguila (*Anguilla anguilla*)
Dist.: España y Portugal.
Bibl.: 20, 109, 150 y 714.

Rhabdocona denudata (DUJARDIN, 1845)
Hosp.: Cacho (*Leuciscus cephalus*), boga (*Chondrostoma polylepis*) y bermejuela (*Rutilus arcasii*)
Dist.: León.
Reg.: II y III.
Bibl.: 20, 23 y 545.

Rhabdocona gnedini SKRJABIN, 1946
Hosp.: Barbo (*Barbus barbus*)
Dist.: León.
Reg.: III.
Bibl.: 23 y 545.

Rhabdocona hellichi (SRAMEK, 1901) CHITWOOD, 1933
Hosp.: Barbo (*Barbus meridionalis*)
Dist.: Gerona.
Reg.: V.
Bibl.: 360.

Rhabdocona sp.
Hosp.: Boga (*Chondrostoma polylepis*) y barbo (*Barbus barbus bocagei*)
Dist.: León.
Reg.: III.
Bibl.: 20 y 150.

Rhabdocona sulaki SAIDOV, 1953
Hosp.: Trucha común (*Salmo trutta fario*)
Dist.: León.
Reg.: III.
Bibl.: 21 y 22.

Rictularia affinis JAGERSKIOLD, 1904
Hosp.: Zorro (*Vulpes vulpes*) y jineta (*Genetta genetta*)
Dist.: Avila, Córdoba y Salamanca.
Reg.: III y IX.
Bibl.: 440, 585, 708 y 710.

Rictularia leiperi ORTLEPP, 1961
Hosp.: Jineta (*Genetta genetta*)
Dist.: Ciudad Real y Córdoba.
Reg.: VIII y IX.
Bibl.: Martínez Gómez, 1976 (inéd.)

Rictularia proni SEURAT, 1915

Hosp.: Ratón de campo (*Apodemus sylvaticus*), rata negra (*Rattus rattus*), rata de agua (*Arvicola sapidus*) y zorro (*Vulpes vulpes*)

Dist.: Baleares, Barcelona, Córdoba, Gerona, Huesca, Lérida, Salamanca, Segovia, Tarragona y Zamora. Andorra.

Reg.: III, IV, V, IX y XI.

Bibl.: 75, 202, 203, 205, 222, 440, 470, 476, 494, 585, 669, 708 y 710.

Rictularia sp.

Hosp.: Murciélago hortelano (*Vespertilio serotinus*)

Dist.: Asturias.

Reg.: I.

Bibl.: Martínez Fernández, 1976 (inéd.)

Rictularia sp.

Hosp.: Zorro (*Vulpes vulpes*)

Dist.: Cáceres.

Reg.: VI.

Bibl.: 592.

Rodentoxyuris sciuri

Cf. *Lemuricola (Rodentoxyuris) sciuri*

Rondonia lophii GALLEGO BERENGUER, 1947

Hosp.: Rape (*Lophius piscatorius*)

Dist.: Costa cantábrica.

Reg.: I.

Bibl.: 231 y 401.

Sanguinofilaria jordanoi

Cf. *Philometra jordanoi*

Schulzitrichonema goldi

Cf. *Cyathostomum goldi*

Serratospiculum chungi HOEPPLI et HSU, 1929

Hosp.: Alfaneque (*Falco biarmicus*) y halcón común (*Falco peregrinus*)

Dist.: Huelva (proc. del Sahara Occidental) y Granada.

Reg.: IX y X.

Bibl.: 343, 344 y Martínez Gómez, 1976 (inéd.)

Serratospiculum guttatum (SCHNEIDER, 1866)

Hosp.: Halcón peregrino (*Falco peregrinus*)

Dist.: Sevilla (Morón)

Reg.: IX.

Bibl.: Martínez Gómez, 1976 (inéd.)

Setaria cervi (RUDOLPHI, 1819)

(Syn. *Setaria labiatopapillosa*)

Hosp.: Vaca y corzo (*Capreolus capreolus*)

H.I.: *Stomoxys calcitrans*

Dist.: Cáceres, Cádiz y Sevilla. Portugal.

Reg.: VI, IX y X. Portugal.

Bibl.: 367, 510, 552, 553, 592 y 646.

Setaria equina (ABILGAARD, 1789)

Hosp.: Caballo y mulo.

Dist.: Córdoba, Granada, Guipúzcoa, León, Madrid, Palencia, Sevilla y Zaragoza. Portugal.

Reg.: I, III, IV, VI, IX y X. Portugal.

Bibl.: 147, 242, 245, 247, 254, 367, 401, 539, 641, 646, 655 y 768.

Setaria labiatopapillosa

Cf. *Setaria cervi*

Seuratascaris numidica (SEURAT, 1917) SPRENT, 1985

(Syn. *Amplicaecum numidica*)

Hosp.: Zorro (*Vulpes vulpes*) (¿transeúnte intestinal?), ranas (*Rana perezi, R.iberica*) y ranita meridional (*Hyla meridionalis*)

Dist.: Avila, La Coruña, Gerona, Granada, Huesca, Salamanca y Valencia. Portugal.

Reg.: II, III, IV, V, VI, VII, IX y X. Portugal.

Bibl.: 7, 224, 335, 376, 513, 517, 518, 521 y 550.

Seuratia shipley (STOSSICH, 1900)

Hosp.: Págalo grande (*Stercorarius skua*)

Dist.: Galicia.

Reg.: II.

Bibl.: 17.

Seuratum cadarachense DESPORTES, 1947
Hosp.: Lirón careto (*Eliomys quercinus*) y rata negra (*Rattus rattus*)
Dist.: Baleares y Granada.
Reg.: IX, X y XI.
Bibl.: 195, 222, 470, 476 y Quentin, 1976 (com. per.)

Seurocyrnea excisa
Cf. *Cyrnea excisa*

Seurocyrnea seurati
Cf. *Cyrnea seurati*

Sicarius dipterum (POPOWA, 1927)
Hosp.: Oropéndola (*Oriolus oriolus*)
Dist.: Córdoba.
Reg.: IX.
Bibl.: 311.

Simondsia paradoxa COBBOLD, 1864
Hosp.: Cerdo.
Dist.: Badajoz, Cáceres, Córdoba, Granada, Salamanca y Sevilla. Portugal.
Reg.: III, VI, VIII, IX y X. Portugal.
Bibl.: 145, 176, 366, 367, 504, 585, 646, 650, 674, 699 y 700.

Skrjabinalius guevarai GALLEGO et SELVA, 1979
Hosp.: Delfín mular (*Tursiops truncatus*), delfín común (*Delphinus delphis*) y delfín listado (*Stenella coeruleoalba*)
Dist.: Barcelona y Mediterráneo, en general.
Reg.: V, VII y XI.
Bibl.: 62, 102, 229, 579 y 582.

Skrjabinelazia hoffmani LI, 1934
Hosp.: Lagartijas (*Podarcis muralis, P.lilfordi, P.hispanica, P.bocagei*)
Dist.: Baleares, Norte peninsular, Jaén y Sistema Iberico.
Reg.: I, II, III, IV, VII, IX y XI.
Bibl.: 336, 361 y 621.

Skrjabinelazia pyrenaica ROCA et GARCIA-ADELL, 1988
Hosp.: Lagartijas (*Podarcis hispanica, P. bocagei, P.muralis*)
Dist.: Avila, Huesca y Salamanca.
Reg.: III y IV.
Bibl.: 243, 379, 611 y 620.

Skrjabinelazia taurica SYPLIEXOV, 1930
Hosp.: Lagartija (*Podarcis bocagei*)
Dist.: Salamanca.
Reg.: III.
Bibl.: 379 y 620.

Skrjabinema ovis (SKRJABIN, 1915)
Hosp.: Cabra y oveja.
Dist.: Alava, Cáceres, Córdoba, Galicia, Granada, Madrid y Navarra.
Reg.: I, II, IV, VI, IX y X.
Bibl.: 100, 101, 254, 451, 458, 459, 488, 509, 646, 720 y 726.

Skrjabinodon alcarazi ROCA et LAFUENTE, 1993
Hosp.: Lagartija (*Algyroides marchi*)
Dist.: Jaén.
Reg.: IX.
Bibl.: 361.

Skrjabinodon mascomai ROCA, 1985
Hosp.: Salamanquesa (*Tarentola mauritanica*)
Dist.: Alicante y Valencia.
Reg.: VII.
Bibl.: 376, 606, 616 y 617.

Skrjabinodon medinae (GARCIA CALVENTE, 1948) SPECIAN et UBELAKER, 1974
(Syn. *Pharyngodon medinae, Parathelandros medinae*)
Hosp.: Lagartijas (*Podarcis hispanica, P.lilfordi, P.bocagei, P.pityusensis, P.muralis*), lagarto de Haria (*Gallotia atlantica*), lagarto tizón (*Gallotia galloti*) y lagarto verdinegro (*Lacerta schreiberi*)
Dist.: General.
Bibl.: 69, 218, 243, 244, 295, 336, 348, 361, 379, 376, 401, 607, 608, 609, 613, 618 y 620.

Soboliphyme sp.
Hosp.: Topos (*Talpa* spp.)
Dist.: Centro y Norte de España.
Reg.: I, III y IV.
Bibl.: 654.

Spauligodon atlanticus ASTASIO, ZAPATERO, OJEDA et SOLERA, 1987
Hosp.: Lagarto de Haria (*Gallotia atlantica*)
Dist.: Canarias.
Reg.: XII.
Bibl.: 58.

Spauligodon auziensis (SEURAT, 1917)
Hosp.: Salamanquesa (*Tarentola mauritanica*)
Dist.: Alicante, Granada y Valencia.
Reg.: VII, IX y X.
Bibl.: 348, 376, 616 y 617.

Spauligodon cabrerae CASTAÑO, ZAPATERO et SOLERA, 1988
Hosp.: Lagartijas (*Podarcis lilfordi, P.pityusensis*)
Dist.: Baleares.
Reg.: XI.
Bibl.: 113, 336 y 613.

Spauligodon carbonelli ROCA et GARCIA-ADELL, 1988
Hosp.: Lagartijas (*Podarcis bocagei, P. hispanica, P.muralis*) y lagarto verdinegro (*Lacerta schreiberi*)
Dist.: Avila, La Coruña, Huesca, Madrid, Orense, Salamanca, Segovia y Soria.
Reg.: II, III, IV y VI.
Bibl.: 218, 243, 244, 379, 607, 608, 612 y 620.

Spauligodon extenuatus (RUDOLPHI, 1819) SKRJABIN, SCHIKHOBALOVA et LAGODOVSKAYA, 1960
(Syn. *Pharyngodon extenuatus*)
Hosp.: Lagarto (*Lacerta lepida*) y lagarto verdinegro (*L. schreiberi*)
Dist.: Avila, Cádiz, Salamanca y Segovia.
Reg.: III y IX.
Bibl.: 218, 376, 401, 607 y 608.

Spauligodon paratectipennis GEDOELST, 1919
(Syn. *Pharyngodon tectipennis, Pharyngodon paratectipennis*)
Hosp.: Salamanquesa (*Tarentola mauritanica*), salamanquesa rosada (*Hemidactylus turcicus*) y lagartija (*Podarcis hispanica*)
Dist.: Alicante, Almería, Cádiz, Castellón, Granada y Valencia.
Reg.: VII, IX y X.
Bibl.: 320, 348, 376, 616, 617 y 618.

Spauligodon saxicolae SHARPILO, 1961
Hosp.: Lagartija (*Podarcis hispanica*)
Dist.: Alicante, Castellón y Valencia.
Reg.: VII.
Bibl.: 376 y 618.

Spauligodon tarentolae (SPAUL, 1926) SKRJABIN et al., 1960
(Syn. *Parapharyngodon tarentolae*)
Hosp.: Perinquén de Delalande (*Tarentola delalandi*) y perinquén gomero (*T. gomerensis*)
Dist.: Canarias.
Reg.: XII.
Bibl.: 659.

Spiculopteragia asymmetrica (WARE, 1925)
Hosp.: Ciervo (*Cervus elaphus*) y corzo (*Capreolus capreolus*)
Dist.: Cáceres y Córdoba.
Reg.: VI y IX.
Bibl.: 510, 512, 590, 592 y Martínez Gómez, 1976 (inéd.)

Spiculopteragia böhmi (GEBAUER, 1931)
Spiculopteragia mathevossiani RUKHLIADEV, 1948
Hosp.: Ciervo (*Cervus elaphus*)
Dist.: Córdoba.
Reg.: IX.
Bibl.: 328.

Spiculopteragia spiculoptera (GUSCHANSKAJA, 1931)
Hosp.: Ciervo (*Cervus elaphus*), corzo (*Capreolus capreolus*) y rebeco (*Rupicapra rupicapra*)
Dist.: León.
Reg.: III.
Bibl.: 637 y 638.

Spinicauda dugesii SANCHEZ, ZAPATERO, CASTAÑO et GONZALEZ, 1991
Hosp.: Lagartija (*Podarcis dugesii*)
Dist.: Madeira.
Reg.: XII.
Bibl.: 677.

Spinitectus gordoni CORDERO DEL CAMPILLO et ALVAREZ PELLITERO, 1976.
Hosp.: Trucha común (*Salmo trutta fario*)
Dist.: León.
Reg.: III.
Bibl.: 20, 21, 22, 23, 149, 150 y 151.

Spirocerca lupi (RUDOLPHI, 1809)
Hosp.: Perro, jineta (*Genetta genetta*), lince (*Lynx pardina*) y zorro (*Vulpes vulpes*)
Dist.: Barcelona, Cáceres, Córdoba, Granada, Leon, Madrid y Salamanca. Portugal.
Reg.: III, V, VI, IX y X. Portugal.
Bibl.: 235, 349, 353, 367, 401, 408, 488, 511, 585, 592, 646, 671, 672, 710 y Cordero del Campillo et al., 1975 (inéd.)

Spiroxys sp.
Hosp.: Rana (*Rana perezi*)
Dist.: Valencia.
Reg.: VII.
Bibl.: 513 y 521.

Spirura rytipleurites (DESLONGCHAMPS, 1824)
Hosp.: Perro, gato y lirón careto (*Eliomys quercinus*)
H.I.: Cucaracha (*Periplaneta orientalis*)
Dist.: Baleares, Granada y Madrid.
Reg.: VI, IX, X y XI.
Bibl.: 195, 349, 401, 408 y 646.

Spirura talpae (GMELIN, 1790)
Hosp.: Topo (*Talpa europaea*) y topos (*Talpa* spp.)
Dist.: Gerona, Huesca y Centro y Norte de España.
Reg.: I, III, IV y V.
Bibl.: 476 y 654.

Splendidofilaria boehmi (SUPPERER, 1958)
Hosp.: Mirlo (*Turdus merula*), zorzal (*T. philomelos*) y zorzal alirrojo (*T. iliacus*)
Dist.: ?
Bibl.: 382.

Splendidofilaria mavis
Cf. *Ornithofilaria mavis*

Splendidofilaria sp.
Hosp.: Grajilla (*Corvus monedula*), arrendajo (*Garrulus glandarius*), urraca (*Pica pica*), mirlo (*Turdus merula*), zorzal alirrojo (*T. iliacus*) y zorzal común (*T. philomelos*)
Dist.: Granada, Huelva y Salamanca.
Reg.: III, IX y X.
Bibl.: 343, 344, 351 y 585.

Stenurus globicephalae (BAYLIS et DAUBNEY, 1925)
Hosp.: Calderón (*Globicephala melaena*) y delfín gris (*Grampus griseus*)
Dist.: Valencia.
Reg.: VII.
Bibl.: 102.

Stephanskostrongylus soricis (SOLTYS, 1954)
Hosp.: Musaraña colicuadrada (*Sorex araneus*) y musaraña enana (*S. minutus*)
Dist.: Barcelona y Gerona.
Reg.: V.
Bibl.: 468 y 475.

Stephanurus dentatus DIESING, 1839
Hosp.: Cerdo.
Dist.: Cádiz, Granada y Madrid. Portugal.
Reg.: VI, IX y X. Portugal.
Bibl.: 145, 176, 240, 367, 393, 401 y 646.

Sterliadochona tenuissima
Cf. *Cystidicoloides tenuissima*

Streptopharagus kutassi (SCHULZ, 1928)
Hosp.: Rata negra (*Rattus rattus*)
Dist.: Baleares.
Reg.: XI.
Bibl.: 222.

Striatofilaria phoenicopteri
Hosp.: Flamenco (*Phoenicopterus ruber*)
Dist.: Cádiz.
Reg.: IX.
Bibl.: 317.

Strongylacantha glycirrhiza VAN BENEDEN, 1873
Hosp.: Murciélago de herradura grande (*Rhinolophus ferrum-equinum*)
Dist.: Galicia, Levante y Noreste.
Reg.: I, II, V y VII.
Bibl.: 13 y 330.

Strongylacantha pretoriensis ORTLEPP, 1932
Hosp.: Murciélago de herradura grande (*Rhinolophus ferrum- equinum*)
Dist.: Galicia y Córdoba.
Reg.: I, II y IX.
Bibl.: 16 y Martínez Gómez et al., 1976 (inéd.)

Strongyloidea, sin diagnóstico específico (excluidos Ancylostomatidae.
Hosp.: Bisonte americano (*Bison bison*), búfalo (*Syncerus caffer*), cabra, camello (*Camellus bactrianus*), dromedario (*C. dromedarius*), jirafa (*Giraffa camelopardalis*), antílope sable (*Hippotragus niger*), rinoceronte blanco (*Ceratotherium simum*), rinoceronte negro (*Diceros bicornis*), cebra (*Equus burchelli*), caballo poney, cebra de montaña (*E. zebra hartmanni*), gorila (*Gorilla gorilla*) y elefante asiático (*Elephas indicus*)
Dist.: Zoo de Lisboa, Portugal.
Bibl.: 161.

Strongyloides bufonis RAO et SINGH, 1954
Hosp.: Sapo (*Bufo calamita*)
Dist.: Valencia.
Reg.: VII.
Bibl.: 210 y 376.

Strongyloides mascomai NAVARRO, IZQUIERDO,LLUCH et HORNERO, 1987
Hosp.: Rana (*Rana perezi*)
Dist.: Castellón y Valencia.
Reg.: VII.
Bibl.: 513, 515 y 521.

Strongyloides natricis GALEANO, NAVARRO, HUGUET et LLUCH, 1991
Hosp.: Culebra de agua (*Natrix maura*)
Dist.: Teruel.
Reg.: IV.
Bibl.: 223 y 514.

Strongyloides ophiusensis ROCA et HORNERO, 1992
Hosp.: Lagartija (*Podarcis pityusensis*)
Dist.: Baleares.
Reg.: XI.
Bibl.: 336 y 614.

Strongyloides papillosus (WEDL, 1856)
Hosp.: Oveja, cabra, ciervo (*Cervus elaphus*) y vaca.
Dist.: Burgos, Cáceres, Canarias, Córdoba, Galicia, León, Madrid, Navarra, Palencia, La Rioja, Salamanca y País Vasco. Portugal.
Reg.: I, II, III, IV, VI, IX y XII. Portugal.
Bibl.: 99, 100, 253, 254, 258, 367, 437, 439, 453, 509, 585, 590, 591, 592, 646, 707, 723, 726 y Cordero del Campillo, 1950 (inéd.)

Strongyloides ransomi SCHWARTZ et ALICATA, 1930
Hosp.: Cerdo.
Dist.: Badajoz, Granada, Mallorca, Valencia y Zaragoza.
Reg.: IV, VII, VIII, IX, X y XI.
Bibl.: 120, 145, 176, 254, 366, 526, 595, 646, 647 y 650.

Strongyloides ratti SANDGROUND, 1925
Hosp.: Rata gris (*Rattus norvegicus*), rata negra (*R. rattus*) y ratón (*Mus musculus*)
Dist.: Córdoba, Granada, Tarragona y Valencia.
Reg.: IV, VII, IX y X.
Bibl.: 79, 476, 745 y Martínez Gómez, 1976 (inéd.)

Strongyloides sp.
Hosp.: Camello (*Camellus bactrianus*), cebra (*Equus burchelli*), totas (*Cercopithecus aethiops rufoviridis, C.a.sabaeus*), mono de Gibraltar (*Macaca sylvana*) y chimpancé (*Pan troglodytes*)
Dist.: Zoo de Lisboa, Portugal.
Bibl.: 161.

Strongyloides sp.
Hosp.: Perdiz (*Alectoris rufa*)
Dist.: Guipúzcoa.
Reg.: I.
Bibl.: 254.

Strongyloides sp.
Hosp.: Tejón (*Meles meles*)
Dist.: Barcelona y Lérida.
Reg.: IV y V.
Bibl.: 623.

Strongyloides sp.
Hosp.: Conejo (*Oryctolagus cuniculus*)
Dist.: Navarra.
Reg.: IV.
Bibl.: 254.

Strongyloides sp.
Hosp.: Culebra de agua (*Natrix maura*)
Dist.: Alicante y Huesca.
Reg.: IV y VII.
Bibl.: 254 y 348.

Strongyloides sp.
Hosp.: Lagartija (*Podarcis pityusensis*)
Dist.: Baleares.
Reg.: XI.
Bibl.: 613.

Strongyloides stercoralis (BAVAY, 1876)
Hosp.: Hombre y perro.
Dist.: Alicante, Galicia, Madrid y Valencia. Portugal.
Reg.: I, II, VI y VII. Portugal.
Bibl.: 50, 213, 338, 367, 401, 533, 551, 646 y 681.

Strongyloides suis (LUTZ, 1894)
Hosp.: Cerdo.
Dist.: Mallorca y Valencia.
Reg.: VII y XI.
Bibl.: 526 y 622.

Strongyloides westeri IHLE, 1917
Hosp.: Caballo y cerdo (sic.)
Dist.: Burgos, Cantabria, Navarra, Vizcaya y Zaragoza.
Reg.: I, III y IV.
Bibl.: 254, 595 y 646.

Strongylus edentatus (LOOSS, 1900)
Hosp.: Equinos.
Dist.: General.
Bibl.: 182, 293, 367, 563, 585, 591 y 646.

Strongylus equinus MUELLER, 1789
Hosp.: Equinos.
Dist.: General.
Bibl.: 182, 254, 293, 367, 401, 488, 563, 585 y 646.

Strongylus vulgaris (LOOSS, 1900)
Hosp.: Equinos.
Dist.: General.
Bibl.: 182, 254, 293, 367, 401, 539, 563, 585, 591 y 646.

Subulura baylisi LOPEZ-NEYRA, 1946
(Syn. *Subulura coturnicis*)
Hosp.: Gallina, codorniz (*Coturnix coturnix*) y arrendajo (*Garrulus glandarius*)
Dist.: Córdoba, Granada y Huesca.
Reg.: IV, IX y X.
Bibl.: 397, 400, 401, 460 y 669.

Subulura bolivari (LOPEZ-NEYRA, 1922)
Hosp.: Mochuelo (*Athene noctua*)
Dist.: Granada.
Reg.: IX y X.
Bibl.: 391 y 401.

Subulura brumpti (LOPEZ-NEYRA, 1922)
(para Yamaguti, 1961, es sinónima de *Subulura differens*)
Hosp.: Gallina y pavo (*Meleagris gallopavo*)
Dist.: Almería, Granada, Madrid y Málaga.
Reg.: VI, IX y X.
Bibl.: 167, 391, 401, 403 y 646.

Subulura coturnicis
Cf. *Subulura baylisi*

Subulura differens (SONSINO, 1890)
Hosp.: Gallina.
Dist.: Granada.
Reg.: IX y X.
Bibl.: 401 y 646.

Subulura gallopavonis LOPEZ-NEYRA, 1945
Hosp.: Pavo (*Meleagris gallopavo*)
Dist.: Granada.
Reg.: IX y X.
Bibl.: 397, 401 y 646.

Subulura glaucidii (LOPEZ-NEYRA, 1945)
(Syn. *Travassallodapa glaucidii*)
Hosp.: Mochuelo chico (*Glaucidium passerinum*)?
Dist.: Granada.
Reg.: IX y X.
Bibl.: 397 y 401.

Subulura leprincei (GENDRE, 1909)
Hosp.: Chotacabras pardo (*Caprimulgus ruficollis*)
Dist.: Granada.
Reg.: IX y X.
Bibl.: 401.

Subulura spp.
(Syn. *Allodapa* spp)

Subulura strongylina (RUDOLPHI, 1819)
(para Yamaguti, 1961, es sinónima de *Subulura differens*)
Hosp.: Codorniz (*Coturnix coturnix*)
Dist.: Granada.
Reg.: IX y X.
Bibl.: 397 y 401.

Subulura subulata (RUDOLPHI, 1819)
(Syn. *Travassallodapa subulata*)
Hosp.: Chotacabras pardo (*Caprimulgus ruficollis*) y chotacabras gris (*Caprimulgus europaeus*)
Dist.: Cádiz (Algeciras) y Granada
Reg.: IX y X.
Bibl.: 401 y Illescas Gómez, 1993 (com. per.)

Subulura suctoria (MOLIN, 1860)
Hosp.: Perdiz roja (*Alectoris rufa*)
Dist.: España y Portugal.
Bibl.: 107 y 725.

Syngamus bronchialis
Cf. *Cyathostoma bronchiale*

Syngamus trachea (MONTAGU, 1811)
Hosp.: Gallina, faisán (*Phasianus colchicus*), perdiz (*Alectoris rufa*), grajilla (*Corvus monedula*) y urraca (*Pica pica*)
Dist.: Alava, Asturias, Córdoba, Granada, León, Salamanca y Vizcaya. Portugal.
Reg.: I, III, IV, IX y X. Portugal.
Bibl.: 254, 312, 350, 367, 368, 401, 402, 585, 646 y Reguera Feo (com. per.).

Synhimantus affinis (SEURAT, 1916)
Hosp.: Lechuza (*Tyto alba*)
Dist.: Granada.
Reg.: IX y X.
Bibl.: 343, 344 y 401.

Synhimantus laticeps (RUDOLPHI, 1819)
Hosp.: Búho (*Bubo bubo*), búho chico (*Asio otus*) y cernícalo (*Falco tinnunculus*)
Dist.: Granada. Portugal.
Reg.: IX y X. Portugal.
Bibl.: 343, 344, 367, 368 y 401.

Syphabuela mascomai HUGOT et FELIU, 1990
Hosp.: Ardilla (*Sciurus vulgaris*)
Dist.: ?
Bibl.: 206 y 746.

Syphacia arvicolae
Hosp.: Rata de agua norteña (*Arvicola terrestris*)
Dist.: ?
Bibl.: 207.

Syphacia frederici ROMAN, 1945
Hosp.: Ratones de campo (*Apodemus sylvaticus, A. flavicollis*)
Dist.: Baleares, Barcelona, Gerona, Granada, Huesca, Jaén, Lérida, Orense, Segovia, Tarragona y Zamora. Andorra.
Reg.: II, III, IV, V, IX, X y XI.
Bibl.: 18, 75, 202, 203, 205, 206, 340, 470, 476 y 494.

Syphacia muris (YAMAGUTI, 1935
Hosp.: Rata negra (*Rattus rattus*) y rata gris (*R. norvegicus*)
Dist.: Baleares, Barcelona, Granada, Tarragona y Valencia.
Reg.: IV, V, VII, IX, X y XI.
Bibl.: 79, 206, 222, 347, 470, 476 y 745.

Syphacia nigeriana BAYLIS, 1928
Hosp.: Rata de agua (*Arvicola sapidus*), rata de agua norteña (*A. terrestris*), topillo común (*Pitymys duodecimcostatus*), ratilla campesina (*Microtus arvalis*), topillo (*P. lusitanicus*), ratilla agreste (*M. agrestis*), ratilla de Cabrera (*M. cabrerae*), ratilla nival (*M. nivalis*) y micrótidos, sin especificar.
Dist.: General.
Bibl.: 9, 14, 123, 201, 202, 206, 208, 476, 477, 571, 693, 745 y 764.

Syphacia obvelata (RUDOLPHI, 1802)
Hosp.: Rata (*Rattus norvegicus*), ratón (*Mus musculus*), ratón de campo (*Apodemus sylvaticus*) y topillo común (*Pitimys duodecimcostatus*)
Dist.: General.
Bibl.: 74, 75, 112, 199, 206, 211, 232, 269, 278, 401, 470, 476, 585 y 745.

Syphacia petrusewiczi BERNARD, 1966
Hosp.: Topino rojo (*Clethrionomys glareolus*)
Dist.: Alava, Barcelona, Burgos, Cantabria, Gerona, Huesca, Lérida, Lugo, Navarra, Palencia y La Rioja. Andorra.
Reg.: I, II, III, IV y V.
Bibl.: 200, 202 y 206.

Syphacia stroma (VON LINSTOW, 1884) (para Yamaguti, 1961, es sinónimo de *Syphacia obvelata*)
Hosp.: Ratones de campo (*Apodemus sylvaticus, A. flavicollis*)
Dist.: Baleares, Barcelona, Gerona, Huesca, Jaén, Lérida, Orense, Tarragona y Zamora. Andorra.
Reg.: II, III, IV, V, IX, X y XI.
Bibl.: 18, 202, 203, 205, 206, 340, 476 y 494.

Syphacia vandenbrueli BERNARD, 1961
Hosp.: Ratón espiguero (*Micromys minutus*)
Dist.: Cantabria.
Reg.: I.
Bibl.: 204 y 206.

Syphaciella capensis MONNIG, 1924
Hosp.. Ganga (*Pterocles alchata*)
Dist.: Huelva (Doñana)
Reg.: IX.
Bibl.: Martínez Gómez et al., 1975 (inéd.)

Tachygonetria conica (DRASCHE, 1884) SEURAT, 1918
Hosp.: Tortuga mora (*Testudo graeca*)
Dist.: Alicante, Baleares y Murcia.
Reg.: VII, X y XI.
Bibl.: 225, 401 y 610.

Tachygonetria dentata (DRASCHE, 1884) SEURAT, 1918
Hosp.: Tortuga mora (*Testudo graeca*)
Dist.: Alicante, Huelva y Murcia.
Reg.: VII, IX y X.
Bibl.: 225, 376 y 610.

Tachygonetria longicollis (SCHNEIDER, 1886) SEURAT, 1918
Hosp.: Tortuga mora (*Testudo graeca*)
Dist.: Alicante, Baleares, Huelva y Murcia.
Reg.: VII, IX, X y XI.
Bibl.: 225, 401 y 610.

Tachygonetria macrolaimus (LINSTOW, 1899) SEURAT, 1918
Hosp.: Tortuga mora (*Testudo graeca*)
Dist.: Alicante y Murcia.
Reg.: VII y X.
Bibl.: 225, 376 y 610.

Tachygonetria numidica SEURAT, 1919
Hosp.: Tortuga mora (*Testudo graeca*)
Dist.: Alicante y Murcia.
Reg.: VII y X.
Bibl.: 225, 376 y 610.

Tachygonetria robusta (DRASCHE, 1884) DUBININA, 1949
Hosp.: Tortuga mora (*Testudo graeca*)
Dist.: Alicante, Huelva y Murcia.
Reg.: VII, IX y X.
Bibl.: 225, 376 y 610.

Tachygonetria thapari
Cf. *Thaparia thapari*

Teladorsagia circumcincta
Cf. *Ostertagia circumcincta*

Teladorsagia davtiani ANDREEVA et SATUBALDIN, 1954
Hosp.: Oveja y cabra.
Dist.: Alava, Cantabria y Vizcaya.
Reg.: I y IV.
Bibl.: 239 y 254.

Teladorsagia trifurcata
Cf. *Ostertagia trifurcata*

Tenoranema alcoveri MAS-COMA et ESTEBAN, 1985
Hosp.: Lirón careto (*Eliomys quercinus*)
Dist.: Baleares.
Reg.: XI.
Bibl.: 195 y 472.

Terranova decipiens (KRABBE, 1878)
(Syn. *Porrocaecum decipiens*)
Hosp.: Merluza (*Merluccius vulgaris*)
Dist.: Costa sur de España.
Reg.: X.
Bibl.: 401.

Tetrameres fissispina
Cf. *Tropisurus fissispina*

Thaparia thapari (DUBININA, 1949) PETTER, 1966
(Syn. *Tachygonetria thapari*)
Hosp.: Tortuga mora (*Testudo graeca*)
Dist.: Alicante y Murcia.
Reg.: VII y X.
Bibl.: 225, 376 y 610.

Thelandros echinatus
Cf. *Parapharyngodon echinatus*

Thelandros filiformis ASTASIO, GONZALEZ, CASTAÑO et ZAPATERO, 1989
Hosp.: Lagarto tizón (*Gallotia galloti*)
Dist.: Canarias.
Reg.: XII.
Bibl.: 56.

Thelandros galloti ASTASIO, ZAPATERO, SOLERA et GONZALEZ, 1988
Hosp.: Lagarto tizón (*Gallotia galloti*)
Dist.: Canarias.
Reg.: XII.
Bibl.: 60.

Thelandros micipsae SEURAT, 1917
Hosp.: Salamanquesa (*Tarentola mauritanica*)
Dist.: Almería, Cádiz, Córdoba y Granada.
Reg.: IX y X.
Bibl.: 401.

Thelandros tinerfensis SOLERA, ASTASIO, ZAPATERO et CASTAÑO, 1988
Hosp.: Eslizón dorado (*Chalcides viridanus*) y lagarto tizón (*Gallotia galloti*)
Dist.: Canarias.
Reg.: XII.
Bibl.: 711.

Thelazia rhodesii (DESMARETS, 1828)
Hosp.: Vaca.
H.I.: Mosca corvina (*Musca corvina*)
Dist.: Badajoz, Burgos, Cádiz, Córdoba, Salamanca y Sevilla. Portugal
Reg.: III, VIII, IX y X.
Bibl.: 147, 148, 179, 237, 352, 362, 367, 401, 402, 407, 585 y 646.

Thynnascaris sp.
Hosp.: Sardina (*Clupea pilchardus*), rape (*Lophius piscatorius*) y congrio (*Conger conger*)
Dist.: Valencia. Portugal.
Reg.: VII. Portugal.
Bibl.: 108, 505 y 537.

Torquatella gendrei
Cf. *Cathematella gendrei*

Toxascara canis
Cf. *Toxocara canis*

Toxascara felis
Cf. *Toxocara mystax*

Toxascaris leonina (VON LINSTOW, 1902)
Hosp.: Perro, lobo (*Canis lupus*), gato, gato montés (*Felis sylvestris*), jineta (*Genetta genetta*), zorro (*Vulpes vulpes*), leopardo (*Panthera pardus*) y tigre (*P. tigris*). Hombre (larva migrans)
Dist.: Barcelona, Cáceres, Córdoba, Galicia, Gerona, Granada, Huesca, León, Navarra, Salamanca y Vizcaya. Portugal.
Reg.: I, II, III, IV, V, VI, IX y X. Portugal.
Bibl.: 50, 119, 147, 148, 160, 161, 235, 254, 292, 346, 367, 399, 401, 440, 461, 492, 546, 563, 585, 588, 591, 686, 691, 710 y 754.

Toxascaris spp. (huevos)
Hosp.: Guepardo (*Acinonyx jubatus*), puma (*Felis concolor*), león (*Panthera leo*), jaguar (*P. onca*) y tigre (*P. tigris*)
Dist.: Zoo de Lisboa, Portugal.
Bibl.: 110.

Toxocara canis (WERNER, 1782)
(Syn. *Toxascara canis*)
Hosp.: Perro, lobo (*Canis lupus*), turón (*Putorius putorius*) y zorro (*Vulpes vulpes*). Hombre, lince (*Lynx pardina*) y gato montés (*Felis sylvestris*) (larva migrans)
Dist.: General (común)
Bibl.: 50, 119, 147, 148, 184, 235, 254, 268, 287, 291, 292, 346, 367, 390, 399, 401, 440, 461, 501, 546, 563, 585, 588, 591, 592, 633, 646, 686, 691, 710, 749 y 754.

Toxocara cati
Cf. *Toxocara mystax*

Toxocara felis
Cf. *Toxocara mystax*

Toxocara genettae WARREN, 1972
Hosp.: Jineta (*Genetta genetta*)
Dist.: Galicia.
Reg.: I y II.
Bibl.: 10 y 682.

Toxocara mystax (ZEDER, 1800)
(Syn. *Ascaris brachyoptera; Toxascara felis; Toxocara cati; Toxocara felis*)
Hosp.: Gato, gato montés (*Felis sylvestris*), lince (*Lynx pardina*) y jineta (*Genetta genetta*). Hombre (larva migrans)
Dist.: General.
Bibl.: 101, 103, 147, 148, 254, 367, 390, 399, 401, 488, 511, 546, 563, 585, 588, 592, 646, 691, 710 y 749.

Toxocara sp.
Hosp.: Oveja.
Dist.: Alava, Guipúzcoa, Navarra y Vizcaya.
Reg.: I y IV.
Bibl.: 254.

Toxocara vitulorum
Cf. *Neoascaris vitulorum*

Travassallodapa glaucidii
Cf. *Subulura glaucidii*

Travassallodapa subulata
Cf. *Subulura subulata*

Travassospirura sp.
Hosp.: Jineta (*Genetta genetta*)
Dist.: Salamanca.
Reg.: III.
Bibl.: 710.

Trichinella nelsoni (BRITOV et BOEV, 1972)
Hosp.: Lobo (*Canis lupus*) y gato montés (*Felis sylvestris*)
Dist.: Galicia.
Reg.: I y II.
Bibl.: 449 y 625.

Trichinella spiralis (OWEN, 1835)
Hosp.: Cerdo, jabalí (*Sus scrofa*), criceto (*Mesocricetus auratus*), gato, gato montés (*Felis sylvatica*), jineta (*Genetta genetta*), hombre, hurón (*Putorius putorius*), lobo (*Canis lupus*), marta (*Martes martes*), perro, rata (*Rattus norvegicus*), ratón (*Mus musculus*), oso pardo (*Ursus arctos*), tejón (*Meles meles*), zorro (*Vulpes vulpes*), ratonero (*Buteo buteo*) y gallina (exp.)
Dist.: General.
Bibl.: 15, 34, 35, 36, 37, 70, 72, 77, 83, 88, 89, 93, 145, 146, 147, 148, 153, 155, 158, 175, 176, 181, 189, 191, 198, 220, 221, 232, 251, 254, 261, 262, 265, 274, 277, 278, 282, 288, 300, 331, 339, 346, 347, 354, 355, 367, 386, 401, 402, 408, 420, 421, 430, 433, 442, 443, 444, 445, 446, 447, 476, 496, 507, 562, 563, 564, 575, 585, 591, 601, 602, 603, 604, 627, 630, 631, 632, 635, 637, 639, 646, 665, 680, 689, 690, 710, 717 y 751.

Trichinella sp.
Hosp.: Musaraña colicuadrada (*Sorex araneus*)
Dist.: Galicia.
Reg.: I y II.
Bibl.: 19.

Trichocephalus spp.
Cf. *Trichuris* spp.

Tricholinstowia mormanti DURETTE-DESSET et VAUCHER, 1974
Hosp.: Topo (*Talpa europaea*) y topos (*Talpa* spp.)
Dist.: Gerona.
Reg.: V.
Bibl.: 476 y 654.

Trichonema spp.
Cf. *Cyathostomum* spp.

Trichosomoides crassicauda (BELLINGHAM, 1840)
Hosp.: Rata (*Rattus norvegicus*)
Dist.: Madrid, Tarragona y Valencia.
Reg.: IV, VI y VII.
Bibl.: 79, 298, 404, 752 y 759.

Trichostrongylus axei (COBBOLD, 1879)
(Syn. *Trichostrongylus extenuatus*)
Hosp.: Caballo, vaca, cabra, cabra montés (*Capra pyrenaica*), oveja y ciervo (*Cervus elaphus*)
Dist.: Alava, Burgos, Cáceres, Ciudad Real, Córdoba, Galicia, Gerona, Granada, Guipúzcoa, Jaén, León, Navarra, Salamanca y Vizcaya. Portugal.
Reg.: I, II, III, IV, V, VI, VIII, IX y X. Portugal.
Bibl.: 100, 101, 185, 215, 216, 239, 254, 318, 328, 367, 451, 454, 456, 459, 509, 585, 590, 591, 592, 646, 720, 726 y 737.

Trichostrongylus capricola RANSOM, 1907
Hosp.: Oveja, cabra y cabra montés (*Capra pyreanica*)
Dist.: Córdoba, Gerona, Granada, Guipúzcoa, Jaén, León, Madrid, Navarra, Salamanca y Vizcaya. Portugal.
Reg.: I, III, IV, V, VI, IX y X. Portugal.
Bibl.: 215, 254, 367, 451, 453, 456, 459, 585, 646, 704, 720, 726 y 737.

Trichostrongylus colubriformis (GILES, 1892)
(Syn. *Trichostrongylus instabilis*)
Hosp.: Cabra, vaca y oveja.
Dist.: Alava, Cáceres, Córdoba, Galicia, Gerona, Granada, Guipúzcoa, León, Navarra, Salamanca y Vizcaya. Portugal.
Reg.: I, II, III, IV, V, VI, IX y X. Portugal.
Bibl.: 100, 101, 215, 216, 254, 367, 374, 451, 453, 459, 509, 585, 591, 646, 720 y 726.

Trichostrongylus extenuatus
Cf. *Trichostrongylus axei*

Trichostrongylus instabilis
Cf. *Trichostrongylus colubriformis*

Trichostrongylus pietersei LE ROUX, 1932
Hosp.: Cabra.
Dist.: Madrid.
Reg.: VI.
Bibl.: 726.

Trichostrongylus retortaeformis (ZEDER, 1800) LOOSS, 1905
Hosp.: Conejo (*Oryctolagus cuniculus*), ratón de campo (*Apodemus sylvaticus*), rata de agua (*Arvicola sapidus*), rata de agua norteña (*A. terrestris*), ardilla (*Sciurus vulgaris*) y liebre (*Lepus capensis*)
Dist.: Barcelona, Cáceres, Ciudad Real, Córdoba, Granada, Jaén y Orense. Portugal.
Reg.: II, V, VI, VIII, IX y X. Portugal.
Bibl.: 8, 18, 106, 401, 463, 476, 488, 498, 623, 646, 693 y 745.

Trichostrongylus tenuis (MEHLIS in CREPLIN, 1846)
Hosp.: Perdiz roja (*Alectoris rufa*) y gallina.
Dist.: Cáceres, Guipúzcoa, La Rioja, Vizcaya y otros lugares sin especificar. Portugal.
Reg.: I, IV y VI. Portugal.
Bibl.: 107, 254, 488, 592 y 725.

Trichostrongylus vitrinus LOOSS, 1905
Hosp.: Cabra, cabra montés (*Capra pyrenaica*), oveja, vaca y ciervo (*Cervus elaphus*).
Dist.: Alava, Cáceres, Cantabria, Ciudad Real, Córdoba, Galicia, Gerona, Granada, Guipúzcoa, Jaén, León, Salamanca, Valladolid, Vizcaya y Zaragoza. Portugal.
Reg.: I, II, III, IV, V, VI, VIII, IX y X. Portugal.
Bibl.: 99, 100, 101, 143, 215, 216, 254, 318, 328, 359, 367, 374, 451, 453, 456, 459, 509, 585, 590, 591, 592, 707, 720, 726 y 737.

Trichuris globulosa (VON LINSTOW, 1901)
Hosp.: Cabra, oveja y ciervo (*Cervus elaphus*)
Dist.: Cáceres, Córdoba y Navarra.
Reg.: IV, VI y IX.
Bibl.: 318, 328, 451, 458, 459, 509, 591, 646, 673 y 726.

Trichuris guevarai MARTINEZ, HERNANDEZ et ACOSTA, 1979
Hosp.: Ciervo (*Cervus elaphus*)
Dist.: Córdoba.
Reg.: IX.
Bibl.: 328 y 457.

Trichuris leporis (FROELICH, 1789)
Hosp.: Conejo (*Oryctolagus cuniculus*) y liebre (*Lepus capensis*)
Dist.: Granada y Salamanca.
Reg.: III, IX y X.
Bibl.: 401, 585 y 646.

Trichuris muris (SCHRANK, 1788)
Hosp.: Rata (*Rattus norvegicus*), rata negra (*R. rattus*), ratilla agreste (*Microtus agrestis*), rata de agua norteña (*Arvicola terrestris*), ratilla nival (*Microtus nivalis*), ratón (*Mus musculus*) y ratones de campo (*Apodemus sylvaticus, A. flavicollis*)
Dist.: General.
Bibl.: 18, 75, 202, 203, 205, 207, 222, 232, 269, 340, 401, 470, 476, 477, 494, 646 y 745.

Trichuris ovis (ABILGAARD, 1795)
Hosp.: Cabra, oveja y ciervo (*Cervus elaphus*)
Dist.: General.
Bibl.: 99, 101, 254, 258, 318, 367, 401, 437, 451, 453, 459, 509, 585, 591, 646, 715, 720 y 726.

Trichuris skrjabini BASKAKOV, 1924
Hosp.: Oveja, cabra y ciervo (*Cervus elaphus*)
Dist.: Cáceres y Córdoba.
Reg.: VI y IX.
Bibl.: 439, 488, 509, 512, 590, 591 y 592.

Trichuris spp., sin especificar.
Hosp.: Camello (*Camellus bactrianus*), dromedario (*Camellus dromedarius*), jirafa (*Giraffa camelopardalis*), rinoceronte negro (*Diceros bicornis*) y mono de Gibraltar (*Macaca sylvana*)
Dist.: Zoo de Lisboa, Portugal.
Bibl.: 161.

Trichuris sp.
Hosp.: Conejo silvestre (*Oryctolagus cuniculus*)
Dist.: Portugal.
Bibl.: 105.

Trichuris sp.
Hosp.: Liebre (*Lepus capensis*)
Dist.: Alava.
Reg.: IV.
Bibl.: 254.

Trichuris sp.
Hosp.: Topillo común (*Pitymys duodecimcostatus*) y topillo (*P. lusitanicus*)
Dist.: ?
Bibl.: 123.

Trichuris sp.
Hosp.: Topino rojo (*Clethrionomys glareolus*) y ratilla campesina (*Microtus arvalis*)
Dist.: Andorra.
Reg.: IV.
Bibl.: 202.

Trichuris sp.
Hosp.: Rata de agua (*Arvicola sapidus*) y rata de agua norteña (*A. terrestris*)
Dist.: Valencia, Tarragona y Norte de España.
Reg.: I, III, IV y VII.
Bibl.: 123, 693 y 745.

Trichuris sp.
Hosp.: Ratilla nival (*Microtus nivalis*)
Dist.: Pirineo.
Reg.: IV y V.
Bibl.: 201.

Trichuris sp.
Hosp.: Vaca.
Dist.: Burgos y Vizcaya.
Reg.: I y III.
Bibl.: 254.

Trichuris spp.
(Syn. *Trichocephalus* spp.)

Trichuris suis (SCHRANK, 1788)
Hosp.: Cerdo.
Dist.: General.
Bibl.: 101, 120, 145, 176, 254, 366, 401, 526, 585, 591, 622, 646, 650 y 706.

Trichuris trichiura (LINNAEUS, 1771)
Hosp.: Hombre.
Dist.: Canarias, Galicia, Granada, Madrid y Valencia. Portugal.
Reg.: I, II, VI, VII, IX, X y XII. Portugal.
Bibl.: 29, 51, 52, 125, 217, 278, 279, 280, 281, 285, 313, 367, 396, 401, 402, 417, 533, 565, 569, 574 y 756.

Trichuris vulpis (FROELICH, 1789)
Hosp.: Perro y zorro (*Vulpes vulpes*).
Dist.: Alava, Aragón, Cáceres, Canarias, Córdoba, Galicia, Granada, La Rioja y Vizcaya.
Reg.: I, II, IV, VI, IX, X y XII.
Bibl.: 50, 119, 254, 460, 591 y 754.

Triodontophorus brevicauda BOULENGER, 1916
Hosp.: Caballo.
Dist.: Granada y León.
Reg.: III, IX y X.
Bibl.: 67, 369 y 646.

Triodontophorus brochotrilobatus MARTINEZ GOMEZ, 1966
Hosp.: Caballo.
Dist.: Córdoba.
Reg.: IX.
Bibl.: 450, 460 y 646.

Triodontophorus serratus (LOOSS, 1900)
Hosp.: Caballo y mulo.
Dist.: Granada y León.
Reg.: III, IX y X.
Bibl.: 369 y 646.

Triodontophorus tenuicollis BOULENGER, 1916
Hosp.: Caballo.
Dist.: Granada.
Reg.: IX y X.
Bibl.: 369 y 646.

Tripanoxyuris sciuri
Cf. *Lemuricola (Rodentoxyuris) sciuri*

Tropisurus fissispinus (DIESING, 1861)
(Syn. *Tetrameres fissispina*)
Hosp.: Paloma (*Columba livia*) y tarro blanco (*Tadorna tadorna*)
Dist.: Asturias, Cáceres, Córdoba, Lugo y Vizcaya. Portugal.
Reg.: I, II, VI y IX. Portugal.
Bibl.: 101, 116, 166, 254, 367, 368, 466, 592 y 646.

Tropisurus sp.
Hosp.: Polla de agua (*Gallinula chloropus*)
Dist.: Asturias (Gijón)
Reg.: I.
Bibl.: Martínez Fernández, 1975 (inéd.)

Tropisurus sp.
(probablemente *Tropisurus cubanus* PEREZ VIGUERAS, 1931)
Hosp.: Flamenco (*Phoenicopterus ruber*)
Dist.: Asturias (Gijón) (importado)
Reg.: I.
Bibl.: Martínez Fernández, 1976 (inéd.)

Uncinaria criniformis (GOEZE, 1782)
Hosp.: Tejón (*Meles meles*)
Dist.: Barcelona y Lérida.
Reg.: IV y V.
Bibl.: 623.

Uncinaria stenocephala (RAILLIET, 1884)
Hosp.: Perro, lobo (*Canis lupus*) y zorro (*Vulpes vulpes*). Hombre (larva migrans)
Dist.: Alava, Barcelona, Cáceres, Córdoba, Galicia, Gerona, Granada, Navarra, La Rioja, Salamanca, Sevilla y Vizcaya. Portugal.
Reg.: I, II, III, IV, V, VI, IX y X. Portugal.
Bibl.: 50, 147, 148, 235, 254, 292, 346, 367, 401, 440, 492, 511, 585, 591, 592, 646, 686 y 710.

Wuchereria bancrofti (COBBOLD, 1877)
Hosp.: Hombre.
Dist.: Barcelona, Cádiz, Madrid, Málaga y Zaragoza (importados)
Reg.: IV, V, VI y X.
Bibl.: 264, 270, 401, 402 y 557.

LISTA DE HOSPEDADORES CON SUS NEMATODA PARÁSITOS

Phylum Annelida

Clase Clitellata

Orden Oligochaeta

Lombrices de tierra

Choerostrongylus pudendotectus (WOSTOKOW, 1905)

Metastrongylus elongatus (DUJARDIN, 1845)

Metastrongylus salmi GEDOELST, 1923 (larvas, en todos los casos)

Bibl: 23, 24, 25, 26, 27, 340 y 604.

Phyllum Mollusca

Clase Gastropoda

Orden Basommatophora

Planorbis **sp.**

Muellerius capillaris (MUELLER, 1889) (larvas)

Orden Stylommatophora

Moluscos terrestres diversos (*Cepaea nemoralis, Cernuella neglecta, Cernuella virgata, Cernuella arigonis, Cochlicella acuta, Cochicella barbara, Cochlicella conoidea, Eobania vermiculata, Helicella rugosiuscula, Helicella madritensis, Helicella itala, Helicella apicina, Helicella corderoi, Helicella jamuzensis, Helicella ordunensis, Helicella valdeona, Helicella zaratei, Helix aspersa, Hygromia cinctella, Perforatella incarnata, Theba pisana* y *Zebrina* spp.)

Cystocaulus ocreatus (RAILLIET et HENRY, 1907)

Muellerius capillaris (MUELLER, 1889)

Neostrongylus linearis (MAROTEL, 1913)

Protostrongylus muraschinzewi (DAVTIAN, 1940)

Protostrongylus rufescens (LEUCKART, 1865) (larvas, en todos los casos)

Phyllum Arthropoda

Clase Arachnida

Orden Acari

Rhipicephalus sanguineus

Dipetalonema dracunculoides (COBBOLD, 1870)

Rhipicephalus sp.

Dipetalonema grassi NOE, 1907

Dipetalonema reconditum (GRASSI, 1890) (larvas, en todos los casos)

Clase Crustacea

Orden Isopoda

Cochinillas de la humedad (*Armadillium vulgare, Porcellio laevis* y *P. scaber*)

Dispharynx spiralis (MOLIN, 1858)

Orden Malacostraca

Gonoplax rhomboides

Proleptus obtusus DUJARDIN, 1845

Clase Diplopoda

Orden Juliformia

Cardador (*Julus terrestris*)

Julinea granatensis SERRANO SANCHEZ, 1955

Clase Hexapoda

Orden Blattodea

Cucaracha (*Periplaneta americana*)

Hammerschmidtiella diesingi (HAMMERSCHMIDT, 1838) CHITWOOD, 1932

Leidynema appendiculata (LEIDY, 1850) CHITWOOD, 1932

Cucaracha (*Periplaneta orientalis*)

Hammerschmidtiella neyrai SERRANO SANCHEZ, 1945

Leidynema appendiculata (LEIDY, 1850) CHITWOOD, 1932

Spirura rytipleurites (DESLONGCHAMPS, 1824) (larvas)

Orden Orthoptera

Grillo (*Gryllus campestris*)

Binema (Binema) hispanica SERRANO SANCHEZ, 1947

Binema (Binema) medinae SERRANO SANCHEZ, 1947

Binema (Ornata) carmeloi SERRANO SANCHEZ, 1947

Binema (Ornata) ornata TRAVASSOS, 1925

Binema (Ornata) techae SERRANO SANCHEZ, 1947

Neyraiella neyrai SERRANO SANCHEZ, 1947

Langosta (*Locusta migratoria*)

Pterygodermatites hispanica QUENTIN, 1973 (larvas)

Orden Anoplura

Haematopinus sp.

Dipetalonema reconditum (GRASSI, 1890) (larvas)

Orden Diptera

Aedes spp.

Dirofilaria immitis (LEIDY, 1856)

Dirofilaria repens RAILLIET et HENRY, 1911 (larvas, en todos los casos)

Anopheles spp.
Dirofilaria repens RAILLIET et HENRY, 1911 (larvas)

Chironomus spp.
Paramermis contorta CAULLERY et COMAS, 1928

Culex spp.
Dipetalonema reconditum (GRASSI, 1890) (larvas)

Culicoides spp.
Onchocerca cervicalis RAILLIET et HENRY, 1910 (larvas)

Mosca corvina (*Musca corvina*)
Thelazia rhodesii DESMARETS, 1828 (larvas)

Mosca doméstica (*Musca domestica*)
Habronema megastoma (RUDOLPHI, 1819)
Habronema muscae (CARTER, 1861) (larvas, en todos los casos)

Simulium spp.
Onchocerca linealis (STILES, 1892) (larvas)

Stomoxys calcitrans
Habronema microstoma (SCHNEIDER, 1886)
Setaria cervi (RUDOLPHI, 1819) (larvas, en todos los casos)

Orden Aphaniptera
Ctenocephalides sp.
Dipetalonema reconditum (GRASSI, 1890)
Dirofilaria immitis (LEIDY, 1856)
Dirofilaria repens RAILLIET et HENRY, 1911 (larvas, en todos los casos)

Megabothris turbidus
Neoparasitylenchus megabothris LAUMOND et BEAUCOURNU, 1978

Nosopsyllus fasciatus
Psylotenchus spp.

Orden Coleoptera
Escarabajos diversos (*Geotrupes niger, Geotrupes spiniger, Geotrupes stercorosus, Geotrupes pyrenaicus, Geotrupes stercorarius, Typhaeus* spp.)
Ascarops strongylina (RUDOLPHI, 1819)
Diplogasterinae (larvas)
Physocephalus sexalatus (MOLIN, 1860)

Orden Hymenoptera
Hormiga (*Pheidole pallidula*)
Mermitidae

Phyllum Chordata
Clase Condrichthyes
Orden Squaliforme
Pintarroja (*Scylliorhinus canicula*)
Filocapsularia simplex (RUDOLPHI, 1819)
Proleptus obtusus DUJARDIN, 1845

Orden Rajiformes

Raya de clavos (*Raja clavata*)

Proleptus robustus (VAN BENEDEN, 1871)
Pseudanisakis rajae YAMAGUTI, 1941

Clase Osteichthyes

Orden Clupeiformes

Sardina (*Clupea pilchardus*)

Contracaecum sp.
Thynnascaris sp.

Orden Salmoniformes

Trucha común (*Salmo trutta fario*)

Capillaria coregoni SHU'MAN-AL'BOVA, 1953
Cystidicoloides tenuissima (ZEDER, 1800)
Raphidascaris acus (LOCH, 1779)
Rhabdocona sulaki SAIDOV, 1953
Spinitectus gordoni CORDERO DEL CAMPILLO et ALVAREZ PELLITERO, 1976

Orden Cypriniformes

Barbo (*Barbus barbus bocagei*)

Raphidascaris sp.
Rhabdocona gnedini SKRJABIN, 1946
Rhabdocona sp.

Barbo (*Barbus meridionalis*)

Rhaddocona hellichi (SRAMEK, 1901) CHITWOOD, 1933

Bermejuela (*Rutilus arcasii*)

Rhabdocona denudata (DUJARDIN, 1845)

Boga (*Chondrostoma polylepis*)

Rhabdocona denudata (DUJARDIN, 1845)
Rhabdocona sp.

Cacho (*Leuciscus cephalus*)

Rhabdocona denudata (DUJARDIN, 1845)

Orden Anguiliformes

Anguila (*Anguilla anguilla*)

Anguillicola crassus KUWARA et al., 1974
Cucullanus truttae (FABRICIUS, 1794)
Paraquimperia tenerrima (VON LINSTOW, 1879)
Raphidascaris acus LOCH, 1779
Raphidascaris cristata VON LINSTOW, 1872
Rhabdocona anguillae SPAUL, 1927

Congrio (*Conger conger*)
Cristitectus congeri PETTER, 1970
Cucullanus hians DUJARDIN, 1845
Cucullanus longispiculum OLIVEIRA, CARVALHO, SODRE et CRISTOFARO, 1973
Dichelyne sp.
Filocapsularia simplex (RUDOLPHI, 1819)
Hysterothylacium aduncum (RUDOLPHI, 1802)

Orden Gadiformes

Bacaladilla (*Micromesistius poutassou*)
Filocapsularia simplex (RUDOLPHI, 1819)
Hysterothylacium aduncum (RUDOLPHI, 1802)

Carbonero (*Pollachius virens*)
Anacanthocheilus rotundatus RUDOLPHI, 1819

Faneca (*Gadus luscus*)
Hysterothylacium aduncum (RUDOLPHI, 1802)

Merluza (*Merluccius vulgaris*)
Anacanthocheilus rotundatus RUDOLPHI, 1819
Hysterothylacium aduncum (RUDOLPHI, 1802)
Terranova decipiens (KRABBEI, 1878)

Orden Zeiformes

Pez de San Pedro (*Zeus faber*)
Filocapsularia simplex (RUDOLPHI, 1819)

Orden Perciformes

Chicharro (*Trachurus trachurus*)
Contracaecum sp.
Filocapsularia simplex (RUDOLPHI, 1819)
Filocapsularia sp.
Hysterothylacium aduncum (RUDOLPHI, 1802)
Thynnascaris sp.

Mero (*Epinephelus gigas*)
Philometra jordanoi (LOPEZ-NEYRA, 1951)

Salmonete de fango (*Mullus barbatus*)
Hysterothylacium aduncum (RUDOLPHI, 1802)

Orden Scorpaeniformes

Alfondega (*Trigla lucerna*)
Capillaria sp.
Hysterothylacium aduncum (RUDOLPHI, 1802)
Hysterothylacium sp.

Arete (*Trigla cuculus*)
Capillaria sp.
Collarinema triglae SEY, 1970
Filocapsularia sp.
Hysterothylacium sp.
Philometra sp.

Bejel (*Trigla obscura*)
Capillaria sp.
Hysterothylacium sp.
Raphidascaris mediterraneus LEBRE et PETTER,1983

Borracho (*Eutrigla gurnardus*)
Filocapsularia sp.
Hysterothylacium sp.
Philometra sp.

Cabete (*Lepidotrigla cavillone*)
Rhapidascaris sp.

Garneo (*Trigla lyra*)
Hysterothylacium sp.

Rata (*Uranoscopus scaber*)
Hysterothylacium fabri (RUDOLPHI, 1819)
Hysterothylacium sp.
Philometra globiceps

Orden Pleuronectiformes
Gallo (*Lepidorhombus boscii*)
Filocapsularia simplex (RUDOLPHI, 1819)
Hysterothylacium aduncum (RUDOLPHI, 1802)

Golleta (*Microchirus variegatus*)
Hysterothylacium aduncum (RUDOLPHI, 1802)

Llisena (*Lepidorhombus whiffjagonis*)
Filocapsularia simplex (RUDOLPHI, 1819)
Hysterothylacium aduncum (RUDOLPHI, 1802)

Rodaballo (*Scophthalmus maximus*)
Cucullanus heterochrous RUDOLPHI, 1802
Hysterothylacium aduncum (RUDOLPHI, 1802)

Solleta (*Citharus linguatula*)
Hysterothylacium fabri (RUDOLPHI, 1819)

Orden Lophiiformes
Rape (*Lophius piscatorius*)
Contracaecum auctum (RUDOLPHI, 1802)
Contracaecum lophii SCHUURMANS-STEKHOVEN, 1935
Rondonia lophii GALLEGO BERENGUER, 1947

Clase Amphibia

Orden Urodela

Gallipato (*Pleurodeles waltli*)

Megalobatrachonema terdentatum (LINSTOW, 1890) HARTWICH, 1960

Salamandra (*Salamandra salamandra*)

Oxysomatium brevicaudatum (ZEDER, 1800) RAILLIET et HENRY, 1916

Tritón verde (*Triturus marmoratus*)

Megalobatrachonema campanae CHABAUD et GOLVAN, 1957
Megalobatrachonema terdentatum (LINSTOW, 1890) HARTWICH, 1960
Oxysomatium brevicaudatum (ZEDER, 1800) RAILLIET et HENRY, 1916

Orden Anura

Rana (*Rana iberica*)

Cosmocerca ornata (DUJARDIN, 1845) RAILLIET et HENRY, 1916
Oswaldocruzia filiformis (GOEZE, 1782) TRAVASSOS, 1917
Oxysomatium brevicaudatum (ZEDER, 1800) RAILLIET et HENRY, 1916
Raphidascaris acus (BLOCH, 1772) RAILLIET et HENRY, 1915
Rhabdias bufonis (SCHRANK, 1788) STILES et HASSALL, 1905
Seuratascaris numidica (SEURAT, 1917) SPRENT, 1895

Rana (*Rana perezi*)

Acuaria sp.
Amplicaecum sp.
Angusticaecum numidicum (SEURAT, 1917)
Aplectana acuminata (SCHRANK, 1788)
Aplectana macintoshii (STEWART, 1914) KARVE, 1927
Aplectana sp.
Capillaria costacruzi TRAVASSOS, 1932
Cosmocerca commutata (DIESING, 1851)
Cosmocerca ornata (DUJARDIN, 1845) RAILLIET et HENRY, 1916
Icosiella neglecta (DIESING, 1851) SEURAT, 1917
Neyraplectana mauritanicus LOPEZ-NEYRA, 1947
Oswaldocruzia filiformis (GOEZE, 1782) TRAVASSOS, 1917
Rhabdias bufonis (SCHRANK, 1788) STILES et HASSALL, 1905
Seuratascaris numidica (SEURAT, 1917) SPRENT, 1895
Spiroxys sp.
Strongyloides mascomai NAVARRO, IZQUIERDO, LLUCH et HORNERO, 1987

Rana (*Rana temporaria*)

Aplectana macintoshii (STEWART, 1914) KARVE, 1927
Cosmocerca commutata (DIESING, 1851)
Cosmocerca ornata (DUJARDIN, 1845) RAILLIET et HENRY, 1916
Oswaldocruzia filiformis (GOEZE, 1782) TRAVASSOS, 1917
Oxysomatium brevicaudatum (ZEDER, 1800) RAILLIET et HENRY, 1916

Rana de San Antón (*Hyla arborea*)

Oxysomatium brevicaudatum (ZEDER, 1800) RAILLIET et HENRY, 1916

Ranita meridional (*Hyla meridionalis*)

Acuaria sp.
Agamospirura sp.
Cosmocerca ornata (DUJARDIN, 1845) RAILLIET et HENRY, 1916
Megalobatrachonema terdentatum (LINSTOW, 1890) HARTWICH, 1960
Oswaldocruzia filiformis (GOEZE, 1782) TRAVASSOS, 1917
Seuratascaris numidica (SEURAT, 1917) SPRENT, 1985

Sapo (*Bufo bufo*)

Aplectana brumpti TRAVASSOS, 1931
Aplectana macintoshii (STEWART, 1914) KARVE, 1927
Cosmocerca ornata (DUJARDIN, 1845) RAILLIET et HENRY, 1916
Oswaldocruzia filiformis (GOEZE, 1782) TRAVASSOS, 1917
Oxysomatium brevicaudatum (ZEDER, 1800) RAILLIET et HENRY, 1916
Raphidascaris acus (BLOCH, 1772) RAILLIET et HENRY, 1915
Rhabdias bufonis (SCHRANK, 1788) STILES et HASSALL, 1905

Sapo (*Bufo calamita*)

Aplectana brumpti TRAVASSOS, 1931
Aplectana corti LOPEZ-NEYRA, 1947
Rhabdias bufonis (SCHRANK, 1788) STILES et HASSALL, 1905
Strongyloides bufonis RAO et SINGH, 1954

Sapo partero (*Alytes obstetricans*)

Oxysomatium brevicaudatum (ZEDER, 1800) RAILLIET et HENRY, 1916

Clase Reptilia

Orden Quelonia

Galápago leproso (*Mauremys caspica*)

Camallanus microcephallus (DUJARDIN, 1845)

Tortuga mora (*Testudo graeca*)

Alaeuris numidica (SEURAT, 1918) PETTER, 1966
Atractis emilii GALLEGO BERENGUER, 1945
Mehdiella microstoma (DRASCHE, 1884) SEURAT, 1918
Mehdiella stylosa (THAPAR, 1925) PETTER, 1966
Mehdiella uncinata (DRASCHE, 1883) SEURAT, 1918
Tachygonetria conica (DRASCHE, 1884) SEURAT, 1918
Tachygonetria dentata (DRASCHE, 1884) SEURAT, 1918
Tachygonetria longicollis (SCHNEIDER, 1886) SEURAT, 1918
Tachygonetria macrolaimus (LINSTOW, 1899) SEURAT, 1918
Tachygonetria numidica SEURAT, 1918
Tachygonetria robusta (DRASCHE, 1884) DUBININA, 1949
Thaparia thapari (DUBININA, 1949) PETTER, 1966

Orden Squamata

Culebra de agua (*Natrix maura*)

Capillaria sp.
Paracapillaria mingazzini (RIZZO, 1902)
Paracapillaria sonsinoi (PARONA, 1897) MORAVEC, 1982
Parapharyngodon sp.
Rhabdias fuscovenosa (RAILLIET, 1899) GOODEY, 1924
Strongyloides natricis GALEANO, NAVARRO, HUGUET et LLUCH, 1991

Culebra verdiamarilla (*Coluber viridiflavus*)
Kalicephalus colubri (ORTLEPP, 1923)

Culebrilla ciega (*Blanus cinereus*)
Blanusia pseudorhabditis ZAPATERO, CASTAÑO, LOPEZ et MARTIN, 1990

Eslizón dorado (*Chalcides viridanus*)
Parapharyngodon echinatus (RUDOLPHI, 1819) TEIXEIRA DE FREITAS, 1957
Pharyngodon hierrensis SOLERA, GONZALEZ, CARVAJAL et ZAPATERO, 1988
Parathelandros canariensis SOLERA, ZAPATERO, CASTAÑO et CARRERA, 1987
Thelandros tinerfensis SOLERA, ASTASIO, ZAPATERO et CASTAÑO, 1988

Lagartija (*Podarcis bocagei*)
Skrjabinelazia hoffmani LI, 1934
Skrjabinelazia pyrenaica ROCA et GARCIA-ADELL, 1988
Skrjabinelazia taurica SYPLIEXON, 1930
Skrjabinodon medinae (GARCIA CALVENTE, 1948) SPECIAN et UBELAKER, 1974
Spauligodon carbonelli ROCA et GARCIA-ADELL, 1988

Lagartija (*Podarcis dugesii*)
Spinicauda dugesii SANCHEZ, ZAPATERO, CASTAÑO et GONZALEZ, 1991

Lagartija (*Podarcis hispanica*)
Acuaria sp.
Parapharyngodon echinatus (RUDOLPHI, 1819) TEIXEIRA DE FREITAS, 1957
Physaloptera abbreviata (RUDOLPHI, 1819) TRAVASSOS, 1919
Skrjabinelazia hoffmani LI, 1934
Skrjabinelazia pyrenaica ROCA et GARCIA-ADELL, 1988
Skrjabinodon medinae (GARCIA-CALVENTE, 1948) SPECIAN et UBELAKER, 1974
Spauligodon carbonelli ROCA et GARCIA-ADELL, 1988
Spauligodon paratectipennis GEDOELST, 1919
Spauligodon saxicolae SHARPILO, 1961

Lagartija (*Podarcis lilfordi*)
Parapharyngodon lilfordi CASTAÑO, ZAPATERO, SOLERA et GONZALEZ, 1987
Spauligodon cabrerae CASTAÑO, ZAPATERO et SOLERA, 1988

Lagartija (*Podarcis muralis*)
Oswaldocruzia filiformis (GOEZE, 1782) TRAVASSOS, 1917
Skrjabinelazia hoffmani LI, 1934
Skrjabinelazia pyrenaica ROCA et GARCIA-ADELL, 1988
Skrjabinodon medinae (GARCIA-CALVENTE, 1948) SPECIAN et UBELAKER, 1974
Spauligodon carbonelli ROCA et GARCIA-ADELL, 1988

Lagartija (*Podarcis pityusensis*)

Acuaria sp.

Parapharyngodon bulbosus (LINSTOW, 1899) TEIXEIRA DE FREITAS, 1957

Parapharyngodon echinatus (RUDOLPHI, 1819) TEIXEIRA DE FREITAS, 1957

Parapharyngodon micipsae (SEURAT, 1917) FREITAS, 1957

Skrjabinodon medinae (GARCIA CALVENTE, 1948) SPECIAN et UBELAKER

Spauligodon cabrerae CASTAÑO, ZAPATERO et SOLERA, 1988

Strongyloides ophiusensis ROCA et HORNERO, 1992

Strongyloides sp.

Lagartija cenicienta (*Psammodromus hispanicus*)

Parapharyngodon echinatus (RUDOLPHI, 1819) TEIXEIRA DE FREITAS, 1957

Parapharyngodon psammodromi ROCA et LLUCH, 1986

Lagartija colilarga (*Psammodromus algirus*)

Parapharyngodon echinatus (RUDOLPHI, 1819) TEIXEIRA DE FREITAS, 1957

Lagartija colirroja (*Acanthodactylus erythrurus*)

Pseudabbreviata sp.

Lagartija de turbera (*Lacerta vivipara*)

Oswaldocruzia filiformis (GOEZE, 1782) TRAVASSOS, 1917

Lagarto (*Lacerta lepida*)

Acuaria sp.

Parapharyngodon bulbosus (LINSTOW, 1899) TEIXEIRA DE FREITAS, 1957

Physaloptera abbreviata (RUDOLPHI, 1819) TRAVASSOS, 1919

Spauligodon extenuatus (RUDOLPHI, 1819) SKRJABIN, SCHIKHOBALOVA et LAGODOVSKAYA, 1960

Lagarto de Haria (*Gallotia atlantica*)

Alaeuris sp.

Parapharyngodon echinatus (RUDOLPHI, 1819) TEIXEIRA DE FREITAS, 1957

Parapharyngodon lilfordii CASTAÑO, ZAPATERO, SOLERA et GONZALEZ, 1987

Skrjabinodon medinae (GARCIA CALVENTE, 1947) SPECIAN et UBELAKER, 1974

Spauligodon atlanticus ASTASIO, ZAPATERO, OJEDA et SOLERA, 1987

Lagarto tizón (*Gallotia galloti*)

Alaeuris sp.

Parapharyngodon echinatus (RUDOLPHI, 1819) TEIXEIRA DE FREITAS, 1957

Parapharyngodon lilfordii CASTAÑO, ZAPATERO, SOLERA et GONZALEZ, 1987

Pharyngodon hispanicus ASTASIO, ZAPATERO et SOLERA, 1987

Thelandros filiformis ASTASIO, GONZALEZ, CASTAÑO et ZAPATERO, 1989

Thelandros galloti ASTASIO, ZAPATERO, SOLERA et GONZALEZ, 1988

Thelandros tinerfensis SOLERA, ASTASIO, ZAPATERO et CASTAÑO, 1988

Skrjabinodon medinae (GARCIA CALVENTE, 1948) SPECIAN et UBELAKER, 1974

Lagarto verdinegro (*Lacerta schreiberi*)

Parapharyngodon echinatus (RUDOLPHI, 1819) TEIXEIRA DE FREITAS, 1957

Physaloptera abbreviata (RUDOLPHI, 1898) TRAVASSOS, 1919

Skrjabinodon medinae (GARCIA CALVENTE, 1948) SPECIAN et UBELAKER, 1974

Spauligodon carbonelli ROCA et GARCIA-ADELL, 1988

Spauligodon extenuatus (RUDOLPHI, 1819) SKRJABIN, SCHIKHOBALOVA et LAGODOVSKAYA, 1960

Lución (*Anguis fragilis*)

Entomelas dujardini (MAUPAS, 1916)

Entomelas entomelas (DUJARDIN, 1845)

Perinquén de Delalande (*Tarentola delalandii*)

Parapharyngodon echinatus (RUDOLPHI, 1819) TEIXEIRA DE FREITAS, 1957

Parapharyngodon lilfordii CASTAÑO, ZAPATERO, SOLERA et GONZALEZ, 1987

Parapharyngodon micipsae (SEURAT, 1917) FREITAS, 1957

Spauligodon tarentolae (SPAUL, 1926) SKRJABIN et al., 1960

Perinquén gomero (*Tarentola gomerensis*)

Parapharyngodon echinatus (RUDOLPHI, 1819) TEIXEIRA DE FREITAS, 1957

Parapharyngodon micipsae (SEURAT, 1917) FREITAS, 1957

Spauligodon tarentolae (SPAUL, 1926) SKRJABIN et al., 1960

Salamanquesa (*Tarentola mauritanica*)

Acuaria sp.

Parapharyngodon bulbosus (LINSTOW, 1899) TEIXEIRA DE FREITAS, 1957

Parapharyngodon echinatus (RUDOLPHI, 1819) TEIXEIRA DE FREITAS, 1957

Pharyngodon auziensis SEURAT, 1917

Pharyngodon neyrai GARCIA CALVENTE, 1946

Spauligodon auzensis (SEURAT, 1917)

Spauligodon mascomai ROCA, 1985

Spauligodon tectipennis GEDOELST, 1919

Thelandros micipsae SEURAT, 1917

Salamanquesa rosada (*Hemidactylus turcicus*)

Spauligodon tectipennis GEDOELST, 1919

Clase Aves

Orden Phoenicopteriformes

Flamenco (*Phoenicopterus ruber*)

Striatofilaria phoenicopteri

Tropisurus sp. (¿*Tropisurus cubanus* PEREZ VIGUERAS, 1931?)

Orden Ciconiformes

Cigüeña (*Ciconia ciconia*)

Cyrnea excisa (MOLIN, 1860)

Marabú (*Leptoptilos crumeniferus*)
Paroncocerca ciconiarium PETERS, 1936

Orden Anseriformes

Cairina moschata
Echinuria uncinata (RUDOLPHI, 1819)

Cisne (*Gygnus olor*)
Echinuria uncinata (RUDOLPHI, 1819)

Ganso (*Anser anser*)
Ascaridia lineata (SCHNEIDER, 1866)
Cyathostoma bronchiale (MUHLING, 1884)
Heterakis dispar (SCHRANK, 1790)
Microfilaria tipo C ANDERSON, 1954

Malvasía (*Oxyura leucocephala*)
Epomidiostomum uncinatum (LUNDAHL, 1848)

Pato (*Anas platyrhynchos*)
Acuaria sp.
Ascaridia lineata (SCHNEIDER, 1866)
Heterakis dispar (SCHRANK, 1790)

Tarro blanco (*Tadorna tadorna*)
Tropisurus fissispinus (DIESING, 1861)

Orden Accipitriformes

Aguila calzada (*Hieraetus pennatus*)
Physaloptera sp.

Gavilán (*Accipiter nisus*)
Habronema leptoptera (RUDOLPHI, 1819) SEURAT, 1819
Physaloptera alata SEURAT, 1914

Halcón abejero (*Pernis apivorus*)
Physaloptera apivorus DESPORTES, 1947

Milano negro (*Milvus migrans*)
Porrocaecum angusticolle (MOLIN, 1860)

Milano real (*Milvus milvus*)
Capillaria sp.
Porrocaecum angusticolle (MOLIN, 1860)

Ratonero (*Buteo buteo*)
Ascaridia galli (SCHRANK, 1788)
Capillaria dispar DUJARDIN, 1845
Habronema mansoni (SEURAT, 1914) CHABAUD, 1958
Icosiella neglecta (DIESING, 1851) SEURAT, 1917
Physaloptera alata SEURAT, 1914
Porrocaecum angusticolle (MOLIN, 1860)
Porrocaecum depresum (ZEDER, 1800)
Trichinella spiralis (OWEN, 1835)

Orden Falconiformes

Alcotán (*Falco subbuteo*)

Habronema leptoptera (RUDOLPHI, 1819) SEURAT, 1819

Alfaneque (*Falco biarmicus*)

Serratospiculum chungi HOEPPLI et HSU, 1929

Cernícalo (*Falco tinnunculus*)

Synhimanthus laticeps (RUDOLPHI, 1819)

Halcón de Eleonor (*Falco eleonorae*)

Physaloptera alata RUDOLPHI, 1819

Halcón peregrino (*Falco peregrinus*)

Porrocaecum sp.
Serratospiculum chungi HOEPLI et HSU, 1929
Serratospiculum guttatum (SCHNEIDER, 1866)

Orden Galliformes

Codorniz (*Coturnix coturnix*)

Heterakis gallinarum (SCHRANK, 1788)
Subulura baylisi LOPEZ-NEYRA, 1946
Subulura strongylina (RUDOLPHI, 1819)

Faisán (*Phasianus colchicus*)

Ascaridia galli (SCHRANK, 1788)
Ascaridia lineata (SCHNEIDER, 1866)
Heterakis isolenche VON LINSTOW, 1906
Syngamus trachea (MONTAGU, 1811)

Gallina

Acuaria hamulosa (DIESING, 1851)
Ascaridia galli (SCHRANK, 1788)
Ascaridia lineata (SCHNEIDER, 1866)
Ascaridia perspicillum (RUDOLPHI, 1803)
Capillaria caudinflata (MOLIN, 1858)
Capillaria collaris (LINSTOW, 1873)
Capillaria columbae (RUDOLPHI, 1819)
Dispharynx nasuta RUDOLPHI, 1819
Dispharynx spiralis (MOLIN, 1858)
Filaria aviar (sic.)
Heterakis gallinarum (SCHRANK, 1788)
Subulura baylisi LOPEZ-NEYRA, 1946
Subulura brumpti (LOPEZ-NEYRA, 1922)
Subulura differens (SONSINO, 1890)
Syngamus trachea (MONTAGU, 1811)
Trichinella spiralis (OWEN, 1835)
Trichostrongylus tenuis (MEHLIS, 1846)

Pavo (*Meleagris gallopavo*)

Ascaridia galli (SCHRANK, 1788)
Capillaria caudinflata (MOLIN, 1858)
Nematodirus spathiger (RAILLIET, 1896) (accid.)
Subulura brumpti (LOPEZ-NEYRA, 1922)
Subulura gallopavonis LOPEZ-NEYRA, 1945

Perdiz roja (*Alectoris rufa*)

Acuaria gruweli (GENDRE, 1913)
Ascaridia galli (SCHRANK, 1788)
Capillaria caudinflata (MOLIN, 1858)
Capillaria contorta (CREPLIN, 1839)
Capillaria obsignata MADSEN, 1945
Cyrnea parroti (SEURAT, 1917)
Cyrnea seurati (LOPEZ-NEYRA, 1918)
Heterakis dispar (SCHRANK, 1790)
Heterakis gallinarum (SCHRANK, 1788)
Heterakis tenuicaudata var. *hispanica* (VON LINSTOW, 1863) LOPEZ-NEYRA, 1947
Microfilaria sp.
Subulura suctoria (MOLIN, 1860)
Syngamus trachea (MONTAGU, 1811)
Trichostrongylus tenuis (MEHLIS, 1846)

Pintada (*Numida meleagris*)

Ascaridia galli (SCHRANK, 1788)

Orden Gruiformes

Avutarda (*Otis tarda*)

Heterakis isolenche VON LINSTOW, 1906
Heterakis sp.

Focha (*Fulica atra*)

Amidostomum fulicae (RUDOLPHI, 1819)
Avioserpens mosgovoyi SUPRIAGA, 1966
Eustrongylides mergorum (RUDOLPHI, 1809)

Polla de agua (*Gallinula chloropus*)

Amidostomum fulicae (RUDOLPHI, 1819)
Avioserpens mosgovoyi SUPRIAGA, 1966
Eustrongylides mergorum (RUDOLPHI, 1809)
Tropisurus sp.

Orden Charadriiformes

Cigüeñuela (*Himantopus himantopus*)

Chevreuxia revoluta (RUDOLPHI, 1819)

Págalo grande (*Stercorarius skua*)

Seuratia shipley (STOSSICH, 1900)

Orden Columbiformes

Ganga (*Pterocles alchata*)

Syphaciella capensis MONNING, 1924

Paloma (*Columba livia*)

Acuaria sp.
Ascaridia columbae (GMELIN, 1790)
Ascaridia galli (SCHRANK, 1788)
Capillaria caudinflata (MOLIN, 1858)

Capillaria columbae (RUDOLPHI, 1819)
Capillaria obsignata MADSEN, 1945
Dispharynx nasuta (RUDOLPHI, 1819)
Dispharynx spiralis (MOLIN, 1858)
Ornithostrongylus quadriradiatus (STEVENSON, 1904)
Tropisurus fissispinus (DIESING, 1861)

Tórtola (*Streptotelia turtur*)
Pelecitus clavata (WIEDL, 1856)

Orden Strigiformes

Búho (*Bubo bubo*)
Acuaria gruweli (GENDRE, 1913)
Capillaria falconis (GOEZE, 1782) LOPEZ-NEYRA, 1946
Habronema spinosum (GENDRE, 1923)
Hartertia hispanica LOPEZ-NEYRA, 1947
Physaloptera crossi (SEURAT, 1915)
Synhimantus laticeps (RUDOLPHI, 1819)

Búho chico (*Asio otus*)
Capillaria falconis (GOEZE, 1782) LOPEZ-NEYRA, 1946
Synhimanthus laticeps (RUDOLPHI, 1819)

Lechuza (*Tyto alba*)
Hamatospiculum pauloi (RODRIGUEZ et FRANCO, 1964) ANDERSON et BAIN, 1976
Synhimantus affinis (SEURAT, 1916)

Lechuza campestre (*Asio flammens*)
Capillaria falconis (GOEZE, 1782) LOPEZ-NEYRA, 1946

Mochuelo (*Athene noctua*)
Dispharynx nasuta (RUDOLPHI, 1819) STYLES et HASSALL, 1920
Microfilaria sp.
Microtetrameres sp.
Subulura bolivari (LOPEZ-NEYRA, 1922)

Mochuelo chico (*Glaucidium passerinum*)
Subulura glaucidii (LOPEZ-NEYRA, 1945)

Orden Caprimulgiformes

Chotacabras gris (*Caprimulgus europaeus*)
Subulura subulata (RUDOLPHI, 1819)

Chotacabras pardo (*Caprimulgus ruficollis*)
Subulura leprincei (GENDRE, 1909)
Subulura subulata (RUDOLPHI, 1819)

Orden Coraciiformes

Abejaruco (*Merops apiaster*)
Cathematella gendrei (LOPEZ-NEYRA, 1947)

Abubilla (*Upupa epops*)
Hadjelia truncata (CREPLIN, 1825)

Carraca (*Coracias garrulus*)
Lissonema coraciae (GMELIN, 1790) BAIN et MAWSON, 1981
Diplotriaenia sp.

Orden Passeriformes

Arrendajo (*Garrulus glandarius*)
Acuaria anthuris CHABAUD et PETTER, 1961
Acuaria gruweli (GENDRE, 1913)
Diplotriaenia sp.
Dispharynx laplantei SEURAT, 1919
Gongylonema pacoi HERNANDEZ et GUTIERREZ, 1992
Splendidofilaria sp.
Subulura baylisi LOPEZ-NEYRA, 1946

Chova piquigualda (*Pyrrhocorax graculus*)
Diplotriaenia isabellina KOROLIOVA, 1926

Chova piquirroja (*Pyrrhocorax pyrrhocorax*)
Diplotriaenia isabellina KOROLIOVA, 1926

Corneja negra (*Corvus corone*)
Capillaria corvorum (RUDOLPHI, 1819)

Cuervo (*Corvus corax*)
Capillaria sp.

Curruca capirotada (*Sylvia atricapilla*)
Diplotriaenia monticelliana (STOSSICH, 1890)
Diplotriaenia tridens (MOLIN, 1858)

Gorrión común (*Passer domesticus*)
Capillaria tridens (DUJARDIN, 1845) TRAVASSOS, 1915
Eufilaria sergenti SEURAT, 1921

Gorrión moruno (*Passer hispaniolensis*)
Diplotriaenia affinis (RUDOLPHI, 1819)

Grajilla (*Corvus monedula*)
Capillaria corvorum (RUDOLPHI, 1819)
Gongylonema pacoi HERNANDEZ et GUTIERREZ, 1992
Splendidofilaria sp.
Syngamus trachea (MONTAGU, 1811)

Jilguero (*Carduelis carduelis*)
Diplotriaenia affinis (RUDOLPHI, 1819)

Mirlo (*Turdus merula*)
Capillaria exilis (DUJARDIN, 1845)
Ornithofilaria mavis (LEIPER, 1909) ANDERSON, 1961
Splendidofilaria boehmi (SUPPERER, 1958)
Splendidofilaria sp.

Oropéndola (*Oriolus oriolus*)
Sicarius dipterum (POPOWA, 1927)

Petirrojo (*Erithacus rubecula*)
Capillaria ovopunctata LINSTOW, 1873

Rabilargo (*Cyanopica cyanus*)
Aprocta intraorbitalis HERNANDEZ, GUTIERREZ et MARTINEZ, 1986
Capillaria cyanopica LOPEZ-NEYRA, 1946
Gongylonema pacoi HERNANDEZ et GUTIERREZ, 1992

Roquero solitario (*Monticola solitarius*)
Capillaria inflexa (RUDOLPHI, 1819)

Urraca (*Pica pica*)
Acuaria anthuris (RUDOLPHI, 1819)
Capillaria corvorum (RUDOLPHI, 1819)
Dispharynx nasuta (RUDOLPHI, 1819)
Gongylonema pacoi HERNANDEZ et GUTIERREZ, 1992
Microtetrameres corderoi MARTINEZ, NAVARRETE et GUTIERREZ, 1982
Splendidofilaria sp.
Syngamus trachea (MONTAGU, 1811)

Verdecillo (*Serinus serinus*)
Eufilaria sergenti SEURAT, 1921

Zorzal alirrojo (*Turdus iliacus*)
Cardiofilaria inornata (ANDERSON, 1956)
Cardiofilaria pavlovskyi STROM, 1937
Chandlerella hispanica LOPEZ CABALLERO, 1974
Diplotriaena henryi SKRJABIN, 1915
Diplotriaenia sp.
Eufilaria delicata SUPPERER, 1958
Ornithofilaria mavis (LEIPER, 1909) ANDERSON, 1961
Splendidofilaria boehmi (SUPPERER, 1958)
Splendidofilaria sp.

Zorzal común (*Turdus philomelos*)
Capillaria inflexa (RUDOLPHI, 1819)
Cardiofilaria inornata (ANDERSON, 1956)
Cardiofilaria pavlovskyi STROM, 1937
Carinema campanae CHABAUD et GOLVAN, 1956
Chandlerella hispanica LOPEZ CABALLERO, 1974
Diplotriaenia henryi SKRJABIN, 1915
Diplotriaenia sp.
Eufilaria delicata SUPPERER, 1958
Eufilaria sp.
Ornithofilaria mavis (LEIPER, 1909) ANDERSON, 1961
Splendidofilaria boehmi (SUPPERER, 1958)
Porrocaecum ensicaudatum (ZEDER, 1800)
Splendidofilaria sp.

Clase Mammalia
Orden Insectivora
Desmán (*Galemys pyrenaicus*)
Paracuaria hispanica ALVAREZ et al., 1993

Erizo (*Erinaceus europaeus*)

Capillaria erinacei RUDOLPHI,1819
Capillaria hepatica BANCROFT, 1893
Crenosoma striatum (ZEDER, 1800)

Erizo moro (*Aethechinus algirus*)

Capillaria annulosa DUJARDIN, 1845
Capillaria erinacei RUDOLPHI, 1819
Crenosoma striatum (ZEDER, 1800)
Gongylonema mucronatum SEURAT, 1916
Physaloptera clausa RUDOLPHI, 1819
Physaloptera dispar VON LINSTOW, 1904

Musaraña campesina (*Crocidura suaveolens*)

Capillaria europaea (MAS-COMA, 1985)
Longistriata depressa (DUJARDIN, 1845)
Longistriata sp.
Parastrongyloides winchesi (MORGAN, 1928)

Musaraña careta (*Sorex caecutiens*)

Longistriata depressa (DUJARDIN, 1845)

Musaraña colicuadrada (*Sorex araneus*)

Capillaria incrassata (DIESING, 1854)U
Capillaria kutori RUCHLJADEWA, 1946
Capillaria oesophagicola SOLTYS, 1952
Longistriata baeri (VAUCHER et DURETTE-DESSET, 1973)
Longistriata depressa (DUJARDIN, 1845)
Longistriata pseudodidas VAUCHER et DURETTE- DESSET, 1973
Parastrongyloides winchesi (MORGAN, 1928)
Porrocaecum sp.
Porrocaecum talpae (SCHRANK, 1788) (larvas)
Stephanskostrongylus soricis (SOLTYS, 1954)
Trichinella sp.

Musaraña común (*Crocidura russula*)

Capillaria europaea (MAS-COMA, 1985)
Capillaria incrassata DIESING, 1854
Capillaria soricicola NISHIGORI, 1924
Capillaria splenaeca DUJARDIN, 1845
Capillaria sp. aff. *exigua*
Gongylonema sp. aff. *soricis*
Liniscus incrassatus (DIESING, 1851)
Longistriata baeri (VAUCHER et DURETTE-DESSET, 1973)
Longistriata confusa DESPORTES et CHABAUD, 1961
Longistriata pseudodidas VAUCHER et DURETTE- DESSET, 1973
Longistriata sp.
Paracrenosoma combesis MAS-COMA, 1977
Paracrenosoma sp.
Parastrongyloides winchesi (MORGAN, 1928)
Porrocaecum sp.
Pseudophysaloptera sp.

Musaraña enana (*Sorex minutus*)

Capillaria kutori RUCHLJADEWA, 1946
Longistriata pseudodidas VAUCHER et DURETTE- DESSET, 1973
Longistriata trus THOMAS, 1953
Parastrongyloides winchesi (MORGAN, 1928)
Stephanskostrongylus soricis (SOLTYS, 1954)

Musgaño patiblanco (*Neomys fodiens*)

Capillaria incrassata DIESING, 1854
Capillaria kutori RUCHLJADEWA, 1946
Capillaria oesophagicola SOLTYS, 1952

Topo (*Talpa europaea*)

Capillaria sp.
Parastrongyloides winchesi (MORGAN, 1928)
Spirura talpae (GMELIN, 1790)
Tricholinstowia mormanti DURETTE-DESSET et VAUCHER, 1974

Topo ciego (*Talpa caeca*)

Parastrongyloides winchesi (MORGAN, 1928)
Porrocaecum sp.

Topos (*Talpa* spp.)

Capillaria oesophagicola SOLTYS, 1952
Liniscus incrassatus (DIESING, 1851)
Parastrongyloides winchesi (MORGAN, 1928)
Porrocaecum spp.
Soboliphyme sp.
Spirura talpae (GMELIN, 1790)
Tricholinstowia mormanti DURETTE-DESSET et VAUCHER, 1974

Orden Chiroptera

Murciélago de herradura grande (*Rhinolophus ferrumequinum*)

Histiostrongylus viguerasi (LOPEZ-NEYRA, 1946)
Strongylacantha glycirrhiza VAN BENEDEN, 1873
Strongylacantha pretoriensis ORTLEPP, 1932

Murciélago hortelano (*Vespertilio serotinus*)

Rictularia sp.

Murciélago ratero (*Myotis myotis*)

Capillaria sp.
Histiostrongylus viguerasi (LOPEZ-NEYRA, 1946)
Litomosa filaria (VAN BENEDEN, 1873)
Molinostrongylus alatus (ORTLEPP, 1932)

Murciélago ratero mediano (*Myotis blythi*)

Molinostrongylus alatus (ORTLEPP, 1932)

Murciélago ribereño (*Myotis daubentoni*)

Molinostrongylus alatus (ORTLEPP, 1932)

Murciélago troglodita (*Miniopterus schreibersii*)
Litomosa beaucournui
Litomosa ottaviasii LAGRANGE et BETTINI, 1948
Molinostrongylus panousei DOLLFUS, 1954

Orden Lagomorpha

Conejo (*Oryctolagus cuniculus*)
Capillaria hepatica BANCROFT, 1893
Dermatoxys hispaniensis SIMON VICENTE, 1969
Dermatoxys veligera (RUDOLPHI, 1819)
Graphidium strigosum (DUJARDIN, 1845)
Nematodirella zembrae (BERNARD, 1965)
Nematodirus sp.
Passalurus ambiguus (RUDOLPHI, 1819)
Passalurus nonannulatus SKINNER, 1931
Protostrongylus commutatus (DIESING, 1851)
Strongyloides sp.
Trichostrongylus retortaeformis (ZEDER, 1800) LOOSS, 1905
Trichuris leporis (FROELICH, 1789)
Trichuris sp.

Liebre (*Lepus capensis*)
Dermatoxys hispaniensis SIMON VICENTE, 1969
Graphidium strigosum (DUJARDIN, 1845)
Micipsella indica RAO, 1938
Micipsella numidica (SEURAT, 1917)
Nematodirella zembrae (BERNARD, 1965)
Nematodirus sp.
Passalurus ambiguus (RUDOLPHI, 1819)
Protostrongylus commutatus (DIESING, 1851)
Protostrongylus terminalis (PASSERINI, 1884)
Trichostrongylus retortaeformis (ZEDER, 1800) LOOSS, 1905
Trichuris leporis (FROELICH, 1789)
Trichuris sp.

Orden Rodentia

Ardilla (*Sciurus vulgaris*)
Lemuricola (Rodentoxyuris) sciuri (CAMERON, 1932)
Protospirura muris (GMELIN, 1790)
Syphabulea mascomai HUGOT et FELIU, 1990
Trichostrongylus retortaeformis (ZEDER, 1800) LOOSS, 1905

Cobaya (*Cavia porcellus*)
Capillaria hepatica BANCROFT, 1893

Criceto (*Mesocricetus auratus*)
Trichinella spiralis (OWEN, 1835) (exp.)

Lirón careto (*Eliomys quercinus*)
Capillaria myoxi-nitelae (DIESING, 1881)
Cyathospirura seurati GIBBS, 1957
Gongylonema pithyusensis MAS-COMA, 1976

Kahmannia eliomydis MAS-COMA et ESTEBAN, 1982
Molineus patens (DUJARDIN, 1845)
Pseudophysaloptera kahmanni MAS-COMA et GALLEGO, 1976
Pseudophysaloptera soricina (BAYLIS, 1934)
Seuratum cadarachense DESPORTES, 1947
Spirura rytipleurites (DESLONGCHAMPS, 1824)
Tenoranema alcoveri MAS-COMA et ESTEBAN, 1982

Lirón gris (*Glis glis*)
Paraheligmonia gracilis (LEUCKART, 1842)

Microtidae, sin especificar.
Syphacia nigeriana BAYLIS, 1928

Rata de agua (*Arvicola sapidus*)
Angiostrongylus dujardini DRODZ et DOBY, 1970
Capillaria bacillata EBERTH, 1863
Carolinensis minutus (DUJARDIN, 1845)
Heligmosomoides laevis (DUJARDIN, 1845)
Rictularia proni SEURAT, 1915
Syphacia nigeriana BAYLIS, 1928
Trichostrongylus retortaeformis (ZEDER, 1800) LOOSS, 1905
Trichuris sp.

Rata de agua norteña (*Arvicola terrestris*)
Capillaria bacillata EBERTH, 1863
Capillaria wioletti RUCHLJADEVA, 1950
Heligmosomoides glareoli BAYLIS, 1928
Heligmosomoides laevis (DUJARDIN, 1845)
Syphacia arvicolae
Syphacia nigeriana BAYLIS, 1928
Trichuris muris (SCHRANK, 1788)
Trichuris sp.

Rata gris (*Rattus norvegicus*)
Aspiculuris tetraptera (NITZSCH, 1821)
Capillaria annulosa DUJARDIN, 1845
Capillaria gastrica BAYLIS, 1926
Capillaria hepatica BANCROFT, 1893
Capillaria muris-musculi (DIESING, 1861)
Capillaria sp.
Gongylonema neoplasticum (FIEBIGER et DIKLEVSEN, 1914)
Heligmosomoides polygyrus polygyrus (DUJARDIN, 1845)
Heterakis spumosa SCHNEIDER, 1866
Nippostrongylus brasiliensis (TRAVASSOS, 1914)
Protospirura muris (GMELIN, 1790)
Strongyloides ratti SANDGROUND, 1925
Syphacia muris (YAMAGUTI, 1935)
Syphacia obvelata (RUDOLPHI, 1802)
Trichinella spiralis (OWEN, 1835)
Trichosomoides crassicauda (BELLINGHAM, 1840)
Trichuris muris (SCHRANK, 1788)

Rata negra (*Rattus rattus*)

Aspiculuris tetraptera (NITZSCH, 1821)
Capillaria gastrica BAYLIS, 1926
Capillaria hepatica BANCROFT,1893
Cyathospirura seurati GIBBS, 1957
Heterakis spumosa SCHNEIDER, 1866
Nippostrongylus brasiliensis (TRAVASSOS, 1914)
Physaloptera getula SEURAT, 1917
Physaloptera sp.
Protospirura muris (GMELIN, 1790)
Rictularia proni SEURAT, 1915
Seuratum cadarachense DESPORTES, 1947
Streptopharagus kutassi (SCHULZ, 1928)
Strongyloides ratti SANDGROUND, 1925
Syphacia muris (YAMAGUTI, 1935)
Trichuris muris (SCHRANK, 1788)

Ratilla de Cabrera (*Microtus cabrerae*)

Syphacia nigeriana BAYLIS, 1928

Ratilla campesina (*Microtus arvalis*)

Capillaria bacillata EBERTH, 1863
Heligmosomoides glareoli BAYLIS, 1928
Heligmosomoides laevis (DUJARDIN, 1845)
Heligmosomum costellatum DUJARDIN, 1845
Syphacia nigeriana BAYLIS, 1928
Trichuris sp.

Ratilla agreste (*Microtus agrestis*)

Heligmosomoides laevis (DUJARDIN, 1845)
Protospirura muris (GMELIN, 1790)
Syphacia nigeriana BAYLIS, 1928
Trichuris muris (SCHRANK, 1788)

Ratilla nival (*Microtus nivalis*)

Aspiculuris tetraptera (NITZSCH, 1821)
Carolinensis minutus (DUJARDIN, 1845)
Heligmosomoides glareoli BAYLIS, 1928
Heligmosomoides laevis (DUJARDIN, 1845)
Heligmosomum costellatum (DUJARDIN, 1845)
Protospirura muris (GMELIN, 1790)
Syphacia nigeriana BAYLIS, 1928
Trichuris muris (SCHRANK, 1788)

Ratón (*Mus musculus*)

Aspiculuris tetraptera (NITZSCH, 1821)
Capillaria hepatica BANCROFT,1893
Gallegostrongylus ibicensis MAS-COMA, 1977
Gongylonema musculi (RUDOLHI, 1819)
Heligmosomoides polygyrus polygyrus DUJARDIN, 1845
Heterakis spumosa SCHNEIDER, 1866
Nippostrongylus brasiliensis (TRAVASSOS, 1914)

Protospirura muris (GMELIN, 1790)
Strongyloides ratti SANDGROUND, 1925
Syphacia obvelata (RUDOLPHI, 1802)
Trichinella spiralis (OWEN, 1835)
Trichuris muris (SCHRANK, 1788)

Ratón de campo (*Apodemus flavicollis*)
Heligmosomoides polygyrus polygyrus (DUJARDIN, 1845)
Protospirura muris (GMELIN, 1790)
Syphacia frederici ROMAN, 1945
Syphacia stroma (VON LINSTOW, 1884)
Trichuris muris (SCHRANK, 1788)

Ratón de campo (*Apodemus sylvaticus*)
Angiostrongylus dujardini DRODZ et DOBY, 1970
Aspiculuris tetraptera (NITZSCH, 1821)
Capillaria annulosa DUJARDIN, 1845
Capillaria bacillata EBERTH, 1863
Capillaria hepatica BANCROFT,1893
Capillaria muris-sylvatici (DIESING, 1854)
Gongylonema neoplasticum (FIEBIGER et DIKLEUSEN, 1914
Heligmosomoides polygyrus polygyrus DUJARDIN, 1845
Heligmosomum costellatum (DUJARDIN, 1845)
Nippostrongylus brasiliensis (TRAVASSOS, 1914)
Protospirura muris (GMELIN, 1790)
Pterigodermatites hispanica QUENTIN, 1973
Rictularia proni SEURAT, 1915
Syphacia frederici ROMAN, 1945
Syphacia obvelata (RUDOLPHI, 1802)
Syphacia stroma (VON LINSTOW, 1884)
Trichostrongylus retortaeformis (ZEDER, 1800) LOOSS, 1905
Trichuris muris (SCHRANK, 1788)

Ratón espiguero (*Micromys minutus*)
Syphacia vandenbrueli BERNARD, 1961

Topillo (*Pitymys lusitanicus*)
Aspiculuris tetraptera (NITZSCH, 1821)
Carolinensis minutus (DUJARDIN, 1845)
Heligmosomoides laevis (DUJARDIN, 1845)
Heligmosomum costellatum DUJARDIN, 1845
Protospirura muris (GMELIN, 1790)
Syphacia nigeriana BAYLIS, 1928

Topillo (*Pitymys mariae*)
Heligmosomum costellatum DUJARDIN, 1845

Topillo (*Pitymys pyrenaicus*)
Carolinensis minutus (DUJARDIN, 1845)

Topillo común (*Pitymys duodecimcostatus*)
Aspiculuris tetraptera (NITZSCH, 1821)
Gallegostrongylus ibicensis MAS-COMA, 1977

Heligmosomoides laevis (DUJARDIN, 1845)
Heligmosomum costellatum DUJARDIN, 1845
Protospirura muris (GMELIN, 1790)
Syphacia obvelata (RUDOLPHI, 1802)

Topino rojo (*Clethrionomys glareolus*)
Angiostrongylus dujardini DRODZ et DOBY, 1970
Capillaria annulosa DUJARDIN, 1843
Capillaria muris-sylvatici (DIESING, 1853)
Heligmosomoides glareoli BAYLIS, 1928
Heligmosomoides laevis (DUJARDIN, 1845)
Protospirura muris (GMELIN, 1790)
Syphacia petrusewiczi BERNARD, 1966
Trichuris sp.

Orden Cetacea

Cachalote (*Physeter macrocephalus*)
Filocapsularia physeteris (BAYLIS, 1923)

Calderón (*Globicephala melaena*)
Crassicauda carbonelli RAGA et BALBUENA, 1990
Crassicauda sp.
Filocapsularia simplex (RUDOLPHI, 1809)
Stenurus globicephalae (BAYLIS et DAUBNEY, 1925)

Delfín común (*Delphinus delphis*)
Filocapsularia simplex (RUDOLPHI, 1809)
Halocercus delphini BAYLIS et DAUBNEY, 1925
Skrjabinalius guevarai GALLEGO et SELVA, 1979

Delfín gris (*Grampus griseus*)
Crassicauda grampicola JOHNSTON et MAWSON, 1941
Stenurus globicephalae (BAYLIS et DAUBNEY, 1925)

Delfín listado (*Stenella coeruleoalba*)
Crassicauda sp.
Skrjabinalius guevarai GALLEGO et SELVA, 1979

Delfín mular (*Tursiops truncatus*)
Skrjabinalius guevarai GALLEGO et SELVA, 1979

Rorcual común (*Balaenoptera physalus*)
Filocapsularia simplex (RUDOLPHI, 1809)

Zifio común (*Ziphius cavirrostris*)
Crassicauda anthonyi CHABAUD, 1962
Crassicauda galiakiana SKRJABIN et ANDREEVA, 1934
Filocapsularia physeteris (BAYLIS, 1923)
Filocapsularia typica (DIESING, 1861)

Orden Carnivora

Comadreja (*Mustela nivalis*)
Molineus patens (DUJARDIN, 1845)

Gato

Aelurostrongylus abstrusus (RAILLIET, 1898)
Ancylostoma caninum (ERCOLANI, 1859)
Ancylostoma tubaeforme (ZEDER, 1800)
Filaroides (Anafilaroides) rostratus GERICHTER, 1949
Ollulanus tricuspis LEUCKART, 1865
Spirura rytipleurites (DESLONGCHAMPS, 1824)
Toxascaris leonina (VON LINSTOW, 1902)
Toxocara mystax (ZEDER, 1800)
Trichinella spiralis (OWEN, 1835)

Gato montés (*Felis sylvestris*)

Physaloptera praeputialis VON LINSTOW, 1899
Protospirura muris (GMELIN, 1790)
Toxascaris leonina (VON LINSTOW, 1902)
Toxocara canis (WERNER, 1782) (larvas)
Toxocara mystax (ZEDER, 1800)
Trichinella nelsoni (BRITOV et BOEV, 1972)
Trichinella spiralis (OWEN, 1835)

Guepardo (*Acinonyx jubatus*)

Toxascaris sp.

Jaguar (*Panthera onca*)

Toxascaris sp.

Jineta (*Genetta genetta*)

Ancylostoma sp.
Physaloptera preputialis VON LINSTOW, 1899
Protospirura numidica SEURAT, 1917
Protospirura sp.
Rictularia affinis JAGERSKIOLD, 1904
Rictularia leiperi ORTLEPP, 1961
Spirocerca lupi (RUDOLPHI, 1809)
Toxascaris leonina (VON LINSTOW, 1902)
Toxocara genettae WARREN, 1972
Toxocara mystax (ZEDER, 1800)
Travassospirura sp.
Trichinella spiralis (OWEN, 1835)

León (*Panthera leo*)

Toxascaris sp.

Leopardo (*Panthera pardus*)

Toxascaris leonina (VON LINSTOW, 1902)
Ancylostomatidae, sin especificar.

Lince (*Lynx pardina*)

Toxocara canis (WERNER, 1782)
Toxocara mystax (ZEDER, 1800)
Spirocerca lupi (RUDOLPHI, 1809)

Lobo (*Canis lupus*)
Toxascaris leonina (VON LINSTOW, 1902)
Toxocara canis (WERNER, 1782)
Trichinella nelsoni (BRITOV et BOEV, 1972)
Trichinella spiralis (OWEN, 1835)
Uncinaria stenocephala (RAILLIET, 1884)

Lobo de crin (*Chrysocyon brachyurus*)
Ancylostomidae, sin especificar.

Marta (*Martes martes*)
Trichinella spiralis (OWEN, 1835)

Meloncillo (*Herpestes ichneumon*)
Filaroides martis (WERNER, 1782)

Oso pardo (*Ursus arctos*)
Trichinella spiralis (OWEN, 1835)

Perro
Ancylostoma caninum (ERCOLANI, 1859)
Ancylostoma duodenale (DUBINI, 1843)
Angiostrongylus vasorum (RAILLIET, 1866)
Capillaria aerophila CREPLIN, 1835
Capillaria hepatica BANCROFT, 1893
Capillaria plica RUDOLPHI, 1819
Dioctophyma renale (GOEZE, 1782)
Dipetalonema dracunculoides (COBBOLD, 1870)
Dipetalonema grassi NOE, 1907
Dipetalonema reconditum (GRASSI, 1890)
Dirofilaria immitis (LEIDY, 1856)
Dirofilaria repens RAILLIET et HENRY, 1911
Filaroides osleri COBBOLD, 1879
Spirocerca lupi (RUDOLPHI, 1809)
Spirura rytipleurites (DESLONGCHAMPS, 1824)
Strongyloides stercoralis (BAVAY, 1876)
Toxascaris leonina (VON LINSTOW, 1902)
Toxocara canis (WERNER, 1782)
Trichinella spiralis (OWEN, 1835)
Trichuris vulpis (FROELICH, 1789)
Uncinaria stenocephala (RAILLIET, 1884)

Puma (*Felis concolor*)
Toxascaris sp.

Tejón (*Meles meles*)
Capillaria mustelorum (CAMERON et PARNELL, 1933)
Crenosoma sp.
Molineus patens (DUJARDIN, 1845)
Strongyloides sp.
Trichinella spiralis (OWEN, 1835)
Uncinaria criniformis (GOEZE, 1782)

Tigre (*Panthera tigris*)
Toxascaris leonina (VON LINSTOW, 1902)
Toxascaris sp.

Turón (=**Hurón**) (*Putorius putorius*)
Capillaria putorii RUDOLPHI, 1819
Crenosoma taiga SKRJABIN et PETROW, 1928
Filaroides martis (WERNER, 1782)
Molineus patens (DUJARDIN, 1845)
Toxocara canis (WERNER, 1782)
Trichinella spiralis (OWEN, 1835)

Zorro (*Vulpes vulpes*)
Ancylostoma sp.
Angiostrongylus vasorum (RAILLIET, 1866)
Ascarops sp.
Capillaria aerophila CREPLIN, 1835
Capillaria plica RUDOLPHI, 1819
Crenosoma vulpis (DUJARDIN, 1845)
Dirofilaria immitis (LEIDY, 1856)
Oxynema crassispiculum (SONSINO, 1889)
Protospirura muris (GMELIN, 1790)
Rictularia affinis JAGERSKIOLD, 1904
Rictularia proni SEURAT, 1915 (accid.)
Rictularia sp.
Seuratascaris numidica (SEURAT, 1917) SPRENT, 1985 ¿transeúnte intestinal?
Spirocerca lupi (RUDOLPHI, 1809)
Toxascaris leonina (VON LINSTOW, 1902)
Toxocara canis (WERNER, 1782)
Trichinella spiralis (OWEN, 1835)
Trichuris vulpis (FROELICH, 1789)
Uncinaria stenocephala (RAILLIET, 1884)

Orden Proboscidea

Elefante asiático (*Elephas indicus*)
Chonangium magnostomum VAN DER WESTHUYSEN, 1938
Equinurbia sipunculiformis (BAIRD, 1859)
Murshidia falcifera (COBBOLD, 1882)
Murshidia murshida LANE, 1914
Strongylidea diversos, no Ancylostomatidae

Orden Perissodactyla

Asno, Burdégano,Mulo y Caballo.
Cebras (*Equus burchelli, Equus zebra hartmanni*)
Craterostomum mucronatum (IHLE, 1920)
Cyathostomum adersi BOULANGER, 1920
Cyathostomum aegyptiacum RAILLIET, 1923
Cyathostomum bicoronatum LOOSS, 1906
Cyathostomum calicatum (LOOSS, 1900)
Cyathostomum catinatum (LOOSS, 1900)
Cyathostomum catinatum var. *lopez-neyrai*

Cyathostomum coronatum (LOOSS, 1900)
Cyathostomum elongatum (IHLE, 1920)
Cyathostomum elongatum var. *kotlani*
Cyathostomum goldi BOULANGER, 1917
Cyathostomum hybridum (KOTLAN, 1920)
Cyathostomum insigne (BOULANGER, 1917)
Cyathostomum insigne var. *rosembuschi*
Cyathostomum labiatum (LOOSS, 1901)
Cyathostomum labratum (LOOSS, 1900)
Cyathostomum leptosomum (KOTLAN, 1920) var. *lopez-neyrai*
Cyathostomum longibursatum (YORKE et MACFIE, 1918)
Cyathostomum mettani (LEIPER, 1913)
Cyathostomum nassatum (LOOSS, 1900)
Cyathostomum parvibursatum (VAZ, 1934)
Cyathostomum pateratum (YORKE et MACFIE, 1919)
Cyathostomum radiatum LOOSS, 1900
Cyathostomum sagittatum (KOTLAN, 1920)
Cyathostomum triramosum (YORKE et MACFIE, 1920)
Cyathostomum ultrajectinum (IHLE, 1920)
Dictyocaulus arnfieldi (COBBOLD, 1844)
Gyalocephalus capitatus LOOSS, 1900
Habronema megastoma (RUDOLPHI, 1819)
Habronema microstoma (SCHNEIDER, 1886)
Habronema muscae (CARTER, 1861)
Oesophagodontus robustus (GILES, 1892)
Onchocerca cervicalis RAILLIET et HENRY, 1910
Onchocerca reticulata DIESING, 1841
Oxyuris equi (SCHRANK, 1788)
Parascaris equorum (GOEZE, 1782) (también en cebras)
Petrovinema poculatum (LOOSS, 1900)
Poteriostomum imparidentatum QUIEL, 1919
Poteriostomum ratzii (KOTLAN, 1919)
Probstmayria vivipara (PROBSTMAYR, 1865) RANSOM, 1907
Setaria equina (ABILGAARD, 1789)
Strongylidea diversos, no Ancylostomatidae (en cebras)
Strongyloides sp. (en cebras)
Strongyloides westeri IHLE, 1917
Strongylus edentatus (LOOSS, 1900)
Strongylus equinus MUELLER, 1780
Strongylus vulgaris (LOOSS, 1900)
Trichostrongylus axei (COBBOLD, 1879)
Triodontophorus brevicauda BOULENGER, 1916
Triodontophorus brochotrilobatus MARTINEZ GOMEZ, 1966
Triodontophorus serratus (LOOSS, 1900)
Triodontophorus tenuicollis BOULENGER, 1916

Rinoceronte blanco (*Ceratotherium sinum*)
Rinoceronte negro (*Diceros bicornis*)
Strongylidea diversos, no Ancylostomatidae
Trichuris sp.

Orden Artiodactyla

Antílope sable (*Hippotragus niger*)
Bisonte americano (*Bison bison*)
Búfalo (*Syncerus caffer*)
Strongylidea diversos, no Ancylostomatidae.

Cabra
Bunostomum trigonocephalum (RUDOLPHI, 1808)
Capillaria sp.
Chabertia ovina (FABRICIUS, 1794)
Cooperia curticei (GILES, 1892)
Cooperia sp.
Cystocaulus ocreatus (RAILLIET et HENRY, 1907)
Dictyocaulus filaria (RUDOLPHI, 1809)
Haemonchus contortus (RUDOLPHI, 1803)
Marshallagia marshalli (RANSOM, 1907)
Muellerius capillaris (MUELLER, 1889)
Muflonagia podjapolskyi SCHULZ, ANDREEVA et KADINAZII, 1954
Nematodirus abnormalis MAY, 1920
Nematodirus filicollis (RUDOLPHI, 1802)
Nematodirus spathiger (RAILLIET, 1896)
Neostrongylus linearis (MAROTEL, 1913)
Oesophagostomum columbianum CURTICE, 1890
Oesophagostomum radiatum (RUDOLPHI, 1803)
Oesophagostomum venulosum (RUDOLPHI, 1809)
Ostertagia circumcincta (STADELMANN, 1894)
Ostertagia ostertagi (STILES, 1892)
Ostertagia trifurcata RANSOM, 1907
Protostrongylus rufescens (LEUCKART, 1865)
Skrjabinema ovis (SKRJABIN,1915)
Strongylidea diversos, no Ancylostomatidae.
Teladorsagia davtiani ANDREEVA et SATUBALDIN, 1954
Trichostrongylus axei (COBBOLD, 1879)
Trichostrongylus capricola RANSOM, 1907
Trichostrongylus colubriformis (GILES, 1892)
Trichostrongylus pietersei LE ROUX, 1932
Trichostrongylus vitrinus LOOSS, 1905
Trichuris globulosa (VON LINSTOW, 1901)
Trichuris ovis (ABILGAARD, 1795)
Trichuris skrjabini BASKAKOV, 1924

Cabra montés (*Capra pyrenaica*)
Bunostomum trigonocephalum (RUDOLPHI, 1808)
Cystocaulus ocreatus (RAILLIET et HENRY, 1907)
Dictyocaulus filaria (RUDOLPHI, 1809)
Marshallagia marshalli (RANSOM, 1907)
Muellerius capillaris (MUELLER, 1889)
Nematodirus abnormalis MAY, 1920
Ostertagia circumcincta (STADELMANN, 1894)
Ostertagia occidentalis RANSOM, 1907
Ostertagia trifurcata RANSOM, 1907

Protostrongylus rufescens (LEUCKART, 1865)
Trichostrongylus axei (COBBOLD, 1879)
Trichostrongylus capricola RANSOM, 1907
Trichostrongylus vitrinus LOOSS, 1905

Camello (*Camellus bactrianus*)
Strongylidea diversos, no Ancylostomatidae.
Strongyloides sp.
Trichuris sp.

Cerdo
Ascaris suum GOEZE, 1882
Ascarops strongylina (RUDOLPHI, 1819)
Choerostrongylus pudendotectus (WOSTOKOW, 1905)
Globocephalus urosubulatus (ALESSANDRINI, 1909)
Gnathostoma hispidum FEDTSCHENKO, 1872?
Gongylonema pulchrum MOLIN, 1857
Haemonchus contortus (RUDOLPHI, 1803)
Hyostrongylus rubidus HASSAL et STILES, 1892
Metastrongylus elongatus (DUJARDIN, 1845)
Metastrongylus salmi GEDOELST, 1923
Nematodirus sp (excep.)
Oesophagostomum dentatum (RUDOLPHI, 1803)
Oesophagostomum granatensis LIZCANO HERRERA, 1958
Ostertagia sp.
Physocephalus sexalatus (MOLIN, 1860)
Simondsia paradoxa COBBOLD, 1864
Stephanurus dentatus DIESING, 1839
Strongyloides ransomi SCHWARTZ et ALICATA, 1930
Strongyloides suis (LUTZ, 1894)
Strongyloides westeri IHLE, 1917?
Trichinella spiralis (OWEN, 1835)
Trichuris suis (SCHRANK, 1788)

Ciervo (*Cervus elaphus*)
Camelostrongylus mentulatus (RAILLIET et HENRY, 1909)
Dictyocaulus viviparus (BLOCH, 1782)
Elaeophora elaphi HERNANDEZ, MARTINEZ et GUTIERREZ, 1986
Gongylonema pulchrum MOLIN, 1857
Haemonchus contortus (RUDOLPHI, 1805)
Muellerius capillaris (MUELLER, 1889)
Nematodirus filicollis (RUDOLPHI, 1802)
Nematodirus sp.
Oesophagostomum cervi MERTTS, 1948
Oesophagostomum venulosum (RUDOLPHI, 1809)
Ostertagia circumcincta (STADELMANN, 1894)
Ostertagia lyrata SJOBERG, 1926
Ostertagia ostertagi (STILES, 1892)
Spiculopteragia asymmetrica (WARE, 1925)
Spiculopteragia böhmi (GEBAUER, 1931)
Spiculopteragia mathevossiani RUKHLIADEV, 1948

Spiculopteragia spiculoptera (GUSCHANSKAJA, 1931)
Strongyloides papillosus (WEDL, 1856)
Trichostrongylus axei (COBBOLD, 1879)
Trichostrongylus vitrinus LOOSS, 1905
Trichuris globulosa (VON LINSTOW, 1901)
Trichuris guevarai MARTINEZ, HERNANDEZ et ACOSTA, 1979
Trichuris ovis (ABILGAARD, 1795)
Trichuris skrjabini BASKAKOV, 1924

Corzo (*Capreolus capreolus*)
Muellerius capillaris (MUELLER, 1889)
Nematodirus filicollis (RUDOLPHI, 1802)
Ostertagia circumcincta (STADELMANN, 1894)
Ostertagia ostertagi (STILES, 1892)
Setaria cervi (RUDOLPHI, 1819)
Spiculopteragia asymmetrica (WARE, 1925)
Spiculopteragia spiculoptera (GUSCHANSKAJA,1931)

Dromedario (*Camellus dromedarius*)
Strongylidea diversos, no Ancylostomatidae.
Trichuris sp.

Jabalí (*Sus scrofa*)
Ascaris suum GOEZE, 1882
Capillaria garfiai GALLEGO BERENGUER et MAS- COMA, 1976
Choerostrongylus pudendotectus (WOSTOKOW, 1905)
Physocephalus sexalatus (MOLIN, 1860)
Trichinella spiralis (OWEN, 1835)

Jirafa (*Giraffa camelopardalis*)
Strongylidea diversos, no Ancylostomatidae.
Trichuris sp.

Oveja
Ascaris ovis RUDOLPHI, 1819
Bunostomum phlebotomum (RAILLIET, 1900)
Bunostomum trigonocephalum (RUDOLPHI, 1808)
Capillaria sp.
Chabertia ovina (FABRICIUS, 1794)
Cooperia curticei (GILES, 1892)
Cooperia mcmasteri GORDON, 1932
Cooperia oncophora (RAILLIET, 1898)
Cooperia punctata (VON LINSTOW, 1907)
Cooperia sp.
Cystocaulus ocreatus (RAILLIET et HENRY, 1907)
Dictyocaulus filaria (RUDOLPHI, 1809)
Gongylonema pulchrum MOLIN, 1857
Haemonchus contortus (RUDOLPHI, 1803)
Marshallagia marshalli (RANSOM, 1907)
Muellerius capillaris (MUELLER, 1889)
Muflonagia podjapolskyi SCHULZ, ANDREEVA et KADINAZII, 1954
Nematodirus abnormalis MAY, 1920

Nematodirus filicollis (RUDOLPHI, 1802)
Nematodirus helvetianus MAY, 1920
Nematodirus sp.
Nematodirus spathiger (RAILLIET, 1896)
Neostrongylus linearis (MAROTEL, 1913)
Oesophagostomum columbianum CURTICE, 1890
Oesophagostomum venulosum (RUDOLPHI, 1809)
Ostertagia circumcincta (STADELMANN, 1894)
Ostertagia crimensis KADENAZII et ANDREEVA, 1958
Ostertagia occidentalis RANSOM, 1907)
Ostertagia ostertagi (STILES, 1892)
Ostertagia trifurcata RANSOM, 1907
Protostrongylus muraschkinzewi (DAVTIAN, 1940)
Protostrongylus rufescens (LEUCKART, 1865)
Skrjabinema ovis (SKRJABIN, 1915)
Strongyloides papillosus (WEDL, 1856)
Teladorsagia davtiani ANDREEVA et SATUBALDIN, 1954
Toxocara sp.
Trichostrongylus axei (COBBOLD, 1879)
Trichostrongylus capricola RANSOM, 1907
Trichostrongylus colubriformis (GILES, 1892)
Trichostrongylus vitrinus LOOSS, 1905
Trichuris globulosa (VON LINSTOW, 1901)
Trichuris ovis (ABILGAARD, 1795)
Trichuris skrjabini BASKAKOV, 1924

Rebeco (*Rupicapra rupicapra*)
Muellerius sp.
Neostrongylus linearis (MAROTEL, 1913)
Spiculopteragia spiculoptera (GUSCHANSKAJA, 1931)

Vaca
Bunostomum phlebotomum (RAILLIET, 1900)
Capillaria bovis (SCHNYDER, 1906)
Capillaria sp.
Cooperia macmasteri GORDON, 1932
Cooperia oncophora (RAILLIET, 1898)
Cooperia punctata (VON LINSTOW, 1907)
Cooperia sp.
Dictyocaulus viviparus (BLOCH, 1782)
Gongylonema pulchrum MOLIN, 1857
Haemonchus contortus (RUDOLPHI, 1803)
Haemonchus placei (PLACE, 1893)
Nematodirus helvetianus MAY, 1920
Nematodirus sp.
Neoascaris vitulorum (GOEZE, 1782)
Oesophagostomum columbianum CURTICE, 1890
Oesophagostomum radiatum (RUDOLPHI, 1803)
Onchocerca linealis (STILES, 1892)
Ostertagia circumcincta (STADELMANN, 1894)
Ostertagia crimensis KADENAZII et ANDREEVA, 1958

Ostertagia lyrata SJOBERG, 1926
Ostertagia ostertagi (STILES, 1892)
Setaria cervi (RUDOLPHI, 1819)
Strongyloides papillosus (WEDL, 1856)
Thelazia rhodesii (DESMARETS, 1828)
Trichostrongylus axei (COBBOLD, 1879)
Trichostrongylus colubriformis (GILES, 1892)
Trichostrongylus vitrinus LOOSS, 1905
Trichuris sp.

Orden Primates

Chimpancé (*Pan troglodytes*)
Oxyuridae, sin especificar.
Strongyloides sp.

Gorila (*Gorilla gorilla*)
Strongylidea diversos, no Ancylostomatidae.

Hombre
Ancylostoma caninum (ERCOLANI, 1859) (larvas)
Ancylostoma duodenale (DUBINI, 1843)
Ascaris lumbricoides (LINNAEUS, 1758)
Bunostomum phlebotomum (RAILLIET, 1900) (larvas)
Capillaria hepatica BANCROFT, 1893 (larvas)
Dipetalonema perstans (MANSON, 1891)
Dirofilaria immitis (LEIDY, 1856)
Dirofilaria repens RAILLIET et HENRY, 1911
Enterobius vermicularis (LINNAEUS, 1758)
Filocapsularia simplex (RUDOLPHI, 1809)
Gongylonema pulchrum MOLIN, 1857
Heterodera marioni (CORNU, 1879)
Loa loa (GUYOT, 1778)
Metastrongylus elongatus (DUJARDIN, 1845)
Necator americanus (STILES, 1902)
Onchocerca volvulus (LEUCKART in MANS, 1893)
Strongyloides stercoralis (BAVAY, 1876)
Toxascaris leonina (VON LINSTOW, 1902) (larvas)
Toxocara canis (WERNER, 1782) (larvas)
Toxocara mystax (ZEDER, 1800) (larvas)
Trichinella spiralis (OWEN, 1835)
Trichuris trichiura (LINNAEUS, 1771)
Uncinaria stenocephala (RAILLIET, 1884) (larvas)
Wuchereria bancrofti (COBBOLD, 1877)

Mono de Gibraltar (*Macaca sylvana*)
Ancylostomatidae, sin especificar.
Ascaris lumbricoides (LINNAEUS, 1758)
Strongyloides sp.
Trichuris sp.

Totas (*Cercopithecus aethiops* sspp.)
Strongyloides sp.

BIBLIOGRAFÍA (NEMATODA)

1. ACOSTA, I.; HERNANDEZ-RODRIGUEZ, S.; MARTINEZ-CRUZ, M.S. y MARTINEZ-GOMEZ, F. (1988).- Parasitoses of aquatic birds in Córdoba. *Sonderdruck aus Verhandl. des 30 Int. Symp. über die Erkrank. der Zoo- und Wildtiere*, Sofia: 327.
2. ACOSTA, I.; HIDALGO DE TRUCIOS, S. y MARTINEZ GOMEZ, F. (1981).- Primera cita en España de *Capillaria ovopunctata* (Nematoda: Trichuridae). *Rev. Ibér. Parasitol., 41*: 391.
3. AGUSTIN, M. (1717).- *Libro de los secretos de la Agricultura. Casa de Campo y Pastoril.* Imp. Herederos Juan Jolis. Barcelona.
4. ALFONSO-ROQUE, M.M. y BARATA, M.C. (1984).- Observations on the species of genus *Dermatoxys* SCHNEIDER, 1866 (Nematoda: Oxyuridae) from wild rabbits ocurring in Iberian Peninsula. *Rev. Ibér. Parasitol., 44*: 139.
5. ALLER, B. y ALLER, J.M. (1973).- Presencia de hongos en pulmones normales y parasitados del ganado ovino. *Rev. Ibér. Parasitol., 33*: 337.
6. ALMAGRO SEGURA, M. (1945).- Contribución al estudio de los íleos por áscaris. *Rev. Ibér. Parasitol., 5*: 3.
7. ALVAREZ, F.; IGLESIAS, R.; QUINTEIRO, P. y SANMARTIN DURAN, M.L. (1990).- Sobre la presencia de *Seuratascaris numidica* (Seurat, 1917) Sprent, 1985 en *Vulpes vulpes* L. *Rev. Ibér. Parasitol., 50*: 65.
8. ALVAREZ, F.; REY-SALGADO, J. y SANMARTIN DURAN, M.L. (1988).- Sobre la presencia de *Trichostrongylus retortaeformis*, (ZEDER, 1800) LOOSS, 1905 en *Apodemus sylvaticus* en Galicia. *Rev. Ibér. Parasitol., 48*: 297.
9. ALVAREZ, F. et al. (1987).- Helmintos parásitos de *Arvicola sapidus* en Galicia. *V Congr. Nac. Parasitol.*, Salamanca: 205.
10. ALVAREZ, F. et al. (1990).- New findings on the helminth fauna of the common European genet (*Genetta genetta* L.): first record of *Toxocara genettae* Warren, 1972 (Ascarididae) in Europe. *Ann. Parasitol. hum. et comp., 65*: 244.
11. ALVAREZ, F. et al. (1991).- Lung and hearth nematodes in some spanish mammals. *Wiadomosci Parazitolgiczne, 37*: 481.
12. ALVAREZ, F. et al. (1993).- *Paracuaria hispanica* sp.n. (Nematoda: Acuariidae), a stomach parasite of the Pyrenean Desman *Galemys pyrenaicus* Geoffr. (Insectivora: Talpidae), with a redefinition of the genus *Paracuaria* Rao, 1951. *Systematic Parasitology...*
13. ALVAREZ, F. et al. (1991).- Helminth parasites in some Spanish bats. *Wiadomosci Parazitolgiczne, 37*: 321.
14. ALVAREZ, F. et al. (1993).- Helmintofauna de *Arvicola sapidus* (Miller, 1908) en Galicia (N.O. de España). *Libro homenaje al Prof. Martínez Gómez.*

15. ALVAREZ BUYLLA, P.; LLAVONA, J.A. y VILLAROYA, P.F. (1953).- Un brote de triquinosis tratado con ACTH. *Rev. Clín. Esp., 49*: 168.

16. ALVAREZ MASCATO, F.; GARCIA OROIS, J.; FACAL MARTINEZ, J. y DURAN, J.C. (1985).- Estudio de nematodos encontrados en murciélagos en la C.A. Gallega. *IV Congr. Nac. Parasitol.*, Tenerife: 57.

17. ALVAREZ-MASCATO, F.; SANTAMARINA-FERNANDEZ, M.T. y SANMARTIN-DURAN, M.L. (1988).- Presencia en España de *Seuratia shipley* (STOSSICH, 1900) (Nematoda, Acuariidae) parasitando al págalo gigante *Stercorarius skua. Rev. Ibér. Parasitol., 48*: 295.

18. ALVAREZ MASCATO, F. et al. (1991).- Estudio de la helmintofauna de *Apodemus* spp. y *Glis glis* en la Comunidad Autónoma Gallega. *I Congr. Int. Asoc. Sudoccid. Europ. Parasitol.*: 49.

19. ALVAREZ MASCATO, F. et al. (1991).- Datos sobre la helmintofauna de varias especies de Insectívoros (Soricidae, Erinaceidae, Talpidae) en Galicia. *I Congr. Int. Asoc. Sudoccid. Europ. Parasitol.*: 50.

20. ALVAREZ PELLITERO, M.P. (1973).- Helmintos de peces continentales españoles. *An. Fac. Vet. León, 19*: 81.

21. ALVAREZ PELLITERO, M.P. (1974).- Helminths of the digestive tract of brown trout (*Salmo trutta* m. *fario*) in NW Spain. *Proc. 3rd Int. Congr. Parasit.*, München, 3, Sect. 92(41): 1645.

22. ALVAREZ PELLITERO, M.P. (1975).- *Helmintocenosis del tracto digestivo de la trucha en los ríos de León.* Tesis, Fac. Biol. León.

23. ALVAREZ-PELLITERO, M.P.; PEREIRA-BUENO, J.M. y CORDERO DEL CAMPILLO, M. (1979).- Helminth communities of salmonid and cyprinid fishes in freshwater ecosystems of León (NW. Spain). *ICOPA IV*, Varsovia, SH: 36.

24. ALVAREZ SANCHEZ, J. (1970).- Nuevas formas de oligoquetos terrícolas para la fauna de la Península Ibérica. *Bol. R. Soc. Esp. Hist. Nat.* (Biol.), *68*: 25.

25. ALVAREZ SANCHEZ, J. (1971).- Bioespeleología de la cueva Ojo Guareña. Oligoquetos terrestres. *Bol. R. Soc. Esp. Hist. Nat.* (Biol.), *69*: 11.

26. ALVAREZ SANCHEZ, J. (1971).- Oligoquetos terrestres. I. Megascolécidos y Glososcolécidos. *Bol. R. Soc. Esp. Hist. Nat.* (Biol.), *69*: 97.

27. ALVAREZ SANCHEZ, J. (1971).- Las especies españolas del género *Eophila*. I. *Eophila pyrenaica* y sus subespecies en el valle del Ebro (Oligochaeta, Lumbricidae). *Bol. R. Soc. Esp. Hist. Nat.* (Biol.), *69*: 177.

28. ALVAREZ SANCHEZ, J. (1972).- Oligoquetos terrícolas. 2. Lumbrícidos (1ª parte). *Bol. R. Soc. Esp. Hist. Nat.* (Biol.), *70*: 5.

29. AMO GALAN, A. y QUADROS TEJEIRO, M. DE (1963).- Colecistitis subaguda por Tricocéfalos. *Med. Trop., 39*: 606.

30. ANADON, E. (1954).- Estudio de la distribución de longitudes y volúmenes en las especies españolas del orden Ascaridata (Raill.) y la clase Acanthocephala (Rudol.). *Bol. R. Soc. Esp. Hist. Nat.* (Biol.), *52*: 137.

31. ANGUIANO, A.; MARTINEZ-CRUZ, S. y GUTIERREZ, P.N. (1985).- Epidemiología de la dirofilariosis canina en la provincia de Córdoba. *IV Congr. Nac. Parasitol.*, Tenerife: 37.

32. ANONIMO (s/a).- El fluoruro de sodio en la ascaridiosis porcina. *Not. Neosán, 66*: 5.

33. ANONIMO (s/a).- La ascaridisis porcina. *Not. Neosán, 66*: 3.

34. ANONIMO (1911).- La triquinosis en Murcia. *Rev. Vet. Esp., 6*: 314.

35. ANONIMO (1912).- Triquinas y triquinosis. *Bol. de Vet., 94*: 40.

36. ANONIMO (1914).- Víctimas de la triquina. *Rev. Vet. de Esp., 8*: 131.

37. ANONIMO (1950).- Memoria de la Dirección General de Sanidad. *Rev. San. Vet., 5*: 32.

38. ANONIMO (1965).- Parasitación de la rata de alcantarilla por *Capillaria hepatica* e *Hydatigera taeniaeformis* en Granada. *Rev. Ibér. Parasitol., 25*: 447.

39. APARICIO GARRIDO, J. (1949).- Contribución al estudio de la epidemiología y la clínica de la oxiuriasis. *La Med. Col., 14*: 334.

40. APARICIO GARRIDO, J. (1955).- La piperazina en el tratamiento de la enterobiosis y ascaridiosis. *La Med. Col., 24*: 109.

41. APARICIO GARRIDO, J. (1961).- La disproteinemia de la anquilostomiasis. *Med. Trop., 37*: 576.

42. APARICIO GARRIDO, J. (1963).- El pamoato de pirvinio en el tratamiento de la oxiuriasis. *Med. Trop., 39*: 484.

43. APARICIO GARRIDO, J. y PRIETO LORENZO, A. (1950).- Estudios sobre anquilostomiasis (nota previa). Existencia de un importante foco. *La Med. Col., 15*: 323.

44. APARICIO GARRIDO, J. y PRIETO LORENZO, A. (1952).- *Parasitología y clínica de las helmintiasis*. Ed. Paz Montalvo, Madrid: 157.

45. APARICIO GARRIDO, J. y PRIETO LORENZO, A. (1952).- Presencia de huevos de *Heterodera marioni* (Cornu, 1879) Goodey, 1932, en heces. Necesidad de su conocimiento en orden a posibles errores diagnósticos. *La Med. Col., 19*: 119.

46. APARICIO GARRIDO, J. y PRIETO LORENZO, A. (1953).- Nuestra experiencia sobre el tratamiento de la anquilostomiasis. *La Med. Col., 22*: 482.

47. APARICIO GARRIDO, J. y PRIETO LORENZO, A. (1953).- El hallazgo de huevos de *Heterodera marioni* en heces. *Rev. Diag. Biol., 2*: 5.

48. APARICIO GARRIDO, J. y PRIETO LORENZO, A. (1955).- Nuestra experiencia sobre el tratamiento de la anquilostomiasis. *An. Asoc. Esp. Progr. Ciencias, 20*: 918.

49. ARANGO LOMBARDERO, S. (1908).- Filaria aviar. *La Vet. Esp., 56*: 426.

50. ARES-MAZAS, M.E.; SELA-PEREZ, M.C. y ARIAS-FERNANDEZ, M.C. (1987).- Epidemiología de los enteroparasitismos en perros de Galicia. *Rev. Ibér. Parasitol., 47*: 335.

51. ARES-MAZAS, M.E.; SELA-PEREZ, M.C.; FANDIÑO-ALONSO, M.L. y ARIAS-FERNANDEZ, M.C. (1987).- Enteroparasitismos en la población gallega. *Rev. Ibér. Parasitol., 47*: 247.

52. ARIAS FERNANDEZ, M.C. (1979).- Incidencia y tratamiento con oxantelpyrantel de la tricurosis humana en Galicia. *Rev. Ibér. Parasitol., 39*: 175.

53. ARRANZ, F. (1961).- Dos casos de anquilostomiasis con sintomatología de angina de pecho. *Medicamenta* (Madrid), *19*: 88.

54. ARROYO MARTIN, C. (1927).- Un caso de habronemosis con eosinofilia hemática (nota preliminar). *Rev. Hig. San. Pec., 17*: 735.

55. ARROYO MARTIN, C. (1933).- Habronemosis. *Rev. Hig. San. Pec., 23*: 550.

56. ASTASIO-ARBIZA, P.; GONZALEZ-SANTIAGO, P.M.; CASTAÑO- FERNANDEZ, C. y ZAPATERO-RAMOS, L.M. (1989).- Descripción de *Thelandros filiformis* n.sp. (Nematoda: Pharyngodonidae) sobre *Gallotia galloti galloti* Duméril y Bibrón, 1839 de la isla de Tenerife (Islas Canarias). *Rev. Ibér. Parasitol., 49*: 45.

57. ASTASIO ARBIZA, P.; ZAPATERO RAMOS, L.M. y GONZALEZ SANTIAGO, P.M. (1987). Estudio helmintológico de *Gallotia galloti galloti* Dumeril y Bribon, 1839 de la Isla de Tenerife (Islas Canarias). *V Congr. Nac. Parasitol.*, Salamanca: 185.

58. ASTASIO-ARBIZA, P.; ZAPATERO-RAMOS, L.M.; OJEDA-ROSAS, C. y SOLERA-PUERTAS, M.A. (1987).- Descripción de *Spauligodon atlanticus* n.sp. (Nematoda: Pharyngodonidae) sobre *Gallotia atlantica atlantica* Petters y Doria, 1882 (Sauria: Lacertidae) de Lanzarote, Islas Canarias. *Rev. Ibér. Parasitol., 47*: 359.

59. ASTASIO-ARBIZA, P.; ZAPATERO-RAMOS, L.M. y SOLERA-PUERTAS, M.A. (1987).- Descripción de *Pharyngodon hispanicus* n.sp. (Nematoda: Pharyngodonidae) sobre *Gallotia galloti galloti* Duméril y Bibron, 1839 (Sauria: Lacertidae) de Tenerife, Islas Canarias. *Rev. Ibér. Parasitol., 47*: 353.

60. ASTASIO-ARBIZA, P.; ZAPATERO-RAMOS, L.M.; SOLERA-PUERTAS, M.A. y GONZALEZ-SANTIAGO, P.M. (1988).- *Thelandros galloti* n.sp. (Nematoda, Pharyngodonidae) sobre *Gallotia galloti galloti* Duméril y Bibron, 1839, Lacértido endémico de Tenerife (Islas Canarias). *Rev. Ibér. Parasitol., 48*: 283.

61. AYNAUD, M. (1928).- Origen verminoso del cáncer pulmonar de la oveja. *Rev. Hig. San. Pec., 18*: 61.

62. AZNAR, J.; FERNANDEZ, M.; BALBUENA, J.A. y RAGA, J.A. (1991).- Datos preliminares sobre la parasitofauna de la población mediterránea de *Stenella coeruleoalba* (Meyen, 1833) afectada por una epizootia en 1990. *I Congr. Int. Asoc. Sudoccid. Europ. Parasitol.*: 58.

63. BACA PUERTA, A. (1950).- El enterobius vermicularis como agente patógeno de crisis apendiculares verdaderas y falsas. *Rev. Ibér. Parasitol., 10*: 3.
64. BAKER, M.R. (1981).- On three *Oswaldocruzia* spp. (Trichostrongyloidea: Molineidae) in amphibians from Africa. *Can. J. Zool., 59*: 246.
65. BALTASAR TOJO, L. (1959).- Un caso de expulsión de *A. lumbricoides* a través del muñon duodenal. *Rev. Inf. Méd. Terap., 34*: 97.
66. BARRACHINA DE GRACIA, E. (1992).- Estudio sistemático y ecológico de la parasitofauna de la pintarroja *Scyliorhinus canicula* (Linnaeus, 1758) (Chondrichthyes: Scyliorhinidae) del litoral castellonense, Mediterráneo Occidental. *Tesis de Licenciatura*, Univ. de Valencia.
67. BARRIO CRESPO, M.P.; CORDERO DEL CAMPILLO, M.; ROJO VAZQUEZ, F. y DIEZ BAÑOS, P. (1978).- *Cylicocyclus radiatum* (Looss, 1900) Erschow, 1938 y otros nematodos gastro-intestinales de los équidos en León. *An. Fac. Vet. León, 24*: 57.
68. BASALOBRE RUIZ, A. (1962).- Tratamiento de algunas parasitosis intestinales. *Rev. Inf. Méd. Terap., 37*: 229.
69. BEJERANO GUTIERREZ, S.; CARVAJAL GALLARDO, M. y OLIVER SANCHEZ, M. (1987).- Estudio helmintológico de *Gallotia galloti palmae* Boettger y Müller, 1891 de la Isla de la Palma (Islas Canarias). *V Congr. Nac. Parasitol.*, Salamanca: 187.
70. BELTRAN, J.M. (1914).- La triquinosis en la provincia de Córdoba. *Rev. Vet. Esp., 8*: 223.
71. BELTRAN, J.M. (1949).- Enfermedades parasitarias de las aves. La heteraquiosis. *Ganadería* (Madrid), *7*: 408.
72. BENITEZ, M. (1919).- Un caso de triquino-cisticercosis en una cebona. *El veterinario extremeño, 28*: 428.
73. BENREGNU, G. DE QUADROS (1971).- Datos biométricos y biológicos sobre la Faneca (*Trisopterus luscus*) (L., 1758) (Gadidae) del Cantábrico. *Bol. Inst. Esp. Oceanogr., 148*: 3.
74. BERENGUER PLUVIA, F.J. y GALLEGO BERENGUER, J. (1973).- Estudios sobre antihelmínticos. VI. Estudio experimental de la actividad oxiuricida de fenotiazina y piperazina a distintos niveles de dosificación; correlación lineal dosis-actividad. *Rev. Ibér. Parasitol., 33*: 573.
75. BERNARD, J. (1961).- Quelques espèces d'helminthes de micromammifères récoltés en France et en Espagne. *Vie et Milieu, 12*: 125.
76. BLAZQUEZ, A. et al. (1991).- Prevalencia de la dirofilariosis canina en zonas septentrionales de la provincia de Cáceres. *I Cong. Int. Asoc. Sudocc. Europ. Parasitol.*, Valencia: 319.
77. BOCANEGRA, F. (1948).- Triquinosis. *Rev. San. Vet., 3*: 137.
78. BOSCH MILLARES, J. (1946).- La ascaridiosis en Canarias. *La Med. Col., 8*: 181.
79. BOTET, M.D.; CLIMENT, M.T.; ESTEBAN, J.G. y MAS-COMA, S. (1987).- Estudio bioecológico comparado de las helmintofaunas de las especies del género *Rattus* Fischer, 1803 (Rodentia: Muridae) en la dehesa del Saler, Albufera de Valencia y zonas cicundantes (Levante español). *V Congr. Nac. Parasitol.*, Salamanca: 219.
80. BUEN, E. DE; CAMARA, P. DE LA y JUAREZ, .. (1932).- Casos en tejares de Oropesa. *Rev. Hig. San. Públ., 7*: 1062.
81. BUEN, S. DE (1916).- Estudio parasitológico de 100 apéndices humanos. *Bol. Soc. Esp. Biol.*, ..: 3.
82. BUEN, S. DE (1916).- Un caso de *Necator americanus* importado en España. *Bol. Soc. Esp. Biol.*, ..: 14.
83. BUEN, S. DE y CASAS, V. (1933).- Nota sobre unos casos de triquinosis debidos a la ingestión de carne de jabalí. *Rev. Hig. San. Públ., 3*(4): ..
84. BUESO GOMEZ, J. (s/a).- Notas prácticas de Patología porcina. *Not. Neosán, 71*: 73.
85. BURGOS, E. (1957).- Parasitismo por oxiuros en el lactante. *Acta Ped. Esp., 15*: 287.
86. CALVENTE, C.; LUCIENTES, J.; GORTAZAR, C. y CASTILLO, J.A. (1992).- Resultados preliminares en el estudio de la prevalencia de *Ancylostoma tubaeforme* (Zeder, 1800) en gatos asilvestrados y vagabundos (*Felis catus*) en el Valle Medio del Ebro. *IX Reun. Cient. Asoc. Parasitol. Esp.*, León: 55.
87. CABALLERO HIDALGO, R. (1971).- La neumonía ascaridiana porcina, sus consecuencias y posibilidades de control. *Avigán, 20*: 19.

88. CALERO, R.; BECERRA, C.; MARTINEZ, F. y HERNANDEZ, S. (1978).- Epidemiología de la triquinelosis en la provincia de Córdoba. *Rev. Ibér. Parasitol., 38*: 239.

89. CALERO, R.; MARTINEZ, F.; HERNANDEZ, S. y ACOSTA, I. (1978).- Parasitación de *Buteo buteo* (Aves: Accipitridae) por *Trichinella* sp. en el parque zoológico de Jerez de la Frontera. *Rev. Ibér. Parasitol., 38*: 135.

90. CAMACHO, L. (1928).-Un caso monstruoso de elefantiasis del escroto. *Med. Pais. Cál., 1*: 74.

91. CAMARA, P. DE LA y ACOSTA CAMPS, .. (1932).- Focos en tejares de Cáceres y Toledo. *Rev. Hig. San. Públ., 7*: 1161.

92. CAMBOURNAC, F.J.C. (1971).- Diptères vecteurs de maladies parasitaires de l'homme au Portugal. *1er Multicol. Europ. Parasit.*, Rennes: 459.

93. CAMPO JESUS, L. DEL (1955).- Consideraciones sobre triquinosis. *Rev. Inf. Méd. Terap., 30*: 253.

94. CAMPOS, A. y CARBONELL, E. (1993).- Parasite community diversity in two mediterranean labrid fishes, *Symphodus tinca* (L.) and *Labrus merula* L. *J. of Fish Biology*, ..

95. CAMPOS, A. y CARBONELL, E. (1993).- Una revisión de los nematodos cucullánidos parásitos de peces lábridos, con algunos complementos a la descripción de *Cucullanus micropapillatus* Törnquist, 1931. *Misc. Zool.*, ..

96. CAMPOS, A.; CARBONELL, M.D. y RODRIGUEZ-BABIO, C. (1992).- *Cucullanus carbonelli* n.sp. (Nematoda, Cucullanidae) parasite du Poisson Labridé *Symphodus tinca. Vie et Milieu*,..

97. CANALS PASCUAL, J. (1963).- Estudios estadísticos y anatomopatológicos de los granulomas pulmonares. *Cyanavet-Cyanamid*, 2: 5 y *Actas Congr. Int. Vet.*, Hannover: 413.

98. CANO-MARTIL, S.; VALLEJO-RUIZ, D.; COY-OTERO, A. y LOPEZ- CABALLERO, E.J. (1989).- Demostración de la actividad de fosfatasa ácida en microfilarias hemáticas de *Turdus philomelos* Brehm (Aves: Turdidae). *Rev. Ibér. Parasitol., 49*: 349.

99. CAÑIZO SUAREZ, M. (1964).- Memoria y estudio parasitológico de la zona sur y litoral de la provincia de Pontevedra. *Avigán, 13*: 25.

100. CARBALLEIRA TELLA, D. y VAZQUEZ PAREDES, L.E. (s/a).- Los parásitos gástricos de los pequeños rumiantes en Galicia, su frecuencia e importancia. *Not. Neosán, 85*: 43.

101. CARBALLEIRA TELLA, D.; VAZQUEZ PAREDES, L.E. y RIO LOZANO, J. DEL (1957).- Acerca de la clasificación y conservación de parásitos. *Supl. Cient. Bol. Inf. Cons. Gral. Col. Vet. Esp., 2*: 27.

102. CARBONELL, E. y RAGA, J.A. (1991).- Parásitos y alteraciones parasitarias de los cetáceos. *Med. Veterinaria*, ..

103. CARRALERO HERRERO, J. (1953).- Helmintiasis del gato producida por *Toxascaris felis. Supl. Cient. Bol. Inf. Cons. Gral. Col. Vet. Esp., 7*: 59.

104. CARVALHO VARELA, M. (s/a).- Nouvelle contribution a l'étude des helminthocénoses des lièvres au Portugal. *Trab. Lab. Nac. Invest. Vet. y Centro Zool. Junta Invest. Ultramar*. Lisboa.

105. CARVALHO VARELA, M. (1967).- L'helminthofaune du lapin de garenne, *Oryctolagus cuniculus* L. au Portugal. *Finish Game Res., 30*: 271.

106. CARVALHO VARELA, M. (1967).- L'étude des helminthocénoses des lièvres au Portugal. *Actas del VII Congr. Biol. du Gibier*. Beograd-Ljubljana, sept. 1965: 467.

107. CARVALHO VARELA, M. (1975).- Contribuiçao para o estudo da helmintofauna da perdiz vermelha (*Alectoris rufa* (L.)) em Portugal. *XII Congr. da Uniao Int. dos Biol. da Caça*. Lisboa.

108. CARVALHO-VARELA, M. y CUNHA-FERREIRA, V. (1984).- Larva migrans visceral por *Anisakis* e outros ascarídeos: helmintozoonoses potenciais por consumo de peixes marinhos em Portugal. *Rev. Port. Ciencias Vet., 79*: 299.

109. CARVALHO VARELA, M.; CUNHA FERREIRA, V.; CRUZ E SILVA, M.P. y GRAZINA-FREITAS, M.S. (1984).- Sobre a parasitofauna de enguia-europeia (*Anguilla anguilla* (L.)) em Portugal. *Rep. Trab. Lab. Nac. Invest. Vet., 16*: 143.

110. CASANOVA, J.C. et al. (1991).- Presencia de *Mastophorus muris* (Gmelin, 1790) (Nematoda: Spirocercidae) en mamíferos (Rodentia, Carnivora) de la Península Ibérica. *I Congr. Int. Asoc. Sudoccid. Europ. Parasitol.*: 43.

111. CASAS, U. (1928).- Un caso de anquilostomiasis en Navalmoral de la Mata (Cáceres). *Med. Pais. Cál., 1*: 20.
112. CASTAÑO, M.J. et al. (1985).- Helmintos de múridos "peridomésticos" (Rodentia) en Valencia. *IV Congr. Nac. Parasitol.*, Tenerife: 212.
113. CASTAÑO-FERNANDEZ, C.; ZAPATERO-RAMOS, L.M. y SOLERA PUERTAS, M.A. (1988).- *Spauligodon cabrerae* n.sp. (Oxyuroidea, Pharyngodonidae) en *Podarcis lilfordi* (Reptilia, Lacertidae) de la isla de Cabrera (Islas Baleares). *Rev. Ibér. Parasitol., 48*: 175.
114. CASTAÑO-FERNANDEZ, C.; ZAPATERO-RAMOS, L.M.; SOLERA-PUERTAS, M.A. y GONZALEZ-SANTIAGO, P.M. (1987).- Descripción de *Parapharyngodon lilfordi* n.sp. (Oxyuroidea, Pharyngodonidae) en *Podarcis lilfordi* (Reptilia, Lacertidae) de las Islas Baleares. *Rev. Ibér. Parasitol., 47*: 275.
115. CASTAÑO-PASCUAL, A.; ASTASIO-ARBIZIA, P,; VOS-ARENILLAS, A. y DOMINGUEZ-CARMONA, M. (1988).- Parasitismos intestinales en niños de una población madrileña. *Rev. Ibér. Parasitol., 48*: 255.
116. CASTAÑON ORDOÑEZ, L. et al. (1983).- Tetramerosis en paloma doméstica (*Columba livia* L.) por *Tetrameres (Petrowimeres) fissispina* Diesing, 1861 (Nematoda, Tetrameridae). *Ann. Fac. Vet. León, 29*: 287.
117. CASTEJON, R. (1922).- Parasitismo de las aves. Heterakosis del palomo. *Rev. Hig. San. Pec., 12*: 1.
118. CASTILLA SANSEGUNDO, R. (1970).- Observaciones sobre la cutícula de los áscaris. *Bol. R. Soc. Esp. Hist. Nat.* (Biol.), *68*: 153.
119. CAUSAPE VALENZUELA, A.C.; QUILEZ CINCA, J. y SANCHEZ ACEDO, C. (1992).- *Cryptosporidium* sp. y otros parásitos causantes de zoonosis en perros: Resultados similares. *IX Reun. Cient. Asoc. Parasitol. Esp.*, León: 27.
120. CIDONCHA GONZALEZ, F. (1970).- Nematodos gastrointestinales del cerdo en la provincia de Badajoz. *Curso de Parasitología*. Fac. Vet. León.
121. CIRIZA, M. et al. (1987).- Capiláridos de roedores e insectívoros de la Comunidad Autónoma Gallega. *V Congr. Nac. Parasitol.*, Salamanca: 193.
122. CLAVERA, J.M. y MALLOL, A. (1945).- La composición química de los áscaris del hombre y del cerdo. *Rev. Ibér. Parasitol.*, Vol. Extr.: 199.
123. CLIMENT, M.T.; ESTEBAN, J.G.; FELIU, C. y MAS-COMA, S. (1987).- Primeros datos sobre las helmintofaunas de *Microtus (Pitymys)* spp. en la Península Ibérica. *V Congr. Nac. Parasitol.*, Salamanca: 217.
124. CLIMENT, M.T. et al. (1985).- Helmintos de múridos y arvicólidos silvestres (Rodentia) en Valencia. *IV Congr. Nac. Parasitol.*, Tenerife: 213.
125. COCA MARTIN, M.C. (1971).- Encuesta parasitológica familiar. *Med. Trop., 47*: 25.
126. CODINA CASTELLVI, J. (1904).- La anquilostomiasis en España con presentación de enfermos y anquilostomas adultos. *Rev. Med. Cirug. Práct., 64*: 335.
127. CODINA CASTELLVI, J. (1905).- *La anquilostomiasis (anemia de los mineros) en España*. Monografía. Madrid.
128. CODINA CASTELLVI, J. (1905).- Resumen de casuística anquilostomiásica. *R. Acad. Esp. Med.*, 24 de junio.
129. CODINA CASTELLVI, J. (1906).- Tentativas experimentales para descubrir una precipitina específica de la anquilostomiasis. *Rev. Med. Cirug. Práct., 65*: ..
130. CODINA CASTELLVI, J. (1906).- Relaciones entre el número de anquilostomas y el número de hematíes, leucocitos y cantidad de hemoglobina en los mineros españoles. *Rev. Med. Cirug. Práct., 66*: 335.
131. CODINA CASTELLVI, J. (1906).- Asociaciones helmintiásicas en la anquilostomiasis. *R. Acad. Esp. Med.*, 26 de mayo.
132. CODINA CASTELLVI, J. (1906).- La anquilostomiasis considerada como un nuevo caso de accidente de trabajo. *Gac. Méd. Cat.*, .
133. CODINA CASTELLVI, J. (1907).- Investigaciones sobre el tratamiento de la anquilostomiasis. *Rev. Med.*, num.: 8-9, Paris.

134. CODINA CASTELLVI, J. (1908).- La presión arterial en la anquilostomiasis. *Gac. Méd. Catal.*, 30 sept.

135. CODINA CASTELLVI, J. (1910).- Nueva serie de anquilostomiásicos tratados con el naftol-beta. *II Congr. Int. Enf. Profesionales*, Bruselas, sept.

136. CODINA CASTELLVI, J. (1912).- *La anquilostomiasis o anemia de los mineros como enfermedad social, especialmente en España.* Folleto. Madrid.

137. CODINA CASTELLVI, J. (1922).- *Estudio clínico de la anquilostomiasis. Tratado Ibero-Americano de Med. Int.*, Ed. Plus Ultra. Madrid.

138. COMAS CAMPS, M. (1928).- Contribución al conocimiento de la biología de *Chironomus* y de su parasito *Paramermis contorta. Mem. R. Soc. Esp. Hist. Nat., 13*: 369.

139. COMBES, C. y GERBEUX, M.T. (1970).- Recherches écoparasitologiques sur l'helminthofaune de *Rana ridibunda perezi* (Amphibien, Anoure) dans l'Est des Pyrénées. *Vie et Milieu, 21*: 121.

140. CONESA SAURA, B. (1959).- La ascaridiosis, azote solapado de los rendimientos del ganado porcino. *Supl. Cient. Bol. Inf. Cons. Gral. Col. Vet. Esp., 6*: 43.

141. CORDERO, M.; MUÑOZ, M.R.; MURO, A. y SIMON, F. (1990).- Transient solitary pulmonary nodule caused by *Dirofilaria immitis. European Resp. J., 3*: 1070

142. CORDERO DEL CAMPILLO, M. (1955).- Las lombrices del cerdo. Hojas divulgadoras del Mº Agric., nº 8-55 H. Madrid.

143. CORDERO DEL CAMPILLO, M. (1956).- Denuncia en España de *Ostertagia circumcincta* (Stadelman, 1894) Ransom 1907 y *Trichostrongylus vitrinus* LOOSS, 1905, en *Ovis aries* L. de la provincia de Valladolid. *Rev. Ibér. Parasitol., 16*: 253.

144. CORDERO DEL CAMPILLO, M. (1961).- Las enfermedades parasitarias producidas por metazoarios en peces, moluscos y crustáceos comestibles. *Supl. Cient. Bol. Inf. Cons. Gral. Col. Vet. Esp., 8*: 265.

145. CORDERO DEL CAMPILLO, M. (1967).- El problema de las parasitosis en las explotaciones porcinas. *I Jorn. Nac. Prod. Porcina*. II Ponencia, Valencia. Gráficas Orbe. Madrid.

146. CORDERO DEL CAMPILLO, M. (1970).- Fenómenos inmunitarios en las nematodosis. *Supl. Cient. Bol. Inf. Cons. Gral. Col. Vet. Esp., 189*: 35.

147. CORDERO DEL CAMPILLO, M. (1974).- Parasitic zoonoses in Spain. *Int. J. Zoon., 1*: 43.

148. CORDERO DEL CAMPILLO, M. y ALLER GANCEDO, B. (1974).- Las zoonosis en el medio rural. *II Congr. Nac. Med. Rural*, 9ª ponencia, Imp. Casado, León y *Supl. Cient. Bol. Inf. Cons. Gral. Col. Vet. Esp., 200.*

149. CORDERO DEL CAMPILLO, M.; ALLER GANCEDO, B.; MARTINEZ FERNANDEZ, A. y ESCUDERO DIEZ, A. (1970).- A propósito de la presencia de forunculosis en las truchas de los ríos de León (España). *An. Fac. Vet. León, 16*: 243 y *Zooprofilassi, gennaio-febraio*, 1971: 43.

150. CORDERO DEL CAMPILLO. M. y ALVAREZ PELLITERO, M.P. (1973).- Problemas ictiopatológicos en España, con referencia especial a la truchicultura y medidas para su control. *An. Fac. Vet. León, 19*: 65.

151. CORDERO DEL CAMPILLO, M. y ALVAREZ PELLITERO, M.P. (1976).- *Spinitectus gordoni* n.sp. (Nematoda: Spiruroidea) from brown and rainbow trout in NW Spain. *Rev. Ibér. Parasitol., 36*:..

152. CORDERO DEL CAMPILLO, M.; ESCUDERO DIEZ, A. y ROJO VAZQUEZ, F.A. (1974).- The pathology of sheep lung in experimental infection with *Neostrongylus linearis* (Nematoda, Metastrongyloidea). *Proc. III Int. Cong. of Parasitol., 2*: 710. München.

153. CORDERO DEL CAMPILLO, M.; MARTINEZ FERNANDEZ, A. y ALLER GANCEDO, B. (1969).- Some factors concerning the epizootiology of trichinellosis in Spain. *An. Fac. Vet. León, 15*: 87 y (1970) *Wiad. Parazyt., 16*: 100.

154. CORDERO DEL CAMPILLO, M.; SIMON VICENTE, F. y FERNANDEZ GONZALEZ, M. (1959).- Hallazgo de *Marshallagia marshalli* (Ransom, 1907) Orlov, 1933, en ovejas de León y Valladolid y cabras de Salamanca. *An. Fac. Vet. León, 5*: 71 y (1960) *Rev. Ibér. Parasitol., 20*: 221.

155. COSTA BATLLORI, P (s/a).- Sobre profilaxis y tratamiento de las verminosis del aparato digestivo de las aves. *Neosán Avícola, 27*: 5.

156. COVALEDA ORTEGA, J. y GALLEGO BERENGUER, J. (1945).- Sobre algunas microfilarias sanguíneas en aves de España, con descripción de una especie nueva. *Rev. Ibér. Parasitol.*, Vol. Extr.: 15.

157. CRIADO, I. (1917).- La vida de las triquinas y el consumo de las carnes triquinadas. *Gac. Cienc. Pecuarias, 4*: 149.

158. CRUZ, S. A. DA (1962).- Triquinelosis en Portugal. *Int. Conf. on Triquinelosis*, Varsovia, 1960, Proceed.: 94.

159. CRUZ E SILVA, J.A. (1969).- Acerca de um caso mortal de gastrenterite parasitária por nematóides, num elefante indiano. *García de Orta* (Lisboa), *17*: 141.

160. CRUZ E SILVA, J.A. (1969).- Observaçoes acerca da morfologia de um Ascarídeo, *Toxascaris leonina* (von Linstow), parasita do leopardo. *Mem Junta Invest. Ultram.*, 2ª ser., *58*: 163.

161. CRUZ E SILVA, J.A.; AFONSO ROQUE, M.M. y MENDONÇA, M.M. (1973).- As helmintoses como factor de fundamental importancia sanitaria nos animais selvagens em cativerio. *Rev. Port. Cienc. Vet., 68*: 260.

162. CRUZ E SILVA, J. A. y CARVALHO VARELA, M. (1973).- Acerca de *Micipsella numidica* (Seurat, 1917) (Onchocercidae: Splendidofilaria), espécie nova para a fauna helmintilógica da Europa occidental. *Libro Hom. Prof. Fernando Frade Viegas da Casta, 70º Anive.*: 311.

163. CRUZ E SILVA, J.A. y GONÇALVES RITA, A.J. (1962).- Contribuiçao para o estudo do ciclo biológico do *Strongylus (Alfortia) edentatus* (Loos, 1900). *Anais Esc. Sup. Med. Vet. Lisboa, 4*: 1.

164. CUADRA, B. DE LA (1905).- La anquilostomiasis en mineros procedentes de las minas de Linares. *An. R. Acad. Med., 25*: 480.

165. CUERVO, L. y JUSTE, R. (1983).- Diagnóstico de un caso de angiostrongilosis canina en Vizcaya. *III Cong. Nac. Parasitol.* Barcelona: 9.

166. CUEZVA SAMANIEGO, J.; ENCINA, J. DE LA y PALENZUELA, F. (1954).- Los Tetrameres de la paloma. *Avic. Española, 2*: 25.

167. CUTILLAS, C.; VALERO, A.; ARIZA, C. y GUEVARA, D.C. (1985).- Estudio cariológico de *Subulura brumpti* LOPEZ NEYRA 1922-44. *Rev. Ibér. Parasitol., 45*: 175.

168. CUTILLAS, C.; VALERO, A.; GONZALEZ-CASTRO, J. y GUEVARA, D.C. (1985).- Oogénesis en *Hammerschmidtiella diesingi* (Hammerschmidt, 1838) Chitwood, 1932 y *Leidnema appendiculata* (Leidy, 1850) Chitwood, 1932 (Nematoda, Oxyuroidea). *Rev. Ibér. Parasitol., 45*: 233.

169. DARRIBA, A.R. (1935).- Oncocercosis americana. *Med. Pais. Cál., 8*: 561.

170. DARRIBA, A.R. y ABRIL CANOVAS, M. (1933).- *Sobre anquilostomiasis en la huerta de Murcia.* Publ. Com. Pers. Invest. San. Direc. Gral. San., nº 5. Madrid.

171. DARRIBA, A.R. y ABRIL CANOVAS, M. (1934).- *Sobre la anquilostomiasis en la huerta de Murcia.* I. Infección cualitativa y cuantitativa por helmintos intestinales y valores de crecimiento y de hemoglobina en los niños de algunas escuelas de la citada huerta. Pub. Ofic. Com. Pers. Invest. San., Madrid. 110 pp.

172. DARRIBA, A.R. y ABRIL CANOVAS, M. (1934).- *Sobre la anquilostomiasis en la huerta de Murcia.* II. Infección personal por helmintos intestinales en el distrito de La Raya (primera parte). Pub. Ofic. Com. Pers. Invest. San., Madrid. 354 pp.

173. DARRIBA, A.R. y CARDENAS, J. (1932).- *Sobre los oxiuros (Enterobius vermicularis).* Pub. Ofic. Com. Pers. Invest. San., Madrid.

174. DEVESA, .. (1919).- El primer caso de uncinariosis americana en España. *Gac. Méd. Catal.*, .., (15 oct.)

175. DIAZ DEL VILLAR, J.M. (1901).- La triquina espiral (*Trichinella spiralis* Owen). *Bol. R. Soc. Esp. Hist. Nat., 1*: 137.

176. DIAZ DIAZ, E. (s/a).- Enfermedades parasitarias del cerdo. *Not. Neosán, 83*: 29.

177. DIAZ DIAZ, E. (1949).- Epizootia de trichostrongylosis o verminosis gastro-intestinal de los pequeños rumiantes. *Cienc. Vet., 10*: 531.

178. DIAZ DIAZ, E. (1953).- Profilaxis de la bronconeumonía verminosa y equinorrincosis porcina. *Rev. Ibér. Parasitol., 13*: 193.

179. DIAZ DIAZ, E. (1955).- Un caso de thelaziosis ocular bovino. *Ciencia Vet., 16*: 393.

180. DIAZ DIAZ, E. (1964).- Profilaxis de la bronconeumonía verminosa y equinorrincosis porcina. *III Sem. Nac. Vet.*: 164.

181. DIAZ MARTIN, L. (1936).- Consideraciones sobre varios casos de triquinosis. *Med. Pais. Cál., 9*: 75.

182. DIAZ-UNGRIA, C. (1950).- Frecuencia de la estrongilosis intestinal de los équidos en Castellar de Santiesteban (Jaén) y comparación de dos técnicas de diagnóstico. *Ciencia Vet., 11*: 189.

183. DIAZ-UNGRIA, C. (1960).- Ensayos sobre el uso de la papaína como antihelmíntico en la ascaridiosis porcina. *Bol. Int. Inv. Vet.*, ..: 52.

184. DIAZ-UNGRIA, C. y GIMENEZ MUÑOZ, M. (1950).- Teniasis del perro. Nota previa sobre un nuevo método de diagnóstico. *Ciencia Vet., 11*: 450.

185. DIEZ-BAÑOS, N.; CABARET, J. y DIEZ-BAÑOS, P. (1992).- Interspecific interactions in naturally acquired nematode communities from sheep abomasum in relation to age of host and season in four areas of León (Spain). *Int. J. Parasitol., 22*: 327.

186. DIEZ-BAÑOS, P.; DIEZ-BAÑOS, N.; NUÑEZ-GUTIERREZ, M.C. y MORRONDO-PELAYO, M.P. (1987).- Infestación experimental de *Cochlicella barbara* (Mollusca, Helicidae) con larvas de *Muellerius* sp. y *Neostrongylus linearis* (Nematoda, Protostrongylidae) procedentes de rebeco. *Rev. Ibér. Parasitol.*, Vol. Extr.: 179.

187. DOBLAS TORRES, A. et al. (1954).- Resumen de los trabajos de estadística e investigación de determinados parásitos en nuestros perros. Curso 1945-46. *Bol. Zoot., 10*: 121.

188. DOMINGUEZ GALAN, J.M. (1930).- Nota clínica sobre una epidemia de triquinosis en Fuente Ovejuna (Córdoba). *Med. Pais. Cál., 3*: 44.

189. DONEZAR, J.- cit. CAMPO JESUS, L. DEL (1955).- Consideraciones sobre triquinosis. *Rev. Inf. Med. Terap., 30*: 253.

190. DUALDE PEREZ, V. (1960).- Alteraciones hematológicas en la estrongilosis pulmonar ovina. *Supl. Cient. Bol. Inf. Cons. Gral. Col. Vet. Esp., 7*: 575.

191. DURICH ESPUÑES, J. (1952).- La triquinosis en la provincia de Valencia. *Rev. San. Hig. Públ., 26*: 47.

192. DURICH ESPUÑES, J. (1962).- Revisión, con enfoque preventivo, de condiciones endémicas de paludismo, leptospirosis y anquilostomiasis en algunas comarcas de Levante. *Med. Española, 48*: 97.

193. ECHEVARRIA Y ALDECOA, .. (1916).- La uncinariosis; estudio de dicha enfermedad parasitaria, principalmente en España. Mem. 79 pp. Bilbao.

194. EIRAS. J.C. y REICHENBACH-KLINKE, H.H. (1982).- *Nematoden als Ursache von Darmknoten bei Süsrwasserfischen*, Stuttgart, Gustav Fischer Verlag, *Fish und Umwelt, 11*: 47.

195. ESTEBAN, J.G.; BARGUES, M.D.; VALERO, M.A. y MAS-COMA, S. (1987).- Análisis bioecológico comparado de las helmintofaunas del lirón careto, *Eliomys quercinus* Linnaeus, 1766 (Rodentia: Gliridae), en el Archipiélago Balear (España). En: *Mamíferos y Helmintos*. Vol. homenaje al Prof. Dr. Herman Kahmann en su 81 aniversario. Ed. Ketres, Barcelona: 167.

196. ESTEBAN, J.G.; OLTRA FERRERO, J.L. y MAS-COMA, S. (1990).- Helmintofauna de los murciélagos de España. II. Parásitos de *Miniopterus schreibersi* (Kuhl, 1819) (Chiroptera: Vespertilionidae). *Rev. Ibér. Parasitol., 50*: 199.

197. ESTEBAN, J.G. et al. (1987).- Sobre la helmintofauna del erizo moruno, *Erinaceus (Aethechinus) algirus* (LEREBOULLET, 1842) (Insectivora, Erinaceidae), en el Archipiélago Balear (Islas Gimnésidas y Pitiusas). En: *Mamíferos y Helmintos*. Vol. homenaje al Prof. Dr. Herman Kahmann en su 81 aniversario. Ed. Ketres, Barcelona: 163.

198. FALCON TREJO, A. (1949).- Nota clínica sobre triquinosis. *La Med. Col., 14*: 277.

199. FARELL-SALA, A.; BERENGUER-PUVIA, F.J. y GALLEGO BERENGUER, J. (1974).- Estudios sobre antihelmínticos. VII. Estudio comparativo de dos procedimientos (basados respectivamente en los índices de desparasitación y de eliminación) para la determinación experimental de la actividad oxiuricida. *Rev. Ibér. Parasitol., 34*: 331.

200. FELIU, C. (1987).- Efecto de la dispersión geográfica de una especie hospedadora sobre su parasitofauna: El caso de los helmintos de las poblaciones ibéricas de *Glis glis* (Linnaeus, 1766) (Rodentia: Gliridae) y *Clethryonomys glareolus* (Schreber, 1780) (Rodentia: Arvicolidae). *Rev. Ibér. Parasitol.*, Vol. Extr.: 79.

201. FELIU, C. (1987).- Helmintofauna de *Microtus (Chionomys) nivalis* (Martins, 1842) (Rodentia: Arvicolidae) en la Península Ibérica, análisis ecológico de las vermifaunas de tres poblaciones del roedor. *V Congr. Nac. Parasitol.*, Salamanca: 97.

202. FELIU, C. (1987).- Contribución al conocimiento de la helmintofauna de los roedores de Andorra. *V Congr. Nac. Parasitol.*, Salamanca: 99.

203. FELIU, C.; GRACENEA, M. y TORREGROSA, M. (1987).- Consideraciones ecológicas sobre la helmintofauna de *Apodemus sylvaticus* (Linnaeus, 1758) (Rodentia: Muridae) en el Pirineo oriental español. En: *Mamíferos y Helmintos*. Vol. homenaje al Prof. Dr. Herman Kahmann en su 81 aniversario. Ed. Ketres, Barcelona: 175.

204. FELIU, C. y MAS-COMA, S. (1986).- Description du mâle de *Syphacia vandenbrueli* Bernard, 1961 (Nematoda, Oxyuroidea). *Acta Parasitol. Pol., 30*: 219.

205. FELIU, C.; MAS-COMA, S. y GALLEGO, J. (1984).- Contribución al conocimiento de la helmintofauna de micromamíferos ibéricos. VIII. Nuevos datos sobre parásitos de *Apodemus sylvaticus* LINNAEUS, 1758 (Rodentia: Muridae). *Rev. Ibér. Parasitol., 44*: 109.

206. FELIU, C.; MAS-COMA, S. y HUGOT, J.P. (1991).- Oxyuroidea parásitos de roedores de la Península Ibérica. *I Congr. Int. Asoc. Sudoccid. Europ. Parasitol.*: 21.

207. FELIU, C.; MAS-COMA, S.; ROSET, F. y GALLEGO, J. (1984).- Contribución al conocimiento de la helmintofauna de micromamíferos ibéricos. X. Parásitos de *Arvicola terrestris* (Linnaeus, 1758) (Rodentia: Arvicolidae). *Circular Farmacéutica, 285*: 227.

208. FELIU, C. et al. (1991).- Helminth fauna of *Microtus (Microtus) cabrerae* (Thomas, 1906) (Rodentia: Arvicolidae) in the Iberian Peninsula: faunistic and ecological considerations. *Ann. Parasitol. hum. et comp., 66*: 121.

209. FERNANDEZ, J.P.; MUÑOZ, V.; ORTS, E. y CARBONELL, E. (1987).- Nematofauna de peces del litoral valenciano. *V Congr. Nac. Parasitol.*, Salamanca: 249.

210. FERNANDEZ, J.P.; RAGA, J.A.; CARBONELL, E. y RODRIGUEZ BABIO, C. (1987).- Sobre algunos nematodos parásitos encontrados en anfibios del género *Bufo. Bol. R. Soc. Esp. Hist. Nat.* (Biol.), *83*: 93.

211. FERNANDEZ, J.P. et al. (1989).- Parasitofauna comparada de *U.scaber* (L.) procedente del Golfo de Cádiz y del Golfo de Valencia. *VI Cong. Nac. y I Cong. Ibér. de Parasitol.*, Cáceres: 93.

212. FERNANDEZ AMELA, T.E. (1957).- Una prueba de floculación para el diagnóstico de la ascaridiosis. *Rev. Ibér. Parasitol., 17*: 31.

213. FERNANDEZ BASABE, E.; MARTINEZ ROLDAN, C. y PURAS, E. (1953).- Anemia hipocrómica y macrocitaria por parasitosis simulando la anemia saturnina. *Rev. Esp. Enf. Apar. Digest. y Nutric.* (Madrid), *12*: 585.

214. FERNANDEZ DIEZ, J.A. (1971).- Metastrongylidosis. *Curso de Parasitología*. Fac. Vet. León.

215. FERNANDEZ DIEZ, M. (1967).- Epizootiología de las infestaciones por Trichostrongylidae en los ovinos de León. *An. Fac. Vet. León, 13*: 53.

216. FERNANDEZ DIEZ, M. (1968).- Epizootiología de las infestaciones por Trichostrongylidae en los ovinos de León. *Rev. Ibér. Parasitol., 28*: 32.

217. FERNANDEZ MARTINEZ, F. (1932).- Un caso de diarrea por tricocéfalos. *Med. Pais. Cál., 5*: 507.

218. FERRAGUT SANTIAGO, M.V. (1989).- Helmintofauna del lagarto verdinegro, *Lacerta schreiberi* Bedriaga, 1878, del Sistema Central (España). *Tesis de Licenciatura*, Univ. de Valencia.

219. FERREIROS ESPINOSA, L. (1951).- Ascaridiosis, apendicopatía y obstrucción intestinal. *Rev. Esp. Pediat., 7*: 389.

220. FRAGA DE AZEVEDO, J. y PALMEIRO, J.M. (1969).- Trichinelosis in the Iberian Península. *An. Esc. Mac. Saúde Púb. Med. Trop.* Lisboa, *3*: 11.

221. FRAGA DE AZEVEDO, J. y PALMEIRO, J.M. (1972).- Aspectos contrastantes da triquinelose e das letospiroses em Portugal e Espanha. *An. Escol. Saúde Públ. Med. Trop., 6*: 3.

222. FUENTES, M.V.; GALAN-PUCHADES, M.T. y MAS-COMA, S. (1992).- Caracterización de las comunidades helmintianas de *Rattus rattus* (Linnaeus, 1758) (Rodentia: Muridae) en las islas Pitiusas de Ibiza y Formentera (Archipiélago Balear, España). *IX Reun. Cient. Asoc. Parasitol. Esp.*, León: 76.

223. GALEANO, M.; NAVARRO, P.; HUGUET, E. y LLUCH, J. (1991).- Nuevas aportaciones al conocimiento de la helmintofauna de los herpetos ibéricos. Endoparásitos de herpetos de Sistema Ibérica Español. *I Congr. Int. Asoc. Sudoccid. Europ. Parasitol.*: 53.

224. GALEANO, M.; NAVARRO, P. y LLUCH, J. (1990).- Helmintofauna de *Hyla* spp. (Amphibia, Hylidae) en algunas localidades españolas. *Misc. Zool., 14*: 1.

225. GALEANO REVERT, M. (1987).- Nematodofauna de la tortuga mora, *Testudo graeca* Linnaeus, 1758 (Reptilia: Testudinidae) en la Península Ibérica y Norte de Africa. *Tesis de Licenciatura*, Univ. de Valencia.

226. GALLEGO, A. (1915).- Contribución al estudio de las pseudotuberculosis verminosas. Lesiones producidas por el *Strongylus rufescens* y el *Distoma lanceolatum. Rev. Hig. San. Pec., 5*: 465.

227. GALLEGO, J. y MAS-COMA, S. (1975).- *Capillaria garfiai* n.sp. (Nematoda: Trichuridae), parásito de la mucosa lingual del jabalí, *Sus scrofa* Linnaeus, 1758 (Mammalia: Artiodactyla). *Vie et Milieu, 25*: 237.

228. GALLEGO, J.; ROCAMORA, J.M. y MAS-COMA, S. (1977).- Nuevos datos sobre *Capillaria garfiai* GALLEGO et MAS-COMA, 1975 (Nematoda: Trichuridae) parásito común del jabalí en la península ibérica. *Rev. Ibér. Parasitol., 37*: 243.

229. GALLEGO, J. y SELVA, J.M. (1979).- *Skrjabinalius guevarai* n. sp. (Nematoda: Pseudaliidae), parásito pulmonar del delfín mular *Tursiops truncatus* Montagu, 1821 (Cetacea: Delphinidae) en el Adriático. *Rev. Ibér. Parasitol., 39*: 203.

230. GALLEGO BERENGUER, J. (1945).- *Atractis emilii* n.sp. *Rev. Ibér. Parasitol.*, Vol. Extr.: 276.

231. GALLEGO BERENGUER, J. (1947).- Revisión de la familia Atractidae Travassos, 1920, con descripción de dosnuevas especies. *Rev. Ibér. Parasitol., 7*: 3.

232. GALLEGO BERENGUER, J. (1949).- Parasitismo vermidiano de los múridos españoles. *Rev. San. Hig. Públ., 33*: 169.

233. GALLEGO BERENGUER, J. y BERENGUER PUVIA, F.J. (1971).- Estudios sobre antihelmínticos. Estudio y desarrollo de un procedimiento práctico para la determinación experimental de la actividad oxiuricida. *Rev. Ibér. Parasitol., 31*: 61.

234. GALLEGO BERENGUER, J. y MAS-COMA, S. (1976).- *Capillaria garfiai* n.sp. (Nematoda: Trichuridae), parásito de la mucosa lingual del jabalí, *Sus scrofa* Linnaeus, 1758 (Mammalia: Artiodactyla). *Vie et Milieu*, ..: ..

235. GALLEGO BERENGUER, J. y PUMAROLA BUSQUETS, A. (1952).- El parasitismo por helmintos en los perros vagabundos de Barcelona. *Rev. Ibér. Parasitol., 12*: 205.

236. GALLEGO BERENGUER, J. y SELVA VALLESPINOSA, J.M. (1967).- Actividad del Kainato de dietilnodiamina frente a los helmintos parásitos intestinales de la gallina. *Rev. Ibér. Parasitol., 27*: 25.

237. GALLO ORTEGA, J.M. (1952).- Querato-conjuntivitis enzoótica en bóvidos y équidos. *Bol. Col. Vet. Burgos, 65*: 20.

238. GANDOLPHI HARNYOLD, A. (1927).- Los parásitos intestinales de la anguila en España. *Trab. Hidrob. Esp., 31*, An. Inst. Nac. 2ª Enseñ., Valencia.

239. GARCIA, A.L. et al. (1989).- Adelgazamiento progresivo en ovejas adultas: Estudio de las cargas parasitarias y de la infección paratuberculosa. *III Jornadas Prod. Animal, ITEA, 9*: 143.

240. GARCIA, I. (1932).- El *Stephanurus dentatus* en España. *Rev. Hig. San. Pec., 22*: 939 y (1933) *Trab. Inst. Biol. Animal*, Madrid, *1*: 84.

241. GARCIA, I. y MUÑOZ BALTUEÑA, L. (1932).- Dos casos de ictericia en el cerdo, determinados por ascaris. *Rev. Hig. San. Pec., 32*: 416.

242. GARCIA, S. (1915-16).- Filaria del ojo. *Rev. Hig. San. Pec., 5*: 920.

243. GARCIA ADELL, G. (1987).- Helmintofauna de algunas especies de reptiles de los Pirineos Ibéricos. *Tesis de Licenciatura*, Univ. de Valencia.

244. GARCIA-ADELL, G. y ROCA, V. (1988).- Helmintofauna de Lacértidos de los Pirineos Centrales Ibéricos. *Rev. Ibér. Parasitol., 48*: 257.

245. GARCIA ALFONSO, C. y OROZCO CORRAL, F. (1947).- Clínicas de Patología y Terapéutica quirúrgica. Estudio de algunos casos clínicos. *Ciencia Vet., 8*: 103 y (1946) *An. Fac. Vet. Madrid.*

246. GARCIA BARON, A. (1953).- Sobre el diagnóstico de las complicaciones abdominales agudas provocadas por los *Ascaris lumbricoides. Rev. Clín. Esp., 49*: 98 y *Rev. Esp. Enf. Apar. Digest. y Nutr., 12*: 47.

247. GARCIA CABERO, F. (1764).- *Instituciones de Albeyteria*. Imp. Viuda de Manuel Fernández. Madrid.

248. GARCIA DEL ESCOBAL, J.A. (1960).- Acuariosis de la paloma. *Avigán, 8*: 42.

249. GARCIA GUIJARRO, J. (1931).- Un caso de estrongilosis. *Crón. Med., 40*: 345.

250. GARCIA IZCARA, D. (1908).- La bronconeumonía verminosa del ganado lanar. *La Vet. Esp., 56*: 132, 163, 291, 310 y 323.

251. GARCIA IZCARA, D. (1927).- Estudios sobre la triquina. *Rev. Hig. San. Pec., 17*: 940.

252. GARCIA LLUCH, V. (1967).- Erradicación parasitaria y necesidad de coordinarla. *I Jorn. Nac. Prod. Porcina*, Valencia 5-9 jun., 1966. Pub. por Gráf. Orbe. Madrid: 127.

253. GARCIA-PEREZ, A.L. y JUSTE-JORDAN, R.A. (1987).- Helmintos parásitos de la oveja en el País Vasco. *Rev. Ibér. Parasitol.*, Vol. Extr.: 105.

254. GARCIA PEREZ, A.L.; JUSTE JORDAN, R.A. y POVEDANO FERNANDEZ, I. (1993).- Diez años de parasitología en el SIMA (1982-1992): Relación de especies y hospedadores. *Informe para el Indice-Catálogo de Zooparásitos Ibéricos.*

255. GARCIA VALCARCE, A. (1948).- Quiste hidatídico en hígado infectado por *Ascaris lumbricoides. Galicia Clín., 20*: 235.

256. GARRIDO, A. (1961).- La disproteinemia de la anquilomatomiasis. *Med. Trop., 37*: 576.

257. GIJON BOTELLA, H. y LOPEZ ROMAN, R. (1989).- Estudio al M.E.B. de *Angusticaecum holopterum* (Rudolphi, 1819) Baylis, 1920. *VI Cong. Nac. y I Cong. Ibér. Parasitol.*, Cáceres: 329.

258. GIJON BOTELLA, H.; LOPEZ ROMAN, R.; GOMEZ CALCERRADA, V. y MATA, J. (1985).- Parásitos del ganado caprino en Tenerife. *Simp. Int. Explot. caprina en zonas áridas*, Fuerteventura.

259. GIL COLLADO, J. (1957).- Estudios sobre dípteros hematófagos. La familia Heleidos (= Ceratopogonidos). *Rev. Med. Trop., 4*: 1.

260. GOBERNADO, M. y SANTOS, M. (1976).- Microbiología hospitalaria. *Revista de Medicina*, Univ. Navarra, *20*: 63.

261. GOMEZ, M.A. et al. (1985).- Estudio de los recientes brotes epidémicos de triquinosis ocurridos en la provincia de Sevilla. *IV Congr. Nac. Parasitol.*, Tenerife: 36.

262. GOMEZ-BARRIO, A.; ARMAS-SERRA, C. DE y BOLAS-FERNANDEZ, F. (1989).- Differential biological behaviour of *Trichinella pseudospiralis* and *T.spiralis* in birds (*Gallus domesticus*). *Rev. Ibér. Parasitol., 49*: 343.

263. GOMEZ-GARCIA, V.; RODRIGUEZ OSORIO, M. e ILLESCAS GOMEZ, M.P. (1990).- Human gongylonemiasis: a widely distributed infection with forty two cases known. *Rev. Ibér. Parasitol., 50*: 267.

264. GOMEZ LUIS, R. (1965).- *Wuchereria bancrofti* y *Loa loa* un caso de loaiasis. *Med. Trop., 41*: 408.

265. GOMEZ-MORALES, M.A.; GOMEZ-GARCIA, V. y RODRIGUEZ-OSORIO, M. (1986).- Hallazgo de *Trichinella* en perros de la provincia de Granada. *Rev. Ibér. Parasitol., 46*: 273.

266. GONZALEZ ALVAREZ, M. y GONZALEZ ALVAREZ, J. (1905).- La anquilostomiasis o anemia de los mineros. *Mem. R. Acad. Med., 4* (marzo, 1903).

267. GONZALEZ ALVAREZ, M. y GONZALEZ ALVAREZ, J. (1908).- Más sobre anquilostomiasis. *Rev. Med. y Cirug. Práct., 28*: 169.

268. GONZALEZ-ANDUJAR, J.L. y GONZALEZ-GARCIA, C. (1986).- Modelos de distribución de frecuencias de *Toxocara canis* (Nematoda) en zorro común (*Vulpes vulpes* L.). *Rev. Ibér. Parasitol., 46*: 153.

269. GONZALEZ CASTRO, J. (1944).- Contribución al estudio general del parasitismo por helmintos o sus fases larvarias de diversos múridos capturados en Granada. *Rev. Ibér. Parasitol., 4*: 38.

270. GONZALEZ CASTRO, J. (1946).- Filarias humanas y sus filariosis. *Med. Col., 7*: 29.

271. GONZALEZ CASTRO, J. (1950).- Comentarios acerca de nuestra hipótesis sobre vehiculación helmintiana del virus de la poliomielitis, con motivo de un trabajo de A.W.S. Thompson. *Rev. Ibér. Parasitol., 10*: 401.

272. GONZALEZ CASTRO, J. (1951).- Propagación de algunas helmintiasis intestinales, por el papel moneda. *Rev. Ibér. Parasitol., 11*: 3.

273. GONZALEZ CASTRO, J. (1951).- Hallazgo de *Metastrongylus apri* (Gmelin, 1790) Vostokov, 1905 en los pulmones de un niño. *Rev. Ibér. Parasitol., 11*: 265.

274. GONZALEZ CASTRO, J. y FERNANDEZ AMELA, T. (1955).- Nuevas aportaciones al estudio de la prueba de Suessenguth y Kline. *Rev. Ibér. Parasitol., 15*: 242.

275. GONZALEZ CASTRO, J. y FERNANDEZ AMELA, T. (1955).- Antígeno colesterinado a base de líquido celómico, para una nueva prueba de floculación en las ascaridiosis. *Rev. Ibér. Parasitol., 15*: 281.

276. GONZALEZ CASTRO, J. y FERNANDEZ AMELA, T. (1955).- Antígeno ascaridiósico elaborado con líquido celómico para una preba de floculación sobre porta. *Laboratorio*, agosto: 109.

277. GONZALEZ CASTRO, J.; FERNANDEZ AMELA, T. y GUEVARA POZO, D. (1955).- Primeros ensayos en España de la prueba de Suessenguth y Kline para el diagnóstico de la triquinosis. *Rev. Ibér. Parasitol., 15*: 3.

278. GONZALEZ CASTRO, J.; FERNANDEZ AMELA, T. y GUEVARA POZO, D. (1955).- Comportamiento de la prueba de Suessenguth y Kline en sueros humanos y de animales afectados de diversas parasitosis. *Rev. Ibér. Parasitol.*, Vol. Extr.: 193.

279. GONZALEZ CASTRO, J. y GUEVARA BENITEZ, D.C. (1964).- Parasitismo intestinal por helmintos en Granada. *I Congr. Int. Parasitol.*, Sec. D5, Roma.

280. GONZALEZ CASTRO, J. y GUEVARA BENITEZ, D.C. (1966).- Parasitismo intestinal humano por helmintos en la provincia de Granada (de 1957 a 1963). Indices globales de parasitación. *Rev. Ibér. Parasitol., 26*: 377.

281. GONZALEZ CASTRO, J. y GUIRAUN, A. (1958).- Estudio comparativo de los métodos de Watson y de Otto Hewiet y Strahan, en cuanto a su eficiencia para concentrar huevos de *Ascaris lumbricoides* y *Trichuris trichiura. Rev. Méd. Est. Gral. Navarra, 2*: 71.

282. GONZALEZ CASTRO, J.; LIZCANO HERRERA, J. y MARTOS GUTIERREZ, M.L. (1959).- Comportamiento de la prueba de Sussenguth y Kline en cerdos sometidos a infestaciones triquinosas de diversos grados de intensidad. *Rev. Ibér. Parasitol., 19*: 3.

283. GONZALEZ CASTRO, J. y MAÑAS MONTALVO, J. (1952).- Posible infección accidental y simultánea con virus poliomielítico y huevos de *Enterobius vermicularis. Rev. Ibér. Parasitol., 12*: 227.

284. GONZALEZ CASTRO, J. y MAÑAS MONTALVO, J. (1953).- Helmintiasis intestinales en poliomielitis. Estudio de 24 casos. *Rev. Ibér. Parasitol., 13*: 3.

285. GONZALEZ CASTRO, J. y MARTOS GUTIERREZ, M.L. (1958).- Eficiencia comparativa de los métodos de Watson y Otto Hewiett y Strahan para concentrar huevos de *Ascaris lumbricoides* y *Trichuris trichiura. Rev. Ibér. Parasitol., 18*: 167.

286. GONZALEZ CASTRO, J. y RODRIGUEZ BURGOS, A. (1961).- Empleo de la bentonita como soporte antigénico para una prueba de floculación en la ascaridiosis. *Rev. Ibér. Parasitol., 21*: 169.

287. GONZALEZ CASTRO, J. y RODRIGUEZ BURGOS, A. (1967).- Toxoplasmosis and *Toxocara canis*. Carta al editor de *Archives of Ophthalmology*, agosto.

288. GONZALEZ CASTRO, J.; RODRIGUEZ OSORIO, M.; PEREZ GARRO, M.C. y GOMEZ GARCIA, V. (1972).- Purificación de larvas de *Trichinella spiralis. Rev. Ibér. Parasitol., 32*: 1.

289. GONZALEZ CASTRO, J. y RUIZ DEL RINCON, E.C. (1958).- Transmisión de inmunocuerpos de la madre a los hijos en conejas inmunizadas con líquido celómico de *Ascaris suum. Rev. Ibér. Parasitol., 18*: 129.

290. GONZALEZ CASTRO, J. y RUIZ DEL RINCON, E.C. (1958).- Influencia de los estrógenos, progesterona, A.C.T.H. pituitrina y cortisona, sobre la concentración de anticuerpos ascaridianos en sangre. *Rev. Ibér. Parasitol., 18*: 141.

291. GONZALEZ CASTRO, J.; RUIZ DEL RINCON, E.C. y RODRIGUEZ GARCIA, F. (1958).- Estudio sobre la infestación natural prenatal con *Toxocara canis* (Werner, 1782) Johnston, 1916. Aportación de varios casos. *Rev. Ibér. Parasitol., 18*: 89.

292. GONZALEZ CASTRO, J.; TORMO, J. y CHORDI CORVO, A. (1962).- Aportación al estudio de las helmintiasis intestinales de los perros. I. Especies parásitas e índices de parasitación. *Rev. Ibér. Parasitol., 22*: 271.

293. GONZALEZ HORTAL, L. (1971).- Estrongilosis digestivas de los équidos en León. *Curso de Parasitología*. Fac. Vet. León.

294. GONZALEZ RODRIGUEZ, F.J. et al. (1985).- Cuadro hemáticoen *Rattus norvegicus* parasitadas por *Capillaria hepatica* y *Hepatozoon muris. IV Congr. Nac. Parasitol.*, Tenerife: 164.

295. GONZALEZ SANTIAGO, P.M.; ASTASIO ARBIZA, P. y CARVAJAL GALLARDO, M. (1987).- Estudio helmintológico de *Gallotia atlantica atlantica* Petters y Doria, 1882 de la Isla de Lanzarote (Islas Canarias). *V Congr. Nac. Parasitol.*, Salamanca: 191.

296. GONZALEZ DE VEGA, N. (1948).- Estudio clínico del paso pulmonar de las larvas de áscaris en el hombre. *Rev. Ibér. Parasitol., 88*: 94.

297. GONZALEZ DE VEGA, N.; GOMEZ-MORENO, C. y RODRIGUEZ AGUILAR, M. (1955).- Las enfermedades parasitarias broncopulmonares en Granada. *Rev. Ibér. Parasitol.*, Vol. Extr.: 451.

298. GOYANES, J. (1936).- Hallazgos del *Trichosomoides cracicauda* en las ratas de Madrid. *Med. Pais. Cál., 9*: 305.

299. GRANEL, P.; PORTOLES, E. y ESTEBAN, J.G. (1992).- Influencia del ecosistema sobre la comunidad helmintiana de la musaraña común, *Crocidura russula* (Hermann, 1780), en el parque natural de la Albufera de Valencia. *IX Reun. Cient. Asoc. Parasitol. Esp.*, León: 80.

300. GRATACOS MASSANELLA, J. (1926).- Las regresiones en la triquinosis. *Rev. Hig. San. Pec., 16*: 222.

301. GRASA JORDAN, M.P. et al. (1979).- Filariasis por Loa loa (loaiasis). *Actas Dermo-Sifiliográficas, 70*: 467.

302. GUEVARA POZO, D. (1953).- Anomalía en el aparato genital de una hembra de *Ascaris lumbricoides* del cerdo. *Rev. Ibér. Parasitol., 13*: 247.

303. GUEVARA POZO, D. (1953).- Obtención de huevos y larvas de áscaris en forma aséptica. *Rev. Ibér. Parasitol., 13*: 333.

304. GUEVARA POZO, D. (1957).- Las fases iniciales en el desarrollo del *Ascaris lumbricoides*, del cerdo. I. Estudio de las cubiertas del huevo, con algunas aportaciones experimentales. *Rev. Ibér. Parasitol., 17*: 117.

305. GUEVARA POZO, D. (1959).- Las fases iniciales en el desarrollo del *Ascaris lumbricoides* del cerdo. II. Experiencias sobre la viabilidad de los huevos y formación del embrión. *Rev. Ibér. Parasitol., 19*: 113.

306. GUEVARA POZO, D. y GALDON, V. (1960).- Observaciones sobre el parasitismo en Granada por *Ascaridia galli. Ars Pharm., 1*: 303.

307. GUEVARA POZO, D. y GALDON, V. (1960).- Encuesta parasitológica sobre *Ascaridia galli* (Schrank) en *Gallus gallus* L. de la región granadina. *Rev. Ibér. Parasitol., 20*: 411.

308. GUEVARA POZO, D. y MONTEOLIVA HERNANDEZ, M. (1959).- Alfa-amilasa en *Ascaridia galli. Rev. Ibér. Parasitol., 19*: 105.

309. GUILLAMON, A. (1927).- *La uncinariosis en la huerta de Murcia.* Tesis doctoral. Madrid.

310. GUILLAMON, A, (1928).- Más sobre anquilostomiasis en la huerta de Murcia, con un prólogo del Dr. Pittaluga. *Med. Pais. Cál., 1*: 54.

311. GUTIERREZ, P.N.; HERNANDEZ, S. y NAVARRETE, I. (1983).- Nuevas aportaciones a la parasitofauna española: I. Spiruridos "sensu lato". *III Congr. Nac. Parasitol.*, Barcelona, 11-14 julio: 42.

312. GUTIERREZ, P.N.; MARTINEZ GOMEZ, F.; NAVARRETE, I. y ACOSTA, I. (1982).- Parásitos de Corvidae (Aves: Passeriformes) en el valle de los Pedroches (Córdoba). Primera relación. *Rev. Ibér. Parasitol.*, Vol. Extr.: 95.

313. HERGUETA G. DE GUADIANA, G. (1957).- Parasitosis intestinal y atebrina. *Rev. Inf. Méd. Terap., 32*: 353.

314. HERMOSO YAÑEZ, R. y MONTEOLIVA HERNANDEZ, M. (1970).- Estudios de supervivencia de helmintos parásitos. II. Influencia de diversas sustancias relacionadas con el metabolismo de los glúcidos. *Rev. Ibér. Parasitol., 30*: 431.

315. HERMOSO YAÑEZ, R. y MONTEOLIVA HERNANDEZ, M. (1970).- Estudios de sobrevivencia de helmintos parásitos. III. Acción de los antihelmínticos y otras drogas sobre la sobrevivencia del *Ascaris lumbricoides. Rev. Ibér. Parasitol., 30*: 567.

316. HERMOSO YAÑEZ, R. y MONTEOLIVA HERNANDEZ, M. (1973).- Bioquímica del *Ascaris lumbricoides* del cerdo. II. Trealosa y glucosa en líquido perivisceral. *Rev. Ibér. Parasitol., 33*: 427.

317. HERNANDEZ, S.; GUTIERREZ, P.N. y ACOSTA, I. (1983).- Nuevas aportaciones a la parasitofauna española: II. Filarioidea. *III Congr. Nac. Parasitol.*, Barcelona, 11-14 julio: 43.

318. HERNANDEZ, S. et al. (1980).- Parásitos del Ciervo (*Cervus elaphus*) en Córdoba. I. Primera relación. *Rev. Ibér. Parasitol., 40*: 93.

319. HERNANDEZ LOPEZ, E. (1943).- Importancia de la ascaridiasis en los procesos quirúrgicos del aparato digestiva. *Rev. Ibér. Parasitol., 3*: 69.

320. HERNANDEZ LOPEZ, E. (1948).- Intervenciones quirúrgicas motivadas por la ascaridiosis constituida. *Rev. Ibér. Parasitol., 8*: 128.

321. HERNANDEZ LOPEZ, E. y DOMINGUEZ MARTINEZ, J. (1945).- Apendicitis y Oxyuros. *Rev. Ibér. Parasitol.*, Vol. Extr.: 316.

322. HERNANDEZ PACHECO, D. (1927).- La anquilostomiasis en las minas de Andalucía. *Asoc. Esp. Progr. Cienc. Congr. Cádiz, 2*: 105.

323. HERNANDEZ PACHECO, D. (1927).- Contribución al estudio de la anquilostomiasis en la zona minera de Linares (Jaén) y resultados obtenidos hasta el presente. *Bol. Técn. Direc. Gral. San., 2*: 297.

324. HERNANDEZ PACHECO, D. (1928).- El problema de la anquilostomiasis en las minas de España. *Med. Pais. Cál., 1*: 39.

325. HERNANDEZ-RODRIGUEZ, S. y GUTIERREZ-PALOMINO, P.N. (1992).- *Gongylonema (Progongylonema) pacoi* n.subgen. n.sp. (Spiruroidea: Gongylonematidae) parasite d'oiseaux corvidae. *Ann. Parasitol. Hum. Comp., 67*: 188.

326. HERNANDEZ-RODRIGUEZ, S.; GUTIERREZ-PALOMINO, P. y MARTINEZ- GOMEZ, F. (1986).- *Aprocta intraorbitalis* n.sp. (Nematoda, Aproctoidea) parasite de la pie bleue à calotte noire Cyanopica cyanus (Passeriformes, Corvidae). *Ann. Parasitol. hum. et comp., 61*: 65.

327. HERNANDEZ RODRIGUEZ, S.; MARTINEZ GOMEZ, F. y GUTIERREZ PALOMINO, P. (1986).- *Elaeophora elaphi* n.sp. (Filarioidea: Onchocercidae) parasite of the red deer (*Cervus elaphus*). With a key of species of the genus *Elaeophora. Ann. Parasitol. hum. et comp., 61*: 457.

328. HERNANDEZ-RODRIGUEZ, S.; MARTINEZ-GOMEZ, F.; GUTIERREZ- PALOMINO, p. y MARTINEZ-CRUZ, M.S. (1984).- Parasitocenosis of red deer (*Cervus elaphus*) in Sierra Morena, Córdoba, Spain. *Sonderdruck aus Verhandl. des 26 Int. Symp. über die Erkrank. der Zootiere*, Brno: 429.

329. HERNANDEZ RODRIGUEZ, S. et al. (1975).- *Cyathostoma bronchialis* (MÜHLING, 1884) CHAPIN, 1925 (Nematoda: Syngamidae) en *Anser anser*, primera cita en España. *Rev. Ibér. Parasitol., 35*: 367.

330. HERRERO, J.J. et al. (1987).- Sobre la presencia de nematodos Trichostrongyloideos en los quirópteros españoles. *V Congr. Nac. Parasitol.*, Salamanca: 135.

331. HERRERO MARTIN, F. y MARTIN CALAMA, A. (1961).- El problema de la triquinosis en la provincia de Cáceres. *Rev. Hig. San. Públ.*, *35*: 10.

332. HOMEDES RANQUINI, J. (1929).- Datos citomorfológicos relacionados con la determinación del sexo en *Ascaris megalocephala. Rev. Hig. San. Pec.*, *19*: 421.

333. HOMEDES RANQUINI, J. (1931).- Datos citomorfológicos relacionados con la determinación del sexo en *Ascaris megalocephala* v. *bivalens. Asoc. Esp. Progr. Cienc.*, *9*: 5.

334. HOMEDES RANQUINI, J. (1933).- Estudio del aparato cromosómico del *Ascaris suilla* y *Ascaris vitulorum* Goeze. *Rev. Hig. San. Pec.*, *23*: 317 y *Trab. Inst. Biol. Anim.*, *1*: 17.

335. HORNERO GARCIA, M.J. (1987).- Contribución al conocimiento de la helmintofauna de los anfibios anuros de los Pirineos Ibéricos. *Tesis de Licenciatura*, Univ. de Valencia.

336. HORNERO GARCIA, M.J. (1991).- Helmintofauna de los lacértidos endémicos de las Islas Baleares. *Tesis Doctoral*, Univ. de Valencia.

337. HUGOT, J.P. y FELIU, C. (1990).- Description de *Syphabulea mascomai* n.sp. et analyse du genre *Syphabulea. Systematic Parasitology, 17*: 219.

338. IBAÑEZ GONZALEZ, R. y GALLEGO CAPILLA, J. (1955).- Resultados parciales obtenidos en la investigación microbiológica de aguas residuales de la provincia de Granada. *Rev. Ibér. Parasitol.*, Vol. Extr.: 853.

339. IGLESIA, R. DE LA y ARCINIEGA, M. (1902).- *Patología especial de los animales domésticos*. Edit. San Rafael. Msdrid. Tomo III: 513.

340. IGLESIAS, R. et al. (1991).- Influencia del biotopo de captura sobre la parasitofauna de *Apodemus sylvaticus* en Galicia. *I Congr. Int. Asoc. Sudoccid. Europ. Parasitol.*: 48.

341. IGLESIAS BRIONES, M.J.; MARIÑO, F.; TRIGO, D. y DIAZ COSIN, D.J. (1992).- Lombrices de tierra de Asturias, León, Zamora y Salamanca. II. Familias Megascocelidae, Acanthodrilidae y Hormogastridae y otros Lumbricidae. *Bol. R. Soc. Esp. Hist. Nat.* (Biol.), *88*: 19.

342. ILLESCAS GOMEZ, M.P.; RODRIGUEZ OSORIO, M.; GOMEZ GARCIA, V. y GOMEZ MORALES, M.A. (1987).- Primer caso humano de gongilonemiosis en España. Estudio morfológico del parásito. *V Congr. Nac. Parasitol.*, Salamanca: 91.

343. ILLESCAS GOMEZ, M.P.; RODRIGUEZ OSORIO, M. y ARANDA MAZA, F. (1992).- Raptors and omnivorous passeriformes in Spain by helminths. *Research and Reviews in Parasitology*, ..

344. ILLESCAS GOMEZ, M.P.; RODRIGUEZ OSORIO, M. y GOMEZ GARCIA, V. (1989).- Estado sanitario de las aves depredadoras y passeriformes omnívoros. Su importancia en la desertificación de zonas ecológicas. *VI Cong. Nac. y I Cong. Ibér. Parasitol.*, Cáceres: 270.

345. ILLESCAS GOMEZ, M.P.; RODRIGUEZ OSORIO, M.; GOMEZ GARCIA, V. y GOMEZ MORALES, M.A. (1988).- Human Gongylonemiasis infection in Spain. *J. Trop. Med. Hyg.*, *38*: 363.

346. ILLESCAS-GOMEZ, M.P. et al. (1989).- Parasitismo por helmintos en el perro (*Canis familiaris* L.) en la provincia de Granada. *Rev. Ibér. Parasitol.*, *49*: 3.

347. ILLESCAS-GOMEZ, M.P. et al. (1989).- Estudio del parasitismo por helmintos o sus fases larvarias de *Rattus norvegicus* Berkenhout, 1769 en Granada. *Rev. Ibér. Parasitol.*, *49*: 203.

348. IZQUIERDO GOMEZ, S. (1987).- Contribución al conocimiento de los helmintos parásitos de herpetos de la provincia de Alicante. *Tesis de Licenciatura*, Univ. de Valencia.

349. JIMENEZ MILLAN, F. (1959).- Contribución al estudio de los helmintos parásitos de los animales domésticos. *Rev. Ibér. Parasitol.*, *19*: 25.

350. JIMENEZ MILLAN, F. (1961).- Dos helmintos en los córvidos españoles. *An. R. Acad. Farm.* Madrid, *27*: 17.

351. JIMENEZ MILLAN, F. y LOPEZ CABALLERO, E.A. (1975).- Encuesta sobre parasitismo por nematodos hemáticos y tisulares en aves españolas. *Ardeola*, Vol. Extr.(21), fasc. 2: 1.111.

352. JORDANO BAREA, D. (1945).- Primeros casos de conjuntivitis verminosa en terneros, debidos a *Thelazia rhodesi* (Desmarets, 1827). *Zootecnia*, *6*: 28 y (1946) *Rev. Ibér. Parasitol.*, *6*: 239.

353. JORDANO BAREA, D. (1946).- *Dirofilaria immitis* causa probable de muerte durante una intervención quirúrgica en el abdomen y hallazgo de *Spirocerca sanguinolenta* Rudolphi. *Bol. Zootec.* Córdoba, *2*: 29.

354. JORDANO BAREA, D. y GONZALEZ GALLARDO, B. (1959).- Pelos de orugas hallados como cuerpos extraños en el análisis triquinoscópico de carne de cerdo. *XVI Cong. Mund. Vet.*, Madrid, vol. II: 755.

355. JUAREZ, E. (1953).- Consideraciones sobre cinco epidemias de triquinosis. *Rev. San. Hig. Públ., 27*: 88.

356. JULIAN NATIVIDAD, L. (1992).- Estudio taxonómico y ecológico de la parasitofauna de la solleta, *Citharus linguatula* (Linnaeus, 1758) (Osteichthyes: Citharidae), en la zona marítima de Castellón (Mediterráneo Occidental). *Tesis de Licenciatura*, Univ. de Valencia.

357. JUSTE, R.A. y GARCIA, A.L. y MENCIA, L. (1992).- Mixed infestation of a domestic cat by *Aelurostrongylus abstrusus* and *Oslerus rostratus. Angew. Parasitol., 33*: 56.

358. JUSTE, R.A. y MENCIA, L.M. (1987).- Bronco-neumonía por infestación mixta con *Oslerus rostratus* y *Aelurostrongylus abstrusus* en un gato de Vizcaya. *V Congr. Nac. Parasitol.*, Salamanca: 103.

359. JUSTE, R.A. et al. (1988).- Observaciones sobre helmintos parásitos del ganado ovino en la provincia de Zaragoza. *I Symp. de Pat. ovina y caprina*, Zaragoza: 36.

360. LACASA, M.I. et al. (1991).- Estudio parasitológico de *Barbus meridionalis meridionalis*. II. Cestoda y Nematoda. *I Congr. Int. Asoc. Sudoccid. Europ. Parasitol.*: 67.

361. LAFUENTE QUILEZ, M. (1992).- Helmintofauna de *Algyroides marchi* Valverde, 1958 y *Podarcis hispanica* (Steindachner, 1870) (Sauria: Lacertidae) en las Sierras de Alcaraz y Cazorla. *Tesis de Licenciatura*, Univ. de Valencia.

362. LAGUNA SANZ, E. (1956).- Aportaciones al conicimiento de la patología regional. Sobre un caso de querato-conjuntivitis verminosa del ganado vacuno producida por la *Thelazia rhodesi. Col. Of. Vet.* Badajoz, *16*: 279.

363. LAGUNA SANZ, E. (1959).- Aportación al conocimiento de las verminosis gástricas del cerdo. *Avigán, 7*: 55.

364. LAGUNA SANZ, E. y PAREDES ESTEBAN, .. (1955).- Aportaciones al conocimiento de la patología ovina regional. Sobre bunostomiasis del ganado lanar. *Cir. Inform. Col. Of. Vet. Badajoz, 120*: 22.

365. LAUMOND, C. y BEAUCOURNU, J.C. (1978).- *Neoparasitylenchus megabothris* n.sp. (Tylenchida: Allantonematidae) parasite de *Megabothris turbidus* (Siphonaptera, Ceratophyllidae), observations sur les Tylenchides de puces dans le Sud-Ouest de l'Europe. *Ann. Parasitol. hum. et comp., 53*: 291.

366. LAZARO PORTA, A. (1973).- Estudio de las nematodosis del cerdo. *Veterin-Extracta, 102*: 20.

367. LEITAO, J.L. DA SILVA (1963).- *Parásitas dos animais domésticos em Portugal metropolitano*. Inst. Alta Cultura. Fund. Galouste-Gulbekian, Lisboa.

368. LEITAO, J.L. DA SILVA; OLIVEIRA RODRIGUES, H. y CARVALHO VAREAL, M. (1969).- *Subsidio para o estudo da fauna helmintologica da galinha doméstica (Gallus gallus L.) em Portugal metropolitano*. Esc. Sup. Med. Vet. Lisboa.

369. LIZCANO HERRERA, J. (1950).- Estrongilosis intestinales equinas. *Supl. Cient. Bol. Inf. Cons. Gral. Col. Vet. Esp., 4*: 285 y 397 y (1951) *Rev. Ibér. Parasitol., 11*: 283.

370. LIZCANO HERRERA, J. (1953).- Aportaciones al conocimiento de las ascaridiosis porcinas y su tratamiento con fluoruro de sodio. *Trab. Lab. Pec. Andalucía Oriental, 1*: 37.

371. LIZCANO HERRERA, J. (1958).- Contribución al conocimiento de los *Oesophagostomum* del cerdo *Oesophagostomum dentatum* (Rudolphi 1803), *Oe.granatensis* nov. especie y *Oe.longicaudum* (Goodey, 1925), nuevo en España. *Rev. Ibér. Parasitol., 18*: 221.

372. LIZCANO HERRERA, J. y ROMERO RODRIGUEZ, J. (1969).- A) Anquilostomiasis canina (*Ancylostoma caninum*, ERCOLANI, 1859, HALL 1913). B) Coccidiosis canina (*Eimeria canis* WENYON, 1923). *Rev. Ibér. Parasitol., 29*: 63.

373. LIZCANO HERRERA, J. y ROMERO RODRIGUEZ, J. (1971).- Metastrongilosis pulmonar en el *Sus scrofa* (T.). Presencia de *Choerostrongylus pudendotectus* y *Metastrongylus apri*. *Rev. Ibér. Parasitol., 31*: 385.

374. LIZCANO HERRERA, J.; ROMERO RODRIGUEZ, J. y GUEVARA POZO, D. (1970).- El parasitismo por "helmintos gastrointestinales" en bóvidos, ovinos y caprinos procedentes del Matadero Municipal de Granada (España). *Int. Congr. Parasitol.*, Washington, Proc. 1: 211 (*J. Parasitol., 56*(4), Sec. 2, part 1, nº 384.)

375. LLUCH, J.; NAVARRO, P. y IZQUIERDO, S. (1990).- Sobre la helmintofauna de *Rana temporaria* Linnaeus, 1758 en el Pirineo español. *Rev. Esp. Herp., 4*: 67.

376. LLUCH, J.; ROCA, V.; NAVARRO, P. y MAS-COMA, S. (1987).- Helmintofauna de los Herpetos ibéricos: estado actual de conocimientos, consideraciones ecológicas y estimaciones corológicas. En: *Mamíferos y Helmintos*. Vol. homenaje al Prof. Dr. Herman Kahmann en su 81 aniversario. Edit. Ketres, Barcelona: 143.

377. LLUCH-TARAZONA, J. y NAVARRO-GOMEZ, P. (1986).- *Rhabdias fuscovenosa* (RAILLIET, 1899) GOODEY, 1924, parásito pulmonar de culebras de agua. *Rev. Ibér. Parasitol., 46*: 63.

378. LOPEZ, R.; ACOSTA, I.; NAVARRETE, I. y GUTIERREZ, P.N. (1981).- Primera cita en España de *Capillaria tridens* (Nematoda, Trichuridae) parásito del gorrión común *Passer domesticus*. *Rev. Ibér. Parasitol., 41*: 316.

379. LOPEZ BALAGUER, E. (1988).- Helmintofauna de dos especies afines del género *Podarcis* Wagler, 1830 (Reptilia: Lacertidae) en el Noroeste peninsular. *Tesis de Licenciatura*, Univ. de Valencia.

380. LOPEZ CABALLERO, E.J. (1974).- *Chandlerella hispanica* n.sp., filaria parásita de los zorzales. *Bol. R. Soc. Esp. Hist. Nat.* (Biol.), *72*: 145.

381. LOPEZ CABALLERO, E.J. (1975).- Precisiones sobre las variabilidades morfológicas de *Diplotriaena henry* Blanc, 1919 (Nematoda: Diplotriaenoidea) y su presencia en Túrdidos en España. *Cuadernos de Ciencias Biológicas, 4*: 89.

382. LOPEZ-CABALLERO, E.J. (1978).- Incidencia del parasitismo por formas de la superfamilia Filariodea (Nematoda: Spirurina) en aves del género *Turdus*. *Boletín de la Estación Central de Ecología, 7*: 67.

383. LOPEZ CABALLERO, E.J. (1982).- Estudio sobre microfilarias. I. La microfilaria de *Cardiofilaria pavlovskyi* STROM, 1937 (Nematoda: Filarioidea). *Rev. Ibér. Parasitol.*, Vol. Extr.: 57.

384. LOPEZ-CABALLERO, E.J.; COY-OTERO, A. y CANO-MARTIL, S. (1987).- *Diplotriaenia isabellina* Koroliova, 1926 (Diplotriaenoidea) y *Lissonema coraciae* (Gmelin, 1790) Bain y Mawson, 1981 (Aproctoidea), descritas por primera vez en España. *Rev. Ibér. Parasitol., 47*: 381.

385. LOPEZ-CABALLERO, E.J.; VALLEJO, D.; CANO-MARTIL, S. y VALLE-PORTILLA, M.T. DEL (1992).- Descripción de estructuras cefálicas y corporales de Microfilarias (Nematoda, Filariodea) de aves españolas, mediante técnicas histoquímicas. *Bol. R. Soc. Esp. Hist. Nat.* (Biol.), *88*: 179.

386. LOPEZ FLORES, J. (1914).- Un nuevo procedimiento de tinción de la triquina. *Rev. Vet. Esp., 8*: 473.

387. LOPEZ GORGE, J. (1969).- Metabolismo de la arginina en *Ascaris lumbricoides*. Actividad L-aminoácido oxidásica. *Rev. Ibér. Parasitol., 29*: 371.

388. LOPEZ GORGE, J. y MONTEOLIVA, M. (1969).- Metabolismo de la arginina en *Ascaris lumbricoides*. Actividades L-arginina-carboxilasa y arginásica. *Rev. Ibér. Parasitol., 29*: 3.

389. LOPEZ GORGE, J. y MAYOR, F. (1969).- Actividad lisina-descarboxilasa en *Ascaris lumbricoides* y *Moniezia expansa*. *Rev. Ibér. Parasitol., 29*: 219.

390. LOPEZ-NEYRA, C.R. (1919).- Algunos dipilídidos parásitos del perro y del gato. *Rev. Vet. Esp., 13*: 473.

391. LOPEZ-NEYRA, C.R. (1922).- Notas helmintológicas (4ª serie) con dos especies nuevas del género Allodapa. *Bol. R. Soc. Esp. Hist. Nat., 22*: 402.

392. LOPEZ-NEYRA, C.R. (1925).- *La apendicitis y su origen vermidiano*. Discurso de apertura del Curso Académico 1925-26. Univ. Granada. Ed. López-Guevara.

393. LOPEZ-NEYRA, C.R. (1929).- Primer caso de parasitismo por el *Stephanurus dentatus* en Europa. *Bol. R. Soc. Esp. Hist. Nat., 15*: 241.

394. LOPEZ-NEYRA, C.R. (1930).- Datos para el esclarecimiento del ciclo evolutivo de las tenias del género *Davainea*. *Med. Pais. Cál., 3*: 31.

395. LOPEZ-NEYRA, C.R. (1933).- Apendicitis oxiuros. *Gac. Méd. Esp., 7*: 635.

396. LOPEZ-NEYRA, C.R. (1933).- Forma clínica curiosa por asociación parasitaria de áscaris y tricocéfalos. *Med. Pais. Cál., 6*: 8.

397. LOPEZ-NEYRA, C.R. (1945).- Estudios y revisión de la familia Subuluridae, con descripción de especies nuevas. *Rev. Ibér. Parasitol., 5*: 271.

398. LOPEZ-NEYRA, C.R. (1946).- *Parahistiostrongylus viguerasi* n.sp. Trichostrongylidae, nuevo de quirópteros en España. *Rev. Ibér. Parasitol., 6*: 245.

399. LOPEZ-NEYRA, C.R. (1946).- Compendio de Helmintología Ibérica. *Rev. Ibér. Parasitol., 6*: 346.

400. LOPEZ-NEYRA, C.R. (1946).- *Subulura baylisi* mom.nov. para *Subulura coturnicis* LOPEZ NEYRA, 1945 nec Yamaguti. *Rev. Ibér. Parasitol., 6*: 383.

401. LOPEZ-NEYRA, C.R. (1947).- *Helmintos de los vertebrados ibéricos*. 3 vol. Imp. Urania. Granada.

402. LOPEZ-NEYRA, C.R. (1947).- *Parasitología animal*. Ed. Prieto, Granada.

403. LOPEZ-NEYRA, C.R. (1947).- Teniasis aviares en las gallinas. *Supl. Cient. Bol. Inf. Cons. Gral. Col. Vet. Esp., 1*: 233.

404. LOPEZ-NEYRA, C.R. (1947).- Los Capillarinae. *Mem. R. Acad. Cienc. Exactas, Fís. y Nat., 12*.

405. LOPEZ-NEYRA, C.R. (1951).- *Sanguinofilaria jordanoi* n.sp. (Nematoda Filaroidea). *Bol. Univ. Granada*, Farmacia: 291.

406. LOPEZ-NEYRA, C.R. (1953).- Filariosis autóctonas en España. *IV Congr. Int. Hig. y Med.*, Barcelona.

407. LOPEZ-NEYRA, C.R. (1953).- Las thelaziosis oculares humanas, con su primer caso observado en España. *Rev, Ibér. Parasitol., 13*: 79.

408. LOPEZ-NEYRA, C.R. (1955).- Nenatodos tisulares del perro en la Península Ibérica. *Veterinaria, 7*: 5.

409. LOPEZ-NEYRA, C.R. (1958).- Sobre unos vermes parásitos obtenidos en el *Ziphius cavirostris* Cuvier (Cétaceo: Denticeto) varado en Almería, en especial de *Crassicauda gilikiana* (Spiruroi dea: Tetrameridae). *Rev. Ibér. Parasitol., 18*: 13.

410. LOPEZ-NEYRA, C.R. y ARANDES ADAN, R. (1953).- Segundo caso de dirofilariosis conjuntival humana en España. *Rev. Ibér. Parasitol., 13*: 323.

411. LOPEZ-NEYRA, C.R. y BALCAZAR RUBIO, M. (1951).- Primer caso de parasitismo humano por *Dirofilaria conjuntivae* (Addario) en España. *Medicamenta, 9*: 291.

412. LOPEZ-NEYRA, C.R. y BALCAZAR RUBIO, M. (1951).- La dirofilariosis conjuntival, nueva afección humana. *Rev. Ibér. Parasitol., 11*: 369.

413. LOPEZ-NEYRA, C.R. y MEDINA BLANCO, M. (1951).- Notas helmitológicas cordobesas. *Rev. Ibér. Parasitol., 11*: 23.

414. LOPEZ-NEYRA, C.R. y TARAZONA VILAS, J.M. (1955).- Reflexiones sobre filarias cardíacas. *Medicamenta, 7*: 87.

415. LOPEZ-NEYRA, C.R. y TORRES LOPEZ, A. (1928).- Gusanos parásitos intestinales del hombre en España. *Med. Pais. Cál., 5*: 9.

416. LOPEZ PRIOR, A. (1948).- La ascaridiosis humana. VII. Aportaciones al estudio de la epidemiología de la ascaridiosis. *Rev. Ibér. Parasitol., 8*: 171.

417. LOPEZ ROMAN, R. y COLLADO GONZALEZ, F. (1969).- Parasitismo intestinal humano en la provincia de Granada, diagnosticado en la población infantil coprológicamente y por cinta adhesiva. Parte I. *Rev. Ibér. Parasitol., 29*: 413.

418. LOPEZ-ROMAN, R. y GUEVARA-POZO, D. (1977).- Distribution in the host of some parasites of *Clemmys leprosa* Schweigger of the Province of Granada, Spain. *I Medit. conf. on Parasitol.*, Izmir: 133.

419. LOPEZ SANCHEZ, E. (1936).- Contribución al estudio de la bronquitis verminosa del cerdo. *Rev. Hig. San. Pec., 26*: 8.

420. LUENGO MIRO, E. (1953).- La triquinosis ignorada en Madrid. *Rev. San. Hig. Pub., 27*: 448.

421. LUENGO, M. y RODRIGUEZ, H. (1954).- Presencia y cantidad de infección triquinósica en los músculos pilar-carnoso del diafragma, maseteros, faríngeos e intercostales del cerdo. *Bol. Chil. Parasitol., 9*: 82.

422. MADARIAGA, B. (1970).- Contribución al estudio del rape (*Lophius piscatorius* L. y *L.budegassa* Spinola). *V Sem. Nac. Vet. (Prod. Pesca y sus Industrias)*, Santiago de Chile, 3-8 agosto 1970: 287. Cográfica, Madrid, 1971.

423. MALDONADO MALDONADO, A. (1930).- Un caso clínico de *Filaria loa* con extracción de un parásito adulto, observado en un individuo procedente de Fernando Poo. *Med. Pais. Cál., 3*: 534.

424. MALDONADO QUILES, A. (1957).- Un caso más de parasitismo endometrial por oxiuros. *Rev. Ibér. Parasitol., 17*: 275.

425. MALDONADO SAMPEDRO, M. (1935).- Un foco de necatoriasis importado en Castañar de Ibor. *Med. Pais. Cál., 8*: 217.

426. MALDONADO SAMPEDRO, M. (1936).- La lucha contra la anquilostomiasis en la Sociedad de Peñarroya. *Med. Pais. Cál., 8*: 361.

427. MALLACH, M.P. et al. (1985).- Primeros datos helmintológicos sobre la musaraña *Crocidura russula* (Hermann, 1780) (Insectivora: Soricidae) en el Sur de España. *IV Congr. Nac. Parasitol.*, Tenerife: 211.

428. MANGA-GONZALEZ, M.Y. y MORRONDO-PELAYO, M.P. (1980).- Notes on natural infection of some Helicidae spp. (Molusca, Stylommatophora) by Protostrongylinae sheep larvae. *Haliotis, 10*: 92.

429. MANGA-GONZALEZ, M.Y. y MORRONDO-PELAYO, M.P. (1982).- Notes on natural infection of some Helicidae species (Mollusca, Stylommatophora) by Protostrongylinae sheep larvae. *Malacologia, 22*: 61.

430. MARCOS-LANZAROT, M. y SANCHEZ-LUCAS, J.G. (1953).- Lesiones vasculares en la triquinosis. *Rev. Clín. Esp., 47*: 34.

431. MARINA VELEZ, M. (1959).- Cuadros apendiculares por la presencia de *Ascaris lumbricoides* dentro de la luz apendicular. *An. Casa Salud Valdecilla, 20*: 73.

432. MARTIN, A. (1924).- La evolución de los ascárides; la pneumonía ascaridiana. *Rev. Hig. San. Pec., 14*: 277.

433. MARTIN, L.D. (1936).- Consideraciones sobre varios casos de triquinosis. *Med. Pais. Cál., 9*: 75.

434. MARTIN HERNANDEZ, T. (1930).- *El paludismo en la provincia de Salamanca*. Resumen de 5 años. Inst. Prov. Hig. Folleto nº 5, Imp. Gac. Reg. Salamanca.

435. MARTIN LOMEÑA, S. (1946).- Contribución a un plan provincial de la lucha contra algunas enfermedades parasitarias de la ganadería de Salamanca. *Ciencia Vet., 34*: ..

436. MARTIN ROMERO, C. (1966).- Experiencias con Thibenzole en un rebaño de ovejas. *Avigán, 15*: 21.

437. MARTIN ROMERO, C. (1970).- Incidencia de las helmintiasis ovinas en Palencia. *Curso de Parasitología*. Fac. Vet. León.

438. MARTIN VAQUERO, B. (1952).- Ascaridiosis de las gallinas, *Ascaridia galli*, fenotiazina y tetracloruro de carbono. *Veterinaria, 16*: 807.

439. MARTINEZ, F.; HERNANDEZ, S.; CALERO, R. y ACOSTA, I. (1978).- Helmintos parásitos de la oveja (*Ovis aries*) en Córdoba. IV. Denuncia de *Trichuris skrjabini* BASKAKOV, 1924 y cuarta relación de helmintos. *Rev. Ibér. Parasitol., 38*: 279.

440. MARTINEZ, F.; HERNANDEZ, S.; CALERO, R. y MORENO, T. (1978).- Contribución al conocimiento de los parásitos del zorro (*Vulpes vulpes*). *Rev. Ibér. Parasitol., 38*: 207.

441. MARTINEZ, F. et al. (1977).- Parásitos de aves paseriformes en la provincia de Córdoba. *Rev. Ibér. Parasitol., 37*: 134.

442. MARTINEZ FERNANDEZ, A. (1965).- Investigaciones sobre la eficacia de la Methridina y del Thiabendazol frente a *Trichinella spiralis* (Owen, 1835) Railliet, 1895. *An. Fac. Vet. León, 11*: 127.

443. MARTINEZ FERNANDEZ, A.; CORDERO DEL CAMPILLO, M. y ALLER GANCEDO, B. (1966).- Ensayos sobre la eficacia del "Haloxon" contra *Trichinella spiralis. An. Fac. Vet. León, 12*: 251 y (1967) *Rev. Ibér. Parasitol., 27*: 173.

444. MARTINEZ FERNANDEZ, A.; CORDERO DEL CAMPILLO, M. y ALLER GANCEDO, B. (1968).- The prophylactic effect of haloxon against experimental *Trichinella spiralis* infection in rats. *Ann. Trop. Med. and Parasitol., 62*: 63.

445. MARTINEZ FERNANDEZ, A.; CORDERO DEL CAMPILLO, M. y ALLER GANCEDO, B. (1968).- Versuche über die Wirksamkeit von Pyranteltartrat gegen *Trichinella spiralis. Berl. Münch. tierärzt. Wschr., 81*: 223.

446. MARTINEZ FERNANDEZ, A.; CORDERO DEL CAMPILLO, M. y ALLER GANCEDO, B. (1969).- Studies on the immunological tolerance to *Trichinella spiralis* infection in rats. *An. Fac. Vet. León, 15*: 101 y *Wiadom. Parazit., 15*: 585.

447. MARTINEZ FERNANDEZ, A.; CORDERO DEL CAMPILLO, M. y ALLER GANCEDO, B. (1969).- Anthelmintic effect of Maretin-Bayer against *Trichinella spiralis* infection in rats and mice. *An. Fac. Vet. León, 15*: 19 y *Wiadom. Parazit., 15*: 757.

448. MARTINEZ FERNANDEZ, A.; CORDERO DEL CAMPILLO, M. y ALLER GANCEDO, B. (1970).- *Entomelas entomelas* (Dujardin, 1845) Travassos, 1930 (Nematoda, Rhabdiasidae) parásito de *Anguis fragilis* L.: denuncia en España y acotaciones sobre su morfología. *Rev. Fac. Cienc. Univ. Oviedo, II*: 169.

449. MARTINEZ FERNANDEZ, A.R. et al. (1978).- Presencia en España de *Trichinella nelsoni* (BRITOV y BOEV, 1972). *II Reunión Anual de la Asoc. de Parasitol. Esp.*, Madrid.

450. MARTINEZ GOMEZ, F. (1966).- *Triodontophorus brocotrilobulatus* n.sp. (Nenatoda, Strongylinae), parásito del caballo. *Arch. Zootec., 15*: 64.

451. MARTINEZ GOMEZ, F. (1968).- Experiencias con el Tartrato de Pirantel en el tratamiento de las parasitosis gastrointestinales de la cabra. *Rev. Ibér. Parasitol., 28*: 67.

452. MARTINEZ GOMEZ, F. (1968).- Fórmula del proceso vulvar de *Haemonchus contortus* (Nematoda: Trichostrongylidae) en ovejas españolas, con la descripción de una posible subespecie *H. contortus hispanicus, 28*: 473.

453. MARTINEZ GOMEZ, F. y HERNANDEZ RODRIGUEZ, S. (1971).- Helminth parasites from sheep (*Ovis aries*) in Córdoba (Spain). *1st Multicol. Europ. Parasitol.*, Rennes: 334 y *Arch. Zootec., 20*: 249.

454. MARTINEZ GOMEZ, F. y HERNANDEZ RODRIGUEZ, S. (1973).- Helmintos parásitos de la oveja (*Ovis aries*) en Córdoba. II. Descripción de *Stilesia vittata* Railliet, 1896, primera cita en España y segunda relación de helmintos. *Rev. Ibér. Parasitol., 33*: 11.

455. MARTINEZ GOMEZ, F. y HERNANDEZ RODRIGUEZ, S. (1973).- Ultraestructura de la cubierta corporal y epitelio intestinal de *Ostertagia circumcincta* (Stadelmann, 1894) Ransom, 1907 (Nematoda, Trichostrongyloidea). *Rev. Ibér. Parasitol., 33*: 295.

456. MARTINEZ-GOMEZ, F.; HERNANDEZ-RODRIGUEZ, S.; ACOSTA, I. y MARTINEZ-CRUZ, M.S. (1986).- Parasites from the Wild Goat in Spain. *Sonderdruck aus Verhandl. des 28 Int. Symp. über die Erkrankungen der Zoot.*, Rostock: 385.

457. MARTINEZ GOMEZ, F.; HERNANDEZ RODRIGUEZ, S. y ACOSTA GARCIA, I. (1979).- Parásitos del ciervo *Cervus elaphus*. II. Descripción de *Trichuris guevarai* n.sp. *Rev. Ibér. Parasitol., 39*: 19.

458. MARTINEZ GOMEZ, F.; HERNANDEZ RODRIGUEZ, S. y CALERO CARRETERO, R. (1973).- Helmintos parásitos de la oveja (*Ovis aries*) en Córdoba. III. Denuncia de *Trichuris globulosa* (Von Linstow, 1901) Ransom, 1911 y *Skrjabinema ovis* (Skrjabin, 1915) Vereshchagin, 1926. *Rev. Ibér. Parasitol., 33*: 31.

459. MARTINEZ GOMEZ, F.; HERNANDEZ RODRIGUEZ, S. y CALERO CARRETERO, R. (1973).- Helmintos parásitos de la cabra (*Capra hircus*) en Córdoba. *Rev. Ibér. Parasitol., 33*: 625.

460. MARTINEZ GOMEZ, F.; HERNANDEZ RODRIGUEZ, S.; CALERO CARRETERO, R. y BECERRA MARTELL, C. (1974).- Contribución al conicimiento de los zooparásitos en la provincia de Córdoba. III. Nematodos. *Com. III Reunión Nac. Centros Invest. Gan. del CSIC*, Córdoba, 24-27 oct.

461. MARTINEZ GOMEZ, F. y LOPEZ VIVAS, J. (1969).- Contribución al estudio de las parasitosis gastrointestinales de los perros. *Rev. Ibér. Parasitol., 29*: 339.

462. MARTINEZ GOMEZ, F.; NAVARRETE, I. y GUTIERREZ PALOMINO, P.N. (1982).- *Microtetrameres corderoi* n.sp. (Nematoda: Spiruridae) parásito de la urraca *Pica pica* (Passeriformes: Corvidae). *Rev. Ibér. Parasitol., 42*: 133.

463. MARTINEZ-GOMEZ, F. et al. (1987).- Parasitocenosis of *Lepus capensis* in the South of Spain. *Sonderdruck aus Verhandl. des 29 Int. Symp. über die Erkrank. der Zootiere*, Cardiff: 347.

464. MARTINEZ GONZALEZ, M. (1933).- La anquilostomiasis en las minas de Puertollano. *Rev. Hig. San. Públ., 8*: 23.

465. MARTINEZ MORALES, E. (1967).- Sobre algunos factores de la infestación ovina por Protoestrongílidos. *An. Fac. Vet. León, 13*: 109.

466. MARTINEZ-MORENO, F.J.; MARTINEZ-MORENO, A.; BECERRA-MARTELL, C. y MARTINEZ-CRUZ, M.S. (1989).- Parasitofauna de la paloma (*Columba livia*) en la provincia de Córdoba (España). *Rev. Ibér. Parasitol., 49*: 279.

467. MARTINEZ MORENO, F.J. et al. (1992).- *Avioserpens mosgovoyi*, parásito de *Fulica atra. IX Reun. Cient. Asoc. Parasitol. Esp.*, León: 71.

468. MAS-COMA, S. (1977).- Metastrongylidés parasites des soricidés d'Europe. Description de *Paracrenosoma combesi* n.sp. de *Crocidura russula* Hermann, 1780. *Ann. Parasitol. hum. et comp., 52*: 447.

469. MAS-COMA, S. (1977).- *Gallegostrongylus ibicensis* n.gen. n.sp. (Nematoda: Metastrongylidae), parasite pulmonaire de *Mus musculus* Linnaeus, 1785 (Rodentia: Muridae) à Ibiza (Baléares). *Ann. Parasitol. hum. et comp., 52*: 637.

470. MAS-COMA, S. (1978).- Helmintos de micromamíferos de Formentera (Islas Pitiusas). Nota Preliminar. *Rev. Ibér. Parasitol., 38*: 139.

471. MAS-COMA, S. y ESTEBAN, J.G. (1982).- *Kahmannia eliomydis* n.gen. n.sp. (Nematoda: Heteroxynematidae), parasite intestinal de *Eliomys quercinus* (Linnaeus, 1766) (Rodentia: Gliridae) a Minorque (Baléares). *Ann. Parasitol. hum. et comp., 57*: 487.

472. MAS-COMA, S. y ESTEBAN, J.G (1985).- *Tenoranema alcoveri* g.n., sp.n. (Trichuridae: Capillariinae), a nematoda parasitizing *Eliomys quercinus* (Rodentia: Gliridae). *Folia Parasitologica, 32*: 35.

473. MAS-COMA, S. y FELIU, C. (1977).- *Erinaceus (Aethechinus) algirus* Duvernoy et Lereboullet, 1842 (Insectivora: Erinaceidae) nuevo huésped de *Capillaria annulosa* (Dujardin, 1843) (Nematoda: Trichuridae). *Circular Farmacéutica, 35*: 323.

474. MAS-COMA, S.; FELIU, C. y REY, J.M. (1978).- Contribución al conocimiento de la helmintofauna de micromamíferos ibéricos. VI. Parásitos de *Glis glis* LINNAEUS, 1766 (Rodentia: Gliridae). *Rev. Ibér. Parasitol., 38*: 579.

475. MAS-COMA, S. y GALLEGO, J. (1975).- Contribución al conocimiento de la helmintofauna de micromamíferos ibéricos. I. Parásitos de *Sorex* spp. (Insectivora: Soricidae). *Rev. Ibér. Parasitol., 35*: 261.

476. MAS-COMA, S. y GALLEGO, J. (1980).- Conocimientos actuales sobre la helmintofauna de micromamíferos (Insectivora, Rodentia) en España. En: *Indice-Catálogo de Zooparásitos Ibéricos*: 533. Cordero del Campillo, M. et al. Ministerio de Sanidad y Seguridad Social. Madrid.

477. MAS-COMA, S.; TENORA, F. y ROCAMORA, J.M. (1978).- Contribución al conocimiento de la helmintofauna de micromamíferos ibéricos. V. Parásitos de *Microtus agrestis* LINNAEUS, 1761 y *Microtus nivalis* MARTINS, 1842 (Rodentia: Microtidae). *Rev. Ibér. Parasitol., 38*: 63.

478. MATEOS-NEVADO, B. (1960).- Parasitación por estrongylos, parascaris y oxiuros de los équidos del término de El Real de la Jara (Sevilla). *Bol. Zootec., 11*: 103.

479. MATILLA, V. (1960).- El foco de anquilostomiasis de la huerta del Jarama. *Bol. Con. Gral. Col. Méd. España, 23*: 7.

480. MATILLA, V. (1960).- El problema de la anquilostomiasis. *Med. Trop., 35*: 223 y (1961) *Med. Trop., 37*: 467.

481. MATILLA, V.; APARICIO GARRIDO, J.; DIEZ MELCHOR, F. y PRIETO LORENZO, A. (1950).-Estudios sobre anquilostomiasis. I. La respuesta inmunitaria frente al parasitismo. Una reacción de fijación de complemento. *Trab. Inst. Nac. Cienc. Méd., 13*: ..

482. MATILLA, V.; APARICIO GARRIDO, J. y PRIETO LORENZO, A. (1950).- Estudios sobre anquilostomiasis. II. Aportación a la clínica de la enfermedad. *La Méd. Col., 17*: 117.

483. MATILLA, V.; APARICIO GARRIDO, J. y PRIETO LORENZO, A. (1951).- Estudios sobre anquilostomiasis. III. Nuestras observaciones sobre la epidemiología en la Vega del Jarama (Madrid). *La Méd. Col., 17*: 293.

484. MATILLA, V.; APARICIO GARRIDO, J. y PRIETO LORENZO, A. (1952).- Contribución del laboratorio al diagnóstico de la anquilostomiasis. *Rev. Diag. Biol., 1*: 185.

485. MATILLA, V.; APARICIO GARRIDO, J. y PRIETO LORENZO, A. (1954).- Parásitos asociados al *Ancylostoma duodenale* en la huerta del Jarama (Madrid). *La Méd. Col., 23*: 209.

486. MATILLA, V.; APARICIO GARRIDO, J.; PRIETO LORENZO, A. y GOMEZ CAMBA, J. (1951).- Estudios sobre anquilostomiasis. IV. Los cuadros hemático y medular. *La Méd. Col., 17*: 555.

487. MAYAYO, E.; MESTRES, M.; SARMIENTO, J. y CAMBLOR, G. (1986).- Pelvic oxyuriasis. *Acta Obstetricia et Gynecologica, 65*: 805.

488. MAYORAL, A.I. et al. (1989).- Nuevas aportaciones al conocimiento de la parasitofauna de Cáceres. *VI Cong. Nac. y I Cong. Ibér. Parasitol.*, Cáceres: 180.

489. MEDINA BLANCO, M. (1947).- Aspergilosis aviar. *Bol. Zootec., 3*: 21.

490. MENDONÇA, M.M. y ALFONSO-ROQUE, M.M. (1982).- Onchocercoses au Portugal-Resultats preliminaires. *Rev. Ibér. Parasitol.*, Vol. Extr.: 439.

491. MESZAROS, F. y MAS-COMA, S. (1980).- On some parasitic helminths from Spanish bats. *Parasitología Hungarica, 13*: 59.

492. MIQUEL, J. et al. (1991).- Contribución al conocimiento de la helmintofauna de carnívoros silvestres en el Pirineo oriental español y francés. *I Congr. Int. Asoc. Sudoccid. Europ. Parasitol.*: 42.

493. MIRANDA ENTRENAS, S. y MEDINA BLANCO, M. (1953).- La Patología aviar en el S. de España. *Trab. Lab. Pec. Andalucía Occidental, 1*: 13.

494. MOLINA, M.T.; ESTEBAN, J.G. y MAS-COMA, S. (1985).- Estudio bioecológico de la helmintofauna de *Apodemus sylvaticus* Linnaeus, 1758 (Rodentia: Muridae) en Mallorca. *IV Congr. Nac. Parasitol.*, Tenerife: 179.

495. MONTILLA PERALES, I. (1947).- Estudio experimental de las toxinas ascaridianas como excitomotrices de la musculatura intestinal. *Rev. Ibér. Parasitol., 7*: 339.

496. MORALEDA, A. (1913-1914).- La riqueza pecuaria y la triquinosis. *Rev. Hig. San. Pec., 4*: 773.

497. MORALES GALLEGO, J.F. y RUIZ PEREZ, L. (1962).- Enfermedades parasitarias de las aves. Ascaridiosis. *Veterinaria, 26*: 97.

498. MORENO MONTAÑEZ, T.; BECERRA MARTELL, C. y NAVARRETE LOPEZ- COZAR, I. (1979).- Contribución al conocimiento de los parásitos de la liebre *Lepus capensis*. *Rev. Ibér. Parasitol., 39*: 383.

499. MORERA, P. (s/a).- Parásitos intestinales de las aves y su tratamiento. *Neosán Avic., 5*: 27.

500. MORRONDO, M.P. y MANGA, M.Y. (1989).- Infestación experimental con *Muellerius capillaris* y *Neostrongylus linearis* (Nematoda, Protostrongylidae) de algunas especies de moluscos terrestres (Stylommatophora). *Rev. Ibér. Parasitol., 49*: 233.

501. MOTJE, M. et al. (1991).- Consideraciones faunísticas y ecológicas en relación a los helmintos parásitos de *Mustela putorius* Linnaeus, 1758 (Carnivora: Mustelidae) en España. *I Congr. Int. Asoc. Sudoccid. Europ. Parasitol.*: 41.

502. MUÑOZ, M.V.; FERNANDEZ, J.P.; ORTS, M.E. y CARBONELL, E. (1988).- Sobre algunos nematodos cucullanidos parásitos de *Conger conger* (L.) en aguas del litoral valenciano. *Rev. Ibér. Parasitol., 48*: 275.

503. MUÑOZ, M.V. et al. (1989).- Datos preliminares de la nematofauna de tríglidos (Pisces: Triglidae) de la Península Ibérica. *VI Cong. Nac. y I Cong. Ibér. de Parasitol.*, Cáceres: 96.

504. MUÑOZ CAÑIZARES, R. (1954).- Generalidades sobre gastritis helmintianas porcinas en España. *Veterinaria* (SEU, León), Serie A, nº 6: 3.

505. MUÑOZ ORTIZ, M.V. (1986).- Contribución al estudio de la parasitofauna de *Conger conger* L., 1758, en aguas del litoral valenciano. *Tesis de Licenciatura*, Univ. de Valencia.

506. MURO ALVAREZ, A.; CORDERO SANCHEZ, M. y SIMON MARTIN, F. (1989).- Diagnóstico de la dirofilariosis pulmonar (DPH) por ELISA. *VI Congr. Nac.*, Cáceres: 169.

507. MUZQUIZ, J.L. et al. (1976).- Encuesta serológica por fluorescencia de distintas parasitosis en la especie humana. *I Congr. Nac. Parasitol.*, Granada.

508. NAJERA ANGULO, L. (1941).- Observaciones a un supuesto caso de Bilharziosis ocular. *Rev. Ibér. Parasitol., 1*: 269.

509. NAVARRETE, I. et al. (1988).- Contribución al estudio delas parasitosis ovina y caprina en la provincia de Cáceres. *Acta Veterinaria, 2*: 37.

510. NAVARRETE, I. et al. (1990).- Parasites of roe deer (*Capreolus capreolus*) in Cáceres province, Spain. *Erkrank. der Zoot. Verhandlungsbericht Int. Symp.*, 23-27 mayo, Berlín: 225.

511. NAVARRETE, I. et al. (1990).- Parasites of Feral carnivores in Cáceres province, Spain. *Sonderdruck aus Verhandl. des 32 Int. Symp. über die Erkrank. der Zoo- und Zoot.*, Eskilstuna: 229.

512. NAVARRETE, I. et al. (1991).- A propósito de una parasitación múltiple en ciervos (*Cervus elaphus*) en la Sierra de las Villuercas (Cáceres). *I Cong. Int. Asoc. Sudoccid. Europ. Parasitol.*, Valencia.

513. NAVARRO, P.; IZQUIERDO, S.; LLUCH, J. y HORNERO, M.J. (1987).- Primeros datos sobre la nematodofauna de *Rana perezi* Seoane, 1885 en el Levante Ibérico. *V Congr. Nac. Parasitol.*, Salamanca: 181.

514. NAVARRO. P. y LLUCH, J. (1993).- *Strongyloides natricis* sp.n. (Strongyloididae) un nouveau nématode parasite de *Natrix maura* (L., 1758) (Colubridae) en Espagne. *Ann. Parasitol. Hum. Comp., 68*: ..

515. NAVARRO, P.; LLUCH, S. y IZQUIERDO, S. (1989).- *Strongyloides mascomai* sp.n. (Strongiloididae) un nouveau nématode parasite de *Rana perezi* Seoane, 1885 (Amphibia: Ranidae) de l'est de l'Espagne. *Ann. Parasitol. hum. et comp., 64*: 315.

516. NAVARRO, P.; LLUCH, J. y ROCA, V. (1987).- Contribución al conocimiento de la helmintofauna de los herpetos ibéricos. VI. Parásitos de *Natrix maura* (LINNAEUS, 1758) (Reptilia: Colubridae). *Rev. Ibér. Parasitol., 47*: 65.

517. NAVARRO, P. et al. (1987).- Sobre la helmintofauna de *Rana iberica* Boulenger, 1879 del Oeste del Sistema Central. *V Congr. Nac. Parasitol.*, Salamanca: 211.

518. NAVARRO, P. et al. (1988).- Contribución al conocimiento de la helmintofauna de los herpetos ibéricos. VII. Nematoda Ascaridida Skrjabin et Schultz, 1940 de *Rana* spp. *Rev. Ibér. Parasitol., 48*: 167.

519. NAVARRO, P. et al. (1991).- Helmintofauna de *Bufo bufo gredosicola* Muller et Hellmich, 1935 (Amphibia: Bufonidae) en la Sierra de Gredos del Sistema Central Ibérico (España). *I Congr. Int. Asoc. Sudoccid. Europ. Parasitol.*: 51.

520. NAVARRO GOMEZ, P. (1985).- Contribución al conocimiento de la helmintofauna de *Natrix maura* (L., 1758) en Valencia. *Tesis de Licenciatura*, Univ. de Valencia.

521. NAVARRO GOMEZ, P. (1987).- Sobre la helmintofauna de algunas poblaciones españolas, peninsulares e insulares, del género *Rana* Linnaeus, 1758 (Amphibia: Ranidae). *Tesis Doctoral*, UNiv. de Valencia.

522. NAVARRO HOSPITAL, A.R. (1957).- Asma bronquial y parasitismo intestinal. *Rev. Inf. Med. Terap., 32*: 73.

523. NOGAREDA, C. (1985).- Evolución estacional de los nematodos gastrointestinales en terneros con pastoreo continuo en Galicia. *IV Congr. Nac. Parasitol.*, Tenerife: 183.

524. OJEDA SAHAGUN, E. (1960).- Hallazgos de matadero. *Supl. Cient. Bol. Inf. Cons. Gral. Col. Vet. Esp., 7*: 835.

525. OJEDA SAHAGUN, E. (1968).- Filariasis canina (Canine filariasis). *Supl. Cient. Bol. Inf. Cons. Gral. Col. Vet. Esp., 184*: 39.

526. OJEDA SAHAGUN, E. y ANGUERA SANSO, B. (1966).- Los helmintos del cerdo en Mallorca. *Supl. Cient. Bol. Inf. Cons. Gral. Col. Vet. Esp., 10*: 13.

527. OLMEDA-GARCIA, A.S.; RODRIGUEZ-RODRIGUEZ, J.A. y ROJO-VAZQUEZ, F.A. (1993).- Experimental transmission of *Dipetalonema dracunculoides* (Cobbold 1870) by *Rhipicephalus sanguineus* (Latreille 1806). *Vet. Parasitol., 47*: 339.

528. OLIVARES, R. (1928).- Elefantiasis del escroto. *Med. Pais. Cál., 1*: 261.

529. OLIVEIRA RODRIGUES, H. DE; CARVALHO VARELA, M.; SODRE RODRIGUES, S. y CRISTOFARO, R. (1973).- Alguns Nematódeos de peixes do Oceano Atlántico-Costa continental portuguesa e Costa do Norte da Africa. *Mem. Inst. Oswaldo Cruz, 71*: 247.

530. ORDAS, J. y GARRIDO, A. (1965).- Estudio epidemiológico de la avicultura en la provincia de León. *Bol. Syva, 14*: 241.

531. ORDUÑA PRIETO, C. (1957).- Frecuencia de las helmintiasis en la región berciana. Estudio especial de un caso de parasitismo por *Fasciola hepatica. Rev. San. Hig. Públ., 31*: 493.

532. ORTEGA-MORA, L.M. y ROJO-VAZQUEZ, F.A. (1988).- Sobre la presencia de *Dipetalonema dracunculoides* (Cobbold, 1870) en el perro en España. *Rev. Ibér. Parasitol., 48*: 187.

533. ORTIZ DE LANDAZURI, A. (1930).- Parasitismo intestinal en un grupo de niños. Algunos datos de interés relacionados con su diagnóstico y tratamiento. *Med. Pais. Cál., 3*: 138.

534. ORTIZ PICON, J.M. (1947).- Apendicitis y oxiurosis. Com.nº 45. *Congr. Hisp. Port. Méd. especialistas Anál. Clín.*, Madrid.

535. ORTS, M.E.; MUÑOZ, M.V.; PELLICER, M. y CARBONELL, E. (1991).- Distribución de *Anguillicola crassus* Kuwara et al. 1974 en España. *I Congr. Int. Asoc. Sudoccid. Europ. Parasitol.*: 26.

536. ORTS, M.E. et al. (1989).- Primeros datos sobre la presencia de *Anguillicola crassa* (Nematoda: Dracunculoidea) en España. *VI Cong. Nac. y I Cong. Ibér. de Parasitol.*, Cáceres: 97.

537. ORTS MUÑOZ, M.E. (1986).- Contribución al estudio de la parasitofauna de *Lophius piscatorius* L., 1758, en aguas del litoral valenciano. *Tesis de Licenciatura*, Univ. de Valencia.

538. PARDO, L. (1917).- Hallazgo del *Ascaris clavata* Rud. en la cavidad general del *Mullus barbatus. Bol. R. Soc. Esp. Hist. Nat., 17*: 508.

539. PAREDES, A. (1936). Nota sobre algunos helmintos parásitos de los équidos. *Trab. Ins. Biol. Anim., 4*: 122.

540. PARES PUJALT, J. (s/a).- Ascaridiosis de las aves y su tratamiento con los compuestos de piperazina. *Neosán Avíc., 28*: 25.

541. PASCUAL CANALS, J. (s/a).- Estudios estadísticos y anatomopatológicos de los granulomas pulmonares. *Cyanavet-Cyanamid, 7*, III época.

542. PASCUAL CANALS, J. (1963).- Diagnóstico diferencial de los granulomas verminosos pulmonares en óvidos. *Actas Congr. Int. Vet. Hannover, 4/5/60*: 413.

543. PELETEIRO, M.C.; MEIRELES, J.F.S. y BENTO, J.L.S. (1988).- Um caso pneumonia parasitária em gato por *Aelurostrongylus abstrusus. Anais da Fac. Med. Vet.*, Lisboa, *25-26*: 73.

544. PELLICER CARRASCO, M. (1992).- Estudio del parasitismo de *Sarpa salpa* (L., 1758) (Pisces: Sparidae) en las zonas marítimas de Castellón y Teulada-Moraira (Alicante) en el Mediterráneo Occidental. *Tesis Doctoral*, UNiv. de Valencia.

545. PEREIRA BUENO, J.M. y ALVAREZ PELLITERO, M.P. (1979).- *Rhabdocona* spp. en ciprínidos de los ríos de León. *An. Fac. Vet. León, 25*: 155.

546. PERELLO OLIVELLA, B. (1973).- Ascaridiosis del perro y del gato. *Not. Neosán, 168*: 33.

547. PEREZ BUFILL, .. (1941).- Bilharziosis ocular. *Rev. San. Hig. Públ., 1*: 71.

548. PEREZ ONTENIENTE, A. (1992).- Parasitismo en lombrices de tierra (*Oligochaeta Lumbricidae*) valencianas. *Tesis de Licenciatura*, Univ. de Valencia.

549. PEREZ-SANCHEZ, R.; GOMEZ-BAUTISTA, M. y ENCINAS-GRANDES, A. (1989).- Canine filariasis in Salamanca (Northwest Spain). *Annals of Tropical Medicine and Parasitology, 83*: 143.

550. PEREZ SOLER, P. (1988).- Contribución al conocimiento de la helmintofauna de los anfibios del Oeste del Sistema Central Ibérico. *Tesis de Licenciatura*, Univ. de Valencia.

551. PEREZ VALDES, R. (1895).- Un caso de *Anguillula* intestinal. *Rev. Med. Cirug. Práct., 38*: 338 y *40*: 1897.

552. PIJUAN JIMENEZ, M. (1948).- Setariosis bovina. *Bol. Zootec., 4*: 383.

553. PIJUAN JIMENEZ, M. (1948).- *Setaria cervi* (Rud. 1819) en bovinos andaluces. *Rev. Ibér. Parasitol., 8*: 343.

554. PIJUAN JIMENEZ, M. (1949).- Acuariosis. *Bol. Zootec. Córdoba, 5*: 41.

555. PINO, M. DEL (1925).- Lucha antianquilostomiásica. *Bol. Sanit. Prov. Castellón, 3*(7): ..

556. PINO, M. DEL (1928).- Anquilostomiasis en Castellón. *Crón. Méd.*, Valencia, *32*: 837.

557. PITTALUGA, G. (1903).- cit. por RAMON Y CAJAL, S. y TELLO MUÑOZ, J.F. (1930): *Manual de Anatomía patológica y nociones de Bacteriología patológica*. Tipografía Artística. Madrid: 568.

558. PITTALUGA, G. y GOYANES, J. (1932).- Contribución al estudio de la *Onchocerca volvulus*. *Med. Pais. Cál., 5*: 124.

559. POLO BENITO, A. (1971).- Estudio de las parasitosis por Metastrongyloidea en los porcinos y ovinos de la provincia de Badajoz. *Curso de Parasitología*, Fac. Vet. León.

560. POLO JOVER, F. (1959).- Las helmintiasis de las aves. *Avigán, 7*(80): 37, (81): 43, (82):47, (83): 34, (84): 37, (85): 45.

561. POLO JOVER, F. (1960).- *Enfermedades y parásitos de las aves*. Publ. Ministerio Agric. Monogr. nº 9, Madrid.

562. POZO LORA, R. (1959).- Helmintos de la rata en Córdoba y primera citación española de un acantocéfalo. *An. Univ. Hispal., 19*: 55.

563. POZO LORA, R. (1960).- Aportaciones al inventario y ecología de los helmintos españoles: especies encontradas en Córdoba. *Rev. Ibér. Parasitol., 20*: 403.

564. POZO LORA, A. (1963).- Primeros resultados españoles de la investigación de triquinelosis en los perros. *Supl. Cient. Bol. Inf. Cons. Gral. Col. Vet. Esp., 9*: 31.

565. PRIETO LORENZO, A. (1952).- El parasitismo intestinal por vermes entre la población huertana del Jarama (Madrid). *La Med. Col., 20*: 10.

566. PRIETO LORENZO, A. (1954).- *La anquilostomiasis en la huerta del Jarama (Madrid)*. Tesis doctoral. Fac. Méd. Madrid.

567. PRIETO LORENZO, A. (1954).- La anquilostomiasis en la huerta del Jarama (Madrid). I. *Medicina, 22*: 29.

568. PRIETO LORENZO, A. (1954).- La anquilostomiasis en la huerta del Jarama (Madrid). II. *Medicina, 22*: 133.

569. PRIETO LORENZO, A. (1954).- La anquilostomiasis en la huerta del Jarama (Madrid). III. *Medicina, 22*: 213.

570. PUGET, E. (1959).- Röntgenoterapia de las llagas de verano. *Supl. Cient. Bol. Inf. Cons. Gral. Col. Vet. Esp., 4*: 53.

571. QUENTIN, J.C. (1971).- Morphologie compareé des structures cephaliques et génitales des Oxyures du genre *Syphacia*. *Ann. Parasit., 46*: 15.

572. QUENTIN, J.C. (1973).- Un nouveau nématode rictulaire *Pterygodermatites hispanica* n.sp. parasite de rongeurs en Espagne. *Bull. Mus. Hist. Nat.. 183*, 3ª ser (122), 1935-1401.

573. QUENTIN, J.C. y SEUREAU, C. (1974).- Cycle biologique de *Pterygodermetites hispanica* Quentin, 1973 (Nematoda, Rictularidae). *Ann. Parasit., 49*: 701.

574. QUINTANA, F. (1954).- Las menospreciadas parasitosis intestinales. *Med. Española, 32*: 249.

575. QUINTANA, P. DE LA y BLANCO GRANDE, P. (1944).- Epidemia de triquinosis en Collado Mediano (Madrid). *Rev. San. Hig. Públ., 18*: 355.

576. QUINTEIRO, P.; ESTEVEZ, J.; IGLESIAS, R. y SANMARTIN, M.L. (1991).- Helmintos parásitos de *Conger conger* procedentes de la Ría de Arosa. *V Xornadas de Estudo a Sanidade Animal en Galicia*. Publicaciones do Seminario de estudios gallegos, *11*: 141.

577. QUINTEIRO, P.A.; FERNANDEZ, J.A. y SANMARTIN, M.L. (1989).- First description of the male and new data on the female of *Cristitectus congeri* Petter, 1970 (Nematoda: Cystidicolidae). *Systematic Parasitol., 14*: 37.

578. RAGA, J.A. (1987).- Redescription de *Crassicauda grampicola* Johnston et Mawson, 1941, (Nematoda: Spirurida), parasite de *Grampus griseus* (Cuvier, 1812) (Cetacea: Delphinidae). *Vie et Milieu, 37*: 215.

579. RAGA, J.A.; ABRIL, E. y ALMOR, P. (1987).- *Skrabinalius guevarai* Gallego et Selva, 1979 (Nematoda: Pseudalidae), a lungworm parasitizing dolphins (Cetacea: Delphinidae) in the western Mediterranean Sea. *Riv. di Parassitologia, 4*: 27.

580. RAGA, J.A.; AGUILAR, A.; FERNANDEZ, J.P. y ABRIL, E. (1986).- Parasitofauna de *Balaenoptera physalus* (L., 1758) (Cetacea: Balaenopteridae) en las costas atlánticas españolas. II. Presencia de *Anisakis simplex* (Rudolphi, 1809, det. Krabbe, 1878) (Nematoda: Ascaridoidea). *Rev. Ibér. Parasitol., 46*: 403.

581. RAGA, J.A. y BALBUENA, J.A. (1990).- A new species of the genus *Crassicauda* Leiper et Atkinson, 1914 (Nematoda: Spiruroidea) from the penis of *Globicephala melas* (Traill, 1809) (Cetacea: Globicephalidae) in the western Mediterranean sea. *Ann. Parasitol. Hum. Comp., 65*: 255.

582. RAGA, J.A. y CARBONELL, E. (1985).- New dates about parasites on *Stenella coeruleoalba* (MEYEN, 1833) (Cetacea: Delphinidae) in the western Mediterranean sea. *Invest. on Cetacea, 17*: 207.

583. RAGA, J.A.; CARBONELL, E. y RADUAN, M.A. (1982).- Incidencias de parásitos en los cetáceos varados en las Costas Españolas del Mediterráneo. *Memórias do Museu do Mar, 2*: 1.

584. RAGA, J.A.; CASINOS, A.; FILELLA, S. y RADUAN, M.A. (1982).- Notes on Cetaceans of the Iberian Coasts. V. *Crassicauda grampicola* Johnston & Mawson, 1941 (Nematoda) cause of injuries in the pterygoids of some specimens of *Grampus griseus*. *Sonderdruck aus "Säugetierkundliche Mitteilungen", 4*: 315.

585. RAMAJO MARTIN, V. (1992).- *Zooparasitología*. En: Las Dehesas Salmantinas. Junta de Castilla y León. Gráficas Ortega, Salamanca: 463.

586. RAMIREZ, B.F. (1655).- *Discurso de Albeytería*. Imp. Julián Paredes. Madrid.

587. RAMIREZ FERNANDEZ, A.P. (1967).- Epizootiología de las bronconeumonías verminosas ovinas en León. *An. Fac. Vet. León, 13*: 135.

588. RAMON VERICAD, J. y SANCHEZ ACEDO, C. (1973).- Endoparásitos de aves y mamíferos del Alto Aragón (Huesca). *Rev. Ibér. Parasitol., 33*: 267.

589. REGUERA FEO, A.; ROJO VAZQUEZ, F.A. y CORDERO DEL CAMPILLO, M. (1986).- Predicción de la eliminación larvaria en las infestaciones por Protostrongylidae (Nematoda) en ovinos. *Rev. Ibér. Parasitol., 46*: 157.

590. REINA, D.; NAVARRETE, I.; HABELA, M. y BREÑA, M. (1992).- Parasites in red deer (*Cervus elaphus*) in Cáceres Province. *Verh. ber. Erkrg. Zootiere, 34*: 349.

591. REINA, D.; NAVARRETE, I.; HERNANDEZ-RODRIGUEZ, S. y HABELA, M. (1987).- Contribución al conocimiento de la parasitofauna de Cáceres. Primera relación. II. Helmintos. *Rev. Ibér. Parasitol.*, Vol. Extr.: 85.

592. REINA, D. et al. (1992).- Contribución al conocimiento de la parasitofauna de los animales silvestres y de vida libre en la provincia de Cáceres (España). *"In memoriam" al Prof. Dr. D.F. de P. Martínez Gómez*, Universidad de Córdoba: 409.

593. RESPALDIZA, E. et al. (1978).- Observación de acuariosis (*Echinuria uncinata*) en el *Cygnus olor* en España. *Anales del INIA, 4*: 69.

594. RESPALDIZA CARDEÑOSA, E. (1959).- Ictericia ascaridiana en el cerdo. *XVI Cong. Mund. Vet. Madrid*, sec. II, c) *3*: 565.

595. RESPALDIZA CARDEÑOSA, E. (1967).- Observación de un foco de *Strongyloides ransomi* en el cerdo, perro y hombre y del *Strongyloides westeri* en el cerdo. *Rev. Patr. Biol. Anim. Madrid, 11*: 34.

596. RESPALDIZA CARDEÑOSA, E. (1968).- Estadillo de la heterakidiosis aviar en 307 necropsias de gallinas y su interés económico en la producción avícola de la región aragonesa y de España. *Rev. Patr. Biol. Anim., 12*: 33.

597. RESPALDIZA CARDEÑOSA, E. (1973).- Estudio de las nematodiasis pulmonares en el ganado lanar. *Terap. Vet., 17*: 5, *18*: 21, *19*: 5.

598. REY, J.C.; ACOSTA, I. y MARTINEZ CRUZ, S. (1985).- Parasitocenosis de Leporidae en la provincia de Córdoba. *IV Congr. Nac. Parasitol.*, Tenerife: 38.

599. REY CALERO, J. y MIRA GUTIERREZ, J. (1966).- Algunas consideraciones citoquímicas sobre microfilarias de *Dirofilaria immitis. Laboratorio, 42*: 401.

600. REY VILA, F. (1945).- Estudio sobre algunos protozoos parásitos, en especial los del género *Plasmodium*, en el hospedador vertebrado. *Rev. Hig. San. Públ., 19*: 81 y 145.

601. RIBAS-MUJAL, D. (1952).- Evolución de las lesiones nerviosas periféricas en las triquinosis. *Trab. Inst. Cajal Invest. Biol., 44*: 31.

602. RIBAS-MUJAL, D. (1959).- Modificaciones estructurales del aparato subneural, observadas en las terminaciones motrices de ratas, observadas en las terminaciones motrices de ratas parasitadas por *Trichinella spiralis. Trab. Inst. Cajal Invest. Biol., 51*: 89.

603. RIBAS-MUJAL, D. (1971).- *Trichinosis. Pathology of protozoal and helminthic diseases*. Ed. R.A. Marcial Rojas, Williams and Wilkins, New York,: 677.

604. RIUS CIVERA, S. (1958).- El veterinario y el industrial en el problema de la triquina y de la rabia. *An. Col. Ofic. Vet. Barcelona, 3*: 523.

605. ROBLES-CHILLIDA, E.M. y BLANCO-MARCOS, E. (1972).- Estudio de la estructura de las quetas del oligoqueto *Allolobophora caliginosa. Bol. R. Soc. Esp. Hist. Nat.* (Biol.), *70*: 271.

606. ROCA, V. (1985).- *Skrjabinodon mascomai* n.sp. (Nematoda: Pharyngodonidae), parasite of *Tarentola mauritanica* (Linnaeus, 1758) Gray, 1845 (Reptilia: Geckonidae) in Valencia (Spain). *Rivista di Parasitologia, 2*: 27.

607. ROCA, V. y FERRAGUT, M.V. (1989).- Helmintofauna del lagarto verdinegro, *Lacerta schreiberi* Bedriaga, 1878 (Reptilia: Lacertidae) del Sistema Central. *Rev. Ibér. Parasitol., 49*: 291.

608. ROCA, V.; FERRAGUT, M.V. y HORNERO, M.J. (1990).- Estimaciones ecológicas acerca de la helmintofauna de *Lacerta schreiberi* Bedriaga, 1878 (Sauria: Lacertidae) en el Sistema Central (España). *Rev. Esp. Herp., 4*: 93.

609. ROCA, V.; FERRAGUT, M.V. y LOPEZ-BALAGUER, E. (1989).- Datos preliminares sobre la helmintofauna de *Podarcis pityusensis. VI Congr. Nac.*, Cáceres: 149.

610. ROCA, V.; GALEANO, M. y GARCIA-ADELL, G. (1988).- Nematodos parásitos de la tortuga mora, *Testudo graeca* Linnaeus, 1758 (Reptilia: Testudinidae) en España. *Rev. Ibér. Parasitol., 48*: 269.

611. ROCA, V. y GARCIA-ADELL, G. (1988).- Description de *Skrjabinelazia pyrenaica* n.sp. (Nematoda: Seuratidae) et proposition d'une nouvelle diagnose pour le genre *Skrjabinelazia. Ann. Parasitol. hum. et comp., 63*: 414.

612. ROCA, V. y GARCIA-ADELL, G. (1988).- *Spauligodon carbonelli* n.sp. (Nematoda: Pharyngodonidae), parasite of some lizards (Lacertidae) in the Iberian peninsule. *Parassitologia, 30*: 197.

613. ROCA, V. y HORNERO, M.J. (1991).- Helmintofauna de *Podarcis pityusensis* (Bosca, 1883) (Sauria: Lacertidae). *Rev. Esp. Herp., 5*: 77.

614. ROCA, V. y HORNERO, M.J. (1992).- *Strongyloides ophiusensis* sp.n. (Nematoda: Strongyloididae), parasite of an insular lizard, *Podarcis pityusensis* (Sauria: Lacertidae). *Folia Parasitologica, 39*: 369.

615. ROCA, V. y LLUCH, J. (1986).- *Parapharyngodon psammodromi* n. sp. (Nematoda: Pharyngodonidae), parasito de *Psammodromus hispanicus* Fitzinger, 1826 (Reptilia: Lacertidae) en Valencia (España). *Rivista di Parasitologia, 3*: 17.

616. ROCA, V. y LLUCH, J. (1986).- Ecología parasitaria de los reptiles gekkónidos en el piso termomediterráneo del Levante ibérico. *Misc. Zool., 10*: 65.

617. ROCA, V.; LLUCH, J. y MAS-COMA, S. (1985).- Contribución al conocimiento de la helmintofauna de los Herpetos ibéricos. IV. Parásitos de *Tarentola mauritanica* (Linnaeus, 1758) y *Hemidactylus turcicus* (Linnaeus, 1758) (Reptilia: Geckonidae). *Cir. Far., 289*: 277.

618. ROCA, V.; LLUCH, J. y NAVARRO, P. (1986).- Contribución al conocimiento de la helmintofauna de los herpetos ibéricos. I. Parásitos de Lacertidae: *Lacerta lepida* DAVDIN, 1802 y *Podarcis hispanica* STEINDACHNER, 1870. *Rev. Ibér. Parasitol., 46*: 129.

619. ROCA, V.; LLUCH, J. y NAVARRO, P. (1986).- Contribución al conocimiento de la helmintofauna de los herpetos ibéricos. V. Parásitos de *Psammodromus algirus* (L., 1758) Boulenger, 1887, *Psammodromus hispanicus* Fitzinger, 1826 y *Acanthodactylus erythrurus* (Schinz, 1833) Mertens, 1925 (Reptilia: Lacertidae). *Bol. R. Soc. Esp. Hist. Nat.* (Biol.), *81*: 69.

620. ROCA, V.; LOPEZ-BALAGUER, E. y HORNERO, M.J. (1989).- Helmintofauna de *Podarcis hispanica* (Steindachner, 1870) y *Podarcis bocagei* (Seoane, 1884) (Reptilia: Lacertidae) en el Cuadrante Noroccidental de la Península Ibérica. *Rev. Ibér. Parasitol., 49*: 127.

621. ROCA, V.; LOPEZ-BALAGUER, E; HORNERO, M.J. y FERRAGUT, M.V. (1990).- *Skrjabinelazia hoffmani* LI, 1934 (Nematoda, Seuratidae), parásito de reptiles lacértidos de la Península Ibérica. *Bol. R. Soc. Esp. Hist. Nat.* (Biol.), *86*: 125.

622. ROCA SOLER, R. (1934).- Contribución al estudio de la parasitología intestinal del cerdo de la región valenciana. *Rev. Hig. San. Pec., 24*: 343.

623. ROCAMORA, J.M.; FELIU, C. y MAS-COMA, S. (1978).- Sobre algunos Helmintos de *Sciurus vulgaris* LINNAEUS, 1758 (Rodentia: Sciuridae) y *Meles meles* LINNAEUS, 1758 (Carnivora: Mustelidae) en Cataluña (España). *Rev. Ibér. Parasitol., 38*: 155.

624. RODRIGUEZ BURGOS, A. (1961).- Estudio inmunológico sobre la somato-ascaridiosis. Aportación de un nuevo método para el diagnóstico especie-específico. *Rev. Ibér. Parasitol., 21*: 463.

625. RODRIGUEZ BURGOS, A. y GONZALEZ CASTRO, J. (1972).- Los nematodos como huéspedes intermediarios y vectores de virus animales. *Rev. Ibér. Parasitol., 32*: 65.

626. RODRIGUEZ DE CASTRO, S. (1970).- Informe previo sobre Trichostrongylidae en el ganado bovino. *Curso de Parasitología*. Fac. Vet. León.

627. RODRIGUEZ DE CEPEDA, A. (1877).- Comunicación sobre un caso de triquinosis en Villar del Arzobispo (Valencia). *Actas Soc. Esp. Hist. Nat., 6*: 33.

628. RODRIGUEZ DARRIBA, A. y ABRIL CANOVAS, M. (1933).- Sobre anquilostomiasis en la huerta de Murcia. *Publ. Com. Perm. Invest. San., 5*, Madrid.

629. RODRIGUEZ FORNOS, F. (1925).- *Contribución al estudio de la anquilostomiasis en el Reino de Valencia*. Tip. Escrivá. Valencia.

630. RODRIGUEZ GARCIA, M. (1964).- La fauna salvaje, reservorio de la triquinelosis en Asturias. *Caza y Pesca, 225*: 169.

631. RODRIGUEZ GARCIA, M. (1964).- Aportación a la lucha contra la triquinosis en Asturias. *III Sem. Nac. Vet.*, Córdoba. Com. 2: 8 y *Avigán, 144*: 73.

632. RODRIGUEZ OSORIO, M.; GOMEZ GARCIA, V.; GONZALEZ CASTRO, J. y PEREZ GARRO, M.C. (1972).- Estudio del valor diagnóstico de las pruebas de látex, hemaglutinación indirecta e inmunodifusión en la triquinosis humana, con motivo de un brote epidémico ocurrido en El Carpio (Córdoba). *Rev. Ibér. Parasitol., 32*: 33.

633. RODRIGUEZ-OSORIO, M.; GOMEZ-GARCIA, V. y GRANADOS-TEJERO, M.D. (1987).- Toxocariosis humana en la ciudad de Granada. *Rev. Ibér. Parasitol., 47*: 79.

634. RODRIGUEZ RUBIO, M. (1970).- Incidencias de las parasitosis y pérdidas directas sufridas por decomisos de animales en mataderos de la provincia de Pontevedra. *Curso de Parasitología*, Fac. Vet. León.

635. ROF CARVALLO, J. y CLAVEL, F. (1944).- Astenia muscular por triquinosis. *Rev. Clín. Esp., 15*: 50.

636. ROJO VAZQUEZ, F. y CORDERO DEL CAMPILLO, M. (1974).- Le cycle biologique de *Neostrongylus linearis* (Marotel, 1913) Gebauer, 1932. *Ann. Parasitol.* (Paris), *49*: 685.

637. ROJO VAZQUEZ, F. y CORDERO DEL CAMPILLO, M. (1975).- *Spiculopteragia spiculoptera* en *Cervus elaphus* de León. *An. Fac. Vet. León, 21*: 112.

638. ROJO VAZQUEZ, F.; VALLE SUAREZ, J.M.; CORDERO DEL CAMPILLO, M. y DIEZ BAÑOS, P. (1979).- *Spiculopteragia spiculoptera* (Guschanskaia, 1931) en *Capreolus capreolus* y *Rupicapra rupicapra* de la Cordillera Cantábrica. *II Congr. Nac. Parasitol.*, León: 101.

639. ROMAGOSA VILA, J.A. (1955).- Sugerencias sobre la lucha contra la triquinosis. *Ciencia Vet., 16*: 209 y *Rev. San. Hig. Públ., 29*: 698.
640. ROMERO BOHOLLO, J. (1962).- Estrongilosis cerebral en el cerdo. *Not. Neosán, 115*: 316.
641. ROMERO RODRIGUEZ, J. (1965).- Aportación al estudio de la *Setaria equina* (Abilgaard, 1789) Railliet et Henry, 1911. *Granja, 13*: 53.
642. ROMERO RODRIGUEZ, J. (1966).- Histopatología de la estrongilosis pulmonar ovina. *Granja, 14*: 15
643. ROMERO RODRIGUEZ, J. (1967).- Estudio experimental sobre el *Passalurus ambiguus* (Rud. 1819) Nematoda, Oxyuridae, parásito del *Oryctolagus cuniculus* (L.): epizootiología, biología y morfología. Monografía. *Avigán*, 74 pp.
644. ROMERO RODRIGUEZ, J. (1971).- Contribución al estudio de las nematodosis gastrointestinales de los rumiantes domésticos. *Avigán, 20*: 8.
645. ROMERO RODRIGUEZ, J. (1970).- Metastrongilosis bronco-pulmonares en la ganadería española. *Rev. Ibér. Parasitol., 30*: 361.
646. ROMERO RODRIGUEZ, J. (1972).- Panorama nacional de los parasitismos de la ganadería (Especies parásitas denunciadas en España). *Supl. Cient. Bol. Inf. Cons. Gral. Col. Vet. Esp.,193*: 61.
647. ROMERO RODRIGUEZ, J. (1975).- Presencia de formas larvarias de *Strongyloides ransomi* en tejido muscular del *Sus scrofa domestica* (G.) muestreado para su examen triquinoscópico. *Rev. Ibér. Parasitol., 35*: 163.
648. ROMERO RODRIGUEZ, J. (1975).- *Aelurostrongylus abstrusus* del *Felis catus domestica* L. *Rev. Ibér. Parasitol., 35*: 373.
649. ROMERO RODRIGUEZ, J.; GUEVARA POZO, D. y LIZCANO HERRERA,J. (1973).- Estudios sobre el género *Passalurus*, Dujardin, 1845, parasitando al *Oryctolagus cuniculus domestica* (L.) y *Lepus granatensis* (R.). *Rev. Ibér. Parasitol., 33*: 315.
650. ROMERO RODRIGUEZ, J. y LIZCANO HERRERA, J. (1971).- Parásitos del *Sus scrofa domestica* (G.) en la provincia de Granada: Nematoda y Acanthocephala. *Rev. Ibér. Parasitol., 31*: 233.
651. ROMERO RODRIGUEZ, J. y ROMERO RODRIGUEZ, F. (1974).- Las anquilostomiasis como zoonosis. *Rev. San. Mil., 36*: 3.
652. ROMERO RODRIGUEZ, J. y VALERO LOPEZ, A. (1975).- Contribución al estudio de técnicas de montaje y biomorfológicas de la subfamilia Ostertaginae, López-Neyra, 1947. Parásitos de *Ovis aries* (L.) en Granada (España). *Rev. Ibér. Parasitol., 35*: 147.
653. ROQUE, M.M.A.; MENDONÇA, M.M. DE y GIL, J.I. (1982).- Inquérito a oncocercoses e a outras filarioses em Portugal-resultados preliminares. *Rev. Port. Ciências Vet., 77*: 33.
654. ROSET, F.; MAS-COMA, S. y FELIU, C. (1987).- Distribución geográfica de los helmintos de *Talpa* spp. (Insectivora: Talpidae) en la Península Ibérica. *V Congr. Nac. Parasitol.*, Salamanca: 125.
655. ROYO, D. (1734).- *Llave de Albeyteria*, 2ª parte: 467. Imp. Joseph Fort. Zaragoza.
656. RUIZ, M. (1953).- *Ascaris lumbricoides* en el ángulo esplénico del cólon. *Rev. Esp. Enf. Apar. Digest. y Nutr., 12*: 80.
657. RUIZ FOLGADO, J. (1921).- Bronconeumonías verminosas del cerdo. *La Ind. Pec., 22*: 325.
658. RUIZ MARTINEZ, C. (1933).- Un caso de reacción alérgica positiva en un caballo atacado de ascárides. *Rev. Hig. San. Pec., 23*: 245.
659. RUIZ DE MIGUEL, E.; CASTAÑO FERNANDEZ, C. y CARRERA MORO, P. (1987).- Estudio helmintológico de *Tarentola delalandii* Steindachner, 1891 de la Isla de la Palma (Islas Canarias). *V Congr. Nac. Parasitol.*, Salamanca: 183.
660. RUIZ PRIETO, A. (1934).- Una filaria causa la muerte súbita del perro. *Rev. Hig. San. Pec., 24*: 53.
661. RUIZ DEL RINCON, E.C. (1958).- Transmisión materno-fetal de anticuerpos ascaridianos. *Rev. Ibér. Parasitol., 18*: 255.
662. RUIZ DEL RINCON, E.C. y GONZALEZ DE CASTRO, J. (1958).- Transmisión de anticuerpos ascaridianos de la madre al feto en la especie humana. *Rev. Ibér. Parasitol., 18*: 129.

663. SAENZ BELTRAN, L. y GUEVARA POZO, D. (1965).- El método quimográfico utilizando *Ascaridia galli* y sus resultados con algunos antihelmínticos y otras sustancias. *Rev. Ibér. Parasitol., 25*: 131.

664. SAIZ MORENO, L. (s/a).- La ascaridiosis porcina. Consideraciones económicas, epizootiológicas, clínicas y de Patología comparada. *Not. Neosán, 74*: 39.

665. SAIZ MORENO, L. (1957).- *Aspectos económicos y sanitarios de algunas helmintiasis, relacionados con industrias cárnicas y la infestación humana.* Imp. Prov. Ciudad Real, 29 pp. y *Arch. Vet. Prat., 6*, fasc. 75.

666. SALERNO, G. (1950).- Sobre la oncocercosis de los équidos. *Veterinaria, 14*: 617.

667. SAMPEDRO, G. (1840).- *Novísimo Cabero ó Instituciones de Albeiteria.* Madrid. Imp. Yenes. Lib. Vda. Calleja e Hijos.

668. SANCHEZ ACEDO, C.; OTERO, J. y ALBALA PEREZ, F. (1974).- Estudio parasitológico en quirópteros. *Rev. Ibér. Parasitol., 34*: 245.

669. SANCHEZ ACEDO, C. y VERICAD, J.R. (1974).- Helmintos en animales montaraces del Alto Pirineo aragones. Primera descripción en España de *Rictularia proni* SEURAT, 1915, en roedores. *Rev. Ibér. Parasitol., 34*: 197.

670. SANCHEZ ACEDO, C. et al. (1979).- Angiostrongylosis canina. *Rev. Ibér. Parasitol., 39*: 135.

671. SANCHEZ BOTIJA, C. (1936).- Contribución al conocimiento de la spirocercosis canina en España (Estadística, patogénesis, anatomía patológica). *Trab. Inst. Biol. Anim., 4*: 88.

672. SANCHEZ BOTIJA, C. (1940).- Contribución al conocimiento de la spirocercosis canina en España. *Veterinaria, 4*: 529.

673. SANCHEZ BOTIJA, R. (1949).- Sobre la presencia de *Trichuris globulosa*, en las cabras de España. *Veterinaria, 13*: 547, (1950) *Trab. Inst. Biol. Anim., 9*: 269 y (1952) *Ciencia Vet., 13*: 297.

674. SANCHEZ-GARNICA MONTES, C. (1967).- Los problemas patológicos en la explotación zootécnica del cerdo y su profilaxis. *Sem. Nac. Gan. Porcino y sus Ind.*, Barcelona: 189.

675. SANCHEZ GONZALEZ, P. (1970).- Epizootiología de las bronconeumonías verminosas ovinas en Palencia y su tratamiento con clorhidrato de Tetramisol. *Curso de Parasitología*, Fac. Vet. León.

676. SANCHEZ GONZALEZ, P. (1970).- Epizootiología de las bronconeumonías verminosas y eficacia de su tratamiento con Tetramisol. *Veterin-Extracta, 87*: 1.

677. SANCHEZ GUMIEL, N.; ZAPATERO RAMOS, L.M.; CASTAÑO FERNANDEZ, C. y GONZALEZ SANTIAGO, P.M. (1991).- Description of *Spinicauda dugessii* sp.n. (Nematoda: Heterakidae) of *Podarcis dugesii* (Reptilia: Lacertidae) from Madeira Island. *Folia Parasitologica, 38*: 183.

678. SANCHEZ RASERO, F. (1973).- Acidos nucléicos en *Ascaris lumbricoides var. suum. Rev. Ibér. Parasitol., 33*: 65.

679. SANCHEZ RASERO, F. y HERMOSO YAÑEZ, R. (1970).- Bases de amonio cuaternario en parásitos intestinales. *Rev. Ibér. Parasitol., 30*: 535.

680. SANCHIS BAYARRI, V.; BORJA, M.J. y FERRER SOLER, V. (1955).- El test de Thorn con la monosemicarbazona del adenocromo, en la triquinosis. *Med. Esp.*, t. 33, año 18(190): 10.

681. SANCHIS BAYARRI, V.; PARIS PELLICER, C. y GARCIA MARTINEZ, A. (1948).- Un caso de parasitismo por el *Strongyloides stercoralis. Med. Col., 11*: 427.

682. SANMARTIN, M.L. et al. (1992).- A scanning electron study of *Toxocara genettae* Warren, 1972 (Ascaridae). with data on morphometric variation. *Folia Parasitologica, 39*: 355.

683. SANMARTIN DURAN, M.L.; ALVAREZ MASCATO, F.; FACAL MARTINEZ, J. y GARCIA OROIS, J.M. (1985).- Trichostrongílidos de múridos y sorícidos en Galicia. *IV Congr. Nac. Parasitol.*, Tenerife: 58.

684. SANMARTIN-DURAN, M.L.; ALVAREZ-MASCATO, F.; GARCIA-ESTEVEZ, J. y OUTEDA-MACIAS, M. (1987).- Trichostrongyloideos parásitos de múridos y sorícidos en Galicia. *Rev. Ibér. Parasitol.*, Vol. Extr.: 97.

685. SANMARTIN-DURAN, M.L.; QUINTEIRO, P. y UBEIRA, F.M. (1989).- Nematode parasites of commercially important fish in NW Spain. *Diseases of Aquatic Organisms, 7*: 75.

686. SANMARTIN DURAN, M.L. et al. (1991).- Nuevos datos sobre la helmintofauna de *Canis lupus* en Galicia. *I Congr. Int. Asoc. Sudoccid. Europ. Parasitol.*: 47.

687. SANTAMARINA, M.T.; UBEIRA, F.M.; LEIRO, J. y SANMARTIN-DURAN, M.L. (1987).- Estudio comparativo de algunas características biológicas de un nuevo aislamiento de *Trichinella. Rev. Ibér. Parasitol., 47*: 71.

688. SANTELICES DE LA MORA, A. y COS, J.F. (1945).- Estudio sobre ascaridiosis intestinal. *Clín. y Lab.*, Zaragoza, *40*: 257.

689. SANZ EGAÑA, C. (1941).- *Historia de la Veterinaria Española*, Espasa Calpe, Madrid: 393.

690. SANZ ROYO, J. (1958).- Diagnóstico y profilaxis de la triquinosis. *An. Col. Of. Vet. Prov. Barcelona, 3*: 443.

691. SANZ SANCHEZ, F. (1950).- Algunas normas para el tratamiento de las verminosis gástricas de los óvidos. *Supl. Cient. Bol. Inf. Cons. Gral. Col. Vet. Esp., 4*: 540.

692. SARAIVA, A. y CHUBB, J.C. (1989).- Preliminary observations on the parasites of *Anguilla anguilla* (L.) from Portugal. *Bull. Europ. Ass. Fish. Pathol., 9*: 88.

693. SEGU, J.L.; FELIU, C. y TORRES, J. (1987).- Análisis cuantitativo de las helmintofaunas de *Arvicola sapidus* (Miller, 1908) y *Arvicola terrestris* (Linnaeus, 1758) en la Península Ibérica. *V Congr. Nac. Parasitol.*, Salamanca: 201.

694. SEGU, J.L.; FELIU, C.; VENTURA, J. y GOSALBEZ, J. (1985).- Variación estacional de la helmintofauna parasitaria de *Arvicola terrestris* (Linnaeus, 1758) (Rodentia: Arvicolidae) en el Valle de Arán. *IV Congr. ac. Parasitol.*, Tenerife: 220.

695. SEGURA, A. (1972).- Un caso de bronquitis verminosa múltiple en terneros. *Terap. Vet., 16*: 24.

696. SERRANO SANCHEZ, A. (1945).- *Hammerschmidtiella neyrai* n.sp. en *Periplaneta orientalis* L. en Granada. *Rev. Ibér. Parasitol.*, Vol. Extr.: 213.

697. SERRANO SANCHEZ, A. (1947).- Nematodes parásitos intestinales de los artrópodos en España. *Rev. Ibér. Parasitol., 7*: 279.

698. SERRANO SANCHEZ, A. (1955).- *Julinea granatensis* n.gn. et n. sp. (Nematoda: Rhigonematidae). Parásito intestinal de *Julis terrestris* L. en Granada. *Rev. Ibér. Parasitol.*, Vol. Extr.: 887.

699. SIMON VICENTE, F. (1950).- Nematodes parásitos gástricos de *Sus scrofa domesticus* L. de España. *Rev. Ibér. Parasitol., 10*: 363.

700. SIMON VICENTE, F. (1953).- Verminosis gástricas del cerdo. *Supl. Cient. Bol. Inf. Cons. Gral. Col. Vet. Esp., 7*: 179.

701. SIMON VICENTE, F. (1958).- Observaciones en la morfología de algunos Protostrongylinae (fase adulta y primera larvaria). *Rev. Ibér. Parasitol., 18*: 397.

702. SIMON VICENTE, F. (1960).- Estrongilosis pulmonar en bóvidos. *Supl. Cient. Bol. Inf. Cons. Gral. Col. Vet. Esp., 7*: 369.

703. SIMON VICENTE, F. (1961).- Estudios sobre vermes parásitos pulmonares de óvidos y cápridos. *An. Inst. Invest. Vet.*, Madrid, *9*: 101.

704. SIMON VICENTE, F. (1962).- Nematodes Trichostrongylidae en los rumiantes domésticos españoles. *Rev. Ibér. Parasitol., 22*: 97.

705. SIMON VICENTE, F. (1963).- Otros Ostertagiae (Nematoda: Trichostrongylidae) de los óvidos y bóvidos de España. *Rev. Ibér. Parasitol., 23*: 63 y 187.

706. SIMON VICENTE, F. (1964).- *Mapa parasitológico provincial*. I. Publ. del IOATO, Salamanca.

707. SIMON VICENTE, F. (1966).- Las helmintosis ovinas en el pastoreo extensivo (su evolución en un período de sequía). *Rev. Ibér. Parasitol., 26*: 203.

708. SIMON VICENTE, F. (1968).- Los *Rictularia* (Nematoda: Spiruroidea) y *Oxynema* (Nematoda: Oxyuridea) de *Vulpes* sp. en dos provincias de España. *Rev. Ibér. Parasitol., 28*: 1.

709. SIMON VICENTE, F. (1969).- On *Dermatoxys hispaniensis* n.sp. (Nematoda: Oxyuridae) from *Oryctolagus cuniculus* and *Lepus timidus* of Spain. *J. Helminthol., 43*: 417.

710. SIMON VICENTE, F. (1975).- Helmintofauna parasitaria de *Vulpes vulpes* y *Genetta genetta* en áreas del Oeste de la Meseta Norte de España. *XII Congr. da Uniao Int. dos Biolog. da Caça*: 279.

711. SOLERA-PUERTAS, M.A.; ASTASIO-ARBIZA, P.; ZAPATERO-RAMOS, L.M. y CASTAÑO-FERNANDEZ, C. (1988).- Descripción de *Thelandros tinerfensis* n.sp. (Nematoda, Pharyngodonidae) sobre *Chalcides viridanus* Boulenger, 1887 y *Gallotia galloti galloti* Duméril et Bibron, 1839, de la isla de Tenerife (Islas Canarias). *Rev. Ibér. Parasitol., 48*: 33.

712. SOLERA-PUERTAS, M.A.; GONZALEZ-SANTIAGO, P.M.; CARVAJAL- GALLARDO, M.M. y ZAPATERO-RAMOS, L.M. (1988).- Descripción de *Pharyngodon hierrensis* n.sp. (Oxyuroidea, Pharyngodonidae) en *Chalcides viridanus viridanus* Steindachner, 1891 (Reptilia, Scincidae) en al isla de Hierro (Islas Canarias). *Rev. Ibér. Parasitol., 48*: 387.

713. SOLERA-PUERTAS, M.A.; ZAPATERO-RAMOS, L.M.; CASTAÑO-FERNANDEZ, C. y CARRERA-MORO, M.P. (1987).- *Parathelandros canariensis* n.sp. (Nematoda: Pharyngodonidae) parásito de *Chalcides viridanus* Boulenger, 1887 (Reptilia: Scincidae). *Rev. Ibér. Parasitol., 47*: 57.

714. SPAUL, E.A. (1927).- On a new species of the nematode genus *Rhabdocona. Ann. Mag. Nat. Hist., 19*: 636.

715. TALAVERA BOTO, J. (1955).- Les maladies parasitaires du bétail en Espagne. *Bull. Off. Int. Epizoot., 43*: 214.

716. TALEGON HERAS, F. (1960).- I. Un método crítico para valoración de antihelmínticos usados en el tratamiento de las bronquitis verminosas. II. Prueba crítica con cianacethidra-zida contra los gusanos pulmonares *Dictyocaulus filaria* y *Protostrongylus rufescens. Granja, 94*: 49.

717. TALEGON HERAS, F. (1961).- Carnes y vísceras parasitadas por helmintos: su estudio y profilaxis. *Supl. Cient. Bol. Inf. Cons. Gral. Col. Vet. Esp., 8*: 105.

718. TALEGON HERAS, F. (1965).- Observaciones sobre la eosinofilia y su especificidad tras la vacunación e infestación al ganado vacuno con *Dictyocaulus viviparus. Granja, 146*: 41.

719. TALEGON HERAS, F. (1966).- Efecto de Tiabendazol en las infestaciones producidas por *Dictyocaulus viviparus* en terneros. *Granja, 168*: 51.

720. TARAZONA, J.M. (1974).- Aportaciones al estudio de las gastroenteritis producidas por nematodos parásitos en ovinos españoles. *Anales del INIA*, Serie Higiene y Sanidad Animal, *1*: 63.

721. TARAZONA, J.M. (1974).- Helmintos parásitos de vertebrados de vida silvestre de la provincia de Huesca. *Anales del INIA*, Serie Higiene y Sanidad Animal, *1*: 161.

722. TARAZONA, J.M. (1984).- Lungworm infections in goats and sheep in Spanish conditions. *Coll. Int. sur les maladies de la chevre*, Ed. INRA: 353.

723. TARAZONA, J.M. y ALVAREZ-FERNANDEZ, F. (1986).- Incidencia parasitológica, helmintos, en ganado bovino de los "valles húmedos meridionales" de Navarra. *ONE Veterinaria, 59*.

724. TARAZONA, J.M. y SANZ-PASTOR, A. (1976).- Denuncia en España de *Probstmayria vivipara* (Probstmayer, 1865) Ransom, 1907 (Nematoda: Oxyuroidea) parásita del intestino grueso de los équidos. *Anales del INIA*, Serie Higiene y Sanidad Animal, *3*: 23.

725. TARAZONA, J.M.; SANZ-PASTOR, A. y CAMARA, R. DE LA (1978).- Helmintos y helmintosis de la perdiz roja (*Alectoris rufa*). *Anales del INIA*, Serie Higiene y Sanidad Animal, *4*: 55.

726. TARAZONA, J.M. et al. (1982).- Tricostrongilidosis caprina. I. Especies parásitas de la cabra y comparación de su incidencia en cabras y ovejas. *Anales del INIA*, Serie Ganadera, *14*: 101.

727. TARAZONA VILAS, J.M. (1949).- Trichonemiasis de los équidos. *Ciencia Vet., 10*: 173 y 231.

728. TARAZONA VILAS, J.M. (1949).- Hallazgo del macho y de la hembra del *Trichonema parvibursatum* (Vaz, 1934) en España. *Rev. Ibér. Parasitol., 9*: 259.

729. TARAZONA VILAS, J.M. (1951).- Acción del fluoruro sódico en la bronquitis verminosa del cerdo. *An. Fac. Vet. Madrid, 3*: 103.

730. TARAZONA VILAS, J.M. (1953).- Sobre unas microfilarias halladas en un *Ctenocephalides canis* (Curtis, 1876). *Rev. Ibér. Parasitol., 13*: 363.

731. TARAZONA VILAS, J.M. (1955).- Especies del género *Poteriostomum* Quiel, 1919 (Strongylidae: Nematoda) parásitas de équidos españoles. *An. Fac. Vet. Madrid, 7*: 93.

732. TARAZONA VILAS, J.M. (1955).- Contribución al estudio de la actividad antihelmíntica del fluoruro sódico. Ensayos "in vitro" sobre *Ascaridia galli. An. Fac. Vet. Madrid, 7*: 97.

733. TARAZONA VILAS, J.M. (1955).- Estudios sobre ciclos evolutivos y la terapéutica de las estrongilosis pulmonares ovinas. *Supl. Cient. Bol. Inf. Cons. Gral. Col. Vet. Esp., 9*: 271 y 345.

734. TARAZONA VILAS, J.M. (1957-58).- Aportaciones al conocimiento de las estrongilosis pulmonares ovinas. *An. Fac. Vet. Madrid, 8*: 221.

735. TARAZONA VILAS, J.M. (1971).- Pruebas comparativas con diclorvos y derivados de piperazina en la ascaridiosis del cerdo. *Bol. Syva, 156*: 59.

736. TARAZONA VILAS, J.M. (1976).- Nuevas denuncias de parásitos en mamíferos españoles. *I Congr. Nac. Parasitol.*, Granada: 104.

737. TARAZONA VILAS, J.M. (1984).- Parasitic gastroenteritis in goats in Spain. *Coll. Int. sur les maladies de la chevre*, Ed. INRA: 507.

738. TENORA, F. y MESZAROS, F. (1972).- Data of the knowledge of the helminthofauna in *Pitymys* species ocurring in Spain. *Parasit. Hung., 5*: 159.

739. THEODORIDES, J. (1949).- Sur la présence constante de nématodes larvaires Diplogasterinae chez des Geotrupidae (Col. Scarabaeoidea) de France. *Bull. Soc. Zool. France, 74*: 277.

740. THEODORIDES, J. (1950).- Les nématodes associés à des géotrupides (Col. Scarabaeoidea) des Pyrénées Orientales et d'Espagne. *Vie et Milieu*, Paris, *1*: 200.

741. TINAUT RANERA, A. y JIMENEZ MILLAN, F. (1980).- Estudio de varios ejemplares de *Pheidole pallidula* (NYLANDER, 1848) (Hym. Formicidae) parasitados por mermítidos. *Rev. Ibér. Parasitol., 40*: 527.

742. TORO Y QUARTIELLERS, C. DEL (1878).- *Tratado de enfermedades de los ojos y sus accesorios*. Tip. Mercantil, Cádiz.

743. TORREGROSA, M.; ESTEBAN, J.G. y MAS-COMA, S. (1985).- Helmintos de musarañas de las islas Gimnésicas y Pitiusas. *IV Congr. Nac.Parasitol.*, Tenerife: 105.

744. TORRENS, A. y ANGUILO MERCADER, R. (1941).- Sobre la estrongilosis pulmonar del cerdo. *Veterinaria, 5*: 184.

745. TORRES, J. y FELIU, C. (1987).- Estudio de la fauna de nematodos parásitos de algunas especies de insectívoros y roedores pobladoras del delta del Ebro (NE de la Península Ibérica). *V Congr. Nac. Parasitol.*, Salamanca: 95.

746. TORRES, J. y FELIU, C. (1989).- Sobre la helmintofauna de *Sciurus vulgaris* (Rodentia: Sciuridae) en Iberia. *VI Congr. Nac.*, Cáceres: 144.

747. TORRES, J.; FELIU, C. y GALLEGO, J. (1985).- Las helmintofaunas de *Arvicola sapidus* Miller, 1908 (Rodentia: Arvicolidae) y *Mus musculus* (Rodentia: Muridae) del Delta del Ebro como indicadores de la especificidad de algunos helmintos parásitos de roedores ibéricos. *IV Congr. Nac. Parasitol.*, Tenerife: 219.

748. TORRES, J.; FELIU, C. y GRACENEA, M. (1987).- Consideraciones acerca del efecto de diversos factores ecológicos sobre la vermifauna de *Crocidura russula* (Hermann, 1780) (Insectivora: Soricidae) según los estudios efectuados en una población del insectívoro del delta del Ebro (NE de la Península Ibérica). *V Congr. Nac. Parasitol.*, Salamanca: 93.

749. TORRES, J. et al. (1991).- Biogeografía de los helmintos parásitos de félidos silvestres en la Península Ibérica. *I Congr. Int. Asoc. Sudoccid. Europ. Parasitol.*: 24.

750. TRANSMONTANO, J. (1942).- Contribución para el estudio de las parasitosis renales en el perro (*D.renale*). *Bol. Pec. Lisboa, 1*: ..

751. TUÑON DE LARA, R. (1879).- Experiencias con el *Trichinus spiralis. Gac. Agric. Min. Fom., 9*: 641.

752. VALCARCEL-SANCHO, F. ; GARCIA-ROMERO, C.; CORDERO DEL CAMPILLO, M. y ROJO-VAZQUEZ, F. (1992).- Cobtribución al mapa parasitológico de Castilla-La Mancha: Denuncia de especies del género *Cooperia. IX Reun. Cient. Asoc. Parasitol. Esp.*, León: 64.

753. VALERO, A. et al. (1992).- Descripción de un caso de anisakiosis humana. *IX Reun. Cient. Asoc. Parasitol. Esp.*, León: 69.

754. VALLADARES, B.; GIJON, H. y LOPEZ-ROMAN, R. (1985).- Estudio epidemiológico del parasitismo intestinal del perro (*Canis familiaris*), enla isla de Tenerife. *Rev. Ibér. Parasitol., 45*: 41.

755. VALLADARES, B.; GIJON, H. y LOPEZ-ROMAN, R. (1987).- *Dirofilaria immitis* en la isla de Tenerife. Algunos datos de su fisiopatología. *Rev. Ibér. Parasitol., 47*: 377.

756. VALLADARES, B.; LOPEZ ROMAN, R.; ARMAS, F. DE y GIJON,, H. (1982).- Parasitismo intestinal humano en el archipiélago canario. *Rev. Ibér. Parasitol.*, Vol. Extr.: 497.

757. VASALLO MATILLA, F. (1960).- Contribución al estudio helmintológico de los múridos madrileños: hallazgo en ratas grises (*Ep. norvegicus*) de *Capillaria gastrica. Med. Trop., 35*: 241.

758. VASALLO MATILLA, F. (1960).- Asociación en el estómago de ratas grises, de *Capillaria gastrica* con neoformaciones epiteliales. *Med. Trop., 36*: 55.

759. VASALLO MATILLA, F. (1961).- Contribución al estudio helmintológico de los múridos españoles. *Med. Trop., 37*: 386.

760. VASALLO MATILLA, F. (1961).- Hallazgo en una rata gris, *Epimys norvegicus* de la *Capillaria muris musculis. Med. Trop., 37*: 512.

761. VAUCHER, C. y DURETTE-DESSET, M.C. (1973).- Nématodes Héligmosomes parasites d'Insectivores Soricidés de la región holarctique. *Ann. Parasitol., 48*: 135.

762. VAZQUEZ-PAREDES, E. y PLATERO GARCIA, A. (1956).- Los parásitos, su frecuencia e importancia en avicultura. *Neosán Avic., 21*: 31.

763. VEGA VILLANUEVA, D. (1971).- Mapa parasitológico del ganado bovino en la costa NE de la provincia de Santander. *Curso de Parasitología*, Fac. Vet. León.

764. VILLAGRASA, C.; FELIU, C. y GALLEGO, J. (1987).- Sobre las helmintofaunas de *Microtus (Microtus) arvalis* (Pallas, 1779) (Rodentia: Arvicolidae) en la Península Ibérica y Sur de Francia. *V Congr. Nac. Parasitol.*, Salamanaca: 199.

765. VILLASANTE, J.G.; ROF CARBALLO, J. y MERCHANTE IGLESIAS, A. (1947).- Sobre la existencia de un foco de anquilostomiasis en la provincia de Madrid. *Rev. Clín. Esp., 26*: 417.

766. VIVARES, C.P. (1973).- Etude du parasitisme des Crustacés Décapodes Brachyoures en Méditerránée occidentale: premiers résultats. *Rapp. Comm. Int. Mer. Médit., 21*: 661.

767. XIMENEZ DEL REY, ..; CASTEJON, B.; LUCAS, G. y HERNANDEZ, R. (1953).- Algunas notas clínicas sobre anquilostomiasis. *Rev. Esp. Enf. Apar. Dig. y Nutr., 12*: 83.

768. ZABALA LAPEYRA, J.A. (1970).- Descripción de un foco de microfilariosis equina por *Setaria equina* (Abildgaard, 1789). *An. Fac. Vet. León, 16*: 171 y *Trab. Est. Agric. Exp. León, 7*: 5.

769. ZAPATERO RAMOS, L.M.; CASTAÑO FERNANDEZ, C.; LOPEZ MARTINEZ, P. y MARTIN RUEDA, J. (1990).- *Blanusia pseudorhabditis* n.g. n.sp. (Nematoda, Cosmocercidae) parásito de *Blanus cinereus* (Vandelli, 1797) (Reptilia, Amphisbaenidae). *Rev. Ibér. Parasitol., 50*: 281.

ANNELIDA

En la revisión de este capítulo, en la primera edición, intervino el Dr. I. García Más, de la Facultad de Biología de la Universidad Complutense de Madrid.

Anélidos, en general.
Bibl.: 1, 2, 14 y 32.

HIRUDINEA

Batracobdella algira (MOQUIN-TANDON, 1846)
(Syn. *Glossiphonia algira*)
Hosp.: Sapillo pintojo (*Discoglossus pictus*), ranas (*Rana perezi, Rana iberica*), otros anfibios, moluscos y, probablemente, peces.
Dist.: Baleares, Galicia y Madrid. Posiblemente general.
Reg.: I, II, VI y XI.
Bibl.: 12, 24 y 25.

Batracobdella paludosa (CARENA, 1824)
Hosp.: ?
Dist.: Asturias, Avila, Badajoz, Granada, Madrid, Málaga y Segovia.
Reg.: I, III, VI, VIII, IX y X.
Bibl.: 19, 24 y 25.

Branchellion torpedinis SAVIGNY, 1822
Hosp.: Peces, sobre todo elasmobranquios.
Dist.: Atlántico, Cántabrico y Mediterráneo.
Reg.: I, II, V, VII, IX, X y XI. Portugal.
Bibl.: 24.

Dina blaisei BLANCHARD, 1893
Hosp.: ?
Dist.: Alicante, Asturias, Burgos, La Coruña, Granada, Salamanca y Valencia.
Reg.: II, III, VII, IX y X.
Bibl.: 24.

Dina lineata (MÜLLER, 1774)
Hosp.: Depredador de larvas de insectos, crustáceos y anélidos. Posible hospedador intermediario de trematodos y/o cestodos.
Dist.: Asturias, Baleares, Barcelona, Ciudad Real, Madrid, Pontevedra y Zamora.
Reg.: I, II, III, V, VI, VIII y XI.
Bibl.: 10, 19, 20 y 24.

Erpobdella monostriata (GEDROYC, 1916)
Hosp.: ?
Dist.: Asturias, Ciudad Real y Madrid.
Reg.: I, VI y VIII.
Bibl.: 19, 20 y 24.

Erpobdella octoculata (LINNAEUS, 1758)
(Syn. *Nephelis octoculata*)
Hosp.: Depredador de invertebrados acuáticos.
Dist.: Ciudad Real, La Coruña, Guipúzcoa y, probablemente, todas las masas dulceacuícolas del norte y centro de España.
Reg.: I, II y VIII.
Bibl.: 12, 20 y 24.

Erpobdella testacea (SAVIGNY, 1822)
Hosp.: ?
Dist.: Baleares y Lérida.
Reg.: IV y XI.
Bibl.: 24.

Glossiphonia algira (MOQUIN-TANDON, 1846)
Cf. *Batracobdella algira*

Glossiphonia bioculata (BERGMANN, 1757)

Cf. *Helobdella stagnalis*

Glossiphonia complanata (LINNAEUS, 1758)

(Syn. *Glossiphonia sexoculata*)

Hosp.: Succiona sangre de invertebrados acuáticos, especialmente moluscos (*Lymnaea* y *Physa* spp.), y es depredador de larvas de insectos y de lombrices.

Dist.: Asturias, Baleares, Ciudad Real, Galicia, Guipúzcoa, Valencia y Zamora. Portugal (Serra do Gerez)

Reg.: I, II, III, VII, VIII y XI. Portugal.

Bibl.: 12, 17, 19, 20 y 24.

Glossiphonia heteroclita (LINNAEUS, 1761)

Hosp.: Ataca a pequeños moluscos, probablemente como *Glossiphonia complanata*

Dist.: Ciudad Real y Madrid.

Reg.: VI y VIII.

Bibl.: 10, 20 y 24.

Glossiphonia marginata (MÜLLER, 1774)

Cf. *Hemiclepsis marginata*

Glossiphonia sexoculata BERGMANN, 1757

Cf. *Glossiphonia complanata*

Haemopis sanguisuga (LINNAEUS, 1758)

Hosp.: Depredador de moluscos, insectos, crustáceos, lombrices, etc... Ataca a asnos y otros équidos.

Dist.: Asturias, Burgos, Ciudad Real, La Coruña, Guipúzcoa, Huesca, Lugo, Madrid, Navarra, Orense, Valencia, Extremadura portuguesa, etc. .

Reg.: I, II, III, IV, VI, VII y VIII. Portugal.

Bibl.: 10, 12, 19, 20, 21, 24 y 27.

Helobdella stagnalis (LINNAEUS, 1758)

(Syn. *Glossiphonia bioculata*)

Hosp.: Depredadores de colonias de *Epistylis* spp. (Ciliata Peritricha), moluscos (*Lymnaea, Physa* sp.) insectos, crustáceos y anélidos.

Dist.: Asturias, Ciudad Real, Coruña, Madrid y Valencia. Posiblemente muy difundida.

Reg.: I, II, VI, VII y VIII.

Bibl.: 10, 12, 17, 19 y 20.

Hemiclepsis marginata (MÜLLER, 1774)

(Syn. *Glossiphonia marginata; Hemiclepsis tessellata*)

Hosp.: Succiona sangre de anfibios, peces y, más raramente, moluscos. A veces, ataca a aves acuáticas.

Dist.: Asturias, Ciudad Real, La Coruña y Gerona.

Reg.: I, II, V y VIII.

Bibl.: 12, 19, 20, 24 y 26.

Hemiclepsis tessellata (MÜLLER, 1774)

Cf. *Hemiclepsis marginata*

Hirudo medicinalis LINNAEUS, 1758

Hosp.: Succiona sangre de toda clase de vertebrados. Ha sido identificada en el hombre, bovinos, equinos, etc. .

Dist.: Baleares, Ciudad Real, Galicia, León, Madrid, Salamanca y Valencia.

Reg.: II, III, VI, VII, VIII y XI.

Bibl.: 10, 12, 20, 21, 24, 26 y 31.

Hirudo troctina JOHNSON, 1816

Hosp.: Succiona sangre de numerosos vertebrados. Frecuente en equinos.

Dist.: Asturias, Badajoz, Baleares, Cáceres, Ciudad Real, La Coruña, Lugo y Salamanca. Muy común.

Reg.: I, II, VI, VIII y XI.

Bibl.: 12, 19, 20, 21, 24, 27 y 33.

Limnatis haasi JOHANSSON, 1927?

Hosp.: ?

Dist.: Lérida.

Reg.: IV.

Bibl.: 24.

Limnatis nilotica (SAVIGNY, 1822)

Hosp.: Succiona sangre de numerosos vertebrados. Ha sido encontrada en bovinos, equinos, hombre, etc.. .

Dist.: Aragón, Ciudad Real, La Coruña, Lérida, Madrid, Salamanca, Sevilla, Valencia y, probablemente, el resto de la Península.

Reg.: II, III, IV, VI, VII, VIII, IX, etc.. .

Bibl.: 12, 20, 21, 24, 27 y 31.

Nephelis octoculata (BERGMANN, 1757)
Cf. *Erpobdella octoculata*

Piscicola geometra (L., 1761)
Hosp.: Peces.
Dist.: Valencia.
Reg.: VII.
Bibl.: 24.

Placobdella catenigera MOQUIN-TANDOM, 1846
Cf. *Placobdella costata*

Placobdella costata (MÜLLER, 1846)
(Syn. *Placobdella catenigera*)
Hosp.: Succiona sangre de anfibios, reptiles, hombre y otros mamíferos.
Dist.: Ciudad Real y otras localidades meridionales.
Reg.: VIII.
Bibl.: 12, 17, 20, 24 y 27.

Pontobdella muricata (L., 1758)
Hosp.: Succiona sangre de peces, especialmente elasmobranquios. Tremielgas (*Torpedo marmoratus*)
Dist.: Cantábrico, Atlántico y Mediterráneo. Hallada en Cantabria, Galicia y Valencia.
Reg.: I, II y VII.
Bibl.: 12, 17 y 24.

Sanguijuelas, sin especificar.
Hosp.: Varios (bovinos, equinos, aves y hombre)
Bibl.: 31, 34, 36 y Tarazona Vilas, 1977 (com. per.) en equinos y pato mudo.

Theromyzon tessulatum (MULLER, 1774)
Hosp.: Aves acuáticas.
Dist.: Ciudad Real y Lérida.
Reg.: IV y VIII.
Bibl.: 20 y 24.

Trocheta bykowskii GEDROYC, 1913
Hosp.: Depredador, fundamentalmente de oligoquetos.
Dist.: Asturias, Burgos, Cantabria, Guadalajara y La Rioja.
Reg.: I, III, IV y VI.
Bibl.: 18, 19 y 24.

Trocheta subviridis DUTROCHET, 1817
Hosp.: Depredador que ataca anfibios y otras especies acuáticas.
Dist.: Asturias, La Coruña, Granada, Madrid, Salamanca, Valencia y Vascongadas.
Reg.: I, II, III, VI, VII, IX y X.
Bibl.: 12, 15, 18, 24 y 31.

OLIGOCHAETA

Bibliografía ibérica por su posible papel como hospedadores intermediarios: 3, 4, 5, 6, 7, 8, 9, 10, 16, 22 y 28.

POLICHAETA

Poliquetos, en general.
Bibl.: 13, 23, 29 y 37.

Ichthyotomus sanguinarius EISIG, 1906
Hosp.: Congrio (*Conger conger*), tremielgas (*Torpedo ocellata*) y *Myrus vulgaris*
Dist.: Mar Mediterráneo.
Reg.: V, VII, X y XI.
Bibl.: 30.

Polydora ciliata JONHSTON
Hosp.: Ostra (*Ostrea* sp.) y tunicados (*Microcosmus* sp.)
Dist.: Costas de Cantabria y Galicia, y seguramente también en el Mediterráneo, pues Fauvel (1923) *Faune de France, Polychètes errantes*, lo describe en las costas meridionales francesas.
Reg.: I y II.
Bibl.: 11.

Polydora hoplura CLARAPEDE
Hosp.: Ostra (*Ostrea* sp.) y tunicados (*Microcosmus* sp.)
Dist.: Galicia (Cf. la consideración sobre la distribución de *Polydora ciliata*)
Reg.: II.
Bibl.: 11.

Pomatoceros triqueter LINNAEUS, 1758
Hosp.: Mejillón (*Mytilus edulis*)
Dist.: Galicia.
Reg.: II.
Bibl.: 29 y 35.

HOSPEDADORES (ANNELIDA)

Teniendo en cuenta el escaso número de especies de Annelida ibéricos, su poca especificidad de hospedador y los hábitos depredadores de parte de las especies, no consideramos necesaria la relación de hospedadores, con sus especies de parásitos, que normalmente figuran en otros grupos.

BIBLIOGRAFÍA (ANNELIDA)

1. ALVARADO FERNANDEZ, S. (1945).- Estudios histológicos y fisiológicos sobre Anélidos. I. Los quetopodios setígeros de los sabélidos. *Bol. R. Soc. Esp. Hist. Nat., 43*: 229.
2. ALVARADO FERNANDEZ, S. (1946).- Estudios histológicos y fisiológicos sobre Anélidos. *Bol. R. Soc. Esp. Hist. Nat., 44*: 87.
3. ALVAREZ SANCHEZ, J. (1966).- Oligoquetos terrícolas de España. I. Las lombrices de tierra de la región central. *Bol. R. Soc. Esp. Hist. Nat.* (Biol.), *64*: 133.
4. ALVAREZ SANCHEZ, J. (1970).- Nuevas formas de oligoquetos terrícolas para la fauna de la Península Ibérica. *Bol. R. SOc. Esp. Hist. Nat.* (Biol.), *68*: 17.
5. ALVAREZ SANCHEZ, J. (1971).- Biospeleología de la Cueva Ojo Guareña. Oligoquetos terrestres. *Bol. R. Soc. Esp. Hist. Nat.* (Biol.), *69*: 11.
6. ALVAREZ SANCHEZ, J. (1971).- Oligoquetos terrícolas ibéricos. I. Megascolécidos y Glososcolécidos. *Bol. R. Soc. Esp. Hist. Nat.* (Biol.), *69*: 97.
7. ALVAREZ SANCHEZ, J. (1971).- Las especies españolas del género *Eophila*. 1. *Eophila pyrenaica* y sus subespecies en el valle del Ebro (Oligochaeta, Lumbricidae). *Bol. R. Soc. Esp. Hist. Nat.* (Biol.), *69*: 177.
8. ALVAREZ SANCHEZ, J. (1971).- La sistemática de los Anélidos y la posición de los oligoquetos. *Bol. R. Soc. Esp. Hist. Nat.* (Biol.), *69*: 265.
9. ALVAREZ SANCHEZ, J. (1972).- Oligoquetos terrícolas ibéricos. 2. Lumbrícidos (1ª parte). *Bol. R. Soc. Esp. Hist. Nat.* (Biol.), *70*: 5.
10. ALVAREZ SANCHEZ, J. y SELGA, D. (1967).- Observaciones sobre invertebrados dulceacuícolas de los alrededores de Madrid. *Bol. R. Soc. Esp. Hist. Nat.* (Biol.), *65*: 171.
11. ANDREU, B. (1957).- Abundancia estacional de *Polydora* en las rías gallegas y problemas que plantea en el cultivo de la ostra. *III Reun. Prod. Mar. y Expl. Pesqu.* Inst. Invest. Pesq., Castellón: 87.
12. BLANCHARD, R. (1893).- Sanguijuelas de la Península Ibérica. *An. Soc. Esp. Hist. Nat., 2*: 243.
13. CAMPOY, A. y JORDANA, R. (1977).- Contribución a la fauna de anélidos poliquetos de las Islas Canarias: Nota sobre una colección de poliquetos de las Islas de Gran Canaria y Tenerife. *Resúmenes III Bienal R. Soc. Esp. Hist. Nat.*, Granada, 26-30 sept.: 12.
14. CAZURRO Y RUIZ, M. (1890).- Sobre Anélidos de la Península. *Bol. R. Soc. Esp. Hist. Nat., 19*: 70.
15. CILLERO, B.; RALLO, A. y MOYA, J. (1977).- Observaciones histológicas e histoquímicas sobre *Trocheta subviridis* (Anélido, hirudíneo), con especial atención a las estructuras del saco musculocutáneo. *Resúmenes III Bienal R. Soc. Esp. Hist. Nat.*, Granada, 26-30 sept.: 46.

16. FERNANDEZ BERNALDO DE QUIROS, I. (1973).- Estudios histológicos del clitelo de *Lumbricus terrestris* y sus etapas de formación. *Bol. R. Soc. Esp. Hist. Nat.* (Biol.), *71*: 65.
17. FUSET TUBIA, J. (1944).- *Manual de Zoología*. Bosch Casa Editorial, Barcelona.
18. GARCIA-MAS, I. y JIMENEZ, J.M. (1981).- El género *Trocheta* DUTROCHET, 1817, en la Península Ibérica. *Bol. R. Soc. Esp. Hist. Nat.* (Biol.), *79*: 273.
19. GARCIA-MAS, I. y JIMENEZ, J.M. (1984).- Introducción al estudio de las comunidades macrobentónicas de los ríos asturianos: Hirudíneos. *Limnética, 1*: 179.
20. GARCIA MAS, I.; MARTINEZ LOPEZ, F. y PUJANTE MORA, A. (1990).- Sanguijuelas y moluscos de las aguas de "La Mancha" (España). *Cuadernos de Estudios Manchegos, 21*: 127.
21. GRACIA DORADO, F.; GALLEGO BERENGUER, J. y GIL COLLADO, J. (1954).- *Lecciones de Parasitología animal*. Imp. Nuevas Gráficas, S.A., Madrid.
22. HARO, A. DE (1964).- Sobre la distribución de los oligoquetos en España. *Branchiura sowerby* Beddard (1892), forma cosmopolita, encontrado en España. *Bol. R. Soc. Esp. Hist. Nat.* (Biol.), *62*: 137.
23. IBAÑEZ GENIS, M. (1973).- Catálogo de los Anélidos Poliquetos citados en las costas españolas. *Cuad. C. Biol.*, 2.2. 121, Granada.
24. JIMENEZ, J.M. y GARCIA-MAS, I. (1980).- Hirudíneos de España: catálogo provisional. *Bolm Soc. port. Ciènc. nat., 20*: 119.
25. JIMENEZ, J.M. y GARCIA-MAS, I. (1981).- El género *Batracobdella* Viguier, 1879, en la Península Ibérica (Hirudínea, Glossiphonidae). *Bol. R. Soc. Esp. Hist. Nat.* (Biol.), *79*: 265.
26. JORDANO BAREA, D. (1952).- *Claves biológicas para clínica e inspección veterinarias*. Imp. Moderna, Córdoba.
27. LOPEZ-NEYRA, C.R. (1947).- *Parasitología animal*. Imp. Prieto, Granada.
28. MICHAELSEN, .. (1926).- Regenwürmer aus den Nördlichen und Oestlichen Spanien, gesammelt von Dr. F. Haas in der Jahren 1914-1915 (Cit. E. Rioja, *Bol. R. Soc. Esp. Hist. Nat., 26*: 205.
29. NUÑEZ, J. y SOSA, A. (1977).- Anélidos poliquetos colectados en el Archipiélago de las Salvajes. *Resúmenes III Bienal R. Soc. Esp. Hist. Nat.*, Granada, 26-30 sept,: 12.
30. PEREZ IÑIGO, C. (1972).- *Curso de Parasitología*. Fac. Ciencias, Univ. Compl., Madrid.
31. RAMAJO MARTIN, V. (1992).- *Zooparasitología*. En: Las Dehesas Salmantinas. Junta de Castilla y León. Gráficas Ortega, Salamanca: 463.
32. RIOJA LO BLANCO, E. (1916, 1917 Y 1923).- (Trabajos diversos sobre anélidos). *Bol. R. Soc. Esp. Hist. Nat., 16*: 462, *17*: 176 y 221, *22*: 95, *23*: 333.
33. RIVAS MATEOS, M. (1901).- *El Hirudo troctina* JOHN, de Extremadura. *Bol. R. Soc. Esp. Hist. Nat., 1*: 375.
34. ROYO, D. (1734).- *Llave de Albeytería*. 2ª parte: 467. Imp. Joseph Fort, Zaragoza.
35. SAIZ MORENO, L. (1971).- Dos parasitosis de los mejillones de interés económico: *Mytilicola intestinalis* y *Pomatocero trinqueter*. *Com. V. Sem. Nac. Vet.* (Prod. Pesca y sus Ind.) Santiago de Compostela, 3-8 agosto, 1970.
36. SAMPEDRO, G. (1840).- *Novísimo Cabero ó Instituciones de Albeitería*. Imp. Yenes, Lib. Viuda de Calleja e hijos.
37. VIEITEZ, J.M. (1976).- Ecología de Poliquetos y Moluscos de la playa de Meira (Ría de Vigo). I. Estudio de las comunidades. *Inv. Pesq., 40*: 223.

ACARI

En la redacción de este capítulo, en la primera edición, intervinieron el Dr. J. Gil Collado y la Dra. M. Portús Vinyeta, de las Facultades de Farmacia de las Universidades Complutense de Madrid y de Barcelona, respectivamente. Los datos relativos a Portugal fueron analizados por las Dras. Mendonça y Roque.

Acanthophthirius (Myotimyobia) hispanicus FAIN, PEREIRA et VIGO, 1991
Hosp.: Murciélago (*Myotis* sp.)
Dist.: Galicia.
Reg.: I y II.
Bibl.: 98.

Acarapis dorsalis MONGENTHALER, 1934
Acarapis externus MONGENTHALER, 1934
Hosp.: Abeja (*Apis mellifera*)
Dist.: Portugal.
Bibl.: Mendonça y Roque, 1979 (com. per.)

Acarapis woodi (RENNIE, 1921)
Hosp.: Abeja (*Apis mellifera*)
Dist.: General.
Bibl.: 22, 23, 24, 25, 122, 123, 212, 216, 217, 234, 315, 316, 336, 339, 341, 378 y 379.

Acarus farinae DE GEER, 1778
Cf. *Acarus siro*

Acarus siro LINNAEUS, 1758
(Syn. *Acarus farinae; Tyroglyphus farinae; Tyroglyphus siro*)
Hosp.: Hombre.
Dist.: Barcelona y Navarra. Portugal.
Reg.: IV y V. Portugal.
Bibl.: 26, 168, 240, 310, 320 y 322.

Afrolistrophorus apodemi FAIN, 1970
Hosp.: Ratón de campo (*Apodemus sylvaticus*), ratón (*Mus musculus*) y ratón moruno (*Mus spretus*)
Dist.: Baleares y Cataluña.
Reg.: IV, V y XI.
Bibl.: 74, 106, 107, 109, 300 y 304.

Amblyomma dubitatum NEUMANN, 1899
Hosp.: Vaca y jilguero (*Carduelis carduelis*)
Dist.: Granada. ¿España meridional?
Reg.: IX y X.
Bibl.: 127, 129, 141, 263, 310, 337 y 340.

Amblyomma pomposum DÖNITZ, 1909
(hallada accidentalmente en Portugal sobre un hospedador procedente del continente africano; no es especie peninsular)
Bibl.: 214.

Amorphacarus elongatus (POPPE, 1896)
Hosp.: Musaraña colicuadrada (*Sorex araneus*) y musaraña común (*Crocidura russula*)
Dist.: Galicia y Gerona.
Reg.: I, II y V.
Bibl.: 382 y Cát.Parasit., Fac.Farmacia, Barcelona.

Amorphacarus parvisetosus LUKOSCHUS et DRIESEN, 1971
Hosp.: Musgaño patiblanco (*Neomys fodiens*)
Dist.: Gerona (Pirineos)
Reg.: V.
Bibl.: Cát.Parasit., Fac.Farmacia, Barcelona.

Analges pachycnemis GIEBBEL, 1870
Cf. *Analgopsis platycnemis*

Analgesinae, sin precisar.
Hosp.: Triguero (*Emberiza calandra*)
Dist.: Córdoba.
Reg.: IX.
Bibl.: 229.

Analgopsis platycnemis GIEBBEL, 1870 (cit. como *Analges pachycnemis*)

Hosp.: Lavandera (*Motacilla alba*)
Dist.: Granada.
Reg.: IX y X.
Bibl.: 141 y 333.

Androlaelaps casalis BERLESE, 1887

Hosp.: Rata gris (*Rattus norvegicus*)
Dist.: La Coruña.
Reg.: II.
Bibl.: 278.

Androlaelaps fahrenholzi BERLESE, 1911

Hosp.: Rata gris (*Rattus norvegicus*)
Dist.: Madrid.
Reg.: VI.
Bibl.: 387.

Antennophorus sp.

Hosp.: Hormiga (*Formica fusca*)
Dist.: Cataluña.
Reg.: IV y V.
Bibl.: 73.

Argas gilcolladoi ESTRADA, LUCIENTES et SANCHEZ, 1987

Hosp.: Buitre leonado (*Gyps fulvus*)
Dist.: Zaragoza.
Reg.: IV.
Bibl.: 77.

Argas (Argas) reflexus (FABRICIUS, 1794) (Syn. *Ixodes hispanus*)

Hosp.: Paloma (*Columba livia*) y vencejo (*Apus apus*)
Dist.: Andalucía (en general), Barcelona, Burgos, Madrid, Salamanca, Toledo y Zaragoza.
Reg.: III, IV, V, VI, IX y X.
Bibl.: 29, 125, 127, 129, 130, 134, 182, 198, 310, 315, 337 y 340.

Argas (Carios) vespertilionis (LATRÉILLE, 1802)

Hosp.: Murciélago común (*Pipistrellus pipistrellus*), orejudo (*Plecotus auritus*), murciélago montañero (*Pipistrellus savii*), murciélago bigotudo (*Selysius mystacinus*), murciélago hortelano (*Eptesicus serotinus*), murciélago ratero (*Myotis myotis*), murciélago de bosque (*Barbastella barbastella*), nóctulo pequeño (*Nyctalus leisleri*), murciélago de borde claro (*Pipistrellus kuhli*), murciélago (*Pipistrellus maderensis*) y otros quirópteros, sin precisar.
Dist.: Barcelona, Cádiz, Canarias, Ciudad Real, Granada, Huesca, Madrid, La Rioja, Teruel, Valencia y Zaragoza. Pirineos orientales franceses. Portugal.
Reg.: IV, V, VI, VII, VIII, IX, X y XII. Portugal.
Bibl.: 76, 91, 93, 127, 129, 258, 310, 364 y 365.

Argas (Persicargas) persicus (OKEN, 1818)

Hosp.: Gallina y rata gris (*Rattus norvegicus*)
Dist.: Andalucía, Badajoz, Barcelona, Córdoba, Jaén, Madrid, Málaga, Salamanca, Sevilla y Toledo. Portugal.
Reg.: III, V, VI, VIII, IX y X. Portugal.
Bibl.: 125, 127, 129, 138, 141, 198, 217, 234, 258, 306, 310, 315, 337, 340 y 387.

Argas (Secretargas) transgariepinus WHITE, 1846

Hosp.: Murciélago hortelano (*Eptesicus serotinus*) y otros quirópteros.
Dist.: Cataluña, Granada y Teruel.
Reg.: V, VII, IX y X.
Bibl.: 18, 81, 90, 91, 135 y 171.

Astridiella calandrellae BREGETOVA, 1967

Hosp.: Terrera común (*Calandrella cinerea*)
Dist.: Granada.
Reg.: IX y X.
Bibl.: 370, 371 y 375.

Astridiella melanocoryphae UBEDA-ONTIVEROS et MORILLAS-MARQUEZ, 1979 (Syn. *Neonyssus (Otocorinyssus) melanocoryphae*)

Hosp.: Calandria (*Melanocorypha calandra*)
Dist.: Granada.
Reg.: IX y X.
Bibl.: 377.

Blomia kulagini ZAKHAVATKIN, 1936
Hábt.: Polvo doméstico (¿alergizante?)
Dist.: Gerona (Puigcerdá)
Reg.: V.
Bibl.: 26 y 142.

Blomia tropicalis BRONSWIJK, COCK et OSHIMA, 1973
Hábt.: Harina de trigo (¿alergizante?)
Dist.: Cataluña.
Reg.: IV y V.
Bibl.: 298.

Bewsiella fledermaus DOMROW, 1958
Hosp.: Murciélago de bosque (*Barbastella barbastella*)
Dist.: Lérida.
Reg.: IV.
Bibl.: 91.

Boophilus annulatus (SAY, 1821)
(Syn. *Boophilus calcaratus; Boophilus calcaratus hispanicus; Boophilus annulatus calcaratus; Margaropus annulatus; Margaropus calcaratus*)
Hosp.: Vaca, asno, comadreja (*Mustela nivalis*), lince (*Lynx pardina*), perro, oveja, cerdo, ciervo (*Cervus elaphus*) y hombre.
Dist.: Barcelona, Cáceres, Cádiz, Córdoba, Gerona, Granada, Huelva, Málaga y Sevilla. Portugal.
Reg.: V, VI, IX y X. Portugal.
Bibl.: 43, 71, 104, 116, 117, 118, 120, 127, 129, 141, 163, 165, 167, 185, 199, 210, 211, 212, 215, 216, 217, 241, 242, 310, 337, 338, 340, 361, 364 y 368.

Boophilus annulatus calcaratus (BIRULA, 1895)
Cf. *Boophilus annulatus*

Boophilus calcaratus (BIRULA, 1895)
Cf. *Boophilus annulatus*

Boophilus calcaratus hispanicus (MINNING, 1935)
Cf. *Boophilus annulatus*

Caparinia algirus FAIN et PORTUS, 1979
Hosp.: Erizo moruno (*Aethechinus algirus*)
Dist.: Baleares.
Reg.: XI.
Bibl.: 99.

Caparinia tripilis (MICHAEL, 1889)
Hosp.: Erizo (*Erinaceus europaeus*)
Dist.: Madrid.
Reg.: VI.
Bibl.: Cát. Parasitol., Fac. Farmacia. Barcelona.

Carpoglyphus lactis (LINNAEUS, 1758)
Hábt.: Polvo doméstico (Un caso acariosis pulmonar humana)
Dist.: Barcelona.
Reg.: V.
Bibl.: 26 y 360.

Cheladonta ikaoensis SASA et al., 1951
Hosp.: Ratón (*Mus musculus*), ratón de campo (*Apodemus sylvaticus*) y topo ciego (*Talpa caeca*)
Dist.: Galicia.
Reg.: I y II.
Bibl.: 275.

Cheladonta sp.
Hosp.: Topo ciego (*Talpa caeca*), ratón (*Mus musculus*) y ratón de campo (*Apodemus sylvaticus*)
Dist.: Galicia.
Reg.: I y II.
Bibl.: 280 y 281.

Cheletonella vespertilionis (WOMERSLEY, 1941)
Hosp.: Murciélago rabudo (*Tadarida taeniotis*)
Dist.: Madrid.
Reg.: VI.
Bibl.: 384.

Cheyletiella parasitivorax (MÉGNIN, 1878)?
Hosp.: Perro.
Dist.: Zaragoza.
Reg.: IV.
Bibl.: 4.

Cheyletiella yasguri SMILEY, 1965
Hosp.: Perro.
Dist.: Madrid.
Reg.: VI.
Bibl.: 20.

Cheyletus eruditus (SCHRANK, 1781)
Hosp.: Ratón (*Mus musculus*) y hombre (accidental)
Dist.: Madrid. Ceuta. Portugal?
Reg.: VI. Portugal.
Bibl.: 141, 210, 211 y 387.

Chorioptes bovis bovis (GERLACH, 1857)
Hosp.: Vaca.
Dist.: Alava, Navarra y Salamanca. Portugal (¿General?)
Reg.: III y IV. Portugal.
Bibl.: 122, 212, 216, 217, 315 y 337.

Chorioptes bovis equis (HERING, 1845)
Hosp.: Caballo.
Dist.: Salamanca. Portugal (¿General?)
Reg.: III. Portugal
Bibl.: 212, 216, 217, 315 y 337.

Chorioptes bovis ovis
Hosp.: Oveja.
Dist.: Cáceres.
Reg.: VI.
Bibl.: 163 y 260.

Chortoglyphus arcuatus (TROUPEAU, 1879)
Hábt.: Polvo doméstico (¿alergizante?)
Dist.: Barcelona.
Reg.: V.
Bibl.: 26, 56, 320 y 322.

Cloacaridae, sin precisar.
Hosp.: Galápago leproso (*Mauremys caspica*)
Dist.: Península Ibérica, sin precisar.
Bibl.: 155.

Cnemidocoptes laevis gallinae (RAILLIET, 1886)
Cf. *Knemidocoptes laevis gallinae*

Cnemidocoptes mutans (ROBIN et LANQUETIN, 1859)
Cf. *Knemidocoptes mutans*

Criniscansor apodemi FAIN, MUNTING et LUKOSCHUS, 1969
Hosp.: Ratón de campo (*Apodemus sylvaticus*)
Dist.: Huesca (Cataluña, en general)
Reg.: IV y V.
Bibl.: 97, 106 y 110.

Crocidurobia blairi (RADFORD, 1936)
Hosp.: Musaraña campesina (*Crocidura suaveolens*)
Dist.: Baleares (Menorca)
Reg.: XI.
Bibl.: Cát. Parasitol., Fac. Farmacia. Barcelona.

Crocidurobia michaeli POPPE, 1896
Hosp.: Musaraña común (*Crocidura russula*)
Dist.: Galicia.
Reg.: I y II.
Bibl.: 382.

Cytodites amandavae FAIN et BAFORT, 1964
Hosp.: Mosquitero común (*Phylloscopus collybita*)
Dist.: Granada.
Reg.: IX y X.
Bibl.: 146.

Cytodites nudus (VIZIOLI, 1868)
Hosp.: Gallina, pavo (*Meleagris gallopavo*) y faisán (*Phasianus colchicus*)
Dist.: Ciudad Real, Granada, León y Salamanca. Portugal?
Reg.: III, VIII, IX y X. Portugal?
Bibl.: 9, 141, 210, 211, 212, 216, 217, 219, 315, 337, 339 y 356.

Demodex canis LEYDIG, 1859
Hosp.: Perro.
Dist.: Cáceres, Córdoba, León, Madrid, Salamanca, Vizcaya y Zaragoza. Portugal.
Reg.: I, III, IV, VI y IX. Portugal.
Bibl.: 14, 60, 122, 163, 210, 211, 212, 216, 217, 234, 315, 337, 343, 346 y 347.

Demodex caprae (RAILLIET, 1895)
Hosp.: Cabra.
Dist.: Granada y Salamanca. Portugal.
Reg.: III, IX y X. Portugal.
Bibl.: 210, 211, 212, 216, 217, 315 y 337.

Demodex equi (RAILLIET, 1895)
Hosp.: Caballo
Dist.: Salamanca y otras áreas sin precisar. Portugal.
Reg.: III. Portugal
Bibl.: 210, 211, 212, 216, 315 y 337.

Demodex folliculorum (SIMON, 1843)
Hosp.: Hombre.
Dist.: Madrid y otros lugares, sin precisar. Portugal.
Reg.: VI. Portugal.
Bibl.: 141, 210, 212, 216, 217, 234, 310, 341 y 381.

Demodex ovis (RAILLIET, 1895)
Hosp.: Oveja.
Dist.: Granada, Navarra y Salamanca. Portugal.
Reg.: III, IV, IX y X. Portugal.
Bibl.: 122, 212, 216, 315 y 337.

Demodex phylloides CSOKOR, 1879
Hosp.: Cerdo.
Dist.: España, sin precisar. Portugal.
Bibl.: 58, 121, 210, 212, 216 y 217.

Demodex sp.
Hosp.: Lirón careto (*Eliomys quercinus*)
Dist.: Baleares (Formentera)
Reg.: XI.
Bibl.: 299.

Dermacarus hypudaei (KOCH, 1841)
(incluye *Dermacarus hypudaei nivalis*)
Hosp.: Ratilla nival (*Microtus nivalis*)
Dist.: Granada.
Reg.: IX y X.
Bibl.: 63 y 64.

Dermacarus hypudaei nivalis DIAZ-LOPEZ et al., 1991
Cf. *Dermacarus hypudaei*

Dermacarus sciurinus (KOCH, 1841)
Hosp.: Ardilla común (*Sciurus vulgaris*)
Dist.: Lérida.
Reg.: IV.
Bibl.: Cát. Parasitol., Fac. Farmacia. Barcelona.

Dermacarus talpicola FAIN, 1968
Hosp.: Topo (*Talpa europaea*)
Dist.: Lérida.
Reg.: IV.
Bibl.: Cát. Parasitol., Fac. Farmacia. Barcelona.

Dermacentor marginatus SULZER, 1776
(incluye *Dermacentor marginatus lacteolus*)
Hosp.: Conejo (*Oryctolagus cuniculus*), liebre (*Lepus capensis*), gamo (*Dama dama*), ciervo (*Cervus elaphus*), cerdo, jabalí (*Sus scrofa*), erizo (*Erinaceus europaeus*), musaraña común (*Crocidura russula*), rebeco (*Rupicapra rupicapra*), cabra, cabra montés (*Capra pyrenaica*), muflón (*Ovis musimon*), perro, vaca, oveja, ratón de campo (*Apodemus sylvaticus*) y rata de agua (*Arvicola sapidus*).
Dist.: General.
Bibl.: 61, 71, 89, 92, 104, 111, 116, 117, 118, 122, 125, 127, 129, 139, 163, 180, 181, 183, 189, 193, 210, 211, 212, 215, 216, 252, 310, 330, 337, 340, 345, 364, 365 y 380.

Dermacentor marginatus lacteolus SCHULZE, 1933
Cf. *Dermacentor marginatus*

Dermacentor niveus NEUMANN, 1897
Hosp.: Ciervo (*Cervus elaphus*), caballo y jabalí (*Sus scrofa*)
Dist.: Córdoba, Mallorca y Menorca. Portugal?
Reg.: IX y XI. Portugal?
Bibl.: 7, 127, 196, 211, 212, 216, 217, 306 y 337.

Dermacentor reticulatus (FABRICIUS, 1794)

Hosp.: Perro, zorro (*Vulpes vulpes*), cabra, oveja, vaca, caballo, ciervo (*Cervus elaphus*) y jabalí (*Sus scrofa*)
Dist.: Alava, Burgos, Córdoba, Guipúzcoa, Menorca, Navarra, Orense, Salamanca y Vizcaya. Portugal?
Reg.: I, II, III, IV, IX y XI. Portugal?
Bibl.: 47, 122, 140, 166, 167, 205, 206, 210, 211, 212, 215, 216, 217, 252, 315 y 337.

Dermanyssus avium (DUGES, 1834)

Cf. *Dermanyssus gallinae*

Dermanyssus gallinae (DE GEER, 1778)
(Syn. *Dermanyssus avium*)

Hosp.: Gallina, gorrión (*Passer domesticus*), canario (*Serinus canarius*), jilguero (*Carduelis carduelis*), lavandera (*Motacilla alba*), paloma (*Columba livia*) y vencejo (*Apus apus*)
Dist.: Cáceres, Córdoba, Granada, Huesca, Madrid, Salamanca, Zamora y Zaragoza. Portugal.
Reg.: III, IV, VI, IX y X. Portugal.
Bibl.: 141, 210, 211, 212, 216, 217, 234, 260, 315, 319, 337, 340, 345 y 362.

Dermanyssus hirundinis (HERMANN, 1804)

Hosp.: Golondrina (*Hirundo rustica*) y vencejo (*Apus apus*)
Dist.: Granada.
Reg.: IX y X.
Bibl.: 141.

Dermatophagoides farinae HUGHES, 1961

Hábt.: Polvo doméstico (alergizante)
Dist.: Barcelona, Lérida, Madrid y Tarragona.
Reg.: IV, V y VI.
Bibl.: 55, 145 y 298.

Dermatophagoides microceras GRIFFITHS et CUNNINGTON, 1971

Hábt.: Polvo doméstico (¿alergizante?)
Dist.: Cataluña y otros lugares, sin precisar.
Reg.: IV y V.
Bibl.: 26, 55 y 145.

Dermatophagoides passericola (FAIN, 1964)

Hábt.: Polvo doméstico (¿alergizante?)
Dist.: Cataluña y otros lugares, sin precisar.
Reg.: IV y V.
Bibl.: 26.

Dermatophagoides pteronyssus (TROUESSART, 1897

Hábt.: Polvo doméstico (alergizante)
Dist.: Barcelona, Lérida, Madrid y Tarragona.
Reg.: IV, V y VI.
Bibl.: 26, 55, 143, 319 y 321.

Dermoglyphus sp.

Hosp.: Vencejo (*Apus apus*)
Dist.: Granada.
Reg.: IX y X.
Bibl.: 141, 339 y 341.

Eaidea brevihamata HALLER, 1882

Hosp.: Topo ciego (*Talpa caeca*)
Dist.: Galicia.
Reg.: I y II.
Bibl.: 382.

Echinolaelaps echidninus BERLESE, 1887
(Syn. *Laelaps echidninus*)

Hosp.: Rata gris (*Rattus norvegicus*), rata negra (*Rattus rattus*), ratón (*Mus musculus*), ratón de campo (*Apodemus sylvaticus*) y murciélago de herradura grande (*Rhinolophus ferrumequinum*)
Dist.: Barcelona, Canarias, La Coruña, Granada, Huelva, Huesca, Madrid y Pontevedra.
Reg.: I, II, IV, V, VI, IX, X y XII.
Bibl.: 48, 278, 279, 313, 345 y 387. 142?

Echinonyssus spp.

Cf. *Hirstionyssus* spp.

Epidermoptes bilobulatus (RIVOLTA, 1876)

Hosp.: Gallina.
Dist.: Portugal?
Bibl.: 210, 211, 212, 216 y 217.

Ereynetes limaceum SCHRANK, 1781

Cf. *Ricardoella limaceum*

Eulaelaps stabularis (KOCH, 1836)
Hosp.: Rata gris (*Rattus norvegicus*), ratón (*Mus musculus*), ratón moruno (*Mus spretus*), ratón de campo (*Apodemus sylvaticus*), topino rojo (*Clethrionomys glareolus*), topo ciego (*Talpa caeca*), musaraña común (*Crocidura russula*), erizo (*Erinaceus europaeus*) y lirón careto (*Eliomys quercinus*)
Dist.: Baleares, Barcelona, Canarias, La Coruña, Cuenca, Lugo, Madrid, Pontevedra y La Rioja.
Reg.: I, II, IV, V, VI, VII, XI y XII.
Bibl.: 49, 274, 280, 299, 385, 387 y 388.

Euroglyphus maynei (COOREMAN, 1950)
Hábt.: Polvo doméstico (¿alergizante?)
Dist.: Cataluña y Madrid.
Reg.: IV, V y VI.
Bibl.: 26, 55, 143, 298, 320 y 322.

Euschongastia krampitzi WILLMAN, 1955
Cf. *Schoutedenichia krampitzi*

Euschongastia sp.
Hosp.: Lirón careto (*Eliomys quercinus*)
Dist.: Baleares.
Reg.: XI.
Bibl.: 299.

Ewingana baekelandae ESTRADA et CRUZ, 1992
Hosp.: Murciélago rabudo (*Tadarida taeniotis*)
Dist.: Teruel.
Reg.: IV.
Bibl.: 75.

Eyndhovenia euryalis CANESTRINI, 1884
Hosp.: Murciélago de herradura mediterráneo (*Rhinolophus euryale*)
Dist.: Huesca.
Reg.: IV.
Bibl.: 91.

Eyndhovenia euryalis oudemansi EYNDHOVEN, 1941
Hosp.: Murciélago de herradura grande (*Rhinolophus ferrum-equinum*)
Dist.: Cádiz y Pontevedra.
Reg.: II y IX.
Bibl.: 76, 313 y 314.

Falculifer rostratus (BUCHHOLZ, 1869)
Hosp.: Paloma (*Columba livia*)
Dist.: Avila, Córdoba, La Coruña, Cuenca, Granada, Madrid y Toledo. Portugal?
Reg.: II, III, VI, VII, VIII, IX y X. Portugal?
Bibl.: 195, 210, 211, 212, 216, 217 y 337.

Freyana anatina anatina
Hosp.: Pato (*Anas platyrhynchos*)
Dist.: Teruel.
Reg.: IV.
Bibl.: 80.

Gamasus dermanyssoides (MÉGNIN, 1878)?
Hosp.: Rata gris (*Rattus norvegicus*) y rata de agua (*Arvicola sapidus*)
Dist.: Granada.
Reg.: IX y X.
Bibl.: 141.

Geckobia canariensis ZAPATERO, GONZALEZ, SOLERA et CARVAJAL, 1989
Hosp.: Perinquén gomero (*Tarentola gomerensis*), perinquén de Delalande (*T. delalandii*) y perinquén de Boetgger (*T. boettgeri*)
Dist.: Canarias.
Reg.: XII.
Bibl.: 383.

Geckobia latastei MÉGNIN, 1878
Hosp.: Salamanquesa común (*Tarentola mauritanica*) y salamanquesa rosada (*Hemidactylus turcicus*)
Dist.: Andalucía, Baleares, ambas Castillas y León, Cataluña, Extremadura y Murcia.
Reg.: III, IV, V, VI, VII, VIII, IX, X y XI.
Bibl.: 137.

Geckobia loricata (BERLESE, 1892)
Hosp.: Salamanquesa común (*Tarentola mauritanica*)
Dist.: Tarragona y Pirineos orientales.
Reg.: IV.
Bibl.: 137 y 365.

Geckobia tinerfensis ZAPATERO, GONZALEZ, SOLERA et CARVAJAL, 1989

Hosp.: Perinquén gomero (*Tarentola gomerensis*), perinquén de Delalande (*T. delalandii*) y perinquén de Boetgger (*T. boettgeri*)

Dist.: Canarias.

Reg.: XII.

Bibl.: 383.

Gliricoptes eliomys KOK, LUKOSCHUS et FAIN, 1971

Hosp.: Lirón careto (*Eliomys quercinus*)

Dist.: Cataluña y Baleares.

Reg.: IV, V y XI.

Bibl.: 299, 304 y 305.

Glyciphagus cursor DE GEER, 1808

Cf. *Glyciphagus domesticus*

Glyciphagus destructor HUGHES, 1948

Cf. *Lepidoglyphus destructor*

Glyciphagus domesticus (DE GEER, 1808) (en algunos trabajos médicos se confunde claramente esta especie con *Lepidoglyphus destructor*)

(Syn. *Glyciphagus cursor*)

Hábt.: Polvo doméstico (¿alergizante?)

Dist.: Cataluña, Granada y Madrid.

Reg.: IV, V y VI.

Bibl.: 26, 55, 141, 240, 320, 321 y 322.

Glyciphagus privatus OUDEMANS, 1903

Hábt.: Polvo doméstico (¿alergizante?)

Dist.: Barcelona.

Reg.: V.

Bibl.: 26.

Glyciphagus spinipes DE GEER, 1808

Cf. *Lepidoglyphus destructor*

Glyciphagus (Myacarus) hypudaei (KOCH, 1841)

Hosp.: Ratón de campo (*Apodemus sylvaticus*), ratón (*Mus musculus*), rata de agua norteña (*Arvicola terrestris*), rata gris (*Rattus norvegicus*), topino rojo (*Clethrionomys glareolus*), ratilla agreste (*Microtus agrestis*), musaraña campesina (*Crocidura suaveolens*) musaraña común (*Crocidura russula*), musaraña colicuadrada (*Sorex araneus*), topo ciego (*Talpa caeca*) y ratón moruno (*Mus spretus*)

Dist.: Barcelona y Galicia.

Reg.: I, II y V.

Bibl.: 52, 74, 106, 108, 276 y 300.

Goheria fusca (OUDEMANS, 1902)

Hábt.: Polvo doméstico (¿alergizante?)

Dist.: Barcelona.

Reg.: V.

Bibl.: 26 y 55.

Grammolichus eliomys PORTUS et FAIN, 1982

Hosp.: Lirón careto (*Eliomys quercinus*)

Dist.: Baleares.

Reg.: XI.

Bibl.: 301

Grammolichus sp.

Hosp.: Ratón de campo (*Apodemus sylvaticus*) y ratón (*Mus musculus*)

Dist.: Galicia.

Reg.: I y II.

Bibl.: 52 y 276.

Haemaphysalis beneditoi GIL COLLADO, 1938

Cf. *Haemaphysalis (Haemaphysalis) sulcata*

Haemaphysalis campanulata hispanica GIL COLLADO, 1936

Cf. *Haemaphysalis (Rhipistoma) hispanica*

Haemaphysalis cinnabarina (KOCH, 1844)

Cf. *Haemaphysalis (Haemaphysalis) punctata*

Haemaphysalis cinnabarina punctata KNUTH et al., 1918

Cf. *Haemaphysalis (Haemaphysalis) punctata*

Haemaphysalis (Alloceraea) inermis inermis BIRULA, 1895

Hosp.: Vaca y gamo (*Dama dama*)

Dist.: Alava y Vizcaya. Portugal.

Reg.: I y IV. Portugal

Bibl.: 122, 215, 216, 252 y 363.

Haemaphysalis (Haemaphysalis) punctata CANESTRINI et FANZAGO, 1877
(Syn. *Haemaphysalis cinnabarina; Haemaphysalis cinnabarina punctata*)
Hosp.: Oveja, muflón (*Ovis musimon*), ciervo (*Cervus elaphus*), gamo (*Dama dama*), cabra, cabra montés (*Capra pyrenaica*), caballo, rebeco (*Rupicapra rupicapra*), vaca, cerdo, liebre (*Lepus capensis*), acentor común (*Prunella modularis*), petirrojo (*Erithacus rubecula*), mirlo (*Turdus merula*), carbonero (*Parus major*), pinzón (*Fringilla coelebs*), escribano soteño (*Emberiza cirlus*) y urraca (*Pica pica*).
Dist.: Alava, Barcelona, Burgos, Cádiz, Canarias, Córdoba, Cuenca, Galicia, Guipúzcoa, Jaén, Mallorca, Navarra, Salamanca, Segovia, Teruel, Vizcaya y Zaragoza. Portugal.
Reg.: I, II, III, IV, V, VII, VIII, IX, X, XI y XII. Portugal.
Bibl.: 1, 7, 47, 71, 92, 104, 111, 117, 122, 125, 127, 129, 164, 183, 190, 196, 210, 211, 212, 215, 216, 234, 252, 262, 265, 269, 310, 337, 364 y 380.

Haemaphysalis (Haemaphysalis) sulcata (CANESTRINI et FANZAGO, 1877)
(Syn. *Haemaphysalis benedeti*)
Hosp.: Cabra montés (*Capra pyrenaica*), vaca y muflón (*Ovis musimon*)
Dist.: Burgos, Canarias, Jaén, Granada y Madrid.
Reg.: III, VI, IX, X y XII.
Bibl.: 122, 127, 177, 181, 183, 247 y 310.

Haemaphysalis (Rhipistoma) hispanica GIL COLLADO, 1938
(Syn. *Haemaphysalis campanulata hispanica*)
Hosp.: Conejo (*Oryctolagus cuniculus*), liebre (*Lepus capensis*), mochuelo (*Athene noctua*), cerdo, oveja, cabra, ciervo (*Cervus elaphus*), va-ca, caballo, erizo (*Erinaceus europaeus*), perro, murciélagos (sin precisar), águila real (*Aquila chrysaetos*), perdiz (*Alectoris rufa*), zorzal común (*Turdus philomelos*) y lagartija (*Podarcis muralis*)
Dist.: Ciudad Real, Córdoba, Huesca, Jaén, Madrid y Zaragoza. Portugal.
Reg.: IV, VI, VIII y IX. Portugal.
Bibl.: 41, 88, 92, 127, 129, 175, 236, 253, 316, 323, 324, 330, 337, 340 y 345.

Haemogamasus arvicolarum BERLESE, 1920
(Syn. *Haemogamasus horridus*)
Hosp.: Rata de agua (*Arvicola sapidus*), ratón de campo (*Apodemus sylvaticus*), ratón (*Mus musculus*) y rata gris (*Rattus norvegicus*)
Dist.: Madrid y Soria.
Reg.: III y VI.
Bibl.: 385 y 387.

Haemogamasus hirsutosimilis WILLMANN, 1952
Hosp.: Ratón de campo (*Apodemus sylvaticus*)
Dist.: Cataluña.
Reg.: IV y V.
Bibl.: 106.

Haemogamasus hirsutus BERLESE, 1889
Hosp.: Topino rojo (*Clethrionomys glareolus*), musaraña común (*Crocidura russula*), topo ciego (*Talpa caeca*) y ratón de campo (*Apodemus sylvaticus*)
Dist.: Cataluña, La Coruña, Logroño y Pontevedra.
Reg.: I, II, IV y V.
Bibl.: 106, 277, 278 y 385.

Haemogamasus horridus (MICHAEL, 1892)
Cf. *Haemogamasus arvicolarum*

Haemogamasus michaeli (OUDEMANS, 1904)
Cf. *Haemogamasus nidi*

Haemogamasus nidi (MICHAEL, 1892)
(Syn. *Haemogamasus michaeli*)
Hosp.: Ratón de campo (*Apodemus sylvaticus*), ratón (*Mus musculus*), ratón moruno (*Mus spretus*), topino rojo (*Clethrionomys glareolus*), musaraña común (*Crocidura russula*), erizo (*Erinaceus europaeus*), ratilla agreste (*Microtus agrestis*) y ratilla campesina (*Microtus arvalis*)

Dist.: Cáceres, Cataluña, La Coruña, Cuenca y La Rioja.
Reg.: I, II, III, IV, V, VI, VII y VIII.
Bibl.: 106, 277, 278 y 385.

Haemomyzon sp?
Hosp.: Topo (*Talpa europaea*) y ratón (*Mus musculus*)
Dist.: Granada.
Reg.: IX y X.
Bibl.: 141.

Harpirhynchus nidulans MÉGNIN, 1878
Cf. *Sarcopterinus nidulans*

Herpetacarus sp.
Hosp.: Ratón (*Mus musculus*), ratón de campo (*Apodemus sylvaticus*) y rata gris (*Rattus norvegicus*)
Dist.: Galicia.
Reg.: I y II.
Bibl.: 280.

Hirstiella insignis (BERLESE, 1892)
Hosp.: Salamanquesa común (*Tarentola mauritanica*) y salamanquesa rosada (*Hemidactylus turcicus*)
Dist.: Andalucía, Baleares, Murcia y Valencia.
Reg.: VII, IX, X y XI.
Bibl.. 138.

Hirstionyssus spp.
(Syn. *Echinonyssus* spp.)

Hirstionyssus butantanensis FONSECA, 1932
Hosp.: Topo ciego (*Talpa caeca*) y ratón de campo (*Apodemus sylvaticus*)
Dist.: La Coruña y Pontevedra.
Reg.: I y II.
Bibl.: 277 y 278.

Hirstionyssus callosciuri
Hosp.: Lirón careto (*Elyomis quercinus*) (nido)
Dist.: Zaragoza.
Reg.: IV.
Bibl.: 84.

Hirstionyssus latiscutatus (MEILLON et LAVOIPIERRE, 1944)
Hosp.: Rata gris (*Rattus norvegicus*) y ratón (*Mus musculus*)
Dist.: Huelva, Madrid y Segovia.
Reg.: III, VI y IX.
Bibl.: 387.

Hirstionyssus luckoschusi TENORIO et RADOVSKI, 1979
Hosp.: Topo ciego (*Talpa caeca*) y ratón (*Mus musculus*)
Dist.: Pontevedra y Zaragoza.
Reg.: II y IV.
Bibl.: 84 y 277.

Hirstionyssus molinae (FAIN et RACK, 1990)
Hosp.: Musaraña de Osorio (*Crocidura osorio*)
Dist.: Canarias.
Reg.: XII.
Bibl.: 101.

Hirstionyssus oryctolagi EVANS et TILL, 1966
Hosp.: Lirón careto (*Eliomys quercinus*), ratón de campo (*Apodemus sylvaticus*) y musaraña común (*Crocidura russula*)
Dist.: La Coruña, Lugo, Pontevedra y La Rioja.
Reg.: I, II, III y IV.
Bibl.: 224, 277 y 278.

Hirstionyssus soricis TURK, 1945
Hosp.: Topo ciego (*Talpa caeca*) y musaraña común (*Crocidura russula*)
Dist.: La Coruña y Pontevedra.
Reg.: I y II.
Bibl.: 277.

Hirstionyssus sp.
Hosp.: Ratón de campo (*Apodemus sylvaticus*) y ratón moruno (*Mus spretus*)
Dist.: Barcelona.
Reg.: V.
Bibl.: 300.

Hirstionyssus sp.
Hosp.: Lirón careto (*Eliomys quercinus*)
Dist.: Baleares (Formentera)
Reg.: XI.
Bibl.: 299.

Hirstionyssus talpae
Hosp.: Lirón careto (*Elyomis quercinus*) (nido)
Dist.: Zaragoza.
Reg.: IV.
Bibl.: 84.

Hoffmannina sp.
Hosp.: Musaraña común (*Crocidura russula*), musaraña campesina (*Crocidura suaveolens*), topo ciego (*Talpa caeca*), ratilla agreste (*Microtus agrestis*), ratón (*Mus musculus*), ratón moruno (*Mus spretus*) y ratón de campo (*Apodemus sylvaticus*)
Dist.: Galicia.
Reg.: I y II.
Bibl.: 280 y 281.

Hyalomma aegyptium impresum KOCH, 1844
Cf. *Hyalomma (Hyalomma) impresum*

Hyalomma aegyptium lusitanicum NEUMANN, 1901
Cf. *Hyalomma (Hyalomma) lusitanicum*

Hyalomma dromedarii NEVEU-LEMAIRE, 1938
Cf. *Hyalomma (Hyalomma) marginatum*

Hyalomma dromedarii LEITAO, 1943
Cf. *Hyalomma (Hyalomma) marginatum*

Hyalomma excavatum DELPY, 1946
Cf. *Hyalomma (Hyalomma) lusitanicum*

Hyalomma excavatum HOOGSTRAAL, 1956
Cf. *Hyalomma (Hyalomma) lusitanicum*

Hyalomma hispanicum KOCH, 1844
Cf. *Hyalomma (Hyalomma) marginatum*

Hyalomma iberum SCHULZE et SCHLOTTKE, 1929
Cf. *Hyalomma (Hyalomma) marginatum*

Hyalomma lusitanicum cicatricorum SCHULZE et SCHOLTTKE, 1929-30
Cf. *Hyalomma (Hyalomma) lusitanicum*

Hyalomma marginatum españoli GIL COLLADO, 1936
Cf. *Hyalomma (Hyalomma) marginatum*

Hyalomma marginatum hispanum SCHULZE et SCHLOTTKE, 1930
Cf. *Hyalomma (Hyalomma) marginatum*

Hyalomma mauritanicum SENEVET, 1922
Cf. *Hyalomma (Hyalomma) detritum*

Hyalomma rufipes KOCH, 1844
Hosp.: Vaca.
Dist.: Córdoba.
Reg.: IX.
Bibl.: 164 y 234.

Hyalomma savignyi GERVAIS, 1844
Cf. *Hyalomma (Hyalomma) marginatum*

Hyalomma savignyi iberum SCHULZE et SCHLOTTKE, 1929-30
Cf. *Hyalomma (Hyalomma) anatolicum excavatum*

Hyalomma steineri codinai (SCHULZE, 1929-30)
Cf. *Hyalomma (Hyalomma) detritum*

Hyalomma (Hyalomma) anatolicum anatolicum KOCH, 1844
Hosp.: Jabalí (*Sus scrofa*)
Dist.: Jaén.
Reg.: IX.
Bibl.: 184.

Hyalomma (Hyalomma) anatolicum excavatum KOCH, 1841
(Syn. *Hyalomma savignyi iberum; Hyalomma (Hyalomma) excavatum*)
Hosp.: Ratón de campo (*Apodemus sylvaticus*), golondrina (*Hirundo rustica*), mirlo (*Turdus merula*), ruiseñor (*Luscinia megarhynchos*) y cerdo.
Dist.: Andalucía, en general, León, Menorca y Pirineos orientales. Portugal?
Reg.: III, IX, X y XI. Portugal?
Bibl.: 61, 164, 174, 234, 337, 340, 352, 364, 380 y 385.

Hyalomma (Hyalomma) depresum GIL COLLADO, 1948

Cf. *Hyalomma (Hyalomma) marginatum*

Hyalomma (Hyalomma) detritum SCHULZE, 1919

(Syn. *Hyalomma mauritanicum; Hyalomma steinai codinai*)

Hosp.: Vaca y cerdo.

Dist.: Barcelona, Córdoba, Gran Canaria, Huesca, Madrid y Salamanca.

Reg.: III, IV, V, VI, IX y XII.

Bibl.: 164, 234, 244, 306, 310, 315 y 345.

Hyalomma (Hyalomma) dromedarii KOCH, 1844

(incluye *Hyalomma (Hyalomma) dromedarii canariense*)

Hosp.: Dromedario (*Camellus dromedarius*)

Dist.: Canarias.

Reg.: XII.

Bibl.: 61, 217 y 353.

Hyalomma (Hyalomma) dromedarii canariense (SCHULZE, 1927-28)

Cf. *Hyalomma (Hyalomma) dromedarii*

Hyalomma (Hyalomma) excavatum KOCH, 1844

Cf. *Hyalomma (Hyalomma) anatolicum excavatum*

Hyalomma (Hyalomma) impresum KOCH, 1844

(Syn. *Hyalomma aegyptium impresum*)

Hosp.: Vaca.

Dist.: Córdoba (procedentes de Salamanca y Sevilla)

Reg.: III, IX y X.

Bibl.: 199, 306 y 315.

Hyalomma (Hyalomma) lusitanicum KOCH, 1844

(Syn. *Hyalomma excavatum; Hyalomma lusitanicum cicatricorum; Hyalomma aegyptium lusitanicum*)

Hosp.: Vaca, cerdo, liebre (*Lepus capensis*), conejo (*Oryctolagus cuniculus*), caballo , jabalí (*Sus scrofa*), gamo (*Dama dama*), cabra montés (*Capra pyrenaica*), perro, ciervo (*Cervus elaphus*), lirón careto (*Eliomys quercinus*) y oveja.

Dist.: Baleares, Burgos, Cáceres, Cádiz, Canarias, Ciudad Real, Córdoba, Extremadura, Granada, Huelva, Jaén, Madrid, Málaga, Navarra, Salamanca, Segovia y Sevilla. Portugal.

Reg.: III, VI, VII, VIII, IX, X, XI y XII. Portugal.

Bibl.: 7, 71, 104, 112, 116, 117, 118, 120, 122, 125, 127, 129, 163, 165, 167, 173, 180, 181, 187, 192, 199, 207, 210, 211, 215, 216, 217, 244, 260, 261, 306, 310, 315, 318, 324, 330, 337, 350, 363, 364, 380 y 385.

Hyalomma (Hyalomma) lusitanicum algericum SENEVET, 1928

Hosp.: Vaca y cerdo.

Dist.: Córdoba, Jaén y Sevilla.

Reg.: IX y X.

Bibl.: 197, 198 y 306.

Hyalomma (Hyalomma) marginatum KOCH, 1844

(Syn. *Hyalomma dromedarii; Hyalomma hispanicum; Hyalomma iberum; Hyalomma marginatum españoli; Hyalomma marginatum hispanum; Hyalomma savignyi; Hyalomma (Hyalomma) depresum*)

Hosp.: Vaca, oveja, cabra, cerdo, liebre (*Lepus capensis*), caballo, ciervo (*Cervus elaphus*), asno, zorro (*Vulpes vulpes*), jabalí (*Sus scrofa*), alcaraván (*Burhinus oedicnemus*), ratonero (*Buteo buteo*), perdiz (*Alectoris rufa*), zorzal (*Turdus philomelos*) y mochuelo (*Athene noctua*)

Dist.: Badajoz, Baleares, Cáceres, Cádiz, Ciudad Real, Córdoba, Granada, Jaén, Madrid, Málaga, Salamanca y Sevilla. Portugal.

Reg.: III, VI, VIII, IX, X y XI. Portugal.

Bibl.: 21, 61, 71, 104, 116, 117, 118, 119, 120, 125, 127, 163, 164, 176, 201, 207, 211, 212, 215, 234, 236, 246, 253, 255, 260, 273, 285, 307, 308, 310, 315, 318, 337, 343, 352, 363, 364 y 380.

Hyalomma (Hyalomma) truncatum KOCH, 1844

Hosp.: Perro.
Dist.: Canarias.
Reg.: XII.
Bibl.: 172.

Hyalomma (Hyalommasta) aegyptium (LINNAEUS, 1758)

Hosp.: Vaca, oveja y cerdo.
Dist.: Córdoba y Málaga.
Reg.: IX y X.
Bibl.: 43, 141, 265, 306, 337 y 340.

Hyperlaelaps microti (EWING, 1933)
(Syn. *Laelaps pachypus*)

Hosp.: Ratón de campo (*Apodemus sylvaticus*), ratón (*Mus musculus*), ratilla agreste (*Microtus agrestis*), ratilla campesina (*Microtus arvalis*) y rata de agua (*Arvicola sapidus*)
Dist.: La Coruña, Cuenca, Guadalajara, La Rioja y Soria.
Reg.: I, II, III, IV, VI, VII y VIII.
Bibl.: 278 y 385.

Ixodes acuminatus NEUMANN, 1901

Hosp.: Rata de agua (*Arvicola sapidus*), comadreja (*Mustela nivalis*), ratón de campo (*Apodemus sylvaticus*) y topo ciego (*Talpa caeca*)
Dist.: Asturias, Cantabria, Córdoba, Granada, Madrid y Zamora.
Reg.: I, III, VI, IX y X.
Bibl.: 139 y 230.

Ixodes arboricola SCHULZE et SCHLOTTKE, 1929

Hosp.: Carbonero (*Parus major*)
Dist.: Granada.
Reg.: IX y X.
Bibl.: 178.

Ixodes bivari TRAVASSOS DIAS SANTOS, 1990

Hosp.: Conejo (*Oryctolagus cuniculus*)
Dist.: Portugal.
Bibl.: 367.

Ixodes cenercolus (LUCAS, 1840)?

Hosp.: ?
Dist.: Canarias.
Reg.: XII.
Bibl.: 263.

Ixodes festai

Cf. *Ixodes ventalloi*

Ixodes hispanus (BREVISSON, 1827)

Cf. *Argas (Argas) reflexus*

Ixodes pallipes (LUCAS, 1840)

Cf. *Ixodes (Ixodes) frontalis*

Ixodes pari LEACH, 1815

Cf. *Ixodes (Ixodes) frontalis*

Ixodes reduvius LINNAEUS, 1746

Cf. *Ixodes (Ixodes) ricinus*

Ixodes reticulatus LATRÉILLE, 1804

Hosp.: Lagarto (*Lacerta lepida*)
Dist.: Cádiz (Algeciras)
Reg.: X.
Bibl.: 265.

Ixodes trilineatus LUCAS, 1840

Hosp.: ?
Dist.: Canarias.
Reg.: XII.
Bibl.: 263 y 264.

Ixodes ventalloi GIL COLLADO, 1936
(Syn. *Ixodes festai*)

Hosp.: Topino rojo (*Clethrionomys glareolus*), cerdo, mochuelo (*Athene noctua*), perdiz roja (*Alectoris rufa*), comadreja (*Mustela nivalis*), lince (*Lynx pardina*), gato montés (*Felis sylvatica*), tejón (*Meles meles*), meloncillo (*Herpestes ichneumon*), zorro (*Vulpes vulpes*), cabra montés (*Capra pyrenaica*), ratón (*Mus musculus*), ratón de campo (*Apodemus sylvaticus*), liebre (*Lepus capensis*), conejo (*Oryctolagus cuniculus*), lirón careto (*Eliomys quercinus*), musaraña colicuadrada (*Sorex araneus*), erizo (*Erinaceus europaeus*) y erizo moruno (*Aethechinus algirus*)
Dist.: Barcelona, Baleares, Ciudad Real, Granada, Huelva, Huesca, Madrid y Zaragoza. Portugal.
Reg.: IV, V, VI, VIII, IX, X y XI. Portugal.
Bibl.: 56, 86, 89, 125, 128, 129, 174, 181, 183, 229, 248, 249, 250, 299, 310, 330, 345, 366, 368 y 387.

Ixodes (Eschatocephalus) simplex NEUMANN, 1906

Hosp.: Murciélago troglodita (*Miniopterus schreibersii*) y ratillas (*Microtus* sp.)

Dist.: Barcelona, Cantabria, Tarragona y Valencia.

Reg.: I, IV, V y VII.

Bibl.: 16, 17, 82, 90 y 91.

Ixodes (Eschatocephalus) vespertilionis KOCH, 1844

Hosp.: Murciélago de herradura pequeño (*Rhinolophus hipposideros*), murciélago ratero (*Myotis myotis*), murciélago ratero mediano (*Myotis blythi*), murciélago orejudo (*Plecotus auritus*), murciélago de herradura mediterráneo (*Rhinolophus euryale*), murciélago troglodita (*Miniopterus schreibersii*), murciélago de herradura grande (*Rhinolophus ferrum-equinum*) y murciélago patudo (*Myotis capaccini*)

Dist.: Alava, Alicante, Asturias, Barcelona, Cádiz, Cantabria, Córdoba, Cuenca, Guadalajara, Guipúzcoa, Huesca, Madrid, Navarra, Toledo, Valladolid, Vizcaya y Zaragoza. Portugal.

Reg.: I, III, IV, V, VI, VII, VIII y IX. Portugal.

Bibl.: 76, 90, 91, 125, 127, 129, 170, 257, 265, 266, 310, 351, 354 y 364.

Ixodes (Exopalpiger) trianguliceps BIRULA, 1895

Hosp.: Topino rojo (*Clethrionomys glareolus*), ratón de campo (*Apodemus sylvaticus*), ratilla nival (*Microtus nivalis*), musaraña común (*Crocidura russula*) y musaraña colicuadrada (*Sorex araneus*)

Dist.: Aragón, Asturias, Cantabria, León y La Rioja.

Reg.: I, III y IV.

Bibl.: 92, 139 y 385.

Ixodes (Ixodes) frontalis PANZER, 1795
(Syn. *Ixodes pallipes, Ixodes pari*)

Hosp.: Urraca (*Pica pica*), petirrojo (*Erithacus rubecula*), acentor común (*Prunella modularis*), chochín (*Troglodytes troglodytes*), carbonero (*Parus major*), colirrojo tizón (*Phoenicurus ochruros*), escribano montesino (*Emberiza cia*), arrendajo (*Garrulus glandarius*), perdiz roja (*Alectoris rufa*), mirlo (*Turdus merula*), zorzal común (*Turdus philomelos*), zorzal alirrojo (*Turdus iliacus*), zorzal charlo (*Turdus viscivorus*), mosquitero (*Phylloscopus collybita*), pinzón (*Fringilla coelebs*), escribano palustre (*Emberiza schoeniclus*) y curruca capirotada (*Sylvia atricapilla*)

Dist.: Alava, Aragón, Canarias, Granada, Salamanca y Zaragoza. Portugal.

Reg.: III, IV, IX, X y XII. Portugal.

Bibl.: 70, 71, 89, 92, 179, 265 y 367.

Ixodes (Ixodes) ricinus LINNAEUS, 1746
(Syn. *Ixodes reduvius*)

Hosp.: Perro, lince (*Lynx pardina*), gato montés (*Felis sylvatica*), tejón (*Meles meles*), meloncillo (*Herpestes ichneumon*), caballo, cabra, cabra montés (*Capra pyrenaica*), ciervo (*Cervus elaphus*), topino rojo (*Clethrionomys glareolus*), erizo moro (*Aethechinus algirus*), vaca, oveja, muflón (*Ovis musimon*), ratón de campo (*Apodemus sylvaticus*), lirón careto (*Eliomys quercinus*), rata de agua (*Arvicola sapidus*), murciélago ratero (*Myotis myotis*), murciélago de herradura grande (*Rhinolophus ferrum-equinum*), liebre (*Lepus capensis*), turón (*Putorius putorius*), marta (*Martes foina*), comadreja (*Mustela nivalis*), gamo (*Dama dama*), corzo (*Capreolus capreolus*), zorro (*Vulpes vulpes*), mirlo (*Turdus merula*), hombre y jabalí (*Sus scrofa*)

Dist.: General.

Bibl.: 7, 47, 56, 71, 92, 104, 105, 111, 117, 122, 125, 127, 129, 139, 163, 164, 165, 167, 180, 181, 183, 185, 211, 213, 215, 216, 217, 234, 252, 260, 264, 310, 315, 337, 344, 345, 354, 364 y 365.

Ixodes (Pholeoixodes) autumnalis LEACH, 1815

Cf. *Ixodes (Pholeoixodes) canisuga* (aunque para otros sería sinonimia de *Ixodes (Pholeoixodes) hexagonus*)

Ixodes (Pholeoixodes) canisuga JOHNSON, 1849

(Syn. *Ixodes (Pholeoixodes) autumnalis*), *Pholeoixodes canisuga*)

Hosp.: Gato montés (*Felis sylvestris*), jabalí (*Sus scrofa*), zorro (*Vulpes vulpes*) y turón (*Putorius putorius*)

Dist.: Barcelona, La Coruña, Huesca, Salamanca y Toledo.

Reg.: II, III, IV, V, VI y VIII.

Bibl.: 71, 89, 92, 125, 127, 310, 337 y 340.

Ixodes (Pholeoixodes) hexagonus LEACH, 1815

Hosp.: Turón (*Putorius putorius*), lince (*Lynx pardina*), tejón (*Meles meles*), meloncillo (*Herpestes ichneumon*), comadreja (*Mustela nivalis*), perro, zorro (*Vulpes vulpes*), perdiz roja (*Alectoris rufa*), oveja, erizo (*Erinaceus europaeus*), murciélago de herradura grande (*Rhinolophus ferrum-equinum*) y murciélago ratero (*Myotis myotis*)

Dist.: Cantabria, Barcelona, Cataluña, Córdoba, Huelva, Huesca, Madrid, Salamanca, Teruel, Vizcaya y Zaragoza. Portugal.

Reg.: I, III, IV, V, VI, VII, IX y X. Portugal.

Bibl.: 56, 71, 86, 122, 125, 127, 129, 185, 215, 234, 252, 310, 315, 337, 338, 340, 343, 344, 353, 364 y 368.

Knemidocoptes jamaicensis

Hosp.: Carricerín común (*Acrocephalus schoenobaenus*)

Dist.: Zaragoza.

Reg.: IV.

Bibl.: 85.

Knemidocoptes laevis gallinae (RAILLIET, 1886)

(Syn. *Cnemidocoptes laevis gallinae*)

Hosp.: Gallina y paloma (*Columba livia*)

Dist.: Ciudad Real y Córdoba. Portugal.

Reg.: VIII y IX. Portugal.

Bibl.: 198, 211, 212, 216, 217, 337 y 341.

Knemidocoptes mutans (ROBIN et LANQUETIN, 1859)

(Syn. *Cnemidocoptes mutans*)

Hosp.: Gallina, jilguero (*Carduelis carduelis*) y perdiz roja (*Alectoris rufa*)

Dist.: Córdoba, Granada, León y Zaragoza. Portugal.

Reg.: III, IV, IX y X. Portugal.

Bibl.: 47, 66, 83, 141, 198, 211, 212, 216, 217, 218, 219, 233, 235, 239, 337, 341, 357 y Cordero del Campillo (inéd.)

Knemidocoptes prolificus RAILLIET et HENRY, 1908

Hosp.: Ganso (*Anser anser*)

Dist.: Córdoba.

Reg.: IX.

Bibl.: 198 y 202.

Labidophorus talpae KRAMER, 1877

Hosp.: Rata de agua norteña (*Arvicola terrestris*), musaraña enana (*Sorex minutus*), topo (*Talpa europaea*) y topo ciego (*Talpa caeca*)

Dist.: Cataluña, Galicia y Lérida.

Reg.: I, II, IV y V.

Bibl.: 52, 108 y Cát.Parasitol., Fac.Farmacia. Barcelona.

Laelaps agilis KOCH, 1836
(Syn. *Laelaps festinus*)
Hosp.: Ratón de campo (*Apodemus sylvaticus*), ratón (*Mus musculus*), musaraña común (*Crocidura russula*), rata gris (*Rattus norvegicus*) y ratón moruno (*Mus spretus*)
Dist.: Barcelona, La Coruña, Cuenca, Huesca, Lugo y La Rioja.
Reg.: I, II, III, IV, V, VII y VIII.
Bibl.: 74, 106, 277, 278, 300 y 385.

Laelaps algericus HIRST, 1925
Hosp.: Ratón (*Mus musculus*), ratón moruno (*Mus spretus*) y ratón de campo (*Apodemus sylvaticus*)
Dist.: Barcelona (Cataluña, en general), Madrid y Segovia.
Reg.: III, IV, V y VI.
Bibl.: 106, 300 y 387.

Laelaps echidninus (BERLESE, 1887)
Cf. *Echinolaelaps echidninus*

Laelaps festinus (KOCH, 1839)
Cf. *Laelaps agilis*

Laelaps hilaris (KOCH, 1836)
Hosp.: Ratilla agreste (*Microtus agrestis*) y ratilla campesina (*Microtus arvalis*)
Dist.: Cáceres, La Rioja y Soria.
Reg.: III, IV, VI y VIII.
Bibl.: 385.

Laelaps muris (JUNGT, 1799)
Hosp.: Rata de agua (*Arvicola sapidus*)
Dist.: Soria.
Reg.: III.
Bibl.: 385.

Laelaps nuttalli HIRST, 1915
Hosp.: Rata gris (*Rattus norvegicus*) y ratón (*Mus musculus*)
Dist.: Canarias y Madrid.
Reg.: VI y XII.
Bibl.: 387.

Laelaps pachypus (KOCH, 1844)
Cf. *Hyperlaelaps microti*

Laminosioptes cysticola (VIZIOLI, 1868)
Hosp.: Gallina y otras aves domésticas.
Dist.: Ciudad Real, Córdoba, Granada y otras provincias andaluzas. Portugal.
Reg.: VIII, IX y X. Portugal.
Bibl.: 210, 211, 212, 216, 217, 218, 219, 245, 337 y 351.

Lepidoglyphus destructor (SCHRANK, 1781)
(Syn. *Glyciphagus domesticus; Glyciphagus destructor; Glyciphagus spinipes*)
Hábt.: Polvo doméstico (¿alergizante?)
Dist.: Barcelona y Granada.
Reg.: V, IX y X.
Bibl.: 26 y 141.

Leptotrombidium hasei FEIDER, 1958
(Syn. *Trombicula hasei*)
Hosp.: Lagarto (*Lacerta lepida*) y ratón de campo (*Apodemus sylvaticus*)
Dist.: Castellón, Toledo y ribera mediterránea, sin precisar.
Reg.: VI, VII y VIII.
Bibl.: 202 y 204.

Leptotrombidium (Leptotrombidium) europaeum europaeum
Hosp.: Ratón (*Mus musculus*), ratón de campo (*Apodemus sylvaticus*) y rata gris (*Rattus norvegicus*)
Dist.: Galicia.
Reg.: I y II.
Bibl.: 280.

Leptotrombidium (Leptotrombidium) intermedia europaea DANIEL et BRELIH, 1959
Hosp.: Ratón de campo (*Apodemus sylvaticus*)
Dist.: Cantabria, Tarragona y Zarzúa?
Reg.: I y IV.
Bibl.: 202 y 204.

Leptotrombidium (Leptotrombidium) sp.
Hosp.: Musaraña común (*Crocidura russula*)
Dist.: Galicia.
Reg.: I y II.
Bibl.: 281.

Leptus (Trombidium) autumnalis SHAW, 1790
Cf. *Neotrombicula (Neotrombicula) autumnalis*

Listrophorus gibbus
Hosp.: Liebre (*Lepus capensis*)
Dist.: Ciudad Real, Córdoba y Jaén.
Reg.: VIII y IX.
Bibl.: 236.

Listrophorus leuckarti PAGENSTECHER, 1861
Hosp.: Rata de agua norteña (*Arvicola terrestris*)
Dist.: Cataluña.
Reg.: IV y V.
Bibl.: 107 y 109.

Listrophorus leuckarti ZAPATERO et al., 1978
Cf. *Listrophorus meridionalis*

Listrophorus mediterraneum PORTUS, FAIN et LUKOSCHUS, 1980
Hosp.: Topino rojo (*Clethrionomys glareolus*), musgaño patiblanco (*Neomys fodiens*), musaraña colicuadrada (*Sorex araneus*), musaraña enana (*Sorex minutus*), musaraña (*Sorex coronatus*), ratilla agreste (*Microtus agrestis*) y ratón de campo (*Apodemus sylvaticus*)
Dist.: Cataluña.
Reg.: IV y V.
Bibl.: 107, 109 y 302.

Listrophorus meridionalis FAIN, 1970
(Syn. *Listrophorus leuckarti* ZAPATERO et al., 1978)
Hosp.: Rata de agua (*Arvicola sapidus*), musaraña común (*Crocidura russula*), ratón (*Mus musculus*) y rata gris (*Rattus norvegicus*)
Dist.: Cataluña y Soria.
Reg.: III, IV y V.
Bibl.: 107, 109 y 385.

Listrophorus meridionalis PORTUS et ROURA, 1978
Cf. *Listrophorus occitanus*

Listrophorus occitanus FAIN et PORTUS, 1978
(Syn. *Listrophorus meridionalis* PORTUS et ROURA, 1978)
Hosp.: Rata de agua norteña (*Arvicola terrestris*) y topillo común (*Pitymys duodecimcostatus*)
Dist.: Barcelona, Gerona, Lérida y Pirineos orientales.
Reg.: IV y V.
Bibl.: 99, 107, 109 y 304.

Lophioglyphus liciosus (VOLGUI, 1964)
(Syn. *Lophuromyopus apodemi*)
Hosp.: Ratón de campo (*Apodemus sylvaticus*)
Dist.: Cataluña y Huesca.
Reg.: IV y V.
Bibl.: 106, 108, 223 y 300.

Lophuromyopus apodemi (FAIN, 1965)
Cf. *Lophioglyphus liciosus*

Lynxacarus (Dubininetta) dubinini DUBININA, 1969
Hosp.: Almizclera (*Desmana pyrenaica*)
Dist.: La Rioja (Villoslada)
Reg.: IV.
Bibl.: 96.

Macronyssus cyclaspis (OUDEMANS, 1906)
Hosp.: Murciélago de bosque (*Barbastella barbastella*)
Dist.: Lérida.
Reg.: IV.
Bibl.: 91.

Macronyssus diversipilis (VITZHUM, 1920)
Hosp.: Murciélago orejudo (*Plecotus auritus*), murciélago de herradura mediterráneo (*Rhinolophus euryale*), murciélago troglodita (*Miniopterus schreibersii*) y murciélago de Natterer (*Selysius nattereri*)
Dist.: Barcelona, Gerona, La Rioja y Valencia.
Reg.: IV, V y VII.
Bibl.: 76 y 91.

Macronyssus ellipticus (KOLENATI, 1856)
Hosp.: Murciélago troglodita (*Miniopterus schreibersii*)
Dist.: Barcelona.
Reg.: V.
Bibl.: 91.

Macronyssus flavus (KOLENATI, 1856)
Hosp.: Nóctulo común (*Nyctalus noctula*)
Dist.: Málaga y la Rioja.
Reg.: IV y X.
Bibl.: 76 y 91.

Macronyssus granulosus (KOLENATI, 1856)
Hosp.: Murciélago troglodita (*Miniopterus schreibersii*) y murciélago ratero mediano (*Myotis blythi*)
Dist.: Barcelona, Tarragona y Zaragoza.
Reg.: IV y V.
Bibl.: 82 y 91.

Macronyssus longimanus (KOLENATI, 1856)
Hosp.: Murciélago troglodita (*Miniopterus schreibersii*)
Dist.: Cataluña.
Reg.: IV y V.
Bibl.: 82.

Macronyssus rhinolophi (OUDEMANS, 1902)
Hosp.: Murciélago orejudo (*Plecotus auritus*), murciélago troglodita (*Miniopterus schreibersii*), murciélago orejirroto (*Selysius emarginatus*) y murciélago de herradura mediterráneo (*Rhinolophus euryale*)
Dist.: Barcelona, Cantabria, Gerona, La Rioja, Tarragona y Valencia.
Reg.: I, IV, V y VII.
Bibl.: 76 y 91.

Macronyssus uncinati CANESTRINI, 1885
Hosp.: Murciélago de herradura grande (*Rhinolophus ferrum-equinum*)
Dist.: Pontevedra.
Reg.: II.
Bibl.: 279.

Malayoglyphus carmelitus SPIEKSMA, 1973
Hábt.: Polvo doméstico (¿alergizante?)
Dist.: Cataluña.
Reg.: IV y V.
Bibl.: 26 y 27.

Margaropus annulatus (SAY, 1821)
Cf. *Boophilus annulatus*

Margaropus calcaratus (BIRULA, 1895)
Cf. *Boophilus calcaratus*

Megninia cubitalis (MEGNIN, 1877)
Hosp.: Gallina.
Dist.: Portugal?
Bibl.: 211, 212, 216 y 217.

Megninia columbae (BUCHHOLZ, 1870)
Hosp.: Paloma (*Columba livia*)
Dist.: Portugal.
Bibl.: 217.

Mesonyssus melloi (CASTRO, 1948)
Hosp.: Paloma (*Columba livia*)
Dist.: Canarias.
Reg.: XII.
Bibl.: 376.

Montesauria bilobata (ROBIN) PARK et ATYEO, 1971
Hosp.: Totovía (*Lullula arborea*), cogujada (*Galerida cristata*) y calandria (*Melanocorypha calandra*)
Dist.: ?
Bibl.: 15.

Montesauria cylindrica (ROBIN) OUDEMANS, 1905
Hosp.: Grajilla (*Corvus monedula*)
Dist.: ?
Bibl.: 15.

Myobia musculi SANCHEZ ACEDO et al., 1974
Cf. *Neomyobia rollinati*

Myobia (Myobia) multivaga POPPE, 1909
Hosp.: Ratón de campo (*Apodemus sylvaticus*), ratón (*Mus musculus*) y ratón moruno (*Mus spretus*)
Dist.: Baleares, Cataluña y Galicia.
Reg.: I, II, IV, V y XI.
Bibl.: 106, 217, 304 y 382.

Myobia (Myobia) musculi (SCHRANK, 1781)

Hosp.: Ratón de campo (*Apodemus sylvaticus*), ratón (*Mus musculus*) y ratón moruno (*Mus spretus*)
Dist.: Baleares, Canarias, Cataluña, Galicia, Granada, Huesca y Madrid.
Reg.: I, II, IV, V, VI, IX, X, XI y XII.
Bibl.: 106, 141, 300, 303, 343, 382 y 387.

Myocoptes japonensis japonensis RADFORD, 1955

Hosp.: Ratilla agreste (*Microtus agrestis*), ratilla campesina (*Microtus arvalis*), ratón de campo (*Apodemus sylvaticus*), rata de agua (*Arvicola sapidus*), musgaño patiblanco (*Neomys fodiens*), topino rojo (*Clethrionomys glareolus*), ratilla nival (*Microtus nivalis*) y topillo común (*Pitymys duodecimcostatus*)
Dist.: Baleares, Cataluña y Granada.
Reg.: IV, V, IX, X y XI.
Bibl.: 63, 64, 110, 304 y 305.

Myocoptes musculinus KOCH, 1844

Hosp.: Ratón (*Mus musculus*) y ratón de campo (*Apodemus sylvaticus*)
Dist.: Baleares, Cataluña, La Coruña, Huelva, León y Madrid.
Reg.: II, III, IV, V, VI, IX y XI.
Bibl.: 8, 106, 110, 282, 304, 305 y 387.

Myocoptes squamosus FAIN, MUNTING et LUKOSCHUS, 1969

Hosp.: Ratilla campesina (*Microtus arvalis*)
Dist.: Gerona.
Reg.: V.
Bibl.: 110.

Myonyssus decumani TIRABOSCHI, 1904

Hosp.: Ratón moruno (*Mus spretus*), ratón (*Mus musculus*) y ratón de campo (*Apodemus sylvaticus*)
Dist.: Barcelona (Cataluña, en general) y Madrid.
Reg.: IV, V y VI.
Bibl.: 106, 300 y 387.

Myonyssus gigas OUDEMANS, 1912

Hosp.: Ratón de campo (*Apodemus sylvaticus*)
Dist.: La Coruña.
Reg.: I.
Bibl.: 278.

Neomyobia rollinati POPPE, 1908

(Cit. *Myobia musculi* por SANCHEZ ACEDO et al., 1974)

Hosp.: Murciélago grande de herradura (*Rhinolophus ferrum-equinum*)
Dist.: Galicia y Huesca.
Reg.: I, II y IV.
Bibl.: 344 y 382.

Neonyssus (Otocorinyssus) melanocoryphae BREGETOVA, 1967

Cf. *Astridiella melanocoryphae*

Neotrombicula (Neotrombicula) autumnalis (SCHRANK, 1790)

(Syn. *Leptus (Trombidium) autumnalis; Trombicula autumnalis*)

Hosp.: Ratón de campo (*Apodemus sylvaticus*), ratón (*Mus musculus*), ratilla agreste (*Microtus agrestis*), rata gris (*Rattus norvegicus*), musaraña común (*Crocidura russula*), musaraña campesina (*Crocidura suaveolens*), liebre (*Lepus capensis*), topo ciego (*Talpa caeca*) y erizo (*Erinaceus europaeus*)
Dist.: Ciudad Real, Córdoba, Galicia y Jaén.
Reg.: I, II, VIII y IX.
Bibl.: 217, 236, 275, 280, 281, 310 y 340.

Neotrombicula (Neotrombicula) dubinini SCHLUGER, 1955

Hosp.: Ratón (*Mus musculus*), ratón de campo (*Apodemus sylvaticus*), rata gris (*Rattus norvegicus*) y musaraña común (*Crocidura russula*)
Dist.: Galicia.
Reg.: I y II.
Bibl.: 275.

Neotrombicula (Neotrombicula) hispanica KEPKA, 1960

Hosp.: Ratón de campo (*Apodemus sylvaticus*), lirón careto (*Eliomys quercinus*) y topino rojo (*Clethrionomys glareolus*)
Dist.: ?
Bibl.: 203.

Neotrombicula (Neotrombicula) japonica (TAN et al., 1930)

Neotrombicula (Neotrombicula) llogorensis (DANIEL, 1960)

Hosp.: ?
Dist.: Zona mediterránea (sin certeza de su presencia)
Bibl.: 204.

Neotrombicula (Hirsutiella) zachvatkini SCHLUGER, 1948

Hosp.: Ratón campo (*Apodemus sylvaticus*)
Dist.: Galicia.
Reg.: I y II.
Bibl.: 275.

Notoedres cati cati (HIERING, 1838)

Hosp.: Gato.
Dist.: Córdoba y Granada. Portugal.
Reg.: IX y X. Portugal.
Bibl.: 146, 216, 217, 218, 222, 223, 241 y 343.

Notoedres cati cuniculi (GERLACH, 1857)

Hosp.: Conejo (*Oryctolagus cuniculus*)
Dist.: Granada, Guipúzcoa, Madrid y Vizcaya. Portugal.
Reg.: I, VI, IX y X. Portugal.
Bibl.: 122, 210, 211, 212, 216 y 337.

Notoedres muris (MEGNIN, 1877)

Hosp.: Rata gris (*Rattus norvegicus*) y rata de agua (*Arvicola sapidus*)
Dist.: Barcelona, Cuenca, Huesca y Madrid.
Reg.: IV, V, VI, VII y VIII.
Bibl.: 49, 223, 224 y 387.

Notoedres (Metanotoedres) miniopteri FAIN, 1959

Hosp.: Murciélago troglodita (*Miniopterus schreibersii*)
Dist.: Navarra y Vizcaya.
Reg.: I y IV.
Bibl.: 95.

Notoedres (Notoedres) chiropteralis (TROUESSART, 1896)

Hosp.: Murciélago hortelano (*Eptesicus serotinus*)
Dist.: Barcelona.
Reg.: V.
Bibl.: 95.

Ophionisus lacertinus

Hosp.: Lagarto canarión (*Gallotia galloti stehlini*)
Dist.: Canarias.
Reg.: XII.
Bibl.: 19.

Oribátidos, como posibles hospedadores intermediarios

Bibl.: 46, 286, 287, 288, 289, 290, 291, 292, 293, 294, 295 y 296.

Ornithodoros marocanus VELU, 1919

Cf. *Ornithodoros (Ornithodoros) erraticus*

Ornithodoros (Alectorobius) coniceps CANESTRINI, 1890

Hosp.: Paloma (*Columba livia*)
Dist.: Burgos y Madrid.
Reg.: III y VI.
Bibl.: 128, 129, 130, 310, 337 y 340.

Ornithodoros (Alectorobius) maritimus VERMEIL et MARGUET, 1967

Hosp.: Gaviota argéntea (*Larus argentatus*)
Dist.: Portugal.
Bibl.: 162.

Ornithodoros (Ornithodoros) erraticus (LUCAS, 1849)

(Syn. *Ornithodoros marocanus*)

Hosp.: Cerdo y hombre (accidental)
Dist.: Avila, Badajoz, Cáceres, Cádiz, Córdoba, Granada, Huelva, Jaén, Málaga, Salamanca, Sevilla y Toledo. Portugal.

Reg.: III, VI, VIII, IX y X. Portugal.
Bibl.: 2, 5, 6, 30, 31, 32, 34, 35, 36, 37, 38, 39, 40, 44, 50, 51, 59, 72, 103, 114, 115, 127, 129, 131, 132, 200, 210, 212, 216, 217, 221, 222, 228, 231, 234, 239, 254, 258, 267, 268, 272, 274, 306, 310, 315, 337, 340, 348, 349, 357, 358, 359 y 364.

Ornithodoros (Reticulinasus) salahi HOOGSTRAL, 1953
Hosp.: Murciélago hortelano (*Eptesicus serotinus*)
Dist.: Barcelona.
Reg.: V.
Bibl.: 81.

Ornithonyssus bacoti (HIRST, 1913)
Hosp.: Ratón (*Mus musculus*) y rata gris (*Rattus norvegicus*)
Dist.: Canarias y Madrid.
Reg.: VI y XII.
Bibl.: 387.

Orycteroxenus dispar MICHAEL, 1886
Hosp.: Ratón de campo (*Apodemus sylvaticus*), topo (*Talpa europaea*) y topo ciego (*Talpa caeca*)
Dist.: Cataluña y Galicia.
Reg.: I, II, IV y V.
Bibl.: 52, 108 y 276.

Orycteroxenus galemys LUKOSCHUS, WOELTJES, JUCKWER et FAIN, 1979
Hosp.: Almizclera (*Desmana pyrenaica*)
Dist.: La Rioja.
Reg.: IV.
Bibl.: 227.

Orycteroxenus soricis (OUDEMANS, 1915)
Hosp.: Musaraña colicuadrada (*Sorex araneus*), musaraña enana (*Sorex minutus*), musaraña (*Sorex coronatus*), musaraña común (*Crocidura russula*), musaraña campesina (*Crocidura suaveolens*), musgaño de Cabrera (*Neomys anomalus*), musgaño patiblanco (*Neomys fodiens*), ratón de campo (*Apodemus sylvaticus*), topino rojo (*Clethrionomys glareolus*), rata negra (*Rattus rattus*) y rata gris (*Rattus norvegicus*),
Dist.: Galicia, Gerona y Cataluña, en general.
Reg.: I, II, IV y V.
Bibl.: 52, 106, 276 y Cát. Parasitol., Fac. Farmacia. Barcelona.

Otodectes cynotis canis (SEWELL, 1891)
Hosp.: Perro.
Dist.: Cáceres, Córdoba, León y Zaragoza.
Reg.: III, IV, VI y IX.
Bibl.: 163, 210, 211, 212, 216, 217, 234, 337, 343 y Cordero del Campillo et al. (inéd.)

Otodectes cynotis cati (HERING, 1838)
Hosp.: Gato.
Dist.: Portugal.
Bibl.: 210, 211, 212, 216 y 217.

Otodectes cynotis furonis (HERING, 1838)
Hosp.: Turón (*Putorius putorius*)
Dist.: Portugal.
Bibl.: 210, 211, 212, 216 y 217.

Otodectes sp.
Hosp.: Rata gris (*Rattus norvegicus*)
Dist.: Madrid.
Reg.: VI.
Bibl.: 387.

Paraperiglischrus rhinolophinus KOCH, 1841
Hosp.: Murciélago de herradura grande (*Rhinolophus ferrum-equinum*), murciélago de herradura mediterráneo (*Rhinolophus euryale*) y murciélago de bosque (*Barbastella barbastella*)
Dist.: Cantabria, Gerona, Granada, Huesca, Lérida y Pontevedra.
Reg.: I, II, IV, V, IX y X.
Bibl.: 62, 91, 313 y 314.

Paraspeleognathopsis (Paraspeleognathopsis) bakeri (FAIN, 1955)
Hosp.: Ratón de campo (*Apodemus sylvaticus*)
Dist.: Huesca (Jaca)
Reg.: IV.
Bibl.: 94.

Parasteatonyssus hoogstraali (KLEEGAN)
Hosp.: Murciélago rabudo (*Tadarida taeniotis*)
Dist.: Canarias, Huelva y Madrid.
Reg.: VI, IX y XII.
Bibl.: 76, 78 y 384.

Pediculoides ventricosus (NEWPORT, 1850)
Cf. *Pyemotes ventricosus*

Pholeoixodes canisuga
Cf. *Ixodes (Pholeoixodes) canisuga*

Pneumonyssus caninum (CHANDLER et RUHE, 1940)
Hosp.: Perro.
Dist.: Madrid.
Reg.: VI.
Bibl.: 272.

Proctophyllodes anthi VITZTHUM, 1922
Hosp.: Bisbita arborícola (*Anthus trivialis*)
Dist.: Granada.
Reg.: IX y X.
Bibl.: 335.

Proctophyllodes clavatus FRITSCH, 1961
Hosp.: Carricero común (*Acrocephalus scirpaceus*) y ruiseñor bastardo (*Cettia cetti*)
Dist.: Granada.
Reg.: IX y X.
Bibl.: 333.

Proctophyllodes cotyledon TROUESSART, 1899
Hosp.: Colirrojo tizón (*Phoenicurus ochruros*)
Dist.: Granada.
Reg.: IX y X.
Bibl.: 331.

Proctophyllodes detruncatus OUDEMANS, 1905
Hosp.: Grajilla (*Corvus monedula*)
Dist.: Granada.
Reg.: IX y X.
Bibl.: 331.

Proctophyllodes euryurus ATYEO et BRAASCH, 1966
Hosp.: Totovía (*Lullula arborea*)
Dist.: Granada.
Reg.: IX y X.
Bibl.: 333.

Proctophyllodes hipposideros GAUD., 1953
Hosp.: Tarabilla norteña (*Saxicola rubetra*)
Dist.: Granada.
Reg.: IX y X.
Bibl.: 334.

Proctophyllodes mariaevallensis ROJAS, UBEDA, GUEVARA et ARIZA, 1989
Hosp.: Escribano campesino (*Emberiza cia*)
Dist.: Granada.
Reg.: IX y X.
Bibl.: 332.

Proctophyllodes microcaulus GAUD, 1953
Hosp.: Colirrojo tizón (*Phoenicurus ochruros*)
Dist.: Granada.
Reg.: IX y X.
Bibl.: 331.

Proctophyllodes motacillae GAUD, 1953
Hosp.: Lavandera (*Motacilla alba*)
Dist.: Granada.
Reg.: IX y X.
Bibl.: 331.

Proctophyllodes musicus VITZHUM, 1922
Hosp.: Zorzal alirrojo (*Turdus iliacus*)
Dist.: Granada.
Reg.: IX y X.
Bibl.: 331 y 334.

Proctophyllodes neopinnatus ATYEO et BRAASCH, 1966
Hosp.: Piquituerto (*Loxia curvirrostra*)
Dist.: Granada.
Reg.: IX y X.
Bibl.: 333.

Proctophyllodes poublani GAUD, 1957
Hosp.: Bisbita común (*Anthus pratensis*)
Dist.: Granada.
Reg.: IX y X.
Bibl.: 335.

Proctophyllodes schwerinensis CERNY, 1982
Hosp.: Bisbita ribereño costero (*Anthus spinoletta*)
Dist.: Granada.
Reg.: IX y X.
Bibl.: 335.

Proctophyllodes serini ATYEO et BRASCH, 1966
Hosp.: Verdecillo (*Serinus serinus*)
Dist.: Granada.
Reg.: IX y X.
Bibl.: 333.

Proctophyllodes sylviae GAUD, 1957
Hosp.: Curruca cabecinegra (*Sylvia melanocephala*)
Dist.: Granada.
Reg.: IX y X.
Bibl.: 333.

Proctophyllodes troncatus ROBIN, 1877
Hosp.: Gorrión molinero (*Passer montanus*)
Dist.: Granada.
Reg.: IX y X.
Bibl.: 333.

Proctophyllodes weigoldi VITZHUM, 1922
Hosp.: Zorzal alirrojo (*Turdus iliacus*)
Dist.: Granada.
Reg.: IX y X.
Bibl.: 334.

Protomyobia onoi JAMESON et DUSBABEK, 1971
Hosp.: Musaraña colicuadrada (*Sorex araneus*)
Dist.: Galicia.
Reg.: I y II.
Bibl.: 382.

Psorergates (Psorergates) apodemi FAIN, LUKOSCHUS et HALLMANN, 1966
Hosp.: Ratón de campo (*Apodemus sylvaticus*)
Dist.: Cataluña.
Reg.: IV y V.
Bibl.: 106.

Psorergates (Psorergates) arvalis LUKOSCHUS, FAIN et BEAUJEAN, 1967
Hosp.: Ratilla campesina (*Microtus arvalis*)
Dist.: Lérida (Pirineos)
Reg.: IV.
Bibl.: 223 y 226.

Psorergates (Psorergates) auricola LUKOSCHUS, FAIN et BEAUJEAN, 1967
Hosp.: Topillo común (*Pitymys duodecimcostatus*)
Dist.: Huesca (Jaca)
Reg.: IV.
Bibl.: 223 y 226.

Psorergates (Psorergates) callipidis LUKOSCHUS, FAIN et BEAUJEAN, 1967
Hosp.: Ratón de campo (*Apodemus sylvaticus*)
Dist.: Asturias y Huesca.
Reg.: I y IV.
Bibl.: 223 y 226.

Psorergates (Psorergates) crocidurae LUKOSCHUS, 1968
Hosp.: Musaraña común (*Crocidura russula*)
Dist.: Lérida y Madrid.
Reg.: IV y VI.
Bibl.: 226.

Psorergates (Psorergates) eliomydis LUKOSCHUS, FAIN et BEAUJEAN, 1967
Hosp.: Lirón careto (*Eliomys quercinus*)
Dist.: Baleares.
Reg.: XI.
Bibl.: 223 y 299.

Psorergates (Psorergates) hispanicus LUKOSCHUS, FAIN et BEAUJEAN, 1967
Hosp.: Ratón (*Mus musculus*)
Dist.: Huesca y Madrid.
Reg.: IV y VI.
Bibl.: 223, 226 y 387.

Psorergates (Psorergates) muricola FAIN, 1961
Hosp.: Ratón de campo (*Apodemus sylvaticus*)
Dist.: Cataluña.
Reg.: IV y V.
Bibl.: 106.

Psorergates (Psorergates) pitymydis LUKOSCHUS, FAIN et BEAUJEAN, 1967
Hosp.: Topillo común (*Pitymys duodecimcostatus*)
Dist.: Huesca y Madrid.
Reg.: IV y VI.
Bibl.: 223 y 226.

Psorergates (Psorergates) quercinus LUKOSCHUS, COLK et DRIESSEN, 1971
Hosp.: Lirón careto (*Eliomys quercinus*)
Dist.: Madrid.
Reg.: VI.
Bibl.: 225.

Psorergates (Psorergates) sp. (dissimilis? FAIN et al.)
Hosp.: Ratilla campesina (*Microtus arvalis*)
Dist.: Huesca.
Reg.: IV.
Bibl.: 223.

Psorergates (Psorergatoides) rhinolophi FAIN, 1959
Hosp.: Murciélago de herradura meditérraneo (*Rhinolophus euryale*)
Dist.: Huesca.
Reg.: IV.
Bibl.: 223.

Psorergates (Psorergatoides) talpae LUKOSCHUS, 1968
Hosp.: Topo (*Talpa europaea*)
Dist.: Huesca.
Reg.: IV.
Bibl.: 223.

Psoroptes equi bovis
Hosp.: Vaca.
Dist.: Cáceres y Vizcaya.
Reg.: I y VI.
Bibl.: 122, 163 y 260.

Psoroptes equi cuniculi DELAFOND, 1859 (Syn. *Psoroptes longirrostris*)
Hosp.: Conejo (*Oryctolagus cuniculus*)
Dist.: Antaño muy difundida, hoy en trance de extinción.
Bibl.: 141, 163, 210, 211, 212, 216, 217, 225, 259, 315 y 337.

Psoroptes equi equi (HERING, 1838)
Hosp.: Caballo.
Dist.: Salamanca y otras áreas peninsulares, sin precisar. Portugal.
Reg.: III. Portugal.
Bibl.: 210, 211, 212, 216, 217, 315 y 337.

Psoroptes equi ovis (HERING, 1838)
Hosp.: Oveja.
Dist.: Alava, Guipúzcoa y Vizcaya (antaño muy difundida)
Reg.: I y IV.
Bibl.: 45, 122, 163, 164, 198, 210, 211, 212, 216, 217, 315, 337, 341 y 357.

Psoroptes longirrostris DELAFOND, 1859
Cf. *Psoroptes equi cuniculi*

Pterophagus strictus MEGNIN, 1877
Hosp.: Gorrión (*Passer domesticus*)
Dist.: Córdoba.
Reg.: IX.
Bibl.: 233, 234 y 235.

Ptilonyssus angustatus FEIDER et MIRONESCU, 1969
Hosp.: Alcaudón común (*Lanius senator*) y alcaudón real (*L. excubitor*)
Dist.: Granada.
Reg.: IX y X.
Bibl.: 372.

Ptilonyssus bombycillae FAIN, 1972
Hosp.: Alcaudón común (*Lanius senator*)
Dist.: Granada.
Reg.: IX y X.
Bibl.: 325 y 326.

Ptilonyssus bregetovae FEIDER et MIRONESCU, 1969
Hosp.: Trepador azul (*Sitta europaea*)
Dist.: Zamora.
Reg.: III.
Bibl.: 102.

Ptilonyssus capensis ZUMPT et TILL, 1955
Hosp.: Bisbita (*Anthus capensis*)
Dist.: Granada.
Reg.: IX y X.
Bibl.: 370 y 373.

Ptilonyssus carduelis FAIN, 1952
Hosp.: Pardillo común (*Acanthis cannabina*)
Dist.: Granada.
Reg.: IX y X.
Bibl.: 370, 371 y 374.

Ptilonyssus chloris FAIN, 1962
Hosp.: Jilguero (*Carduelis carduelis*) y verderón (*Carduelis chloris*)
Dist.: Granada.
Reg.: IX y X.
Bibl.: 327, 370 y 371.

Ptilonyssus echinatus BERL. et TR., 1889
Hosp.: Golondrina (*Hirundo rustica*) y avión común (*Delichon urbica*)
Dist.: Granada.
Reg.: IX y X.
Bibl.: 326.

Ptilonyssus emberizae FAIN, 1966
Hosp.: Escribano montesino (*Emberiza cia*)
Dist.: Granada.
Reg.: IX y X.
Bibl.: 160 y 370.

Ptilonyssus euroturdi FAIN et HYLAND, 1963
Hosp.: Mirlo (*Turdus merula*)
Dist.: Granada.
Reg.: IX y X.
Bibl.: 326 y 329.

Ptilonyssus fringilicolla FAIN, 1959
Hosp.: Jilguero (*Carduelis carduelis*)
Dist.: Granada.
Reg.: IX y X.
Bibl.: 161 y 371.

Ptilonyssus fringillae FAIN et SIXL, 1971
Hosp.: Pinzón vulgar (*Fringilla coelebs*)
Dist.: Granada.
Reg.: IX y X.
Bibl.: 370 y 373.

Ptilonyssus gilcolladoi UBEDA, RODRIGUEZ, GUEVARA et ROJAS, 1989
Hosp.: Ruiseñor bastardo (*Cettia cetti*)
Dist.: Granada.
Reg.: IX y X.
Bibl.: 369.

Ptilonyssus hirsti CASTRO et PEREIRA, 1947
Hosp.: Gorrión molinero (*Passer montanus*) y gorrión común (*Passer domesticus*)
Dist.: Granada. Portugal.
Reg.: IX y X. Portugal.
Bibl.: 53, 157 y 370.

Ptilonyssus morofskyi HYLAND, 1962
Hosp.: Pardillo común (*Acanthis cannabina*) y canario (*Serinus canarius*)
Dist.: Granada.
Reg.: IX y X.
Bibl.: 159 y 370.

Ptilonyssus motacillae FAIN, 1956
Hosp.: Lavandera (*Motacilla alba*) y bisbita ribereño costero (*Anthus spinoletta*)
Dist.: Granada.
Reg.: IX y X.
Bibl.: 325, 326 y 370.

Ptilonyssus motacillae phoenicuri FAIN, 1966
Hosp.: Colirrojo tizón (*Phoenicurus ochruros*) y colirrojo real (*Phoenicurus phoenicurus*)
Dist.: Granada.
Reg: IX y X.
Bibl.: 148.

Ptilonyssus pari FAIN et HYLAND, 1963
Hosp.: Carbonero común (*Parus major*) y carbonero garrapinos (*Parus ater*)
Dist.: Granada.
Reg.: IX y X.
Bibl.: 326 y 327.

Ptilonyssus pelmaspis FEIDER et MIRONESCU, 1969
Hosp.: Trepador azul (*Sitta europea*)
Dist.: Zamora.
Reg.: III.
Bibl.: 102.

Ptilonyssus phylloscopi FAIN, 1962
Hosp.: Mosquitero común (*Phylloscopus collybita*)
Dist.: Granada.
Reg.: IX y X.
Bibl.: 158 y 370.

Ptilonyssus prunellae FAIN et BEFORT, 1963

Hosp.: Acentor común (*Prunella modularis*)
Dist.: Granada.
Reg.: IX y X.
Bibl.: 154, 156, 370 y 372.

Ptilonyssus reguli FAIN et SIXL, 1969

Hosp.: Reyezuelo listado (*Regulus ignicapillus*)
Dist.: Granada.
Reg.: IX y X.
Bibl.: 326 y 329.

Ptilonyssus ruandae sylviae FAIN, 1963

Hosp.: Curruca capirotada (*Sylvia atricapilla*)
Dist.: Granada.
Reg.: IX y X.
Bibl.: 370.

Ptilonyssus strandmanni FAIN, 1956

Hosp.: Vencejo (*Apus apus*)
Dist.: Granada.
Reg.: IX y X.
Bibl.: 158 y 370.

Ptilonyssus triscutatus VITZHUM, 1935

Hosp.: Abejaruco (*Merops apiaster*)
Dist.: Granada.
Reg.: IX y X.
Bibl.: 147.

Pyemotes ventricosus (NEWPORT, 1850)
(Syn. *Pediculoides ventricosus*)

Hosp.: Hombre (accid.).(Hábitat normal: polvo doméstico)
Dist.: Barcelona, Córdoba, Huelva, Madrid y Sevilla. Portugal.
Reg.: V, VI y IX. Portugal.
Bibl.: 26, 144, 208, 217, 220 y 310.

Radfordia (Graphiurobia) eliomys FAIN et LUKOSCHUS, 1973

Hosp.: Lirón careto (*Eliomys quercinus*)
Dist.: Baleares y Lérida.
Reg.: IV y XI.
Bibl.: 299 y 304.

Radfordia (Microtimyobia) lemnina clethrionomys FAIN et LUKOSCHUS, 1977

Hosp.: Topino rojo (*Clethrionomys glareolus*) y ratilla nival (*Microtus nivalis*)
Dist.: Barcelona, Gerona, Granada y Lérida.
Reg.: IV, V, IX y X.
Bibl.: 63 y 304.

Radfordia (Microtimyobia) lemnina lemnina (KOCH, 1841)

Hosp.: Topillo común (*Pitymys duodecimcostatus*) y ratilla nival (*Microtus nivalis*)
Dist.: Barcelona, Granada y Lérida.
Reg.: IV, V, IX y X.
Bibl.: 64 y 304.

Radfordia (Radfordia) affinis (POPPE, 1896)

Hosp.: Ratón (*Mus musculus*), ratón moruno (*Mus spretus*) y ratón de campo (*Apodemus sylvaticus*)
Dist.: Baleares, Barcelona, Galicia, Huelva, Lérida y Madrid.
Reg.: I, II, IV, V, VI, IX y XI.
Bibl.: 300, 304, 382 y 387.

Radfordia (Radfordia) ensifera (POPPE, 1896)

Hosp.: Rata negra (*Rattus rattus*) y rata gris (*Rattus norvegicus*)
Dist.: Baleares, Barcelona, Canarias, Galicia, Madrid y Toledo.
Reg.: I, II, V, VI, VIII, XI y XII.
Bibl.: 304, 382 y 387.

Radfordia (Radfordia) lancearia (POPPE, 1909)

Hosp.: Ratón de campo (*Apodemus sylvaticus*)
Dist.: Baleares, Cataluña y Galicia.
Reg.: I, II, IV, V y XI.
Bibl.: 106, 300, 304 y 382.

Radfordiana muri ESTRADA-PEÑA et al. (1985)

Hosp.: Ratón de campo (*Apodemus sylvaticus*)
Dist.: Zaragoza.
Reg.: IV.
Bibl.: 87.

Rallinyssus caudistigmus STRANDTMAN, 1948
Hosp.: Focha común (*Fulica atra*)
Dist.: Granada.
Reg.: IX y X.
Bibl.: 152.

Rhipicephalus hispanum (DÖNITZ, 1905)?
Rhipicephalus lusitanicum (DÖNITZ, 1905)?
Hosp.: ?
Dist.: ?
Bibl.: 67.

Rhipicephalus secundus FELDMAN MUHSAN, 1954
Cf. *Rhipicephalus turanicus*

Rhipicephalus siculus (KOCH, 1844)
Cf. *Rhipicephalus (Rhipicephalus) sanguineus*

Rhipicephalus turanicus POMERANTZEV et MATIKASHVILI, 1940
Hosp.: Oveja, vaca, gato, jabalí (*Sus scrofa*), conejo (*Oryctolagus cuniculus*), liebre (*Lepus capensis*), erizo (*Erinaceus europaeus*), perro, lince (*Lynx pardina*), tejón (*Meles meles*) y zorro (*Vulpes vulpes*)
Dist.: Avila, Guadalajara, Huelva, Madrid y Salamanca.
Reg.: III, VI y IX.
Bibl.: 71, 185 y 386.

Rhipicephalus (Digeneus) bursa CANESTRINI et FANZAGO, 1877-78
Hosp.: Liebre (*Lepus capensis*), conejo (*Oryctolagus cuniculus*), vaca, ciervo (*Cervus elaphus*), perro, zorro (*Vulpes vulpes*), oveja, muflón (*Ovis musimon*), cabra, cabra montés (*Capra pyrenaica*), caballo, jabalí (*Sus scrofa*), erizo moro (*Aethechinus algirus*) y hombre.
Dist.: General.
Bibl.: 7, 21, 43, 61, 71, 91, 104, 111, 112, 116, 117, 118, 120, 122, 125, 127, 129, 141, 163, 164, 180, 181, 183, 188, 191, 201, 209, 210, 211, 212, 215, 216, 217, 232, 234, 252, 260, 265, 284, 285, 306, 310, 315, 337, 340, 345, 361, 364 y 380.

Rhipicephalus (Digeneus) bursa pusillus GIL COLLADO, 1936
Cf. *Rhipicephalus (Rhipicephalus) pusillus*

Rhipicephalus (Rhipicephalus) pusillus GIL COLLADO, 1938
(Syn. *Rhipicephalus (Digeneus) bursa pusillus*
Hosp.: Cerdo, jabalí (*Sus scrofa*), perro, zorro (*Vulpes vulpes*), turón (*Putorius putorius*), lobo (*Canis lupus*), marta (*Martes foina*), comadreja (*Mustela nivalis*), tejón (*Meles meles*), meloncillo (*Herpestes ichneumon*), conejo (*Oryctolagus cuniculus*), liebre (*Lepus capensis*), gato, gato montés (*Felis sylvatica*), jineta (*Genetta genetta*), lince (*Lynx pardina*), rata gris (*Rattus norvegicus*), ciervo (*Cervus elaphus*) y vaca.
Dist.: Andalucía, Barcelona, Ciudad Real, Huelva, Huesca, Madrid, Salamanca, Segovia, Teruel y Zaragoza. Portugal.
Reg.: III, IV, V, VI, VII, VIII, IX y X. Portugal.
Bibl.: 56, 71, 89, 92, 104, 116, 117, 120, 125, 127, 129, 185, 186, 251, 309, 310, 315, 324, 330, 337, 342, 345, 364, 368 y 389.

Rhipicephalus (Rhipicephalus) sanguineus (LATREILLE, 1806)
(Syn. *Rhipicephalus siculus*)
Hosp.: Perro, zorro (*Vulpes vulpes*), vaca, cabra, oveja, caballo, asno, cerdo, comadreja (*Mustela nivalis*), erizo (*Erinaceus europaeus*), lobo (*Canis lupus*), lince (*Lynx pardina*), avutarda (*Otis tarda*), ratón moruno (*Mus spretus*), conejo (*Oryctolagus cuniculus*), liebre (*Lepus capensis*), tejón (*Meles meles*), rata gris (*Rattus norvegicus*) y hombre.
Dist.: General.
Bibl.: 7, 21, 42, 56, 61, 71, 92, 104, 112, 122, 125, 127, 129, 141, 163, 164, 169, 185, 201, 210, 211, 212, 215, 216, 217, 219, 234, 236, 251, 252, 253, 258, 260, 270, 283, 284, 285, 306, 310, 315, 330, 337, 345, 386 y 387.

Ricardoella limacum (SCHRANK, 1781)
(Syn. *Ereynetes limaceum*)
Hosp.: Caracol (*Helix aspersa*)
Dist.: Cantabria, Granada y León.
Reg.: I, III, IX y X.
Bibl.: 141 y Reguera Feo, 1992 (com. per.)

Sarcopterinus nidulans (NITZSCH, 1818)
(Syn. *Harpirhynchus nidulans*)
Hosp.: Paloma (*Columba livia*)
Dist.: Portugal.
Bibl.: 222.

Sarcoptes canis (LINNAEUS, 1758)
Cf. *Sarcoptes scabiei canis*

Sarcoptes caprae (LINNAEUS, 1758)
Cf. *Sarcoptes scabiei caprae*

Sarcoptes scabiei canis (LINNAEUS, 1758)
(Syn. *Sarcoptes canis*)
Hosp.: Perro.
Dist.: Cáceres, Córdoba, Madrid y Zaragoza. Portugal?
Reg.: IV, VI y IX. Portugal?
Bibl.: 10, 11, 12, 13, 163, 210, 211, 212, 216, 217, 234, 337, 341 y 342.

Sarcoptes scabiei caprae (LINNAEUS, 1758)
(Syn. *Sarcoptes caprae*)
Hosp.: Cabra.
Dist.: Teruel. Portugal?
Reg.: VII. Portugal?
Bibl.: 69, 210, 211, 212, 216, 217, 337 y 341.

Sarcoptes scabiei cuniculi (LINNAEUS, 1758)
Hosp.: Conejo (*Oryctolagus cuniculus*)
Dist.: Guipúzcoa, Salamanca y Vizcaya. Portugal?
Reg.: I y III. Portugal?
Bibl.: 122, 210, 211, 212, 216, 217, 234, 315 y 317.

Sarcoptes scabiei equi (LINNAEUS, 1758)
Hosp.: Caballo.
Dist.: General.
Bibl.: 113, 194, 210, 211, 212, 216, 217, 315 y 341.

Sarcoptes scabiei ovis (LINNAEUS, 1758)
Hosp.: Oveja.
Dist.: Cáceres, Ciudad Real, Granada, Guipúzcoa y Salamanca. Portugal?
Reg.: I, III, VI, VIII, IX y X. Portugal?
Bibl.: 122, 163, 210, 211, 212, 216, 217, 260, 315, 337 y 341.

Sarcoptes scabiei scabiei (LINNAEUS, 1758)
Hosp.: Hombre.
Dist.: Canarias, Córdoba, Granada, León, Madrid y Málaga. Portugal. Casos aislados.
Reg.: III, VI, IX, X y XII. Portugal.
Bibl.: 3, 48, 126, 141, 166, 194, 210, 211, 212, 216, 217, 234, 256 y 337.

Sarcoptes scabiei suis (LINNAEUS, 1758)
Hosp.: Cerdo.
Dist.: Córdoba, Salamanca, Valladolid, etc.. (casos esporádicos). Portugal?
Reg.: III y IX. Portugal?
Bibl.: 133, 136, 210, 211, 212, 216, 217, 234, 315 y 357.

Sarcoptes sp.
Hosp.: Cobayo (*Cavia porcellus*)
Dist.: ?
Bibl.: 317.

Schoutedenichia anatolica KEPKA, 1966
Hosp.: ?
Dist.: Area mediterránea (¿España?)
Bibl.: 204.

Schoutedenichia krampitzi (WILLMAN, 1955)
(Syn. *Euschongastia krampitzi*)
Hosp.: Lirón careto (*Eliomys quercinus*) y ratón de campo (*Apodemus sylvaticus*)
Dist.: Cuenca y área mediterránea.
Reg.: VII y VIII.
Bibl.: 204 y 384.

Schoutedenechia thoracica KOLEBINOVA, 1966
Hosp.: ?
Dist.: Area mediterránea (¿España?)
Bibl.: 204.

Schoutedenichia (Brennaichia) dipodilli VERCAMMEN-GRANDJEAN, 1958

Hosp.: Ratón de campo (*Apodemus sylvaticus*) y rata gris (*Rattus norvegicus*)
Dist.: Galicia.
Reg.: I y II.
Bibl.: 275 y 280.

Schwiebea (Jacotietta) estradai FAIN et FERRANDO, 1990

Hosp.: Trucha común (*Salmo trutta fario*)
Dist.: Aragón.
Reg.: IV.
Bibl.: 93.

Schwiebea sp.

Hosp.: Ratón de campo (*Apodemus sylvaticus*)
Dist.: Barcelona.
Reg.: V.
Bibl.: 300.

Sciuropsis eliomys FAIN et LUKOSCHUS, 1979

Hosp.: Lirón careto (*Eliomys quercinus*)
Dist.: Cataluña.
Reg.: IV y V.
Bibl.: 108.

Sciuropsis guevarai FAIN et PORTUS, 1979

Hosp.: Erizo moruno (*Aethechinus algirus*)
Dist.: Baleares.
Reg.: XI.
Bibl.: 100.

Sennercia cerambycina (SCOPOLI, 1763)

Hosp.: Himenóptero (*Xilocopa violacea*)
Dist.: Granada.
Reg.: IX y X.
Bibl.: 141.

Spinturnix acuminatus

Hosp.: Nóctulo común (*Nyctalus noctula*)
Dist.: Málaga.
Reg.: X.
Bibl.: 76.

Spinturnix andegavinus DEUNFF, 1977

Hosp.: Murciélago ribereño (*Myotis daubentoni*)
Dist.: Cantabria, Ciudad Real, Gerona, Teruel y Valencia. Portugal.
Reg.: I, V, VII, VIII y IX. Portugal.
Bibl.: 62, 91 y 297.

Spinturnix emarginatus KOLENATI, 1856

Hosp.: Murciélago orejirroto (*Selysius emarginatus*) y murciélago de herradura mediterráneo (*Rhinolophus euryale*)
Dist.: Cádiz, Huesca, Lérida y Zaragoza.
Reg.: IV y IX.
Bibl.: 76 y 91.

Spinturnix kolenatii OUDEMANS, 1910

Hosp.: Murciélago hortelano (*Eptesicus serotinus*)
Dist.: Pontevedra.
Reg.: II.
Bibl.: 314.

Spinturnix myoti KOLENATI, 1856

Hosp.: Murciélago de herradura grande (*Rhinolophus ferrum-equinum*), murciélago troglodita (*Miniopterus schreibersiii*), murciélago orejirroto (*Selysius emarginatus*), murciélago de Natterer (*Selysius nattereri*), murciélago montañero (*Pipistrellus savii*), murciélago ratero (*Myotis myotis*) y murciélago ratero mediano (*Myotis blythi*)
Dist.: Alicante, Asturias, Baleares, Barcelona, Cádiz, Cantabria, Gerona, Granada, Huesca, Lérida, Málaga, La Rioja, Valencia y Zaragoza.
Reg.: I, IV, V, VII, IX, X y XI.
Bibl.: 62, 76 y 91.

Spinturnix plecotinus KOCH, 1839

Hosp.: Murciélagos orejudos (*Plecotus auritus, Plecotus austriacus, Plecotus teneriffae*) y murciélago hortelano (*Eptesicus serotinus*)
Dist.: Asturias, Canarias, Huesca, Málaga, La Rioja y Vizcaya.
Reg.: I, IV, X y XII.
Bibl.: 76 y 91.

Spinturnix psi KOLENATI, 1856
Hosp.: Murciélago troglodita (*Miniopterus schreibersii*), murciélago ratero (*Myotis myotis*) y murciélago patudo (*Myotis capaccini*)
Dist.: Asturias, Baleares, Barcelona, Castellón, Gerona, Málaga, Tarragona y Valencia.
Reg.: I, IV, V, VII, X y XI.
Bibl.: 76, 82, 91 y 297.

Spinturnix punctatus
Hosp.: Murciélago de bosque (*Barbastella barbastellus*)
Dist.: La Rioja.
Reg.: IV.
Bibl.: 76.

Spinturnix sp.
Hosp.: Nóctulo común (*Nyctalus noctula*) y murciélago de herradura grande (*Rhinolophus ferrum-equinum*)
Dist.: Huesca.
Reg.: IV.
Bibl.: 344.

Steatonyssus longipes
Hosp.: Murciélago de bosque (*Barbastella barbastellus*)
Dist.: Canarias.
Reg.: XII.
Bibl.: 76.

Steatonyssus musculi (SCHRANK, 1803)
Hosp.: Quirópteros, sin precisar.
Dist.: ?
Bibl.: 69.

Steatonyssus (Steatonyssus) balcellsi ESTRADA et SANCHEZ, 1988
Hosp.: Nóctulo pequeño (*Nyctalus leisleri*) y murciélago (*Pipistrellus maderensis*)
Dist.: Canarias.
Reg.: XII.
Bibl.: 76 y 78.

Steatonyssus (Steatonyssus) occidentalis EWING, 1933
Hosp.: Murciélago hortelano (*Eptesicus serotinus*)
Dist.: Pontevedra.
Reg.: II.
Bibl.: 279.

Steatonyssus (Steatonyssus) periblepharus KOLENATI, 1858
Hosp.: Murciélago común (*Pipistrellus pipistrellus*), murciélago de borde claro (*Pipistrellus kuhli*), murciélago de bosque (*Barbastella barbastellus*) y murciélago bigotudo (*Selysius mystacinus*)
Dist.: Canarias, Galicia, Huelva, Málaga y La Rioja.
Reg.: I, II, IV, IX, X y XII.
Bibl.: 76 y 279.

Steatonyssus (Steatonyssus) teidae ESTRADA et SANCHEZ, 1988
Hosp.: Murciélago (*Plecotus teneriffae*)
Dist.: Canarias.
Reg.: XII.
Bibl.: 76 y 78.

Sternostoma alexfaini FEIDER et MIRONESCU, 1969
Hosp.: Alcaudón común (*Lanius senator*)
Dist.: Granada.
Reg.: IX y X.
Bibl.: 372.

Sternostoma christinae GUEVARA-BENITEZ, LOPEZ-ROMAN et UBEDA-ONTIVEROS, 1974
Hosp.: Mosquitero común (*Phylloscopus collybita*)
Dist.: Granada.
Reg.: IX y X.
Bibl.: 150, 158 y 370.

Sternostoma fulicae FAIN et BELAFONT, 1963
Hosp.: Focha (*Fulica atra*)
Dist.: Granada.
Reg.: IX y X.
Bibl.: 158, 163 y 376.

Sternostoma guevarai UBEDA-ONTIVEROS, 1978
Hosp.: Perdiz roja (*Alectoris rufa*)
Dist.: Granada.
Reg.: IX y X.
Bibl.: 370.

Sternostoma isabelae UBEDA-ONTIVEROS, 1978
Hosp.: Terrera común (*Calandrella cinerea*)
Dist.: Granada.
Reg.: IX y X.
Bibl.: 370.

Sternostoma loxiae FAIN, 1965
Hosp.: Pardillo común (*Acanthis cannabina*)
Dist.: Granada.
Reg.: IX y X.
Bibl.: 158 y 370.

Sternostoma tracheocolum LAWRENCE, 1948
Hosp.: Canario (*Serinus canarius*) y gorrión (*Passer domesticus*)
Dist.: Barcelona, Córdoba y León.
Reg.: III, V y IX.
Bibl.: 28, 57, 151, 233, 234 y 235.

Sternostoma turdi ZUMPT et TILL, 1955
Hosp.: Zorzal alirrojo (*Turdus illiacus*) y zorzal común (*Turdus philomelos*)
Dist.: Granada.
Reg.: IX y X.
Bibl.: 158 y 370.

Sternostoma ubedai UBEDA-ONTIVEROS, 1978
Hosp.: Curruca cabecinegra (*Sylvia melanocephala*)
Dist.: Granada.
Reg.: IX y X.
Bibl.: 370.

Syringophilus bipectinatus HELLE, 1880
Hosp.: Gallina.
Dist.: Granada.
Reg.: IX y X.
Bibl.: 141, 337 y 340.

Tarsonemus sp.
Hábt.: No parásito (¿alergizante?)
Dist.: Barcelona.
Reg.: V.
Bibl.: 26 y 55.

Tinaminyssus bubulci (ZUMPT et TILL, 1955) PENCE, 1972
Hosp.: Garcilla bueyera (*Bubulcus ibis*)
Dist.: Granada.
Reg.: IX y X.
Bibl.: 328.

Tinaminyssus melloi FAIN, 1962
Hosp.: Tórtola (*Streptotelia turtur*)
Dist.: Granada.
Reg.: IX y X.
Bibl.: 328.

Trichoecius apodemi FAIN, MUNTRIG et LUKOSCHUS, 1969
Hosp.: Ratón de campo (*Apodemus sylvaticus*)
Dist.: Cataluña.
Reg.: V.
Bibl.: 106, 110, 304 y 305.

Trichoecius clethrionomydis PORTUS et GALLEGO, 1986
Hosp.: Topino rojo (*Clethrionomys glareolus*)
Dist.: Cataluña.
Reg.: IV y V.
Bibl.: 110 y 303.

Trichoecius pitymidis PORTUS et GALLEGO, 1986
Hosp.: Topillo común (*Pitymys duodecimcostatus*)
Dist.: Cataluña..
Reg.: IV y V.
Bibl.: 110 y 303.

Trichoecius romboutsi (VAN EYNDHOVEN, 1946)
Hosp.: Ratón (*Mus musculus*) y ratón moruno (*Mus spretus*)
Dist.: Cataluña.
Reg.: IV y V.
Bibl.: 106, 110 y 300.

Trichoecius tenax MICHAEL, 1889
Hosp.: Topino rojo (*Clethrionomys glareolus*), ratilla campesina (*Microtus arvalis*), ratilla agreste (*Microtus agrestis*) y topillo común (*Pitymys duodecimcostatus*)
Dist.: Baleares y Cataluña.
Reg.: IV, V y XI.
Bibl.: 110, 303, 304 y 305.

Trombicula autumnalis (SHAW, 1970)
Cf. *Neotrombicula (Neotrombicula) autumnalis*

Trombicula hasei FEIDER, 1958
Cf. *Leptotrombidium hasei*

Tyroborus lini (OUDEMANS, 1924)
Hábt.: Jamón (¿alergizante?)
Dist.: ?
Bibl.: 79.

Tyroglyphus farinae OUDEMANS, 1913
Cf. *Acarus siro*

Tyroglyphus longior GERVAIS, 1844
Cf. *Tyrophagus longior*

Tyroglyphus siro MICHAEL, 1903
Cf. *Acarus siro*

Tyrolichus casei OUDEMANS, 1910
Hábt.: No parásito (¿alergizante?)
Dist.: Relativamente común.
Bibl.: 47, 139, 320, 322 y 323.

Tyrophagus castellani HIRST, 1912
Cf. *Tyrophagus putrescentiae*

Tyrophagus longior (GERVAIS, 1844)
(Syn. *Tyroglyphus longior*)
Hábt.: No parásito (¿alergizante?)
Dist.: Relativamente común.
Bibl.: 320 y 322.

Tyrophagus putrescentiae (SCHRANK, 1781)
(Syn. *Tyrophagus castellani*)
Hosp.: Cerdo y ratilla nival (*Microtus nivalis*) Alimentos almacenados (¿alergizante?)
Dist.: Granada y Madrid.
Reg.: VI, IX y X.
Bibl.: 63, 64 y 136.

Tyrophagus sp.
Hábt.: No parásito (¿alergizante?)
Dist.: Barcelona y Gerona (Puigcerdá)
Reg.: V.
Bibl.: 26 y 142.

Varroa jacobsoni (OUDEMANS, 1904)
Hosp.: Abeja (*Apis mellifica*)
Dist.: General.
Bibl.: 122, 311, 312, 315 y Cordero del Campillo, 1992 (com. per.)

Xenoryctes krameri (MICHAEL, 1886)
Hosp.: Topo (*Talpa europaea*), topo ciego (*T. caeca*), musaraña colicuadrada (*Sorex araneus*), musaraña campesina (*Crocidura suaveolens*), musaraña común (*C. russula*), musgaño patiblanco (*Neomys fodiens*), musaraña enana (*Sorex minutus*), *Sorex coronatus*, ratón de campo (*Apodemus sylvaticus*), ratón (*Mus musculus*), ratón moruno (*M. spretus*) y topino rojo (*Clethrionomys glareolus*)
Dist.: Barcelona, Galicia y Lérida.
Reg.: I, II, IV y V.
Bibl.: 52, 106, 108, 276 y 300.

Xenoryctes punctatus FAIN, 1968
Hosp.: Topo (*Talpa europaea*) y *Sorex coronatus*
Dist.: Lérida.
Reg.: IV.
Bibl.: 108.

LISTA DE HOSPEDADORES CON SUS ACARI PARÁSITOS

Phyllum Mollusca
Clase Gastropoda
Orden Stylommatophora
Caracol (*Helix aspersa*)
Ricardoella limaceum (SCHRANK, 1781)

Phyllum Arthropoda
Clase Hexapoda
Orden Hymenoptera
Abeja (*Apis mellifera*)
Acarapis dorsalis MONGENTHALER, 1934
Acarapis externus MONGENTHALER, 1934
Acarapis woodi (RENNIE, 1921)
Varroa jacobsoni (OUDEMANS, 1904)

Hormiga (*Formica fusca*)
Antennophorus sp.

Xilocopa violacea
Sennercia cerambycina (SCOPOLI, 1763)

Phyllum Chordata
Clase Osteichthyes
Orden Salmoniformes
Trucha (*Salmo trutta fario*)
Schwiebea (Jacotietta) estradai FAIN et FERRANDO, 1990

Clase Reptilia
Orden Quelonia
Galápago leproso (*Mauremys caspica*)
Cloacaridae, sin precisar.

Orden Squamata

Lagartija (*Podarcis muralis*)

Haemaphysalis (Rhipistoma) hispanica GIL COLLADO, 1938

Lagarto (*Lacerta lepida*)

Ixodes reticulatus LATREILLE, 1804

Leptotrombidium hasei FEIDER, 1958

Lagarto canarión (*Gallotia galloti stehlini*)

Ophionisus lacertinus

Perinquén de Boetgger (*Tarentola boettgeri*)

Geckobia canariensis ZAPATERO, GONZALEZ, SOLERA et CARVAJAL, 1989

Geckobia tinerfensis ZAPATERO, GONZALEZ, SOLERA et CARVAJAL, 1989

Perinquén de Delalande (*Tarentola delalandii*)

Geckobia canariensis ZAPATERO, GONZALEZ, SOLERA et CARVAJAL, 1989

Geckobia tinerfensis ZAPATERO, GONZALEZ, SOLERA et CARVAJAL, 1989

Perinquén gomero (*Tarentola gomerensis*)

Geckobia canariensis ZAPATERO, GONZALEZ, SOLERA et CARVAJAL, 1989

Geckobia tinerfensis ZAPATERO, GONZALEZ, SOLERA et CARVAJAL, 1989

Salamanquesa común (*Tarentola mauritanica*)

Geckobia latastei MEGNIN, 1878

Geckobia loricata (BERLESE, 1892)

Hirstiella insignis (BERLESE, 1892)

Salamanquesa rosada (*Hemidactylus turcicus*)

Geckobia latastei MEGNIN, 1878

Hirstiella insignis (BERLESE, 1892)

Clase Aves

Aves domésticas, sin precisar.

Laminosioptes cysticola (VIZIOLI, 1868)

Orden Ciconiformes

Garcilla bueyera (*Bubulcus ibis*)

Tinaminyssus bubulci (ZUMPT et TILL, 1955) PENCE, 1972

Orden Anseriformes

Ganso (*Anser anser*)

Knemidocoptes prolificus RAILLIET et HENRY, 1908

Pato (*Anas platyrhynchos*)

Freyana anatina anatina

Orden Accipitriformes

Aguila real (*Aquila chrysaetos*)

Haemaphysalis (Rhipistoma) hispanica GIL COLLADO, 1938

Buitre leonado (*Gyps fulvus*)

Argas gilcolladoi ESTRADA, LUCIENTES et SANCHEZ, 1987

Ratonero (*Buteo buteo*)

Hyalomma (Hyalomma) marginatum KOCH, 1844

Orden Galliformes

Faisán (*Phasianus colchicus*)

Cytodites nudus (VIZIOLI, 1868)

Gallina

Argas (Persicargas) persicus (OKEN, 1818)
Cytodites nudus (VIZIOLI, 1868)
Dermanyssus gallinae (DE GEER, 1778)
Epidermoptes bilobulatus (RIVOLTA, 1876)
Knemidocoptes laevis gallinae (RAILLIET, 1886)
Laminosioptes cysticola (VIZIOLI, 1868)
Megninia cubitalis (MEGNIN, 1877)
Syringophilus bipectinatus HELLE, 1880

Pavo (*Meleagris gallopavo*)

Cytodites nudus (VIZIOLI, 1868)

Perdiz roja (*Alectoris rufa*)

Haemaphysalis (Rhipistoma) hispanica GIL COLLADO, 1938
Hyalomma (Hyalomma) marginatum KOCH, 1844
Ixodes ventalloi GIL COLLADO, 1936
Ixodes (Ixodes) frontalis PANZER, 1795
Ixodes (Pholeoixodes) hexagonus (LEACH, 1815)
Knemidocoptes mutans (ROBIN et LANQUETIN, 1859)
Sternostoma guevarai UBEDA-ONTIVEROS, 1978

Orden Gruiformes

Avutarda (*Otis tarda*)

Rhipicephalus (Rhipicephalus) sanguineus (LATREILLE, 1806)

Focha (*Fulica atra*)

Rallinyssus caudistigmus STRANDTMAN, 1948
Sternostoma fulicae FAIN et BELAFONT, 1963

Orden Charadriiformes

Alcaraván (*Burhinus oedicnemus*)

Hyalomma (Hyalomma) marginatum KOCH, 1844

Gaviota argéntea (*Larus argentatus*)

Ornithodoros (Alectorobius) maritimus VERMEIL et MARGUETI, 1967

Orden Columbiformes

Paloma (*Columba livia*)

Argas (Argas) reflexus (FABRICIUS, 1794)
Dermanyssus gallinae (DE GEER, 1778)
Falculifer rostratus (BUCHHOLZ, 1869)
Knemidocoptes laevis gallinae (RAILLIET, 1886)
Megninia columbae (BUCHHOLZ, 1869)
Mesonisus melloi (CASTRO, 1948)
Ornithodoros (Alectorobius) coniceps CANESTRINI, 1890
Sarcopterinus nidulans (NITZSCH, 1818)

Tórtola (*Streptotelia turtur*)

Tinaminyssus melloi FAIN, 1962

Orden Strigiformes

Mochuelo (*Athene noctua*)

Haemaphysalis (Rhipistoma) hispanica GIL COLLADO, 1938
Hyalomma (Hyalomma) marginatum KOCH, 1844
Ixodes ventalloi GIL COLLADO, 1936

Orden Apodiformes

Vencejo (*Apus apus*)

Argas (Argas) reflexus (FABRICIUS, 1794)
Dermanyssus gallinae (DE GEER, 1778)
Dermanyssus hirundinis (HERMANN, 1804)
Dermoglyphus sp.
Ptilonyssus strandmanni FAIN, 1956

Orden Coraciiformes

Abejaruco (*Merops apiaster*)

Ptilonyssus triscutatus VITZHUM, 1935

Orden Passeriformes

Acentor común (*Prunella modularis*)

Haemaphysalis (Haemaphysalis) punctata CANESTRINI et FANZAGO, 1877
Ixodes (Ixodes) frontalis PANZER, 1795
Ptilonyssus prunellae FAIN et BEFORT, 1963

Alcaudón común (*Lanius senator*)

Ptilonyssus angustatus FEIDER et MIRONESCU, 1969
Ptilonyssus bombycillae FAIN, 1972
Sternostoma alexfaini FEIDER et MIRONESCU, 1969

Alcaudón real (*Lanius excubitor*)

Ptilonyssus angustatus FEIDER et MIRONESCU, 1969

Avión común (*Delichon urbica*)

Ptilonyssus echinatus BERL. et TR., 1889

Arrendajo (*Garrulus glandarius*)

Ixodes (Ixodes) frontalis PANZER, 1795

Bisbita (*Anthus capensis*)
Ptilonyssus capensis ZUMPT et TILL, 1955

Bisbita arborícola (*Anthus trivialis*)
Proctophyllodes anthi VITZTHUM, 1922

Bisbita común (*Anthus pratensis*)
Proctophyllodes poublani GAUD, 1957

Bisbita ribereño costero (*Anthus spinoletta*)
Proctophyllodes schwerinensis CERNY, 1982
Ptilonyssus motacillae FAIN, 1956

Calandria (*Melanocorypha calandra*)
Astridiella melanocoryphae UBEDA-ONTIVEROS et MORILLAS-MARQUEZ, 1979
Montesauria bilobata (ROBIN) PARK et ATYEO, 1971

Canario (*Serinus canarius*)
Dermanyssus gallinae (DE GEER, 1778)
Ptilonyssus morofskyi HYLAND, 1962
Sternostoma tracheocolum LAWRENCE, 1948

Carbonero común (*Parus major*)
Haemaphysalis (Haemaphysalis) punctata CANESTRINI et FANZAGO, 1877
Ixodes arboricola SCHULZE et SCHLOTTKE, 1929
Ixodes (ixodes) frontalis PANZER, 1795
Ptilonyssus pari FAIN et HYLAND, 1963

Carbonero garrapinos (*Parus ater*)
Ptilonyssus pari FAIN et HYLAND, 1963

Carricerín común (*Acrocephalus schoenobaenus*)
Knemidocoptes jamaicensis

Carricero común (*Acrocephalus scirpaceus*)
Proctophyllodes clavatus FRITSCH, 1961

Chochín (*Troglodytes troglodytes*)
Ixodes (Ixodes) frontalis PANZER, 1795

Cogujada (*Galerida cristata*)
Montesauria bilobata (ROBIN) PARK et ATYEO, 1971

Colirrojo real (*Phoenicurus phoenicurus*)
Ptilonyssus motacillae phoenicuri FAIN, 1966

Colirrojo tizón (*Phoenicurus ochuros*)
Ixodes (Ixodes) frontalis PANZER, 1795
Proctophyllodes cotyledon TROUESSART, 1899
Proctophyllodes microcaulus GAUD, 1957
Ptilonyssus motacillae phoenicuri FAIN, 1966

Curruca cabecinegra (*Sylvia melanocephala*)
Proctophyllodes sylviae GAUD, 1957
Sternostoma ubedai UBEDA-ONTIVEROS, 1978

Curruca capirotada (*Sylvia atricapilla*)
Ixodes (Ixodes) frontalis PANZER, 1795
Ptilonyssus ruandae sylviae FAIN, 1963

Escribano montesino (*Emberiza cia*)
Ixodes (Ixodes) frontalis PANZER, 1795
Ptilonyssus emberizae FAIN, 1966
Ptilonyssus mariaevallensis ROJAS, UBEDA, GUEVARA et ARIZA, 1989

Escribano palustre (*Emberiza schoeniclus*)
Ixodes (Ixodes) frontalis PANZER, 1795

Escribano soteño (*Emberiza cirlus*)
Ixodes (Ixodes) frontalis PANZER, 1795

Golondrina (*Hirundo rustica*)
Dermanyssus hirundinis (HERMANN, 1804)
Hyalomma (Hyalomma) anatolicum excavatum KOCH, 1841
Ptilonyssus echinatus BERL. et TR., 1889

Gorrión (*Passer domesticus*)
Dermanyssus gallinae (DE GEER, 1778)
Pterophagus strictus MEGNIN, 1877
Ptilonyssus hirsti CASTRO et PEREIRA, 1947
Sternostoma tracheocolum LAWRENCE, 1948

Gorrión molinero (*Passer montanus*)
Proctophyllodes troncatus ROBIN, 1877
Ptilonyssus hirsti CASTRO et PEREIRA, 1947

Grajilla (*Corvus monedula*)
Montesauria cylindrica (ROBIN) OUDEMANS, 1905
Proctophyllodes detruncatus OUDEMANS, 1905

Jilguero (*Carduelis carduelis*)
Amblyomma dubitatum NEUMANN, 1899
Dermanyssus gallinae (DE GEER, 1778)
Knemidocoptes mutans (ROBIN et LANQUETIN, 1859)
Ptilonyssus chloris FAIN, 1962
Ptilonyssus fringilicola FAIN, 1959

Lavandera (*Motacilla alba*)
Analgopsis platycnemis GIEBELL, 1870
Dermanyssus gallinae (DE GEER, 1778)
Proctophyllodes motacillae GAUD, 1953
Ptilonyssus motacillae FAIN, 1956

Mirlo (*Turdus merula*)
Haemaphysalis (Haemaphysalis) punctata CANESTRINI et FANZAGO, 1877
Hyalomma (Hyalomma) anatolicum excavatum KOCH, 1841
Ixodes (Ixodes) frontalis PANZER, 1795
Ixodes (Ixodes) ricinus LINNAEUS, 1746
Ptilonyssus euroturdi FAIN et HYLAND, 1963

Mosquitero común (*Phylloscopus collybita*)
Cytodites amandavae FAIN et BAFORT, 1964
Ixodes (Ixodes) frontalis PANZER, 1795
Ptylonyssus phylloscopi FAIN, 1962
Sternostoma christinae GUEVARA-BENITEZ, LOPEZ-ROMAN et UBEDA-ONTIVEROS, 1974

Pardillo común (*Acanthis cannabina*)
Ptilonyssus carduelis FAIN, 1952
Ptilonyssus morofskyi HYLAND, 1962
Sternostoma loxiae FAIN, 1965

Petirrojo (*Erithacus rubecula*)
Haemaphysalis (Haemaphysalis) punctata CANESTRINI et FANZAGO, 1877
Ixodes (Ixodes) frontalis PANZER, 1795

Pinzón vulgar (*Fringilla coelebs*)
Haemaphysalis (Haemaphysalis) punctata CANESTRINI et FANZAGO, 1877
Ixodes (Ixodes) frontalis PANZER, 1795
Ptilonyssus fringillae FAIN et SIXL, 1971

Piquituerto (*Loxia curvirrostra*)
Proctophyllodes neopinnatus ATYEO et BRAASCH, 1966

Reyezuelo listado (*Regulus ignicapillus*)
Ptilonyssus reguli FAIN et SIXL, 1969

Ruiseñor (*Luscinia megarhynchos*)
Hyalomma (Hyalomma) anatolicum excavatum KOCH, 1841

Ruiseñor bastardo (*Cettia cetti*)
Proctophyllodes clavatus)
Ptilonyssus gilcolladoi UBEDA, RODRIGUEZ, GUEVARA et ROJAS, 1989)

Tarabilla norteña (*Saxicola rubetra*)
Proctophyllodes hipposideros GAUD., 1953

Terrera común (*Calandrella cinerea*)
Astridiella calandrellae BREGETOVA, 1967
Sternostoma isabela UBEDA-ONTIVEROS, 1978

Totovía (*Lullula arborea*)
Montesauria bilobata (ROBIN) PARK et ATYEO, 1971
Proctophyllodes euryurus ATYEO et BRAASCH, 1966

Trepador azul (*Sitta europaea*)
Ptilonyssus bregetovae FEIDER et MIRONESCU, 1969
Ptilonyssus pelmaspis FEIDER et MIRONESCU, 1969

Triguero (*Emberiza calandra*)
Analgesinae, sin precisar.

Urraca (*Pica pica*)
Haemaphysalis (Haemaphysalis) punctata CANESTRINI et FANZAGO, 1877
Hyalomma (Hyalomma) marginatum KOCH, 1844
Ixodes (Ixodes) frontalis PANZER, 1795

Verdecillo (*Serinus serinus*)
Proctophyllodes serini ATYEO et BRAASCH, 1966

Verderón (*Carduelis chloris*)
Ptilonyssus chloris FAIN, 1962

Zorzal alirrojo (*Turdus iliacus*)
Ixodes (Ixodes) frontalis PANZER, 1795
Proctophyllodes musicus VITZHUM, 1922
Proctophyllodes weigoldi VITZHUM, 1922
Sternostoma turdi ZUMPT et TILL, 1955

Zorzal charlo (*Turdus viscivorus*)
Ixodes (Ixodes) frontalis PANZER, 1795

Zorzal común (*Turdus philomelos*)
Haemaphysalis (Rhipostoma) hispanica GIL COLLADO, 1938
Hyalomma (Hyalomma) marginatum KOCH, 1844
Ixodes (Ixodes) frontalis PANZER, 1795
Sternostoma turdi ZUMPT et TILL, 1955

Clase Mammalia
Orden Insectivora

Almizclera (*Desmana pyrenaica*)
Lynxacarus (Dubininetta) dubinini DUBININA, 1969
Orycteroxenus galemys LUKOSCHUS, WOELTJES, JUCKER et FAIN, 1979

Erizo común (*Erinaceus europaeus*)
Caparinia algirus FAIN et PORTUS, 1979
Caparinia tripilis (MICHAEL, 1889)
Dermacentor marginatus SULZER, 1776
Eulaelaps stabularis (KOCH, 1836)
Haemaphysalis (Rhipistoma) hispanica GIL COLLADO, 1938
Haemogamasus nidi MICHAEL, 1892
Ixodes ventalloi GIL COLLADO, 1936
Ixodes (Pholeoixodes) hexagonus LEACH, 1815
Neotrombicula (Neotrombicula) autumnalis (SCHRANK, 1790)
Rhipicephalus (Rhipicephalus) sanguineus (LATREILLE, 1806)
Rhipicephalus turanicus POMERANTZEV et MATIKASHVILI, 1940
Sciuropsis guevarai FAIN et PORTUS, 1979

Erizo moro (*Aethechinus algirus*)
Ixodes (Ixodes) ricinus LINNAEUS, 1746
Ixodes ventalloi GIL COLLADO, 1936
Rhipicephalus (Digeneus) bursa CANESTRINI et FANZAGO, 1877-78

Musaraña campesina (*Crocidura suaveolens*)
Crocidurobia blairi (RADFORD, 1936)
Glycyphagus (Myacarus) hypudaei (KOCH, 1841)
Hoffmannina sp.
Leptotrombidium (Leptotrombidium) europaeum DANIEL et BRELIH, 1959
Neotrombicula (Neotrombicula) autumnalis (SCHRANK, 1790)
Orycteroxenus soricis (OUDEMANS, 1915)
Xenoryctes krameri (MICHAEL, 1886)

Musaraña colicuadrada (*Sorex araneus*)

Amorphacarus elongatus (POPPE, 1896)
Glyciphagus (Myacarus) hypudaei (KOCH, 1841)
Ixodes ventalloi GIL COLLADO, 1936
Ixodes (Exopalpiger) trianguliceps BIRULA, 1895
Leptotrombidium (Leptotrombidium) europaeum DANIEL et BRELIH, 1959
Listrophorus mediterraneus PORTUS, FAIN et LUKOSCHUS, 1980
Orycteroxenus soricis (OUDEMANS, 1915)
Protomyobia onoi JAMESON et DUSBEBEK, 1971
Xenoryctes krameri (MICHAEL, 1886)

Musaraña común (*Crocidura russula*)

Amorphacarus elongatus (POPPE, 1896)
Crocidurobia michaeli POPPE, 1896
Dermacentor marginatus SULZER, 1776
Eulaelaps stabularis (KOCH, 1836)
Glyciphagus (Myacarus) hypudaei (KOCH, 1841)
Haemogamasus hirsutus BERLESE, 1889
Haemogamasus nidi MICHAEL, 1892
Heaslipia tarda SCHLUGER, 1957
Hirstionyssus oryctolagi EVANS et TILL, 1966
Hirstionyssus soricis TURK, 1945
Hoffmannina sp.
Ixodes (Exopalpiger) trianguliceps BIRULA, 1895
Laelaps agilis KOCH, 1936
Leptotrombidium (Leptotrombidium) silvaticum HUSCHA et SCHLUGER, 1967
Leptotrombidium (Leptotrombidium) sp.
Listrophorus meridionalis FAIN, 1970
Neotrombicula (Neotrombicula) autumnalis (SCHRANK, 1790)
Neotrombicula (Neotrombicula) dubinini SCHLAGER, 1955
Orycteroxenus soricis (OUDEMANS, 1915)
Psorergates (Psorergates) crocidurae LUKOSCHUS, 1968
Xenoryctes krameri (MICHAEL, 1886)

Musaraña enana (*Sorex minutus*)

Labidophorus talpae KRAMER, 1877
Listrophorus mediterraneus PORTUS, FAIN et LUKOSCHUS, 1980
Orycteroxenus soricis (OUDEMANS, 1915)
Xenoryctes krameri (MICHAEL, 1886)

Musaraña de Osorio (*Crocidura osorio*)

Hirstionyssus molinae (FAIN et RACK, 1990)

Musgaño de Cabrera (*Neomys anomalus*)

Orycteroxenus soricis (OUDEMANS, 1915)

Musgaño patiblanco (*Neomys fodiens*)

Amorphacarus parvisetosus LUKOSCHUS et DRIESEN, 1971
Listrophorus mediterraneus PORTUS, FAIN et LUKOSCHUS, 1980
Myocoptes japonensis japonensis RADFORD, 1955
Orycteroxenus soricis (OUDEMANS, 1915)
Xenoryctes krameri (MICHAEL, 1886)

Sorex coronatus

Listrophorus mediterraneus PORTUS, FAIN et LUKOSCHUS, 1980
Orycteroxenus soricis (OUDEMANS, 1915)
Xenoryctes krameri (MICHAEL, 1886)
Xenoryctes punctatus FAIN, 1968

Topo (*Talpa europaea*)

Dermacarus talpicola FAIN, 1968
Haemomyzon sp.
Labidiphorus talpae KRAMER, 1877
Orycteroxenus dispar MICHAEL, 1886
Psosergates (Psorergatoides) talpae LUKOSCHUS, 1968
Xenoryctes krameri (MICHAEL, 1886)
Xenoryctes punctatus FAIN, 1968

Topo ciego (*Talpa caeca*)

Cheladonta ikaoensis SASA et al., 1951
Cheladonta sp.
Eaidea brevihamata HALLER, 1882
Eulaelaps stabularis (KOCH, 1836)
Glyciphagus (Myacarus) hypudaei (KOCH, 1841)
Haemogamasus hirsutus BERLESE, 1889
Hirstionyssus butantanensis FONSECA, 1932
Hirstionyssus luckoschusi TENORIO et RADOVSKI, 1979
Hirstionyssus soricis TURK, 1945
Hoffmannina sp.
Ixodes acuminatus NEUMANN, 1901
Labidophorus talpae KRAMER, 1877
Orycteroxenus dispar MICHAEL, 1886
Neotrombicula (Neotrombicula) autumnalis (SCHRANK, 1790)
Xenoryctes krameri (MICHAEL, 1886)

Orden Chiroptera

Murciélagos, en general.

Argas (Carios) vespertilionis (LATREILLE, 1802)
Argas (Secretargas) transgariepinus WHITE, 1846
Haemaphysalis (Rhipistoma) hispanica GIL COLLADO, 1938
Steatonyssus musculi (SCHRANK, 1803)

Murciélago bigotudo (*Selysius mystacinus*)

Argas (Carios) vespertilionis (LATREILLE, 1802)
Steatonyssus (Steatonyssus) periblepharus KOLENATI, 1858

Murciélago de borde claro (*Pipistrellus kuhli*)

Argas (Carios) vespertilionis LATREILLE, 1802
Steatonyssus (Steatonyssus) periblepharus KOLENATI, 1858

Murciélago de bosque (*Barbastella barbastellus*)

Argas (Carios) vespertilionis (LATREILLE, 1802)
Bewsiella fledermans DOMROW, 1958
Macronyssus cyclaspis (OUDEMANS, 1906)
Paraperiglischrus rhinolophinus KOCH, 1844

Spinturnix punctatus
Steatonyssus longipes
Steatonyssus (Steatonyssus) periblepharus KOLENATI, 1858

Murciélago común (*Pipistrellus pipistrellus*)
Argas (Carios) vespertilionis (LATREILLE, 1802)
Steatonyssus (Steatonyssus) periblepharus KOLENATI, 1858

Murciélago de herradura grande (*Rhinolophus ferrum-equinum*)
Echinolaelaps echidninus BERLESE, 1887
Eyndhovenia euryalis oudemansi EYNDHOVEN, 1941
Ixodes (Eschatocephalus) vespertilionis KOCH, 1844
Ixodes (Ixodes) ricinus LINNAEUS, 1746
Ixodes (Pholeoixodes) hexagonus LEACH, 1815
Macronyssus uncinati CANESTRINI, 1885
Neomyobia rollinati POPPE, 1908
Paraperiglischrus rhinolophinus KOCH, 1841
Spinturnix myoti KOLENATI, 1856
Spinturnix sp.

Murciélago de herradura mediterráneo (*Rhinolophus euryale*)
Eyndhovenia euryalis CANESTRINI, 1884
Ixodes (Eschatocephalus) vespertilionis KOCH, 1844
Macronyssus diversipilis (VITZHUM, 1920)
Paraperiglischrus rhinolophinus KOCH, 1844
Psorergates (Psorergatoides) rhinolophi FAIN, 1959
Spinturnix emarginatus KOLENATI, 1856

Murciélago de herradura pequeño (*Rhinolophus hipposideros*)
Ixodes (Eschatocephalus) vespertilionis KOCH, 1844

Murciélago hortelano (*Eptesicus serotinus*)
Argas (Carios) vespertilionis (LATREILLE, 1802)
Argas (Secretargas) transgariepinus WHITE, 1846
Notoedres (Notoedres) chiropteralis (TROUESSART, 1896)
Ornithodoros (Reticulinasus) salahi HOOGSTRAAL, 1953
Spinturnix kolenatii OUDEMANS, 1910
Spinturnix plecotinus KOCH, 1839
Steatonyssus (Steatonyssus) occidentalis EWING, 1933

Murciélago montañero (*Pipistrellus savii*)
Argas (Carios) vespertilionis (LATREILLE, 1802)
Spinturnix myoti KOLENATI, 1856

Murciélago de Natterer (*Selysius nattereri*)
Macronyssus diversipilis (VITZHUM, 1920)
Spinturnix myoti KOLENATI, 1856

Murciélago orejirroto (*Selysius emarginatus*)
Macronyssus rhinolophi (OUDEMANS, 1902)
Spinturnix emarginatus KOLENATI, 1856
Spinturnix myoti KOLENATI, 1856

Murciélago patudo (*Myotis capaccini*)
Ixodes (Eschatocephalus) vespertilionis KOCH, 1844
Spinturnix psi KOLENATI, 1856

Murciélago rabudo (*Tadarida taeniotis*)
Cheletonella vespertilionis (WOMERSLEY, 1941)
Ewingana baekelandae ESTRADA et CRUZ, 1992
Parasteatonyssus hoogstraali (KEEGAN)

Murciélago ratero (*Myotis myotis*)
Argas (Carios) vespertilionis (LATREILLE, 1802)
Ixodes (Eschatocephalus) vespertilionis KOCH, 1844
Ixodes (Ixodes) ricinus LINNAEUS, 1746
Ixodes (Pholeoixodes) hexagonus LEACH, 1845
Spinturnix myoti KOLENATI, 1856
Spinturnix psi KOLENATI, 1856

Murciélago ratero mediano (*Myotis blythi*)
Ixodes (Eschatocephalus) vespertilionis KOCH, 1844
Macronyssus granulosus (KOLENATI, 1856)
Spinturnix myoti KOLENATI, 1856

Murciélago ribereño (*Myotis daubentoni*)
Spinturnix andeagavinus DEUNFF, 1977

Murciélago troglodita (*Miniopterus schreibersii*)
Ixodes (Eschatocephalus) simplex NEUMANN, 1906
Ixodes (Eschatocephalus) vespertilionis KOCH, 1844
Macronyssus diversipilis (VITZHUM, 1920)
Macronyssus ellipticus (KOLENATI, 1856)
Macronyssus granulosus (KOLENATI, 1856)
Macronyssus longimanus (KOLENATI, 1856)
Notoedres (Metanotoedres) miniopteri FAIN, 1959
Spinturnix myoti KOLENATI, 1856
Spinturnix psi KOLENATI, 1856

Myotis **sp.**
Acanthophthirius (Myotimyobia) hispanicus FAIN, PEREIRA et VIGO, 1991

Nóctulo común (*Nyctalus noctula*)
Macronyssus flavus (KOLENATI, 1856)
Spinturnix acuminatus
Spinturnix spp.

Nóctulo pequeño (*Nyctalus leisleri*)
Argas (Carios) vespertilionis LATREILLE, 1802
Steatonyssus (Steatonyssus) balcellsi ESTRADA et SANCHEZ, 1988

Orejudo (*Plecotus auritus*)
Argas (Carios) vespertilionis LATREILLE, 1802
Ixodes (Eschatocephalus) vespertilionis KOCH, 1844
Macronyssus diversipilis (VITZHUM,1920)
Macronyssus rhinolophi (OUDEMANS, 1902)
Spinturnix plecotinus KOCH, 1839

Orejudo austriaco (*Plecotus austriacus*)
Spinturnix plecotinus KOCH, 1839

Pipistrellus maderensis
Argas (Carios) vespertilionis (LATREILLE, 1802)
Steatonyssus (Steatonyssus) balcellsi ESTRADA et SANCHEZ, 1988

Plecotus teneriffae
Spinturnix plecotinus KOCH, 1839
Steatonyssus (Steatonyssus) teidae ESTRADA et SANCHEZ, 1988

Orden Rodentia

Ardilla (*Sciurus vulgaris*)
Dermacarus sciurinus (KOCH, 1841)

Cobayo (*Cavia porcellus*)
Sarcoptes sp.

Lirón careto (*Eliomys quercinus*)
Demodex sp.
Eulaelaps stabularis (KOCH, 1836)
Euschongastia sp.
Gliricoptes eliomys KOK, LUKOSCHUS et FAIN, 1971
Grammolichus eliomys PORTUS et FAIN, 1982
Hirstionyssus callosciuri (nido)
Hirstionyssus oryctolagi EVANS, 1966
Hirstionyssus sp.
Hirstionyssus talpae (nido)
Hyalomma (Hyalomma) lusitanicum KOCH, 1844
Ixodes ventalloi GIL COLLADO, 1936
Ixodes (Ixodes) ricinus LINNAEUS, 1746
Neotrombicula (Neotrombicula) hispanica KEPKA, 1960
Psorergates (Psorergates) eliomydis LUKOSCHUS, FAIN et BEAUJEAN, 1967
Psorergates (Psorergates) quercinus LUKOSCHUS, COLK et DRIESSEN, 1971
Radfordia (Graphiurobia) eliomys FAIN et LUKOSCHUS, 1973
Schoutedenichia krampitzi (WILLMAN, 1955)
Sciuropsis eliomys FAIN et LUKOSCHUS, 1979

Rata de agua (*Arvicola sapidus*)
Dermacentor marginatus SULZER, 1776
Gamasus dermanyssoides (MEGNIN, 1878)?
Haemogamasus arvicolarum BERLESE, 1920
Helenicula olsufjeri SCHLUGER, 1955
Hyperlaelaps microti (EWING, 1933)
Ixodes acuminatus NEUMANN, 1901
Ixodes (Ixodes) ricinus LINNAEUS, 1746
Laelaps muris (JUNGT, 1799)
Listrophorus meridionalis FAIN, 1970
Myocoptes japonensis japonensis RADFORD, 1955
Notoedres muris (MEGNIN, 1877)

Rata de agua norteña (*Arvicola terrestris*)
Glycihagus (Myacarus) hypudaei (KOCH, 1841)
Labidophorus talpae KRAMER, 1877
Listrophorus leuckarti PAGENSTECHER, 1861
Listrophorus occitanus FAIN et PORTUS, 1978

Rata gris (*Rattus norvegicus*)
Androlaelaps casalis BERLESE, 1887
Androlaelaps fahrenholzi BERLESE, 1911
Argas (Persicargas) persicus (OKEN, 1818)
Echinolaelaps echidninus BERLESE, 1887
Eulaelaps stabularis (KOCH, 1836)
Gamasus dermanyssoides (MEGNIN, 1878)?
Glyciphagus (Myacarus) hypudaei (KOCH, 1841)
Haemogamasus arvicolarum BERLESE, 1920
Heaslipia tarda SCHLUGER, 1957
Hirstionyssus latiscutatus (MEILLON et LAVOIPIERRE, 1944)
Herpetacarus sp.
Laelaps agilis KOCH, 1836
Laelaps nuttalli HIRST, 1915
Leptotrombidium (Leptotrombidium) europaeum DANIEL et BRELIH, 1959
Listrophorus meridionalis FAIN, 1970
Neotrombicula (Neotrombicula) autumnalis (SCHRANK, 1790)
Neotrombicula (Neotrombicula) dubinini SCHLUGER, 1955
Notoedres muris (MEGNIN, 1877)
Ornithonyssus bacoti (HIRST, 1913)
Orycteroxenus soricis (OUDEMANS, 1915)
Otodectes sp.
Radfordia (Radfordia) ensifera (POPPE, 1896)
Rhipicephalus (Rhipicephalus) pusillus GIL COLLADO, 1938
Rhipicephalus (Rhipicephalus) sanguineus (LATREILLE, 1806)
Schoutedenichia (Brennaichia) dipodilli VERCAMMEN-GRANDJEAN, 1958

Rata negra (*Rattus rattus*)
Echinolaelaps echidninus BERLESE, 1887
Orycteroxenus soricis (OUDEMANS, 1915)
Radfordia (Radfordia) ensifera (POPPE, 1896)

Ratilla agreste (*Microtus agrestis*)
Gliciphagus (Myacarus) hypudaei (KOCH, 1841)
Haemogamasus nidi (MICHAEL, 1892)
Hoffmannina sp.
Hyperlaelaps microti (EWING, 1933)
Laelaps hilaris (KOCH, 1836)
Listrophorus mediterraneus PORTUS, FAIN et LUKOSCHUS, 1980
Myocoptes japonensis japonensis RADFORD, 1955
Neotrombicula (Neotrombicula) autumnalis (SCHRANK, 1790)
Trichoecius tenax MICHAEL, 1889

Ratilla campesina (*Microtus arvalis*)
Haemogamasus nidi (MICHAEL, 1892)
Hyperlaelaps microti (EWING, 1933)

Laelaps hilaris (KOCH, 1836)
Myocoptes japonensis japonensis RADFORD, 1955
Mycoptes squamosus FAIN, MUNTING et LUKOSCHUS, 1969
Psorergates (Psorergates) arvalis LUKOSCHUS, FAIN et BEAUJEAN, 1967
Psorergates (Psorergates) dissimilis? FAIN et al.
Trichoecius tenax MICHAEL, 1889

Ratilla nival (*Microtus nivalis*)
Dermacarus hypudaei (KOCH, 1841)
Ixodes (Exopalpiger) trianguliceps BIRULA, 1895
Myocoptes japonensis japonensis RADFORD, 1955
Radfordia (Microtimyobia) lemnina clethrionomys FAIN et LUKOSCHUS, 1977
Radfordia (Microtimyobia) lemnina lemnina (KOCH, 1841)
Tyrophagus putrescentiae (SCHRANK, 1781)

Ratillas (*Microtus* sp.)
Ixodes (Eschatocephalus) simplex NEUMANN, 1906

Ratón (*Mus musculus*)
Afrolistrophorus apodemi FAIN, 1970
Cheladonta ikaoensis SASA et al., 1951
Cheladonta sp.
Cheyletus eruditus (SCHRANK, 1781)
Echinolaelaps echidninus BERLESE, 1887
Eulaelaps stabularis (KOCH, 1836)
Glyciphagus (Myacarus) hypudaei (KOCH, 1841)
Grammolichus sp.
Haemogamasus arvicolarum BERLESE, 1920
Haemogamasus nidi (MICHAEL, 1892)
Haemomyzon sp.?
Heaslipia tarda SCHLUGER, 1957
Helenicula olsufjeri SCHLUGER, 1955
Herpetacarus sp.
Hirstionyssus latiscutatus (MEILLON et LAVOIPIERRE, 1944)
Hirstionyssus luckoschusi TENORIO et RADOVSKI, 1979
Hoffmannina sp.
Hyperlaelaps microti (EWING, 1933)
Ixodes ventalloi GIL COLLADO, 1936
Laelaps agilis KOCH, 1836
Laelaps algericus HIRST, 1925
Laelaps nuttalli HIRST, 1915
Leptotrombidium (Leptotrombidium) europaeum DANIEL et BRELIH, 1959
Listrophorus meridionalis FAIN, 1970
Myobia (Myobia) multivaga POPPE, 1909
Myobia (Myobia) musculi (SCHRANK, 1781)
Myocoptes musculinus KOCH, 1844
Myonyssus decumani TIRABOSCHI, 1904
Neotrombicula (Neotrombicula) autumnalis (SCHRANK, 1790)
Neotrombicula (Neotrombicula) dubinini SCHLUGER, 1955
Ornithonyssus bacoti (HIRST, 1913)
Psorergates (Psorergates) hispanicus LUKOSCHUS, FAIN et BEAUJEAN, 1967

Radfordia (Radfordia) affinis (POPPE, 1896)
Radfordiana muri ESTRADA-PEÑA et al., 1985
Trichoecius romboutsi (VAN EYNDHOVEN, 1946)
Xenoryctes krameri (MICHAEL, 1886)

Ratón de campo (*Apodemus sylvaticus*)
Afrolistrophorus apodemi FAIN, 1970
Cheladonta ikaoensis SASA et al., 1951
Cheladonta sp.
Criniscansor apodemi FAIN, MUNTING et LUKOSCHUS, 1969
Dermacentor marginatus SULZER, 1776
Echinolaelaps echidninus BERLESE, 1887
Eulaelaps stabularis (KOCH, 1836)
Glyciphagus (Myacarus) hypudaei (KOCH, 1841)
Grammolichus sp.
Haemogamasus arvicolarum BERLESE, 1920
Haemogamasus hirsutosimilis WILLMANN, 1952
Haemogamasus hirsutus BERLESE, 1889
Haemogamasus nidi (MICHAEL, 1892)
Heaslipia tarda SCHLUGER, 1957
Helenicula olsufjeri SCHLUGER, 1955
Herpetacarus sp.
Hirstionyssus butantanensis FONSECA, 1932
Hirstionyssus oryctolagi EVANS et TILL, 1966
Hirstionyssus sp.
Hoffmannina sp.
Hyalomma (Hyalomma) anatolicum excavatum KOCH, 1841
Hyperlaelaps microti (EWING, 1933)
Ixodes acuminatus NEUMANN, 1901
Ixodes ventalloi GIL COLLADO, 1936
Ixodes (Exopalpiger) trianguliceps BIRULA, 1895
Ixodes (Ixodes) ricinus LINNAEUS, 1746
Laelaps agilis KOCH, 1836
Laelaps algericus (HIRST, 1925)
Leptotrombidium hasei FEIDER, 1958
Leptotrombidium (Leptotrombidium) europaeum DANIEL et BRELIH, 1959
Leptotrombidium (Leptotrombidium) intermedia europaea DANIEL et BRELIH, 1959
Leptotrombidium (Leptotrombidium) silvaticum HUSCHA et SCHLUGER, 1967
Listrophorus mediterraneus PORTUS, FAIN et LUKOSCHUS, 1980
Lophioglyphus liciosus (VOLGUI, 1964)
Myobia (Myobia) multivaga POPPE, 1909
Myobia (Myobia) musculi (SCHRANK, 1781)
Myocoptes japonensis japonensis RADFORD, 1955
Myocoptes musculinus (KOCH, 1844)
Myonyssus decumani TIRABOSCHI, 1904
Myonyssus gigas OUDEMANS, 1912
Neotrombicula (Neotrombicula) autumnalis (SHAW, 1790)
Neotrombicula (Neotrombicula) dubinina SCHLUGER, 1955
Neotrombicula (Neotrombicula) hispanica KEPKA, 1960

Neotrombicula (Hirsutiella) zachvatkini SCHLUGER, 1948
Orycteroxenus dispar MICHAEL, 1886
Orycteroxenus soricis (OUDEMANS, 1915)
Parasperleognathopsis (Parasperleognathosis) bakeri (FAIN, 1955)
Psorergates (Psorergates) apodemi FAIN, LUKOSCHUS et HALLMANN, 1966
Psorergates (Psorergates) callipidis LUKOSCHUS, FAIN et BEAUJEAN, 1967
Psorergates (Psorergates) muricola FAIN, 1961
Radfordia (Radfordia) affinis (POPPE, 1896)
Radfordia (Radfordia) lancearia (POPPE, 1909)
Rhipicephalus turanicus POMERANTZEV et MATIKASHVILI, 1940
Schoutedenichia krampitzi (WILLMAN, 1955)
Schoutedenichia (Brennaichia) dipodilli VERCAMMEN-GRANDJEAN, 1958
Schwiebea sp.
Trichoecius apodemi FAIN, MUNTRIG et LUKOSCHUS, 1969
Xenoryctes krameri (MICHAEL, 1886)

Ratón moruno (*Mus spretus*)
Afrolistrophorus apodemi FAIN, 1970
Gliciphagus (Myacarus) hypudaei (KOCH, 1841)
Haemogamasus nidi (MICHAEL, 1892)
Hirstionyssus sp.
Laelaps agilis KOCH, 1836
Laelaps algericus (HIRST, 1925)
Myobia (Myobia) multivaga POPPE, 1909
Myobia (Myobia) musculi (SCHRANK, 1781)
Myonyssus decumani TIRABOSCHI, 1904
Radfordia (Radfordia) affinis (POPPE, 1896)
Radfordiana muri ESTRADA-PEÑA et al., 1985
Rhipicephalus (Rhipicephalus) sanguineus (LATREILLE, 1806)
Trichoecius romboutsi (VAN EYNDHOVEN, 1946)
Xenoryctes krameri (MICHAEL, 1886)

Topillo común (*Pitymys duodecimcostatus*)
Listrophorus occitanus FAIN et PORTUS, 1978
Myocoptes japonensis japonensis RADFORD, 1955
Psorergates (Psorergates) auricola LUKOSCHUS, FAIN et BEAUJEAN, 1967
Psorergates (Psorergates) pitymydis LUKOSCHUS, FAIN et BEAUJEAN, 1967
Radfordia (Microtimyobia) lemnina lemnina (KOCH, 1841)
Trichoecius pitymydis PORTUS et GALLEGO, 1986
Trichoecius tenax MICHAEL, 1889

Topino rojo (*Clethrionomys glareolus*)
Eulaelaps stabularis (KOCH, 1836)
Glyciphagus (Myacarus) hypudaei (KOCH, 1841)
Haemogamasus hirsutus BERLESE, 1889
Haemogamasus nidi (MICHAEL, 1892)
Ixodes ventalloi GIL COLLADO, 1936
Ixodes (Exopalpiger) trianguliceps BIRULA, 1895
Ixodes (Ixodes) ricinus LINNAEUS, 1736
Listrophorus mediterraneum PORTUS, FAIN et LUKOSCHUS, 1980
Myocoptes japonensis japonensis RADFORD, 1955

Neotrombicula (Neotrombicula) hispanica KEPKA, 1960
Orycteroxenus soricis (OUDEMANS, 1915)
Radfordia (Microtimyobia) lemnina clethrionomys FAIN et LUKOSCHUS, 1977
Trichoecius clethrionomydis PORTUS et GALLEGO, 1986
Trichoecius tenax MICHAEL, 1889
Xenoryctes krameri (MICHAEL, 1886)

Orden Lagomorpha

Conejo (*Oryctolagus cuniculus*)

Dermacentor marginatus SULZER, 1776
Haemaphysalis (Rhipistoma) hispanica GIL COLLADO, 1938
Hyalomma (Hyalomma) lusitanicum KOCH, 1844
Hyalomma (Hyalomma) marginatum KOCH, 1844
Ixodes bivari TRAVASSOS DIAS SANTOS, 1990
Ixodes ventalloi GIL COLLADO, 1936
Notoedres cati cuniculi (GERLACH, 1857)
Psoroptes equi cuniculi DELAFOND, 1859
Rhipicephalus turanicus POMERANTZEV et MATIKASHVILI, 1940
Rhipicephalus (Digeneus) bursa CANESTRINI et FANZAGO, 1877-78
Rhipicephalus (Rhipicephalus) pusillus GIL COLLADO, 1938
Rhipicephalus (Rhipicephalus) sanguineus (LATREILLE, 1806)
Sarcoptes scabiei cuniculi (LINNAEUS, 1758)

Liebre (*Lepus capensis*)

Dermacentor marginatus SULZER, 1776
Haemaphysalis (Haemaphysalis) punctata CANESTRINI et FANZAGO, 1877
Haemaphysalis (Rhipistoma) hispanica GIL COLLADO, 1938
Hyalomma (Hyalomma) lusitanicum SULZER, 1776
Hyalomma (Hyalomma) marginatum KOCH, 1844
Ixodes ventalloi GIL COLLADO, 1936
Ixodes (Ixodes) ricinus LINNAEUS, 1746
Listrophorus gibbus
Neotrombicula (Neotrombicula) autumnalis (SCHRANK, 1790)
Rhipicephalus turanicus POMERANTZEV et MATIKASHVILI, 1940
Rhipicephalus (Digeneus) bursa CANESTRINI et FANZAGO, 1877-78
Rhipicephalus (Rhipicephalus) pusillus GIL COLLADO, 1938
Rhipicephalus (Rhipicephalus) sanguineus (LATREILLE, 1806)

Orden Carnivora

Comadreja (*Mustela nivalis*)

Boophilus annulatus (SAY, 1821)
Ixodes acuminatus NEUMANN, 1901
Ixodes ventalloi GIL COLLADO, 1936
Ixodes (Ixodes) ricinus LINNAEUS, 1746
Ixodes (Pholeoixodes) hexagonus LEACH, 1815
Rhipicephalus (Rhipicephalus) pusillus GIL COLLADO, 1938
Rhipicephalus (Rhipicephalus) sanguineus (LATREILLE, 1806)

Gato

Notoedres cati cati (HERING, 1838)
Otodectes cynotis cati (HERING, 1838)
Rhipicephalus turanicus POMERANTZEV et MATIKASHVILI, 1940
Rhipicephalus (Rhipicephalus) pusillus GIL COLLADO, 1938

Gato montés (*Felis sylvestris*)

Ixodes ventalloi GIL COLLADO, 1936
Ixodes (Ixodes) ricinus LINNAEUS, 1746
Ixodes (Pholeoixodes) canisuga JOHNSON, 1849
Rhipicephalus (Rhipicephalus) pusillus GIL COLLADO, 1938

Jineta (*Genetta genetta*)

Rhipicephalus (Rhipicephalus) pusillus GIL COLLADO, 1938

Lince (*Lynx pardina*)

Boophilus annulatus (SAY, 1821)
Ixodes ventalloi GIL COLLADO, 1936
Ixodes (Ixodes) ricinus LINNAEUS, 1746
Ixodes (Pholeoixodes) hexagonus LEACH, 1815
Rhipicephalus turanicus POMERANTZEV et MATIKASHVILI, 1940
Rhipicephalus (Rhipicephalus) pusillus GIL COLLADO, 1938
Rhipicephalus (Rhipicephalus) sanguineus (LATREILLE, 1806)

Lobo (*Canis lupus*)

Rhipicephalus (Rhipicephalus) pusillus GIL COLLADO, 1938
Rhipicephalus (Rhipicephalus) sanguineus (LATREILLE, 1806)

Marta (*Martes foina*)

Ixodes (Ixodes) ricinus LINNAEUS, 1746
Rhipicephalus (Rhipicephalus) pusillus GIL COLLADO, 1938

Meloncillo (*Herpestes ichneumon*)

Ixodes ventalloi GIL COLLADO, 1936
Ixodes (Ixodes) ricinus LINNAEUS, 1746
Ixodes (Pholeoixodes) hexagonus LEACH, 1815
Rhipicephalus (Rhipicephalus) pusillus GIL COLLADO, 1938

Perro

Boophilus annulatus (SAY, 1821)
Cheyletiella parasitivorax (MEGNIN, 1878)?
Cheyletiella yasguri SMILEY, 1965
Demodex canis LEYDIG, 1859
Dermacentor marginatus SULZER, 1776
Dermacentor reticulatus (FABRICIUS, 1794)
Haemaphysalis (Rhipistoma) hispanica GIL COLLADO, 1938
Hyalomma (Hyalomma) lusitanicum KOCH, 1844
Hyalomma (Hyalomma) truncatum KOCH, 1844
Ixodes (Ixodes) ricinus LINNAEUS, 1746
Ixodes (Pholeoixodes) hexagonus LEACH, 1815
Otodectes cynotis canis (SEWELL, 1891)
Pneumonyssus caninum (CHANDLER et RUHE, 1940)
Rhipicephalus (Digeneus) bursa CANESTRINI et FANZAGO, 1877-78

Rhipicephalus (Rhipicephalus) pusillus GIL COLLADO, 1938
Rhipicephalus (Rhipicephalus) sanguineus (LATREILLE, 1806)
Rhipicephalus turanicus POMERANTZEV et MATIKASHVILI, 1940
Sarcoptes scabiei canis (LINNAEUS, 1758)

Tejón (*Meles meles*)
Ixodes ventalloi GIL COLLADO, 1936
Ixodes (Ixodes) ricinus LINNAEUS, 1746
Ixodes (Pholeoixodes) hexagonus LEACH, 1815
Rhipicephalus turanicus POMERANTZEV et MATIKASHVILI, 1940
Rhipicephalus (Rhipicephalus) pusillus GIL COLLADO, 1938
Rhipicephalus (Rhipicephalus) sanguineus (LATREILLE, 1806)

Turón (*Putorius putorius*)
Ixodes (Ixodes) ricinus LINNAEUS, 1746
Ixodes (Pholeoixodes) canisuga JOHNSON, 1849
Ixodes (Pholeoixodes) hexagonus LEACH, 1815
Otodectes cynotis furonis (HERING, 1838)
Rhipicephalus (Rhipicephalus) pusillus GIL COLLADO, 1938

Zorro (*Vulpes vulpes*)
Dermacentor reticulatus (FABRICIUS, 1794)
Hyalomma (Hyalomma) marginatum KOCH, 1844
Ixodes ventalloi GIL COLLADO, 1936
Ixodes (Ixodes) ricinus LINNAEUS, 1746
Ixodes (Pholeoixodes) canisuga JOHNSON, 1849
Ixodes (Pholeoixodes) hexagonus LEACH, 1815
Rhipicephalus turanicus POMERANTZEV et MATIKASHVILI, 1940
Rhipicephalus (Digeneus) bursa CANESTRINI et FANZAGO, 1877-78
Rhipicephalus (Rhipicephalus) pusillus GIL COLLADO, 1938
Rhipicephalus (Rhipicephalus) sanguineus (LATREILLE, 1806)

Orden Perissodactyla

Asno, caballo y sus híbridos.
Boophilus annulatus (SAY, 1821)
Chorioptes bovis equis (HERING, 1845)
Demodex equi (RAILLIET, 1895)
Dermacentor niveus NEUMANN, 1897
Dermacentor reticulatus (FABRICIUS, 1794)
Haemaphysalis (Haemaphysalis) punctata CANESTRINI et FANZAGO, 1877
Haemaphysalis (Rhipistoma) hispanica GIL COLLADO, 1938
Hyalomma (Hyalomma) lusitanicum KOCH, 1844
Hyalomma (Hyalomma) marginatum KOCH, 1844
Ixodes (Ixodes) ricinus LINNAEUS, 1746
Psoroptes equi equi (HERING, 1838)
Rhipicephalus (Digeneus) bursa CANESTRINI et FANZAGO, 1877-78
Rhipicephalus (Rhipicephalus) sanguineus (LATREILLE, 1806)
Sarcoptes scabiei equi (LINNAEUS, 1758)

Orden Artiodactyla

Cabra

Demodex caprae (RAILLIET, 1895)
Dermacentor marginatus SULZER, 1776
Dermacentor reticulatus (FABRICIUS, 1794)
Haemaphysalis (Haemaphysalis) punctata CANESTRINI et FANZAGO, 1877
Haemaphysalis (Rhipistoma) hispanica GIL COLLADO, 1938
Hyalomma (Hyalomma) marginatum KOCH, 1844
Ixodes (Ixodes) ricinus LINNAEUS, 1746
Rhipicephalus (Digeneus) bursa CANESTRINI et FANZAGO, 1877-78
Rhipicephalus (Rhipicephalus) sanguineus (LATREILLE, 1806)
Sarcoptes scabiei caprae (LINNAEUS, 1758)

Cabra montés (*Capra pyrenaica*)

Dermacentor marginatus SULZER, 1776
Haemaphysalis (Haemaphysalis) punctata CANESTRINI et FANZAGO, 1877
Haemaphysalis (Haemaphysalis) sulcata (CANESTRINI et FANZAGO, 1877)
Hyalomma (Hyalomma) lusitanicum KOCH, 1844
Ixodes ventalloi GIL COLLADO, 1936
Ixodes (Ixodes) ricinus LINNAEUS, 1746
Rhipicephalus (Digeneus) bursa CANESTRINI et FANZAGO, 1877-78

Cerdo

Boophilus annulatus (SAY, 1821)
Demodex phylloides CSOKOR, 1879
Dermacentor marginatus SULZER, 1776
Haemaphysalis (Haemaphysalis) punctata CANESTRINI et FANZAGO, 1877
Haemaphysalis (Rhipistoma) hispanica GIL COLLADO, 1938
Hyalomma (Hyalomma) anatolicum excavatum KOCH, 1841
Hyalomma (Hyalomma) detritum SCHULZE, 1919
Hyalomma (Hyalomma) lusitanicum KOCH, 1844
Hyalomma (Hyalomma) lusitanicum algericum SENEVET, 1928
Hyalomma (Hyalomma) marginatum KOCH, 1844
Hyalomma (Hyalommasta) aegyptium (LINNAEUS, 1758)
Ixodes ventalloi GIL COLLADO, 1936
Ornithodoros (Ornithodoros) erraticus (LUCAS, 1849)
Rhipicephalus (Rhipicephalus) pusillus GIL COLLADO, 1938
Rhipicephalus (Rhipicephalus) sanguineus (LATREILLE, 1806)
Sarcoptes scabiei suis (LINNAEUS, 1758)
Tyrophagus putrescentiae (SCHRANK, 1781)

Ciervo (*Cervus elaphus*)

Boophilus annulatus (SAY, 1821)
Dermacentor marginatus SULZER, 1776
Dermacentor niveus NEUMANN, 1897
Dermacentor reticulatus (FABRICIUS, 1794)
Haemaphysalis (Haemaphysalis) punctata CANESTRINI et FANZAGO, 1877
Haemaphysalis (Rhipistoma) hispanica GIL COLLADO, 1938
Hyalomma (Hyalomma) lusitanicum KOCH, 1844
Hyalomma (Hyalomma) marginatum KOCH, 1844
Ixodes (Ixodes) ricinus LINNAEUS, 1746
Rhipicephalus (Digeneus) bursa CANESTRINI et FANZAGO, 1877-78
Rhipicephalus (Rhipicephalus) pusillus GIL COLLADO, 1938

Corzo (*Capreolus capreolus*)
Ixodes (Ixodes) ricinus LINNAEUS, 1746

Dromedario (*Camellus dromedarius*)
Hyalomma (Hyalomma) dromedarii KOCH, 1844

Gamo (*Dama dama*)
Dermacentor marginatus SULZER, 1776
Haemaphysalis (Alloceraea) inermis inermis BIRULA, 1895
Haemaphysalis (Haemaphysalis) punctata CANESTRINI et FANZAGO, 1877
Hyalomma (Hyalomma) lusitanicum KOCH, 1844
Ixodes (Ixodes) ricinus LINNAEUS, 1746

Jabalí (*Sus scrofa*)
Dermacentor marginatus SULZER, 1776
Dermacentor niveus NEUMANN, 1897
Dermacentor reticulatus (FABRICIUS, 1794)
Hyalomma (Hyalommma) anatolicum anatolicum KOCH, 1844
Hyalomma (Hyalomma) lusitanicum KOCH, 1844
Hyalomma (Hyalomma) marginatum KOCH, 1844
Ixodes (Ixodes) ricinus LINNAEUS, 1746
Ixodes (Pholeoixodes) canisuga JOHNSON, 1849
Rhipicephalus turanicus POMERANTZEV et MATIKASHVILI, 1940
Rhipicephalus (Digeneus) bursa CANESTRINI et FANZAGO, 1877-78
Rhipicephalus (Rhipicephalus) pusillus GIL COLLADO, 1938

Muflón (*Ovis musimon*)
Dermacentor marginatus SULZER, 1776
Haemaphysalis (Haemaphysalis) punctata CANESTRINI et FANZAGO, 1877
Haemaphysalis (Haemaphysalis) sulcata (CANESTRINI et FANZAGO, 1877)
Ixodes (Ixodes) ricinus LINNAEUS, 1746
Rhipicephalus (Digeneus) bursa CANESTRINI et FANZAGO, 1877-78

Oveja
Boophilus annulatus (SAY, 1821)
Chorioptes bovis ovis
Demodex ovis (RAILLIET, 1895)
Dermacentor marginatus SULZER, 1776
Dermacentor reticulatus (FABRICIUS, 1794)
Haemaphysalis (Haemaphysalis) punctata CANESTRINI et FANZAGO, 1877
Haemaphysalis (Rhipistoma) hispanica GIL COLLADO, 1938
Hyalomma (Hyalomma) lusitanicum KOCH, 1844
Hyalomma (Hyalomma) marginatum KOCH, 1844
Hyalomma (Hyalommasta) aegyptium (LINNAEUS, 1758)
Ixodes (Ixodes) ricinus LINNAEUS, 1746
Ixodes (Pholeoixodes) hexagonus LEACH, 1815
Psoroptes equi ovis (HERING, 1838)
Rhipicephalus (Digeneus) bursa CANESTRINI et FANZAGO, 1877-78
Rhipicephalus (Rhipicephalus) sanguineus (LATREILLE, 1806)
Rhipicephalus turanicus POMERANTZEV et MATIKASHVILI, 1940
Sarcoptes scabiei ovis (LINNAEUS, 1758)

Rebeco (*Rupicapra rupicapra*)

Dermacentor marginatus SULZER, 1776
Haemaphysalis (Haemaphysalis) punctata CANESTRINI et FANZAGO, 1877

Vaca

Amblyomma dubitatum NEUMANN, 1899
Boophilus annulatus (SAY, 1821)
Chorioptes bovis bovis (GERLACH, 1857)
Dermacentor marginatus SULZER, 1776
Dermacentor reticulatus (FABRICIUS, 1794)
Haemaphysalis (Alloceraea) inermis inermis BIRULA, 1895
Haemaphysalis (Haemaphysalis) punctata CANESTRINI et FANZAGO, 1877
Haemaphysalis (Haemaphysalis) sulcata (CANESTRINI et FANZAGO, 1877)
Haemaphysalis (Rhipistoma) hispanica GIL COLLADO, 1938
Hyalomma (Hyalomma) detritum SCHULZE, 1919
Hyalomma (Hyalomma) impresum KOCH, 1844
Hyalomma (Hyalomma) lusitanicum KOCH, 1844
Hyalomma (Hyalomma) lusitanicum algericum SENEVET, 1928
Hyalomma (Hyalomma) marginatum KOCH, 1844
Hyalomma (Hyalommasta) aegyptium (LINNAEUS, 1758)
Ixodes (Ixodes) ricinus LINNAEUS, 1746
Psoroptes equi bovis
Rhipicephalus turanicus POMERANTZEV et MATIKASHVILI, 1940
Rhipicephalus (Digeneus) bursa CANESTRINI et FANZAGO, 1877-78
Rhipicephalus (Rhipicehalus) pusillus GIL COLLADO, 1938
Rhipicephalus (Rhipicephalus) sanguineus (LATREILLE, 1806)

Orden Primates

Hombre

Acarus siro LINNAEUS, 1758
Boophilus annulatus (SAY, 1821)
Carpoglyphus lactis (LINNAEUS, 1758)
Cheyletus eruditus (SCHRANK, 1781)
Demodex folliculorum (SIMON, 1843)
Ixodes (Ixodes) ricinus LINNAEUS, 1746
Ornithodoros (Ornithodoros) erraticus (LUCAS, 1849)
Pyemotes ventricosus (NEWPORT, 1850)
Rhipicephalus (Digeneus) bursa CANESTRINI et FANZAGO, 1877-78
Rhipicephalus (Rhipicephalus) sanguineus (LATREILLE, 1806)
Sarcoptes scabiei scabiei (LINNAEUS, 1758)

BIBLIOGRAFÍA (ACARI)

1. ABOIM-INGLEZ, A.L. y ORVALHO TEIXEIRA, J. (1907).- Monstruosidades nos Ixodíneos. Veinte e seis monstruos na primeira generaçao dum *Haemaphysalis cinnabarina punctata* (Canestrini y Fanzago, 1877). *Bol. Pec., 10*: 15.
2. ACESTO, M. y REBOLLO, E. (1932).- Dispens. Antipal. Zalameda de la Serena (Badajoz). *Mem. Camp. Palud.*, 1930-1931.
3. AGUSTIN, M. (1717).- *Libro de los secretos de Agricultura. Casa de Campo y Pastoril.* Imp. Hered. J. Jolis, Barcelona.
4. ALBALA PEREZ, F. y SANCHEZ ACEDO, C. (1974).- Acariosis por *Cheyletiella parasitivorax* Mégnin, 1978. *Rev. Ibér. Parasitol., 34*: 129.
5. ALONSO, N. (1925).- Dispens. Antipal. Mirabel. *Mem. Camp. Palud.*, 1924.
6. ALONSO, N. (1928).- La fiebre recurrente en Cádiz. *Mem. Camp. Palud.*, 1925-1927.
7. ALVES DA CRUZ, .. (1955).- Les maladies parasitaires du bétail au Portugal. *Bull. Off. Inter. Epizoot., 43*: 269.
8. ALLER GANCEDO, B.; MARTINEZ FERNANDEZ, A. y CORDERO DEL CAMPILLO, M. (1971).- Asociación de tricofitia (*T. mentagrophytes*) y acariosis (*Myocoptes musculinus*) en una colonia de ratones. Tratamiento y control. *Rev. Ibér. Parasitol., 31*: 32.
9. ANONIMO (1889).- Parásitos de la gallina. *El Veterinario* (Madrid), *1*: 2.
10. ANONIMO (1950).- Cuadro estadístico de los casos clínicos atendidos en la consulta de Patología médica de la Facultad de Veterinaria de Madrid, durante el curso escolar 1948 a 1949. *Ciencia Vet., 11*: 84.
11. ANONIMO (1951).- Cuadro estadístico de los casos clínicos atendidos en la consulta de Patología médica de la Facultad de Veterinaria de Madrid durante el curso escolar de 1949 a 1950. *Ciencia Vet., 12*: 107.
12. ANONIMO (1952).- Cuadro estadístico de los casos clínicos atendidos en la consulta de Patología médica de la Facultad de Veterinaria de Madrid, durante el curso escolar de 1950-51. *Ciencia Vet., 13*: 206.
13. ANONIMO (1952).- Cuadro estadístico de los casos clínicos atendidos en la consulta médica de la Facultad de Veterinaria de Madrid, durante el período escolar de 1946-1951. *Ciencia Vet., 13*: 208.
14. APARICIO SANCHEZ, G. (1949).- Un caso de sarna demodécica curado con DDT. *Bol. Zoot., 5*: 73.
15. ARIZA, C.; ROJAS, M. DE; UBEDA, J.M. y GUEVARA, D.C. (1992).- Localización de dos especies de ácaros plumícolas del género *Montesauria* OUDEMANS, 1905 (Proctophyllodidae: Pterodectinae) en aves españolas. *"In Memoriam" al Prof. Doctor D. F. de P. Martínez Gómez.* Univ. de Córdoba: 637.

16. ARTHUR, D.R. (1956).- The *Ixodes* ticks of Chiroptera. *J. Parasitol., 42*: 180.

17. ARTHUR, D.R. (1966).- Sur quelques Ixodoidea (Acarina) paléarctiques infeodés aux micro-Criroptères. *Ann. Parasitol. hum comp., 41*: 495.

18. ARTHUR, D.R. y CLERC, B. (1968).- *Argas (S.) transgariepinus* White, 1846 tique nouvelle pour la France et l'Algerie. *Vie et Milieu, 19*: 233.

19. ASTASIO ARBIZA, P. et al. (1982).- *Ophionisus lacertinus* sobre *Gallotia galloti stehlinii*. *Rev. Ibér. Parasitol., 42*: 119.

20. AYUSO, J.P. y RIOS, A. (1984).- Dermatitis canina por Cheyletiellas (cheyletielosis). *Medicina Veterinaria, 1*: 177.

21. BERGE, T.O. y LENNETTE, E.H. (1953).- World distribution of "Q" fever: Human, animal and arthropod infection. *Amer. J. Hyg., 57*: 125.

22. BLANCO LOIZELIER, A. (1949).- Enfermedades infecciosas de las abejas. *Ganadería, 7*: 190.

23. BLANCO LOIZELIER, A. (1949).- Enfermedades infecciosas de las abejas. *Veterinaria, 13*: 513.

24. BLANCO LOIZILIER, A. (1950).- La acariosis de las abejas en España. *Trab. Ins. Biol. An., 9*: 313.

25. BLANCO LOIZILIER, A. (1953).- La acariosis de las abejas en España. *Ciencia Vet., 14*: 316.

26. BLASCO SABIO, C.; GALLEGO BERENGUER, J. y PORTUS VINYETA, M. (1975).- Estudio de la acarofauna del polvo doméstico de Barcelona y poblaciones circundantes. *Allergol. et Immunopath., 3*: 403.

27. BLASCO SABIO, C. y PORTUS VINYETA, M. (1973).- Presencia en Europa de *Malayoglyphus carmelitus* Spieksma, 1973 (Pyroglyphidae: Sarcoptiformes). *Rev. Ibér. Parasitol., 33*: 649.

28. BLASCO SABIO, C. y PORTUS VINYETA, M. (1974).- Acariasis respiratoria en canarios españoles por *Sternostoma tracheacolum* Lawrence, 1948. Aportación al tratamiento. *Rev. Ibér. Parasitol., 34*: 33.

29. BOLIVAR, I. (1909).- El *Argas reflexus* en España. *Bol. R. Soc. Esp. Hist. Nat., 9*: 157.

30. BUEN, E. DE (1946).- *Espiroquetosis*. Ed. Morata, Madrid, 141 pp.

31. BUEN, S. DE (1926).- Sobre el interés médico del hallazgo de *O. marocanus* en España. *Bol. R. Soc. Esp. Hist. Nat., 26*: 170.

32. BUEN, S. DE (1926).- Distribución geográfica de la fiebre recurrente española. *Act. Med. Quirurg.*, ..

33. BUEN, S. DE (1926).- Estudio sobre la fiebre recurrente. *España Med., 17*(49): ..

34. BUEN, S. DE (1926).- Note préliminaire sur l'épidemiologie de la fievre recurrente espagnole. *Ann. Parasitol. hum. comp., 4*: 185.

35. BUEN, S. DE (1926).- Estado actual de nuestro conocimiento sobre la fiebre recurrente española. *Arch. Inst. Alfonso XIII, 4*: 143.

36. BUEN, S. DE (1932).- La espiroquetosis española. *Rev. San. Hig. Púb., 7*: 1033.

37. BUEN, S. DE (1933).- La Spirochetose espagnole. *I Congr. Hyg. Médit.*, París.

38. BUEN, S. DE (1935).- Algunas observaciones sobre el comportamiento del *Treponema hispanicum* en el *Ornithodoros erraticus*. *Rev. San. Hig. Púb., 10*: 97.

39. BUEN, S. DE y CAMARA, P. DE LA (1931).- Notas sobre cincuenta y nueve casos de fiebre recurrente española. *Bol. Tecn. Dir. San., 6*: 193.

40. BUEZAS, V. (1930).- Dispens. Antipal. Jaraiz de la Vera. *Mem. Camp. Palud.*, 1928-1929.

41. CAEIRO, V. y LANDERSET SIMOES, A. (1987).- Sobre a existência do *Haemaphysalis hispanica* Gil, 1938 em Portugal. *Revista Port. de Ciências Veterinárias, 82*: 275.

42. CALONGE RUIZ Y ORTIZ DE LANDAZURI, E. (1937).- Fievre boutonneuse in Spain and its experimental transmission by ticks. *Trans. R. Soc. Trop. Med. Hyg., 39*: 539.

43. CALVO SAINZ, B. (1945).- Contribución al estudio de la piroplasmosis y theileriosis en el sur de España. *Rev. Ibér. Parasitol.*, Vol. Extr.: 251.

44. CAMBOURNAC, F.J.C.; SUARES, A.C.; DE RES, J.F. y QUEIROS, J.S. (1953).- Contribución para o estudo da febre recorrente no continente portugués. *An. Inst. Med. Trop., 10*: 645.

45. CAÑIZO, J. DEL (1934).- Sarna de las ovejas. *Agricultura*: 526.

46. CAPILLA, C. (1970).- Una nueva especie de Oribátido del pre-Pirineo oscense (Acari, Oribatei). *Eos, 46*: 19.

47. CARBALLEIRA TELLA, D.; VAZQUEZ PAREDES, E. y RIO LOZANO, J. DEL (1957).- Acerca de la clasificación y conservación de parásitos. *Supl. Cient. Bol. Inf. Cons. Gral. Col. Vet. Esp., 2*: 27.

48. CARRILLO, J.M y CARRILLO, D. (1976).- Acariasis, estudio de 700 casos. *Actas Dermo-Sifilográficas, 67*: 1195.

49. CARTAÑA CASTELLA, P. y GIL COLLADO, J. (1934).- *Estudio de las ratas y de sus ectoparásitos en ocasión del brote epidémico de peste de Barcelona. 1931*. Com. Perm. Invest. San. 116 pp.

50. CARVALHO DIAS, A. (1933).- Sobre la existencia em Portugal do espiroquetos da febre recurrente de Espanha. *Lisboa Médica, 10*: 428.

51. CARVALHO DIAS, A. (1937).- Sur la distribution en Portugal d'*Ornithodoros erraticus* agent de transmision de la fievre recurrente hispano-africaine. *XII Congr. Int. Zool., 3*: 2078.

52. CASTRO, J.; PEREIRA, A.; BELLAS, G. y VIGO, M.J. (1991).- Contribución al estudio de ectoparásitos de micromamíferos en Galicia: Acaros de la familia Glyciphagidae. *I Congr. Int. Asoc. Sudoccid. Europ. Parasitol.*: 72.

53. CASTRO, M.P. y PEREIRA, C. (1947-48).- Acaros nasícolas (Parasitiformes: Rhinonyssidae) do pardal "Passer domesticus". *Arq. Inst. Biol. S. Paulo, 18*(7): ..

54. COLAÇO, A. y COSTA FARO, M.M. (1953).- Contribuçao para o estudo dos ectoparasitos dos roedores de Lisboa. *An. Soc. Esp. Prog. Cienc., 18*: 787.

55. COMAMALA DE FLORENSA, C. (1970).- Acaros que conviven con el hombre y su influencia en asma y alergia respiratorios. *Acad. Cienc. Méd. Cataluña y Bal., 56*: 361.

56. CONCEIÇAO-SILVA, F.M.; ABRANCHES, P.; SILVA-PEREIRA, M.C.D. y JANZ, J.G. (1988).- Hepatozoonoses in foxes from Portugal. *J. of Wildl. Dis., 24*: 344.

57. CORDERO DEL CAMPILLO, M. (1960).- Acariosis de los canarios. *Pájaros, 7*: 26.

58. CORDERO DEL CAMPILLO, M. (1967).- El problema de la parasitosis en las explotaciones porcinas. *I Jorn. Nac. Prod. Porcina*, Valencia. Gráficas Orbe, Madrid: 105.

59. CORDERO DEL CAMPILLO, M. (1974).- Parasitic Zoonosis in Spain. *Int. J. Zoon., 1*: 43.

60. CORDERO DEL CAMPILLO, M. (1976).- Sobre la infestación canina con *Demodex canis. Veterinaria, 41*: 35.

61. CORDERO DEL CAMPILLO, M.; ORDAS ALVAREZ, J.; ROJO VAZQUEZ, F. y ESCUDERO DIEZ, A. (1974).- Sobre las babesiosis de los équidos en España. *Rev. Ibér. Parasitol., 34*: 305.

62. DEUNFF, J. (1977).- Observations sur les Spinturnicidae de la Region paléarctique occidentale (Acarina, Mesostigmata), Specifité, Repartition et Morphologie. *Acarología, 18*: 601.

63. DIAZ LOPEZ, M. et al. (1987).- Estudio de la acarofauna de *Microtus nivalis* (Martins) capturados en Sierra Nevada (Granada). *V Congr. Nac. Parasitol.*, Salamanca: 177.

64. DIAZ LOPEZ, M. et al. (1991).- Study of some mites (Acari) infesting *Microtus nivalis*, Martins in Spain. *Acarología, 32*: 61.

65. DIAZ UNGRIA, C. (1947).- Espiroquetosis de los animales domésticos. *Veterinaria, 11*: 395.

66. DIOGO, M. RIBEIRO y SILVA, J.A. CRUZ (1961).- *Cnemidocoptes mutans* (Robin e Lanquetin, 1859) em perdiz. *Rev. Cienc. Vet., 56*: 269.

67. DÖNITZ, W. (1905).- Die Zecken des Rindes als Krankheit-sübertraeger. *S. B. Ges. Natf. Berlin, 4*: 106.

68. DUALDE PEREZ, V. (1961).- La fórmula leucocitaria en la sarna de la cabra. *Supl. Cient. Bol. Inf. Cons. Gral. Col. Vet. Esp., 8*: 389.

69. DUSBABEK, F. (1964).- Parasitische Fledermausmilben der Tchechoslowakei. II Fam. Dermanyssidae Kol. 1859 (Acarina, Gamasidae). *Ceskoslovenska Parasitol., 11*: 77.

70. ENCINAS GRANDES, A. (1985).- Presencia de *Ixodes frontalis* en Salamanca (España). *Rev. Ibér. Parasitol., 45*: 177.

71. ENCINAS GRANDES, A. (1986).- Ticks of the province of Salamanca (Central/NW Spain). Prevalence and parasitization intensity in dogs and domestic Ungulates. *Ann de Parasitol. hum. et comp., 61*: 95.

72. ENCINAS GRANDES, A. y OLEAGA PEREZ, A. (1987).- *Ornithodoros marocanus*: hábitats y dinámica de poblaciones en el medio natural. *V Congr. Nac. Parasitol.*, Salamanca: 153.

73. ESPADALER GELABERT, X. y RIASOL BOIXART, J.M. (1981).- Secretergates de *Formica* sp.: una morfología de origen patológico en hormigas. *Rev. Ibér. Parasitol., 41*: 539.

74. ESPONERA, D.; PORTUS, M. y GALLEGO, M. (1985).- Aportación al conocimiento de la biología de los ácaros ectoparásitos de múridos en la Sierra de Collcerola (Barcelona). Ciclo anual. *IV Congr. Nac. Parasitol.*, Tenerife: 92.

75. ESTRADA-PEÑA, A. y CRUZ, J. DE LA (1992).- *Ewingana (Doreyana) baekelandae* sp.n., a parasite of molossid bats in Spain (Acari: Myobiidae). *Folia Parasitologica, 39*: 67.

76. ESTRADA-PEÑA, A.; IBAÑEZ, C. y TRUJILLO, D. (1990).- Nuevas citas de ácaros parásitos de quirópteros en la Península Ibérica, Norte de Africa e Islas de la Macaronesia. *Rev. Ibér. Parasitol., 50*: 91.

77. ESTRADA-PEÑA, A.; LUCIENTES, J. y SANCHEZ, C. (1987).- *Argas (Persicargas) gilcolladoi* n.sp. (Acarina: Argasidae): a parasite of the griffon vulture, *Gyps fulvus*, in Spain. *Journal of Parasitology, 73*: 824.

78. ESTRADA-PEÑA, A. y SANCHEZ, C. (1988).- Two new species of *Steatonyssus* (Acarina: Macronyssidae) from bats in the Canary Islands, with the description of male and protonymph of *Parasteatonyssus hoogstraal* (Keegan). *Rev. Ibér. Parasitol., 48*: 303.

79. ESTRADA-PEÑA, A.; SANCHEZ-ACEDO, C.; CASTILLO HERNANDEZ, J.A. y GUTIERREZ GALINDO, J.F. (1981).- *Tyroborys lini* (OUDEMANS, 1924) como ácaro contaminante de alimentos. *Rev. Ibér. Parasitol., 41*: 435.

80. ESTRADA PEÑA, A.; SANCHEZ ACEDO, C.; GUTIERREZ GALINDO, J.F. y CASTILLO HERNANDEZ, J.A. (1981).- *Freyana anatina anatina*, ácaro plumícola del ánade real (*Anas platyrhynchos* L.). *Rev. Ibér. Parasitol., 41*: 423.

81. ESTRADA-PEÑA, A.; SANCHEZ ACEDO, C. y PERIBAÑEZ-LOPEZ, M.A. (1989).- Nuevos datos relativos a la distribución de los Ixodoidea en España (IV): Primera cita de *Ornithodoros (Reticulinasus) salahi* Hoogstraal, 1953 (Acarina: Argasidae). *Rev. Ibér. Parasitol., 49*: 73.

82. ESTRADA-PEÑA, A. y SERRA-COBO, J. (1991).- The Acarina and Nycteribia zones of *Miniopterus schreibersi* Kuhl (Mammalia: Chiroptera) in the northeast of Spain. *Folia Parasitologica, 38*: 345.

83. ESTRADA PEÑA, A. et al. (1980).- *Knemidocoptes mutans* (ROBIN y LANQUETIN, 1859) parásito de la perdiz roja (*Alectoris rufa*). *Rev. Ibér. Parasitol., 40*: 551.

84. ESTRADA PEÑA, A. et al. (1983-1984).- Presencia en España de *Echinonyssus luckoschusi, E.callosciuri* y *E.talpae* (Acarina: Hirstionyssinae). *An. Fac. Vet. Zaragoza, 18-19*: 383.

85. ESTRADA PEÑA, A. et al. (1984).- *Knemidocoptes jamaicensis* (Acarina: Astigmata), parásito del carricerín común (*Acrocephalus schoenobaenus*), primera cita en España. *Rev. Ibér. Parasitol., 44*: 45.

86. ESTRADA PEÑA, A. et al. (1984).- *Alectoris rufa*, nuevo hospedador para *Ixodes ventalloi* e *Ixodes (Pholeoixodes) hexagonus* en España. *Rev. Ibér. Parasitol., 44*: 215.

87. ESTRADA PEÑA, A. et al. (1985).- Descripción de la larva de *Radfordiana muri* n.sp. (Acarina: Trombiculidae). *Rev. Ibér. Parasitol., 45*: 203.

88. ESTRADA PEÑA, A. et al. (1985).- Parasitismo accidental de *Haemaphysalis (Rhipistoma) hispanica* GIL COLLADO (Acari: Ixodoidea) sobre *Aquila chrysaetos*. *Rev. Ibér. Parasitol., 45*: 379.

89. ESTRADA PEÑA, A. et al. (1986).- Nuevos datos relativos a la distribución de los Ixódidos en España (II). *Rev. Ibér. Parasitol., 46*: 431.

90. ESTRADA-PEÑA, A. et al. (1988).- Nuevos datos relativos a la distribución de los Ixodoidea en España. III. Garrapatas de Quirópteros. *Rev. Ibér. Parasitol., 48*: 203.

91. ESTRADA-PEÑA, A. et al. (1989).- Distribution and faunal composition in north and northeast of Spain of some mites and ticks parasitic on Chiroptera (Spinturnicidae, Macronyssidae, Ixodidae, and Argasidae). *Acarologia, 30*: 345.

92. ESTRADA-PEÑA, A. et al. (1992).- An account of the ticks of the Northeastern of Spain (Acarina: Ixodidae). *Ann. Parasitol. Hum. Comp., 67*: 42.

93. FAIN, A. y FERRANDO, M. (1990).- A new species of *Schwiebea* Oudemans (Acari, Acaridae) parasitizing the trout *Salmo trutta fario* in Spain. *Rev. Ibér. Parasitol., 50*: 67.

94. FAIN, A. y LUKOSCHUS, F.S. (1968).- Note sur deux acariens parasites nasicoles des Muridés (Ereynetidae; Trombidiformes). *Bull. Ann. Soc. R. Entom. Belg., 104*: 87.

95. FAIN, A. y LUKOSCHUS, F.S. (1969).- Les acariens Psoriques parasites des chauves-souris; 29. Description de la femelle de *Chirnyssus myoticola* Fain 1959, et nouvelles localités pour le genre *Notoedres* (Sarcoptiformes; Sarcoptidae). *Rev. Ibér. Parasitol., 29*: 229.

96. FAIN, A. y LUKOSCHUS, F.S. (1978).- Three new species of the genus *Lynxacarus* Radford, 1951, from Insectivora (Acari: Listrophoridae). *Intl. J. Acar., 4*: 227.

97. FAIN, A.; MUNTING, A.J. y LUKOSCHUS, F.S. (1970).- Les Myocoptidae parasites des rongeurs en Hollande et en Belgique (Acarina: Sarcoptiformes). *Acta Zool. Path. Antverp., 50*: 118.

98. FAIN, A.; PEREIRA LORENZO, A. y VIGO NOYA, M.J. (1991).- *Acanthophthirius (Myotimyobia) hispanicus* spec. nov. (Acari, Myobiidae) from Spain. *Int. J. Acarology, 17*: 149.

99. FAIN, A. y PORTUS, M. (1978).- *Listrophorus occitanus* sp.n. (Acari, Astigmata, Listrophoridae) parasite de Microtidae de France et d'Espagne. *Bull. An. Soc. R. Belg. Ent., 114*: 319.

100. FAIN, A. y PORTUS, M. (1979).- Two new parasitic mites (Acari, Astigmata) from the Algerian Hedgehog *Aethechinus algirus* in Spain. *Rev. Ibér. Parasitol., 39*: 577.

101. FAIN, A. y RACK, G. (1990).- *Echinonyssus molinae* sp.n. (Acari, Laelapidae) parasitic on the shrew *Crocidura osorio* Molina & Hutterer, 1989 in Gran Canaria. *Entomol. Mitt. aus dem Zool. Mus. Hamburg, 10*: 11.

102. FEIDER, Z. y MIRONESCU, I. (1969).- Nouvelles especes du genre *Ptinonyssus* (Rhinonyssidae, Parasitiformes) parasites de la cavité nasale de la *Sitella sitta europaea coesia* Wolf. *Ann. Parasitol., 44*: 641.

103. FERNANDEZ GARCIA, J.M. (1970).- Aportaciones al conocimiento de la biología de *Ornithodoros erraticus* (Lucas, 1849). *An. Fac. Vet. León, 16*: 208.

104. FILIPE, A.R.; REHACEK, J.; BACELLAR, F. y NUNCIO, M.S. (1992).- Microbiología e parasitologia da hemolinfa dos ixodídeos do distrito de Setúbal. *Rev. Port. de Ciencias Veterinarias, 87*: 46.

105. FRANGANILLO, P. (1913).- Arácnidos de Asturias y Galicia. *Brotería, 11*: 119.

106. GALLEGO, M. y PORTUS, M. (1985).- Acaros ectoparásitos de los géneros *Mus* y *Apodemus* en Cataluña. *Rev. Ibér. Parasitol.*, Vol. Extr.: 263.

107. GALLEGO, M.; PORTUS, M. y GALLEGO, J. (1987).- Contribución al conocimiento de los ácaros parásitos de micromamíferos en Cataluña. Familia Listrophoridae. *V Congr. Nac. Parasitol.*, Salamanca: 105.

108. GALLEGO, M.; PORTUS, M. y GALLEGO, J. (1988).- Acaros parásitos de micromamíferos en Cataluña. I: Familia Glyciphagidae. *Rev. Ibér. Parasitol., 48*: 417.

109. GALLEGO, M.; PORTUS, M. y GALLEGO, J. (1989).- Acaros parásitos de micromamíferos en Cataluña. II. Familia Listrophoridae. *Rev. Ibér. Parasitol., 49*: 65.

110. GALLEGO, M.; PORTUS, M. y GALLEGO, J. (1990).- Acaros parásitos de micromamíferos en Cataluña. III. Familia Myocoptidae. *Rev. Ibér. Parasitol., 50*: 81.

111. GARCIA, A.L. et al. (1991).- Control de garrapatas con Cipermetrina High-Cis en formulación "pour-on" en un área de alta incidencia de Babesiosis ovina. *I Simp. Ibér. sobre Garrapatas Ixodoideas y Enferm. Transmitidas*: 65.

112. GARCIA, I. (1934).- Identificación con anaplasmosis de una enzootía estabular. *Trab. Inst. Biol. Animal, 2*: 88.

113. GARCIA CABERO, F. (1764).- *Instituciones de Albeytería*. Imp. Viuda de M. Fernández, Madrid.

114. GARCIA DE COSA, C. (1932).- Siete casos de infección doble por paludismo y fiebre recurrente. *Rev. San. Hig. Púb., 7*: 678.

115. GARCIA DIAZ, A. (1960).- Los Ornithodoros como reservorios y vehículos transmisores de la fiebre recurrente. *Rev. San. Hig. Púb., 34*: 325.

116. GARCIA FERNANDEZ, P. (1978).- *Contribución al estudio de las Piroplasmosis en el Sur de España*. Tesis doctoral. Granada.

117. GARCIA FERNANDEZ, P. y HUELI, L.E. (1984).- Garrapatas (Acarina, Ixodidae) parásitas del ganado bovino en el sur de España. Identificación, distribución geográfica y estacional. *Rev. Ibér. Parasitol., 44*: 129.

118. GARCIA FERNANDEZ, P.; HUELI AMADOR, L. y GUEVARA BENITEZ, D. (1978).- Especies de garrapatas (Artropoda, Metastigmata) parásitas del ganado bovino andaluz. *II Reun. An. Asoc. Parasitol. Esp.*, Madrid, 27-28 oct.: 76.

119. GARCIA FERNANDEZ, P.; HUELI AMADOR, L.; GUEVARA BENITEZ, D. y GUEVARA POZO, D. (1977).- Contribución al conocimiento de la biología de los Ixódidos (Arthropoda, Metastigmata) españoles: I. Estudio del ciclo biológico en laboratorio de *Hyalomma marginatum* (Koch, 1844). *I Reun. An. Asoc. Parasitol. Esp.*, Madrid, 3 oct.: 26.

120. GARCIA FERNANDEZ, P. y ROMERO RODRIGUEZ, J. (1978).- Ixódidos vectores de las piroplasmosis bovinas en España. *II Reun. An. Asoc. Parasitol. Esp.*, Madrid, 27-28 oct.: 91.

121. GARCIA LLUCH, V. (1967).- Erradicación parasitaria y necesidad de coordinarla. *I Jorn. Nac. Prod. Porcina*, Valencia, 5-9 junio de 1966. Gráf. Orbe, Madrid: 127.

122. GARCIA PEREZ, A.L.; JUSTE JORDAN, R.A. y POVEDANO FERNANDEZ, I. (1993).- Diez años de Parasitología en el SIMA (1982-1992): Relación de especies y hospedadores. *Informe para el Indice-Catálogo de Zooparásitos Ibéricos.*

123. GIJON-BOTELLA, H.; LOPEZ-ROMAN, R. y GOMEZ-CALCERRADA, V. (1987).- Parasitofauna de *Apis mellifera* en Tenerife. *Acarapis woodi* Rennie, 1921 muy probable causa de la alta mortalidad de *Apis mellifera* en Canarias. *Rev. Ibér. Parasitol., 47*: 255.

124. GIL COLLADO, J. (1926).- Sobre la existencia en España de un *Ornithodoros* (Acar. Argasidae). *Bol. R. Soc. Esp. Hist. Nat., 26*: 203.

125. GIL COLLADO, J. (1936).- Acaros Ixodoideos de Cataluña y Baleares. *Treb. Mus. Cienc. Nat. Barcelona, 11*, serie entomol.: 1.

126. GIL COLLADO, J. (1937).- Sur le parasitisme de quelques Arthropodes de l'Espagne. III. Sur l'identité du parasitisme des gales humaines. *XII Congr. Int. Zool.*, Lisboa, 1935, Sect. X: 2060.

127. GIL COLLADO, J. (1938).- Los ácaros Ixodoideos de España. *Brotería* (Cienc. Nat.), 7: 99.

128. GIL COLLADO, J. (1947).- Hallazgo en España del *Ornithodoros coniceps*. *Rev. San. Hig. Púb., 21*: 229.

129. GIL COLLADO, J. (1948).- Acaros Ixodoideos de España. *Rev. San. Hig. Púb., 22*: 389.

130. GIL COLLADO, J. (1948).- *Los "chinchorros" de los palomares*. Hojas Divulg. Minist. Agric., Madrid, nº 6-48.

131. GIL COLLADO, J. (1953).- El problema de los chinchorros de los cerdos. *Ganadería, 116*: 86.

132. GIL COLLADO, J. (1953).- Posibilidades actuales de la lucha contra los *Ornithodoros*. *Rev. San. Hig. Púb., 27*: 537.

133. GIL COLLADO, J. (1953).- Los ácaros de la sarna del cerdo. *Ganadería, 119*: 253.

134. GIL COLLADO, J. (1961).- Los chinchorros de las palomas como plaga doméstica. *Med. Trop.*, Madrid, *37*: 378.

135. GIL COLLADO, J. y GARCIA FERNANDEZ, P. (1976).- Hallazgo del *Argas (Secretargas) transgariepinus* White, 1846 en Granada (España). *I Congr. Nac. Parasitol.*, Granada, 29 sept.-2 oct.: 87.

136. GIL COLLADO, J. y JIMENEZ MILLAN, F. (1959).- Asociación de *Sarcoptes scabiei* y *Tyrophagus castellani* en sarna de cerdo. *XVI Congr. Mund. Vet.*, Madrid, 2: 611.

137. GIL COLLADO, J. y RIVAS, L.I. (1977).- Nota sobre Pterigosomidae españoles (Acari, Prostigmata). *I Reun. An. Asoc. Parasitol. Esp.*, Madrid, 3 oct.: 62.

138. GIL FERNANDEZ, C. (1960).- *Cultivo de las simbiotas del Argas persicus*. Publ. C.S.I.C. Inst. Jaime Ferrán.

139. GILOT, B.; PAUTOU, G.; GOSALBEZ, J. y MONCADA, E. (1976).- Contribution a l'étude des Ixodidae (Acarina, Ixodoidea) des Monts Cantabriques (Espagne). *Ann. Parasitol. hum. comp., 51*: 241.

140. GIMENO DE SANDE, A. (1956).- Campaña profiláctica con gamma- exano contra la fiebre recurrente hispano-africana. *Rev. San. Hig. Púb., 30*: 102.

141. GOMEZ, L. (1945).- Artroparásitos de la región penibética. *Rev. Ibér. Parasitol., 5*: 73.

142. GOMEZ, M.S. y PORTUS, M. (1977).- *Blomia kulagini* Zakhvatkin, 1936, aislado en el polvo doméstico de Puigcerdá (Pirineos Orientales) (Glyciphagidae, Sarcoptiformes). *Rev. Ibér. Parasitol., 37*: 375.

143. GOMEZ, M.S. y GALLEGO, J. (1978).- Estudio de los ácaros del polvo doméstico de algunas localidades con distintas condiciones fisiográficas. *II Reun. An. Asoc. Parasitol. Esp.*, Madrid, 27-28 oct.: 79.

144. GRACIA DORADO, F. y CAÑADEL VIDAL, J.M. (1946).- Parasitismo cutáneo por el *Pediculoides ventricosus. Rev. Ibér. Parasitol., 6*: 293.

145. GRIFFITHS, D.A. y CUNNINGTON, A.M. (1971).- *Dermatophagoides microceras* sp.n.: a description and comparison with its sibling species, *D.farinae* Hughes, 1961. *J. Stored Prod. Res., 7*: 114.

146. GUEVARA BENITEZ, D. (1974).- *Phylloscopus collybita* Vieill. (Aves: Muscicapidae) nuevo hospedador de *Cytodites amandavae*, Fain y Bafort 1964 (Acarina: Cytoditidae). *Rev. Ibér. Parasitol., 34*: 273.

147. GUEVARA BENITEZ, D. (1975).- Presencia en España de *Ptilonyssus triscutatus* Vitzthum, 1935 (Acarina: Rhinonyssidae) parásito de las fosas nasales de *Merops apiaster* L. *Rev. Ibér. Parasitol., 35*: 117.

148. GUEVARA BENITEZ, D. y CUTILLAS BARRIOS, C. (1979).- Acaros parásitos de las fosas nasales de aves de la familia Muscicapidae. *II Congr. Nac. Parasitol.*, León, 1-4 oct.: 127.

149. GUEVARA BENITEZ, D. y GUEVARA POZO, D. (1978).- Mites of the genus *Sternostoma* Berlese et Trouessart, 1889 parasites of the nasal cavity of birds in the province of Granada (Spain). *IV Congr. Int. Parasitol.*, Varsovia, Sect. B3: 60.

150. GUEVARA BENITEZ, D.; LOPEZ ROMAN, R. y UBEDA ONTIVEROS, J.M. (1974).- *Sternostoma christinae* n.sp. (Acarina: Rhinonyssidae), parásito de las fosas nasales del mosquitero común, *Phylloscopus collybita* Vieill. *Rev. Ibér. Parasitol., 34*: 161.

151. GUEVARA BENITEZ, D. y UBEDA ONTIVEROS, J.M. (1974).- Contribución al estudio de los ácaros del aparato respiratorio de *Serinus canarius* L.; datos morfológicos y biológicos. *Rev. Ibér. Parasitol., 34*: 83.

152. GUEVARA BENITEZ, D. y UBEDA ONTIVEROS, J.M. (1975).- Estudio morfológico de la hembra, macho y ninfa de *Rallinyssus caudistigmus* Strandtman, 1948 (Acarina Rhinonyssidae) parásito de las fosas nasales de *Fulica atra atra* granadinas. *Ars. Pharmaceutica, 16*: 491.

153. GUEVARA BENITEZ, D. y UBEDA ONTIVEROS, J.M. (1975).- Descripción de la larva y redescripción de la hembra de *Sternostoma fulicae*, Fain y Bafort, 1963 (Acarina: Rhinonyssidae). *Rev. Ibér. Parasitol., 35*: 81.

154. GUEVARA BENITEZ, D. y UBEDA ONTIVEROS, J.M. (1977).- Acaros nasícolas granadinos: estudio morfológico de protoninfa, deutoninfa y hembra de *Ptilonyssus prunellae* Fain y Bafort, 1963 (Mesostigmata: Rhinonyssidae) parásito de acentor común (*Prunella modularis*). *III Bienal Bol. R. Soc. Esp. Hist. Nat.*, Granada: 19.

155. GUEVARA BENITEZ, D. y UBEDA ONTIVEROS, J.M. (1978).- Los Cloacaridae parásitos de quelonios. *II Reun. An. Asoc. Parasitol. Esp.*, Madrid, 27-28 oct.: 74.

156. GUEVARA BENITEZ, D. y UBEDA ONTIVEROS, J.M. (1978).- Acaros de las fosas nasales de *Prunella modularis* L.; *Ptilonyssus prunellae* Fain y Bafort, 1963 (Mesostigmata: Rhinonyssidae). *Rev. Ibér. Parasitol., 38*: 259.

157. GUEVARA BENITEZ, D. y UBEDA ONTIVEROS, J.M. (1978).- Acaros del género *Ptilonyssus* Berlese y Trouessart, 1889 (Mesostigmata: Rhinonyssidae) parásitos de fosas nasales de paseriformes españolas. I. *Ptilonyssus hirsti* (Castro y Pereira, 1947) Pereira y Castro, 1949. *Rev. Ibér. Parasitol., 38*: 591.

158. GUEVARA BENITEZ, D. y UBEDA ONTIVEROS, J.M. (1980).- Ptilonísidos con un solo escudo dorsal parásitos de aves españolas: *P.phylloscopi* FAIN, 1962 y *P.strandtmanni* FAIN, 1956 (Mesostigmata: Rhinonyssidae). *Rev. Ibér. Parasitol., 40*: 231.

159. GUEVARA BENITEZ, D. y UBEDA ONTIVEROS, J.M. (1980).- Acaros del género *Ptilonyssus* BERLESE y TROUESSART, 1889 (Mesostigmata: Rhinonyssidae) parásitos de fosas nasales de paseriformes españolas. III. *Ptilonyssus morofskyi* HYLAND, 1962. *Rev. Ibér. Paasitol., 40*: 333.

160. GUEVARA-BENITEZ, D.; UBEDA-ONTIVEROS, J.M. y MORILLAS-MARQUEZ, F. (1986).- Acaros del género *Ptilonyssus* BERLESE y TROUESSART, 1889 (Mesostigmata: Rhinonyssidae) parásitos de fosas nasales de paseriformes españolas. V. *Ptilonyssus emberizae* FAIN, 1956. *Rev. Ibér. Parasitol., 46*: 75.

161. GUEVARA-BENITEZ, D.; UBEDA-ONTIVEROS, J.M. y MORILLAS-MARQUEZ, F. (1986).- Descripción del macho de *Ptilonyssus fringillicola* FAIN, 1959 (Mesostigmata: Rhinonyssidae) y datos sobre la hembra. *Rev. Ibér. Parasitol., 46*: 275.

162. GUIGUEN, C.; TEIXEIRA, A.M. y MONNAT, J.Y. (1989).- *Xenopsylla gratiosa* (Siphonaptera, Pulicidae) y *Ornithodoros maritimus* (Acarina, Ixodoidea, Argasidae), ectoparásitos hematófagos de aves marinas, nuevos para Portugal. *Rev. Ibér. Parasitol., 49*: 177.

163. HABELA, M.; NAVARRETE, I.; MARTINEZ-GOMEZ, F. y REINA, D. (1987).- Contribución al conocimiento de la parasitofauna de Cáceres. Primera relación. I. Protozoos y artrópodos. *Rev. Ibér. Parasitol.*, Vol. Extr.: 39.

164. HERNANDEZ, S. y MARTINEZ, F. (1979).- Artrópodos de rumiantes en régimen de explotación extensiva. *XXI Congr. Mund. Vet.*, Moscú, *2*: 67.

165. HERNANDEZ, S. et al. (1980).- Parásitos del Ciervo (*Cervus elaphus*) en Córdoba. I. Primera relación. *Rev. Ibér. Parasitol., 40*: 93.

166. HERNANDEZ ALVAREZ, R. (1945).- Sobre un caso de sarna noruega. *Med. Esp., 14*: 339.

167. HERNANDEZ-RODRIGUEZ, S.; MARTINEZ-GOMEZ, F.; GUTIERREZ-PALOMINO, P. y MARTINEZ-CRUZ, M.S. (1984).- Parasitocenosis of red deer (*Cervus elaphus*) in Sierra Morena, Córdoba, Spain. *Sonderdruck aus Verhandl. des 26 Int. Symp. über die Erkrank. der Zootiere*, Brno: 429.

168. HERRANZ, G. y HERRANZ, M.P. (1963).- Reacción de hipersensibilidad a la ingestión de ácaros (*Tyroglyphus farinae*). Estudio anatomopatológico de un caso mortal. *Rev. Med. Univ. Navarra, 7*: 137.

169. HERRERO, C.; PELAEZ, C. y MARTIN-BOURGON, C. (1992).- Isolation of an agent of the spotted fever group ricketsia from tick eggs in Madrid, Spain. *Epidemiology and Infection, 108*: 555.

170. HIRST, S. (1916).- Notes on parasitic acari: A. On some species of acari parasitic on mammals and birds of Great Britain. *J. Zool. Res., 1*: 59.

171. HOOGSTRAAL, H. (1954).- Ixodoidea and their medical relations in the Near East L. *Aegypt. Publ. Health Assoc., 29*: 1.

172. HOOGSTRAAL, H. (1954).- *African Ixodoidea.* Vol. 1. *Ticks of Sudan*. Res. U.S. Naval Med. Unit 3 Res. Rep. El Cairo, 1098 pp.

173. HOOGSTRAAL, H. (1959).- Observations on Egyptian *Hyalomma* ticks (Ixodoidea). V. Biological notes and differences in identity of *H.anatolicum* and its subspecies *anatolicum* Koch and *excavatum* Koch, among Russian and other workers. Identity of *H.lusitanicum* Koch. *Ann. Ent. Soc. Amer., 52*: 243.

174. HOOGSTRAAL, H. y KAISER, M. (1959).- *Ixodes festai* RONDELLI, 1926 (Ixodoidea, Ixodidae) of the western Mediterranean area. A review. *Arch. Inst. Pasteur Maroc, 5*: 710.

175. HOOGSTRAAL, H. y MOREL, P.C. (1970).- *Haemaphysalis (Rhipistoma) hispanica* Gil Collado, a parasite of the European rabbit, redescription of adults, and descriptions of inmature stages (Ixodoidea: Ixodidae). *J. Parasitol., 56*: 813.

176. HUELI, L.E. (1979).- Estudio del ciclo biológico de *Hyalomma marginatum marginatum* Koch, 1844 (Acarina: Ixodidae) bajo condiciones estandar de laboratorio. *Rev. Ibér. Parasitol., 39*: 143.

177. HUELI, L.E. (1982).- *Ovis musimon* PALLAS, nuevo hospedador para *Haemaphysalis (Herpetobia) sulcata* CANESTRINI et FANZAGO, 1877 (Ixodoidea, Ixodidae) en España. *Rev. Ibér. Parasitol., 42*: 117.

178. HUELI, L.E. y DIAZ SAEZ, V. (1987).- Presencia de *Ixodes (Pholeoixodes) arboricola* Schulze y Schlottke, 1929 (Acarina, Ixodidae) en Granada (España). *V Congr. Nac. Parasitol.*, Salamanca: 49.
179. HUELI, L.E. y DIAZ SAEZ, V. (1987).- Presencia de *Ixodes frontalis* (PANZER, 1795) (Acarina, Ixodidae) en la provincia de Granada (España). *Rev. Ibér. Parasitol., 47*: 181.
180. HUELI, L.E. y DIAZ SAEZ, V. (1987).- Ixódidos (Acarina, Ixodidae) parásitos del ciervo (*Cervus elaphus* L.) en Sierra Morena (España). *Rev. Ibér. Parasitol., 47*: 309.
181. HUELI, L.E. y DIAZ SAEZ, V. (1989).- Ixódidos (Acarina, Ixodidae) parásitos de *Capra pyrenaica hispanica* en la provincia de Granada. *VI Cong. Nac. y I Cong. Ibér. de Parasitol.*, Cáceres: 223.
182. HUELI, L.E. y GARCIA FERNANDEZ, P. (1983).- *Apus apus* L., nuevo hospedador para *Argas (Argas) reflexus* (FABRICIUS, 1794) (Ixodoidea, Argasidae) en España. *Rev. Ibér. Parasitol., 43*: 203.
183. HUELI, L.E. y GARCIA FERNANDEZ, P. (1984).- Garrapatas (Acarina, Ixodidae) parásitas del muflón y de la cabra hispánica en el parque nacional de Cazorla (Jaén). *IV Reun. An. de la A.P.E.*, Madrid: 30.
184. HUELI, L.E. y GARCIA FERNANDEZ, P. (1989).- Presencia de *Hyalomma anatolicum anatolicum* Koch, 1844 (Acarina, Ixodidae) en España. *VI Cong. Nac. y I Cong. Ibér. de Parasitol.*, Cáceres: 224.
185. HUELI, L.E.; GARCIA FERNANDEZ, P.; DELIBES, M. y BELTRAN, J.F. (1991).- Ixódidos (Acarina: Ixodidae) parásitos de carnívoros del Parque Nacional de Doñana (Huelva, España). *I Simp. Ibér. sobre Garrapatas Ixodoideas y Enferm. Transmisibles*: 27.
186. HUELI, L.E.; GARCIA FERNANDEZ, P. y DIAZ SAEZ, V. (1992).- Oviposition pattern and egg production efficiency of *Rhipicephalus pusillus* Gil Collado, 1938 in laboratory conditions (Acarina: Ixodidae). *Int. J. Acarol., 15*: 201.
187. HUELI, L.E.; GUEVARA BENITEZ, D.C. y GARCIA FERNANDEZ, P. (1983).- Alimentación de los adultos de *Hyalomma (Hyalomma) lusitanicum* Koch, 1844 (Acarina, Ixodidae) sobre *Oryctolagus cuniculus* L.. *Ars Pharmaceutica*, 24: 143.
188. HUELI, L.E.; GUEVARA BENITEZ, D.C. y GARCIA FERNANDEZ, P. (1985).- Estudios sobre la alimentación de los adultos de *Rhipicephalus (Digineus) bursa* Canestrini et Fanzago, 1877 (Acarina, Ixodidae) sobre *Oryctolagus cuniculus* L.. *Ars Pharmaceutica, 26*: 213.
189. HUELI, L.E.; GUEVARA BENITEZ, D.C. y GARCIA FERNANDEZ, P. (1985).- Estudio sobre el comportamiento de los adultos de *Dermacentor (Dermacentor) marginatus* Sulzer, 1776 (Acarina, Ixodidae) en su alimentación sobre *Oryctolagus cuniculus* L.. *Ars Pharmaceutica, 26*: 271.
190. HUELI, L.E.; GUEVARA BENITEZ, D. y RUIZ PEREZ, L.M. (1982).- Estudio del ciclo biológico de *Haemaphysalis (A.) punctata* Can. et Fanz., 1877 (Acarina, Ixodidae). Resultados preliminares. *III Reun. An. de la A.P.E.*, Madrid: 111.
191. HUELI-AMADOR, L.; GARCIA-FERNANDEZ, P. y GUEVARA BENITEZ, D. (1979).- Estudio del ciclo biológico de *Rhipicephalus bursa* Canestrini et Fanzago, 1877 (Acarina, Ixodidae) bajo condiciones estándar de laboratorio. *II Congr. Nac. Parasitol.*, León, 1-4 oct.: 144.
192. HUELI-AMADOR, L.; GARCIA-FERNANDEZ, P.; GUEVARA BENITEZ, D. y GUEVARA POZO, D. (1978).- Contribución al conocimiento de la biología de los ixódidos (Arthropoda, Metastigmata) españoles: II. Estudio del ciclo biológico en laboratorio de *Hyalomma lusitanicum* (Koch, 1844). *II Reun. An. Asoc. Parasitol. Esp.*, Madrid, 27-28 oct.: 90.
193. HUELI-AMADOR, L. y GUEVARA POZO, D. (1979).- Estudio del ciclo biológico de *Dermacentor marginatus* Sulzer, 1776 (Acarina, Ixodidae) bajo condiciones estándar de laboratorio. *II Congr. Nac. Parasitol.*, León, 1-4 oct.: 143.
194. IGLESIA, R. DE LA y ARCINIEGA, M. (1902).- *Patología especial de los animales domésticos*. Ed. San Rafael, Madrid, *2*: 246.
195. JIMENEZ MILLAN, A. (1960).- Hallazgo del *Falculifer rostratus* (Acaridae) parásito del aparato circulatorio de la paloma. *Rev. Ibér. Parasitol., 19*: 249.
196. JOLIVET, O. (1951).- Capture de tiques a Majorque. *Vie et Milieu, 2*: 531.

197. JORDANO BAREA, D. (1951).- *Hyalomma lusitanicum algericum* Senevet, 1928 (Arthropoda: Ixodoidea) nuevo para la fauna española. *Bol. R. Acad. Cienc. Córdoba, 65*: 105.

198. JORDANO BAREA, D. (1960).- Lucha contra algunos ectoparásitos de interés veterinario. *Not. Neosán, 100*: 105.

199. JORDANO BAREA, D. y GOMEZ CARDENAS, G. (1954).- Investigaciones sobre la caída de los toros de lidia. *Cienc. Vet., 15*: 725.

200. JUAREZ, E. (1931).- A propósito de dos casos de parálisis facial consecutiva de la fiebre recurrente. *Med. Ps. Cal., 4*: 430.

201. KAPLAN, M.M. y HULSE, E.C. (1953).- *Prevalence of "Q" fever in Europe and survey methods for its detection*. Monograph, World Hlth. Org. Ginebra, *19*: 175 (Advances in the control of zoonoses).

202. KEPKA, O. (1960).- Die Trombiculidae (Acari) der Iberischen Halbinsei. I. Mitteilung. *Z. Parasitenkd., 19*: 548.

203. KEPKA, O. (1960).- Die Trombiculidae (Acari) der Iberischen Halbinsei. II. Mitteilung. *Z. Parasitenkd., 20*: 191.

204. KEPKA, O. (1969).- Zur Tiergeographie der Trombiculidae in Mittelmeerraum. *Verhandl. Deutsch. Zool. Gessellsch.*, Insbruck, 3-7 junio, 1968: 526.

205. KOCH, C.L. (1844).- Systematische Uebersicht ueber die Ordnung der Zecken. *Arch. Nat.* (Berlin), *10*: 217.

206. KOCH, C.L. (1847).- *Übersicht der Arachnydensystems*. Nürenberg, Heft 4: 136.

207. KRATZ, W. (1940).- Die Zeckengattung *Hyalomma*, Koch. *Z. Parasitenkd., 11*: 510.

208. LANCHA FAL, R. y CARO VILLEGAS, A. (1925).- Tres casos de sarna de los cereales. *Med. Ibera, 390*: 1.

209. LEITAO, J.L. DA SILVA (1945).- "*Piroplasma caballi*" (Nuttal y Strickland, 1910) em Portugal. *Red. Trab. Lab. Cent. Pat. Vet., 6*: 145.

210. LEITAO, J.L. DA SILVA (1962).- Parásitos referidos em Portugal Metropolitano por médicos veterinarios portugueses. *An. Esc. Sup. Med. Vet.* (Lisboa), *4*: 5.

211. LEITAO, J.L. DA SILVA (1963).- *Parásitas dos animais domésticos em Portugal metropolitano*. Inst. Alta Cultura. Fund. Galouste-Gulbekian, Lisboa.

212. LEITAO, J.L. DA SILVA (1965).- *Parasitología Veterinaria. I. Parasitas. II. Parasitoses*. Fund. Galouste-Gulbekian, Lisboa.

213. LEITAO, J.L. DA SILVA (1968).- Um exemplar macho de *Ixodes ricinus* (Linnaeus, 1758) encontrado no Alentejo (Santa Margarida da Serra, próximo de Grandola). *An. Esc. Sup. Med. Vet., 10*: 109.

214. LEITAO, J.L. DA SILVA (1968).- Um exemplar vivo, macho, de *Amblyomma pomposum* (Dönitz, 1909) encontrado em Lisboa. Seu significado. *An. Esc. Sup. Med. Vet., 10*: 115.

215. LEITAO, J.L. DA SILVA (1971).- *Mapa zooparasitario de Portugal. I. Ixodideos*. Planos de Fomento. Lisboa.

216. LEITAO, J.L. DA SILVA (1971).- *Parasitología Veterinaria*. 2 ed., Fund. Galouste-Gulbekian, Lisboa.

217. LEITAO, J.L. DA SILVA (1978).- *Pratica de combate as parasitoses dos animais em Portugal*. Vol. I. *Aracno-Entomozooses*. Fund. Galouste-Gulbekian, Lisboa.

218. LOPEZ-NEYRA, C.R. (1930).- Datos para el esclarecimiento del ciclo evolutivo de las tenias del género *Davainea*. *Med. Ps. Cal., 3*: 31.

219. LOPEZ-NEYRA, C.R. (1947).- *Parasitología animal*. Ed. Prieto, Granada.

220. LOPEZ-NEYRA, C.R. (1950).- *La Parasitología humana en Marruecos español*. C.S.I.C., Inst. Estudios Africanos, Madrid.

221. LOZANO, A. y PEÑA, M. (1928).- Los primeros casos de fiebre recurrente en Avila. *Med. Ps. Cal., 1*: 543.

222. LUENGO, E. (1927).- La fiebre recurrente en España. *Bol. Técn. Dir. Gral. San., 2*: 569.

223. LUKOSCHUS, F.S. (1967).- Krätzmilben an Spanischen Kleinsäugern (Psorergatidae, Trombidiformes). *Rev. Ibér. Parasitol., 27*: 203.

224. LUKOSCHUS, F.S. (1968).- Neue Krätzmilben von einheimischen Insektivoren (Psorergatidae, Trombidiformes). *Tijdschr. Ent., 111*: 75.
225. LUKOSCHUS, F.S.; COCK, A.W.A.M. DE y DRIESEN, F.M. (1971).- Four new species of the genus *Psorergates* Tyrell from European hosts (Acarina, Psorergatidae). *Tijdschr. Ent., 114*: 185.
226. LUKOSCHUS, F.S.; FAIN, A. y BEAUJEAN, M.M. (1971).- Beschreibung neuer *Psorergates* Arten (Psorergatidae: Trombidiformes). *Tijdschr. Ent., 110*: 133.
227. LUKOSCHUS, F.S.; WOELTJES, T.; JUCKWER, E.A. y FAIN, A. (1979).- Life cycle of *Orycteroxenus galemys* sp.n. (Astigmata: Glycyphagidae). *Int. J. Acar., 5*: 29.
228. MACIAS MACIAS, F. (1934).- Cinco casos de fiebre recurrente española procedentes de un mismo foco. *Med. Ps. Cal., 7*: 529.
229. MARQUEZ, F.J. (1990).- Dinámica de la población de *Ixodes ventalloi* GIL COLLADO, 1936 (Acarina, Ixodidae) durante 1986-1987 en el sureste de España. *Rev. Ibér. Parasitol., 50*: 101.
230. MARQUEZ, F.J.; HUELI, L.E. y SORIGUER, R.C. (1987).- *Ixodes acuminatus* Neumann, 1902 (Ixodoidea, Ixodidae). Primeras citas para Andalucía. *Rev. Ibér. Parasitol., 47*: 311.
231. MARTIN HERNANDEZ, T. (1930).- *El paludismo en la provincia de Salamanca. Resultado de cinco años de labor antipalúdica*. Folleto 5. Inst. Prov. Hig. Salamanca.
232. MARTINEZ, F.; HERNANDEZ, S.; CALERO, R. y MORENO, T. (1978).- Contribución al conocimiento de los parásitos del zorro (*Vulpes vulpes*). *Rev. Ibér. Parasitol., 38*: 207.
233. MARTINEZ, F. et al. (1977).- Parásitos de aves paseriformes en la provincia de Córdoba. *Rev. Ibér. Parasitol., 37*: 134.
234. MARTINEZ GOMEZ, F. et al. (1974).- Contribución al conocimiento de los zooparásitos en la provincia de Córdoba. IV. Artrópodos. *III Reun. Cent. Invest. Gan.*, C.S.I.C., Córdoba.
235. MARTINEZ GOMEZ, F. et al. (1977).- Parásitos de aves Passeriformes en la provincia de Córdoba. *Rev. Ibér. Parasitol., 37*: 133.
236. MARTINEZ-GOMEZ, F. et al. (1987).- Parasitocenosis of *Lepus capensis* in the South of Spain. *Sonderdruck aus Verhandl. des 29 Int. Symp. über die Erkrank. der Zootiere*, Cardiff: 347.
237. MESTER, H. (1974).- Gehäuftes Vorkommen von *Hyalomma excavatum* Koch 1844 (Ixodoidea) auf Singvögeln. *Beitr. Z. Vogelk.*, Leipzig, *20*: 181.
238. MEZQUITA, M. (1932).- Contribución al conocimiento de la fiebre recurrente española. *Med. Ps. Cal., 5*: 269.
239. MILLARES, A. (1931).- Fiebre recurrente española. *Huelva Med., 14*: ..
240. MILLARES MAÑANA, A. (1947).- Dermitis ocasional por asociación del *Glyciphagus cursor* y *Aerobius farinae*. *Rev. Ibér. Parasitol., 7*: 377.
241. MINNING, W. (1935).- Zür Kenntnis des Genus *Boophilus* Curtice. *Z. Parasitenkd., 7*: 719.
242. MINNING, W. (1936).- Zür Kenntnis des Genus *Boophilus* Curtice. *Z. Parasitenkd., 8*: 365.
243. MIRANDA, S. (1931).- La sarna de las patas de las gallinas. *Agricultura*: 88.
244. MIRANDA ENTRENAS, S. (1953).- Campaña oficial contra vectores de la piroplasmosis. *Trab. Lab. Pec. Reg. Andalucía Oriental, 1*: 3.
245. MIRANDA ENTRENAS, S. y MEDINA BLANCO, M. (1953).- La patología aviar en el S. de España. *Trab. Lab. Pec. Reg. Andalucía Oriental, 1*: 13.
246. MOREL, P.C. (1959).- Les Hyalommes (Acariens, Ixodidae) de France. *Ann. Parasit. hum. et comp., 33*: 551.
247. MOREL, P.C. (1963).- Sur quelques *Haemaphysalis* Paleartiques. *Ann. Par., 38*: 915.
248. MOREL, P.C. (1977).- Morphologie des stages preimaginales des Ixodidae s.str. d'Europe Occidentale. IV. Géneralités sur le Sousgenre *Ixodes (Ixodes)*. *Acarologia, 19*: 201.
249. MOREL, P.C. (1978).- Morphologie des stages preimaginales des Ixodidae s.str. d'Europe Occidentale. V. Les larves des *Ixodes* s.str. *Acarologia, 19*: 395.
250. MOREL, P.C. y PEREZ, C (1978).- Morphologie des stages preimaginales des Ixodidae s.str. d'Europe Occidentale. VI. Les nymphes des *Ixodes* s.str. *Acarologia, 19*: 579.
251. MOREL, P.C. y VASSILIADES, G. (1962).- Les *Rhipicephalus* du Groupe *sanguineus*: espèces africaines. *Rev. Elev. Med. Vet. Pays Trop., 15*: 341.

252. MORENO, J.A. et al. (1992).- Parasitación por garrapatas en los rumiantes de la Comunidad Autónoma Vasca. *IX Reun. Cient. de la A.P.E.*, León: 83.

253. MORENO MONTAÑEZ, T.; BECERRA MARTELL, C. y NAVARRETE LOPEZ-COZAR, I. (1979).- Contribución al conocimiento de los parásitos de la liebre *Lepus capensis. Rev. Ibér. Parasitol., 39*: 383.

254. MUÑOZ COSIN, F. (1953).- Vector y epidemiología de la fiebre recurrente hispanoafricana. *Med. Trop., 12*: 487.

255. MURRAY, A. (1877).- *Economic Entomology. Aptera. 1*: 93, Londres.

256. NAJERA ANGULO, L. (1943).- Notas históricas sobre entomología médica. I. El ácaro productor de la sarna. *Graellsia, 1*: 3.

257. NAJERA ANGULO, L. (1945).- Sobre el Trypanosoma de los lirones (*Trypanosoma blanchardi*) y de los murciélagos (*Schizotrypanum vespertilionis*) hallados en España y su interés biológico. *Rev. Ibér. Parasitol.*, Vol. Extr.: 216.

258. NAJERA ANGULO, L. (1946).- Nota de Entomología médica. I. Dispositivo de trampa antichinchorro, aplicable a la lucha contra los Argasinos (*Argas* y *Ornithodoros*) y a la profilaxis de las afecciones que transmiten al hombre y a los animales. *Bol. R. Soc. Esp. Hist. Nat., 44*: 51.

259. NAJERA ANGULO, L. y MAYOR, H. (1950).- Ensayos acerca de la acción "in vitro" de diversos insecticidas sintéticos sobre *Psoroptes equi* v. *cuniculi* (Delafond, 1859). *Rev. San. Vet., 11*: 747.

260. NAVARRETE, I. et al. (1988).- Contribución al estudio de las parasitosis ovina y caprina en la provincia de Cáceres. *Acta Veterinaria, 2*: 37.

261. NAVARRETE, I. et al. (1991).- A propósito de una parasitación múltiple en ciervos (*Cervus elaphus*) de la Sierra de las Villuercas (Cáceres). *I Cong. Int. de las Asoc. Sudoccid. Europ. de Parasitol.*, Valencia.

262. NEUMANN, L.G. (1897).- Revisión de la famille des Ixodidés. *Mem. Soc. Zool. France, 10*: 324.

263. NEUMANN, L.G. (1899).- Revision de la famille des Ixodidés. *Mem. Soc. Zool. France, 12*: 107.

264. NEUMANN, L.G. (1901).- Revision de la famille des Ixodidés. *Mem. Soc. Zool. France, 14*: 249.

265. NEUMANN, L.G. (1911).- *Acarina: Ixodidae. Das Tierreich, 26*: 1.

266. NEUMANN, L.G. (1916).- Ixodes (Acariens) 1ª serie. *Arch. Zool. Exp. Gen., 55*: 517.

267. NICOLLE, C.; ANDERSON, C.W. y COLAS BELCOURT, J. (1928).- Etude expérimentale du spirochète sanguinicole du gondi sp. gondi. *Arch. Inst. Pasteur Tunis, 17*: 310.

268. NICOLLE, C.; ANDERSON, C.W. y COLAS BELCOURT, J. (1929).- Rôle d'*Ornithodoros erraticus* dans la transmission naturelle de deux spirochètes recurrents. Danger de la propagation de la fievre recurrente hispanomarrocaine à l'Algérie et à la Tunisie. *Compt. Rend. Acad. Sc. Paris, 189*: 1220.

269. NUTTALL, G.H.F. y WARBURTON, C. (1915).- *Ticks: A Monograph of the Ixodoidea. III. Haemaphysalis*. Cambridge Univ. Press: 319.

270. OLEAGA-PEREZ, A.; PEREZ-SANCHEZ, R. y ENCINAS-GRANDES, A. (1990).- Distribution and biology of *Ornithodoros erraticus* in parts of Spain affected by African swine fever. *Veterinary Record, 126*: 32.

271. OLENEV, N.O. (1934).- Los límites septrentionales de la distribución de las garrapatas Ixodoidea sobre los continentes del globo terrestre. *Izvest. Akad. Nauk SSSR, 2-3*: 367 {Ru}.

272. OLMEDA GARCIA, A.S.; MIRO, G. y RODRIGUEZ RODRIGUEZ, J.A. (1991).- *Pneumonyssus caninum* –parásito de las fosas nasales del perro– en España. *Medicina Veterinaria, 8*: 45.

273. PARKER, R.R.; PRADA, J.; DE BELL, E.J. y LACKMAN, D.B. (1949).- Recovery of *C.burnetti* from *H.savignyi* collected in Spain. *Publ. Hlth. Rep. Wash., 64*: 1616.

274. PEINADO LUCENA, E. (1958).- Un caso de hiperparasitismo entredos *Ornithodoros erraticus* (Lucas, 1849) (Artropoda: Ixodoidea). *Arch. Zoot. Córdoba, 7*: 57.

275. PEREIRA-LORENZO, A. (1993).- Chiggers (Acarina: Trombiculidae) parasitizing small mammals in Galicia (NW Spain). *Acarologia, 34*: ..

276. PEREIRA-LORENZO, A. y CASTRO, J. (1993).- A survey of glycyphagid mites parasitizing small mammals in Galicia (NW Spain). *Research and Reviews in Parasitology*. ..

277. PEREIRA-LORENZO, A. y QUINTEIRO-ALONSO, M.P. (1988).- Contribución al estudio de los ácaros del suborden Mesostigmata ectoparásitos de insectívoros en Galicia (España). *Rev. Ibér. Parasitol., 48*: 189.

278. PEREIRA-LORENZO, A. y QUINTEIRO-ALONSO, M.P. (1989).- Contribución al estudio de los ácaros del suborden Mesostigmata ectoparásitos de roedores en la Comunidad Autónoma Gallega. *Rev. Ibér. Parasitol., 49*: 259.

279. PEREIRA-LORENZO, A. y QUINTEIRO ALONSO, P. (1993).- Contribution to the study of Suborder Mesostigmata mites ectoparasites on Chiroptera in Galicia (Spain): Family Laelapidae and Macronyssidae. *Acarologia, 34*: ..

280. PEREIRA LORENZO, A. y SANMARTIN DURAN, M.L. (1987).- Contribución al estudio de ectoparásitos de roedores de la Comunidad Autónoma Gallega: Acaros de la familia Trombiculidae. *V Congr. Nac. Parasitol.*, Salamanca: 165.

281. PEREIRA LORENZO, A. y SANMARTIN DURAN, M.L. (1987).- Contribución al estudio de ectoparásitos de insectívoros de la Comunidad Autónoma Gallega: Acaros de la familia Trombiculidae. *V Congr. Nac. Parasitol.*, Salamanca: 167.

282. PEREIRO MIGUENS, M.; SANMARTIN DURAN, M. y PEREIRO FERREIROS, M. (1979).- Aislamiento del *Trichophyton mentagrophytes* en animales de laboratorio. *II Congr. Nac. Parasitol.*, León, 1-4 oct.: 182.

283. PEREZ GALLARDO, F.; CLAVERO, G. y HERNANDEZ, E. (1952).- Hallazgo en España de la "*Rickettsia burnetti*" agente etiológico de la fiebre "Q". *Rev. San. Hig. Púb., 23*: 489.

284. PEREZ GALLARDO, F.; CLAVERO, G. y HERNANDEZ, E. (1952).- Investigaciones sobre la epidemiología de la fiebre "Q" en España. Los conejos de monte y los lirones como reservorios de la *Coxiella burnetti. Rev. San. Hig. Púb., 26*: 81.

285. PEREZ GALLARDO, F.; CLAVERO, G. y HERNANDEZ, E. (1952).- Epidemiología de la fiebre "Q" (nota sobre la infección experimental del perro por la *C.burnetti*). *Rev. San. Hig. Púb., 26*: 641.

286. PEREZ-IÑIGO, C. (1966).- El género *Pseudoppia* n.g. (Acari, Oribatei). *Bol. R. Soc. Esp. Hist. Nat., 64*: 231.

287. PEREZ-IÑIGO, C. (1967).- Les Lohmanniidae d'Espagne (Acari, Oribatei). *Eos, 43*: 157.

288. PEREZ-IÑIGO, C. (1969).- Biospeleología de la cueva de Ojo Guareña. Acaros Oribátidos. *Bol. R. Soc. Esp. Hist. Nat.* (Biol.), *67*: 143.

289. PEREZ-IÑIGO, C. (1969).- Nuevos Oribátidos de suelos españoles. *Eos, 44*: 377.

290. PEREZ-IÑIGO, C. (1969).- Acaros Oribátidos de suelos de España Peninsular e Islas Baleares (1ª parte) (Acari, Oribatei). *Graellsia, 24*: 143.

291. PEREZ-IÑIGO, C. (1969).- Acaros Oribátidos de suelos de España Peninsular e Islas Baleares (2ª parte) (Acari, Oribatei). *Eos, 45*: 241.

292. PEREZ-IÑIGO, C. (1970).- Los ácaros y la importancia de su estudio. *Graellsia, 25*: 297.

293. PEREZ-IÑIGO, C. (1971).- Acaros Oribátidos de suelos de España e Islas Baleares (3ª parte). *Eos, 46*: 263.

294. PEREZ-IÑIGO, C. (1972).- Acaros Oribátidos de la isla de Tenerife. *Bol. R. Soc. Esp. Hist. Nat.* (Biol.), *70*: 185.

295. PEREZ-IÑIGO, C. (1972).- Acaros Oribátidos de los suelos de España e Islas Baleares (4ª parte). *Eos, 47*: 243.

296. PEREZ-IÑIGO, C. (1974).- Acaros Oribátidos de suelos de España e Islas Baleares (5º parte). *Eos, 48*: 367.

297. PERIBAÑEZ-LOPEZ, M.A.; SANCHEZ-ACEDO, C. y ESTRADA-PEÑA, A. (1989).- Estudio morfológico de los ácaros de la familia Spinturnicidae (Acarina, Gamasidae) del Norte y Levante español. *Rev. Ibér. Parasitol., 49*: 367.

298. PORTUS, M.; BLASCO, C. y FONTARNAU, R. (1976).- Presencia en España de *Blomia tropicalis* Bronswijk, Cock y Oshima, 1973 (Glyciphagidae, sarcoptiformes) y estudio de su morfología al S.E.M. *Rev. Ibér. parasitol., 36*: 175.

299. PORTUS, M. y COLL, M.C. (1978).- Estudio del ectoparasitismo del lirón careto (*Eliomys quercinus ophiusae* Thomas) de la isla de Formentera. *II Reun. An. Asoc. Parasitol. Esp.*, Madrid, 27-28 oct.: 70.

300. PORTUS, M.; ESPONERA, D. y GALLEGO, M. (1987).- Aportación al conocimiento de la biología de los ácaros ectoparásitos de Múridos en la Sierra de Collcerola (Barcelona). *Rev. Ibér. Parasitol.*, Vol. Extr.: 269.

301. PORTUS, M. y FAIN, A. (1982).- *Grammolichus eliomys* (Glyciphagidae), a new mite with endofollicular hypopi in the tail of the dormouse *Eliomys quercinus ophiusae* Thomas (Rodentia, Gliridae) in Formentera Island, Spain. *Acarologia, 23*: 265.

302. PORTUS, M.; FAIN, A. y LUKOSCHUS, F.S. (1980).- *Listrophorus mediterraneum* spec.nov. (Acarina: Listrophoridae) from Mediterranean rodents. *Rev. Ibér. Parasitol., 40*: 247.

303. PORTUS, M. y GALLEGO, M. (1986).- Deux nouvelles espèces de *Trichoecius* (Astigmata, Myocoptidae) parasites d'Arvicolidae en Espagne. *Acarología, 27*: 53.

304. PORTUS, M. y ROURA, E. (1978).- Contribución al conocimiento de los ácaros pilícolas de roedores españoles. *II Reun. An. Asoc. Parasitol. Esp.*, Madrid, 27-28 oct.: 71.

305. PORTUS, M. y ROURA, E. (1979).- Los Miocóptidos parásitos de micromamíferos de Cataluña e Islas Baleares. *II Congr. Nac. Parasitol.*, León, 1-4 oct.: 129.

306. POZO LORA, R. (1953).- Nuevos hospedadores de Ixodoideos españoles: importancia sanitaria. *Cienc. Vet., 14*: 88.

307. PRADA, J. DE (1949).- Presencia en España de la fiebre "Q" (*Coxiella burnetti*). *Rev. Ibér. Parasitol., 9*: 363.

308. PRADA, J. DE (1949).- La fiebre "Q" en España. *Med. Col., 14*: 471.

309. PRADA, J. DE; GIL COLLADO, J. y MINGO ALSINA, J.L. (1951).- Tres Ixódidos españoles vectores de enfermedades rickettsiales. *Trab. Jef. Prov. San.*, Burgos, *35*.

310. PRIETO LORENZO, A. (1958).- Los artrópodos vectores de enfermedades infecciosas y parasitarias en el hombre. *med. Trop., 31*: 426, *32*: 1 y 138.

311. PUERTA, F.; FLORES, J.M.; BUSTOS, M. y PADILLA, F. (1992).- Desarrollo de la Varroasis (*Varroa jacobsoni* Oud.; Mesostigmata: Acari) en *Apis mellifera iberica*. *"In Memoriam" al Prof. Doctor D. F. de P. Martínez Gómez*, Univ. de Córdoba: 621.

312. PUERTA-PUERTA, F. et al. (1988).- Características epizoóticas de la parasitosis por *Varroa jacobsoni* O. en colmenares de la provincia de Almería. *Rev. Ibér Parasitol., 48*. 195.

313. QUINTEIRO, P.; PEREIRA, A.; GARCIA, J. y DURAN, J.C. (1985).- Estudio de los ectoparásitos del Orden Mesostigmata en Quirópteros. *IV Congr. Nac. Parasitol.*, Tenerife: 67.

314. QUINTEIRO-ALONSO, A.; PEREIRA-LORENZO, A. y SANMARTIN-DURAN, M.L. (1987).- Contribución al estudio de los ácaros del suborden Mesostigmata ectoparásitos de quirópteros en la Comunidad Autónoma Gallega. II. Familia Spinturnicidae. *Rev. Ibér. Parasitol., 47*: 425.

315. RAMAJO MARTIN, V. (1992).- *Zooparasitología*. En: Las Dehesas Salmantinas. Junta de Castilla y León. Gráficas Ortega, Salamanca: 463.

316. RAMIREZ GOMEZ, C. (1949).- Nota sobre el hallazgo del *Acarapis woodi* en la isla de Mallorca. *Bol. R. Soc. Esp. Hist. Nat., 47*: 611.

317. RAVEILLAT, J. (1913-1914).- Una epidemia de sarna sarcóptica en el cobayo. *Rev. Hig. San. Pec., 4*: 698.

318. REINA, D.; NAVARRETE, I.; HABELA, M. y BREÑA, M. (1992).- Parasites in red deer (*Cervus elaphus*) in Cáceres Province. *Verh. ber. Erkrg. Zootiere, 34*: 349.

319. RESPALDIZA, E. (1926).- Acariasis dermanísica desplumante de las gallinas. *Rev. Hig. San. Pec., 16*: 136.

320. REY CALERO, J. DEL y GARCIA DE LOMAS, J. (1971).- Los ácaros sensibilizantes del polvo doméstico. *Med. Trop., 47*: 312.

321. REY CALERO, J. DEL y GARCIA DE LOMAS, J. (1972).- Neumoalergenos extrínsecos con estudio preferencial del polvo de casa y sus ácaros. *Medicamenta, 59*: 347.

322. REY CALERO, J. DEL y GARCIA DE LOMAS, J. (1973).- *Fauna acarina alergógena del polvo doméstico*. Premio Abelló 1973. R. Acad. Farm. Madrid, Dept. Alergia de Abelló, S.A. Madrid.

323. RODRIGUEZ, J.A.; ZAPATERO, L.M. y GUILLEN, J.L. (1979).- Estudio biométrico de *Haemaphysalis hispanica* (Gil Collado, 1938). *II Congr. Nac. Parasitol.*, León, 1-4 oct.: 130.

324. RODRIGUEZ, J.A. y SANCHEZ COVISA, A. (1979).- Evolución de ectoparásitos de lepóridos en el transcurso del año. *II Congr. Nac. Parasitol.*, León, 1-4 oct.: 151.

325. RODRIGUEZ, B.; UBEDA, J.M. y GUEVARA, D.C. (1993).- Estudio de *Ptilonyssus bombycillae* Fain, 1972 y *Ptilonyssus motacillae* Fain, 1956 (Mesostigmata, Rhinonyssidae), ácaros parásitos de fosas nasales de aves españolas. *Bol. R. Soc. Esp. Hist. Nat.* (Biol.), *89*: 13.

326. RODRIGUEZ, M.B.; UBEDA, J.M.; GUEVARA, D. y ARIZA, C. (1989).- Algunas especies del género *Ptilonyssus* Berl. y Tr., 1989 nuevas para la acarofauna española. *VI Congr. Nac.*, Cáceres: 89.

327. RODRIGUEZ, M.B.; UBEDA, J.M.; GUEVARA, D. y ARIZA, C. (1989).- Acaros del género *Ptilonyssus* Berlese y Trouessart, 1889 (Mesostigmata: Rhinonyssidae) parásitos de fosas nasales de paseriformes españolas. VI. *Ptilonyssus pari* Fan y Hyland, 1963 y *Ptilonyssus chloris* (Fain, 1962). *Rev. Ibér. Parasitol., 49*: 151.

328. RODRIGUEZ-BRAZA, M.B.; GUEVARA-BENITEZ, D.C. y UBEDA-ONTIVEROS, J.M. (1990).- Acaros del Género *Tinaminyssus* Strandtman y Wharton, 1958, parásitos nasícolas de aves ciconiformes y columbiformes españolas: *T.bubulci* (Zumpt y Till, 1955) Pence, 1972 y *T.melloi streptopeliae* (FAIN, 1962). *Rev. Ibér. Parasitol., 50*: 73.

329. RODRIGUEZ-BRAZA, M.B.; UBEDA-ONTIVEROS, J.M. y GUEVARA- BENITEZ, D. (1990).- Acaros del género *Ptilonyssus* Berlese & Trouessart, 1889 (Mesostigmata: Rhinonyssidae) parásitos de las fosas nasales de paseriformes españolas. VIII. *P.turdi* Fain & Sixl, 1969 y *P.euroturdi* Fain & Hyland, 1963. *Rev. Ibér. Parasitol., 50*: 301.

330. RODRIGUEZ RODRIGUEZ, J.A.; ZAPATERO RAMOS, L.M. y SANCHEZ-COVISA, A. (1981).- Variación estacional de Ixodidae y Siphonaptera de lepóridos en la provincia de Ciudad Real. *Rev. Ibér. Parasitol., 41*: 527.

331. ROJAS, M. DE; UBEDA, J.M.; GUEVARA, D.C. y ARIZA, C. (1989).- Acaros plumícolas del género *Proctophyllodes* Robin, 1868 localizadas en aves españolas. *VI Congr. Nac.*, Cáceres: 88.

332. ROJAS, M. DE; UBEDA, J.M.; GUEVARA, D.C. y ARIZA, C. (1989).- *Proctophyllodes mariaevallensis* n.sp. (Acarina: Proctophyllodidae) localizado en las plumas de *Emberiza cia* L. (Aves: Embericidae). *Rev. Ibér. Parasitol., 49*: 375.

333. ROJAS, M. DE; UBEDA, J.M.; GUEVARA, D. y ARIZA, C. (1991).- Estudio de siete especies del género *Proctophyllodes* Robin, 1877 (Acarina, Proctophyllodidae) parásitas de aves paseriformes españolas. *Bol. R. Soc. Esp. Hist. Nat.* (Biol.), *87*: 35.

334. ROJAS, M. DE; UBEDA, J.M.; GUEVARA, D.C. y ARIZA, C. (1991).- Estudio de tres especies del género *Proctophyllodes* ROBIN, 1877 (Acarina, Proctophyllodidae) parásitas de túrdidos capturados en España. *Bol. R. Soc. Esp. Hist. Nat.* (Biol.), *87*: 223.

335. ROJAS, M. DE; UBEDA, J.M.; GUEVARA, D.C. y RODRIGUEZ, M.B. (1988).- Estudio de tres especies de *Proctophyllodes* Robin, 1868, (Acarina: Proctophyllodidae) parásitos de aves del género *Anthus* L. en España. *Rev. Ibér. Parasitol., 48*: 299.

336. ROMERO, P. (1959).- La acariasis. *Avigán, 7*: 48.

337. ROMERO RODRIGUEZ, J. (1972).- Panorama nacional de los parasitismos de la ganadería (Espacies parásitas denunciadas en España). *Supl. Cient. Bol. Inf. Cons. Gral. Col. Vet. Esp., 193*: 61.

338. SAIZ MORENO, L. (1951-53).- Artrópodos parásitos de los óvidos. *Bol. Divulg. Gan.*, Ciudad Real, 6: 1.

339. SAIZ MORENO, L. (1952).- Luchas antiparasitarias en ganadería. Papel de los modernos insecticidas en la lucha contra las parasitosis por artrópodos. *Veterinaria, 16*: 3.

340. SAIZ MORENO, L. (1952).- Luchas antiparasitarias en ganadería. Los ciclos biológicos de los artrópodos parásitos de nuestros animales domésticos. *Veterinaria, 16*: 1031.

341. SAIZ MORENO, L. (1953).- Luchas antiparasitarias en ganadería. Los ciclos biológicos de los artrópodos parásitos de nuestros animales domésticos. *Veterinaria, 17*: 979.

342. SAIZ MORENO, L. y PASTOR PASCUAL, A. (1954).- Parásitos por hematozoarios del grupo Piroplásmidos en nuestra provincia. *Lab. Pec. Prov. Ciudad Real.*

343. SANCHEZ ACEDO, C. y ALBALA PEREZ, F. (1974).- Contribución al estudio de las parasitosis caninas de Zaragoza. *An. Fac. Vet. Zaragoza, 9*: 131.

344. SANCHEZ ACEDO, C.; OTERO, J. y ALBALA PEREZ, F. (1974).- Estudio parasitológico en quirópteros. *Rev. Ibér. Parasitol., 34*: 245.

345. SANCHEZ ACEDO, C. y VERICAD, J.R. (1973).- Ectoparásitos de mamíferos y aves montaraces del Alto Aragón. *Rev. Ibér. Parasitol., 33*: 29.

346. SANCHEZ BOTIJA, C. (1936).- Leishmaniosis canina. Algunas observaciones sobre los caracteres generales del foco endémico de Madrid. *Trab. Inst. Biol. Animal, 2*: 70.

347. SANCHEZ BOTIJA, C. (1947).- La leishmaniosis canina y su profilaxis en España. *Rev. San. Vet., 2*: 551.

348. SANCHEZ BOTIJA, C. (1963).- Reservorios del virus de la peste porcina. *Bull. Off. Int. Epizoot., 60*: 895.

349. SANCHEZ BOTIJA, C. y POLO JOVER, F. (1964).- Informe sobre algunos aspectos de la peste porcina africana. *Bull. Off. Int. Epizzot., 62*: 945.

350. SCHULZE, P. (1919).- Bestimumgstabellen für das Zeckengenus *Hyalomma* Koch. *Sitzber. Ges. Naturf. Fr. Berlin, 5-6*: 189.

351. SCHULZE, P. (1927).- Beiträge zur Kenntnis der Zecken Europas. *Sitzber. Ges. Naturf. Fr. Berlin, 1-10*: 109.

352. SCHULZE, P. (1936).- Zwei neue Arten der Gattung *Hyalomma* und die morphologische Bedeutung der anal Beschilderung der Ixoden. *Zool. Anz., 114*: 187.

353. SCHULZE, P. y SCHLOTTKE, S. (1930).- Bestimungstabellen für das Zeckengenus *Hyalomma. Sitzber. Ges. Naturf. Rostock., 2*: 32.

354. SENEVET, G. (1937).- *Faune de la France*; 32, *Ixodidés*. P. Lechevalier et fils, Paris, 100 pp.

355. SENEVET, G. y RODHAIN, F. (1969).- Larves des principales especes du genre *Ixodes* d'Europe Occidentale et Centrale. *Ann. Parasit., 43*: 513.

356. SIMON VICENTE, F. (1954).- Acariasis de las vias respiratorias de la gallina. *Veterinaria, 6*: 57.

357. SIMON VICENTE, F. (1956).- *Estudio de las parasitosis de la ganadería en la provincia de Salamanca y su profilaxis*. Publ. Junta Prov. Fom. Pec.; Imp. Lúmina, Salamanca.

358. SOLER DURALL, C. y GALLEGO BERENGUER, J. (1955).- Ensayo de transmisión experimental del *Toxoplasma gondii* por el *Ornithodoros erraticus. Rev. Ibér. Parasitol.*, Vol. Extr.: 493.

359. STARKOFF, O. (1958).- *Ixodoidea d'Italia*. Il Pens. Cient. Roma, 386 pp.

360. TABOADA, M. DE F. (1954).- Pulmonary acariasis in Spain. *Brit. Med. J., 4859*: 437.

361. TARAZONA VILAS, J.M. (1954).- Las zoonoses parasitarias transmisibles al hombre en el Somontano de Barbastro (Huesca). *Vet. Técn. Española, 1*: 219.

362. TARAZONA VILAS, J.M. (1955).- Enzootia de grave sintomatología, debida al *Dermanyssus gallinae. Vet. Técn. Esp., 1*: 342.

363. TENDEIRO, J.L. (1956).- Sobre algunos Ixodoideos dos géneros *Hyalomma* Koch e *Aponomma* Neumann, 1899. *Bol. Cult. da Guinéa Port., 10*: 319.

364. TENDEIRO, J.L. (1962).- Revisao sistemática dos Ixodideos portugueses. *Bol. Pec.*, Lisboa, *30*: 138.

365. THEODORIDES, J. (1954).- Première contribution à l'étude des ectoparasites des vertebrés des Pyrénées Orientales. *Vie et Milieu, 4*: 753.

366. TRAVASSOS SANTOS DIAS, J.A. (1985).- Un novo Ixodídeo (Acarina, Ixodoidea) para a fauna de Portugal. *Ixodes ventalloi* GIL COLLADO, 1936. *Boletim da Soc. Port. de Entomol., 4*: 149.

367. TRAVASSOS DIAS SANTOS, J.A. (1990).- Mais dois novos Ixodídeos (Acarina, Ixodoidea) para a fauna de Portugal. *Boletim da Soc. Port. de Entomol., 4*: 153.

368. TRAVASSOS SANTOS DIAS, J.A. y SANTOS-REIS, M. (1987).- A carraça *Ixodes ventalloi* GIL COLLADO, 1936 como principal ectoparasita de uma populaçao de doninhas (*Mustela nivalis* Linnaeus, 1766) em Portugal. *Garcia de Orta. Série de Zoologia, 14*: 35.

369. UBEDA, J.M.; RODRIGUEZ, M.B.; GUEVARA, D.C. y ROJAS, M.J. (1989).- *Ptilonyssus gilcolladoi* n.sp. (Acarina, Mesostigmata, Rhinonyssidae) parásito de las fosas nasales de *Cettia cetti* (Temm.). *Rev. Ibér. Parasitol., 49*: 157.

370. UBEDA ONTIVEROS, J.M. (1978).- *Acaros de la familia Rhynonyssidae (Mesostigmata) parásitos de la cavidad nasal de aves silvestres granadinas*. Tesis doctoral. Granada.

371. UBEDA ONTIVEROS, J.M. y GUEVARA BENITEZ, D. (1976).- Acaros nasícolas granadinos: estudio morfológico de protoninfa, deutoninfa, macho y hembra de *Ptilonyssus carduelis*, Fain, 1922 (Mesostigmata, Rhinonyssidae) parásito del pardillo común (*A.cannabina*). *I Congr. Nac. Parasitol.*, Granada, 29 sept-2 oct.: 23.

372. UBEDA ONTIVEROS, J.M. y GUEVARA BENITEZ, D. (1977).- Acaros parásitos del árbol respiratorio de aves del género *Lanius* de la provincia de Granada. *I Reun. An. Asoc. Parasitol. Esp.*, Madrid, 3 oct.: 53.

373. UBEDA ONTIVEROS, J.M. y GUEVARA BENITEZ, D. (1978).- Acaros del género *Ptilonyssus* Berlese y Trouessart, 1889 (Mesostigmata: Rhinonyssidae) parásitos de fosas nasales de paseriformes españolas. II. *Ptilonyssus capensis* Zumpt y Till, 1955 y *Ptilonyssus fringillae* Fain y Sixl, 1971. *Rev. Ibér. Parasitol., 38*: 719.

374. UBEDA-ONTIVEROS, J.M.; GUEVARA-BENITEZ, D.C. y MORILLAS-MARQUEZ, F. (1985).- Acaros del género *Ptilonyssus* BERLESE y TROUESSART, 1889 (Mesostigmata: Rhinonyssidae) parásitos de fosas nasales de Paseriformes españolas. IV. *Ptilonyssus carduelis* FAIN, 1962. *Rev. Ibér. Parasitol., 45*: 271.

375. UBEDA-ONTIVEROS, J.M.; GUEVARA-BENITEZ, D.C. y MORILLAS-MARQUEZ, F. (1986).- Primera descripción de macho y ninfa de *Astridiella calandrellae* (BREGETOVA, 1967) (Acarina, Rhinonyssidae). *Rev. Ibér. Parasitol., 46*: 167.

376. UBEDA-ONTIVEROS, J.M.; GUEVARA-BENITEZ, D.C. y RODRIGUEZ-BRAZA, B. (1987).- Presencia de *Mesonyssus melloi* (Castro, 1948) (Mesostigmata: Rhinonyssidae) en las fosas nasales de palomas domésticas de las Islas Canarias. *Rev. Ibér. Parasitol., 47*: 175.

377. UBEDA ONTIVEROS, J.M. y MORILLAS MARQUEZ, F. (1979).- *Astridiella melanocoryphae*, nueva combinación para *Neonyssus (Otocorinyssus) melanocoriphae* Bregetova, 1967. *II Congr. Nac. Parasitol.*, León 1-4 oct.: 128.

378. VALENCIANO, J. (1951).- Reinas acariósicas. *Ganadería, 9*: 241.

379. VALENCIANO, J. (1951).- La apimiasis. *Ganadería, 9*: 461.

380. VARAS MARTINEZ, C. (1970).- Incidencia y lucha contra Ixódidos en la provincia de Cádiz. *Curso de Parasitología,* Fac. Vet. León.

381. VASALLO MATILLA, F. (1991).- Demodecidosis palpebral: Estudio epidemiológico. *Anales de la Real Academia Nacional de Medicina, 108*: 383.

382. VIGO, M.J.; PEREIRA, A. y FAIN, A. (1991).- Contribución al estudio de ectoparásitos de micromamíferos en Galicia: Acaros de la familia Myobiidae. *I Congr. Int. Asoc. Sudoccid. Europ. Parasitol.*: 71.

383. ZAPATERO-RAMOS, L.M.; GONZALEZ-SANTIAGO, P.M.; SOLERA-PUERTAS, M.A. y CARVAJAL-GALLARDO, M.M. (1989).- Estudio de nuevas especies de Pterigosomidae (Acari: Actinedida) sobre Geckónidos de las Islas Canarias. Descripción de *Geckobia canariensis* n.sp. y de *Geckobia tinerfensis* n.sp. *Rev. Ibér. Parasitol., 49*: 51.

384. ZAPATERO RAMOS, L.M.; GUILLEN LERA, J.L. y GIL COLLADO, J. (1979).- Estudio parasitológico de una colonia de *Tadarida taeniotis. II Congr. Nac. Parasitol.*, León 1-4 oct.: 150.

385. ZAPATERO RAMOS, L.M. y RIVAS LOPEZ, L.I. (1978).- Acaros y anopluros parásitos de micromamíferos salvajes españoles. *Rev. Ibér. Parasitol., 38*: 367.

386. ZAPATERO RAMOS, L.M. y RODRIGUEZ J.A. (1977).- *Rhipicephalus sanguineus* y *Rhipicephalus turanicus* en España. *I Reun. An. Asoc. Parasitol. Esp.*, Madrid 3 oct.: 63.

387. ZAPATERO RAMOS, L.M.; RODRIGUEZ RODRIGUEZ, J.A. y GONZALEZ SANTIAGO, P.I. (1982).- Ectoparásitos de múridos ibéricos e insulares. *Rev. Ibér. Parasitol.*, Vol. Extr.: 113.

388. ZAPATERO RAMOS, L.M.; RODRIGUEZ RODRIGUEZ, J.A. y SANCHEZ COVISA, A. (1976).- Acaros y anopluros recogidos en micromamíferos españoles. *I Congr. Nac. Parasitol.*, Granada, 29 sept-2 oct.: 25.

389. ZUMPT, F. (1949).- Preliminary study of the genus *Rhipicephalus* Koch, key of the adult ticks of the genus *Rhipicephalus* Koch and description of two new species. *Boc. Moçambique, 60*: 57.

CRUSTACEA

Anilocra physodes (L., 1767)
Hosp.: Breca (*Pagellus erythrinus*) y salpa (*Boops salpa*)
Dist.: Alicante, Castellón y Valencia.
Reg.: VII.
Bibl.: 14, 25, 47, 74 y 75.

Argulus foliaceus (LINNAEUS, 1758)
Hosp.: Carpa (*Cyprinus carpio*) y anguila (*Anguilla anguilla*)
Dist.: Valencia.
Reg.: VII.
Bibl.: 53 y Orts y Carbonell, 1992 (com. per.)

Argulus matritensis AREVALO, 1921
Hosp.: Hallado libre en el agua.
Dist.: Madrid.
Reg.: VI.
Bibl.: 8.

Argulus sp.
Hosp.: ?
Dist.: Cataluña y Sevilla.
Reg.: V y IX.
Bibl.: 8, 52 y Margalef, 1978 (com. per.)

Argulus sp.
Hosp.: Perca americana (*Micropterus salmoides*)
Dist.: ?
Reg.: VII.
Bibl.: 25.

Balaenophilus unisetus AURIVILLIUS, 1879
Hosp.: Rorcual común (*Balaenoptera physalus*)
Dist.: Cantábrico y Mediterráneo.
Reg.: I, II y VII.
Bibl.: 24, 25 y 82.

Bopyrus fougerouxi GIARD et BONNIEC (Syn. *Bopyrus squillarum*)
Hosp.: Camarón o quisquilla (*Palaemon* sp.)
Dist.: Atlántico, Cantábrico y Mediterráneo.
Reg.: I, II, V, VII, IX, X y XI.
Bibl.: 30 y 53.

Bopyrus squillarum
Cf. *Bopyrus fouguerouxi*

Brachiella exigua BRIAN
Hosp.: Breca (*Pagellus erythrinus*)
Dist.: Mediterráneo.
Reg.: V, VII, X y XI.
Bibl.: 32, 33, 34 y 55.

Brachiella obesa (KROYER, 1837) RICHIARDI, 1880
Hosp.: Tríglidos.
Dist.: ?
Reg.: VII.
Bibl.: 25.

Calanipeda guernei (RICHARD) (Syn. *Popella guernei*)
Bibl.: 61.

Caligus centrodonti BAIRD, 1850
Hosp.: Merlo (*Labrus merula*)
Dist.: Valencia.
Reg.: VII.
Bibl.: 15 y 25.

Caligus ligusticus BRIAN, 1906
Hosp.: Salpa (*Boops salpa*)
Dist.: Alicante y Castellón.
Reg.: VII.
Bibl.: 25 y 75.

Caligus minimus OTTO, 1812
Hosp.: Lubina (*Dicentrarchus labrax*)
Dist.: Cádiz, Castellón, Tarragona y Valencia.
Reg.: IV, VII y IX.
Bibl.: 14, 25, 32, 47, 71 y Fernández y Carbonell, 1992 (com. per.)

Caligus pagelli DELAMARE-DEBOUTTEVILLE et NUNES, 1951
Hosp.: Breca (*Pagellus erythrinus*)
Dist.: Gerona.
Reg.: V.
Bibl.: 34.

Caligus sp.
Hosp.: Borracho (*Eutrigla gurnardus*)
Dist.: ?
Reg.: VII.
Bibl.: 25 y 47.

Caligus sp.
Hosp.: Salpa (*Boops salpa*)
Dist.: Alicante y Castellón.
Reg.: VII.
Bibl.: 74.

Centropages spp.
Hosp.: Especies planctónicas, no parásitas.
Dist.: Málaga.
Reg.: X.
Bibl.: 86.

Ceratothoa parallela SCHIOEDTE et MEINERT, 1883
Hosp.: Caramel (*Spicara smaris*) y sepia (*Sepia officinalis*)
Dist.: Valencia.
Reg.: VII.
Bibl.: 14, 25 y 47.

Ceratothoa steindachneri KOELBEL, 1878
Hosp.: Bacaladilla (*Micromesistius poutassou*)
Dist.: Valencia.
Reg.: VII.
Bibl.: 14, 25 y 47.

Chondracanthus angustatus HELLER, 1865
Hosp.: Rata (*Uranoscopus scaber*)
Dist.: Cádiz y Valencia.
Reg.: VII y IX.
Bibl.: 25, 47 y 48.

Clavela adunca (STREM, 1762)
(Syn. *Clavela uncinata*)
Hosp.: Faneca (*Gadus luscus*)
Dist.: Cantábrico.
Reg.: I y II.
Bibl.: 13.

Clavela strumosa BRIAN
Hosp.: Breca (*Pagellus erythrinus*)
Dist.: Mediterráneo.
Reg.: V, VII, X y XI.
Bibl.: 33 y 71.

Clavela uncinata
Cf. *Clavela adunca*

Clavelisa sp.
Hosp.: Salpa (*Boops salpa*)
Dist.: ?
Reg.: VII.
Bibl.: 47.

Clavellopsis pagri KRÖYER, 1863
Hosp.: Salpa (*Boops salpa*)
Dist.: Alicante y Castellón.
Reg.: VII.
Bibl.: 25, 74 y 75.

Colobomatus pagelli (RICHIARDI)
Hosp.: Breca (*Pagellus erythrinus*)
Dist.: Mediterráneo.
Reg.: V, VII, X y XI.
Bibl.: 33.

Conchoderma auritum (LINNAEUS, 1767)
Hosp.: Rorcual común (*Balaenoptera physalus*), ballena jorobada (*Megaptera novaeangliae*) y calderón (*Globicephala melaena*)
Dist.: Cantábrico y Mediterráneo.
Reg.: I, II y VII.
Bibl.: 24, 25 y 82.

Conchoderma virgatum (SPENGLER, 1790)
Hosp.: Rorcual común (*Balaenoptera physalus*) y delfín listado (*Stenella coeruleoalba*)
Dist.: Cantábrico y Mediterráneo.
Reg.: I, II y VII.
Bibl.: 24, 25 y 82.

Congericola pallida BENEDEN, 1854
Hosp.: Congrio (*Conger conger*)
Dist.: ?
Reg.: VII.
Bibl.: 25 y 47.

Copépodos, especies parásitas o que pueden actuar como hospedadores intermediarios)
Bibl.: 17, 18, 19, 31, 46, 61, 64, 65, 67, 72, 93 y 98.

Coronula diadema
Hosp.: Ballena jorobada (*Megaptera novaeangliae*)
Dist.: ?
Reg.: VII.
Bibl.: 25.

Cyamus balaenopterac BARNARD, 1931
Hosp.: Rorcual común (*Balaenoptera physalus*)
Dist.: Atlántico, Cantábrico y Mediterráneo.
Reg.: I y II.
Bibl.: 24, 25 y 82.

Cyclops spp.
Hosp.: Como posibles hospedadores intermediarios.
Bibl.: 63.

Diaptomidae, en general.
Hosp.: Como posibles hospedadores intermediarios.
Bibl.: 61, 64, 65 y 72.

Dinemoura producta MÜLLER, 1785
Hosp.: Marrajo (*Isurus oxyrhynchus*)
Dist.: Cádiz.
Reg.: IX.
Bibl.: 27.

Drepanorchis neglecta
Hosp.: Araña de mar (*Macropodia rostrata*)
Dist.: Barcelona y Gerona.
Reg.: V.
Bibl.: 97.

Ergasilus gibbus
Hosp.: Anguila (*Anguilla anguilla*)
Dist.: Tarragona. Portugal.
Reg.: IV. Portugal.
Bibl.: 25, 91 y Orts y Carbonell, 1992 (com. per.)

Ergasilus sieboldi VON NORDMANN, 1832
Hosp.: Carpa (*Cyprinus carpio*)
Dist.: Barcelona (Bajo Llobregat)
Reg.: V.
Bibl.: 53 y Margalef, 1978 (com. per.)

Ergasilus sp.
Hosp.: Barbo (*Barbus barbus bocagei*)
Dist.: Zamora (río Esla)
Reg.: III.
Bibl.: 90.

Ergasilus sp.
Hosp.: Anguila (*Anguilla anguilla*)
Dist.: Alicante y Huelva.
Reg.: VII y IX.
Bibl.: 25 y 47.

Gammáridos, diversos.
Bibliografía sobre especies que pueden actuar como hospedadores intermediarios: 50, 62 y 66.

Gnathia sp.
Hosp.: Merlo (*Labrus merula*), salpa (*Boops salpa*), peto (*Symphodus tinca*), borracho (*Eutrigla gurnardus*) y rascacio (*Scorpaena porcus*)
Dist.: Alicante y Castellón.
Reg.: VII.
Bibl.: 14, 16, 25, 47 y 75.

Hatschekia labracis BENEDEN, 1871
Hosp.: Merlo (*Labrus merula*)
Dist.: Valencia.
Reg.: VII.
Bibl.: 15, 25 y 47.

Hatschekia pygmaea
Hosp.: Peto (*Symphodus tinca*)
Dist.: Valencia.
Reg.: VII.
Bibl.: 15 y 25.

Hatschekia sp.
Hosp.: Peto (*Symphodus tinca*)
Dist.: ?
Reg.: VII.
Bibl.: 47.

Hatschekia sp.
Hosp.: Salpa (*Boops salpa*)
Dist.: Alicante y Castellón.
Reg.: VII.
Bibl.: 74.

Hyperia alba (MONTAGU)
Hosp.: Aguamar (*Chrysaura hyoscella*)
Dist.: Pontevedra (ría de Vigo)
Reg.: II.
Bibl.: 1.

Isocyamus delphinii GUERIN-MENEVILLE, 1836
Hosp.: Calderón (*Globicephala melaena*)
Dist.: Alicante.
Reg.: VII.
Bibl.: 24, 25 y 81.

Isópodos, diversos.
Bibliografía sobre especies que pueden actuar como hospedadores intermediarios: 35, 36, 37 y 38.

Lepas hilli LEACH, 1818
Lepas pectinata SPENGLER, 1793
Hosp.: Delfín listado (*Stenella coeruleoalba*)
Dist.: Valencia.
Reg.: VII.
Bibl.: 24 y 25.

Lernaea branchialis LINNAEUS, 1758
Hosp.: Pez estornino (*Scomber colias*)
Dist.: Canarias y banco sahariano
Reg.: XII.
Bibl.: 58.

Lernaea cyprinacea LINNAEUS, 1758
Hosp.: Barbos (*Barbus barbus bocagei* y *B.b. sclateri*), fartet (*Aphanius iberus*), samaruch (*Valencia hispanica*) y anguila (*Anguilla anguilla*)
Dist.: Alicante, Granada, Huelva, Salamanca y Valencia.
Reg.: III, VII y IX.
Bibl.: 25, 47, 90, Lucena Rodríguez, 1978 y Orts y Carbonell, 1992 (com. per.)

Lernaea esocina BURMEISTER, 1833
Hosp.: Bermejuela (*Rutilus arcasii*)
Dist.: Salamanca.
Reg.: III.
Bibl.: 83 y 90.

Lernaea lusci
Cf. *Lernaeocera lusci*

Lernaeenicus engrasicoli TURTON, 1807
Hosp.: Sardina (*Clupea pilchardus*)
Dist.: Valencia.
Reg.: VII.
Bibl.: 14, 25 y 47.

Lernaeocera caparti MACHADO CRUZ, 1959
Hosp.: Merluza (*Merluccius merluccius*)
Dist.: Portugal.
Bibl.: 59.

Lernaeocera lusci BASSET-SMITH, 1896
(Syn. *Lernaea lusci*)
Hosp.: Faneca (*Gadus luscus*) y merluza (*Merluccius merluccius*)
Dist.: Cantábrico y Mediterráneo.
Reg.: I, II y VII.
Bibl.: 14, 25, 27 y 68.

Lernaeolophus sultanus EDWARDS, 1840
Hosp.: Carange (*Caranx ascensionis*), salpa (*Boops salpa*) y serrano (*Paracentropristis scriba*)
Dist.: Alicante, Castellón y Mar Mediterráneo, en general.
Reg.: V, VII, X y XI.
Bibl.: 25, 74, 75 y 99.

Lernaeopoda galei KROYER, 1837
Hosp.: Pintarroja (*Scyliorhinus canicula*)
Dist.: Castellón.
Reg.: VII.
Bibl.: 10, 11 y 25.

Lernanthropus kroyeri BENEDEN, 1851
Hosp.: Lubina (*Dicentrarchus labrax*)
Dist.: Cádiz, Tarragona y Valencia.
Reg.: IV, VII y IX.
Bibl.: 25, 47, 77 y Fernández y Carbonell, 1992 (com. per.)

Lernentroma asellina (L.)
Hosp.: Tríglidos.
Dist.: ?
Reg.: VII.
Bibl.: 25.

Megatrema anglicum (SOWERBY, 1823)
Hosp.: Actinia (*Leptosammia pruvoti*)
Dist.: Baleares.
Reg.: XI.
Bibl.: 85.

Meinertia oestroides RISSO, 1826
Hosp.: Boga (*Boops boops*)
Dist.: Canarias y Sur de España.
Reg.: X y XII.
Bibl.: 56 y 57.

Modiolicola gracilis WILSON
Hosp.: Mejillón (*Mytilus edulis*)
Dist.: Costas noreste y noroeste de España.
Reg.: I, II y V.
Bibl.: 45 y 73.

Mytilicola intestinalis STEUER, 1902
Hosp.: Mejillón (*Mytilus edulis*), mejillón rubio (*Mytilus galloprovincialis*), berberecho (*Cardium edule*) y ostra (*Ostrea edulis*)
Dist.: General.
Bibl.: 2, 3, 4, 5, 6, 7, 12, 39, 40, 41, 42, 43, 44, 51, 60, 68, 69, 73, 89, 92, 95 y 96.

Nerocila bivittata RISSO
Hosp.: Peto (*Symphodus tinca*)
Dist.: Valencia.
Reg.: VII.
Bibl.: 15, 25 y 47.

Nerocila maculata MILNE EDWARDS, 1814
Hosp.: Capellán (*Gadus capellanus*)
Dist.: Valencia.
Reg.: VII.
Bibl.: 14, 25 y 47.

Pandanus sp.
Hosp.: Tintorera (*Prionace glauca*)
Dist.: Cádiz.
Reg.: IX.
Bibl.: 26.

Peltogaster paguri RATHKE
Hosp.: Cangrejo ermitaño soldado (*Eupagurus bernhardus*)
Dist.: Mediterráneo.
Reg.: V, VII, X y XI.
Bibl.: 53.

Peniculus fistula VON NORDMANN, 1864
Hosp.: Boga (*Boops boops*), herrera (*Lithognathus mormyrus*), pez de San Pedro (*Zeus faber*), luna real (*Lampris guttatus*), mojarra (*Diplodus vulgaris*), salmonete de fango (*Mullus barbatus*) y breca (*Pagellus erythrinus*)
Dist.: Costas catalanas, en particular, y mar Mediterráneo, en general.
Reg.: V, VII, X y XI.
Bibl.: 22, 34, 55 y 99.

Pennella balaenopterae KOREN et DANIELSEN, 1877
Hosp.: Rorcual común (*Balaenoptera physalus*)
Dist.: Atlántico, Cantábrico y Mediterráneo.
Reg.: I, II y VII.
Bibl.: 24, 25 y 82.

Pennella filosa LINNAEUS
Hosp.: Pez espada (*Xiphias gladius*)
Dist.: Costa de Cádiz y Huelva.
Reg.: IX y X.
Bibl.: 70.

Pennella sp.
Hosp.: Delfín listado (*Stenella coeruleoalba*)
Dist.: Mediterráneo.
Reg.: V y VII.
Bibl.: 9 y 79.

Peroderma cylindricum HELLER
Hosp.: Sardina (*Clupea pilchardus*)
Dist.: Alicante, Cádiz, Castellón, Málaga y Valencia.
Reg.: VII, IX y X.
Bibl.: 21, 49, 54 y 88.

Platylepas bisexlobata
Hosp.: Tortugas mediterráneas, sin precisar.
Dist.: Mar Mediterráneo.
Reg.: V, VII, X y XI.
Bibl.: 53.

Popella guernei
Cf. *Calanipeda guernei*

Pseudomycola sp.
Hosp.: Mejillón (*Mytilus edulis*)
Dist.: Portugal.
Bibl.: 7.

Rebelula edwardsii (KOLLIKER)
Hosp.: *Coelorhynchus coelorhynchus*
Dist.: Costa portuguesa.
Bibl.: 20.

Rhodinicola sp.
Hosp.: Poliqueto (*Clymenura clypeata*)
Dist.: Tarragona.
Reg.: IV.
Bibl.: 23.

Sabelliphilus sarsi CLAP
Hosp.: *Sabella pavonina*
Dist.: Pontevedra.
Reg.: II.
Bibl.: 84.

Sacculina carcini THOMPSON
Hosp.: Cangrejo de mar común (*Carcinus maenas*), araña de mar (*Macropodia rostrata*), cangrejo nadador (*Macropipus holsatus*) y *Xantho incisa*
Dist.: Cantabria y Mediterráneo.
Reg.: I, V, VII, X y XI.
Bibl.: 28, 29, 87 y 97.

Sphyrion lumpi KROYER, 1845
Hosp.: Lenguado (*Solea solea*)
Dist.: ?
Reg.: VII.
Bibl.: 25 y 47.

Syncyamus aequus LINCOLN et HURLEY, 1981
Hosp.: Delfín listado (*Stenella coeruleoalba*)
Dist.: Barcelona y Valencia.
Reg.: V y VII.
Bibl.: 9, 24, 25, 78, 79 y 80.

Tisbes cucumaria HUMES, 1957
Hosp.: Encontrada libre, pero descrita como parásita del pepinillo de mar *Cucumaria planci*
Dist.: Costa portuguesa.
Bibl.: 94.

Tisbes holoturiae HUMES, 1957
Hosp.: Encontrada libre, pero descrita como parásita del cohombro de mar *Holoturia stellati*
Dist.: Costa portuguesa.
Bibl.: 76 y 94.

Xenobalanus globicipitis STEENSTRUP, 1851
Hosp.: Rorcual común (*Balaenoptera physalus*), delfín listado (*Stenella coeruleoalba*) y calderón (*Globicephala melaena*)
Dist.: Cantábrico y Mediterráneo.
Reg.: I, II y VII.
Bibl.: 24, 25 y 82.

LISTA DE HOSPEDADORES CON SUS CRUSTACEA PARÁSITOS

Phyllum Cnidaria
  Clase Antozoa
    Orden Actiniaria
      Actinia (*Leptosammia pruvoti*)
        Megatrema anglicum (SOWERBY, 1823)

  Clase Esciphozoa
    Orden Stauromedusae
      Aguamar (*Chrysaura hyoscella*)
        Hyperia alba (MONTAGU)

Phyllum Annelida
  Clase Polychaeta
    Orden Drilomorfos
      Clymenura clypeata
        Rhodinicola sp.

    Orden Serpulimorfos
      Sabella pavonina
        Sabelliphilus sarsi CLAP

Phyllum Mollusca
  Clase Bivalvia
    Orden Filibranquia
      Mejillón (*Mytilus edulis*)
        Mitylicola intestinalis STEUER, 1902
        Modiolicola gracilis WILSON
        Pseudomycola sp.

      Mejillón rubio (*Mytilus galloprovincialis*)
        Mitylicola intestinalis STEUER, 1902

Orden Eulamelibranquia

Berberecho (*Cardium edule*)

Mitylicola intestinalis STEUER, 1902

Ostra (*Ostrea edulis*)

Mitylicola intestinalis STEUER, 1902

Clase Cephalopoda

Orden Decabranchia

Sepia (*Sepia officinalis*)

Ceratothoa parallela SCHIOEDTE et MEINERT, 1883

Phyllum Arthropoda

Clase Crustacea

Orden Malacostraca

Araña de mar (*Macropodia rostrata*)

Drepanorchis neglecta

Sacculina carcini THOMPSON

Camarones (*Palaemon* sp.)

Bopyrus fougerouxi GIARD et BONNIEC

Cangrejo de mar común (*Carcinus maenas*)

Sacculina carcini THOMPSON

Cangrejo ermitaño soldado (*Eupagurus bernhardus*)

Peltogaster paguri RATHKE

Cangrejo nadador (*Macropipus holsatus*)

Sacculina carcini THOMPSON

Xantho incisa

Sacculina carcini THOMPSON

Phyllum Echinodermata

Clase Holothurioidea

Orden Dendrochirota

Pepinillo de mar (*Cucumaria planci*)

Tisbes cucumaria HUMES, 1957

Orden Aspidochirota

Cohombro de mar (*Holoturia stellati*)

Tisbes holoturiae HUMES, 1957

Phyllum Chordata

Clase Condrichthyes

Orden Squaliformes

Marrajo (*Isurus oxyrhynchus*)

Dinemoura producta MÜLLER, 1785

Pintarroja (*Scyliorhinus canicula*)

Lernaeopoda galei KROYER, 1837

Tintorera (*Prionace glauca*)
Pandarus sp.

Clase Osteichthyes
Orden Clupeiformes
Sardina (*Clupea pilchardus*)
Lernaeenicus engrasicoli TURTON, 1807
Peroderma cylindricum HELLER

Orden Cypriniformes
Barbo (*Barbus barbus*)
Ergasilus sp.
Lernaea cyprinacea LINNAEUS, 1758

Bermejuela (*Rutilus arcasii*)
Lernaea esocina BURMEISTER, 1833

Carpa (*Cyprinus carpio*)
Argulus foliaceus (LINNAEUS, 1758)
Ergasilus sieboldi VON NORDMANN, 1832

Orden Anguiliformes
Anguila (*Anguilla anguilla*)
Argulus foliaceus LINNAEUS, 1758
Ergasilus gibbus
Ergasilus sp.
Lernaea cyprinacea LINNAEUS, 1758

Congrio (*Conger conger*)
Congericola pallida BENEDEN, 1854

Orden Ciprinodontiformes
Fartet (*Aphanius iberus*)
Lernaea cyprinacea LINNAEUS, 1758

Samaruch (*Valencia hispanica*)
Lernaea cyprinacea LINNAEUS, 1758

Orden Gadiformes
Bacaladilla (*Micromesistius poutassou*)
Ceratothoa steindachneri KOELBEL, 1878

Capellán (*Gadus capelanus*)
Nerocila maculata MILNE EDWARDS, 1814

Faneca (*Gadus luscus*)
Clavela adunca (STREM, 1762)
Lernaeocera lusci BASSET-SMITH, 1896

Merluza (*Merluccius merluccius*)
Lernaeocera caparti MACHADO CRUZ, 1959
Lernaeocera lusci BASSET-SMITH, 1896

Obispo de mitra corta (*Coelorhynchus caelorhynchus*)
Rebelula edwardsii (KOLLIKER)

Orden Lampridiformes
Luna real (*Lampris guttatus*)
Peniculus fistula VON NORDMANN, 1864

Orden Zeiformes
Pez de San Pedro (*Zeus faber*)
Peniculus fistula VON NORDMANN, 1864

Orden Perciformes
Boga (*Boops boops*)
Meinertia oestroides RISSO, 1826
Peniculus fistula VON NORDMANN, 1864

Breca (*Pagellus erythrinus*)
Anilocra physodes (LINNAEUS, 1767)
Brachiella exigua BRIAN
Caligus pagelli DELAMARE-DEBOUTTEVILLE et NUNES, 1951
Clavela strumosa BRIAN
Colobamatus pagelli (RICHIARDI)
Peniculus fistula VON NORDMANN, 1864

Caramel (*Spicara maris*)
Ceratothoa parallela SCHIOEDTE et MEINERT, 1883

Carange (*Caranx ascensionis*)
Lernaeolophus sultanus EDWARDS, 1840

Herrera (*Lithognatus mormyrus*)
Peniculus fistula VON NORDMANN, 1864

Lubina (*Dicentrarchus labrax*)
Caligus minimus OTTO, 1812
Lernanthropus kroyeri BENEDEN, 1851

Merlo (*Labrus merula*)
Caligus centrodonti
Gnathia sp.
Hatsckekia labracis BENEDEN, 1871

Mojarra (*Diplodus vulgaris*)
Peniculus fistula VON NORDMANN, 1864

Peto (*Symphodus tinca*)
Gnathia sp.
Hatschekia pygmaea
Hatsckekia sp.
Nerocila bivittata RISSO

Perca americana (*Micropterus salmoides*)
Argulus sp.

Pez espada (*Xiphias gladius*)
Pennella filosa LINNAEUS

Pez estornino (*Scomber colias*)
Lernaea branchialis LINNAEUS, 1758

Salmonete de fango (*Mullus barbatus*)
Peniculus fistula VON NORDMANN, 1864

Salpa (*Boops salpa*)
Anilocra physodes (L., 1767)
Caligus ligusticus BRIAN, 1906
Caligus sp.
Clavelisa sp.
Clavellopsis pagri KRÖYER, 1863
Gnathia sp.
Hatsckekia sp.
Lernaeolophus sultanus EDWARDS, 1840

Serrano (*Paracentropristis scriba*)
Lernaeolophus sultanus EDWARDS, 1840

Orden Scorpaeniformes

Borracho (*Eutrigla gurnardus*)
Caligus sp.
Gnathia sp.

Rascacio (*Scorpaena porcus*)
Gnathia sp.

Rata (*Uranoscopus scaber*)
Chondracanthus angustatus HELLER, 1865

Tríglidos, sin especificar
Brachiella obesa (KROYER, 1837) RICHIARDI, 1880
Lernentoma asellina (L.)

Orden Pleuronectiformes

Lenguado (*Solea solea*)
Sphyrion lumpi KROYER, 1845

Clase Reptilia

Orden Quelonia

Tortugas marinas, sin especificar
Platylepas bisexlobata

Clase Mammalia

Orden Cetacea

Ballena jorobada (*Megaptera novaeangliae*)
Conchoderma auritum (LINNAEUS, 1767)
Coronula diadema

Calderón (*Globicephala melaena*)
Conchoderma auritum (LINNAEUS, 1767)
Isocyamus delphinii GUERIN-MENEVILLE, 1836
Xenobalanus globicipitis STEENSTRUP, 1851

Delfín listado (*Stenella coeruleoalba*)
Conchoderma virgatum (SPENGLER, 1790)
Lepas hilli LEACH, 1818
Lepas pectinata SPENGLER, 1793
Pennella sp.
Syncyamus aequus LINCOLN et HURLEY, 1981
Xenobalanus globicipitis STEENSTRUP, 1851

Rorcual común (*Balaenoptera physalus*)
Balaenophilus unisetus AURIVILLIUS, 1879
Conchoderma auritum (LINNAEUS, 1767)
Conchoderma virgatum (SPENGLER, 1790)
Cyamus balaenoptera BARNARD, 1931
Pennella balaenoptera KOREN et DANIELSEN, 1877
Xenobalanus globicipitis STEENSTRUP, 1851

BIBLIOGRAFÍA (CRUSTACEA)

1. ALVARADO, R. (1955).- El "cangrejito" de las medusas. *Bol. R. Soc. Esp. Hist. Nat., 53*: 219.
2. ANDREU, R. (1955).- Consideraciones sobre la presencia de *Mytilicola intestinalis* en el mejillón de las rías gallegas. *Publ. Inst. Invest. Pesp.*, ..: ..
3. ANDREU, R. (1958).- Sobre el cultivo del mejillón en Galicia: Biología, crecimiento y producción. *Ind. Pesq., 44-47*: 745.
4. ANDREU, R. (1960).- Dispersión de *Mytilicola intestinalis* Steuer en el mejillón de cultivo a flote de las Rías de Arosa y Vigo (NW de España). *IV Reunión Prod. Mar. y Expl. Pesq. Inst. Invest. Pesq.*, Barcelona: 115.
5. ANDREU, R. (1961).- Un parásito del mejillón. Propagación del copépodo parásito *Mytilicola intestinalis* en el mejillón de las rías bajas. *Rev. Econ. Galicia, 17-18*: 12.
6. ANDREU, R. (1963).- Propagación del copépodo parásito *Mytilicola intestinalis* en el mejillón cultivado en las rías gallegas (NW de España). *Pub. Inst. Invest. Pesq., 24*: 3.
7. ANTUNES DIAS, A. y DAMASIA SERRANO, M. (1972).- Alteraçoes das branquias e parasitismo nos mexilhoes (*Mytilus edulis*) da Ría de Aveiro. *Bol. Inf. Inst. Biol. Marit.*, Lisboa, (3): 1.
8. AREVALO, C. (1921).- Un nuevo *Argulus* español. *Bol. R. Soc. Esp. Hist. Nat., 21*: 108.
9. AZNAR, J.; FERNANDEZ, M.; BALBUENA, J.A. y RAGA, J.A. (1991).- Datos preliminares sobre la parasitofauna de la población mediterránea de *Stenella coeruleoalba* (Meyer, 1833) afectada por una epizootia en 1990. *I Congr. Int. Asoc. Sudoccid. Europ. Parasitol.*: 58.
10. BARRACHINA, E. et al. (1991).- *Lernaeopoda galei* Kroyer, 1837 (Lernaeopodidae: Copepoda) ectoparásito cloacal de *Scyliorhinus canicula* Linnaeus, 1758 (Chondrichthyes: Scyliorhinidae) en aguas de Castellón, Mediterráneo occidental. *I Congr. Int. Asoc. Sudoccid. Europ. Parasitol.*: 63.
11. BARRACHINA DE GRACIA, E. (1992).- Estudio sistemático y ecológico de la parasitofauna de la pintarroja *Scyliorhinus canicula* (Linnaeus, 1758) (Chondrichthyes: Scyliorhinidae) del litoral castellonense, Mediterráneo Occidental. *Tesis de Licenciatura*, Univ. de Valencia.
12. BASSEDAS, M. (1950).- Sobre la presencia de *Mytilicola intestinalis* STEUER en Barcelona. *Pub. Inst. Biol. Apl., 7*: 153.
13. BENVEGNU, G. DE QUADROS (1971).- Datos biométricos y biológicos sobre la faneca (*Trisopterus luscus* L. 1758, Gadidae) del Cantábrico. *Bol. Inst. Español. Ocean., 148*: 3.
14. BERNET BORIG, D. (1985).- Contribución al estudio de los crustáceos parásitos de peces. *Tesis de Licenciatura*, Univ. de Valencia.
15. CAMPOS, A. y CARBONELL, E. (1993).- Parasite community diversity in two mediterranean labrid fishes, *Symphodus tinca* (L.) and *Labrus merula* L. *J. of Fish Biology*, ..

16. CAMPOS, A. et al. (1991).- Incidencia de parasitación por larvas hematófagas "praniza" (Crustacea: Gnathiidae) en peces lábridos del litoral valenciano. *I Cong. Int. de las Asoc. Sudoccid. Europ. de Parasitol.*, Valencia: 29.
17. CANDEIAS, A. (1926).- Première liste des Copépodes des cotes du Portugal. *Trav. Biol. Marit. Lisbonne, 12*: 23.
18. CANDEIAS, A. (1930).- Estudos de placton na Baia de Sesimbra. *Trav. Sta. Biol. Marit. Lisbonne, 23*: 11.
19. CANDEIAS, A. (1932).- Lista adicional de Copépodos pelágicos das costas de Portugal. *Mem. Est. Mus. Zool. Univ. Coimbra*, ser. *1*, 56.
20. CANDEIAS, A. (1952).- *Rebelula edwardsii* (Köliker) on *Coelorhynchus coelorhynchus* (Risso) from the coast of Portugal. *Notas e Est. Inst. Biol. Marit., 1.*
21. CANDEIAS, A. (1952).- On *Peroderma cylindricum* (Heller) parasite of *Sardina pilchardus* (Wals) from the coast of Portugal. *Notas e Est. Inst. Biol. Marít., 1.*
22. CANDEIAS, A. (1965).- *Peniculus fistula* Nordmann on two new hosts *Trachurus trachurus* (L.) and *Trachurus picturatus* (Bownd). *Notas e Est. Inst. Biol. Marít., 4.*
23. CAPACCIONI-AZZATI, R.; GRAS, D. y CARBONELL, E. (1991).- Sobre un copépodo del género *Rhodinicola* (Poecilostomatoidea, Clausiidae) parásito de *Clymenura clypeata* (Polychaeta, Maldanidae) del puerto de los Alfaques (Delta del Ebro, Mediterráneo occidental). *I Congr. Int. Asoc. Sudoccid. Europ. Parasitol.*: 59.
24. CARBONELL, E. y RAGA, J.A. (1991).- Parásitos y alteraciones parasitarias de los cetáceos. *Medicina Veterinaria*, ..
25. CARBONELL, E.; RAGA, J.A. y CAMPOS, A. (1992).- Prevalenceand infestation intensity in crustaceans parasites of fishes and marine mammals from eastern Spain. *VI Europ. Multicol. of Parasitol.*, La Haya: 178.
26. CARBONELL, E. et al. (1991).- *Pandarus* sp. Leach, 1816 (Crustacea Copepoda: Pandanidae) ectoparásito de *Prionace glauca* (Chondrichthyes: Carcharhinidae) en aguas del Mediterráneo sudoccidental. *I Congr. Int. Asoc. Sudoccid. Europ. Parasitol.*: 60.
27. CARBONELL, E. et al. (1991).- Sobre la presencia de *Dinemoura producta* Müller, 1785 (Crustacea Copepoda: Pandanidae) en *Isurus oxyrhynchus* (Chondrichthyes: Lamnidae) en aguas del Mar Mediterráneo. *I Congr. Int. Asoc. Sudoccid. Europ. Parasitol.*: 61.
28. CENDRERO, O. (1971).- Premières données sur le parasitisme de *Sacculina carcini* THOMPSON chez *Carcinus maenas* (L.) dans la baie de Santander. *Cons. Inst. Expl. Mer.*, C.M. 1971/K: 6.
29. CENDRERO, O. (1972).- Datos sobre el parasitismo de *Sacculina carcini* en *Carcinus maenas* de la Bahía de Santander. *Bol. R. Soc. Esp. Hist. Nat.* (Biol.), *70*: 131.
30. CODREANU, R. y CODREANU, M. (1971).- La diversité d'hôtes de *Bopyrus squillarum* LATREILLE (Isopodes, Epicaridés) sur les cotes de la Mediterranée et de l'Ocean Atlantique. *Rapp. Comm. Int. Mer. Medit., 20*: 215.
31. CORDERO DEL CAMPILLO, M. y ALVAREZ PELLITERO, M.P. (1973).- Problemas ictiopatológicos en España, con referencia especial a la truchicultura y medidas para su control. *An. Fac. Vet. León, 19*: 65 y (1975).- Fish disease problems in Spain and measures for control. *Fish Farm. Int., 2*: 124.
32. DELAMARE-DEBOUTTEVILLE, C. (1950, 1952, 1953, 1958).- Copépodes parasites des poissons de Banyuls. *Vie et Milieu, 1*: 305, *3*: 292, *4*: 201, *9*: 215.
33. DELAMARE-DEBOUTTEVILLE, C. (1962).- Prodrome d'une faune d'Europe des copépodes parasites des poissons. Les copépodes Philichthydae (Confrontation des données actualles). *Bull. Inst. Océan. Monaco, 1249*: 1.
34. DELAMARE-DEBOUTTEVILLE, C. y NUNES, L.P. (1951).- Existence de "formes biologiques" chez *Peniculus fistula* (RUDOLPHI) (Copepoda). *Vie et Milieu, 2*: 448.
35. DOLLFUS, A. (1892).- Catalogue raisonné des Isopodes terrestres d'Espagne. *An. R. Soc. Esp. Hist. Nat., 21*: 161.
36. DOLLFUS, A. (1893).- Catalogue raisonné des Isopodes terrestres d'Espagne (1er. Suplement). *An. R. Soc. Esp. Hist. Nat., 22*: 47.

37. DOLLFUS, A. (1893).- Voyages de M.Ch. Allaud aux Isles Canaries. *Soc. Zool. France, 6*: 46.
38. DOLLFUS, A. (1898).- Voyage de M. Gaston Buchet aux Isles Canaries et sur les cotes meridionales du Maroc (1896-1897). *Soc. Zool. France, 23*: 131.
39. DURFORT, M. (1975).- Considerations sobre la estructura y ultraestructura del epitelio intestinal de *Mytilicola intestinalis* STEUER. *Vol. Conmem. I Cent. R. Soc. Esp. Hist. Nat.*, Madrid.
40. DURFORT, M. (1975).- Dates ultrastructurales de les mitocòndries d'un copépode parásit del musclo. *Bull. Soc. Cat. Biol., 1*: 65.
41. DURFORT, M. (1976).- Ultrastructura de algunos tipos de epitelios de *Mytilicola intestinalis*. *Actas VII Reunión Soc. Esp. Micros. Electr.*, Córdoba.
42. DURFORT, M. (1976).- Estructura y ultraestructura del tegumento de *Mytilicola intestinalis* STEUER (Crustacea, Copepoda). *Misc. Zool., 3*: 69.
43. DURFORT, M. y VALLMITJANA, L. (1977).- Transmisión de un microsporidio por células germinales de *Mytilicola intestinalis* STEUER (Crustacea, Copepoda). *Bol. R. Soc. Esp. Hist. Nat.* Resúmenes III Bienal, Granada 26-30 sept.: 16.
44. DURFORT, M. y VALLMITJANA, L. (1982).- Ultraestructura de merontes y esporas de *Unicaryon mytilicolae* (DURFORT, VALLMITJANA y VIVARES, 1980), (Microspora, nikaryonidae) hiperparásito del copépodo *Mytilicola intestinalis*, STEVER. *Rev. Ibér. Parasitol., 42*: 143.
45. DURFORT, M. et al. (1990).- Aspectes ultrastructurals dels òocits de *Modiolicola gracilis*, Wil son copèpode paràsit de les brànquies del musclo (*Mytilus edulis*, L.). *Biologia del Desenvolupament, 8*: 89.
46. FARRAN, G.P. (1926).- Biscayan Plankton collected during a cruise of H.M.S. "Research", 1900, Part XIV. The Copepoda. *J. Linn. Soc. London Zool., 36*: 219.
47. FERNANDEZ, J.P.; MUÑOZ, M.V.; ORTS, M.E. y CARBONELL, E. (1989).- Prevalencia e intensidad de parasitación por crustáceos en peces del Mar Mediterráneo. *Rev. Ibér. Parasitol., 49*: 75.
48. FERNANDEZ, J.P. et al. (1989).- Parasitofauna comparada de *U.scaber* (L.) procedente del Golfo de Cádiz y del Golfo de Valencia. *VI Cong. Nac. y I Cong. Ibér. de Parasitol.*, Cáceres: 93.
49. FERNANDEZ CREHUET, R. y VAL, M.J. del (1973).- Consideraciones biológico-químicas sobre la sardina (*Sardina pilchardus* WALB.) normal y parasitada de Málaga. *Bol. Inst. Esp. Ocean., 160*: 3.
50. FERRER GALDIANO, M. (1921).- Observaciones sobre los Gammáridos de agua dulce de España. *Bol. R. Soc. Esp. Hist. Nat., 21*: 371.
51. FIGUERAS, A.J.; JARDON, C.F. y CALDAS, J.R. (1991).- Dieases and parasites of rafted mussels (*Mytilus galloprovincialis* Lmk): preliminary results. *Aquaculture, 99*: 17.
52. FUENTE, J.M. de la (1928).- Un nuevo hallazgo de *Argulus* en España. *Bol. R. Soc. Esp. Hist. Nat., 28*: 210.
53. FUSET TUBIA, J. (1944).- *Manual de Zoología*. Casa Editorial Bosch, Barcelona.
54. LARRAÑETA, M.G. (1957).- Presénce du parasite *Peroderma cylindricum* HELLER sur la sardine de Castellón et d'Alicant. *Dévats et Doc. Tech., C.G.P.M., 4*: 109.
55. LARRAÑETA, M.G. (1964).- Sobre la biología de *Pagellus erythrinus* (L.) especialmente del de las Costas de Castellón. *Invest. Pesq., 27*: 121.
56. LOPEZ ROMAN, R. y ARMAS HERNANDEZ, F. DE (1989).- (Monogenea de peces de las Islas Canarias) En: *Parazitologicheskie Issledovaniya*. ed: B.I. Lebedev, Academia de Cencias de la URSS: 24 {Ru}.
57. LOPEZ ROMAN, R. y GUEVARA POZO, D. (1974).- Monogenea parásitos de teleósteos capturados en el mar de Alborán. *Proc. III Int. Cong. Parasitol.*, Munich, S-G2: 1613.
58. LOZANO, G. y GUZMAN, P. (1977).- *Lernaea branchialis* LINNÉ (Copepoda, Lernaeidae), parásito del *Scomber colias* GMELIN (Pisces, Scombridae). *Resúmenes R. Soc. Esp. Hist. Nat. III Bienal*, Granada 26-30 sept.: 10.
59. MACHADO-CRUZ, J.A. (1959).- *Lernaeocera caparti* sp.nov. Copépode parasite de *Merluccius merluccius* (Linné). *Publ. Inst. Zool. "Dr. Augusto Nobre", 64*.

60. MADARIAGA DE LA CAMPA, B. (1970).- Incidencia de la infestación de los mejillones gallegos por *Mytilicola intestinalis* STEUER. *An. Fac. Vet. León, 16*: 217.
61. MARGALEF, R. (1943).- Contribución al conocimiento de los Diaptómidos (Crustáceos, Copépodos) de España. *Bol. R. Soc. Esp. Hist. Nat., 41*: 379.
62. MARGALEF, R. (1944).- Contribución al conocimiento de los crustáceos anfípodos que viven en las aguas dulces y salobres de España. *Bol. R. Soc. Esp. Hist. Nat., 42*: 199.
63. MARGALEF, R. (1946).- Algunos ciclópidos (Crustáceos, Copépodos) de Cataluña. *Bol. R. Esp. Hist. Nat.*, Vol. Extr.: 177.
64. MARGALEF, R. (1950).- Datos sobre la hidrobiología de la Cordillera Cantábrica, especialmente del macizo de los Picos de Europa. *Pub. Inst. Biol. Apl. Barcelona, 7*: 131.
65. MARGALEF, R. (1953).- *Los Crustáceos de las aguas continentales ibéricas*. Monogr. 243 pp. Madrid.
66. MARGALEF. R. (1956).- Dos nuevos *Gammarus* de las aguas dulces españolas. *Pub. Inst. Biol. Apl. Barcelona, 23*: 31.
67. MASSUTI ALMAZORA, M. (1942).- Contribución al estudio del plancton del Mediterráneo occidental: los Copépodos de la Bahía de Palma de Mallorca. *Bol. R. Soc. Esp. Hist. Nat, 40*: 391.
68. MERCADE SOCORO, N. (1977).- Estructura del ojo del nauplius de *Mytilicola intestinalis* STEUER (Crustacea, Copepoda). *Bol. R. Soc. esp. Hist. Nat.*, Resúmenes III Bienal, Granada 26-30 sept.: 16.
69. MONTEIRO, M.C. y FIGUEIREDO, M.J. (1961).- Note sur la repartition de *Mytilicola intestinalis* Steuer dans l'estuaire du Tage. *Notas e Est. Inst. Biol. Marít., 22*.
70. MORENO RODERO, M. (1957).- Parasitosis del pez espada de interés para la inspección. *Bol. Cons. Gral. Col. Vet. Esp., 3*: 67.
71. NUNES-RUIVO, L. (1954).- Copépodes parasites des poissons. *Vie et Milieu, 5*: 115.
72. ORTIZ, E. (1957).- Diaptómidos de las aguas continentales españolas (Crustacea, Copepoda). *Bol. R. Soc. Esp. Hist. Nat.* (Biol.), *55*: 391.
73. PASCUAL, C.; QUINTANA, R.; MOLARES, J. y GONZALEZ, P. (1987).- Parásitos del mejillón gallego cultivado: 2. Metazoos, con especial referencia a tremátodos y copépodos. *Alimentaria, 24*: 31.
74. PELLICER, M. et al. (1991).- Contribución al estudio de los crustáceos parásitos de *Sarpa salpa* (L.) (Teleostei, Sparidae) en el litoral valenciano. *I Congr. Int. Asoc. Sudoccid. Europ. Parasitol.*: 27.
75. PELLICER CARRASCO, M. (1992).- Estudio del parasitismo de *Sarpa salpa* (L., 1758) (Pisces: Sparidae) en las zonas marítimas de Castellón y Teulada-Moraira (Alicante) en el Mediterráneo Occidental. *Tesis Doctoral*, Univ. de Valencia.
76. PETKOVSKI, T. (1964).- Zur Kennits der Harpacticiden Portugals (Crustacea, Copepoda). *Lunds Universitets Asskrift*, N.F. Avd. 2, *59*; nº 14.
77. POQUET, M. y DURFORT, M. (1987).- Estudio ultraestructural del tegumento de copépodos parásitos de peces. *V Cong. Nac. de Parasitol.*, Salamanca: 55.
78. RAGA, J.A. (1988).- On some morphological variations of *Syncyamus aequus* Lincoln & Hurley, 1981 (Amphipoda, Cyamidae) from the Mediterranean Sea. *Crustaceana, 54*: 149.
79. RAGA, J.A. y CARBONELL, E. (1988).- New dates about parasites on *Stenella coeruleoalba* (MEYEN, 1833) (Cetacea: Delphinidae) in the western Mediterranean sea. *Invest. on Cetacea, 17*: 207.
80. RAGA, J.A. y RADUAN, M.A. (1982).- First record of *Syncyamus aequus* LINCOLN and HURLEY, 1981 (Amphipoda, Cyamidae) in the Mediterranean Sea. *Investigations on Cetacea, 14*: 22.
81. RAGA, J.A.; RADUAN, M.A. y BLANCO, C. (1983).- Sobre la presencia de *Isocyamus delphinii* (Guérin-Meneville, 1836) (Amphipoda; Cyamidae) en aguas del Mediterráneo Español. *Actas I Congr. Ibér. de Entomol., 2*: 627.
82. RAGA, J.A. y SANPERA, C. (1986).- Ectoparásitos y epizoítos de *Balaenoptera physalus* (L., 1758) en aguas atlánticas ibéricas. *Inv. Pesq., 50*: 489.

83. RAMAJO MARTIN, V. (1992).- *Zooparasitología*. En: Las Dehesas Salmantinas. Junta de Castilla y León. Gráficas Ortega, Salamanca: 463.

84. RIOJA, E. (1935).- Sobre un copépodo parásito de *Sabella pavonina* SAV. hallado en la ría de Pontevedra. *Bol. R. Soc. Esp. Hist. Nat., 35*: 239.

85. ROCA, I. (1992).- Primera cita de *Megatrema anglicum* (Sowerby, 1823) (Cirripedia, Crustacea) recogido sobre *Leptosammia pruvoti* Lacaze-Duthiers, 1897 (Scleractinia, Anthozoa) en las costas de Baleares (Mediterráneo occidental). *Bol. R. Soc. Esp. Hist. Nat.* (Biol.), *88*: 31.

86. RODRIGUEZ, J.; LUCENA, J y BLASCO, M. (1977).- El género *Centropages* KROYER, 1848 (Copepoda, Calanoidea) en la Ensenada de Málaga. *Bol. R. Soc. Esp. Hist. Nat.*, Resúmenes III Bienal, Granada 26-30 sept.: 15.

87. RODRIGUEZ MARTIN, O. y FERNANDEZ CREHUET, R. (1948).- Apuntes para el estudio bionómico de la bahía de Santander. *Bol. Inst. Esp. Ocean., 1*: 1.

88. RODRIGUEZ RODA, J. (1959).- Sardinas parasitadas por el copépodo *Peroderma cylindricum* HELLER, en las zonas de Barbate y Larache. *Inv. Pesq., 15*: 125.

89. SAIZ MORENO, L. (1971).- Dos parasitosis de los mejillones de interés económico. *Com. V Sem. Nac. Vet.*, Santiago de Compostela 3-8 marzo 1970: 380. Ed. Madrid.

90. SIMON VICENTE, F.; RAMAJO MARTIN, V. y ENCINAS GRANDES, A. (1973).- Fauna parasitaria de peces españoles de agua dulce: *Allocreadium isoporum* (Trematoda, Allocreadiidae), *Lernaea esocina, L.cyprinacea, Ergasilus* sp. (Crustacea, Copepoda). *Rev. Ibér. Parasitol., 33*: 633.

91. SARAIVA, A. y CHUBB, J.C. (1989).- Preliminary observations on the parasites of *Anguilla anguilla* (L.) from Portugal. *Bull. of the Europ. Ass. of Fish Pathol., 9*: 88.

92. VALLMITJANA, L. y DURFORT, M. (1976).- Sobre unos parásitos del copépodo *Mytilicola intestinalis* STEUER. *Bol. R. Soc. Esp. Hist. Nat.* (Biol.), *74*: 75.

93. VILELA, M.H. (1965).- Copépodes da Ria de Faro-Olhao. *Notas e Inst. Biol. Marít., 31*.

94. VILELA, M.H. (1968).- Copépodes da Campanha do N.R.P. "Faial", 1958-1959. *Notas e Est. Inst. Biol. Marít., 35*.

95. VILELA, M.H. y MONTEIRO, M.C. (1958).- Infestaçao de mexilhoes *Mytilus edulis* L. de Rio tejo pelo copepode *Mytilicola intestinalis* STEUER. *Notas e Estud. Inst. Biol. Marít.* (20): 1 y *Bol. R. Soc. Esp. Hist. Nat.* (Biol.), *58*: 375.

96. VILELA, M.H. y MONTEIRO, M.C. (1960).- Infestaçao de mexilhoes, *Mytilus edulis* L., do Rio Tejo, pelo copépode *Mytilicola intestinalis* Steuer. *Bol. R. Soc. Esp. Hist. Nat.* (Biol.), *58*: 375.

97. VIVARES, C.P. (1973).- Etude du parasitisme des Crustacés Décapodes Brachyoures en Méditerranée occidentale: premiers résultats. *Rapp. Comm. Int. Mer. Méd., 21*: 661.

98. ZULUETA, A. de (1911).- Los copépodos parásitos de los celentéreos. *Mem. 1ª R. Soc. Esp. Hist. Nat., 7*: 5.

99. ZUÑIGA, L.R. y SUAU, P. (1967).- Nota sobre la presencia de los copépodos parásitos *Peniculus fistula* y *Lernaeolophus sultanus* sobre dos nuevos huéspedes, *Lithognathus mormyrus* y *Boops boops*. *Invest. Pesq., 31*: 485.

PENTASTOMIDA

Linguatula serrata THOMPSON

Hosp.: Perro.

H.I.: Cabra, oveja, vaca y liebre (*Lepus capensis*)

Dist.: Cantabria, Ciudad Real, Córdoba, Jaén, León y Salamanca. Portugal.

Reg.: I, III, VIII y IX. Portugal

Bibl.: 1, 2, 3, 4, 5, 6 y Castañón Ordóñez, 1991 (com. per.)

BIBLIOGRAFÍA (PENTASTOMIDA)

1. CARVALHO VARELA, M. (1967).- L'étude des helminthocenoses des lievres au Portugal. *Actas del VII Cong. Biol. du Gibier*, Beogrado, 1965: 467.
2. GARCIA PEREZ, A.L.; JUSTE JORDAN, R.A. y POVEDANO FERNANDEZ, I. (1993).- Diez años de parasitología en el SIMA (1982-1992): Relación de especies y hospedadores. *Informe para el Indice-Catálogo de Zooparásitos Ibéricos.*
3. MARTINEZ-GOMEZ, F. et al. (1987).- Parasitocenosis of *Lepus capensis* in the South of Spain. *Sonderdruck aus Verhandl. des 29 Int. Symp. über die Erkrank. der Zootiere*, Cardiff: 347.
4. MORENO MONTAÑEZ, T.; BECERRA MARTELL, C. y NAVARRETE LOPEZ-COZAR, I. (1979).- Contribución al conocimiento de los parásitos de la liebre *Lepus capensis. Rev. Ibér. Parasitol., 39*: 383.
5. RAMAJO MARTIN, V. (1992).- *Zooparasitología*. En: Las Dehesas Salmantinas. Junta de Castilla y León. Gráficas Ortega, Salamanca: 463.
6. VALERO LOPEZ, A.; ROMERO RODRIGUEZ, J. y GUEVARA POZO, D. (1980).- Linguatulosis caprina en Granada (España). *Rev. Ibér. Parasitol., 40*: 565.

MALLOPHAGA

En la redacción de este capítulo, en la primera edición, intervino la Dra. M. Paz Martín Marteo.

Acidoproctus moschatae (LINNE, 1758)
Hosp.: Pato colorado (*Netta rufina*)
Dist.: Zaragoza.
Reg.: IV.
Bibl.: 59.

Actornithophilus bicolor (PIAGET, 1880)
(Syn. *Colpocephalum bicolor*)
Hosp.: Vuelvepiedras (*Arenaria interpres*)
Dist.: Barcelona.
Reg.: V.
Bibl.: 60.

Actornithophilus gracilis (PIAGET, 1880)
Hosp.: Avefría (*Vanellus vanellus*)
Dist.: Badajoz.
Reg.: VIII.
Bibl.: 55 y 86.

Actornithophilus ochraceus (NITZSCH, 1819)
(Syn. *Colpocephalum ochraceum*)
Hosp.: Avefría (*Vanellus vanellus*)
Dist.: Madrid y Salamanca.
Reg.: III y VI.
Bibl.: 61, 62 y 81.

Actornithophilus piceus (DENNY, 1842)
Hosp.: Gaviota argéntea (*Larus argentatus*)
Dist.: Almería.
Reg.: X.
Bibl.: 55.

Actornithophilus pustulosus (PIAGET, 1880)
Hosp.: Combatiente (*Philomachus pugnax*)
Dist.: Zaragoza.
Reg.: IV.
Bibl.: 59.

Aegypoecus brevicollis (BURMEISTER, 1838) CLAY et MEINERTZHAGEN, 1939
Hosp.: Buitre negro (*Aegypius monachus*)
Dist.: Huelva.
Reg.: IX.
Bibl.: 78.

Alcedoffula alcedinis (DENNY, 1842)
Hosp.: Martín pescador (*Alcedo atthis*)
Dist.: Baleares y La Coruña.
Reg.: II y XI.
Bibl.: 50 y 52.

Allobrueelia abluda ZLOTORZYCKA, 1964
(Syn. *Brueelia turdinulae eternitatus*)
Hosp.: Zorzal común (*Turdus philomelos*)
Dist.: Jaén.
Reg.: IX.
Bibl.: 33 y 55.

Amyrsidea phaestoma (NITZSCH, 1818)
(Syn. *Menopon phaestomum*)
Hosp.: ?
Dist.: Portugal.
Bibl.: 35.

Anaticola anseris (LINNE, 1758)

Hosp.: Ganso común (*Anser anser*) y pato (*Anas platyrhynchos*)
Dist.: Córdoba y Zaragoza.
Reg.: IV y IX.
Bibl.: 3, 22, 43, 47, 55, 68 y 89.

Anaticola crassicornis (SCOPOLL, 1763)
(Syn. *Esthiopterum crassicorne*)

Hosp.: Anade real (*Anas platyrhynchos*), ánade silbón (*Anas penelope*), cerceta común (*Anas crecca*), pato cuchara (*Anas clypeata*), ánade rabudo (*Anas acuta*), porrón común (*Aythya ferina*), porrón moñudo (*Aythya fuligola*), negrón común (*Melanitta nigra*) y tarro blanco (*Tadorna tadorna*)
Dist.: Córdoba, La Coruña y Sevilla. Portugal.
Reg.: II y IX. Portugal.
Bibl.: 3, 35, 43, 47, 61 y 68.

Anaticola phoenicopteri (COINDE, 1859)

Hosp.: Flamenco (*Phoenicopterus ruber*)
Dist.: Cádiz y Córdoba.
Reg.: IX
Bibl.: 55, 67 y 68.

Anatoecus bruneiceps (GIEBEL, 1874)

Hosp.: Anade real (*Anas platyrhynchos*)
Dist.: Cáceres.
Reg.: VI.
Bibl.: 61.

Anatoecus cigni (DENNY, 1842)

Hosp.: Cisne (*Cignus olor*)
Dist.: Córdoba.
Reg.: IX.
Bibl.: 22, 43, 47 y 68.

Anatoecus dentatus (SCOPOLI, 1763)
(Syn. *Philopterus dentatus*)

Hosp.: *Anser* sp.?
Dist.: Portugal.
Bibl.: 35.

Anatoecus icterodes (NITZSCH, 1818)
(Syn. *Philopterus icterodes*)

Hosp.: Anade real (*Anas platyrhynchos*), ánade rabudo (*Anas acuta*), ánade silbón (*Anas penelope*), porrón moñudo (*Aythya fuligula*) y pato colorado (*Netta rufina*)
Dist.: Cáceres. Portugal.
Reg.: VI. Portugal.
Bibl.: 22, 35, 43, 47 y 89.

Anatoecus pygaspis (NITZSCH, 1886)

Hosp.: Flamenco (*Phoenicopterus ruber*)
Dist.: Cádiz y Córdoba.
Reg.: IX.
Bibl.: 55, 67 y 68.

Ancistroma vagelli (FABRICIUS, 1787)

Hosp.: Pardela capirotada (*Puffinus gravis*)
Dist.: Asturias.
Reg.: I.
Bibl.: 55.

Aquanirmus colymbinus (SCOPOLI, 1763)

Hosp.: Zampullín cuellinegro (*Podiceps nigricollis*) y zampullín chico (*Podiceps rufficollis*)
Dist.: Zaragoza.
Reg.: IV.
Bibl.: 55.

Aquanirmus runcinatus (NITZSCH, 1866)

Hosp.: Cerceta común (*Anas crecca*) y ánade real (*Anas platyrhynchos*)
Dist.: Zaragoza.
Reg.: IV.
Bibl.: 59.

Ardeicola ciconiae (LINNEO, 1758)

Hosp.: Cigüeña (*Ciconia ciconia*)
Dist.: Zaragoza.
Reg.: IV.
Bibl.: 54 y 55.

Ardeicola plataleae (L., 1758)

Hosp.: Espátula (*Platalea leucorodia*)
Dist.: Huelva.
Reg.: IX.
Bibl.: 64 y 65.

Austromenopon echinatum EDWARDS
Hosp.: Pardela cenicienta (*Puffinus diomedea*)
Dist.: Canarias.
Reg.: XII.
Bibl.: 80.

Austromenopon lutescens (BURMEISTER, 1838)
Hosp.: Combatiente (*Philomachus pugnax*)
Dist.: Zaragoza.
Reg.: IV.
Bibl.: 59.

Austromenopon pelagicum TIMMERMANN, 1963
Hosp.: Paiño de Leach (*Oceanodroma leucorhoa*)
Dist.: ?
Bibl.: 55.

Austromenopon ridibundum (DENNY, 1842)
(Syn. *Menopon ridibundum*)
Hosp.: Gaviota (*Larus* sp.)
Dist.: Madrid.
Reg.: VI.
Bibl.: 61.

Austromenopon transversum (DENNY, 1842)
Hosp.: Gaviota argéntea (*Larus argentatus*) y gaviota reidora (*Larus ridibundus*)
Dist.: Cuenca.
Reg.: VIII.
Bibl.: 8 y 55.

Bonomiella columbae (EMERSON, 1957)
Hosp.: Paloma (*Columba livia*)
Dist.: Barcelona.
Reg.: V.
Bibl.: 55 y 94.

Bovicola alpina KELER, 1942
Hosp.: Cabra montés (*Capra pyrenaica*)
Dist.: Jaén.
Reg.: IX.
Bibl.: 55.

Bovicola bovis (LINNE, 1785) KELER, 1938
(Syn. *Damalinia bovis; Trichodectes bovis*)
Hosp.: Vaca.
Dist.: Barcelona, Cáceres, Granada, Madrid, Salamanca, Segovia y Vizcaya. Portugal.
Reg.: I, III, V, VI, IX y X. Portugal.
Bibl.: 1, 21, 22, 29, 35, 44, 48, 61, 81 y 89.

Bovicola caprae (GURLT, 1843)
(Syn. *Bovicola climax; Damalinia caprae; Trichodectes climax*)
Hosp.: Cabra.
Dist.: General.
Bibl.: 7, 22, 29, 35, 44, 48, 55, 74, 81, 89, 99 y 108.

Bovicola climax
Cf. *Bovicola caprae*

Bovicola crassipes (RUDOW, 1866)
Hosp.: Cabra montés (*Capra pyrenaica*)
Dist.: Jaén.
Reg.: IX.
Bibl.: 55.

Bovicola equi (DENNY, 1842)
(Syn. *Damalinia equi; Trichodectes equi*)
Hosp.: Caballo y asno.
Dist.: Madrid, Segovia y Zaragoza.
Reg.: III, IV y VI.
Bibl.: 22, 44, 48, 59, 61 y 89.

Bovicola limbata (GERVAIS, 1844)
(Syn. *Trichodectes limbatus*)
Hosp.: Cabra.
Dist.: General.
Bibl.: 34, 55, 99 y 108.

Bovicola ovis (SCHRANK, 1781)
(Syn. *Damalinia ovis; Trichodectes ovis; Trichodectes sphaerocephalus*)
Hosp.: Oveja.
Dist.: General.
Bibl.: 7, 22, 35, 44, 48, 70, 74, 81, 89 y 91.

Brueelia amsel (EICHLER, 1951)
Hosp.: Zorzal (*Turdus philomelos*)
Dist.: Centro-Sur de España.
Reg.: VIII, IX y X.
Bibl.: 33 y 55.

Brueelia apiastri (DENNY, 1842)
(Syn. *Degeeriella apiastri*)
Hosp.: Abejaruco (*Merops apiaster*)
Dist.: Baleares, Lérida, Madrid, Zaragoza y Centro-Sur de España.
Reg.: IV, VI y XI.
Bibl.: 33, 50, 52, 59, 60 y 61.

Brueelia atricapillae SOLER, ALCANTARA et FLORIDO, 1984
Hosp.: Curruca capirotada (*Sylvia atricapilla*)
Dist.: Córdoba? y Granada.
Reg.: IX y X.
Bibl.: 55 y 96.

Brueelia biocellata (PIAGET, 1880)
(Syn. *Degeeriella biocellata*)
Hosp.: Urraca (*Pica pica*)
Dist.: Toledo y Centro-Sur de España.
Reg.: VI.
Bibl.: 33 y 61.

Brueelia blagovescenskyi BALAT, 1955
Hosp.: Escribano montesino (*Emberiza cia*)
Dist.: Granada.
Reg.: IX y X.
Bibl.: 55 y 104.

Brueelia chrysomitris BLAGOVESCHENSKY, 1940
Hosp.: Verdecillo (*Serinus serinus*) y lúgano (*Carduelis spinus*)
Dist.: Granada.
Reg.: IX y X.
Bibl.: 55.

Brueelia delicata (NITZSCH, 1866)
Hosp.: Escribano hortelano (*Emberiza hortulana*)
Dist.: Granada.
Reg.: IX y X.
Bibl.: 55 y 97.

Brueelia densilimba (NITZSCH, 1866)
(Syn. *Nigronirmus densilimbus*)
Hosp.: Jilguero (*Carduelis carduelis*), verdecillo (*Serinus serinus*) y pardillo (*Acanthis cannabina*)
Dist.: Granada.
Reg.: IX y X.
Bibl.: 55, 98 y 101.

Brueelia gracilis (BURMEISTER, 1838)
(Syn. *Degeeriella gracilis*)
Hosp.: Avión común (*Delichon urbica*)
Dist.: Segovia y Centro-Sur de España.
Reg.: III.
Bibl.: 33 y 61.

Brueelia imponderabilica EICHLER, 1954
Hosp.: Alcaudón real (*Lanius excubitor*)
Dist.: Centro-Sur de España.
Reg.: VIII, IX y X.
Bibl.: 33 y 55.

Brueelia marginata (BURMEISTER, 1838)
(Syn. *Degeeriella marginalis*)
Hosp.: Mirlo (*Turdus merula*), zorzal alirrojo (*T. iliacus*), zorzal común (*T. philomelos*) y zorzal real (*T. pilaris*)
Dist.: Granada, Madrid y Centro-Sur de España.
Reg.: VI, IX y X.
Bibl.: 5, 33, 55, 61 y 105.

Brueelia merulensis (DENNY, 1842)
Hosp.: Mirlo (*Turdus merula*), zorzal alirrojo (*T. iliacus*), zorzal común (*T. philomelos*) y estornino negro (*Sturnus unicolor*)
Dist.: Granada y Madrid?
Reg.: VI?, IX y X.
Bibl.: 30, 55 y 105.

Brueelia nebulosa (BURMEISTER, 1838)
Hosp.: Estornino pinto (*Sturnus vulgaris*)
Dist.: Centro-Sur de España.
Reg.: VIII, IX y X.
Bibl.: 33 y 55.

Brueelia obligata EICHLER, 1954
Hosp.: Gorrión (*Passer domesticus*)
Dist.: Granada y Madrid?.
Reg.: VI?, IX y X.
Bibl.: 24, 30 y 55.

Brueelia pallidula (HARRISON, 1916)
(Syn. *Degeeriella pallidula*)
Hosp.: Estornino negro (*Sturnus unicolor*)
Dist.: Cáceres.
Reg.: VI.
Bibl.: 61.

Brueelia parviguttata (BLAGOVESCHT-CHENSKY, 1940)
Hosp.: Alondra (*Alauda arvensis*) y cogujada común (*Galerida cristata*)
Dist.: Granada y Centro-Sur de España.
Reg.: IX y X.
Bibl.: 33, 55 y 107.

Brueelia tristis (GIEBEL, 1874)
Hosp.: Petirrojo (*Erithacus rubecula*)
Dist.: Córdoba? y Granada.
Reg.: IX y X.
Bibl.: 55.

Brueelia turdinulae eternitatus ANSARI, 1956
Cf. *Allobrueelia abluda*

Brueelia uncinosa (BURMEISTER, 1838)
Hosp.: Urraca (*Pica pica*), grajilla (*Corvus monedula*) y corneja (*C. corone*)
Dist.: Badajoz y Córdoba.
Reg.: VIII y IX.
Bibl.: 28, 29, 55 y 68.

Brueelia varia (BURMEISTER, 1838)
Hosp.: Grajilla (*Corvus monedula*)
Dist.: Lérida.
Reg.: IV.
Bibl.: 60 y 106.

Campanulotes bidentatus (SCOPOLI, 1763)
(Syn. *Goniocotes compar*)
Hosp.: Paloma (*Columba livia*) y paloma torcaz (*C. palumbus*)
Dist.: General.
Bibl.: 22, 43, 47, 55, 68, 72, 89 y 94.

Capraiella subcuspidata (BURMEISTER, 1858)
Hosp.: Carraca (*Coracias garrulus*)
Dist.: Baleares y Madrid.
Reg.: VI y XI.
Bibl.: 50 y 52.

Carduiceps scalaris (PIAGET, 1880)
Hosp.: Combatiente (*Philomachus pugnax*)
Dist.: Zaragoza.
Reg.: IV.
Bibl.: 59.

Chelopistes meleagridis (LINNE, 1758)
(Syn. *Goniodes meleagridis*)
Hosp.: Pavo (*Meleagris gallopavo*)
Dist.: Córdoba, León y Madrid. Portugal.
Reg.: III, VI y IX. Portugal.
Bibl.: 3, 22, 35, 43, 47, 61, 68 y 89.

Ciconiphilus pectiniventris (HARRISON, 1916)
(Syn. *Colpocephalum pectiniventris*)
Hosp.: Ganso común (*Anser anser*)
Dist.: ?
Bibl.: 22, 34 y 42.

Coloceras damicornis (NITZSCH, 1866)
Hosp.: Paloma (*Columba livia*) y paloma torcaz (*Columba palumbus*)
Dist.: Córdoba.
Reg.: IX.
Bibl.: 43, 47, 55 y 68.

Coloceras piageti (JOHNSTON et HARRISON, 1912)
(Syn. *Goniodes piageti*)
Hosp.: Paloma (*Columba livia*) y tórtola (*Streptotelia turtur*)
Dist.: Córdoba, Barcelona y Lérida. Portugal.
Reg.: IV, V y IX. Portugal
Bibl.: 3, 4, 22, 35, 43, 55, 68 y 89.

Colpocephalum atrofasciatus
Cf. *Gruimenopon longum*

Colpocephalum barbati PRICE et BEER, 1963
Hosp.: Quebrantahuesos (*Gypaetus barbatus*) y águila culebrera (*Circaetus gallicus*)
Dist.: Málaga.
Reg.: X.
Bibl.: 79 y Martín Mateo, 1977 (com. per.)

Colpocephalum bicolor
Cf. *Actornithophilus bicolor*

Colpocephalum elongatum PIAGET, 1880
Hosp.: Chova piquirroja (*Pyrrhocorax pyrrhocorax*)
Dist.: Guadalajara.
Reg.: VI.
Bibl.: Martín Mateo, 1977 (com. per.)

Colpocephalum flavescens (HAAN, 1829)
Hosp.: Quebrantahuesos (*Gypaetus barbatus*)
Dist.: Lérida y Málaga.
Reg.: IV y X.
Bibl.: 61, 62 y 75.

Colpocephalum heterosoma PIAGET, 1880
Hosp.: Flamenco (*Phoenicopterus ruber*)
Dist.: Cádiz y Córdoba.
Reg.: IX.
Bibl.: 55, 67 y 68.

Colpocephalum imperialis MARTIN-MATEO, 1980
Hosp.: Aguila imperial (*Aquila heliaca*)
Dist.: Huelva.
Reg.: IX.
Bibl.: 55.

Colpocephalum impresum RUDOW, 1866
Hosp.: Aguila real (*Aquila chrysaetos*)
Dist.: Huelva.
Reg.: IX.
Bibl.: 55.

Colpocephalum meridionale PEREZ-JIMENEZ et al., 1988
Hosp.: Ratonero (*Buteo buteo*)
Dist.: Granada.
Reg.: IX y X.
Bibl.: 76.

Colpocephalum milvi TENDEIRO, 1979
Hosp.: Milano real (*Milvus milvus*)
Dist.: Badajoz.
Reg.: VIII.
Bibl.: 55 y 83.

Colpocephalum mutabile TENDEIRO, 1979
Hosp.: Milano real (*Milvus milvus*)
Dist.: Badajoz.
Reg.: VIII.
Bibl.: 55 y 83.

Colpocephalum ochraceum
Cf. *Actornitophilus ochraceus*

Colpocephalum pectiniventris
Cf. *Ciconiphilus pectiniventris*

Colpocephalum plataleae PRICE et BEER, 1965
Hosp.: Espátula (*Platalea leucorodia*)
Dist.: Huelva.
Reg.: IX.
Bibl.: 64 y 65.

Colpocephalum subequale BURMEISTER, 1838
Hosp.: Cuervo (*Corvus corax*), graja (*Corvus frugilegus*) y grajilla (*Corvus monedula*)
Dist.: Madrid.
Reg.: VI.
Bibl.: Martín Mateo, 1977 (com. per.)

Colpocephalum subpachygaster
Cf. *Kurodaia subpachygaster*

Colpocephalum turbinatum DENNY, 1842
Hosp.: Paloma (*Columba livia*)
Dist.: General.
Bibl.: 22, 35, 39 y 42.

Colpocephalum zebra BURMEISTER, 1838
Hosp.: Cigüeña (*Ciconia ciconia*)
Dist.: Zaragoza.
Reg.: IV.
Bibl.: 54 y 55.

Columbicola bacillus
Hosp.: Tórtola (*Streptotelia turtur*)
Dist.: Córdoba.
Reg.: IX.
Bibl.: 68.

Columbicola claviformis (DENNY, 1842)
Hosp.: Paloma torcaz (*Columba palumbus*)
Dist.: Córdoba.
Reg.: IX.
Bibl.: 55 y 68.

Columbicola columbae (LINNE, 1758)
(Syn. *Lipeurus columbae*)
Hosp.: Paloma (*Columba livia*), paloma torcaz (*Columba palumbus*), tórtola (*Streptotelia turtur*) y ratonero (*Buteo buteo*)
Dist.: Barcelona, Canarias, Córdoba, Granada, León, Lérida, Logroño, Madrid, Sevilla y Zaragoza. Portugal.

Reg.: III, IV, V, VI, IX, X y XII. Portugal.
Bibl.: 3, 22, 35, 43, 47, 55, 59, 60, 61, 68, 70, 72, 76, 89, 94, 111 y Cordero del Campillo, 1977 (com. per.)

Craspedorrhynchus aquilinus (DENNY, 1842)
Hosp.: Aguila real (*Aquila chrysaetos*)
Dist.: La Coruña y Salamanca.
Reg.: II y III.
Bibl.: 19, 20, 55 y 61.

Craspedorrhynchus fasciati GALLEGO, MARTIN MATEO et AGUIRRE, 1987
Hosp.: Aguila perdicera (*Hieraaetus fasciatus*)
Dist.: Huelva.
Reg.: IX.
Bibl.: 20 y 55.

Craspedorrhynchus fraterculus EICHLER et ZLOTORZYCKA, 1972
Hosp.: Aguila imperial (*Aquila heliaca*)
Dist.: Huelva y Madrid.
Reg.: VI y IX.
Bibl.: 19, 20 y 55.

Craspedorrhynchus melittoscopus (NITZSCH, 1874)
Hosp.: Halcón abejero (*Pernis apivorus*) y gavilán (*Accipiter nisus*)
Dist.: Barcelona (Zool.) y otros lugares, sin precisar.
Reg.: V.
Bibl.: 19, 20 y 55.

Craspedorrhynchus nisi (DENNY, 1842)
Hosp.: Gavilán (*Accipiter nisus*)
Dist.: Barcelona, Burgos, La Coruña y Lérida.
Reg.: IV.
Bibl.: 19, 20, 55, 60 y 61.

Craspedorrhynchus pennati GALLEGO, MARTIN MATEO et AGUIRRE, 1987
Hosp.: Aguila calzada (*Hiaraaetus pennatus*)
Dist.: Ciudad Real y Huelva.
Reg.: VIII y IX.
Bibl.: 20 y 55.

Craspedorrhynchus platystomus (BURMEISTER, 1838)
(Syn. *Philopterus platystomus*)
Hosp.: Ratonero (*Buteo buteo*) y mochuelo (*Athene noctua*)
Dist.: Barcelona, La Coruña, Guadalajara, Granada, León, Lérida, Madrid, La Rioja, Salamanca y Toledo.
Reg.: II, III, IV, V, VI, IX y X.
Bibl.: 19, 20, 55, 61 y 76.

Craspedorrhynchus rotundatus (PIAGET, 1880)
Hosp.: Aguilucho lagunero (*Circus aeruginosus*)
Dist.: Ciudad Real, Madrid y Toledo.
Reg.: VI y VIII.
Bibl.: 19, 20 y 55.

Craspedorrhynchus spathulatus (GIEBEL, 1874)
Hosp.: Milano real (*Milvus milvus*) y milano negro (*Milvus migrans*)
Dist.: Badajoz, Huelva, Madrid y Salamanca.
Reg.: III, VI, VIII y IX.
Bibl.: 19, 20, 55 y 83.

Craspedorrhynchus subbuteonis GALLEGO, MARTIN MATEO et AGUIRRE, 1987
Hosp.: Alcotán (*Falco subbuteo*)
Dist.: Guadalajara.
Reg.: VI.
Bibl.: 20 y 55.

Craspedorrhynchus triangularis (RUDOW, 1869)
Hosp.: Aguila culebrera (*Circaetus gallicus*)
Dist.: Zaragoza.
Reg.: IV.
Bibl.: 19, 20, 55, 59 y 61.

Cuclotogaster cinereus (NITZSCH, 1866)
Hosp.: Codorniz (*Coturnix coturnix*)
Dist.: Valladolid.
Reg.: III.
Bibl.: 3, 4 y 55.

Cuclotogaster heterogrammicus (NITZSCH, 1866)

Hosp.: Faisán dorado (*Chrysolophus pictus*), faisán (*Phasianus colchicus*) y perdiz parda (*Perdix perdix*)
Dist.: Córdoba y León.
Reg.: III y IX.
Bibl.: 11, 68, 69 y 73.

Cuclotogaster heterographus (NITZSCH, 1866)
(Syn. *Lipeurus heterographus*)

Hosp.: Gallina, pato, faisán (*Phasianus colchicus*), perdiz (*Alectoris rufa*), pintada (*Numida meleagris*) y canario (*Serinus canarius*)
Dist.: Ciudad Real, Córdoba, Cuenca, Granada, Lugo, Madrid, Salamanca, Toledo y Zaragoza. Portugal.
Reg.: II, III, IV, VI, VIII, IX y X. Portugal.
Bibl.: 3, 7, 11, 22, 23, 35, 43, 47, 59, 61, 66, 68, 69, 70, 71, 81, 89 y 90.

Cuclotogaster obscurior HOPKINS, 1950

Hosp.: Perdiz pardilla (*Perdix perdix*) y perdiz roja (*Alectoris rufa*)
Dist.: León.
Reg.: III.
Bibl.: 3, 55 y 73.

Cummingsiella ambigua (BURMEISTER, 1838)
(Syn. *Philopterus major*)

Hosp.: Agachadiza común (*Capella gallinago*)
Dist.: ?
Bibl.: 61.

Cummingsiella ovalis (SCOPOLI, 1763)

Hosp.: Zarapito real (*Numenis arquata*)
Dist.: Zaragoza.
Reg.: IV.
Bibl.: 55.

Damalinia bovis
Cf. *Bovicola bovis*

Damalinia caprae
Cf. *Bovicola caprae*

Damalinia equi
Cf. *Bovicola equi*

Damalinia ovis
Cf. *Bovicola ovis*

Degeeriella apiastri
Cf. *Brueelia apiastri*

Degeeriella biocellata
Cf. *Brueelia biocellata*

Degeeriella discocephala (BURMEISTER, 1838)

Hosp.: Quebrantahuesos (*Gypaetus barbatus*) y águila?
Dist.: Madrid y Málaga.
Reg.: VI y X.
Bibl.: 15, 17 y 61.

Degeeriella enzonia
Cf. *Degeeriella punctifer*

Degeeriella frater (PIAGET, 1880)

Hosp.: Carraca (*Coracias garrulus*)
Dist.: Cáceres.
Reg.: VI.
Bibl.: 61.

Degeeriella fulva (GIEBEL, 1874)

Hosp.: Ratonero (*Buteo buteo*) y águila perdicera (*Hieraaetus fasciatus*)
Dist.: Barcelona, La Coruña, Granada, León y Madrid.
Reg.: II, III, VI, IX y X.
Bibl.: 55 y 76.

Degeeriella fusca (DENNY, 1842)

Hosp.: Ratonero (*Buteo buteo*), aguilucho lagunero (*Circus aeruginosus*), aguilucho pálido (*Circus cyaneus*) alcotán (*Falco subbuteo*) y águila?
Dist.: Cáceres, Córdoba, La Coruña, Granada, Lérida y Madrid.
Reg.: III, IV, VI, IX y X.
Bibl.: 60, 61, 68 y 70.

Degeeriella gracilis
Cf. *Brueelia gracilis*

Degeeriella hiaticulae
Cf. *Quadraceps hiaticulae*

Degeeriella marginalis
Cf. *Brueelia marginalis*

Degeeriella pallidula
Cf. *Brueelia pallidula*

Degeeriella punctata
Cf. *Quadraceps punctatus*

Degeeriella punctifer (GERVAIS, 1844)
(Syn. *Degeeriella enzonia*)
Hosp.: Quebrantahuesos (*Gpaetus barbatus*)
Dist.: Lérida.
Reg.: IV.
Bibl.: 61 y 75.

Degeeriella regalis (GIEBEL, 1866)
Hosp.: Milano negro (*Milvus migrans*) y milano real (*Milvus milvus*)
Dist.: Badajoz y Zaragoza.
Reg.: IV y VIII.
Bibl.: 59 y 83.

Degeeriella rufa (BURMEISTER, 1838)
Hosp.: Cernícalo (*Falco tinnunculus*)
Dist.: Lérida.
Reg.: IV.
Bibl.: 60.

Degeeriella quadrisetacea
Cf. *Quadraceps quadrisetaceus*

Dennyus hirundinis (LINNE, 1761)
(Syn. *Dennyus truncatus*)
Hosp.: Vencejo real (*Apus melba*), vencejo pálido (*Apus pallidus*) y vencejo común (*Apus apus*)
Dist.: Baleares, Cáceres, Segovia y, en general, el sur de España.
Reg.: III, IV, IX y X.
Bibl.: 37 y 61.

Docophorulus capillatus (ZOLOTORZYCKA, 1964)
Hosp.: Papamoscas cerrojillo (*Ficedula hypoleuca*)
Dist.: Granada.
Reg.: IX y X.
Bibl.: 55 y 97.

Eidmanniella pustulosa (NITZSCH, 1866)
(Syn. *Menopon pustulosum*)
Hosp.: Alcatraz (*Sula bassana*)
Dist.: Cantabria.
Reg.: I.
Bibl.: 56 y 61.

Esthiopterum crassicorne
Cf. *Anaticola crassicorne*

Esthiopterum gruis (LINNE, 1758)
Hosp.: Grulla (*Grus grus*)
Dist.: Madrid y Zaragoza.
Reg.: IV y VI.
Bibl.: 59 y 61.

Esthiopterum quadriloculatum
Cf. *Falcolipeurus sulcifrons*

Esthiopterum quadripunctatus
Cf. *Falcolipeurus quadripunctatus*

Esthiopterum rheae (HARRISON, 1916)
Cf. *Struthiolipeurus ñandu*

Eucolpocephalum femorale (PIAGET, 1880)
Hosp.: Espátula (*Platalea leucorodia*)
Dist.: Huelva.
Reg.: IX.
Bibl.: 64 y 65.

Eutrichophilus genettae
Cf. *Felicola genettae*

Falcolipeurus quadripunctatus (GIEBEL, 1861)
(Syn. *Esthiopterum quadripunctatus*)
Hosp.: Quebrantahuesos (*Gypaetus barbatus*)
Dist.: Lérida.
Reg.: IV.
Bibl.: 75.

Falcolipeurus quadripustulatus quadripustulatus (BURMEISTER, 1838)
Hosp.: Buitre negro (*Aegypius monachus*)
Dist.: Extremadura y Segovia.
Reg.: III, VI y VIII.
Bibl.: 55.

Falcolipeurus quadripustulatus perspicillatus (NITZSCH, 1866)
Hosp.: Buitre leonado (*Gyps fulvus*)
Dist.: Cantabria, Huelva y Lérida.
Reg.: I, IV y IX.
Bibl.: 55.

Falcolipeurus sulcifrons (DENNY, 1842)
(Syn. *Esthiopterum quadriloculatum*)
Hosp.: Quebrantahuesos (*Gypaetus barbatus*)
Dist.: Málaga.
Reg.: X.
Bibl.: 61.

Falcolipeurus suturalis (RUDOW, 1869)
Hosp.: Aguila imperial (*Aquila heliaca*)
Dist.: Huelva.
Reg.: IX.
Bibl.: 55.

Felicola genettae (FRESCA, 1924)
(Syn. *Eutrichophilus genettae*)
Hosp.: Jineta (*Genetta genetta*)
Dist.: Badajoz, Madrid y Pontevedra.
Reg.: II, VI y VIII.
Bibl.: 16, 48 y 61.

Felicola inaequalis (PIAGET, 1880)
Hosp.: Meloncillo (*Herpestes ichneumon*)
Dist.: Córdoba.
Reg.: IX.
Bibl.: 77 y 109.

Felicola subrostrata (BURMEISTER, 1838)
Hosp.: Gato.
Dist.: General.
Bibl.: 22, 35, 36, 44, 48 y 89.

Felicola vulpis (DENNY, 1842)
Hosp.: Zorro (*Vulpes vulpes*)
Dist.: Huelva.
Reg.: IX.
Bibl.: 77.

Fulicoffula lurida (NITZSCH, 1818)
Hosp.: Focha (*Fulica atra*)
Dist.: Cuenca.
Reg.: VIII.
Bibl.: 32 y 55.

Gliricola porcelli (SCHRANK, 1781)
Hosp.: Cobaya (*Cavia porcellus*)
Dist.: Córdoba, León y Lugo. Portugal.
Reg.: II, III y IX. Portugal.
Bibl.: 35, 45, 61, 70 y Cordero del Campillo, 1977 (com. per.)

Goniocotes chrysocephalus GIEBEL, 1874
Hosp.: Faisán (*Phasianus colchicus*) y faisán dorado (*Chrysolophus pictus*)
Dist.: Córdoba.
Reg.: IX.
Bibl.: 3 y 68.

Goniocotes compar
Cf. *Campanulotes bidentatus*

Goniocotes gallinae (DE GEER, 1778)
Hosp.: Gallina y pintada (*Numida meleagris*)
Dist.: Córdoba, León, Madrid, Salamanca y Zaragoza.
Reg.: III, IV, V y IX.
Bibl.: 3, 22, 43, 47, 59, 61, 68, 81, 95 y Cordero del Campillo, 1977 (com. per.)

Goniocotes gigas
Cf. *Goniodes gigas*

Goniocotes hologaster
Cf. *Goniodes gigas*

Goniocotes obscurus GIEBEL, 1874
Hosp.: Perdiz roja (*Alectoris rufa*) y perdiz pardilla (*Perdix perdix*)
Dist.: Córdoba, Jaén, León, Madrid y Salamanca.
Reg.: III, VI y IX.
Bibl.: 47, 61, 68, 73, 81 y 87.

Goniocotes rectangulatus NITZSCH in GIEBEL, 1860
Hosp.: Pavo real (*Pavus cristatus*)?
Dist.: Portugal.
Bibl.: 35.

Goniocotes simillimus KELER, 1937
Hosp.: Perdiz pardilla (*Perdix perdix*)
Dist.: ?
Bibl.: 41.

Goniodes bituberculatus RUDOW, 1869
Hosp.: Urogallo (*Tetrao urogallus*)
Dist.: Lugo, Asturias y Pirineos.
Reg.: I, II y IV.
Bibl.: 38 y 40.

Goniodes colchici DENNY, 1842
Hosp.: Faisán dorado (*Chrysolophus pictus*) y faisán (*Phasianus colchicus*)
Dist.: Córdoba.
Reg.: IX.
Bibl.: 3, 11, 68 y 69.

Goniodes dispar BURMEISTER, 1838
(Syn. *Goniodes flaviceps*)
Hosp.: Gallina, faisán (*Phasianus colchicus*), perdiz (*Alectoris rufa*) y pintada (*Numida meleagris*)
Dist.: Córdoba, Cuenca, Granada, Madrid, Salamanca y Zaragoza.
Reg.: III, IV, VI, VIII, IX y X.
Bibl.: 9, 13, 43, 47, 59, 61, 68, 69, 70 y 81.

Goniodes dissimilis DENNY, 1842
Hosp.: Gallina.
Dist.: León, Lugo y Madrid. Portugal.
Reg.: II, III y VI. Portugal.
Bibl.: 7, 22, 35, 43, 47, 61, 89 y Cordero del Campillo, 1968 (com. per.)

Goniodes flaviceps
Cf. *Goniodes dispar*

Goniodes gigas (TACHENBERG, 1879)
(Syn. *Goniocotes gigas; Goniocotes hologaster*)
Hosp.: Gallina y *Gennaecus nycthemerus*
Dist.: Ciudad Real, Córdoba, León, Lugo, Madrid y Toledo. Portugal.
Reg.. II, III, VI, VIII y IX. Portugal.
Bibl.: 7, 20, 33, 41, 45, 56, 70, 89, 90 y Cordero del Campillo, 1977 (com. per.)

Goniodes meleagridis
Cf. *Chelopistes meleagridis*

Goniodes pavonis (LINNE, 1758)
Hosp.: Pavo (*Meleagris gallopavo*) y pavo real (*Pavo cristatus*)
Dist.: Barcelona, Córdoba, Lérida, Murcia y Tarragona. Portugal.
Reg.: IV, V, VII, IX y X. Portugal.
Bibl.: 2, 3, 22, 35, 43, 68 y 80.

Goniodes piageti
Cf. *Coloceras piageti*

Goniodes tetraonis (LINNE, 1761)
Hosp.: Urogallo (*Tetrao urogallus*)
Dist.: Asturias y Lugo.
Reg.: I y II.
Bibl.: 38 y 40.

Gruimenopon longum (GIEBEL, 1874)
(Syn. *Colpocephalum longum*)
Hosp.: Grulla (*Grus grus*)
Dist.: Madrid.
Reg.: VI.
Bibl.: 61 y 62.

Gyropus ovalis BURMEISTER, 1838
Hosp.: Cobaya (*Cavia porcellus*)
Dist.: Córdoba, León y Lugo. Portugal.
Reg.: II, III y IX. Portugal.
Bibl.: 35, 45, 61, 70 y Cordero del Campillo, 1977 (com. per.)

Halipeurus abnormis (PIAGET, 1880)
Hosp.: Pardela cenicienta (*Puffinus diomedea*)
Dist.: Castellón (islas Columbretes)
Reg.: VII.
Bibl.: 51.

Heleonomus macilentus (NITZSCH, 1866)
Hosp.: Grulla (*Grus grus*)
Dist.: Zaragoza.
Reg.: IV.
Bibl.: 59.

Hohorstiella gigantea (DENNY, 1842)
Hosp.: Paloma (*Columba livia*)
Dist.: Córdoba.
Reg.: IX.
Bibl.: 22, 39, 42 y 68.

Hohorstiella lata (PIAGET, 1880)
Hosp.: Paloma (*Columba livia*)
Dist.: Barcelona y Córdoba.
Reg.: V y IX.
Bibl.: 55, 72 y 94.

Holomenopon leucoxanthum (BURMEISTER, 1838)
Hosp.: Anade rabudo (*Anas acuta*)
Dist.: Zaragoza.
Reg.: IV.
Bibl.: 59.

Ibidoecus plataleae (DENNY, 1842)
Hosp.: Espátula (*Platalea leucorodia*)
Dist.: Huelva.
Reg.: IX.
Bibl.: 64 y 65.

Incidifrons fulicae (LINNE, 1758)
Hosp.: Focha (*Fulica atra*)
Dist.: Cuenca.
Reg.: VIII.
Bibl.: 32 y 60.

Kurodaia subpachygaster (PIAGET, 1880)
(Syn. *Colpocephalum subpachygaster*)
Hosp.: Autillo (*Otus scops*)
Dist.: Madrid.
Reg.: VI.
Bibl.: 61 y 62.

Laemobothrion atrum (NITZSCH, 1818)
(Syn. *Laemobothrion nigrum*)
Hosp.: Zampullín chico (*Podiceps ruficollis*)
Dist.: Sevilla.
Reg.: IX.
Bibl.: 46 y 61.

Laemobothrion circi
Cf. *Laemobothrion maximum*

Laemobothrion giganteum
Cf. *Laemobothrion maximum*

Laemobothrion iberum PEREZ-JIMENEZ et al., 1988
Hosp.: Ratonero (*Buteo buteo*)
Dist.: Granada.
Reg.: IX y X.
Bibl.: 76.

Laemobothrion maximum (SCOPOLI, 1765)
(Syn. *Laemobothrion circi; Laemobothrion maximum; Laemobothrion titan*)
Hosp.: Ratonero (*Buteo buteo*), milano real (*Milvus milvus*), aguilucho lagunero (*Circus aeruginosus*), águila real (*Aquila chrysaetos*), buitre leonado (*Gyps fulvus*) y milano negro (*Milvus migrans*)
Dist.: Asturias, Cuenca, Granada, Madrid y Zaragoza.
Reg.: I, IV, VI, VIII, IX y X.
Bibl.: 46, 59, 61 y 76.

Laemobothrion nigrum
Cf. *Laemobothrion atrum*

Laemobothrion tinnunculi (LINNE, 1758)
Hosp.: Mochuelo (*Athene noctua*) y quebrantahuesos (*Gypaetus barbatus*)
Dist.: Madrid y Málaga.
Reg.: VI y X.
Bibl.: 46 y 61.

Laemobothrion titan
Cf. *Laemobothrion maximum*

Laemobothrion vulturis (FABRICIUS, 1775)
Hosp.: Buitre leonado (*Gyps fulvus*)
Dist.: Burgos.
Reg.: III.
Bibl.: 55.

Lagopoecus pallidovittatus (GRÜBE, 1851)
Hosp.: Urogallo (*Tetrao urogallus*)
Dist.: Lugo y Pirineos.
Reg.: II y IV.
Bibl.: 38 y 40.

Lipeurus caponis (LINNE, 1758)
(Syn. *Lipeurus variabilis*)
Hosp.: Gallina, paloma (*Columba livia*), pintada (*Numida meleagris*), pavo (*Meleagris gallopavo*) y faisán (*Phasianus colchicus*)
Dist.: Córdoba, León, Lugo, Madrid y Salamanca. Portugal.
Reg.: II, III, VI y IX. Portugal.
Bibl.: 3, 7, 22, 35, 43, 47, 61, 68, 70, 81, 89 y Cordero del Campillo, 1977 (com. per.)

Lipeurus columbae
Cf. *Columbicola columbae*

Lipeurus gallopavonis
Cf. *Oxylipeurus politrapezius*

Lipeurus heterographus
Cf. *Cuclotogaster heterographus*

Lipeurus introductus KELLOG, 1869
Hosp.: *Gennaeus nycthemerus*
Dist.: Madrid.
Reg.: VI.
Bibl.: 61.

Lipeurus variabilis
Cf. *Lipeurus caponis*

Lorisicola genettae (FRESCA, 1924)
Hosp.: Jineta (*Genetta genetta*)
Dist.: Huelva.
Reg.: IX.
Bibl.: 77.

Lunaceps holophaeus (BURMEISTER, 1836)
Hosp.: Combatiente (*Philomachus pugnax*)
Dist.: Zaragoza.
Reg.: IV.
Bibl.: 59.

Lunaceps numenii (DENNY, 1842)
Hosp.: Zarapito real (*Numenius arquata*)
Dist.: Zaragoza.
Reg.: IV.
Bibl.: 55.

Maculinirmus granatensis SOLER, BENITEZ, FLORIDO et MUÑOZ, 1987
Hosp.: Pardillo (*Acanthis cannabina*)
Diit.: Granada.
Reg.: IX y X.
Bibl.: 98.

Menacanthus alaudae (SCHRANK, 1776)
Hosp.: Cogujada común (*Galerida cristata*)
Dist.: Granada.
Reg.: IX y X.
Bibl.: 55 y 100.

Menacanthus andalus SOLER, BENITEZ et ALCANTARA, 1982
Hosp.: Bisbita común (*Anthus pratensis*)
Dist.: Granada.
Reg.: IX.
Bibl.: 55 y 97.

Menacanthus anulatus GIEBEL, 1874
Hosp.: Gorrión (*Passer domesticus*)
Dist.: Granada.
Reg.: IX.
Bibl.: 27 y 55.

Menacanthus carduelis (DENNY, 1842)
Hosp.: Jilguero (*Carduelis carduelis*)
Dist.: Granada.
Reg.: IX.
Bibl.: 25 y 55.

Menacanthus citrinellae (DENNY, 1842)
Hosp.: Escribano cerillo (*Emberiza citrinella*)
Dist.: Guadalajara.
Reg.: VI.
Bibl.: 41.

Menacanthus eurysternum (BURMEISTER, 1838)
Hosp.: Urraca (*Pica pica*)
Dist.: Badajoz, Ciudad Real y Córdoba.
Reg.: VIII y IX.
Bibl.: 28, 31, 55 y 68.

Menacanthus fertilis (NITZSCH, 1866)
Hosp.: Abubilla (*Upupa epops*)
Dist.: Murcia.
Reg.: X.
Bibl.: 31.

Menacanthus hispanicus SOLER, BENITEZ et ALCANTARA, 1982
Hosp.: Bisbita común (*Anthus pratensis*)
Dist.: Granada.
Reg.: IX.
Bibl.: 55 y 97.

Menacanthus lyali RODRIGUEZ, JIMENEZ et CRIADO, 1983
Hosp.: Perdiz roja (*Alectoris rufa*)
Dist.: Badajoz, Jaén y Sevilla
Reg.: VIII y IX.
Bibl.: 55.

Menacanthus minusculus BLAGOVESCHENSKY, 1940
Hosp.: Zorzal (*Turdus philomelos*)
Dist.: Jaén.
Reg.: IX.
Bibl.: 55.

Menacanthus mutabilis BLAGOVESCHENSKY, 1940
Hosp.: Pinzón (*Fringilla coelebs*) y estornino pinto (*Sturnus vulgaris*)
Dist.: Jaén.
Reg.: IX.
Bibl.: 31.

Menacanthus numidae (GIEBEL, 1874)
Hosp.: Gallina, grulla (*Grus grus*), perdiz (*Alectoris rufa*) y pintada (*Numida meleagris*)
Dist.: Córdoba, Granada, Madrid, Salamanca, Toledo y Zaragoza.
Reg.: III, IV, VI, IX y X.
Bibl.: 10, 41, 59, 68 y 81.

Menacanthus pallidulus (NEUMANN, 1912)
(Syn. *Menopon pallidulum*)
Hosp.: Gallina.
Dist.: Madrid y Zaragoza.
Reg.: IV y VI.
Bibl.: 22, 41, 59 y 61.

Menacanthus phylloscopi BLAGOVESCHENSKY, 1951
Hosp.: Mosquitero (*Phylloscopus collybita*)
Dist.: Granada.
Reg.: IX.
Bibl.: 55.

Menacanthus pici (DENNY, 1842)
(Syn. *Menopon pici*)
Hosp.: Pito real (*Picus viridis*)
Dist.: Madrid.
Reg.: VI.
Bibl.: 41 y 61.

Menacanthus pius EICHLER et ZLOTORZYCKA, 1963
Hosp.: Mirlo (*Turdus merula*) y petirrojo (*Erithacus rubecula*)
Dist.: Badajoz y Jaén.
Reg.: VIII y IX.
Bibl.: 31.

Menacanthus polonicus EICHLER et ZLOTORZYCKA, 1963
Hosp.: Zorzal alirrojo (*Turdus iliacus*) y zorzal común (*Turdus philomelos*)
Dist.: Granada.
Reg.: IX.
Bibl.: 5, 55 y 105.

Menacanthus sp.
Hosp.: Mosquitero (*Phylloscopus collybita*)
Dist.: ?
Bibl.: 102.

Menacanthus sp.
Hosp.: Grajilla (*Corvus monedula*)
Dist.: ?
Bibl.: 106.

Menacanthus spiniferus (PIAGET, 1885)
(Syn. *Menopon spiniferum*)
Hosp.: Estornino negro (*Sturnus unicolor*) y urraca (*Pica pica*)
Dist.: Guadalajara y Madrid.
Reg.. VI.
Bibl.: 41 y 61.

Menacanthus stramineus (NITZSCH, 1818)
(Syn. *Menopon meleagridis; Menopon stramineus*)
Hosp.: Gallina, faisán (*Phasianus colchicus*), pavo (*Meleagris gallopavo*) y paloma (*Columba livia*)
Dist.: Córdoba, Huesca, León, Madrid, Salamanca y Vizcaya. Portugal.
Reg.: I, III, IV, VI y IX. Portugal.
Bibl.: 3, 21, 22, 35, 39, 41, 42, 61, 68, 70, 81, 89, 93 y Cordero del Campillo, 1977 (com. per.)

Menacanthus tibialis (PIAGET, 1885)
Hosp.: Rabilargo (*Cyanopica cyanus*)
Dist.: Ciudad Real.
Reg.: VIII.
Bibl.: 31.

Menopon gallinae (LINNEO, 1758)
Hosp.: Gallina.
Dist.: Ciudad Real, Córdoba, León, Lugo, Madrid, Mallorca, Salamanca, Toledo y Zaragoza. Portugal.
Reg.: II, III, IV, VI, VIII, IX y XI. Portugal.
Bibl.: 3, 7, 22, 35, 39, 42, 59, 61, 70, 89, 90, 95 y Cordero del Campillo, 1977 (com. per.)

Menopon meleagridis
Cf. *Menacanthus stramineus*

Menopon pallens CLAY, 1949
Hosp.: Perdiz roja (*Alectoris rufa*) y perdiz pardilla (*Perdix perdix*)
Dist.: Cáceres, Córdoba, León y Zaragoza.
Reg.: III, IV, VI y IX.
Bibl.: 3, 55, 59, 68, 69, 73 y 82.

Menopon pellidulum
Cf. *Menacanthus pallidulus*

Menopon phaestomum
Cf. *Amyrsidea phaestoma*

Menopon pici
Cf. *Menacanthus pici*

Menopon pustulosum
Cf. *Eidmanniella pustulosa*

Menopon ridibundum
Cf. *Austromenopon ridibundum*

Menopon spiniferum
Cf. *Menacanthus spiniferus*

Menopon stramineus
Cf. *Menacanthus stramineus*

Meromenopon meropis CLAY et MEINERTZHAGEN, 1941
Hosp.: Abejaruco (*Merops apiaster*)
Dist.: Baleares, Madrid, Toledo y Zaragoza.
Reg.: IV, VI y XI.
Bibl.: 50, 55, 59 y 60.

Meropoecus meropis (DENNY, 1842)
(Syn. *Philopterus meropis*)
Hosp.: Abejaruco (*Merops apiaster*)
Dist.: Baleares, Lérida, Madrid, Toledo y Zaragoza.
Reg.: IV, VI y XI.
Bibl.: 50, 55, 59, 60 y 61.

Muloticola hypoleucus DENNY, 1842
Hosp.: Chotacabras pardo (*Caprimulgus ruficollis*)
Dist.: Lérida.
Reg.: IV.
Bibl.: 60.

Myrsidea anathorax (NITZSCH, 1866)
Hosp.: Grajilla (*Corvus monedula*)
Dist.: Avila y Zaragoza.
Reg.: III y IV.
Bibl.: 60, 61 y 106.

Myrsidea cornicis (DE GEER, 1778)
Hosp.: Corneja (*Corvus corone*), urraca (*Pica pica*) y grajilla (*C. monedula*)
Dist.: Córdoba y Guadalajara.
Reg.: VI y IX.
Bibl.: 55, 68 y 85.

Myrsidea illiaci EICHLER, 1951
Hosp.: Zorzal (*Turdus philomelos*)
Dist.: Jaén.
Reg.: IX.
Bibl.: 55.

Myrsidea picae (LINNEO, 1758)
Hosp.: Urraca (*Pica pica*)
Dist.: Córdoba, Madrid y Toledo.
Reg.: VI.
Bibl.: 28, 61 y 68.

Myrsidea rustica (GIEBEL, 1874)
Hosp.: Golondrina (*Hirundo rustica*)
Dist.: Granada.
Reg.: IX.
Bibl.: 26 y 55.

Myrsidea sp.
Hosp.: Curruca capirotada (*Sylvia atricapilla*)
Dist.: Córdoba.
Reg.: IX.
Bibl.: 55.

Myrsidea thoracica (GIEBEL, 1874)
Hosp.: Zorzal charlo (*Turdus viscivorus*)
Dist.: Badajoz.
Reg.: VIII.
Bibl.: 85.

Naubates harrisoni BEDFORD, 1930
Hosp.: Pardela capirotada (*Puffinus gravis*)
Dist.: Asturias.
Reg.: I.
Bibl.: 55.

Neophilopterus incompletus (DENNY, 1842)
(Syn. *Philopterus incompletus*)
Hosp.: Cigüeña (*Ciconia ciconia*)
Dist.: Sevilla.
Reg.: IX.
Bibl.: 54 y 61.

Nigronirmus atricapillae SOLER, ALCANTARA et FLORIDO, 1984
Hosp.: Curruca capirotada (*Sylvia atricapilla*)
Dist.: Granada.
Reg.: IX.
Bibl.: 55 y 96.

Nigronirmus densilimbus
Cf. *Brueelia densilimba*

Ornithobius bucephalus (GIEBEL, 1874)
Hosp.: Cisne (*Cygnus olor*)
Dist.: Barcelona y Lérida.
Reg.: IV y V.
Bibl.: 3, 4 y 55.

Otilipeurus turmalis (DENNY, 1842)
Hosp.: Avutarda (*Otis tarda*)
Dist.: Cáceres.
Reg.: VI.
Bibl.: 53, 55 y 82.

Oxylipeurus polytrapezius (BURMEISTER, 1838)
(Syn. *Lipeurus gallopavonis*)
Hosp.: Pavo (*Meleagris gallopavo*)
Dist.: Córdoba. Portugal.
Reg.: IX. Portugal.
Bibl.: 22, 35, 43, 68 y 89.

Oxylipeurus tetraonis (GRÜBE, 1851)
Hosp.: Urogallo (*Tetrao urogallus*)
Dist.: Asturias, Lugo y Pirineos.
Reg.: I, II y IV.
Bibl.: 38 y 40.

Pectinopygus bassanus (FABRICIUS, 1780)
Hosp.: Alcatraz (*Sula bassana*)
Dist.: Cantabria y La Coruña.
Reg.: I y II.
Bibl.: 56 y 61.

Pectinopygus brevicornis (DENNY, 1842)
Hosp.: Cormorán (*Phalacrocorax aristotelis*)
Dist.: Costa Atlántica?
Reg.: II.
Bibl.: 56 y 63.

Pectinopygus sulae (RUDOW)
Hosp.: Alcatraz (*Sula leucogaster*)
Dist.: ?
Bibl.: 63.

Penenirmus pici (FABRICIUS, 1789)
Hosp.: Pito real (*Picus viridis*)
Dist.: La Coruña.
Reg.: II.
Bibl.: 55.

Philopterus castaneus FRESCA, 1923
Cf. *Strigiphilus cursitans*

Philopterus communis NITZSCH, 1818
(especie polémica, dado que diversos autores describen diferentes especies según el hospedador)
(Syn. *Philopterus subflavescens*)
Hosp.: Gavilán (*Accipiter nissus*), carricerín común (*Acrocephalus schnoebanus*), mirlo acuático (*Cinclus aquaticus*), arrendajo (*Garrulus glandarius*), alcaudón real (*Lanius escubitor*), oropéndola (*Oriolus oriolus*), carbonero común (*Parus major*), herrerillo capuchino (*Parus cristatus*), tarabilla norteña (*Pratincola rubetra*) y mirlo (*Turdus merula*)
Dist.: La Coruña, Madrid, Orense y Segovia.
Reg.: II, III y VI.
Bibl.: 61.

Philopterus corvi (LINNEO, 1758)
Hosp.: Cuervo (*Corvus corax*)
Dist.: Madrid.
Reg.: VI.
Bibl.: 61.

Philopterus crassipes (BURMEISTER, 1838)
Hosp.: Urraca (*Pica pica*)
Dist.: Madrid.
Reg.: VI.
Bibl.: 61.

Philopterus crenulatus
Cf. *Strigiphilus crenulatus*

Philopterus cursor
Cf. *Strigiphilus cursor*

Philopterus dentatus
Cf. *Anatoecus dentatus*

Philopterus excisus NITZSCH, 1818?
Hosp.: Golondrina (*Hirundo rustica*)
Dist.: Granada.
Reg.: IX y X.
Bibl.: 26.

Philopterus fringillae DENNY, 1842
Hosp.: Gorrión (*Passer domesticus*)
Dist.: Granada.
Reg.: IX y X.
Bibl.: 27.

Philopterus guttatus (DENNY, 1842)
Hosp.: Grajilla (*Corvus monedula*)
Dist.: ?
Bibl.: 106.

Philopterus icterodes
Cf. *Anatoecus icterodes*

Philopterus incompletus
Cf. *Neophilopterus incompletus*

Philopterus major
Cf. *Cummingsiella ambigua*

Philopterus martinezi RODRIGUEZ, JIMENEZ et MARTIN, 1982
Hosp.: Rabilargo (*Cyanopica cyanus*)
Dist.: Ciudad Real, Jaén y Madrid. Portugal.
Reg.: VI, VIII y IX. Portugal.
Bibl.: 55 y 88.

Philopterus melanocephalus
Cf. *Saemundsonia melanocephalus*

Philopterus meropis
Cf. *Meropoecus meropis*

Philopterus ocellatus (SCOPOLI, 1763)
(Syn. *Philopterus rotundatus*)
Hosp.: Corneja (*Corvus corone*)
Dist.: Pontevedra.
Reg.: II.
Bibl.: 61.

Philopterus passerinus (DENNY, 1842)
Hosp.: Lavandera blanca (*Motacilla alba*)
Dist.: Granada.
Reg.: IX.
Bibl.: 55.

Philopterus picae (DENNY, 1842)
Hosp.: Urraca (*Pica pica*)
Dist.: Córdoba, Guadalajara y Huelva.
Reg.: VI y IX.
Bibl.: 61 y 68.

Philopterus platystomus
Cf. *Craspedorhynchus platystomus*

Philopterus quottatus (DENNY, 1842)
Hosp.: Grajilla (*Corvus monedula*)
Dist.: Granada.
Reg.: IX.
Bibl.: 55.

Philopterus rotundatus
Cf. *Philopterus ocellatus*

Philopterus rostratus
Cf. *Strigiphilus rostratus*

Philopterus subflavescens
Cf. *Philopterus communis*

Philopterus timmermanni (ZLOTORZYCKA, 1964)
Hosp.: Zorzal (*Turdus philomelos*) y zorzal alirrojo (*Turdus iliacus*)
Dist.: Granada.
Reg.: IX.
Bibl.: 5, 6 y 55.

Philopterus turdi (DENNY, 1842)
Hosp.: Mirlo (*Turdus merula*) y zorzal (*Turdus philomelos*)
Dist.: Jaén y Madrid.
Reg.: VI y IX.
Bibl.: 55 y 61.

Philopterus waterstoni
Cf. *Psittoecus waterstoni*

Picicola candidus (NITZSCH, 1866)
Hosp.: Pito real (*Picus viridus*)
Dist.: León.
Reg.: III.
Bibl.: 55.

Pleurinirmus phylloscopus
Hosp.: Mosquitero (*Phylloscopus collybita*)
Dist.: ?
Bibl.: 102.

Pseudomenopon pilosum (SCOPOLI, 1763)
(Syn. *Pseudomenopon tridens*)
Hosp.: Gallina, focha (*Fulica atra*) y polla de agua (*Gallinula chloropus*)
Dist.: Córdoba, Cuenca y Zaragoza.
Reg.: IV, VIII y IX.
Bibl.: 32, 59 y Martínez Gómez (com. per.)

Pseudomenopon tridens
Cf. *Pseudomenopon pilosum*

Psittoecus waterstoni (FRESCA, 1923)
(Syn. Philopterus waterstoni)
Hosp.: Cacatúa (*Kakatoe galerita*)
Dist.: Madrid.
Reg.: VI.
Bibl.: 61.

Quadraceps alcae DENNY, 1842
Hosp.: Alca (*Alca torda*)
Dist.: ?
Bibl.: 53.

Quadraceps bicuspis (NITZSCH, 1874)
Hosp.: Chorlitejo chico (*Charadrius dubius*)
Dist.: Lérida.
Reg.: IV.
Bibl.: 60.

Quadraceps ellipticus (NITZSCH, 1866)
Hosp.: Canastera (*Glareola pratincola*)
Dist.: Sevilla y Valencia.
Reg.: VII y IX.
Bibl.: 57.

Quadraceps furvus (BURMEISTER, 1838)
Hosp.: Archibebe oscuro (*Tringa erythropus*)
Dist.: Zaragoza.
Reg.: IV.
Bibl.: 59.

Quadraceps hiaticulae (UFABRICIUS, 1780)
(Syn. *Degeeriella hiaticulae*)
Hosp.: Andarríos chico (*Tringa hypo-leuca*), tórtola (*Streptotelia turtur*) y chorlitejo grande (*Charadrius hiaticula*)
Dist.: Guadalajara y La Coruña.
Reg.: II y VI.
Bibl.: 61.

Quadraceps hospes (NITZSCH, 1866)
Hosp.: Chorlito gris (*Charadrius squatarola*)
Dist.: Zaragoza.
Reg.: IV.
Bibl.: 55.

Quadraceps junceus (SCOPOLI, 1763)
Hosp.: Avefría (*Vanellus vanellus*)
Dist.: Badajoz.
Reg.: VIII.
Bibl.: 55 y 86.

Quadraceps ochropi (DENNY, 1842)
Hosp.: Andarríos grande (*Tringa ochropus*)
Dist.: Lérida.
Reg.: IV.
Bibl.: 60.

Quadraceps punctatus (BURMEISTER, 1838)
(Syn. *Degeeriella punctata*)
Hosp.: Gaviota reidora (*Larus ridibundus*), gaviota argéntea (*Larus argentatus*) y gaviota (*Larus* sp.)
Dist.: Cuenca y Madrid.
Reg.: VI y VIII.
Bibl.: 8 y 61.

Quadraceps quadrisetaceus (PIAGET, 1880)
(Syn. *Degeeriella qadrisetaceus*)
Hosp.: Ratonero (*Buteo buteo*)
Dist.: Granada.
Reg.: X.
Bibl.: 61.

Quadraceps sp.
Hosp.: Pardela pichoneta (*Puffinus puffinus*)
Dist.: Cantabria.
Reg.: I.
Bibl.: 55.

Rallicola cuspidata (SCOPOLI, 1763)
Hosp.: Rascón (*Rallus aquaticus*)
Dist.: Zaragoza.
Reg.: IV.
Bibl.: 59.

Rallicola fulicae (DENNY, 1842)
Hosp.: Focha (*Fulica atra*)
Dist.: Cuenca.
Reg.: VIII.
Bibl.: 32 y 55.

Rhabdopelion longicornis (NITZSCH, 1818)
Hosp.: Ciervo (*Cervus elaphus*)
Dist.: ?
Bibl.: 18.

Ricinus elongatus (OLFERS, 1816)
Hosp.: Mirlo (*Turdus merula*)
Dist.: Madrid.
Reg.: VI.
Bibl.: 49 y 61.

Ricinus frenatus (BURMEISTER, 1838)
Hosp.: Reyezuelo (*Regulus regulus*)
Dist.: ?
Bibl.: 49.

Ricinus fringillae DE GEER, 1778
(Syn. *Ricinus uchidai*)
Hosp.: Escribano cerillo (*Emberiza citrinella*) y pinzón (*Fringilla coelebs*)
Dist.: Asturias y Segovia.
Reg.: I y III.
Bibl.: 49.

Ricinus rubeculae (SCHRANK, 1776)
Hosp.: Petirrojo (*Erithacus rubecula*)
Dist.: Córdoba y Granada.
Reg.: IX y X.
Bibl.: 55 y 103.

Ricinus uchidai
Cf. *Ricinus fringillae*

Saemundssonia integer (NITZSCH, 1866)
Hosp.: Grulla (*Grus grus*)
Dist.: Córdoba.
Reg.: IX.
Bibl.: 58.

Saemundssonia lari (FABRICIUS, 1780)
Hosp.: Gaviota argéntea (*Larus argentatus*) y gaviota reidora (*Larus ridibundus*)
Dist.: Cuenca y Madrid.
Reg.: VI y VIII.
Bibl.: 8 y 55.

Saemundssonia melanocephala (BURMEISTER, 1838)
(Syn. *Philopterus melanocephalus*)
Hosp.: Gaviota (*Larus* sp.) y alcotán (*Falco subbuteo*)
Dist.: Madrid.
Reg.: VI.
Bibl.: 61.

Saemundssonia peusi (EICHLER, 1949)
Hosp.: Pardela cenicienta (*Puffinus diomedea*)
Dist.: Castellón (islas Columbretes)
Reg.: VII.
Bibl.: 51.

Saemundssonia sternae (LINNAEUS, 1758)
Hosp.: Pagaza piconegra (*Gelochelidon nilotica*)
Dist.: ?
Bibl.: 55.

Saemundssonia temporalis (GIEBEL, 1874)
Hosp.: Avefría (*Vanellus vanellus*)
Dist.: Badajoz.
Reg.: VIII.
Bibl.: 55 y 86.

Scolopaceps ambiguus (BURMEISTER, 1838)
Hosp.: Agachadiza (*Capella gallinago*)
Dist.: Madrid.
Reg.: VI.
Bibl.: 55.

Serinirmus sexytanum SOLER, BENITEZ, FLORIDO et MUÑOZ, 1987
Hosp.: Verdecillo (*Serinus serinus*)
Dist.: Granada.
Reg.: X.
Bibl.: 98.

Solenodes dispar (BURMEISTER, 1838)
Hosp.: Perdiz roja (*Alectoris rufa*) y perdiz parda (*Perdix perdix*)
Dist.: León y otros lugares, sin especificar.
Reg.: III.
Bibl.: 3 y 73.

Strigiphilus castaneus
Cf. *Strigiphilus cursitans*

Strigiphilus crenulatus (GIEBEL, 1874)
(Syn. *Philopterus crenulatus*)
Hosp.: Búho (*Bubo bubo*)
Dist.: Cáceres, Lugo y Madrid.
Reg.: II, VI y VIII.
Bibl.: 61.

Strigiphilus cursitans (NITZSCH, 1861)
(Syn. *Philopterus castaneus; Strigiphilus castaneus*)
Hosp.: Mochuelo (*Athene noctua*)
Dist.: Guadalajara.
Reg.: VI.
Bibl.: 14, 61 y 111.

Strigiphilus cursor (BURMEISTER, 1838)
Hosp.: Cárabo (*Strix aluco*), búho (*Bubo bubo*), lechuza campestre (*Asio flamens*) y ratonero (*Buteo buteo*)
Dist.: Huesca, Madrid y Mallorca.
Reg.: IV, VI y XI.
Bibl.: 61 y 93.

Strigiphilus rostratus (BURMEISTER, 1838)
(Syn. *Philopterus rostratus*)
Hosp.: Lechuza común (*Tyto alba*) y lechuza campestre (*Asio flamens*)
Dist.: Lérida, Madrid y Toledo.
Reg.: IV y VI.
Bibl.: 60 y 61.

Strigiphilus strigis (PONTOPPIDAN, 1763)
Hosp.: Búho (*Bubo bubo*)
Dist.: Lérida.
Reg.: IV.
Bibl.: 60.

Struthiolipeurus ñandu EICHLER, 1950
(Syn. *Esthiopterum rheae*)
Hosp.: Avestruz (*Struthio camelus*)
Dist.: Córdoba.
Reg.: IX.
Bibl.: 13 y 68.

Sturnidoecus sturni (SCHRANK, 1776)
Hosp.: Estornino pinto (*Sturnus vulgaris*)
Dist.: Jaén.
Reg.: IX.
Bibl.: 55 y 84.

Trabeculus hexacon (WATERSTON, 1914)
Hosp.: Pardela capirotada (*Puffinus gravis*)
Dist.: Asturias.
Reg.: I.
Bibl.: 55.

Trichodectes bovis
Cf. *Bovicola bovis*

Trichodectes canis (DE GEER, 1778)
Hosp.: Perro.
Dist.: Córdoba, Madrid, Segovia y Zaragoza.
Reg.: III, IV, VI y IX.
Bibl.: 22, 44, 48, 61, 70, 89 y 92.

Trichodectes climax
Cf. *Bovicola caprae*

Trichodectes equi
Cf. *Bovicola equi*

Trichodectes limbatus GERVAIS, 1844
Cf. *Bovicola limbata*

Trichodectes melis (FABRICIUS, 1805)
Hosp.: Tejón (*Meles meles*)
Dist.: Guadalajara, Huelva, Huesca y Madrid.
Reg.: IV, VI y IX.
Bibl.: 48, 61 y 93.

Trichodectes mustelae (SCHRANK, 1803)
Hosp.: Comadreja (*Mustela nivalis*)
Dist.: La Coruña.
Reg.: II.
Bibl.: 48.

Trichodectes ovis
Cf. *Bovicola ovis*

Trichodectes sphaerocephalus
Cf. *Bovicola ovis*

Trinoton anserinum (FABRICIUS, 1805)
Hosp.: Ganso (*Anser anser*)
Dist.: Córdoba.
Reg.: IX.
Bibl.: 22, 39 y 68.

Trinoton femoratum PIAGET, 1880
Hosp.: Flamenco (*Phoenicopterus ruber*)
Dist.: Cádiz y Córdoba.
Reg.: IX.
Bibl.: 55, 67 y 68.

Trinoton lituratum BURMEISTER, 1838
Hosp.: Pato cuchara (*Anas clypeata*) y ánade rabudo (*Anas acuta*)
Dist.: Zaragoza.
Reg.: IV.
Bibl.: 59.

Trinoton querquedulae (LINNEO, 1758)
Hosp.: Pato doméstico, ánade real (*Anas platyrhynchos*) y pato mandarín (*Aix galericulata*)
Dist.: Sevilla y Valencia.
Reg.: VII y IX.
Bibl.: 22, 39 y 61.

Uchida numidae (GIEBEL, 1874)

Hosp.: Perdiz parda (*Perdix perdix*), gallina y pintada (*Numida meleagris*)

Dist.: León y otros lugares, sin especificar.

Reg.: III.

Bibl.: 3 y 73.

Upupicola upupae (SCHRANK, 1803)

Hosp.: Abubilla (*Upupa epops*)

Dist.: Baleares y Lérida.

Reg.: IV y XI.

Bibl.: 50, 52 y 60.

LISTA DE HOSPEDADORES CON SUS MALLOPHAGA PARÁSITOS

Phylum Chordata

Clase Aves

Orden Struthioniformes

Avestruz (*Struthio camelus*)

Struthiolipeurus ñandu EICHLER, 1950

Orden Podicipitiformes

Zampullín chico (*Podiceps ruficollis*)

Aquanirmus colymbinus (SCOPOLI, 1763)

Laemobothrion atrum (NITZSCH, 1818)

Zampullín cuellinegro (*Podiceps nigricollis*)

Aquanirmus colymbinus (SCOPOLI, 1763)

Orden Phoenicopteriformes

Flamenco (*Phoenicopterus ruber*)

Anaticola phoenicopteri (COINDE, 1859)

Anatoecus pygaspis (NITZSCH, 1886)

Colpocephalum heterosoma PIAGET, 1880

Trinoton femoratum PIAGET, 1880

Orden Procelariformes

Paiño de Leach (*Oceanodroma leucorhoa*)

Austromenopon pelagicum TIMMERMAN, 1963

Pardela capirotada (*Puffinus gravis*)

Ancistroma vagelli (FABRICIUS, 1787)

Naubates harrisoni BEDFORD, 1930

Trabeculus hexacon (WATERSTON, 1914)

Pardela cenicienta (*Puffinus diomedea*)

Austromenopon echinatum EDWARDS

Halipeurus abnormis (PIAGETI, 1880)

Saemundssonia peusi (EICHLER, 1949)

Pardela pichoneta (*Puffinus puffinus*)
Quadraceps sp.

Orden Pelecaniformes

Alcatraz (*Sula bassana*)
Eidmanniella pustulosa (NITZSCH, 1860)
Pectinopygus bassanus (FABRICIUS, 1780)

Alcatraz (*Sula leucogaster*)
Pectinopygus sulae (RUDOW)

Cormorán moñudo (*Phalacrocorax aristotelis*)
Pectinopygus brevicornis (DENNY, 1842)

Orden Ciconiformes

Cigüeña (*Ciconia ciconia*)
Ardeicola ciconiae (LINNEO, 1758)
Colpocephalum zebra BURMEISTER, 1838
Neophilopterus incompletus (DENNY, 1842)

Espátula (*Platalea leucorodia*)
Ardeicola plataleae (L., 1758)
Colpocephalum plataleae PRICE et BEER, 1965
Eucolpocephalum femorale (PIAGET, 1880)
Ibidoecus plataleae (DENNY, 1842)

Orden Anseriformes

Anade rabudo (*Anas acuta*)
Anaticola crassicornis (SCOPOLI, 1763)
Anatoecus icterodes (NITZSCH, 1818)
Holomenopon leucoxanthum (BURMEISTER, 1838)
Trinoton lituratum BURMEISTER, 1838

Anade real (*Anas platyrhynchos*)
Anaticola anseris (LINNE, 1758)
Anaticola crassicornis (SCOPOLI, 1763)
Anatoecus bruneiceps (GIEBEL, 1874)
Anatoecus icterodes (NITZSCH, 1818)
Aquanirmus runcinatus (NITZSCH, 1866)
Trinoton querquedulae (LINNEO, 1758)

Anade silbón (*Anas penelope*)
Anaticola crassicornis (SCOPOLI, 1763)
Anatoecus icterodes (NITZSCH, 1818)

Cerceta común (*Anas crecca*)
Anaticola crassicornis (SCOPOLI, 1763)
Aquanirmus runcinatus (NITZSCH, 1866)

Cisne (*Cygnus olor*)
Anatoecus cygni (DENNY, 1842)
Ornithobius bucephalus (GIEBEL, 1874)

Ganso común (*Anser anser*)
Anaticola anseris (LINNE, 1758)
Ciconiphilus pectiniventris (HARRISON, 1916)
Trinoton anserinum (FABRICIUS, 1805)

Negrón común (*Melanitta nigra*)
Anaticola crassicornis (SCOPOLI, 1763)

Pato colorado (*Netta rufina*)
Acidoproctus moschatae (LINNE, 1758)
Anatoecus icterodes (NITZSCH, 1818)

Pato cuchara (*Anas clypeata*)
Anaticola crassicornis (SCOPOLI, 1763)
Trinoton lituratum BURMEISTER, 1838

Pato doméstico
Cuclotogaster heterographus (NITZSCH, 1866)
Trinoton querquedulae (LINNEO, 1758)

Pato mandarín (*Aix galericulata*)
Trinoton querquedulae (LINNEO, 1758)

Porrón común (*Aythya ferina*)
Anaticola crassicornis (SCOPOLI, 1763)

Porrón moñudo (*Aythya fuligula*)
Anaticola crassicornis (SCOPOLI, 1763)
Anatoecus icterodes (NITZSCH, 1818)

Tarro blanco (*Tadorna tadorna*)
Anaticola crassicornis (SCOPOLI, 1763)

Orden Accipitriformes

Aguila calzada (*Hieraaetus pennatus*)
Craspedorrhynchus pennati GALLEGO, MARTIN MATEO et AGUIRRE, 1987

Aguila culebrera (*Circaetus gallicus*)
Colpocephalum barbati PRICE et BEER, 1963
Craspedorrhynchus triangularis (RUDOW, 1869)

Aguila imperial (*Aquila heliaca*)
Colpocephalum imperialis MARTIN MATEO, 1980
Craspedorrhynchus fraterculus EICHLER et ZLOTORZYCKA, 1972
Falcolipeurus suturalis (RUDOW, 1869)

Aguila perdicera (*Hieraaetus fasciatus*)
Craspedorrhynchus fasciati GALLEGO, MARTIN MATEO et AGUIRRE, 1987
Degeeriella fulva (GIEBEL, 1874)

Aguila real (*Aquila chrysaetos*)
Colpocephalum impresum RUDOW, 1866
Craspedorrhynchus aquilinus (DENNY, 1842)
Laemobothrion maximum (SCOPOLI, 1765)

Aguila?

Degeeriella discocephala (BURMEISTER, 1838)
Degeeriella fusca (DENNY, 1842)

Aguilucho lagunero (*Circus aeruginosus*)

Craspedorrhynchus rotundatus (PIAGET, 1880)
Degeeriella fusca (DENNY, 1842)
Laemobothrion maximum (SCOPOLI, 1765)

Aguilucho pálido (*Circus cyaneus*)

Degeeriella fusca (DENNY, 1842)

Buitre leonado (*Gyps fulvus*)

Falcolipeurus quadripustulatus perspicillatus (NITZSCH, 1866)
Laemobothrion maximum (SCOPOLI, 1765)
Laemobothrium vulturis (FABRICIUS, 1775)

Buitre negro (*Aegypius monachus*)

Aegypoecus brevicollis (BURMEISTER, 1838) CLAY et MEINERTZHAGEN, 1939
Falcolipeurus quadripustulatus quadripustulatus (BURMEISTER, 1838)

Gavilán (*Accipiter nissus*)

Craspedorrhynchus melittoscopus (NITZSCH, 1874)
Craspedorrhynchus nisi (DENNY, 1842)
Philopterus communis NITZSCH, 1818

Halcón abejero (*Pernis apivorus*)

Craspedorrhynchus melittoscopus (NITZSCH, 1874)

Milano negro (*Milvus migrans*)

Craspedorrhynchus spathulatus (GIEBEL, 1874)
Degeeriella regalis (GIEBEL, 1866)
Laemobothrion maximum (SCOPOLI, 1765)

Milano real (*Milvus milvus*)

Colpocephalum milvi TENDEIRO, 1979
Colpocephalum mutabile TENDEIRO, 1979
Craspedorrhynchus spathulatus (GIEBEL, 1874)
Degeeriella regalis (GIEBEL, 1866)
Laemobothrion maximum (SCOPOLI, 1765)

Quebrantahuesos (*Gypaetus barbatus*)

Colpocephalum barbati PRICE et GEER, 1963
Colpocephalum flavescens (HAAN, 1829)
Degeeriella discocephala (BURMEISTER, 1838)
Degeeriella punctifer (GERVAIS, 1844)
Falcolipeurus quadripunctatus (GIEBEL, 1861)
Falcolipeurus sulcifrons (DENNY, 1842)
Laemobothrion tinnunculi (LINNE, 1758)

Ratonero (*Buteo buteo*)

Colpocephalum meridionale PEREZ-JIMENEZ et al., 1988
Columbicola columbae (LINNE, 1758)
Craspedorrhynchus platystomus (BURMEISTER, 1838)

Degeeriella fulva (GIEBEL, 1874)
Degeeriella fusca (DENNY, 1842)
Laemobothrion iberum PEREZ-JIMENEZ et al., 1988
Laemobothrion maximum (SCOPOLI, 1765)
Quadraceps quadrisetaceus (PIAGET, 1880)
Strigiphilus cursor (BURMEISTER, 1838)

Orden Falconiformes

Alcotán (*Falco subbuteo*)
Craspedorrhynchus subbuteonis GALLEGO, MARTIN MATEO et AGUIRRE, 1987
Degeeriella fusca (DENNY, 1842)
Saemundssonia melanocephala (BURMEISTER, 1838)

Cernícalo (*Falco tinnunculus*)
Degeeriella fusca (DENNY, 1842)

Orden Galliformes

Codorniz (*Coturnix coturnix*)
Cuclotogaster cinereus (NITZSCH, 1866)

Faisán dorado (*Chrysolophus pictus*)
Cuclotogaster heterogrammicus (NITZSCH, 1866)
Goniocotes chrysocephalus GIEBEL, 1874
Goniodes colchici DENNY, 1842

Faisán (*Phasianus colchicus*)
Cuclotogaster heterogrammicus (NITZSCH, 1866)
Cuclotogaster heterographus (NITZSCH, 1866)
Goniocotes chrysocephalus GIEBEL, 1874
Goniodes colchici DENNY, 1842
Goniodes dispar BURMEISTER, 1838
Lipeurus caponis (LINNE, 1758)
Menacanthus stramineus (NITZSCH, 1818)

Gallina
Cuclotogaster heterographus (NITZSCH, 1866)
Goniocotes gallinae (DE GEER, 1778)
Goniodes dispar BURMEISTER, 1838
Goniodes dissimilis DENNY, 1842
Goniodes gigas (TACHENBERG, 1879)
Lipeurus caponis (LINNE, 1758)
Menacanthus numidae (GIEBEL, 1874)
Menacanthus pallidulus (NEUMANN, 1912)
Menacanthus stramineus (NITZSCH, 1818)
Menopon gallinae (LINNEO, 1758)
Pseudomenopon pilosum (SCOPOLI, 1763)
Uchida numidae (GIEBEL, 1874)

Gennaeus nycthemerus
Goniodes gigas (TACHENBERG, 1879)
Lipeurus introductus KELLOG, 1869

Pavo (*Meleagris gallopavo*)
Chelopistes meleagridis (LINNE, 1758)
Goniodes pavonis (LINNE, 1758)
Lipeurus caponis (LINNE, 1758)
Menacanthus stramineus (NITZSCH, 1818)
Oxylipeurus polytrapezius (BURMEISTER, 1838)

Pavo real (*Pavus cristatus*)
Goniocotes rectangulatus NITZSCH in GIEBEL, 1860?
Goniodes pavonis (LINNE, 1758)

Perdiz pardilla (*Perdix perdix*)
Cuclotogaster hetrogrammicus (NITZSCH, 1866)
Cuclotogaster obscurior HOPKINS, 1950
Goniocotes obscurus GIEBEL, 1874
Goniocotes simillimus KELER, 1937
Menopon pallens CLAY, 1949
Solenodes dispar (BURMEISTER, 1838)
Uchida numidae (GIEBEL, 1874)

Perdiz roja (*Alectoris rufa*)
Cuclotogaster heterographus (NITZSCH, 1866)
Cuclotogaster obscurior HOPKINS, 1950
Goniocotes obscurus GIEBEL, 1874
Goniodes dispar BURMEISTER, 1838
Menacanthus lyali RODRIGUEZ, JIMENEZ et CRIADO, 1983
Menacanthus numidae (GIEBEL, 1874)
Menopon gallinae CLAY, 1949
Menopon pallens CLAY, 1949
Solenodes dispar (BURMEISTER, 1838)

Pintada (*Numida meleagris*)
Cuclotogaster heterographus (NITZSCH, 1866)
Goniocotes gallinae (DE GEER, 1778)
Goniodes dispar BURMEISTER, 1838
Lipeurus caponis (LINNE, 1758)
Menacanthus numidae (GIEBEL, 1874)
Uchida numidae (GIEBEL, 1874)

Urogallo (*Tetrao urogallus*)
Goniodes bituberculatus RUDOW, 1869
Goniodes tetraonis (LINNE, 1761)
Lagopoecus pallidovittatus (GRÜBE, 1851)
Oxylipeurus tetraonis (GRÜBE, 1851)

Orden Gruiformes

Avutarda (*Otis tarda*)
Otilipeurus turmalis (DENNY, 1842)

Focha (*Fulica atra*)
Fulicoffula lurida (NITZSCH, 1818)
Incidifrons fulicae (LINNEO, 1758)
Pseudomenopon pilosum (SCOPOLI, 1763)
Rallicola fulicae (DENNY, 1842)

Grulla (*Grus grus*)
Esthiopterum gruis (LINNE, 1758)
Gruimenopon longum (GIEBEL, 1874)
Heleonomus macilentus (NITZSCH, 1866)
Menacanthus numidae (GIEBEL, 1874)
Saemundssonia integer (NITZSCH, 1866)

Polla de agua (*Gallinula chloropus*)
Pseudomenopon pilosum (SCOPOLI, 1763)

Rascón (*Rallus aquaticus*)
Rallicola cuspidata (SCOPOLI, 1763)

Orden Charadriiformes

Agachadiza (*Capella gallinago*)
Cummingsiella ambigua (BURMEISTER, 1838)
Scolopaceps ambiguus (BURMEISTER, 1838)

Alca (*Alca torda*)
Quadraceps alcae DENNY, 1842

Andarríos chico (*Tringa hypoleuca*)
Quadraceps hiaticulae (FABRICIUS, 1780)

Andarríos grande (*Tringa ochropus*)
Quadraceps ochropi (DENNY, 1842)

Archibebe oscuro (*Tringa erythropus*)
Quadraceps furvus (BURMEISTER, 1838)

Avefría (*Vanellus vanellus*)
Actornithophilus gracilis (PIAGET, 1880)
Actornithophilus ochraceus (NITZSCH, 1819)
Quadraceps junceus (SCOPOLI, 1763)
Saemundssonia temporalis (GIEBEL, 1874)

Canastera (*Glareola pratincola*)
Quadraceps ellipticus (NITZSCH, 1866)

Chorlitejo chico (*Charadrius dubius*)
Quadraceps bicuspis (NITZSCH, 1874)

Chorlitejo grande (*Charadrius hiaticula*)
Quadraceps hiaticulae (FABRICIUS, 1780)

Chorlito gris (*Charadrius squatorola*)
Quadraceps hospes (NITZSCH, 1866)

Combatiente (*Philomachus pugnax*)
Actornithophilus pustulosus (PIAGET, 1880)
Austromenopon lutescens (BURMEISTER, 1838)
Carduiceps scalaris (PIAGET, 1880)
Lunaceps holophaeus (BURMEISTER, 1836)

Gaviota (*Larus* sp.)
Austromenopon ridibundum (DENNY, 1842)
Quadraceps punctatus BURMEISTER, 1838
Saemundssonia melanocephala (BURMEISTER, 1838)

Gaviota argéntea (*Larus argentatus*)
Actornithophilus piceus (DENNY, 1842)
Austromenopon transversum (DENNY, 1842)
Quadraceps punctatus BURMEISTER, 1838
Saemundssonia lari (FABRICIUS, 1780)

Gaviota reidora (*Larus argentatus*)
Austromenopon transversum (DENNY, 1842)
Quadraceps punctatus BURMEISTER, 1838
Saemundssonia lari (FABRICIUS, 1780)

Pagaza piconegra (*Gelochelidon nilotica*)
Saemundssonia sternae (LINNAEUS, 1758)

Vuelvepiedras (*Arenaria interpres*)
Actornithophilus bicolor (PIAGET, 1880)

Zarapito real (*Numenius arquata*)
Cummingsiella ovalis (SCOPOLI, 1763)
Lunaceps numenii (DENNY, 1842)

Orden Columbiformes

Paloma (*Columba livia*)
Bonomiella columbae (EMERSON, 1957)
Campanulotes bidentatus (SCOPOLI, 1763)
Coloceras damicornis (NITZSCH, 1866)
Coloceras piageti (JOHNSTON et HARRISON, 1912)
Colpocephalum turbinatum DENNY, 1842
Columbicola columbae (LINNE, 1758)
Hohorstiella gigantea (DENNY, 1842)
Hohorstiella lata (PIAGET, 1880)
Lipeurus caponis (LINNE, 1758)
Menacanthus stramineus (NITZSCH, 1818)

Paloma torcaz (*Columba palumbus*)
Campanulotus bidentatus (SCOPOLI, 1763)
Coloceras damicornis (NITZSCH, 1866)
Coloceras piageti (JOHNSTON et HARRISON, 1912)
Columbicola claviformis (DENNY, 1842)
Columbicola columbae EICHLER, 1942

Tórtola (*Streptotelia turtur*)
Columbicola bacillus
Columbicola columbae (LINNE, 1758)
Quadraceps hiaticulae (FABRICIUS, 1780)

Orden Psitaciformes

Cacatúa (*Kakatoe galerita*)
Psittoecus waterstoni (FRESCA, 1923)

Orden Strigiformes

Autillo (*Otus scops*)

Kurodaia subpachygaster (PIAGET, 1880)

Búho (*Bubo bubo*)

Strigiphilus crenulatus (GIEBEL, 1874)
Strigiphilus cursor (BURMEISTER, 1838)
Strigiphilus strigis (PONTOPPIDAN, 1763)

Cárabo (*Strix aluco*)

Strigiphilus cursor (BURMEISTER, 1838)

Lechuza campestre (*Asio flamens*)

Strigiphilus cursor (BURMEISTER, 1838)
Strigiphilus rostratus (BURMEISTER, 1838)

Lechuza común (*Tyto alba*)

Strigiphilus rostratus (BURMEISTER, 1838)

Mochuelo (*Athene noctua*)

Craspedorrhynchus platystomus (BURMEISTER, 1838)
Laemobothrion tinnunculi (LINNE, 1758)
Strigiphilus cursitans (NITZSCH, 1861)

Orden Caprimulgiformes

Chotacabras pardo (*Caprimulgus ruficollis*)

Muloticola hypoleucus (DENNY, 1842)

Orden Apodiformes

Vencejo común (*Apus apus*)
Vencejo pálido (*Apus pallidus*)
Vencejo real (*Apus melba*)

Dennyus hirundinis (LINNE, 1761)

Orden Coraciiformes

Abejaruco (*Merops apiaster*)

Brueelia apiastri (DENNY, 1842)
Meromenopon meropis CLAY et MEINERTZHAGEN, 1941
Meropoecus meropis (DENNY, 1842)

Abubilla (*Upupa epops*)

Menacanthus fertilis (NITZSCH, 1866)
Upupicola upupae (SCHRANK, 1803)

Carraca (*Coracias garrulus*)

Capraiella subcuspidata (BURMEISTER, 1838)
Degeeriella frater (PIAGET, 1880)

Martín pescador (*Alcedo atthis*)

Alcedoffula alcedinis (DENNY, 1845)

Orden Piciformes

Pito real (*Picus viridis*)

Menacanthus pici (DENNY, 1842)
Perenirnus pici (FABRICIUS, 1789)
Picicola candidus (NITZSCH, 1866)

Orden Passeriformes

Alcaudón real (*Lanius scubitor*)

Brueelia imponderabilica EICHLER, 1954
Philopterus communis NITZSCH, 1818

Alondra (*Alauda arvensis*)

Brueelia parviguttata (BLAGOVESCHTCHENSKY, 1940)

Arrendajo (*Garrulus glandarius*)

Philopterus communis NITZSCH, 1818

Avión común (*Delichon urbica*)

Brueelia gracilis (BURMEISTER, 1838)

Bisbita común (*Anthus pratensis*)

Menacanthus andalus SOLER, BENITEZ et ALCANTARA, 1982
Menacanthus hispanicus SOLER, BENITEZ et ALCANTARA, 1982

Canario (*Serinus canarius*)

Cuclotogaster heterographus (NITZSCH, 1866)

Carbonero común (*Parus major*)

Philopterus communis NITZSCH, 1818

Carricerín común (*Achrocephalus schnoebanus*)

Philopterus communis NITZSCH, 1818

Chova piquirroja (*Pyrrhocorax pyrrhocorax*)

Colpocephalum elongatum PIAGET, 1880

Cogujada común (*Galerida cristata*)

Brueelia parviguttata (BLAGOVESCHTCHENSKY, 1940)
Menacanthus alaudae (SCHRANK, 1776)

Corneja (*Corvus corone*)

Brueelia uncinosa (BURMEISTER, 1838)
Myrsidea cornicis (DE GEER, 1778)
Philopterus ocellatus (SCOPOLI, 1763)

Cuervo (*Corvus corax*)

Colpocephalum subequale BURMEISTER, 1838
Philopterus corvi (LINNEO, 1758)

Curruca capirotada (*Sylvia atricapilla*)

Brueelia atricapillae SOLER, ALCANTARA et FLORIDO, 1984
Myrsidea sp.
Nigronirmus atricapillae SOLER, ALCANTARA et FLORIDO, 1984

Escribano cerillo (*Emberiza citrinella*)

Menacanthus citrinellae (DENNY, 1842)
Ricinus fringillae DE GEER, 1778

Escribano hortelano (*Emberiza hortulana*)
Brueelia delicata (NITZSCH, 1866)

Escribano montesino (*Emberiza cia*)
Brueelia blagovescenskyi BALAT, 1955

Estornino negro (*Sturnus unicolor*)
Brueelia merulensis (DENNY, 1842)
Brueelia pallidula (HARRISON, 1916)
Menacanthus spiniferus (PIAGET, 1885)

Estornino pinto (*Sturnus vulgaris*)
Brueelia nebulosa (BURMEISTER, 1838)
Menacanthus mutabilis BLAGOVESCHENSKY, 1940
Sturnidoecus sturni (SCHRANK, 1776)

Golondrina (*Hirundo rustica*)
Myrsidea rustica (GIEBEL, 1874)
Philopterus excisus NITZSCH, 1818?

Gorrión (*Passer domesticus*)
Brueelia obligata EICHLER, 1954
Menacanthus annulatus (GIEBEL, 1874)
Philopterus fringillae DENNY, 1842

Graja (*Corvus frugilegus*)
Colpocephalum subequale BURMEISTER, 1838

Grajilla (*Corvus monedula*)
Brueelia uncinosa (BURMEISTER, 1838)
Brueelia varia (BURMEISTER, 1838
Colpocephalum subequale BURMEISTER, 1838
Menacanthus sp.
Myrsidea anathorax (NITZSCH, 1866)
Myrsidea cornicis (DE GEER, 1778)
Philopterus guttatus (DENNY, 1842)
Philopterus quottatus (DENNY, 1842)

Herrerillo capuchino (*Parus cristatus*)
Philopterus communis NITZSCH, 1818

Jilguero (*Carduelis carduelis*)
Brueelia densilimba (NITZSCH, 1866)
Menacanthus carduelis (DENNY, 1842)

Lavandera blanca (*Motacilla alba*)
Philopterus passerinus (DENNY, 1842)

Lúgano (*Carduelis spinus*)
Brueelia chrysomitris BLAGOVESCHENSKY, 1940

Mirlo (*Turdus merula*)
Brueelia marginata (BURMEISTER, 1838)
Brueelia merulensis (DENNY, 1842)
Menacanthus pius EICHLER et ZLOTORZYCKA, 1963

Philopterus communis NITZSCH, 1818
Philopterus turdi (DENNY, 1842)
Ricinus elongatus (OLFERS, 1816)

Mirlo acuático (*Cinclus aquaticus*)
Philopterus communis NITZSCH, 1818

Mosquitero (*Phylloscopus collybita*)
Menacanthus sp.
Pleurinirmus phylloscopus

Mosquitero (*Phylloscopus phylloscopi*)
Menacanthus phylloscopi BLAGOVESCHENSKY, 1951

Oropéndola (*Oriolus oriolus*)
Philopterus communis NITZSCH, 1818

Papamoscas cerrojillo (*Ficedula hypoleuca*)
Docophorulus capillatus (ZLOTORZYCKA, 1964)

Pardillo (*Acanthis cannabina*)
Brueelia densilimba (NITZSCH, 1866)
Maculinirmus granatensis SOLER, BENITEZ, FLORIDO et MUÑOZ, 1987

Petirrojo (*Erithacus rubecula*)
Brueelia tristis (GIEBEL, 1874)
Menacanthus pius EICHLER et ZLOTORZYCKA, 1963
Ricinus rubeculae (SCHRANK, 1776)

Pinzón (*Fringilla coelebs*)
Menacanthus mutabilis BLAGOVESCHENSKY, 1940
Ricinus fringillae DE GEER, 1778

Rabilargo (*Cyanopica cyanus*)
Menacanthus tibialis (PIAGET, 1885)
Philopterus martinezi RODRIGUEZ, JIMENEZ et MARTIN, 1982

Reyezuelo (*Regulus regulus*)
Ricinus frenatus (BURMEISTER, 1838)

Tarabilla norteña (*Pratincola rubetra*)
Philopterus communis NITZSCH, 1818

Urraca (*Pica pica*)
Brueelia biocellata (PIAGET, 1880)
Brueelia uncinosa (BURMEISTER, 1838)
Menacanthus eurysternus (BURMEISTER, 1838)
Menacanthus spiniferus (PIAGET, 1885)
Myrsidea cornicis (DE GEER, 1778)
Myrsidea picae (LINNEO, 1758)
Philopterus crassipes (BURMEISTER, 1838)
Philopterus picae (DENNY, 1842)

Verdecillo (*Serinus serinus*)
Brueelia chrysomitris BLAGOVESCHENSKY, 1940
Brueelia densilimba (NITZSCH, 1866)
Serinirmus sexytanum SOLER, BENITEZ, FLORIDO et MUÑOZ, 1987

Zorzal (*Turdus philomelos*)

Allobrueelia abluda ZLOTORZYCKA, 1964
Brueelia amsel (EICHLER, 1951)
Brueelia marginata (BURMEISTER, 1838)
Brueelia merulensis (DENNY, 1842)
Menacanthus minusculus BLAGOVESCHENSKY, 1940
Menacanthus polonicus EICHLER et ZLOTORZYCKA, 1963
Myrsidea illiaci EICHLER, 1951
Philopterus timmermanni (ZLOTORZYCKA, 1964)
Philopterus turdi (DENNY, 1842)

Zorzal alirrojo (*Turdus iliacus*)

Brueelia marginata (BURMEISTER, 1838)
Brueelia merulensis (DENNY, 1842)
Menacanthus polonicus EICHLER et ZLOTORZYCKA, 1963
Philopterus timmermanni (ZLOTORZYCKA, 1964)

Zorzal charlo (*Turdus viscivorus*)

Myrsidea thoracica (GIEBEL, 1874)

Zorzal real (*Turdus pilaris*)

Brueelia marginata (BURMEISTER, 1838)

Clase Mammalia

Orden Rodentia

Cobaya (*Cavia porcellus*)

Gliricola porcelli (SCHRANK, 1781)
Gyropus ovalis BURMEISTER, 1838

Orden Carnivora

Comadreja (*Mustela nivalis*)

Trichodectes mustelae (SCHRANK, 1803)

Gato

Felicola subrostrata (BURMEISTER, 1838)

Jineta (*Genetta genetta*)

Felicola genettae (FRESCA, 1924)
Lorisicola genettae (FRESCA, 1924)

Meloncillo (*Herpestes ichneumon*)

Felicola inaequalis (PIAGET, 1880)

Perro

Trichodectes canis (DE GEER, 1778)

Tejón (*Meles meles*)

Trichodectes melis (FABRICIUS, 1805)

Zorro (*Vulpes vulpes*)

Felicola vulpis (DENNY, 1842)

Orden Perissodactyla

Asno, Mula, Burdégano y **Caballo**

Bovicola equi (DENNY, 1842)

Orden Artiodactyla

Cabra

Bovicola caprae (GURLT, 1843)

Bovicola limbata (GERVAIS, 1844)

Cabra montés (*Capra pyrenaica*)

Bovicola alpina KELER, 1942

Bovicola crassipes (RUDOW, 1866)

Ciervo (*Cervus elaphus*)

Rhabdopelion longicornis (NITZSCH, 1818)

Oveja

Bovicola ovis (SCHRANK, 1781)

Vaca

Bovicola bovis (LINNE, 1758) KELER, 1938

BIBLIOGRAFÍA (MALLOPHAGA)

1. AGUIRRE, J.M.; BENITEZ RODRIGUEZ, R.; GALLEGO, J. y SOLER CRUZ, M.D. (1984).- Redescripción del macho de *Bovicola bovis* (LINNE, 1758) KELER, 1938 (Mallophaga: Ischnocera). *Rev. Ibér. Parasitol., 44*: 219.
2. AGUIRRE, J.M. y GALLEGO, J. (1984).- *Goniodes pavonis* (L., 1758) (Mallophaga: Ischnocera) parásito de pavos comunes (*Meleagris gallopavo* Famil.) en España. *Rev. Ibér. Parasitol., 44*: 101.
3. AGUIRRE, J.M. y GALLEGO, J. (1985).- Contribución al conocimiento de los malófagos parásitos de aves domésticas españolas. *IV Congr. Nac. Parasitol.*, Tenerife: 228.
4. AGUIRRE, J.M. y GALLEGO-BERENGUER, J. (1984).- *Coloceras piageti* (JOHNSTON y HARRISON, 1912), *Cuclotogaster cinereus cinereus* (NITZSCH, 1866) y *Ornithobius bucephalus* (GIEBEL, 1874) (Mallophaga: Ischnocera) en aves domésticas españolas. *Rev. Ibér. Parasitol., 44*: 227.
5. ALCANTARA IBAÑEZ, F.; SOLER CRUZ, M.D. y GUEVARA BENITEZ, D.C. (1982).- *Brueelia merulensis, Brueelia marginata, Philopterus timmermanni* y *Menacanthus polonicus* (Mallophaga, Insecta). I. Estudio del porcentaje de parasitación y distribución geográfica. *Ars Pharmaceutica, 23*: 379.
6. ALCANTARA IBAÑEZ, F. et al. (1982).- *Turdus philomelos* BREHM, nuevo hospedador para *Philopterus timmermanni* ZLOTORZYCKA, 1964. *Rev. Ibér. Parasitol.*, Vol. Extr.: 173.
7. CARBALLEIRA TELLA, D.; VAZQUEZ PAREDES, L.E. y RIO LOZANO, J. del (1957).- Acerca de la clasificación y conservación de parásitos. *Supl. Cient. Bol. Inf. Cons. Gral. Col. Vet. Esp., 2*: 27.
8. CASADO ESCRIBANO, N.; JIMENEZ GONZALEZ, A.; CRIADO FORNALIO, A. y RODRIGUEZ CAABEIRO, F. (1985).- Estudio comparativo de los malófagos parásitos de *Larus argentatus* Pontoppidon y *Larus ridibundus* L. *IV Congr. Nac. Parasitol.*, Tenerife: 74.
9. CUTILLAS-BARRIOS, C.; GUEVARA-BENITEZ, D.C.; UBEDA-ONTIVEROS, J.M. y SOLER-CRUZ, M.D. (1981).- Estudio de *Goniodes dispar* (Burmeister, 1838) (Mallophaga) encontado sobre *Alectoris rufa* L. en la provincia de Granada. *Rev. Ibér. Parasitol., 41*: 185.
10. CUTILLAS-BARRIOS, C.; GUEVARA-BENITEZ, D.C.; UBEDA-ONTIVEROS, J.M. y SOLER-CRUZ, M.D. (1982).- Estudio de *Menacanthus numidae* (GIEBEL, 1874) (Mallophaga) encontrado sobre *Alectoris rufa* L. en la provincia de Granada. *Rev. Ibér. Parasitol., 42*: 53.
11. DOMINGUEZ DE TENA-GALLEGO, .. y BECERRA MARTELL, C. (1977).- Estudio biológico de algunos Mallophaga de Phasianidae (Galliformes) de la provincia de Córdoba. *I Reunión Anual de la A.P.E.*: 64 (Madrid, 3 oct.)
12. DOMINGUEZ DE TENA, M. et al. (1975).- *Goniodes flaviceps* Rudow, 1869, parásito de la perdiz roja (*Alectoris rufa*). *Rev. Ibér. Parasitol., 35*: 377.

13. DOMINGUEZ DE TENA, M. et al. (1976).- *Struthiolipeurus ñandu*, Eichler, 1950 (Mallophaga: Philopteridae) parásito del avestruz (*Struthio camelus*) en el parque zoológico de Córdoba. *Rev. Ibér. Parasitol., 36*: 167.

14. FRESCA, A.G. (1923).- Malófagos del Museo de Madrid. I. Descripción de una especie nueva de Philopteridae. *Bol. R. Soc. Esp. Hist. Nat., 23*: 196.

15. FRESCA, A.G. (1923).- Malófagos del Museo de Madrid. II. *Bol. R. Soc. Esp. Hist. Nat., 23*: 246.

16. FRESCA, A.G. (1924).- Malófagos del Museo de Madrid. III. Un Trichodéctido nuevo. *Bol. R. Soc. Esp. Hist. Nat., 24*: 75.

17. FRESCA, A.G. (1925).- Estudio del aparato copulador en *Degeriella* (Mallophaga: Philopteridae). *Eos, 1*: 283.

18. GALLEGO, J. y AGUIRRE, J.M. (1985).- Primeros hallazgos de Phthyraptera en cérvidos españoles. *Rhabdopelion longicornis* (NITZSCH, 1818) (Mallophaga: Amblycera) y *Solenopotes burmeisteri* (Fahrenholz, 1919) (Anoplura) en *Cervus elaphus* LIN. y *Solenopotes* sp. (Anoplura) en *Dama dama* (LIN.). *IV Congr. Nac. Parasitol.*, Tenerife: 91.

19. GALLEGO, J.; MARTIN MATEO, M.P. y AGUIRRE, J.M. (1985).- Malófagos de rapaces españolas. II. Estudio de especies del género *Craspedorrhynchus* Keler, 1938 parásitas de Falconiformes. *IV Congr. Nac. Parasitol.*, Tenerife: 229.

20. GALLEGO, J.; MARTIN MATEO, M.P. y AGUIRRE, J.M. (1987).- Malófagos de rapaces españolas. II. Las especies del género *Craspedorrhynchus* Keler, 1938 parásitas de Falconiformes, con descripción de tres especies nuevas. *Eos, 63*: 31.

21. GARCIA PEREZ, A.L.; JUSTE JORDAN, R.A. y POVEDANO FERNANDEZ, I. (1993).- Diez años de parasitología en el SIMA (1982-1992): Relación de especies y hospedadores. *Informe para el Indice-Catálogo de Zooparásitos Ibéricos.*

22. GIL COLLADO, J. (1960).- *Insectos y Acaros de los animales domésticos.* Salvat Ed. Madrid, 592 pp.

23. GUEVARA-BENITEZ, D.C; CUTILLAS-BARRIOS, C.; SOLER-CRUZ, M.D. y UBEDA-ONTIVEROS, J.M. (1981).- *Cuclotogaster heterographus* NITZSCH, 1866) parásito de *Alectoris rufa*. *Rev. Ibér. Parasitol., 41*: 203.

24. GUEVARA BENITEZ, D.C. y SOLER CRUZ, M.D. (1980).- *Brüelia obligata* Eichler, 1954 (Mallophaga), parásito de *Passer domesticus* L. *Ars Pharmaceutica, 21*: 387.

25. GUEVARA BENITEZ, D.C. y SOLER CRUZ, M.D. (1981).- *Menacanthus carduelis* (DENNY, 1842) (Mallophaga), parásito de *Carduelis carduelis* L. *Rev. Ibér. Parasitol., 41*: 267.

26. GUEVARA BENITEZ, D.C.; SOLER CRUZ, M.D.; BENITEZ RODRIGUEZ, R. y ALCANTARA IBAÑEZ, F. (1981).- Estudio biométrico y morfológico de las especies de malófagos encontrados sobre *Hirundo rustica* L. *Rev. Ibér. Parastol., 41*: 397.

27. GUEVARA POZO, D.; GUEVARA BENITEZ, D.C. y SOLER CRUZ, M.D. (1981).- *Menacanthus annulatus* GIEBEL, 1874, y *Philopterus fringillae* DENNY, 1842 (Mallophaga), parásitos de *Passer domesticus* L. *Bol. R. Soc. Esp. Hist. Nat.* (Biol.), *79*: 129.

28. GUTIERREZ, P.N.; MARTINEZ GOMEZ, F.; NAVARRETE, I. y ACOSTA, I. (1982).- Parásitos de Corvidae (Aves: Passeriformes) en el valle de los Pedroches (Córdoba). Primera relación. *Rev. Ibér. Parasitol.*, Vol. Extr.: 95.

29. HABELA, M.; NAVARRETE, I.; MARTINEZ-GOMEZ, F. y REINA, D. (1987).- Contribución al conocimiento de la parasitofauna de Cáceres. Primera relación. I. Protozoos y artrópodos. *Rev. Ibér. Parasitol.*, Vol. Extr.: 39.

30. JIMENEZ GONZALEZ, A. y RODRIGUEZ CAABEIRO, F. (1982).- Nuevas aportaciones al conocimiento del género *Brueelia* (Mallophaga: Insecta) en España. *Rev. Ibér. Parasitol., 42*: 239.

31. JIMENEZ GONZALEZ, A. y RODRIGUEZ CAABEIRO, F. (1982).- Contribución al conocimiento del género *Menacanthus* (Amblycera: Menoponidae) en España. *Rev. Ibér. Parasitol.*, Vol. Extr.: 83.

32. JIMENEZ GONZALEZ, A.; RODRIGUEZ CAABEIRO, F.; CASADO ESCRIBANO, N. y CRIADO FORNELIO, A. (1985).- Estudio de los malófagos parásitos de *Fulica atra* L. *IV Congr. Nac. Parasitol.*, Tenerife: 75.

33. JIMENEZ GONZALEZ, A.; RODRIGUEZ CAABEIRO, F. y MARTIN MATEO, M.P. (1981).- El género *Brueelia* (Mallophaga, Insecta) en España. *Rev. Ibér. Parasitol., 41*: 283.

34. JORDANO BAREA, D. (1960).- Lucha contra algunos ectoparásitos de interés veterinario. *Not. Neosán, 100*: 105.

35. LEITAO, J.L. DA SILVA (1963).- *Parásitas dos animais domesticos em Portugal metropolitano.* Inst. Alta Cultura, Fundaçao Galouste-Gulbekian, Lisboa.

36. LEITAO, J.L. DA SILVA; CRUZ E SILVA, J.A. y COSTA, B. da (1963).- Um caso de dermatose causada por Malófagos. *Anais Esc. Sup. Med. Vet.* Lisboa, *5*: 10.

37. LEOGER, J.A. (1971).- A review of *Dennyus* (Phthiraptera: Menoponidae) parasitic on the avian genera *Apus* and *Cypsiurus*. *J. Entom. Soc. South Africa, 34*: 37.

38. MARTIN MATEO, M.P. (1971).- Some parasites Mallophaga on blackcocks (*Tetrao urogallus* L.) in Spain. *Comp. R. I Multicol. Europ. Parasitol.*, Rennes: 462.

39. MARTIN MATEO, M.P. (1973).- Especies españolas de Menoponidae (Mallophaga: Insecta) parásitas de aves domésticas. *Rev. Ibér. Parasitol., 33*: 281.

40. MARTIN MATEO, M.P. (1974).- Algunos malófagos parásitos del urogallo en España. *Graellsia, 27*: 91.

41. MARTIN MATEO, M.P. (1974).- El género *Menacanthus* (Mallophaga: Insecta) en España. *Bol. R. Soc. Esp. Hist. Nat.* (Biol.), *72*: 165.

42. MARTIN MATEO, M.P. (1974).- Observaciones sobre algunas especies de Menoponidae (Mallophaga: Insecta) parásitas de aves domésticas en España. *Vie et Milieu, 24*: 151.

43. MARTIN MATEO, M.P. (1974).- Philopteridae (Mallophaga: Insecta), parásitas de aves domésticas en España. *Proc. III ICOPA*, Munich, 2, sect. C-3: 872.

44. MARTIN MATEO, M.P. (1975).- Mallophaga Trichodectidae parasitic on domestic mammals in Spain. *II Europ. Multicol. Parasitol.*, Trogir (Yugosls.), Summaries: 99.

45. MARTIN MATEO, M.P. (1975).- Malófagos españoles de la familia Gyropidae. *Graellsia, 29*: 173.

46. MARTIN MATEO, M.P. (1975).- Notas sobre las especies del género *Laemobothrion* encontradas sobre aves españolas. *Graellsia, 30*: 163.

47. MARTIN MATEO, M.P. (1975).- Revisión de malófagos *Philopteridae* denunciados en España como parásitos de aves domésticas. *Rev. Ibér. Parasitol., 35*: 41.

48. MARTIN MATEO, M.P. (1977).- Estudio de Trichodectidae (Mallophaga: Insecta) parásitos de mamíferos en España. *Rev. Ibér. Parasitol., 37*: 1.

49. MARTIN MATEO, M.P. (1977).- Especies de *Ricinus* (Mallophaga: Insecta) ectoparásitos de aves en España. *Rev. Ibér. Parasitol., 37*: 109.

50. MARTIN MATEO, M.P. (1977).- Mallophaga ectoparasites on Coraciformes in Spain. *I Conf. Medit. Parasitol.*, Izmir (Turquía): 96.

51. MARTIN MATEO, M.P. (1978).- Algunos malófagos recogidos sobre aves marinas de las Islas Columbretes. *Bol. R. Soc. Esp. Hist. Nat.* (Biol.), *74*: 125.

52. MARTIN MATEO, M.P. (1978).- Malófagos parásitos de Coraciformes. *Rev. Ibér. Parasitol., 38*: 385.

53. MARTIN MATEO, M.P. (1987).- Notas sobre malófagos parásitos de aves. *Otilipeurus turmalis* (Denny, 1842), género y especie nuevos para la fauna ibérica. *Graellsia, 43*: 87.

54. MARTIN MATEO, M.P. (1988).- Malófagos (Insecta) parásitos de la cigüeña común, *Ciconia ciconia* (L.) (Aves). *Eos, 64*: 147.

55. MARTIN MATEO, M.P. (1989).- Estado actual del conocimiento sobre los malófagos (Insecta) parásitos de aves y mamíferos en España. *Rev. Ibér. Parasitol., 49*: 387.

56. MARTIN MATEO, MP. (1990).- Malófagos de aves marinas. Especies parásitas de aves Pelecaniformes (Insecta: Mallophaga). *García de Orta. Sér. Zool.*, Lisboa. *17*: 37:

57. MARTIN MATEO, M.P. (1992).- Estudio de las especies de malófagos (Phthiraptera) parásitas de Glareolidae (Aves) y consideraciones sobre el "status" taxonómico del género *Glareolites* Eichler. *Annls. Soc. ent. Fr.* (N.S.), *28*: 409.

58. MARTIN MATEO, M.P. (1992).- Malófagos parásitos de aves. Primera cita para España y descripción de *Saemundsonia integer* (NITZSCH, 1866) (Mallophaga, Philopteroidea) recogida sobre *Grus grus* (L.) (Aves) en Córdoba. *"In Memoriam" al Prof. D. F. de P. Martinez Gómez.* Univ. de Córdoba: 601.

59. MARTIN MATEO, M.P. y ALBALA, F. (1978).- Malófagos de aves de Zaragoza. *Com. IV Congr. Int. Parasitol.*, Polonia, agosto.

60. MARTIN MATEO, M.P. y GALLEGO BERENGUER, J. (1977).- Malófagos recogidos sobre aves en Cataluña. *Graellsia, 31*: 191.

61. MARTIN MATEO, M.P. y JIMENEZ MILLAN, F. (1967).- Contribución al conocimiento de las especies de malófagos existentes en España. *Graellsia, 23*: 143.

62. MARTIN MATEO, M.P. y JIMENEZ MILLAN, F. (1972).- Especies españolas del género *Colpocephallum* (Mallophaga). *Cuad. Cienc. Biol., 2*: 53.

63. MARTIN MATEO, M.P. y MARTIN MATEO, M.L. (1989).- Dos nuevas citas de malófagos parásitos de aves marinas (Procelariformes). Estudio morfobiométrico. *IV Congr. Nac.*, Cáceres: 328.

64. MARTIN MATEO, M.P. y MARTIN MATEO, M.L. (1992).- Mallophaga (Insecta) parásitos de *Platalea leucorodia* L. (Aves: Ciconiformes) del Parque Nacional de Doñana (Huelva). *IX Reun. Cient. Asoc. Parasit. Esp.*, León: 85.

65. MARTIN MATEO, M.P. y MARTIN MATEO, M.L. (1992).- On some Mallophaga (Insecta) parasitizing *Platalea leucorodia* L. (Aves: Ciconiforme: Threskiornitidae) from Doñana National Park (Spain). *VI European Multicoll. of Parasitol.*, La Haya: 161.

66. MARTINEZ, F. et al. (1977).- Parásitos de aves passeriformes en la provincia de Córdoba. *Rev. Ibér. Parasitol., 37*: 134.

67. MARTINEZ-GOMEZ, F.; BECERRA, C.; DOMINGUEZ DE TENA, M. y HERNANDEZ-RODRIGUEZ, S. (1981).- Mallophaga parásitos del flamenco común *Phoenicopterus ruber*, LINNEO 1758 (Aves: Phoenicopteridae). *Rev. Ibér. Parasitol., 41*: 213.

68. MARTINEZ-GOMEZ, F. y HERNANDEZ-RODRIGUEZ, S. (1984).- Mallophaga of birds in Zoological Garden of Córdoba. *Sonderdruck aus Verhandlungsb. des 26 Int. Symp. über die Erkrank. der Zoot.* Brno: 441.

69. MARTINEZ GOMEZ, F.; HERNANDEZ RODRIGUEZ, S.; BECERRA MARTELL, C. y DOMINGUEZ DE TENA, M. (1981).- Mallophaga de aves Phasianidae en la provincia de Córdoba. *Rev. Ibér. Parasitol., 41*: 409.

70. MARTINEZ GOMEZ, F. et al. (1974).- Contribución al conocimiento de los zooparásitos en la provincia de Córdoba. IV. Artrópodos. *III Reunión Nac. Centr. Invest. Gan. C.S.I.C.*, Córdoba, 24-27 oct.

71. MARTINEZ GOMEZ, F. et al. (1977).- Parásitos de aves Passeriformes en la provincia de Córdoba. *Rev. Ibér. Parasitol., 37*: 133.

72. MARTINEZ-MORENO, F.J.; MARTINEZ-MORENO, A.; BECERRA-MARTELL, C. y MARTINEZ-CRUZ, M.S. (1989).- Parasitofauna de la paloma (*Columba livia*) en la provincia de Córdoba (España). *Rev. Ibér. Parasitol., 49*: 279.

73. MARTINEZ NISTAL, M.C.; DIEZ BAÑOS, P. y CORDERO DEL CAMPILLO, M. (1987).- Contribución al conocimiento de los Mallophaga de *Perdix perdix*. Estudio comparativo con las denunciadas en *Alectoris rufa. IV Congr. Nac. Parasitol.*, Salamanca: 173.

74. NAVARRETE, I. et al. (1988).- Contribución al estudio de las parasitosis ovina y caprina en la provincia de Cáceres. *Acta Veterinaria, 2*: 37.

75. PALAUS SOLER, F.J. (1959).- Notas para el estudio del *Gypaëtus barbatus* en los Pirineos Orientales. *Misc. Zool., 1*: 2.

76. PEREZ JIMENEZ, J.M. et al. (1988).- Mallophaga of *Buteo b. buteo* in Southern Spain. *Angew. Parasitol., 29*: 189.

77. PEREZ-JIMENEZ, J.M. et al. (1990).- Phthiraptera from some wild carnivores in Spain. *Systematic Parasitology, 15*: 107.

78. PEREZ-JIMENEZ, J.M. et al. (1992).- A redescription of *Aegypoecus brevicollis* (Burmeister, 1838) (Iscnocera: Philopteridae). *Systematic Parasitology, 22*: 215.

79. PRICE, R.D. y BEER, J.R. (1963).- Species of *Colpocephalum* (Mallophaga: Menoponidae) parasitic upon the Falconiformes. *Canad. Entom., 95*: 731.

80. PRICE, R.D. y CLAY, T. (1972).- A review of the genus *Austromenopon* (Mallophaga: Menoponidae) from the Procellariiformes. *Ann. Entom. Soc. Am., 65*: 487.

81. RAMAJO MARTIN, V. (1992).- *Zooparasitología.* En: Las Dehesas Salmantinas. Junta de Castilla y León, Gráficas Ortega, Salamanca: 463.

82. REINA, D. et al. (1992).- Contribución al conocimiento de la parasitofauna de los animales silvestres y de vida libre de la provincia de Cáceres (España). *"In Memoriam" al Profesor Doctor D. F. de P. Martínez Gómez*, Univ. de Córdoba: 409.

83. RODRIGUEZ CAABEIRO, F. y JIMENEZ GONZALEZ, A. (1982).- Estudio de los ectoparásitos (Mallophaga: Insecta) de *Milvus milvus* (L.) en España. *Rev. Ibér. Parasitol., 42*: 365.

84. RODRIGUEZ CAABEIRO, F. y JIMENEZ GONZALEZ, A. (1982).- Nueva aportación al conocimiento de los malófagos parásitos de *Sturnus vulgaris* (LINNEO). *Rev. Ibér. Parasitol., 42*: 453.

85. RODRIGUEZ CAABEIRO, F. y JIMENEZ GONZALEZ, A. (1982).- Contribución al conocimiento del género *Myrsidea* (Amblycera: Menoponidae) en España. *Rev. Ibér. Parasitol.*, Vol. Extr.: 181.

86. RODRIGUEZ CAABEIRO, F.; JIMENEZ GONZALEZ, A. y CASTELLANOS RUIZ, E. (1981).- Estudio de los malófagos parásitos de *Vanellus vanellus* (LINN.). *Rev. Ibér. Parasitol., 41*: 381.

87. RODRIGUEZ CAABEIRO, F.; JIMENEZ GONZALEZ, A. y MARTIN MATEO, M.P. (1979).- Primer hallazgo y descripción del macho de *Goniocotes obscurus* GIEBEL, 1874 (Mallophaga: Insecta). *Rev. Ibér. Parasitol., 39*: 65.

88. RODRIGUEZ CAABEIRO, F.; JIMENEZ GONZALEZ, A. y MARTIN MATEO, M.P. (1982).- Nueva especie de *Philopterus*, Nitzsch, 1818 (Mallophaga, Ischnocera: Philopteridae). *Nouv. Rev. Ent., 12*: 217.

89. ROMERO RODRIGUEZ, J. (1972).- Panorama nacional de los parásitos de la ganadería. *Supl. Cient. Bol. Inf. Cons. Gral. Col. Vet. Esp., 193*: 61.

90. SAIZ MORENO, L. (s/a).- Parásitos externos más importantes de las gallinas y medios para luchar contra ellos. *Not. Neosán.*

91. SAIZ MORENO, L. (1961).- Artrópodos parásitos de los óvidos. *Bol. Divulg. Gan. Ciudad-Real, 6*: 1.

92. SANCHEZ ACEDO, C. y ALBALA PEREZ, F. (1974).- Contribución al estudio de las parasitosis caninas de Zaragoza. *An. Fac. Vet. Zaragoza, 9*: 131.

93. SANCHEZ ACEDO, C. y VERICAD, J.R. (1973).- Ectoparásitos de mamíferos y aves montaraces del Alto Aragón. *Rev. Ibér. Parasitol., 33*: 29.

94. SELVA, J.M.; GONZALEZ, J.; AGUIRRE, J.M. y GALLEGO, M. (1987).- Parasitofauna de las palomas (*Columba livia* var.) de Barcelona. I. Mallophaga. *Rev. Ibér. Parasitol.*, Vol. Extr.: 245.

95. SIMON VICENTE, F. (1956).- *Estudio de las parasitosis de la ganadería en la provincia de Salamanca, y su profilaxis*. Publ. Junta Prov. Fom. Pec., Imprenta Lúmina, Salamanca.

96. SOLER-CRUZ, M.D.; ALCANTARA-IBAÑEZ, F. y FLORIDO-NAVIO, A. (1984).- Description de deux nouvelles espèces de Mallophaga parasites de *Sylvia atricapilla. Cah. O.R.S.T.O.M., sér. Ent. méd. et Parasitol., 22*: 145.

97. SOLER CRUZ, M.D.; BENITEZ RODRIGUEZ, R. y ALCANTARA IBAÑEZ, F. (1982).- Contribution à l'étude de la taxonomie des Mallophages parasites des oiseaux de la province de Grenade (Espagne). *Cah. O.R.S.T.O.M., Sér. Ent. méd. et Parasitol., 20*: 255.

98. SOLER CRUZ, M.D.; BENITEZ RODRIGUEZ, R.; FLORIDO NAVIO, A. y MOÑOZ PRADA, S. (1987).- Some Mallophaga (Brueelinae) from birds of the family Fringillidae. *Acta Parasitologica Polonica, 31*: 241.

99. SOLER-CRUZ, M.D.; FLORIDO-NAVIO, A.M.; REVELLES-MARIN, F. y OSUNA-CARRILLO DE ALBORNOZ, A. (1985).- Rasterelektronen-mikroskopische Befunde as den Weibchen von *Bovicola caprae* und *B.limbata* (Mallophaga) von *Capra hircus. Angew. Parasitol., 26*: 47.

100. SOLER CRUZ, M.D. y GUEVARA BENITEZ, D.C. (1981).- *Menacanthus alaudae* (SCHRANK, 1776) (Mallophaga) parásito de *Galerida cristata* L. *Rev. Ibér. Parasitol., 41*: 93.

101. SOLER CRUZ, M.D. y GUEVARA BENITEZ, D.C. (1981).- *Bruelia densilimba* (NITZSCH, 1866) (Mallophaga), parásito de *Carduelis carduelis* L. *Rev. Ibér. Parasitol., 41*: 275.

102. SOLER-CRUZ, M.D. y GUEVARA BENITEZ, D.C. (1981).- Zur Morphologie von *Pleurinirmus phylloscopus* und *Menacanthus* sp., zweier Mallophagen von *Phylloscopus collybita* in Spanien. *Angew. Parasitol., 22*: 156.

103. SOLER-CRUZ, M.D. y GUEVARA BENITEZ, D.C. (1981).- *Ricinus rubeculae* (Schrank, 1776) (Mallophaga), parasite de *Erithacus rubecula* L. *Cah. O.R.S.T.O.M., sér. Ent. méd. et Parasitol., 19*: 135.

104. SOLER CRUZ, M.D. y GUEVARA BENITEZ, D.C. (1984).- *Brueelia blagovescenskyi* Balát, 1955 (Mallophaga) parasite de *Emberiza cia* L. *Acta Parasitologica Polonica, 29*: 211.

105. SOLER-CRUZ, M.D.; GUEVARA BENITEZ, D.C. y ALCANTARA-IBAÑEZ, F. (1985).- *Brueelia merulensis* (DENNY, 1842), *Brueelia marginata* (BURMEISTER, 1838) y *Menacanthus polonicus* EICHLER y ZLOTORZYCKA, 1963 (Mallophaga, Insecta). Estudio morfológico y biométrico. *Rev. Ibér. Parasitol., 45*: 107

106. SOLER-CRUZ, M.D.; GUEVARA BENITEZ, D.C. y MARTIN MATEO, M.P. (1981).- Estudio sistemático y morfológico de las especies de Mallophaga encontradas sobre *Corvus monedula* L. *Eos, 57*: 247.

107. SOLER CRUZ, M.D.; MARTIN MATEO, M.P. y MORILLAS MARQUEZ, F. (1979).- *Brüelia parviguttata* (BLAGOVESHCHENSKY, 1940) (Mallophaga) parásito de *Galerida cristata* L. *Rev. Ibér. Parasitol., 39*: 165.

108. SOLER-CRUZ, M.D. et al. (1985).- Rasterelektronenmikroskopis-che Befunde und den Weibchen von *Bovicola caprae* und *B.limbata* (Mallophaga) von *Capra hircus. Angew. Parasitol., 26*: 47.

109. SOLER CRUZ, M.D. et al. (1989).- *Felicola (Felicola) inequalis* Piaget, 1880 (Mallophaga: Trichodectidae) parásito de *Herpestes ichneumon* L. (Carnivora: Herpestidae). *Doñana, Acta Vertebrata, 16*: 172.

110. TENDEIRO, J. (1960).- *Etudes sur les mallophages africains*. Estud. Ensaimos e Doc., Junta Invest. Ultramar, Lisboa, 1959, 234 pp.

111. THOMPSON, G.B. (1950).- List of the type-hosts of the Mallophaga and lice described from them. *Ann. and Mag. Nat. Hist., 12*, S.3 : 365.

ANOPLURA

Enderleinellus nitzschi FAHRENHOLZ, 1916

Hosp.: Ardilla (*Sciurus vulgaris*)
Dist.: Barcelona (Collbató)
Reg.: V.
Bibl.: 28.

Haematopinus apri GOUREAU, 1866

Hosp.: Jabalí (*Sus scrofa*)
Dist.: Huesca.
Reg.: IV.
Bibl.: 33.

Haematopinus asini (LINNAEUS, 1758)
(incluye *Haematopinus asini macrocephalus*)

Hosp.: Caballo, asno y mulo.
Dist.: Avila, Cantabria, Ciudad Real, Córdoba, Huesca, León, Lugo, Navarra, Soria y Teruel. Portugal.
Reg.: I, II, III, IV, VII, VIII y IX. Portugal.
Bibl.: 1, 12, 19, 20, 21, 28 y 32.

Haematopinus eurysternus (NITZSCH, 1818)

Hosp.: Vaca.
Dist.: Asturias, Barcelona, León, Lugo, Mallorca y Palencia. Portugal.
Reg.: I, II, III, V y XI. Portugal.
Bibl.: 1, 12, 19, 28 y 32.

Haematopinus piliferus

Cf. *Linognathus setosus*

Haematopinus sp.

Hosp.: Jabalí (*Sus scrofa*)
Dist.: Salamanca.
Reg.: III.
Bibl.: 30.

Haematopinus suis (LINNAEUS, 1758)

Hosp.: Cerdo y jabalí (*Sus scrofa*)
Dist.: General.
Bibl.: 1, 7, 12, 20, 21, 28, 30, 32 y 33.

Haemodipsus lyriocephalus (BURMEISTER, 1839)

Hosp.: Liebre (*Lepus capensis*)
Dist.: Ciudad Real, Córdoba y Jaén.
Reg.: VIII y IX.
Bibl.: 22 y 23.

Haemodipsus setoni EWING, 1924

Hosp.: Liebre (*Lepus capensis*)
Dist.: Ciudad Real.
Reg.: VIII.
Bibl.: 31.

Haemodipsus ventricosus DENNY, 1842

Hosp.: Conejo (*Oryctolagus cuniculus*)
Dist.: Burgos, Huesca, León y Palencia.
Reg.: III y IV.
Bibl.: 1, 12 y 28.

Hoplopleura acanthopus (BURMEISTER, 1839)

Hosp.: Ratilla agreste (*Microtus agrestis*), ratilla campesina (*Microtus arvalis*), lirón careto (*Elyomis quercinus*) y topillo (*Pitymys mariae*)
Dist.: Cantabria, Cuenca, Huesca, Salamanca, y Pirineos orientales.
Reg.: I, IV, V, VI, VII y VIII.
Bibl.: 4, 30, 35 y Beaucournu (com. per.)

Hoplopleura captiosa JOHNSON, 1960
Hosp.: Ratón (*Mus musculus*) y ratón moruno (*Mus spretus*)
Dist.: Barcelona, Cuenca, Huesca, Madrid, Pirineos orientales, Segovia y Tarragona.
Reg.: III, IV, V, VI, VII y VIII.
Bibl.: 3, 4, 5, 17, 36 y Beaucournu (com. per.)

Hoplopleura edentula FAHRENHOLZ, 1916
Hosp.: Topillo rojo (*Clethrionomys glareolus*)
Dist.: La Rioja.
Reg.: III y IV.
Bibl.: 35.

Hoplopleura pacifica
Hosp.: Rata gris (*Rattus norvegicus*)
Dist.: Barcelona.
Reg.: V.
Bibl.: 13.

Linognathus africanus KELLOG et PAINE, 1911
Hosp.: Cabra y oveja.
Dist.: Albacete, Alicante, Almería, Cuenca, Huesca, Jaén, Málaga, Murcia, Navarra, Salamanca, Sevilla, Teruel, Toledo y Zaragoza.
Reg.: III, IV, VII, VIII, IX y X.
Bibl.: 1, 28 y 30.

Linognathus oviformis RUDOW, 1869
Hosp.: ?
Dist.: ?
Bibl.: 24.

Linognathus setosus (OLFERS, 1816)
Hosp.: Perro.
Dist.: Avila, Badajoz, Cáceres, Córdoba, Huesca, León, Pirineos orientales, Salamanca, Valencia y Zamora. Portugal.
Reg.: III, IV, VI, VII, VIII y IX. Portugal.
Bibl.: 1, 12, 19, 20, 21, 28, 30, 32 y 34.

Linognathus stenopsis (BURMEISTER, 1838)
Hosp.: Cabra y oveja.
Dist.: Almería, Cáceres, Córdoba, Guadalajara, Huesca, Jaén, León, Lérida, Lugo, Málaga, Navarra, Sevilla y Valencia. Portugal.
Reg.: I, II, III, IV, VI, VII, IX y X. Portugal.
Bibl.. 1, 12, 18, 19, 21, 25 y 28.

Linognathus vituli LINNAEUS, 1758
Hosp.: Vaca.
Dist.: General.
Bibl.: 1, 6, 12, 18, 28, 30 y 32.

Pediculus humanus LINNAEUS, 1758 var. **capitis**
Hosp.: Hombre.
Dist.: General.
Bibl.: 8, 21 y 29.

Pediculus humanus LINNAEUS, 1758 var. **corporis**
Hosp.: Hombre.
Dist.: General.
Bibl.: 2, 21 y 29.

Phthirus pubis (LINNAEUS, 1758)
Hosp.: Hombre.
Dist.: General.
Bibl.: 29.

Polyplax reclinata (NITZSCH, 1864)
Hosp.: Musaraña común (*Crocidura russula*) y musaraña campesina (*Crocidura suaveolens*)
Dist.: Galicia, Huesca, Pirineos orientales y Tarragona.
Reg.: I, II, IV y V.
Bibl.. 4, 5, 17, 26 y Beaucournu (com. per.)

Polyplax serrata (BURMEISTER, 1839)
Hosp.: Ratón de campo (*Apodemus sylvaticus*), ratón (*Mus musculus*) y rata negra (*Rattus rattus*)
Dist.: Barcelona, Cuenca, Baleares, Galicia, Huesca, Madrid, Soria y Pirineos orientales. Portugal.
Reg.: I, II, III, IV, V, VI, VII, VIII y IX. Portugal.
Bibl.: 3, 4, 5, 9, 15, 17, 26, 28, 34, 35 y 36.

Polyplax spinigera (BURMEISTER, 1839)
Hosp.: Rata de agua (*Arvicola sapidus*)
Dist.: Granada, Guadalajara, Soria, Pirineos orientales, Tarragona y Zamora. Portugal.
Reg.: III, IV, V, VI, IX y X. Portugal.
Bibl.: 3, 4, 16, 35 y Beaucournu (com. per.)

Polyplax spinulosa (BURMEISTER, 1839)
Hosp.: Rata negra (*Rattus rattus*), rata gris (*Rattus norvegicus*) y ratón (*Mus musculus*)
Dist.: Baleares, Canarias, Galicia, Huelva, Madrid, Pirineos orientales, Tarragona y Toledo.
Reg.: I, II, IV, V, VI, VIII, IX, XI y XII.
Bibl.: 3, 5, 17, 26, 28, 34 y 36.

Schizophthirus pleurophaeus (BURMEISTER, 1839)
Hosp.: Lirón careto (*Eliomys quercinus*)
Dist.: Baleares, Cantabria, Cuenca, Gerona, Lérida, Madrid y La Rioja.
Reg.: III, IV, V, VI, VII, VIII y XI.
Bibl.: 4, 5, 14, 17, 28 y Beaucournu (com. per.)

Solenopotes burmeisteri (FAHRENHOLZ, 1919)
Hosp.: Ciervo (*Cervus elaphus*)
Dist.: ?
Bibl.: 10.

Solenopotes capillatus ENDERLEIN, 1904
Hosp.: Vaca.
Dist.: Alava, Alicante, Burgos, Cuenca, Gerona, Granada, Huesca, Lérida, Lugo, Mallorca, Navarra, Orense, Pontevedra y Zaragoza.
Reg.: I, II, III, IV, V, VII, IX, X y XI.
Bibl.: 1, 12, 22 y 28.

Solenopotes sp.
Hosp.: Gamo (*Dama dama*)
Dist.: ?
Bibl.: 10.

LISTA DE HOSPEDADORES CON SUS ANOPLURA PARÁSITOS

Phyllum Chordata
Clase Mammalia
Orden Insectivora

Musaraña campesina (*Crocidura suaveolens*)
Polyplax reclinata (NITZSCH, 1864)

Musaraña común (*Crocidura russula*)
Polyplax reclinata (NITZSCH, 1864)

Orden Rodentia

Ardilla (*Sciurus vulgaris*)
Enderleinellus nitzschi FAHRENHOLZ, 1916

Lirón careto (*Eliomys quercinus*)
Hoplopleura acanthopus (BURMEISTER, 1839)
Schizophthirus pleurophaeus (BURMEISTER, 1839)

Rata de agua (*Arvicola sapidus*)
Polyplax spinigera (BURMEISTER, 1839)

Rata gris (*Rattus norvegicus*)
Hoplopleura pacifica
Polyplax spinulosa (BURMEISTER, 1839)

Rata negra (*Rattus rattus*)
Polyplax serrata (BURMEISTER, 1839)
Polyplax spinulosa (BURMEISTER, 1839)

Ratilla agreste (*Microtus agrestis*)
Hoplopleura acanthopus (BURMEISTER, 1839)

Ratilla campesina (*Microtus arvalis*)
Hoplopleura acanthopus (BURMEISTER, 1839)

Ratón (*Mus musculus*)
Hoplopleura captiosa JOHNSON, 1960
Polyplax serrata BURMEISTER, 1839
Polyplax spinulosa (BURMEISTER, 1839)

Ratón de campo (*Apodemus sylvaticus*)
Polyplax serrata (BURMEISTER, 1839)

Ratón moruno (*Mus spretus*)
Hoplopleura captiosa JOHNSON, 1960

Topillo (*Pitymys mariae*)
Hoplopleura acanthopus (BURMEISTER, 1839)

Topillo rojo (*Clethrionomys glareolus*)
Hoplopleura edentula FAHRENHOLZ, 1916

Orden Lagomorpha

Conejo (*Oryctolagus cuniculus*)
Haemodipsus ventricosus DENNY, 1842

Liebre (*Lepus capensis*)
Haemodipsus lyriocephalus (BURMEISTER, 1839)
Haemodipsus setoni EWING, 1924

Orden Carnivora

Perro
Linognathus setosus (OLFERS, 1816)

Orden Perissodactyla

Asno, Mula, Burdégano y **Caballo**
Haematopinus asini (LINNAEUS, 1758)
H. asini macrocephalus

Orden Artiodactyla

Cabra
Linognathus africanus KELLOG et PAINE, 1911
Linognathus stenopsis (BURMEISTER, 1838)

Cerdo
Haematopinus suis (LINNAEUS, 1758)

Ciervo (*Cervus elaphus*)
Solenopotes burmeisteri (FAHRENHOLZ, 1919)

Gamo (*Dama dama*)
Solenopotes sp.

Jabalí (*Sus scrofa*)
Haematopinus apri GOUREAU, 1866
Haematopinus sp.
Haematopinus suis (LINNAEUS, 1758)

Oveja
Linognathus africanus KELLOG et PAINE, 1911
Linognathus stenopsis (BURMEISTER, 1838)

Vaca

Haematopinus eurysternus (NITZSCH, 1818)
Linognathus vituli LINNAEUS, 1758
Solenopotes capillatus ENDERLEIN, 1904

Orden Primates

Hombre

Pediculus humanus LINNAEUS, 1758
var. *capitis*
var. *corporis*
Phthirus pubis (LINNAEUS, 1758)

BIBLIOGRAFÍA (ANOPLURA)

1. AGUIRRE, J.M. y GALLEGO BERENGUER, J. (1979).- Anopluros y Malófagos de los animales domésticos en España. *Com. XXI Cong. Mundial de Veterinaria,* Moscú.
2. ARES-MAZAS, M.E.; SELA-PEREZ, M.C. y ARES-FERNANDEZ, M.C. (1987).- Incidencia de la infestación por *Pediculus humanus capitis* en la población infantil gallega. *Rev. Ibér. Parasitol., 47*: 193.
3. BEAUCOURNU, J.C. (1972).- Sur quelques ectoparasites (Siphonapteres, Anoplures et Nycteribies) du Portugal. *An. Es. Nac. Saude Publ. Med. Trop., 6*: 65.
4. BEAUCOURNU, J.C. (1978).- Les Anoplures de Lagomorphes, Rongeurs et Insectivores dans la Region Palearctique occidentale et en particulier en France. *Ann. Parasit. hum. comp., 43*: 201.
5. BERNAT, G.; GOMEZ, M.S. y GALLEGO, J. (1985).- Datos sobrela fauna de anopluros parásitos de micromamíferos de la región catalana. *IV Congr. Nac. Parasitol.*, Tenerife: 90.
6. CARBALLEIRA TELLA, D.; VAZQUEZ PAREDES, E. y RIO LOZANO, J. del (1957).- Acerca de la clasificación y conservación de parásitos. *Supl. Cient. Bol. Inf. Cons. Gral. Col. Vet. Esp., 2*: 27.
7. CORDERO DEL CAMPILLO, M. (1967).- El problema de las parasitosis en las explotaciones porcinas. *I Jorn. Nac. Prod. Porcina*, II ponencia. Valencia, 5-9 junio: 105.
8. FERNANDEZ-CREHUET NAVAJAS, J.; MANCHA LOPEZ, R. y GALVEZ VARGAS, R. (1977).- El problema sanitario de la pediculosis en los escolares de Granada. *Rev. San. Hig. Públ., 51*: 589.
9. FERRIS, G.F. (1923).- Contribution toward a monograph of the sucking lice. Part 4. *Stanford Univ. Publ. Biol. Sc., 11*: 183.
10. GALLEGO, J. y AGUIRRE, J.M. (1985).- Primeros hallazgos de Phthyraptera en cérvidos españoles. *Rhabdopelion longicornis* (NITZSCH, 1818) (Mallophaga: Amblycera) y *Solenopotes burmeisteri* (Fahrenholz, 1919) (Anoplura) en *Cervus elaphus* LIN. y *Solenopotes* sp. (Anoplura) en *Dama dama* (LIN.). *IV Congr. Nac. Parasitol.*, Tenerife: 91.
11. GARCIA PEREZ, A.L.; JUSTE JORDAN, R.A. y POVEDANO FERNANDEZ, I. (1993).- Diez años de parasitología en el SIMA (1982-1992): Relación de especies y hospedadores. *Informe para el Indice-Catálogo de Zooparásitos Ibéricos.*
12. GIL COLLADO, J. (1961).- *Insectos y ácaros de los animales domésticos.* Salvat Editores, S.A., Barcelona.
13. GOMEZ, M.S. (1989).- Présence à Barcelone de *Hoplopleura pacifica* (Anoplura, Hoplopleuridae) parasite de *Rattus norvegicus. Ann. Parasitol. hum. et comp., 64*: 516.
14. GOMEZ, M.S. (1992).- Los estadios ninfales de *Schizophthirus pleurophaeus* (BURMEISTER, 1839) (Anoplura, Hoplopleuridae). *"In Memoriam" al Profesor Doctor D. F. de P. Martínez Gómez,* Univ. de Córdoba: 611.

15. GOMEZ, M.S. y GALLEGO, J. (1987).- Aportación al estudio delas formas ninfales de *Polyplax serrata* BURMEISTER, 1839 (Insecta, Anoplura). *Rev. Ibér. Parasitol., 47*: 183.

16. GOMEZ, M.S. y GALLEGO, J. (1988).- Datos morfométricos y quetotáxicos de los adultos de *Polyplax spinigera* (Burmeister, 1839) (Insecta, Anoplura) aislados en *Arvicola sapidus* del Delta del Ebro (Tarragona, España). *Rev. Ibér. Parasitol., 48*: 71.

17. GOMEZ, M.S.; GALLEGO, J. y BERNAT, G. (1987).- Observaciones sobre la fauna de anopluros parásitos de micromamíferos de la región catalana (España). *Rev. Ibér. Parasitol., 47*: 81.

18. HABELA, M.; NAVARRETE, I.; MARTINEZ-GOMEZ, F. y REINA, D. (1987).- Contribución al conocimiento de la parasitofauna de Cáceres. Primera relación. I. Protozoos y artrópodos. *Rev. Ibér. Parasitol.*, Vol. Extr.: 39.

19. LEITAO, J.L. DA SILVA (1962).- Parásitas referidas em Portugal metropolitano por médicos veterinários portugueses. *An. Esc. Sup. Méd. Vet., 4*: 5.

20. LEITAO, J.L. DA SILVA (1963).- *Parásitas dos animais domesticos em Portugal metropolitano*. Inst. Alta Cultura, Fundaçao Galouste Gulbekian, Lisboa.

21. MARTINEZ GOMEZ, F. et al. (1974).- Contribución al conocimiento de los zooparásitos en la provincia de Córdoba. IV. Artrópodos. *III Reunión Nac. Cent. Invest. Gan. del C.S.I.C.*, Córdoba, 24-27 oct.

22. MARTINEZ-GOMEZ, F. et al. (1987).- Parasitocenosis of *Lepus capensis* in the South of Spain. *Sonderdruck aus Verhandl. des 29 Int. Symp. über die Erkrank. der Zootiere*, Cardiff: 347.

23. MORENO MONTAÑEZ, T.; BECERRA MARTELL, C. y NAVARRETE LOPEZ-COZAR, I. (1979).- Contribución al conocimiento de los parásitos de la liebre *Lepus capensis*. *Rev. Ibér. Parasitol., 39*: 383.

24. MUÑOZ-PARRA, S. et al. (1987).- Biochemical taxonomy: analysis of electromobility of distinct proteinic fractions of the male and female of *Linognathus oviformis* Rudow, 1869 (Anoplura: Insecta). *Cah. O.R.S.T.O.M., sér. Ent. méd. et Parasitol., 25*: 217.

25. NAVARRETE, I. et al. (1988).- Contribución al estudio de las parasitosis ovina y caprina en la provincia de Cáceres. *Acta Veterinaria, 2*: 37.

26. PEREIRA LORENZO, A. y QUEIMADELOS DIAZ, M.L. (1990).- Contribución al estudio de los anopluros parásitos de micromamíferos en Galicia (España). *Rev. Ibér. Parasitol., 50*: 129.

27. PORTUS, M. y COLL, M.C. (1978).- Estudio del ectoparasitismo del lirón careto (*Eliomys quercinus ophiusae* THOMAS) de la isla de Formentera. *II Reun. An. Asoc. Parasitol. Esp.*, Madrid: 71.

28. PORTUS, M.; GALLEGO, J. y AGUIRRE, J. (1977).- Sobre los Anopluros parásitos de mamíferos domésticos y silvestres españoles. *Rev. Ibér. Parasitol., 37*: 345.

29. PRIETO LORENZO, A. (1958).- Los artrópodos vectores de enfermedades infecciosas y parasitarias en el hombre. *Med. Trop., 31*: 426, *32*: 1 y 138.

30. RAMAJO MARTIN, V. (1992).- *Zooparasitología*. En: Las Dehesas Salmantinas. Junta de Castilla y León. Gráficas Ortega, Salamanca: 463.

31. RODRIGUEZ RODRIGUEZ, J.A.; GIL COLLADO, J. y SANCHEZ COVISA, A. (1981).- Hallazgo de *Haemodipsus setari*, EWING (1924) (Anoplura: Hopopleuridae) en Ciudad Real. *Rev. Ibér. Parasitol., 41*: 119.

32. ROMERO RODRIGUEZ, J. (1972).- Panorama nacional de los parasitismos de la ganadería (Especies denunciadas en España). *Supl. Cient. Bol. Inf. Cons. Gral. Col. Vet. Esp., 193*: 61.

33. SANCHEZ ACEDO, C. y VERICAD, J.R. (1973).- Ectoparásitos de mamíferos y aves montaraces del Alto Aragón. *Rev. Ibér. Parasitol., 33*: 29.

34. THEODORIDES, J. (1953).- Première contribution à l'étude des ectoparasites de Vertebrés des Pyrénées Orientales. *Vie et Milieu, 4*: 753.

35. ZAPATERO RAMOS, L.M.; GUILLEN LERA, J.L. y RIVAS LOPEZ, L.I. (1978).- Acaros y Anopluros parásitos de micromamíferos salvajes españoles. *Rev. Ibér. Parasitol., 38*: 367.

36. ZAPATERO RAMOS, L.M.; RODRIGUEZ RODRIGUEZ, J.A. y GONZALEZ SANTIAGO, P.I. (1982).- Ectoparásitos de múridos ibéricos e insulares. *Rev. Ibér. Parasitol.*, Vol. Extr.: 113.

DIPTERA

En la redacción de este capítulo, en la primera edición, intervino el Dr. A. Encinas Grandes, de la Facultad de Farmacia de la Universidad de Salamanca. El Dr. M. Leclercq, de la Faculté des Sciences Agronomiques de Gembloux y el Dr. V. Peris, de la Facultad de Biología de la Universidad Complutense de Madrid hicieron importantes sugerencias y observaciones. Para las especies de Portugal participó la Dra. H.C. Ribeiro del Centro, de Zoología de Lisboa.

Actia tibialis ROBINEAU-DESVOIDY, 1851
Hosp.: *Prosolopha jourdanaria*
Dist.: Madrid.
Reg.: VI.
Bibl.: 151.

Aedes argenteus POIRET, 1787
Cf. *Aedes (Stegomyia) aegypti*

Aedes longitubus CAMBOURNAC, 1938
Cf. *Aedes (Ochlerotatus) berlandi*

Aedes maculatus (auc. nec. MEIGEN)
Cf. *Aedes (Ochlerotatus) cantans*

Aedes punctatus MEIGEN, 1804
Cf. *Aedes (Ochlerotatus) caspius*

Aedes (Aedes) cinereus MEIGEN, 1818
Hosp.: Bovinos principalmente. Hombre, conejos y aves.
Dist.: Madrid.
Reg.: VI.
Bibl.: 79.

Aedes (Aedimorphus) vexans (MEIGEN, 1830)
Hosp.: Hombre y animales domésticos.
Dist.: Baleares, Barcelona, Cantabria, Huelva, Granada, León, Madrid, Orense, Pontevedra, Salamanca, Segovia y Valladolid. Portugal.
Reg.: I, II, III, V, VI, IX, X y XI. Portugal.
Bibl.: 11, 63, 67, 79, 114, 115, 134, 149, 154, 158, 162, 243, 301, 329 y 351.

Aedes (Aedimorphus) vittatus (BIGOT, 1861)
Hosp.: Hombre y animales domésticos. Aves (experim.)
Dist.: Baleares, Barcelona, Cáceres, Ciudad Real, Córdoba, Jaén, Salamanca y Segovia. Portugal.
Reg.: III, V, VI, VIII, IX y XI.
Bibl.: 63, 79, 114, 115, 143, 144, 149, 154, 158, 160, 162, 243, 264, 302, 351, 360 y 430.

Aedes (Finlaya) eatoni (EDWARDS, 1920)
Hosp.: Hombre y animales domésticos. Aves (experim.)
Dist.: Tenerife.
Reg.: XII.
Bibl.: 79, 81 y 120.

Aedes (Finlaya) echinus (EDWARDS, 1920)
Hosp.: Hombre y animales domésticos. Aves (experim.)
Dist.: Avila, Barcelona, Cáceres, Córdoba, Cuenca, Madrid, Salamanca y Zamora. Portugal.
Reg.: III, V, VI, VII, VIII y IX. Portugal.
Bibl.: 63, 79, 114, 116, 134, 154, 158, 162, 172, 243, 302, 329, 351, 391, 402 y 427.

Aedes (Finlaya) geniculatus (OLIVIER, 1791)
Hosp.: Hombre y animales domésticos.
Dist.: Alicante, Cáceres, Cadiz, Cuenca y Madrid. Portugal.
Reg.: VI, VII, VIII y IX.
Bibl.: 11, 63, 67, 79, 102, 149, 154, 162, 172, 243, 391 y 427.

Aedes (Ochlerotatus) berlandi SEGUY, 1921
(Syn. *Aedes longitubus*)
Hosp.: Hombre y animales domésticos. Aves (experim.)
Dist.: Avila, Cáceres, Córdoba, Cuenca, Madrid, Salamanca y Valencia. Portugal.
Reg.: III, VI, VII, VIII y IX.
Bibl.: 60, 63, 67, 78, 79, 114, 116, 172, 243, 351, 391, 404 y 427.

Aedes (Ochlerotatus) cantans (MEIGEN, 1818)
(Syn. *Aedes maculatus*)
Hosp.: Bovinos y conejos. También hombre, cabras, ovejas y aves.
Dist.: Madrid y Salamanca.
Reg.: III y VI.
Bibl.: 79, 116 y 351.

Aedes (Ochlerotatus) caspius (PALLAS, 1771)
(Syn. *Aedes punctatus*)
Hosp.: Hombre y animales domésticos.
Dist.: General.
Bibl.: 11, 63, 68, 73, 77, 79, 97, 114, 115, 134, 144, 149, 154, 158, 159, 162, 243, 302, 351, 362, 379 y 427.

Aedes (Ochlerotatus) cataphyla DYAR, 1916
Hosp.: Hombre y animales domésticos.
Dist.: Cuenca.
Reg.: VII y VIII.
Bibl.: 79 y 427.

Aedes (Ochlerotatus) detritus (HALIDAY, 1833)
Hosp.: Bovinos y hombre. También aves y cerdos.
Dist.: Cantabria, Gerona, Guipúzcoa y Murcia. ¿Canarias?. Portugal.
Reg.: I, V, VII y X. ¿XII?. Portugal.
Bibl.: 63, 68, 73, 77, 79, 97, 149, 154, 158, 162, 243, 302 y 379.

Aedes (Ochlerotatus) excrucians (WALKER, 1856)
(las poblaciones salmantinas difieren, por numerosos caracteres larvarios e imaginales de la especie tipo del complejo "*excrucians*" y de otras formas estrechamente relacionadas, que por otra parte les dan gran parecido con otra forma de este complejo, *Aedes aloponotum*, cuya existencia sólo está indicada en América del Norte. El incompleto conocimiento de este complejo de especies, y para no introducir nuevos nombres, no totalmente confirmados, nos hace considerar preferible conservar el nombre citado)
Hosp.: Hombre y animales domésticos.
Dist.: Cuenca, Salamanca y Valladolid.
Reg.: III, VI, VII y VIII.
Bibl.: 79, 114, 115, 116, 351 y 427.

Aedes (Ochlerotatus) flavescens (MUELLER, 1764)
Hosp.: Rumiantes domésticos y hombre.
Dist.: Cuenca, Salamanca y Valladolid.
Reg.: III, VI, VII y VIII.
Bibl.: 79, 114, 115, 116, 351 y 427.

Aedes (Ochlerotatus) leucomelas (MEIGEN, 1804)
Hosp.: Hombre. Mamíferos, en general.
Dist.: Cuenca y Salamanca. ¿Madrid?
Reg.: III, VI, VII y VIII.
Bibl.: 79, 114, 115, 162, 351 y 427.

Aedes (Ochlerotatus) mariae (SERGENT et SERGENT, 1903)
Hosp.: Fuertemente antropófilo.
Dist.: Baleares, Cantabria, Cataluña y Huelva. Portugal.
Reg.: I, IV, V y IX. Portugal.
Bibl.: 63, 67, 79, 154, 162, 243, 302 y 358.

Aedes (Ochlerotatus) pulchritarsis (RONDANI, 1872)
Hosp.: Hombre. Mamíferos, en general.
Dist.: Cáceres, Jaén, Madrid y Salamanca. Portugal.
Reg.: III, VI y IX.
Bibl.: 63, 67, 79, 114, 115, 149, 154, 158, 162, 172, 243, 302, 351 y 391.

Aedes (Ochlerotatus) punctor (KIRBY, 1837)
Hosp.: Vacuno. También hombre, oveja, cabra y aves.
Dist.: Madrid, Salamanca y Segovia. Portugal.
Reg.: III y VI. Portugal.
Bibl.: 79, 114, 116, 351 y 359.

Aedes (Rusticoides) quasirusticus TORRES CAÑAMARES, 1951
(Cf. *Aedes (Rusticoides) rusticus*)
Hosp.: Bovinos y hombre, principalmente.
Dist.: Cuenca, Salamanca y Segovia.
Reg.: III, VI, VII y VIII.
Bibl.: 114, 115, 116, 281, 351 y 429.

Aedes (Rusticoides) refiki MEDSCHID, 1928
Hosp.: Hombre y mamíferos, en general.
Dist.: Cuenca y Salamanca.
Reg.: III, VI, VII y VIII.
Bibl.: 114, 115, 351, 424 y 427.

Aedes (Rusticoides) rusticus (ROSSI, 1790)
(incluyendo, probablemente, citas de *Aedes (Rusticoides) quasirusticus*)
Hosp.: Hombre y mamíferos, en general.
Dist.: Avila, Cáceres, Madrid, Salamanca, Segovia, Toledo y Valladolid. Portugal.
Reg.: III, VI y VIII.
Bibl.: 63, 67, 79, 114, 115, 116, 143, 144, 149, 154, 162, 243, 302 y 351.

Aedes (Stegomyia) aegypti (LINNAEUS, 1762)
(Syn. *Culex calopus; Stegomyia calopus* var. *canariensis*)
Hosp.: Hombre, también mamíferos y aves, en general.
Dist.: Alicante, Badajoz, Baleares, Barcelona, Cáceres, Cádiz, Canarias, Córdoba, Huelva, Huesca, Granada, Málaga, Murcia y Tarragona. Portugal.
Reg.: IV, V, VI, VII, VIII, IX, X, XI y XII.
Bibl.: 10, 11, 67, 68, 77, 79, 82, 110, 120, 121, 143, 144, 149, 154, 158, 162, 243, 264, 302, 331, 332 y 333.

Anopheles bifurcatus
Cf. *Anopheles (Anopheles) maculipennis*

Anopheles claviger
Cf. *Anopheles (Anopheles) maculipennis*

Anopheles nigripes STAEGER, 1839
Cf. *Anopheles (Anopheles) plumbeus*

Anopheles (Abiogekes) atroparvus VAN THIEL, 1927
Hosp.: Hombre y animales domésticos.
Dist.: General.
Bibl.: 33, 38, 45, 54, 58, 61, 63, 67, 70, 71, 83, 114, 115, 134, 149, 158, 162, 163, 164, 167, 203, 208, 209, 243, 253, 254, 255, 256, 257, 265, 315, 340, 349, 351, 367, 373, 407, 422, 423, 427 y 459.

Anopheles (Anopheles) algeriensis (THEOBALD, 1903)
Hosp.: Hombre y animales domésticos.
Dist.: Alicante, Almería, Granada y Murcia. Portugal.
Reg.: VII, IX y X. Portugal.
Bibl.: 80, 82, 83, 88, 149, 154, 158, 162, 353, 374 y 407.

Anopheles (Anopheles) claviger (MEIGEN, 1804)
(incluyendo, probablemente, citas de *Anopheles (Anopheles) petragnani*)
Hosp.: Vacuno, conejo y hombre.
Dist.: Asturias, Badajoz, Barcelona, Cáceres, Cantabria, Castellón, Ciudad Real, Córdoba, Cuenca, Granada, Jaén, Madrid, Málaga, Murcia, Salamanca y Segovia. Portugal.
Reg.: I, III, V, VI, VII, VIII, IX y X. Portugal.
Bibl.: 41, 50, 51, 54, 63, 67, 114, 115, 134, 143, 144, 149, 154, 158, 162, 213, 216, 243, 264, 351, 361, 372, 407, 422, 425 y 427.

Anopheles (Anopheles) hyrcanus (PALLAS, 1771)
Hosp.: Hombre y animales domésticos.
Dist.: Barcelona, Huesca, Teruel y Valencia.
Reg.: IV, V y VII.
Bibl.: 111, 144, 149, 154, 162, 213, 374 y 407.

Anopheles (Anopheles) labranchiae FALLERONI, 1926
Hosp.: Hombre y animales domésticos.
Dist.: Alicante y Murcia.
Reg.: VII y X.
Bibl.: 47, 54, 80, 82, 83, 87, 158, 162, 163, 164, 167, 374 y 407.

Anopheles (Anopheles) maculipennis (antes de su desintegración en complejo de especies)

Bibl.: 11, 39, 40, 41, 42, 43, 44, 46, 48, 49, 50, 51, 55, 56, 57, 58, 67, 102, 104, 110, 143, 144, 146, 147, 155, 178, 213, 264, 269, 316, 330, 331, 334, 335, 336, 339, 340, 346, 373, 374 y 422. 420?

Anopheles (Anopheles) maculipennis MEIGEN, 1818

(Syn. *Anopheles bifurcatus; Anopheles claviger*)

Hosp.: Hombre y animales domésticos.

Dist.: Asturias, Cantabria, Guadalajara, Gerona, Guipúzcoa, León, Lérida, Lugo, Orense, Palencia y Tarragona. Portugal.

Reg.: I, II, III, IV, V y VI.

Bibl.: 54, 63, 67, 82, 163, 167, 243, 374, 379 y 407. 340?

Anopheles (Anopheles) marteri SENEVET et PRUNELLE, 1927

Hosp.: Animales domésticos y silvestres. Hombre?

Dist.: Cuenca, Granada, Jaén y Murcia.

Reg.: VII, VIII, IX y X.

Bibl.: 80, 82, 374, 407, 424, 427, 428 y 431.

Anopheles (Anopheles) melanoon HACKETT, 1934

(incluyendo citas de *Anopheles (Anopheles) melanoon subalpinus* HACKETT et LEWIS, 1935)

Hosp.: Hombre y animales domésticos.

Dist.: Alicante, Barcelona, Castellón, Tarragona y Valencia. Portugal.

Reg.: IV, V y VII. Portugal.

Bibl.: 54, 136, 163, 164, 167, 202, 203, 355, 374 y 407.

Anopheles (Anopheles) petragnani DEL VECCHIO, 1939

(Syn. *Anopheles (Anopheles) claviger*)

Hosp.: Hombre y animales domésticos.

Dist.: Salamanca. Portugal.

Reg.: III y VI. Portugal.

Bibl.: 114, 115, 329, 351 y 352.

Anopheles (Anopheles) plumbeus STEPHENS, 1828

(Syn. *Anopheles nigripes*)

Hosp.: Bóvidos, hombre, conejos y aves.

Dist.: Asturias, Barcelona, Cuenca, Madrid, Salamanca y Valencia. ¿Cádiz?. Portugal.

Reg.: I, III, V, VI, VII, VIII y IX.

Bibl.: 11, 63, 67, 82, 114, 115, 134, 149, 154, 162, 172, 243, 351, 374, 407 y 427.

Anopheles (Anopheles) subalpinus

Cf. *Anopheles (Anopheles) melanoon subalpinus*

Anopheles (Cellia) hispaniola (THEOBALD, 1903)

(Syn. *Myzomyia hispaniola; Pyretophorus myzomyrifacies*)

Hosp.: Hombre y animales domésticos.

Dist.: Alicante, Almería, Avila, Badajoz, Cáceres, Cádiz, Canarias (Las Palmas y Santa Cruz de Tenerife), Ciudad Real, Córdoba, Cuenca, Granada, Huelva, Jaén, Madrid, Málaga, Murcia y Sevilla.

Reg.: VI, VII, VIII, IX, X, XI y XII.

Bibl.: 11, 41, 54, 77, 80, 82, 96, 105, 119, 120, 121, 144, 149, 154, 158, 162, 216, 258, 264, 304, 374, 407, 424 y 427.

Anopheles (Cellia) multicolor CAMBOULIU, 1902

Hosp.: Hombre y animales domésticos.

Dist.: Almería y Murcia. ¿Canarias?

Reg.: VII y X. ¿XII?

Bibl.: 82, 85, 108, 120, 374 y 407.

Anopheles (Cellia) sergenti (THEOBALD, 1907)

Hosp.: Hombre y animales domésticos.

Dist.: Canarias (Las Palmas y Santa Cruz de Tenerife)

Reg.: XII.

Bibl.: 77, 80, 119, 120, 304, 373 y 374.

Anopheles (Cellia) superpictus GRASSI, 1899
Hosp.: Hombre y animales domésticos.
Dist.: Canarias, Córdoba, Huelva y Murcia (todas las presencias son dudosas)
Reg.: VII, IX, X y XII.
Bibl.: 121, 149, 154, 158, 162, 213, 258, 261, 336 y 374.

Atrichopogon albiscapula KIEFFER, 1918
Hosp.: ?
Dist.: Lérida.
Reg.: IV.
Bibl.: 204.

Atrichopogon brunnipes (MEIGEN, 1818)
Hosp.: ?
Dist.: Cádiz y Granada.
Reg.: IX y X.
Bibl.: 65, 170, 204 y 416.

Atrichopogon hispaniae HAVELKA, 1979
Hosp.: ?
Dist.: Cádiz.
Reg.: IX.
Bibl.: 204.

Atrichopogon lucorum (MEIGEN, 1818)
Hosp.: ?
Dist.: Lérida.
Reg.: IV.
Bibl.: 204.

Atylotus afghanistanicus MOUCHA et CHVALA, 1959
Cf. *Atylotus quadrifarius*

Atylotus agrestis auct. nec. WIEDEMANN, 1828
Cf. *Atylotus quadrifarius*

Atylotus ater ROSSI, 1790
Cf. *Dasyrhamphis ater*

Atylotus barbarus COQUEBERT, 1804
Cf. *Tabanus barbarus*

Atylotus canaria ENDERLEIN, 1928
Hosp.: Bovinos y équidos.
Dist.: Canarias.
Reg.: XII.
Bibl.: 227.

Atylotus fairchildi
Hosp.: ?
Dist.: Portugal.
Bibl.: 440.

Atylotus fulvus MEIGEN, 1820
Hosp.: Bovinos y équidos.
Dist.: Asturias, Avila, Barcelona, Cuenca, Gerona, Huesca, Lérida, Madrid, Salamanca, Segovia, Sevilla, Teruel, Toledo y ¿Valencia? Portugal.
Reg.: I, III, IV, V, VI, VII, VIII y IX. Portugal.
Bibl.: 89, 158, 227, 228, 229, 237, 238, 351 y 436.

Atylotus fulvus rufipes MEIGEN, 1820
Hosp.: Bovinos y équidos.
Dist.: Burgos.
Reg.: III.
Bibl.: 89, 158, 227, 229 y 238.

Atylotus latistriatus BRAUER, 1890
(Syn. *Atylotus nigrifacies; Dasystipia nigrifacies*)
Hosp.: Bovinos y équidos.
Dist.: España y Portugal.
Bibl.: 227, 436 y 439.

Atylotus loewianus VILLENEUVE, 1920
Hosp.: Bovinos y équidos.
Dist.: Baleares, Barcelona, Cuenca, Gerona, Huesca y Teruel.
Reg.: IV, V, VII y VIII.
Bibl.: 94, 227, 229, 230, 233, 234 y 237.

Atylotus nemoralis MEIGEN, 1820
Cf. *Tabanus nemoralis*

Atylotus nigrifacies GOBERT, 1897
Cf. *Atylotus latistriatus*

Atylotus quadrifarius LOEW, 1874
(Syn. *Atylotus agrestis; Atylotus afghanistanicus*)
Hosp.: Bovinos y équidos.
Dist.: Gerona. Portugal.
Reg.: V. Portugal.
Bibl.: 227 y 229.

Atylotus rusticus LINNAEUS, 1767
Hosp.: Bovinos y équidos.
Dist.: Gerona y Lérida.
Reg.: IV y V.
Bibl.: 227 y 229.

Atylotus vittatus FABRICIUS, 1794
Cf. *Hybomitra vittata*

Bactromyia aurulenta (MEIGEN, 1824)
Hosp.: *Abraxas pantaria*
Dist.: Madrid.
Reg.: VI.
Bibl.: 151.

Basilia bathybothyra SPEISER, 1907
(Syn. *Penicillidia pumulla*)
Hosp.: Murciélago de Nathusius (*Pipistrellus nathusii*)
Dist.: Centro de la Península Ibérica.
Reg.: VI y VIII.
Bibl.: 19, 25 y 157.

Basilia mediterranea HURKA, 1970
Hosp.: Murciélago, sin precisar.
Dist.: Baleares.
Reg.: XI.
Bibl.: 211.

Basilia nana THEODOR et MOSCONA, 1954
Hosp.: Murciélago de Natterer (*Myotis nattereri*)
Dist.: Este y noreste de España.
Reg.: IV, V y VII.
Bibl.: 19, 20, 22, 23 y 25.

Basilia nattereri KOLENATI, 1857
Hosp.: Murciélago orejudo (*Plecotus austriacus*)
Dist.: Centro de España.
Reg.: VI y VIII.
Bibl.: 24 y 25.

Bezzia leucogaster (ZETTERSTEDT, 1850)
Hosp.: ?
Dist.: ?
Bibl.: 170 y 204.

Bezzia picticornis GARCIA et SAHUQUILLO, 1986
Hosp.: ?
Dist.: Valencia.
Reg.: VII.
Bibl.: 139.

Brachipogon vitiosus (WINNERTZ, 1852)
Hosp.: ?
Dist.: Zaragoza.
Reg.: IV.
Bibl.: 204.

Braula coeca NITZSCH, 1818
Hosp.: Abeja (*Apis mellifica*)
Dist.: Alava, Canarias, Cantabria, Guipúzcoa, León, Madrid, Salamanca y Vizcaya.
Reg.: I, III, IV, VI y XII.
Bibl.: 137, 141, 156, 351, 375, Cordero del Campillo (inéd.) y Reguera Feo, 1992 (com. per.)

Braula schmitai OROSI-PAL
Hosp.: Abeja (*Apis mellifica*)
Dist.: Portugal.
Bibl.: 34.

Bufolucilia silvarum (MEIGEN, 1826)
Hosp.: Sapo (*Bufo bufo*)
Dist.: Huesca, Madrid, Pontevedra, Segovia, Sevilla, Toledo, Valencia y Valladolid.
Reg.: III, IV, VI y VII.
Bibl.: 320.

Calliphora erythrocephala MEIGEN
Cf. *Calliphora vicina*

Calliphora vicina ROBINEAU-DESVOIDY, 1830
(Syn. *Calliphora erythrocephala*)
(considerada, como todas las *Calliphora*, díptero semiespecífico de miasis, o invasora secundaria o terciaria)
Hosp.: Hombre y animales domésticos.
Dist.: General.
Bibl.: 27, 67, 169, 173, 186, 188, 199, 232, 236 y 243.

Calliphora vomitoria (LINNAEUS, 1758)
(Cf. *Calliphora vicina*)
Hosp.: Hombre y animales domésticos.
Dist.: General.
Bibl.: 35, 67, 169, 173, 188, 232, 243, 286, 319 y 351.

Carnus heoapterus (NITZACH, (1818)

Hosp.: Cernícalo (*Falco tinnunculus*) y cernícalo primilla (*Falco naumanni*)

Dist.: Zaragoza.

Reg.: IV.

Bibl.: 294.

Cephenemyia auribarbis (MEIGEN)

Hosp.: Ciervo (*Cervus elaphus*) y gamo (*Dama dama*)

Dist.: Córdoba, Jaén y Toledo.

Reg.: VI, VIII y IX.

Bibl.: 181.

Ceratopogon algecirensis

Cf. *Culicoides nubeculosus*

Ceratopogon alonensis

Cf. *Dasyhelea flavoscutellata*

Ceratopogon bipunctatus

Cf. *Forcipomyia bipunctata*

Ceratopogon candidatus

Cf. *Helea niveipennis*

Ceratopogon cantabricus STROBL, 1900

Bibl.: 204.

Ceratopogon castellanus

Cf. *Palpomyia castellana*

Ceratopogon femoratus

Cf. *Serromyia femorata*

Ceratopogon flavipes

Cf. *Palpomyia flavipes*

Ceratopogon flavipes var. **falviventris**

Cf. *Palpomyia falviventris*

Ceratopogon flavipes var. **flavoscutellata**

Cf. *Palpomyia flavoscutellata*

Ceratopogon kaltenbachi

Cf. *Forcipomyia kaltenbachi*

Ceratopogon lacteipennis

Cf. *Helea lacteipennis*

Ceratopogon murinus

Cf. *Forcipomyia murina*

Ceratopogon myrmecophila

Cf. *Forcipomyia myrmecophila*

Ceratopogon niger

Cf. *Forcipomyia nigra*

Ceratopogon piceus

Cf. *Forcipomyia picea*

Ceratopogon pulicaris

Cf. *Culicoides pulicaris*

Ceratopogon quadristriatus

Cf. *Palpomyia quadristriata*

Ceratopogon regulus

Cf. *Forcipomyia regulus*

Ceratopogon varius

Cf. *Culicoides varius*

Ceratopogon versicolor

Cf. *Dasyhelea versicolor*

Ceratopogon versicolor var. **obscurus**

Cf. *Dasyhelea strobli*

Chrysomyia albiceps WIEDEMAN, 1819

Hosp.: Vertebrados (*miasis semiespecíficas*). Hombre (cadáveres)

Dist.: Granada.

Reg.: IX y X.

Bibl.: 107, 144 y 169.

Chrysomyia albiceps flaviceps RONDANI, 1873

Hosp.: ?

Dist.: Huesca.

Reg.: IV.

Bibl.: 187.

Chrysops caecutiens var. **meridionalis** STROBL, 1906

Cf. *Chrysops (s. str.) caecutiens ludens*

Chrysops marmoratus ROSSI, 1790

Cf. *Chrysops (Heterochrysops) flavipes*

Chrysops perspicillaris LOEW, 1856

Cf. *Chrysops (Heterochrysops) flavipes*

Chrysops pictus quadratus MEIGEN, 1820

Cf. *Chrysops (s. str.) pictus*

Chrysops piresi TRAVASSOS SANTOS DIAS, 1985

Hosp.: ?

Dist.: Portugal.

Bibl.: 440.

Chrysops (Heterochrysops) connexus LOEW, 1858
Hosp.: Cérvidos, bóvidos y équidos.
Dist.: Granada.
Reg.: IX y X.
Bibl.: 224.

Chrysops (Heterochrysops) flavipes MEIGEN, 1804
(Syn. *Chrysops marmoratus; Chrysops perspicillaris*)
Hosp.: Cérvidos, bóvidos y équidos.
Dist.: Barcelona, Cuenca, Gerona, Huesca y Sevilla. Portugal.
Reg.: IV, V, VII, VIII y IX. Portugal.
Bibl.: 27, 67, 89, 231, 234, 237 y 243.

Chrysops (Heterochrysops) flavipes punctifer (LOEW, 1856)
Hosp.: Cérvidos, bóvidos y équidos.
Dist.: Barcelona, Cuenca, Gerona, Lérida, Toledo y Valencia.
Reg.: IV, V, VI, VII y VIII.
Bibl.: 229.

Chrysops (Heterochrysops) italicus MEIGEN, 1804
Hosp.: Cérvidos, bóvidos y équidos.
Dist.: Córdoba y Murcia.
Reg.: VII y IX.
Bibl.: 224.

Chrysops (Heterochrysops) mauritanicus COSTA, 1893
Hosp.: Cérvidos, bóvidos y équidos.
Dist.: ¿Málaga?
Reg.: ¿IX y X?
Bibl.: 224.

Chrysops (s. str.) caecutiens (LINNAEUS, 1761)
Hosp.: Cérvidos, bóvidos y équidos.
Dist.: Barcelona, Cuenca, Gerona, Huesca, Lérida, Madrid, Navarra, Sevilla, Tarragona, Teruel, Vizacaya y Zaragoza. Portugal.
Reg.: I, IV, V, VI, VII, VIII y IX. Portugal.
Bibl.: 13, 27, 67, 89, 158, 224, 229, 230, 234, 237 y 243.

Chrysops (s. str.) caecutiens ludens LOEW, 1858
(Syn. *Chrysops caecutiens* var. *meridionalis; Chrysops (s. str.) caecutiens trifenestratus*)
Hosp.: Cérvidos, bóvidos y équidos.
Dist.: Asturias, Avila, Barcelona, Cadiz, Cantabria, Cuenca, Gerona, Guipúzcoa, Huesca, Lérida, Madrid, Orense y Toledo.
Reg.: I, II, III, IV, V, VII, VIII y IX.
Bibl.: 89, 158, 224, 229, 230, 234, 237, 238 y 416.

Chrysops (s. str.) caecutiens trifenestratus KROBER
Cf. *Chrysops (s. str.) caecutiens ludens*

Chrysops (s. str.) pictus MEIGEN, 1820
(Syn. *Chrysops pictus quadratus; Chrysops (s. str.) viduatus*)
Hosp.: Cérvidos, bóvidos y équidos.
Dist.: Asturias, Barcelona, Cantabria, Gerona, Huesca y Lérida. Portugal.
Reg.: I, IV y V. Portugal.
Bibl.: 13, 224, 229, 230, 237, 238, 432 y 434.

Chrysops (s. str.) relictus MEIGEN, 1820
Hosp.: Cérvidos, bóvidos y équidos.
Dist.: Barcelona.
Reg.: V.
Bibl.: 13, 89 y 224.

Chrysops (s. str.) viduatus (MEIGEN, 1804)
Cf. *Chrysops (s. str.) pictus*

Chrysozona pluvialis (LINNAEUS, 1761)
Cf. *Haematopota pluvialis*

Compsilura concinata MEIGEN, 1824
Hosp.: Polilla de cola parda (*Euproctis chrysorrhoea*)
Dist.: Madrid.
Reg.: VI.
Bibl.: 151.

Coquillettidia (Coquillettidia) richiardii (FICALBI, 1889)
(Syn. *Mansonia richiardii; Taeniorrhynchus richiardii*)
Hosp.: Hombre, bovinos, conejos y aves.
Dist.: Salamanca y Tarragona. Portugal.
Reg.: III, IV y VI. Portugal.
Bibl.: 36, 63, 67, 116, 117, 144, 149, 154, 158, 243 y 351.

Crataerhina acutipennis AUSTIN
Hosp.: Vencejos (*Apus unicolor, Micropus murinos brehmorum* y *Micropus unicolor unicolor*)
Dist.: Canarias.
Reg.: XII.
Bibl.: 15, 16 y 157.

Crataerhina melbae RONDANI, 1879
Hosp.: Vencejo (*Apus apus*)
Dist.: Alicante y Granada.
Reg.: VII, IX y X.
Bibl.: 156.

Crataerhina pallida LATRAILLE, 1811
Hosp.: Vencejo (*Apus apus*), vencejo pálido (*Apus pallidus*) y golondrina? (*Hirundo rustica*)
Dist.: Cádiz, Gerona y Granada. Portugal.
Reg.: V, IX y X. Portugal.
Bibl.: 37, 156, 157 y 200.

Culex apicalis ADAMS, 1903
Cf. *Culex (Neoculex) territans*

Culex calopus MEIGEN, 1818
Cf. *Aedes (Stegomyia) aegypti*

Culex pyrenaicus BROLEMANN, 1919
Cf. *Culex (Neoculex) territans*

Culex tipuliformis THEOBALD
Cf. *Culex (Culex) theileri*

Culex (Barradius) modestus FICALBI, 1889
Hosp.: Hombre y mamíferos, sin precisar.
Dist.: Barcelona, Ciudad Real, Granada, Tarragona y Valencia. Portugal.
Reg.: IV, V, VII, VIII, IX y X. Portugal.
Bibl.: 134, 144, 149, 154, 158, 162, 360 y 408.

Culex (Culex) laticinctus EDWARDS, 1913
Hosp.: Aves?
Dist.: Cádiz, Canarias, Ciudad Real, Granada, Huelva, Murcia, Salamanca y Valencia. Portugal.
Reg.: III, VII, VIII, IX, X y XII. Portugal.
Bibl.: 36, 63, 67, 77, 119, 120, 125, 133, 144, 149, 158, 243, 351 y 408.

Culex (Culex) mimeticus NOE, 1899
Hosp.: Hombre y mamíferos.
Dist.: Avila, Barcelona, Cáceres, Ciudad Real, Córdoba, Cuenca, Granada, Guipúzcoa, Huelva, Jaén, Madrid, Murcia, Salamanca y Zamora. Portugal.
Reg.: I, III, V, VI, VII, VIII, IX y X. Portugal.
Bibl.: 86, 96, 114, 115, 133, 134, 144, 149, 154, 158, 162, 216, 351, 361, 408 y 427.

Culex (Culex) pipiens LINNAEUS, 1758
Dist.: Península, Baleares y Canarias.
Bibl.: 11, 36, 61, 63, 67, 77, 110, 119, 121, 134, 143, 144, 149, 158, 162, 216, 243, 264, 329, 379 y 427.

Poblaciones anautógenas, eurígamas, heterodínamas y ornitófilas
Hosp.: Aves.
Dist.: Salamanca.
Reg.: III y VI.
Bibl.: 113, 114, 115 y 351.

Poblaciones auto-anautógenas, estenógamas y homodínamas
Hosp.: Aves y mamíferos (exper.)
Dist.: Cáceres (Mérida), Huelva (Doñana) y Ciudad Real (Daimiel)
Reg.: VI, VIII y IX.
Bibl.: 113, 114 y 115.

Culex (Culex) theileri THEOBALD, 1903
(Syn. *Culex tipuliformis*)
Hosp.: Hombre y mamíferos, en general.
Dist.: Badajoz, Barcelona, Cáceres, Canarias, Ciudad Real, Córdoba, Cuenca, Granada, Huelva, Jaén, Madrid, Salamanca, Sevilla, Toledo, Valladolid y Zamora. Portugal.
Reg.: III, IV, V, VI, VII, VIII, IX, X y XII. Portugal.
Bibl.: 36, 63, 67, 77, 114, 115, 119, 121, 133, 134, 144, 149, 154, 158, 162, 216, 243, 264, 329, 351, 408 y 427.

Culex (Culex) torrentium MARTINI, 1924
Hosp.: Aves.
Dist.: Portugal.
Bibl.: 361.

Culex (Culex) univittatus THEOBALD, 1901
Hosp.: Aves y mamíferos.
Dist.: Cáceres, Ciudad Real, Huelva y Salamanca. Portugal.
Reg.: III, VI, VIII y IX. Portugal.
Bibl.: 114, 115, 133, 149, 158, 162, 351, 360 y 408.

Culex (Maillotia) arbieeni SALEM, 1938
Hosp.: Anfibios.
Dist.: Canarias.
Reg.: XII.
Bibl.: 408.

Culex (Maillotia) hortensis FICALBI, 1889
Hosp.: Anfibios y reptiles.
Dist.: Baleares, Barcelona, Cáceres, Cádiz, Canarias, Ciudad Real, Córdoba, Cuenca, Granada, Jaén, Madrid, Murcia, Salamanca y Segovia. Portugal.
Reg.: III, V, VI, VII, VIII, IX, X, XI y XII. Portugal.
Bibl.: 36, 63, 67, 77, 78, 86, 114, 115, 119, 133, 134, 144, 149, 154, 158, 162, 243, 264, 329, 351, 408 y 427.

Culex (Neoculex) impudicus FICALBI, 1890
Hosp.: Anfibios.
Dist.: Barcelona, Córdoba, Cuenca y Salamanca. Portugal.
Reg.: III, V, VI, VII, VIII y IX. Portugal.
Bibl.: 36, 63, 67, 77, 114, 115, 134, 243, 329, 351, 408 y 427.

Culex (Neoculex) territans WALKER, 1856
(Syn. *Culex apicalis; Culex pyrenaicus*)
Hosp.: Anfibios y reptiles.
Dist.: Barcelona, Canarias, Ciudad Real, Cuenca, Jaén, Madrid, Salamanca y Toledo. Portugal.
Reg.: III, V, VI, VII, VIII, IX y XII. Portugal.
Bibl.: 36, 63, 67, 77, 114, 115, 119, 133, 134, 149, 154, 158, 162, 243, 329, 351 y 427.

Culicoides accraensis CARTER et al., 1920
Hosp.: ?
Dist.: Badajoz y Navarra.
Reg.: IV y VIII.
Bibl.: 179 y 379.

Culicoides agathensis
Hosp.: ?
Dist.: Badajoz, Gerona y Huelva.
Reg.: V, VIII y IX.
Bibl.: 379.

Culicoides almeidae CAMBOURNAC, 1970
Hosp.: ?
Dist.: Madrid. Portugal.
Reg.: VI. Portugal.
Bibl.: 65, 66, 67, 179, 204 y 243.

Culicoides atripennis
Hosp.: ?
Dist.: Portugal.
Bibl.: 74.

Culicoides begueti
Hosp.: ?
Dist.: Badajoz, Cádiz, Ciudad Real, Gerona, Huelva, Murcia Pontevedra y Salamanca. Portugal.
Reg.: II, III, V, VII, VIII, IX y X. Portugal.
Bibl.: 74 y 379.

Culicoides brunnicans EDWARDS, 1939
Hosp.: ?
Dist.: Portugal.
Bibl.: 65, 66, 67, 204 y 243.

Culicoides cataneii CLASTRIER
Hosp.: ?
Dist.: Alicante, Cádiz y Murcia.
Reg.: VII, IX y X.
Bibl.: 59, 179 y 379.

Culicoides chiopterus
Hosp.: ?
Dist.: Cádiz.
Reg.: IX.
Bibl.: 379.

Culicoides circumscriptus KIEFFER, 1918
Hosp.: ?
Dist.: Alicante, Badajoz, Baleares, Cádiz, Ciudad Real, Córdoba, Gerona, Huelva, Madrid, Murcia, Pontevedra Salamanca, Tarragona y Valencia. Portugal.
Reg.: II, III, IV, V, VI, VII, VIII, IX, X y XI. Portugal.
Bibl.: 59, 65, 67, 68, 179, 204, 243, 350 y 379.

Culicoides corsicus KREMER et al., 1971
Hosp.: ?
Dist.: Huelva y Madrid.
Reg.: VI y IX.
Bibl.: 179 y 379.

Culicoides cubitalis EDWARDS, 1939
Hosp.: ?
Dist.: Cádix y Navarra.
Reg.: IV y IX.
Bibl.: 179 y 379.

Culicoides duddingstoni KETTLE et LAWSON, 1958
Hosp.: ?
Dist.: Badajoz, Madrid, Salamanca y Valencia.
Reg.: III, VI, VII y VIII.
Bibl.: 179 y 379.

Culicoides fagineus EDWARDS, 1939
Hosp.: ?
Dist.: Badajoz, Madrid, Segovia y Valencia.
Reg.: III, VI, VII y VIII.
Bibl.: 179, 379, 392 y 393.

Culicoides fascipennis STAEGER, 1839
Hosp.: Hombre.
Dist.: Badajoz y Madrid. Portugal.
Reg.: VI y VIII. Portugal.
Bibl.: 65, 67, 68, 179, 204, 243 y 350.

Culicoides furcillatus
Hosp.: ?
Dist.: Portugal.
Bibl.: 74.

Culicoides halophilus KIEFFER, 1924
Hosp.: ?
Dist.: Badajoz, Baleares, Barcelona, Cádiz, Ciudad Real, Gerona, Huelva, Murcia, Navarra, Pontevedra, Salamanca y Tarragona.
Reg.: II, III, IV, V, VIII, IX, X y XI.
Bibl.: 179 y 379.

Culicoides haranti RIOUX, DESCOUS et PECH, 1959
Hosp.: ?
Dist.: Madrid y Segovia. Portugal.
Reg.: III y VI. Portugal.
Bibl.: 74, 179, 392 y 393.

Culicoides helveticus
Hosp.: ?
Dist.: Cádiz.
Reg.: IX.
Bibl.: 379.

Culicoides heteroclitus
Hosp.: ?
Dist.: Portugal.
Bibl.: 74.

Culicoides imicola
Hosp.: ?
Dist.: General.
Bibl.: 283 y 379.

Culicoides impunctatus GOETGHEBUER, 1920
Hosp.: Hombre (¡marcadamente antropófila!)
Dist.: Badajoz. Portugal.
Reg.: VIII. Portugal.
Bibl.: 65, 67, 68, 179, 204, 243 y 350.

Culicoides indistinctus
Hosp.: ?
Dist.: Portugal.
Bibl.: 74.

Culicoides jumineri CALLOT et KREMER
Hosp.: ?
Dist.: Alicante.
Reg.: VII.
Bibl.: 59 y 179.

Culicoides kurensis
Hosp.: ?
Dist.: Portugal.
Bibl.: 74.

Culicoides longipennis KALAF, 1957
Hosp.: ?
Dist.: Cádiz, Ciudad Real, Huelva y Madrid.
Reg.: VI, VIII y IX.
Bibl.: 179 y 379.

Culicoides maritimus
Hosp.: ?
Dist.: Badajoz, Baleares, Barcelona, Cádiz, Ciudad Real, Gerona, Huelva, Murcia, Salamanca, Tarragona y Valencia.
Reg.: III, IV, V, VII, VIII, IX, X y XI.
Bibl.: 379.

Culicoides minutissimus (ZETTERSTED, 1865)
Hosp.: ?
Dist.: Navarra.
Reg.: IV.
Bibl.: 179.

Culicoides nubeculosus (MEIGEN, 1818)
(Syn. *Ceratopogon algericensis*)
(Cf. *Culicoides puncticollis*)
Hosp.: Hombre y mamíferos, en general.
Dist.: Alicante, Badajoz, Cádiz, Segovia y Valencia. Portugal.
Reg.: III, VII, VIII y IX. Portugal.
Bibl.: 65, 67, 68, 102, 170, 179, 204, 243, 284, 350, 379 y 416.

Culicoides nuntius CAMBOURNAC, 1970
Hosp.: Mamíferos, en general.
Dist.: Portugal.
Bibl.: 65, 67, 68 y 243.

Culicoides obsoletus (MEIGEN, 1818)
(Cf. *Culicoides sintrensis*)
Hosp.: Hombre.
Dist.: Badajoz, Barcelona, Cádiz, Gerona, Murcia, Pontevedra y Salamanca. Portugal.
Reg.: II, III, V, VII, VIII, IX y X. Portugal.
Bibl.: 65, 67, 68, 170, 179, 204, 243, 350 y 379.

Culicoides odibilis AUSTEN, 1921
Hosp.: Hombre y mamíferos, en general.
Dist.: Badajoz, Cádiz, Huelva, Madrid, Pontevedra y Salamanca. Portugal.
Reg.: II, III, VI, VIII y IX. Portugal.
Bibl.: 65, 67, 68, 179, 204, 243, 350 y 379.

Culicoides pallidicornis
Hosp.: ?
Dist.: Portugal.
Bibl.: 74.

Culicoides parroti KIEFFER, 1922
Hosp.: Hombre.
Dist.: Badajoz, Cádiz y Murcia. Portugal.
Reg.: VII, VIII, IX y X. Portugal.
Bibl.: 65, 67, 68, 170, 179, 204, 243, 350 y 379.

Culicoides pictipennis (STAEGER, 1839)
Hosp.: Mamíferos.
Dist.: Badajoz, Cádiz, Huelva, Murcia, Tarragona y Valencia. Portugal.
Reg.: IV, VII, VIII, IX y X. Portugal.
Bibl.: 65, 67, 68, 179, 204, 243, 350 y 379.

Culicoides poperinghensis
Hosp.: ?
Dist.: Badajoz y Cádiz.
Reg.: VIII y IX.
Bibl.: 379.

Culicoides pseudoheliophilus
Hosp.: ?
Dist.: Portugal.
Bibl.: 74.

Culicoides pulicaris (LINNAEUS, 1758)
(Syn. *Ceratopogon pulicaris*)
Hosp.: Hombre y mamíferos, en general.
Dist.: Badajoz, Baleares, Barcelona, Cádiz, Ciudad Real, Gerona, Granada, Huelva, Madrid, Murcia, Pontevedra, Salamanca y Valencia. Portugal.
Reg.: II, III, V, VI, VII, VIII, IX, X y XI. Portugal.
Bibl.: 65, 67, 68, 158, 179, 204, 243, 350, 379, 414 y 416.

Culicoides puncticollis (BECKER, 1903)
(para Havelka es sinónimo de *Culicoides nubeculosus*)
Hosp.: Mamíferos.
Dist.: Andalucia, Badajoz y Murcia. Portugal.
Reg.: VII, VIII, IX y X. Portugal.
Bibl.: 65, 67, 68, 179, 243, 350 y 379.

Culicoides ribeiroi LEMBLÉ, MESSADDEQ, CAPELA et KREMER, 1990
Hosp.: ?
Dist.: Portugal.
Bibl.: 244.

Culicoides riethi KIEFFER, 1913
Hosp.: Mamíferos domésticos.
Dist.: Badajoz y Cádiz. Portugal.
Reg.: VIII y IX. Portugal.
Bibl.: 65, 67, 68, 179, 204, 243, 350 y 379.

Culicoides rochenus CAMBOURNAC, 1970
Hosp.: Mamíferos.
Dist.: Portugal.
Bibl.: 65, 67, 68, 204 y 243.

Culicoides sahariensis KIEFFER, 1923
Hosp.: Mamíferos.
Dist.: Badajoz.
Reg.: VIII.
Bibl.: 179, 379 y 380.

Culicoides scoticus
Hosp.: ?
Dist.: Portugal.
Bibl.: 74.

Culicoides segnis CAMPBELL et CLINTON, 1959
Hosp.: ?
Dist.: Badajoz, Cádiz, Huelva y Madrid.
Reg.: VI, VIII y IX.
Bibl.: 179 y 379.

Culicoides shaklawensis
Hosp.: ?
Dist.: Cádiz.
Reg.: IX.
Bibl.: 379.

Culicoides similis
Hosp.: ?
Dist.: Portugal.
Bibl.: 74.

Culicoides sintrensis CAMBOURNAC, 1956 (para Havelka es sinónimo de *Culicoides obsoletus*)
Hosp.: ?
Dist.: Portugal.
Bibl.: 64, 65, 67, 204 y 243.

Culicoides sp.
Hosp.: ?
Dist.: Baleares.
Reg.: XI.
Bibl.: 358.

Culicoides subfascipennis
Hosp.: ?
Dist.: Navarra. Portugal.
Reg.: IV. Portugal.
Bibl.: 74 y 179.

Culicoides submaritimus DZHAFAROV
Hosp.: ?
Dist.: Alicante.
Reg.: VII.
Bibl.: 59 y 179.

Culicoides sylvarum CALLOT et KREMER, 1961
Hosp.: ?
Dist.: Navarra.
Reg.: IV.
Bibl.: 179.

Culicoides univittatus
Hosp.: ?
Dist.: Portugal.
Bibl.: 74.

Culicoides varius WINNERTZ, 1825
(Syn. *Ceratopogon varius*)
Hosp.: ?
Dist.: Barcelona y Cádiz.
Reg.: V y IX.
Bibl.: 158 y 416.

Culicoides vexans (STAEGER, 1839)
Hosp.: ?
Dist.: Navarra.
Reg.: IV.
Bibl.: 179.

Culiseta spp.
(Syn. *Theobaldia* spp.)

Culiseta (Allotheobaldia) longiareolata (MACQUART, 1838)
Hosp.: Aves, anfibios y reptiles.
Dist.: Badajoz, Baleares, Barcelona, Cáceres, Cádiz, Canarias, Ciudad Real, Córdoba, Cuenca, Granada, Huelva, Jaén, Madrid, Murcia, Salamanca, Tarragona, Toledo y Valladolid. Portugal (Minho, Douro Litoral, Tras-os-Montes e Alto Douro, Beira Baixa, Baixo Alentejo)
Reg.: III, IV, V, VI, VII, VIII, IX, X, XI y XII. Portugal.
Bibl.: 11, 36, 67, 77, 78, 86, 114, 115, 143, 144, 149, 154, 158, 162, 264, 351, 379, 408 y 427.

Culiseta (Culicella) fumipennis (STEPHENS, 1825)

Hosp.: Aves.
Dist.: Cáceres, Cuenca, Huesca, Madrid, Salamanca, Segovia y Teruel.
Reg.: III, IV, VI, VII y VIII.
Bibl.: 78, 110, 114, 115, 143, 149, 158, 162, 351, 408 y 427.

Culiseta (Culicella) litorea (SHUTE, 1928)

Hosp.: Aves y, en mucho menor grado, mamíferos.
Dist.: Cuenca y Salamanca.
Reg.: III, VI, VII y VIII.
Bibl.: 114, 115, 351 y 427.

Culiseta (Culicella) morsitans (THEOBALD, 1901)

Hosp.: Aves y, en mucho menor grado, mamíferos.
Dist.: España, sin precisar.
Bibl.: 82.

Culiseta (Culiseta) annulata (SCHRANK, 1776)

Hosp.: Aves y mamíferos (bovinos, conejos y hombre)
Dist.: Alicante, Avila, Baleares, Barcelona, Cáceres, Canarias, Cantabria, Ciudad Real, Cuenca, Granada, Jaén, Madrid, Salamanca, Teruel, Toledo y Zamora. Portugal.
Reg.: I, III, IV, V, VI, VII, VIII, IX, X, XI y XII. Portugal.
Bibl.: 11, 36, 67, 73, 77, 110, 114, 115, 143, 144, 149, 158, 162, 329, 351, 379, 408 y 427.

Culiseta (Culiseta) subochrea (EDWARDS, 1921)

Hosp.: Hombre, mamíferos, sin precisar, y aves.
Dist.: Avila, Barcelona, Cáceres, Cantabria, Gerona, Guipuzcoa, Jaén, Madrid, Salamanca y Teruel. Portugal.
Reg.: I, III, IV, V, VI, VII y IX. Portugal.
Bibl.: 73, 97, 110, 114, 115, 158, 351, 361 y 379.

Dasyhelea alonensis (STROBL, 1905)
Dasyhelea bifurcata WIRTH, 1952

Bibl.: 204.

Dasyhelea sp.

Hosp.: ?
Dist.: Baleares.
Reg.: XI.
Bibl.: 358.

Dasyhelea (Dasyhelea) bicrenata KIEFFER, 1923

Hosp.: ?
Dist.: Navarra y Valencia.
Reg.: IV y VII.
Bibl.: 180 y 354.

Dasyhelea (Dasyhelea) bifurcata WIRTH, 1952

Hosp.: ?
Dist.: Alicante.
Reg.: VII.
Bibl.: 204.

Dasyhelea (Dasyhelea) dampfi KIEFFER, 1924

Hosp.: ?
Dist.: Navarra.
Reg.: IV.
Bibl.: 180.

Dasyhelea (Dasyhelea) dufouri (LABOULBENE, 1869)

Hosp.: Hombre.
Dist.: Madrid y Valencia.
Reg.: VI y VII.
Bibl.: 355, 392 y 393.

Dasyhelea (Dasyhelea) flavoscutellata (ZETTERSTEDT, 1850)
(Syn. *Ceratopogon alonensis*)

Hosp.: ?
Dist.: Alicante.
Reg.: VII.
Bibl.: 170, 204 y 416.

Dasyhelea (Dasyhelea) major KIEFFER, 1919

Hosp.: ?
Dist.: España, sin precisar.
Bibl.: 170 y 204.

Dasyhelea (Dasyhelea) notata GOETGHEBUER, 1920

Dasyhelea (Dasyhelea) palustris (MEIGEN, 1804)

Dasyhelea (Dasyhelea) scutellata (MEIGEN, 1830)

Dasyhelea (Dasyhelea) semistriata GOETGHEBUER, 1921

Hosp.: ?
Dist.: Navarra.
Reg.: IV.
Bibl.: 180.

Dasyhelea (Dasyhelea) sericata WINNERTZ, 1852

Hosp.: ?
Dist.: Alicante, Barcelona y Cádiz.
Reg.: V, VII y IX.
Bibl.: 170, 204 y 416.

Dasyhelea (Dasyhelea) strobli KIEFFER, 1919

(Syn. *Centropogon versicolor* var. *obscurus*)
Hosp.: ?
Dist.: Cádiz y Valencia.
Reg.: VII y IX.
Bibl.: 102, 170, 180 y 204.

Dasyhelea (Dasyhelea) versicolor (WINNERTZ, 1852)

(Syn. *Ceratopogon versicolor*)
Hosp.: ?
Dist.: Alicante, Barcelona, Cádiz, Gerona, Guipúzcoa y Valencia.
Reg.: I, V, VII y IX.
Bibl.: 102, 170, 180, 204, 415 y 416.

Dasyhelea (Prokempia) flaviventris GOETGHEBUER, 1920

Hosp.: ?
Dist.: Valencia.
Reg.: VII.
Bibl.: 180.

Dasyhelea (Pseudoculicoides) leptocladus GARCIA et SAHUQUILLO, 1986

Hosp.: ?
Dist.: Valencia.
Reg.: VII.
Bibl.: 139.

Dasyrhamphis alexandrinus WIEDEMANN, 1830

Cf. *Dasyrhamphis nigritus*

Dasyrhamphis ater (ROSSI, 1790)

(Syn. *Atylotus ater; Tabanus ater*)
Hosp.: Caballo.
Dist.: Asturias, Barcelona, Cuenca, Guipúzcoa, Huesca, Navarra y Zaragoza. Portugal.
Reg.: I, IV, V, VII y VIII. Portugal.
Bibl.: 13, 27, 227, 228, 229, 230, 232, 234, 237, 238, 433, 434, 435, 438, 443 y 444.

Dasyrhamphis nigritus (FABRICIUS, 1794)

(Syn. *Dasyrhamphis alexandrinus*)
Hosp.: Equidos.
Dist.: España, sin precisar.
Bibl.: 227.

Dasystipia nigrifacies (GOBERT, 1897)

Cf. *Atylotus latistriatus*

Drino atropivora

Cf. *Sturmia atropivora*

Drosophila funebris FABRICIUS, 1758

Hosp.: Mamíferos (miasis accidentales)
Dist.: España, sin precisar.
Bibl.: 169.

Drosophila melanogaster MEIGEN, 1830

Hosp.: Mamíferos (miasis accidentales)
Dist.: España y Portugal, sin precisar.
Bibl.: 169.

Echinomyia magnicornis ZETTERSTEDT

Hosp.: Cuculia del verbasco (*Cuculia verbasci*)
Dist.: Madrid.
Reg.: VI.
Bibl.: 151.

Eristalis arbustorum (LINNAEUS, 1758)

Eristalis dimidiata ZETTERSTEDT, 1849

Hosp.: Mamíferos (miasis accidental)
Dist.: España, sin precisar.
Bibl.: 145 y 183.

Eristalis tenax (LINNAEUS, 1758)

Hosp.: Hombre (miasis accidental)
Dist.: Común en toda España.
Bibl.: 145, 183 y Cordero del Campillo (inéd.)

Erythrocera scutellaris ROBINEAU-DESVOIDY, 1848
Hosp.: *Abraxas pantaria*
Dist.: Madrid.
Reg.: VI.
Bibl.: 151.

Fannia cannicularis (LINNAEUS, 1761)
Hosp.: Hombre (sin citas de miasis en España) y vacuno.
Dist.: General.
Bibl.: 137, 138, 169 y 251.

Fannia liduskae PERIS, 1968
Hosp.: ?
Dist.: Huesca.
Reg.: IV.
Bibl.: 324.

Fannia scalaris FABRICIUS, 1794
Hosp.: Hombre (aunque no hay citas de miasis en España)
Dist.: General.
Bibl.: 169 y 251.

Forcipomyia bipunctata (LINNAEUS, 1766)
(Syn. *Ceratopogon bipunctatus*)
Hosp.: ?
Dist.: Barcelona.
Reg.: V.
Bibl.: 102, 170 y 204.

Forcipomyia kaltenbachi (WINNERTZ, 1852)
(Syn. *Ceratopogon kaltenbachi*)
Hosp.: ?
Dist.: Sierra Morena.
Reg.: VIII.
Bibl.: 170, 204 y 415.

Forcipomyia knockensis GOETGHEBUER, 1938
Hosp.: ?
Dist.: Alicante.
Reg.: VII.
Bibl.: 204.

Forcipomyia murina (WINNERTZ, 1852)
(Syn. *Ceratopogon murinus*)
Hosp.: ?
Dist.: Barcelona.
Reg.: V.
Bibl.: 170, 204 y 416.

Forcipomyia myrmecophila (EGGER, 1863)
(Syn. *Ceratopogon myrmecophilus*)
Hosp.: ?
Dist.: Barcelona.
Reg.: V.
Bibl.: 170, 204 y 416.

Forcipomyia nigra (WINNERTZ, 1852)
(Syn. *Ceratopogon niger*)
Hosp.: ?
Dist.: Madrid.
Reg.: VI.
Bibl.: 102, 204 y 416.

Forcipomyia picea (WINNERTZ, 1852)
(Syn. *Ceratopogon piceus*)
Hosp.: ?
Dist.: Barcelona y Cádiz.
Reg.: V y IX.
Bibl.: 102, 170, 204 y 416.

Forcipomyia regulus (WINNERTZ, 1852)
(Syn. *Ceratopogon regulus*)
Hosp.: ?
Dist.: Granada y Sierra Morena.
Reg.: IX y X.
Bibl.: 170 y 415.

Forcipomyia tenuissquama KIEFFER, 1924
Forcipomyia velox (WINNERTZ, 1852)
Hosp.: ?
Dist.: Cádiz.
Reg.: IX.
Bibl.: 204.

Gasterophilus equi CLARK, 1797
Cf. *Gasterophilus intestinalis*

Gasterophilus flavipes OLIVIER, 1811
Cf. *Gasterophilus haemorrhoidalis*

Gasterophilus haemorrhoidalis LINNAEUS, 1761
(Syn. *Gasterophilus flavipes*)
Hosp.: Caballo, asno y mulo.
Dist.: Avila, Córdoba, Madrid y Salamanca. Portugal.
Reg.: III, VI y IX. Portugal.
Bibl.: 168, 173, 243, 271 y 351.

Gasterophilus inermis BRAUER, 1858
Hosp.: Caballo y mulo.
Dist.: Córdoba. Portugal.
Reg.: IX. Portugal.
Bibl.: 243 y 271.

Gasterophilus intestinalis DE GEER, 1776
(Syn. *Gasterophilus equi*)
Hosp.: Caballo.
Dist.: Alava, Burgos, Cáceres, Córdoba, León, Madrid, Mallorca, Salamanca y Segovia. Portugal.
Reg.: III, IV, VI, IX y XI.
Bibl.: 11, 137, 168, 173, 201, 243, 271, 351 y 378.

Gasterophilus meridionalis PILLERS et EVANS, 1926
Cf. *Gasterophilus nigricornis*

Gasterophilus nasalis BRAUER, 1863
Cf. *Gasterophilus veterinus*

Gasterophilus nigricornis LOEW, 1863
(Syn. *Gasterophilus meridionalis*)
Hosp.: Caballo.
Dist.: General.
Bibl.: 106, 168, 173, 201, 406 y 460.

Gasterophilus pecorum FABRICIUS, 1794
Hosp.: Caballo.
Dist.: Burgos, Cáceres, Castellón y Córdoba. Portugal.
Reg.: III, IV, VI, VII y IX. Portugal.
Bibl.: 168, 173, 201, 243, 271 y 378.

Gasterophilus sp.
Hosp.: Hombre.
Dist.: ?
Bibl.: 136.

Gasterophilus veterinus CLARK, 1797
(Syn. *Gasterophilus nasalis*)
Hosp.: Caballo y mulo.
Dist.: Córdoba. Portugal.
Reg.: IX. Portugal.
Bibl.: 168, 243 y 271.

Haematobia stimulans (MEIGEN, 1824)
Hosp.: Bovinos y hombre.
Dist.: Barcelona, Huesca, Madrid y Segovia.
Reg.: III, IV, V y VI.
Bibl.: 12, 158, 321, 342 y 343.

Haematobia tibialis STROBL, 1909
Cf. *Lyperosia titillans*

Haematobosca atripalpis (BEZZI, 1895)
Hosp.: Bovinos.
Dist.: Cáceres, Huesca, Madrid, Soria, Teruel, Toledo y Valencia
Reg.: III, IV, VI, VII y VIII.
Bibl.: 322.

Haematopota arrabidaensis TRAVASSOS SANTOS DIAS, 1985
Hosp.: ?
Dist.: Portugal.
Bibl.: 440.

Haematopota belligera AUSTEN, 1925
Cf. *Haematopota ocelligera*

Haematopota bigoti GOBERT, 1881
Hosp.: Bovinos y équidos.
Dist.: Burgos, Huelva, Madrid, Teruel, Valencia y Zaragoza. Portugal.
Reg.: III, IV, VI, VII y VIII. Portugal.
Bibl.: 227, 229, 381 y 432.

Haematopota bigoti monspellensis VILLENEUVE, 1921
Hosp.: Bovinos y équidos.
Dist.: Madrid, Segovia, Sevilla, Teruel y Vizcaya.
Reg.: I, III, VI y VII.
Bibl.: 227 y 381.

Haematopota crassicornis WAHLBERG, 1848
Hosp.: Bovinos y équidos.
Dist.: Cantabria, Gerona, Huesca, Lérida, Lugo, Madrid y Zaragoza.
Reg.: I, II, IV, V y VI.
Bibl.: 227, 229, 238, 381 y 383.

Haematopota csikii SZILADY, 1922
(Syn. *Haematopota perisi*)
Hosp.: Bovinos y équidos.
Dist.: Asturias, Avila, Barcelona, Cuenca, Madrid, Salamanca, Segovia, Teruel, Valencia y Zamora.
Reg.: I, III, IV, VI, VII y VIII.
Bibl.: 227, 351 y 381.

Haematopota enriquei LECLERCQ, 1971
Hosp.: Bovinos y équidos.
Dist.: Teruel.
Reg.: IV y VII.
Bibl.: 233.

Haematopota eugeniae PORTILLO et SCHACHT, 1986

Hosp.: ?
Dist.: Salamanca.
Reg.: III.
Bibl.: 345.

Haematopota fraseri AUSTEN, 1925

Cf. *Haematopota grandis*

Haematopota gallica (SZILADY, 1923)

Hosp.: Bovinos y équidos.
Dist.: España, sin precisar.
Bibl.: 227.

Haematopota grandis MACQUART, 1834

(Syn. *Haematopota fraseri*)

Hosp.: Bovinos y équidos.
Dist.: Barcelona, Madrid y Teruel.
Reg.: IV, V, VI y VII.
Bibl.: 227, 229 y 381.

Haematopota hispanica SZILADY, 1923

Cf. *Haematopota ocelligera*

Haematopota intricata TRAVASSOS SANTOS DIAS, 1985

Hosp.: ?
Dist.: Portugal.
Bibl.: 440.

Haematopota italica MEIGEN, 1804

Hosp.: Bovinos y équidos.
Dist.: Cantabria, Barcelona, Burgos, La Coruña, Huesca, Madrid, Navarra, Salamanca, Vizcaya y Zaragoza. Portugal.
Reg.: I, II, III, IV, V y VI. Portugal.
Bibl.: 13, 89, 227, 229, 230, 237, 238, 351, 381, 384, 432, 435, 437, 440, 441 y 444.

Haematopota italica var. **nigricornis** (GOBERT, 1881)

(Syn. *Haematopota variegata nigricornis*)

Hosp.: Bovinos y équidos.
Dist.: Barcelona, Huesca, Madrid y Navarra.
Reg.: IV, V y VI.
Bibl.: 89, 227, 229, 237 y 381.

Haematopota italica var. **variegata** auct. nec. FABRICIUS

Cf. *Haematopota pandazisi*

Haematopota lambi VILLENEUVE, 1921

Hosp.: Bovinos y équidos.
Dist.: Barcelona, Gerona, Huesca, Lérida, Madrid y Valencia.
Reg.: IV, V, VI y VII.
Bibl.: 227, 228, 229, 231, 237, 381 y 382.

Haematopota ocelligera KRÖBER, 1922

(Syn. *Haematopota belligera; Haematopota hispanica; Haematopota pluvialis* var. *hispanica*)

Hosp.: Bovinos y équidos.
Dist.: Alava, Asturias, Barcelona, Cantabria, Castellón, Cuenca, Gerona, Guadalajara, Guipúzcoa, Huesca, Lérida, Madrid, Navarra, Segovia, Teruel, Valencia y Zaragoza. Portugal.
Reg.: I, III, IV, V, VI, VII y VIII. Portugal.
Bibl.: 158, 227, 229, 230, 231, 233, 234, 237, 238, 381, 435, 438 y 444.

Haematopota pandazizi KRÖBER, 1936

(Syn. *Haematopota italica* var. *variegata; Haematopota variegata variegata*)

Hosp.: Bovinos y équidos.
Dist.: Barcelona, Cantabria, La Coruña, Gerona, Guipúzcoa, Huesca, Lérida, Madrid, Navarra, Segovia y Vizcaya. Portugal.
Reg.: I, II, III, IV, V y VI. Portugal.
Bibl.: 89, 229, 237, 381 y 433.

Haematopota perisi SALOM, 1961

Cf. *Haematopota csikii*

Haematopota pluvialis (LINNAEUS, 1761)

(Syn. *Chrysozona pluvialis*)

Hosp.: Bovinos y équidos.
Dist.: Asturias, Barcelona, Cáceres, Cantabria, La Coruña, Gerona, Granada, Huesca, Lérida, Madrid, Navarra, Orense y Teruel. Portugal.
Reg.: I, II, IV, V, VI, VII, IX y X. Portugal.
Bibl.: 27, 89, 158, 229, 230, 231, 233, 234, 237, 238, 381, 441 y 443.

Haematopota pluvialis var. **hispanica** SZILADY, 1923

Cf. *Haematopota ocelligera*

Haematopota pseudolusitanica SZILADY, 1923
Hosp.: Bovinos y équidos.
Dist.: Avila, Cantabria, Cuenca, Lérida, Madrid, Sevilla, Teruel, Valencia y Zaragoza. Portugal.
Reg.: I, III, IV, VI, VII, VIII y IX. Portugal.
Bibl.: 229, 238, 381, 433 y 438.

Haematopota quartaui TRAVASSOS SANTOS DIAS, 1985
Hosp.: ?
Dist.: Portugal.
Bibl.: 441.

Haematopota ribeirorum TRAVASSOS SANTOS DIAS, 1984
Hosp.: ?
Dist.: Portugal.
Bibl.: 432 y 444.

Haematopota scutellata
Hosp.: ?
Dist.: Portugal.
Bibl.: 437.

Haematopota serranoi TRAVASSOS SANTOS DIAS, 1984
Hosp.: ?
Dist.: Portugal.
Bibl.: 433.

Haematopota variegata nigricornis GOBERT, 1881
Cf. *Haematopota italica* var. *nigricornis*

Haematopota variegata variegata auct. nec. FABRICIUS
Cf. *Haematopota pandazisi*

Helea lacteipennis WINNERTZ, 1852
(Syn. *Ceratopogon lacteipennis*)
Hosp.: ?
Dist.: Barcelona.
Reg.: V.
Bibl.: 170 y 416.

Helea niveipennis (MEIGEN, 1818)
(Syn. *Ceratopogon candidatus*)
Hosp.: Hombre y mamíferos, en general.
Dist.: Málaga.
Reg.: X.
Bibl.: 170, 204 y 416.

Helophilus pendulus (LINNAEUS, 1758)
Hosp.: Mamíferos (miasis accidental)
Dist.: ?
Bibl.: 169.

Hermetia illucens (LINNAEUS, 1758)
Hosp.: Hombre (miasis intestinal accidental)
Dist.: Alicante, Lérida, Tenerife y Valencia.
Reg.: IV, VII y XII.
Bibl.: 16, 240, 241 y 323.

Hippobosca capensis OLFERS, 1816
Hosp.: Equidos, bovinos, cánidos y hombre.
Dist.: Salamanca. Portugal.
Reg.: III. Portugal.
Bibl.: 37, 157, 158 y 351.

Hippobosca equina LINNAEUS, 1758
Hosp.: Equidos, bovinos y hombre.
Dist.: General.
Bibl.: 11, 16, 27, 32, 37, 128, 137, 156, 157, 158, 243, 263, 267, 271 y 351.

Hybomitra alegrei TRAVASSOS SANTOS DIAS, 1984
Hosp.: ?
Dist.: Portugal.
Bibl.: 438.

Hybomitra aterrima (MEIGEN, 1820)
(Syn. *Tabanus aterrimus*)
(incluye *Hybomitra aterrima lugubris*)
Hosp.: Bovinos y équidos.
Dist.: Barcelona y Huesca.
Reg.: IV y V.
Bibl.: 89, 227, 228, 229, 230 y 237.

Hybomitra aterrima lugubris ZETTERSTEDT, 1840
Cf. *Hybomitra aterrima*

Hybomitra auripila (MEIGEN, 1820)
Hosp.: Bovinos y équidos.
Dist.: Huesca y Lérida.
Reg.: IV.
Bibl.: 228, 229, 230, 231 y 237.

Hybomitra bimaculata ENDERLEIN, 1924
Cf. *Hybomitra caucasica*

Hybomitra bimaculata (MACQUART, 1826)
(Syn. *Hybomitra tropica* (MACQUART, 1826); *Tabanus tropicus*)
Hosp.: Bovinos y équidos.
Dist.: Burgos, Gerona y Madrid. Portugal.
Reg.: III, V y VI. Portugal.
Bibl.: 13, 89, 227, 228 y 443.

Hybomitra bimaculata var. **bisignata** (JAENNICKE, 1866)
Hosp.: Bovinos y équidos.
Dist.: ?
Bibl.: Leclercq, 1979 (com. per.)

Hybomitra bimaculata var. **collini** LYNEBORG, 1959
(Syn. Hybomitra solstitialis MEIGEN, 1820)
Hosp.: Bovinos y équidos.
Dist.: España, sin precisar.
Bibl.: 227.

Hybomitra caucasica ENDERLEIN, 1924
(Syn. *Hybomitra bimaculata* ENDERLEIN, 1924; *Hybomitra hariettae; Hybomitra olsuevi; Hybomitra olsuevina; Hybomitra tetricus*)
Hosp.: Bovinos y équidos.
Dist.: Barcelona, Huesca y Lérida. Portugal.
Reg.: IV y V. Portugal
Bibl.: 227, 229, 229, 230, 231, 237 y 444.

Hybomitra ciureai (SEGUY, 1937)
(Syn. *Hybomitra schineri; Hybomitra solstitialis* (SCHINER, 1862))
Hosp.: Bovinos y équidos.
Dist.: Cuenca y Zaragoza.
Reg.: IV, VII y VIII.
Bibl.: 227, 229 y 234.

Hybomitra distinguenda (VERRALL, 1909)
Hosp.: Bovinos y équidos.
Dist.: Asturias, Barcelona, Cantabria, Gerona, Huesca, Lérida y Teruel.
Reg.: I, IV, V y VII.
Bibl.: 227, 228, 229, 231, 233, 234, 237 y 238.

Hybomitra expollicata (PANDELLE, 1883)
Hosp.: Bovinos y équidos.
Dist.: Alicante y Valencia.
Reg.: VII.
Bibl.: 227 y 228.

Hybomitra hariettae MUSHAMP, 1939
Cf. *Hybomitra caucasica*

Hybomitra medeirosi TRAVASSOS SANTOS DIAS, 1987
Hosp.: ?
Dist.: Portugal.
Bibl.: 443 y 444.

Hybomitra micans (MEIGEN, 1804)
Hosp.: Bovinos y équidos.
Dist.: Barcelona, Huesca y Lérida.
Reg.: IV y V.
Bibl.: 89 y 227.

Hybomitra montana (MEIGEN, 1820)
Hosp.: Bovinos y équidos.
Dist.: Gerona, Huesca y Teruel.
Reg.: IV y VII.
Bibl.: 227, 228, 231, 234 y 237.

Hybomitra montana var. **tuxeni** (LYNEBORG, 1959)
(Syn. *Hybomitra tropica* LINNAEUS, 1758)
Hosp.: Bovinos y équidos.
Dist.: Huesca.
Reg.: IV.
Bibl.: 230 y 238.

Hybomitra olsuevi PHILIP, 1956
Cf. *Hybomitra caucasica*

Hybomitra olsuevina PHILIP, 1956
Cf. *Hybomitra caucasica*

Hybomitra portucalensis TRAVASSOS SANTOS DIAS, 1985
Hosp.: ?
Dist.: Portugal.
Bibl.: 439.

Hybomitra schineri LYNEBORG, 1959
Cf. *Hybomitra ciuerai*

Hybomitra solstitialis MEIGEN, 1820
Cf. *Hybomitra bimaculata* var. *collini*

Hybomitra solstitialis (SCHINER, 1862)
Cf. *Hybomitra ciuerai*

Hybomitra tetricus SZILADY, 1914
Cf. *Hybomitra caucasica*

Hybomitra tropica LINNAEUS, 1758
Cf. *Hybomitra montana* var. *tuxeni*

Hybomitra tropica (PANZER, 1794)
Cf. *Hybomitra bimaculata* (MACQUART, 1826)

Hybomitra valenciae (LECLERCQ, 1957)
(Syn. *Therioplectes valenciae*)
Hosp.: Bovinos y équidos.
Dist.: Valencia.
Reg.: VII.
Bibl.: 225 y 227.

Hybomitra vittata (FABRICIUS, 1794)
(Syn. *Atylotus vittatus*)
Hosp.: Bovinos y équidos.
Dist.: Cádiz y Andalucia, sin precisar. Zaragoza.
Reg.: IV, IX y X.
Bibl.: 13, 227 y 229.

Hybomitra zaballoi PORTILLO, 1988
Hosp.: ?
Dist.: Valladolid.
Reg.: III.
Bibl.: 344.

Hydrotaea armipes FALLEN, 1825
Hosp.: Hombre y animales (molestias)
Dist.: Huesca.
Reg.: IV.
Bibl.: 173 y 342.

Hydrotaea irritans FALLEN, 1823
Hosp.: Hombre y animales (molestias)
Dist.: Huesca y Teruel.
Reg.: IV y VII.
Bibl.: 173, 233, 342 y 343.

Hydrotaea meteorica (LINNAEUS, 1761)
Hosp.: Molesta para animales domésticos y hombre.
Dist.: Lérida.
Reg.: IV.
Bibl.: 173 y 343.

Hypochaeta inepta (MEIGEN, 1824)
Hosp.: *Abraxas pantaria*
Dist.: Madrid.
Reg.: VI.
Bibl.: 151.

Hypoderma bovis DE GEER, 1776
Hosp.: Vacuno, équidos y hombre.
Dist.: General.
Bibl.: 4, 6, 8, 9, 28, 72, 75, 76, 91, 92, 93, 98, 99, 122, 123, 124, 125, 129, 132, 168, 169, 172, 184, 185, 187, 201, 212, 214, 215, 217, 218, 219, 220, 243, 246, 247, 252, 266, 271, 272, 311, 312, 313, 314, 351, 368, 369, 371, 396, 410, 412, 417, 418 y 419.

Hypoderma diana BRAUER, 1858
Hosp.: Ciervo (*Cervus elaphus*) y corzo (*Capreolus capreolus*)
Dist.: Cáceres, Ciudad Real, Córdoba, Jaén, etc.. .
Reg.: VI, VIII, IX, etc..
Bibl.: 168, 173, 206, 273 y 357.

Hypoderma lineatum (VILLIERS, 1789)
Hosp.: Vacuno, ciervo (*Cervus elaphus*) y hombre.
Dist.: Badajoz, Córdoba, Salamanca y Soria. ¿Asturias, Málaga, Vizcaya?. Portugal.
Reg.: I, III, IV, VIII, IX y X. Portugal.
Bibl.: 11, 168, 173, 185, 205, 206, 243, 246, 271, 272, 351, 400, 409 y 448.

Icosta minor (BIGOT, 1858)
Hosp.: Gorrión (*Passer domesticus*) y alcaudón (*Lanius excubitor*)
Dist.: Tenerife.
Reg.: XII.
Bibl.: 17.

Lipoptena cervi (LINNAEUS, 1761)
Hosp.: Ciervo (*Cervus elaphus*) y hombre.
Dist.: Cataluña. Portugal.
Reg.: IV y V. Portugal.
Bibl.: 7, 12, 37, 158 y 173.

Lucilia ampulacea VILLEN., 1922
Hosp.: ?
Dist.: Asturias, Cantabria, Huesca, Granada y Pontevedra.
Reg.: I, II, IV, IX y X.
Bibl.: 320.

Lucilia caesar (LINNAEUS, 1758)
Hosp.: Mamíferos (miasis semiespecíficas)
Dist.: General.
Bibl.: 27, 67, 137, 138, 169, 173, 232, 243 y 320.

Lucilia illustris (MEIGEN, 1826)
Hosp.: ?
Dist.: Asturias, Cantabria, Huesca y Pontevedra.
Reg.: I, II y IV.
Bibl.: 320.

Lucilia sericata (ROBINEAU-DESVOIDY, 1863
Cf. *Phaenicia sericata*

Lynchia maura BIGOT, 1885
Cf. *Pseudolynchia canariensis*

Lyperosia serrata ROBINEAU-DESVOIDY, 1830
Cf. *Lyperosia (Lyperosia) irritans*

Lyperosia (Glosinella) titillans (BEZZI, 1907)
(Syn. *Haematobia tibialis*)
Hosp.: Bovinos.
Dist.: Cádiz, Madrid y Segovia.
Reg.: III, VI y IX.
Bibl.: 322.

Lyperosia (Lyperosia) irritans (LINNAEUS, 1758)
(Syn. *Lyperosia serrata*)
Hosp.: Bovinos.
Dist.: Cádiz, Cáceres, Granada, Madrid, Orense, Salamanca, Segovia y Vizcaya.
Reg.: I, II, III, VI, IX y X.
Bibl.: 11, 137, 138, 158, 173, 322 y 351.

Lyperosia (Lyperosia) irritans BEZZI, 1911
Hosp.: Bovinos.
Dist.: Segovia.
Reg.: III.
Bibl.: 322.

Mansonia richiardii (FICALBI, 1889)
Cf. *Coquilletidia (Coquilletidia) richiardii*

Megaselia rufipes MEIGEN, 1804
Megaselia scalaris LOEW, 1866
Hosp.: Mamíferos (miasis semiespecíficas)
Dist.: España, sin precisar.
Bibl.: 169 y 173.

Melophagus ovinus LINNAEUS, 1761
Hosp.: Oveja.
Dist.: General.
Bibl.: 11, 37, 137, 156, 173, 201, 243, 271, 308, 351 y 387.

Meriania argentifera MEIGEN, 1824.
Hosp.: *Abraxas pantaria*
Dist.: Madrid.
Reg.: VI.
Bibl.: 151.

Monohelea incerta CLASTRIER, 1963
Hosp.: ?
Dist.: Cádiz.
Reg.: IX.
Bibl.: 204.

Monohelea leucopeza (MEIGEN, 1818)
Hosp.: ?
Dist.: Cádiz y Málaga.
Reg.: IX y X.
Bibl.: 170 y 204.

Morellia spp.
Hosp.: Molesta para el hombre y animales.
Dist.: España, sin precisar.
Bibl.: 173.

Musca autumnalis DE GEER, 1776
(Cf. *Musca corvina*)
Hosp.: Molesta para el hombre y animales.
Dist.: General.
Bibl.: 173, 233, 325, 342 y 344.

Musca corvina (FABRICIUS, 1781)
(para algunos autores es sinónimo de *Musca autumnalis*)
Hosp.: ¿Acridinos?
Dist.: Alicante, Barcelona, Granada, Logroño, León, Madrid, Segovia y Valencia. Portugal.
Reg.: III, IV, V, VI y VII. Portugal.
Bibl.: 243, 267 y 321.

Musca domestica LINNAEUS, 1761
Hosp.: Hombre, aves, moluscos e insectos (miasis accidentales semiespecíficas)
Dist.: General.
Bibl.: 35, 68, 169, 173, 243, 267, 321, 325, 326 y 348.

Musca domestica cuthbertsoni PATT, 1936
Hosp.: ?
Dist.: Valencia y Zaragoza.
Reg.: IV y VII.
Bibl.: 325.

Musca tempestiva FALLEN
Hosp.: ?
Dist.: Portugal.
Bibl.: 68 y 243.

Muscina stabulans FALLEN, 1823
Hosp.: Hombre (miasis accidentales semiespecíficas)
Dist.: ¿General?
Bibl.: 169, 173, 267 y 343.

Myzomyia hispaniola THEOBALD, 1903
Cf. *Anopheles (Cellia) hispaniola*

Nemoraea pellucida (MEIGEN, 1824)
Hosp.: *Abraxas pantaria*
Dist.: Madrid.
Reg.: VI.
Bibl.: 151.

Nemorius vitripennis (MEIGEN, 1820)
(Syn. *Silvius vitripennis*)
Hosp.: Bovinos y équidos.
Dist.: Cuenca, Huesca y Lérida.
Reg.: IV, VII y VIII.
Bibl.: 13, 224, 229, 230, 231, 234 y 237.

Nycteribia (Acrocholidia) vexata WESTWOOD, 1835
Hosp.: Murciélago ratonero grande (*Myotis myotis*), murciélago ratonero mediano (*M. blythi*), murciélago patudo (*M. capaccinii*) y murciélagos de herradura (*Rhinolophus mehelyi, R. euryale, R. hipposideros*)
Dist.: Norte, este y noreste de España. Portugal.
Reg.: I, IV, V y VII. Portugal.
Bibl.: 19, 20, 22, 23, 24, 25, 26, 37 y 156.

Nycteribia (Listropodia) schmidlii SCHINER, 1853
Hosp.: Murciélago troglodita (*Miniopterus schreibersii*), murciélago ratonero grande (*Myotis myotis*), murciélago común (*Pipistrellus pipistrellus*) y murciélago de herradura grande (*Rhinolophus ferrum-equinum*)
Dist.: Toda la Península y Baleares.
Bibl.: 19, 20, 22, 23, 24, 25, 37, 118, 156, 157, 385 y 386.

Nycteribia (Nycteribia) biarticulata HERMANN, 1804
Hosp.: Murciélago de bosque (*Barbastella barbastella*), murciélago ratonero grande (*Myotis myotis*), murciélago de herradura grande (*Rhinolophus ferrum-equinum*), murciélago de herradura mediano (*R. mehelyi*) y murciélago de herradura pequeño (*R. hipposideros*)
Dist.: General.
Bibl.: 11, 19, 20, 21, 22, 23, 24, 25, 37, 156 y 157.

Nycteribia (Nycteribia) latraeillei LEACH, 1817
Hosp.: Murciélago ratonero grande (*Myotis myotis*), murciélago ratonero mediano (*M. blythi*) y murciélago hortelano (*Eptesicus serotinus*)
Dist.: Norte, este y noreste de España.
Reg.: I, IV, V y VII.
Bibl.: 19, 20, 22, 23, 24, 25 y 159.

Nycteribia (Nycteribia) pedicularia LATREILLE, 1796
Hosp.: Murciélago patudo (*Myotis capaccinii*), murciélago ratonero grande (*Myotis myotis*) y murciélago de herradura grande (*Rhinolophus ferrum-equinum*)
Dist.: Huesca, Zaragoza y Noreste y este de España. Portugal.
Reg.: IV, V y VII. Portugal.
Bibl.: 12, 19, 20, 23, 25, 37, 156, 385 y 386.

Nycteribosca kollari FRAUENFIELD, 1855
Hosp.: Murciélago de herradura mediterráneo (*Rhinolophus euryale*) y murciélago de herradura grande (*Rhinolophus ferrum-equinum*)
Dist.. Este y noreste de España. Portugal.
Reg.: IV, V y VII. Portugal.
Bibl.: 11, 19, 23, 25, 26, 37, 156 y 157.

Oestrus ovis LINNAEUS, 1758
Hosp.: Oveja, cabra y hombre.
Dist.: General.
Bibl.: 3, 5, 11, 37, 53, 117, 135, 137, 166, 169, 173, 184, 187, 189, 190, 191, 192, 197, 201, 207, 243, 245, 249, 250, 271, 308, 310, 311, 327, 351, 389, 449, 454, 455 y 456.

Ophyra sp.
Hosp.: Vaca.
Dist.: Vizcaya.
Reg.: I.
Bibl.: 137 y 138.

Ornitheza metallica (SCHINER, 1864)
Cf. *Ornithophila metallica*

Ornithoica turdi LATREILLE, 1811
Hosp.: Avión común (*Delichon urbica*)
Dist.: Portugal.
Bibl.: 37 y 200.

Ornithomyia avicularia LINNAEUS, 1761
Hosp.: Vencejo común (*Apus apus*), críalo (*Clamator glandarius*), cuco (*Cuculus canorus*), cárabo (*Strix aluco*), lechuza común (*Tyto alba*), avión común (*Delichon urbica*), gorrión común (*Passer domesticus*), arrendajo (*Garrulus glandarius*) y diversos colúmbidos, rapaces y paseriformes grandes. ¿Hombre?
Dist.: Baleares, Canarias, Gerona, Huesca, Madrid, Salamanca, Segovia y Sevilla. Portugal.
Reg.: III, IV, V, VI, IX, XI y XII. Portugal.
Bibl.: 11, 27, 32, 37, 156, 200, 351 y 387.

Ornithomyia biloba DUFOUR, 1827
Cf. *Ornithomyia fringillina*

Ornithomyia chloropus BERGROTH, 1901
Hosp.: ?
Dist.: La Palma y Tenerife.
Reg.: XII.
Bibl.: 17.

Ornithomyia fringillina CURTIS, 1824
(Syn. *Ornithomyia biloba*)
Hosp.: Avión común (*Delichon urbica*) y golondrinas (*Hirundo* spp.)
Dist.: La Coruña y Sevilla. Portugal.
Reg.: II y IX. Portugal.
Bibl.: 37 y 156.

Ornithophila gestroi (RONDANI, 1879)
Hops.: Cernícalo (*Falco tinnunculus*) y cernícalo primilla (*Falco naumanni*)
Dist.: Zaragoza.
Reg.: IV.
Bibl.: 294.

Ornithophila metallica (SCHINER, 1864)
(Syn. *Ornitheza metallica*)
Hosp.: Abubilla (*Upupa epops*), pinzón del Teide (*Fringilla teydea*), arrendajo (*Garrulus glandarius*), cogujada común (*Galerida cristata*) y rapaces diurnas.
Dist.: Madrid y Tenerife. Portugal.
Reg.: VI y XII. Portugal.
Bibl.: 17, 37, 156, 200 y 260.

Orthopodomyia (Orthopodomyia) pulchripalpis (RONDANI, 1872)
Hosp.: ¿Hombre?
Dist.: Asturias, Barcelona, Cuenca, Madrid, Salamanca y Valencia. Portugal.
Reg.: I, III, V, VI, VII y VIII. Portugal.
Bibl.: 62, 63, 67, 78, 79, 114, 115, 134, 172, 351, 391 y 427.

Palpomyia castellana (STROBL, 1900)
(Syn. *Ceratopogon castellanus*)
Hosp.: ?
Dist.: Madrid y Sierra Morena.
Reg.: VI y IX.
Bibl.: 170, 204 y 415.

Palpomyia flavipes (MEIGEN, 1818)
(Syn. *Ceratopogon flavipes*)
(Cf. *Palpomyia flavoscutellata*)

Hosp.: ?
Dist.: Barcelona, Cádiz y Madrid.
Reg.: V, VI y IX.
Bibl.: 102, 170 y 204.

Palpomyia flaviventris (STROBL, 1900)
(Syn. *Ceratopogon flavipes* var. *flaviventris*)

Hosp.: ?
Dist.: Cádiz.
Reg.: IX.
Bibl.: 102 y 170.

Palpomyia flavoscutellata (STROBL, 1900)
(Syn. *Ceratopogon flavipes* var. *flavoscutellata*)
(para Havelka, 202, es una variedad de *Palpomyia flavipes*)

Hosp.: ?
Dist.: Barcelona y Cádiz.
Reg.: V y IX.
Bibl.: 102, 204, 415 y 416.

Palpomyia morenae STROBL, 1900

Hosp.: ?
Dist.: Cádiz y Sierra Morena.
Reg.: IX.
Bibl.: 170, 204, 415 y 416.

Palpomyia nigripalpis GOETGHEBUER et LENZ, 1934

Hosp.: ?
Dist.: España, sin precisar.
Bibl.: 102, 204 y 415.

Palpomyia quadristriata STROBL, 1900
(Syn. *Ceratopogon quadristriatus*)

Hosp.: ?
Dist.: España, sin precisar.
Bibl.: 89, 189 y 407.

Palpomyia zernyi GOETGHEBUER et LENZ, 1934

Hosp.: ?
Dist.: Cádiz.
Reg.: IX.
Bibl.: 102, 415 y 423.

Pangonias (*Pangonius* spp.)
Todas son florícolas de adultas y edáficas de larvas, aunque se las ha acusado de hematófagas. Pueden ser molestas para el hombre y los animales, al acudir a chupar sudor o exudados (Peris, com. per.)

Pangonius brancoi TRAVASSOS SANTOS DIAS, 1984

Hosp.: ?
Dist.: Portugal.
Bibl.: 434.

Pangonius marginatus FABRICIUS, 1805

Cf. *Pangonius (Melanopangonius) haustellatus*

Pangonius (Melanopangonius) griseipennis LOEW, 1859

Hosp.: ?
Dist.: España, sin precisar. Portugal.
Bibl.: 13, 224 y 443.

Pangonius (Melanopangonius) haustellatus (FABRICIUS, 1781)
(Syn. *Pangonius marginatus*)

Hosp.: ?
Dist.: Asturias, Burgos y Madrid.
Reg.: I, III y VI.
Bibl.: 13, 173, 224 y 238.

Pangonius (Melanopangonius) micans MEIGEN, 1820

Hosp.: Hombre.
Dist.: Barcelona, Cuenca, Huesca y Lérida. ¿Huelva, Tarragona?. Portugal.
Reg.: IV, V, VII y VIII. ¿IX?. Portugal.
Bibl.: 13, 224, 229, 234, 237, 239 y 442.

Pangonius (s. str.) affinis LOEW, 1859
Pangonius (s. str.) dimidiatus LOEW, 1859
Pangonius (s. str.) escalerae STROBL, 1906

Hosp.: ?
Dist.: España, sin precisar.
Bibl.: 13 y 224.

Pangonius (s. str.) ferrugineus (MEIGEN, 1804)

Hosp.: ?
Dist.: España y Portugal, sin precisar.
Bibl.: 13, 224 y 435.

Pangonius (s. str.) fumidus LOEW, 1859
Hosp.: ?
Dist.: España, sin precisar.
Bibl.: 13 y 224.

Pangonius (s. str.) fumidus var. **loewi** (KRÖBER, 1921)
Hosp.: ?
Dist.: España, sin precisar.
Bibl.: 224.

Pangonius (s. str.) granatensis STROBL, 1906
Hosp.: ?
Dist.: España, sin precisar. Portugal.
Bibl.: 13, 224 y 442.

Pangonius (s. str.) hannibal SZILADY, 1923
Cf. *Pangonius (s. str.) hermanni*

Pangonius (s. str.) hermanni KRÖBER, 1921
(Syn. *Pangonius (s. str.) hannibal*)
Hosp.: ?
Dist.: España, sin precisar. Portugal.
Bibl.: 224, 236, 435, 437 y 444.

Pangonius (s. str.) mauritanus (LINNAEUS, 1767)
Hosp.: ?
Dist.: España (¿Madrid y Navarra?)
Bibl.: 13 y 224.

Pangonius (s. str.) obscuratus LOEW, 1859
Hosp.: ?
Dist.: Galicia. Portugal.
Reg.: II. Portugal.
Bibl.: 13 y 224.

Pangonius (s. str.) sobradieli SEGUY, 1934
Hosp.: ?
Dist.: Zaragoza.
Reg.: IV.
Bibl.: 89 y 224.

Pangonius (s. str.) variegatus FABRICIUS, 1805
Hosp.: ?
Dist.: España (¿Cuenca y Córdoba?). Portugal.
Bibl.: 224, 434 y 437.

Penicillidia conspicua SPEISER, 1900
Hosp.: Murciélago troglodita (*Miniopterus schreibersii*) y murciélago ratonero grande (*Myotis myotis*)
Dist.: Norte, este y noreste de la Península. Portugal.
Reg.: I, II, IV, V y VII. Portugal.
Bibl.: 19, 20, 22, 23, 25, 37, 156 y 211.

Penicillidia dufouri WESTWOOD, 1835
Hosp.: Murciélago ratonero mediano (*Myotis blythi*), murciélago patudo (*M. capaccinii*), murciélago ratonero grande (*Myotis myotis*), murciélago de Natterer (*M. nattereri*), murciélago de herradura mediano (*Rhinolophus mehelyi*), murciélago hortelano (*Eptesicus serotinus*), murciélago troglodita (*Miniopterus schreibersii*) y murciélago de herradura mediterráneo (*Rhinolophus euryale*)
Dist.: Norte, este, noreste y centro de la Península. Portugal.
Reg.: I, II, IV, V, VI y VII. Portugal.
Bibl.: 19, 20, 22, 23, 24, 25, 26, 37, 156 y 211.

Penicillidia pumulla
Cf. *Basilia bathybothyra*

Phaenicia richardsi (COLLIN, 1926)
Hosp.: ?
Dist.: Barcelona, Cantabria, Huesca, Madrid, Navarra y La Rioja.
Reg.: I, IV, V y VI.
Bibl.: 320.

Phaenicia sericata (MEIGEN, 1826)
(Syn. *Lucilia sericata*)
Hosp.: Oveja (miasis accidental semiespecífica)
Dist.: General
Bibl.: 169, 173, 191, 199, 243 y 320.

Phaonia signata MEIGEN, 1826
Hosp.: *Graellsia isabellae*
Dist.: Avila y Madrid.
Reg.: III y VI.
Bibl.: 142.

Pharyngomyia picta MEIGEN, 1824
Hosp.: Ciervo (*Cervus elaphus*) y gamo (*Dama dama*)
Dist.: Cáceres, Ciudad Real, Córdoba, Jaén y Toledo.
Reg.: VI, VIII y IX.
Bibl.: 168, 181, 205, 206, 274, 308, 356 y 357.

Philipomyia aprica (MEIGEN, 1820)
(Syn. *Tabanus apricus; Tabanus graecus apricus*)
Hosp.: Bovinos y équidos.
Dist.: Asturias, Huesca, Lérida y Teruel.
Reg.: I, IV y VII.
Bibl.: 228, 229, 230, 231, 233, 234, 237 y 238.

Philipomyia graeca (FABRICIUS, 1794)
(Syn. *Tabanus graecus*)
Hosp.: Bovinos y équidos.
Dist.: Barcelona, Cuenca, Gerona, Huesca, Salamanca y Zaragoza.
Reg.: III, IV, V, VII y VIII.
Bibl.: 13, 229, 231, 234 y 351.

Phlebotomus fortunatarum UBEDA ONTIVEROS et al., 1982
Hosp.: ?
Dist.: Canarias.
Reg.: XII.
Bibl.: 221, 278, 287 y 447.

Phlebotomus legeri MANSION, 1913
Cf. *Phlebotomus (Larroussius) perniciosus*

Phlebotomus minutus RONDANI, 1843
Cf. *Sergentomyia minuta*

Phlebotomus (Adlerius) mascittii GRASSI, 1908
Hosp.: ?
Dist.: Barcelona y Gerona.
Reg.: V.
Bibl.: 366.

Phlebotomus (Larroussius) ariasi TONNOIR, 1921
Hosp.: Hombre, animales domésticos y silvestres.
Dist.: General.
Bibl.: 1, 67, 130, 148, 154, 158, 176, 177, 198, 210, 243, 276, 277, 280, 282, 290, 291, 292, 293, 297, 328, 347, 351, 363, 364, 366, 388, 394, 401, 411, 445, 446, 451 y 457.

Phlebotomus (Larroussius) longicuspis (NITZULESCU, 1930)
Hosp.: ?
Dist.: Alicante, Almería, Granada y Murcia.
Reg.: VII, IX y X.
Bibl.: 276, 277, 279, 289, 290, 291, 292 y 394.

Phlebotomus (Larroussius) perniciosus NEWSTEAD, 1911
(Syn. *Phlebotomus legeri*)
Hosp.: Hombre y animales domésticos (perro, en especial)
Dist.: General.
Bibl.: 1, 52, 67, 112, 130, 144, 154, 158, 176, 177, 198, 210, 243, 276, 277, 278, 280, 282, 288, 290, 291, 292, 296, 298, 299, 301, 303, 305, 306, 328, 338, 347, 351, 363, 364, 366, 388, 394, 401, 421, 445, 446, 451, 452, 453 y 458.

Phlebotomus (Paraphlebotomus) alexandri SINTON, 1928
Hosp.: ?
Dist.: Almería.
Reg.: X.
Bibl.: 276, 291, 363 y 394.

Phlebotomus (Paraphlebotomus) chabaudi CROSET, ABONNENC et RIOUX, 1970
Hosp.: Vertebrados diversos
Dist.: Almería, Granada y Murcia.
Reg.: VII, IX y X.
Bibl.: 277, 280, 290, 291, 293, 364 y 394.

Phlebotomus (Paraphlebotomus) sergenti PARROT, 1917
Hosp.: Hombre y animales domésticos.
Dist.: General.
Bibl.: 52, 67, 127, 130, 144, 154, 158, 176, 177, 198, 210, 221, 243, 276, 277, 278, 280, 290, 291, 292, 338, 351, 363, 364, 366, 388, 394, 401, 422, 445, 446, 451, 452, 453 y 458.

Phlebotomus (Phlebotomus) papatasi (SCOPOLI, 1786)
Hosp.: Hombre y animales domésticos.
Dist.: General.
Bibl.: 52, 67, 130, 144, 150, 154, 158, 176, 177, 198, 210, 243, 259, 276, 277, 280, 282, 290, 291, 296, 298, 299, 301, 303, 305, 306, 337, 338, 351, 363, 364, 388, 394, 395, 426, 445, 446, 451, 457 y 458.

Phormia regina MEIGEN, 1826
Hosp.: Mamíferos (miasis semiespecíficas)
Dist.: España, sin precisar.
Bibl.: 169 y 173.

Phryne fenestralis (SCOPOLI, 1763)
Hosp.: Mamíferos (miasis semiespecíficas)
Dist.: España, sin precisar.
Bibl.: 169.

Piophila casei LINNAEUS, 1758
Hosp.: Hombre (miasis accidental)
Dist.: General.
Bibl.: 169.

Pollenia pseudointermedia ROGNES, 1987
Hosp.: ?
Dist.: ?
Bibl.: 372.

Pollenia rudis FABRICIUS, 1786
Hosp.: Lombriz de tierra.
Dist.: Huesca.
Reg.: IV.
Bibl.: 232.

Prosimulium hirtipes (FRIES, 1824)
Hosp.: Hombre y animales domésticos.
Dist.: Asturias, Granada, Guipúzcoa, Huesca, Lérida y Madrid.
Reg.: I, IV, VI, IX y X.
Bibl.: 11, 30 y 195.

Prosimulium maculatum (MEIGEN, 1804)
Cf. *Simulium (Wilhelmia) equinum*

Pseudolynchia canariensis MACQUART, 1839
(Syn. *Lynchia maura*)
Hosp.: Paloma (*Columba livia*) y chotacabras (*Caprimulgus europaeus*)
Dist.: Canarias, Sevilla y Teruel. Portugal.
Reg.: VII, IX y XII. Portugal.
Bibl.: 17, 152, 161, 173 y 243.

Psychoda albipennis ZETTERSTED, 1864
Psychoda alternata SAY, 1824
Hosp.: Hombre (miasis accidental)
Dist.: ?
Reg.: 169.

Pyretophorus myzomyifacies THEOBALD, 1907
Cf. *Anopheles (Cellia) hispaniola*

Rhinoestrus nasalis BRUMPT, 1913
Cf. *Rhinoestrus purpureus*

Rhinoestrus purpureus (BRAUER, 1858)
(Syn. *Rhinoestrus nasalis*)
Hosp.: Bovinos y équidos. ¿Hombre? (*Oestrus ovis*?)
Dist.: Andalucia.
Reg.: IX y X.
Bibl.: 155, 168, 184, 252, 318 y 413. 95?

Sarcophaga amputata PAPE, 1990
Hosp.: ?
Dist.: Portugal.
Bibl.: 317.

Sarcophaga carnaria (LINNAEUS, 1758)
Hosp.: Oveja (miasis semiespecífica). ¿Hombre?
Dist.: General.
Bibl.: 173, 243, 251, 351 y 450.

Sarcophaga haemorrhoidalis (FALLEN, 1816)
Hosp.: Hombre (miasis semiespecífica)
Dist.: General.
Bibl.: 173.

Sarcophaga iulicida PAPE, 1990
Hosp.: Milpies (*Ommatoiulus moreleti*)
Dist.: Portugal.
Bibl.: 317.

Sepsis sp.
Hosp.: Hombre (miasis accidental)
Dist.: ?
Bibl.: 169.

Sergentomyia fallax (PARROT, 1921)
Hosp.: ?
Dist.: Canarias.
Reg.: XII.
Bibl.: 221, 278 y 287.

Sergentomyia (Sergentomyia) minuta (RONDANI, 1843)
(Syn. *Phlebotomus minutus*)
Hosp.: Aves y reptiles, sobre todo.
Dist.: General.
Bibl.: 52, 67, 126, 130, 144, 154, 170, 176, 177, 198, 210, 221, 243, 259, 264, 275, 276, 277, 278, 280, 282, 287, 288, 290, 291, 292, 293, 296, 299, 301, 303, 337, 351, 363, 365, 366, 388, 394, 401, 445, 446, 451, 452 y 453.

Serromyia femorata (MEIGEN, 1804)
(Syn. *Ceratopogon femoratus*)
Hosp.: Vertebrados, sin precisar.
Dist.: Cádiz y Málaga.
Reg.: IX y X.
Bibl.: 156, 409 y 415.

Silvius appendiculatus MACQUART, 1845
Hosp.: Bovinos y équidos.
Dist.: Cádiz.
Reg.: IX y X.
Bibl.: 13 y 224.

Silvius singularis MEIGEN
Cf. *Silvius variegatus*

Silvius variegatus FABRICIUS
(Syn. *Silvius singularis*)
Hosp.: Bovinos y équidos.
Dist.: España (¿Cuenca?). Portugal.
Reg.: VIII?. Portugal.
Bibl.: 224 y 436.

Silvius vitripennis (MEIGEN, 1820)
Cf. *Nemorius vitripennis*

Silvius vituli (FABRICIUS, 1805)
Hosp.: Bovinos y équidos.
Dist.: Cuenca, Huesca y Navarra.
Reg.: IV, VII y VIII.
Bibl.: 228 y 237.

Simúlidos (agrupamos todas las especies en el género *Simulium*, dividido en varios subgéneros, géneros en la clasificación de Rubzov, I.A. (1974).- *Evolution, Phylogeny and Classification of the Family Simuliidae*. Boston, British Library, Lending Div., 83 pp.)
Bibl.: 144.

Simulium angustipes
Hosp.: ?
Dist.: Portugal.
Bibl.: 194.

Simulium guimari
Simulium intermedium
Hosp.: ?
Dist.: Canarias.
Reg.: XII
Bibl.: 100.

Simulium paraloutetense CROSSKEY, 1988
Hosp.: ?
Dist.: Canarias (considerado extinguido)
Reg.: XII.
Bibl.: 100.

Simulium pinhaoi GRACIO, 1985
Hosp.: ?
Dist.: Portugal.
Bibl.: 194.

Simulium pseudequinum
Hosp.: ?
Dist.: Canarias. Portugal.
Reg.: XII. Portugal.
Bibl.: 100, 193, 397, 398 y 399.

Simulium tenerificum CROSSKEY, 1988
Simulium velutinum
Hosp.: ?
Dist.: Canarias.
Reg.: XII.
Bibl.: 100.

Simulium vernum
Hosp.: ?
Dist.: Portugal.
Bibl.: 193, 397 y 398.

Simulium (Boophthora) erythrocephalum DE GEER, 1776
Hosp.: Hombre, mamíferos y aves domésticas.
Dist.: Zamora.
Reg.: III.
Bibl.: 30.

Simulium (Eusimulium) angustitarse (LUNDSTR., 1911)
Hosp.: Hombre.
Dist.: Portugal.
Bibl.: 29, 194, 243 y 284.

Simulium (Eusimulium) armoricanum DOBY et DAVID, 1961
Hosp.: ?
Dist.: Orense. Portugal.
Reg.: II. Portugal.
Bibl.: 30 y 284.

Simulium (Eusimulium) aureum FRIES, 1824
Hosp.: Hombre y animales domésticos (hematófago facultativo)
Dist.: Albacete, Asturias, Avila, Granada, Huesca, Jaén, Madrid, Murcia, Orense y Teruel. Portugal.
Reg.: I, II, VII, IX y X. Portugal.
Bibl.: 29, 30, 31, 67, 193, 195, 284, 397, 398 y 399.

Simulium (Eusimulium) cryophilum RUBZOV, 1959
Hosp.: ?
Dist.: León, Palencia y Teruel. Portugal.
Reg.: III y VII. Portugal.
Bibl.: 30, 31, 397, 398 y 399.

Simulium (Eusimulium) latigonium RUBZOV, 1956
Hosp.: ?
Dist.: Burgos, Lugo y Orense.
Reg.: II y III.
Bibl.: 30.

Simulium (Eusimulium) latinum RUBZOV, 1962
Hosp.: ?
Dist.: León y Zamora. Portugal.
Reg.: III. Portugal.
Bibl.: 29 y 30.

Simulium (Eusimulium) latipes MEIGEN, 1804
Hosp.: Hombre, mamíferos y aves domésticas (hematófago facultativo)
Dist.: Granada, Huesca, Lérida y Madrid. Portugal.
Reg.: IV, V, VI, IX y X. Portugal.
Bibl.: 12, 29, 67, 195, 243 y 284.

Simulium (Eusimulium) latizonum RUBZOV, 1956
Hosp.: ?
Dist.: León.
Reg.: III.
Bibl.: 30.

Simulium (Eusimulium) naturale DAVIES, 1966
Hosp.: ?
Dist.: Lugo y Orense.
Reg.: II.
Bibl.: 30.

Simulium (Eusimulium) ruficorne MACQUART, 1838
Hosp.: ?
Dist.: Canarias y Jaén. Portugal.
Reg.: IX y XII. Portugal.
Bibl.: 29, 31, 100, 243, 284, 397 y 399.

Simulium (Friesia) bezzi CORTI, 1916
Hosp.: Hombre y animales domésticos.
Dist.: Aragón, Cantabria y León.
Reg.: I, III y IV.
Bibl.: 30, 109 y 195.

Simulium (Metacnephia) blanci
Hosp.: ?
Dist.: Portugal.
Bibl.: 194.

Simulium (Metacnephia) nuragica
Hosp.: ?
Dist.: Portugal.
Bibl.: 194.

Simulium (Obuchovia) auricoma MEIGEN, 1818
Hosp.: ¿Hombre y animales domésticos?
Dist.: Cantabria y Huesca.
Reg.: I y IV.
Bibl.: 29 y 195.

Simulium (Obuchovia) galloprovinciale
Hosp.: ?
Dist.: Jaén.
Reg.: IX.
Bibl.: 101.

Simulium (Obuchovia) ibericum CROSSKEY et SANTOS GRACIO, 1985
Hosp.: ?
Dist.: General.
Bibl.: 101 y 194.

Simulium (Odagmia) monticola FRIEDRICHS, 1920
Hosp.: Vertebrados, en general.
Dist.: Cantabria, Granada, León, Lérida, Madrid y Palencia. Palencia.
Reg.: I, III, VI, VII y IX. Palencia.
Bibl.: 11, 30, 31, 158, 195 y 399.

Simulium (Odagmia) ornatum MEIGEN, 1818
Hosp.: Hombre y animales domésticos.
Dist.: Asturias, Barcelona, Cádiz, Cantabria, Granada, Huesca, Jaén, Madrid y Valencia.
Reg.: I, V, VI, VII y IX.
Bibl.: 11, 30, 31, 158 y 195.

Simulium (Odagmia) ornatum var. **nitidifrons** DOBY-DUBOIS, 1955
Hosp.: ?
Dist.: Albacete, Asturias, Cuenca, Granada, Huesca, Jaén, León, Madrid, Murcia, Teruel y Zamora. Portugal.
Reg.: I, III, IV, VI, VII, VIII, IX y X. Portugal.
Bibl.: 29, 30, 31, 67, 193, 195, 243, 284, 397, 398 y 399.

Simulium (Odagmia) sp.
Hosp.: ?
Dist.: Zamora.
Reg.: III.
Bibl.: 30.

Simulium (Odagmia) spinosum DOBY et DEBLOCK, 1957
Hosp.: ?
Dist.: Asturias y Lugo. Portugal.
Reg.: I y II. Portugal.
Bibl.: 30, 193, 284 y 397.

Simulium (Odagmia) variegatum MEIGEN, 1818
Hosp.: Hombre y animales domésticos.
Dist.: Asturias, Cantabria, Granada, Huesca, Lérida y León.
Reg.: I, III, IX y X.
Bibl.: 30, 31 y 195.

Simulium (Schönbaueria) pusillum FRIES, 1824
Hosp.: Hombre y animales domésticos.
Dist.: Granada.
Reg.: IX y X.
Bibl.: 195.

Simulium (Simulium) dorieri DOBY et RAULT, 1960
Hosp.: ?
Dist.: Orense y Teruel.
Reg.: II y VII.
Bibl.: 30 y 31.

Simulium (Simulium) reptans (LINNAEUS, 1758)
Hosp.: Hombre y animales domésticos, équidos sobre todo
Dist.: Asturias, Alicante, Cádiz y Soria.
Reg.: I, III, VII, IX y X.
Bibl.: 11, 30, 158 y 195.

Simulium (Simulium) rupicolum SÉGUY et DORIER, 1936
Hosp.: ?
Dist.. Huesca y Lérida.
Reg.: IV.
Bibl.: 195.

Simulium (Simulium) rupicolum var. **hispaniola** GRENIER et BERTRAND, 1954

Hosp.: ?
Dist.: Asturias, Avila y Cantabria.
Reg.: I y III.
Bibl.: 30 y 195.

Simulium (Simulium) tuberosum LUNDSTRÖM, 1911

Hosp.: Hombre y animales domésticos.
Dist.: Cantabria, Huesca y Lérida.
Reg.: I y IV.
Bibl.: 195.

Simulium (Simulium) venustum SAY, 1823

Hosp.: Aves, animales domésticos, hombre, etc.. .
Dist.: Huesca.
Reg.: IV.
Bibl.: 195.

Simulium (Simulium) xanthinum EDWARDS, 1933

Hosp.: ?
Dist.: Cádiz.
Reg.: IX y X.
Bibl.: 109 y 195.

Simulium (Wilhelmia) ariasi SÉGUY, 1925

Hosp.: ?
Dist.: Barcelona y Madrid.
Reg.: V y VI.
Bibl.: 195 y 403.

Simulium (Wilhelmia) equinum LINNAEUS, 1758
(Syn. *Prosimulium maculatum*)

Hosp.: Hombre y animales domésticos, sobre todo équidos.
Dist.: Albacete, Andalucía, Cataluña, Granada y Madrid. Portugal.
Reg.: VII y IX. Portugal.
Bibl.: 11, 31, 174, 397 y 399.

Simulium (Wilhelmia) lineatum MEIGEN, 1804

Hosp.: ?
Dist.: Cuenca, Jaén y Teruel. Portugal.
Reg.: VII, VIII y IX. Portugal.
Bibl.: 31, 193, 397, 398 y 399.

Simulium (Wilhelmia) mediterraneum PURI, 1925

Hosp.: Hombre y animales domésticos.
Dist.: Albacete, Granada, Jaén, Teruel y Zamora. Portugal.
Reg.: III, VII y IX. Portugal.
Bibl.: 29, 30, 31, 67, 243 y 284.

Simulium (Wilhelmia) salopiense EDWARDS, 1927

Hosp.: Vertebrados (raramente hematófago)
Dist.: Madrid. Portugal.
Reg.: VI. Portugal.
Bibl.: 2, 29, 67, 195, 243 y 284.

Simulium (Wilhelmia) sergenti EDWARDS, 1923

Hosp.: ?
Dist.: Jaén y Teruel. Portugal.
Reg.: VII y IX. Portugal.
Bibl.: 31, 243 y 284.

Simulium (Wilhelmia) sergenti quadrifila GRENIER, FAURE et LAURENT

Hosp.: ?
Dist.: Albacete.
Reg.: VII.
Bibl.: 31.

Simulium (Wilhelmia) submorsitans SÉGUY

Hosp.: ?
Dist.: Canarias.
Reg.: XII.
Bibl.: Rubzov, pág. 132 (Cf. *Simúlidos*)

Stegomyia calopus var. canariensis PITTALUGA, 1905

Cf. *Aedes (Stegomyia) aegypti*

Stenepteryx hirundinis (LINNAEUS, 1761)

Hosp.: Avión común (*Delichon urbica*), vencejo común (*Apus apus*) y golondrina común (*Hirundo rustica*)
Dist.: Granada y Segovia. Portugal.
Reg.: III, IX y X. Portugal.
Bibl.: 37, 156, 183 y 200.

Stomoxys calcitrans (LINNAEUS, 1758)
Hosp.: Hombre, vacuno, etc.. .
Dist.: General. Canarias.
Bibl.: 11, 137, 138, 158, 173, 236, 243, 321, 323, 342 y 416. 421?

Sturmia atropivora ROBINEAU-DESVOIDY, 1830
(Syn. *Drino atropivora*)
Hosp.: Esfinge del aligustre (*Sphinx ligustri*)
Dist.: Madrid.
Reg.: VI.
Bibl.: 151.

Tabanus apricus (MEIGEN, 1820)
Cf. *Philipomyia aprica*

Tabanus ater ROSSI, 1790
Cf. *Dasyrhamphis ater*

Tabanus aterrimus (MEIGEN, 1820)
Cf. *Hybomitra aterrima*

Tabanus autumnalis LINNAEUS, 1761
Hosp.: Bovinos y équidos.
Dist.: Alava, Asturias, Baleares, Barcelona, Castellón, Cuenca, Gerona, Huesca, Lérida, Madrid, Orense, Salamanca, Sevilla y Valencia. Portugal.
Reg.: I, II, III, IV, V, VI, VII, VIII, IX y XI. Portugal.
Bibl.: 13, 27, 89, 94, 158, 227, 228, 229, 230, 234, 237, 238, 351, 432, 434, 435, 438 y 442.

Tabanus autumnalis brunnescens SZILADY, 1914
Hosp.: Bovinos y équidos.
Dist.: Península y Baleares (Palma de Mallorca)
Reg.: XI y otras.
Bibl.: 94 y 227.

Tabanus barbarus COQUEBERT, 1804
(Syn. *Atylotus barbarus*)
Hosp.: Bovinos y équidos.
Dist.: Andalucía. Portugal.
Reg.: IX y X. Portugal.
Bibl.: 13 y 227.

Tabanus bifarius LOEW, 1858
Hosp.: Bovinos y équidos.
Dist.: Huesca y Teruel.
Reg.: IV y VII.
Bibl.: 227, 228, 230 y 237.

Tabanus bivasi TRAVASSOS SANTOS DIAS, 1985
Hosp.: ?
Dist.: Portugal.
Bibl.: 439.

Tabanus bovinus LINNAEUS, 1758
Hosp.: Bovinos y équidos.
Dist.: Barcelona, Madrid, Navarra, Sevilla y Zaragoza.
Reg.: IV, V, VI y IX.
Bibl.: 13, 27, 89, 158, 227 y 229.

Tabanus brancoi TRAVASSOS SANTOS DIAS, 1987
Hosp.: ?
Dist.: Portugal.
Bibl.: 443.

Tabanus brassofortei
(Syn. *Tabanus matensis*)
Hosp.: ?
Dist.: Portugal.
Bibl.: 436.

Tabanus briani LECLERCQ, 1962
Hosp.: Bovinos y équidos.
Dist.: Huesca.
Reg.: IV.
Bibl.: 227, 229, 230, 234, 235 y 237.

Tabanus bromius LINNAEUS, 1758
Hosp.: Bovinos y équidos.
Dist.: Asturias, Barcelona, Cantabria, Cuenca, Gerona, Huesca, Lérida, Navarra, Teruel, Valencia y Zaragoza. Portugal.
Reg.: I, IV, V y VII. Portugal.
Bibl.: 13, 89, 94, 227, 228, 229, 230, 231, 233, 234, 237, 238, 267, 432, 437 y 444.

Tabanus bromius flavofemoratus STROBL, 1908
Hosp.: Bovinos y équidos.
Dist.: Baleares, Cuenca, Gerona, Huesca, Madrid y Valencia. Portugal.
Reg.: IV, V, VI, VII y VIII. Portugal.
Bibl.: 13, 94, 158, 227, 229, 234 y 238.

Tabanus cordiger MEIGEN, 1820
Hosp.: Bovinos y équidos.
Dist.: Asturias, Baleares, Barcelona, Cantabria, Cuenca, Gerona, Huesca, Lérida, Navarra, Sevilla, Teruel, Valencia y Zaragoza. Portugal.
Reg.: I, IV, V, VII, VIII y IX. Portugal.
Bibl.: 13, 27, 94, 227, 228, 229, 230, 232, 233, 234, 237, 238, 432, 435 y 437.

Tabanus darimonti LECLERCQ, 1964
Hosp.: Bovinos y équidos.
Dist.: Valencia. Portugal.
Reg.: VII. Portugal.
Bibl.: 226, 227, 228, 242 y 439.

Tabanus eggeri SCHINER, 1868
(Syn. *Tabanus intermedius*)
Hosp.: Bovinos y équidos.
Dist.: Barcelona, Cádiz, Cuenca, Extremadura, Huesca, Madrid, Salamanca, Segovia y Sevilla. Portugal.
Reg.: IV, V, VII y VIII. Portugal.
Bibl.: 13, 27, 89, 229, 230, 233, 234, 237, 351, 441 y 442.

Tabanus exclusus PANDELLE, 1883
Hosp.: Bovinos y équidos.
Dist.: Huesca, Lérida y Teruel. Portugal.
Reg.: IV y VII. Portugal.
Bibl.: 227, 229, 230, 233, 237, 432, 437 y 441.

Tabanus glaucopis MEIGEN, 1820
(incluye *Tabanus glaucopis castellanus*)
Hosp.: Bovinos y équidos.
Dist.: Baleares, Barcelona, Huesca, Gerona, Lérida, Madrid y Teruel.
Reg.: IV, V y VII.
Bibl.: 13, 94, 227, 228, 229, 230, 231, 233, 234 y 237.

Tabanus glaucopis castellanus STROBL, 1906
Cf. *Tabanus glaucopis*

Tabanus graecus FABRICIUS, 1794
Cf. *Philipomyia graeca*

Tabanus graecus apricus MEIGEN, 1820
Cf. *Philipomyia aprica*

Tabanus intermedius EGGER, 1859
Cf. *Tabanus eggeri*

Tabanus luizae
Hosp.: ?
Dist.: Portugal.
Bibl.: 433, 434, 437 y 439.

Tabanus lunatus FABRICIUS, 1794
Hosp.: Bovinos y équidos.
Dist.: Cuenca, Huesca, Málaga, Teruel, Valencia y Zaragoza. Portugal.
Reg.: IV, VII, VIII y X. Portugal.
Bibl.: 13, 227, 228, 229, 231, 234, 237 y 433.

Tabanus maculicornis ZETTERSTEDT, 1842
Hosp.: Bovinos y équidos.
Dist.: Alava, Asturias, Cantabria, Cuenca, Gerona, Guipúzcoa, Huesca, Lérida y Navarra. Portugal.
Reg.: I, V, VI, VII y VIII. Portugal.
Bibl.: 227, 229, 230, 231, 234, 237, 238 y 443.

Tabanus matensis
Cf. *Tabanus brassofortei*

Tabanus miki BRAUER, 1880
Hosp.: Bovinos y équidos.
Dist.: Cuenca. Portugal.
Reg.: VII y VIII. Portugal.
Bibl.: 227, 234, 432 y 439.

Tabanus mixtus SZILADY, 1914
Cf. *Tabanus tinctus*

Tabanus nemoralis MEIGEN, 1820
(Syn. *Atylotus nemoralis*)
(incluye *Tabanus nemoralis ruficornis*)
Hosp.: Bovinos équidos.
Dist.: Asturias, Barcelona, Castellón, Cuenca, Huesca, Madrid, Salamanca, Teruel, Valencia y Zaragoza. Portugal.
Reg.: I, III, IV, VI, VII y VIII. Portugal.
Bibl.: 13, 227, 228, 229, 230, 231, 233, 234, 237, 238, 433, 438, 439 y 444.

Tabanus nemoralis ruficornis SURCOUF, 1920
Cf. *Tabanus nemoralis*

Tabanus paradoxus JAENNICKE, 1866
Hosp.: Bovinos y équidos.
Dist.: Cataluña.
Reg.: IV y V.
Bibl.: 13, 89, 227 y 229.

Tabanus quatornotatus MEIGEN, 1820
Hosp.: Bovinos y équidos.
Dist.: Andalucia, Cuenca, Huesca, Madrid y Teruel.
Reg.: IV, VII y VIII.
Bibl.: 13, 227, 228, 229, 230, 231, 233, 234 y 237.

Tabanus rectus LOEW, 1858
Hosp.: Bovinos y équidos.
Dist.: Barcelona, Cuenca, Gerona, Granada, Huesca, Madrid, Sevilla, Tarragona, Teruel, Valencia y Zaragoza. Portugal.
Reg.: IV, V, VI, VII, VIII y IX. Portugal.
Bibl.: 13, 27, 89, 227, 228, 229, 230, 231, 234, 237 y 439.

Tabanus regularis JAENNICKE, 1866
(incluye *Tabanus regularis rufus*)
Hosp.: Bovinos y équidos.
Dist.: Asturias, Barcelona, Cantabria, Castellón, Cuenca, Huesca, Lérida, Teruel y Valencia. Portugal.
Reg.: I, V, VII y VIII. Portugal.
Bibl.: 227, 228, 229, 230, 231, 233, 234, 237, 238, 432 y 439.

Tabanus regularis rufus SZILADY, 1923
Cf. *Tabanus regularis*

Tabanus rupium BRAUER, 1880
Hosp.: Bovinos y équidos.
Dist.: Huesca y Madrid.
Reg.: IV y VI.
Bibl.: 227, 228, 229, 230, 231 y 237.

Tabanus spectabilis LOEW, 1858
Hosp.: Bovinos y équidos.
Dist.: Centro de España (Montarco, Peñalara)
Reg.: VI.
Bibl.: 13 y 227.

Tabanus spodopteroides OLSUFJEV, MOUCHA et CHUALA, 1969
Hosp.: Bovinos y équidos.
Dist.: Cuenca.
Reg.: VII y VIII.
Bibl.: 234.

Tabanus spodopterus MEIGEN, 1820
Hosp.: Bovinos y équidos.
Dist.: Barcelona, Cuenca, Gerona, Huesca, Lérida, Madrid y Teruel. Portugal.
Reg.: IV, V, VI, VII y VIII. Portugal.
Bibl.: 13, 89, 229, 230, 233 y 237.

Tabanus spodopterus ibericus OLSUFJEV, MOUCHA et CHALA, 1967
Hosp.: Bovinos y équidos.
Dist.: Cuenca.
Reg.: VII y VIII.
Bibl.: 234.

Tabanus sudeticus ZELLER, 1842
(Syn. *Tabanus verralli*)
Hosp.: Bovinos y équidos.
Dist.: Asturias, Avila, Cuenca, Gerona, Huesca, Lérida, Madrid y Teruel. Portugal.
Reg.: I, III, IV, V, VI, VII y VIII. Portugal.
Bibl.: 13, 89, 158, 227, 228, 229, 230, 231, 233, 234, 237, 238, 434, 437 y 444.

Tabanus tendeiroi
Hosp.: ?
Dist.: Portugal.
Bibl.: 433, 434, 435, 439 y 442.

Tabanus tergestinus EGGER, 1859
Hosp.: Bovinos y équidos.
Dist.: Baleares, Barcelona, Cuenca, Huesca, Gerona, Lérida, Teruel y Zaragoza.
Reg.: IV, V, VII y VIII.
Bibl.: 13, 89, 94, 227, 228, 229, 230, 231, 233, 234 y 237.

Tabanus tinctus WALKER, 1850
(Syn. *Tabanus mixtus*)
Hosp.: Bovinos y équidos.
Dist.: General.
Bibl.: 13, 227 y 437.

Tabanus tropicus PANZER, 1794
Cf. *Hybomitra bimaculata* MACQUART, 1826

Tabanus unifasciatus LOEW, 1858
Hosp.: Bovinos y équidos.
Dist.: General.
Bibl.: 13 y 227.

Tabanus verralli OLDROYD, 1939
Cf. *Tabanus sudeticus*

Tachina festiva MACQUART, 1835
Hosp.: Ocneria dispar
Dist.: Madrid.
Reg.: VI.
Bibl.: 14.

Tachina larvarum LINNAEUS, 1839
Hosp.: Ocneria dispar
Dist.: Salamanca.
Reg.: III.
Bibl.: 14.

Taeniorrhynchus richiardii (FICALBI, 1889)
Cf. *Coquillettidia (Coquillettidia) richardii*

Teichomyza fusca MACQUART, 1835
Hosp.: Hombre (miasis accidentales)
Dist.: ?
Bibl.: 169.

Thelmatoscopus meridionalis EATON, 1904
Hosp.: Hombre (miasis accidentales)
Dist.: Barcelona.
Reg.: V.
Bibl.: 133 y 169.

Theobaldia spp
Cf. *Culiseta* spp.

Thereva nobiliata FABRICIUS, 1775
Hosp.: Hombre.
Dist.: Alicante, Barcelona, La Coruña y Granada.
Reg.: II, V, IX y X.
Bibl.: 158.

Therioplectes valenciae LECLERCQ, 1957
Cf. *Hybomitra valenciae*

Uranotaenia unguiculata EDWARDS, 1913
Hosp.: ¿Hombre?
Dist.: Barcelona, Córdoba y Madrid.
Reg.: V, VI y IX.
Bibl.: 134, 162 y 424.

Winthemia quadripustulata var. **pruinosa** GIL, 1931
Hosp.: Abraxas pantaria
Dist.: Madrid.
Reg.: VI.
Bibl.: 151.

Wohlfahrtia bella MACQUART, 1835
Hosp.: ?
Dist.: Canarias.
Reg.: XII.
Bibl.: 175, 182 y 263.

Wohlfahrtia magnifica SCHINER, 1862
Hosp.: Hombre y animales domésticos (cabra y oveja, en especial).
Dist.: General (excepto en el Norte)
Bibl.: 11, 18, 169, 173, 248, 251, 262, 270, 295, 300, 341, 351, 376 y 377.

HOSPEDADORES (DIPTERA)

Dado que muchos de los Diptera incluidos no son estrictamente parásitos, sino simplemente molestos, y que, en muchos casos, no se han mencionado en las publicaciones las especies hospedadoras, suprimimos en este apartado la relación sistemática de éstas con sus parásitos.

BIBLIOGRAFÍA (DIPTERA)

1. ABRANCHES, P. et al. (1983).- Kala-azar au Portugal. III. Résultats d'une enquête sur la leishmaniose canine réalisée dans les environs de Lisbonne. Comparaison des zones urbaines et rurales. *Ann. de Parasitol. hum. et comp., 58*: 307.
2. ABREU, M.M.M.A. y RIBEIRO, H. (1961).- Primeira contribuçao para o cohhecimento da fauna Simulidica de Portugal (Diptera: Simuliidae). *An. Med. Trop., 18*: 233.
3. ALONSO MUÑOZ, A. (cit. por SAIZ MORENO, L. , 1951).- La miasis. Su interés en Higiene Pecuaria y Sanidad Veterinaria. *Veterinaria, 15*: 107.
4. ALVAREZ ORDAS, F. (1970).- La hipodermosis en la provincia de Pontevedra. *Curso de Parasitol.*, Cat. Parasitología. Fac. Vet. León (inéd.).
5. ALVAREZ Y MATE, .. (1944).- Un caso de miasis estrosa nasal. *Med. Esp., 12*: 296.
6. ALVES DA CRUZ, C. (1955).- L'hypodermose bovine au Portugal. *Bull. Int. Epiz., 1-2*: 143.
7. ANTIGA, P. (1888).- *Contribución a la Fauna de Cataluña. Catálogo de los Dípteros observados en diferentes sitios del Principado*. Barcelona: 16.
8. ARCE Y ALONSO DE LA TORRE, .. (1946).- Tumores periódicos de Hoeg. *Acta Pediátrica Española, 38*: 185.
9. ARCOS, .. (1947).- .. *Medicamenta, VIII*, 219.
10. ARIAS ENCOBET, J. (1911).- Sobre la distribución geográfica de la *Stegomyia fasciata* Fabr. en la Península Ibérica y especialmente en los lazaretos españoles. *Bol. Inst. Nac. Hig. Alfonso XIII, VII*: 89.
11. ARIAS ENCOBET, J. (1912).- Datos para el conocimiento de la distribución geográfica de los Dípteros de España. *Mem. R. Soc. Esp. Hist. Nat., VII*: 63.
12. ARIAS ENCOBET, J. (1912).- Adiciones a la fauna dipterológica de España. *Bol. R. Soc. Esp. Hist. Nat., XII*: 385.
13. ARIAS ENCOBET, J. (1914).- Dípteros de España. Fam. Tabanidae. *Trab. Museo Nac. Cienc. Nat.*, serie Zoología, *19*: 1.
14. AULLO, M. (1912).- Parásitos del *Ocneria dispar. Bol. R. Soc. Esp. Hist. Nat., XII*: 441.
15. AUSTEN, E.E. (1926).- On the genus *Crataerhina* Von Olf and its allies. *Parasitol., 18*: 350.
16. BAEZ, M. (1975).- Presencia de *Hermetia illucens* (L.) en las Islas Canarias (Díptera, Stratiomyidae). *Vieraea, 4*: 173.
17. BAEZ, M. (1978).- Los Hipobóscidos de las Islas Canarias (Dip. Hipp.). *Bol. Est. Cent. Ecología*, Min. Agricultura, *7*: 59.
18. BAEZA CUELLAR, .. (1932).- Miasis por *Wohlfahrtia. Rev. Med., 3*: ..
19. BALCELLS, E. (1956).- Datos para el estudio de la fauna pupípara de los quirópteros en España. *Speleon*, Oviedo, *6*: 287.

20. BALCELLS, E. (1961).- Las moscas ápteras (Nycteribiidae) de los murciélagos cavernícolas del Norte Central Ibérico, con un resumen descriptivo de la biología del grupo. *Munibe*, San Sebastián, *13*: 144.
21. BALCELLS, E. (1963).- Nuevos datos faunísticos de murciélagos y nicteríbidos del País Vasco-Navarro. Campaña de 1961. *Munibe*, San Sebastián, *15*: 56.
22. BALCELLS, E. (1964).- Resumen del estado actual del conocimiento de los Nicteríbidos y Estréblidos parásitos de murciélagos ibéricos. *Proc. First Inter. Congr. Parasitol.*, *2*: 1000, Tamburini (Milano).
23. BALCELLS, E. (1967).- Murciélagos y nicteríbidos del Levante español. *Bol. R. Soc. Española Hist. Nat.*, *65*: 199.
24. BALCELLS, E. (1968).- Nuevas citas de murciélagos y nicteríbidos del País Vasco-Cantábrico. *Bol. R. Soc. Esp. Hist. Nat.*, *66*: 17.
25. BALCELLS, E. (1968).- Revisión faunística de Nicteríbidos y Estréblidos de quirópteros españoles y su especificidad. *Rev. Ibér. Parasitol.*, *28*: 18.
26. BALCELLS, E. (1968).- Interesantes datos faunísticos y biológicos de la cueva "Sa Guitarreta" de Llucmajor. *Bol. R. Soc. Esp. Hist. Nat.*, *XIV*: 3.
27. BARRAS DE ARAGON, F. DE LAS (1895).- Dípteros de Andalucía existentes en el Museo de Historia Natural de la Universidad de Sevilla clasificados por M. Gobert. *An. R. Soc. Esp. Hist. Nat.*, *XXIV*: 7.
28. BARROS, J. (1943).- Los barros. *Veterinaria*, *7*: 609.
29. BEAUCOURNU-SAGUEZ, F. (1972).- Captures de Simulies dans la moitié Sud de Portugal. *An. Esc. Nac. San. Publ.*, *6*: 75.
30. BEAUCOURNU-SAGUEZ, F. (1975).- Sur Simulies (Diptera Simulidae) du Nord-Ouest de l'Espagne. *Ann. Parasitol. hum. comp.*, *50*: 105.
31. BEAUCOURNU-SAGUEZ, F. (1975).- Recolectes de Simulies (Diptera, Simuliidae) dans le Sud-Est de l'Espagne. *Ann. Soc. Ent. Fr.*, *11*: 73.
32. BECKER, T.H. (1908).- Dipteren der Kanarischen Inseln. *Mitt. Zool. Mus. Berlin*, *4*: 1.
33. BLAZQUEZ, V.J. (1974).- Investigación entomológica sobre anofelismo en el Delta del Ebro. *Rev. San. Hig. Pub.*, *48*: 363.
34. BORCHERT, A. (U1962).- *Abejas, explotación y enfermedades*. Acribia. Zaragoza.
35. BOSCH MILLARES, J. (1935).- Parasitología de Gran Canaria. *Rev. Med.*, Canarias, *4*: 366.
36. BRAGA, J.M. (1931).- *Culicídeos de Portugal*. Inst. Zool. Universidad do Porto.
37. BRAGA, J.M. (1941).- Contribuçao para o estudo dos dipteros da fauna portuguesa. *Publ. Inst. Zool.*, Augusto Nobre, 8.
38. BRUCE-CHWATT, L.J. y ZULUETA, J. DE (1977).- Malaria eradication in Portugal. *Trans. Roy. Soc. Trop. Med. und Hyg.*, *71*: 232.
39. BUEN, E. DE (...).- El "verde París" como larvicida. *Med. Ps. Cal.*, ..
40. BUEN, E. DE (1929).- Incompatibilidad de coexistencia entre larvas de Anopheles y Lemna. *Med. Ps. Cal*, *2*: 265.
41. BUEN, E. DE (1929).- Estudio experimental de algunas sustancias antianofélicas (Tesis doctoral). *Med. Ps. Cal.*, *2*: 401.
42. BUEN, E. DE (1929).- Algunos datos sobre biología del *Anopheles maculipennis (claviger)* en su fase acuática. *med. Ps. Cal.*, *3*: 311.
43. BUEN, E. DE (1930).-Algunos estudios sobre biología del *Anopheles maculipennis* en lo que se refiere a la casa habitada por el hombre o los animales. *Med. Ps. Cal.*, *4*: 400.
44. BUEN, E, DE (1932).- Algunos datos sobre biología del *Anopheles maculipennis (claviger)* en su fase de adulto. *Med. Ps. Cal.*, *5*: 449.
45. BUEN, E. DE (1935).- Estudios sobre biología del A*nopheles maculipennis* Mg.; índice maxilar y longitudes de ala, abdomen y tórax. *Med. Ps. Cal.*, *8*: 73.
46. BUEN, E. DE; GIL COLLADO, J. y NIÑO ASTUDILLO, J. (1933).- El *Anopheles maculipennis* Meig. en sus cobijos en pleno campo. Nota preliminar. *Med. Ps. Cal.*, *6*: 1.
47. BUEN, E. DE y GIL COLLADO, J. (1935).- Nota sobre la fecundación del *Anopheles maculipennis* variedad *labranchiae*, en casetas de estudio de mosquitos. *Riv. di Mal.*, *14*: 155.

48. BUEN, S. DE (1922).- La campaña profiláctica contra el paludismo en el término municipal de Talayuela y en los territorios de la Vera y de la Mata (Prov. Cáceres). 1920-1922. *Arch. Inst. Nac. Hig. Alfonso XIII, 1*: 65.
49. BUEN, S. DE (1922).- Algunas observaciones sobre la biología del *Anopheles claviger* F. en Talayuela (Cáceres). *Bol. R. Soc. Esp. Hist. Nat., 22*: 284.
50. BUEN, S. DE (1922).- El paludismo en el Prat de Llobregat (Barcelona). *Arch. Inst. Nac. Hig. Alfonso XIII, 1*: 95.
51. BUEN, S. DE (1923).- La campaña profiláctica contra el paludismo en la provincia de Cáceres (1922). Informe general. *Arch. Inst. Nac. Hig. Alfonso XIII, 2*: 1.
52. BUEN, S. DE (1924).- Notas parasitológicas. Localidades nuevas de *Phlebotomus*. *Arch. Inst. Nac. Hig. Alfonso XIII, 3*: 220.
53. BUEN, S. DE (1924).- Notas parasitológicas. Un caso de miasis ocular por *Oestrus ovis*. *Arch. Inst. Nac. Hig. Alfonso XIII, 4*: 219.
54. BUEN, S. DE (1935).- Contribución de los servicios antipalúdicos españoles al conocimiento de la biología de los anofeles. *Med. Ps. Cal., 8*: 574.
55. BUEN, S. y LUENGO, E. (1924).- Contribución de la Sección de Parasitología en la campaña antipalúdica (año 1923). *Arch. Inst. Nac. Hig. Alfonso XIII, 3*: 159.
56. BUEN, S. DE y BUEN, E. DE (1927).- Primeros ensayos sobre el empleo del "verde París" en España en la lucha antipalúdica. *Bol. Téc. D. G. San., 2*: ..
57. BUEN, S. DE y BUEN, E. DE (1930).- Notas sobre la biología del *Anopheles maculipennis* (Comunicación presentada al II Congreso Internacional de Paludismo, Argel, 1930). *Med. Ps. Cal., 3*: 1.
58. BUEN, S. DE y BUEN, E. DE (1933).- El *Anopheles maculipennis* y la casa. Sus relaciones con la epidemiología en España. Trabajo presentado a la comisión de Paludismo (Sociedad de Naciones). *Med. Ps. Cal., 6*: 270.
59. CALLOT, J.M.; KREMER, J.L.; DELECOLLE, .. y HOMMEL, M. (1975).- Notes d'Entomologie. Localisation nouvelles de culicoides (Dipteres, Ceratopogonides). *Ann. Parasit. hum. comp., 50*: 245.
60. CAMBOURNAC, F.J. (1938).- *Aedes (Ochlerotatus) longitubus*. A new species from Portugal (Dip. Cul.). *Proc. Roy. Entom. Soc. London, 7*(3): ..
61. CAMBOURNAC, F.J. (1939).- A method for determining the larval *Anopheles* population and its distribution in rice-fields and other breeding places. *Riv. Malar., 18*: 17.
62. CAMBOURNAC, F.J. (1943).- *Orthopodomyia pulchripalpis*. Sua ocorrecia em Portugal. *Ann. Inst. Med. Trop.*, Lisboa, *1*: 71.
63. CAMBOURNAC, F.J. (1944).- Culicidae (Diptera, Nematocera) da regiao da Aguas de Moura. *Ann. Inst. Med. Trop.*, Lisboa, *1*: 247.
64. CAMBOURNAC, F.J. (1956).- *Culicoides* (Nematocera, Ceratopogonidae); sua ocurrencia em Portugal. Descripçao de *C. sintrensis* sp.n. *An. Inst. Med. Trop.*, Lisboa, *13*: 589.
65. CAMBOURNAC, F.J. (1970).- Lista das espécies do género *Culicoides* (Nematocera, Ceratopogonidae) encontrados em Portugal. *An. Esc. Nac. Sáude Públ. Med. Trop., 4*: 249.
66. CAMBOURNAC, F.J. (1970).- *Culicoides almeidae* (Nematocera, Ceratopogidae) n.sp. a new species found in Portugal. *An. Esc. Nac. Sáude Públ. Méd. Trop., 4*: 251.
67. CAMBOURNAC, F.J. (1971).- Diptères vecteurs de maladies parasitaires de l'homme au Portugal. *I Multicol. Europ. Parasitol.*, Rennes: 459.
68. CAMBOURNAC, F.J. (1972).- Diptères vecteurs de maladies parasitaires de l'homme au Portugal. *An. Esc. Nac. Sáude Públ. Med. Trop., 6*: 95.
69. CAMBOURNAC, F.J. (1976).- *Aedes (Stegomyia) vittatus* BIGOT (Diptera, Culicidae); sua ocurrencia em Portugal. *Inst. Hig. Med. Trop. An.*, Lisboa, *4*: 155.
70. CAMBOURNAC, F.J. y HILL, R.B. (1938).- The biology of *Anopheles maculipennis* var. *atroparvus* in Portugal. *III Congr. Inst. Trop. Med. Malaria, 2*: 178.
71. CAMBOURNAC, F.J. y PITTA SIMOES, J.M. (1946).- Observations on the swarming of *Anopheles maculipennis* var. *atroparvus*. *Am. J. Trop., 20*: 133.
72. CAÑIZO, J. DEL (1941).- Los barros del ganado vacuno. *Agricultura, 115*: ..

73. CAPELA, R.A.; RIBEIRO, M.E. BRANDAO (1984).- Présence du caractère autogène chez *Culiseta (C.) annulata* (Schrank, 1776) et nouvelles mentions géographiques pour *Aedes caspius* (Pallas, 1771) et *Culiseta (C.) subochrea* (Edwards, 1921). *Ann. de Parasitol. hum et comp., 59*: 535.

74. CAPELA, R.A. et al. (1990).- Les culicoïdes (Diptera, Ceratopogonidae) du Portugal continental et de Porto Santo. *Bull. de la Soc. de Pathologie Exotique, 83*: 561.

75. CARBALLAL PALMEIRO, J. (1945).- Los "barros" enfermedad del ganado vacuno. *Ciencia Vet., 6*: 143.

76. CARRILLO, A. (1946).- Miasis subcutánea de tumores ambulatorios (miasis a tumor periódico de Hoegh). *Rev. Clín. Esp., 23*: 392.

77. CHRISTOPHERS, S.R. (1929).- Note on a collection of Anopheline and Culicine mosquitoes from Madeira and Canary Islands. *Indian J. Med. Res., 17*: 518.

78. CLAVERO, G. (1945).- Cuatro especies de *Aedes* nuevas para España (Dip. Cul.). *Rev. San. Hig. Púb., 19*: 449.

79. CLAVERO, G. (1946).- Aedinos de España. *Rev. San. Hig. Púb., 20*: 1205.

80. CLAVERO, G. (1946).- Bases y orientaciones de la lucha antipalúdica en España. *Cons. Gen. Col. Med. España, 1*: 19.

81. CLAVERO, G. (1947).- *Aedes (Finlaya) eatoni* Theobald, nuevo aedino tinerfeño. *Rev. San. Hig. Púb., 21*: 429.

82. CLAVERO, G. (1950).- La lucha antipalúdica en España. *Rev. San. Hig. Púb., 24*: 151.

83. CLAVERO, G. y OLAVARRIA, J. (1944).- Nota sobre el hallazgo de *Anopheles algeriensis* Theobald, 1903, en Escombreras (Murcia). Coexistencia de las variedades *atroparvus* y *labranchiae* en dicha localidad. *Rev. San. Hig. Púb., 18*: 625.

84. CLAVERO, G.; OLAVARRIA, J. y ROMEO VIAMONTE, J. (1945).- Nota sobre el *Anopheles (Myzomyia) hispaniola* Theo. *Rev. San. Hig. Púb., 19*: 289.

85. CLAVERO, G. y ROMEO VIAMONTE, J. (1946).- Hallazgo de *Anopheles (Myzomyia) multicolor* en España. *Rev. San. Hig. Púb., 20*: 1001.

86. CLAVERO, G. y ROMEO VIAMONTE, J. (1947).- Algunos datos sobre el anofelismo de las provincias de Murcia y Almería. *Rev. San. Hig. Púb., 21*: 7.

87. CLAVERO, G. y ROMEO VIAMONTE, J. (1948).- El paludismo en las huertas de Murcia y Orihuela. Ensayos de aplicación de los insecticidas modernos DDT y 666 en lucha antipalúdica. *Rev. San. Hig. Púb., 22*: 199.

88. CLAVERO, G. y ROMEO VIAMONTE, J. (1948).- Nota sobre la distribución de *Anopheles algeriensis* en España. *Rev. San. Hig. Púb., 22*: 101.

89. CODINA, A. (1921).- Recull de dipteres de Catalunya. IV. *Butlleti Instit. Catalana Hist. Nat.*, Febr.: 39.

90. COMENGE, .. (1916).- !Guerra a las moscas¡ *Rev. Vet. de Esp., 10*: 230.

91. COMPAIRE FERNANDEZ, C. (1971).- Profilaxis y lucha contra la hipodermosis bovina. Ciclo de Divulgación sobre Parasitología animal. Mº Agric. Direc. Gral. Sevilla. Cooper-Zeltia S.A., Ganad. Agencia Desar. Gan. (Granja). Gráficas Sánchez, Madrid.

92. COMPAIRE FERNANDEZ, C. (1964).- Estudio previo sobre la incidencia de la hipodermosis bovina en la provincia de Segovia y estimación de las pérdidas. *Avigán, 13*: 50.

93. COMPAIRE FERNANDEZ, C. y LEGUEY, N. (1966).- Daños parasitarios en cueros y pieles. *Colecc. Agricultura y Prácticas*, Mº Agric., Madrid.

94. COMPTE SART, A. (1958).- Los tabánidos de Mallorca. *Bol. Soc. Hist. Nat de Barcelona, 4*: 13.

95. CONTRERAS JIMENEZ, F. (1953).- Oftalmomiasis conjuntival. *Medicamenta, 2*: 257.

96. CONTRERAS POZAS, L. (1945).- Nota previa sobre la existencia de *Myzomyia hispaniola* (Theo.) en la Sierra de Guadarrama. *Rev. San. Hig. Púb., 19*: 47.

97. CONTRERAS POZAS, L. (1971).- Aportación al estudio de los artrópodos de interés sanitario. Los culícidos en Guipúzcoa. *Rev. San. Hig. Púb., 45*: 887.

98. CORDERO DEL CAMPILLO, M. (1962).- Ensayos con "Neguvon" y "Trolene" sobre ganado vacuno. I. Efecto del tratamiento sobre la producción láctea. II. Prueba de campo con "Trolene" y observaciones sobre el ciclo estacional de *Hypoderma bovis* en la provincia de León. *An. Fac. Vet. León, 8*: 11.
99. CORDERO DEL CAMPILLO, M. y FERNANDEZ GONZALEZ, D.J. (1962).- Experiencia de campo con "Ruelene" fosforado sintético, contra la hipodermosis bovina. *An. Fac. Vet. León, 8*: 39.
100. CROSSKEY, R.W. (1988).- Taxonomy and geography of the blackflies of the Canary Islands (Diptera: Simulidae). *Journal of Natural History, 22*: 321.
101. CROSSKEY, R.W. y SANTOS GRACIO, A.J. (1985).- New species and new records of the blackfly subgenus *Simulium (Obuchonia)* from Spain and Portugal (Diptera: Simulidae). *Aquatic Insects, 7*: 149.
102. CZERNY, L. y STROBL, G. (1909).- Spanische Dipteren. III Beitrag. *Verk. K.K. zool. bot. Gess. in Wien.*, Jahrg.
103. DIAZ, B. (1923).- .. . *Rev. Fitopatol.*, ..
104. DIAZ FLORES, A. y GIL COLLADO, J. (1930).- Contribución a la biología del *Anopheles maculipennis* Meig. Influencia de ciertos factores sobre el número total y relativo de machos y hembras. *Med. Ps. Cal., 3*: 193.
105. DIAZ FLORES, A. y GIL COLLADO, J. (1932).- Sobre la biología de la *Myzomyia hispaniola* en Alcolea. *Med. Ps. Cal., 5*: 7.
106. DINULESCU, G. (1931).- Larves d'Oestridae produisant des tumeurs duodénales chez les chevaux en Espagne. *Ann. Parasitol., 9*: 503.
107. DOMINGUEZ MARTINEZ, J. y GOMEZ FERNANDEZ, L. (1963).- Momificación cadavérica particularmente rápida, operada bajo la acción de numerosas larvas de *Chrysomyia albiceps* WIEDEMANN, 1819. *Rev. Ibér. Parasitol., 23*: 43.
108. DOMINGUEZ, A. y DOMINGUEZ, M. (1948).- Nota sobre la distribución del *Anopheles (Myzomyia) multicolor* en Murcia. *Rev. San. Hig. Púb., 22*: 1042.
109. EDWARDS, F.W. (1933).- On three european species of *Simulium. Ann. Naturhist. Museum Wien, 46*: 255.
110. ELVIRA, J. (1930).- Nota acerca de los culícidos encontrados en la cuenca del Ebro. *Med. Ps. Cal., 3*: 63.
111. ELVIRA, J. (1931).- Nota sobre el hallazgo en la cuenca del Ebro del *Anopheles hyrcanus* var. *pseudopictus. Med. Ps. Cal., 4*: 51.
112. ELVIRA, J. (1931).- Nota sobre la biología del *Phlebotomus perniciosus. Med. Ps. Cal., 4*: 52.
113. ENCINAS GRANDES, A. (1976).- Estudio sobre las diferencias de dos poblaciones de *C.pipiens* L. de distinta procedencia. *I Congr. Nac. Parasitol.*, Granada: 86.
114. ENCINAS GRANDES, A. (1978).- *Los mosquitos (Dip. Cul.) del área salmantina y sus relaciones con plasmodios aviares "P. relictum" y "P. cathemerium"*. Tesis doctoral . Dpto de Parasitología. Centro de Edafología y Biología Aplicada. C.S.I.C., Salamanca.
115. ENCINAS GRANDES, A. (1979).- *Los mosquitos (Diptera: Culicidae) de la provincia de Salamanca*. Publ. Univ. Salamanca.
116. ENCINAS GRANDES, A. (1979).- Datos sobre la biología de algunos *Aedes* salmantinos. *II Congr. Nac. Parasit.*, León, 1-4 oct.: 146.
117. ESPAÑA, G. (1945).- Miasis ocular por *Oestrus ovis. Rev. Española*, O.N.D.: 86.
118. ESTRADA-PEÑA, A. y SERRA-COBO, J. (1991).- The Acarina and Nycteribidia zones of *Miniopterus schreibersi* Kuhl (Mammalia: Chriroptera) in the northeast of Spain. *Folia Parasitologica, 38*: 345.
119. FERNANDEZ, J.M. (1946).- *Anopheles* del subgénero Myzomyia de Tenerife. *Graellsia, 4*: 19.
120. FERNANDEZ, J.M. (1947).- Entomología médica. *Graellsia, 5*: 21.
121. FERNANDEZ, J.M. (1951).- *Anopheles (Myzomyia) hispaniola* Theo. en la isla de la Palma. *Graellsia, 9*: 81.
122. FERNANDEZ CRUZ, A. (1948).- Miasis forunculosa subcutánea. Estudio y comentario sobre un caso. *Medicina, 16*: 216.

123. FORNIELES-ULIBARRI, F. (1944).- Breve nota sobre un caso de miasis subcutánea producida por larva de *Hypoderma lineatum. Rev. San. Hig. Púb., 18*: 75.

124. FORNIELES-ULIBARRI, F. (1962).- Oftalmo-euliasis intraocular. Estudio de dos casos. *Arch. Soc. Oftal. Hisp. Amer., 22*: 405.

125. FORNIELES-ULIBARRI, F. y GIL COLLADO, J. (1962).- Estudio de dos casos de miasis ocular interna por larvas de *Hypoderma. Med. Trop., 38*: 250.

126. FRAGA DE ACEVEDO, J. (1946).- Novos datos sobre a biologia das especies de *Phlebotomus* de Lisboa e arrededores. *An. Inst. Med. Trop.*, Lisboa, *3*: 720.

127. FRANCA, C. y PARROT, L. (1921).- Essai de clasification des *Phlebotomus. Arch. Inst. Pasteur Afr. Nord.,*: 279.

128. FREY, R. (1936).- Die Dipterenfauna der Kanarischen Inseln und ihre Probleme. *Comm. Biol., 17*: 1.

129. GALINDO GARCIA, F. (1964).- Priemros pasos en la lucha contra la hipodermosis bovina. *Avigán, 134*: 88.

130. GALLEGO, M. et al. (1990).- Primera denuncia de flebotomos (Diptera, Psychodidae, Phlebotominae) en la provincia de Lérida (España, Cataluña). *Rev. Ibér. Parasitol., 50*: 123.

131. GALLEGO BERENGUER, J. (1955).- Primer caso humano de miasis urinaria por larvas de *Telmatoscopus meridionalis* Eaton, 1904 (Diptera: Psychodidae). *Rev. Ibér. Parasitol.*, Vol. Extr.: 481.

132. GALLEGO BERENGUER, J. y VENDRELL, E. (1954).- Un nuevo caso español de "Miasis forunculosa" por *Hypoderma bovis. Med. Clínica*, Barcelona, 23: 315.

133. GALLIARD, H. (1928).- Contribution à l'étude des culicides d'Espagne. *Ann. Parasitol. hum. comp., 6*: 206.

134. GARCIA CALDER-SMITH, J.R. (1966).- *Estudio de los Culícidos de Barcelona y su provincia.* Tesis doctoral. Dpto de Parasitología. Fac. Farmacia. Univ. Central. Barcelona.

135. GARCIA GARRIDO, J. y MEDINA GARCIA, M. (1946).- Miasis rhinoestrus nasalisocular en España. *Gac. Med. Española, 20*: 174.

136. GARCIA-PEREZ, A.; MORAN GUTIERREZ, C. y MARTIN PASCUAL, A. (1967).- Miasis rampante por Gasterophilus. *Actas Derm. Sifil.*, Madrid, *58*: 141.

137. GARCIA PEREZ, A.L.; JUSTE JORDAN, R.A. y POVEDANO FERNANDEZ, I. (1993).- Diez años de parasitología en el SIMA (1982-1992): Relación de especies y hospedadores. *Informe para el Indice-Catálogo de Zooparásitos Ibéricos.*

138. GARCIA PEREZ, A.L.; KORTABARRIA JIMENEZ, M.N.; JUSTE JORDAN, R.A. y MUÑOYERRO GONZALEZ, A. (1991).- Control de la parasitación por moscas en ganado vacuno en pastoreo con Cipermetrina High-Cis: Comparación de dos tipos de administración. *I Cong. Int. Asoc. Sudoccid. Europ. de Parasitol.*, Valencia: 494.

139. GARCIA SANCHEZ, M.R. y SAHUQUILLO HERRAIZ, C. (1986).- Descripción de dos Ceratopogónidos (Diptera, Nematocera) nuevos para la ciencia (hembra) *Dasyhelea (Pseudoculicoides) leptocladus* y (macho) *Bezzia picticornis. Eos: 62*: 95.

140. GARCIA VALDECASAS, .. (1947).- Larviasis ocular. *Arch. Soc. Oftal. His. Amer., 7*: 909.

141. GIJON-BOTELLA, H.; LOPEZ-ROMAN, R. y GOMEZ-CALCERRADA, V. (1987).- Parasitofauna de *Apis mellifera* en Tenerife. *Acarapis woodi* Rennie, 1921 muy probable causa de la alta mortalidad de *Apis mellifera* en Canarias. *Rev. Ibér. Parasitol., 47*: 255.

142. GIL COLLADO, J. (1924).- Sobre un díptero parásito de la *Graellsia isabellae. Bol. R. Soc. Esp. Hist. Nat., 24*: 350.

143. GIL COLLADO, J. (1926).- I. Lista de algunos Culícidos de España. *Bol. R. Soc. Esp. Hist. Nat., 36*: 345.

144. GIL COLLADO, J. (1927).- Los insectos hematófagos y transmisores de enfermedades. *Publ. Dir. Gral. San.*, Madrid: 1.

145. GIL COLLADO, J. (1928).- Sírfidos de España. *Trab. Mus. Nac. Cienc. Nat.*, Madrid, *54*.

146. GIL COLLADO, J. (1929).- Anofelismo en el Delta del Ebro. *Med. Ps. Cal., 2*: 436.

147. GIL COLLADO, J. (1930).- Las formas de *Anopheles maculipennis* y la tanssmisión del paludismo. *R. Soc. Esp. Hist. Nat., 5*: 195.

148. GIL COLLADO, J. (1930).- Trabajos entomológicos. *Mem. Com. Centr. antipal.*, 322.
149. GIL COLLADO, J. (1930).- Datos actuales sobre la distribución geográfica de los culícidos españoles. *Eos, 6*: 329.
150. GIL COLLADO, J. (1931).- Sobre la domesticidad de las especies de *Phlebotomus* (Dip. Psych.). *Bol. R. Soc. Esp. Hist. Nat., 31*: 505.
151. GIL COLLADO, J. (1931).- Notas sobre taquínidos españoles (Dip.). I. Algunas especies parásitas de orugas en El Escorial. *Eos, 7*: 349.
152. GIL COLLADO, J. (1931).- La mosca de las palomas. *Progr. Agric., 1697*: 724.
153. GIL COLLADO, J. (1932).- Dípteros de Ibiza, recogidos por D. José Giner. *Bol. R. Soc. Esp. Hist. Nat., 32*: 273.
154. GIL COLLADO, J. (1932).- Datos entomológicos. *Mem. de la Comisión Central Antipalúdica.*
155. GIL COLLADO, J. (1932).- La invernación del *Anopheles maculipennis* en jaulas experimentales. *Med. Ps. Cal., 5*: 1.
156. GIL COLLADO, J. (1932).- Notas sobre pupíparos de España y Marruecos del Museo de Madrid (Dip. Pupip.). *Eos, 8*: 29.
157. GIL COLLADO, J. (1932).- Nuevos datos sobre Pupíparos españoles y marroquíes (Dip. Pupip.). *Eos, 8*: 317.
158. GIL COLLADO, J. (1933).- Distribución de insectos hematófagos en España. *I Congr. Nac. San.*, Madrid, *4*: 96.
159. GIL COLLADO, J. (1934).- Una nueva especie española de Nycteribia (Dip. Pup.). *Eos, 9*: 29.
160. GIL COLLADO, J. (1935).- Nuevos datos sobre la distribución del *Aedes (Stegomyia) vittatus* en España con algunas consideraciones acerca de su biología. *Med. Ps. Cal., 8*: 61.
161. GIL COLLADO, J. (1935).- Sur le parasitisme de quelques arthropodes de l'Espagne. *C.R. 12 Int. Congr. Zool.*, Lisboa, *3*: 2061.
162. GIL COLLADO, J. (1935).- Quelques considerations sur les gîtes larvaires des Culicides espagnols. *C.R. 12 Int. Congr. Zool.*, Lisboa, *3*: 2065.
163. GIL COLLADO, J. (1937).- Repartition géographique des variétés d'*Anopheles maculipennis* en Espagne, avec de brèves considérations sur leur biologie. *Ency. Entomol., Sr. 8*, II. Diptera, *9*: 157. Ed. P. Lechevalier, Paris.
164. GIL COLLADO, J. (1940).- Sobre los biotipos (razas) españoles del *Anopheles maculipennis. Rev. San. Hig. Púb., 14*: 26.
165. GIL COLLADO, J. (1948).- El melófago o falso piojo de las ovejas. *Agricultura, 450.*
166. GIL COLLADO, J. (1950).- Los estros de las ovejas. *Ganadería, 190*: 87.
167. GIL COLLADO, J. (1954).- Orientaciones actuales sobre la sistemática del complejo "maculipennis" del género *Anopheles. Med. Col., 24*: 219.
168. GIL COLLADO, J. (1955).- Las especies españolas de éstridos (sensu latu). *Rev. Ibér. Parasitol.*, Vol. Extr.: 411.
169. GIL COLLADO, J. (1956).- Dípteros productores de miasis humanas y sus colonias. *Med. Trop., 27*: 323.
170. GIL COLLADO, J. (1957).- Estudios sobre dípteros hematófagos. La familia Heléidos (=Ceratopogónidos). *Med. Trop., 30*: 245.
171. GIL COLLADO, J. (1958).- Métodos de lucha contra los Culicoides. *Med. Trop., 32*: 429.
172. GIL COLLADO, J. (1959).- El *Anopheles plumbeus* Staeg. y otros mosquitos arborícolas de Madrid. *Med. Trop.*, .: 516.
173. GIL COLLADO, J. (1960).- *Insectos y ácaros de los animales domésticos*. Salvat Ed., Barcelona.
174. GIL COLLADO, J. (1962).- Estudios sobre dípteros hematófagos. La familia Simúlidos. *Med. Trop., 38*: 560.
175. GIL COLLADO, J. (1964).- Descripción de la larva de *Wohlfahrtia bella. Med. Trop., 40*: 7.
176. GIL COLLADO, J. (1974).- Phlebotomes et Leishmanioses en Espagne. *Colloques Internationaux du C.N.R.S., 239*: 177 (*Ecologie des Leishmanioses*)
177. GIL COLLADO, J. (1977).- Phlébotomes et leishmanioses en Espagne. En: *Ecologie des leishmanioses* (Coll. Int. CNRS Nº 239, Montpellier, agosto).

178. GIL COLLADO, J. y CARTAÑA CASTELLA, R. (1934).- Un caso interesante de emigración orientada del *Anopheles maculipennis* durante la época invernal. *Rev. San. Hig. Púb., 9*: 29.

179. GIL COLLADO, J. y SAHUQUILLO HERRAIZ, C. (1983).- Aportaciones al catálogo de *Culicoides* (Diptera, Ceratopogonidae) de España peninsular. *Rev. Ibér. Parasitol., 43*: 109.

180. GIL COLLADO, J.; SAHUQUILLO-HERRAIZ, C. y CUADRADO MENDEZ, L. (1979).- Nuevos datos sobre las especies peninsulares españolas de *Dasyhelea* (Diptera, Ceratopogonidae). *II Congr. Nac. Parasitol.*, León, 1-4 oct.: 139.

181. GIL COLLADO, J.; VALLS, J.L. y FIERRO, Y. (1984).- Hallazgo en España de *Cephenemyia auribarbis* (MEIGEN) (Diptera, Oestridae). *Rev. Ibér. Parasitol., 44*: 463.

182. GIL COLLADO, J.; ZAPATERO, L.M. y GUILLEN, J.L. (1974).- Estudios sobre la *Wohlfhartia bella* (Mac.). *Rev. Ibér. Parasitol., 34*: 9.

183. GOMEZ FERNANDEZ, L. (1945).- Artroparásitos de la región penibética. *Rev. Ibér. Parasitol.*, Vol. Extr.: 73.

184. GOMEZ FERNANDEZ, L. (1946).- Revisión crítica de los casos de oftalmomiasis españolas. *Rev. Ibér. Parasitol., 6*: 51.

185. GOMEZ FERNANDEZ, L. (1946).- La hipodermosis bovina como parasitosis humana en España. *Rev. Ibér. Parasitol., 6*: 225.

186. GOMEZ FERNANDEZ, L. (1950).- Nota sobre algunas miasis españolas. *Laboratorio, 5*: 428.

187. GOMEZ FERNANDEZ, L. (1952).- Estudio de los primeros estados larvarios de las miasis humanas. *Rev. Ibér. Parasitol., 12*: 373.

188. GOMEZ FERNANDEZ, L. (1953).- Los primeros estados de las larvas de las miasis humanas en el G. *Calliphora* (Diptera y Cyclorrhapha). *Rev. Ibér. Parasitol., 13*: 259.

189. GOMEZ FERNANDEZ, L. (1955).- La estrosis óculo-nasal (Thimní) del hombre en España, causada por el *Oestrus ovis* L. del carnero. *Rev. Ibér. Parasitol., 15*: 135.

190. GOMEZ FERNANDEZ, L. (1955).- La muy interesante morfología de la segunda larva del *Oestrus ovis* L.. *Rev. Ibér. Parasitol.*, Vol. Extr.: 921.

191. GOMEZ FERNANDEZ, L. (1958).- Los primeros estados de las larvas de las miasis humanas en el G. *Phaenicia (Lucilia)* (Diptera, Cyclorrhapha). *Rev. Ibér. Parasitol., 18*: 19.

192. GONZALEZ FERNANDEZ, T. (1979).- A propósito de dos casos de oftalmoeuliasis. *An. Soc. Ergof. Esp., 2*: 147.

193. GRACIO, A.J. DOS SANTOS (1984).- The blackflies (Diptera: Simulidae) of Portugal. II. Systematic and geographical distribution in Lisbon district. *Anais do Inst. de Hig. e Med. Trop., 8*: 177.

194. GRACIO, A.J. DOS SANTOS (1985).- *Estudo sistemático e bioecológico dos simulídeos de Portugal (Diptera: Simulidae).* Tesis doctoral Univ. Nova de Lisboa, Portugal.

195. GRENIER, P. y BERTRAND, H. (1954).- Simulidae (Diptera-Nematocera) d'Espagne. *Ann. Parasitol. hum. comp., 29*: 447.

196. GUERRA GRANDE, J.M. (1952).- Consideraciones sobre un caso de oftalmoeuliasis externa por *Oestrus ovis. Arch. Soc. Oftal. Hisp. Amer., 12*: 86.

197. GUEVARA-BENITEZ, D.; LOPEZ ROMAN, R. y RAMOS ONTIVEROS, F. (1971).- Nuevo caso de oftalmomiasis humana por *Oestrus ovis* L. en Granada. *Rev. Ibér. Parasitol., 31*: 377.

198. GUEVARA-BENITEZ, D.; UBEDA-ONTIVEROS, J.M. y MORILLAS-MARQUEZ, F. (1978).- Phlebotominae de la provincia de Granada: estudio de poblaciones. *Rev. Ibér. Parasitol., 38*: 813.

199. GUEVARA POZO, D. y GOMEZ FERNANDEZ, L. (1955).- Aportación a la diagnosis diferencial entre larvas de tercer estadio de los géneros *Calliphora* y *Lucilia*. *Rev. Ibér. Parasitol.*, Vol. Extr.: 971.

200. GUIGUEN, C.; TEIXEIRA, A.M. y MONNAT, J.Y. (1989).- *Xenopsylla gratiosa* (Siphonaptera, Pulicidae) y *Ornithodoros maritimus* (Acarina, Ixodoidea, Argasidae), ectoparásitos hematófagos de aves marinas, nuevos para Portugal. *Rev. Ibér. Parasitol., 49*: 177.

201. HABELA, M.; NAVARRETE, I.; MARTINEZ-GOMEZ, F. y REINA, D. (1987).- Contribución al conocimiento de la parasitofauna de Cáceres. Primera relación. I. Protozoos y artrópodos. *Rev. Ibér. Parasitol.*, Vol. Extr.: 39.

202. HACKETT, L.W. y LEWIS, D.J. (1935).- A new variety of *Anopheles maculipennis* in South Europe. *Riv. Mal., 14*: 337.

203. HACKETT, L.W. y MISSIROLI, A. (1933?).- Les varietés d'*Anopheles maculipennis* et leur relation avec la distribution du paludisme en Europe. *Med. Ps. Cal., 8*(1), 60pp.

204. HAVELKA, P. (1979).- Situation der Ceratopogidenforschung auf der Iberischen Halbinsel (Dip. Ceratopogonidae). *Eos, 53*: 55.

205. HERNANDEZ, S. et al. (1980).- Parásitos del Ciervo (*Cervus elaphus*) en Córdoba. I. Primera relación. *Rev. Ibér. Parasitol., 40*: 93.

206. HERNANDEZ-RODRIGUEZ, S.; MARTINEZ-GOMEZ, F.; GUTIERREZ-PALOMINO, P. y MARTINEZ-CRUZ, M.S. (1984).- Parasitocenosis of red deer (*Cervus elaphus*) in Sierra Morena, Córdoba, Spain. *Sonderdruck aus Verhandl. des 26 Int. Symp. über die Erkrank. der Zootiere*, Brno: 429.

207. HERTING, B. (1969).- Records of Tachinidae (incl. Rhinophorinae and Oestridae, Diptera) from Southern Spain, with description of two new species. *Entom. Med.*, Copenhaguen, *37*: 207.

208. HILL, R.B. (1937).- The length of life of *Anopheles maculipennis* var. *atroparvus*. *South Med. J., 30*: 952.

209. HILL, R.B.; OLAVARRIA, J. y RIVERA, J. (1935).- Longitud de vuelo del *Anopheles maculipennis (atroparvus)*. *Med. Ps. Cal., 8*: 265.

210. HOUIN, R. (1965).- Nouvelles localizations de *Phlebotomus* en Espagne. *Ann. Parasitol. hum. comp., 40*: 341.

211. HURKA, K. (1970).- Revision der Nycteribiidae und Strablidae Nycteriboscinae aus der Dipterensammlung des Zoologischen Museums in Berlin. II. Mit Beschreibung von *Basilia (Basilia) mediterranea* n.sp. *Mitt. zool. Mus.*, Berlin, *46*: 239.

212. HURLÉ ALVAREZ, A. (1946).- Miasis subcutánea. *Acta Ped. Esp., 43*: 1037.

213. INFORME sobre el viaje a España de la comisión del paludismo de Higiene de la Sociedad de las Naciones. *Publ. Dir. Gral. San., 1927*: 1.

214. IÑIGO DEL CERRO, L. (1948).- Oftalmoeuliasis interna. Contribución a su estudio a propósito de un caso interesante. *Arch. Soc. Oft. Hisp. Amer.*, enero: 45.

215. JAUME MORALES, J. (1965).- La hipodermosis bovina en Mallorca. *Avigán, 154*: 81.

216. JIMENEZ GOMEZ, J. y PANIAGUA, V. (1934).- Estado actual de nuestro conocimiento sobre la biología de la *Myzomyia hispaniola. Med. Ps. Cal., 7*: 267.

217. JIMENEZ PINDADO, F. y RODRIGUEZ VIGIL, E. (1966).- Algunas consideraciones sobre la miasis cutánea de tumores ambulatorios. Referencia especial a las alteraciones proteicas. *Rev. Esp. Pediat., 22*: 165.

218. JORDANO BAREA, D. (s/a).- Lucha contra algunos ectoparásitos de interés veterinario. *Not. Neosán, 100*: 105.

219. JORDANO BAREA, D. (1946).- Euliasis conjuntival. *Rev. Inf. Med. Terap., 15*: 679.

220. JORDANO BAREA, D. (1946).- Oculomiasis por *Rhinoestrus. Inform. Méd.* 680.

221. LANE, R.P. y ALEXANDER, B. (1988).- Sandflies (Diptera: Phlebotominae) of the Canary Islands. *Journal of Natural History, 22*: 313.

222. LECLERCQ, M. (1958).- Tabanidae (Diptera) d'Espagne. III. *Bull. Ann. Soc. R. Ent. Belg., 84*: 321.

223. LECLERCQ, M. (1960).- Tabanidae (Diptera) d'Espagne. IV. Tableaux dichotomiques des *Pangonius* LATREILLE. *Bull. Inst. R. Sci. nat. Belg., 36*: 1.

224. LECLERCQ, M. (1960).- Révision systématique et biogéographique des Tabanidae (Diptera) Paléarctiques. I. Pangoniinae et Chrysopsinae. *Mem. Inst. R. Sci. nat. Belg.*, 2ième série, *63*: 1.

225. LECLERCQ, M. (1964).- Tabanidae (Diptera) d'Espagne. VI. *Bull. Inst. agron. et Sta. Rech. Gembloux, 32*: 315.

226. LECLERCQ, M. (1964).- Tabanidae (Diptera) du Portugal. I. Diagnose de *Tabanus darimonti* n.sp. *Mem. Estudos Museu Zool. Univ. Coimbra, 288*: 1.

227. LECLERCQ, M. (1966).- Révision systematique et biogéographique des Tabanidae (Diptera) Paléarctiques. II. Tabanidae. *Mem. Inst. R. Sci. nat. Belg.*, 2ième série, *80*: 1.

228. LECLERCQ, M. (1970).- Tabanidae (Diptera) d'Espagne. VIII. *Bull. Rech. agron. Gembloux*, N.S. *5*: 281.

229. LECLERCQ, M. (1970).- Tabanidae (Diptera) des Pyrénées (Etude preliminaire). *Pirineos, 95*: 75.

230. LECLERCQ, M. (1970).- Tabanidae (Diptera) des Pyrénées (Provinces de Huesca et Lérida). *Pirineos, 98*: 19.

231. LECLERCQ, M. (1971).- Tabanidae (Diptera) des Pyrénées (Huesca, Lérida, Andorra). *Pirineos, 102*: 27.

232. LECLERCQ, M. (1971).- Calliphoridae (Diptera) des Pyrénées (Provinces de Huesca et Lérida). *Pirineos, 101*: 1.

233. LECLERCQ, M. (1971).- Numerosos Tabanidae y Muscidae sobre un caballo en España y descripción de *Haematopota enriqui* nov.sp. *Graellsia, 26*: 115.

234. LECLERCQ, M. (1972).- Tabanidae (Diptera) d'Espagne (Récoltes dans les Montes Universales). *Pirineos, 103*: 27.

235. LECLERCQ, M. (1974).- *Pangonius hermanni* Kröber et *Tabanus briani* Leclercq (Diptera, Tabanidae). Diagnose des mâles. *Bull. Ann. Soc. R. belg. Ent., 110*: 173.

236. LECLERCQ, M. (1975).- Misión entomológica a la Isla de Tenerife. Estudio de dípteros. *Graellsia, 29*: 143.

237. LECLERCQ, M. (1977).- Répartition en altitude des Tabanidae (Diptera) dans la province de Huesca (Pyrénées Centrales Espagnoles). *P. Cent. Pir. Biol. Exp.*, Jaca, *8*: 67.

238. LECLERCQ, M. (1977).- Tabánidos españoles de las provincias de Oviedo y Santander. *Graellsia, 32*: 219.

239. LECLERCQ, M. (1978).- *Simulium venustum* SAY (Diptera, Simuliidae) suceur du sang en Belgique. *Bull. Ann. Soc. r. belge, Entom., 114*: 94.

240. LECLERCQ, M. (1979).- Transporte y dispersión de insectos dañinos: *Hermetia illucens* (L.) (Dipt., Stratiomyidae). *Graellsia, 33*: 31.

241. LECLERCQ, M. (1979).- Dispersion et transport des insectes nuisibles: *Hermetia illucens* (L.) (Diptera, Stratiomyidae). *Bull. Rech. Gembloux*, N.S. *4*: 139.

242. LECLERQ, M. (1981).- *Tabanus darimonte* Leclerq: présence en France (Dipt. Tabanidae). *Entomologiste, 37*: 36.

243. LEITAO, J.L. DA SILVA (1979).- *Pratica de combate as parasitoses dos animais em Portugal.* Vol. I. *Aracno-Entomozoonoses*. Fund. Galouste-Gulbekian, Lisboa.

244. LEMBLE, C.; MESSADDEQ, N.; CAPELA, R. y KREMER, R. (1990).- Description de *Culicoides ribeiroi* n.sp. (Diptera, Ceratopogonidae) du Portugal. *Ann. de Parasitol. hum. et comp., 65*: 267.

245. LINO DE SOUSA, J.M.P. (1969).- A estrose dos ovinos em Portugal. *Bol. Pecuario*, Lisboa, *37*: 177.

246. LOPEZ Y LOPEZ, C. (1953).- Hipodermosis bovina. *Publicaciones del Inst. de Hig. Pecuaria*, 35 pp.

247. LOPEZ Y LOPEZ, C. (1956).- Hipodermosis bovina. Barros, berros, bultos, cucas, barbas. *Ciencia Vet., 17*: 1.

248. LOPEZ MARIN, I. (1952).- Un caso de Wohlfahrtiosis conjuntival. *Arch. Soc. Oftal. Hisp. Amer., 12*: 1045.

249. LOPEZ MARIN, I. y GOMEZ FERNANDEZ, L. (1956).- La Thimní en España. Miasis óculonasal del hombre causada por el *Oestrus ovis* L. del carnero. *Arch. Soc. Oftal. Hisp. Amer., 16*: 1165.

250. LORENTE BUESA, .. (1950).- Un caso de oftalmoeuliasis externa por *Oestrus ovis. Arch. Soc. Oftal. Hisp. Amer., 10*: 145.

251. LOPEZ-NEYRA, C.R. y SANTIAGO ESTEVEZ, M. (1949).- Primer caso de uretromiasis por *W.magnifica* (Schiner, 1862). *Rev. Ibér. Parasitol., 9*: 91.

252. LORA, J. (1949).- Un síndrome "huélfago" simulado por estasis faríngea. *Veterianria, 13*: 599.

253. LOZANO MORALES, A. (1944).- La disección del intestino medio y posterior y del aparato sexual en las hembras de anofelinos, en relación con el índice coquístico. Variante de la técnica clásica. Nuevo método. *Rev. San. Hig. Púb., 18*: 380.

254. LOZANO MORALES, A. (1944).- Aspectos prácticos de la paludización e infección artificial del *Anopheles maculipennis. Rev. San. Hig. Púb., 18*: 637.

255. LOZANO MORALES, A. (1945).- Problemas prácticos de lucha antipalúdica. Estudio experimental de un nuevo larvicida. *Rev. San. Hig. Púb., 19*: 6.

256. LOZANO MORALES, A. (1946).- Contribución al estudio de la biología del *Anopheles maculipennis* var. *atroparvus* en función del ambiente. Densidad y ciclo anual. *Rev. San. Hig. Púb., 20*: 239.

257. LOZANO MORALES, A. (1953).- El estadio invernante del *Anopheles maculipennis atroparvus* y su relación con la pausa estacional del paludismo en España. *Rev. San. Hig. Púb., 27*: 303.

258. LYNEBORG, L. (1969).- On some Stratiomyidae, Rhagionidae, Tabanidae, Acroceridae, Therevidae and Nemestrinodae from Southern Spain (Diptera), with description of a new species. *Entom. Med., 37*: 262.

259. LLORENTE CALAMA, A. (1949).- *"Phlebotomus" de España*. Tesis doctoral. Madrid.

260. MAA, T.C. (1969).- Synopses of the genera *Ornithophila* and *Ornithoctona* with remarks on their habitat diversification (Diptera, Hippoboscidae). *Pacific Insects Monogr.* (20), feb. 20th: 1 (Studies in Hippoboscidae, Diptera, part 2).

261. MACDONALD, J. (1900).- Investigaciones modernas sobre el paludismo. *El Siglo Med.*, 15 de julio: 438.

262. MACIAS Y MACIAS, F. (1935).- Otro caso de otomiasis por *Wohlfahrtia magnifica* (Schiner, 1862). *Med. Ps. Cal., 8*: 538.

263. MACQUART, J. (1838).- Dipteres. En: W. Berthelot, *Histoire naturelle des Iles Canaries, 2*: 114. Béthune, París.

264. MALDONADO SAMPEDRO, .. (1934).- La lucha antipalúdica en la sociedad de Peñarroya (1928-1932). *Med. Ps. Cal., 7*: 275.

265. MALDONADO, M. (1948).- Sobre un ensayo de lucha antimosquito en San Martino o el Tesorillo. *Rev. San. Hig. Púb., 22*: 75.

266. MANCEBO, .. (1947).- Miasis cutánea. *An. Ateneo Médico Leonés, 4*: 122.

267. MARCOS ABAD, M. (1957).- Las moscas domésticas. *An. Fac. Vet. León, 3*: 9.

268. MARGALEF, R. (1943).- Sobre la ecología de las larvas de algunos culícidos. *Graellsia, 1*: 7.

269. MARTIN HERNANDEZ, T. (1930).- El paludismo en la provincia de Salamanca. Resultados de cinco años de labor antipalúdica. *Folleto nº 5 del Inst. Prov. Hig. Salamanca*, 41 pp.

270. MARTINEZ, R.I. et al. (1987).- Myiasis caused by *Wohlfahrtia magnifica* in Southern Spain. *Israel Journal of Veterinary Medicine, 43*: 34

271. MARTINEZ GOMEZ, F.; HERNANDEZ RODRIGUEZ, S.; CALERO CARRETERO, R. y BECERRA MARTELL, C. (1976).- Contribución al conocimiento de los zooparásitos en la provincia de Córdoba. IV. Artrópodos. *III Reun. Centr. Inv. ganad.*, Córdoba, CSIC, 1974: 335.

272. MARTINEZ-GOMEZ, F.; RUIZ-SANCHEZ, P.; GASCA, A. y JUAN, F. DE (1982).- *Present state of hypodermosis in Spain*. En: Warble fly control in Europe. A symposium in the EC Programme of Coordination of Research on Animal Pathology, Bruselas, sept.: 43.

273. MARTINEZ-GOMEZ, F. et al. (1990).- Hypodermosis in the red deer *Cervus elaphus* in Córdoba. Spain. *Medical and Veterinary Entomology, 4*: 311.

274. MARTINEZ-GOMEZ, F. et al. (1990).- Parasitisation of red deer (*Cervus elaphus*) by *Pharyngomyia picta* (Meigen, 1824) in Sierra Morena. *Sonderdruck aus Verhandlungsb. des 32 Int. Symp. über die Erkrank. der Zoo- und Wildtiere*. Eskilstuna: 217.

275. MARTINEZ ORTEGA, E. (1984).- Fenología de *Sergentomyia minuta* (Rondani, 1843) (Dip. Psychodidae, Phlebotominae) en el sureste de la Península Ibérica. *Boletín de la Asoc. Esp. de Entomol., 8*: 35.

276. MARTINEZ ORTEGA, E. (1985).- Los flebotomos ibéricos (Diptera: Psychodidae). I. Almería. *Anales de Biología. Biología Animal, 3*: 107.

277. MARTINEZ ORTEGA, E. (1985).- Los flebotomos ibéricos (Diptera: Psychodidae). I. El sureste. *Anales de Biología. Biología Animal, 3*: 113.

278. MARTINEZ ORTEGA, E.; CONESA GALLEGO, E. y DIAZ SANCHEZ, F. (1988).- Aportación al conocimiento de los flebotomos (Diptera, Psychodidae) de las Islas Canarias. *Rev. Ibér. Parasitol., 48*: 89.

279. MARTINEZ ORTEGA, E.; WARD, R.D; MARTIN LUENGO, F. y CONESA GALLEGO, E. (1982).- Nueva distribución de *Phlebotomus (Larrousius) longicuspis* NITZULESCU, 1930 (Diptera, Phlebotomidae) en España. *Rev. Ibér. Parasitol., 42*: 283.

280. MARTINEZ ORTEGA, E.; WARD, R.D.; MARTIN LUENGO, F. y CONESA GALLEGO, E. (1982).- Introducción al estudio de phlebotomos en Alicante y Murcia (Diptera; Phlebotomidae). *Rev. Ibér. Parasitol.*, Vol. Extr.: 461.

281. MATTINGLY, P.F. (1955).- Mosquitos (Diptera: Culicidae) from the Tropical Institute at Hamburg. *Proc. R. Ent. Soc. London* (B), *24*: 27.

282. MEIRA, M.T.V.D. y GONÇALAO FERREIRA, T. (1945).- Espéces de phlebotomes de Lisbonne et ses environs. *An. Inst. Med. Trop., 1*: 260.

283. MELLOR, P.S.; JENNINGS, D.M.; WILKINSON, P.J. y BOORMAN, J.P.T. (1985).- *Culicoides imicola*: a bluetongue virus vector in Spain and Portugal. *Veterinary Record, 116*: 589.

284. MENDONÇA, M.M. y ALFONSO ROQUE, M.M. (1982).- Onchocercoses au Portugal- Resultats preliminaires. *Rev. Ibér. Parasitol.*, Vol. Extr.: 439.

285. MILLARES, A. (1945).- Reflexiones sobre la eclosión en los huevos de los culícidos. *Rev. San. Hig. Púb., 19* (julio).

286. MORALEDA, J.M. y MORALEDA, J. (1945).- La larvoterapia, asticoterapia o gusanoterapia en las necrosis tendinosas en el "mal de la cruz". *Veterinaria, 9*: 75.

287. MORILLAS MARQUEZ, F.; CASTILLO REMIRO, A. y UBEDA ONTIVEROS, J.M. (1984).- Nuevos datos sobre *Phlebotomus fortunatarum* UBEDA ONTIVEROS y col., 1982 y presencia de *Sergentomyia fallax* (PARROT, 1921) (Diptera, Phlebotomidae) en el archipiélago canario. *Rev. Ibér. Parasitol., 44*: 29.

288. MORILLAS MARQUEZ, F. y CUTILLAS BARRIOS, C. (1979).- Anomalías observadas sobre la estructura de los Flebótomos. *II Congr. Nac. Parasitol.*, León, 1-4 oct.: 141.

289. MORILLAS MARQUEZ, F.; GUEVARA BENITEZ, D.C.; GIL COLLADO, J. y UBEDA ONTIVEROS, J.M. (1982).- Presencia en España de *Phlebotomus (Larrousius) longicuspis* (NITZULESCU, 1930). *Rev. Ibér. Parasitol.*, Vol. Extr.: 191.

290. MORILLAS MARQUEZ, F.; GUEVARA BENITEZ, D.C.; UBEDA ONTIVEROS, J.M. y GONZALEZ CASTRO, J. (1983).- Fluctuations annuelles des populations de phlébotomes (Diptera, Phlebotomidae). *Ann. Parasitol. Hum. Comp., 58*: 625.

291. MORILLAS MARQUEZ, F.; SANCHIZ MARIN, M.C.; y GONZALEZ CASTRO, J. (1985).- Encuesta sobre los flebotomos de la provincia de Almería. *IV Congr. Nac. Parasitol.*, Tenerife: 184.

292. MORILLAS MARQUEZ, F.; UBEDA ONTIVEROS, J.M.; GUEVARA BENITEZ, D.C. y GONZALEZ CASTRO, J. (1982).- Confirmación de la presencia en España de *Phlebotomus (Paraphlebotomus) chabaudi* CROSET, ABONNENC y RIOUX 1970 (Diptera, Phlebotomidae). *Rev. Ibér. Parasitol., 42*: 345.

293. MORILLAS MARQUEZ, F.; UBEDA ONTIVEROS, J.M. y SANCHIZ MARIN, M.C. (1985).- Sobre algunos flebotomos de Galicia (España). *Rev. Ibér. Parasitol., 45*: 181.

294. MUÑOZ LOPEZ, E. (1991).- Observations on some Dipterian parasites found on chicks of *Falco naumanni* and *Falco tinnunculus* in Monegros (North-east of Spain). *Biology and Conservation of small falcons*, Canterbury, 6-8 sept.: 30.

295. NAJERA ANGULO, L. (1935).- Primer caso de otomiasis por *Wolhfahrtia magnifica* descrito en España. *Med. Ps. Cal., 8*: 469.

296. NAJERA ANGULO, L. (1935).- Observaciones sobre los Phlebotomus recogidos en Sigüenza. *Act. I Congr. Nac. San.*, Madrid, *4*: 305.

297. NAJERA ANGULO, L. (1936).- Observaciones sobre la espermateca de *P.ariasi* Tonnoir 1921. *Med. Ps. Cal., 9*: 308.

298. NAJERA ANGULO, L. (1937).- Sur les Phlebotomes d'Espagne. *C.R. XII Congr. Inter. Zool.*, Lisboa, *2*: 1480.

299. NAJERA ANGULO, L. (1939).- La distribución geográfica de los *Phlebotomus* en España y datos relativos a más de 50 localidades nuevas. *Act. Med., 15*: 107.

300. NAJERA ANGULO, L. (1942).- Sobre un caso de oftalmomiasis producida por larvas de *Wohlfahrtia magnifica* Schiner. *Bol. R. Soc. Esp. Hist. Nat., 40*: 493.

301. NAJERA ANGULO, L. (1943).- Nuevos datos sobre la distribución de los *Phlebotomus* en España. *Graellsia, 1*: 3.

302. NAJERA ANGULO, L. (1943).- Los aedinos españoles y el peligro de la fiebre amarilla. *Graellsia, 1*: 29.

303. NAJERA ANGULO, L. (1943).-Los *Phlebotomus* de Getafe y la fiebre pappataci. *Bol. R. Soc. Esp. Hist. Nat.*,.: 281.

304. NAJERA ANGULO, L. (1944).- La fauna anofélica de las Islas Canarias. *Bol. R. Soc. Esp. Hist. Nat., 42*: 325.

305. NAJERA ANGULO, L. (1945).- Hallazgo de *Phlebotomus* en Galicia y consideraciones sobre la epidemiología de las leishmaniosis. *Bol. R. Soc. Esp. Hist. Nat., 43*: 25.

306. NAJERA ANGULO, L. (1945-1946).- L'ecologie des Phlébotomes dans leur phase larvaire et l'épidemiologie des affections qu'ils transmettent. *Bull. Org. Hyg. Soc. Nations, 12*(17)

307. NAJERA ANGULO, L. (1947).- La lucha contra las moscas. *Centro Hig. Pte. Vallecas*, Madrid: 1.

308. NAVARRETE, I. et al. (1988).- Contribución al estudio de las parasitosis ovina y caprina en la provincia de Cáceres. *Acta Veterinaria, 2*: 37.

309. NAVARRETE, I. et al. (1991).- A propósito de una parasitación múltiple en ciervos (*Cervus elaphus*) de la Sierra de las Villuercas (Cáceres). *I Cong. Int. Asoc. Sudoccid. Europ. de Parasitol.*, Valencia, 1-5 jul.

310. NAVARRETE Y MAS, .. (1916).- Miasis de la conjuntiva. *Rev. Valenciana de Ciencias Médicas*, agosto.

311. NAVARRO, .. (1945).- Un caso de miasis rinofaríngea. *Rev. Terapia*, agosto.

312. OCAMPO OTERO, N. (s/a).- Parálisis del ganado vacuno por compresión medular causada por larvas de *Hypoderma bovis*. Lab. Zeltia.

313. OCHOA URIEL, J. (1945).- Hipodermosis en la especie humana. *Rev. San. Vet., 1*: 108.

314. OCHOA URIEL, J. (1945).- Importancia de la hipodermosis como zoonosis transmisibles. *Rev. San. Vet.*, ..: 263.

315. OLAVARRIA, J. y HILL, R.B. (1935).- Algunos datos sobre las preferencias hemáticas de los *Anopheles maculipennis. Med. Ps. Cal., 8*: 169.

316. PALANCA, J. (1925).- *El paludismo en la provincia de Madrid.* Informe presentado al Comité de Higiene de la Sociedad de Naciones en su visita a San Lorenzo del Escorial el 15 de agosto.

317. PAPE, T. (1990).- Two new species of *Sarcophaga* Meigen from Madeira and mainland Portugal (Diptera: Sarcophagidae). *Tijdschrift voor Entomologie, 133*: 39.

318. PEREZ BUFILL, .. (1918).- Un caso de miasis queratoconjuntival debido al *Rhinoestrus nasalis* de Geer. *La Med. Ibera, 12; Laborat.*, Barcelona: 419.

319. PEREZ SANCHEZ, P. (1910).- La mosca azul de la carne. La postura. La larva. *Rev. Vet. de Esp., 5*: 18.

320. PERIS, S. y GONZALEZ MORA, D. (1991).- Los Calliphoridae de España, III Luciliini (Diptera). *Bol. R. Soc. Esp. Hist. Nat.* (Biol.), *87*: 187.

321. PERIS TORRES, S.V. (1945).- Una lista de múscidos ibéricos (Dipt. Muscidae). *Med. Col., 5*: 224.

322. PERIS TORRES, S.V. (1951).- Los Stomoxynae de la Península Ibérica. *Publ. Acad. Cien. Zaragoza, 6*: 41.

323. PERIS TORRES, S.V. (1962).- *Hermetia illucens* (L.) por primera vez en España (Dipt. Stratiomyidae). *Publ. Inst. Biol. Apl., 33*: 51.

324. PERIS TORRES, S.V. (1968).- Una nueva especie de *Fannia* de los Pirineos centrales (Diptera, Muscidae). *Bol. R. Soc. Esp. Hist. Nat.*, (Biol), *66*: 5.

325. PERIS TORRES, S.V. y LLORENTE, V. (1963).- Notas sobre Muscini paleárticos y revisión de las especies españolas. *Bol. R. Soc. Esp. Hist. Nat., 61*: 209.
326. PIEDROLA GIL, .. y VALDES GARCIA, .. (1949).- Un nuevo método de lucha totalitaria contra la mosca adulta en los medios rural y urbano. *Med. Ps. Cal., 2*: ..
327. PINTOS CASTRO, C. (1943).- Estudio somero de las miasis en general en relación a un caso de oftalmomiasis recientemente observado. *Galicia Clínica, 11*: 537.
328. PIRES, C.A. (1984).- Les phlebotomes du Portugal. I. Infestation naturelle de *Phlebotomus ariasi* TONNOIR, 1921 et *Phlebotomus perniciosus* NEWSTEAD, 1911, par *Leishmania* dans le foyer zoonotique de Arrábida (Portugal). *Ann. de Parasitol. hum. et comp., 59*: 521.
329. PIRES, C.A.; RIBEIRO, H.; CAPELA, R.A. y RAMOS, H. DA C. (1984).- Research on the mosquitoes of Portugal (Diptera, Culicidae). VI. The mosquitoes of Alentejo. *Anais do Inst. de Hig. e Med. Trop., 8*: 79.
330. PITTALUGA, G. (1903).- Sulla presenza e distribuzione del genere *Anopheles* in alcune regione della Peninsola Iberica e suoi rapporti col parasita della malaria humana. *Rend. Accad. Lincei.*
331. PITTALUGA, G. (1905).- Estudios acerca de los dípteros y de los parásitos que transmiten. *Rev. R. Acad. Cien. Exac. Fis. y Nat., 3*: 105.
332. PITTALUGA, G. (1905).- *Estudios acerca de los dípteros y de los parásitos que transmiten al hombre y a los animales domésticos*. Madrid. Imp. de la Gaceta de Madrid.
333. PITTALUGA, G. (1912).- *Stegomyia fasciata* en Tarragona y su provincia. *Bol. Soc. Esp. de Biol.*, ..: 146.
334. PITTALUGA, G. (1918).- Informe de la subsección de Parasitología sobre las medidas que conviene adoptar para impedir el desarrollo de epidemias de infección palúdica en el pantano de Sotonera y en el recorrido del canal de los Riegos del Alto Aragón durante los trabajos que allí se efectúan bajo la dirección del Ingeniero D. Severino. *Bol. Inst. Nac. Hig. Alfonso XIII, 14*: 103.
335. PITTALUGA, G. (1923).- *Enfermedades de los países Cálidos y Parasitología General.* Calpe. Madrid, 555 pp.
336. PITTALUGA, G. et al. (1901-1903).- *Investigaciones y estudios sobre el paludismo en España.*
337. PITTALUGA, G. y BUEN, S. DE (1917).- Notas sobre los Dípteros del género *Phlebotomus* en España. *Bol. Inst. Nac. Hig. Alfonso XIII, 6*(50): ..
338. PITTALUGA, G. y BUEN, S. DE (1918).- Especies españolas del género *Phlebotomus* (Ins. Dipt.). *Bol. R. Soc. Esp. Hist. Nat., 18*: 377.
339. PITTALUGA, G.; MARTINEZ CEPA, ..; TORRIJOS, .. y GINES, .. (1929).- Estudios sobre el paludismo en Aragón. Estudio de la Estanca de Alcañiz. *Med. Ps. Cal., 2*: 225.
340. PITTALUGA, G. et al. (1932).- Le paludisme dans les "Deltas" (Etudes sur certaines conditions naturelles et expérimentales de l'Anophelisme dans le Delta de l'Ebre, 1926-1930). *Archs. Roums. Path. Exp. et Microbiol., 5*(1): ..
341. POBLACION DEL CASTILLO, J. (1961).- Un caso de miasis vulvar. *Tocoginecología práctica* (Tomo homenaje al Dr. Luque), *20*: 575.
342. PONT, A.C. (1971).- Muscidae (Diptera) des Pyrénées (Provinces de Huesca et de Lérida). *Pirineos, 101*: 27.
343. PONT, A.C. (1972).- Muscidae (Diptera) de Pyrénées-2 (Provinces de Huesca et de Gerona et de l'Andorre). *Pirineos, 106*: 17.
344. PORTILLO, M. (1988).- Descripción de *Hybomitra zaballoi* n.sp. (Diptera, Tabanidae). *Nouv. Rev. d'Entomol., 5*: 383.
345. PORTILLO, M. y SCHACHT, W. (1986).- Descripción de *Haematopota eugeniae* n.sp. (Diptera, Tabanidae). *Doriana, 6*.
346. PRADA, J. DE (1945).- Paludismo en Valladolid. *Rev. San. Hig. Púb., 19*: 895.
347. PRADA, J. DE (1947).- *Phlebotomus* en Valladolid. *Med. Col., 10*: 269.
348. PRADA, J. DE (1947).- Un caso de miasis. *Med. Col., 10*: 478.
349. PRADA, J. DE y GIL COLLADO, J. (1948).- Un ensayo antipalúdico en Medina del Campo. *Med. Col., 4*: 1.

350. PRADA, J. DE y GIL COLLADO, J. (1959).- *Culicoides* en Badajoz. *Med. Trop.*, ..: 1.

351. RAMAJO MARTIN, V. (1992).- *Zooparasitología.* En: Las Dehesas Salmantinas. Junta de Castilla y León. Gráficas Ortega, Salamanca: 463.

352. RAMOS, H.C.; RIBEIRO, H.; PIRES, C.A. y CAPELA, R.A. (1977-1978).- Research on the mosquitoes of Portugal (Diptera, Culicidae). II. The mosquitoes of Algarve. *Anais Inst. Hig. Med. Trop., 5*: 237.

353. RAMOS, H.C.; RIBEIRO, H.; PIRES, C.A. y CAPELA, R.A. (1984).- Research on the mosquitoes of Portugal (Diptera, Culicidae). VII. Two new anopheline records. *Anais do Inst. Hig. e Med. Trop., 8*: 103.

354. RAMOS RAMIS, D. y SAHUQUILLO HERRAIZ, C. (1983).- Primera descripción para la ciencia de la hembra de *Dasyhelea (Dasyhelea) bicrenata* KIEFFER, 1923 (Diptera, Ceratopogonidae). *Rev. Ibér. Parasitol., 43*: 421.

355. RAMOS RAMIS, D. y SAHUQUILLO HERRAIZ, C. (1986).- Descripción de *Dasyhelea (D) dufouri* (Laboulbene, 1869) *gigantea* nov.var. perteneciente a la familia Ceratopogonidae (Dip., Nematocera). Eos, 62: 271.

356. REINA, D.; NAVARRETE, I.; HABELA, M. y BREÑA, M. (1992).- Parasites in red deer (*Cervus elaphus*) in Cáceres Province. *Verh. ber. Erkrg. Zootiere, 34*: 349.

357. REINA, D. et al. (1992).- Contribución al conocimiento de la parasitofauna de los animales silvestres y de vida libre en la provincia de Cáceres (España). *"In Memoriam" al Profesor Doctor D. F. de P. Martínez Gómez*, Univ. de Córdoba: 409.

358. REMMERT, H. (1953).- Les diptères des côtes méditerraéenes de France et d'Espagne. *Vie et Milieu*, 4: 540.

359. RIBEIRO, H.; CUNHA RAMOS, H. DA; ANTUNES CAPELA, R. y ALVES PIRES, C. (1983).- Research on the mosquitoes of Portugal (Diptera, Culicidae). X. A new aedine record. *Aedes punctor* (Kirby, 1837). *Anais do Inst. de Hig. e Med. Trop., 9*: 37.

360. RIBEIRO, H.; RAMOS, H.; PIRES, C.A. y CAPELA, R.A. (1977- 1978).- Research on the mosquitoes of Portugal (Diptera, Culicidae). I. Four new culicine records. *Anais Inst. Hig. Med. Trop., 5*: 204.

361. RIBEIRO, H.; RAMOS, H.; PIRES, C.A. y CAPELA, R.A. (1977).- Research on the mosquitoes of Portugal (Diptera, Culicidae). III. *Garcia de Orta*, Ser. Zool., Lisboa, *6*: 51.

362. RIOUX, J.A. (1958).- Les Culicides du "Midi" méditerranéen. Étude systématique et écologique. *Ency. Entomol., 35*: 302. Ed. P. Lechevalier.

363. RIOUX, J.A.; CROST, H. y LEGER, N. (1974).- Présence en Espagne de *Phlebotomus alexandri* Sinton, 1928 (Diptera, Psychodidae). *Ann. Parasitol. hum. comp., 49*: 126.

364. RIOUX, J.A.; CROST, H. y LEGER, N. (1974).- Présence en Espagne de *Phlebotomus chabaudi* Croset, Abonnec y Rioux, 1970 (Diptera-Psychodidae). *Ann. Parasitol. hum. comp., 49*: 505.

365. RIOUX, J.A.; CROST, H.; LEGER, N. y MAISTRE, M. (1975).- Remarques sur la taxonomie infrapécifique de *Sergentomyia minuta, Sergentomyia africana et Sergentomyia antennata. Ann. Parasitol. hum. comp., 50*: 635.

366. RIOUX, J.A. et al. (1984).- Un phlébotome nouveau pour l'Espagne, *Phlebotomus (Adlerius) mascittii* Grassi, 1908. *Ann. de Parasitol. hum et comp., 59*: 427.

367. RIVERA, J. y HILL, R.B. (1935).- Persistencia de los caracteres diferenciales de los huevos, larvas y adultos en diferentes generaciones de *Anopheles maculipennis (atroparvus). Med. Ps. Cal., 8*: 313.

368. RODRIGUEZ VIGIL, E. y SANCHIS-BAYARRI VAILLANT, V. (1962).- Síndrome reumatoide por miasis. *Rev. Esp. Pedit., 18*: 747.

369. RODRIGUEZ VIGIL, E.; SOLER REGAL, M.C.; BEARES ORDAS, M. y SANZ ALVAREZ, F.J. (1968).- Nuevos estudios sobre miasis cutáneas de tumores ambulatorios: manifestaciones clínicas viscerales y test diagnóstico de sensibilidad cutánea. *Rev. Méd. Hosp. Gral. Asturias, 3*: 123.

370. RODRIGUEZ VIGIL, E.; SOLER REGAL, M.C.; BEARES ORDAS, M. y SANZ ALVAREZ, F.J. (1968).- Miasis cutánea. *Bol. de la Soc. Catalana de Pediatría, 131*: 64.

371. RODRIGUEZ VIGIL, E.; SOLER REGAL, M.C. y HEVIA, M. (1969).- Pleuresía por miasis: Una nueva observación. *Rev. Esp. Pediat.,25*: 613.

372. ROGNES, K. (1987).- A new species in the *intermedia*-group and a new synonymy in the genus *Pollenia* Robineau-Desvoidy, 1830 (Diptera: Calliphoridae). *Systematic Entomology, 12*: 381.

373. ROMEO VIAMONTE, J.M. (1946).- Los anofelinos de la Isla de Gran Canaria. *Rev. San. Hig. Púb., 20*: 449.

374. ROMEO VIAMONTE, J.M. (1950).- Los anofelinos de España y de la zona española del Protectorado de Marruecos. Su relación con la difusión del paludismo. *Rev. San. Hig. Púb., 24*: 213.

375. ROMERO FABRE, P. (1967).- *Braula caeca* (piojo de las abejas); su tratamiento. *Rev. Avigán, 16*: 49.

376. RUIZ MARTINEZ, I.; SOLER CRUZ, M.D.; PEREZ JIMENEZ, J.M. y DIAZ LOPEZ, M. (1993).- Interrelaciones parásito-hospedador durante la puesta en *Wohlfahrtia magnifica* (Schiner, 1862) (diptera, Sarcophagidae). *Bol. R, Soc. Esp. Hist. Nat.*, (Biol), *89*: 63.

377. RUIZ MARTINEZ, I. et al. (1985).- Miasis por *Wohlfahrtia magnifica* en el Sur de España: Incidencia estacional. Causas predisponentes. Alteraciones en el comportamiento. *IV Congr. Nac. Parasitol.*, Tenerife: 227.

378. SABORIT DE LA FUENTE, R. (1947).- Acción patógena de los parásitos: anemias y toxemias producidas por larvas de *Gastrophilus equi. Ciencia Vet., 8*: 1.

379. SAHUQUILLO HERRAIZ, C. y GARCIA SANCHEZ, M.R. (1991).- Estudio de los insectos vectores de lapeste equina africana. En especial de las especies del género *Culicoides* (Familia Ceratopogonidae). Informe encargado por el MAPA. 96pp.

380. SAHUQUILLO HERRAIZ, C. y GIL COLLADO, J. (1982).- *Culicoides sahariensis* KIEFFER, 1923 (Diptera, Ceratopogonidae), nueva especie para Europa y España. *Rev. Ibér. Parasitol., 42*: 241.

381. SALOM, F. (1961).- Las Haematopota de la Península Ibérica (Dipt. Tabanidae). *Bol. R. Soc. Esp. Hist. Nat.* (B), *59*: 73.

382. SALOM, F. (1967).- Las Haematopota de la Península Ibérica. II. Descripción de *Haematopota lambi* Villen (Diptera, Tabanidae). *Bol. R. Soc. Esp. Hist. Nat.* (B), *65*: 17.

383. SALOM, F. (1968).- Sobre *Haematopota crassicornis* Wahlberg (Diptera Tabanidae). *Graellsia, 24*: 123.

384. SALOM, F. y OCA, A. (1993).- Edades fisiológicas de una población de *Haematopota italica* Meigen, 1804 (Diptera, Tabanidae). *Bol. R. Soc. Esp. Hist. Nat.*, (Biol.), *89*: 83.

385. SANCHEZ ACEDO, C. y ALCALA PEREZ, F. (1974).- Estudio parasitológico en Quirópteros. *Rev. Ibér. Parasitol., 34*: 245.

386. SANCHEZ ACEDO, C.; OTERO, J. y ALBALA PEREZ, F. (1974).- Estudio parasitológico en quirópteros. *Rev. Ibér. Parasitol., 34*: 245.

387. SANCHEZ ACEDO, C. y VERICAD, J.R. (1973).- Ectoparásitos de mamíferos y aves montaraces del Alto Aragón. *Rev. Ibér. Parasitol., 33*: 29.

388. SANCHEZ ACEDO, C. et al. (1987).- Distribución de las poblaciones de flebotomos (Diptera: Phlebotomidae) por zonas, dentro del foco de Leishmaniosis de Zaragoza. *V Congr. Nac. Parasitol.*, Salamanca: 107.

389. SANCHEZ AGESTA, R. (1945).- Miasis ocular por larvas de *Oestrus ovis. Arch. Soc. Oftal. Hisp. Amer., 5*: 791.

390. SANCHEZ COVISA, A.; GUILLEN, J.L. y ZAPATERO, L.M. (1979).- Estudio de *Anopheles plumbeus* STEPHENS, 1828 (Diptera, Culicidae). *II Congr. Nac. Parasitol.*, León, 1-4 oct.: 145.

391. SANCHEZ COVISA, A.; RODRIGUEZ, J.A. y GIL COLLADO, J. (1979).- Biocenosis de aguas de tronco de árbol. *II Congr. Nac. Parasitol.*, León, 1-4 oct.: 147.

392. SANCHEZ COVISA, A. y PASCUAL, E. (1979).- Ceratopogónidos de tronco de árbol. *II Congr. Nac. Parasitol.*, León, 1-4 oct.: 140.

393. SANCHEZ-COVISA VILLA, A.; RODRIGUEZ RODRIGUEZ, J.A. y PASCUAL SANCHEZ-GIJON, E. (1979).- Notas sobre Heleidae (Ceratopogonidae) arborícolas de los alrededores de Madrid (Diptera, Nematocera). *Rev. Ibér. Parasitol., 39*: 515.

394. SANCHIZ MARIN, M.C. ; VILLEGAS, G. y MORILLAS MARQUEZ, F. (1986).- Flebotomos y leishmaniosis en la provincia de Almería. *Rev. San. Hig. Púb., 60*: 1131.

395. SANCHIZ MARIN, M.C.; MORILLAS MARQUEZ, F. y GONZALEZ CASTRO, J. (1985).- *Phlebotomus papatasi* (Scopoli, 1786) en la provincia de Almería. *IV Congr. Nac. Parasitol.*, Tenerife: 97.

396. SANJURJO DIAZ, P. (1946).- Parasitismo por larvas de mosca. *Clín. y Lab.*, Zaragoza, 2: 427.

397. SANTOS GRACIO, A.J. (1984).- The blackflies (Diptera: Simulidae) of Portugal. III. Systematic and distribution in Setúbal District. *Anais do Inst. de Hig. e Med. Trop., 10*: 3.

398. SANTOS GRACIO, A.J. (1984).- The blackflies (Diptera: Simuliidae) of Portugal. IV. Systematic and distribution in Evora District. *Anais do Inst. de Hig. e Med. Trop., 10*: 13.

399. SANTOS GRACIO, J.A. (1985).- The blackflies (Diptera: Simulidae) of Portugal. I. Systematic and geographical distribution in Algarve (Southern Portugal). *Rev. Ibér. Parasitol., 45*: 15.

400. SARANDESES, A. (1946).- Miasis cutánea (por larvas de *Hypoderma lineata). Galicia Clínica, 6*: 439.

401. SCHREY, C.F.; PIRES, C.A. y MACVEAN, D.W. (1989).- Distribution of phlebotomine sandflies and the rate of their infection with *Leishmania* promastigotes in the Algarve, Portugal. *Medical and Veterinary Entomology, 3*: 125.

402. SEGUY, E. (1924).- Notes sur les moustiques. II. *Ency. Enthomol.* serie B, *Diptera, 1*: 157. Ed. P. Lechevalier.

403. SEGUY, E. (1925).- Description d'un nouveau *Simulium* et synopsis des espèces mediterranèennes. *Eos, 1*: 231.

404. SEGUY, E. (1929).- Notes sur les Moustiques. III. *Ency. Entomol.*, serie B, Diptera, *5*: 177.

405. SEGUY, E. (1932).- Notes sur les Moustiques. IV. *Ency. Entomol.*, serie B, Diptera, *6*: 97.

406. SEGUY, E. (1937-38).- Sur les caractères communs aux muscides et aux Oestrides Gastricoles. *Ency. Entomol.* (B), *9*: 1.

407. SENEVET, G. y ANDARELLI, L. (1956).- Les Anophèles de l'Afrique du Nord et du Bassin Méditerranéen. *Ency. Entomol., 33*. Ed. P. Lechevalier.

408. SENEVET, G. y ANDARELLI, L. (1959).- Les Moustiques de l'Afrique du Nord et du Bassin Méditerranéen. Les genres *Culex, Uranotaenia, Theobaldia, Ortopodomyia* et *Mansonia. Ency. Entomol., 37*. Ed. P. Lechevalier.

409. SILVA LEITAO, J.L. (1964).- Parásitos referidos em Portugal metropolitano por médicos veterinarios portugueses. *An. Escola. Super. Med. Vet., 4*: 5.

410. SILVAN, F. (1952).- Miasis emigrante subcutánea con localización circunstancial en órbita. *Arch. Soc. Oftal. Hisp. Amer., 12*: 1189.

411. SIMOES, F.; DA CRUZ FERREIRA, .. y DE MEIRA, M.T.V. (...).- Especies de *Phlebotomus* de Lisboa e arredores. II. Sobre a presença de *P.ariasi* macho em Lisboa. L.C.P. 207. *An. Inst. med. Trop.*, Lisboa.

412. SIMON VICENTE, F. (1956).- Estudio de las parasitosis de la ganadería de la provincia de Salamanca, y su profilaxis. *Junta Prov. de Fom. Pec. de Salamanca*, M° Agricultura.

413. SORIA, .. (1943).- Euliasis conjuntival. *Arch. Oftal. Hisp. Amer., 72*: ..

414. STROBL, G. (1899).- Spanische Dipteren. VI. Teil. *Wien. Ent. Zeit., 18*: 213.

415. STROBL, G. (1900).- Spanische Dipteren. XI. Teil. *Wien. Ent. Zeit., 19*: 169.

416. STROBL, G. (1905).- Spanische Dipteren. *Mem. R. Soc. Esp. Hist. Nat., 3*: 271.

417. TALEGON HERAS, F. (1964).- Tratamiento de la hipodermosis. *Granja, 12*: 51.

418. TALEGON HERAS, F. (1965).- Estado actual de la lucha contra la hipodermosis bovina en España. *II Ciclo de Conf. Técnicas*, Madrid: 355.

419. TALEGON HERAS, F. (1969).- *Estudios sobre hipodermosis bovina*. M° Agr. Madrid, Monografía 17.

420. TARAZONA VILAS, J.M. (1954).- Las zoonosis parasitarias transmisibles al hombre en el Somontano de Barbastro (Huesca). *Vet. Tec. Española, 1*: 219.

421. THEODORIDES, S. (1953).- Première contribution à l'étude des ectoparasites de Vertebrés des Pyrénées Orientales. *Vie et Milieu, 4*: 753.

422. TORRES CAÑAMARES, F. (1932).- Nota sobre *Phlebotomus* y Anofelinos de algunos lugares de la provincia de Cáceres. *Med. Ps. Cal., 5*: 28.

423. TORRES CAÑAMARES, F. (1934).- Observaciones sobre los *Anopheles maculipennis* y sus razas en Camporredondo (Jaén). *Med. Ps. Cal., 7*: 53.

424. TORRES CAÑAMARES, F. (1944).- Nota sobre tres culícidos nuevos para España. *Eos, 20*: 65.

425. TORRES CAÑAMARES, F. (1944).- Contribución al conocimiento del *Anopheles claviger* Mg. de España (Dip. Cul.). *Eos, 20*: 233.

426. TORRES CAÑAMARES, F. (1944).- Nuevas localidades de *Phlebotomus* en España y algunas observaciones sobre los mismos. *Rev. San. Hig. Púb., 18*: 38.

427. TORRES CAÑAMARES, F. (1945).- Culícidos de la provincia de Cuenca (Dip. Cul.). *Rev. San. Hig. Púb., 19*: 1.

428. TORRES CAÑAMARES, F. (1946).- Nuevos datos sobre el *Anopheles marteri* Sen. y Prun. en España ¿Se trata de una variedad? (Dip. Cul.). *Eos, 22*: 47.

429. TORRES CAÑAMARES, F. (1951).- Una nueva especie de *Aedes* (Dip. Cul.). *Eos, 27*: 79.

430. TORRES CAÑAMARES, F. (1951).- La presencia del *Aedes (Stegomyia) vittatus* Big. en el Mediterráneo y algunas observaciones sobre el mismo. *Rev. San. Hig. Púb., 35*: 435.

431. TORRES CAÑAMARES, F. (1957).- A propósito del *Anopheles marteri* Sen. y Prun., 1927. *Rev. San. Hig. Púb., 31*: 101.

432. TRAVASSOS SANTOS DIAS, J.A. (1984).- Notas sobre os tabanídeos (Diptera-Tabanidae) de Portugal. I. Estudo de una colecçao proveniente do Instituto de Higiene e Medicina Tropical de Lisboa. *Boletim da Soc. Port. de Entomol., 2*: 197.

433. TRAVASSOS SANTOS DIAS, J.A. (1984).- Notas sobre os tabanídeos (Diptera-Tabanidae) de Portugal. II. Acerca de uma pequena colecçao remetida pelo Dr. Artur Serrano. *Boletim da Soc. Port. de Entomol., 2*: 389.

434. TRAVASSOS SANTOS DIAS, J.A. (1984).- Notas sobre os tabanídeos (Diptera-Tabanidae) de Portugal. III. Estudo de um lote organizado pelo Engº Tristao Branco. *Boletim da Soc. Port. de Entomol., 2*: 398.

435. TRAVASSOS SANTOS DIAS, J.A. (1984).- Notas sobre os tabanídeos (Diptera-Tabanidae) de Portugal. IV. Exama de uma pequena colecçao organizada por E. Luna de Carvalho. *Boletim da Soc. Port. de Entomol., 2*: 410.

436. TRAVASSOS SANTOS DIAS, J.A. (1984).- Notas sobre os tabanídeos (Diptera-Tabanidae) de Portugal. VII. Acerca de um novo lote coligido pelo Dr. Artur Serrano. *Boletim da Soc. Port. de Entomol., 2*: 421.

437. TRAVASSOS SANTOS DIAS, J.A. (1984).- Notas sobre os tabanídeos (Diptera-Tabanidae) de Portugal. VIII. Estudo de um novo lote coligido pelo Engº Tristao Branco. *Boletim da Soc. Port. de Entomol., 2*: 437.

438. TRAVASSOS SANTOS DIAS, J.A. (1985).- Notas sobre os tabanídeos (Diptera-Tabanidae) de Portugal. IX. A propósito de uma colecçao remetida pelo Dr. F. Colacó Alegre. *Boletim da Soc. Port. de Entomol., 2*: 457.

439. TRAVASSOS SANTOS DIAS, J.A. (1985).- Notas sobre os tabanídeos (Diptera-Tabanidae) de Portugal. X. Acerca de um lote organizado polo Dr. A. Bivar de Sousa. *Boletim da Soc. Port. de Entomol., 3*: 1.

440. TRAVASSOS SANTOS DIAS, J.A. (1985).- Notas sobre os tabanídeos (Diptera-Tabanidae) de Portugal. XI. Acerca de um lote proveniente de Arrábida. *Boletim da Soc. Port. de Entomol., 4*: 123.

441. TRAVASSOS SANTOS DIAS, J.A. (1985).- Notas sobre os tabanídeos (Diptera-Tabanidae) de Portugal. XII. Alguns tavoes coligidos pelo Prof. Doutor J.A. Quartau. *Boletim da Soc. Port. de Entomol., 4*: 137.

442. TRAVASSOS SANTOS DIAS, J.A. (1986).- Notas sobre os tabanídeos (Diptera-Tabanidae) de Portugal. XIII. Estudo de alguns exemplares que pertenceram à colecçao do Engº Fernando Mendes. *Garcia de Orta. Série de Zoologia, 13*: 117.
443. TRAVASSOS SANTOS DIAS, J.A. (1987).- Mais alguns novos tabanídeos (Diptera-Tabanidae) para a fauna de Portugal. *Garcia de Orta. Série de Zoologia, 14*: 79.
444. TRAVASSOS SANTOS DIAS, J.A. (1988).- Notas sobre os Tabanídeos (Diptera-Tabanidae) de Portugal. XIV. Sobre algunas espécies coligidas no Parque Nacional da Pereda-Gerês. *Garcia de Orta. Série de Zoología, 15*: 125.
445. UBEDA-ONTIVEROS, J.; MORILLAS-MARQUEZ, F.; GUEVARA BENITEZ, D. y GUEVARA POZO, D. (1978).- The influence of altitude and temperature on the development of the Phlebotominae populations in the province of Granada (Spain). *ICOPA IV*, Varsovia, Sec. G2: 17.
446. UBEDA-ONTIVEROS, J.; GUEVARA BENITEZ, D.C.; MORILLAS MARQUEZ, F. y SOLER CRUZ, M.D. (1978).- Phlebotominae de Andalucía Oriental. *II Reun. An. Asoc. Parasitol. Esp.*, Madrid: 73.
447. UBEDA ONTIVEROS, J.M. et al. (1982).- Flebotomos de las Islas Canarias. *Rev. Ibér. Parasitol.*, Vol. Extr.: 197.
448. VASALLO MATILLA, F. (1973).- Descripción de la larva de *Hypoderma lineata* en un caso de miasis humana. *Rev. San. Hig. Púb., 47*: 613.
449. VASALLO MATILLA, F. y OLALLA TABAR, A. (1976).- Estudio parasitológico y clínico de dos casos de miasis humana por *Oestrus ovis*. *Rev. san. Hig. Púb., 50*: 291.
450. VILA CORO, .. (1929-1931).- Miasis conjuntival por *Sarcophaga carnaria*. *Arch. Oftal. Hisp. Amer.*, .: ..
451. VIVES SABATER, J. (1954).- Especies de *Phlebotomus* hallados en Barcelona y sus alrededores. *Rev. San. Hig. Púb., 28*: 301.
452. VIVES SABATER, J. (1954).- Biología de las especies de *Phlebotomus* halladas en la provincia de Barcelona. *Rev. Ibér. Parasitol., 14*: 397.
453. VIVES SABATER, J. (1958).- Hallazgo de *Phlebotomus* en otras localidades próximas a Barcelona. *Rev. Ibér. Parasitol., 18*: 309.
454. WONG, D. (1982).- External ophthalmomyiasis caused by the sheep bot *Oestrus ovis* L. *British Journal of Ophthalmology, 66*: 786.
455. YAGÜES GARCIA, J. (1931).- Un caso de miasis ocular. *Arch. Soc. Oft. Hisp. Amer., 31*: 574.
456. YAGÜES GARCIA, J. (1935).- Dos casos más de miasis ocular. *Arch. Soc. Oft. Hisp. Amer., 35*: 147.
457. ZARIQUIEY ALVAREZ, R. (1937).- Contribution à l'étude de la femelle de *Phlebotomus ariasi* Tonnoir. *Ann. Parasitol. hum. comp., 15*: 409.
458. ZARIQUIEY ALVAREZ, R. (1944).- Contribución al conocimiento de la distribución de los *Phlebotomus* en España. *Graellsia, 2*: 15.
459. ZULUETA, J. DE; BLAZQUEZ, J. y MARUTO, J.F. (1973).- Aspectos entomológicos sobre la receptividad al paludismo en la zona de Navalmoral de la Mata (Cáceres, España). *Rev. San. Hig. Púb., 47*: 853.
460. ZUMPT, F. (1965).- *Myiasis in man and animals in the old world*. Butterworths, Londres.

SIPHONAPTERA

En la redacción de este capítulo, en la primera edición, intervino el Dr. J.C. Beaucournu, del Centre Hospitalier et Universitaire de Rennes, así como la Dra. M. Portús, de la Facultad de Farmacia de la Universidad Central de Barcelona.

Amalareus pecinilliger pyrenaicus BRICK-LINDROTH, 1947
(Syn. *Malareus penicilliger mustelae*)

Hosp.: Topino rojo (*Clethrionomys glareolus*), ratilla nival (*Microtus nivalis*), ratilla agreste (*Microtus agrestis*), ratilla campesina (*Microtus arvalis*) y comadreja (*Mustela nivalis*)
Dist.: Gerona y Lérida. Andorra. Pirineos orientales (Francia)
Reg.: IV y V.
Bibl.: 13, 15, 20, 24 y 25.

Amphisylla rossica WAGNER, 1912

Hosp.: Ratilla campesina (*Microtus arvalis*) y topillo común (*Pitymys duodecimcostatus*)
Dist.: Granada.
Reg.: IX y X.
Bibl.: 13, 15, 18 y 51.

Amphisylla sibirica (WAGNER, 1898)

Hosp.: Micrótidos, sin especificar.
Dist.: Andorra.
Reg.: IV.
Bibl.: 15, 26 y 51.

Araeopsylla gestroi (ROTHSCHILD, 1906)

Hosp.: Murciélago rabudo (*Tadarida taeniotis*)
Dist.: Madrid.
Reg.: VI.
Bibl.: 98.

Archaeopsylla hispanica GIL COLLADO, 1934

Cf. *Rhinolopsylla unipectinata*

Archaeopsylla erinacei maura JORDAN et ROTHSCHILD, 1912

Hosp.: Erizos (*Erinaceus europaeus* y *Aethechinus algirus*) y lirón careto (*Eliomys quercinus*)
Dist.: Avila, Cáceres, Baleares, Galicia, Gerona, Guadalajara, La Coruña, Madrid, Segovia y Salamanca. Portugal (Algarve). Pirineos orientales (Francia)
Reg.: I, II, III, V, VI, VIII y XI.
Bibl.: 13, 15, 20, 21, 31, 36, 37, 40, 47, 55, 60, 61, 65, 70, 71, 75 y 78.

Athyphloceras nuperus (JORDAN, 1931)

Hosp.: Topino rojo (*Clethrionomys glareolus*) y musgaño patiblanco (*Neomys fodiens*)
Dist.: Lérida.
Reg.: IV.
Bibl.: 13, 15, 20 y 42. 49?

Caenopsylla laptevi iberica BEAUCOURNU et MARQUEZ, 1987
(Syn. *Caenopsylla laptevi relicta*)

Hosp.: Conejo (*Oryctolagus cuniculus*) y liebre (*Lepus capensis*)
Dist.: Burgos y Ciudad Real.
Reg.: III y VIII.
Bibl.: 7, 10, 13, 15, 17, 51 y 88.

Caenopsylla laptevi relicta BEAUCORNU, GIL COLLADO et GILOT, 1975
Cf. *Caenopsylla laptevi iberica*

Callopsylla (Callopsylla) caspia? IOFF et ARGYROPOULO, 1934
Hosp.: Ratón de campo (*Apodemus sylvaticus*)
Dist.: Zamora.
Reg.: III.
Bibl.: 11, 13 y 15.

Callopsylla (Callopsylla) saxatilis IOFF et ARGYROPOULO, 1934
Hosp.: Ratilla nival (*Microtus nivalis*)
Dist.: Avila, Cantabria, Gerona, Granada y Huesca.
Reg.: I, IV, V y X.
Bibl.: 11, 13, 15, 18, 20, 72, 73 y 97.

Callopsylla gypaetina PEUS, 1978
Hosp.: Quebrantahuesos (*Gypaetus barbatus*)
Dist.: Jaén.
Reg.: VIII y IX.
Bibl.: 74.

Ceratophyllus quirosi
Cf. *Odontophyllus quirosis*

Ceratophyllus sciurorum
Cf. *Monopsyllus sciurorum sciurorum*

Ceratophyllus (Ceratophyllus) columbae (GERVAIS, 1844)
Hosp.: Paloma (*Columba livia*)
Dist.: Burgos y La Rioja.
Reg.: III y IV.
Bibl.: 13, 15, 36 y 39.

Ceratophyllus (Ceratophyllus) gallinae (SCHRANK, 1803)
Hosp.: Gallina y carbonero? (*Parus* sp.)
Dist.: Burgos. Pirineos orientales (Francia)
Reg.: III y IV.
Bibl.: 20, 38, 39 y Beaucournu, 1979 (com. per.)

Ceratophyllus (Ceratophyllus) garei borealis ROTHSCHILD, 1907
Hosp.: Paseriformes, sin especificar. Colirrojo? (*Phoenicurus* sp.)
Dist.: Gerona. Pirineos orientales (Francia)
Reg.: V.
Bibl.: 13, 15 y 20.

Chaetopsylla (Chaetopsylla) trichosa KOHAUT, 1903
(incluye *Chaetopsylla trichosa hispanica* GIL COLLADO, 1948)
Hosp.: Tejón (*Meles meles*) y zorro (*Vulpes vulpes*)
Dist.: Madrid, La Rioja y Salamanca.
Reg.: III, IV y VI.
Bibl.: 13, 15, 36, 40, 58 y 78.

Ctenocephalides canis (CURTIS, 1826)
Hosp.: Perro y rata gris (*Rattus norvegicus*)
Dist.: General.
Bibl.: 1, 10, 13, 15, 16, 36, 37, 39, 46, 59, 60, 76, 78, 93, 94, 95 y 99.

Ctenocephalides felis felis (BOUCHE, 1835)
Hosp.: Gato, perro, conejo (*Oryctolagus cuniculus*), rata gris (*Rattus norvegicus*), hurón (*Putorius putorius*) y hombre (raramente)
Dist.: General.
Bibl.: 13, 15, 16, 36, 37, 39, 59, 60, 70, 71, 78, 95 y 99.

Ctenophthalmus agyrtes baeticus (HELLER, 1896)
Cf. *Ctenophthalmus (Ctenophthalmus) baeticus baeticus* (ROTHSCHILD, 1910)

Ctenophthalmus arvernus
Cf. *Ctenophthalmus (Ctenophthalmus) baeticus arvernus*

Ctenophthalmus (Ctenophthalmus) andorrensis andorrensis SMIT, 1960
Hosp.: Musaraña común (*Crocidura russula*), musgaño de Cabrera (*Neomys anomalus*), lirón careto (*Eliomys quercinus*), rata de agua (*Arvicola sapidus*) ratón (*Mus musculus*) y ratón de campo (*Apodemus sylvaticus*)

Dist.: Burgos, Cuenca, Lérida, Murcia y Teruel. Andorra.
Reg.: III, IV, VI, VII, VIII, IX y X.
Bibl.: 13, 15, 18, 20, 24, 66 y 90.

Ctenophthalmus (Ctenophthalmus) andorrensis catalaniensis BEAUCOURNU, 1972
Hosp.: Musaraña común (*Crocidura russula*), musgaño de Cabrera (*Neomys anomalus*), lirón careto (*Eliomys quercinus*), rata de agua (*Arvicola sapidus*) ratones (*Mus musculus, M. spretus*), ratón de campo (*Apodemus sylvaticus*), topillo común (*Pitymys duodecimcostatus*), topino rojo (*Clethrionomys glareolus*) y topo (*Talpa europaea*)
Dist.: Barcelona y Gerona. Pirineos orientales (Francia)
Reg.: V.
Bibl.: 10, 13, 15, 20 y 66.

Ctenophthalmus (Ctenophthalmus) andorrensis veletensis BEAUCOURNU, GILOT et VERICAD, 1973
Hosp.: Musaraña común (*Crocidura russula*)
Dist.: Granada.
Reg.: IX y X.
Bibl.: 13, 15, 18 y 19.

Ctenophthalmus (Ctenophthalmus) apertus ssp indet.
Hosp.: Topillo (*Pitymys mariae*)
Dist.: Zamora.
Reg.: III.
Bibl.: 11.

Ctenophthalmus (Ctenophthalmus) apertus allani SMIT, 1955
Hosp.: Rata de agua (*Arvicola sapidus*), rata de agua norteña (*Arvicola terrestris*), ratilla agreste (*Microtus agrestis*), ratón de campo (*Apodemus sylvaticus*) y topillo (*Pitymys mariae*)
Dist.: Asturias, Cantabria y León.
Reg.: I y III.
Bibl.: 11, 13, 15, 30 y 89.

Ctenophthalmus (Ctenophthalmus) apertus apertus JORDAN et ROTHSCHILD, 1921
Hosp.: Musaraña común (*Crocidura russula*), ratilla agreste (*Microtus agrestis*), ratón de campo (*Apodemus sylvaticus*) y topillo (*Pitymys mariae*)
Dist.: Barcelona, Gerona, Lérida y Teruel.
Reg.: IV, V y VII.
Bibl.: 13, 15, 18, 20 y 24.

Ctenophthalmus (Ctenophthalmus) apertus azevedoi BEAUCOURNU, 1971
Hosp.: Topillo común (*Pitymys duodecimcostatus*)
Dist.: Portugal (Ribatejo)
Bibl.: 9, 13 y 15.

Ctenophthalmus (Ctenophthalmus) apertus gilcolladoi WAGNER, 1939
Hosp.: Rata de agua (*Arvicola sapidus*), rata gris (*Rattus norvegicus*), ratón (*Mus musculus*), ratón de campo (*Apodemus sylvaticus*), topillo (*Pitymys* sp.) y topo (*Talpa* sp.)
Dist.: Avila, Madrid, Salamanca, Segovia y Valladolid.
Reg.: III y VI.
Bibl.: 7, 11, 13, 15, 50, 78, 89, 92, 96 y 99.

Ctenophthalmus (Ctenophthalmus) apertus gosalbezi BEAUCOURNU, 1974
Hosp.: Topillo (*Pitymys mariae*) y ratón de campo (*Apodemus sylvaticus*)
Dist.: Lugo y Orense (Galicia, en general)
Reg.: I y II.
Bibl.: 11, 13, 15 y 71.

Ctenophthalmus (Ctenophthalmus) apertus meylani BEAUCOURNU, GILOT et VERICAD, 1973
Hosp.: Ratón de campo (*Apodemus sylvaticus*) y topillo común (*Pitymys duodecimcostatus*)
Dist.: Córdoba, Granada y Jaén.
Reg.: IX y X.
Bibl.: 13, 15, 18, 19, 22 y 63.

Ctenophthalmus (Ctenophthalmus) apertus personatus BEAUCORNU et LAUNAY, 1978

Hosp.: Musaraña común (*Crocidura russula*), comadreja (*Mustela nivalis*), rata de agua (*Arvicola sapidus*), ratilla campesina (*Microtus arvalis*), ratón (*Mus spretus*), ratón de campo (*Apodemus sylvaticus*) y topillo común (*Pitymys duodecimcostatus*)

Dist.: Teruel.

Reg.: IV y VII.

Bibl.: 22.

Ctenophthalmus (Ctenophthalmus) apertus queirozi BEAUCOURNU, 1971

Hosp.: Ratón (*Mus spretus*), ratón de campo (*Apodemus sylvaticus*) y topillo común (*Pitymys duodecimcostatus*)

Dist.: Portugal (Algarve y Ribatejo)

Bibl.: 9, 13 y 15.

Ctenophthalmus (Ctenophthalmus) baeticus arvernus JORDAN, 1931

(Syn. *Ctenophthalmus arvernus*)

Hosp.: Rata de agua (*Arvicola sapidus*), musgaño patiblanco (*Neomys fodiens*), ratón de campo (*Apodemus sylvaticus*) y otros micrótidos y múridos, sin especificar.

Dist.: Asturias, Cantabria, Gerona, Huesca, Lérida y Navarra.

Reg.: I, IV y V.

Bibl.: 8, 11, 13, 15, 20, 24, 30, 41, 42, 66 y 90.

Ctenophthalmus (Ctenophthalmus) baeticus baeticus ROTHSCHILD, 1910

(Syn. *Ctenophthalmus agyrtes baeticus*)

Hosp.: Lirón careto (*Eliomys quercinus*), murciélago de herradura grande (*Rhinolophus ferrumequinum*), musaraña común (*Crocidura russula*), musaraña campesina (*Crocidura suaveolens*), musgaño de Cabrera (*Neomys anomalus*), topo ciego (*Talpa caeca*), rata gris (*Rattus norvegicus*), rata de agua (*Arvicola sapidus*), ratilla agreste (*Microtus agrestis*), ratilla nival (*Microtus nivalis*), ratón (*Mus musculus*) y ratón de campo (*Apodemus sylvaticus*)

Dist.: Avila, Cáceres, Galicia, Huesca, Lugo, Madrid, Orense, La Rioja, Salamanca, Zamora y Zaragoza. Portugal (Alentejo, Algarve, Beira litoral, Estremadura y Ribatejo)

Reg.: I, II, III, IV, VI y VII. Portugal.

Bibl.: 1, 8, 10, 11, 13, 15, 36, 40, 71, 78, 86 y 87.

Ctenophthalmus (Ctenophthalmus) baeticus boisseani BEAUCOURNU, 1967

Hosp.: Comadreja (*Mustela nivalis*), musaraña común (*Crocidura russula*), musaraña colicuadrada (*Sorex araneus*), rata de agua (*Arvicola sapidus*), rata de agua norteña (*Arvicola terrestris*), ratilla agreste (*Microtus agrestis*), ratilla nival (*Microtus nivalis*), ratón (*Mus musculus*), ratón de campo (*Apodemus sylvaticus*), topillo común (*Pitymys duocecimcostatus*), topino rojo (*Clethrionomys glareolus*) y topo (*Talpa* sp.)

Dist.: Albacete, Asturias, Cantabria, Granada, León y Teruel.

Reg.: I, III, IV, VII, IX y X.

Bibl.: 8, 11, 13, 15, 18, 22 y 40.

Ctenophthalmus (Ctenophthalmus) baeticus gemellus BEAUCOURNU, 1974

Hosp.: Musgaño de Cabrera (*Neomys anomalus*) y múridos y micrótidos, sin especificar.

Dist.: Granada.

Reg.: IX y X.

Bibl.: 11, 13, 15 y 40.

Ctenophthalmus (Ctenophthalmus) hispanicus JORDAN, 1938

Hosp.: Topo (*Talpa* sp.)?

Dist.: Asturias y Cantabria.

Reg.: I.

Bibl.: 13, 15 y 52.

Ctenophthalmus (Ctenophthalmus) nobilis dobyi BEAUCOURNU, 1962

Hosp.: Ratilla agreste (*Microtus agrestis*), ratón de campo (*Apodemus sylvaticus*), ratón de campo (*Apodemus flavicollis*) y topino rojo (*Clethrionomis glareolus*)

Dist.: Gerona y Lérida. Pirineos orientales (Francia)
Reg.: IV y V.
Bibl.: 6, 13, 15, 20 y 66.

Ctenophthalmus (Medioctenophthalmus) russulae galloibericus BEAUCOURNU et LUMARET, 1972
Hosp.: Musaraña común (*Crocidura russula*), rata gris (*Rattus norvegicus*) y ratón (*Mus musculus*)
Dist.: Cuenca, Gerona, Tarragona y Zaragoza. Pirineos orientales (Francia)
Reg.: IV, V, VII y VIII.
Bibl.: 13, 15, 18, 20, 21, 43, 61 y 77.

Dasypsylla gallinulae gallinulae DALE, 1878
Hosp.: Lavandera blanca (*Motacilla alba*), lavandera boyera (*Motacilla flava*), mirlo (*Turdus merula*) y pinzón (*Fringilla coelebs*)
Dist.: Gerona y Granada. Portugal (Algarve)
Reg.: V, VIII, IX y X.
Bibl.: 13, 15, 18, 20, 45, 55 y 95.

Doratopsylla cuspis
Hosp.: Musaraña colicuadrada (*Sorex araneus*)
Dist.: Galicia.
Reg.: I y II.
Bibl.: 70.

Doratopsylla dasycnema dasycnema (ROTHSCHILD, 1897)
Hosp.: Musaraña colicuadrada (*Sorex araneus*), musgaño de Cabrera (*Neomys anomalus*) y musgaño patiblanco (*Neomys fodiens*)
Dist.: Gerona, Lérida y Navarra.
Reg.: IV y V.
Bibl.: 5, 8, 11, 13, 15, 20, 24, 42 y 50.

Doratopsylla dasycnema giloti BEAUCOURNU, 1974
Hosp.: Musaraña colicuadrada (*Sorex araneus*), musaraña común (*Crocidura russula*), ratón de campo (*Apodemus sylvaticus*) y topo (*Talpa* sp.)
Dist.: Asturias, Avila, Cáceres, Cantabria, Galicia, Lugo y Salamanca.
Reg.: I, II, III y VI.
Bibl.: 5, 11, 13, 15, 71 y 78.

Echidnophaga gallinacea WESTWOOD, 1875
Hosp.: Gallina, caballo, vaca, conejo (*Oryctolagus cuniculus*), liebre (*Lepus capensis*) y hombre (raram.)
Dist.: Ciudad Real, Lugo, Madrid y Tenerife.
Reg.: I, II, VI, VIII y XII.
Bibl.: 13, 15, 16, 27, 36, 37, 38, 39 y 85.

Echidnophaga murina (TIRABOSCHI, 1903)
Hosp.: Lirón careto (*Eliomys quercinus*), rata negra (*Rattus rattus*) y ratón de campo (*Apodemus sylvaticus*)
Dist.: Almería, Baleares, Canarias y Granada.
Reg.: IX, X, XI y XII.
Bibl.: 16, 60, 62, 65 y 75.

Echidnophaga tenerifensis GIL, RODRIGUEZ et ZAPATERO, 1982
Hosp.: Rata gris (*Rattus norvegicus*)
Dist.: Canarias.
Reg.: XII.
Bibl.: 40 y 99.

Hystricopsylla talpae talpae CURTIS, 1826
Hosp.: Musaraña (*Sorex* sp.), musgaño patiblanco (*Neomys fodiens*), rata de agua norteña (*Arvicola terrestris*), ratón de campo (*Apodemus sylvaticus*), topillo (*Pitymys mariae*) y topillo común (*Pitymys duodecimcostatus*)
Dist.: Asturias, Cantabria, Gerona, Lérida, Huesca, Madrid, Navarra, Orense y Salamanca.
Reg.: I, II, III, IV, V y VI.
Bibl.: 10, 11, 12, 13, 15, 20, 36, 37, 40, 42, 66, 78 y 90. 49?

Ichnopsyllus (Ichnopsyllus) hispanicus JORDAN, 1942
Hosp.: Murciélago de Natterer (*Myotis nattereri*)
Dist.: Sevilla.
Reg.: IX.
Bibl.: 13, 15, 36 y 54.

Ichnopsyllus (Ichnopsyllus) intermedius (ROTHSCHILD, 1898)

Hosp.: Murciélago hortelano (*Eptesicus serotinus*) y murciélago ratero (*Myotis myotis*)
Dist.: Ciudad Real y Valencia. Portugal.
Reg.: VII y VIII. Portugal.
Bibl.: 13, 15, 36, 48 y 55.

Ichnopsyllus (Ichnopsyllus) octactenus (KOLENATI, 1856)

Hosp.: Murciélago común (*Pipistrellus pipistrellus*), murciélago de borde claro (*P. kuhlii*) y murciélago de Nathusius (*P. nathusii*)
Dist.: Castellón, Gerona, Tarragona, Teruel, Valencia y Cueva de Marigarria?. Pirineos orientales (Francia)
Reg.: IV, V y VII.
Bibl.: 3, 13, 15, 20, 22, 36 y 48.

Ichnopsyllus (Ichnopsyllus) simplex simplex ROTHSCHILD, 1906

Hosp.: Murciélago de Natterer (*Myotis nattereri*) y otros *Myotis* spp.
Dist.: Barcelona.
Reg.: V.
Bibl.: 5, 13 y 15.

Leptopsylla musculi DUGES, 1832

Cf. *Leptopsylla (Leptopsylla) segnis*

Leptopsylla (Leptopsylla) algira serveti ROTHSCHILD, 1912

Hosp.: Musaraña común (*Crocidura russula*) y ratón (*Mus spretus*)
Dist.: Huesca y La Rioja.
Reg.: IV.
Bibl.: 13, 15 y 22.

Leptopsylla (Leptopsylla) segnis (SCHÖNHERR, 1816)

(Syn. *Leptopsylla musculi*)

Hosp.: Lirón careto (*Eliomys quercinus*), ratón (*Mus musculus*), rata gris (*Rattus norvegicus*) y ratón de campo (*Apodemus sylvaticus*)
Dist.: General.
Bibl.: 1, 10, 11, 13, 15, 16, 18, 20, 21, 35, 36, 37, 51, 55, 68, 70, 71, 75 y 99.

Leptopsylla (Leptopsylla) taschenbergi amitina JORDAN et ROTHSCHILD, 1914

Hosp.: Ratilla campesina (*Microtus arvalis*) y ratón de campo (*Apodemus sylvaticus*)
Dist.: General.
Bibl.: 10, 11, 13, 15, 18, 20, 24, 30, 36, 37, 40, 51, 66, 70, 71 y 78.

Malareus penicilliger mustelae (DALE, 1878)

Cf. *Amalareus penicilliger pyrenaicus*

Megabothris turbidus (ROTHSCHILD, 1909)

Hosp.: Ratón de campo (*Apodemus sylvaticus*)
Dist.: Lérida.
Reg.: IV.
Bibl.: 13, 15, 20, 24, 58 y 66.

Monopsyllus sciurorum bolivari GIL COLLADO, 1949

Cf. *Monopsyllus sciurorum scirorum*

Monopsyllus scirorum scirorum SCHRANK, 1803

(Syn. *Ceratophylus scirorum; Monopsyllus scirorum bolivari*)

Hosp.: Ardilla (*Sciurus vulgaris*), lirón (*Glis glis*) y lirón careto (*Eliomys quercinus*)
Dist.: Asturias, Barcelona, Cantabria, Gerona, Lérida, Madrid y Segovia.
Reg.: I, III, IV, V y VI.
Bibl.: 11, 13, 15, 20, 24, 36, 37, 68, 72 y 90.

Myoxopsylla laverani laverani (ROTHSCHILD, 1911)

Hosp.: Ardilla (*Sciurus vulgaris*), conejo (*Oryctolagus cuniculus*), liebre (*Lepus capensis*), lirón careto (*Eliomys quercinus*) y ratón de campo (*Apodemus sylvaticus*)
Dist.: General.
Bibl.: 11, 13, 15, 18, 20, 24, 30, 36, 37, 40, 58, 75, 85 y 90.

Nosopsyllus barbarus

Hosp.: ?
Dist.: Canarias.
Reg.: XII.
Bibl.: 16.

Nosopsyllus (Nosopsyllus) fasciatus BOSC d'ANTIC, 1801

Hosp.: Lirón (*Glis glis*), conejo (*Oryctolagus cuniculus*), liebre (*Lepus capensis*), musaraña común (*Crocidura russula*), rata de agua (*Arvicola sapidus*), rata gris (*Rattus norvegicus*), ratón (*Mus musculus*) y ratón de campo (*Apodemus sylvaticus*)

Dist.: General.

Bibl.: 1, 10, 11, 13, 15, 20, 31, 33, 34, 35, 36, 37, 40, 43, 58, 66, 67, 70, 71, 85, 88 y 99.

Nosopsyllus (Nosopsyllus) londiniensis londiniensis (ROTHSCHILD, 1903)

Hosp.: Rata negra (*Rattus rattus*) y ratón (*Mus musculus*)

Dist.: Portugal (Algarve y Estremadura)

Reg.: VI y VIII.

Bibl.: 13, 15 y 55.

Nycteridopsylla (Nycteridopsylla) ancyluris ancyluris JORDAN, 1942

Hosp.: Murciélagos (*Pipistrellus* spp.)

Dist.: Teruel.

Reg.: IV y VII.

Bibl.: 13, 15 y 22.

Nycteridopsylla (Nycteridopsylla) longiceps ROTHSCHILD, 1908

Hosp.: Murciélago de borde claro (*Pipistrellus kuhlii*)

Dist.: Madrid.

Reg.: VI.

Bibl.: 13, 15 y 36.

Odontopsyllus quirosi quirosi (GIL COLLADO, 1934)

(Syn. *Ceratophyllus quirosi*)

Hosp.: Conejo (*Oryctolagus cuniculus*), liebre (*Lepus capensis*), zorro (*Vulpes vulpes*) y lince (*Lynx pardina*)

Dist.: Ciudad Real, Madrid, Sevilla y Toledo. Portugal.

Reg.: VI, VIII y IX. Portugal.

Bibl.: 13, 15, 36, 37, 40, 51, 81, 83, 84 y 85.

Paleopsylla atlantica atlantica JORDAN et ROTHSCHILD, 1912

Hosp.: Topo (*Talpa europaea*)

Dist.: La Coruña y Lugo. Portugal (Algarve)

Reg.: I, II y VIII.

Bibl.: 11, 13, 15, 36, 37, 50 y 55.

Paleopsylla atlantica grulichi BEAUCOURNU, 1974

Hosp.: Topo (*Talpa europaea*)

Dist.: La Coruña, León, Lugo y Zamora. Portugal.

Reg.: I, II y III. Portugal.

Bibl.: 11, 13, 15, 36, 37 y 58.

Paleopsylla iberica JORDAN et ROTHSCHILD, 1921

Hosp.: Topillo (*Pitymys duodecimcostatus*) y topo (*Talpa* spp.)

Dist.: Avila, Cáceres, Madrid y Salamanca.

Reg.: III y IV.

Bibl.: 11, 12, 13, 15, 36, 37, 56, 58 y 78.

Paleopsylla minor DALE, 1876

Hosp.: Topo ciego (*Talpa caeca*), otros topos (*Talpa* spp.) y ratón de campo (*Apodemus sylvaticus*)

Dist.: Asturias, Cantabria, Galicia, Gerona, Granada, Lérida y Madrid.

Reg.: I, II, IV, V, VI, IX y X.

Bibl.: 11, 13, 15, 20, 49, 50, 58, 66 y 71.

Paleopsylla soricis vesperis SMIT, 1975

Hosp.: Musaraña colicuadrada (*Sorex araneus*), otras musarañas (*Sorex* spp.), musgaño patiblanco (*Neomys fodiens*), otros musgaños (*Neomys* spp.) y ratón de campo (*Apodemus sylvaticus*)

Dist.: Asturias, Cáceres, Cantabria, Galicia, Gerona, Lérida, Navarra, Salamanca y Teruel. Pirineos orientales (Francia)

Reg.: I, II, III, IV, V, VI, VII y VIII.

Bibl.: 11, 12, 13, 14, 15, 18, 20, 42, 58, 66, 70, 71, 78 y 91.

Paraceras melis melis (WALKER, 1856)

Hosp.: Tejón (*Meles meles*)

Dist.: Huesca, La Coruña, La Rioja y Salamanca. Pirineos orientales (Francia). Portugal.

Reg.: II, III y IV. Portugal.

Bibl.: 12, 13, 15, 24, 36, 78, 80 y 88.

Peromyscopsylla bidentata gervasii BEAUCOURNU, 1974

Hosp.: Topino rojo (*Clethrionomys glareolus*)

Dist.: Lérida y Pirineos, en general.

Reg.: IV y V.

Bibl.: 13, 15, 20 y 51.

Peromyscopsylla spectabilis spectabilis (ROTHSCHILD, 1898)

Hosp.: Lirón careto (*Eliomys quercinus*), musaraña colicuadrada (Sorex araneus), musgaño patiblanco (*Neomys fodiens*), comadreja (*Mustela nivalis*), rata de agua (*Arvicola sapidus*), rata de agua norteña (*Arvicola terrestris*), ratilla nival (*Microtus nivalis*), ratón de campo (*Apodemus sylvaticus*), ratilla agreste (*Microtus agrestis*) y topino rojo (*Clethrionomys glareolus*)

Dist.: Asturias, Cantabria, Gerona, Granada, León, Lérida, Navarra, Soria y Teruel. Andorra. Pirineos orientales (Francia)

Reg.: I, III, IV, V, VII, IX y X.

Bibl.: 11, 13, 15, 18, 20, 22, 24, 30, 40, 42, 51 y 66.

Peromyscopsylla spectabilis viatrix BEAUCOURNU, 1975

Hosp.: Ratilla nival (*Microtus nivalis*)

Dist.: Granada.

Reg.: IX y X.

Bibl.: 12, 13, 15, 19, 40 y 51.

Pulex irritans LINNAEUS, 1758

Hosp.: Hombre, rata gris (*Rattus norvegicus*), cerdo, perro, gato, tejón (*Meles meles*), oso (*Ursus arctos*), corzo (*Capreolus capreolus*), liebre (*Lepus capensis*), conejo (*Oryctolagus cuniculus*), lobo (*Canis lupus*), zorro (*Vulpes vulpes*), cabra y oveja.

Dist.: General.

Bibl.: 1, 4, 13, 15, 16, 24, 27, 29, 32, 37, 39, 44, 59, 60, 64, 67, 76, 78, 79, 85, 95 y Reguera Feo, 1990 (com. per.)

Rectofrontia pentacanthus

Cf. *Rhadinopsylla (Actenophthalmus) pentacantha*

Rhadinopsylla (Actenophthalmus) integella JORDAN et ROTHSCHILD, 1921

Hosp.: Topino rojo (*Clethrionomys glareolus*)

Dist.: Lérida.

Reg.: IV.

Bibl.: 13, 15, 20 y 49.

Rhadinopsylla (Actenophthalmus) masculana JORDAN et ROTHSCHILD, 1912

Hosp.: Rata de agua (*Arvicola sapidus*)

Dist.: Huesca y Teruel.

Reg.: IV y VII.

Bibl.: 13, 15, 18 y 22. 49?

Rhadinopsylla (Actenophthalmus) pentacantha (ROTHSCHILD, 1897)
(Syn. *Rectofrontia pentacanthus*)

Hosp.: Ratilla agreste (*Microtus agrestis*), musgaño patiblanco (*Neomys fodiens*), ratilla campesina (*Microtus arvalis*), topino rojo (*Clethrionomys glareolus*), topillos (*Pitymys* spp.) y comadreja (*Mustela nivalis*)

Dist.: Gerona, Granada, Lérida, Madrid, La Rioja y Salamanca. Portugal.

Reg.: III, IV, V, VI, IX y X. Portugal.

Bibl.: 13, 15, 20, 36, 37, 40, 42, 49, 58, 78 y 82.

Rhadinopsylla (Actenophthalmus) pitymydis (ZAVATTARI, 1914)

Hosp.: Ratilla campesina (*Microtus arvalis*) y topillo (*Pitymys mariae*)

Dist.: Barcelona, Cantabria, Gerona y Lérida.

Reg.: I y V.

Bibl.: 11, 13, 15, 20, 24, 49 y Beaucournu, 1979 (com. per.)

Rhinolophopsylla unipectinata (TASCHENBERG, 1880)
(Syn. *Archaeopsylla hispanica*)
Hosp.: Murciélago común (*Pipistrellus pipistrellus*) y murciélago grande de herradura (*Rhinolophus ferrumequinum*)
Dist.: Cuenca, Ciudad Real, Gerona, Madrid, Segovia y Zaragoza. Pirineos orientales (Francia)
Reg.: III, IV, V, VI, VII y VIII.
Bibl.: 13, 15, 35, 36, 48 y 95.

Spilopsyllus cuniculi (DALE, 1878)
Hosp.: Conejo (*Oryctolagus cuniculus*), liebre (*Lepus capensis*) y cerdo.
Dist.: General.
Bibl.: 1, 2, 13, 15, 36, 37, 39, 40, 47, 57, 58, 60, 69, 78, 84, 85 y 88.

Stenoponia tripectinata tripectinata (TIRABOSCHI, 1902)
Hosp.: Ratón (*Mus musculus*), musaraña común (*Crocidura russula*), rata gris (*Rattus norvegicus*) y múridos y micrótidos, sin precisar.
Dist.: Baleares, Barcelona, Canarias, Huesca, Murcia y Tarragona. Portugal (Algarve y Ribatejo)
Reg.: IV, V, VII, XI y XII. Portugal.
Bibl.: 10, 13, 15, 16, 18, 20, 22, 28, 31, 35, 37, 43 y 49.

Tarsopsylla octodecimdentata (KOLENATI, 1863)
Hosp.: Ardilla (*Sciurus vulgaris*) y rata gris (*Rattus norvegicus*)
Dist.: Madrid.
Reg.: VI.
Bibl.: 13, 15, 36 y 37.

Typhloceras favosus claramuntae BEAUCOURNU et GOSALBEZ, 1978
Hosp.: Musaraña común (*Crocidura russula*)
Dist.: Gerona (islas Medas)
Reg.: V.
Bibl.: 13, 15, 20 y 22.

Typhloceras favosus rolandi JORDAN, 1938
(para Beaucournu, 1979 (com. per.) es posible que sea sinónima de *Typhloceras favosus favosus*)
Hosp.: Musaraña común (*Crocidura russula*) y rata de agua (*Arvicola sapidus*)
Dist.: Albacete, Granada y Teruel. Portugal.
Reg.: IV, VII, IX y X. Portugal.
Bibl.: 13, 15, 18, 22 y 80. 49?

Typhloceras poppei WAGNER, 1903
Hosp.: Musaraña común (*Crocidura russula*), ratón (*Mus musculus*) y ratón de campo (*Apodemus sylvaticus*)
Dist.: Albacete, Gerona, Jaén, Murcia, Salamanca, Teruel y Valladolid. Portugal.
Reg.: III, IV, V, VII y IX. Portugal.
Bibl.: 11, 13, 15, 18, 20, 22, 40, 78 y 80. 49?

Xenopsylla brasiliensis (BAKER, 1904)
Hosp.: Ratas (*Rattus* spp.)-hospedador accidental, según Beaucournu, 1979 (com. per.)
Dist.: Canarias (Tenerife)
Reg.: XII.
Bibl.: 16 y 67.

Xenopsylla cheopis (ROTHSCHILD, 1903)
Hosp.: Rata gris (*Rattus norvegicus*), conejo (*Oryctolagus cuniculus*) y gato.
Dist.: Canarias, Litoral mediterráneo y, posiblemente, también el cantábrico. Guadalajara y Madrid. Portugal (Algarve y Estremadura)
Reg.: I?, IV, V, VI, VII, X, XI y XII. Portugal.
Bibl.: 1, 13, 15, 16, 28, 36, 37, 39, 60, 67, 76 y 99.

Xenopsylla cunicularis SMIT, 1957
Hosp.: Conejo (*Oryctolagus cuniculus*) y liebre (*Lepus capensis*)
Dist.: Burgos, Ciudad Real, Huelva y Madrid. Portugal.
Reg.: III, VI, VIII y IX. Portugal.
Bibl.: 2, 13, 15, 57, 60 y 85 (Beaucournu, 1979 (com. per.) corrige su cita de Sevilla por Huelva)

Xenopsylla gratiosa JORDAN et ROTHSCHILD, 1923

Hosp.: Pardela cenicienta (*Puffinus diomedea*), pardela pichoneta (*Puffinus puffinus*) y paiño común (*Hydrobates pelagicus*)

Dist.: Baleares y Canarias. Portugal.

Reg.: XI y XII. Portugal.

Bibl.: 13, 15, 45, 53, 54 y 60.

Xenopsylla guancha BEAUCOURNU, ALCOVER et LAUNAY, 1989

Hosp.: Ratón (*Mus musculus*) y rata negra (*Rattus rattus*)

Dist.: Canarias.

Reg.: XII.

Bibl.: 16.

LISTA DE HOSPEDADORES CON SUS SIPHONAPTERA PARÁSITOS

Phyllum Chordata

Clase Aves

Orden Procelariformes

Paiño común (*Hydrobates pelagicus*)

Xenopsylla gratiosa JORDAN et ROTHSCHILD, 1923

Pardela cenicienta (*Puffinus diomedea*)

Xenopsylla gratiosa JORDAN et ROTHSCHILD, 1923

Pardela pichoneta (*Puffinus puffinus*)

Xenopsylla gratiosa JORDAN et ROTHSCHILD, 1923

Orden Accipitriformes

Quebrantahuesos (*Gypaetus barbatus*)

Callopsylla gypaetina PEUS, 1978

Orden Galliformes

Gallina

Ceratophyllus (Ceratophyllus) gallinae (SCHRANK, 1803)

Echidnophaga gallinacea WESTWOOD, 1875

Orden Columbiformes

Paloma (*Columba livia*)

Ceratophyllus (Ceratophyllus) columbae (GERVAIS, 1844)

Orden Paseriformes

Paseriformes, sin especificar.

Ceratophyllus (Ceratophyllus) garei borealis ROTHSCHILD, 1907

Carbonero (*Parus* spp.)?

Ceratophyllus (Ceratophyllus) gallinae (SCHRANK, 1803)

Colirrojo (*Phoenicurus* spp.)?
Ceratophyllus (Ceratophyllus) garei borealis ROTHSCHILD, 1907

Lavandera blanca (*Motacilla alba*) y **lavandera boyera** (*Motacilla flava*)
Dasypsyllus gallinulae gallinulae PALE, 1878

Pinzón (*Fringilla coelebs*)
Dasypsyllus gallinulae gallinulae PALE, 1878

Mirlo (*Turdus merula*)
Dasypsyllus gallinulae gallinulae PALE, 1878

Clase Mammalia
Orden Insectivora
Erizos (*Erinaceus europaeus, Aethechinus algirus*)
Archaeopsylla erinacei maura JORDAN et ROTHSCHILD, 1912

Musaraña (*Sorex* spp.)
Hystrichopsylla talpae talpae CURTIS, 1826
Paleopsylla soricis vesperis SMIT, 1975

Musaraña campesina (*Crocidura suaveolens*)
Ctenophthalmus (Ctenophthalmus) baeticus baeticus ROTHSCHILD, 1910

Musaraña colicuadrada (*Sorex araneus*)
Ctenophthalmus (Ctenophthalmus) baeticus boisseani BEAUCOURNU, 1967
Doratopsylla cuspis
Doratopsylla dasycnema dasycnema (ROTHSCHILD, 1897)
Doratopsylla dasycnema giloti BEAUCOURNU, 1974
Paleopsylla soricis vesperis SMIT, 1975
Peromyscopsylla spectabilis spectabilis (ROTHSCHILD, 1898)

Musaraña común (*Crocidura russula*)
Ctenophthalmus (Ctenophthalmus) andorrensis andorrensis SMIT, 1960
Ctenophthalmus (Ctenophthalmus) andorrensis catalaniensis BEAUCOURNU, 1972
Ctenophthalmus (Ctenophthalmus) andorrensis veletensis BEAUCOURNU, GILOT et VERICAD, 1973
Ctenophthalmus (Ctenophthalmus) apertus apertus JORDAN et ROTHSCHILD, 1921
Ctenophthalmus (Ctenophthalmus) apertus personatus BEAUCOURNU et LAUNAY, 1978
Ctenophthalmus (Ctenophthalmus) baeticus baeticus ROTHSCHILD, 1910
Ctenophthalmus (Ctenophthalmus) baeticus boisseani BEAUCOURNU, 1967
Ctenophthalmus (Medioctenophthalmus) russulae galloibericus BEAUCOURNU et LUMARET, 1972
Doratopsylla dasycnema giloti BEAUCOURNU, 1974
Leptopsylla (Leptopsylla) algira serveti ROTHSCHILD, 1912
Nosopsyllus (Nosopsyllus) fasciatus BOSC d'ANTIC, 1901
Stenoponia tripectinata tripectinata (TIRABOSCHI, 1902)
Typhloceras favosus claramuntae BEAUCOURNU et GOSALBEZ, 1978
Typhloceras favosus rolandi JORDAN, 1938
Typhloceras poppei WAGNER, 1903

Musgaño (*Neomys* spp.)
Paleopsylla soricis vesperis SMIT, 1975

Musgaño de Cabrera (*Neomys anomalus*)
Ctenophthalmus (Ctenophthalmus) andorrensis andorrensis SMIT, 1960
Ctenophthalmus (Ctenophthalmus) andorrensis catalaniensis BEAUCOURNU, 1972
Ctenophthalmus (Ctenophthalmus) baeticus baeticus ROTHSCHILD, 1910
Ctenophthalmus (Ctenophthalmus) baeticus gemellus BEAUCOURNU, 1974
Doratopsylla dasycnema dasycnema (ROTHSCHILD, 1897)

Musgaño patiblanco (*Neomys fodiens*)
Atyphloceras nuperus (JORDAN, 1931)
Ctenophthalmus (Ctenophthalmus) baeticus arvernus JORDAN, 1931
Doratopsylla dasycnema dasycnema (ROTHSCHILD, 1897)
Hystrichopsylla talpae talpae CURTIS, 1826
Palaeopsylla soricis vesperis SMIT, 1975
Peromyscopsylla spectabilis spectabilis (ROTHSCHILD, 1898)
Rhadinopsylla (Actenophthalmus) pentacantha (ROTHSCHILD, 1897)

Topo (*Talpa europaea*)
Ctenophthalmus (Ctenophthalmus) andorrensis catalaniensis BEAUCOURNU, 1972
Paleopsylla atlantica atlantica JORDAN et ROTHSCHILD, 1912
Paleopsylla atlantica grulichi BEAUCOURNU, 1974

Topo (*Talpa* spp.)
Ctenophthalmus (Ctenophthalmus) apertus gilcolladoi WAGNER, 1939
Ctenophthalmus (Ctenophthalmus) baeticus boisseani BEAUCOURNU, 1967
Ctenophthalmus (Ctenophthalmus) hispanicus JORDAN, 1938?
Doratopsylla dasycnema giloti BEAUCOURNU, 1974
Paleopsylla iberica JORDAN et ROTHSCHILD, 1921
Paleopsylla minor DALE, 1876

Topo ciego (*Talpa caeca*)
Ctenophthalmus (Ctenophthalmus) baeticus baeticus ROTHSCHILD, 1910
Paleopsylla minor DALE, 1876

Orden Chiroptera

Murciélago (*Myotis* spp.)
Ishnopsyllus (Ishnopsyllus) simplex simplex ROTHSCHILD, 1906

Murciélago (*Pipistrellus* spp.)
Nycteridopsylla (Nycteridopsylla) ancyluris ancyluris JORDAN, 1942

Murciélago común (*Pipistrellus pipistrellus*)
Ishnopsyllus (Ishnopsyllus) octactenus (KOLENATI, 1856)
Rhinolophopsylla unipectinata (TASCHENBERG, 1880)

Murciélago de borde claro (*Pipistrellus kuhlii*)
Ishnopsyllus (Ishnopsyllus) octactenus (KOLENATI, 1856)
Nycteridopsylla (Nycteridopsylla) longiceps ROTHSCHILD, 1908

Murciélago grande de herradura (*Rhinolophus ferrum-equinum*)
Ctenophthalmus (Ctenophthalmus) baeticus baeticus ROTHSCHILD, 1910
Rhinolophopsylla unipectinata (TASCHENBERG, 1880)

Murciélago de Nathusius (*Pipistrellus nathusii*)
Ishnopsyllus (Ishnopsyllus) octactenus (KOLENATI, 1856)

Murciélago de Natterer (*Myotis nattereri*)
Ishnopsyllus (Ishnopsyllus) hispanicus JORDAN, 1942
Ishnopsyllus (Ishnopsyllus) simplex simplex ROTHSCHILD, 1906

Murciélago hortelano (*Eptesicus serotinus*)
Ishnopsyllus (Ishnopsyllus) intermedius (ROTHSCHILD, 1898)

Murciélago rabudo (*Tadarida taeniotis*)
Araeopsylla gestroi (ROTHSCHILD, 1906)

Murciélago ratero (*Myotis myotis*)
Ishnopsyllus (Ishnopsyllus) intermedius ROTHSCHILD, 1898)

Orden Rodentia

Ardilla (*Sciurus vulgaris*)
Monopsyllus sciurorum sciurorum SCHRANK, 1803
Myoxopsylla laverani laverani (ROTHSCHILD, 1911)
Tardopsylla octodecimdentata (KOLENATI, 1863)

Lirón (*Glis glis*)
Monopsyllus sciurorum sciurorum SCHRANK, 1803
Nosopsyllus (Nosopsyllus) fasciatus BOSC d'ANTIC, 1801

Lirón careto (*Eliomys quercinus*)
Archaeopsylla erinacei maura JORDAN et ROTHSCHILD, 1912
Ctenophthalmus (Ctenophthalmus) andorrensis andorrensis SMIT, 1960
Ctenophthalmus (Ctenophthalmus) andorrensis catalaniensis BEAUCOURNU, 1972
Ctenophthalmus (Ctenophthalmus) baeticus baeticus ROTHSCHILD, 1910
Echidnophaga murina (TIRABOSCHI, 1903)
Leptopsylla (Leptopsylla) segnis (SCHÖNHERR, 1816)
Monopsylla sciurorum sciurorum SCHRANK, 1803
Myoxopsylla laverani laverani (ROTHSCHILD, 1911)
Peromyscopsylla spectabilis spectabilis (ROTHSCHILD, 1898)

Micrótidos, sin especificar.
Amphisylla sibirica (WAGNER, 1898)
Ctenophthalmus (Ctenophthalmus) baeticus baeticus ROTHSCHILD, 1910
Ctenophthalmus (Ctenophthalmus) baeticus gemellus BEAUCOURNU, 1974
Stenoponia tripectinata tripectinata (TIRABOSCHI, 1902)

Múridos, sin especificar.
Ctenophthalmus (Ctenophthalmus) baeticus baeticus ROTHSCHILD, 1910
Ctenophthalmus (Ctenophthalmus) baeticus gemellus BEAUCOURNU, 1974
Stenoponia tripectinata tripectinata (TIRABOSCHI, 1902)

Rata (*Rattus* spp.)
Xenopsylla brasiliensis (BAKER, 1904)

Rata de agua (*Arvicola sapidus*)

Ctenophthalmus (Ctenophthalmus) andorrensis andorrensis SMIT, 1960
Ctenophthalmus (Ctenophthalmus) andorrensis catalaniensis BEAUCOURNU, 1972
Ctenophthalmus (Ctenophthalmus) apertus allani SMIT, 1955
Ctenophthalmus (Ctenophthalmus) apertus gilcolladoi WAGNER, 1939
Ctenophthalmus (Ctenophthalmus) apertus personatus BEAUCOURNU et LAUNAY, 1978
Ctenophthalmus (Ctenophthalmus) baeticus avernus JORDAN, 1931
Ctenophthalmus (Ctenophthalmus) baeticus baeticus ROTHSCHILD, 1910
Ctenophthalmus (Ctenophthalmus) baeticus boisseani BEAUCOURNU, 1967
Nosopsyllus (Nosopsyllus) fasciatus BOSC d'ANTIC, 1801
Peromyscopsylla spectabilis spectabilis (ROTHSCHILD, 1898)
Rhadinopsylla (Rhadinopsylla) musculana JORDAN et ROTHSCHILD, 1912
Typhloceras favosus rolandi JORDAN, 1938

Rata de agua norteña (*Arvicola terrestris*)

Ctenophthalmus (Ctenophthalmus) apertus allani SMIT, 1955
Ctenophthalmus (Ctenophthalmus) baeticus boisseani BEAUCOURNU, 1967
Hystrichopsylla talpae talpae CURTIS, 1826
Peromyscopsylla spectabilis spectabilis (ROTHSCHILD, 1898)

Rata gris (*Rattus norvegicus*)

Ctenophthalmus (Ctenophthalmus) apertus gilcolladoi WAGNER, 1939
Ctenocephalides canis (CURTIS, 1826)
Ctenocephalides felis felis (BOUCHE, 1835)
Ctenophthalmus (Ctenophthalmus) baeticus baeticus ROTHSCHILD, 1910
Ctenophthalmus (Medioctenophthalmus) russulae galloibericus BEAUCOURNU et LUMARET, 1972
Echidnophaga tenerifensis GIL, RODRIGUEZ et ZAPATERO, 1982
Leptopsylla (Leptopsylla) segnis (SCHÖNHERR, 1811)
Nosopsyllus (Nosopsyllus) fasciatus BOSC d'ANTIC, 1801
Pulex irritans LINNAEUS, 1758
Stenoponia tripectinata tripectinata (TIRABOSCHI, 1902)
Tardopsylla octodecimdentata (KOLENATI, 1863)
Xenopsylla cheopis (ROTHSCHILD, 1903)
Xenopsylla guancha BEAUCOURNU, ALCOVER et LAUNAY, 1989

Rata negra (*Rattus rattus*)

Echidnophaga murina (TIRABOSCHI, 1903)
Nosopsyllus (Nosopsyllus) londiniensis londiniensis (ROTHSCHILD, 1903)

Ratilla agreste (*Microtus agrestis*)

Amalareus penicilliger pyrenaicus BRICK- LINDROTH, 1947
Ctenophthalmus (Ctenophthalmus) apertus allani SMIT, 1955
Ctenophthalmus (Ctenophthalmus) apertus apertus JORDAN et ROTHSCHILD, 1921
Ctenophthalmus (Ctenophthalmus) baeticus baeticus ROTHSCHILD, 1910
Ctenophthalmus (Ctenophthalmus) baeticus boisseani BEAUCOURNU, 1967
Ctenophthalmus (Ctenophthalmus) nobilis dobyi BEAUCOURNU, 1962
Peromyscopsylla spectabilis spectabilis (ROTHSCHILD, 1898)
Rhadinopsylla (Actenophthalmus) pentacantha (ROTHSCHILD, 1897)

Ratilla campesina (*Microtus arvalis*)

Amalareus penicilliger pyrenaicus BRICK- LINDROTH, 1947
Amphisylla rossica WAGNER, 1912
Ctenophthalmus (Ctenophthalmus) apertus personatus BEAUCOURNU et LUNAY, 1978
Leptopsylla (Leptopsylla) taschenbergi amitina JORDAN et ROTHSCHILD, 1914
Rhadinopsylla (Actenophthalmus) pentacantha (ROTHSCHILD, 1897)
Rhadinopsylla (Actenophthalmus) pitymydis (ZAVATTARI, 1914)

Ratilla nival (*Microtus nivalis*)

Amalareus penicilliger pyrenaicus BRICK- LINDROTH, 1947
Callopsylla (Callopsylla) saxatilis IOFF et ARGYROPOULO, 1934
Ctenophthalmus (Ctenophthalmus) baeticus baeticus ROTHSCHILD, 1910
Ctenophthalmus (Ctenophthalmus) baeticus boisseani BEAUCOURNU, 1967
Peromyscopsylla spectabilis spectabilis (ROTHSCHILD, 1898)
Peromyscopsylla spectabilis viatrix BEAUCOURNU, 1975

Ratón (*Mus musculus*)

Ctenophthalmus (Ctenophthalmus) andorrensis andorrensis SMIT, 1960
Ctenophthalmus (Ctenophthalmus) andorrensis catalaniensis BEAUCOURNU, 1972
Ctenophthalmus (Ctenophthalmus) apertus gilcolladoi WAGNER, 1939
Ctenophthalmus (Ctenophthalmus) baeticus baeticus ROTHSCHILD, 1910
Ctenophthalmus (Ctenophthalmus) baeticus boisseani BEAUCOURNU, 1967
Ctenophthalmus (Medioctenophthalmus) russulae galloibericus BEAUCOURNU et LUMARET, 1972
Leptopsylla (Leptopsylla) segnis (SCHÖNHERR, 1816)
Nosopsyllus (Nosopsyllus) londiniensis londiniensis (ROTHSCHILD, 1903)
Stenoponia tripectinata tripectinata (TIRABOSCHI, 1902)
Typhloceras poppei WAGNER, 1903
Xenopsylla guancha BEAUCOURNU, ALCOVER et LAUNAY, 1989

Ratón (*Mus spretus*)

Ctenophthalmus (Ctenophthalmus) andorrensis catalaniensis BEAUCOURNU, 1972
Ctenophthalmus (Ctenophthalmus) apertus personatus BEAUCOURNU et LAUNAY, 1978
Ctenophthalmus (Ctenophthalmus) apertus queirozi BEAUCOURNU, 1971
Leptopsylla (Leptopsylla) algira serveti ROTHSCHILD, 1912

Ratón de campo (*Apodemus flavicollis*)

Ctenophthalmus (Ctenophthalmus) nobilis dobyi BEAUCOURNU, 1962

Ratón de campo (*Apodemus sylvaticus*)

Callopsylla (Callopsylla) caspia? IOFF et ARGYROPOULO, 1934
Ctenophthalmus (Ctenophthalmus) andorrensis andorrensis SMIT, 1960
Ctenophthalmus (Ctenophthalmus) andorrensis catalaniensis BEAUCOURNU, 1972
Ctenophthalmus (Ctenophthalmus) apertus allani SMIT, 1955
Ctenophthalmus (Ctenophthalmus) apertus apertus JORDAN et ROTHSCHILD, 1921

Ctenophthalmus (Ctenophthalmus) apertus gilcolladoi WAGNER, 1939
Ctenophthalmus (Ctenophthalmus) apertus gosazelbi BEAUCOURNU, 1974
Ctenophthalmus (Ctenophthalmus) apertus meylani BEAUCOUNU, GILOT et VERICAD, 1973
Ctenophthalmus (Ctenophthalmus) apertus personatus JORDAN et ROTHSCHILD, 1921
Ctenophthalmus (Ctenophthalmus) apertus queirozi BEAUCOURNU, 1971
Ctenophthalmus (Ctenophthalmus) baeticus arvernus JORDAN, 1931
Ctenophthalmus (Ctenophthalmus) baeticus baeticus ROTHSCHILD, 1910
Ctenophthalmus (Ctenophthalmus) baeticus bosseani BEAUCOURNU, 1967
Ctenophthalmus (Ctenophthalmus) nobilis dobyi BEAUCOURNU, 1962
Doratopsylla dasycnema giloti BEAUCOURNU, 1974
Echidnophaga murina (TIRABOSCHI, 1903)
Hystricopsylla talpae talpae CURTIS, 1826
Leptopsylla (Leptopsylla) segnis (SCHÖNHERR, 1816)
Leptopsylla (Leptopsylla) taschenbergi amitina JORDAN et ROTHSCHILD, 1914
Megabothris turbidus (ROTHSCHILD, 1909)
Myoxopsylla laverani laverani (ROTHSCHILD, 1911)
Nosopsyllus (Nosopsyllus) fasciatus BOSC d'ANTIC, 1801
Palaeopsylla minor DALE, 1876
Palaeopsylla soricis vesperis SMIT, 1975
Peromyscopsylla spectabilis spectabilis (ROTHSCHILD, 1898)
Typhloceras poppei WAGNER, 1903

Topillo (*Pitymys mariae*)
Ctenophthalmus (Ctenophthalmus) apertus ssp indet.
Ctenophthalmus (Ctenophthalmus) apertus allani SMIT, 1955
Ctenophthalmus (Ctenophthalmus) apertus apertus JORDAN et ROTHSCHILD, 1921
Ctenophthalmus (Ctenophthalmus) apertus gosazelbi BEAUCOURNU, 1974
Hystricopsylla talpae talpae CURTIS, 1826
Rhadinopsylla (Actenophthalmus) pitymydis (ZAVATTARI, 1914)

Topillo (*Pitymys* spp.)
Ctenophthalmus (Ctenophthalmus) apertus gilcolladoi WAGNER, 1939
Rhadinopsylla (Actenophthalmus) pentacantha (ROTHSCHILD, 1897)

Topillo común (*Pitymys duodecimcostatus*)
Amphisylla rossica WAGNER, 1912
Ctenophthalmus (Ctenophthalmus) andorrensis catalaniensis BEAUCOURNU, 1972
Ctenophthalmus (Ctenophthalmus) apertus azevedoi BEAUCOURNU, 1971
Ctenophthalmus (Ctenophthalmus) apertus meylani BEAUCOUNU, GILOT et VERICAD, 1973
Ctenophthalmus (Ctenophthalmus) apertus personatus BEAUCOURNU et LUNAY, 1978
Ctenophthalmus (Ctenophthalmus) apertus queirozi BEAUCOURNU, 1971
Ctenophthalmus (Ctenophthalmus) baeticus boisseani BEAUCOURNU, 1967
Hystricopsylla talpae talpae CURTIS, 1826
Paleopsylla iberica JORDAN et ROTHSCHILD, 1921

Topino rojo (*Clethrionomys glareolus*)

Amalareus penicilliger pyrenaicus BRICK- LINDROTH, 1947
Athyphloceras nuperus (JORDAN, 1931)
Ctenophthalmus (Ctenophthalmus) andorrensis catalaniensis BEAUCOURNU, 1967
Ctenophthalmus (Ctenophthalmus) baeticus bosseani BEAUCOURNU, 1967
Ctenophthalmus (Ctenophthalmus) nobilis dobyi BEAUCOURNU, 1962
Peromyscopsylla bidentata gervasii BEAUCOURNU, 1974
Peromyscopsylla spectabilis spectabilis (ROTHSCHILD, 1898)
Rhadinopsylla (Actenophthalmus) integella JORDAN et ROTHSCHILD, 1921
Rhadinopsylla (Actenophthalmus) pentacantha (ROTHSCHILD, 1897)
Orden Lagomorpha

Conejo (*Oryctolagus cuniculus*)

Caenopsylla laptevi iberica BEAUCOURNU et MARQUEZ, 1987
Ctenocephalides felis felis (BOUCHE, 1835)
Echidnophaga gallinacea WESTWOOD, 1875
Myoxopsylla laverani ROTHSCHILD, 1911
Nosopsyllus (Nosopsyllus) fasciatus BOSC d'ANTIC, 1801
Odontopsyllus quirosi quirosi (GIL COLLADO, 1934)
Pulex irritans LINNAEUS, 1758
Spilopsyllus cuniculi (DALE, 1878)
Xenopsylla cheopis (ROTHSCHILD, 1903)
Xenopsylla cunicularis SMIT, 1957

Liebre (*Lepus capensis*)

Caenopsylla laptevi iberica BEAUCOURNU et MARQUEZ, 1987
Echidnophaga gallinacea WESTWOOD, 1875
Myoxopsylla laverani ROTHSCHILD, 1911
Nosopsyllus (Nosopsyllus) fasciatus BOSC d'ANTIC, 1801
Odontopsyllus quirosi quirosi (GIL COLLADO, 1934)
Pulex irritans LINNAEUS, 1758
Spilopsyllus cuniculi (DALE, 1878)
Xenopsylla cunicularis SMIT, 1957

Orden Carnivora

Comadreja (*Mustela nivalis*)

Amalareus penicilliger pyrenaicus BRICK-LINDROTH, 1947
Ctenophthalmus (Ctenophthalmus) apertus personatus BEAUCOURNU et LAUNAY, 1978
Ctenophthalmus (Ctenophthalmus) baeticus boisseani BEAUCOURNU, 1967
Peromyscopsylla spectabilis spectabilis (ROTHSCHILD, 1898)
Rhadinopsylla (Actenophthalmus) pentacantha (ROTHSCHILD, 1897)

Gato

Ctenocephalides felis felis (BOUCHE, 1835)
Pulex irritans LINNAEUS, 1758
Xenopsylla cheopis (ROTHSCHILD, 1903)

Hurón (*Putorius putorius*)

Ctenocephalides felis felis (BOUCHE, 1835)

Lince (*Lynx pardina*)
Odontopsyllus quirosi quirosi (GIL COLLADO, 1934)

Lobo (*Canis lupus*)
Pulex irritans LINNAEUS, 1758

Oso (*Ursus arctos*)
Pulex irritans LINNAEUS, 1758

Perro
Ctenocephalides canis (CURTIS, 1826)
Ctenocephalides felis felis (BOUCHE, 1835)
Pulex irritans LINNAEUS, 1758

Tejón (*Meles meles*)
Chaetopsylla (Chaetopsylla) trichosa KOHAUT, 1903
Paraceras melis melis (WALKER, 1856)
Pulex irritans LINNAEUS, 1758

Zorro (*Vulpes vulpes*)
Chaetopsylla (Chaetopsylla) trichosa KOHAUT, 1903
Odontopsyllus quirosi quirosi GIL COLLADO, 1938
Pulex irritans LINNAEUS, 1758

Orden Perissodactyla

Caballo, asno y sus híbridos.
Echidnophaga gallinacea WESTWOOD, 1875

Orden Artiodactyla

Cabra
Pulex irritans LINNAEUS, 1758

Cerdo
Pulex irritans LINNAEUS, 1758
Spilopsyllus cuniculi (DALE, 1878)

Corzo
Pulex irritans LINNAEUS, 1758

Vaca
Echidnophaga gallinacea WESTWOOD, 1875

Oveja
Pulex irritans LINNAEUS, 1758

Orden Primates

Hombre
Ctenocephalides felis felis (BOUCHE, 1835)
Echidnophaga gallinacea WESTWOOD, 1875
Pulex irritans LINNAEUS, 1758

BIBLIOGRAFÍA (SIPHONAPTERA)

1. ABREU, M.H. (1974).- Introduçao ao estudo dos siphonaptera de Portugal. *Arq. Mus. Bocage, 2*: 197.
2. ABREU, M.H. (1977).- Special aspects of the natural infestation of the rabbit *Oryctolagus cuniculus* in Portugal. *Intern. Conf. on Fleas*, Ashton World, England.
3. AELLEN, V. (1960).- Notes sur les puces des chauves-souris, principalement de la Suisse (Siphonaptera: Ischnopsyllidae). *Bull. Soc. Neuch. Sc. Nat., 83*: 41.
4. AGUSTIN, M. (1717).- *Libro de los secretos de Agricultura, casa de campo y pastoril.* Imp. Herederos Juan Jolis, Barcelona.
5. BALCELLS, E.R. (1956).- Estudio biológico y biométrico de *Myotis nattereri* (Chir. Vespertilionidae). *Publ. Inst. Biol. Aplic., 23*: 37.
6. BEAUCOURNU, J.C. (1962).- *Ctenophtalmus (Ctenophtalmus) nobilis dobyi* subsp. nova, siphonaptère nouveau en provenance des Pyrénées Orientales. *Bull. Soc. Zool. France, 87*: 235.
7. BEAUCOURNU, J.C. (1967).- Hystrichopsyllidae (Insecta, Siphonaptera) nouveaux pour la faune espagnole. Description de *Ctenophtalmus (C.) baeticus boisseani* ssp. nova. *Bull. Soc. Scient. Bretagne, 42*: 241.
8. BEAUCOURNU, J.C. (1968).- Les Anoplures des Lagomorphes, Rongeurs et Insectivores, dans la region paleartique occidentale et en particular en France. *Ann. Parasit. hum. et comp., 43*: 201.
9. BEAUCOURNU, J.C. (1971).- Deux *Ctenophthalmus* nouveux du Sud-Ouest ibérique (Siphonaptera, Hystrichopsyllidae). *Bull. Soc. Entom. France, 76*: 155.
10. BEAUCOURNU, J.C. (1972).- Sur quelques ectoparasites (Siphonaptères, Anopluros et Nyctéribies) du Portugal. *An. Esc. Nac. Saude Pub. e Med. trop., 6*: 65.
11. BEAUCOURNU, J.C. (1974).- Contribution a l'étude des puces (Siphonaptera) du Nord-ouest de l'Espagne. Description de quatre nouvelles sous-espèces. *Ann. Soc. Ent. Fr., 10*: 885.
12. BEAUCOURNU, J.C. (1975).- Une puce nouvelle de la faune ibérique, *Peromyscopsylla spectabilis viatrix* ssp. nova (Siphonaptera, Leptopsyllidae). L'Entomologiste, 31: 227.
13. BEAUCOURNU, J.C. (1976).- *Contribution a l'étude des Siphonaptères de Mammifères du Nord-Ouest de la région méditerranéenne (France, Italia, Peninsula Ibérique).* Thèse Doct. es-Sciences, 1976, Rennes, 284 pp.
14. BEAUCOURNU, J.C. (1977).- Repartition des sous-espèces de *Paleopsylla soricis* (Dale, 1878) en France et en Espagne. *Bull. Soc. Entom. France, 82*: 22.
15. BEAUCOURNU, J.C. (1978).- Enquête sur les arthropodes vecteurs dans la Péninsula Ibérique: Liste des Siphonaptères. *Med. et Malad. infect., 8*: 121.
16. BEAUCOURNU, J.C.; ALCOVER, J.A y LAUNAY, H. (1989).- Les puces (Siphonaptera) des Iles Canarias. Description de *Xenopsylla guancha* n.sp. *Vie et Milieu, 39*: 41.

17. BEAUCOURNU, J.C.; GIL COLLADO, J. y GILOT, B. (1975).- *Caenopsylla laptevi relicta* ssp. nova (Siphonaptera, Leptopsyllidae), parasite de lapin en France et en Espagne. *Rev. Ibér. Parasitol. 35*: 139.

18. BEAUCOURNU, J.C.; GILOT, B. y VERICAD, J. (1973).- Contribution à l'étude des siphonaptères du Sud-Est de la Peninsula Ibérique. *Rev. Ibér. Parasitol., 49*: 49.

19. BEAUCOURNU, J.C.; GILOT, B. y VERICAD, J. (1973).- Deux *Ctenophthalmus* nouveaux (Siphonaptera, Hystrichopsyllidae) du Sud-Est Ibérique. *Rev. Ibér. Parasitol., 33*: 127.

20. BEAUCOURNU, J.C. y GOZALBEZ, J. (1975).- Contribution à l'étude des siphonaptères de Catalogne française et espagnole. *Vie et Milieu, 25*, ser. C: 69.

21. BEAUCOURNU, J.C. y GOZALBEZ, J. (1978).- Un *Typhloceras* nouveau de Catalogne. *Ann. Parasitol. hum. et comp., 53*: 303.

22. BEAUCOURNU, J.C. y LAUNAY, H. (1978).- Nouvelles captures de puces en Espagne et description d'une sous-espèce nouvelle. *Ann. Soc. Entom. France, 14*: ..

23. BEAUCOURNU, J.C. y MARQUEZ, F.J. (1987).- *Caenopsylla laptevi ibera* ssp. nova (Siphonaptera, Leptopsyllidae) est la Caenopsylla inféodée au lapin de garenne dans la Península Ibérique. *Rev. Ibér. Parasitol., 47*: 93.

24. BEAUCOURNU, J.C. y RAULT, B. (1962).- Contribution à l'étude des Siphonaptères de mammifères dans la moitié orientale des Pyrénées. *Vie et Milieu, 13*: 571.

25. BRINCK-LINDROTH, G. (1974).- Differentiation and distribution of the flea *Amalareus penicilliger* (Grube, 1851) in western and central Europe, with a description of a new subspecies *A.p.pyrenaicus*. *Ent. Scand., 5*: 265.

26. BRINCK-LINDROTH, G. (1977).- A comparison between the flea fauna of small mammals in the Pyrenees and Scandinavian mountains. *Intern. Conf. on Fleas*, Ashton Wold, England.

27. CARBALLEIRA TELLA, D.; VAZQUEZ PAREDES, E. y RIO LOZANO, J. del (1957).- Acerca de la clasificación y conservación de parásitos. *Supl. Cient. Bol. Inf. Cons. Gral. Col. Vet. Esp., 2*: 27.

28. CARTAÑA CASTELLA, P. y GIL COLLADO, J. (1934).- *Estudio de las ratas y de sus ectoparásitos en ocasión del brote epidémico de peste en Barcelona en 1931*. Comisión permanente de Investigaciones sanitarias, Madrid, 316 pp.

29. CEBALLOS, G. (1945).- Gente conocida. I. Las pulgas. *Graellsia, 3*: 41.

30. DUNNET, G.M. (1955).- Records of small mammals and their fleas from Reinosa, Santander, Spain. *Ann. Mag. Nat. Hist., 8*: 445.

31. GALLEGO, J. y PORTUS, M. (1975).- Puces de l'illa de Formentera. *Sessió Conjunta S.C.B.; I.C.H.N.; S.H.N.B.*, Mallorca/Cabrera.

32. GARCIA PEREZ, A.L.; JUSTE JORDAN, R.A. y POVEDANO FERNANDEZ, i. (1993).- Diez años de parasitología en el SIMA (1982-1992): Relación de especies y hospedadores. *Informe para el Indice-Catálogo de Zooparásitos Ibéricos*.

33. GIL COLLADO, J. (1927).- *Los insectos hematófagos y transmisores de enfermedades*. Min. Gobern. Sanidad Nacional, Inst. Sanidad, Madrid.

34. GIL COLLADO, J. (1934).- Distribución de insectos hemtófagos en España. *I Congr. Nac. Sanidad* (3): 96.

35. GIL COLLADO, J. (1934).- Sobre dos especies nuevas de Afanípteros españoles. *Eos, 10*: 153.

36. GIL COLLADO, J. (1948).- Las especies españolas de Afanípteros. *Eos, 24*: 247.

37. GIL COLLADO, J. (1949).- Pulgas españolas parásitas de roedores. *Rev. Ibér. Parasitol., 9*: 213.

38. GIL COLLADO, J. (1960).- *Parásitos externos de las gallinas*. Hoja divulgativa, Mº Agricultura, nº 14, H 60.

39. GIL COLLADO, J. (1961).- *Insectos y ácaros de los animales domésticos*. Salvat Editores, S.A., Barcelona.

40. GIL COLLADO, J. y RIVAS, L.I. (1976).- Nuevas citas de Siphonápteros parásitos de mamíferos en España. *Doana Acta Vert., 3*: 79.

41. GIL COLLADO, J.; RODRIGUEZ RODRIGUEZ, J.A. y ZAPATERO RAMOS, L.M. (1982).- Una nueva especie de *Echidnophaga* (Siphonaptera: Pulicidae) de las Islas Canarias. *Rev. Ibér. Parasitol.*, Vol. Extr.: 101.
42. GOMEZ, M.S. y GALLEGO BERENGUER, J. (1984).- Sifonápteros de *Neomys fodiens* (DENNANT, 1771) (Insectivora: Soricidae) del Pirineo catalán (Valle de Arán y Ripolles). *Rev. Ibér. Parasitol., 44*: 353.
43. GOMEZ, M.S.; PUJOLS, M. y GALLEGO, J. (1988).- Sobre la parasitocenosis de sifonápteros en *Mus musculus* (Rodentia, Muridae) y *Crocidura russula* (Insectivora, Soricidae) del Delta del Ebro: Estudio anual. *Rev. Ibér. Parasitol., 48*: 323.
44. GOMEZ FERNANDEZ, L.M. (1943).- La cadena nerviosa ganglionar del sistema nervioso de la pulga (*Pulex irritans* L.). *Bol. R. Soc. Esp. Hist. Nat., 41*: 289.
45. GUIGUEN, C.; TEIXEIRA, A.M. y MONNAT, J.Y. (1989).- *Xenopsylla gratiosa* (Siphonaptera, Pulicidae) y *Ornithodoros maritimus* (Acarina, Ixodoidae, Argasidae), ectoparásitos hematófagos de aves marinas, nuevos para Portugal. *Rev. Ibér. Parasitol., 49*: 177.
46. HABELA, M.; NAVARRETE, I.; MARTINEZ-GOMEZ, F. y REINA, D. (1987).- Contribución al conocimiento de la parasitofauna de Cáceres. Primera relación. I. Protozoos y artrópodos. *Rev. Ibér. Parasitol.*, Vol. Extr.: 39.
47. HOPKINS, G.H.E. y ROTHSCHILD, M. (1953).- *An ilustrated catalogue of the Rothschild collection of fleas (Siphonaptera) in the British Museum (Natural History), Vol. I. Tungidae and Pulicidae*. British Museum, London.
48. HOPKINS, G.H.E. y ROTHSCHILD, M. (1956).- *Idem, Vol. II. Coptopsyllidae, Vermipsyllidae, Stephanocircidae, Ischnopsyllidae, Hypsophthalmidae and Xiphiopsyllidae*. British Museum, London.
49. HOPKINS, G.H.E. y ROTHSCHILD, M. (1962).- *Idem, Vol. III. Hystrichopsyllidae*. British Museum, London.
50. HOPKINS, G.H.E. y ROTHSCHILD, M. (1966).- *Idem, Vol. IV. Hystrichopsyllidae*. British Museum, London.
51. HOPKINS, G.H.E. y ROTHSCHILD, M. (1971).- *Idem, Vol. V. Leptopsyllidae and Listropsyllidae*. British Museum, London.
52. JORDAN, K. (1938).- Where subspecies meet? *Nov. Zool., 41*: 103.
53. JORDAN, K. (1942).- On *Parapsyllus* and some closely related genera of Siphonaptera. *Eos, 18*: 7.
54. JORDAN, K. (1942).- On four new palearctic bat-flea in the British Museum. *Eos, 18*: 243.
55. JORDAN, K. y ROTHSCHILD, N.C. (1912).- List of Siphonaptera collected in Portugal. *Nov. Zool., 19*: 551.
56. JORDAN, K. y ROTHSCHILD, N.C. (1921).- *Ectoparasites*, 1: 139 (Tomado de Hopkins y Rothschild, 1966).
57. LANE, R. (1966).- The V.I.P. fleas from Spain. *Entom. Month. Mag., 102*: 211.
58. LAUMOND, C. y BEAUCOURNU, J.C. (1978).- *Neoparasitylenchus megabothris* n.sp. (Tylenchida: Allantonematidae) parasite de *Megabothris turbidus* (Siphonaptera, Ceratophyllidae); observations sur les tylenchides de puces dans le Sud-Ouest de l'Europe. *Ann. Parasit. hum. et comp., 53*: 291.
59. LEITAO, J.L. DA SILVA (1963).- *Parasitos dos animais domésticos em Potugal metropolitano*. Inst. Alta Cultura. Fundaçao Galouste-Gulbekian, Lisboa.
60. LEWIS, R.E. (1972).- Notes on the geographical distribution and host preferences in the order Siphonaptera. Part I. Pulicidae. *J. Med. Ent., 5*: 11.
61. LUMARET, R. y LUMARET, J.P. (1970).- Note sur la presénce dans les Pyrénées Orientales de deux puces nouvelles pour la France: *Archaeopsylla erinacei* JORDAN et ROTHSCHILD, 1912, et *Ctenophthalmus (Medioctenophthalmus) russulae* JORDAN et ROTHSCHILD, 1912. *Bol. mens. Soc. Lin. Lyon, 39*: 116.
62. MARQUEZ, F.J. y SALAS, R. (1990).- Presencia de *Echidnophaga murina* (Siphonaptera, Pulicidae) y de *Nosopsyllus barbarus* (Siphonaptera, Ceratophyllidae) en la Península Ibérica. *Rev. Ibér. Parasitol., 50*: 117.

63. MARQUEZ, F.J. y SORIGUER, R.C. (1987).- Variación intrapoblacional en las hembras de *Ctenophthalmus apertus meylani* Beacournu, Gilot et Vericad, 1973 (Siphonaptera, Hystricopsyllidae). *Rev. Ibér. Parasitol., 47*: 419.

64. MARTINEZ, F.; HERNANDEZ, S.; CALERO, R. y MORENO, T. (1978).- Contribución al conocimiento de los parásitos del zorro (*Vulpes vulpes*). *Rev. Ibér. Parasitol., 38*: 207.

65. MAS-COMA, S. (1978).- Interès, avatatges i inconvenients dels ecosistemes aillats en estudis parasitològics. *Butll. Inst. Cat. d'Hist. Nat., 42*: 13.

66. MUÑOZ, A. y GOMEZ, M.S. (1987).- Aportación al conocimiento de la fauna de sifonápteros de *Apodemus sylvaticus* (Linnaeus, 1758) (Rodentia, Muridae) en diversas zonas de Cataluña. *V Congr. Nac. Parasitol.*, Salamanca: 169.

67. NAJERA ANGULO, L. (1942).- La distribution geográfica de las pulgas de interés epidemiológico. *Bol. R. Soc. Esp. Hist. Nat., 40*: 497.

68. NAVAS, L. (1924).- Excursió entomológica al Cabrerés (Girona-Barcelona). *Treballs del Museu de Ciences Naturals de Barcelona, 4*: ..

69. NOBRE, A. y BRAGA, J.M. (1942).- Notas sobre a fauna das Ilhas Berlengas e Farilhoes. *Mem. est. M. Zool. Univ. Coimbra, 135*: 27.

70. PEREIRA, A.; QUINTEIRO, P.; SERNANDEZ, L. y SANMARTIN, M.L. (1985).- Identificación de ectoparásitos encontrados en los Ordenes Rodentia e Insectivora capturados en Galicia. III. Orden Siphonaptera. *IV Congr. Nac. Parasitol.*, Tenerife: 70.

71. PEREIRA-LORENZO, A.; COUCE-CANEIRO, M.C. y QUINTEIRO-ALONSO, M.P. (1987).- Identificación de ectoparásitos de Rodentia e Insectivora capturados en Galicia. III. Orden Siphonapteros. *Rev. Ibér. Parasitol.*, Vol. Extr.: 251.

72. PEUS, F. in Niethammer, J. (1956).- Insektenfresser und Nager Spaniens. *Bonn. Zool. Batr., 7*: 290.

73. PEUS, F. (1966).- Intraspezifische Evolution und Randverbreitung bei Flöhen (Insecta, Siphonaptera). *Zool. Anzeig., 177*: 50.

74. PEUS, F. (1978).- Zwei neue Flöhe aus Spanien und der Agäis (Insecta: Siphonaptera: Ceratophillidae). *Senckerbergina Biologica, 59*: 71.

75. PORTUS, M. y COLL, M.C. (1978).- Estudio del ectoparasitismo del lirón careto (*Eliomys quercinus ophiusae*) de la isla de Formentera. *II Reun. Anual A.P.E.*, Madrid: 70.

76. PRIETO LORENZO, A. (1958).- Los artrópodos vectores de enfermedades infecciosas y parasitarias en el hombre. 2ª parte. *Med. Trop., 32*: 1.

77. PUJOLS, M. y GOMEZ, M.S. (1987).- Sobre la biología de *Ctenophthalmus (Medioctenophthalmus) russulae galloibericus* (Beaucournu y Lumaret, 1972) (Sifonaptera, Insecta) en los micromamíferos del Delta del Ebro. *V Congr. Nac. Parasitol.*, Salamanca: 171.

78. RAMAJO MARTIN, V. (1992).- *Zooparasitologia*. En: Las Dehesas Salmantinas. Junta de Castilla y León. Gráficas Ortega, Salamanca: 463.

79. REINA, D. et al. (1992).- Contribución al conocimiento de la parasitofauna de los animales silvestres y de vida libre en la provincia de Cáceres (España). *"In Memoriam" al Profesor Doctor D. F. de P. Mártinez Gómez*, Univ. de Córdoba: 409.

80. RIBEIRO, H. y CAPELA, R. (1989).- Nova contribuçao para o conhecimento sistemático dos sifonápteros de Portugal Continental (Insecta, Siphonaptera). *Boletim da Soc. Port. de Entomol., 4*: 89.

81. RIBEIRO, H. y CAPELA, R. (1989).- Sifonápteros de Portugal (Insecta, Siphonaptera). IV. Um novo achado: *Odontopsyllus quirosi quirosi* (Gil Collado, 1934). *Boletim da Soc. Port. de Entomol., 4*: 97.

82. RIBEIRO, H. y CAPELA, R.A. (1990).- Sifonápteros de Portugal. V. Ocorrência de *Rhadinopsylla pentacantha* (Roths., 1897). *Boletim da Soc. Port. de Entomol., 4*: 145.

83. RODRIGUEZ, J.A.; GUILLEN, J.L. y SANCHEZ COVISA, A. (1979).- Estudio biométrico de *Odontopsyllus quirosi* (Gil Collado, 1934) (Siphonaptera, Leptopsyllidae). *Com. II Cong. Nac. Parasitol.*, León, 1-4 oct.

84. RODRIGUEZ, J.A.; ZAPATERO, L.M. y SANCHEZ COVISA, A. (1979).- Evolución de ectoparásitos de lepóridos en el transcurso del año. *Com. II Cong. Nac. Parasitol.*, León, 1-4 oct.

85. RODRIGUEZ RODRIGUEZ, J.A.; ZAPATERO RAMOS, L.M. y SANCHEZ COVISA, A. (1981).- Variación estacional de Ixodidae y Siphonaptera de lepóridos en la provincia de Ciudad Real. *Rev. Ibér. Parasitol., 41*: 527.
86. ROTHSCHILD, N.C. (1910).- Two new european Siphonaptera. *Ent. Month. Mag., 46*: 207.
87. SANCHEZ ACEDO, C.; OTERO, J. y ALBALA PEREZ, F. (1974).- Estudio parasitológico en quirópteros. *Rev. Ibér. Parasitol., 34*: 245.
88. SANCHEZ ACEDO, C. y VERICAD, J.R. (1973).- Ectoparásitos de mamíferos y aves montaraces del Alto Aragón. *Rev. Ibér. Parasitol., 33*: 29.
89. SMIT, F.G.A.M. (1955).- A new *Ctenophthalmus* (Siphonaptera: Hystrichopsyllidae) from France and Spain. *Ent. Month. Mag., 91*: 145.
90. SMIT, F.G.A.M. (1960).- Records of Siphonaptera from the Pyrenees, with description of a new species. *Proc. R. Ent. Soc. London, 29*: 11.
91. SMIT, F.G.A.M. (1975).- A new subspecies of shrew-flea with a lusitanian distribution. *Ent. Gaz., 26*: 274.
92. SMIT, F.G.A.M. y WRIGHT, L.M. (1964).- Notes on the Wagner Collection of Siphonaptera in the Zoologisches Museum, Hamburg. *Mitt. Hamburg Zool. Mus. u. Inst., 62*: 1.
93. TARAZONA VILAS, J.M. (1953).- Sobre unas microfilarias halladas en un *Ctenocephalides canis* (Curtis, 1876). *Rev. Ibér. Parasitol., 13*: 363.
94. TARAZONA VILAS, J.M. (1954).- *Las zoonosis parasitarias transmisibles al hombre en el Somontano de Barbastro*. Inst. Estud. Oscenses. Huesca.
95. THEODORIDES, J. (1953).- Première contribution à l'étude des ectoparasites de Vertébrés des Pyrénées Orientales. *Vie et Milieu, 4*: 753.
96. WAGNER, J. (1939).- Eine neue *Ctenophthalmus* Art aus Spanien. *Z. Parasitenk., 11*: 235.
97. WATSON, J.; CALLANDER, R.; COOK, D. y HENDERSON, A.S.D. (1966).- Aberdeen University exploration Society. Expedition to the Western Pyrenees (Citado por Beaucournu, 1976).
98. ZAPATERO, L.M.; GUILLEN, J.L. y GIL COLLADO, J. (1979).- Estudio parasitológico de una colonia de *Tadarida taeniotis. Com. II Cong. Nac. Parasitol.*, León, 1-4 oct.
99. ZAPATERO RAMOS, L.M.; RODRIGUEZ RODRIGUEZ, J.A. y GONZALEZ SANTIAGO, P.I. (1982).- Ectoparásitos de múridos ibéricos e insulares. *Rev. Ibér. Parasitol.*, Vol. Extr.: 113.

PROTOZOA

Adelina akidium
Hosp.: Coleóptero (*Morica hybrida*)
Dist.: España, sin precisar.
Bibl.: 663.

Adelina riouxi LEVINE, 1977
Hosp.: Díptero (*Phlebotomus perniciosus*)
Dist.: Murcia.
Reg.: VII.
Bibl.: 421.

Aggregata coelomica
Hosp.: Cangrejo de la nacra (*Pinnotheres pinnotheres*)
Dist.: Costa noreste de España.
Reg.: V.
Bibl.: 695 y 696.

Aggregata eberthi LABBE, 1899
Hosp.: Cangrejo nadador (*Macropipus depurator*)
Dist.: Costa noreste de España.
Reg.: V.
Bibl.: 695 y 696.

Aggregata inachi SMITH, 1906
Hosp.: Araña de mar (*Inachus communisimus*)
Dist.: Costa noreste de España.
Reg.: V.
Bibl.: 695 y 696.

Aggregata sp.
Hosp.: Diversos crustáceos (*Atelecyclus rotundatus, Corystes cassivelaunus, Goneplax rhomboides, Macropodia rostrata, Macropipus depurator, Macropipus tuberculatus, Pachygrapsus marmoratus, Parthenope angulifrons, Pinnotheres pinnotheres* y *Xantho poressa*)
Dist.: Costa noreste de España.
Reg.: V.
Bibl.: 695 y 696.

Amyloodinium ocellatum BROWN, 1931
Hosp.: Anguila (*Anguilla anguilla*) y lubina (*Dicentrarchus labrax*)
Dist.: Valencia.
Reg.: VII.
Bibl.: Orts, Fernández y Carbonell, 1993 (com. per.)

Amyloodinium sp.
Hosp.: Lubina (*Dicentrarchus labrax*)
Dist.: Tarragona.
Reg.: IV.
Bibl.: 34.

Ancistrocoma sp.
Hosp.: Ostra gallega (*Crassostrea angulata*)
Dist.: Cádiz.
Reg.: IX.
Bibl.: 309.

Ancistrum mytili
Hosp.: Mejillón rubio (*Mytilus galloprovincialis*)
Dist.: Pontevedra.
Reg.: II.
Bibl.: 244.

Anoplophrya foetidae FERNANDEZ-GALIANO et PEREZ UZ, 1990
Hosp.: Lombriz de tierra (*Eisenia foetida*)
Dist.: ?
Bibl.: 218.

Atoxoplasma spp.
Cf. *Lankesterella* spp.

Babesia argentina
Cf. *Babesia bovis*

Babesia berbera
Cf. *Babesia bovis*

Babesia bigemina (SMITH y KILBORNE, 1893)
Hosp.: Vaca.
Vect.: Garrapata (*Boophilus calcaratus*)
Dist.: Almería, Badajoz, Cáceres, Córdoba, Granada, Guipúzcoa (ganado de lidia andaluz), Jaén, Málaga, Salamanca, Sevilla y Toledo. Portugal.
Reg.: I, III, VI, VIII, IX y X. Portugal.
Bibl.: 114, 197, 259, 271, 307, 313, 351, 412, 508, 518, 573 y 603.

Babesia bovis (BABES, 1888) STARCOVICI, 1898
(Syn. *B.argentina; B.berbera*)
Hosp.: Vaca y hombre (esporádico)
Vect.: *Ixodes ricinus, Boophilus annulatus*
Dist.: Almería, Asturias, Avila, Badajoz, Cáceres, Cádiz, Córdoba, Granada, Jaén, Madrid, Málaga, Orense, Salamanca y Sevilla. Portugal.
Reg.: I, III, VI, VIII, IX y X. Portugal.
Bibl.: 115, 197, 259, 260, 261, 270, 271, 313, 351, 410, 412, 417, 437, 540 y 644.

Babesia caballi (NUTTALL, 1910)
Hosp.: Caballo, asno y mulo.
Vect.: Garrapatas (*Hyalomma marginatum, Ixodes ricinus*?)
Dist.: Badajoz, Cáceres, Ciudad Real, Navarra y Toledo. Portugal.
Reg.: IV, VI, VIII y IX. Portugal.
Bibl.: 13, 111, 158, 317, 351, 412, 436, 598 y 668.

Babesia canis (PIANA et GALLI-VALERIO, 1895)
Hosp.: Perro.
Vect.: Garrapatas duras, sin determinar.
Dist.: Alava, Cáceres, Córdoba, Granada y Vizcaya. Portugal.
Reg.: I, IV, VI, IX y X. Portugal.
Bibl.: 266, 351, 377, 417, 436, 518 y 573.

Babesia divergens (M'FADYEAN et STOCKMAN, 1911)
Hosp.: Vaca.
Vect.: Garrapatas duras, sin determinar.
Dist.: Cantabria, Madrid y Salamanca.
Reg.: I, III y VI.
Bibl.: 197, 270 y Cordero del Campillo y Fernández Cueto, 1972 (inéd.).

Babesia equi (LAVERAN, 1901)
(Syn. *Nuttallia equi*)
Hosp.: Caballo, asno y mulo.
Vect.: Garrapatas duras, sin determinar.
Dist.: Badajoz, Cáceres, Córdoba y León. Portugal.
Reg.: III, VI, VIII y IX. Portugal.
Bibl.: 13, 112, 158, 317, 351, 417, 436 y 573.

Babesia major (SERGEANT et al., 1926)
Hosp.: Vaca.
Vect.: *Hyalomma punctata* y otras garrapatas duras, sin determinar.
Dist.: Almería, Badajoz, Cádiz, Córdoba, Granada, Jaén, Málaga, Salamanca y Sevilla.
Reg.: III, VI, VIII, IX y X.
Bibl.: 197, 259 y 644.

Babesia motasi (WENYON, 1926)
Hosp.: Oveja.
Vect.: Garrapatas (*Rhipicephalus bursa, Hyalomma punctata, Hyalomma impresum*?)
Dist.: Badajoz, Ciudad Real y Salamanca. Portugal.
Reg.: III y VIII. Portugal.
Bibl.: 15, 112, 143, 197, 351, 539 y 644.

Babesia ovis (BABES, 1892)
Hosp.: Cabra y oveja.
Vect.: Garrapatas (*Rhipicephalus bursa, Hyalomma impresum*?)
Dist.: Badajoz, Cáceres, Ciudad Real, Córdoba, León, Salamanca, Tarragona y Toledo. Portugal.
Reg.: III, IV, VI, VIII y IX. Portugal.
Bibl.: 15, 143, 197, 313, 314, 316, 351, 417, 472, 487, 539, 620, 644 y Cordero del CaBmpillo, 1952 (inéd.)

Babesia sp.
Hosp.: Caballo, asno y mulo.
Vect.: Garrapatas duras, sin determinar.
Dist.: Badajoz y Toledo.
Reg.: VIII.
Bibl.: 362, 611 y 668.

Babesia sp.
Hosp.: Oveja.
Vect.: Garrapatas duras, sin determinar.
Dist.: Salamanca.
Reg.: III.
Bibl.: 540 y 644.

Babesia sp.
Hosp.: Perro.
Vect.: Garrapatas duras, sin determinar.
Dist.: Cáceres.
Reg.: VI.
Bibl.: 518.

Babesia sp.
Hosp.: Vaca.
Vect.: *Ixodes ricinus* y otras garrapatas duras sin determinar
Dist.: Barcelona, Cádiz, Extremadura, Granada, Málaga, Salamanca, Sevilla y Toledo. Portugal.
Reg.: III, V, VI, VIII, IX y X. Portugal.
Bibl.: 118, 207, 269, 351, 412, 423, 518, 603, 608, 612, 644 y 668.

Babesia sp.
Hosp.: Erizo (*Erinaceus europaeus*)
Vect.: ?
Dist.: Salamanca
Reg.: III.
Bibl.: 540.

Babesia spp
(Syn. *Piroplasma* spp.)

Babesia trautmanni (KNUTH et DU TOIT, 1918)
Hosp.: Cerdo.
Vect.: Garrapata (*Boophilus decoloratus*?)
Dist.: Badajoz.
Reg.: VIII.
Bibl.: 199.

Babesia vesperuginis
Hosp.: Murciélago troglodita (*Miniopterus schreibersii*) y murciélago común (*Pipistrellus pipistrellus*)
Dist.: Portugal.
Bibl.: 5.

Balantidium coli (MALMSTEIN, 1857) STEIN, 1862
(incluye una cita de *Balantidium minutum* SCHAUDINN, 1899)
Hosp.: Cerdo y hombre.
Dist.: Badajoz, Cáceres, Córdoba, Galicia, Granada, La Coruña, León, Navarra, Salamanca, Valencia y Zaragoza. Portugal.
Reg.: I, II, III, IV, VI, VII, IX y X. Portugal.
Bibl.: 46, 47, 134, 151, 175, 176, 177, 199, 208, 263, 283, 299, 313, 350, 351, 377, 417, 494, 497, 540, 573, 614, 632, 659, 686 y 701.

Balantidium duodeni STEIN, 1807
Hosp.: Rana (*Rana perezi*)
Dist.: Canarias.
Reg.: XII.
Bibl.: 124.

Balantidium elongatum
Hosp.: Rana común (*Rana perezi*)
Dist.: Madrid.
Reg.: VI.
Bibl.: 212.

Balantidium entozoon EHRENBERG, 1938
Hosp.: Rana (*Rana perezi*) y ranita meridional (*Hyla meridionalis*)
Dist.: Canarias.
Reg.: XII.
Bibl.: 124.

Balantidium galianoi FERNANDEZ GALIANO, 1951
Hosp.: Gallipato (*Pleurodeles waltlii*)
Dist.: Madrid.
Reg.: VI.
Bibl.: 211.

Balantidium minutum SCHAUDINN, 1899
Cf. *Balantidium coli*

Balantidium sp.
Hosp.: Lagarto canarión (*Gallotia simonyi stehlinii*)
Dist.: Canarias.
Reg.: XII.
Bibl.: 382.

Besnoitia besnoiti (MAROTEL, 1913) HENRY, 1913
(Syn. *Globidium besnoitia* MAROTEL, 1913)
Hosp.: Vaca.
Dist.: Navarra y Vizcaya. Portugal.
Reg.: I y IV. Portugal.
Bibl.: 266, 347 y 351.

Blastocystis enterocola
Hosp.: Perinquén de Delalande (*Tarentola delalandii*)
Dist.: Canarias.
Reg.: XII.
Bibl.: 123.

Blastocystis hominis BRUMPT, 1912
(Syn. *Enteromonas* (=*Craigia*)?; *Trichomonas*?; hongo?)
Hosp.: Hombre.
Dist.: Granada y Salamanca.
Reg.: III, IX y X.
Bibl.: 302, 374, 375, 376, 381 y 401.

Bonamia ostrea (BALOURET et al., 1983)
Hosp.: Ostra (*Ostrea edulis*)
Dist.: Galicia.
Reg.: I y II.
Bibl.: 458 y 460.

Buxtonella sulcata JAMESON, 1926
Hosp.: Vaca.
Dist.: Asturias y León.
Reg.: I y III.
Bibl.: Martínez Fernández y Cordero del Campillo, y Rojo Vazquez, 1976 (inéd.)

Cepedea dimidiata (STEIN, 1860) METCALF, 1923
Hosp.: Rana (*Rana perezi*) y ranita meridional (*Hyla meridionalis*)
Dist.: Canarias.
Reg.: XII.
Bibl.: 124.

Cephaloidophora conformis (DIESING, 1851)
Hosp.: Cangrejo corredor (*Pachygrapsus marmoratus*)
Dist.: Costa noreste de España.
Reg.: V.
Bibl.: 695 y 696.

Cephaloidophora drachi THEODORIDES, 1962
Hosp.: Cangrejo (*Xantho poressa*)
Dist.: Costa noreste de España.
Reg.: V.
Bibl.: 695 y 696.

Cephaloidophora dromiae (FRENZEL, 1885)
Hosp.: Cangrejo felpudo (*Dromia personata*)
Dist.: Costa noreste de España.
Reg.: V.
Bibl.: 695 y 696.

Cephaloidophora guinotae THEODORIDES, 1967
Hosp.: Cangrejo aterciopelado (*Pilumnus spinifer*)
Dist.: Costa noreste de España.
Reg.: V.
Bibl.: 695 y 696.

Cephaloidophora knoepfferi THEODORIDES, 1962
Hosp.: Cangrejo de la nacra (*Pinnotheres pinnotheres*)
Dist.: Costa noreste de España.
Reg.: V.
Bibl.: 695 y 696.

Ceratomyxa sp.
Hosp.: Lubina (*Dicentrarchus labrax*)
Dist.: Tarragona.
Reg.: IV.
Bibl.: 34.

Chilodonella uncinata
Hosp.: Anguila (*Anguilla anguilla*)
Dist.: Portugal.
Bibl.: 128.

Chilomastix caulleryi ALEXEIEFF, 1909
Hosp.: Rana (*Rana perezi*) y ranita meridional (*Hyla meridionalis*)
Dist.: Canarias.
Reg.: XII.
Bibl.: 124.

Chilomastix cuniculi DA FONSECA, 1915
Hosp.: Conejo (*Oryctolagus cuniculus*)
Dist.: Granada.
Reg.: IX y X.
Bibl.: 189 y 377.

Chilomastix granatensis LOPEZ-NEYRA et SUAREZ PEREGRIN, 1933
Hosp.: Hombre y, acaso, ratas y conejos.
Dist.: Granada.
Reg.: IX y X.
Bibl.: 377 y 380.

Chilomastix hemidactylus
Hosp.: Eslizón dorado (*Chalcides viridanus*) y perinquén de Delalande (*Tarentola delalandii*)
Dist.: Canarias.
Reg.: XII.
Bibl.: 123 y 654.

Chilomastix mesnili (WENYON, 1910), ALEXEIEFF, 1912
Hosp.: Hombre.
Dist.: Barcelona, Granada y Madrid.
Reg.: V, VI, IX y X.
Bibl.: 190, 299, 306 y 639.

Chloromyxum chondrostomi ALVAREZ, PEREIRA et GONZALEZ, 1983
Hosp.: Boga (*Chondrostoma polylepis*)
Dist.: León.
Reg.: III.
Bibl.: 33.

Chloromyxum complicatum ALVAREZ, PEREIRA et GONZALEZ, 1983
Hosp.: Barbo (*Barbus barbus bocagei*) y cacho (*Leuciscus cephalus*)
Dist.: León.
Reg.: III.
Bibl.: 33.

Chloromyxum cyprini
Hosp.: Barbo (*Barbus barbus bocagei*)
Dist.: León.
Reg.: III.
Bibl.: 29 y 33.

Chloromyxum truttae LEGER, 1906
Hosp.: Trucha común (*Salmo trutta fario*)
Dist.: León.
Reg.: III.
Bibl.: 32.

Costia necatrix (HENNEGUY, 1883) LECLERQ, 1890
Hosp.: Trucha común (*Salmo trutta fario*)
Dist.: Lérida.
Reg.: IV.
Bibl.: 153 y 154.

Craigia hominis (CRAIG) LOPEZ-NEYRA et SUAREZ, 1934
Cf. *Enteromonas hominis*

Craigia migrans BARLOW, 1915
Cf. *Enteromonas hominis*

Cryptobia sp.
Hosp.: Barbo (*barbus barbus*), tenca (*Tinca tinca*), boga (*Chondrostoma polylepis*), cacho (*Leuciscus cephalus*) y lubina (*Dicentrachus labrax*)
Dist.: León y Tarragona.
Reg.: III y IV.
Bibl.: 29 y 34.

Cryptocarion irritans BROWN, 1951
Hosp.: Lubina (*Dicentrarchus labrax*)
Dist.: Valencia.
Reg.: VII.
Bibl.: Fernández y Carbonell, 1993 (com. per.)

Cryptosporidium neoformans
Hosp.: Hombre.
Dist.: Sevilla.
Reg.: IX.
Bibl.: 41.

Cryptosporidium parvum (UPTON et CURRENT, 1985)
Hosp.: Vaca, oveja y cerdo.
Dist.: Aragón y Galicia.
Reg.: I, II y IV.
Bibl.: 538, 690, 691 y 692.

Cryptosporidium sp.
Hosp.: Cerdo, gallina, cabra, caballo, perro, oveja, vaca, hombre y almeja fina (*Tapes decussatus*).
Dist.: Alava, Aragón, Barcelona, Burgos, Cáceres, Córdoba, Guipúzcoa, Huelva, Madrid, Murcia, Navarra, Galicia, Palencia, La Rioja, Salamanca, Sevilla, Tarragona y Vizcaya. Portugal.
Reg.: I, II, III, IV, V, VI, IX y X. Portugal.
Bibl.: 78, 83, 130, 135, 168, 203, 204, 206, 266, 272, 273, 364, 365, 436, 472, 529, 570 y 659.

Cyclochaeta sp.
Hosp.: Ostra gallega (*Crassostrea angulata*)
Dist.: Costas de Galicia.
Reg.: II.
Bibl.: 571.

Cycloposthium edentatum STRELKOW, 1929
Hosp.: Caballo.
Dist.: Madrid.
Reg.: V.
Bibl.: 215.

Cystoisospora canis (NEMESERI, 1959) FRENKEL, 1977
(Syn. *Isospora canis*)
Hosp.: Perro.
Dist.: Aragón, Galicia, Cáceres, Córdoba y Granada. Portugal.
Reg.: I, II, IV, VI, IX y X. Portugal.
Bibl.: 79, 135, 313, 351, 355, 357, 417 y 578.

Dasytricha ruminantium SCHUBERG, 1880
Hosp.: Oveja.
Dist.: León.
Reg.: III.
Bibl.: 12.

Dientamoeba fragilis JEPPS et DOBEL, 1918
Hosp.: Hombre.
Dist.: Barcelona, Granada y Madrid.
Reg.: V, VI, IX y X.
Bibl.: 299, 377 y 639.

Diplodinium anacanthum DOGIEL, 1927
Diplodinium anisacanthum (CUNHA, 1914) DOGIEL, 1927
Hosp.: Oveja.
Dist.: León.
Reg.: III.
Bibl.: 12.

Diplodinium dogieli KOFOID et MACLENNAN
Hosp.: Oveja.
Dist.: Portugal.
Bibl.: 396.

Diplodinium quinquecaudatum SCHUBERG, 1888
Diploplastron affine DOGIEL et FEDOROWA, 1925
Hosp.: Oveja.
Dist.: León.
Reg.. III
Bibl.: 12.

Eimeria acervulina TYZZER, 1929
Hosp.: Gallina.
Dist.: General.
Bibl.: 120, 149, 150, 351, 416, 417, 466, 540, 572, 578 y 661.

Eimeria alijevi MUSAEV, 1970
Hosp.: Cabra.
Dist.: Madrid.
Reg.: VI.
Bibl.: 249.

Eimeria apsheronica MUSAEV, 1970
Hosp.: Cabra.
Dist.: Madrid.
Reg.: VI.
Bibl.: 249.

Eimeria arloingi (MAROTEL, 1905) MARTIN, 1909
Cf. *Eimeria bakuensis*

Eimeria ashata HONESS, 1942
Hosp.: Oveja y cabra.
Dist.: Cáceres, Córdoba, Granada, León y Salamanca.
Reg.: III, VI, IX y X.
Bibl.: 86, 313, 333, 355, 417, 472, 540, 573, 578 y 658.

Eimeria auburnensis CHRISTENSEN et PORTER, 1939

Hosp.: Vaca.
Dist.: Cáceres, Córdoba, Granada, León y Salamanca.
Reg.: III, VI, IX y X.
Bibl.: 147, 148, 149, 150, 313, 540, 573, 578 y 644.

Eimeria avium

Cf. *Eimeria tenella*

Eimeria bakuensis MUSAEV, 1970

(Syn. *Eimeria arloingi, Eimeria ovina*)

Hosp.: Oveja, cabra y cabra montés (*Capra pyrenaica*)
Dist.: General.
Bibl.: 86, 149, 150, 241, 249, 313, 351, 377, 415, 416, 417, 472, 511, 540, 573, 578, 628, 641, 644 y 658.

Eimeria bateri BHATEI, PANDEY et PANDE, 1965

Hosp.: Codorniz (*Coturnix coturnix*)
Dist.: Zaragoza.
Reg.: IV.
Bibl.: 578 y 615.

Eimeria baueri

Hosp.: Carpín (*Carassius carassius*)
Dist.: León.
Reg.: III.
Bibl.: 26.

Eimeria beauchampi L. et D.

Hosp.: Hemicordado (*Glossobalanus minutus*)
Dist.: Asturias.
Reg.: I.
Bibl.: 93 y 205.

Eimeria betica MARTINEZ GOMEZ et HERNANDEZ RODRIGUEZ, 1974

Hosp.: Cerdo.
Dist.: Cáceres y Córdoba.
Reg.: VI y IX.
Bibl.: 413, 417, 436 y 519.

Eimeria bovis (ZUBLIN, 1908) FIEBIGER, 1912

(Syn. *Eimeria smithi*)

Hosp.. Vaca.
Dist.: Cáceres, Córdoba, Granada, León, Pontevedra y Salamanca. Portugal.
Reg.: II, III, VI, IX y X. Portugal.
Bibl.: 147, 148, 149, 150, 313, 351, 417, 540, 573, 578 y 610.

Eimeria brasiliensis TORRES et RAMOS, 1939

Hosp.: Vaca.
Dist.: Cáceres, Granada y León?.
Reg.: III, VI, IX y X.
Bibl.: 147, 148, 149, 150, 313, 573 y 578.

Eimeria brunetti LEVINE, 1942

Hosp.: Gallina.
Dist.: Córdoba, Navarra y Valencia.
Reg.: I, VII y IX.
Bibl.: 120, 149, 150, 417, 573 y 578.

Eimeria bukidnonensis

Hosp.: Vaca.
Dist.: Cáceres.
Reg.: VI.
Bibl.: 313 y 436.

Eimeria canis WENYON, 1923

Hosp.: Perro.
Dist.: Cáceres, Córdoba, Galicia y Granada.
Reg.: I, II, VI, IX y X.
Bibl.: 79, 313, 351, 355, 356, 417 y 573.

Eimeria capreoli

Hosp.: Corzo (*Capreolus capreolus*)
Dist.: Cáceres.
Reg.: VI.
Bibl.: 547.

Eimeria carassiusaurati ROMERO RODRIGUEZ, 1978

Hosp.: Carpín dorado (*Carassius auratus*)
Dist.: Granada.
Reg.: IX.
Bibl.: 584.

Eimeria cerdonis VETTERLING, 1965

Hosp.: Cerdo.
Dist.: Córdoba y Granada.
Reg.: IX y X.
Bibl.: 413, 417, 573, 577, 578 y 589.

Eimeria christensoni LEVINE, IVENS et FRITZ, 1962
Hosp.: Cabra.
Dist.: Madrid.
Reg.: VI.
Bibl.: 249.

Eimeria cilindrica
Hosp.: ?
Dist.: Cáceres.
Reg.: VI.
Bibl.: 436.

Eimeria coecicola
Hosp.: Conejo (*Oryctolagus cuniculus*)
Dist.: La Rioja.
Reg.: IV.
Bibl.: 266.

Eimeria coturnicis CHAKRAVARTY et KAR, 1947
Hosp.: Perdiz roja (*Alectoris rufa*)
Dist.: Granada.
Reg.: IX y X.
Bibl.: 357 y 578.

Eimeria crandalis HONESS, 1942
Hosp.: Oveja y cabra.
Dist.: Cáceres, Córdoba, Granada y León.
Reg.: III, VI, IX y X.
Bibl.: 313, 330, 355, 417, 472, 573, 578 y 658.

Eimeria debliecki DOUWES, 1921
Hosp.: Cerdo.
Dist.: Cáceres, Córdoba, Granada, León y Valencia. Portugal.
Reg.: III, VI, VII, IX y X.
Bibl.: 149, 150, 151, 263, 313, 351, 355, 413, 417, 564, 573, 577, 578 y 589.

Eimeria delalandii MATUSCHKA et BANNERT, 1986
Hosp.: Perinquén de Delalande (*Tarentola delalandii*)
Dist.: Canarias.
Reg.: XII.
Bibl.: 431.

Eimeria ellipsoidalis BECKER et FRYE, 1929
Hosp.: Vaca.
Dist.: Cáceres, León y Salamanca.
Reg.: III y VI.
Bibl.: 147, 148, 149, 150, 313, 573 y Simón Vicente y Ramajo Martín, 1974 (inéd.)

Eimeria environ HONESS, 1939
Hosp.: Liebre (*Lepus capensis*)
Dist.: Granada.
Reg.: IX y X.
Bibl.: 581.

Eimeria europaea (PELLERDY, 1956)
Hosp.: Liebre (*Lepus capensis*)
Dist.: Cáceres, Ciudad Real, Córdoba, Granada y Jaén.
Reg.: VI, VIII, IX y X.
Bibl.: 313, 418, 454 y 582.

Eimeria exigua YAKIMOFF, 1934
Hosp.: Conejo (*Oryctolagus cuniculus*)
Dist.: Cáceres, Granada y León.
Reg.: III, VI, IX y X.
Bibl.: 40, 313, 355, 573, 575 y 578.

Eimeria falciformis (EIMER, 1870)
Hosp.: Ratón (*Mus musculus*)
Dist.: León.
Reg.: III.
Bibl.: 146, 149, 150 y 573.

Eimeria faurei (MOUSSOU et MAROTEL, 1902) MARTIN, 1909
Hosp.: Oveja y cabra.
Dist.: Avila, Cáceres, Córdoba, Granada, León y Salamanca. Portugal.
Reg.: III, VI, VIII, IX y X. Portugal.
Bibl.: 86, 149, 150, 241, 313, 351, 417, 472, 540, 572, 573, 578 y 658.

Eimeria francae SANCHEZ ACEDO et al., 1981
Hosp.: Eland (*Taurotragus oryx*)
Dist.: ?
Bibl.: 616.

Eimeria gallotiae MATUSCHKA et BANNERT, 1987
Hosp.: Lagarto tizón (*Gallotia galloti*)
Dist.: Canarias.
Reg.: XII.
Bibl.: 432.

Eimeria gilruthi (CHATTON, 1910) REICHENOW et CARINI, 1937
(Syn. *Globidium gilruthi*)
Hosp.: Oveja y cabra.
Dist.: Alava, Guipúzcoa y Vizcaya. Portugal.
Reg.: I y IV. Portugal
Bibl.: 255, 266 y 351.

Eimeria gonzalezi LIZCANO HERRERA et ROMERO RODRIGUEZ, 1972
(Taut. de *Eimeria gonzalezi* BAZALAR et GUERRERO, 1970)
Cf. *Eimeria gonzalezcastroi*

Eimeria gonzalezcastroi LIZCANO HERRERA et ROMERO RODRIGUEZ, 1975
Hosp.: Perdiz roja (*Alectoris rufa*)
Dist.: Granada.
Reg.: IX y X.
Bibl.: 357, 358 y 578.

Eimeria granulosa CHRISTENSEN, 1938
Hosp.: Oveja y cabra.
Dist.: Cáceres, Granada y León.
Reg.: III, VI, IX y X.
Bibl.: 86, 331, 355, 436, 573, 589 y 658.

Eimeria guevarai ROMERO RODRIGUEZ et LIZCANO HERRERA, 1971
Hosp.: Cerdo.
Dist.: Cáceres y Granada.
Reg.: VI, IX y X.
Bibl.: 313, 577, 578 y 589.

Eimeria hagani LEVINE, 1938
Hosp.: Gallina.
Dist.: Cataluña.
Reg.: IV y V.
Bibl.: 578 y 609.

Eimeria helmantica SANCHEZ ACEDO et al., 1981
Hosp.: Eland (*Taurotragus oryx*)
Dist.: ?
Bibl.: 616.

Eimeria hirci CHEVALIER, 1966
Hosp.: Cabra.
Dist.: Madrid.
Reg.: VI.
Bibl.: 249.

Eimeria hungarica PELLERDY, 1956
Hosp.: Conejo (*Oryctolagus cuniculus*) y liebre (*Lepus capensis*)
Dist.: Cáceres, Ciudad Real, Córdoba, Granada y Jaén.
Reg.: VI, VIII, IX y X.
Bibl.: 313, 418, 464 y 580.

Eimeria intestinalis CHEISSIN, 1948
Hosp.: Conejo (*Oryctolagus cuniculus*)
Dist.: Córdoba, Granada y León.
Reg.: III, IX y X.
Bibl.: 40, 417, 575, 591 y 592.

Eimeria intricata SPIEGL, 1925
Hosp.: Oveja.
Dist.: Alava, Cáceres, Córdoba, León, Salamanca y Sevilla. Portugal.
Reg.: III, IV, VI y IX. Portugal.
Bibl.: 86, 149, 150, 241, 266, 313, 332, 417, 472, 513, 540, 573, 642 y 658.

Eimeria irresidua KESSEL et JANKIEWICZ, 1931
Hosp.: Conejo (*Oryctolagus cuniculus*)
Dist.: Cáceres y Granada.
Reg.: VI, IX y X.
Bibl.: 40, 313, 355, 573, 575 y 578.

Eimeria jolchijevi MUSAEV, 1970
Hosp.: Cabra.
Dist.: Madrid.
Reg.: VI.
Bibl.: 249.

Eimeria kofoidi YAKIMOFF et MATIKASCHWILI, 1936
Hosp.: Perdiz roja (*Alectoris rufa*)
Dist.: Cáceres, Córdoba y Granada.
Reg.: VI, IX y X.
Bibl.: 323, 358, 417, 436, 547 y 578.

Eimeria labbeana PINTO, 1928
Hosp.: Paloma (*Columba livia*)
Dist.: Córdoba y Valencia. Portugal.
Reg.: VII y IX. Portugal.
Bibl.: 149, 150, 351, 417, 420 y 578.

Eimeria legionensis CORDERO DEL CAMPILLO et PLA HERNANDEZ, 1966

Hosp.: Perdiz roja (*Alectoris rufa*)
Dist.: Cáceres, Córdoba y Valladolid.
Reg.: III, VI y IX.
Bibl.: 157, 323, 417, 436, 547 y 578.

Eimeria leporis

Hosp.: Liebre (*Lepus capensis*)
Dist.: Cáceres, Ciudad Real, Córdoba, Granada y Jaén.
Reg.: VI, VIII, IX y X.
Bibl.: 313, 418, 464 y 582.

Eimeria leucisci

Hosp.: Barbo (*Barbus barbus bocagei*)
Dist.: León.
Reg.: III.
Bibl.: 26.

Eimeria leuckarti (FLESH, 1884) REICHENOV, 1940

Hosp.: Caballo.
Dist.: Cáceres, Córdoba, Granada, Madrid y Toledo.
Reg.. VI, VIII y IX.
Bibl.: 149, 150, 417, 436, 549 y 578.

Eimeria magna PERARD, 1925

Hosp.: Conejo (*Oryctolagus cuniculus*)
Dist.: Cáceres, Córdoba, Granada, Huesca, León, Navarra y La Rioja.
Reg.. III, IV, VI, IX y X.
Bibl.: 40, 149, 150, 266, 313, 417, 575, 578 y 592.

Eimeria maior DUSZINKI et MARQUARDT, 1969

Hosp.: Liebre (*Lepus capensis*)
Dist.: Granada.
Reg.: IX y X.
Bibl.: 588.

Eimeria marsica (RESTANI, 1971)

Hosp.: Cabra y oveja.
Dist.: Granada.
Reg.: IX y X.
Bibl.: 586.

Eimeria matsubayashii TSUNODA, 1952

Hosp.: Conejo (*Oryctolagus cuniculus*)
Dist.: Granada.
Reg.: IX y X.
Bibl.: 592.

Eimeria maxima TYZZER, 1929

Hosp.: Gallina.
Dist.: Cáceres, Cantabria, Córdoba, Jaén, León, Madrid, Navarra, Valencia y Vizcaya.
Reg.: I, III, VI, VII y IX.
Bibl.: 120, 149, 150, 313, 417, 578 y 661.

Eimeria media KESSEL, 1929

Hosp.: Conejo (*Oryctolagus cuniculus*)
Dist.: Córdoba, Granada, León y Navarra.
Reg.. III, IV, IX y X.
Bibl.: 40, 149, 150, 266, 417, 573, 578 y 592.

Eimeria meleagridis TYZZER, 1927

Hosp.: Pavo (*Meleagris gallopavo*)
Dist.: Córdoba, León y Salamanca.
Reg.: III y IX.
Bibl.: 149, 150, 439, 540, 573 y 578.

Eimeria meleagrimitis TYZZER, 1927

Hosp.: Pavo (*Meleagris gallopavo*)
Dist.: Córdoba, León y Salamanca.
Reg.: III y IX.
Bibl.: 149, 150, 439, 573 y 578.

Eimeria minima CARVALHO, 1943

Hosp.: Liebre (*Lepus capensis*)
Dist.: Granada.
Reg.: IX y X.
Bibl.: 581.

Eimeria mitis TYZZER, 1927

Hosp.: Gallina.
Dist.: Cantabria, Córdoba, Granada, Huesca, León y Sevilla.
Reg.: I, II, IV, IX y X.
Bibl.: 149, 150, 417, 466, 573, 578 y 661.

Eimeria mivati EDGAR et SEIBOLD, 1964

Hosp.: Gallina.
Dist.: Córdoba, León y Valencia.
Reg.: III, VII y IX.
Bibl.. 120, 417, 573, 578 y Cordero del Campillo (inéd.)

Eimeria necatrix JOHNSON, 1930
Hosp.: Gallina.
Dist.: Córdoba, Granada, Huesca, León, Madrid, Málaga, Navarra, Pontevedra, Salamanca, Valencia y Vizcaya.
Reg.: I, II, III, IV, VI, VII, IX y X.
Bibl.: 120, 149, 150, 417, 540, 573, 578 y 661.

Eimeria neodebliecki VETTERLING, 1965
Hosp.: Cerdo.
Dist.: Córdoba y Granada.
Reg.: IX y X.
Bibl.: 413, 417, 573, 577 y 578.

Eimeria neoleporis CARVALHO, 1942
Hosp.: Conejo (*Oryctolagus cuniculus*)
Dist.: León y Granada.
Reg.: III, IX y X.
Bibl.: 40 y 592.

Eimeria nieschulzi DIEBEN, 1924
Hosp.: Rata gris (*Rattus norvegicus*)
Dist.: Granada.
Reg.: IX y X.
Bibl.: 585.

Eimeria ninaekohlyakimovae YAKIMOFF et RASTEGAIEFF, 1930
Cf. *Eimeria ovinoidalis* (Oveja)
Hosp.: Cabra.
Dist.: Cáceres, Córdoba, Granada, León, Madrid y Salamanca.
Reg.: III, VI, IX y X.
Bibl.: 149, 150, 249, 313, 411, 417, 540, 573 y 578.

Eimeria ovina LEVINE et IVENS, 1970
Cf. *Eimeria bakuensis*

Eimeria ovinoidalis McDOUGALD, 1979
(Syn. *Eimeria ninaekohlyakimovae*)
Hosp.: Oveja.
Dist.: Cáceres, Córdoba, Granada, León y Salamanca.
Reg.: III, VI, IX y X.
Bibl.: 86, 149, 150, 313, 417, 472, 540, 573, 578 y 658.

Eimeria pacifica ORMSBEE, 1939
Hosp.: Faisán (*Phasianus colchicus*)
Dist.: Córdoba.
Reg.: IX.
Bibl.: 417.

Eimeria padulensis ROMERO RODRIGUEZ et LIZCANO HERRERA, 1974
Hosp.: Perdiz roja (*Alectoris rufa*)
Dist.: Granada.
Reg.: IX y X.
Bibl.: 578 y 591.

Eimeria pallida CHRISTENSEN, 1938
Hosp.: Oveja.
Dist.: Granada, León y Salamanca.
Reg.: III, IX y X.
Bibl.: 355, 540, 573, 578 y 658.

Eimeria parva KOTLAN, MOCSY et VAJDA, 1929
Hosp.: Cabra y oveja.
Dist.: Cáceres, Córdoba, Granada, León y Salamanca. Portugal.
Reg.: III, VI, IX y X. Portugal.
Bibl.: 86, 149, 150, 241, 313, 417, 472, 540, 573, 578, 586, 644 y 658.

Eimeria perforans LEUCKART, 1879
Hosp.: Conejo (*Oryctolagus cuniculus*)
Dist.: General.
Bibl.: 149, 150, 266, 313, 351, 408, 417, 573, 578, 590 y 592.

Eimeria perminuta HENRY, 1931
Hosp.: Cerdo.
Dist.: Córdoba y Granada.
Reg.: IX y X.
Bibl.: 413, 417, 573, 577, 578 y 589.

Eimeria phasiani TYZZER, 1929
Hosp.: Perdiz roja (*Alectoris rufa*)
Dist.: Granada.
Reg.: IX y X.
Bibl.: 578 y 604.

Eimeria piriformis KOTLAN et POPESCH, 1934
Hosp.: Conejo (*Oryctolagus cuniculus*)
Dist.: Granada y León.
Reg.: III, IX y X.
Bibl.. 40, 355, 573, 575, 578 y 592.

Eimeria polita PELLERDY, 1949
Hosp.: Cerdo.
Dist.: Granada.
Reg.: IX y X.
Bibl.: 573, 577, 578 y 589.

Eimeria porci VETTERLING, 1965
Hosp.: Cerdo.
Dist.: Cáceres, Córdoba y Granada.
Reg.: VI, IX y X.
Bibl.: 313, 413, 417, 573, 577, 578 y 589.

Eimeria precox JOHNSON, 1930
Hosp.: Gallina.
Dist.: Cataluña y León.
Reg.: III, IV y V.
Bibl.: 573, 578, 609 y Cordero del Campillo (inéd.)

Eimeria procera HAASE, 1939
Hosp.: Perdiz roja (*Alectoris rufa*)
Dist.: Cáceres y Granada.
Reg.: VI, IX y X.
Bibl.: 357, 436, 547 y 578.

Eimeria punctata (LANDERS, 1952) LANDERS, 1955
Hosp.: Oveja.
Dist.: Granada.
Reg.: IX y X.
Bibl.: 355, 573, 578 y 658.

Eimeria residualis MARTINEZ GOMEZ et HERNANDEZ RODRIGUEZ, 1974
Hosp.: Cerdo.
Dist.: Córdoba.
Reg.: IX.
Bibl.: 413 y 417.

Eimeria rutili
Hosp.: Boga (*Chondrostoma polylepis*) y cacho (*Leuciscus cephalus*)
Dist.: León.
Reg.: III.
Bibl.: 26 y 28.

Eimeria sardinae (THELOHAN, 1890) REICHENOW, 1921
Hosp.: Sardina (*Clupea pilchardus*)
Dist.: Portugal.
Bibl.: 513.

Eimeria separata BECKER et HALL, 1931
Hosp.: Rata gris (*Rattus norvegicus*)
Dist.: Granada.
Reg.: IX y X.
Bibl.: 575.

Eimeria septentrionalis
Hosp.: Liebre (*Lepus capensis*)
Dist.: Granada.
Reg.: IX y X.
Bibl.: 573.

Eimeria scabra HENRY, 1931
Hosp.: Cerdo.
Dist.: Córdoba y Granada. Portugal.
Reg.: IX y X. Portugal.
Bibl.: 351, 417, 573, 577, 578 y 589.

Eimeria scrofae GALLI-VALERIO, 1935
Hosp.: Cerdo.
Dist.: Granada.
Reg.: IX y X.
Bibl.: 573, 577, 578 y 589.

Eimeria sculpta MADSEN, 1938
Hosp.: Conejo (*Oryctolagus cuniculus*)
Dist.: Granada.
Reg.: IX y X.
Bibl.: 575, 578 y 590.

Eimeria smithi
Cf. *Eimeria bovis*

Eimeria sordida
Hosp.: Ciervo (*Cervus elaphus*)
Dist.: Córdoba.
Reg.: IX.
Bibl.: 324.

Eimeria sp.
Hosp.: Ciervo (*Cervus elaphus*)
Dist.: Córdoba.
Reg.: IX.
Bibl.: 319.

Eimeria sp.
Hosp.: Triguero (*Miliaria calandra*)
Dist.: Córdoba.
Reg.: IX.
Bibl.: 405.

Eimeria sp.
Hosp.: Perdiz roja (*Alectoris rufa*)
Dist.: Córdoba y Salamanca.
Reg.: III y IX.
Bibl.: 323 y 540.

Eimeria sp.
Hosp.: Cerdo.
Dist.: Salamanca.
Reg.: III.
Bibl.: 540.

Eimeria sp.
Hosp.: Lubina (*Dicentrarchus labrax*)
Dist.: Tarragona.
Reg.: IV.
Bibl.: 34.

Eimeria sp.
Hosp.: Eland (*Taurotragus oryx*)
Dist.: ?
Bibl.: 616.

Eimeria spinosa HENRY, 1931
Hosp.: Cerdo.
Dist.: Granada.
Reg.: IX y X.
Bibl.: 577, 578 y 589.

Eimeria stiedai (LINDEMANN, 1865) KISSKALT et HARTMANN, 1907
Hosp.: Conejo (*Oryctolagus cuniculus*)
Dist.: General.
Bibl.: 40, 149, 150, 266, 313, 351, 417, 479, 540, 541, 573, 575, 578 y 592.

Eimeria subepitelialis MOROFF et FIEBIGER, 1905
Hosp.: Carpa (*Cyprinus carpio*)
Dist.: Tarragona.
Reg.: IV.
Bibl.: 186.

Eimeria subsphaerica CHRISTENSEN, 1941
Hosp.: Vaca.
Dist.: Cáceres, Granada y Salamanca.
Reg.: III, VI, IX y X.
Bibl.: 148, 150, 313, 540, 578 y 643.

Eimeria suis NOLLER, 1921
Hosp.: Cerdo.
Dist.: Córdoba y Granada.
Reg.: IX y X.
Bibl.: 350, 355, 417, 577, 578 y 589.

Eimeria tarentolae MATUSCHKA et BANNERT, 1986
Hosp.: Salamanquesa (*Tarentola mauritanica*)
Dist.: Baleares.
Reg.: XI.
Bibl.: 430.

Eimeria tenella (RAILLIET et LUCET, 1891) FANTHAM, 1909
(Syn. *Eimeria avium*)
Hosp.: Gallina y perdiz roja (*Alectoris rufa*)?
Dist.: General.
Bibl.: 120, 144, 148, 150, 266, 313, 351, 357, 417, 540, 578 y 660.

Eimeria triffiti YAKIMOFF, 1934
Hosp.: Eland (*Taurotragus oryx*)
Dist.: ?
Bibl.: 616.

Eimeria truttae (LEGER et HESSE, 1919)
Hosp.: Trucha común (*Salmo trutta fario*) y trucha arco iris (*Oncorhynchus mykiss*)
Dist.: León. Portugal.
Reg.: III. Portugal.
Bibl.: 23 y 129.

Eimeria uniungulati GOUSSEFF, 1934
Hosp.: Caballo.
Dist.: Córdoba y Madrid.
Reg.: VI y IX.
Bibl.: 417 y 549.

Eimeria viridis (LABBE, 1893)
Hosp.: Murciélago de herradura grande (*Rhinolophus ferrum-equinum*)
Dist.: Huesca y Zaragoza.
Reg.: IV.
Bibl.: 615.

Eimeria weybridgensis NORTON, JOYNER et CATHPOLE, 1974
Hosp.: Oveja.
Dist.: España, sin precisar.
Bibl.: 86 y 659.

Eimeria wyomingensis HUIZINGA et WINGER, 1942
Hosp.: Vaca.
Dist.: Córdoba y Granada.
Reg.: IX y X.
Bibl.: 148, 355, 417, 573 y 578.

Eimeria zürni (RIVOLTA, 1878; MARTIN, 1909)
Hosp.: Vaca.
Dist.: Alava, Cáceres, Córdoba, Granada, La Coruña, León, Pontevedra y Salamanca. Portugal.
Reg.: II, III, IV, VI, IX y X. Portugal.
Bibl.: 147, 148, 149, 155, 266, 313, 351, 417, 540, 573, 578, 610 y 644.

Embadomonas intestinalis
Cf. *Retortamonas intestinalis*

Encephalitozoon cuniculi
Hosp.: Conejo (*Oryctolagus cuniculus*)
Dist.: Navarra y Vizcaya.
Reg.: I y IV.
Bibl.: 170 y 266.

Endolimax nana (WENYON et O'CONNOR, 1917) BRUG, 1919
Hosp.: Hombre.
Dist.: Barcelona, Galicia, Granada y Madrid.
Reg.: I, II, V, VI, IX y X.
Bibl.: 80, 132, 178, 299, 383, 639 y 681.

Enoploplastron triloricatum DOGIEL, 1925
Hosp.: Oveja.
Dist.: León.
Reg.: III.
Bibl.: 12.

Entamoeba bovis (LIEBETANZ, 1905)
Hosp.: Vaca.
Dist.: Córdoba y Salamanca.
Reg.: III y IX.
Bibl.: 417 y 540.

Entamoeba coli LOESCH, 1875
Hosp.: Hombre.
Dist.: Barcelona, Canarias, Galicia, Granada, Madrid y Murcia.
Reg.: I, II, V, VI, VII, IX, X y XII.
Bibl.: 1, 80, 132, 178, 299, 383, 485, 640, 675 y 701.

Entamoeba dysenteriae
Cf. *Entamoeba histolytica*

Entamoeba gallinarum
Hosp.: Perdiz (*Alectoris rufa*)
Dist.: Vizcaya.
Reg.: I.
Bibl.: 266.

Entamoeba hartmanni VON PROWAZEK, 1912
Hosp.: Hombre.
Dist.: Barcelona y Madrid.
Reg.: V y VI.
Bibl.: 299, 528, 639 y 681.

Entamoeba histolytica SCHAUDINN, 1903 (Syn. *Entamoeba dysenteriae*)
Hosp.: Hombre.
Dist.: Badajoz, Canarias, Costas mediterráneas y atlánticas (Barcelona, Gerona y Huelva), Galicia, Granada, Madrid, Murcia y Vizcaya.
Reg.: I, II, V, VI, VII, VIII, IX, X y XII.
Bibl.: 1, 8, 70, 94, 110, 127, 227, 231, 232, 238, 245, 257, 299, 377, 426, 484, 491, 495, 498, 521, 528, 545, 548, 595, 639, 669, 675 y 700.

Enteromonas hominis DA FONSECA, 1915 (Syn. *Craigia hominis; Craigia migrans; Tricercomonas intestinalis*)
Hosp.: Hombre.
Dist.: Granada y Madrid.
Reg.: VI, IX y X.
Bibl.: 299, 373, 377 y 379.

Entodinium caudatum STEIN, 1858
Entodinium dentatum STEIN, 1859
Entodinium dubardi BUISSON, 1923
Entodinium furca var. **diloba** CUNHA, 1914
Entodinium lobo-spinosum DOGIEL, 1927
Entodinium longinucleatum DOGIEL, 1925
Entodinium nanellum DOGIEL, 1921
Entodinium vorax DOGIEL, 1925
Hosp.: Oveja.
Dist.: León.
Reg.: III.
Bibl.: 12.

Epidinium ecaudatum FIORENTINI, 1889
f. bicaudatum SHARP, 1914
f. cattaneoi FIORENTINI, 1889
f. ecaudatum FIORENTINI, 1889
f. hamatum FIORENTINI, 1889
f. tricaudatum SHARP, 1914
Hosp.: Oveja.
Dist.: León.
Reg.: III.
Bibl.: 12.

Eremoplastron bovis DOGIEL, 1927
Eremoplastron dilobum DOGIEL, 1927
Hosp.: Oveja.
Dist.: León.
Reg.: III.
Bibl.: 12.

Eudiplodinium maggii (DOGIEL, 1927) MACLENNAN, 1932
Hosp.: Oveja y vaca.
Dist.: León y Madrid.
Reg.: III y VI.
Bibl.: 12 y 213.

Eutrichomastix lacertae (BUTSCHLI, 1844) VON PROWAZEK, 1904
Hosp.: Lagartija común (*Podarcis muralis*)
Dist.: ?
Bibl.: 543.

Giardia agilis KÜNSTLER, 1882
Hosp.: Rana (*Rana perezi*) y ranita meridional (*Hyla meridionalis*)
Dist.: Canarias.
Dist.: XII.
Bibl.: 124.

Giardia canis
Cf. *Giardia lamblia*

Giardia intestinalis
Cf. *Giardia lamblia*

Giardia lamblia STILES, 1915
(Syn. *Giardia intestinalis; Giardia canis; Giardia muris, Lamblia intestinalis*)
Hosp.: Hombre, perro, rata negra (*Rattus rattus*) y rata gris (*Rattus norvegicus*).
Dist.: Aragón, Barcelona, Canarias, Galicia, Granada, Madrid, Murcia, Salamanca, Valencia, Vizcaya y Zaragoza. Portugal.
Reg.: I, II, III, IV, V, VI, VII, IX, X y XII. Portugal.
Bibl.: 79, 80, 104, 119, 132, 135, 168, 178, 180, 265, 266, 284, 293, 299, 300, 363, 366, 377, 383, 485, 528, 529, 623, 634, 639, 675, 701 y Simón Vicente y Ramajo Martín, 1974 (inéd.)

Giardia muris
Cf. *Giardia lamblia*

Globidium besnoitia
Cf. *Besnoitia besnoiti*

Globidium gilruthi CHATTON, 1910
Cf. *Eimeria gilruthi*

Goussia carpelli
Hosp.: Carpa (*Cyprinus carpio*), carpín (*Carassius carassius*), barbo (*Barbus barbus bocagei*), cacho (*Leuciscus cephalus*) y boga (*Chondrostoma polylepis*)
Dist.: León.
Reg.: III.
Bibl.: 27.

Goussia polylepidis ALVAREZ et GONZALEZ, 1985
Hosp.: Boga (*Chondrostoma polylepis*)
Dist.: León.
Reg.: III.
Bibl.: 24.

Grahamella sp.
Hosp.: Murciélago de herradura grande (*Rhinolophus ferrum-equinum*)
Dist.: Portugal.
Bibl.: 5.

Haemococcidios de lacértidos
Bibl.: 544.

Haemogregarina bigemina LAVERAN et MESNIL, 1901
Hosp.: Babosa (*Blennius pholis*)
Dist.: La Coruña. Portugal.
Reg.: II. Portugal.
Bibl.: 193, 195 y 360.

Haemogregarina gracilis
Hosp.: Lagarto (*Lacerta lepida*)
Dist.: ?
Bibl.: 52.

Haemogregarina malacitensis ALVAREZ CALVO, 1975

Hosp.: Lagartija (*Podarcis hispanica*)
Dist.: Málaga.
Reg.: X.
Bibl.: 18.

Haemogregarina sp.

Hosp.: Babosa (*Blennius pholis*), chaparrudo (*Gobius niger*), gobio gigante (*Gobius cobitis*) y lubina (*Dicentrarchus labrax*)
Dist.: La Coruña y Tarragona.
Reg.: II y IV.
Bibl.: 34 y 360.

Haemoproteus chloris COVALEDA ORTEGA et GALLEGO BERENGUER, 1950

Hosp.: Verderón (*Chloris chloris*) y gorrión (*Passer domesticus*)
Vect.: Mosquitos, sin precisar.
Dist.: Granada.
Reg.: IX y X.
Bibl.: 164.

Haemoproteus columbae KRUSE, 1890

Hosp.: Paloma (*Columba livia*)
Vect.: Mosquitos, sin precisar.
Dist.: Barcelona, Córdoba y Guadalajara. Portugal.
Reg.: V, VI y IX. Portugal.
Bibl.: 351, 417, 420, 477 y 637.

Haemoproteus fringillae LABBE, 1896

Hosp.: Verdecillo (*Serinus serinus*), alcaudón dorsirrojo (*Lanius collurio*) y jilguero (*Carduelis carduelis*).
Vect.: Mosquitos, sin precisar.
Dist.: Granada.
Reg.: IX y X.
Bibl.: 162 y 164.

Haemoproteus globosus COVALEDA ORTEGA et GALLEGO BERENGUER, 1950

Hosp.: Jilguero (*Carduelis carduelis*)
Vect.: Mosquitos, sin precisar.
Dist.: Granada.
Reg.: IX y X.
Bibl.: 164.

Haemoproteus granulosum REY VILA, 1945

Hosp.: Gorrión (*Passer domesticus*), gorrión molinero (*Passer molinerum*), verderón (*Chloris chloris*), triguero (*Miliaria calandra*) y tringa (*Tringa linaria*)
Vect.: Mosquitos, sin precisar.
Dist.: Córdoba y Sevilla.
Reg.: IX.
Bibl.: 558.

Haemoproteus macropigmentatus COVALEDA ORTEGA et GALLEGO BERENGUER, 1950

Hosp.: Jilguero (*Carduelis carduelis*)
Vect.: Mosquitos, sin precisar.
Dist.: Granada.
Reg.: IX y X.
Bibl.: 162 y 164.

Haemoproteus multiparasitans COVALEDA ORTEGA et GALLEGO BERENGUER, 1950

Hosp.: Mochuelo (*Athene noctua*) y cernícalo (*Falco tinnunculus*)
Vect.: Mosquitos, sin precisar.
Dist.: Granada.
Reg.: IX y X.
Bibl.: 19, 162 y 164.

Haemoproteus sp.

Hosp.: Culebra de escalera (*Elaphe scalaris*)
Vect.: ?
Dist.: Salamanca.
Reg.: III.
Bibl.: 540.

Haemoproteus sp.

Hosp.: Gallina, gorrión (*Passer domesticus*), gorrión molinero (*Passer molinerum*), alcaudón (*Lanius excubitor*), avutarda (*Otis tarda*), abejaruco (*Merops apiaster*), mochuelo (*Athene noctua*), triguero (*Miliaria calandra*), jilguero (*Carduelis carduelis*) y verderón (*Chloris chloris*)
Vect.: Mosquitos, sin precisar.
Dist.: Avila, Cáceres, Córdoba, Madrid, Salamanca y Sevilla.
Reg.: III, VI y IX.
Bibl.: 436, 480, 540, 547 y 558.

Haemoproteus turtur COVALEDA ORTEGA et GALLEGO BERENGUER, 1950
Hosp.: Tórtola (*Streptotelia turtur*)
Vect.: Mosquitos, sin precisar.
Dist.: Granada.
Reg.: IX y X.
Bibl.: 162 y 164.

Hammondia hammondi FRENKEL et DUBEY, 1975
Hosp.: Gato.
Dist.: Madrid.
Reg.: VI.
Bibl.: 183.

Haplosporidium lusitanicum AZEVEDO, 1984
Hosp.: Gasterópodo (*Helcion pellucidus*)
Dist.: Portugal.
Bibl.: 82.

Hematozoa diversos
Hosp.: Lagartija (*Podarcis hispanica*)
Bibl.: 21.

Hepatozoon canis (JAMES, 1905)
Hosp.: Perro.
H.I.: Garrapata (*Rhipicephalus sanguineus*)
Dist.: Cáceres y Jaén. Portugal.
Reg.: VI y IX. Portugal.
Bibl.: 256, 258, 351, 436 y 542.

Hepatozoon lusitanicum NAJERA ANGULO, 1937
Hosp.: Lirón careto (*Eliomys quercinus*)
Dist.: ?
Bibl.: 469.

Hepatozoon muris (BALFOUR, 1905)
Hosp.: Rata gris (*Rattus norvegicus*)
Dist.: Granada.
Reg.: IX y X.
Bibl.: 292 y 297.

Hepatozoon sp.
Hosp.: Zorro (*Vulpes vulpes*)
Dist.: Portugal.
Bibl.: 4 y 142.

Hexamastix kirbyi HONIGBERG, 1955
Hosp.: Perinquén de Delalande (*Tarentola delalandii*) y eslizón dorado (*Chalcides viridanus*)
Dist.: Canarias.
Reg.: XII.
Bibl.: 123 y 126.

Hexamita intestinalis DUJARDIN, 1841
Hosp.: Trucha común (*Salmo trutta fario*), trucha arco iris (*Oncorhynchus mykiss*) y ranita meridional (*Hyla meridionalis*)
Dist.: General.
Bibl.: 124, 129, 153 y 154.

Hexamita sp.
Hosp.: Pavo (*Meleagris gallopavo*).
Dist.: Córdoba.
Reg.: IX.
Bibl.: 439.

Hexamita sp.
Hosp.: Barbo (*Barbus barbus*)
Dist.: León.
Reg.: III.
Bibl.: 28.

Histomonas meleagridis (SMITH, 1895) TYZZER, 1920
Hosp.: Pavo (*Meleagris gallopavo*) y gallina.
Vect.: *Heterakis gallinarum*
Dist.: Córdoba, León, Orense y Salamanca. Portugal.
Reg.: II, III y IX. Portugal.
Bibl.: 246, 253, 351, 417, 439, 481, 540 y 567.

Holophrya simplex
Hosp.: Trucha arco iris (*Oncorhynchus mykiss*)
Dist.: Portugal.
Bibl.: 129.

Hypotrichomonas acosta (MOSKOWITZ, 1951) LEE, 1960
Hosp.: Ranita meridional (*Hyla meridionalis*)
Dist.: Canarias.
Reg.: XII.
Bibl.: 124.

Ichthyophthirius multifilis FOUQUET, 1876
Hosp.: Barbo (*Barbus barbus bocagei*), trucha común (*Salmo trutta fario*), tenca (*Tinca tinca*), trucha arco iris (*Oncorhynchus mykiss*), cacho (*Leuciscus cephalus*), bermejuela (*Rutilus arcasii*), anguila (*Anguila anguilla*), carpa (*Cyprinus carpio*) y carpín (*Carassius auratus*)
Dist.: General.
Bibl.: 28, 128, 129, 153, 154, 305, 600 y 606.

Iodamoeba bütschlii (VON PROWAZEK, 1912) DOBBELL, 1919
Hosp.: Hombre.
Dist.: Barcelona, Canarias y Madrid.
Reg.: V, VI y XII.
Bibl.: 132, 299, 639 y 675.

Isospora almaatensis PAJCHUK, 1951
Hosp.: Cerdo.
Dist.: Granada.
Reg.: IX y X.
Bibl.: 577, 578 y 589.

Isospora belli WENYON, 1923
Hosp.: Hombre.
Dist.: Alicante, Barcelona y Navarra.
Reg.: IV, V y VII.
Bibl.: 2, 202, 308 y 593.

Isospora bigemina (STILES, 1891) LUHE, 1906
(Incluye *Isospora heydorni* y *Sarcocystis bigemina*)
Hosp.: Perro.
Dist.: Córdoba, Granada y Salamanca. Portugal.
Reg.: III, IX y X. Portugal.
Bibl.: 149, 150, 351 y 578.

Isospora canariensis MATUSCHKA et BANNERT, 1986
Hosp.: Perinquén de Delalande (*Tarentola delalandii*)
Dist.: Canarias.
Reg.: XII.
Bibl.: 431.

Isospora canis NEMERESI, 1959
Cf. *Cystoisospora canis*

Isospora chloridis ANWAR, 1966
Hosp.: Canario (*Serinus canarius*)
Dist.: Granada.
Reg.: IX y X.
Bibl.: 576 y 578.

Isospora felis WENYON, 1926
Hosp.: Gato.
Dist.: Cáceres y Granada. Portugal.
Reg.: VI, IX y X. Portugal.
Bibl.: 291, 351, 436 y 578.

Isospora gallotiae MATUSCHKA et BANNERT, 1987
Hosp.: Lagarto tizón (*Gallotia galloti*)
Dist.: Canarias.
Reg.: XII.
Bibl.: 432.

Isospora heydorni TADROS et LAARMAN, 1976
Cf. *Isospora bigemina*

Isospora hominis (RAILLIET et LUCET, 1891) WENYON, 1923
Hosp.: Hombre.
Dist.: Madrid.
Reg.: VI.
Bibl.: 680.

Isospora lacazei (LABBE, 1893)
Hosp.: Gorrión (*Passer domesticus*), gorrión moruno (*P. hispaniolensis*), alondra (*Alauda arvensis*), canario (*Serinus canarius*), acentor común (*Prunella modularis*), bisbita común (*Anthus pratensis*), buitrón (*Cisticicola jundicis*), curruca cabecinegra (*Sylvia melanocephala*), curruca capirotada (*S. atricapilla*), colirrojo tizón (*Phoenicurus ochruros*), lavandera blanca (*Motacilla alba*), mosquitero común (*Phylloscopus collybita*), pardillo (*Acanthis cannabina*), petirrojo (*Erithacus rubecula*), jilguero (*Carduelis carduelis*), pinzón vulgar (*Fringilla coelebs*), tarabilla común (*Saxicola torquata*), verderón (*Chloris chloris*), zorzal alirrojo (*Turdus iliacus*) y zorzal común (*T. philomelos*)

Dist.: Cáceres, Córdoba y León.
Reg.: III, VI y IX.
Bibl.: 149, 150, 321, 405, 417, 436, 547, 576 y 578.

Isospora monedulae YAKIMOFF et MATSCHOULSKY, 1936
Hosp.: Grajilla (*Corvus monedula*)
Dist.: Granada.
Reg.: IX y X.
Bibl.: 587.

Isospora neyrai ROMERO RODRIGUEZ et LIZCANO HERRERA, 1971
Hosp.: Cerdo.
Dist.: Granada.
Reg.: IX y X.
Bibl.: 577, 578 y 589.

Isospora ohioensis DUBEY, 1975
(Syn. *Isospora rivolta* pro parte)
Hosp.: Perro.
Dist.: Cáceres, Granada, Huesca y León.
Reg.: III, IV, VI, IX y X.
Bibl.: 149, 150, 159, 313 y 578.

Isospora rivolta pro parte
Cf. *Isospora ohioensis*

Isospora rochalimae YAKIMOFF et GOUSEFF, 1936
Hosp.: Córvidos, sin especificar.
Dist.: Córdoba.
Reg.: IX.
Bibl.: 312.

Isospora schwetzi YAKIMOFF et MATSCHOULKY
Hosp.: Grajilla (*Corvus monedula*)
Dist.: Granada.
Reg.: IX y X.
Bibl.: 579 y 587.

Isospora sp.
Hosp.: Canario (*Serinus canarius*) y jilguero (*Carduelis carduelis*)
Dist.: Córdoba.
Reg.: IX.
Bibl.: 416 y 417.

Isospora sp.
Hosp.: Cerdo.
Dist.: Salamanca.
Reg.: III.
Bibl.: 550.

Isospora suis BIESTER et MURRAY, 1934
Hosp.: Cerdo y jabalí (*Sus scrofa*)
Dist.: Córdoba y Granada.
Reg.: IX y X.
Bibl.: 355, 414, 417, 577, 578 y 589.

Isospora tarentolae MATUSCHKA et BANNERT, 1986
Hosp.: Perinquén de Delalande (*Tarentola delalandii*)
Dist.: Canarias.
Reg.: XII.
Bibl.: 431.

Isospora viridanae MATUSCHKA, 1989
Hosp.: Eslizón dorado (*Chalcides viridanus*)
Dist.: Canarias.
Reg.: XII.
Bibl.: 429.

Isotricha intestinalis STEIN, 1859
Isotricha prostoma STEIN, 1859
Hosp.: Oveja.
Dist.: León.
Reg.: III.
Bibl.: 12.

Karyolysus bicapsulatus
Hosp.: Lagartija (*Podarcis muralis*)
Dist.: Madrid.
Reg.: VI.
Bibl.: 493.

Karyolysus octocromosomi ALVAREZ CALVO, 1975
Hosp.: Lagartija (*Podarcis hispanica*)
Dist.: Málaga.
Reg.: X.
Bibl.: 18.

Kudoa sp.
Hosp.: Merluza (*Merluccius merluccius*)
Dist.: Portugal.
Bibl.: 169.

Lamblia intestinalis
Cf. *Giardia lamblia*

Lankesterella millari ALVAREZ CALVO, 1975
Hosp.: Lagarto (*Lacerta lepida*)
Dist.: Granada.
Reg.: IX y X.
Bibl.: 18.

Lankesterella sp.
(Syn. *Atoxoplasma* sp.)
Hosp.: Paséridos, en general.
Dist.: Córdoba y Sevilla.
Reg.: IX.
Bibl.: 558.

Leishmania canis
Cf. *Leishmania donovani*

Leishmania donovani (LAVERAN et MESNIL, 1903) ROSS, 1903
(Incluye *Leishmania infantum* y *Leishmania canis*)
Hosp.: Hombre, perro, zorro (*Vulpes vulpes*) y rata negra (*Rattus rattus*)
Vect.: Dípteros (*Phlebotomus perniciosus, P. ariasi, Phlebotomus* spp.)
Dist.: Almería, Badajoz, Barcelona, Cáceres, Castellón, Ciudad Real, Córdoba, Granada, León, Madrid, Málaga, Mallorca, Murcia, Navarra, Salamanca, Sevilla, Tarragona, Valencia, Valladolid y Zaragoza. Portugal.
Reg.: III, IV, V, VI, VII, VIII, IX, X y XI.Portugal.
Bibl.: 6, 4, 14, 16, 17, 38, 42, 43, 44, 45, 46, 47, 48, 49, 50, 89, 98, 100, 105, 106, 107, 108, 109, 117, 121, 122, 132, 136, 137, 160, 167, 201, 219, 220, 221, 222, 223, 224, 225, 226, 229, 230, 233, 234, 235, 236, 237, 238, 240, 242, 264, 277, 285, 289, 298, 313, 327, 328, 329, 337, 341, 349, 351, 352, 361, 377, 384, 385, 391, 398, 402, 403, 404, 406, 424, 434, 436, 461, 465, 467, 468, 474, 486, 489, 499, 500, 501, 502, 509, 514, 516, 517, 519, 522, 523, 524, 525, 526, 527, 530, 536, 539, 540, 559, 562, 571, 617, 619, 622, 625, 628, 633, 635, 650, 652, 653, 655, 664, 672, 683, 687, 688, 697, 698 y 699.

Leishmania infantum
Cf. *Leishmania donovani*

Leishmania major
Hosp.: Hombre y perro.
Dist.: Madrid.
Reg.: VI.
Bibl.: 16.

Leishmania tropica (WRIGHT, 1903) LUHE, 1906
Hosp.: Hombre y perro.
Vect.: Dípteros (*Phlebotomus* spp.)
Dist.: Alicante, Badajoz, Barcelona, Castellón, Córdoba, Granada, Guadalajara, Huesca, Madrid, Málaga, Murcia, Sevilla, Tarragona, Valencia, Valladolid, etc.. . Portugal.
Reg.: III, IV, V, VI, VII, VIII, IX y X. Portugal.
Bibl.: 36, 96, 100, 116, 168, 226, 229, 230, 234, 251, 275, 351, 359, 417, 440, 441, 456, 457, 468, 475, 477, 500, 501, 502, 503, 536, 537, 624, 665, 674 y 685.

Leptomonas jordanoi POZO LORA, 1955
Hosp.: Díptero (*Drosophila funebris*)
Dist.: Córdoba.
Reg.: IX.
Bibl.: 531.

Leucocytozoon sp.
Hosp.: Búho real (*Bubo bubo*) y cárabo (*Strix aluco*)
Vect.: ?
Dist.: Córdoba y Salamanca.
Reg.: III y IX.
Bibl.: 417 y 540.

Leucocytozoon spp.
Hosp.: Aves.
Vect.: Simulidae.
Dist.: Barcelona, Córdoba, Granada y Sevilla.
Reg.: V, IX y X.
Bibl.: 162, 439 y 558.

Leucocytozoon ziemanni (LAVERAN)
Hosp.: Mochuelo (*Athene noctua*)
Vect.: ?
Dist.: Granada.
Reg.: IX y X.
Bibl.: 20.

Malpighamoeba mellificae PRELL, 1926
Hosp.: Abeja (*Apis mellifera*)
Dist.: Canarias y Vizcaya. Portugal.
Reg.: I y XII. Portugal.
Bibl.: 174, 266 y 276.

Marteilia mauirini
Hosp.: Mejillón rubio (*Mytilus galloprovincialis*)
Dist.: Pontevedra.
Reg.: II.
Bibl.: 244.

Marteilia refringens (ALDERMAN, 1979)
Hosp.: Mejillón (*Mytilus edulis*) y ostra (*Ostrea edulis*)
Dist.: Galicia.
Reg.: I y II.
Bibl.: 310 y 311.

Metadinium tauricum DOGIEL et FEDOROWA, 1935
Hosp.: Oveja.
Dist.: León.
Reg.: III.
Bibl.: 12.

Microsporidios, sin especificar.
Hosp.: Colémbolo (*Heteromurus gigans*)
Dist.: Portugal.
Bibl.: 388.

Monocercomonas maculatus CARRERA, ZAPATERO et GONZALEZ, 1987
Hosp.: Rana (*Rana perezi*) y ranita meridional (*Hyla meridionalis*)
Dist.: Canarias.
Reg.: XII.
Bibl.: 125.

Myxidium carinae ALVAREZ, PEREIRA et GONZALEZ, 1983
Hosp.: Barbo (*Barbus barbus bocagei*)
Dist.: León.
Reg.: III.
Bibl.: 33.

Myxidium giardi CEPEDE, 1906
Hosp.: Anguila (*Anguilla anguilla*)
Dist.: Valencia. Portugal.
Reg.: VII. Portugal.
Bibl.: 128, 496, 600, 684 y Orts y Carbonell, 1993 (com. per.).

Myxidium macrocapsularae
Hosp.: Boga (*Chondrostoma polylepis*) y cacho (*Leuciscus cephalus*)
Dist.: León.
Reg.: III.
Bibl.: 33.

Myxidium rhodei LEGER, 1905
Hosp.: Boga (*Chondrostoma polylepis*) y cacho (*Leuciscus cephalus*)
Dist.: León.
Reg.: III.
Bibl.: 22.

Myxobilatus sp.
Hosp.: Lubina (*Dicentrarchus labrax*)
Dist.: Tarragona.
Reg.: IV.
Bibl.: 34.

Myxobolus amurensis AKHMERON, 1960
Hosp.: Carpa (*Cyprinus carpio*) y carpín (*Carassius carassius*)
Dist.: León.
Reg.: III.
Bibl.: 30.

Myxobolus bramae
Hosp.: Gobio (*Gobio gobio*)
Dist.: León.
Reg.: III.
Bibl.: 295.

Myxobolus cutanei ALVAREZ et GONZALEZ, 1985
Hosp.: Barbo (*Barbus barbus bocagei*)
Dist.: León.
Reg.: III.
Bibl.: 25.

Myxobolus ellipsoides
Hosp.: Tenca (*Tinca tinca*)
Dist.: León.
Reg.: III.
Bibl.: 295.

Myxobolus exiguus THELOHAN, 1895
Hosp.: Galupe (*Lisa aurata*)
Dist.: La Coruña.
Reg.: II.
Bibl.: 191.

Myxobolus farionis GONZALEZ et ALVAREZ, 1984
Hosp.: Trucha (*Salmo trutta fario*)
Dist.: León.
Reg.: III.
Bibl.: 294.

Myxobolus ibericus GONZALEZ et ALVAREZ, 1984

Hosp.: Trucha (*Salmo trutta fario*)
Dist.: León.
Reg.: III.
Bibl.: 294.

Myxobolus leuciscini GONZALEZ et ALVAREZ, 1988

Hosp.: Boga (*Chondrostoma polylepis*), cacho (*Leuciscus cephalus*) y bermejuela (*Rutilus arcasii*)
Dist.: León.
Reg.: III.
Bibl.: 295.

Myxobolus muelleri

Hosp.: Boga (*Chondrostoma polylepis*), cacho (*Leuciscus cephalus*) y bermejuela (*Rutilus arcasii*)
Dist.: León.
Reg.: III.
Bibl.: 295.

Myxobolus pfeifferi

Hosp.: Barbo (*Barbus barbus bocagei*)
Dist.: León.
Reg.: III.
Bibl.: 25.

Myxobolus portucalensis SARAIVA et MOLNAR, 1990

Hosp.: Anguila (*Anguilla anguilla*)
Dist.: Portugal.
Bibl.: 632.

Myxobolus pseudodispar

Hosp.: Boga (*Chondrostoma polylepis*), cacho (*Leuciscus cephalus*) y bermejuela (*Rutilus arcasii*)
Dist.: León.
Reg.: III.
Bibl.: 295.

Myxobolus sp.

Hosp.: Anguila (*Anguilla anguilla*)
Dist.: Portugal.
Bibl.: 600.

Myxobolus squamae

Hosp.: Barbo (*Barbus barbus bocagei*)
Dist.: León.
Reg.: III.
Bibl.: 25.

Myxobolus tauricus MIROSHNICHENKO, 1979

Hosp.: Barbo (*Barbus barbus bocagei*)
Dist.: León.
Reg.: III.
Bibl.: 31.

Myxosoma cerebralis (HOFER, 1903) PLEHN, 1904 emend. KUDO, 1933

Hosp.: Trucha arco iris (*Oncorhynchus mykiss*)
Dist.: León.
Reg.: III.
Bibl.: 153 y 154.

Nematopsis goneplaxi TUZET et ORMIERES, 1961

Hosp.: *Gonoplax rhomboides*
Dist.: Costa noreste de España.
Reg.: V.
Bibl.: 695 y 696.

Nematopsis grassei (THEODORIDES, 1962)

Hosp.: Cangrejo real (*Calappa granulata*)
Dist.: Costa noreste de España.
Reg.: V.
Bibl.: 694, 695 y 696.

Nematopsis legeri (DE BEAUCHAMP)

Hosp.: Cangrejo (*Eriphia verrucosa*)
Dist.: Costa noreste de España.
Reg.: V.
Bibl.: 694, 695 y 696.

Nematopsis maraisi (LEGER et DUBOSQ, 1911)

Hosp.: Cangrejo nadador (*Macropipus depurator*)
Dist.: Costa noreste de España.
Reg.: V.
Bibl.: 694, 695 y 696.

Nematopsis petiti (THEODORIDES, 1962)

Hosp.: Cangejo (*Gonoplax rhomboides*)
Dist.: Costa noreste de España.
Reg.: V.
Bibl.: 694.

Nematopsis sp.

Hosp.: Cangrejo (*Ethusa mascarone*)
Dist.: Costa noreste de España.
Reg.: V.
Bibl.: 695 y 696.

Nematopsis sp.
Hosp.: Cangrejo jibón (*Parthenope angulifrons*)
Dist.: Costa noreste de España.
Reg.: V.
Bibl.: 695 y 696.

Nematopsis theodori VIVARES, 1971
Hosp.: Cangrejo (*Ethusa mascarone*)
Dist.: Costa noreste de España.
Reg.: V.
Bibl.: 694.

Nosema apis ZANDER, 1909
Hosp.: Abeja (*Apis mellifica*)
Dist.: Alava, Cáceres, Canarias, Mallorca y Vizcaya. Portugal.
Reg.: I, IV, VI, XI y XII. Portugal.
Bibl.: 97, 173, 266, 276, 313, 666 y 667.

Nosema bombycis NAEGLERI, 1857
Hosp.: "Gusano" de seda (*Bombys mori*)
Dist.: Andalucía y Murcia.
Reg.: VII, IX y X.
Bibl.: 377.

Nosema sp.
Hosp.: Lagarta (*Lymantria dispar*)
Dist.: Portugal.
Bibl.: 345.

Nuttallia equi
Cf. *Babesia equi*

Nyctotheroides cordiformis (EHRENBERG, 1838) GRASSÉ, 1928
Hosp.: Rana (*Rana perezi*) y ranita meridional (*Hyla meridionalis*)
Dist.: Canarias.
Reg.: XII.
Bibl.: 124.

Nyctotherus haranti
Hosp.: Perinquén de Delalande (*Tarentola delalandii*)
Dist.: Canarias.
Reg.: XII.
Bibl.: 123.

Octomitus neglectus (LAVIER, 1936) GRASSÉ, 1952
Hosp.: Rana (*Rana perezi*) y ranita meridional (*Hyla meridionalis*)
Dist.: Canarias.
Reg.: XII.
Bibl.: 124.

Opalina obtrigona STEIN, 1884
Hosp.: Rana (*Rana perezi*) y ranita meridional (*Hyla meridionalis*)
Dist.: Canarias.
Reg.: XII.
Bibl.: 124.

Opalina ranarum CHATTON et BRACHON, 1936
Hosp.: Rana (*Rana perezi*) y ranita meridional (*Hyla meridionalis*)
Dist.: Canarias.
Reg.: XII.
Bibl.: 124.

Ophryoscolex buissoni DOGIEL, 1925
Ophryoscolex caudatus bicoronatus EBERLEIN, 1895
Ophryoscolex caudatus quadricoronatus EBERLEIN, 1895
Ophryoscolex caudatus tricoronatus EBERLEIN, 1895
Hosp.: Oveja.
Dist.: León.
Reg.: III.
Bibl.: 12.

Ophryoscolex monoacanthus FERNANDEZ-GALIANO et CAMPOS, 1992
Hosp.: Rebeco (*Rupicapra rupicapra*)
Dist.: Pirineo.
Reg.: IV.
Bibl.: 217.

Ophryoscolex purkinjei STEIN, 1858
Hosp.: Vaca.
Dist.: Madrid.
Reg.: VI.
Bibl.: 210.

Pachyporospora laubieri THEODORIDES, 1961
Hosp.: Cangrejo (*Atelecyclus rotundatus*)
Dist.: Costa noreste de España.
Reg.: V.
Bibl.: 694, 695 y 696.

Pachyporospora retorta ORMIERES, 1968
Hosp.: Cangrejo nadador (*Macropipus vernalis*)
Dist.: Costa noreste de España.
Reg.: V.
Bibl.: 694, 695 y 696.

Pentatrichomonas hominis (DAVAINE, 1860)
(Syn. *Trichomonas hominis*)
Hosp.: Hombre.
Dist.: Madrid.
Reg.: VI.
Bibl.: 309 y 684.

Pentatrichomonas sp. ALLEN, 1936
Hosp.: Pavo (*Meleagris gallopavo*)
Dist.: General.
Bibl.: 11.

Perkinsus atlanticus AZEVEDO, 1989
Hosp.: Almeja fina (*Tapes decussatus*)
Dist.: Portugal.
Bibl.: 84.

Perkinsus sp.
Hosp.: Almeja (*Tapes semidecussatus*)
Dist.: Tarragona.
Reg.: IV.
Bibl.: 459 y 602.

Piroplasma spp.
Cf. *Babesia* spp.

Plasmodium berghei VINKE et LIPS, 1948
Hosp.: Ratón (*Mus musculus*)
Vect.: ?
Dist.: Madrid.
Reg.: VI.
Bibl.: 74 y 428.

Plasmodium cathemerium
Hosp.: ?
Vect.: Mosquito (*Culex pipiens*)
Dist.: Salamanca.
Reg.: III.
Bibl.: 196.

Plasmodium elongatum HUFF, 1930
Hosp.: Gorrión (*Passer domesticus*) y otros paséridos.
Vect.: Mosquitos, sin precisar.
Dist.: Sevilla.
Reg.: IX.
Bibl.: 558.

Plasmodium falciparum (WELCH, 1897) SCHAUDINN, 1902
Hosp.: Hombre.
Vect.: *Anopheles (Anopheles) maculipennis subalpinus, A.(A.) m. atroparvus, A.(A.) m. labranchiae, A.(A.) claviger, A.(Myzomia) hispaniola, A.(M.) multicolor, A.(M.) sergenti, A.(M.) superpictus* y otros *Anopheles* spp.
Dist.: Esporádicos por toda la península (¿importados?)
Bibl.: 51, 101, 103, 140, 262, 399, 479, 510 y 640 (Cf. otros *Plasmodium* spp.)

Plasmodium gallinaceum BRUMPT, 1945
Hosp.: Pavo (*Meleagris gallopavo*)
Vect.: Mosquitos, sin precisar.
Dist.: Córdoba.
Reg.: IX.
Bibl.: 95 y 439.

Plasmodium malariae (LAVERAN, 1881) GRASSI et FELETI, 1890
Hosp.: Hombre.
Vect.: *Anopheles* spp (Cf. *Plasmodium falciparum*)
Dist.: Extinguida en la península
Bibl.: 51, 138, 139, 140, 335, 399, 479 y 638 (Cf. otros *Plasmodium* spp.)

Plasmodium praecox
Cf. *Plasmodium relictum*

Plasmodium relictum (GRASSI et FELETTI, 1891)
(Incluyendo citas de *Plasmodium praecox*)
Hosp.: Urraca (*Pica pica*), grajilla (*Corvus monedula*), perdiz roja (*Alectoris rufa*) y paséridos, sin especificar.
Vect.: *Culex pipiens* y otros mosquitos, sin precisar.
Dist.: Cáceres, Salamanca y Sevilla.
Reg.: III, VI y VIII.
Bibl.: 95, 196, 479 y 558.

Plasmodium sp.
Hosp.: Paseriformes y galliformes, sin precisar.
Vect.: ?
Dist.: Salamanca.
Reg.: III.
Bibl.: 540.

Plasmodium vivax (GRASSI et FELETTI, 1890)
Hosp.: Hombre.
Vect.: Mosquitos (*Anopheles* spp., Cf. *Plasmodium* spp.)
Dist.: Extinguida en la península.
Bibl.: 51, 138, 139, 140, 399, 440, 512 y 561.

Pleistophora sp.
Hosp.: Barbo (*Barbus barbus*) y cacho (*Leuciscus cephalus*)
Dist.: León.
Reg.: III.
Bibl.: 28.

Pneumocystis carinii
Hosp.: Hombre.
Dist.: Alicante, Barcelona, Cádiz y Madrid.
Reg.: V, VI, VII y IX.
Bibl.: 7, 353, 395 y 599.

Polychromophilus melanipherus
Polychromophilus murinus
Hosp.: Murciélago troglodita (*Miniopterus schreibersii*)
Dist.: Portugal.
Bibl.: 5.

Polyplastron multivesiculatum DOGIEL, 1927
Hosp.: Oveja y vaca.
Dist.: León y Madrid.
Reg.: III y VI.
Bibl.: 12 y 214.

Porospora pisae LEGER et DUBOSQ, 1911
Hosp.: Cámbaras (*Pisa armata* y *Pisa nodipes*)
Dist.: Costa noreste de España.
Reg.: V.
Bibl.: 694, 695 y 696.

Proteromonas lacertae (GRASSI)
Hosp.: Lagartija (*Podarcis muralis*)
Dist.: Madrid.
Reg.: VI.
Bibl.: 493.

Protoopalina spinosa FERNANDEZ GALIANO, 1965
Hosp.: Gallipato (*Pleurodeles waltlii*)
Dist.: Madrid.
Reg.: VI.
Bibl.: 216.

Pseudoklossia sp.
Hosp.: Mejillón rubio (*Mytilus galloprovincialis*)
Dist.: Pontevedra.
Reg.: II.
Bibl.: 244.

Retortamonas dobelli BISHOP, 1931
Hosp.: Rana (*Rana perezi*) y ranita meridional (*Hyla meridionalis*)
Dist.: Canarias.
Reg.: XII.
Bibl.: 124.

Retortamonas intestinalis (WENYON et O'CONNOR, 1917) WENRICH, 1932
(Syn. *Embadomonas intestinalis*)
Hosp.: Hombre.
Dist.: Granada (exótico).
Reg.: IX y X.
Bibl.: 377.

Sarcocystis arieticanis
Hosp.: Oveja.
Dist.: Córdoba.
Reg.: IX.
Bibl.: 419.

Sarcocystis bertrami DOFLEIN, 1901
(Syn. *Sarcocystis equicanis*)
Hosp.: Perro.
H.I.: Caballo, asno y mulo.
Dist.: León y, probablemente, toda la península.
Reg.: III.
Bibl.: Cordero del Campillo (inéd.)

Sarcocystis bigemina (STILES, 1891) LEVINE, 1977
Cf. *Isospora bigemina*

Sarcocystis capracanis FISCHER, 1979
Hosp.: Perro.
H.I.: Cabra.
Dist.: Cáceres y Córdoba.
Reg.: VI y IX.
Bibl.: 313, 325 y 472.

Sarcocystis capreolicans
H.I.: Corzo (*Capreolus capreolus*)
Dist.: Cáceres.
Reg.: VI.
Bibl.: 547.

Sarcocystis cervicanis HERNANDEZ, NAVARRETE y MARTINEZ, 1981
Hosp.: Perro.
H.I.: Ciervo (*Cervus elaphus*)
Dist.: Cáceres y Córdoba.
Reg.: VI y IX.
Bibl.: 313, 315, 324, 546 y 547.

Sarcocystis cruzi (HASELMAN, 1926) LEVINE, 1977
(Syn. *Sarcocystis fusiformis; Sarcocystis hirsuta*)
Hosp.: Perro.
H.I.: Vaca y oveja.
Dist.: General.
Bibl.: 471, 506, 507 y 540.

Sarcocystis dugesii
Hosp.: Lagartija (*Podarcis lilfordi*)
Dist.: Baleares.
Reg.: XI.
Bibl.: 435.

Sarcocystis equicanis
Cf. *Sarcocystis bertrami*

Sarcocystis fusiformis RAILLET, 1897
Cf. *Sarcocystis cruzi*

Sarcocystis gigantea (RAILLIET, 1886) ASHFORD, 1977
Cf. *Sarcocystis tenella*

Sarcocystis gracilis
Hosp.: ?
H.I.: Corzo (*Capreolus capreolus*)
Dist.: Cáceres.
Reg.: VI.
Bibl.: 547.

Sarcocystis hirsuta
Cf. *Sarcocystis cruzi*

Sarcocystis jorrini HERNANDEZ, ACOSTA et NAVARRETE, 1992
H.I.: Gamo (*Dama dama*)
Dist.: Huelva.
Reg.: IX.
Bibl.: 322.

Sarcocystis miescheriana (KUHN, 1865) LANKESTER, 1882
(Syn. *Sarcocystis suicanis*)
Hosp.: Perro
H.I.: Cerdo.
Dist.: General.
Bibl.: 145, 286, 290, 313, 351, 417, 436, 507, 540 y 630.

Sarcocystis muris BLANCHARD, 1885
H.I.: Ratón (*Mus musculus*) y ratón de campo (*Apodemus sylvaticus*).
Dist.: Madrid, Toledo, Jaén y Sevilla.
Reg.: VI, VIII y IX.
Bibl.: 184 y Rivas Mujal y Rivera Pomar (com. per.)

Sarcocystis ovicanis
Hosp.: Perro?
H.I.: Oveja.
Dist.: Cáceres.
Reg.: VI.
Bibl.: 313.

Sarcocystis ovifelis HEYDORN et al., 1975
Cf. *Sarcocystis tenella*

Sarcocystis simonyi BANNERT, 1992
Hosp.: Lagarto de Hierro (*Gallotia simonyi simonyi*)
Dist.: Canarias (Hierro)
Reg.: XII.
Bibl.: 88.

Sarcocystis sp.
Hosp.: Ciervo (*Cervus elaphus*)
Dist.: Cáceres.
Reg.: VI.
Bibl.: 383.

Sarcocystis stehlinii MATUSCHKA et BANNERT, 1989
Hosp.: Lagarto canarión (*Gallotia simonyi stehlinii*)
Dist.: Canarias (Gran Canaria)
Reg.: XII.
Bibl.: 433.

Sarcocystis suicanis
Cf. *Sarcocystis miescheriana*

Sarcocystis tenella RAILLIET, 1887
(Syn. *Sarcocystis ovifelis, Sarcocystis gigantea*)
Hosp.: Gato.
H.I.: Oveja y cabra.
Dist.: General.
Bibl.: 9, 10, 287, 313, 351, 417, 472, 504, 505, 507, 533, 540 y 636.

Schellackia bocagei ALVAREZ CALVO, 1975
Hosp.: Lagartijas (*Podarcis hispanica, Podarcis bocagei*)
Dist.: Málaga.
Reg.: X.
Bibl.: 18.

Schizotrypanum vespertilionis
Cf. *Trypanosoma vespertilionis*

Selenidium sp.
Hosp.: Poliqueto sedentario (*Cirratulus cirratus*)
Dist.: Galicia.
Reg.: I y II.
Bibl.: 566.

Sieboldiellina planariarum
Hosp.: Planaria (*Dugesia gonocephala*)
Dist.: Guadalajara.
Reg.: VI.
Bibl.: 255.

Sphaerospora cyprini (FUJITA, 1912)
Hosp.: Carpín (*Carassius carassius*)
Dist.: León.
Reg.: III.
Bibl.: 29 y 30.

Sphaerospora dicentrarchi SITJA et ALVAREZ, 1992
Hosp.: Lubina (*Dicentrachus labrax*)
Dist.: Castellón y Tarragona.
Reg.: IV y VII.
Bibl.: 34 y 646.

Sphaerospora sp.
Hosp.: Dorada (*Sparus aurata*)
Dist.: Castellón.
Reg.: VII.
Bibl.: 647 y 648.

Sphaerospora testicularis SITJA et ALVAREZ, 1990
Hosp.: Lubina (*Dicentrarchus labrax*)
Dist.: Castellón y Tarragona
Reg.: IV y VII.
Bibl.: 34 y 645.

Sphenophrya sp.
Hosp.: Ostra gallega (*Crassostrea angulata*)
Dist.: Cádiz.
Reg.: IX.
Bibl.: 309.

Spironucleus elegans LAVIER, 1916
Hosp.: Rana (*Rana perezi*) y ranita meridional (*Hyla meridionalis*)
Dist.: Canarias.
Reg.: XII.
Bibl.: 124.

Staurojoenina corbeli HOLLANDE, 1986
Hosp.: Termita (*Bifiditermes rogierai*)
Dist.: Canarias.
Reg.: XII.
Bibl.: 334.

Steinhausia mytilorum
Hosp.: Mejillón rubio (*Mytilus galloprovincialis*)
Dist.: Pontevedra.
Reg.: II.
Bibl.: 244.

Synophrya hypertrophica CHATION et LWOFF, 1926
Hosp.: Cangrejos nadadores (*Macropipus bolivari, M. depurator, M.tuberculatus* y *M.vernalis*)
Dist.: Costa noreste de España.
Reg.: V.
Bibl.: 695 y 696.

Tetramicra brevifilum
Hosp.: Rodaballo (*Scophthalmus maximus*)
Dist.: Pontevedra.
Reg.: II.
Bibl.: 199.

Tetratrichomonas prowazeki (ALEXEIEFF, 1909) ALEXEIEFF, 1911
Hosp.: Rana (*Rana perezi*) y ranita meridional (*Hyla meridionalis*)
Dist.: Canarias.
Reg.: XII.
Bibl.: 124.

Theileria annulata DSCHUNKOWSKY et LUHS, 1904
(Incluye *Theileria dispar* y dos determinaciones dudosas de *Theileria parva*)
Hosp.: Vaca.
Vect.: Garrapatas (*Rhipicephalus bursa, Rhipicephallus pusillus, Hyalomma lusitanicum, Hyalomma savigny, Hyalomma mauritanicum, Hyalomma excavatum* y otras *Hyalomma* spp.)
Dist.: Almeria, Badajoz, Cáceres, Cádiz, Ciudad Real, Córdoba, Granada, Jaén, Málaga, Salamanca y Sevilla. Portugal.
Reg.: III, VI, VIII, IX y X. Portugal.
Bibl.: 114, 259, 260, 261, 267, 268, 269, 270, 313, 318, 351, 412, 417, 438, 453, 454, 455, 540, 607, 618, 644 y 693.

Theileria dispar
Cf. *Theileria annulata*

Theileria mutans (THEILER, 1906)
Hosp.: Vaca.
Vect.: Garrapatas (*Hyalomma aegyptium, Rhipicephalus bursa*)
Dist.: Almería, Badajoz, Barcelona, Cádiz, Córdoba, Granada, Jaén, Madrid y Málaga. Portugal.
Reg.: V, VI, VIII, IX y X. Portugal.
Bibl.: 35, 259, 260, 268, 351, 412, 417, 438 y 608.

Theileria ovis
Hosp.: Oveja.
Dist.. Badajoz y Cácares.
Reg.: VI y VIII.
Bibl.: 315 y 436.

Theileria parva
Cf. *Theileria annulata*

Theileria spp.
Hosp.: Vaca.
Vect.: *Rhipicephalus bursa* y otras garrapatas, sin determinar.
Dist.: Cádiz, Ciudad Real, Córdoba, Madrid, Málaga y Salamanca.
Reg.: III, VI, VIII, IX y X.
Bibl.: 35, 114, 252, 258, 267, 307, 412, 540, 604 y 644.

Thelobania legeri HESSE, 1904
Hosp.: Mosquito (*Anopheles maculipennis*, larvas)
Dist.: Cáceres.
Reg.: VI.
Bibl.: 378.

Toxoplasma gondii NICOLLE et MANCEAUX, 1908
Hosp.: Gato.
H.I.: Conejo (*Oryctolagus cuniculi*), liebre (*Lepus capensis*), gorrión (*Passer domesticus*), gallina, codorniz (*Coturnix coturnix*), hombre, cerdo, ratón (*Mus musculus*), ratón de campo (*Apodemus sylvaticus*), perro, oveja, cabra y vaca. Exp. garrapata (*Ornithodoros erraticus*)
Dist.: Toda la península.
Bibl.: 55, 56, 57, 58, 59, 60, 61, 62, 63, 64, 65, 66, 67, 68, 69, 70, 71, 72, 73, 87, 152, 161, 166, 183, 184, 187, 188, 247, 279, 280, 281, 282, 288, 320, 336, 351, 392, 393, 394, 397, 407, 417, 422, 442, 443, 444, 446, 447, 448, 449, 450, 451, 452, 462, 463, 470, 534, 554, 555, 556, 556, 565, 568, 605, 621, 651, 662 y 689.

Tricercomonas intestinalis
Cf. *Enteromonas hominis*

Trichodina anguillae
Hosp.: Anguila (*Anguilla anguilla*)
Dist.: Portugal.
Bibl.: 128 y 129.

Trichodina domergei
Hosp.: Carpín (*Carassius carassius*)
Dist.: Cáceres.
Reg.: VI.
Bibl.: 313.

Trichodina jadranica
Hosp.: Anguila (*Anguilla angúilla*)
Dist.: Portugal.
Bibl.: 600.

Trichodina ranae DA CUNHA, 1950
Hosp.: Rana (*Rana perezi*)
Dist.. Canarias.
Reg.: XII.
Bibl.: 124.

Trichodina sp.
Hosp.: Ostra gallega (*Crassostrea angulata*)
Dist.: Galicia.
Reg.: II.
Bibl.: 563.

Trichodina sp.
Hosp.: Rodaballo (*Scophthalmus maximus*)
Dist.: Pontevedra.
Reg.: II.
Bibl.: 627.

Trichodina sp.
Hosp.: Anguila (*Anguilla angilla*)
Dist.: Valencia.
Reg.: VII.
Bibl.: Orts y Carbonell, 1993 (com. per.)

Trichodina sp.
Hosp.: Lubina (*Dicentrarchus labrax*)
Dist.: Valencia y Tarragona.
Reg.: IV y VII.
Bibl.: 34 y Fernández y Carbonell, 1993 (com. per.)

Trichodina truttae
Hosp.: Trucha arco iris (*Oncorhynchus mykiss*)
Dist.: Portugal.
Bibl.: 129.

Trichodinella sp.
Hosp.: Tenca (*Tinca tinca*) y cacho (*Leuciscus cephalus*)
Dist.: León.
Reg.: III.
Bibl.: 28.

Trichomitus batrachorum (PERTY, 1852) HONIGBERG, 1963
Hosp.: Rana (*Rana perezi*) y ranita meridional (*Hyla meridionalis*)
Dist.: Canarias.
Reg.: XII.
Bibl.: 124.

Trichomonas columbae
Cf. *Trichomonas gallinae*

Trichomonas diversa
Cf. *Trichomonas gallinae*

Trichomonas gallinae (RIVOLTA, 1878) STABLER, 1938
(Incluye T*richomonas columbae* y *T.diversa*)
Hosp.: Gallina, pavo (*Meleagris gallopavo*), canario (*Serinus canarius*) y paloma (*Columba livia*).
Dist.: Barcelona, Córdoba, León, Madrid y Vizcaya. Portugal.
Reg.: I, III, V, VI y IX. Portugal.
Bibl.: 266, 342, 351, 417, 420, 439 y 637.

Trichomonas gallinarum MARTIN et ROBERTSON, 1911
Hosp.: Gallina, pavo (*Meleagris gallopavo*) y faisán (*Phasianus colchicus*)
Dist.: Córdoba y León. Portugal.
Reg.: III y IX. Portugal.
Bibl.: 11, 351 y 417.

Trichomonas hominis
Cf. *Pentatrichomonas hominis*

Trichomonas suis
Cf. *Tritrichomonas suis*

Trichomonas vaginalis DONNE, 1836
Hosp.: Hombre.
Dist.: General.
Bibl.: 53, 54, 75, 78, 79, 90, 91, 92, 304, 409, 417, 425, 427, 510, 535, 626, 671 y 673.

Tripartiella sp.
Hosp.: Carpa (*Cyprinus carpio*), tenca (*Tinca tinca*), carpín (*Carassius carassius*), cacho (*Leuciscus cephalus*) y barbo (*Barbus barbus*)
Dist.: León.
Reg.: III.
Bibl.: 29.

Tritrichomas augusta ALEXEIEFF, 1911
Hosp.: Rana (*Rana perezi*), ranita meridional (*Hyla meridionalis*), eslizón dorado (*Chalcides viridanus*) y perinquén de Delalande (*Tarentola delalandii*)
Dist.: Canarias.
Reg.: XII.
Bibl.: 123, 124 y 654.

Tritrichomonas eberthi (MARTIN et ROBERTSON, 1911) KOFOID, 1920
Hosp.: Gallina, pavo (*Meleagris gallopavo*) y pato (*Anas platyrhynchos*)
Dist.: León?
Reg.: III.
Bibl.: 11.

Tritrichomonas foetus (RIEDMULLER, 1928) WENRICH et EMMERSON, 1933
Hosp.: Vaca.
Dist.: Asturias, Cantabria, Galicia, Gerona, Granada, Huesca, León, Salamanca, Teruel, Vascongadas, Zaragoza, etc. Portugal.
Reg.: I, II, III, IV, V, VII, IX y X. Portugal.
Bibl.: 39, 81, 113, 171, 172, 181, 198, 209, 278, 372, 387, 394, 417, 466, 476, 478, 487, 490, 540, 550, 552, 559, 649, 656, 702 y 703.

Tritrichomonas muris (GRASSI, 1879)
Hosp.: Rata (*Rattus norvegicus*) y ratón (*Mus musculus*)
Dist.: General.
Bibl.: 417.

Tritrichomonas suis (GRUBY et DELAFOND, 1843)
(Syn. *Trichomonas suis*)
Hosp.: Cerdo.
Dist.: Zaragoza.
Reg.: IV.
Bibl.: 551 y 615.

Trypanosoma blanchardi BRUMPT, 1905
(Syn. *Trypanosoma eliomys*)
Hosp.: Lirón (*Eliomys quercinus*)
Vect.: ?
Dist.: General.
Bibl.: 248, 445 y 469.

Trypanosoma eliomys
Cf. *Trypanosoma blanchardi*

Trypanosoma equiperdum DOFLEIN, 1901
Hosp.: Caballo, asno y mulo.
Dist.: Burgos, Cantabria, Córdoba, Cuenca, León, Murcia, Navarra, Valencia y Zaragoza. Portugal. Extinguido.
Reg.: I, III, IV, VII, VIII y IX. Portugal.
Bibl.: 102, 165, 243, 250, 274, 303, 338, 339, 340, 343, 344, 351, 367, 368, 369, 370, 371, 390, 417, 484, 485, 553, 560, 677, 678 y 679.

Trypanosoma, forma de
Hosp.: Mosquito (*Anopheles maculipennis*, hembras adultas)
Dist.: Cáceres.
Reg.: VI.
Bibl.: 378.

Trypanosoma granulatum
Cf. *Trypanosoma granulosum*

Trypanosoma granulosum LAVERAN et MESNIL, 1902
(Syn. *Trypanosoma granulatum*)
Hosp.: Anguila (*Anguilla anguilla*)
Vect.: ?
Dist.: Albufera de Valencia. Portugal.
Reg.: VII. Portugal.
Bibl.: 194, 490 y 600.

Trypanosoma lewisi (KENT, 1880) LAVERAN et MESNIL, 1901
Hosp.: Rata (*Rattus norvegicus*)
Vect.: Sifonáptero (*Nosopsyllus fasciatus*)
Dist.: Córdoba y Madrid.
Reg.: VII y IX.
Bibl.: 553 y 676.

Trypanosoma nabiasi RAILLIET, 1895
Hosp.: Conejo (*Oryctolagus cuniculus*)
Vect.: Sifonáptero (*Spilopsyllus cuniculi*)
Dist.: Granada, León y Zaragoza. Portugal.
Reg.: III, IV, IX y X. Portugal.
Bibl.: 351 y Cordero del Campillo (inéd.)

Trypanosoma sp.
Hosp.: Pardillo (*Carduelis cannabina*) y otros paséridos.
Vect.: ?
Dist.: Barcelona, Granada y Sevilla.
Reg.: V, IX y X.
Bibl.: 163 y 558.

Trypanosoma sp.
Vect.: Garrapata (*Hyalomma marginatum marginatum*)
Dist.: Portugal.
Bibl.: 85.

Trypanosoma sp.
Hosp.: Murciélago común (*Pipistrellus pipistrellus*), murciélago ratero (*Myotis myotis*) y murciélago hortelano (*Eptesicus serotinus*)
Dist.: Portugal.
Bibl.: 3.

Trypanosoma sp.
Hosp.: Lechuza (*Tyto alba*), urraca (*Pica pica*) y grajilla (*Corvus monedula*)
Dist.: Salamanca.
Reg.: III.
Bibl.: 540 y 643.

Trypanosoma theileri LAVERAN, 1902
Hosp.: Vaca.
Vect.: Tabánidos.
Dist.: Portugal.
Bibl.: 351.

Trypanosoma vespertilionis BATTAGLIA, 1904
(Syn. *Schizotrypanum vespertilionis*)
Hosp.: Murciélagos vespertilionidos.
Vect.: ?
Dist.: ?
Bibl.: 445.

Tyzzeria perniciosa ALLEN, 1936
Hosp.: Pato (*Anas platyrhynchos*)
Dist.: Valencia.
Reg.: VII.
Bibl.: 149, 150, 574 y 589.

Unicaryon mytilicolae DURFORT, VALLMITJANA et VIVARES, 1980
Hosp.: Copépodo parásito del mejillón (*Mytilicola intestinalis*)
Dist.: ?
Bibl.: 192.

Vahlkampfia sp.
Hosp.: Proturo (*Promesomachilis hispanica*)
Dist.: España.
Bibl.: 348.

Vorticella microstoma var. **nebulifera** (EHR.)
Hosp.: Mosquitos (*Anopheles maculipennis, Culex pipiens* y *Anopheles hispaniola*, larvas)
Dist.: Cáceres, Granada y Madrid.
Reg.: VI, IX y X.
Bibl.: 378 y 389.

Vorticella sp.
Hosp.: Hombre.
Dist.: Barcelona.
Reg.: V.
Bibl.: 37.

LISTA DE HOSPEDADORES CON SUS PROTOZOA PARÁSITOS

Phylum Plathelminthes

Planaria (*Dugesia gonocephala*)

Sieboldiellina planariarum

Phyllum Nemathelminthes

Clase Secernentea

Orden Ascarida

Heterakis gallinarum

Histomonas meleagridis (SMITH, 1895)

Phyllum Annelida

Clase Polichaeta

Orden Drilomorpha

Poliqueto sedentario (*Cirratulus cirratus*)

Selenidium sp.

Clase Oligochaeta

Orden Mycrodrila

Lombriz de tierra (*Eisenia foetida*)

Anoplophrya foetidae FERNANDEZ GALIANO et PEREZ UZ, 1990

Phyllum Mollusca

Clase Gastropoda

Orden Prosobranchia

Helcion pellucidus

Haplosporidium lusitanicum AZEVEDO, 1984

Clase Bivalvia

Orden Eulamelibranquia

Almeja fina (*Tapes decussatus*)

Cryptosporidium sp.

Perkinsus atlanticus AZEVEDO, 1989

Almeja (*Tapes semidecussatus*)
Perkinsus sp.

Ostra (*Ostrea edulis*)
Bonamia ostrea (BALOUET et al., 1983)
Marteilia refringens (ALDERMAN, 1979)

Ostra gallega (*Crassostrea angulata*)
Ancistroma sp.
Cyclochaeta sp.
Sphenophrya sp.
Trichodina sp.

Orden Filibranquia

Mejillón (*Mytilus edulis*)
Marteilia refringens (ALDERMAN, 1979)

Mejillón rubio (*Mytilus galloprovincialis*)
Ancistrum mytili
Marteilia maurini
Pseudoklossia sp.
Steinhausia mytilorum

Phyllum Arthropoda

Clase Arachnida

Orden Acari

Boophilus annulatus
Babesia bovis (BABES, 1888) STARCOVICI, 1893

Boophilus calcaratus
Babesia bigemina (SMITH et KILBORNE, 1893)

Boophilus decoloratus
Babesia trautmanni (KNUTH et DU TOIT, 1918)?

Hyalomma aegyptium
Theileria mutans (THEILER, 1906)

Hyalomma excavatum
Theileria annulata DSCHUNKOWSKY et LUHS, 1904

Hyalomma impresum
Babesia motasi WENYON, 1926?
Babesia ovis (BABES, 1892)?

Hyalomma lusitanicum
Theileria annulata DSCHUNKOWSKY et LUHS, 1904

Hyalomma marginatum
Babesia caballi (NUTTALL, 1910)
Trypanosoma sp.

Hyalomma mauritanicum
Theileria annulata DSCHUNKOWSKY et LUHS, 1904

Hyalomma punctata
Babesia major (SERGEANT et al, 1926)
Babesia motasi (WENYON, 1926)

Hyalomma savigny
Theileria annulata DSCHUNKOWSKY et LUHS, 1904

Ixodes ricinus
Babesia bovis (BABES, 1888) STARCOVICI, 1893
Babesia caballi (NUTTALL, 1910?
Babesia sp.

Ornithodoros erraticus
Toxoplasma gondii NICOLLE et MANCEAUX, 1908

Rhipicephalus bursa
Babesia motasi WENYON, 1926
Babesia ovis (BABES, 1892)
Theileria annulata DSCHUNKOWSKY et LUHS, 1904
Theileria mutans (THEILER, 1906)
Theileria sp.

Rhipicephalus pusillus
Theileria annulata DSCHUNKOWSKY et LUHS, 1904U

Rhipicephalus sanguineus
Hepatozoon canis (JAMES, 1905)

Clase Crustacea
Orden Copepoda
Copépodo parásito del mejillón (*Mytilicola intestinalis*)
Unicaryon mytilicolae DURFORT, VALLMITJANA et VIVARES, 1980

Orden Malacostraca
Atelecyclus rotundatus
Pachyporospora laubieri THEODORIDES, 1961

Araña de mar (*Inachus communisimus*)
Aggregata inachi SMITH, 1906

Cámbaras (*Pisa armata, Pisa nodipes*)
Porospora pisae LEGER et DUBOSQ, 1911

Cangrejo aterciopelado (*Pilumnus spinifer*)
Cephaloidora guinotae THEODORIDES, 1967

Cangrejo corredor (*Pachygrapsus marmoratus*)
Cephaloidophora conformis (DIESING, 1851)

Cangrejo de la nacra (*Pinnotheres pinnotheres*)
Aggregata coelomica
Cephaloidophora knoepfferi THEODORIDES, 1962

Cangrejo jibón (*Parthenope angulifrons*)
Nematopsis sp.

Cangrejo nadador (*Macropipus depurator*)
Aggregata eberti LABBE, 1899
Nematopsis maraisi (LEGER et DUBOSQ, 1911)

Cangrejo nadador (*Macropipus vernalis*)
Pachyporospora retorta ORMIERES, 1968

Cangrejos nadadores (*Macropipus* spp.)
Synophrya hypertrofica CHATION et LWOFF, 1926

Cangrejo peludo (*Dromia personata*)
Cephaloidora dromiae (FRENZEL, 1885)

Cangrejo real (*Calapa granulata*)
Nematopsis grassei (THEODORIDES, 1962)

Diversos cangrejos braquiuros
Aggregata sp.

Eriphia verrucosa
Nematopsis legeri (DE BEAUCHAMP)

Ethusa mascarone
Nematopsis sp.
Nematopsis theodori VIVARES, 1971

Gonoplax rhomboides
Nematopsis goneplaxi TUZET et ORMIERES, 1961
Nematopsis petiti (THEODORIDES, 1962)

Xantho poressa
Cephaloidophora drachi THEODORIDES, 1962

Clase Hexapoda
Orden Protura
Promesomachilis hispanica
Vahlkampfia sp.

Orden Collembola
Heteromurus gigans
Microsporidios, sin precisar.

Orden Isoptera
Termita (*Bifiditermes rogierae*)
Staurojoenina corbeli HOLLANDE, 1986

Orden Lepidoptera
"Gusano" de seda (*Bombys mori*)
Nosema bombycis NAEGLERI, 1857

Lagarta (*Lymantria dispar*)
Nosema sp.

Orden Diptera

Anopheles (Anopheles) claviger
Plasmodium spp.

Anopheles (Anopheles) maculipennis
Trypanosoma, forma de
Thelobania legeri HESSE, 1904 (en larvas)
Vorticella microstoma var. *nebulifera* (EHR.)
Plasmodium spp.

Anopheles (Myzomia) hispaniola
Vorticella microstoma var. *nebulifera* (EHR.)
Plasmodium spp.

Anopheles (Myzomia) multicolor
Plasmodium spp.

Anopheles (Myzomia) sergenti
Plasmodium spp.

Anopheles (Myzomia) superpictus
Plasmodium spp.

Culex pipiens
Vorticella microstoma var. *nebulifera* (EHR.)
Plasmodium cathemerium
Plasmodium relictum (GRASSI et FELETTI, 1891)

Drosophila funebris
Leptomonas jordanoi POZO LORA, 1955

Mosquitos, sin precisar.
Haemoproteus spp.

Phlebotomus ariasi
Leishmania donovani (LAVERAN et MESNIL, 1903) ROSS, 1903

Phlebotomus perniciosus
Adelina riouxi LEVINE, 1977
Leishmania donovani (LAVERAN et MESNIL, 1903) ROSS, 1903

Phlebotomus spp.
Leishmania donovani (LAVERAN et MESNIL, 1903) ROSS, 1903
Leishmania tropica (WRIGTH, 1903) LUHE, 1906

Simúlidos, sin precisar.
Leucocitozoon spp.

Tabánidos, sin precisar.
Trypanosoma theileri LAVERAN, 1902

Orden Aphaniptera

Nosopsyllus fasciatus
Trypanosoma lewisi (KENT, 1880)

Spilopsyllus cuniculi
Trypanosoma nabiasi RAILLIET, 1895

Orden Coleoptera
Coleóptero (*Morica hybrida*)
Adelina akidium

Orden Hymenoptera
Abeja (*Apis mellifica*)
Malpighamoeba mellificae PRELL, 1926
Nosema apis ZANDER, 1909

Phyllum Hemichordata
Glossobalanus minutus
Eimeria beauchampi L. et D.

Phyllum Chordata
Clase Osteichthyes
Orden Clupeiformes
Sardina (*Clupea pilchardus*)
Eimeria sardinae (THELOHAN, 1890) REICHENOW, 1921

Orden Salmoniformes
Trucha arco iris (*Oncorhynchus mykiss*)
Eimeria truttae (LEGER et HESSE, 1919)
Hexamita intestinalis DUJARDIN, 1841
Holophrya simplex
Ichthyophthirius multifilis FOUQUET, 1876
Myxosoma cerebralis (HOFER, 1903) PLEHN, 1904
Trichodina truttae

Trucha común (*Salmo trutta fario*)
Chloromyxum truttae LEGER, 1906
Eimeria truttae (LEGER et HESSE, 1919)
Costia necatrix (HENNEGUY, 1883) LECLERQ, 1890
Hexamita intestinalis DUJARDIN, 1841
Ichthyophthirius multifilis FOUQUET, 1876
Myxobolus farionis GONZALEZ et ALVAREZ, 1984
Myxobolus ibericus GONZALEZ et ALVAREZ, 1984

Orden Cypriniformes
Barbo (*Barbus barbus bocagei*)
Chloromyxum complicatum ALVAREZ, PEREIRA et GONZALEZ, 1983
Chloromyxum cyprini
Cryptobia sp.
Eimeria leucisci
Goussia carpelli
Hexamita sp.
Ichthyophthirius multifilis FOUQUET, 1876
Myxidium carinae ALVAREZ, PEREIRA et GONZALEZ, 1983
Myxobolus cutanei ALVAREZ et GONZALEZ, 1985
Myxobolus pfeifferi
Myxobolus squamae

Myxobolus tauricus MIROSHNICHENKO, 1979
Pleistophora sp.
Tripartiella sp.

Bermejuela (*Rutilus arcasii*)
Ichthyophthirius multifilis FOUQUET, 1876
Myxobolus leuciscini GONZALEZ et ALVAREZ, 1985
Myxobolus muelleri
Myxobolus pseudodispar

Boga (*Chondrostoma polylepis*)
Chloromyxum chondrostomi ALVAREZ, PEREIRA et GONZALEZ, 1983
Cryptobia sp.
Eimeria rutili
Goussia carpelli
Goussia polylepidis ALVAREZ et GONZALEZ, 1985
Myxidium macrocapsularae
Myxidium rhodei LEGER, 1905
Myxobolus leuciscini GONZALEZ et ALVAREZ, 1985
Myxobolus muelleri
Myxobolus pseudodispar

Cacho (*Leuciscus cephalus*)
Chloromyxum complicatum ALVAREZ, PEREIRA et GONZALEZ, 1983
Cryptobia sp.
Eimeria rutili
Goussia carpelli
Ichthyophthirius multifilis FOUQUET, 1876
Myxidium macrocapsularae
Myxidium rhodei LEGER, 1905
Myxobolus leuciscini GONZALEZ et ALVAREZ, 1985
Myxobolus muelleri
Myxobolus pseudodispar
Pleistophora sp.
Trichodinella sp.
Tripartiella sp.

Carpa (*Cyprinus carpio*)
Eimeria subepitelialis MOROFF et FIEBIGER, 1905
Goussia carpelli
Ichthyophthirius multifilis FOUQUET, 1876
Myxobolus amurensis AKHMEROV, 1960
Tripartiella sp.

Carpín (*Carassius carassius*)
Eimeria baueri
Goussia carpelli
Myxobolus amurensis AKHMEROV, 1960
Sphaerospora cyprini (FUJITA, 1912)
Trichodina domergei
Tripartiella sp.

Carpín dorado (*Carassius auratus*)

Eimeria carassiusaurati ROMERO RODRIGUEZ, 1978
Ichthyophthirius multifilis FOUQUET, 1876

Gobio (*Gobio gobio*)

Myxobolus bramae

Tenca (*Tinca tinca*)

Cryptobia sp.
Ichthyophthirius multifilis FOUQUET, 1876
Myxobolus ellipsoides
Trichodinella sp.
Tripartiella sp.

Orden Anguilliformes

Anguila (*Anguilla anguilla*)

Amyloodinium ocellatum BROWN, 1931
Chilodonella uncinata
Ichthyophthirius multifilis FOUQUET, 1876
Myxidium giardi CEPEDE, 1906
Myxobolus portucalensis SARAIVA et MOLNAR, 1990
Myxobolus sp.
Trichodina anguillae
Trichodina jadranica
Trichodina sp.
Trypanosoma granulosum LAVERAN et MESNIL, 1902

Orden Gadiformes

Merluza (*Merluccius merluccius*)

Kudoa sp.

Orden Perciformes

Babosa (*Blennius pholis*)

Haemogregarina bigemina LAVERAN et MESNIL, 1901
Haemogregarina sp.

Chaparrudo (*Gobius niger*)

Haemogregarina sp.

Dorada (*Sparus aurata*)

Sphaerospora sp.

Galupe (*Lisa aurata*)

Myxobolus exiguus THELOMAN, 1895

Gobio gigante (*Gobius cobitis*)

Haemogregarina sp.

Lubina (*Dicentrarchus labrax*)

Amyloodinium ocellatum BROWN, 1931
Amyloodinium sp.
Ceratomyxa sp.
Cryptobia sp.

Cryptocarion irritans BROWN, 1951
Eimeria sp.
Haemogregarina sp.
Myxobilatus sp.
Sphaerospora dicentrarchi SITJA et ALVAREZ, 1992
Sphaerospora testicularis SITJA et ALVAREZ, 1990
Trichodina sp.

Orden Pleuronectiformes

Rodaballo (*Scophthalmus maximus*)
Tetramicra brevifilum
Trichodina sp.

Clase Amphibia

Orden Urodela

Gallipato (*Pleurodeles waltlii*)
Balantidium galianoi FERNANDEZ GALIANO, 1951
Protoopalina spinosa FERNANDEZ GALIANO, 1951

Orden Anura

Rana (*Rana perezi*)
Balantidium duodeni STEIN, 1807
Balantidium elongatum
Balantidium entozoon EHRENBERG, 1938
Cepedea dimidiata (STEIN, 1860) METCALF, 1923
Chilomastix caulleryi ALEXEIEFF, 1909
Giardia agilis KÜNSTLER, 1882
Monocercomonas maculatus CARRERA, ZAPATERO et GONZALEZ, 1987
Nyctotheroides cordiformis (EHRENBERG, 1838) GRASSÉ, 1928
Octomitus neglectus (LAVIER, 1936) GRASSÉ, 1952
Opalina obtrigona STEIN, 1864
Opalina ranarum CHATTON et BRACHON, 1936
Retortamonas dobelli BISHOP, 1931
Spironucleus elegans LAVIER, 1916
Tetratrichomonas prowazeki (ALEXEIEFF, 1909) ALEXEIEFF, 1911
Trichodina ranae DA CUNHA, 1950
Trichomitus batrachorum (PERTY, 1852) HONIGBERG, 1963
Tritrichomonas augusta CHATTON eT BRACHON, 1936

Ranita meridional (*Hyla meridionalis*)
Balantidium entozoon EHRENBERG, 1938
Cepedea dimidiata (STEIN, 1860) METCALF, 1923
Chilomastix caulleryi ALEXEIEFF, 1909
Giardia agilis KÜNSTLER, 1882
Hexamita intestinalis DUJARDIN, 1841
Hypotrichomonas acosta (MOSKOWITZ, 1951) LEE, 1960
Monocercomonas maculatus CARRERA, ZAPATERO et GONZALEZ, 1987
Nyctotheroides cordiformis (EHRENBERG, 1838) GRASSÉ, 1928
Octomitus neglectus (LAVIER, 1936) GRASSÉ, 1952
Opalina obtrigona STEIN, 1864
Opalina ranarum CHATTON et BRACHON, 1936

Retortamonas dobelli BISHOP, 1931
Spironucleus elegans LAVIER, 1916
Tetratrichomonas prowazeki (ALEXEIEFF, 1909) ALEXEIEFF, 1911
Trichomitus batrachorum (PERTY, 1852) HONIGBERG,1963
Tritrichomonas augusta CHATTON eT BRACHON, 1936

Clase Reptilia
Orden Squamata
Culebra de escalera (*Elaphe scalaris*)
Haemoproteus sp.

Eslizón dorado (*Chalcides viridanus*)
Chilomastix hemidactylus
Hexamastix kirbyi HONIGBERG, 1955
Isospora viridanae MATUSCHKA, 1989
Tritrichomonas augusta ALEXEIEFF, 1911

Lagartija (*Podarcis bocagei*)
Schellackia bocagei ALVAREZ CALVO, 1975

Lagartija (*Podarcis hispanica*)
Haemogregarina malacitensis ALVAREZ CALVO, 1975
Hematozoa, sin precisar.
Karyolysus octocromosomi ALVAREZ CALVO, 1975
Schellackia bocagei ALVAREZ CALVO, 1975

Lagartija (*Podarcis lilfordi*)
Sarcocystis dugesii

Lagartija (*Podarcis muralis*)
Eutrichomastix lacertae (BUTSCHLI, 1844) VON PROWAZEK, 1904
Karyolysus bicapsulatus
Proteromonas lacertae (GRASSI)

Lagarto (*Lacerta lepida*)
Haemogregarina gracilis
Lankesterella millari ALVAREZ CALVO, 1975

Lagarto canarión (*Gallotia simonyi stehlinii*)
Balantidium sp.
Sarcocystis stehlinii MATUSCHKA et BANNERT, 1989

Lagarto de Hierro (*Gallotia simonyi simonyi*)
Sarcocystis simonyi BANNERT, 1992

Lagarto tizón (*Gallotia galloti*)
Eimeria gallotiae MATUSCHKA et BANNERT, 1987
Isospora gallotiae MATUSCHKA et BANNERT, 1987

Perinquén de Delalande (*Tarentola delalandii*)
Blastocystis enterocola
Chilomastix hemidactylus
Eimeria delalandii MATUSCHKA et BANNERT, 1986
Hexamastix kirbyi HONIGBERG, 1955
Isospora canariensis MATUSCHKA et BANNERT, 1986

Isospora tarentolae MATUSCHKA et BANNERT, 1986
Nyctotherus harauti
Tritrichomonas augusta ALEXEIEFF, 1911

Salamanquesa (*Tarentola mauritanica*)
Eimeria tarentolae MATUSCHKA et BANNERT, 1986

Clase Aves

En general.
Leucocytozoon spp.
Plasmodium spp.

Orden Anseriformes

Pato (*Anas platyrhynchos*)
Tritrichomonas eberthi (MARTIN et ROBERTSON, 1911) KOFOID, 1920
Tyzzeria perniciosa ALLEN, 1936

Orden Falconiformes

Cernícalo (*Falco tinnunculus*)
Haemoproteus multiparasitans COVALEDA ORTEGA et GALLEGO, 1950

Orden Gruiformes

Avutarda (*Otis tarda*)
Haemoproteus sp.

Orden Galliformes

Codorniz (*Coturnix coturnix*)
Eimeria bateri BATHEI, PANDEY et PANDE, 1965
Toxoplasma gondii NICOLLE et MANCEAUX, 1908

Faisán (*Phasianus colchicus*)
Eimeria pacifica ORMSBEE, 1939
Trichomonas gallinarum MARTIN et ROBERTSON, 1911

Gallina
Cryptosporidium sp.
Eimeria acervulina TYZZER, 1929
Eimeria brunetti LEVINE, 1942
Eimeria hagani LEVINE, 1938
Eimeria maxima TYZZER, 1929
Eimeria mitis TYZZER, 1929
Eimeria mivati EDGAR et SEIBOLD, 1964
Eimeria necatrix JOHNSON, 1930
Eimeria praecox JOHNSON, 1930
Eimeria tenella (RAILLIET et LUCET, 1891) FANTHAN, 1909
Haemoproteus spp.
Histomonas meleagridis (SMITH, 1895) TYZZER, 1920
Toxoplasma gondii NICOLLE et MANCEAUX, 1908
Trichomonas gallinae (RIVOLTA, 1878) STABLER, 1938
Trichomonas gallinarum MARTIN et ROBERTSON, 1911
Tritrichomonas eberthi (MARTIN et ROBERTSON, 1911) KOFOID, 1920

Pavo (*Meleagris gallopavo*)
Eimeria meleagridis TYZZER, 1927
Eimeria meleagrimitis TYZZER, 1927
Hexamita spp.
Histomonas meleagridis (SMITH, 1895) TYZZER, 1920
Pentatrichomonas spp.
Plasmodium gallinaceum BRUMPT, 1945
Trichomonas gallinae (RIVOLTA, 1878) STABLER, 1938
Trichomonas gallinarum MARTIN et ROBERTSON, 1911
Tritrichomonas eberthi (MARTIN et ROBERTSON, 1911) KOFOID, 1920

Perdiz roja (*Alectoris rufa*)
Eimeria coturnicis CHAKRAVARTY et KAR, 1947
Eimeria gonzalezcastroi LIZCANO HERRERA et ROMERO RODRIGUEZ, 1975
Eimeria kofoidi YAKIMOFF et MATIKASCHWILI, 1936
Eimeria legionensis CORDERO DEL CAMPILLO et PLA HERNANDEZ, 1966
Eimeria padulensis ROMERO RODRIGUEZ et LIZCANO HERRERA, 1974
Eimeria phasiani TYZZER, 1929
Eimeria procera HAASE, 1939
Eimeria sp.
Eimeria tenella (RAILLIET et LUCET, 1891) FANTHAN, 1909
Entamoeba gallinarum
Plasmodium relictum (GRASSI et FELETTI, 1891)

Orden Charadriiformes
Tringa (*Tringa linaria*)
Haemoproteus granulosum REY VILA, 1945

Orden Columbiformes
Paloma (*Columba livia*)
Eimeria labbeana PINTO, 1928
Haemoproteus columbae KRUSE, 1890
Isospora lacazei (LABBE, 1893)
Trichomonas gallinae (RIVOLTA, 1878) STABLER, 1938

Tórtola (*Streptotelia turtur*)
Haemoproteus turtur COVALEDA ORTEGA et GALLEGO BERENGUER, 1950

Orden Strigiformes
Búho real (*Bubo bubo*)
Leucocytozoon sp.

Cárabo (*Strix aluco*)
Leucocytozoon sp.

Lechuza (*Tyto alba*)
Trypanosoma sp.

Mochuelo (*Athene noctua*)
Haemoproteus multiparasitans COVALEDA ORTEGA et GALLEGO BERENGUER, 1950
Haemoproteus spp.
Leucocytozoon ziemanni (LAVERAN)

Orden Coraciiformes
Abejaruco (*Merops apiaster*)
Haemoproteus spp.

Orden Passeriformes
Acentor común (*Prunella modularis*)
Isospora lacazei (LABBE, 1893)

Alcaudón dorsirrojo (*Lanius collurio*)
Haemoproteus fringillae LABBE, 1896

Alondra (*Alauda arvensis*)
Isospora lacazei (LABBE, 1893)

Bisbita común (*Anthus pratensis*)
Isospora lacazei (LABBE, 1893)

Buitrón (*Cisticicola fundicis*)
Isospora lacazei (LABBE, 1893)

Canario (*Serinus canarius*)
Isospora chloridis ANWAR,1966
Isospora lacazei (LABBE, 1893)
Isospora sp.
Trichomonas gallinae (RIVOLTA, 1878) STABLER, 1938

Córvidos, sin especificar
Isospora rochalimae YAKIMOFF et GOUSSEFF, 1936

Curruca cabecinegra (*Sylvia melanocephala*)
Isospora lacazei (LABBE, 1893)

Curruca capirotada (*Sylvia atricapilla*)
Isospora lacazei (LABBE, 1893)

Colirrojo tizón (*Phoenicurus ochruros*)
Isospora lacazei (LABBE, 1893)

Gorrión común (*Passer domesticus*)
Haemoproteus chloris COVALEDA ORTEGA et GALLEGO BERENGUER, 1950
Haemoproteus granulosum REY VILA, 1945
Isospora lacazei (LABBE, 1893)
Plasmodium elongatum HUFF, 1930
Toxoplasma gondii NICOLLE et MANCEAUX, 1908

Gorrión molinero (*Passer molinerum*)
Haemoproteus granulosum REY VILA, 1945
Haemoproteus spp.

Gorrión moruno (*Passer hispaniolensis*)
Isospora lacazei (LABBE, 1893)

Grajilla (*Corvus monedula*)
Isospora monedulae YAKIMOFF et MATSCHOULSKY, 1936
Isospora schwetzi YAKIMOFF et MATSCHOULSKY
Plasmodium relictum (GRASSI et FELETTI, 1891)
Trypanosoma sp.

Jilguero (*Carduelis carduelis*)
Haemoproteus globosus COVALEDA ORTEGA et GALLEGO BERENGUER, 1950
Haemoproteus fringillae LABBE, 1896
Haemoproteus macropigmentatus COVALEDA ORTEGA et GALLEGO BERENGUER, 1950
Haemoproteus spp.
Isospora lacazei (LABBE, 1893)
Isospora spp.

Lavandera blanca (*Motacilla alba*)
Isospora lacazei (LABBE, 1893)

Mosquitero común (*Phylloscopus collybita*)
Isospora lacazei (LABBE, 1893)

Pardillo (*Acanthis cannabina*)
Isospora lacazei (LABBE, 1893)
Trypanosoma sp.

Paséridos, en general.
Lankesterella sp.
Leucocytozoon spp.
Plasmodium elongatum HUFF, 1930
Plasmodium relictum (GRASSI et FELETTI, 1891)
Plasmodium spp.
Trypanosoma sp.

Petirrojo (*Erithacus rubecula*)
Isospora lacazei (LABBE, 1893)

Pinzón común (*Fringilla coelebs*)
Isospora lacazei (LABBE, 1893)

Tarabilla común (*Saxicola torquata*)
Isospora lacazei (LABBE, 1893)

Triguero (*Miliaria calandra*)
Eimeria sp.
Haemoproteus granulosum REY VILA, 1945
Haemoproteus spp.

Urraca (*Pica pica*)
Plasmodium relictum (GRASSI et FELETTI, 1891)
Trypanosoma sp.

Verdecillo (*Serinus serinus*)
Haemoproteus fringilae LABBE, 1896

Verderón (*Chloris chloris*)
Haemoproteus chloris COVALEDA ORTEGA et GALLEGO BERENGUER, 1950
Haemoproteus granulosum REY VILA, 1945
Haemoproteus spp.
Isospora lacazei (LABBE, 1893)

Zorzal alirrojo (*Turdus iliacus*)
*Isospora lacaze*i (LABBE, 1893)

Zorzal común (*Turdus philomelos*)
Isospora lacazei (LABBE, 1893)

Clase Mammalia
Orden Insectivora
Erizo (*Erinaceus europaeus*)
Babesia sp.

Orden Chiroptera
Murciélago común (*Pipistrellus pipistrellus*)
Babesia vesperuginis
Trypanosoma sp.

Murciélago de herradura grande (*Rhinolophus ferrum-equinum*)
Eimeria viridis (LABBE, 1893)
Grahamella sp.

Murciélago hortelano (*Eptesicus serotinus*)
Trypanosoma sp.

Murciélago ratero (*Myotis myotis*)
Trypanosoma sp.

Murciélago troglodita (*Miniopterus schreibersii*)
Babesia vesperuginis
Polychromophilus melanipherus
Polychromophilus murinus

Vespertiliónidos
Trypanosoma vespertilionis BATTAGLIA, 1904

Orden Lagomorpha
Conejo (*Oryctolagus cuniculus*)
Chilomastix cuniculi DA FONSECA, 1915
Chilomastix granatensis LOPEZ-NEYRA et SUAREZ PELEGRIN, 1933?
Eimeria coecicola
Eimeria exigua YAKIMOFF, 1934
Eimeria hungarica PELLERDY, 1956
Eimeria intestinalis CHEISSIN, 1948
Eimeria irresidua KESSEL et JANKIEWICZ, 1931
Eimeria magna PERARD, 1925

Eimeria matsubayashii TSUNODA, 1952
Eimeria media KESSEL, 1929
Eimeria neoleporis CARVALHO, 1942
Eimeria perforans LEUCKART, 1879
Eimeria piriformis KOTLAN et POPESCH, 1934
Eimeria sculpta MADSEN, 1938
Eimeria stiedai (LINDEMANN, 1865) KISSKALT et HARTMANN, 1907
Encephalitozoon cuniculi
Toxoplasma gondii NICOLLE et MANCEAUX, 1908
Trypanosoma nabiasi RAILLIET, 1895

Liebre (*Lepus capensis*)
Eimeria environ HONESS, 1939
Eimeria europaea PELLERDY, 1956
Eimeria hungarica PELLERDY, 1956
Eimeria leporis
Eimeria maior DUSZINSKI et MARQUARDT, 1969
Eimeria minima CARVALHO, 1943
Eimeria septentrionalis
Toxoplasma gondii NICOLLE et MANCEAUX, 1908

Orden Rodentia

Lirón careto (*Eliomys quercinus*)
Hepatozoon lusitanicum NAJERA ANGULO, 1937
Trypanosoma blanchardi BRUMPT, 1905

Rata gris (*Rattus norvegicus*)
Chilomastix granatensis LOPEZ-NEYRA et SUAREZ PELEGRIN, 1933?
Eimeria nieschulzi DIEBEN, 1924
Eimeria separata BECKER et HALL, 1931
Giardia lamblia STILES, 1915
Hepatozoon muris (BALFOUR, 1905)
Tritrichomonas muris (GRASSI, 1879)
Trypanosoma lewisi (KENT, 1880) LAVERAN et MESNIL, 1901

Rata negra (*Rattus rattus*)
Giardia lamblia STILES, 1915
Leishmania donovani (LAVERAN et MESNIL, 1903) ROSS, 1903

Ratón (*Mus musculus*)
Eimeria falciformis (EIMER, 1870)
Plasmodium berghei VINKE et LIPS, 1948
Sarcocystis muris BLANCHARD, 1885
Toxoplasma gondii NICOLLE et MANCEAUX, 1908
Tritrichomonas muris (GRASSI 1879)

Ratón de campo (*Apodemus sylvaticus*)
Sarcocystis muris BLANCHARD, 1885
Toxoplasma gondii NICOLLE et MANCEAUX, 1908

Orden Carnivora

Gato

Hammondia hammondi FRENKEL et DUBEY, 1975
Isospora felis WENYON, 1926
Sarcocystis tenella RAILLIET, 1887
Toxoplasma gondii NICOLLE et MANCEAUX, 1908

Perro

Babesia canis (PIANA et GALLI-VALERIO, 1895)
Babesia sp.
Cryptosporidium sp.
Cystoisospora canis (NEMESERI, 1959) FRENKEL, 1977
Eimeria canis WENYON, 1923
Giardia lamblia STILES, 1915
Hepatozoon canis (JAMES, 1905)
Isospora heydorni TADROS et LAARMAN, 1976
Isospora ohioensis DUBEY, 1975
Leishmania donovani (LAVERAN et MESNIL, 1903) ROSS, 1903
Leishmania major
Leishmania tropica (WRIGHT, 1903) LUHE, 1906
Sarcocystis bertrami DOFLEIN, 1901
Sarcocystis bigemina (STILES, 1891) LEVINE, 1977
Sarcocystis capracanis FISCHER, 1979
Sarcocystis cervicanis HERNANDEZ, NAVARRETE et MARTINEZ, 1981
Sarcocystis cruzi (HASELMAN, 1926) LEVINE, 1977
Sarcocystis miescheriana (KUHN, 1865) LANKESTER, 1882
Toxoplasma gondii NICOLLE et MANCEAUX, 1908

Zorro (*Vulpes vulpes*)

Hepatozoon sp.
Leishmania donovani (LAVERAN et MESNIL, 1903) ROSS, 1903

Orden Perissodactyla

Asno, Burdégano, Mulo y **Caballo**.

Babesia caballi (NUTTALL, 1910)
Babesia equi (LAVERAN, 1901)
Babesia sp.
Cryptosporidium sp.
Cycloposthium edentatum STRELKOW, 1929
Eimeria leuckarti (FLESH, 1884) REICHENOW, 1924
Eimeria uniungulati GOUSSEFF, 1934
Sarcocystis bertrami DOFLEIN, 1901
Trypanosoma equiperdum DOFLEIN, 1901

Orden Artiodactyla

Cabra

Babesia ovis (BABES, 1892)
Cryptosporidium sp.
Eimeria alijevi MUSAEV, 1970
Eimeria apsheronica MUSAEV, 1970
Eimeria ashata HONESS, 1932

Eimeria bakuensis MUSAEV, 1970
Eimeria christensoni LEVINE, IVENS et FRITZ, 1962
Eimeria crandalis HONESS, 1942
Eimeria faurei (MOUSSOU et MAROTEL, 1902) MARTIN, 1909
Eimeria gilruthi (CHATTON, 1910) REICHENOW et CARINI, 1937
Eimeria granulosa CHRISTENSEN, 1938
Eimeria hirci CHEVALIER, 1966
Eimeria jolchijevi MUSAEV, 1970
Eimeria marsica (RESTANI, 1971)
Eimeria ninaekohlyakimovae YAKIMOFF et RASTEGAIEFF, 1930
Eimeria parva KOTLAN, MOCSY et VAJDA, 1929
Sarcocystis capracanis FISCHER, 1979
Sarcocystis tenella RAILLIET, 1887
Toxoplasma gondii NICOLLE et MANCEAUX, 1908

Cabra montés (*Capra pyrenaica*)
Eimeria bakuensis MUSAEV, 1970

Cerdo
Babesia trautmanni (KNUTH et DU TOIT, 1918)
Balantidium coli (MALMSTEN, 1857) STEIN, 1862
Balantidium minutum SCHAUDINN, 1899
Cryptosporidium parvum (UPTON et CURRENT, 1985)
Cryptosporidium sp.
Eimeria betica MARTINEZ GOMEZ et HERNANDEZ RODRIGUEZ, 1974
Eimeria cerdonis VETTERLING, 1965
Eimeria debliecki DOUWES, 1921
Eimeria guevarai (ROMERO RODRIGUEZ et LIZCANO HERRERA, 1971)
Eimeria neodebliecki VETTERLING, 1965
Eimeria perminuta HENRY, 1931
Eimeria polita PELLERDY, 1949
Eimeria porci VETTERLING, 1965
Eimeria residualis MARTINEZ GOMEZ et HERNANDEZ RODRIGUEZ, 1974
Eimeria scabra HENRY, 1931
Eimeria scrofae GALLI-VALERIO, 1935
Eimeria sp.
Eimeria spinosa HENRY, 1931
Eimeria suis NOLLER, 1921
Isospora almaatensis PAJCHUK, 1951
Isospora neyrai ROMERO RODRIGUEZ et LIZCANO HERRERA, 1971
Isospora sp.
Isospora suis BIESTER et MURRAY, 1934
Sarcocystis miescheriana (KUHN, 1865) LANKESTER, 1882
Toxoplasma gondii NICOLLE et MANCEAUX, 1908
Tritrichomonas suis (GRUBY et DELAFOND, 1843)

Ciervo (*Cervus elaphus*)
Eimeria sordida
Eimeria sp.
Sarcocystis cervicanis HERNANDEZ, NAVARRETE et MARTINEZ, 1981
Sarcocystis sp.

Corzo (*Capreolus capreolus*)
Eimeria capreoli
Sarcocystis capreolicanis
Sarcocystis gracilis

Eland (*Taurotragus oryx*)
Eimeria francae SANCHEZ ACEDO et al., 1981
Eimeria helmantica SANCHEZ ACEDO et al., 1981
Eimeria sp.
Eimeria triffiti YAKIMOFF, 1934

Gamo (*Dama dama*)
Sarcocystis jorrini HERNANDEZ, ACOSTA et NAVARRETE, 1992

Jabalí (*Sus scrofa*)
Isospora suis BIESTER et MURRAY, 1974

Oveja
Babesia motasi WENYON, 1926
Babesia ovis (BABES, 1892)
Babesia sp.
Cryptosporidium parvum (UPTON et CURRENT, 1985)
Cryptosporidium sp.
Dasytricha ruminantium SCHUBERG, 1880
Diplodinium anacanthum DOGIEL, 1927
Diplodinium anisacanthum (CUNHA, 1914) DOGIEL, 1927
Diplodinium dogieli KOFOID et MACLENNAN
Diplodinium quinquecaudatum SCHUBERG, 1888
Diploplastron affine (DOGIEL et FEDOROVA, 1925)
Eimeria ashata HONESS, 1942
Eimeria bakuensis MUSAEV, 1970
Eimeria crandalis HONESS, 1942
Eimeria faurei (MOUSSOU et MAROTEL, 1902) MARTIN, 1909
Eimeria gilruthi (CHATTON, 1910) REICHENOV et CARINI, 1937
Eimeria granulosa CHRISTENSEN, 1938
Eimeria intricata (SPIEGL, 1925)
Eimeria marsica (RESTANI, 1971)
Eimeria ovinoidalis McDOUGALD, 1979
Eimeria pallida CHRISTENSEN, 1938
Eimeria parva KOTLAN, MOCSY et VAJDA, 1929
Eimeria punctata (LANDERS, 1952) LANDERS, 1955
Eimeria weybridgensis NORTON, JOYNER et CATCHPOLE, 1974
Enoploplastron triloricatum DOGIEL, 1925
Entodinium caudatum STEIN, 1858
Entodinium dentatum STEIN, 1859
Entodinium dubardi BUISSON, 1923
Entodinium furca var. *diloba* CUNHA, 1914
Entodinium lobo-spinosum DOGIEL, 1927
Entodinium longinucleatum DOGIEL, 1925
Entodinium nanellum DOGIEL, 1921
Entodinium vorax DOGIEL, 1925
Epidinium ecaudatum f. *bicaudatum* (FIORENTINI, 1889) SHARP, 1914
Epidinium ecaudatum f. *cattaneoi* FIORENTINI, 1889

Epidinium ecaudatum f. *ecaudatum* FIORENTINI 1889
Epidinium ecaudatum f. *hamatum* FIORENTINI, 1895
Epidinium ecaudatum f. *tricaudatum* (FIORENTINI, 1889) SHARP, 1914
Emeroplastron bovis DOGIEL, 1927
Emeroplastron dilobum DOGIEL, 1927
Eudiplodinium maggii (DOGIEL, 1927) MACLENNAN, 1932
Isotricha intestinalis STEIN, 1859
Isotricha prostoma STEIN, 1859
Metadinium tauricum DOGIEL et FEDOROWA, 1925
Ophryoscolex buissoni DOGIEL, 1925
Ophryoscolex caudatus bicoronatus EBERLEIN, 1895
Ophryoscolex caudatus quadricoronatus EBERLEIN, 1895
Polyplastron multivesiculatum DOGIEL, 1927
Sarcocystis arieticanis
Sarcocystis cruzi (HASELMAN, 1926) LEVINE, 1977
Sarcocystis ovicanis
Sarcocystis tenella RAILLIET, 1887
Theileria ovis
Toxoplasma gondii NICOLLE et MANCEAUX, 1908

Rebeco (*Rupicapra rupicapra*)
Ophryoscolex monoacanthus FERNANDEZ-GALIANO et CAMPOS, 1992

Vaca
Babesia bigemina (SMITH et KILBORNE, 1893)
Babesia bovis (BABES, 1888) STARCOVICI, 1893
Babesia divergens (MACFADYEAN et STOCKMAN, 1911)
Babesia major (SERGEANT et al., 1926)
Babesia sp.
Besnoitia besnoiti (MAROTEL, 1912) HENRY, 1913
Buxtonella sulcata JAMESON, 1926
Cryptosporidium parvum (UPTON et CURRENT, 1985)
Cryptosporidium spp.
Eimeria auburnensis CHRISTENSEN et PORTER, 1939
Eimeria bovis (ZUBLIN, 1908) FIEBIGER, 1912
Eimeria brasiliensis TORRES et RAMOS, 1939?
Eimeria bukidnonensis
Eimeria ellipsoidalis BECKER et FRYE, 1929
Eimeria subsphaerica CHRISTENSEN, 1941
Eimeria wyomingensis HUIZINGA et WINGER, 1942
Eimeria zürni (RIVOLTA, 1878) MAXTIN, 1909
Entamoeba bovis (LIEBETANZ, 1905)
Eudiplodinium maggii (DOGIEL, 1927) MACLENNAN, 1932
Ophryoscolex purkinjei STEIN, 1858
Polyplastron multivesiculatum DOGIEL, 1927
Sarcocystis cruzi (HASELMAN, 1926) LEVINE, 1977
Theileria annulata DSCHUNKOWSKY et LUHS, 1904
Theileria mutans (THEILER, 1906)
Theileria sp.
Toxoplasma gondii NICOLLE et MANCEAUX, 1908
Tritrichomonas foetus (RIEDMULLER, 1928) WENRICH et EMERSON, 1920
Trypanosoma theileri LAVERAN, 1902

Orden Primates

Hombre

Babesia bovis (BABES, 1888) STARCOVICI, 1898
Balantidium coli (MALMSTEN, 1857) STEIN, 1862
Blastocystis hominis BRUMPT, 1912
Chilomastix granatensis LOPEZ-NEYRA et SUAREZ PELEGRIN, 1933
Chilomastix mesnili (WENYON, 1910) ALEXEIEFF, 1912
Cryptosporidium neoformans
Cryptosporidium sp.
Dientamoeba fragilis JEPPS et DOBELL, 1918
Endolimax nana (WENYON et O'CONNOR, 1917) BRUG, 1918
Entamoeba coli LOESCH, 1875
Entamoeba hartmanni VON PROWAZEK, 1912
Entamoeba hystolitica SCHAUDINN, 1903
Enteromonas hominis DA FONSECA, 1915
Giardia lamblia STILES, 1915
Iodamoeba bütschlii (VON PROWAZEK, 1912)
Isospora belli WENYON, 1923
Isospora hominis (RAILLIET et LUCET, 1891) WENYON, 1923
Leishmania donovani (LAVERAN et MESNIL, 1903) ROSS, 1903
Leishmania major
Leishmania tropica (WRIGTH, 1903) LUHE, 1906
Pentatrichomonas hominis (DAVAINE, 1860)
Plasmodium falciparum (WELCH, 1897) SCHAUDINN, 1902
Plasmodium malariae (LAVERAN, 1881) GRASSI et FELETTI, 1890
Plasmodium vivax (GRASSI et FELETTI, 1890)
Pneumocystis carinii
Retortamonas intestinalis (WENYON et O'CONNOR, 1917) WENRICH, 1932
Toxoplasma gondii NICOLLE et MANCEAUX, 1908
Trichomonas vaginalis DONNE, 1836
Vorticella sp.

BIBLIOGRAFÍA (PROTOZOA)

1. ABELLAN AYALA, A. (1959).- Sobre la amebiasis en general y la pretendida patogeneidad de *Entamoeba coli* en particular. *Rev. Inf. Méd. y Terap., 34*: 195.
2. ABRIL CANOVAS, M. y DARRIBA, A. (1935).- Un caso de parasitismo humano por coccidia (*Isospora belli*) en España. *Méd. Paises Cálid., 8*: 475.
3. ABRANCHES, P. y BACELAR, P. (1980).- Tripanossoma do subgenero *Schizotrypanum* em morcegos portugueses. *Rev. Inst. Med. Trop. de Sao Paulo, 22*: 1.
4. ABRANCHES, P.; CONCEIÇAO SILVA, F.M. y SILVA PEREIRA, M.C.D. (1984).- Kala-azar in Portugal. V. The sylvatic cycle in the enzootic endemic focus of Arrabida. *J. of Trop. Med. and Hyg., 87*: 197.
5. ABRANCHES, P. y MAGALHAES, C. (1977).- Achado de hemocitozoários em morcegos de Portugal. *Rev. Inst. Med. Trop. Sao Paulo, 19*: 361.
6. ABRANCHES, P. et al. (1983).- Kala-azar in Portugal. IV. The wild reservoir: the isolation of a *Leishmania* from a fox. *Trans. Roy. Soc. Trop. Med. and Hyg., 77*: 420.
7. AGUADO GARCIA, J. et al. (1982).- Infección pulmonar por *Pneumocystis carinii* en pacientes con transplante renal. *Rev. Clin. Esp., 167*: 397.
8. ALCAIDE DE LA OLIVA, (1928).- Un caso de disentería amebiana. *Rev. Méd. Gallega,* 00 (2): .. (febrero).
9. ALCOBE NOGUER, S. (1928-1930).- Contribución al estudio de los sarcosporidios. *R. Acad. Cienc. y Artes. Barcelona., 21*: 257.
10. ALCOBE NOGUER, S. y FERNANDEZ GALIANO, E. (1928).- Contribución al estudio de los sarcosporidios. *Mem. R. Acad. Cienc. y Artes. Barcelona., III época, 21* (10): 1.
11. ALLER GANCEDO, B. (1964).- Tricomonosis del pavo. *Avigán, 139*: 67.
12. ALLER GANCEDO, B. (1965).- Investigaciones sobre la microfauna ruminal de la oveja en León y los factores que influyen en su composición cualitativa. *An. Fac. Vet. León, 11*: 11 - y (1966) *Rev. Ibér. Parasitol., 26*: 43, 171 y 427.
13. ALMARZA HERRANZ, N. (1934).- Sobre la diferenciación de *Piroplasma caballi* y *Nuttalia equi. Rev. Hig. San. Pec., 24*: 247.
14. ALOMAR, J. y SAVÉ, L. (1913).- Un cas de Kala-azar a Barcelona. *Treb. Soc. Biol., 00*: 173.
15. ALONSO MUÑOZ, A. (1949).- La piroplasmosis ovina en el ganado Karakul. *Ganadería, 76*: ...
16. ALVAR, J. y ORTIZ, M. (1987).- Caracterización isoenzimática de cepas de *Leishmania* aisladas en la provincia de Madrid. *Rev. Ibér. Parasitol.*, Vol. Extr.: 45.
17. ALVAR, J. et al. (1990).- Mucocutaneous leishmaniasis due to *Leishmania (Leishmania) infantum*, biochemical characterization *American J. of Trop. Med. and Hyg., 43*: 614.

18. ALVAREZ CALVO, J.A. (1975).- Nuevas especies de hemococcidios en lacértidos españoles. *Cuadernos de Ciencias Biológicas, 4*: 207.

19. ALVAREZ CALVO, J.A. (1977).- Nuevo hospedador para *Haemoproteus multiparasitans* ORTEGA & GALLEGO 1950 (Haemosporidia: Haemoproteidae). *Rev. Ibér. Parasitol., 37*: 387.

20. ALVAREZ CALVO, J. y JIMENEZ MILLAN, F. (1973).- Estudio de *Leucocytozoon* en la sangre de mochuelo (*Athene noctua*). *Cuad. C. Biol., 2.2*: 141.

21. ALVAREZ CALVO, J. y JIMENEZ MILLAN, F. (1974).- On some haemoparasites from Spanish reptiles. *III Congr. Int. Parasit. Secc. A-5, Com. 19*, pág. 93, Vol. I. Proceedings.

22. ALVAREZ-PELLITERO, M.P. (1989).- *Myxidium rhodei* (Protozoa: Myxozoa: Myxosporea) in cyprinid fish from NW Spain. *Diseases of Aquatic Organisms, 7*: 13.

23. ALVAREZ-PELLITERO, M.P. y GONZALEZ-LANZA, M.C. (1983).- Observaciones sobre la presencia de *Eimeria truttae* en *Salmo* spp. de León (NO. de España). *Rev. Ibér. Parasitol., 43*: 111.

24. ALVAREZ PELLITERO, M.P. y GONZALEZ LANZA, M.C. (1985).- *Goussia polylepidis* n.sp. (Apicomplexa: Sporozoea: Coccidia) from *Chondrostoma polylepis* (Pisces: Cyprinidae) of the Duero Basin (NW Spain). *J. of Protozoology, 32*: 570.

25. ALVAREZ PELLITERO, M.P. y GONZALEZ LANZA, M.C. (1985).- Studies on *Myxobolus* spp. of *Barbus barbus bocagei* from the river Esla (León, NW Spain). *Angewandte Parasitologie, 26*: 3.

26. ALVAREZ PELLITERO, M.P. y GONZALEZ LANZA, M.C. (1986).- *Eimeria* spp. from cyprinid fish of the Duero basin (north west Spain). *J. of Fish Diseases, 9*: 325.

27. ALVAREZ PELLITERO, M.P. y GONZALEZ LANZA, M.C. (1986).- *Goussia carpelli* (Protozoa, Apicomplexa) in cyprinid fish of the Duero basin (NW Spain). Aspects of host-parasite relationships. *J. of Applied Ichthyology, 2*: 125.

28. ALVAREZ-PELLITERO, M.P. y PEREIRA-BUENO, J. (1978).- A preliminary survey of parasitic protozoans from cyprinid fishes in the rivers of León (NW. Spain). *ICOPA IV*, Varsovia, SC: 191.

29. ALVAREZ PELLITERO, M.P.; PEREIRA BUENO, J.M. y GONZALEZ LANZA, M.C. (1978).- Nuevas aportaciones al conocimiento de los protozoos parásitos de ciprínidos en los ríos de León. *II Reun. An. A.P.E.*, Madrid: 31.

30. ALVAREZ PELLITERO, M.P.; PEREIRA BUENO, J. y GONZALEZ LANZA, M.C. (1979).- Myxosporidios de *Carassius carassius* y *Cyprinus carpio* en el río Esla (León). *Rev. Ibér. Parasitol., 39*: 611.

31. ALVAREZ PELLITERO, M.P.; PEREIRA BUENO, J.M. y GONZALEZ LANZA, M.C. (1982).- On the ocurrence of *Myxobolus tauricus* Miroshnichenko, 1979 in *Barbus barbus bocagei* from León (Duero Basin, NW Spain). *Bull. Europ. Assoc. of Fish Path., 2*: 1.

32. ALVAREZ PELLITERO, M.P.; PEREIRA BUENO, J.M. y GONZALEZ LANZA, M.C. (1982).- On the presence of *Chloromyxum truttae* Leger, 1906 in *Salmo trutta fario* from León (Duero Basin, NW Spain). *Bull. Europ. Assoc. of Fish Path., 2*: 4.

33. ALVAREZ PELLITERO, M.P.; PEREIRA BUENO, J.M. y GONZALEZ LANZA, M.C. (1983).- Celozoic myxosporidians (*Myxidium* spp. and *Chloromyxum* spp.) of cyprinid from the river Esla (León, NW Spain). *Angewandte Parasitologie, 24*: 1.

34. ALVAREZ-PELLITERO, P.; SITJA-BOBADILLA, A. y FRANCO-SIERRA, A. (1993).- Protozoan parasites of wild and cultured sea bass, *Dicentrarchus labrax* (L.), from the Mediterranean area. *Aquac. and Fish. Manag., 24*: 101.

35. ALVAREZ PÉREZ, M. y VILLEGAS LAGUNA, J. (1945).- Observaciones clínicas y diagnósticas en unos casos de theileriosis en Córdoba. *Zootec.* (Córdoba), *6*: 113.

36. ALVAREZ SAINZ DE AJA, E. (1953).- Las leishmaniosis cutáneas tipo Botón de Oriente en el centro de España. *Gac. Méd. Española, 28*: 740.

37. ALVAREZ SAN CRISTOBAL, A. y CARCELLER BLAY, C. (1976).- Finding of ciliates protozoa genus *Vorticella* in cervical and endocervical smears. *Acta Cytologica, 20*: 387.

38. ALVES PIRES, C. et al. (1991).- Phlébotomes du Portugal. IV. Infestation naturelle de *Phlebotomus ariasi* par *Leishmania infantum* MON-24 dans le foyer de l'Alto Douro. *Ann. Parasitol. hum. et comp., 66*: 47.

39. AMICH GALI, J. (s/a).- El problema del diagnóstico de la tricomoniasis bovina. *Not. Neosán, 29*: 5.

40. ANDRES RODRIGUEZ, J. (1969).- Sobre la epizootiología de las coccidiosis del conejo doméstico en la provincia de León. *An. Fac. Vet. León, 15*: 19.

41. ANDREU, J.; FERNANDEZ ALONSO, J.; JAPON, M.A. y VICIANA, M.J. (1988).- Criptosporidiosis biliar en paciente hemofílico con síndrome de inmunodeficiencia adquirida. *Medicina Clínica, 91*: 278.

42. ANÓNIMO (1951).- Cuadro estadístico de los casos clínicos atendidos en la consulta de Patología médica de la Facultad de Veterinaria de Madrid durante el curso escolar de 1949-1950. *Ciencia Vet. (Rev.), 12*: 107.

43. ANÓNIMO (1951).- Cuadro estadístico de los casos clínicos atendidos en la consulta de Patología médica de la Facultad de Veterinaria de Madrid, durante el período de 1946-1950. *Ciencia Vet. (Rev.), 12*: 109.

44. ANÓNIMO (1952).- Cuadro estadístico de los casos clínicos en la consulta de Patología médica de la Facultad de Veterinaria de Madrid, durante el curso escolar de 1950-1951. *Ciencia Vet. (Rev.), 13*: 206.

45. ANÓNIMO (1952).- Cuadro estadístico de los casos clínicos atendidos en la consulta médica de la Facultad de Veterinaria de Madrid, durante el período de 1946-1951. *Ciencia Vet. (Rev.), 13*: 208.

46. ANÓNIMO (1954).- Cuadro estadístico de los casos clínicos atendidos en la consulta de Patología médica de la Facultad de Veterinaria de Madrid, durante el curso escolar de 1951-1952. *Ciencia Vet. (Rev.), 15*: 76.

47. ANÓNIMO (1954).- Cuadro estadístico de los casos clínicos atendidos en la consulta de Patología médica de la Facultad de Veterinaria de Madrid, durante el curso escolar de 1952-1953. *Ciencia Vet. (Rev.), 15*: 78.

48. ANÓNIMO (1954).- Cuadro estadístico de los casos clínicos atendidos en la consulta médica de la Facultad de Veterinaria de Madrid, durante el período escolar de 1946-1953. *Ciencia Vet. (Rev.), 15*: 80.

49. ANÓNIMO (1956).- Cuadro estadístico de los casos clínicos atendidos en la consulta de Patología médica de la Facultad de Veterinaria de Madrid, durante el curso 1953-1954. *Ciencia Vet. (Rev.), 17*: 129.

50. ANÓNIMO (1956).- Cuadro estadístico de los casos atendidos en la consulta de Patología médica de la Facultad de Veterinaria de Madrid, durante el curso 1954-1955. *Ciencia Vet. (Rev.), 17*: 131.

51. ANTUNES, F. et al. (1987).- Malaria in Portugal 1977-1986. *Trans. of the Roy. Soc. of Trop. Med. and Hyg., 81*: 561.

52. APARICIO, G. (1976).- Denuncia en España de la *Heamogregarina gracilis* en *Lacerta ocelata*. *I Congr. Nac.*, Granada.

53. APARICIO GARRIDO, J. (1956).- La tricomonosis genital humana. *La Med. Col., 28*: 5.

54. APARICIO GARRIDO, J. (1960).- Los parasitismos por protozoos y hongos en la patología genital. *Arch. Med. Exper., 23*: 309.

55. APARICIO GARRIDO, J. (1967).- Técnicas para el diagnóstico de la Toxoplasmosis. XV Jornadas de la Asoc. Nac. de Médicos especialistas de Análisis Clínicos. Madrid. 12-15 oct. 1967. *Rev. Diag. Biol., 16*: 231.

56. APARICIO GARRIDO, J. (1968).- El problema de la toxoplasmosis en España: su investigación. *An. Real Acad. Nac. Med., 85*: 91.

57. APARICIO GARRIDO, J. (1970).- La respuesta inmunitaria en la toxoplasmosis. Interpretación y valor diagnóstico. *Med. Trop., 46*: 28.

58. APARICIO GARRIDO, J. (1970).- La aportación española la estudio de la toxoplasmosis ha sido importante, en estos últimos años. *Not. Méd.*, 25 de abril.

59. APARICIO GARRIDO, J. (1971).- Nuevas orientaciones en la parasitología y la epidemiología de la toxoplasmosis. *Arch. Fac. Med. Madrid, 19*: 101.

60. APARICIO GARRIDO, J. (1972).- La toxoplasmosis como causa de infertilidad y su prevención. *Arch. Fac. Med. Madrid, 21*: 311.

61. APARICIO GARRIDO, J. (1972).- La toxoplasmosis como causa de esterilidad e infertilidad. *Acta Ginec., 23*: 315.

62. APARICIO GARRIDO, J. (1972).- Diagnóstico de laboratorio de la toxoplasmosis. *Med. Clin., 58*: 168.

63. APARICIO GARRIDO, J. (1972).- Estudios sobre la epidemiología de la toxoplasmosis. La infección entre los animales de consumo. Encuestas serológicas en Madrid, mediante reacción de inmunofluorescencia. *Med. Trop., 48*: 11.

64. APARICIO GARRIDO, J. (1973).- Preveción de la toxoplasmosis congénita. *Acta Pediát. Española, 31*: 321.

65. APARICIO GARRIDO, J. (1974).- Aspectos clínicos de la toxoplasmosis y su diagnóstico biológico. *Arch. Fac. Med. Madrid, 25*: 107.

66. APARICIO GARRIDO, J. y COUR BOYEDA, I. (1972).- Aplicaciones de la inmunofluorescencia al estudio de las fracciones inmunoglobulínicas en el diagnóstico de la toxoplasmosis adquirida y congénita. Interés clínico. *Rev. Clin. Española, 125*: 37.

67. APARICIO GARRIDO, J. y COUR BOYEDA, I. (1973).- Presencia de anticuerpos antitoxoplásmicos en enfermos con procesos hepáticos. *Rev. Diag. Biol., 22*: 53.

68. APARICIO GARRIDO, J.; COUR BOYEDA, I. y BERZOSA AGUILAR, J.M. (1973).- Aislamiento de una cepa de *Toxoplasma gondii* de su medio natural: las heces de gato. *Rev. Diag. Biol., 22*: 135.

69. APARICIO GARRIDO, J.; COUR BOYEDA, I.; BERZOSA AGUILAR, J.M. y PAREJA MILLARES, J. (1972).- Estudio sobre la epidemiología de la toxoplasmosis . La infección del gato doméstico en los alrededores de Madrid. Encuestas serológicas y coproparasitológicas. *Med. Trop., 48*: 24.

70. APARICIO GARRIDO, J.; COUR BOYEDA, I.; SALINAS, V.M. y ECHEVARRIA, V. (1968).- El diagnóstico biológico de la toxoplasmosis por inmunofluorescencia. *Arch. Fac. Med. Madrid, 14*: 559.

71. APARICIO GARRIDO, J.; COUR BOYEDA, I.; SALINAS, V.M. y SOPEÑA QUESADA, J. (1972).- Estudios sobre la epidemiología de la toxoplasmosis. La infección entre los animales de consumo. Encuesta serológica en Madrid, mediante la reacción de inmunofluorescencia. *Med. Trop., 48*: 11.

72. APARICIO GARRIDO, J.; FUENTE, M. DE LA y SALINAS, V.M. (1968).- Contribución al estudio de los ácidos nucleicos del *Toxoplasma gondii* con ayuda de la microscopía de fluorescencia. *Rev. Diag. Biol., 17*: 191.

73. APARICIO GARRIDO, J. y PANIAGUA REDONDO, V. (1968).- Toxoplasmosis y enfermedades mentales. *Arch. Neurobio., 31*: 161.

74. APARICIO GARRIDO, J. y RAMOS MORITAN, M. (1952).- El *Plasmodium berghei* Vinke y Lips, 1948. *La Med. Col., 19*: 425.

75. APARICIO GARRIDO, J. y VILAR DOMINGUEZ, E. (1956).- La trichomoniasis genital. Aportación al estudio de su diagnóstico de laboratorio. *Rev. Diag. Biol., 5*: 61.

76. APARICIO GARRIDO, J.; VILAR DOMINGUEZ, E. y CORONEL, A. (1958).- Contribución al estudio de la parasitología vaginal. *La Med. Trop., 31*: 5.

77. APARICIO GARRIDO, J.; VILAR DOMINGUEZ, E. y DIÉGUEZ, A. (1955).- Valor comparativo de las diferentes pruebas de laboratorio en el diagnóstico de la trichomoniasis genital femenina. *Bol. Soc. Ginec. Esp.*, 5 agosto.

78. ARES, M.E. et al. (1988).- Detección de *Cryptosporidium* spp. en las ganaderías ovina y porcina gallegas. *Rev. Ibér. Parasitol., 48*: 241.

79. ARES-MAZAS, M.E.; SELA-PEREZ, M.C. y ARIAS-FERNANDEZ, M.C. (1987).- Epidemiología de los enteroparasitismos en perros de Galicia. *Rev. Ibér. Parasitol., 47*: 335.

80. ARES-MAZAS, M.E.; SELA-PEREZ, M.C., FANDIÑO-ALONSO, M.L. y ARIAS-FERNANDEZ, M.C. (1987).- Enteroparasitismos en la población infantil gallega. *Rev. Ibér. Parasitol., 47*: 247.

81. ARREGUI VENTURA, G. (s/a).- Piómetra por tricomoniasis. *Not. Neosán, 45*: 31.

82. AZEVEDO, C. (1984).- Ultrastructure of the spore of *Haplosporidium lusitanicum* sp.n. (Haplosporida, Haplosporidiidae), parasite of a marine mollusc. *J. of Parasitology, 70*: 358.

83. AZEVEDO, C. (1989).- Ultrastructural observation of *Criptosporidium* sp. parasite of *Ruditapes decussatus* (Molusca, Bivalvia). *J. of Invertebrate Pathology, 54*: 23.

84. AZEVEDO, C. (1989).- Fine structure of *Perkinsus atlanticus* n.sp. (Apicomplexa, Perkinsea) parasite of the clam *Ruditapes decussatus* from Portugal. *J. of Parasitology, 75*: 627.

85. BACELLAR, F.; NUNCIO, M.S. y FILIPE, A.R. (1990).- Formas de *Trypanosoma* na hemolinfa de ixodídeos. *Rev. Port. Ciências Veterinárias, 85*: 158.

86. BADIOLA, C. (1980).- Control de la coccidiosis del cordero de engorde con amprolium. *Hygia Pecoris, 2*: 76.

87. BALLABRIGA, A. y OPPERNHEIMER, W. (1949).- Contribución al conocimiento de la toxoplasmosis infantil. *Rev. Española Pediat., 5*: 59.

88. BANNERT, B. (1992).- *Sarcocystis simoyi* sp.nov. (Apicomplexa: Sarcocystidae) from the endargered Hierro giant lizard *Gallotia simonyi* (Reptilia: Lacertidae). *Parasitology Research, 78*: 142.

89. BECANA CRUSELLAS, M. (1956).- Nuestra experiencia en el tratamiento del Kala-azar infantil. *Bol. Soc. Pediat., 8*: 183.

90. BEDOYA, J.M. (1957).- Algunos problemas en relación con la tricomoniasis genital humana. *Bol. Cons. Gral. Col. Méd. España, 20*: 28.

91. BEDOYA, J.M. (1959).- *Trichomoniasis sexual humana*. Edit. Facta. Valencia.

92. BEDOYA, J.M. y FERNANDEZ ORTEGA, J.M. (1960).- El 8823 R.P. en el tratamiento oral de la tricomoniasis. Resultados obtenidos. *Hispalis Méd., 197*: 527.

93. BENITO, J. (1977).- *Eimeria? beauchampi* L. y D., parásito del tubo digestivo de *Glossobalanus minutus*. *Bol. R. Soc. Esp. Hist. Nat.* (Biol.), *75*: 267.

94. BERENGUER, J. et al. (1984).- Absceso amebiano del hígado. *Medicina Clínica, 83*: 593.

95. BERMUDEZ PAREJA, M. (1947).- Fases parásitas de plasmódidos. *Rev. San. Hig. Públ., 30*: 3.

96. BIGNE, J. y GUILLEN, J. (1946).- Leishmaniosis cutánea. Mapa epidemiológico de la región valenciana. Consideraciones terapéuticas. *Med. Española, 16*: 1.

97. BLANCO LOIZELIER, A. (1949).- Enfermedades infecciosas de las abejas. *Veterinaria, 13*: 513.

98. BOIX BARROS, J. (1942).- *Epidemiología del kala-azar infantil* Publ. Jef. Prov. Sanidad. Castellón de la Plana.

99. BORI, J.V. y MARQUÉS, E. (1966).- Leishmaniosis cutáneo-mucosa labial. *Med. Española, 56*: 45.

100. BOTET, J. et al. (1987).- Incidencia de la leishmaniosis en el área de Barcelona. *Rev. Ibér. Parasitol.*, Vol. Extr.: 51.

101. BOUZA, C.; LANDIN, L.; DIAZ BORREGO, J.M. y MARTIN DEL YERRO, J.L. (1985).- Malaria, ¿resurge como enfermedad autóctona en España?. *Medicina Clínica, 84*: 630.

102. BRAVO-OLIVA, J.; REY CALERO, J. DEL; GUTIERREZ, M. y MARTINEZ PAIS, R. (1963).- Estudio de los aspectos citoquímicos del tripanosoma "equiperdum" y de las células sanguíneas de cobayas parasitados. *Med. Colonial, 39*: 7.

103. BRUCE-CHWATT, L.J. y ZULUETA, J. DE (1977).- Malaria eradication in Portugal. *Transactions of the Royal Soc. Trop. Med. and Hyg., 71*: 232.

104. BUEN, S. DE (1921).- *Laboratorio*, marzo (ref. en Crón. Méd., 1933: 67.)

105. BUEN, S. DE (1922).- Algunas consideraciones sobre el kala-azar en España. *Rev. Hig. y Tubercul.*, 00: .. (oct.)

106. BUEN, S. DE (1929).- *El kala-azar infantil . Instrucciones para su diagnóstico y tratamiento.* Publ. Direc. Gral. Sanidad Min. Gobernación. Comisión Central Antipalúdica. Madrid.

107. BUEN, S. DE (1929).- La parasitología y la patología tropical en España. *Med. Pais. Cál., 2*: 187.
108. BUEN, S. DE (1929).- Dos nuevos casos de Botón de Oriente en Andalucía. *Med. Pais. Cál., 2*: 450.
109. BUEN, S. DE (1935).- Nota sobre un caso de kala-azar infantil en la provincia de Huesca. *Med. Pais. Cál., 8*: 483.
110. BUEN, S. DE (1939).- Sobre un caso de disentería amebiana. *Med. Pais. Cál., 7*: 145.
111. BUESO GOMEZ, J. (1941).- Un caso de piroplasmosis del caballo por *Piroplasma caballi. Veterinaria, 5*: 376.
112. BUESO GOMEZ, J. (1944).- Contribución al conocimiento de algunas piroplasmosis poco descritas en España. *Not. Neosán, 16*: 5.
113. CALCEDO ORDOÑEZ, V. (1962).- ¿Un nuevo tratamiento para tricomoniasis de los bóvidos? *Veterinaria, 26*: 803.
114. CALVO, B. (1945).- Contribución al estudio de las piroplasmosis y theileriosis en el Sur de España. *Rev. Ibér. Parasit.*, Vol. Extra.: 251.
115. CALVO DE MORA, A., GARCIA CASTELLANO, J.M., HERRERA, C y JIMENEZ ALONSO, J. (1985).- Babesiosis humana: aportación de un caso de evolución fatal. *Medicina Clínica, 85*: 515.
116. CAMACHO ALEXANDRE, F. (1914).- El Botón de Oriente. *Los Progr. Clin., 19*: 45.
117. CAMPO CARDONA, A. DEL y PITA GANDARIAS, .. (1933).- Nota sobre la lucha antipalúdica en la provincia de Cáceres (años 1921- 1932). ...., *1*: 553.
118. CANTO DIEZ, B. (s/a).- Profilaxis y planes de lucha contra piroplasmosis animales. *Ciclo Div. Parasitología Animal.* Sevilla. septiembre. *Granja* (Cooper-Zeltia). Gráficas Sánchez, Madrid :13.
119. CAÑADEL VIDAL, J.M. (1945).- La lambliasis. *Rev. Ibér. Parasitol., 5*: 165.
120. CARBONELL BALDOVI, .. (1971).- Coccidiosis de las aves. *Avigán, 20*(218): 1, 17, 73, 57 y 71.
121. CARDA APARICI, P. (1949).- Estudios sobre leishmaniosis canina. *Rev. San. Vet., 4*: 884.
122. CARDA APARICI, P. et al. (1950).- Estudios sobre leishmaniosis. *Ciencia Vet., 11*: 32.
123. CARRERA MORO, M.P.; SOLERA PUERTAS, A. y GONZALEZ SANTIAGO, P. M. (1985).- Estudio protozoológico de *Tarentola delalandii delalandii* de la Isla de Tenerife. *IV Congr. Nac. Parasitol.*, Tenerife: 22.
124. CARRERA-MORO, M.P.; ZAPATERO-RAMOS, L.M. y CASTAÑO-FERNANDEZ, C. (1987).- Protozoos parásitos de anfibios anuros de las Islas Canarias. *Rev. Ibér. Parasitol., 47*: 113.
125. CARRERA-MORO, M.P.; ZAPATERO-RAMOS, L.M. y GONZALEZ-SANTIAGO, P.M. (1987).- *Monocercomonas maculatus* n.sp. (Protozoa: Trichomonadidae) de anfibios anuros de las Islas Canarias. *Rev. Ibér. Parasitol., 47*: 1.
126. CARRERA-MORO, M.P.; ZAPATERO-RAMOS, L.M.; SOLERA-PUERTAS, M. A. y CASTAÑO-FERNANDEZ, S. (1988).- Presencia de *Hexamastix kirbyi* Honigberg, 1955 en *Tarentola delalandii* y *Chalcides viridanus* de la Isla de Tenerife. *Rev. Ibér. Parasitol., 48*: 347.
127. CARRO, S. (1921).- Consideraciones sobre un caso de disentería amebiana. *Siglo Méd.*, 00: .. (enero)
128. CARVALHO VARELA, M.; CUNHA FERREIRA, V.; CRUZ E SILVA, M.P. y GRAZINA-FREITAS, M.S. (1984).- Sobre a parasitofauna de enguia-europeia (*Anguilla anguilla* (L.)) em Portugal. *Rep. Trab. lab. Nac. Invest. Vet., 16*: 143.
129. CARVALHO-VARELA, M. et al. (1981).- Parasites and parasitoses in fish culture in Portugal. *J. of the World Mariculture Society, 12*: 9.
130. CASALS, A.; MANTEROLA, J.M.; RIBELLES, N. y CLOTET, B. (1988).- Síndrome de inmunodeficiencia adquirida y criptosporidiosis de vías respiratorias. *Medicina Clínica, 91*: 676.
131. CASARES MATEOS, E. (1961).- Contribución al estudio del foco de leishmaniosis canina de Madrid. *Rev. Hig. San. Publ.*, 00: 241.

132. CASTAÑO-PASCUAL, A.; ASTASIO-ARBIZIA, P.; VOS-ARENILLAS, A. y DOMINGUEZ-CARMONA, M. (1988).- Parasitismos intestinales en niños de una población madrileña. *Rev. Ibér. Parasitol., 48*: 255.

133. CASTILLA CORTAZAR, A.; LOPEZ LUCERENA, I.; PASTOR RODRIGUEZ, A. y AGUIRRE ERRASTI, C. (1985).- Absceso amebiano hepático adquirido en Vizcaya en un paciente heterosexual. *Medicina Clínica, 84*: 421.

134. CASTRO, J.; VAZQUEZ-IGLESIAS, J.L. y ARNAL-MONREAL, F. (1983).- Dysentery caused by *Balantidium coli*- report of 2 cases. *Endoscopy, 15*: 272.

135. CAUSAPE VALENZUELA, A.C.; QUILEZ CINCA, J. y SANCHEZ ACEDO, C. (1992).- *Cryptosporidium* sp. y otros parásitos causantes de zoonosis en perros: Resultados similares. *IX Reun. Cient. Asoc. Parasitol. Esp.*, León: 27.

136. CIDON DOMINGEZ, J. (1969).- La leishmaniosis canina en Barcelona. *Not. Neosán, 149*: 27.

137. CINTADO BUENO, C. et al. (1980).- El Kala-azar en la infancia. Estudio en la provincia de Sevilla. *Anales Españoles de Pediatría, 13*: 119.

138. CLAVERO DEL CAMPO, G. (1950).- La lucha antipalúdica en España. *Rev. San. Vet., 5*: 325.

139. CLAVERO DEL CAMPO, G. (1961).- La erradicación del paludismo en España. *Rev. San. Hig. Publ., 35*: 266 y *Gac. Méd. Esp., 7*: 245.

140. CLAVERO DEL CAMPO, G. y BERMUDEZ PAREJA, M. (1955).- Relación proporcional entre las especies plasmodiales halladas en España. *Rev. Ibér. Parasitol.*, Vol. Extra.: 145.

141. CODERQUE, .. y VIEDMA, .. (19..).- Algo sobre los tripanosomas (ref. en *Rev. Hig. San. Pec., 5*: 879)

142. CONCEIÇAO-SILVA, F.M.; ABRANCHES, P.; SILVA-PEREIRA, M.C.D. y JANZ, J.G. (1988).- Hepatozoonosis in foxes from Portugal. *Journal of Wildlife Diseases, 24*: 344.

143. CONTRERAS VILLALOBOS, A. (1956).- Contribución al estudio de las piroplasmosis ovinas. *Not. Neosán, 81*: 33.

144. CORDERO DEL CAMPILLO, M. (1955).- Experiencias de prevención de la coccidiosis aviar con sulfaquinoxalina. *An. Fac. Vet. León, 1*: 201.

145. CORDERO DEL CAMPILLO, M. (1956).- Sobre la presencia de las sarcosporidiosis en los cerdos españolas. *An. Fac. Vet. León, 2*: 1.

146. CORDERO DEL CAMPILLO, M. (1958).- Estudios sobre *Eimeria falciformis* (EIMER, 1870), parásito del ratón. *An. fac. Vet. León, 4*: 55 y (1959).- *Rev. Ibér. Parasitol., 19*: 351.

147. CORDERO DEL CAMPILLO, M. (1959).- Nuevos casos de coccidiosis bovina en León. Denuncia de *Eimeria bovis* (ZÜBLIN, 1908), FIEBIGER, 1912, *E.auburnensis* CHRISTENSEN y PORTER, 1939, y *E. ellipsoidalis* BECKER y FRYE, 1929. *An. Fac. Vet. León, 5*; 29 y (1960).- *Rev. Ibér. Parasitol., 20*: 189.

148. CORDERO DEL CAMPILLO, M. (1961).- En torno a las especies de coccidios bovinos, con una clave para su determinación. *An. Fac. Vet. León, 7*: 11 y (1962).- *Rev. Ibér. Parasitol., 22*: 53.

149. CORDERO DEL CAMPILLO, M. (1961).- Contribución al conocimiento de la epizootiología de las coccidiosis en España. *An. Fac. Vet. León, 7*: 53.

150. CORDERO DEL CAMPILLO, M. (1962).- *Estudios sobre coccidiosis*. Pub. Min. Agricultura, Monogr. núm. 12. Madrid.

151. CORDERO DEL CAMPILLO, M. (1967).- El problema de las parasitosis en las explotaciones porcinas. *I Jorn. Nac. Prod. Porcina*, II ponencia, pág. 105, Valencia (Gráficas Orbe, Madrid)

152. CORDERO DEL CAMPILLO, M. (1973).- Sobre la epidemiología de la toxoplasmosis. *Rev. Ibér. Parasitol., 33*: 347.

153. CORDERO DEL CAMPILLO, M. y ALVAREZ PELLITERO, M.P. (1973).- *Fish disease problems in Spain, with particular reference to trout farming and measures for their control.* Fish Pathology Group (Fisheries Society of the British Isles) Meeting on "The Prevention and Treatment of fish diseases" Clelsea College, University of London, 27 de abril. y *An. Fac. Vet. León, 19*: 65.

154. CORDERO DEL CAMPILLO, M. y ALVAREZ PELLITERO, M.P. (1976).- Los parásitos de las truchas en España. *An. Fac. Vet. León, 22*: 77.

155. CORDERO DEL CAMPILLO, M. y FERNANDEZ GONZALEZ, J. (1958).- Presencia de la coccidiosis bovina en España. *An. Fac. Vet. León, 4*: 75 y *Rev. Ibér. Parasitol., 20*: 15.

156. CORDERO DEL CAMPILLO, M. y MARTINEZ FERNANDEZ, A. (1972).- Indice-Catálogo de zooparásitos españoles. *An. Fac. Vet. León, 18*: 215.

157. CORDERO DEL CAMPILLO, M. y PLA HERNANDEZ, M. (1965).- Sobre las coccidiosis de las perdices, con descripción de *Eimeria legionensis* n. sp. parásita de *Alectoris rufa* L. y una clave para su diferenciación. *An. Fac. Vet. León, 11*: 107 y (1966).- *Rev. Ibér. Parasitol., 26*: 27.

158. CORDERO DEL CAMPILLO, M.; ORDAS ALVAREZ, J.; ROJO VAZQUEZ, F.A. y ESCUDERO DIEZ, A. (1974).- Sobre las babesiosis de los équidos en España. *Rev. Ibér. Parasitol., 34*: 305.

159. CORDERO DEL CAMPILLO, M.; RAMIREZ FERNANDEZ, A.P.; ALLER GANCEDO, B. y MARTINEZ FERNANDEZ, A. (1964).- Ensayo experimental de N-(2'cloro-1-nitrofenil)-5-cloralicilamida frente a *Echinococcus granulosus* (BATSCH, 1786) adultos en el intestino del perro. *An Fac. Vet. León, 10*: 17.

160. CORTÉS, A.F. (1929).- Los nueve primeros casos de leishmaniosis visceral diagnosticados en la provincia de Cádiz. *Med. Pais. Cal., 2*: 352.

161. COUR BOVEDA, I.; APARICIO GARRIDO, J. y SALINAS FLORES, V.M. (1974).- Los títulos de anticuerpos antitoxoplásmicos medidos mediante la inmunofluorescencia en diferentes grupos de enfermos. Un estudio sobre 10.000 sueros. *Rev. Diag. Biol., 23*: 197.

162. COVALEDA ORTEGA, J. y GALLEGO BERENGUER, J. (1946).- Contribución al estudio de algunos *Leucocytozoon* parásitos de aves españolas. *Rev. Ibér. Parasitol., 6*: 204.

163. COVALEDA ORTEGA, J. y GALLEGO BERENGUER, J. (1946).- Hallazgo de un tripanosoma aviario en el *Carduelis canabina* L. *Rev. Ibér. Parasitol., 6*: 380.

164. COVALEDA ORTEGA, J. y GALLEGO BERENGUER, J. (1950).- *Haemoproteus* aviares. *Rev. Ibér. Parasitol., 10*: 141.

165. COVALEDA ORTEGA, J. y RODRIGUEZ TORRES, A. (1960).- Cultivo de *Trypanosoma equiperdum* en embrión de pollo. *Rev. Ibér. Parasitol., 20*: 1.

166. COVALEDA ORTEGA, J. y SOLER DURALL, C. (1952).- Acerca de la vitalidad y conservación de las cepas de *Toxoplasma gondii. Laboratorio, 7*: 1.

167. COVISA, J.S. y GONZALEZ MEDINA, R. (1928).- Leishmaniosis visceral y cutánea mucosa. *Med. Pais. Cál., 1*: 551.

168. CRISTINO, J.A.G.M.; CARVALHO, M.I.P. y SALGADO, M.J. (1988).- An outbreak of cryptosporidiosis in a hospital day-care centre. *Epidemiology and Infection, 101*: 355.

169. CRUZ E SILVA, M.P. y GRAZINA FREITAS, M.S. (1984).- *Kudoa* sp. em músculo de pescado (*Merluccius merluccius* (L.)). *Rep. de Trabalhos de Lab. Nac. de Invest. Vet., 16*: 151.

170. CUERVO, L. y MUGUERZA, M.A. (1987).- Cuadro clínico y lesional asociado a *Encephalitozoon cuniculi*, en una explotación industrial de conejos para carne. *XII Symp. de Cunicultura*, 20-22 mayo, Guadalajara: 321.

171. CUEZVA SAMANIEGO, J. (1957).- Brucelosis y tricomoniasis bovina en Vizcaya. *Supl. Cient. Bol. Inf. Cons. Gral. Col. Vet. España, 2*(II época): 63.

172. CUEZVA SAMANIEGO, J. y ESCOBAL ELEXPURU, J. (s/a).- El problema del aborto en la vaca y su importancia en Vizcaya. *Not. Neosán, 44*: 5.

173. DELGADO, L.M. (1981).- *Nosema apis* (Zander, 1912) em Portugal. *Rep. Trab. Inst. Nac. Vet.*, Lisboa, *13*: 195.

174. DELGADO, L.M. y PINHEIRO, R. (1980).- *Malpighamoeba melifficae* (Prell, 1927) em Portugal. *Rev. Port. de Cienc. Veter., 75*: 197.

175. DEVESA, M. (1925).- Hallazgo de *Balantidium coli* en un caso de disentería crónica en Galicia. *Arch. España Enf. Apar. Digest. y Nutr.*, 00: .. (abril)

176. DEVESA, M. (1929).- Los primeros casos de disentería balantidiana en España. *Arch. España Enf. Apar. Digest y Nutr.*, 00: .. (abril)

177. DEVESA, M. (1931).- La balantidiosis en España. *An Inst. Madinaveitia, 6*: ..

178. DIAZ, U. et al. (1988).- Prevalencia de algunas protozoosis intestinales humanas en la provincia de Granada. *Rev. Ibér. Parasitol., 48*: 119.

179. DIAZ DIAZ, E. (s/a).- Enfermedades del cerdo. *Not. Neosán, 82*: 29.

180. DIAZ SAEZ, V. et al. (1987).- Aspectos epidemiológicos de la giardiosis en la provincia de Granada. *Rev. Ibér. Parasitol.*, Vol. Extr.: 25.

181. DIAZ UNGRIA, C. (1944).- Las tricomoniasis de los animales domésticos. *Veterinaria, 8*: 743.

182. DIAZ UNGRIA, C. y MALDONADO ALVAREZ, C. (1970).- Contribución al diagnóstico de las tripanosomiasis. *Rev. Ibér. Parasitol., 30*: 659.

183. DIEGO, J.A. DE; DIEGO, M.S. DE y ESCRIBANO, C. (1985).- Prevalencia coprohistológica y serológica de la toxoplasmosis en gatos rurales jóvenes convencionales e inmunodeprimidos. *IV Congr. Nac. Parasitol.*, Tenerife: 29.

184. DIEGO, J.A. DE et al. (1987).- Prevalencia parasitológica y serológica de la Toxoplasmosis en una población de roedores salvajes. *Rev. Ibér. Parasitol., 47*: 121.

185. DIEZ MELCHOR, F. (1950).- Disentería balantidiana. *Med. Colonial, 16*: 180.

186. DOLZ RALLO, M. (1960).- Algunas parasitosis de los peces de agua dulce, de interés en inspección de alimentos. *Com. 1ª Sem. Nac. Vet. Secc. Inspec. Alim.*, pág. 11-20.

187. DOMINGUEZ CARMONA, M. (1960).- Toxoplasmosis: Parasitología, epidemiología clínica, diagnóstico y tratamiento. *Rev. Ibér. Parasitol., 20*: 519 y (1961).- *21*: 13 y 197.

188. DOMINGUEZ CARMONA, M. (1960).- Quelques données sur la toxoplasmose chez la souris. I. Localisation dans la moelle osseuse. II. Localisation elective au niveau du poumon des souris inoculées par voie veneuse. *Bull. Soc. Path. Exot., 53*: 32.

189. DOMINGUEZ MARTINEZ, J. (1941).- Contribución al estudio del *Chilomastix cuniculi* DA FONSECA, 1915. *Rev. Ibér. Parasitol., 1*: 302.

190. DOMINGUEZ MARTINEZ, J. (1942).- Estado ameboide del *Chilomastix mesnili. Rev. Ibér. Parasitol., 2*: 272.

191. DURAN GUILLAN, J.C.; SANMARTIN DURAN, M.; ARNAEZ MORAL, E. y GONZALEZ VILLA, T. (1985).- Identificación de mixosporidios en mugílidos (Osteichthyes, Mugilidae) de la Ría de Arosa (La Coruña). *IV Congr. Nac. Parasitol.*, Tenerife: 38.

192. DURFORT, M. y VALLMITJANA, L. (1982).- Ultraestructura de merontes y esporas de *Unicaryon mytilicolae* (DURFORT, VALLMITJANA y VIVARES, 1980), (Microspora, Unikaryonidae) hiperparásito del copépodo *Mytilicola intestinalis*, STEVER. *Rev. Ibér. Parasitol., 42*: 143.

193. EIRAS, J.C. (1987).- Ocurrence of *Haemogregarina bigemina* (Protozoa, Apicomplexa) in *Blennius pholis* (Pisces. Blennidae) along the Portuguese west coast. *J. of Fish Biology, 30*: 597.

194. EIRAS, J.C. (1988).- *Trypanosoma granulosum* Laveran and Mesnil L. in Portugal. *Ciência Biológica. Ecologia e Systematica, 8*: 29.

195. EIRAS, J.C. y DAVIES, A.J. (1991).- *Haemogregarina bigemina* Laveran & Mesnil, 1901 (Protozoa, Apicomplexa) from *Blennius pholis* L. (Osteichthyes, Blennidae): an investigation of seasonality in Portugal. *J. of Fish Diseases, 14*: 683.

196. ENCINAS GRANDES, A. (1982).- *Plasmodium relictum* y *P. cathemerium* en aves del área salmantina. *Rev. Ibér. Parasitol., 42*: 289.

197. ENCINAS GRANDES, A. y SIMON MARTIN, F. (1985).- Babesiosis y fiebre exantemática mediterránea (FEM) en Salamanca: Sus vectores y prevalencia potencial. *IV Congr. Nac. Parasitol.*, Tenerife: 35.

198. ESCARTIN, J. (1946).- Tricomoniasis bovina en España. *Ciencia Vet., 7*: 395.

199. ESTEVEZ, J. et al. (1992).- An unusual site of infection by a microsporean in the turbot *Scophthalmus maximus. Dis. of Aquat. Organisms., 13*: 139.

200. EUZEBY, J. (1955).- La réunion mixte OIE-FAO sur les parasitoses animales dans les pays méditerranéens. *Ann. Parasitol., 30*: 150.

201. FALCON TREJO, A. (1947).- Algunas historias de Kala-azar infantil. *Med. Colonial, 9*: 322.

202. FELEZ, M.A. et al. (1990).- Enteritis por *Isospora belli* en pacientes con síndrome de inmunodeficiencia adquirida. Descripción de nueve casos. *Medicina Clínica* (Barcelona), 95: 84.

203. FERNANDEZ, A. et al. (1988).- Brote diarreico en potros asociado a criptosporidios. *Medicina Veterinaria, 5*: 311.

204. FERNANDEZ, A. et al. (1990).- Cryptosporidiosis in chickens from southern Spain. *Avian Diseases, 34*: 224.

205. FERNANDEZ, I. y BENITO, J. (1983).- New contributions on parasitic coccidia of the hepatic region of *Glossobalanus minutus* Kow. (Enteropneusta, Hemichordata). *Acta Protozoologica, 22*: 241.

206. FERNANDEZ ALONSO, J. et al. (1987).- Criptosporidiosis intestinal con diseminación pancreatobiliar y bronquial en una niña afecta de síndrome de inmunodeficiencia adquirida. *Medicina Clínica, 89*: 335.

207. FERNANDEZ BELLIDO, A. (1946).- La piroplasmosis del ganado vacuno en Granada. *Bol. Zootec., 2*: 21.

208. FERNANDEZ CRUZ, A. y MASA DOMINGO, C. (1945).- Sobre un caso de balantidiosis. *Med. Colonial, 10*: 119.

209. FERNANDEZ DOMINGUEZ, J. (1956).- Trichomoniasis y su diagnóstico. *Veterinaria, 20*(6): 238.

210. FERNANDEZ GALIANO, D. (1949).- Sobre el aparato neuromotor y otras estructuras protoplasmáticas de *Ophryoscolex purkinjei* STEIN. *Trab. Inst. Cienc. Nat. "José de Acosta"* CSIC, *2*: 257.

211. FERNANDEZ GALIANO, D. (1951).- *Balantidium galianoi*, una nueva especie parásita del gallipato (*Molge (Pleurodeles) waltlii*) MICHAH.). *Trab. Inst. Cienc. Nat. "José de Acosta"* CSIC, *3*: 115.

212. FERNANDEZ GALIANO, D. (1952).- Los sistemas fibrilares del género *Balantidium*. I. *Balantidium elongatum*. *Trab. Inst. Cienc. Nat. "José de Acosta"* CSIC, *4*: 5.

213. FERNANDEZ GALIANO, D. (1955).- El aparato neuromotor de *Eudiplodinium magii* FIOR. *Bol. R. Soc. Española Hist. Nat., 53*: 53.

214. FERNANDEZ GALIANO, D. (1958).- La infraciliación en *Polyplastron multivesiculatum* y su génesis durante la división del ciliado. *Bol. R. Soc. Española Hist. Nat., 56*: 89.

215. FERNANDEZ GALIANO, D. (1959).- La infraciliación en *Cycloposthium edentatum* STRELKOW. *Bol. R. Soc. Española Hist. Nat., 57*: 139.

216. FERNANDEZ GALIANO, D. (1965).- Una nueva especie de Protoopalina en *Pleurodeles waltlii* (Urodelo). *Rev. Ibér. Parasitol., 25*: 97.

217. FERNANDEZ-GALIANO, D y CAMPOS, M.I. (1992).- *Ophryoscolex monoacanthus* n.sp., an Entodiniomorphid Ciliate in the Rumen of the Chamois *Rupicapra rupicapra*. *Trans. Am. Microsc. Soc., 111*: 44.

218. FERNANDEZ GALIANO, D. y PEREZ UZ, M.B. (1990).- *Anoplophrya foetidae* n.sp. an astomatous ciliate from *Eisenia foetida* var. *foetida* (Savigny, 1826). *Archives für Protistenkunde, 138*: 117.

219. FERNANDEZ MARTINEZ, F. (1913).- *El Kala-azar "infantum" en las provincias de Granada, Málaga y Almería*. Tesis doctoral. Fac. Medicina. Granada.

220. FERNANDEZ MARTINEZ, F. (1913).- Hallazgo del Kala-azar *infantum* en la provincia de Almería. *Rev. Med. y Cirug. Práct.*, 00: .. (agosto, Madrid)

221. FERNANDEZ MARTINEZ, F. (1913).- El Kala-azar infantil en la costa de Granada. *Los Progr. Clin.*, 00: .. (marzo, Madrid) y *Actual. Méd.*, 00: .. (marzo, Granada)

222. FERNANDEZ MARTINEZ, F. (1913).- El Kala-azar infantil en las costas meridionales de España. *III Congr. Nac. Obstetricia, Ginecologia y Pediatría*. Valencia, abril.

223. FERNANDEZ MARTINEZ, F. (1913).- El "Kala-azar infantil" y la *Leishmania infantum* en la costa de Granada. *Bol. R. Soc. Española Hist. Nat., 13*: 400.

224. FERNANDEZ MARTINEZ, F. (1914).- Nuevas formas de leishmaniosis patógenas humanas y caninas en el mediodía de España. *Bol. R. Soc. Española Hist. Nat., 14*: 496.

225. FERNANDEZ MARTINEZ, F. (1914).- El kala-azar infantil y parásitos del género *Leishmania* en el mediodía de España. *Bol. R. Soc. Española Hist. Nat., 14*: 160.

226. FERNANDEZ MARTINEZ, F. (1914).- Tres casos de Botón de Oriente recogidos en la provincia de Granada. *Gac. Méd. Catalana y Rev. Pediat.*, 00: .. (enero)

227. FERNANDEZ MARTINEZ, F. (1915).- Hallazgo de la ameba histolytica, protozoo de la disentería tropical en España. *Bol. Soc. Española Biol. Madrid, 4*: 126.

228. FERNANDEZ MARTINEZ, F. (1915).- Hallazgo de la disentería tropical (*Entamoeba histolytica* SCH.) en la provincia de Granada. *Bol. R. Soc. Española Hist. Nat., 15*: 315.

229. FERNANDEZ MARTINEZ, F. (1915).- Las leishmaniosis patógenas en el mediodía de España. *Rev. Med. Cirug. Práct. Madrid, 15*: ..

230. FERNANDEZ MARTINEZ, F. (1915).- Observaciones y estudios sobre leishmaniosis hispanas. *Rev. Ibero-Amer. Cienc. Méd.*, 00: .. (noviembre)

231. FERNANDEZ MARTINEZ, F. (1915).- Hallazgo de la disentería tropical en España. *Rev. Med. y Cirug. Práct.*, 00: ..(agosto)

232. FERNANDEZ MARTINEZ, F. (1915).- La disentería amebiana en España. *Com. Asoc. Española Progr. Ciencias, Congreso Valladolid*. Octubre.

233. FERNANDEZ MARTINEZ, F. (1916).- Los nuevos protozoos parásitos del mediodía de España. *Mem. R. Soc. Española Hist. Nat., 10*: 193.

234. FERNANDEZ MARTINEZ, F. (1926).- Las leishmaniosis en España. *Progr. Clin., 33*: 543.

235. FERNANDEZ MARTINEZ, F. (1926).- Sobre el diagnóstico de la leishmaniosis visceral (kala-azar infantil). *Med. Ibera, 435*: ..

236. FERNANDEZ MARTINEZ, F. (1927).- Sobre distribución geográfica del kala-azar en España. *Siglo Méd.*, 00: ..(oct.)

237. FERNANDEZ MARTINEZ, F. (1927).- Sobre el diagnóstico clínico del kala-azar infantil. *Rev. Méd. Barcelona, 7*(42): ..

238. FERNANDEZ MARTINEZ, F. y GARCIA DEL DIESTRO, J. (1927).- El kala-azar en España. *Arch. Españoles Pediat., 12*(5): 527.

239. FERNANDEZ MARTINEZ, F. y SUAREZ PEREGRIN, E. (1913).- Estudio parasitológico de 100 casos de diarrea en Granada. *Trab. Clín. F. Fernández*. Granada.

240. FERRADAS, M.G. y TOSCANO, J.M. (1931).- Un caso de leishmaniosis cutánea y visceral. *Med. Pais. Cál., 4*: 327.

241. FERREIRA, L.D.B.B. (1981).- A monieziose e a coccidiose dos borregos. *Rep. Trab. Inst. Nac. Vet., 13*: 123.

242. FERRER, L. et al. (1988).- Skin lesions in canine leishmaniasis. *J. of Small Animal Practice, 29*: 381.

243. FIDALGO TURIEL, P. (1964).- Bioquímica sanguínca de la ratas normales y parasitadas con *Trypanosoma equiperdum. Med. Tropical, 40*: 252.

244. FIGUERAS, A.J.; JARDON, C.F. y CALDAS, J.R. (1991).- Diseases and parasites of rafted mussels (*Mytilus galloprovincialis* Lmk): preliminary results. *Aquaculture, 99*: 17.

245. FLOREZ TASCON, J.F.; DURAN CANTERO, J. y MORENO NIETO, D. (1961).- Amebiasis. *Medicina, 29*: 159.

246. FONSECA, M. (1966).- Las histomoniasis del pavo. *Avigán, 15*(164): 43 y 58.

247. FORTIER, B. et al. (1990).- Prevalence de la toxoplasmose porcine et bovine a Porto. *Medecine et Maladies Infectieuses, 20*: 551.

248. FRANÇA, C. (1910).- Sur un trypanosome du lérot. *Arq. R. Inst. Bact. Camara Pestana, 3*: 41.

249. FUENTE, C. DE LA; CUQUERELLA, M.; CARRERA, L. y ALUNDA, J.M. (1992).- Etiología de las coccidiosis caprinas en la Comunidad de Madrid. *IX Reun. Cient. Asoc. Parasitol. Esp.*, León: 25.

250. FUENTE CRESPO, M. DE LA (1966).- Contribución al estudio experimental del *Trypanosoma equiperdum. Med. Tropical, 42*: 232.

251. FULIAT ARAGONES, .. (1927).- El Botón de Oriente en el Priorato y Campo de Tarragona. *Rev. Med. Barcelona, 47*: ..

252. GALLARDO ALONSO, F. (1947).- Nota previa sobre unos casos de theileriosis diagnosticados en la Sierra de Guadarrama. *Veterinaria, 11*: 809.

253. GALLEGO CANEL, A. (1924).- Contribución al estudio de las lesiones del hígado en las tiflohepatitis de los pavos. *Bol. Soc. Española Biol., 9*: 45 y *Rev. Hig. San. Pec., 14*: 555.
254. GAMO GARCIA, J. y RODRIGUEZ CAABEIRO, F. (1981).- *Dugesia gonocephala* (Turbellaria, Tricladida) nuevo hospedador para *Sieboldiellina planariarum* (Cilliata, Holotricha, Astomata). *Rev. Ibér. Parasitol., 41*: 313.
255. GARCIA, A.L. (1989).- Sobre un caso de coccidiosis abomasal en ganado caprino. *VI Cong. Nac. y I Cong. Ibér. de Parasitol.*, 25-29 sept., Cáceres: 251.
256. GARCIA, P. et al. (1990).- Identificación de *Hepatozoon canis* (James, 1905) en España. Estudio epidemiológico de una enzootia en La Carolina (Jaén, España). *Investigación Agraria*, Producción y Sanidad Animales, *5*: 75.
257. GARCIA ESPIN, .. (1928).- Observaciones y estudios sobre disentería y amebiasis. *Arch. Españoles Enf. Apar. Digest.*, 00: .. (noviembre-diciembre)
258. GARCIA FERNANDEZ P.; HUELI AMADOR, L.; LOPEZ CABALLERO, J. y ACEDO SANCHEZ, C. (1989).- Ultraestructura de *Hepatozoon canis* James, 1905. *VI Cong. Nac. y I Cong. Ibér. Parasitol.*, Cáceres: 84.
259. GARCIA FERNANDEZ, P.; ROMERO RODRIGUEZ, J. y GUEVARA POZO, D. (1974).- Contribución al estudio de las piroplasmosis bovinas en el sur de España. *III Congr. Int. Parasitol.*, Secc. A-9, nº 15, pág. 147. Vol I. Proceedings.
260. GARCIA FERNANDEZ, P.; ROMERO RODRIGUEZ, J. y HUELI, L.E. (1985).- Piroplasmosis bovinas en Andalucía. I. Estudio en reses procedentes de Mataderos. *Rev. Ibér. Parasitol., 45*: 49.
261. GARCIA FERNANDEZ, P.; ROMERO RODRIGUEZ, J. y HUELI, L.E. (1987).- Piroplasmosis bovinas en Andalucía. II. Estudio en explotaciones agropecuarias. *Rev. Ibér. Parasitol., 47*: 7.
262. GARCIA GARCIA, M. et al. (1979).- Paludismo por *Plasmodium falciparum* con insuficiencia renal aguda. *Revista Clínica Española, 155*: 117.
263. GARCIA LLUCH, V. (1967).- Erradicación parasitaria y necesidad de coordinarla. *I Jorn. Nac. Prod. Porcina*, Valencia, 5-9 junio, 1966. Pub. por Gráf. Orbe, Madrid :127.
264. GARCIA DE MIGUEL, M.J. et al. (1984).- Kala azar. Presentación de siete casos y revisión de la literatura. *Anales Esp. de Pediatría, 21*: 587.
265. GARCIA PEÑARRUBIA, M.P.; CAMPOS ROS, J. y MARTIN LUENGO, F. (1981).- Incidencia de Giardiasis entre la población infantil de Murcia. *Rev. Ibér. Parasitol., 41*: 569.
266. GARCIA PEREZ, A.L.; JUSTE JORDAN, R.A. y POVEDANO FERNANDEZ, I. (1993).- Diez años de Parasitología en el SIMA (1982-1992): Relación de especies y hospedadores. *Informe para el Indice-Catálogo de Zooparásitos Ibéricos.*
267. GARCIA RODRIGUEZ, I. (1933).- ¿Existe en España la theileriosis bovina? *Trab. Inst. Biol. Animal, 1*: 91 y *Rev. Hig. San. Pec., 23*: 364.
268. GARCIA RODRIGUEZ, I. (1934).- Una piroplasmosis más en España: la falsa fiebre de la Costa. *Trab. Inst. Biol. Anim., 2*: 123.
269. GARCIA RODRIGUEZ, I. (1936).- Acerca de las piroplasmosis bovinas registradas en España. *Bol. de Veterinaria del Inst. Llorente, 1*: 8 y *2*: 7.
270. GARCIA RODRIGUEZ, I. (1951).- Algunas consideraciones acerca de las piroplasmosis del ganado vacuno español. *Supl. Cient. Bol. Inf. Cons. Gral. Col. Vet. España, 5*: 295.
271. GARCIA RODRIGUEZ, I. (1967).- Identificación de un piroplasma hallado con bastante frecuencia en nuestras reses bovinas. *Rev. Patron. Biol. Anim., 16*: 946.
272. GARCIA-RODRIGUEZ, J.A. et al. (1989).- The incidence of cryptosporidiosis in children: a one-year prospective survey in a general hospital in Spain. *European J. of Epidemiology, 5*: 70.
273. GARCIA-RODRIGUEZ, J.A. et al. (1989).- Incidencia de *Cryptosporidium* sp. en pacientes asistidos en un hospital general. Técnicas para la identificación de ooquistes en heces. *Medicina Clínica*, Barcelona, *93*: 164.
274. GARGALLO, J. (1926).- La durina y su tratamiento. *Rev. Veterinaria* (Zaragoza), *16*: 90.
275. GAY, .. y CAZORLA, .. (1932).- Tres casos de Botón de Oriente. *Acad. Española Dermat. y Sifil.*, sesión 21 dic.

276. GIJON-BOTELLA, H.; LOPEZ-ROMAN, R. y GOMEZ-CALCERRADA, V. (1987).- Parasitofauna de *Apis mellifera* en Tenerife. *Acarapis woodi* Rennie, 1921 muy probable causa de la alta mortalidad de *Apis mellifera* en Canarias. *Rev. Ibér. Parasitol., 47*: 255.

277. GOMEZ, J.M. y CISNEROS, J.M. (1946).- Contribución al conocimiento del kala-azar en la provincia de Cádiz. *Rev. San. Hig. Públ.*, 00: 112 (oct.)

278. GOMEZ CARDENAS, G. (1958).- Aborto infeccioso en los animales domésticos. *Veterinaria, 22*: 103.

279. GOMEZ LUS, R. (1960).- Aportación experimental al tratamiento de la toxoplasmosis del ratón blanco. *Arch. Fac. Med. Zaragoza, 8*: 169.

280. GOMEZ LUS, R. (1961).- Toxoplasmosis: Parasitología, Clínica y Diagnóstico. *Med. Tropical, 37*: 500 y *Med. Española, 46*: 369.

281. GOMEZ LUS, R. (1962).- La oxitetraciclina insoluble en el tratamiento de la toxoplasmosis experimental del ratón blanco. *Med. Colonial, 38*: 450 -y- Die Behandlung der experimentellen Toxoplasmose der Mau mit unlöslichem Oxytetracyclin. *Z. Propenmend. Parasit., 13*: 312.

282. GOMEZ LUS, R. (1967).- Estudio epidemiológico de la toxoplasmosis. Ponencia oficial (tercer capítulo) de las XV Jornadas de la Asociación Nacional de Médicos especialistas de análisis clínicos. Madrid. 12-18 de octubre. *Rev. Diagn. Biol., 16*: 293.

283. GOMEZ LUS, R.; NAVARRO IBAÑEZ, T. y VARGAS BUSQUETS, M.A. (1966).- Un caso de balantidiasis estudiado en Zaragoza. *Med. Colonial, 42*: 99.

284. GOMEZ LUS, R.; VARGAS BUSQUETS, M.A. y SAAVEDRA LOZANO, J. (1964).- La paromomicina en el tratamiento de la lambliasis. *Med. Colonial, 40*: 482.

285. GONZALEZ, S. y TOSCANO, J.M. (1933).- Contribución al estudio del kala-azar en la provincia de Jaén. *Med. Pais. Cál., 6*: 133.

286. GONZALEZ ALVAREZ, R. (1925).- Contribución a la histología patológica de la Sarcosporidiosis muscular del cerdo. *Rev. Hig. Pec., 15*: 387.

287. GONZALEZ ALVAREZ, R. (1926).- Nota acerca de la Sarcosporidiosis ovina. *Rev. Veterinaria* (Zaragoza), *1*: 53.

288. GONZALEZ ALVAREZ, R. (1962).- Algunos datos sobre toxoplasmosis. Recopilaciones. *Bol. Syva, 63*: 108.

289. GONZALEZ CASTRO, J.; MORILLAS MARQUEZ, F. y BENAVIDES DELGADO, J. (1987).- *Leishmania infantum* s.str., parasite du rat noir (*Rattus rattus*). A propos du typage enzymatique d'une souche isolée en Espagne, dans la Province de Grenade. *Ann. de Parasit. hum. et comp., 62*: 101.

290. GONZALEZ CASTRO, J. y PEREZ CASTRO, M.C. (1970). Frecuencia del *Sarcocystis miescheriana* en el ganado suino de Granada. *Rev. Ibér. Parasitol., 30*: 443.

291. GONZALEZ CASTRO, J.; ROMERO RODRIGUEZ, J. y ALEXANDRE FOUDA, R. (1972).- Coccidiopatías del *Felis catus domesticus* (L.). Denuncia en España de la *Isospora felis* (WASSIELLEWSKI, 1904) WENTON, 1923. *Rev. Ibér. Parasitol., 32*: 115.

292. GONZALEZ CASTRO, J. et al. (1983).- Presencia de *Hepatozoon muris* (Balfour, 1905) (Haemosporina: Hepatozooidae) en múridos de la provincia de Granada. *III Cong. Nac. Parasitol.*, Barcelona: 58.

293. GONZALEZ GAY, M.A. et al. (1991).- Artritis reactiva e infestación por *Giardia lamblia*. *Rev. Esp. de las enfermedades del aparato digestivo, 80*: 269.

294. GONZALEZ LANZA, C. y ALVAREZ PELLITERO, P. (1984).- *Myxobolus farionis* n.sp. and *M.ibericus* n.sp. of *Salmo trutta* f. *fario* from the Duero basin (NW Spain). Description and population dynamics. *Angewandte Parasitologie, 25*: 181.

295. GONZALEZ LANZA, M.C. y ALVAREZ PELLITERO, M.P. (1988).- *Myxobolus* spp. of various cyprinids from the River Esla (León, NW Spain). Description and population dynamics. *Angewandte Parasitologie, 26*: 71.

296. GONZALEZ RODRIGUEZ, F.J.; GONZALEZ CASTRO, J.; VALERO LOPEZ, A. y MORILLAS MARQUEZ, F. (1985).- Giardiasis en dos especies de múridos silvestres: *Rattus rattus* y *R.norvegicus*. *Ars Pharmaceutica, 26*: 63.

297. GONZALEZ RODRIGUEZ, F.J. et al. (1985).- Cuadro hemático en *Rattus norvegicus* parasitadas por *Capillaria hepatica* y *Hepatozoon muris. IV Congr. Nac. Parasitol.*, Tenerife: 164.

298. GONZALEZ ROMERO, V. (1955).- Focos enzooticos de leishmaniosis canina en Madrid. *Supl. Cient. Bol. Inf. Cons. Gral. Col. Vet. España, 9*: 373.

299. GRACIA DORADO, F. (1943).- *Protozoosis intestinales en la población de Madrid.* Tesis doctoral (1940). Inst. Nac. de Parasitol., CSIC. Granada.

300. GRACIA DORADO, F. (1945).- Sobre variaciones específico-morfológicas en *Giardia. Rev. Ibér. Parasitol.*, Vol. Extr., : ..

301. GRACIA DORADO, F. (1955).- Los parásitos humanos del género *Trichomonas. Rev. Ibér. Parasitol.*, Vol. Extr., : 271.

302. GUEVARA POZO, D. (1935).- *Blastocystización de los flagelados.* Tesis doctoral. Fac. Farmacia. Univ. de Granada.

303. GUEVARA POZO, D.; DOMINGUEZ MARTINEZ, J. y TOHME AMADOR, J.V. (1963).- Contribución al estudio de la Tripanosomiasis experimental del ratón por *Trypanosoma equiperdum. Rev. Ibér. Parasitol., 23*: 83.

304. GUEVARA POZO, D. y JIMENEZ GONZALEZ, J. (1965).- Aportación experimental al estudio biológico del *Trichomonas vaginalis* in vitro. *Rev. Ibér. Parasitol., 25*: 371.

305. GUEVARA POZO, D. y LOPEZ ROMAN, R. (1969).- *Ichthyopthyrius multiphiliis* (FOUCHET, 1876), muy probable causa de la gran mortandad ocasionada en los barbos de algunos pantanos de la provincia de Granada. *Rev. Ibér. Parasitol., 29*: 197

306. GUIJA MORALES, E. (1928).- Paludismo experimental. *Med. Pais. Cál., 1*: 300.

307. GUIJO SENDROS, F. (1932).- Contribución al conocimiento de la piroplasmosis. *Rev. Hig. San. Pec., 22*: 5.

308. GUISANTES, J.A. et al. (1980).- Human coccidiosis by *Isospora belli* and malabsorption. *Proc. of the 3rd European Multicoll. of Parasitol.*, Cambridge, UK, 7-13 sept.

309. GUTIERREZ, M. (1977).- Datos sobre la parasitología e histiopatología del ostión, *Crassostrea angulata* Lmk. de la costa sudatlántica de España. *Investigación Pesquera, 41*: 543.

310. GUTIERREZ, M. (1977).- Nota sobre la marteiliasis en el mejillón *Mytilus edulis* (L.), de la costa Noroeste de España. *Investigación Pesquera, 41*: 637.

311. GUTIERREZ, M. (1978).- *Cercaria tenuans* y *Marteilia refringens* en un ejemplar de mejillón *Mytilus edulis* (L.) de la costa noroeste de España. *Investigación Pesquera, 42*: 467.

312. GUTIERREZ, P.N.; MARTINEZ GOMEZ, F.; NAVARRETE, I. y ACOSTA, I. (1982).- Parásitos de Corvidae (Aves: Passeriformes) en el valle de los Pedroches (Córdoba). Primera relación. *Rev. Ibér. Parasitol.*, Vol. Extr.: 95.

313. HABELA, M.; NAVARRETE, I.; MARTINEZ-GOMEZ, F. y REINA, D. (1987).- Contribución al conocimiento de la parasitofauna de Cáceres. Primera relación. I. Protozoos y artrópodos. *Rev. Ibér. Parasitol.*, Vol. Extr.: 39.

314. HABELA, M.; NAVARRETE, I.; REINA, D. y HERNANDEZ-RODRIGUEZ, S. (1987).- Aislamiento e identificación serológica de *Babesia ovis* en Extremadura (España). *V Congr. Nac. Parasitol.*, Salamanca: 121.

315. HABELA, M.; REINA, D.; NIETO, C.G. y NAVARRETE, I. (1989).- Denuncia de *Theileria ovis* en Extremadura (España). Estudio del poder patógeno e inmunógeno de la cepa "Norba-88". *Rev. Ibér. Parasitol., 49*: 117.

316. HABELA, M.; REINA, D.; NIETO, C. y NAVARRETE, I. (1990).- Isolation and identification of *Babesia ovis* in Extremadura (Spain). *Vet. Parasitology, 35*: 233.

317. HABELA, M. et al. (1989).- Epidemiología de la babesiosis equina en Extremadura: estudio preliminar. *Medicina Veterinaria, 6*: 31.

318. HABELA, M. et al. (1991).- *Theileria annulata* (Dschunkowsky y Luhs, 1904): Seroprevalencia en ganado bovino de aptitud lechera del término de Casar de Cáceres. *I Cong. Int. Asoc. Sudoccid. Europ. Parasitol.*, Valencia: 277.

319. HERNANDEZ, S. et al. (1980).- Parásitos del Ciervo (*Cervus elaphus*) en Córdoba. I. Primera relación. *Rev. Ibér. Parasitol., 40*: 93.

320. HERNANDEZ DIAZ, D. (1964).- La toxoplasmosis congénita y sus lesiones oculares. *Med. Tropical, 40*: 305.

321. HERNANDEZ RODRIGUEZ, S. et al. (1976).- *Isospora lacazei* LABBE 1893 en Passeriformes de la provincia de Córdoba. *Rev. Ibér. Parasitol., 36*: 82.

322. HERNANDEZ-RODRIGUEZ, S.; ACOSTA, I. y NAVARRETE, I. (1992).- *Sarcocystis jorrini* sp.nov. from the fallow deer *Cervus dama. Parasitol. Res., 78*: 557.

323. HERNANDEZ RODRIGUEZ, S.; MARTINEZ GOMEZ, F. y CALERO CARRETERO, R. (1974).- Life cycle of coccidia of Spanish partridges. *III Congr. Int. Parasitol.*, secc. A-6, com. núm. 2, pág. 95. Vol. I. Proceedings.

324. HERNANDEZ-RODRIGUEZ, S.; MARTINEZ-GOMEZ, F.; GUTIERREZ- PALOMINO, P. y MARTINEZ-CRUZ, M.S. (1984).- Parasitocenoses of red deer (*Cervus elaphus*) in Sierra Morena, Córdoba, Spain. *Inter. Symp. über die Erkrank. der Zootiere, 2*, mayo, Brno: 429.

325. HERNANDEZ-RODRIGUEZ, S.; MARTINEZ-GOMEZ, F.; LOPEZ-RODRIGUEZ, R. y NAVARRETE, I. (1986).- Morfología y biología de *Sarcocystis capracanis* FISCHER, 1979, primera cita en España. *Rev. Ibér. Parasitol., 46*: 7.

326. HERNANDEZ RODRIGUEZ, S.; NAVARRETE, I. y MARTINEZ GOMEZ, F. (1981).- *Sarcocystis cervicanis*, nueva especie parásita del ciervo (*Cervus elaphus*). *Rev. Ibér. Parasitol., 41*: 43.

327. HERRERA, A.J. (1954).- *Medicina y Cirugía*, mes IX, pág. 545.

328. HERRERO RUBIO, P. (1930).- Sobre un caso de kala-azar infantil (Alicante). *Med. Pais. Cál., 3*: 456.

329. HERRERO RUBIO, P. (1935).- Aportaciones al estudio del kala-azar infantil. *Med. Pais. Cál., 8*: 338.

330. HIDALGO ARGÜELLO, M.R. y CORDERO DEL CAMPILLO, M. (1984).- Epizootiología de las coccidiosis ovinas en la provincia de León. II. *Eimeria crandallis. An. Fac. Vet. León, 30*: 195.

331. HIDALGO ARGÜELLO, M.R. y CORDERO DEL CAMPILLO, M. (1986).- Epizootiología de la coccidiosis ovina por *Eimeria granulosa* en la provincia de León. *An. Fac. Vet. León, 32*: 73.

332. HIDALGO-ARGÜELLO, M.R. y CORDERO DEL CAMPILLO, M. (1987).- Epizootiología de la coccidiosis ovina por *Eimeria intricata* en la provincia de León. *Rev. Ibér. Parasitol., 47*: 325.

333. HIDALGO ARGÜELLO, M.R. y CORDERO DEL CAMPILLO, M. (1988).- Epizootiology of *Eimeria ahsata* coccidiosis in León (Spain). *Vet. Parasitol., 27*: 183.

334. HOLLANDE, A. (1986).- Les hypermastigines du genre *Staurojoenina*. Details sur la structure de leur rostre et description d'espèces nouvelles. *Protistologica, 22*: 331.

335. HOMEDES RANQUINI, J. (1951).- Técnicas de investigación de leishmanias. *Medicamenta, 3*: 277.

336. HOMEDES RANQUINI, J. (1951).- La toxoplasmosis en los animales domésticos. *Supl. Cient. Bol. Inf. Cons. Gral. Col. Vet. España, 5*: 181.

337. HOMEDES RANQUINI, J. (1955).- Estudio de la asociación de Leishmaniosis-Bartolenosis canina. *Rev. Ibér. Parasitol.*, Vol. Extr. :787.

338. HUERTA, A. (1924).- La durina y el 203. *Rev. Hig. San. Pec.,14*: 764.

339. HUERTA, A. (1924).- Sobre el diagnóstico y tratamiento de la durina. *Rev. Hig. San. Pec., 15*: 595.

340. IGLESIA, R. DE LA y ARCINIEGA, M. (1902).- *Patología especial de los animales domésticos*. Edit. e Impr. San Rafael. Tomo IV. 409 pp.

341. IGLESIAS, D. (1934).- Leishmaniosis canina natural en Fregeneda (Salamanca). *Med. Pais. Cál., 7*: 370.

342. IRAIZOZ LABARTA, A. (1971).- Proceso clínico por tricomonas en un palomar de la provincia de Madrid. *IX Symp. Cient. de Avic. y Asamb. Gen. de la WPSA*, Valencia :146 y (1971) *Rev. Pecuaria, 8*: 5.

343. IZQUIERDO MELLADO, A. (1925).- Contribución al estudio biológico del tripanosoma equiperdum. *Rev. Hig. San. Pec., 15*: 739.

344. IZQUIERDO MELLADO, A. (1930).- La durina. *Rev. Hig. San. Pec., 20*: 621.

345. JEFFORDS, M.R.; MADDOX, J.V. y O'HAYER, K.W. (1987).- Microsporidian spores in gypsy moth larval silk: a possible route of horizontal transmission. *J. of Invertebrate Pathology, 49*: 332.

346. JIMENEZ GONZALEZ, J. (1962).- Formación de colonias de *Trichomonas vaginalis. Rev. Ibér. Parasitol., 22*: 319.

347. JUSTE, R.A.; CUERVO, L.A.; MARCO, J.C. y OREGUI, L. (1990).- La besnoitiosis bovina: desconocida en España? *Medicina Veterinaria, 7*: 613 y 616.

348. LARSSON, J.I.R.; ROCA, C.B. DE y GAJU-RICART, M. (1992).- Fine structure of an amoeba of the genus *Vahlkampfia* (Rhizopoda, Vahlkampfiidae), a parasite of the gut epithelium of the bristletail *Promesomachilis hispanica* (Microcoryphia, Machilidae). *J. of Invert. Path., 59*: 81.

349. LAZARO CABALLERO, R. y PASTOR BOTIJA, F. (1930).- Un caso de kala-azar infantil en la provincia de Huesca. *Med. Pais. Cál., 3*: 453.

350. LEDESMA, C. (1972).- Importancia de los coccidios como componentes del "complejo parasitario" del ganado ovino. *Panorama Veterinario, 1*: 41.

351. LEITAO, J.L. DA SILVA (1963).- *Parásitas dos animais domésticos em Portugal metropolitano.* Inst. Alta Cultura. Fundaçao Galouste-Gulbekian. Lisboa.

352. LEITAO, J.L. DA SILVA (1970).- Leishmaniose canina. Incidencia no pais e ensaios da sua propagaçao. *Rev. Port. Cienc. Vet., 65*: 163.

353. LENA, J.L. et al. (1991).- *Pneumocystis carinii* pneumonia causing hypertrophia osteoarthropathy. *British J. of Rheumatology, 30*: 476.

354. LIZCANO HERRERA, J. y ROMERO RODRIGUEZ, J. (1967).- *Parasitación de la especie porcina en la provincia de Granada.* Sem. Nac. Gan. Porcino. Edit. Aedos. Barcelona, pág. 260.

355. LIZCANO HERRERA, J. y ROMERO RODRIGUEZ, J. (1969).- Epizootiología de las coccidiosis de interés veterinario en la provincia de Granada. I y II. *Rev. Ibér. Parasitol., 29*: 143 y 427.

356. LIZCANO HERRERA, J. y ROMERO RODRIGUEZ, J. (1969).- Notas parasitológicas. a) Anquilostomiasis canina (*Ancylostoma caninum* ERCOLANI, 1859, HALL, 1913). b) Coccidiosis canina (*Eimeria canis*, WENYON, 1923). *Rev. Ibér. Parasitol., 29*: 63.

357. LIZCANO HERRERA, J. y ROMERO RODRIGUEZ, J. (1972).- Contribución al estudio de las coccidiopatias de *Alectoris rufa* L. Descripción de *Eimeria gonzalezi* n.sp. y redescripción de *E.kofoidi* YAKIMOFF y MATIKASCHWILLI, 1936. *Rev. Ibér. Parasitol., 32*: 95.

358. LIZCANO HERRERA, J. y ROMERO RODRIGUEZ, J. (1975).- *Eimeria gonzalez-castroi* nom. nov. (Sin. *E.gonzalezi* de Lizcano-Herrera y Romero Rodriguez, 1972). *Rev. Ibér. Parasitol., 35*: 391.

359. LLANAS ESTAUN, A. (1946).- Primeros casos de Botón de Oriente observados en la provincia. *Clin. y Lab.* (Zaragoza), *12*: 424.

360. LLOVO TABOADA, J.; SANMARTIN DURAN, M.L. y ARNAEZ, E. (1985).- Contribución al conocimiento de los hemoparásitos de peces en la Costa NW de España. *IV Congr. Nac. Parasitol.*, Tenerife: 236.

361. LOMA, A. DE LA et al. (1985).- Leishmaniasis or Aids?. *Trans. of the Roy. Soc. of Trop. Med. and Hyg., 79*: 421.

362. LOPEZ-ABAD BALLESTEROS, G. (1947).- Dos casos de piroplasmosis equina en la provincia de Toledo. *Ciencia Vet., 8*: 254.

363. LOPEZ-BREA, M. (1982).- *Giardia lamblia*: incidence in man and dogs. *Trans. of the Royal Soc. of Trop. Med. and Hyg., 76*: 565.

364. LOPEZ BREA, M.; GARCIA PICAZO, L. y REY, M. DEL (1986).- *Cryptosporidium* in children and adults in Madrid. *J. of Infection, 13*: 301.

365. LOPEZ BREA, M.; GARCIA PICAZO, L.; REY, M. DEL y JIMENEZ, M.L. (1985).- *Cryptosporidium* in stool specimens in Madrid. *Trans. of the Roy. Soc. of Trop. Med. and Hyg., 79*: 422.

366. LOPEZ-BREA, M.; SAINZ, T.; CAMARERO, C. y BAQUERO, M. (1979).- *Giardia lamblia* associated with bronchial asthma and serum antibodies, and chronic diarrhoea in a child with giardiasis. *Trans. of the Royal Soc. of Trop. Med. and Hyg., 73*: 600.

367. LOPEZ FLORES, J. (1911).- Un nuevo síntoma de la durina. *Rev. Hig. San. Vet., 1*: 163.

368. LOPEZ FLORES, J. (1911).- La quemoterapia y la durina. *Rev. Hig. San. Vet., 1*: 33.

369. LOPEZ FLORES, J. (1911).- El diagnóstico de la durina por la fijación del complemento. *Rev. Hig. San. Vet., 1*: 325.

370. LOPEZ FLORES, J. (19..).- La quimioterapia y la durina. *Rev. Hig. San. Pec., 5*: 899.

371. LOPEZ FLORES, J. (1911).- Algunas consideraciones sobre el tratamiento hemoterápico de la durina. *Rev. Vet. España, 5*: 263.

372. LOPEZ LOPEZ, C. (1947).- *Tricomoniasis bovina*. Hojas Divulg. Min. Agric., Madrid.

373. LOPEZ-NEYRA, C.R. (1934).- *Estudios sobre "Enteromonas hominis", parásito intestinal humano*. Publ. Com. Perm. Invest. Sanit., Dir. Gral. Sanidad. Trab. nº 18. Madrid.

374. LOPEZ-NEYRA, C.R. (1935).- Flagelados intestinales humanos en España. *Rev. Acad. Cienc. Zaragoza, 19*: 1.

375. LOPEZ-NEYRA, C.R. (1935).- Sur la blastocystisation chez quelques Flagellées intestinaux de l'homme. *Compt. Rend. XII Congr. Int. Zoologie*. Lisboa.

376. LOPEZ-NEYRA, C.R. (1936).- Naturaleza y significación patognomica de los *Blastocystis*. *El Monitor Farm.*, 5 de enero: 1.

377. LOPEZ-NEYRA, C.R. (1947).- *Parasitología animal*. Imprenta Prieto. Granada.

378. LOPEZ-NEYRA, C.R. y GUARDIOLA MIRA, A. (s/a).- Protozoos parásitos de los mosquitos y sus larvas, en España. *Bol. Univ. Granada, 11*: 1.

379. LOPEZ-NEYRA, C.R. GUARDIOLA MIRA, A. (1941).- *Craigia hominis* y *C.migrans* parásitos intestinales humanos. *Rev. Ibér. Parasitol., 1*: 45.

380. LOPEZ-NEYRA, C.R. y SUAREZ PEREGRIN, A. (1932).- El *Chilomastix granatensis*, nuevo flagelado parásito del intestino humano. *Bol. R. Soc. Española Hist. Nat., 32*: 489.

381. LOPEZ-NEYRA, C.R.; SUAREZ PEREGRIN, A. y GUEVARA POZO, D. (1941).- Significación del *Blastocystis hominis* en la patología humana; nueva teoría de la blastocistización y enquistamiento de los seres unicelulares. *Rev. Ibér. Parasitol., 1*: 221.

382. LOPEZ ORGE, H.; GONZALEZ LAMA, Z.; GARCIA RODRIGUEZ, T. y PEREZ SILVA, J. (1980).- *Balantidium* sp. chez *Lacerta sterlinii. 33rd ann. meeting. of the Soc. Protozool.*, Georgetown Univ. Washington D.C., 16-19 dic.: 262.

383. LOPEZ ROMAN, R. y COLLADO GONZALEZ, F. (1969).- Parasitismo intestinal humano en la provincia de Granada, diagnosticado en la población infantil coprológicamente y por cinta adhesiva. *Rev. Ibér. Parasitol., 29*: 413.

384. LOZANO MORALES, A. (1955).- Consideraciones epidemiológicas y comentarios en torno al diagnóstico y la terapéutica de la leishmaniosis visceral mediterránea. *Rev. Hig. San. Públ., 29*: 513.

385. LUCIENTES-CURDI, J.; SANCHEZ-ACEDO, C.; CASTILLO-HERNANDEZ, J.A. y ESTRADA-PEÑA, A. (1988).- Sobre la infección natural por *Leishmania* en *Phlebotomus perniciosus* Newstead, 1911, y *Phlebotomus ariasi* Tonnoir, 1921, en el foco de Leishmaniosis de Zaragoza. *Rev. Ibér. Parasitol., 48*: 7.

386. LUENGO, E. y BUEN, S. DE (1924).- Puvoir trypanolytique du serum d'un malade traité par le "Bayer 205". *C. Rend. Soc. Biol., 92*: 825.

387. LUNA INFANTE, L. (1956).- *El aborto en las diversas hembras domésticas de La Coruña*. Pub. Diput. Prov. Coruña (Junta Prov. Fom. Pec.)

388. MADDOX, J.V.; MUTT, J.A.M. y BRUNJES, V. (1982).- Microsporidia from five species of entomobryid Collembola. *J. of Invertebrate Pathology, 40*: 340.

389. MADRID-MORENO, J. (1911).- Datos para el estudio del plancton del río Lozoya. *Bol. R. Soc. Española Hist. Nat., 2*: 173.

390. MANSO RODRIGUEZ, F. (1948).- La fijación del complemento en el diagnóstico de la durina. *Veterinaria, 12*: 231 y (1949) *Cienc. Vet., 10*: 20.

391. MARCO AHVIR, R. y PRECIOSO VILLENA, J. (1949).- Promielocitos de la médula ósea en el kala-azar infantil. *Med. Española, 22*: 1.

392. MARDONES SEVILLA, L. (1967).- Toxoplasmosis en el perro. *Supl. Cient. Bol. Inf. Cons. Gral. Col. Vet. España, 180*: 63.

393. MARDONES SEVILLA, L. (1969).- Investigación serológica de las toxoplasmosis en animales domésticos de España. *Supl. Cient. Bol. Inf. Cons. Gral. Col. Vet. España, 186*: 9 y *187*: 3.

394. MARDONES SEVILLA, L. (1970).- Algunos aspectos del comportamiento biológico del *Toxoplasma gondii* (NICOLLE y MANCEAUX, 1908). *Supl. Cient. Bol. Inf. Cons. Gral. Col. Vet. España, 189*: 3.

395. MARIN CASANOVA, P. et al. (1991).- Nocardiosis en paciente con SIDA. *Rev. Clín. Esp., 188*: 83.

396. MARINHO, A.A. DE M. (1983).- Identificaçao do protozoário ciliado *Diplodinium dogieli* Kofoid and Maclennan (Ciliata: Ophryoscolecidae) no rúmen de um ovino. *Revista Portuguesa de Ciências Veterinárias, 78*: 117.

397. MARIÑO PENSADO, M. (1959).- Toxoplasmosis y gestación. *Medicamenta, 17*: 205 y *Acta Pediat. Española, 17*: 743.

398. MARISCAL SISTIAGA, F. et al. (1980).- Kala-azar en el hospital de enfermedades infecciosas. Revisión de 104 casos. *Revista Clínica Española, 159*: 47.

399. MARTIN HERNANDEZ, T. (1930).- *Folleto núm. 5*, Inst. Prov. Hig. Salamanca.

400. MARTIN MARTINEZ-CONDE, J. (s/a).- Tricomoniasis bovina en España. *Not. Neosán, 59*: 35.

401. MARTIN SANCHEZ, A.M. et al. (1992).- Epidemiology and clinical significance of *Blastocystis hominis* in different groups in Salamanca (Spain). *Europ. J. of Epidemiology, 8*: 553.

402. MARTIN SANCHEZ, J. (1992).- Identificación del agente etiológico de las leishmaniosis en sus diferentes hospedadores, canino, humano, y flebotomo vector, en el sudeste de España: Apliccación de la técnica de electroforesis de isoenzimas. *Tesis Doctoral*, Fac. Farmacia, Univ. de Granada

403. MARTIN SANCHEZ, J.; MORILLAS MARQUEZ, F.; SANCHIS MARIN,M.C. y ACEDO SANCHEZ, C. (1992).- Infección natural de *Phlebotomus perniciosus* NEWSTEAD, 1911 (DIPTERA, PHLEBOTOMIDAE) por dos zimodemos distintos del complejo *Leishmania infantum* en el Sudeste de España. *Actas do V Congresso Ibérico de Entomologia*, Lisboa, 9-13 nov.: 513.

404. MARTIN VAQUERO, B. (1950).- Cuadro estadístico de los casos clínicos atendidos en la consulta de Patología médica de la Facultad de Veterinaria de Madrid, durante el curso escolar 1948-1949. *Ciencia Vet., 11*: 84.

405. MARTINEZ, F. et al. (1977).- Parásitos de aves passeriformes en la provincia de Córdoba. *Rev. Ibér. Parasitol., 37*: 134.

406. MARTINEZ-CRUZ, M.S. et al. (1990).- Epidemiología de la leishnmaniosis canina en Córdoba. *Rev. Ibér. Parasitl., 50*: 1.

407. MARTINEZ FERNANDEZ, A. (1974).- La toxoplasmosis de las aves (Pollos de carne). *La Voz de Galicia*, 14 de julio.

408. MARTINEZ FERNANDEZ, A.; ANDRES RODRIGUEZ, J.; CORDERO DEL CAMPILLO; M. y ALLER GANCEDO, B. (1969).- Validez y extensión de *Eimeria perforans* (LEUCKART, 1879) SLUITER y SWELLENGREBEL, 1912 parásito intestinal del conejo. *An. Fac. Vet. León, 15*: 73 y (1970).- *Rev. Ibér. Parasitol., 30*: 299.

409. MARTINEZ FERNANDEZ, A. y TOYOS, J.M. (1974).- Experimental pathogenicity of *Trichomonas vaginalis* for mice (intraperitoneal inoculation). *III Congr. Int. Parasitol.*, Secc. A-4, com. 12, pág. 71, Vol. I. Proceedings.

410. MARTINEZ GARCIA, M. (1945).- Piroplasmosis en Asturias. *Ciencia Vet., 6*: 57.

411. MARTINEZ GOMEZ, F. (1964).- *Eimeria ninaekohlyakimovae*. Primera cita como parásito de la cabra en España. *III Sem. Nac. Vet.*, Fac. Vet. Córdoba, *2*: 199.

412. MARTINEZ GOMEZ, F. (1972).- Babesiosis y Theileriosis en España. *Supl. Cient. Bol. Inf. Cons. Gral. Col. Vet. España, 192*: 29.

413. MARTINEZ GOMEZ, F. y HERNANDEZ RODRIGUEZ, S. (1974).- Eimeriidae (Sporozoa) du porc dans Córdoba (Espagne). *IV Congr. Int. Protozool.*, Clermont-Ferrand, sept. 1974.

414. MARTINEZ GOMEZ, F. y HERNANDEZ RODRIGUEZ, S. (1974).- Eimeriidae (Sporozoa) del cerdo en la provincia de Córdoba. España. *Rev. Ibér. Parasitol., 34*: 171.

415. MARTINEZ-GOMEZ, F.; HERNANDEZ-RODRIGUEZ, S.; ACOSTA, I. y MARTINEZ-CRUZ, M.S. (1986).- Parasites from the wild goat in Spain. *Erkrak. der Zoot. Verhandlungsbericht Int. Symp.*, 28 abril-3 mayo, Rostock: 385.

416. MARTINEZ GOMEZ, F.; HERNANDEZ RODRIGUEZ, S. y CALERO CARRETERO, R. (1974).- Parasites of birds from Córdoba (Spain). *Proceed. III Int. Congr. Parasitol.*, Vol. 3, sect. G-4, pág. 1682.

417. MARTINEZ GOMEZ, F.; HERNANDEZ RODRIGUEZ, S.; CALERO CARRETERO, R. y BECERRA MARTEL, C. (1974).- *Contribución al conocimiento de los zooparásitos en la provincia de Córdoba. I. Protozoos.* Com. III Reunión Nac. Centros Invest. Gan. del CSIC. Córdoba, 24-27 octubre.

418. MARTINEZ-GOMEZ, F. et al. (1987).- Parasitocenosis of *Lepus capensis* in the South of Spain. *Sonderdruck aus Verhandl. des 29 Int. Symp. über die Erkrank. der Zootiere*, Cardiff: 347.

419. MARTINEZ-MORENO, A. et al. (1989).- Prevalence of ovine *Sarcocystosis* in Córdoba, Spain. *Rev. Ibér. Parasitol., 49*: 283.

420. MARTINEZ-MORENO, F.J.; MARTINEZ-MORENO, A.; BECERRA-MARTELL, C. y MARTINEZ-CRUZ, M.S. (1989).- Parasitofauna de la paloma (*Columba livia*) en la provincia de Córdoba. *Rev. Ibér. Parasitol., 49*: 279.

421. MARTINEZ-ORTEGA, E. y CONESA-GALLEGO, E. (1987).- Parasitismo de *Phlebotomus perniciosus* (Diptera, Psychodidae) por *Adelina* (Coccidia, Adeleidae). *Rev. Ibér. Parasitol., 47*: 201.

422. MARTINON SANCHEZ, F. et al. (1977).- Toxoplasmoses congénita-revisión y casuística. *Rev. Esp. de Pediatría, 33*: 115.

423. MAS ALEMANY, J. (1919).- La piroplasmosis o malaria de los bóvidos, diagnosticada clínicamente en la provincia de Barcelona. *Rev. Hig. San. Pec., 9*: 295.

424. MATA MERCHAN, M. y MATA MERCHAN, J. (1931).- Dos casos de kala-azar infantil en la provincia de Badajoz. *Med. Pais. Cál., 4*: 44.

425. MATILLA, V. (1956).- Los problemas quc plantean a la clínica los parasitismos por *Trichomonas. Bol. Cons. Gral. Col. Méd. España, 19*: 7.

426. MATILLA, V. (1960).- Consideraciones en torno a la patogenia de la amebiasis intestinal. *Med. Colonial, 35*: 157.

427. MATILLA, V. y APARICIO GARRIDO, J. (1957).- Algunos problemas en torno a la trichomoniasis genital humana. *Congr. Luso-Español de la Soc. para el Progr. de las Ciencias*, Coimbra, 1956, Vol. IX, ..

428. MATILLA, V.; APARICIO GARRIDO, J.; PRIETO LORENZO, A. y FERNANDEZ NAFRIA, A. (1954).- Contribución al estudio de la inmunidad en el paludismo experimental por "Plasmodium berghei". *La Med. Col., 23*: 8.

429. MATUSCHKA, F.R. (1989).- *Isospora viridinae* n.sp. an intranuclear coccidian parasite from the Canarian skink, *Chalcides viridanus* (Lacertilia: Scincidae). *J. of Protozoology, 36*: 274.

430. MATUSCHKA, F.R. y BANNERT, B. (1986).- *Eimeria tarentolae* n.sp. from the Moorish gecko, *Tarentola mauritanica. J. of Protozoology, 33*: 309.

431. MATUSCHKA, F.R. y BANNERT, B. (1986).- New eimeriid coccidia from the gecko *Tarentola delalandii* Dúmeril & Bibron, 1836. *Protistologica, 22*: 399.

432. MATUSCHKA, F.R. y BANNERT, B. (1987).- New eimeriid coccidia from the Canarian lizard, *Gallotia galloti* Oudart, 1839. *J. of Protozoology, 34*: 231.

433. MATUSCHKA, F.R. y BANNERT, B. (1989).- Recognition of cyclic transmision of *Sarcocystis stehlinii* n.sp. in the Gran Canarian giant lizard. *J. of Parasitology, 75*: 383.

434. MAXIMO RUIZ, P. (1932).- Un caso de kala-azar infantil diagnosticado parasitológicamente en sangre periférica. *Med. Pais. Cál., 5*: 486.

435. MAYO, I.; BURGUETE, J.; CASTAÑON-FERNANDEZ, C. y ROBLES-CHILLIDA, E.M. (1988).- An ultrastructural study of the cyst wall of *Sarcocystis dugesii* in *Podarcis lilfordi. Rev. Ibér. Parasitol., 48*: 245.

436. MAYORAL, A.I. et al. (1989).- Nuevas aportaciones al conocimiento de la parasitofauna de Cáceres. *VI Cong. Nac. y I Cong. Ibér. Parasitol.*, 25-29 sept., Cáceres: 180.
437. MEDINA BLANCO, M. (1946).- La piroplasmosis en España. *Bol. Zootecnia, 2*: 22.
438. MEDINA BLANCO, M. (1947).- Aportación al estudio de la theileriosis del ganado ovino. *Bol. Zootecia, 3*: 9.
439. MEDINA BLANCO, M. (1949).- Las protozoosis del pavo. *Bol. Zootecnia, 5*: 110.
440. MERCADAL PEYRI, J. (1944).- Sobre algunas cuestiones anatomopatológicas de la leishmaniosis cutánea mediterránea. *Rev. Ibér. Parasitol., 4*: 359.
441. MERCADAL PEYRI, J. (1955).- De Leishmaniosis cutánea mediterránea. *Rev. Ibér. Parasitol.*, Vol. Extr. : 597.
442. MESTRE ESPINACH, J. (1962).- Diagnóstico serológico de la toxoplasmosis por la reacción de hemoglutinación. *Rev. Diag. Biol., 11*: 159.
443. MESTRE ESPINACH, J. (1963).- Nuevos aspectos serológicos de la toxoplasmosis. *Rev. Diag. Biol., 12*: 165.
444. MESTRE ESPINACH, J. (1964).- Aspectos serológicos de la toxoplasmosis. V Congreso Internacional de Patología Clínica, México, 1963. *Rev. Mex. Lab. Clín., 26*: 23.
445. MILLARES MAÑANA, A. (1945).- Sobre el tripanosoma de los lirones (*Trypanosoma blanchardi*) y de los murciélagos (*Schizotrypanum vespertilionis*) hallados en España y su interés biológico. *Rev. Ibér. Parasitol.*, Vol. Extr., : 216.
446. MIRA GUTIERREZ, J.A. (1963).- Toxoplasma y Toxoplasmosis. *Med. Tropical, 39*: 383 y 492.
447. MIRA GUTIERREZ, J.A. (1964).- Toxoplasma y Toxoplasmosis. *Med. Tropical, 40*: 199.
448. MIRA GUTIERREZ, J.A. (1965).- Toxoplasma y Toxoplasmosis. *Med. Tropical, 41*: 418.
449. MIRA GUTIERREZ, J.A. (1967).- Disposición citoquímica sobre las inclusiones PAS-positivas de *Toxoplasma gondii. Med. Tropical, 43*: 324.
450. MIRA GUTIERREZ, J.A. y REY CALERO, J. DEL (1966).- Algunas consideraciones biológicas y citoquímicas sugeridas por la reacción "PAS" en la toxoplasmosis experimental del ratón. *Med. Trop., 42*: 220 y (1966) *Rev. Ibér. Parasitol., 26*: 95.
451. MIRA GUTIERREZ, J.A. y REY CALERO, J. DEL (1966).- Volutina en *Toxoplasma gondii. Med. Tropical, 42*: 20.
452. MIRA GUTIERREZ, J.A. y REY CALERO, J. DEL (1966).- Investigación del hierro férrico en los elementos formes del exudado peritoneal del ratón toxoplásmico. *Med. Colonial, 42*: 124.
453. MIRANDA ENTRENAS, S. (1945).- La theileriosis bovina en España. *Zootecnia, 6*: 1.
454. MIRANDA ENTRENAS, S. (1953).- Campaña oficial contra los vectores de las piroplasmosis. *Trab. Lab. Pec. Reg. Andalucía Oriental, 1*: 3 y (1954) *Bol. Zootecnia, 10*: 7.
455. MIRANDA ENTRENAS, S. y MEDINA BLANCO, M. (1953).- La theileriosis bovina en el Sur de España. *Ciencia Vet., 14*: 350 y *Trab. Lab. Pec. Reg. Andalucía Oriental, 1*: 9.
456. MOLINA, C. y MIGUEL, A.S. (1935).- Un caso de Botón de Oriente en la provincia de Murcia (Albarán). *Med. Pais. Cál., 8*: 481.
457. MONTAÑES, P. y MEGRO, E. (1934).- Dos casos de Botón de Oriente en la región valenciana. *Med. Pais. Cál., 7*: 82.
458. MONTES, J. (1988).- Development of *Bonamia ostreae* parasitosis of flat oyster, *Ostrea edulis*, from Galicia, Northwest Spain. *Proc. 3rd Int. Coll. Path. in Marine Aquac.*, En: *Pathology in marine science*, ed.: F.O. Perkins y T.C. Cheng, Academic Press Inc., San Diego, California.
459. MONTES, J.F.; GARCIA VALERO, J y DURFORT, M. (1992).- Reacció cel.lular enfront una infecció per *Perkinsus* sp. *Biologia del Desenvolupament, 10*: 167.
460. MONTES, J. y MELENDEZ, M.I. (1987).- Données sur la parasitose de *Bonamia ostreae* chez l'huître plate de Galice, côte nord-ouest de l'Espagne. *Agriculture, 67*: 195.
461. MORALES GONZALEZ, J.L. (1934).- Nota epidemiológica sobre el kala-azar en la provincia de Sevilla. *Med. Pais. Cál., 7*: 19.
462. MORENO, T.; MARTINEZ GOMEZ, F. y HERNANDEZ RODRIGUEZ, S. (1985).- Toxoplasmosis in pigs in Córdoba, Spain. *Ann. of Trop. Med. and Parasitol., 79*: 271.

463. MORENO, T.; MARTINEZ GOMEZ, F. y HERNANDEZ RODRIGUEZ, S. (1987).- Toxoplasmosis in goats in Córdoba, Spain: a seroepidemiological study. *Ann. of Trop. Med. and Parasitol., 81*: 71.

464. MORENO MONTAÑEZ, T.; BECERRA MARTELL, C. y NAVARRETE LOPEZ-COZAR, I. (1979).- Contribución al conocimiento de los parásitos de la liebre *Lepus capensis. Rev. Ibér. Parasitol., 39*: 383.

465. MORILLAS MARQUEZ, F. et al. (1985).- Découverte de *Leishmania* sp. dans des *Rattus rattus* de la province de Grenade (Espagne). *Ann. Parasitol. hum. et comp., 60*: 768.

466. MUÑOZ, C. (1951).- Coccidiosis y sulfamidas. *Supl. Cient. Bol. Inf. Cons. Gral. Col. Vet. España, 5*: 217.

467. MUÑOZ, J.R. et al. (1978).- Leishmaniosis visceral del adulto. *Medicina Española, 77*: 396.

468. NAJERA ANGULO, L. (1935).- *La leishmaniosis visceral y cutánea y su importancia en España*. Libro de Actas del I Congr. Nac. San., *3*: 309 y *Med. Pais. Cál., 8*: 421.

469. NAJERA ANGULO, L. (1937).- Sur le parasitisme de *Trypanosoma blanchardi* et *Hepatozoon lusitanicus* n.sp. dans *Eliomys lusitanicus* en Espagne. *C.R. XII Congr. Internat. Zool.*, 1935, Lisboa, vol. 3, pág. 1921.

470. NAJERA, L.E. (1953).- La toxoplasmosis: su importancia epidemiológica y sus relaciones con la embriopatía rubeólica. *Veterinaria, 17*: 775.

471. NAVARRETE, I. et al. (1987).- Sobre un proceso endémico de sarcocistosis ovina. I. Estudio fisiopatológico. *V Cong. Nac. Parasitol.*, Salamanca: S-C2.

472. NAVARRETE, I. et al. (1988).- Contribución al estudio de las parasitosis ovina y caprina en la provincia de Cáceres. *Acta Veterinaria, 2*: 37.

473. NAVARRETE, I. et al. (1990).- Parasites of roe deer (*Capreolus capreolus*) in Cáceres province, Spain. *Erkrank. der Zoot. Verhandlungsbericht Int. Symp.*, 23-27 mayo, Berlín: 225.

474. NAVARRO DIAZ, .. (1929).- Un caso más de leishmanosis visceral. *Med. Pais. Cál., 2*: 137.

475. NEGRO VAZQUEZ, E. (1936).- Algunos casos más sobre la leishmaniosis cutánea en el Levante de España. *Med. Pais. Cál., 9*: 86.

476. NICOLAS MONCLUS, A. (s/a).- Tricomoniasis bovina. Su estudio y resultados profilácticos obtenidos por el método de SOENTGEN. *Not. Neosán, 78*: 7.

477. NOGUER-MORE, S.; NOGUER DEBRAY, S. y ROCA DE VINYALS, R. (1960).- Leishmaniosis cutánea tuberculoide y leishmaniosis A tipo sarcoide. *Act. Dermo-Sifil., 51*: 271.

478. OCHOA, J.; CELAYA, J.; SARAVIA, L.R. y PASEIRO, M.R. (1961).- El 8823 en la lucha contra la tricomoniasis bovina. *Arch. Vet. Pract.*, fasc. 126 (diciembre)

479. OLIVERA, E. (1932).- Sobre la patología de las Hurdes. *Rev. Hig. San. Públ., 7*: 584.

480. ORBANEJA AGÜERO, S. DE (1934).- Observaciones sobre los protozoos parásitos de la sangre de las aves de España. *Med. Pais. Cál., 7*: 257.

481. ORDAS, J. y GARRIDO, A. (1965).- Estudio epidemiológico de la avicultura en la provincia de León. *Bol. SYVA, 14*: 241.

482. ORENSANZ MOLINE, J. (1924).- *La "durina" en la provincia de Valencia*. Pub. Cons. Prov. Fomento de Valencia. nº 30.

483. ORENSANZ MOLINE, J. (s/a).- *La durina en España*. Min. Agric. Sec. Pub. Prensa y Prop., folleto nº 116. Madrid.

484. ORIHUELA, .. (1922).- Amebiasis intestinal en los niños. *Rev. Med. y Cirug. Práct.*, 00: .. (junio)

485. ORTIZ DE LANDAZURI, A. (1930).- Parasitismo intestinal en un grupo de niños. Algunos datos de interés relacionados con su diagnóstico y tratamiento. *Med. Pais. Cál., 3*: 138.

486. ORTIZ DE LANDAZURI, A. et al. (1955).- La disproteinemia en el Kala-azar. *Rev. Ibér. Parasitol.*, Vol. Extr., : 519.

487. OSSORIO CHANA, L. (1973).- La piroplasmosis ovina en España (Detección y diagnóstico de la piroplasmosis en la comarca del Bajo Ebro). *Terapéutica y Veterinaria, 18*: 5.

488. ORTEGA ALONSO, L. (1965).- Tricomoniasis bovina. *Not. Neosán, 130*: 217.

489. ORTEGA PADILLA, F. y LORENTE, T. (1965).- Sobre un caso de Kala-azar infantil con leucocitosis. *Rev. Inf. Med. Terap., 40*: 488.

490. PALACIOS REMONDO, F. (1959).- Mortalidad embrionaria. *Veterinaria, 23*: 865.
491. PARDO, J.M. (1926).- La disentería amebiana en los niños. *Med. Ibera*, 00: .. (febrero)
492. PARDO, L. (1920).- Contribución a la parasitología de la anguila en Valencia. *Bull. Inst. Catalana d'Historia Nat.*, 00: 115.
493. PAREDES, A. (1936).- *Proteromonas lacertae viridis, Karyolysus bicapsulatus* y cuerpos de TOOD en la *Lacerta muralis. Med. Pais. Cál., 9*: ..
494. PARRAS BENTIO, L. (1934).- Un caso nuevo de balantidiosis. *Med. Pais. Cál., 7*: 291.
495. PEDRAJAS CORTES, .. (1923).- Un caso de absceso hepático de origen amebiano. *Arch. Españoles Enf. Apar. Digest.*, 00:..
496. PELETEIRO, M. DA C. y MENDES, A.M. (1980).- Mixosporidiose (*Myxidium* sp.) em enguias (*Anguilla anguilla*). *Anais da Escola Sup. Med. Vet.*, Lisboa, *22*: 177.
497. PENA PEREZ, .. y SANCHEZ GUISANDE, .. (1927).- Unos casos de balantidiosis. *Arch. Españoles Enf. Apar. Digest, y Nutr.*, 00: ..
498. PEÑA YAÑEZ, L.; REVILLA, L. DE LA; GIRELLA, E. y GARCIA- TORRES, J.A. (1960).- Forma seudocolangítica de la amebiasis hepática. *Rev. Clín. Española, 76*: 114.
499. PEREPELEZ PALAU, F. (1931).- Dos casos interesantes de kala- azar infantil en la provincia de Alicante. *Med. Pais. Cál., 4*: 123.
500. PEREPELEZ PALAU, F. (1947).- El problema de la leishmaniosis visceral y cutánea en la provincia de Zaragoza. *Rev. San. Vet., 2*: 874.
501. PEREPELEZ PALAU, F. (1947).- El problema de la leishmaniosis visceral y cutánea en la provincia de Tarragona. *Rev. San. Vet.*, 00: ..
502. PEREPELEZ PALAU, F. (1947).- Leishmaniosis visceral y cutánea en Tarragona. *Rev. San. Hig. Públ.*, 00: .. (sept.)
503. PEREZ, J.P. (1943).- Nota sobre el Botón de Oriente en la Vega baja del Segura. *Gac. Méd. Española, 17*: 126.
504. PEREZ GARRO, C. (1971).- Prueba de látex y hemaglutinación para el diagnóstico de la sarcosporidiosis. *Rev. Ibér. Parasitol., 31*: 375.
505. PEREZ GARRO, C. y GONZALEZ CASTRO, J. (1970).- *Sarcocystis tenella* RAILLIET, 1886: Recientes adquisiciones sobre su morfología y estructura. Frecuencia de la sarcosporidiosis en el ganado ovino en Granada. *Rev. Ibér. Parasitol., 30*: 719.
506. PEREZ GARRO, C.; RODRIGUEZ OSORIO, M.; GOMEZ GARCIA, V. y GONZALEZ CASTRO, J. (1971).- Contribución al estudio de las sarcosporidiosis, su frecuencia en el ganado vacuno en la provincia de Granada. *Rev. Ibér. Parasitol., 31*: 315.
507. PEREZ GARRO, C.; RODRIGUEZ OSORIO, M.; GOMEZ GARCIA, V. y GONZALEZ CASTRO, J. (1971).- Contribution to the study on sarcosporidiosis. Its incidence on ovine, bovine, caprine and swine livestock in the province of Granada. *I Multicol. Europ. Parasit.*, Rennes, pp. 282.
508. PEREZ MARTIN, M. (1934).- La piroplasmosis bovina en la provincia de Toledo. *La Veterinaria Toled., 31*: 2.
509. PEREZ VICENTE, .. y PRADA MARTIN, .. (1928).- *Folleto núm. 5. Inst. Prov. Higiene. Salamanca* (1930)
510. PEREZ DEL MOLINO BERNAL, M.L. (1987).- Estudio de la virulencia de cepas de *Trichomonas vaginalis* aisladas en clínica. *Rev. Ibér. Parasitol., 47*: 55.
511. PIJUAN JIMENEZ, M. (1957).- Coccidisis en corderos. *Bol. Zootec., 13*: 325.
512. PINILLA MORAZA, J. et al. (1985).- Paludismo importado en Guipúzcoa. Presentación de 21 casos. *Rev. Clín. Esp., 177*: 20.
513. PINTO, J.S.; BARRACA, I.F. y ASSIS, M.E. (1961).- Nouvelles observations sur la coccidiosis par *Eimeria sardinae* (THELORAN), chez les sardines des environs de Lisbonne, en 1961. Notas e Estudios. *Inst. Biol. Marit. Lisboa*, 00(23): 1.
514. PIRES, C.A. (1984).- Les phlebotomes du Portugal. I. Infestation naturelle de *Phlebotomus ariasi* TONNOIR, 1921 et *Phlebotomus perniciosus* NEWSTEAD, 1911, par *Leishmania* dans le foyer zoonotique de Arrábida (Portugal). *Ann. de Parasitol. hum. et comp., 59*: 521.

515. PITTALUGA, G. (1905).- Nota sobre las afinidades zoloógicas y evolución de los Trypanosomas. *Bol. R. Soc. Española Hist. Nat., 5*: 192.

516. PITTALUGA, G. (1912).- El kala-azar infantil, parásito del género *Leishmania*, en las costas de Levante de España. *Bol. Soc. Biol. Madrid, 1*: 283.

517. PITTALUGA, G. (1912).- Hallazgo de *Leishmania infantum*, protozoo parásito del Kala-azar infantil en la costa de Levante de España. *Bol. R. Soc. Española Hist. Nat., 12*: 455.

518. PITTALUGA, G. (1912).- Nota de pie de página en la traducción de la obra de ORESTE, P. (1912). *Enfermedades infecciosas de los animales domésticos*. Imp. y Lib. Moya. Madrid. : 177, 231 y 261.

519. PITTALUGA, G. (1913).- Leishmaniosis espontánea en el perro en la comarca de Tortosa. *Bol. Soc. Biol. Madrid. 2*: 132.

520. PITTALUGA, G. (1914).- A proposito de las "formas iniciales" y de los "gránulos vitales" de los Trypanosomas. *Bol. R. Soc. Española Hist. Nat., 14*: 195.

521. PITTALUGA, G. (1921).- Las amebas parásitas del hombre. *Clín. y Lab.*, 00: .. (marzo)

522. PITTALUGA, G. (1926).- *Etude épidemiologique sur la leishmaniose viscerale en Espagne*. Societé des Nations. Organization d'Hygiene, Ginebra (8 oct.)

523. PITTALUGA, G. (1926).- Sobre el diagnóstico de la leishmaniosis visceral (kala-azar infantil). *Med. Ibera*, 00(433): ..

524. PITTALUGA, G. (1927).- Bloqueo parasitario del sistema retículo-endotelial en la leishmaniosis visceral. *Progr. Clín., 35*: 350.

525. PITTALUGA, G. (1928).- Sistema retículo-endotelial y glándulas de secreción interna en la leishmaniosis visceral. *Arch. Cardiol. y Hematol., 9*: ..

526. PITTALUGA, G. (1928).- Patogenia de los síndromes endocrinos del kala-azar y de las leishmaniosis viscerales. *Arch. Españoles Pedit., 12*: 65.

527. PITTALUGA, G. (1930).- Leishmaniosis visceral y fisiopatología del sistema retículo-endotelial. *An. Casa Salud Valdecilla* (Santander), 00: .. (enero)

528. PORTUS, M. Y PRATS, G. (1981).- Contribución al conocimiento de los protozoos intestinales en la población hospitalaria barcelonesa. *Medicina Clínica, 76*: 203.

529. PORTUS, M.; SERRA, T.; BOTET, J. y GALLEGO, J. (1985).- Criptosporidiosis humana en España. *Medicina Clínica, 84*: 462.

530. PORTUS, M. et al. (1989).- Enzymatic heterogeneity among strains of *Leishmania infantum* from human visceral and cutaneous leishmaniosis in Catalonia (Spain). *Rev. Ibér. Parasitol., 49*: 287.

531. POZO LORA, R. (1955).- *Leptomonas jordanoi* n.sp. (Flagellata, Trypanosomidae) en *Drosophila funebris* FABRICIUS. *An. Univ. Hispal., 16*: 17.

532. POZO LORA, R. (1959).- Helmintos de la rata en Córdoba y primera citación española de un acantocéfalo. *An. Univ. Hispal., 19*: 55.

533. POZO LORA, R. (1969).- Aportaciones al inventario anatomopatológico de la inspección postmortem de la carne en España. *Arch. Zootecnia, 18*: 177.

534. PUMAROLA, A. (1972).- Epidemiología de la Toxoplasmosis: Comunicación al Coloquio Internacional sobre Toxoplasmosis. Barcelona. 15 dic. 1970. *Med. Clín., 58*: 175.

535. PUYOL CASADO, E. (1933).- Un caso de tricomoniasis vaginal. *Med. Pais. Cál., 4*: 488.

536. QUILES MORA, J. (1953).- Citado en *Rev. Inf. Méd. Terap., 29*: 139 y VIII Cong. Nac. Pediatría.

537. QUILES MORA, J. et al. (1979).- Leishmaniasis. Un problema actual. *Rev. de Sanidad e Hig. Públ., 53*: 771.

538. QUILEZ CINCA, J.; SANCHEZ ACEDO, C.; CLAVEL PARRILLA, A. y CAUSAPE VALENZUELA, A.C. (1992).- Prevalencia de parasitación por *Cryptosporidium parvum* en terneros lactantes. *IX Reun. Cient. Asoc. Parasitol. Esp.*, León: 26.

539. RALLO, A. (1933).- Algo sobre Kala-azar infantil en Castellón y su provincia. *Crón. Méd.* (Valencia), *801*: 937.

540. RAMAJO MARTIN, V. (1992).- Zooparasitología. En: *Las Dehesas Salmantinas*. Junta de Castilla y León. Gráficas Ortega, Salamanca: 463.

541. RAMON Y CAJAL, R. y TELLO MUÑOZ, J.F. (1930).- *Manual de Anatomía patológica y nociones de Bacteriología patológica*. Tipografía artística. Madrid. 9ª edición.

542. REBELO, M.E. (1989).- *Hepatozoon canis* (James, 1905) em canídeos domésticos na zona do Alto-Douro, concelho de Alijó. *Rep. Trab. do LNIV, 21*: 99.

543. REICHENOW, E. (1918).- *Eutrichomastix lacertae* en la sangre y en ácaros hematófagos. *Bol. Inst. Nac. Hig. Alfonso XIII*, dic. 21.

544. REICHENOW, E. (1920).- Los hemococcidios de los lacértidos. *Trab. Museo Nac. Cienc. Nat.*, Junta para la ampliación de estudios, serie zoológica, (40): 7.

545. REICHENOW, E. (1935).- La cuestión de los portadores sanos de la ameba disentérica *Entamoeba histolytica*, y el valor patógeno en general de los protozoos intestinales. *Med. Pais. Cál., 8*: 409.

546. REINA, D.; NAVARRETE, I.; HABELA, M. y BREÑA, M. (1992).- Parasites in red deer (*Cervus elaphus*) in Cáceres Province. *Verh. ber. Erkrg. Zootiere, 34*: 349.

547. REINA, D. et al. (1992).- Contribución al conocimiento de la parasitofauna de los animales silvestres y de vida libre en la provincia de Cáceres (España). *"In memoriam" al Prof. Dr. D. F de P. Martínez Gómez*, Universidad de Córdoba: 409.

548. REINA YAÑEZ, A. y GARCIA TORRES, J.A. (1964).- La prueba *ex juvantibus* con emetina en el diagnóstico de la amebiasis hepática. *Rev. Inf. Méd. Terap., 39*: 451.

549. RESPALDIZA, E. et al. (1978-79).- Observación y estudio de coccidiosis en caballo de hipódromo (*Equus caballus*), en España. *An. Inst. Nac. Invest. Agr.*, Serie Hig. y San. Animal, España, 4: 97.

550. RESPALDIZA CARDEÑOSA, E. (1958).- Tricomoniasis o aborto precoz de los bóvidos. *Not. Neosán, 91*: 37.

551. RESPALDIZA CARDEÑOSA, E. (1966).- Observación de un foco de tricomoniasis intestinal en el cerdo. *Rev. Patron. Biol. Anim., 10*: 23.

552. RESPALDIZA CARDEÑOSA, J.L. (1958).- Tricomonosis bovina y esterilidad. *Veterinaria, 22*: 7.

553. RESPALDIZA UGARTE, E. (1927).- Serodiagnósticos prácticos. Avance sobre algunos procedimientos de gel-reacción aplicados al diagnóstico de la durina. *Rev. Veterinaria* (Zaragoza), *1*: 276.

554. REY CALERO, J. DEL y MIRA GUTIERREZ, J.A. (1966).- La reacción al azul de bromofenol de Mazia en *Toxoplasma gondii*. *Rev. Ibér. Parasitol., 26*: 111.

555. REY CALERO, J. DEL y MIRA GUTIERREZ, J.A. (1966).- Estudio de las fracciones de los anticuerpos (gamma M, gamma A y gamma G) responsables de las pruebas serológicas en la toxoplasmosis: inmunofluorescencia indirecta, hemaglutinación y "dye-test". *Rev. Ibér. Parasitol., 26*: 391.

556. REY CALERO, J. DEL; MIRA GUTIERREZ, J.A. y BAREA SUAREZ, V. (1968).- Encuesta serológica de toxoplasmosis en la provincia de Cádiz. *Rev. San. Hig. Públ.*, 00(11-12): 699.

557. REY CALERO, J. DEL; MIRA GUTIERREZ, J.A.; BAREA SUAREZ, V. y OTERO PUIME, A. (1969).- *Rev. Clín. Española*, 00(112): 135.

558. REY VILA, F. (1945).- Estudio sobre algunos protozoos parásitos, en especial los del género *Plasmodium*, en el hospedador vertebrado. *Rev. Hig. San. Públ., 19*: 81 y 145.

559. REYES-MAGAÑA, A. et al. (1988).- Encuesta sobre la leishmaniosis canina en las comarcas naturales de la provincia de Granada (Sur de España). *Rev. Ibér. Parasitol., 48*: 233.

560. RINCOM, P. (1915).- Durina: una historia clínica curiosa. *Rev. Vet. España, 9*: 657.

561. RIOJA Y MARTIN, J. (1902).- Conocimiento del ciclo evolutivo de los parásitos que originan en el hombre las llamadas palúdicas. Discurso Apertura Curso Académico 1902-1903. Universidad Literaria de Oviedo. pág. 32.

562. RIVERA BANDRES, J. (1933).- La leishmaniosis canina en Madrid y sus relaciones con la endemia de kala-azar infantil. *Med. Pais. Cál., 7*: 373.

563. ROBLES PARIENTE, R. (1973).- La llamada "enfermedad de las branquias" en las ostras. Su incidencia en las costas gallegas. *Pub. Técn. Dir. Gral. Pesca Marit.*, (10): 193.

564. ROCA SOLER, R. (1934).- Contribución al estudio de la parasitología intestinal del cerdo en la región valenciana. *Rev. Hig. San. Pec., 24*: 343.

565. RODRIGUEZ, C.A. (1957).- Un caso de toxoplasmosis congénita. *Arch. Soc. Oftalm. Hisp.-Amer., 17*: 476.

566. RODRIGUEZ BABIO, C. y LLAMAS SECO, A. (1979).- Primera señalización en la península Ibérica de una especie del género *Selenidium* Giard, 1884 (Protozoa, Apicomplexa, Archigregarina) endoparásita de *Cirratulus cirratus* (O.F. Müller, 1776) (Annellida, Polychaeta, Sedentaria) del litoral gallego. *II Congr. Nac. Parasitol.*, A.P.E., 1-4 oct., León: 58.

567. RODRIGUEZ MERINO, S. (1970).- Revisión y actualización de la histomoniasis. *Avigán, 20*: 15.

568. RODRIGUEZ LOPEZ, F.; CASANOVA, M.; CONTRERAS, M. y GUTIERREZ, A. (1972).- *Acta Pediátrica Española, 30*: 587.

569. ROF CORDINA, J. (1950).- ... *Bol. Zootec., 6*: 51.

570. ROJO VAZQUEZ, F.; GASS, A. y ALUNDA, J.M. (1985).- Denuncia en España de la criptosporidiosis ovina. *IV Congr. Nac. Parasitol.*, Tenerife: 166.

571. ROMEO ORBEGOZO, J.M.; SANZ MARTIN, F.; GIORDANO, R. y ANTON GARRIDO, T. (1966).- El kala-azar en la práctica hospitalaria. *Rev. Clín. Española, 100*: 283.

572. ROMERO RODRIGUEZ, F. (1929).- Contribución al estudio de la coccidiosis ovina. *Rev. Hig. San. Pec., 19*: 739.

573. ROMERO RODRIGUEZ, J. (1972).- Panorama nacional de los parasitismos de la ganadería (Especies parásitas denunciadas en España). *Supl. Cient. Bol. Inf. Cons. Gral. Col. Vet. España, 193*: 61.

574. ROMERO RODRIGUEZ, J. (1972).- II Reunión Nacional de Investigación Ganadera del CSIC. *Rev. Ibér. Parasitol., 32*: 285.

575. ROMERO RODRIGUEZ, J. (1973).- Coccidia-Eimeriidae parásitos del *Oryctolagus cuniculus domestica* en España. *Supl. Cient. Bol. Inf. Cons. Gral. Col. Vet. España, 196*: 37.

576. ROMERO RODRIGUEZ, J. (1973).- Estudio de los Protozoa-Eimeriidae: *Isospora lacazei* LABBÉ, 1898 e *Isospora chloridis* ANWAR, 1966, parasitando *Serinus canarius* L. *Rev. Ibér. Parasitol., 33*: 235.

577. ROMERO RODRIGUEZ, J. (1973).- Coccidiopatías del ganado porcino. *Veterín-Extracta, 100*: 34.

578. ROMERO RODRIGUEZ, J. (1974).- *Coccidiopatías de interés veterinario en España.* III Reunión Nac. de Centros de Invest. Gan. del CSIC, Córdoba, 24-27 octubre.

579. ROMERO RODRIGUEZ, J. (1975).- Descripción de la *Isospora schwetzi* YAKIMOFF et MATSCHOULSKY, 1939, parasitando al *Corvus monedula* (L.). *Rev. Ibér. Parasitol., 35*: 113.

580. ROMERO RODRIGUEZ, J. (1975).- Estudio de la *Eimeria hungarica* PELLERDY, 1956. *Rev. Ibér. Parasitol., 35*: 157.

581. ROMERO RODRIGUEZ, J. (1975).- Contribution a l'étude des coccidiopaties des Lagomorpha: description des *Eimeria environ* HONESS, 1939 et *Eimeria minima* CARVALHO, 1943 parasitant le *Lepus granatensis* (R.) a Grenade (Espagne). *Actas XII Congr. da Uniao Int. Biol. da Caça*, Lisboa, octubre.

582. ROMERO RODRIGUEZ, J. (1976).- Contribución al conocimiento de las coccidiopatías de los Lagomorpha: Estudio de los protozoa-Eimeriidae, *E.leporis* y *E.europaea* parásitas de *Lepus granatensis (=L.capensis)*. *Rev. Ibér. Parasitol., 36*: 115.

583. ROMERO RODRIGUEZ, J. (1976).- Contribución al estudio de los protozoa Eimeriidae parásitas de lepóridos: descripción de la *Eimeria septentrionalis* parásita de *Lepus granatensis. I Congr. Nac.*, Granada.

584. ROMERO RODRIGUEZ, J. (1978).- Coccidiopatías de peces: Estudio del protozoa eimeriidae: *Eimeria carassiusaurati* n.sp. *Rev. Ibér. Parasitol., 38*: 775.

585. ROMERO RODRIGUEZ, J. (1979).- Contribución al estudio de los Protozoa-Eimeriidae parásitos de *Epimys norvegicus norvegicus* (B.) en Granada (España). *Rev. Ibér. Parasitol., 39*: 73.

586. ROMERO RODRIGUEZ, J. (1981).- *Eimeria marsica* (RESTANI, 1971) en los hospedadores ovinos y caprinos en Granada (España). *Rev. Ibér. Parasitol., 41*: 551.

587. ROMERO RODRIGUEZ, J. (1985).- Estudio de la *Isospora monedulae* Yakimoff et Matschoulsky, 1936. *IV Congr. Nac. Parasitol.*, Tenerife: 21.
588. ROMERO RODRIGUEZ, J. (1987).- Protozoa-Coccidia de *Lepus capensis* y descripción de *Eimeria maior. V Congr. Nac. Parasitol.*, Salamanca: 23.
589. ROMERO RODRIGUEZ, J. y LIZCANO HERRERA, J. (1971).- Revisión de los géneros *Eimeria* e *Isospora* (Protozoa-Eimeriidae) del *Sus scrofa domestica* L. Descripciones de las *Eimeria guevarai* e *Isospora neyrai* n. spp. (Con una clave para identificación de ooquistes). *Rev. Ibér. Parasitol., 31*: 1.
590. ROMERO RODRIGUEZ, J. y LIZCANO HERRERA, J. (1972).- *Eimeria intestinalis* CHEISSIN, 1948 y *Eimeria sculpta* MADSEN, 1938, parasitando al *Oryctolagus cuniculus domesticus* L.: denuncias en España y estudios biomorfológicos. *Rev. Ibér. Parasitol., 32*: 199.
591. ROMERO RODRIGUEZ, J. y LIZCANO HERRERA, J. (1974).- *Eimeria paludensis* n.sp. Protozoa-Eimeriidae, parásita de *Alectoris rufa* (L.). *Rev. Ibér. Parasitol., 34*: 29.
592. ROMERO RODRIGUEZ, J. y SANGUINETI DE LA TORRE, M. (1975).- Coccidia-Eimeriidae parásitos del *Oryctolagus cuniculus domestica* (L.). Biomorfología y denuncia de la *Eimeria matsubayashii* TSUNODA, 1952 en España. *Rev. Ibér. Parasitol., 35*: 289.
593. ROS, E. et al. (1987).- *Isospora belli* infection in patients with AIDS in Catalunya, Spain. *New England Journal of Medicine, 317*: 246.
594. ROYA, B.H. y OLAVARRIA, J. (1934).- *Rev. San. Hig. Públ., 9*: 113.
595. ROYO MONTAÑES, M. (1949).- Disentería amebiana en el lactante y niño pequeño. *Med. Colonial, 14*: 223.
596. RUIZ MARTINEZ, C. (1933).- El *Haemoproteus columbae. Rev. Hig. San. Pec., 23*: 367 y *Trab. Inst. Biol. Anim., 1*: 96.
597. RUIZ PRIETO, A. (1933).- Cisticercosis del conejo. *Ganadería* (Córdoba), *1*: 41 y *2*: 30.
598. SADAVA, E. y BOZAL, A. (1945).- Un caso de ictericia con hemoglobinuria de probable origen parasitario. *Veterinaria, 9*: 655.
599. SANCHEZ TORIL, F. et al. (1991).- Neumatoceles como forma de presentación de neumonía por *Pneumocystis carinii. Medicina Clínica*, Barcelona, *96*: 621.
600. SARAIVA, A. y CHUBB, J.C. (1989).- Preliminary observations on the parasites of *Anguilla anguilla* (L.) from Portugal. *Bull. of the European Ass. of Fish Pathol., 9*: 88.
601. SAENZ DE MIERA VALBUENA, J.M. (s/a).- Métodos de coloración empleados en el diagnóstico de la tricomoniasis bovina. *Not. Neosán, 67*: 67.
602. SAGRISTA, E.; DURFORT, M y AZEVEDO, C. (1992).- *Perkinsus* sp. (Phyllum Apicomplexa) in Mediterranean clam *Ruditapes semidecussatus* from Spain: Ultrastructural study of the response of the host tissues. *V Coll. Int. Path. Aquac. Marine*, Montpellier: 17.
603. SAIZ, L. (1930).- La piroplasmosis en España. *Rev. Hig. San. Pec., 20*: 991.
604. SAIZ MORENO, L. (1955).- Parasitosis por hematozoarios del grupo piroplásmidos en la provincia de Ciudad Real. *Veterinaria, 19*: 9.
605. SAIZ MORENO, L. (1965).- La toxoplasmosis como problema sanitario, en su aspecto zoonósico. *Supl. Cient. Bol. Inf. Cons. Gral. Col. Vet. España, 9*: 5.
606. SAIZ MORENO, L. (1969).- Actualidad en la Patología piscícola: la ictioftiriasis de los peces. *Bol. Inf. Cons. Gral. Col. Vet. España, 138*: 33.
607. SAIZ MORENO, L. y PASTOR PASCUAL, A. (1954).- *Parasitosis por hematozoarios del grupo piroplásmidos en nuestra provincia*. Lab. Pec. Prov. Ciudad Real.
608. SALVANS BONET, L. (1928).- Contribución al estudio de la piroplasmosis bovina en España. *Rev. Hig. San. Pec., 18*: 104.
609. SAN GABRIEL CLOSAS, A. (1966).- IX Symp. Regional. *An. Col. Of. Vet.*, Barcelona, 00: 363.
610. SAN SEGUNDO CONCEJO, M. (1971).- *Coccidiosis bovina*. Memorias Curso de Parasitología para Veterinarios. Fac. Veterinaria. León.
611. SANABRIA VEGA, A. (1951).- Una nueva aportación al estudio de las piroplasmosis equinas. *Supl. Cient. Bol. Inf. Cons. Gral. Col. Vet. España, 5*: 337.
612. SANCHEZ, F. (1932).- La piroplasmosis en Andalucía. *Rev. Hig. San. Pec., 22*: 507.

613. SANCHEZ ACEDO, C.; BASCUAS, J.A. y ALBALA, F. (1974).- Disentería porcina por *Balantidium coli* y *Trichomonas suis*. *Veterinaria* (Barcelona), *39*: 63.

614. SANCHEZ ACEDO, C. y GARCIA REGUERA, V. (1972).- Identificación de *Eimeria bateri* en *Coturnis coturnis*. *Rev. Ibér. Parasitol., 32*: 271.

615. SANCHEZ ACEDO, C.; OTERO, J. y ALBALA PEREZ, F. (1974).- Estudio parasitológico en quirópteros. *Rev. Ibér. Parasitol., 34*: 245.

616. SANCHEZ ACEDO, C. et al. (1981).- Identificación de diversas especies de *Eimeria*, parásitas de *Taurotragus oryx* (Eland), y descripción de dos nuevas especies (*Eimeria francae* y *Eimeria helmantica*). *Libro homenaje al Profesor Dr. D. Angel Sánchez Franco*. Universidad de Zaragoza: 25.

617. SANCHEZ BOTIJA, C. (1936).- Leishmaniosis canina. Algunas observaciones sobre los caracteres generales del foco endémico de Madrid. *Trab. Inst. Biol. Anim., 4*: 63.

618. SANCHEZ BOTIJA, C. (1944).- La fiebre de la costa oriental en los bóvidos de España. *Ciencia Vet., 5*: 22.

619. SANCHEZ BOTIJA, C. (1947).- La leishmaniosis canina en España y su profilaxis. *Rev. San. Vet., 2*: 530.

620. SANCHEZ BOTIJA, R. (1949).- Sobre la presencia de *Babesia ovis* en los bóvidos de España. *Veterinaria, 13*: 539 y (1952) *Ciencia Vet., 13*: 100.

621. SANCHEZ GARCIA, M. et al. (1972).- *Aportaciones al estudio de la Toxoplasmosis*. Cátedra de Obstetricia y Ginecología. Fac. Medicina. Zaragoza.

622. SANCHEZ MARTINEZ, J.A. y ALCALA SANTAELLA, J. (1949).- Nuestra experiencia sobre kala-azar en la provincia de Córdoba. *Med. Española* (Valencia), *22*: 558.

623. SANCHIS BAYARRI, V. (1933).- Contribución al estudio de la lambliasis intestinal en la región valenciana. *Crón. Méd.* (Valencia), *37*: 493.

624. SANCHIS BAYARRI, V. y BIGNE, J. (1941).- Aportaciones al estudio del Botón de Oriente. *Med. Española* (Valencia), *5*: 277.

625. SANCHIS BAYARRI, V. y MONTOLIU VOLANT, C. (1934).- Nueva técnica para el diagnóstico serológico del kala-azar. *Med. Pais. Cál., 7*: 12.

626. SANCHIS BAYARRI, V. y SANCHIS-BAYARRI LAHOZ, V. (1965).- Medio de cultivo para el *Trichomonas vaginalis*. *Rev. Española Obst. y Ginec., 143*: 369.

627. SANMARTIN DURAN, M.L. et al. (1990).- Influencia de la temperatura y salinidad en la infección por *Trichodina* sp. en cultivos intensivos de rodaballos (*Scophthalmus maximus*). *Rev. Ibér. Parasitol., 50*: 193.

628. SANTIAGO LUQUE, J.M. (1948).- Contribución al diagnóstico de la leishmaniosis canina. *Supl. Cient. Bol. Inf. Cons. Gral. Col. Vet. España, 2*: 1.

629. SANTIAGO LUQUE, J.M. (1959).- Hallazgo de ooquistes de *Eimeria arloingi* en heces de óvidos. *An. Inst. Invest. Vet. Madrid, 9*: 85.

630. SANZ EGAÑA, C. (1945).- *La inspección veterinaria en los mataderos, mercados y vaquerías*. Edit. Revista Veterinaria de España. Barcelona.

631. SARAIVA, A. y MOLNAR, K. (1990).- *Myxobolus portucalensis* n.sp. in the fins of European eel *Anguilla anguilla* (L.) in Portugal. *Rev. Ibér. Parasitol., 50*: 31.

632. SCHENNEIDER SAN ROMAN, .. (1931).- Como diagnostiqué y traté dos casos de disentería por *Balantidium coli*. *Med. Ibera*, 00(708): 885.

633. SCHREY, C.F.; PIRES, C.A. y MACVEAN, D.W. (1989).- Distribution of phlebotomine sandflies and the rate of their infection with *Leishmania* promastigotes in the Algarve, Portugal. *Medical and Veterinary Entomology, 3*: 125.

634. SEBASTIAN HERRADOR, M. (1948).- Lambliasis en el aparato digestivo humano. *Bol. Cons. Gral. Col. Méd. España, 5*: 25.

635. SEGOVIA, H. y MARTIN LUENGO, F. (1985).- Leishmaniasis in the south-east of Spain: preliminary results of a serological and parasitological study in dogs. *Ann. of Trop. Med. and Parasitol., 79*: 337.

636. SELA PEREZ, M.C. (1979).- Ciclo biológico de *Sarcocystis gigantea* (RAILLIET, 1886) ASHFORD, 1977. *Rev. Ibér. Parasitol., 39*: 601.

637. SELVA, J.M. y GONZALEZ, J. (1985).- Parasitofauna de las palomas (*Columba livia* var.) de Barcelona. II. Trichomonidae. III. Haemoprotinae. *IV Congr. Nac. Parasitol.*, Tenerife: 95.
638. SERIGO SEGARRA, A. (1972).- *Medicina preventiva y social*. Inst. "Fray Bernardino de Sahagún". León. II Vol.: 2182 pp.
639. SERRA, T. et al. (1987).- Sobre la epidemiología de los protozoos parásitos intestinales en Barcelona. *Rev. Ibér. Parasitol.*, Vol. Extr.: 17.
640. SERVICIO DE PARASITOLOGIA DEL CNMVIS (1985).- Nota informativa sobre un caso atípico de paludismo. *Boletín Microbiológico Semanal, 4*: 1.
641. SIMON VICENTE, F. (1956).- *Estudio de las parasitosis de la ganadería en la provincia de Salamanca y su profilaxis*. Publ. Junta Prov. Fom. Pec., Imp. Lúmina. Salamanca.
642. SIMON VICENTE, F. (1964).- *Mapa parasitológico provincial I*. Publ. del IOATO, Salamanca.
643. SIMON VICENTE, F. (1981).- Nuevos hallazgos de *Trypanosoma* spp. en aves silvestres. *Libros homenaje al Prof. Dr. D. Angel Sánchez Franco*. Universidad de Zaragoza: 69.
644. SIMON-VICENTE, F.; RAMAJO-MARTIN, V.; ENCINAS-GRANDES, A. y SIMON-MARTIN, F. (1987).- Theileriosis y babesiosis bovinas y ovinas en la provincia de Salamanca. *Rev. Ibér. Parasitol.*, Vol. Extr.: 31.
645. SITJA-BOBADILLA, A. y ALVAREZ-PELLITERO, P. (1990).- *Sphaerospora testicularis* sp.nov. (Myxosporea: Sphaerosporidae) in wild and culured sea bass, *Dicentrarchus labrax* (L.), from the Spanish Mediterranean area. *J. of Fish Diseases, 13*: 193.
646. SITJA BOBADILLA, A. y ALVAREZ PELLITERO, P. (1992).- Ligth and electron microscopic description of *Sphaerospora dicentrarchi* n.sp. (Myxosporea: Sphaerosporidae) from wild and cultured sea bass, *Dicentrarchus labrax* L.. *J. of Protozoology, 39*: 273.
647. SITJA-BOBADILLA, A.; FRANCO-SIERRA, A. y ALVAREZ-PELLITERO, P. (1991).- Estudio preliminar sobre una nueva parasitosis de la dorada (*Sparus aurata*), producida por *Sphaerospora* sp. (Protozoa: Mixosporidia). *I Congr. Int. Asoc. Sudoccid. Europ. Parasitol.*: 57.
648. SITJA-BOBADILLA, A.; FRANCO-SIERRA, A. y ALVAREZ-PELLITERO, P. (1992).- *Sphaerospora* (Myxosporea: Bivalvulida) infection in cultured gilt head sea bream, *Sparus aurata* L.: a preliminary report. *J. of Fish Diseases, 15*: 339.
649. SOLANA, A. (1960).- Conservación del *Trichomonas foetus* por congelación. *Rev. Patron. Biol. Anim., 6*: 35.
650. SOLER DURALL, C. (1954).- Estudio biológico del *Toxoplasma gondii* NICOLLE y MANCEAUX, 1908. *Rev. Ibér. Parasit., 14*: 149.
651. SOLER DURALL, C. y GALLEGO BERENGUER, J. (1955).- Ensayo de transmisión experimental del *Toxoplasma gondii* por el *Ornithodoros erraticus*. *Rev. Ibér. Parasitol.* Vol. Extr.: 493.
652. SOLER DURALL. C. y VILLARDELL VIÑAS, F. (1955).- Encuesta sanitaria sobre la sensibilidad a la toxoplasmina en la provincia de Barcelona. *Med. Col., 26*: 197.
653. SOLER DURALL, C. y VIVES SABATER, J. (1955).- Conservación de la virulencia de una cepa de *Leishmania donovani*. *Rev. Ibér. Parasitol.*, Vol. Extr.: 611.
654. SOLERA PUERTAS, A.; CARRERA MORO, M.P. y CASTAÑO FERNANDEZ, C. (1985).- Estudio protozoológico de *Chalcides viridanus viridanus* de la Isla de Tenerife. *IV Congr. Nac. Parasitol.*, Tenerife: 230.
655. SOPEÑA QUESADA, J.; APARICIO GARRIDO, J. y VIDART ARAGON, A. (1970).- Toxoplasmosis como causa de morbilidad y mortalidad fetal. *Acta Ginec., 21*: 151.
656. TALAVERA BOTO, J. (1959).- Los servicios de epizootiología y campañas de la Dirección General de Ganadería. *Avigán, 7*: 33.
657. TARAZONA, J.M. (1976).- Nuevas denuncias de parásitos en mamíferos españoles. *I Cong. Nac. Parasitol.*, 29 sept-2 oct, Granada (España): 104.
658. TARAZONA, J.M. y FERNANDEZ, J.M. (1974).- Algunas consideraciones sobre las coccidiosis ovinas. *Anales INIA*, Serie Higiene y Sanidad Animal, 1: 55.

659. TARAZONA-LAFARGA, R. y DOMINGUEZ-CARMONA, M. (1988).- Criptosporidiosis e inmunodepresión: Comportamiento de ratones inmunodeprimidos e inmunocompetentes frente a un *Cryptosporidium* de origen ovino. *Rev. Ibér. Parasitol., 48*: 357.

660. TARAZONA VILAS, J.M. (1954).- *Las zoonosis parasitarias transmisibles al hombre en el Somontano de Barbastro*. Inst. Estudios Oscenses, CSIC, Huesca.

661. TARAZONA VILAS, J.M. (1961).- Algunas consideraciones sobre las coccidiosis aviares. Symp. Patol. Aviar. *Col. Of. Vet. Prov. Tarragona*, pág. 179.

662. TEJERINA RAYGADA, M.S. (1970).- *Estudio de la toxoplasmosis humana adquirida*. Edit. Paz Montalvo. Madrid.

663. THEODORIDES, J. (1960).- Quelques parasites des coléoptères Ténebrionides d'Espagne. *Ann. Parasitol. Hum. et Comp., 35*: 762.

664. TOBALINA, J.P. et al. (1980).- Primer caso de leishmaniosis visceral en Navarra. *Rev. de Med. de la Univ. Navarra, 24*: 55.

665. TORRADEMA, .. (1926).- Hallazgo del Botón de Oriente en el partido judicial de Tortosa. *Med. Ibér.*, 4 de septiembre.

666. TORRENS PASTOR, A. (1947).- La nosemiosis en Mallorca. *Bol. Agric. Palma de Mallorca*. Junio.

667. TORRENS PASTOR, A. (1948).- Tratamiento curativo de la nosemiosis. *Ciencia Vet., 9*: 549.

668. TORRES, A. y GARCIA FERNANDEZ, M. (1945).- Unos casos de piroplasmosis. *Veterinaria, 9*: 386.

669. TORRES LOPEZ, .. (1919).- *Observaciones y estudios sobre la disentería tropical en España*. Tesis Doctoral. Fac. Medicina. ¿Madrid?

670. TORRES LOPEZ, .. (1919).- Una exarcebación epidémica de la endemia de disentería tropical del valle de Lecrín (Granada). *Arch. Españoles Apar. Digest.*, 00: .. (febrero)

671. TOYOS APARICIO, J.M. (1974).- *Patogenia experimental de Trichomonas vaginalis* DONNE, 1836 *en el ratón (Mus musculus)*. Tesis doctoral. Fac. Medicina. Santiago de Compostela.

672. TRIGO MEZQUITA, M. (1916).- Leishmaniosis canina. Su estudio clínico, contagiosidad a la especie humana. *Rev. Vet. de España, 10*: 241.

673. USANDIZAGA, M. (1934).- *Trichomonas vaginalis. An. Casa Salud Valdecilla* (Santander), 5: 44.

674. UTRERA RIVAS, R. (1945).- A proposito de un caso de leishmaniosis cutánea o botón de Oriente. *Gac. Méd. Española, 13*: 176.

675. VALLADARES, B.; LOPEZ ROMAN, R.; ARMAS, F. DE y GIJON, H. (1982).- Parasitismo intestinal humano en el archipiélago canario. *Rev. Ibér. Parasitol.*, Vol. Extr.: 497.

676. VASALLO MATILLA, F. (1961).- Hallazgo en sangre de ratas grises *Epimys norvegicus* de tripanosomas. *Med. Tropical, 37*: 18.

677. VASALLO MATILLA, F. (1962).- Estudio clínico de la infección por el *Trypanosoma equiperdum* en ratas blancas. *Med. Tropical, 38*: 261.

678. VASALLO MATILLA, F. (1962).- Transmisión intrauterina en hembras de cavias y ratas infectadas por el *Trypanosoma equiperdum. Med. Colonial, 38*: 458.

679. VASALLO MATILLA, F. (1962).- Morfología, multiplicación y localización del *Trypanosoma equiperdum* en ratas blancas. *Rev. San. Hig. Públ., 36*: 459 y Med. *Tropical, 39*: 167.

680. VASALLO MATILLA, F. (1971).- Hallazgo de dos casos de parasitosis humana por *Isospora hominis. Med. Tropical, 47*: 37.

681. VASALLO MATILLA, F. (1971).- Parasitismos intestinales en el enfermo hospitalario: nuestra experiencia en un año. *Med. Tropical, 47*: 260.

682. VASALLO MATILLA, F.; SICILIA ENRIQUEZ, J.J. y DIAZ FERNANDEZ, M.C. (1979).- Hallazgo de un caso de parasitación humana por *Pentatrichomonas hominis* (Davaine, 1860). *Revista Clínica Española, 153*: 323.

683. VEGA, J. DE LA (1928).- Un nuevo caso de leishmaniosis visceral en adulto. *Med. Pais. Cál., 1*: 452.

684. VENTURA, M.T. y PAPERNA, I. (1984).- Histopathology of *Myxidium giardi* Cepede, 1906 infection in european eels, *Anguilla anguilla* L., in Portugal. *Aquaculture, 43*: 357.

685. VIDAL JUAREZ, .. (1942).- Un nuevo caso de leishmaniosis cutánea. Botón de Oriente. *Medicina, 4*: 301.

686. VIDAN, J.R.; FRANCA, A.; MARTINEZ, B. y BORDA, F. (1985).- Parasitosis hepática por *Balantidium coli. Medicina Clínica, 87*: 299.

687. VILA, M. (1914).- Un caso de Kala-azar en un adulto. *Rev. Clín.*, Madrid, 18 septiembre.

688. VILA, M. (1915).- Caracteres de la leishmaniosis canina en Tortosa. *Rev. Clín. Madrid, 1*: 172.

689. VILASECA, J. et al. (1982).- Kaposi's sarcoma and *Toxoplasma gondii* brain abscess in a Spanish homosexual. *Lancet, 1*: 572.

690. VILLACORTA, I.; ARES-MAZAS, M.E.; GUTIERREZ, M.V. y PEREZ DEL MOLINO, M.L. (1989).- Presencia de *Cryptosporidium* sp. en bovinos de Galicia (España). *Rev. Ibér. Parasitol., 49*: 1.

691. VILLACORTA, I.; ARES-MAZAS, E. y LORENZO, M.J. (1991).- *Cryptosporidium parvum* in cattle, sheep and pigs in Galicia (NW Spain). *Vet. Parasitology, 38*: 249.

692. VILLACORTA, I.; ARES MAZAS, E.; SOUTO, B. y LORENZO, M.J. (1990).- Determinación de anticuerpos anti-*Cryptosporidium parvum* en bovinos de Galicia. Técnica de Inmunofluorescencia indirecta (I.F.I.). *Rev. Ibér. Parasitol., 50*: 131.

693. VISERAS, J.; ADROHER, F.J.; HUELI, L.E. y GARCIA FERNANDEZ, P. (1992).- Aislamiento y cultivo de una cepa de *Theileria annulata* Dschunkowsky & Luhs, 1904 procedente de la provincia de Cádiz (España). *IX Reun. Cient. Asoc. Parasitol. Esp.*, León: 30.

694. VIVARES, C.P. (1971).- Les Grégarines Porosporidae parasites des Crustacés Décapodes Brachyouros Méditarranéens. *Vie et Milieu, 22*: 55.

695. VIVARES, C.P. (1973).- Etude du parasitisme des Crustacés Décapodes Brachyouros en Méditerranée occidentale: premiers résultats. *Rapp. Comm. Int. Mer Médit., 21*: 661.

696. VIVARES, C.P. y RUBIO, M. (1969).- Protozoa parasites de Crustacea Decapoda Brachyura de la côte nord-est de l'Espagne. *Pub. Inst. Biol. Apl.*, Barcelona, *47*: 111.

697. VIVES, J. y SOLER DURALL, C. (1951).- Leishmaniosis canina en Barcelona. *Rev. San. Hig. Públ., 25*: 710.

698. VIVES, J. y SOLER DURALL, C. (1955).- Curvas de crecimiento de *Leishmania donovani* en medios de cultivo líquidos. *Rev. Ibér. Parasitol.*, Vol. Extr.: 509.

699. ZAPATERO DE ANTONIO, E. (1965).- La leishmaniosis canina y el kala-azar en España. Epidemiología y profilaxis. *Supl. Cient. Bol. Inf. Cons. Gral. Col. Vet. España, 9*: 39.

700. ZULUETA, A. y ATUCHA, J. (1925).- A proposito de una epidemia de disentería amebiana. Resumen clínico. *Los Progr. Clín., 29*: 443.

701. ZUÑIGA RODRIGUEZ, C. y ARIAS FERNANDEZ, C. (1976).- Parasitismos humanos en Galicia: coprología y serología. *I Congr. Nac.*, Granada.

702. ZURUTUZA ALTOLAGUIRRE, E. (1947).- La tricomoniasis de los bóvidos. Investigaciones en España. *Ciencia Vet., 8*: 449 y 532.

703. ZURUTUZA ALTOLAGUIRRE, E. (s/a).- Contribución al conocimiento clínico de la esterilidad bovina en España. *Not. Neosán, 38*: 5.